슈퍼 패미컴
컴플리트 가이드

라의눈

차례

[슈퍼 패미컴 컴플리트 가이드]

● 슈퍼 패미컴 게임 소개

1990년 ········ 013쪽
1991년 ········ 019쪽
1992년 ········ 033쪽
1993년 ········ 081쪽
1994년 ········ 153쪽
1995년 ········ 249쪽
1996년 ········ 341쪽
1997년 ········ 381쪽
1998년 ········ 391쪽
1999년 ········ 397쪽
2000년 ········ 403쪽

● 기타

슈퍼 패미컴의 발자취 ········ 003쪽
본체 & 사테라뷰 소개 ········ 010쪽
주변기기 ········ 405쪽
탑재 소프트 연대순 색인 ········ 416쪽
탑재 소프트 가나다순 색인 ········ 432쪽

● 칼럼

미국판 슈퍼 패미컴 『SNES』 ········ 017쪽
슈퍼 패미컴 밀리언 타이틀(일본) ········ 018쪽
슈퍼 패미컴용 소프트 버전 차이 ········ 032쪽
닌텐도 엔터테인먼트 ········ 079쪽
슈퍼 패미컴 밀리언 타이틀(일본+해외) ········ 080쪽
모토코의 원더 키친 ········ 151쪽
요시의 쿠키 쿠루폰 오븐으로 쿠키 ········ 151쪽
비매품 소프트 ········ 152쪽
전설의 발매 중지 소프트 『사운드 팩토리』 ········ 248쪽
본격 골프 시뮬레이터 『레저 버디』 ········ 248쪽
UNDAKE30 상어 거북 대작전 마리오 버전 ········ 340쪽
SFC 본체 4,000엔 할인쿠폰 ········ 380쪽
예상 밖의 부활! 소문만 무성하던 『스타 폭스2』 ········ 389쪽
슈퍼 패미컴 통신 모뎀 NDM24 ········ 390쪽
대전 매칭 서비스 『XBAND』 ········ 390쪽
발매 중지에서 부활 『나이트메어 버스터즈』 ········ 396쪽
비공인 소프트 ········ 402쪽
닌텐도 클래식 미니 슈퍼 패미컴 ········ 415쪽

● 갤러리

광고지 갤러리1 ········ 017쪽
광고지 갤러리2 ········ 151쪽
광고지 갤러리3 ········ 389쪽
광고지 갤러리4 ········ 396쪽
광고지 갤러리5 ········ 401쪽

본 서적의 표기 기준 등에 대해

- 다음과 같은 약칭을 사용할 수 있습니다. 패밀리 컴퓨터→FC, 게임보이→GB, 슈퍼 패미컴→SFC, PC엔진→PCE, 메가 드라이브→MD, 세가 새턴→SS, 플레이 스테이션→PS, 아케이드→AC.
- 출처가 불분명한 이야기나 진위가 확실하지 않은 정보는 기본적으로 게재를 보류했습니다. 또한 이 책에 기재된 타이틀, 발매일, 가격, 퍼블리셔는 모두 당시의 게임 잡지, 카탈로그, 광고, 광고지, 취급설명서를 참조한 독자 조사에 따른 것입니다.
- 개발사와 퍼블리셔가 다른 경우, 일부 예외를 제외하고 개발사와 퍼블리셔를 별도로 기재했습니다.
- 일부 퍼블리셔의 경우, 회사명보다 브랜드명을 우선한 사례도 있습니다.
- 가격은 당시 표기를 기준으로 했으므로 세금별도, 세금 포함 가격이 혼재되어 있습니다.
- 이 책에서 다루는 게임기, 소프트, 기타 상품은 개인 컬렉션을 촬영 및 스캔한 것입니다. 상태가 매우 나쁜 것은 영상의 일부를 가공, 수정한 경우도 있습니다.
- 이 책에서 다루는 게임기, 소프트, 기타 상품은 개인 컬렉션이지만 각종 권리는 각 개발사에 있고, 각 개발사의 상표 또는 등록상표입니다. 각 개발사로의 문의는 지양해주십시오.

슈퍼 패미컴

슈퍼 패미컴의 발자취

Super Famicom

참고문헌

- 『비디오 게임과 디지털 과학』(요미코 광고사 간행, 2004년)
- 『세가 VS. 닌텐도 - 신시장에서의 승리는 어디로!?』(쿠니모토 류이치 지음, 코우소보 간행, 1994년)
- 『닌텐도 걸리버 상법의 비밀』(우츠미 이치로 지음, 니혼 문예사 간행, 1991년)
- 『소니의 혁명아들』(아사쿠라 레이지 지음, IDG 커뮤니케이션즈 간행, 1998년)
- The 64DREAM 「슈퍼 패미컴 10주년 대특집」(2001년 1월호)
- AERA 「소니 VS. 닌텐도 CD-ROM을 둘러싼 전쟁」(1992년 12월 1일호)
- 닛케이 산업 신문 (니혼 케이자이 신문사)
- 패미컴 통신, 주간 패미통 (아스키)

패미컴의 후속 기기, 슈퍼 패미컴

슈퍼 패미컴의 탄생

FC로 가정용 게임 시장을 구축한 닌텐도는 1990년 11월 21일에 FC의 후속 기기『슈퍼 패미컴』을 발매했다. SFC는 1988년 11월에 발표되어 이듬해 7월에 발매될 예정이었지만, 닌텐도는 반도체 부족을 이유로 연기를 선언했다. 당시 GB와 해외용 FC『NES』의 판매가 호조여서 생산에 여력이 없었기 때문이라고 한다. 그 밖에도 닌텐도가 FC와 경쟁하지 않도록 시기를 조정했기 때문이라거나 개발이 늦어졌기 때문이라는 등의 다양한 억측이 있었다. 결국 실제 발매 시점은 최초 발표에서 2년 후가 된다.

거듭된 발매 연기는 결과적으로 라이벌 기종을 견제하게 되었고, 유저의 기대감을 높였다. 동시에 소프트 개발에 충분한 시간을 벌 수도 있었다. SFC의 초기 설계에서 FC용 어댑터도 검토했다고 한다. 하지만 닌텐도의 야마우치 사장은「슈퍼 패미컴을 살 사람은 패미컴을 이미 갖고 있다는 것을 전제로 한다」고 결론지으며 호환성을 없앴다.

슈퍼 패미컴 (1990년)

SFC의 그래픽 성능은 당시 판매되던 어떤 기종보다 출중해서 32,768색 중 256색 동시 표시가 가능했다. 또한 회전 · 확대 · 축소 기능, 모자이크 처리, 반투명, 다중 스크롤 기능 등을 탑재해서 FC를 압도했다. 또한 소니의 PCM 음원이 채용되어서 라이브 연주에 가까운 리얼한 사운드를 실현했다.

컨트롤러에 이르러서는『슈퍼마리오』의 아버지라 부를 수 있는 미야모토 시게루가 깊이 관여해서 FC의 기능성을 답습하면서 누구나 쓰기 쉽도록 둥그스름한 디자인이 채용되었다. 버튼은 종래의 A, B버튼에 더해 X, Y버튼이 추가되었고, 4가지 색깔로 도색되어 십자형으로 배치되었다. 측면에는 L, R버튼이 채용되어 다양한 게임에 대응하게 했다. 특히 컨트롤러 디자인이 훌륭해서, 이후의 가정용 게임기에도 큰 영향을 미쳤다.

카세트 삽입구에는 자동 개폐식 셔터가 부착되어, 전원 스위치가 들어간 상태에서는 롬팩을 꺼낼 수 없는 구조로 되어 있다. 그리고 전원의 온/오프 상태를 알 수 있도록 LED램프가 추가되어서 FC에 비해 크게 진화했다. 본체 색상은 GB와 NES처럼 화려하지 않은 회색으로, 가격은 3만 엔 이하로 계획했다. SFC의 최종 가격은 FC의 14,800엔보다 1만 엔 비싼 25,000엔으로 결정됐다.

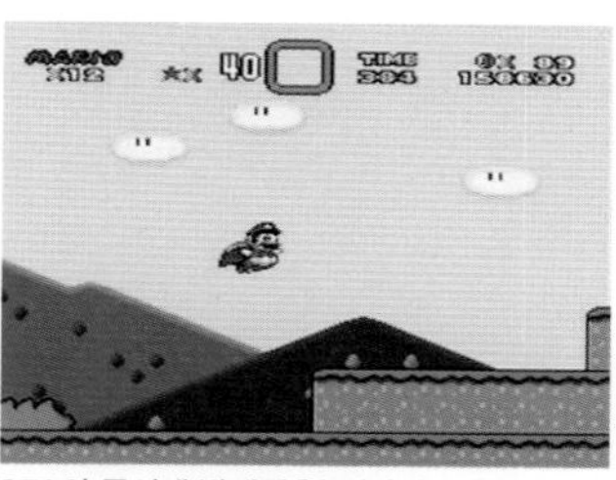

SFC와 동시에 발매된『슈퍼마리오 월드』(닌텐도 / 1990년)

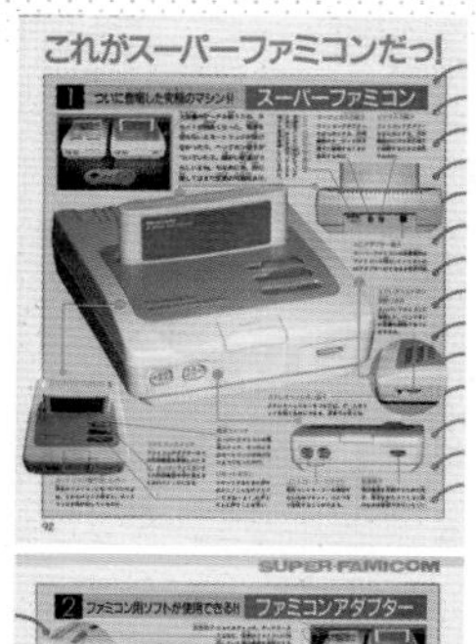

これがスーパーファミコンだっ!

1 ついに登場した究極のマシン!! スーパーファミコン

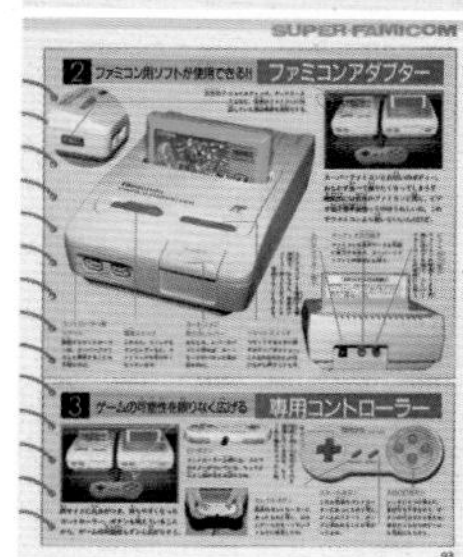

SUPER FAMICOM

2 ファミコン用ソフトが使用できる!! ファミコンアダプター

3 ゲームの可能性を限りなく広げる 専用コントローラー

SFC와 FC 어댑터의 시제품 소개 기사.『패미컴 통신』(1988년 12월 23일호)에서

인기 시리즈의 속편이 연이어 발매

본체와 동시 발매된『슈퍼마리오 월드』『F-ZERO』는 SFC의 새로운 기능을 충분히 활용한 소프트로 FC와의 차이를 보여줬다. 그리고 SFC 발매 후 1개월 반 사이에 서드파티의 소프트가 7개나 등장해서 타이틀 개수도 충실했다. FC의 후속 기기라는 이미지에 인기 시리즈의 속편과 서드파티의 소프트가 속속 발매되면서 SFC는 엄청난 기세로 팔려나갔다.

1991년 7월에는 FC의 대히트 RPG인 『파이널 판타지Ⅳ』(스퀘어)가 발매됐다. 스퀘어는 이른 시점부터 SFC 참가를 결정했고, FC판 『Ⅲ』의 발매 후에 곧바로 FC판 『Ⅳ』와 SFC판 『Ⅴ』의 개발 계획을 발표했다. 하지만 SFC판이 엄청난 기대를 모으면서 FC판 『Ⅳ』 개발을 중지하고 『Ⅴ』로 개발된 것을 『Ⅳ』로 발매했던 것이다. 그로부터 4개월 후인 1991년 11월에는 『젤다의 전설 신들의 트라이포스』(닌텐도)가 발매되어서 총 백만 개가 넘는 대히트를 기록했다.

발매 1년 반 만에 400만 대 이상 출하

1992년 아케이드에서 절대적 인기를 자랑하던 『스트리트 파이터Ⅱ』가 SFC에 이식되어, 발매일에는 각지에서 줄을 설 정도의 열기를 보였다. 아케이드에 가까운 이식이었지만 순정 컨트롤러로 하는 조작은 어려워서, 같은 시기에 발매된 조이스틱이 잘 팔렸다고 한다. 『스파Ⅱ』를 시작으로 대전 격투 게임이라 불리는 장르가 정착되었고, 이후 다양한 격투 게임이 등장했다.
그 밖에도 당시에는 생소했던, 마우스를 사용한 소프트 『마리오 페인트』(닌텐도)가 등장했고, 그 직후에는 SFC 사상 최대 출하량을 기록한 『슈퍼마리오 카트』(닌텐도)도 발매됐다. 또한 소설처럼 텍스트를 읽으면서 가상의 세계를 체험하는 사운드 노벨 『제절초』(춘 소프트 / 1992년)와 플레이할 때마다 지형과 아이템의 위치가 바뀌는 『톨네코의 대모험 이상한 던전』(춘 소프트 / 1993년) 등, 새로운 장르의 소프트가 속속 등장했다. 그리고 시리즈 최초의 SFC판 『드래곤 퀘스트Ⅴ』(에닉스 / 1992년)와 『파이널 판타지Ⅴ』(스퀘어 / 1992년)도 발매됐다. 아울러 역대 슈퍼마리오 시리즈 4개 타이틀을 수록한 『슈퍼마리오 컬렉션』(닌텐도 / 1993년)과 시리즈 2개 작품을 합친 『드래곤 퀘스트Ⅰ·Ⅱ』(에닉스 / 1993년) 등, FC의 리메이크 작품도 등장하면서 큰 인기를 모았다.
이렇게 신작 소프트가 끊임없이 발매되면서 SFC는 가정용 게임기 시장에서 타사를 압도했다. 본체 발매로부터 1년 반이 조금 안 됐을 시점에 400만 대 출하를 돌파했다. 하지만 게임의 표현력과 내용이 풍부해진 만큼 소프트 용량이 대폭 늘었다. ROM 카세트 가격은 1만 엔 가까이 급등했다.

3D 폴리곤 게임 『스타 폭스』

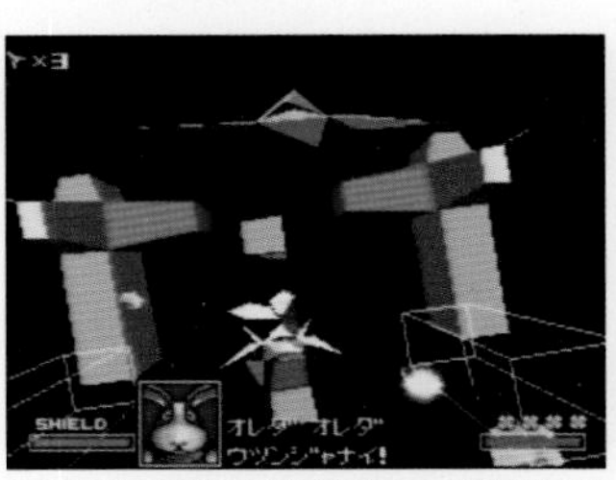

SFC에서 처음으로 3D 폴리곤을 구현한 『스타 폭스』(닌텐도 / 1993년)

대전 격투 게임의 기초를 다진 『스트리트 파이터Ⅱ』(캡콤 / 1992년)

1990년대 초, 아케이드에서는 2D를 대신할 새로운 표현 방식으로 3D 폴리곤을 주목했다. SFC 표준 기능으로는 불가능하다고 생각했던 3D 폴리곤이지만, ROM 팩에 3D 연산기능을 담은 특수 칩 「슈퍼FX 칩」을 추가하여 실현시킨 것이다. 슈퍼FX칩을 탑재한 제1탄 소프트 『스타 폭스』(닌텐도 / 1993년)는 SFC 에서 폴리곤을 표현해서 플레이어들을 놀라게 했다. 그 후에도 슈퍼FX칩은 『와일드 트랙스』(닌텐도 / 1994년)와 『요시 아일랜드』(닌텐도 / 1995년)에 적용되었다.
그 밖에도 처리 성능을 올린 「SA1」칩이 개발되어 『마벨러스』(닌텐도 / 1996년)와 『슈퍼마리오 RPG』(닌텐도 / 1996년) 등에 채용됐다. 게임은 도트 그래픽 중심에서 깊이가 있는 3D 폴리곤으로 진화했고, 플레이어와 게임 개발자들은 대용량에 값싼 CD-ROM에 대한 기대감을 높여갔다.

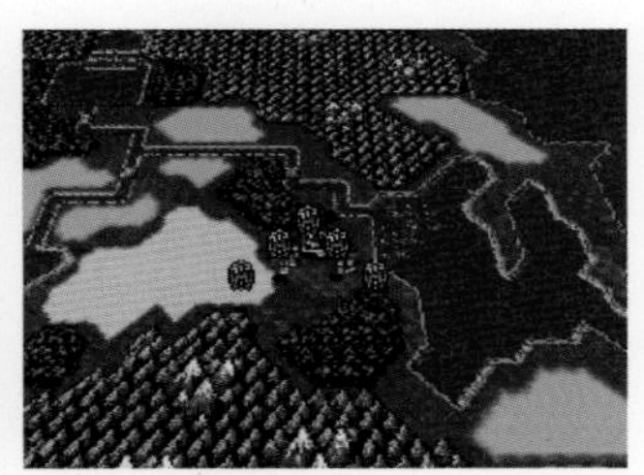
DQ와 함께 국민 RPG가 된 『파이널 판타지Ⅳ』(스퀘어 / 1991년)

전설의 닌텐도 플레이 스테이션

슈퍼 패미컴의 CD-ROM 구상

1989년 10월, 닌텐도는 소니와 함께 SFC용 CD-ROM 어댑터 개발을 시작했다. 개발 코드네임은 「PS-X(플레이 스테이션)」, 후에 PS의 원형이 되는 기기이다. 이 아이디어는 SFC용 음원 칩을 개발한 소니의 쿠타라기 켄(전 SCE 사장)이 닌텐도에 제안하는 것에서 시작된다. 당시 CD 미디어는 초기 단계라 음악CD가 겨우 보급되는 정도였다. 데이터 기록용 CD-ROM 분야는 NEC-HE가 PC엔진과 PC-8801에 채용하던 정도에 불과했다.

1990년이 되자 닌텐도와 소니 양사는 SFC에 접속 가능한 CD-ROM 어댑터는 닌텐도가, CD-ROM 드라이브를 내장한 SFC 호환기는 소니가 만든다는 것에 합의한다. 닌텐도의 야마우치 사장은 이 계획을 승인했고, 미국 닌텐도의 아라카와 사장도 '앞으로는 CD-ROM이 게임기의 주류가 될 것이다'라고 생각하고 있었다. 쿠타라기는 사무용 컴퓨터가 "워크" 스테이션이라고 불리는 것을 보고, 놀이용 컴퓨터니까 "플레이" 스테이션이라고 명명했다. 1단계에서는 닌텐도 게임을 중심으로 기기를 보급시키고, 2단계에서는 CD와 LD 플레이어와의 융합을 계획했다. 여기에 서드파티도 받아들여 출판과 교육 분야에 이르는 광미디어 보급을 목표로 했다. 1991년 5월, 소니는 미국 시카고의 가전 전시회 「CES(컨슈머 일렉트로닉스 쇼)」에서 플레이 스테이션의 시제품을 발표했다.

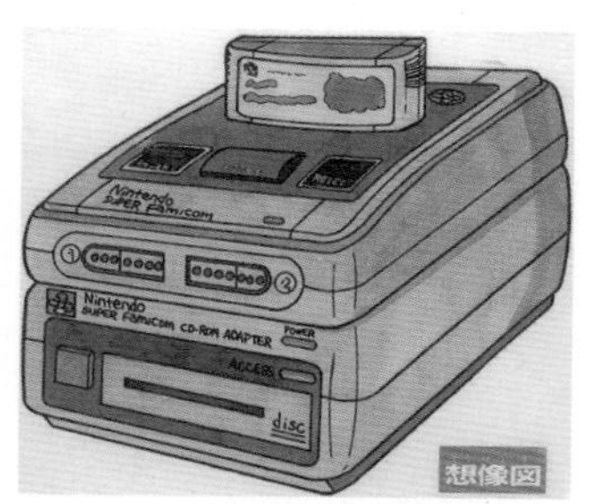

닌텐도의 SFC용 어댑터 예상도 (출처: 『슈퍼 패미컴 매거진 Vol.3 1992년 3월 27일호』 토쿠마 서점)

플레이 스테이션, 개발 중지로

하지만 이벤트 당일, 닌텐도는 소니와 같은 전시회장에서 네덜란드의 전자회사인 필립스와 SFC용 CD-ROM 어댑터를 개발한다고 발표했다. 소니 측에도 사전 통지되었지만 쿠타라기의 귀에는 들어가지 않았기 때문에, 그에게는 닌텐도의 발표가 "배신행위"로 보였던 것 같다. 닌텐도가 계약을 파기한 것은 소니에게 가정용 게임 시장을 빼앗길 가능성을 두려워했기 때문이라고 말하고 있다. 계약상 '소니는 하드웨어만 제공하고 소프트에는 손을 대지 않는다'라고 명시되어 있었지만, 실제로는 소니가 닌텐도의 허락 없이 시범용 소프트의 데모를 제작했고, 그것이 야마우치의 역린을 건드리고 말았다고 한다.

당시 SFC 소프트 개발 환경에는 소니의 32비트 워크 스테이션 「NEWS」가 사용되고 있었고, 양사의 관계는 양호했다. 하지만 소니는 계약 위반을 주장하며 몇 번이고 교섭을 시도하지만 실패한다. SFC용 음원 칩 공급은 계속됐지만 양사의 관계는 점차 악화되었다고 한다. 결과적으로 소송까지 가지 않은 것을 보면 서로에게 잘못이 있다고 보이지만 진상은 밝혀지지 않았다. 후일 야마우치는 일련의 사건에 관해 '소니와 어긋난 부분이 있었다'고 말했다.

그 후 쿠타라기가 독자적으로 개발을 진행했고, 1994년에 SCE(소니 컴퓨터 엔터테인먼트)에서 신생 『플레이 스테이션』이 탄생한다. 한편 닌텐도는 필립스와의 공동 개발도 최종적으로 파기되면서 SFC용 CD-ROM 드라이브가 세상에 나오는 일은 일어나지 않았다.

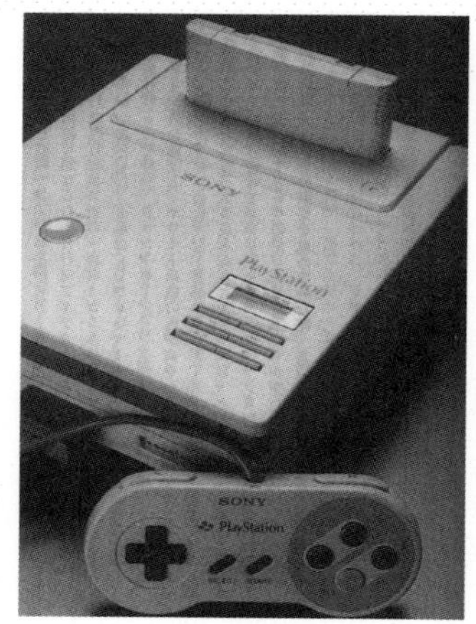

소니가 만든 SFC와 CD-ROM 드라이브 일체형 기기 『플레이 스테이션』 (출처: 『소니의 혁명아들』 IDG 커뮤니케이션즈)

우주에서 새로운 게임이 쏟아지는 사테라뷰

위성 데이터 방송, 슈퍼 패미컴 아워

닌텐도는 위성 디지털 라디오 방송국「센트 기가」에 출자해서 1995년 4월 23일 세계 최초 위성 데이터 방송 서비스「슈퍼 패미컴 아워」를 시작했다. 위성 방송이 나오는 환경이라면, SFC에 전용기기인『사테라뷰』를 꽂아두는 것만으로도 매일 자정부터 심야 2시까지 SFC 체험판과 BS 오리지널 게임, 유명인의 사운드 링크(음성 연동 방송) 게임 등을 무료로 즐길 수 있었다. 게임과 방송은 매일 갱신되어, 전국의 플레이어가 같은 시각에 시작해서 경쟁하는 대회도 치러지는 등, 사테라뷰는 인터넷 시대를 앞선 획기적인 기획이었다.

방송 당초에는 타모리와 개그콤비인 폭소문제, 하마사키 아유미, 이쥬인 히카루 같은 유명인의 라디오 음성 방송이 방송되었고,『타모리의 피크로스』『와리오의 숲 폭소 버전』등, 각 진행자를 소재로 한 게임,『요시의 파네퐁』『커비의 장난감 상자』등의 오리지널 게임도 방송되었다. 스퀘어와 에닉스, 아스키, 허드슨 같은 서드파티도 참가해서『BS 젤다의 전설』과『BS 드래곤 퀘스트 I』이 방송되는 등의 열기를 보여주었다. 하지만 유저 수가 정체 상태에 빠지면서 이듬해에는 규모가 축소되었다. 사테라뷰는 발매 1개월 만에 약 1만 3천 대, 반년 후에는 2~3만 대가 판매되었다고 하지만, 목표인 200만 대와는 거리가 멀었다.

서비스 축소에서 철수로

당초에는 통신 판매뿐이었지만, 95년 11월부터 점포에서도 판매를 시작했다. 보급에 힘을 쏟는 한편, 96년 3월에는 많은 방송이 종료되고 방송 개편과 방송 시간 조정이 계획됐다. 같은 해 6월, 닌텐도는 노무라 종합 연구소, 마이크로 소프트, 위성 데이터 방송과 인터넷을 통합한 사업으로 제휴했고, 98년에는 교세라와 디지털 위성 방송 비즈니스 참가를 발표했지만, 모두 철회했다. 99년 3월 31일, 방송 스폰서였던 닌텐도가 방송 사업에서 철수하면서 방송 시간이 축소된다. BS 오리지널 게임도 재방송만 남게 되었다.

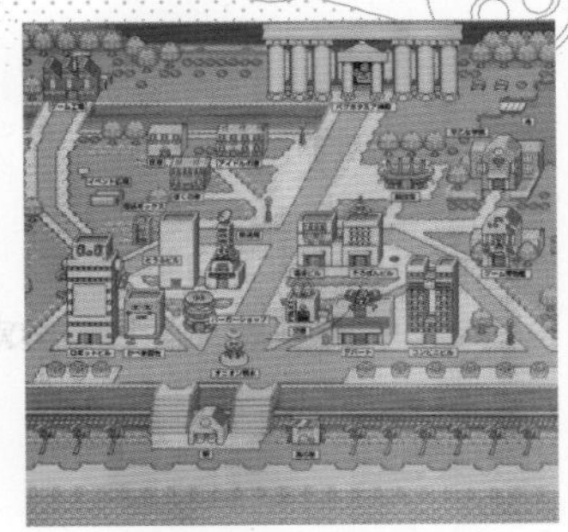
「이름을 도둑맞은 마을」의 전체 화면 (출처:『월간 사테라뷰 통신』 1995년 9월호)

센트 기가는「슈퍼 패미컴 아워」에서「센트 기가 위성 데이터 방송」으로 명칭을 변경해서 서비스를 계속했지만 2000년 6월 30일,『닥터 마리오』 방송을 마지막으로 서비스를 종료했다. 사테라뷰는 광고 매체로서 게임 평가와 신작을 예고하거나 게임 체험판에서 소프트 구입을 연결하는 등, 향후 네트워크 시대를 앞둔 닌텐도의 큰 도전이었다. 하지만 BS 안테나가 없으면 이용할 수 없었던 점과 판매 경로가 한정되었던 점, 적극적인 광고 활동이 이루어지지 않았던 점, SFC 시장이 쇠퇴하고 N64로 이동했던 점 등으로 인해서 닌텐도의 계획대로는 보급되지 않았다.

사테라뷰 시제품

캐릭터를 만들어서 마을 주민과 대화하고, 건물에 들어가면 서비스를 받을 수 있다.

사테라뷰 오리지널 타이틀『커비의 장난감 상자』(닌텐도 / 1996년)

슈퍼 패미컴 게임 데이터 다운로드 판매

NINTENDO POWER 서비스

SF 메모리 팩. 이 전용 카세트를 로손에 가지고 가서 다운로드 구매할 수 있었다.

NINTENDO POWER 공식 플레이 가이드북도 있었다.

1997년 12월 도쿄 도내의 편의점 로손 100개 점포에서 SFC 게임 데이터의 다운로드 서비스 'NINTENDO POWER(닌텐도 파워)'가 개시되었다. 이미 발매된 약 30개의 소프트에 더해, 다운로드 전용 소프트 『헤이세이 신 오니가시마 전후편』(닌텐도), 『동급생2』(반프레스토)라는 3개 타이틀을 발매했다.

'게임 키오스크' 구상에서 시작된 이 서비스는 스퀘어가 중심이 되어서 설립된 '디지큐브'에 대항한 서비스다. 디지큐브는 세븐 일레븐과 패밀리 마트 등의 편의점에서 게임 소프트를 처음 판매했다. 이에 대항해 닌텐도는 1998년 3월에 NINTENDO POWER를 전국 로손으로 확대했다. 기존 소프트도 100개 타이틀 이상이었고, 신작 소프트도 정기적으로 라인업 했다. 2000년 3월에는 GB 소프트에도 대응했다.

다운로드에 필요한 「SF 메모리 카세트」는 3,980엔. 이것을 로손에 가지고 가면 원하는 게임을 다운로드 구매할 수 있었다. 전국 로손에 설치된 「롭피(Loppi)」의 SFC 슬롯에 「SF 메모리 팩」을 꽂고 게임을 선택한 다음, 롭피에서 출력된 전표를 계산대에 들고 가면 판매원이 다운로드 작업을 해주었다. 작업시간은 5~10분 정도, 가격은 SFC 구작과 GB 신/구작이 1,000엔, SFC 신작이 2,000~3,000엔 정도였다.

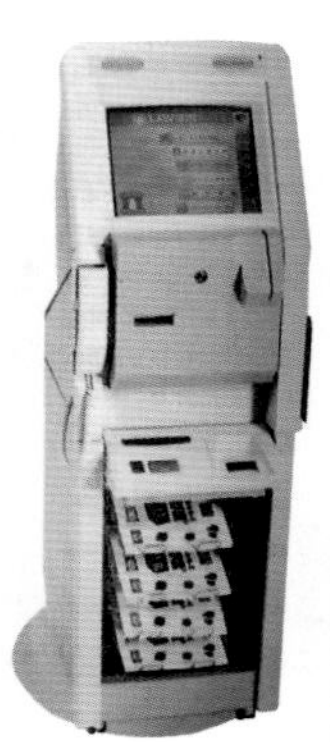
로손의 정보 단말기 「Loppi」. 다운로드 판매 기간에는 단말기 중앙에 SFC 전용 슬롯이 탑재되어 있었다.

서비스 침체와 종료

닌텐도는 기존 타이틀을 시작으로 다운로드 전용 타이틀을 확충시켜 나갔지만 SFC 시장 자체가 침체되었으므로 내리막길을 걸었다. 2002년 5월 31일에는 로손 점포에서의 서비스가 종료되었다. 그 후 닌텐도에서는 서비스가 계속되었지만, 2007년 2월 28일에 막을 내렸다.

SF 메모리 기동화면. 리스트에서 타이틀을 선택해서 플레이한다.

NINTENDO POWER는 이전의 패미컴 디스크 라이터를 연상시키는 다운로드 서비스였지만, 그 시절과는 다르게 내용에는 힘이 빠져 있었다. 서비스 개시가 SFC 발매 7년 후라는 점, 이미 PS와 SS 등 32비트 기기가 자리 잡았고, PS2와 닌텐도 게임큐브 같은 차세대 게임기가 개발 중이었던 점을 원인으로 들 수 있다. 하지만 당시에 한창 SFC를 플레이하던 유저 입장에서 간편하게 플레이할 수 있는 NINTENDO POWER는 매력적인 서비스였다.

다운로드 전용 타이틀
슈퍼 펀치 아웃!! (닌텐도)
패미컴 탐정 클럽 PARTII (닌텐도)
슈퍼 패미컴 워즈 (닌텐도)
닥터 마리오 (닌텐도)
Zoo(쭈)욱 마작! (닌텐도)
더비 스탈리온98 (닌텐도)
POWER 로드 런너 (닌텐도)
시작의 숲 (닌텐도)
피크로스 NP Vol.1~8 (닌텐도)
메탈 슬레이더 글로리 (닌텐도)
동급생2 (반프레스토)
슈퍼 패밀리 게렌데 (남코)
링에 걸어라 (메사이어)
환수여단 (악셀러)
위저드리 I·II·III (미디어 팩토리)
타마고치 타운 (반다이)
컬럼스 (미디어 팩토리)
그림 그리기 로직 1&2 (세카이 문화사)

슈퍼 패미컴 절정에서 퇴장까지

사상 최다 타이틀 수 기록

1994년에는 SFC 사상 최다인 370개 타이틀이 발매됐다. 경마 SLG 『더비 스탈리온2』(아스키)와 SFC에서 GB 소프트를 플레이할 수 있는 『슈퍼 게임보이』(닌텐도), 근대가 무대인 유니크 RPG 『MOTHER2』(닌텐도), 악마를 합체시키는 RPG 『진 여신전생2』(아틀라스), FF시리즈에서 파생된 『로맨싱 사가2』(스퀘어), 패미스타를 대신할 새로운 야구 게임 『실황 파워풀 프로야구'94』(코나미), J리그 개막과 함께 탄생한 축구 게임 『J리그 익사이트 스테이지'94』(에폭사) 등, 많은 인기 게임이 등장했다. 그리고 CD-ROM을 탑재한 32비트 게임기인 PS와 SS 등도 등장해서 게임 업계는 성황이었다.

닌텐도는 이들에 대항해 레어와 함께 개발한 『슈퍼 동키콩』을 투입한다. 이 게임은 SFC라고는 생각하기 힘든 치밀한 그래픽으로 300만 개가 팔려나가는 대히트작이 됐다. 1995년에는 『드퀘』의 호리이 유지와 『FF』의 사카구치 히로노부, 캐릭터 디자인에 토리야마 아키라가 참여해서 만든 꿈의 RPG 『크로노 트리거』가 발매되어 큰 화제를 모았다.

당시 최첨단 3D CG를 이용한 SFC 소프트 『슈퍼 동키콩』(닌텐도 / 1994년)

『NINTENDO64』 등장, 메인 하드에서 물러나다

PS와 SS가 판매량을 늘려가는 가운데, 닌텐도는 1996년에 스퀘어와 공동 개발한 『슈퍼마리오 RPG』를 발매했다. 같은 해 6월에는 고성능 64비트 기기 『NINTENDO64』를 발매해서 메인 하드의 자리를 넘겨주었다. 하지만 닌텐도64가 소프트 개발의 어려움으로 주춤한 사이, 닌텐도64를 대신해 SFC보다 약 1년 반 전에 발매된 GB가 『포켓몬 레드/그린』으로 숨을 돌리게 해주었다.

이런 상황에서 SFC의 타이틀 수는 전년도의 절반 이하로 줄었다. 연말에는 『드래곤 퀘스트 Ⅲ』(에닉스)의 리메이크판과 『슈퍼 동키콩3』(닌텐도) 등의 히트작이 등장했지만, 제1선에서는 물러나게 되었다. 그 사이에도 PS와 SS가 치열한 할인 경쟁을 펼쳤고, 닌텐도도 SFC 본체 가격을 25,000엔에서 9,800엔으로 대폭 할인했다. 닌텐도는 1만 엔을 넘었던 SFC 소프트에 대해서도, 서드파티의 위탁 생산 수수료를 인하하여 소프트 가격 인하를 유도했다.

거장들이 손을 잡고 개발한 『크로노 트리거』(스퀘어 / 1996년)

『NINTENDO64』는 당초에 『울트라64』(통칭 울트라 패미컴)라는 이름으로 발표되었다.

슈퍼 패미컴 말기

1998년 마지막 패키지 소프트(다운로드 타이틀 제외) 『별의 커비3』(닌텐도)와 『록맨 & 포르테』(캡콤)가 등장했다. 1999년 4월에는 NINTENDO POWER의 신작 타이틀로 『피크로스 NP』 시리즈가 2개월에 하나씩 발매됐다. 2000년 12월에는 SFC 10주년을 기념한 『메탈 슬레이더 글로리 디렉터즈 컷』이 등장했고, 이 작품을 끝으로 SFC 소프트 판매는 종료되었다. SFC 발매 13년째인 2003년 9월 30일, 부품 조달 곤란을 이유로 FC와 함께 본체 생산을 종료했다. 총 타이틀 수는 1,447개를 넘었고, 본체 누계 판매 대수는 1,717만 대(전 세계에서 4,910만 대) (※)에 달했다. 21세기에 들어서도 현역이었던 SFC는 고장이 잘 나지 않아서 폭넓은 층이 오랫동안 플레이하는 게임기로 사랑받고 있다.

※닌텐도 주식회사 : 업적/재무정보 〉게임 전용기 판매 실적
https://www.nintendo.co.jp/ir/finance/hard_soft/index.html

슈퍼 패미컴

● 발매일 / 1990년 11월 21일 ● 가격 / 25,000엔
● 메이커 / 닌텐도

압도적 표현력을 자랑하는 패미컴의 후속 기기

가정용 게임기를 세상에 뿌리내리게 한 패밀리 컴퓨터의 후속 기기. 8비트에서 16비트로 개선된 점은 매우 훌륭해서, 패미컴에서는 본 적이 없는 선명한 색상 사용이 가능해졌고 확대, 축소, 회전, 다중 스크롤 기능이 탑재되면서 표현력이 대폭 상승했다. 사운드 면에서도 극적인 진화를 이루어서 패미컴과는 차원이 다른 중후한 음악을 연주할 수 있었다.
명작의 속편은 물론 고품질의 오리지널 소프트도 차례차례 발매되었고, 여기에 패미컴의 브랜드 파워도 더해져서 슈퍼 패미컴은 순식간에 보급되었다. 8비트 기기 시장에 이어 16비트 시장도 닌텐도가 1등을 차지했다.

스펙

■ CPU / 리코 5A22 (65C816 기반, 최대 3.58MHz) ■ 메모리 / 메인 메모리 1M bit, 비디오 메모리 256k bit, 사운드 메모리 64k byte ■ 그래픽 / 그래픽 칩 "S-PPU"*2, 32,768색 중 256색 동시 발색, 해상도 288*224 / 512*224(오버스캔), 스프라이트 1화면 동시 128개 표시, 스프라이트 표시 사이즈 / 64×64도트 ■ 사운드 / 커스텀LSI "S-SMP", 스테레오 PCM 음원 8채널, 노이즈 1채널, 디지털 에코 기능

슈퍼 패미컴 주니어

● 1998년 3월 27일 ● 가격 / 7,800엔
● 메이커 / 닌텐도

본체 디자인이 슬림하게 변경된 염가판 SFC. 본체와 함께 컨트롤러가 1개 동봉되어 있다. 케이블 류는 SFC용을 이용할 수 있지만, S단자 케이블과 RGB 케이블을 사용할 수 없으며 사테라뷰에도 대응하지 않는다.

슈퍼 패미컴 박스

● 발매일 / 1993년 ● 가격 / 불명
● 메이커 / 닌텐도

시간제 SFC. 최대 5개의 소프트를 수용할 수 있으며(2개는 교환 가능), 메뉴 화면에서 소프트 선택이 가능하다. 주로 숙박업소 등에 설치되어서, 코인을 넣으면 일정 시간 플레이할 수 있는 기기이다.

SF1

● 1999년 12월 ● 가격 / 100,000엔 (14인치), 133,000엔 (21인치) ● 메이커 / 샤프

컨트롤러 이외의 케이블 류가 내부에 설치되어 깔끔한 디자인이 인상적인 SFC 내장 TV. S단자를 이용한 화질은 선명하고, 리모컨을 이용한 리셋 기능과 화면의 자글거림을 제어하는 게임 포지션이라는 특유의 설정도 있다. 단, 일부 비대응 소프트도 있다.

슈퍼 패미컴의 광고지

슈퍼 패미컴 Jr.의 광고지

사테라뷰

● 발매일 / 1995년 4월 1일 ● 가격 / 18,000엔
● 메이커 / 닌텐도

우주에서 새로운 게임이 내려왔다!

닌텐도와 BS 라디오 방송국 「센트 기가」가 제휴한, SFC용 위성 데이터 방송 서비스. 1995년 4월 23일에서 2000년 6월 30일까지 5년에 걸쳐 BS 오리지널 게임과 체험판을 배포, 라디오 음성 연동 게임 등을 「슈퍼 패미컴 아워(위성 데이터 방송)」에서 즐길 수 있었다. 마이 캐릭터를 조작해 마을주민과 대화하거나 건물에 들어가서 서비스를 받는 것 등은 참신했다. 본체는 1995년 2월경에 통신 판매로 배포되었고, 같은 해 11월 이후에는 일부 점포에서도 판매했다. 체험판과 오리지널 게임을 무료로 플레이한다는 것이 매력이지만 데이터 수신에는 BS 안테나, BS 튜너 등이 필요하기 때문에 체험했던 플레이어는 적었다고 한다.

■ 사운드 링크 게임 리스트

No.	타이틀	퍼블리셔	최초 배포일
1	BS 젤다의 전설	닌텐도	1995년 8월 6일
2	ALL JAPAN 슈퍼 봄블리스 CUP'S 95	B.P.S.	1995년 10월 4일
3	와이와이 Q	닌텐도	1995년 11월 1일
4	나그자트컵 사테라뷰 버스 토너먼트 BIG FIGHT	나그자트	1995년 12월 1일
5	모노폴리 강좌 보드 워크로 가는 길	불명	1995년 12월 3일
6	BS 마벨러스 타임 애슬레틱	닌텐도	1996년 1월 7일
7	BS 마벨러스	닌텐도	1996년 1월 7일
8	BS 드래곤 퀘스트 I	에닉스	1996년 2월 4일
9	BS 슈퍼마리오 USA 파워 챌린지	닌텐도	1996년 3월 31일
10	BS 풍래의 시렌 슬라라를 구하라	춘 소프트	1996년 4월 28일
11	BS 스프리건 파워드 프렐류드	나그자트	1996년 5월 26일
12	BS 스프리건 파워드	나그자트	1996년 5월 26일
13	타카라배 대 스모 위성 장소	타카라	1996년 6월 2일
14	사테라Q	닌텐도	1996년 7월 28일
15	BS 심시티 마을 만들기 대회	닌텐도	1996년 8월 4일
16	제1화 BS 시테라뷰배 더비 스타96 닌텐도 브리더즈컵 전국 마권 왕자 결정전	아스키	1996년 9월 1일
17	BS 목장 이야기 나의 목장 체험기	팩·인·비디오	1996년 9월 2일
18	BS 신 오니가시마	닌텐도	1996년 9월 29일
19	BS F-ZERO 그랑프리	닌텐도	1996년 12월 29일
20	BS 니치부츠 마작	일본 물산	1997년 1월 26일
21	BS 탐정 클럽 눈에 사라진 과거	닌텐도	1997년 2월 9일
22	BS 젤다의 전설 고대의 석판	닌텐도	1997년 3월 2일
23	BS 이하트보 이야기	헥터	1997년 3월 30일
24	배스 낚시 No.1 전국 토너먼트	HAL 연구소	1997년 4월 27일

사테라뷰 8M 메모리 팩

● 발매일 / 1995년 7월 ● 가격 / 5,000엔
● 메이커 / 닌텐도

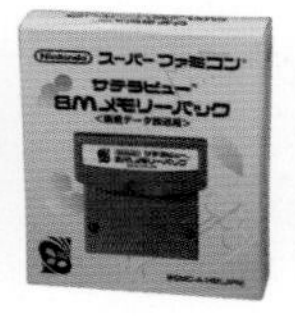

사테라뷰 전용 플래시 메모리. 수신한 데이터를 보존할 수 있다. 배포 소프트는 2Mbit, 4Mbit 이상이 많았기 때문에 용량이 넉넉하지 못했다. 사운드 링크(음성 연동) 게임은 일시 보존만 가능했다.

스크롤 핀업 걸

폭소문제 폭 스포

기동하면 「BS-X 그것은 이름을 도둑맞은 마을의 이야기」라는 게임이 매일 갱신된다. 맵 위의 건물 등에 들어가면 다양한 방송(영상, 텍스트, 음성)을 즐길 수 있었다.

No.	타이틀	퍼블리셔	최초 배포일
25	익사이트 바이크 붕붕 마리오 배틀	닌텐도	1997년 5월 11일
26	R의 서재	닌텐도	1997년 6월 1일
27	폭소문제의 돌격 스타 파이럿츠	닌텐도	1997년 6월 22일
28	사테라 워커	닌텐도	1997년 6월 29일
29	켄짱과 지혜 놀이	닌텐도	1997년 7월 13일
30	아동 조사단 마이티 포켓	닌텐도	1997년 9월 7일
31	BS 파이어 엠블렘 아카네이아 전기	닌텐도	1997년 9월 28일
32	욧짱과 지혜 놀이	닌텐도	1997년 12월 14일
33	BS 슈퍼마리오 컬렉션	닌텐도	1997년 12월 28일
34	BS Parlor! 파라!	일본 텔레넷	1998년 3월 1일

■ BS 오리지널 게임 리스트

No.	타이틀	퍼블리셔	최초 배포일
1	타모리의 피크로스	닌텐도	1995년 4월 23일
2	와리오의 숲 폭소 버전	닌텐도	1995년 4월 23일
3	크로노 트리거 스페셜판	스퀘어	1995년 4월 24일
4	유우키의 직소 키즈	불명	1995년 6월 1일
5	UNDAKE30 상어 거북 대작전	허드슨	1995년 6월 4일
6	RPG 쯔쿠르의 게임	아스키	1995년 7월 2일
7	피코피코 파이럿츠	센트 기가	1995년 8월 2일
8	사테라Q	닌텐도	1995년 8월 4일
9	와이와이 체크	호리 전기	1995년 8월 5일
10	카지노 니치부츠	일본 물산	1995년 10월 1일
11	KONAE짱의 두근두근 펭귄 가족	닌텐도	1995년 11월 1일
12	다이너 마이 트레이서	스퀘어	1996년 1월 27일
13	사랑은 밸런스	스퀘어	1996년 1월 27일
14	래디컬 드리머즈	스퀘어	1996년 2월 3일
15	트레저 컴플릭스	스퀘어	1996년 2월 10일
16	커비의 장난감 상자	닌텐도	1996년 2월 8일
17	데자에몽의 게임	아테나	1996년 2월 29일
18	RPG 쯔쿠르2 (제작 게임)	아스키	1996년 6월 30일
19	요시의 파네퐁 BS판	닌텐도	1996년 11월 3일
20	스페셜 티샤	닌텐도	1996년 12월 1일
21	Dr.마리오 BS판	닌텐도	1997년 3월 30일
22	개조정인 슈비빔맨 제로	메사이어	1997년 3월 30일
23	니치부츠 마작	닌텐도	1997년 4월 27일
24	BS F-ZERO2 프랙티스	닌텐도	1997년 6월 1일
25	쿠온파 BS판	T&E 소프트	1997년 6월 29일
26	마리오 페인트 BS판	닌텐도	1997년 8월 3일
27	9월 밤에 장기 묘수풀이	보톰 업	1997년 8월 31일
28	스테 핫군 BS 버전	닌텐도	1997년 11월 23일
29	골프 사랑해! O.B.클럽	메사이어	1997년 11월 23일
30	사테라 de 피크로스	닌텐도	1997년 11월 30일
31	패널로 퐁 이벤트'98	닌텐도	1997년 12월 28일
32	Let's 파친코 엄청난 은구슬	일본 텔레넷	1998년 2월 1일
33	슈퍼 패미컴 워즈 BS판	닌텐도	1998년 3월 1일
34	Zoo욱 마작! 이벤트 버전	닌텐도	1998년

■ 참고 문헌, 사이트
「패밀리 컴퓨터 Magazine」 (토쿠마 서점)
「패미컴 통신」 (아스키)
「주간 패미통」 (엔터 브레인)
「패미 마가64」 (토쿠마 서점)
「월간 사테라뷰 통신」 (아스키)
사테라뷰 연구소
https://god-bird.net/research/satellaview.html

이름을 도둑맞은 마을

위성 데이터 방송으로 주민과의 대화 내용이 순차적으로 갱신됐다.

BS 젤다의 전설 (닌텐도)

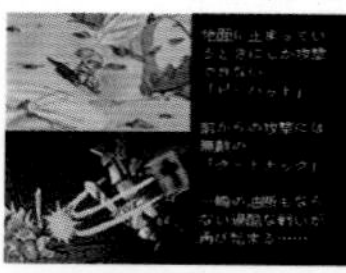

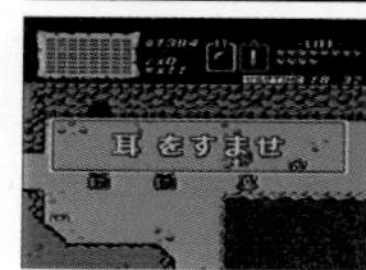

BS 드래곤 퀘스트 I (에닉스)

사랑은 밸런스 (스퀘어)

래디컬 드리머즈 (스퀘어)

BS 탐정 클럽 (닌텐도)

직소 키즈

와리오의 숲 또다시

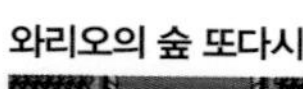
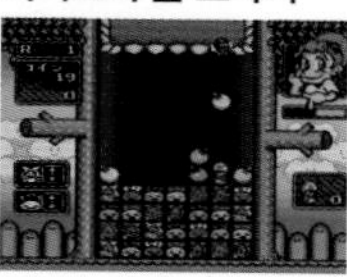

타모리의 피크로스

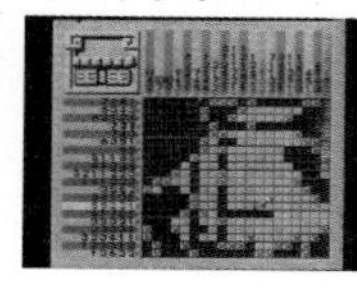

요시의 파네퐁

슈퍼 패미컴

1990년

Super Famicom

Nintendo
SUPER Famicom

F-ZERO

● 발매일 / 1990년 11월 21일 ● 가격 / 7,000엔
● 퍼블리셔 / 닌텐도

1/100초의 시간에 목숨을 거는 타임 어택이 뜨겁다

SFC 본체와 동시 발매된 런칭 타이틀로, 플레이어에게 탁월한 하드 성능을 선보였다. 장르는 레이싱 게임이지만, 플레이어의 차량은 공중에 부유한 호버 타입이며 미래 세계에서의 레이스가 그려진다. 게임은 그랑프리와 연습 모드가 있다. 차량은 4종 중에서 선택할 수 있고, 코스에는 점프대가 있어서 그것을 이용하면 지름길로 갈 수 있다.
그랑프리 모드도 재밌지만 타임 어택이 매우 흥미로운 게임으로, 하나의 코스를 극한까지 파고드는 플레이어가 많았다. 발매일로부터 30년 가까이 지났지만 지금도 기록이 계속 갱신되고 있다.

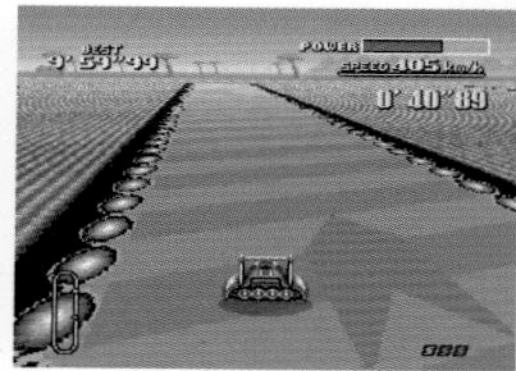

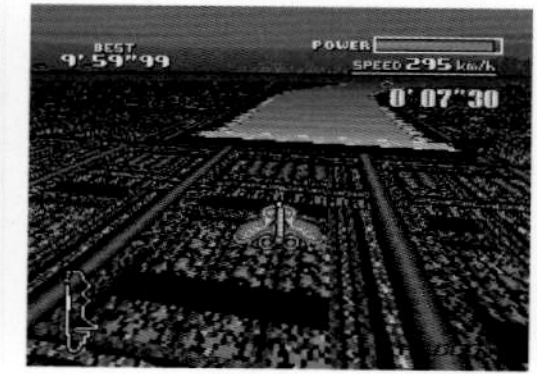

슈퍼마리오 월드

● 발매일 / 1990년 11월 21일 ● 가격 / 8,000엔
● 퍼블리셔 / 닌텐도

모두가 사랑하는 마리오가 새로운 하드와 함께 돌아왔다

『F-ZERO』와 같은 SFC의 런칭 타이틀로 일본에서 350만 개 이상이 판매된 킬러 소프트이다. FC의 『슈퍼마리오 브라더스』 시리즈에 이은 작품이며 그와 동일한 사이드뷰 액션이다. 전작처럼 맵 위에서 선택한 에어리어를 진행하고, 골 지점에 도달하면 클리어가 된다.
파워업 아이템으로 새롭게 망토 깃털이 등장하는데 그것을 얻으면 공중에서 특수한 액션이 가능하다. 본작에서 처음 등장한 요시는 인기 캐릭터가 되어 후에 주인공이 되는 작품도 발매되었다. 폭넓은 층에게 사랑받는 명작이며 SFC 보급에 큰 공헌을 했다.

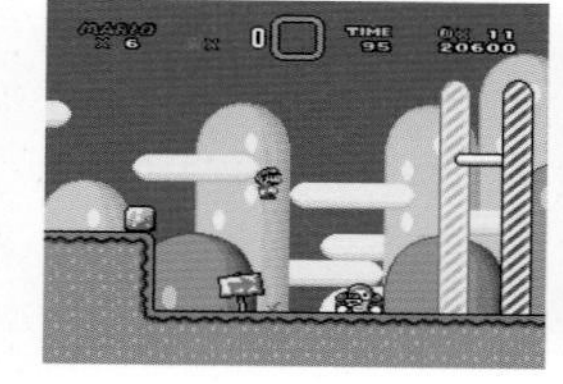

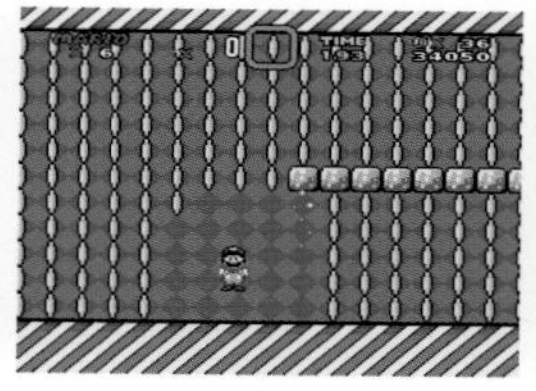

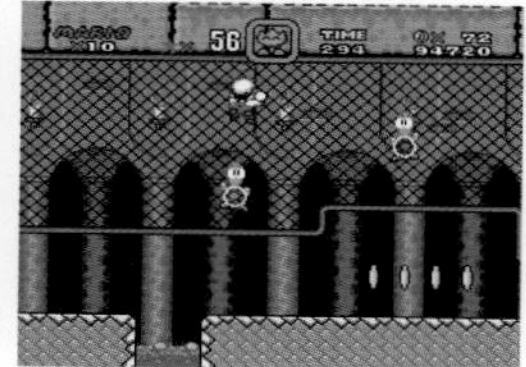

액트 레이저

● 발매일 / 1990년 12월 16일 ● 가격 / 8,000엔
● 퍼블리셔 / 에닉스

마을을 발전시키면 주인공이 강해진다

퀸텟이 개발하고 에닉스가 발매한 사이드뷰 액션 게임으로, 특이한 시스템이 인기를 끌었다. 액션 모드와 크리에이션 모드를 교대로 플레이하는데, 크리에이션 모드는 샌드박스형 육성 시뮬레이션으로 되어 있다. 하지만 크리에이션 모드로 마을을 발전시켜서 주인공을 강화시킬 수 있기 때문에 단순히 덤으로 주어지는 역할이 아니라 주인공의 전투를 보좌하는 역할이다.

신과 마왕의 전투라는 장대한 배경이 만들어내는 스토리가 호평받았고, 코시로 유조가 담당한 음악도 게임을 즐겁게 해준다. SFC 초기를 대표하는 명작이라 할 수 있다.

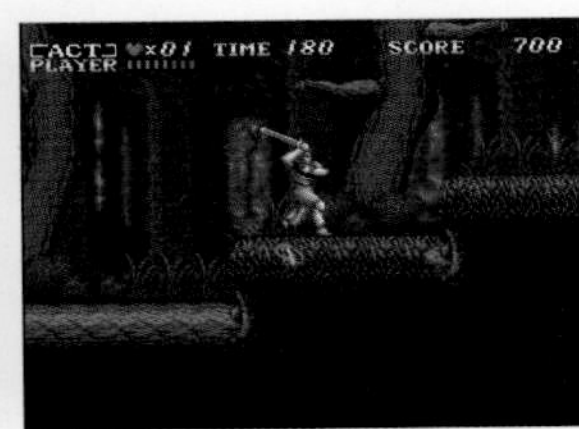

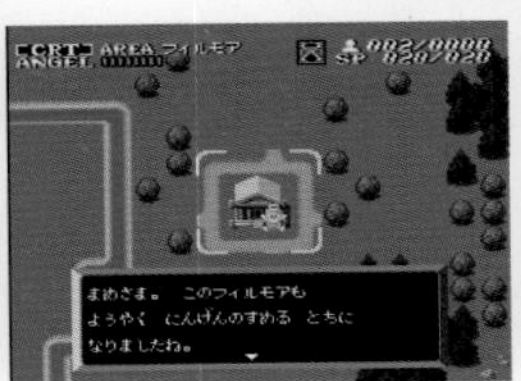

그라디우스III

● 발매일 / 1990년 12월 21일 ● 가격 / 7,800엔
● 퍼블리셔 / 코나미

아케이드판과 비교해도 손색없는 그래픽과 게임성을 실현

코나미가 개발한 아케이드용 횡스크롤 슈팅 게임 『그라디우스III 전설에서 신화로』를 SFC로 이식한 작품으로, 하드 성능에 맞춰서 어레인지되었다. 플레이어 기체의 파워업 게이지와 에디트가 변경되어서 아케이드 버전보다 쉬워졌다는 점이 눈에 띈다.

언뜻 보면 아케이드판과 구별이 안 될 정도로 그래픽이 아름답고, 게임성도 거의 그대로 재현되어 있다. 가정용 게임기와 아케이드용 기판의 차이가 확연하게 줄어들었다는 것을 실감하게 해준 게임이었다. 처리 지연이 심한 게임으로 유명하지만, 그 부분이 난이도 하락에 한몫 했던 것도 사실이다.

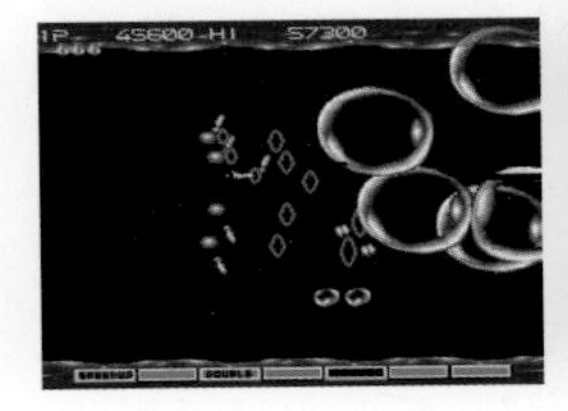
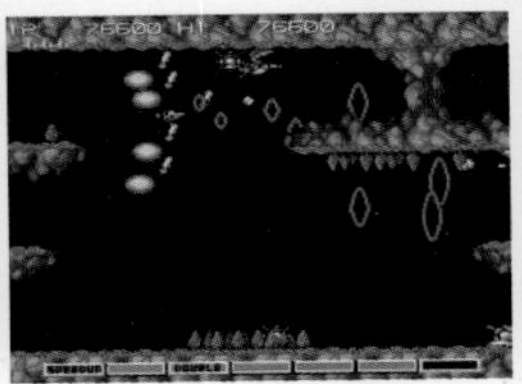
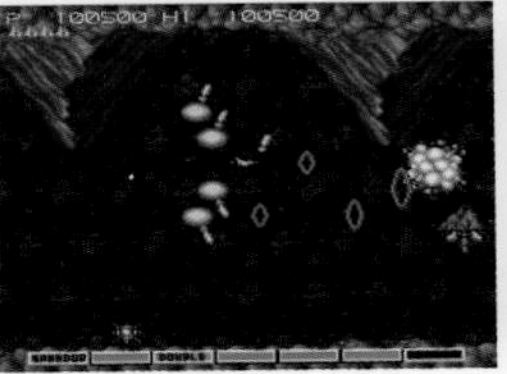
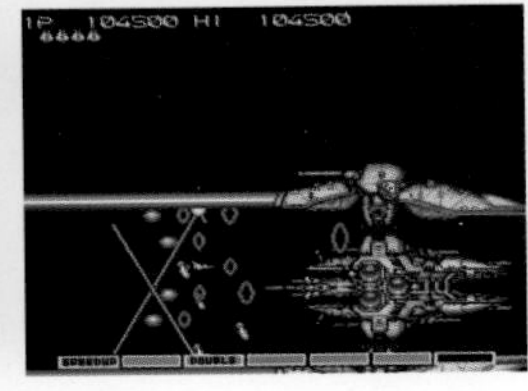

봄브잘

●발매일 / 1990년 12월 1일 ●가격 / 6,500엔
●퍼블리셔 / 켐코

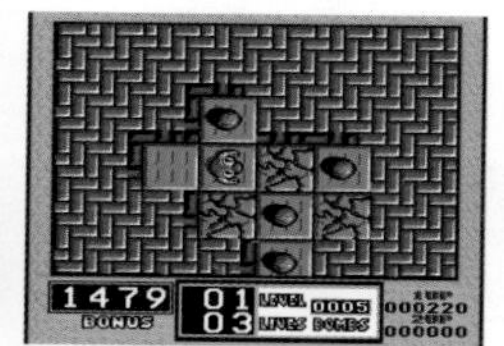
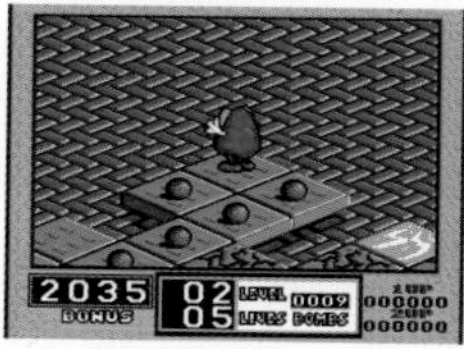

맵 위에 있는 폭탄(봄버)을 처리해나가는 SFC의 첫 퍼즐 게임. 공 모양의 적 캐릭터가 출현하는데 적에게 닿으면 실패다. 또한 폭풍에 휘말리거나 제한 시간이 끝나도 실패다. 화면 표시는 2D와 3D 중에서 선택할 수 있다. 해외 PC게임의 이식작으로 총 130스테이지가 준비되어 있다.

포퓰러스

●발매일 / 1990년 12월 16일 ●가격 / 8,800엔
●퍼블리셔 / 이머지니어

플레이어가 신이 되어서 인간을 이끌어 번영시키고, 적대하는 민족(악마)을 멸망시키는 것을 목적으로 하는 시뮬레이션 게임. 신은 직접 손을 댈 수 없으며, 지면을 형성해서 마을을 세우거나 지진과 화산 등 "기적"을 일으켜서 목적을 이루어나간다. 해외 PC게임의 이식작이다.

파일럿 윙스

●발매일 / 1990년 12월 21일 ●가격 / 8,000엔
●퍼블리셔 / 닌텐도

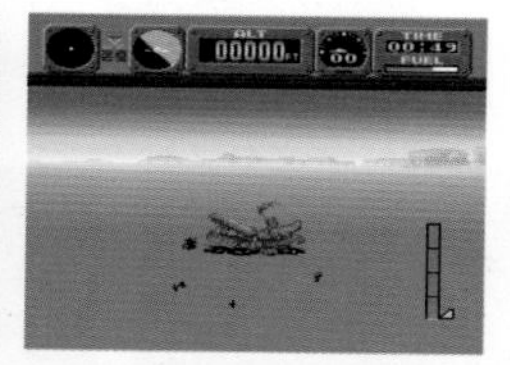
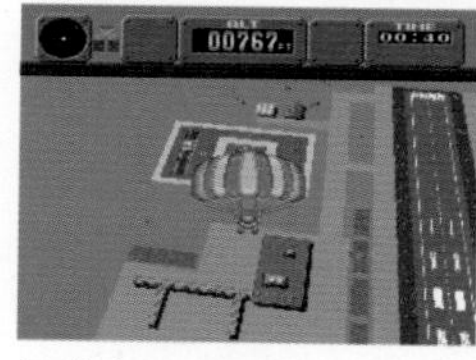
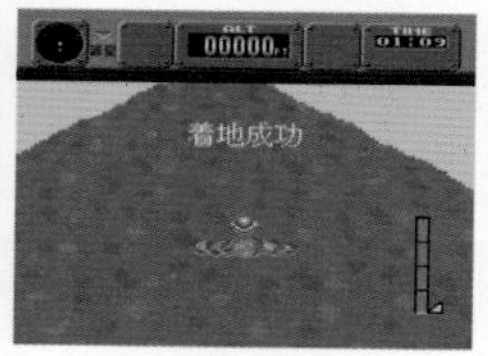

플라이트 스쿨에 들어가서 교관의 지시에 따라 경비행기(라이트 플레인), 행글라이더, 스카이다이빙, 로켓 벨트라는 4개 종목에서 합격점(라이선스)을 따는 것을 목표로 하는 스카이 스포츠 시뮬레이션 게임. 느낌이 다른 비밀 스테이지가 있다.

파이널 파이트

●발매일 / 1990년 12월 21일 ●가격 / 8,500엔
●퍼블리셔 / 캡콤

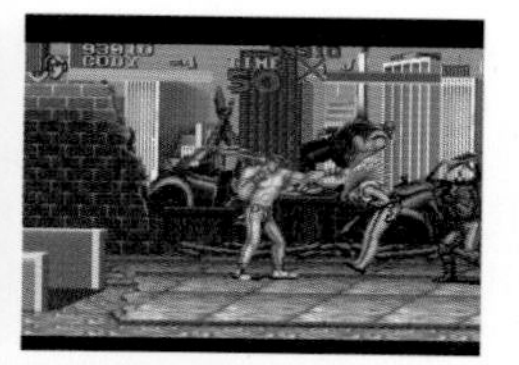

유괴당한 미녀를 구출하기 위해 미녀의 아버지인 시장이나 연인 중에 한 명을 골라서 흉악한 범죄 집단과 맞서는 횡스크롤 격투 액션 게임. 펀치, 킥, 던지기와 쇠파이프 등을 사용한 템포가 좋은 공격과 함께 개성 있는 적 보스가 인기를 모았다. 아케이드의 이식작이다.

SD 더 그레이트 배틀 새로운 도전

●발매일 / 1990년 12월 29일 ●가격 / 8,200엔
●퍼블리셔 / 반프레스토

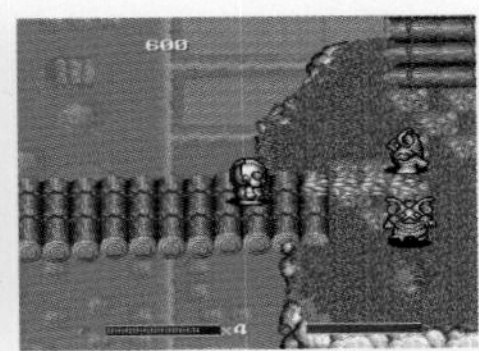

SD캐릭터인 히어로(가면라이더 1호, 울트라맨, 건담 등)를 조작해서 괴수와 괴인, 오리지널 캐릭터인 적 조직을 무찌르는 탑뷰 액션 게임. 각 캐릭터 고유의 필살기가 있고, 피그몬처럼 아군이 되는 적 캐릭터도 있다. 반프레스토의 첫 번째 SFC 작품이다.

북미판 슈퍼 패미컴 『SNES』

해외판 슈퍼 패미컴의 정식 명칭은 『Super Nintendo Entertainment System』. 주로 북미에서 유통됐고, 일본 국내판과는 본체와 팩의 생김새가 다르며 호환성은 없다. 둥그스름한 디자인이 외국인 취향이 아니라고 판단해 외관이 달라졌다고 한다. 유럽판은 일본 국내판과 거의 동일하다.

SNES 본체

SNES 전용 팩

광고지 갤러리

『슈퍼마리오 월드』

『F-ZERO』

『슈퍼 메트로이드』

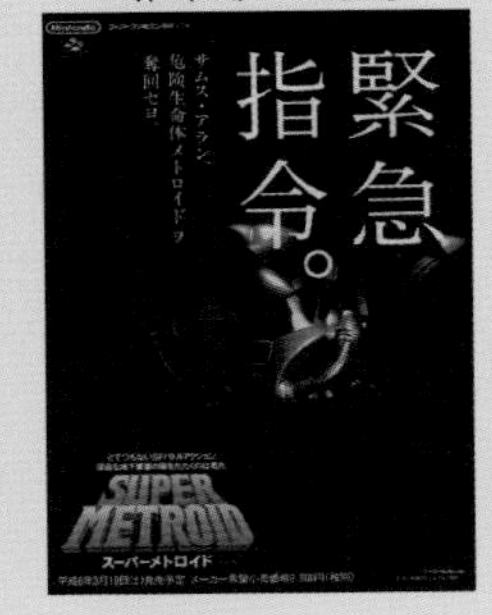

『파이어 엠블렘 문장의 비밀』

『파이널 판타지Ⅴ』

『반숙영웅 아아, 세계여 반숙이 되어라…!!』

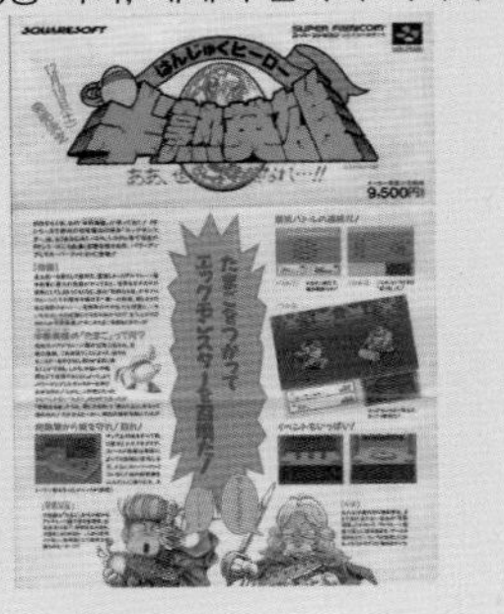

슈퍼 패미컴 밀리언 타이틀 (일본 국내)

일본 국내에서만 밀리언을 달성한 타이틀은 총 29개. 그중 트리플 밀리언이 4개, 더블 밀리언이 8개이다. 닌텐도의 강세가 눈에 띄고 『슈퍼마리오』 관련 작품이 다수 랭크되어 있다. 『슈퍼 동키콩』 시리즈도 모든 작품이 밀리언을 달성했다.

또한 일본 2대 RPG인 『DQ』와 『FF』가 강세를 보여, 거의 모든 타이틀(『FF Ⅳ 이지 타입』 제외)이 밀리언을 달성했다. 특히 『DQ』는 리메이크판까지 밀리언을 달성했다. 『성검전설2』 『로맨싱 사가(2 · 3)』 역시 밀리언을 달성했다. 당시에 스퀘어 작품이 사랑받았음이 여실히 증명된다.

『스파Ⅱ』 시리즈도 세 작품이 밀리언을 달성했다. 첫 작품은 트리플 밀리언을 눈앞에 두는 경이적인 기록을 남겼다. 또한 『초무투전』도 두 작품이 랭크되었다. 당시엔 대전 격투 붐이 절정이었으며, 배틀 만화의 걸작 『드래곤볼』과의 상성도 발군이었기 때문이다.

1위

『슈퍼마리오 카트』

382만 개

2위

『슈퍼마리오 월드』

355만 개

3위

『드래곤 퀘스트Ⅵ 환상의 대지』

320만 개

4위

『슈퍼 동키콩』

300만 개

슈퍼 패미컴에서는 총 4개의 트리플 밀리언이 탄생했다.

슈퍼 패미컴 밀리언 타이틀 일람 (일본 국내)					
1	슈퍼마리오 카트	382만 개	16	성검전설2	150만 개
2	슈퍼마리오 월드	355만 개	17	슈퍼마리오 RPG	147만 개
3	드래곤 퀘스트Ⅵ 환상의 대지	320만 개	18	드래곤볼Z 초무투전	145만 개
4	슈퍼 동키콩	300만 개	19	파이널 판타지Ⅳ	140만 개
5	스트리트 파이터Ⅱ	290만 개	19	드래곤 퀘스트Ⅲ 그리고 전설로…	140만 개
6	드래곤 퀘스트Ⅴ 천공의 신부	280만 개	21	로맨싱 사가3	130만 개
7	파이널 판타지Ⅵ	250만 개	22	슈퍼 스트리트 파이터Ⅱ	129만 개
8	파이널 판타지Ⅴ	240만 개	23	드래곤볼Z 초무투전2	120만 개
9	슈퍼 동키콩2 딕시&디디	221만 개	23	드래곤 퀘스트 Ⅰ · Ⅱ	120만 개
10	슈퍼마리오 컬렉션	212만 개	23	더비 스탈리온Ⅲ	120만 개
11	스트리트 파이터Ⅱ 터보	210만 개	26	젤다의 전설 신들의 트라이포스	116만 개
12	크로노 트리거	200만 개	27	로맨싱 사가2	110만 개
13	요시 아일랜드	177만 개	27	더비 스탈리온96	110만 개
13	슈퍼 동키콩3 비밀의 클레미스섬	177만 개	27	별의 커비 슈퍼 디럭스	110만 개
15	슈~퍼~ 뿌요뿌요	170만 개			

※ 해당 페이지에 게재된 데이터는 『2019 CESA 게임 백서』(일반 사단법인 컴퓨터엔터테인먼트협회 간행)를 기준으로 했다.
※ 상기 데이터는 일본 국내에서의 출하 수량이다.

슈퍼 패미컴

1991년

Super Famicom

심시티

● 발매일 / 1991년 4월 26일 ● 가격 / 8,000엔
●퍼블리셔 / 닌텐도

마을을 키워나가는 육성 시뮬레이션의 걸작

PC로 발매됐던 샌드박스형 육성 시뮬레이션 게임을 SFC로 이식했다. 도시를 발전시켜서 인구를 늘려가는 것이 게임의 목적이지만, 일반 모드에서는 명확한 목표가 없다. 시장으로서 자유로운 마을 만들기를 즐길 수 있다는 것이 이 작품의 묘미다. 반면 시나리오 모드에서는 명확한 목적이 있고, 이미 마을이 어느 정도 완성된 상태에서 시작한다. 어떤 모드든 시스템은 완전히 동일하지만 플레이하는 감각은 꽤 다르다.
도시에는 주택지, 상업지, 공업지를 균형 있게 배치해야 하고 치안과 재해, 교통체증도 신경 써야 한다. 힘들지만 재미있게 즐길 수 있는 게임이다.

파이널 판타지Ⅳ

● 발매일 / 1991년 7월 19일 ● 가격 / 8,800엔
● 퍼블리셔 / 스퀘어

발매 전부터 인기가 치솟아 히트가 보장됐던 초대작

스퀘어를 대표하는 인기 RPG 시리즈의 네 번째 작품. 새로운 시스템을 도입하는 등, 새로운 하드에 거는 개발사의 의지가 엿보이는 의욕적인 작품이다. 주목할 점은 액티브 타임 배틀이라 명명된 전투인데, 커맨드 입력식이지만 적과 아군이 리얼타임으로 행동한다는 구조를 갖고 있다. 지구를 벗어나 달까지 간다는 장대한 시나리오와 다양한 캐릭터가 파티에 들어오고 나가는 모습은 『FF II』를 떠올리게 했다.
발매 전부터 화제가 되었고 품절이 될 정도로 폭발적인 히트를 기록했다. 또한 서드파티 최초의 밀리언셀러가 되었다는 점도 의미가 있다.

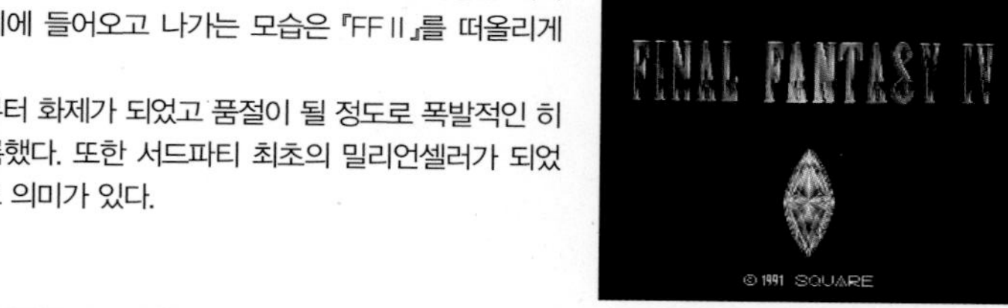

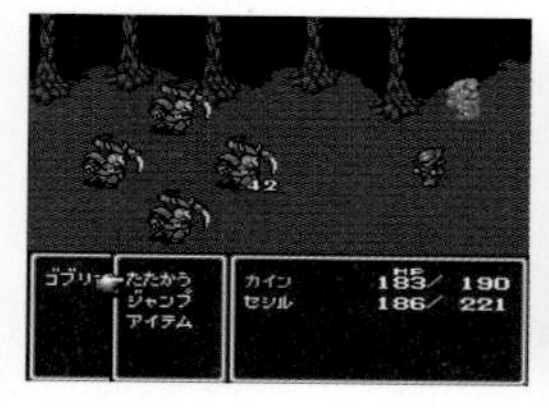

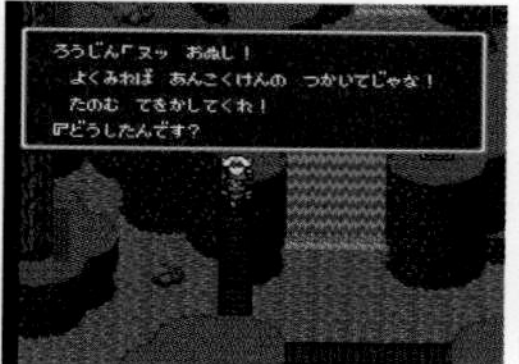

초마계촌

● 발매일 / 1991년 10월 4일 ●가격 / 8,500엔
● 퍼블리셔 / 캡콤

시리즈 최초로 가정용 하드 전용으로 제작

캡콤에서 발매되던 인기 횡스크롤 액션 게임의 세 번째 작품으로, 아케이드 이식작이 아니라 완전한 신작이다. 주인공 아서를 조작해서 공주를 구출한다는 친숙한 스토리이면서도 2단 점프와 청동 갑옷 같은 새로운 시스템이 탑재되어 있다.
기본적인 게임성을 계승했으며 투척형 무기와 한 번의 피격으로 팬티 차림이 되는 주인공 등, 마계촌 시리즈의 기본 구성은 확실하게 남아 있다. 원래 난이도가 높은 시리즈로 알려져 있지만 이 작품 역시나 쉽지는 않다. 엔딩을 보기 위해서는 2회차 클리어가 필요한 것도 여전하다.

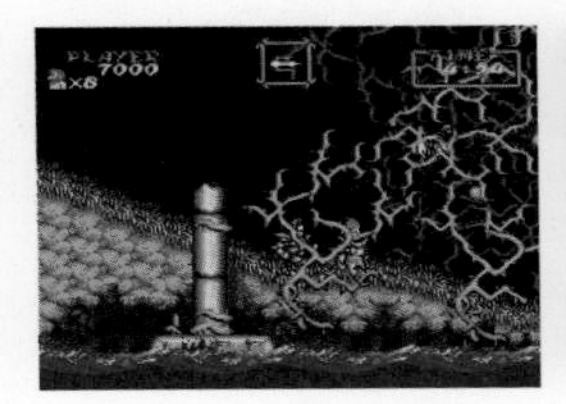

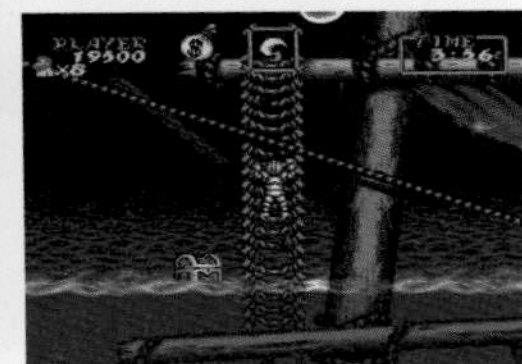

젤다의 전설 신들의 트라이포스

● 발매일 / 1991년 11월 21일 ● 가격 / 8,000엔
● 퍼블리셔 / 닌텐도

그래픽이 대폭 강화되어 다채로운 액션이 가능해졌다

1991년 말 화제를 모았던 초대작. 젤다의 전설은 FC의 디스크 시스템으로 발매되어 닌텐도를 대표하는 시리즈가 되었는데, 이 작품은 두 번째인 『링크의 모험』으로부터 5년 후 발매되었다. 탑뷰 액션 어드벤처 게임으로 퍼즐과 전투를 즐길 수 있다. 기본적인 검과 방패뿐 아니라 다양한 서브 아이템을 구사해서 적을 쓰러뜨리거나 장치를 해제해나간다. 본작은 첫 작품처럼 탑뷰 형식으로 돌아왔고 볼륨도 대폭 늘었다. SFC 세 번째 밀리언셀러가 되어 킬러 소프트 역할을 했으며, 이후 시리즈로 이어지는 걸작으로 플레이어의 평가가 높다.

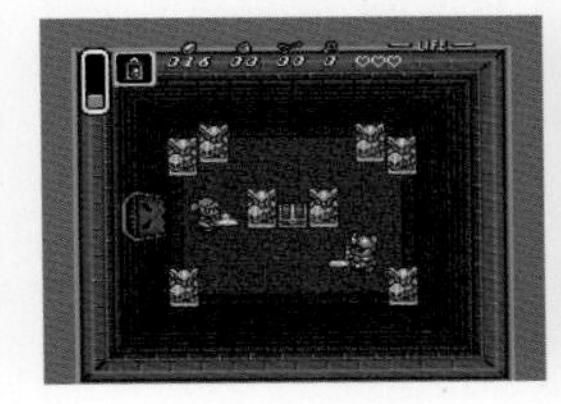

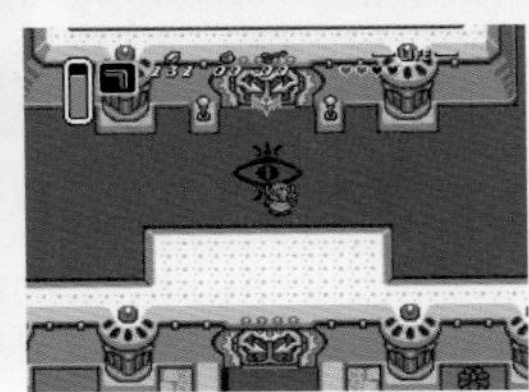

점보 오자키의 홀인원

● 발매일 / 1991년 2월 23일 ● 가격 / 8,900엔
● 퍼블리셔 / HAL 연구소

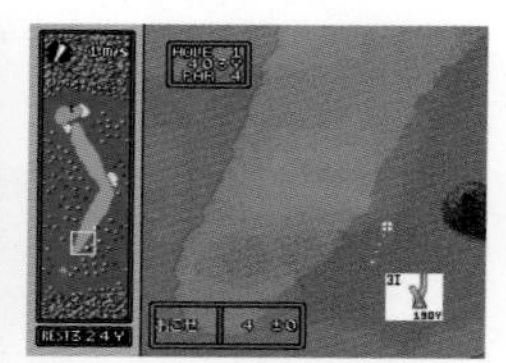
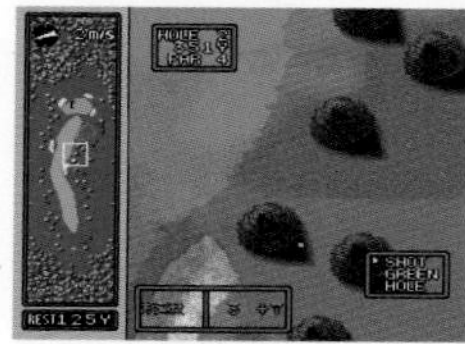
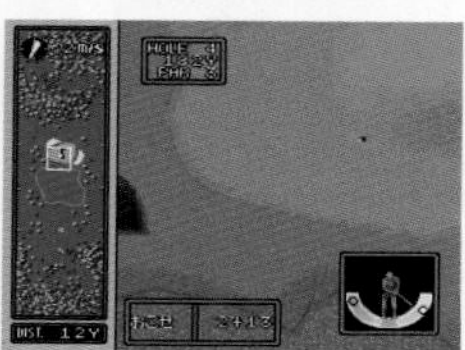

프로 골퍼 점보 오자키가 감수한 골프 게임으로 코스는 3D로 표시된다. 「스트로크」「토너먼트」「매치 플레이」 등 6개의 모드가 있고 점보 오자키와 대전하는 것뿐 아니라 어드바이스를 들을 수도 있다. FC판도 존재한다.

빅 런

● 발매일 / 1991년 3월 20일 ● 가격 / 8,700엔
● 퍼블리셔 / 자레코

아케이드에서 이식된 3D 레이싱 게임으로 파리다카르 랠리를 소재로 했다. 스폰서 계약부터 자동차, 부품, 스태프를 모아서 레이스에 참가하고, 부품 소모 등을 계산해서 변화가 많은 스테이지를 데미지를 줄이면서 완주하는 것이 목표이다.

다라이어스 트윈

● 발매일 / 1991년 3월 29일 ● 가격 / 8,500엔
● 퍼블리셔 / 타이토

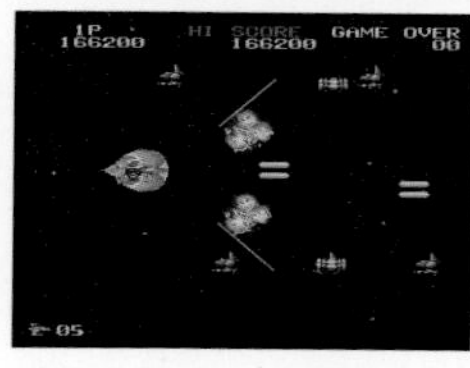
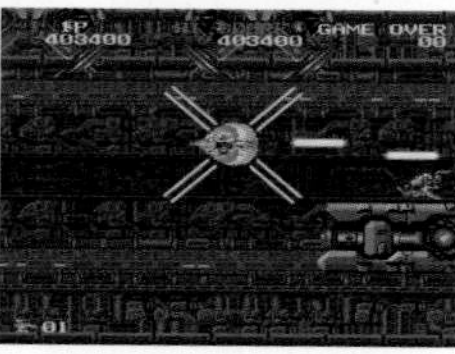

심해어 등 바다 생물을 모델로 한 적 캐릭터가 등장하는 횡스크롤 슈팅 게임. 타이토의 첫 SFC 작품으로 2인 동시 플레이가 가능하다. 좋아하는 루트를 선택할 수 있고 진행한 루트에 따라 엔딩이 다르다. 아케이드 이식작이지만 사양이 꽤 변경되었다.

머나먼 오거스타

● 발매일 / 1991년 4월 5일 ● 가격 / 9,800엔
● 퍼블리셔 / T&E 소프트

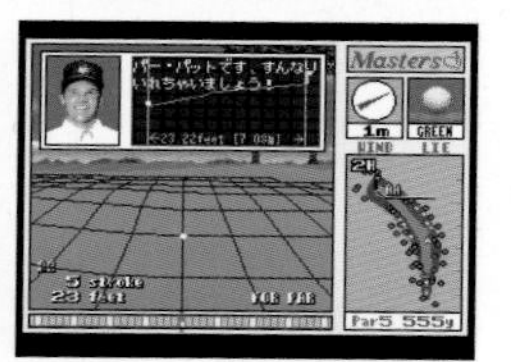

골프의 메이저 선수권 중 하나인 '마스터즈 토너먼트'의 대회장으로 유명한 「오거스타 내셔널 골프 클럽」을 리얼하게 재현한 3D 골프 시뮬레이션 게임. PC판의 이식작으로, SFC 이외에 MD 등에도 이식되었고 속편도 다수 발매되었다.

울트라맨

● 발매일 / 1991년 4월 6일 ● 가격 / 7,800엔
● 퍼블리셔 / 반다이

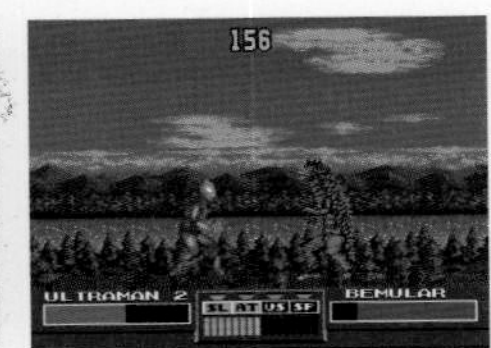

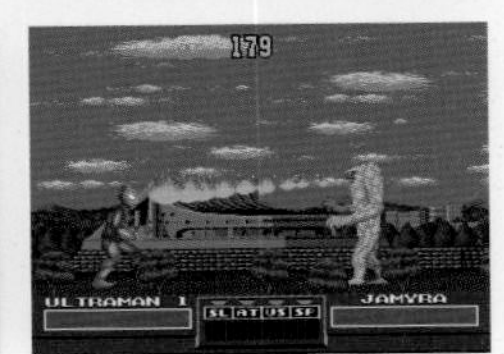

2D 대전 격투 게임. TV처럼 「3분 이내에 적을 쓰러뜨린다」 「60초가 남으면 컬러 타이머가 점멸한다」와 같은 설정이나 변신 장면 등이 화제가 되었다. 바르탄 성인, 레드 킹 등이 적의 괴수로 나오는데, 일반 기술로 대미지를 주고 「FINISH」가 표시되면 필살기인 스페시움 광선을 쓴다.

드라켄

● 발매일 / 1991년 5월 24일 ● 가격 / 8,500엔
● 퍼블리셔 / 켐코

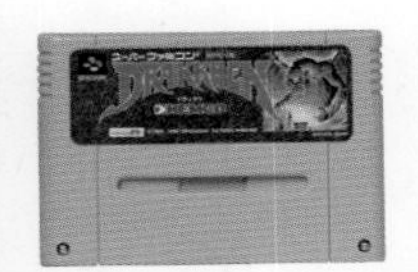

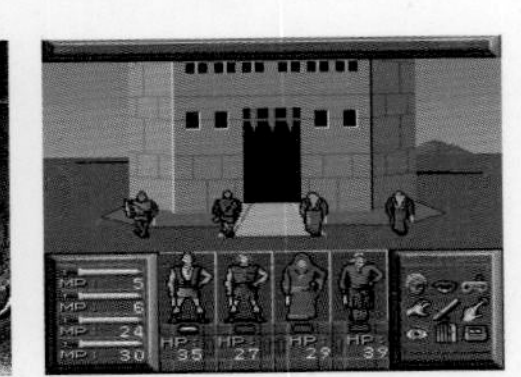

가상의 섬 '드라켄'이 무대인 유사 3D RPG. 세계를 구하기 위해 몬스터를 쓰러뜨리며 섬을 탐색해 나간다. 각각 다른 직업을 가진 4명의 캐릭터(용자)를 생성하게 되는데, 그중에는 남녀를 선택할 수 있는 캐릭터도 있다. 해외 PC게임의 이식작이지만 SFC판은 난이도가 내려갔다.

슈퍼 프로페셔널 베이스볼

● 발매일 / 1991년 5월 17일 ● 가격 / 8,700엔
● 퍼블리셔 / 자레코

FC의 히트 소프트 『불타라 프로야구』의 흐름을 이어받은 SFC의 첫 야구 게임. 플레이 화면은 타자 시점이 아니라 TV 야구 중계 같은 백스크린 시점이다. 실제 선수의 폼과 등번호를 재현한 그래픽 등, 독특한 연출로 많은 야구팬에게 인기를 모았다.

가듀린

● 발매일 / 1991년 5월 28일 ● 가격 / 8,800엔
● 퍼블리셔 / 세타

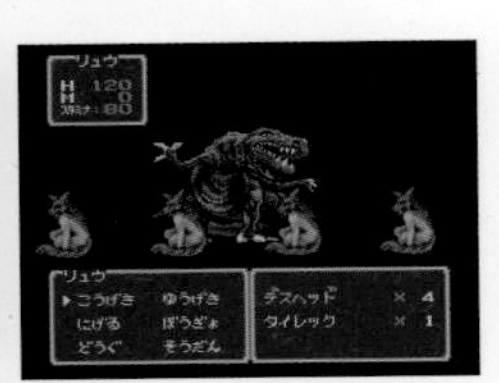
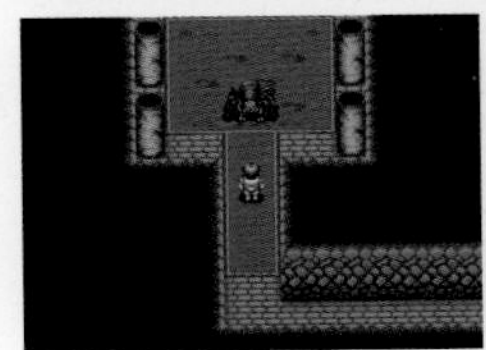

일본 PC게임 『디간의 마석』을 토대로 한, SFC의 첫 일본 국내 제작 RPG. 동일 세계관을 바탕으로 소설, OVA 등의 미디어 믹스도 전개되었다. 불시착한 혹성 '가듀린'이 무대인 전형적인 RPG이지만, 피격 대미지 설정이 독특해서 작은 전투에서도 안심할 수 없다.

이스Ⅲ -원더러즈 프롬 이스-

● 발매일 / 1991년 6월 21일 ● 가격 / 8,800엔
● 퍼블리셔 / 톤킹 하우스

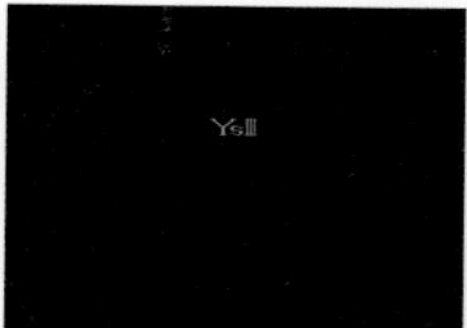

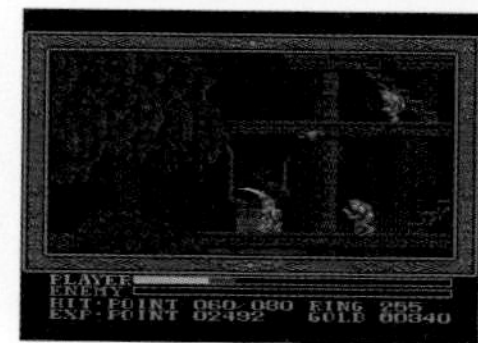

일본 PC용 액션 RPG의 이식작으로 시리즈 세 번째 작품이다. 주인공 아돌은 검을 휘둘러 적을 쓰러뜨리면서 나아간다. 전작의 마법 시스템은 사라졌지만 점프를 할 수 있거나 포복전진 시스템이 추가되는 등, 횡스크롤이 되면서 액션성이 향상되었다.

기동전사 건담 F91 포뮬러 전기 0122

● 발매일 / 1991년 7월 6일 ● 가격 / 9,500엔
● 퍼블리셔 / 반다이

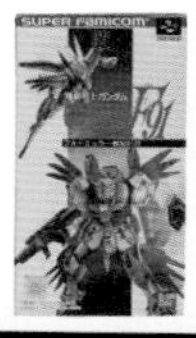

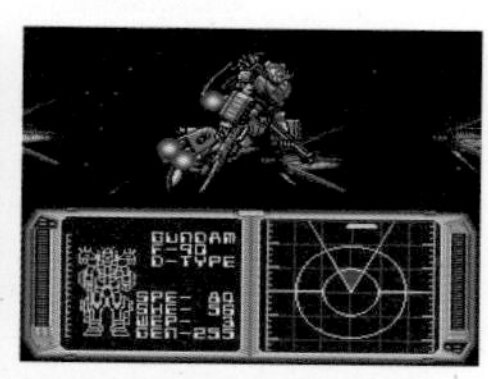
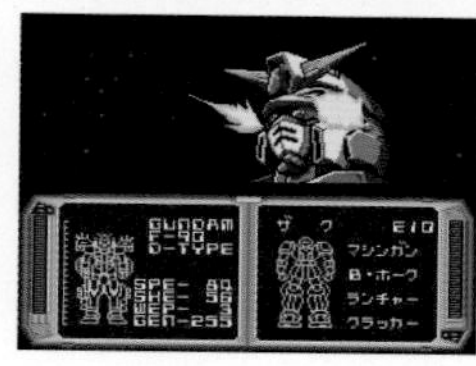

1991년 공개된 극장판 애니메이션 『기동전사 건담 F91』의 외전 시뮬레이션 게임. 건담 시리즈 첫 SFC 작품으로 주목받았다. 세계관은 극장판과 동일하지만, 시간 축은 극장판 직전 시점으로 설정되어 있다. 지구 연방군인 플레이어는 건담 F90에 탑승해서 올즈모빌 군과 싸운다.

슈퍼 스타디움

● 발매일 / 1991년 7월 2일 ● 가격 / 8,800엔
● 퍼블리셔 / 세타

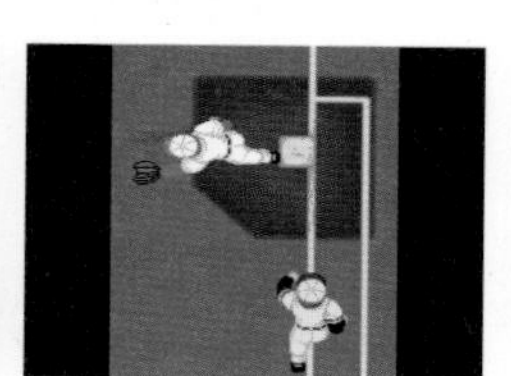
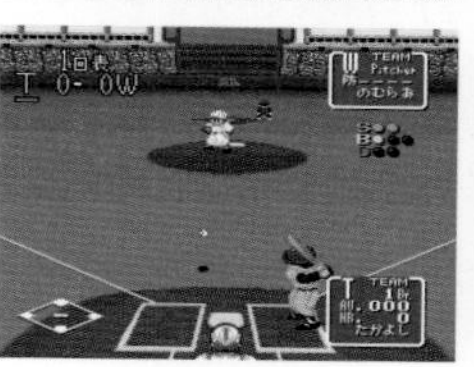

타자 시점을 이용한 SFC의 첫 야구 게임으로, 두 가지 모드를 즐길 수 있다. 페넌트레이스 모드는 우승을 목표로 총 130경기를 치러 나가고, 오리지널 모드는 선수를 생성해서 오리지널 팀을 짜고 시합을 통해 획득한 경험치로 선수를 육성, 강팀을 만들어간다.

슈퍼 울트라 베이스볼

● 발매일 / 1991년 7월 12일 ● 가격 / 8,800엔
● 퍼블리셔 / 컬처 브레인

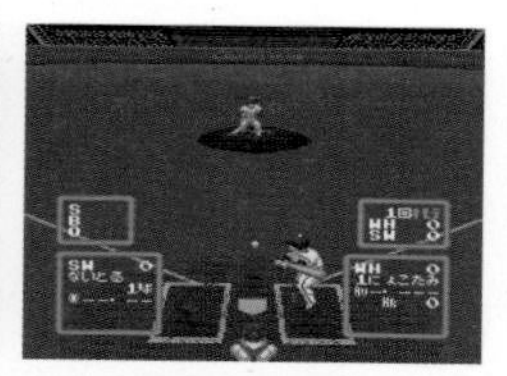
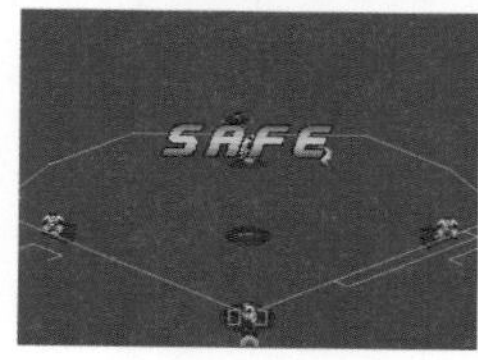

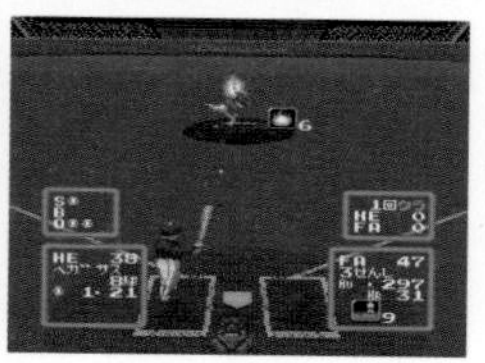

타자 시점의 야구 게임이지만, 현실과는 다르게 포인트를 소비해서 「사라지는 마구」 등의 마구와 히든 타법, 울트라 수비 등의 필살기를 쓸 수 있다. CPU와 대전하는 「오픈전」, 최대 6명이 플레이할 수 있으며 130게임을 치르는 「페넌트레이스 모드」가 있다.

SUPER R · TYPE

● 발매일 / 1991년 7월 13일 ● 가격 / 8,500엔
● 퍼블리셔 / 아이렘

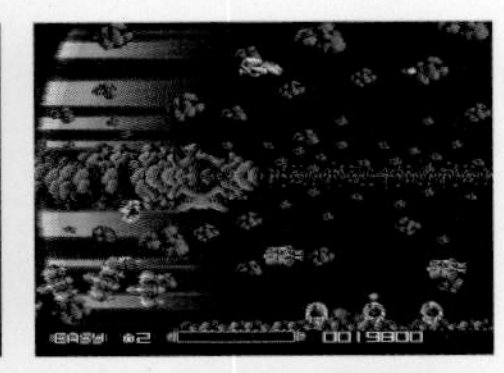
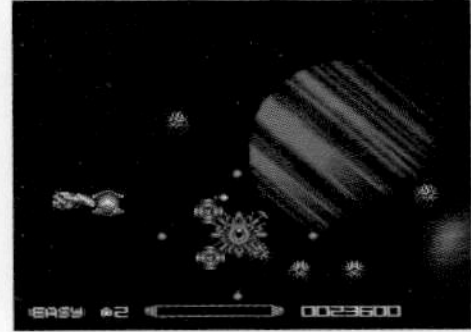
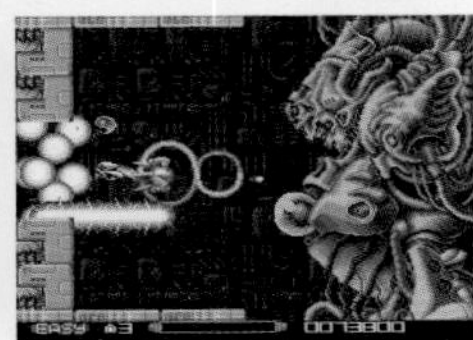

독특한 유기적 비주얼이 특징인 횡스크롤 슈팅 게임으로 아케이드판『R · TYPE II』의 이식작. 오리지널 스테이지가 있다거나 난이도를 고를 수 있고 무기를 다루기 쉽다는 등, 플레이가 쉬워졌지만 격추당하면 스테이지 처음으로 되돌아간다.

힘내라 고에몽 ~유키히메 구출 그림 두루마리~

● 발매일 / 1991년 7월 19일 ● 가격 / 8,800엔
● 퍼블리셔 / 코나미

인기 2D 액션 게임의 첫 번째 SFC판으로 납치당한 공주를 찾아서 전국을 여행한다. 1P는 고에몽, 2P는 에비스마루를 조작하고 2인 동시 플레이도 가능하다. FC판과 마찬가지로 스테이지 클리어를 위해 통행증은 필요 없어졌지만, 그 대신 보스를 쓰러뜨려야 한다.

배틀 돗지볼

● 발매일 / 1991년 7월 20일 ● 가격 / 9,600엔
● 퍼블리셔 / 반프레스토

SD건담, 가면라이더, 울트라맨 등의 히어로들이 피구로 서로의 HP를 깎는 스포츠 게임. 공을 잡으면 캐릭터 고유의 필살기를 사용할 때 필요한 MP가 모인다. 스토리 모드, CPU와 겨루는 모드, 대전 모드가 준비되어 있다.

에어리어88

● 발매일 / 1991년 7월 26일 ● 가격 / 8,500엔
● 퍼블리셔 / 캡콤

신타니 카오루의 동명 만화를 횡스크롤 슈팅 게임으로 만든 아케이드판을 이식했다. 유전과 사막 등, 다양한 스테이지의 보스를 쓰러뜨리면 스테이지 클리어가 된다. 클리어하면 상금을 얻을 수 있고, 무기를 구입해서 전투기를 파워업 할 수 있다. 전투기 변경도 가능하다.

백열 프로야구 간바리그

● 발매일 / 1991년 8월 9일 ● 가격 / 8,500엔
● 퍼블리셔 / 에픽 소니 레코드

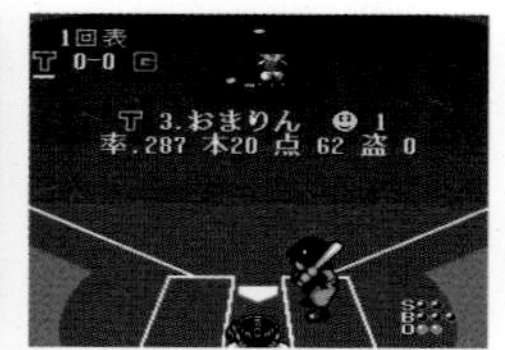
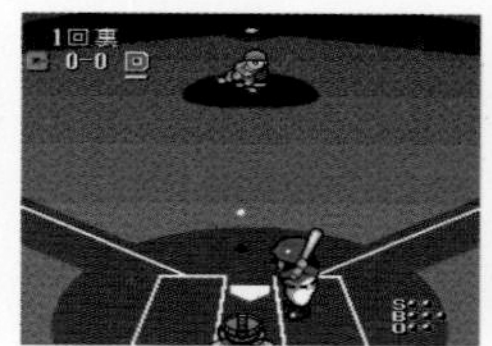
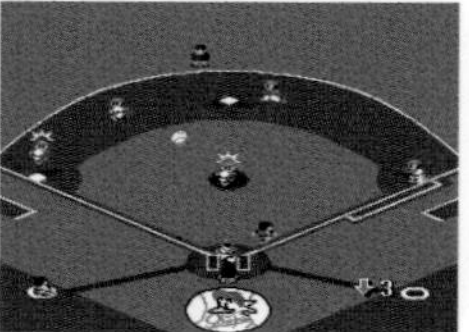

타자 시점의 전형적인 야구 게임으로 캐릭터는 귀여운 3등신이다. 페넌트레이스의 시합 수와 캐릭터 등을 자유롭게 설정할 수 있고, 편성한 팀으로 우승을 목표로 한다. 번트와 하프스윙 등의 소소한 기술을 쓸 수 있고 배트가 부러지기도 한다. 포크 볼도 던질 수 있다.

슈퍼 테니스 월드 서킷

● 발매일 / 1991년 8월 30일 ● 가격 / 7,800엔
● 퍼블리셔 / 톤킹 하우스

SFC의 첫 테니스 게임. 전 세계의 테니스 대회에 출장해서 포인트를 획득하고 우승을 목표로 하는 서킷 모드와 2P 대전 모드가 있다. 컨트롤러의 버튼 6개를 모두 구사하는 조작으로 구종을 구분해서 칠 수 있다. 코트는 하드, 클레이(마사토), 잔디의 3종류가 있다.

초단 모리타 장기

● 발매일 / 1991년 8월 23일 ● 가격 / 8,800엔
● 퍼블리셔 / 세타

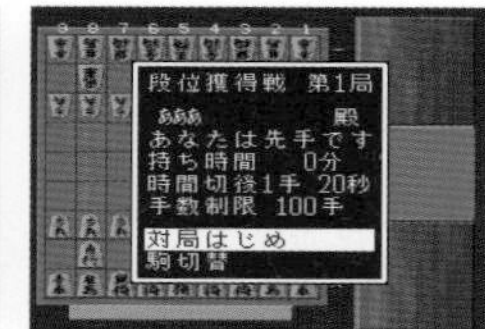

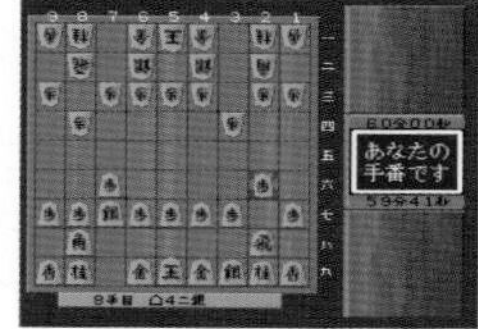

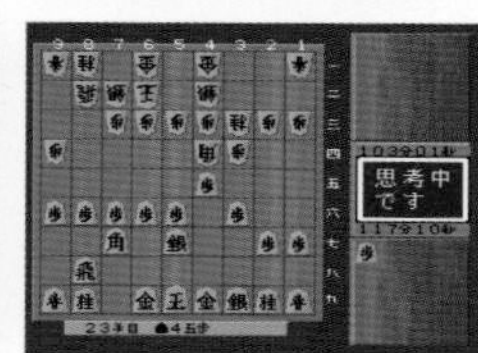

프로그래머 모리타 카즈로 씨의 이름을 내건 장기 게임. 초단 실력을 갖춘 CPU와의 통상 대전, 묘수풀이, 말 떼기 장기, 급/단위 인정 시스템 등이 준비되어 있다. 본 작품 이외에도 다양한 하드에서 장기 소프트를 개발한 모리타 씨는 2012년 57세라는 젊은 나이에 사망했다.

하이퍼 존

● 발매일 / 1991년 8월 31일 ● 가격 / 8,500엔
● 퍼블리셔 / HAL 연구소

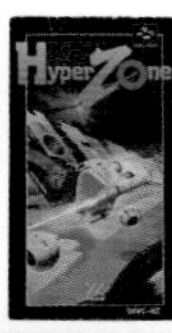

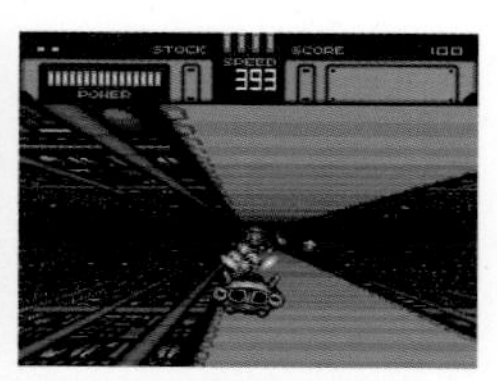
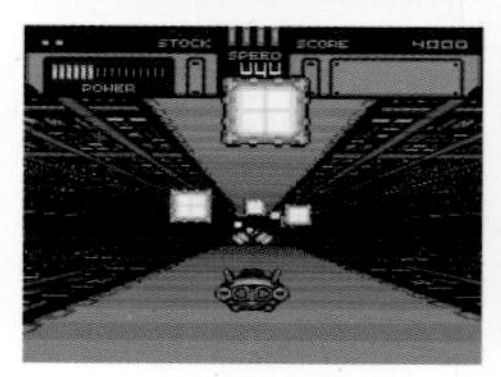
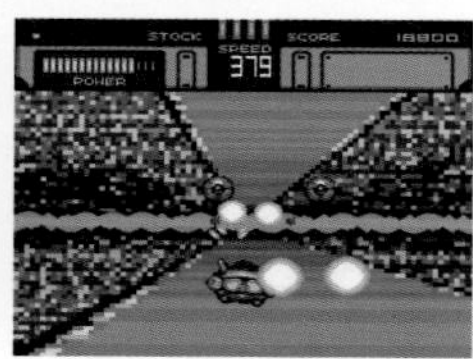

유사 3D 스크롤을 채용한 3인칭 시점 슈팅 게임. 적 캐릭터와 장애물을 파괴하면서 진행하고, 총 8스테이지 중 마지막에 등장하는 거대 보스 캐릭터를 쓰러뜨려서 클리어한다. 포인트가 모이면 강력한 전투기로 바꿔 탈 수 있다. BGM은 『별의 커비』 시리즈의 이시카와 준이 맡았다.

젤리 보이

● 발매일 / 1991년 9월 13일 ● 가격 / 8,500엔
● 퍼블리셔 / 에픽 소니 레코드

마법사에 의해 슬라임이 되어버린 주인공을 조작해서 납치당한 약혼자를 되찾기 위해 성으로 향하는 액션 게임. 정해진 형태가 없는 슬라임 특유의 자유로운 움직임 때문에 늘었다 줄었다 할 수 있다. 또한 천장과 벽에 붙거나 물건을 삼키고 뱉을 수도 있다.

슈퍼 삼국지 II

● 발매일 / 1991년 9월 15일 ● 가격 / 14,800엔
● 퍼블리셔 / 코에이

※복각판
발매일 / 1995년 3월 30일
가격 / 9,800엔

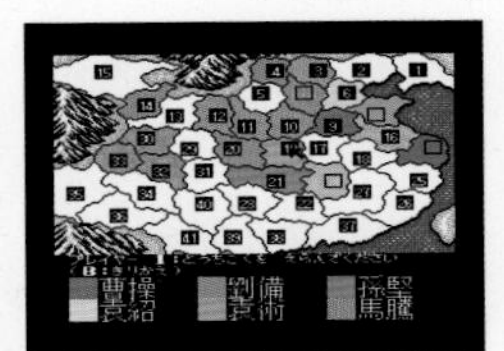
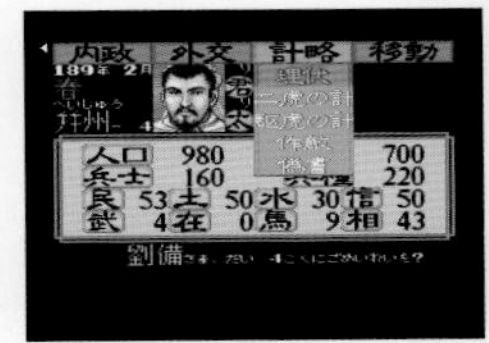
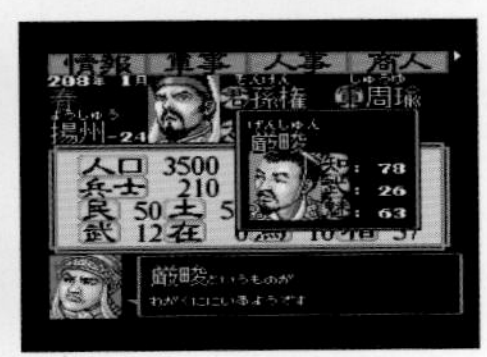

인기 PC게임의 이식작. SFC 이외에도 많은 하드에 이식됐다. 전략 시뮬레이션 게임이지만 SFC에 이식되면서 화면이 보기 쉬워졌고, 전투 장면의 그래픽도 미려해졌다. 또한 보물 시스템이 추가되었다. 시나리오는 시대별로 총 6개가 있으며 95년에 복각판이 발매되었다.

프로 사커

● 발매일 / 1991년 9월 20일 ● 가격 / 8,000엔
● 퍼블리셔 / 이머지니어

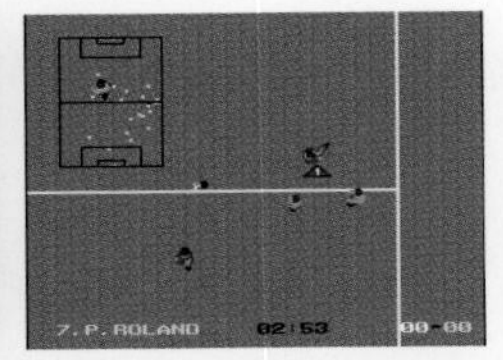
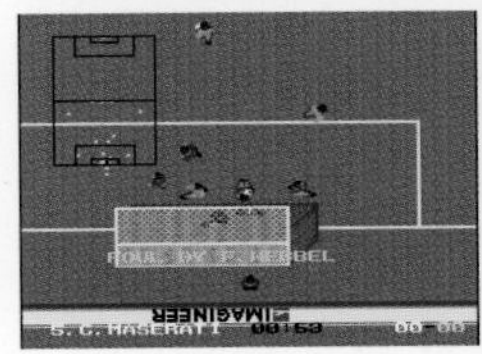
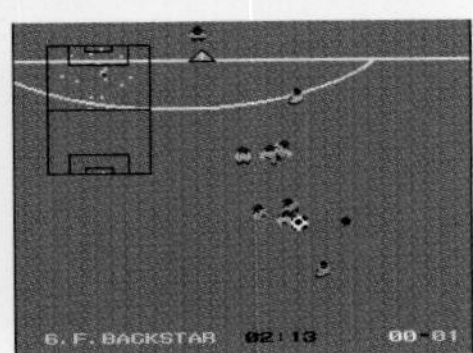

해외 PC게임의 이식작으로 SFC의 첫 번째 축구 게임이다. 경기는 탑뷰 방식으로 진행되는데 8개 팀이 모두 겨루는 리그전, 24개국이 참가하는 월드컵, 키퍼만 상대하는 연습 모드 등, 5개 모드를 플레이할 수 있다.

SUPER E.D.F.

● 발매일 / 1991년 10월 25일 ● 가격 / 8,700엔
● 퍼블리셔 / 자레코

횡스크롤 슈팅 게임. 아케이드판의 이식작이지만 무기와 스테이지 등을 가정용에 맞춰 조정했다. 적을 쓰러뜨리면 경험치가 모여서 장비가 점점 파워업 된다. 「E.D.F.」는 「Earth Defense Force」, 즉 「지구방위군」의 약칭이다.

파이널 판타지IV 이지 타입

● 발매일 / 1991년 10월 29일 ● 가격 / 9,000엔
● 퍼블리셔 / 스퀘어

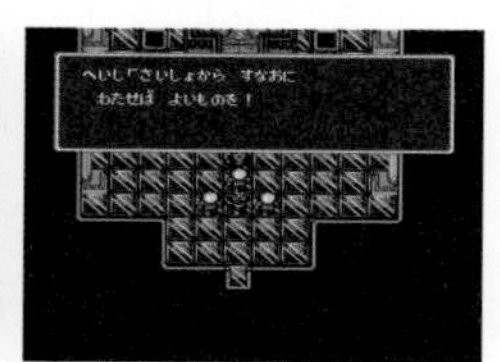
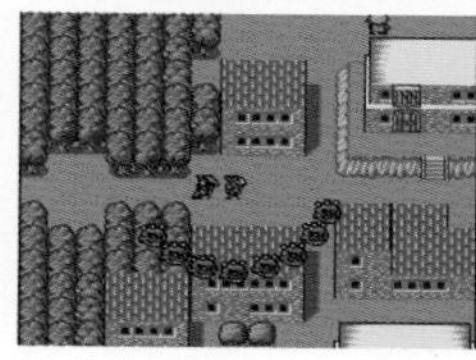

인기 RPG의 초보자 및 저연령용 버전. 본편이 나오고 3개월 후에 발매되었으며 전체적으로 난이도가 낮아졌다. 스토리는 동일하지만 아이템과 마법의 이름, 대사가 알기 쉽게 조정되었고, 적 캐릭터도 쉽게 쓰러뜨릴 수 있어 RPG가 익숙하지 않은 사람이라도 클리어할 수 있다.

라이덴 전설

● 발매일 / 1991년 11월 29일 ● 가격 / 8,700엔
●퍼블리셔 / 토에이 동화

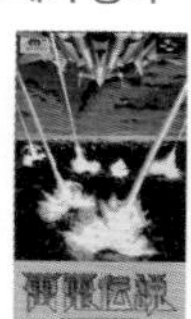
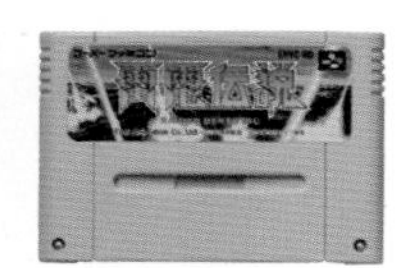

아케이드판 종스크롤 슈팅 게임 『라이덴』의 이식작으로 MD, PCE 등에도 이식되었다. 플레이어의 기체 라이덴은 전투 폭격기로, 우주 생명체로부터 지구를 지키기 위해 성장하는 무기로 싸운다. 총 8스테이지에 2인 동시 플레이가 가능하다. 탄막과 폭탄 등의 연출 효과가 화려하다.

악마성 드라큘라

● 발매일 / 1991년 10월 31일 ● 가격 / 8,800엔
● 퍼블리셔 / 코나미

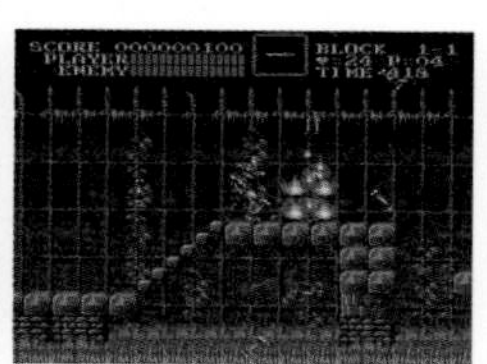

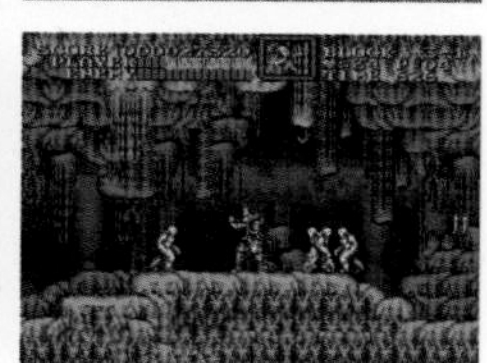

채찍을 휘둘러 적을 쓰러뜨리면서 이동하는 횡스크롤 액션 게임. 뱀파이어 헌터인 주인공이 흡혈귀 드라큘라를 쓰러뜨리기 위해 괴물의 소굴인 악마성(트란실바니아성을 모델로 했다)을 나아간다. 2D 횡스크롤 시점 외에도 SFC의 회전 · 확대 · 축소 기능을 사용한 연출이 있다.

JOE & MAC 싸워라 원시인

● 발매일 / 1991년 12월 6일 ● 가격 / 8,500엔
● 퍼블리셔 / 데이터 이스트

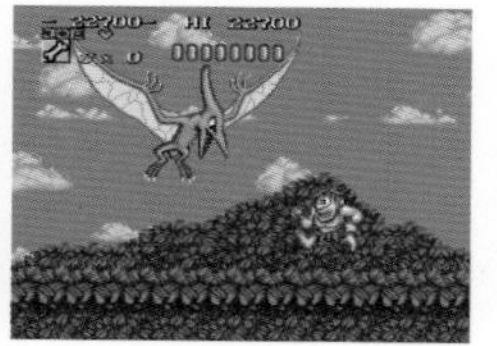

횡스크롤 액션 게임으로 아케이드판의 이식작이다. 코미컬한 3등신의 원시인이 곤봉으로 때리거나 돌 고리를 던져서 공룡과 맘모스 등의 적을 쓰러뜨린다. 2인 동시 플레이가 가능하고, 스테이지를 클리어하면 금발의 8등신 원시인 미녀가 키스해준다.

슈퍼 포메이션 사커

● 발매일 / 1991년 12월 13일 ● 가격 / 7,700엔
● 퍼블리셔 / 휴먼

드론을 이용해 공중 촬영한 듯한 3D 화면이 인상적인 종스크롤 축구 게임. CPU를 상대하는 토너먼트전, 2P 대전 모드 이외에 CPU를 상대로 1P와 2P가 협력해서 플레이할 수도있다. 개성 있는 16개 팀, 8종류의 포메이션 중에서 선택해서 플레이한다.

슈퍼 와갼랜드

● 발매일 / 1991년 12월 13일 ● 가격 / 8,300엔
● 퍼블리셔 / 남코

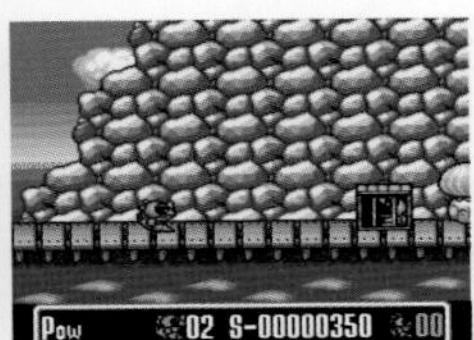

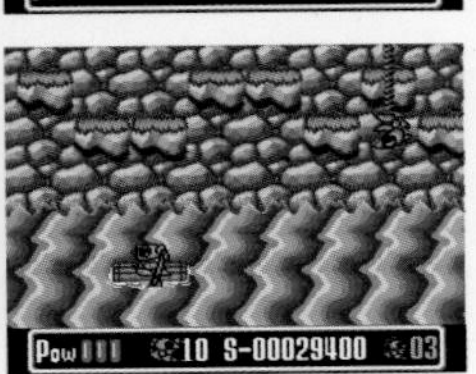

FC판 『와갼랜드』 시리즈의 속편인 점프 액션 게임. 「와갼」은 귀여운 아기 공룡 캐릭터의 이름이다. 횡스크롤 스테이지를 진행하면서 목소리를 발사해 상대를 움직이지 못하게 한다. 보스전은 미니 게임 형식이다. 난이도를 선택할 수 있어 어린이도 쉽게 플레이할 수 있다.

치비 마루코짱 「활기찬 365일」의 권

● 발매일 / 1991년 12월 13일 ● 가격 / 8,800엔
● 퍼블리셔 / 에폭사

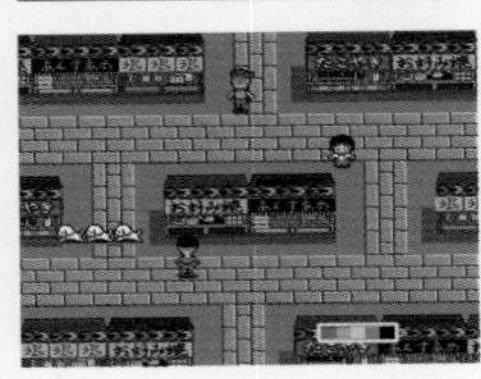

『치비 마루코짱』의 주인공 마루코의 일상을 모델로 한 보드 게임. 타이틀에서 알 수 있듯이, 룰렛으로 나온 수에 따라 1년 365일이 기록된 달력풍의 보드를 진행해 나간다. 사계절에 따른 이벤트 칸이 있고, 숙제 등의 아이템을 사용할 수도 있다.

라군

● 발매일 / 1991년 12월 13일 ● 가격 / 8,500엔
● 퍼블리셔 / 켐코

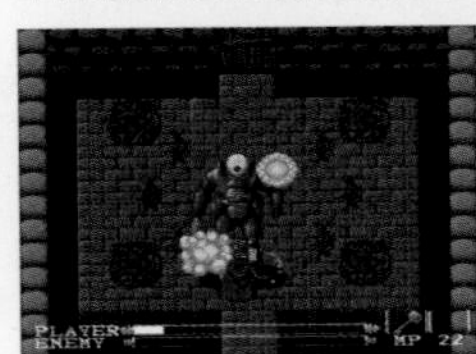

일본 PC판 액션 RPG의 이식작. 지팡이와 수정을 조합해서 만드는 마법과 점프 등의 액션을 활용해서 주인공인 용사를 나아가게 하는 흔한 스토리이다. 마을 사람들과의 대화를 통해 여행의 힌트를 얻을 수 있다. 타이틀 『라군』은 목적지인 성의 이름이다.

레밍스

● 발매일 / 1991년 12월 18일 ● 가격 / 8,500엔
● 퍼블리셔 / 선 소프트

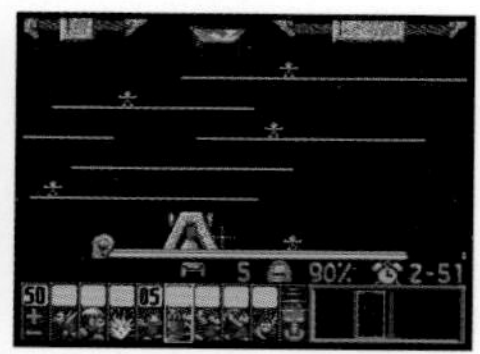
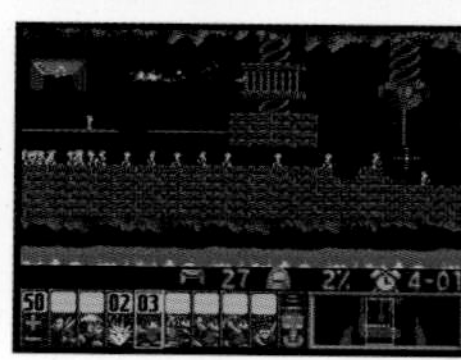
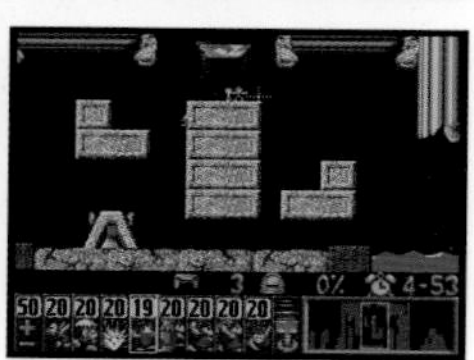

해외 제작 PC게임의 이식작. 가만히 두면 앞으로만 가는 생물(레밍) 집단에게 굴을 파거나 벽을 오르게 하는 등의 지시를 내려서 출구까지 나아가게 하는 게임이다. 스테이지마다 설정된 목표치 이상의 레밍이 생존하면 스테이지가 클리어된다.

슈퍼 파이어 프로레슬링

● 발매일 / 1991년 12월 20일 ● 가격 / 8,500엔
● 퍼블리셔 / 휴먼

PCE에서 이식된 SFC의 첫 번째 프로레슬링 게임. 실제 레슬러와 필살기를 모델로 한 20명 이상의 가상의 레슬러를 쓸 수 있다. 공식 리그전, 친선 매치, 단체전 등 5개의 모드가 있으며 안면 페인트, 장외 난투 등 프로레슬링의 특징을 제대로 재현했다.

던전 마스터

● 발매일 / 1991년 12월 20일 ●가격 / 9,800엔
●퍼블리셔 / 빅터 엔터테인먼트

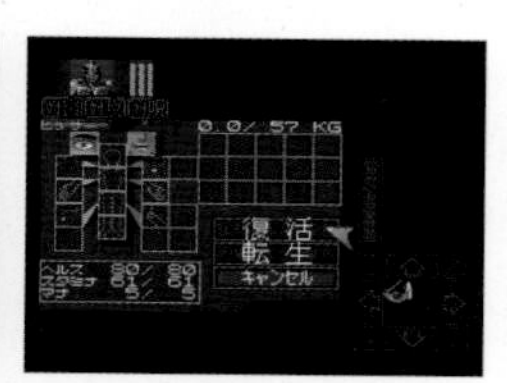

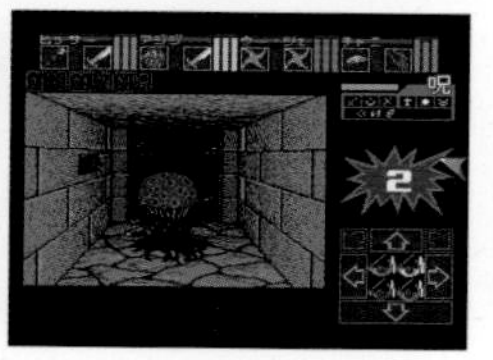

PC용으로 발매된 해외 제작 RPG의 SFC 이식작. 플레이어 1인칭 시점으로 3D 던전 안을 탐색하며 힌트를 모으게 된다. 리얼타임으로 시간이 흘러가고 공복(배고픔) 시스템도 있다. 특이한 BGM과 함께 나타나는 몬스터는 플레이어가 준비되지 않았더라도 사정없이 공격해온다.

디멘션 포스

● 발매일 / 1991년 12월 20일 ● 가격 / 8,500엔
●퍼블리셔 / 아스믹

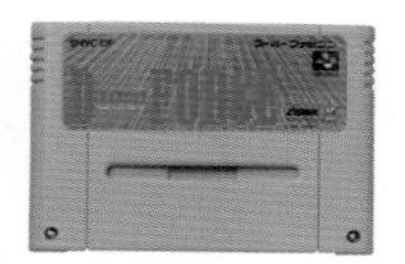

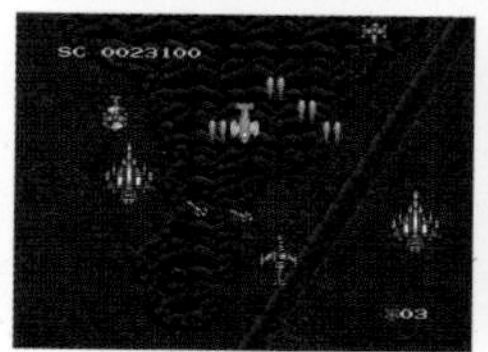
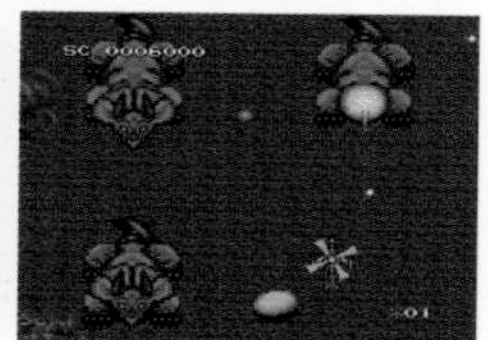

종스크롤 슈팅 게임으로 헬리콥터를 조정한다. 무기는 샷뿐이며 폭탄은 없지만 아이템을 얻으면 파워업 해서 공격이 화려해진다. 다양한 시대를 배경으로 한 7개의 공중 및 지상 스테이지를 자유롭게 상승, 하강하면서 공략해 나간다.

SD건담 외전 나이트 건담 이야기 위대한 유산

● 발매일 / 1991년 12월 21일 ● 가격 / 9,500엔
● 퍼블리셔 / 엔젤

SD캐릭터인 나이트 건담이 주인공인 RPG. 검과 마법의 세계를 무대로 총 4편의 스토리가 전개된다. 카드덱 시스템이 포함되어 있어서, 소환 마법을 통해 게임 내에서 모은 카드덱으로부터 캐릭터(비조작)를 불러낼 수 있다. 카드 번호는 실제 카드덱과 동일하다.

슈퍼 노부나가의 야망 무장풍운록

● 발매일 / 1991년 12월 21일 ● 가격 / 11,800엔
● 퍼블리셔 / 코에이

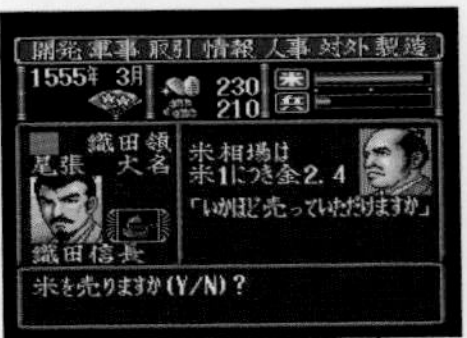
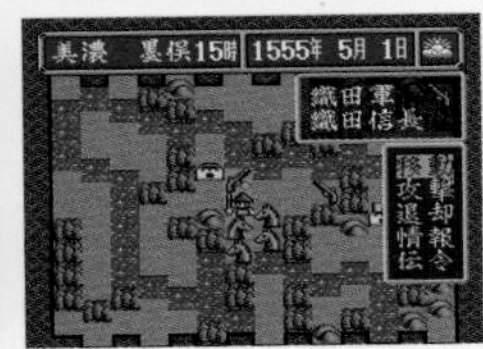

역사 시뮬레이션『노부나가의 야망』시리즈 네 번째 작품.「문화와 기술」이 테마인 본 작품은 다도회를 여는 것도 가능하다. 상인과의 관계가 중요하며, 신병기인 화승총과 철갑선 등을 어떻게 쓰느냐에 따라 전투의 승패가 좌우된다. 대전 플레이가 가능하며 입문 모드와 실력 모드가 있다.

썬더 스피리츠

● 발매일 / 1991년 12월 27일 ● 가격 / 8,600엔
● 퍼블리셔 / 도시바 EMI

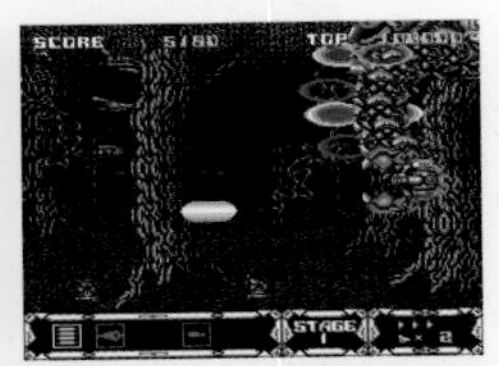

아케이드로 발매됐던『썬더 포스 AC』의 SFC판. 기본은 횡스크롤 슈팅 게임이지만 수직과 대각선 같은 개성적인 스크롤 화면도 있다. 7종류의 무기를 사용해서 그래픽이 아름다운 8스테이지를 공략해 나간다. 일부 스테이지는 오리지널이다.

반성 원숭이 지로군의 대모험

● 발매일 / 1991년 12월 27일 ● 가격 / 7,000엔
● 퍼블리셔 / 나츠메

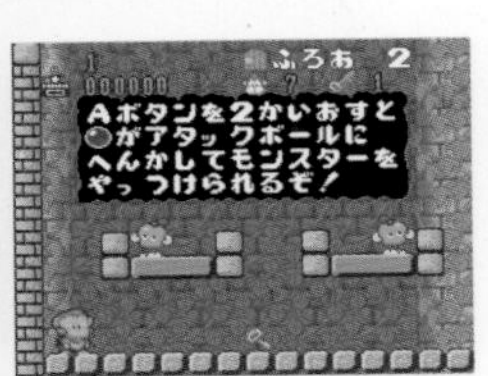

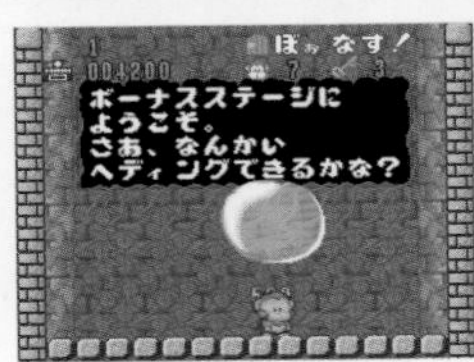

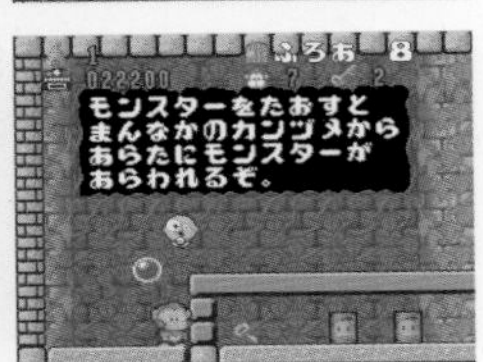

「반성!」이라는 말을 들으면 사육사의 무릎에 손을 얹는 반성 포즈가 인기를 모았던 액션 게임. 실존했던 원숭이「지로」를 모델로 한 귀여운 캐릭터가 등장한다. 코미컬한 간단한 조작으로 트랩을 빠져나오고, 열쇠를 얻어서 갇혀 있는 방에서 탈출한다.

슈퍼 차이니즈 월드

● 발매일 / 1991년 12월 28일 ● 가격 / 8,800엔
● 퍼블리셔 / 컬처 브레인

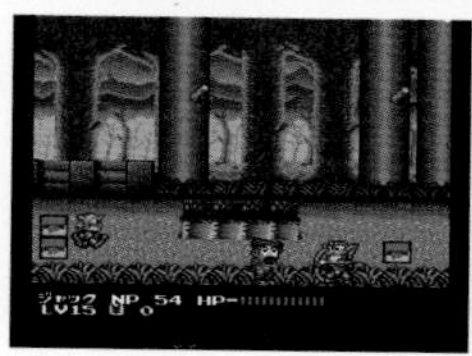

잭과 류라는 이름의 두 소년이 차이니즈 랜드에서 모험을 펼치는 쿵푸 액션 RPG. 2인 동시 플레이가 가능하고, 전투는 상대에 따라 액션과 커맨드 선택식 중에서 고를 수 있다. 타이틀에 차이니즈가 들어간 만큼, 아이템과 BGM이 중국풍이다.

심어스

● 발매일 / 1991년 12월 29일 ● 가격 / 9,600엔
● 퍼블리셔 / 이머지니어

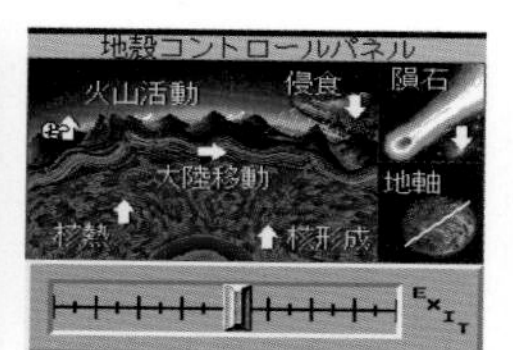
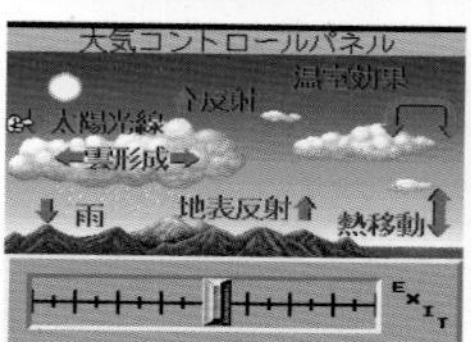
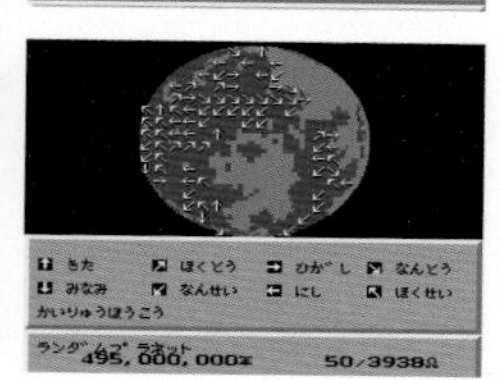

지구 탄생부터 생태계를 관리해서 인류가 탄생, 번영하는 별로 만들어가는 큰 스케일의 생태계 시뮬레이션 게임. 자유도가 높은 반면, 단순한 스토리가 아니기 때문에 인류 이외의 생물이 문명을 일으키는 세계가 되기도 한다.

배틀 커맨더 팔무중, 수라의 병법

● 발매일 / 1991년 12월 29일 ● 가격 / 9,800엔
● 퍼블리셔 / 반프레스토

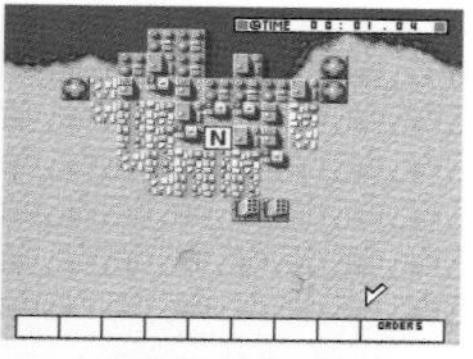
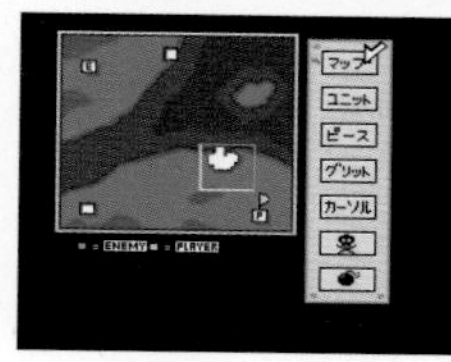

전략 시뮬레이션 게임. 로봇 애니메이션 『건담』 『엘가임』 『마징가』 『겟타로보』 등을 모델로 한 세 가지 종족 중에서 하나를 골라 통솔하고, 스테이지의 승리 조건(적군 총본부를 점령하는 등)을 클리어한다. 팔무중(八武衆)이란 나이트 등 8가지의 병종(兵種)을 말한다.

슈퍼 패미컴용 소프트의 버전 차이

초기판의 경우 패키지의 심벌마크 위치가 다르다. 일반적으로 "SUPER FAMICOM"이라는 문자는 검정색 사각형 바깥에 인쇄되어 있지만, 초창기 소프트 세 번째 작품까지는 검정색 사각형 안에 기재되어 있다.

초기판

통상판

『슈퍼마리오 월드』

『F-ZERO』

『파일럿 윙스』

슈퍼 패미컴

1992년

Super Famicom

Nintendo
SUPER Famicom

로맨싱 사가

● 발매일 / 1992년 1월 28일 ● 가격 / 9,500엔
● 퍼블리셔 / 스퀘어

쉬운 재미를 버리고 매너리즘을 타파하고자 했다

RPG 시스템에 변혁을 가져온 실험적인 작품. 버그가 많다는 등의 문제는 있었지만 플레이어에게 높이 평가되고 있으며 열광적인 팬도 많다. 타이틀은 게임보이의 『Sa · Ga』 시리즈를 계승했지만, 시스템은 전부 새로워졌고 스토리도 연관이 없다.

주목받는 것이 프리 시나리오 시스템인데, 플레이어가 취한 행동에 따라 스토리가 변경된다. 또한 8명 중에서 주인공을 선택할 수 있고 동료로 삼을 캐릭터도 마음대로 선택한다. 경험치와 레벨 개념이 배제되어 전투를 반복하면서 캐릭터가 서서히 강해지므로, 일반적인 RPG보다 높은 전략성이 요구된다.

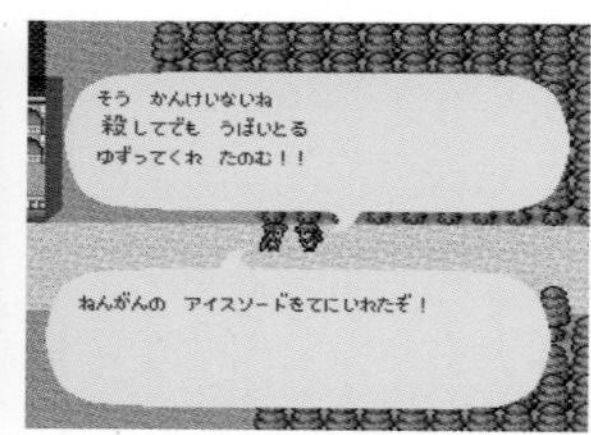

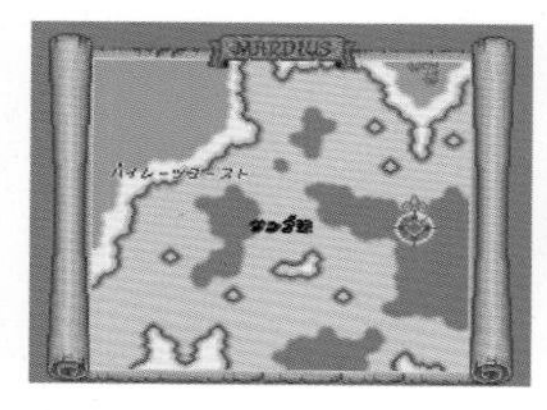

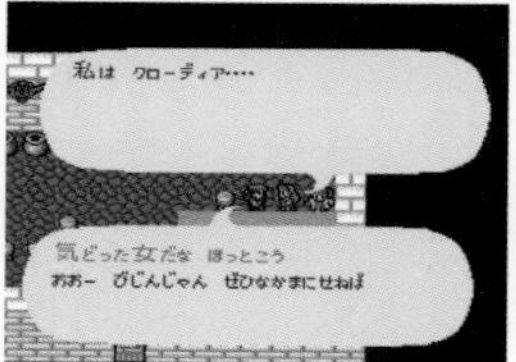

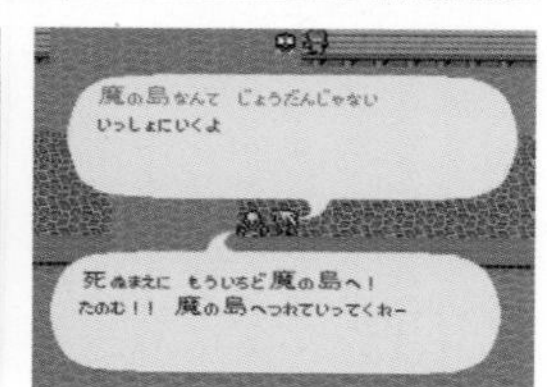

스트리트 파이터 II

● 발매일 / 1992년 6월 10일 ● 가격 / 9,800엔
● 퍼블리셔 / 캡콤

아케이드의 열기를 가정에서 재현한다

아케이드 게임의 역사를 바꾸고 대전 격투 게임의 큰 붐을 일으킨 『스파 II』의 SFC 이식판. 기존 대비 대용량 ROM을 사용하여 오리지널과 비교해도 손색없는 이식이 실현되면서 전국의 팬을 열광시켰다. 당시만 해도 오락실에 가는 것에 반감을 느끼는 사람도 있었고, 낯선 플레이어와의 대전도 장벽이 높았다.

하지만 본작이 발매되면서 대전 플레이가 퍼져나갔고 붐이 더욱 확대되면서, SFC에서 역대 5위인 288만 개의 매출을 기록했다. 그 후에도 시리즈 2개 작품이 밀리언을 기록할 정도로 대히트를 했다.

마리오 페인트

● 발매일 / 1992년 7월 14일 ● 가격 / 9,800엔
● 퍼블리셔 / 닌텐도

당시 최첨단 입력도구인 마우스를 콘솔 최초로 채용한 게임

지금은 누구나 사용하는 마우스를 가정용 게임기에 처음 도입한 것이 SFC이다. 본작은 마우스에 동봉된 소프트다. 가격은 9,800엔으로 고가이지만 마우스, 마우스 패드, 마우스 클리너, 본작이 세트 구성이어서 꽤 실속이 있었다. 당시는 마우스 자체가 널리 보급되지 않았던 시기였으므로 본작으로 마우스를 처음 접한 분도 많으리라 생각된다.
자유롭게 그림을 그리고 멜로디와 애니메이션 제작도 가능해서 콘텐츠는 풍부하다고 할 수 있다. 마우스 전용 소프트는 본작과 『마리오와 와리오』뿐이지만, 마우스에 대응하는 소프트는 의외로 많다.

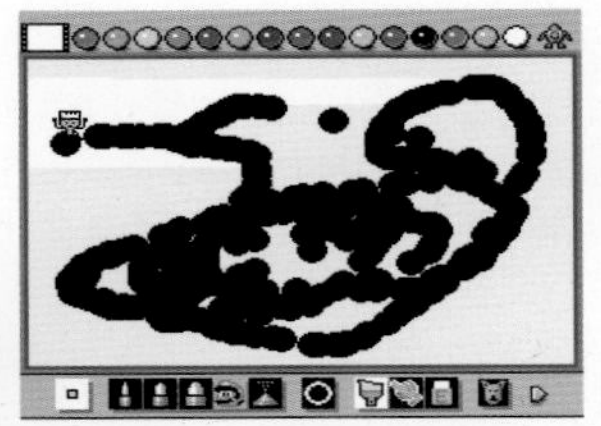

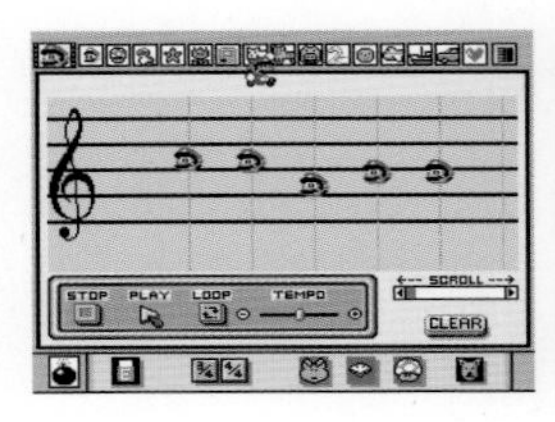

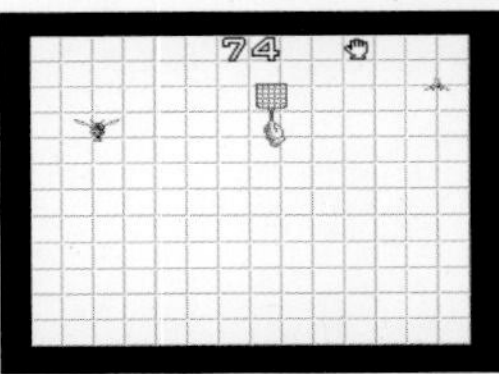

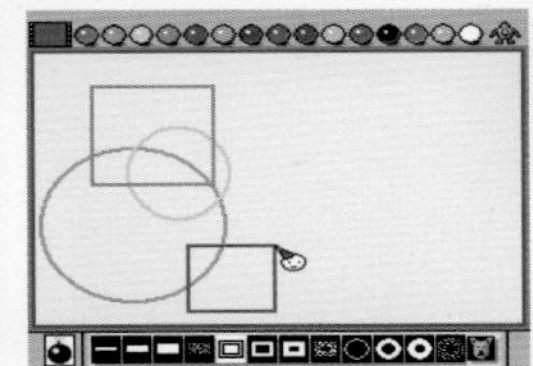

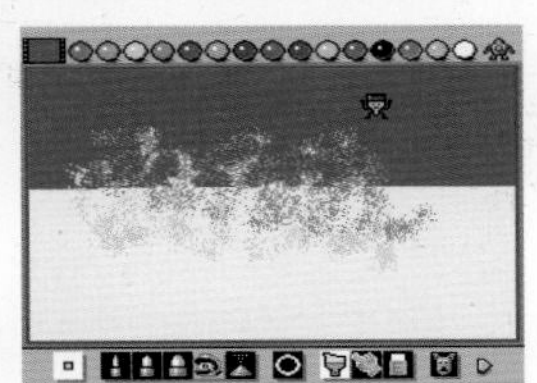

슈퍼마리오 카트

● 발매일 / 1992년 8월 27일 ● 가격 / 8,900엔
● 퍼블리셔 / 닌텐도

지금도 인기몰이 중인 마리오 카트 시리즈의 제1탄

SFC로 발매된 모든 소프트 중에서 일본 최고의 매출을 기록한 것이 본작이다. 유사 3D 레이싱 게임으로, 4가지 속성을 가진 8명 중에서 캐릭터를 선택할 수 있다. 게임 모드는 마리오 카트 GP, 타임 어택, VS 매치 레이스, 배틀 게임의 4종류이다. 플레이어는 혼자서 GP 레이스를 클리어하거나 타임 어택에 집중하는 플레이를 할 수 있고, 친구가 있을 때는 2인 플레이를 할 수 있다.
조작성이 매우 간결하여 처음 플레이를 하는 사람도 빨리 적응할 수 있고, 아이템을 이용한 라이벌 견제가 매우 즐거운 게임이다.

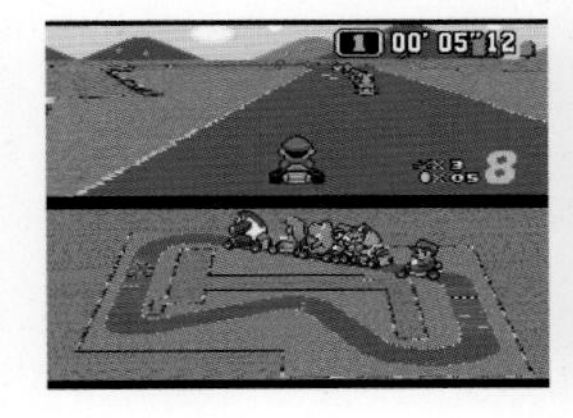

드래곤 퀘스트V 천공의 신부

● 발매일 / 1992년 9월 27일 ● 가격 / 9,600엔
● 퍼블리셔 / 에닉스

대 히트가 보장된 초 대작으로 의외의 시나리오가 화제가 되었다

일본 국민 RPG의 다섯 번째 작품. 본 작품을 토대로 SFC는 그 지위를 완전히 굳혔고, 동세대 게임기들과 압도적인 차이를 벌리게 되었다. 시리즈의 근간은 그대로 유지되어 탑뷰 필드 화면에 커맨드 입력식 전투는 본 작품에도 계승되었다.

새로운 부분이라면 주인공이 용자가 아니고 세대별로 역할이 변한다는 점이다. 지금까지의 시리즈와 비교하면 스토리 전개가 다이나믹한데, 특히 결혼 시스템은 현재도 회자될 정도이다. 시리즈를 거듭해도 인기 있는 작품이지만, 그 중에서도 본 작품을 최고로 꼽는 플레이어가 많다.

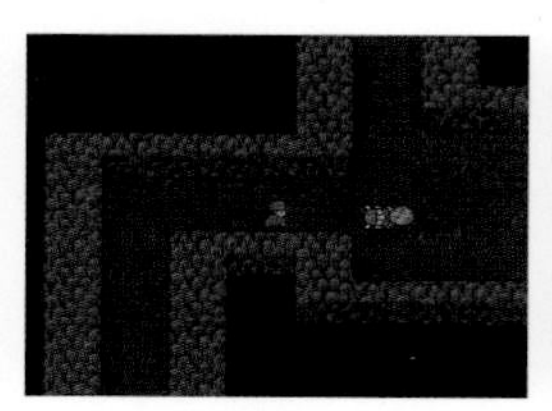

파이널 판타지V

● 발매일 / 1992년 12월 6일 ● 가격 / 9,800엔
● 퍼블리셔 / 스퀘어

높은 스토리성과 시스템의 자유도를 양립시켰다

전작에서 약 1년 반 만에 발매된 다섯 번째 작품으로, 전작 이상의 매출을 올렸다. 『Ⅲ』의 잡 체인지를 부활시킨 형태로 파티 캐릭터의 직업을 자유롭게 변경할 수 있다. 처음에는 한정된 직업뿐이지만, 크리스탈 조각을 입수하면서 선택지가 늘어난다. 또한 경험치와는 별도로 어빌리티 포인트를 입수할 수 있고, 이를 이용해 직업별 어빌리티를 배울 수 있다. 다른 직업도 어빌리티를 장착할 수 있어서, 두 종류의 마법을 쓰거나 몽크가 점프도 할 수 있다. 종반에는 본편 스토리 진행과 상관없는 최강의 적 캐릭터와 싸울 수 있는 등, 콘텐츠가 풍부하다.

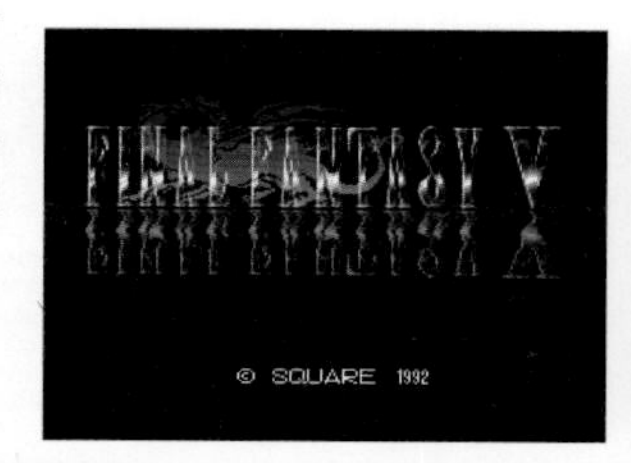

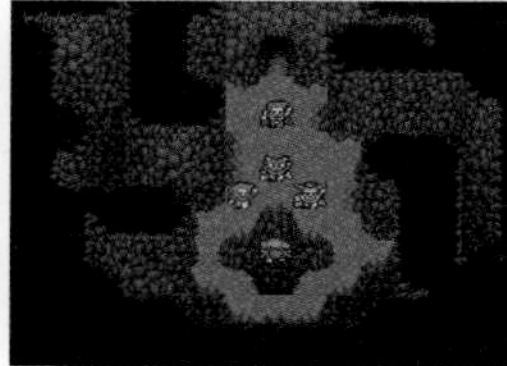

타카하시 명인의 대모험도

● 발매일 / 1992년 1월 11일 ● 가격 / 8,500엔
●퍼블리셔 / 허드슨

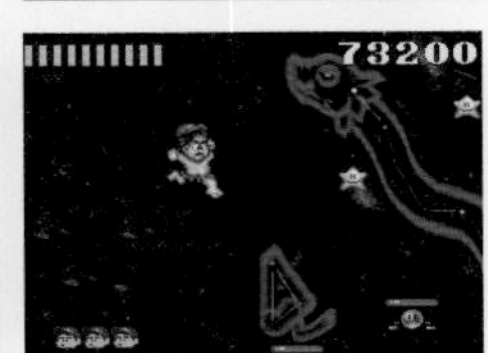

패미컴 전성기, 아이들 사이에서 일세를 풍미했던 타카하시 명인을 모델로 한 횡스크롤형 액션 게임. FC판 구성에서 「점프」 「웅크리기」 액션이 새롭게 추가되었다. 돌로 변한 연인을 원래대로 돌려놓기 위해 적을 쓰러뜨리고, 점프로 장애물을 피하며 나아간다.

프로 풋볼

● 발매일 / 1992년 1월 17일 ● 가격 / 7,900엔
● 퍼블리셔 / 이머지니어

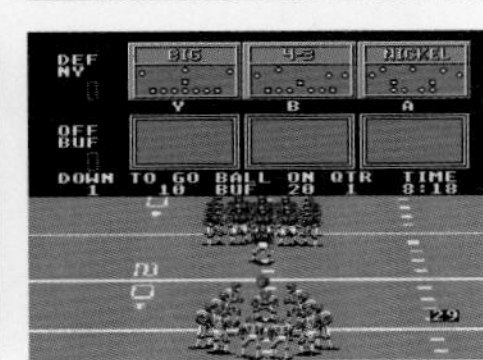

해외판 메가 드라이브 '제네시스'에서의 이식작. 3D 화면의 풋볼 게임이며 미국에서 인기 있는 아메리칸 풋볼 해설자 존 매든이 감수했다. NFL에 가맹한 팀, 선수가 실명으로 등장하는데 포메이션을 짜서 팀을 승리로 이끈다.

드래곤볼Z 초사이어 전설

● 발매일 / 1992년 1월 25일 ● 가격 / 9,500엔
● 퍼블리셔 / 반다이

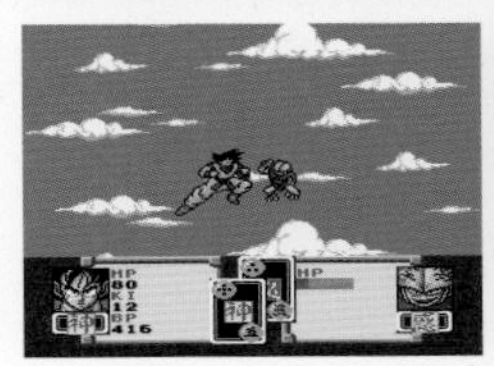

손오공의 형인 사이어인 '라데츠'의 습격에서 시작해서 나메크성에 들어가 프리저를 쓰러뜨릴 때까지의 스토리를 RPG로 만들었다. 전투는 액션이 아니라 카드를 사용한 배틀이다. 캐릭터와 기술명 및 전투력도 원작에 충실하다.

소울 블레이더

● 발매일 / 1992년 1월 31일 ● 가격 / 8,800엔
● 퍼블리셔 / 에닉스

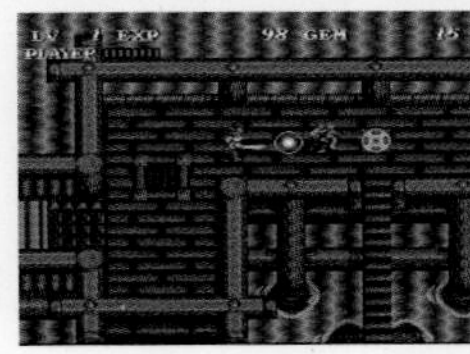
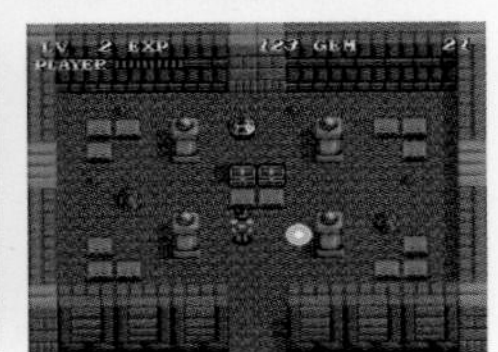

탑뷰 형식의 액션 RPG. 플레이어는 검사가 되어서 필드의 마물을 쓰러뜨리고 소굴을 봉인하면, 갇혀 있던 영혼이 해방되어 마을로 돌아온다. 또한 해방된 사람들에게 말을 걸면 스토리를 진행할 힌트를 준다. 특수한 효과를 가진 여러 종류의 검이 등장한다.

드래곤 슬레이어 영웅전설

● 발매일 / 1992년 2월 14일 ● 가격 / 9,800엔
● 퍼블리셔 / 에폭사

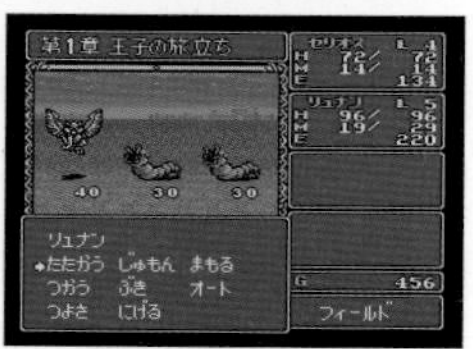

인기 PC게임의 이식작으로 시리즈 여섯 번째 작품. 커맨드를 선택해서 스토리를 진행하는 RPG인데, 국왕인 아버지를 몬스터의 습격으로 잃은 왕자가 주인공이다. 처음에는 왕자 혼자이지만 이야기가 진행되면 동료가 늘어나서 최대 4인 파티가 된다. 바코드 배틀러와 호환된다.

엑조스트 히트

● 발매일 / 1992년 2월 21일 ● 가격 / 8,900엔
● 퍼블리셔 / 세타

F1 레이스를 재현한 1인 플레이 전용 3D 레이싱 게임. 레이스에서 이기면 상금을 받아서 엔진과 파츠를 사고, 머신을 커스터마이즈할 수 있다. 파츠는 꽤 세세한 세팅이 가능하다. 모나코 등, 실제 F1 코스를 모델로 한 16개 코스가 준비되어 있다.

콘트라 스피리츠

● 발매일 / 1992년 2월 28일 ● 가격 / 8,500엔
● 퍼블리셔 / 코나미

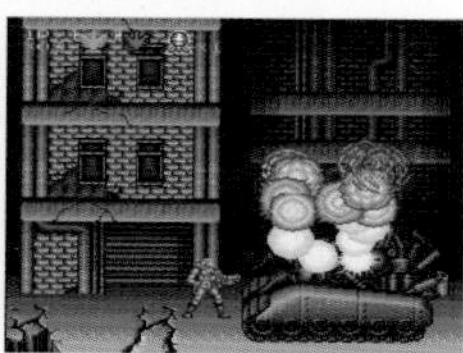

아케이드부터 이어진 인기 액션 슈팅 게임의 SFC판. 횡스크롤과 탑뷰, 두 종류의 스테이지가 있다. 마치 할리우드의 액션 배우 같은 근육질의 빌과 랜스를 조작해서 다양한 무기로 에일리언과 싸운다. 2인 동시 플레이가 가능하다.

로켓티어

● 발매일 / 1992년 2월 28일 ● 가격 / 8,900엔
● 퍼블리셔 / 아이지에스

동명의 디즈니 영화를 원작으로 한 횡스크롤 액션 게임. 주인공은 하늘을 날 수 있는 로켓팩을 메고 비행기 레이스를 하거나, 슈팅이나 격투를 하면서 스토리를 진행한다. 미국 만화풍의 설명 화면이 중간에 삽입된다.

슈퍼 버디 러시

● 발매일 / 1992년 3월 6일 ● 가격 / 8,800엔
● 퍼블리셔 / 데이터 이스트

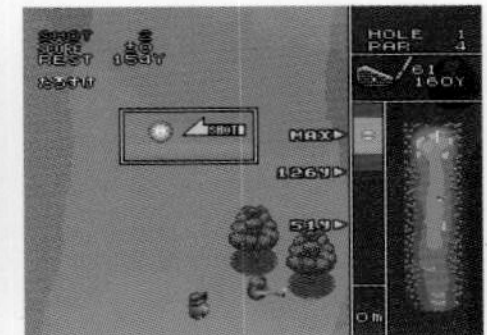

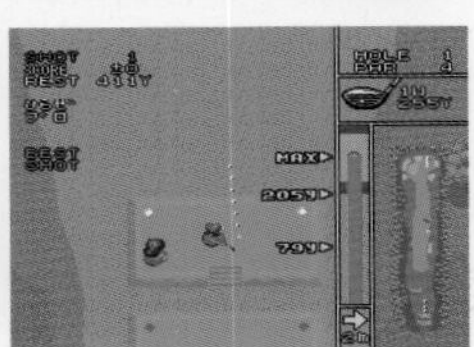

탑뷰 골프 게임으로 스트로크 모드, 토너먼트 모드, 대전 플레이가 가능하다. 간단한 조작에 난이도는 낮아서 타이틀처럼 버디의 양산도 가능하다. 그린은 벤트 잔디, 금잔디 중에서 선택할 수 있다. FC판 『버디 러시』의 이식작이다.

제절초

● 발매일 / 1992년 3월 7일 ● 가격 / 8,800엔
● 퍼블리셔 / 춘 소프트

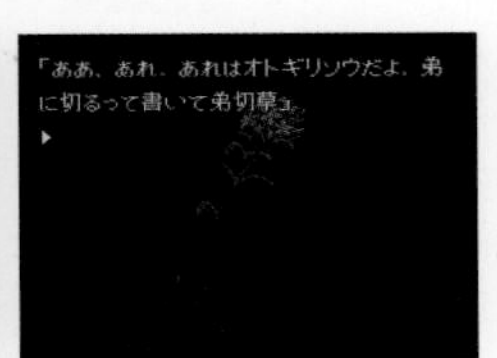

실제 생활음을 샘플링하는 등, 소리에 엄청나게 신경을 쓴 신감각 장르 「사운드 노벨」의 제1탄. 빈번하게 출현하는 선택지 중 어떤 것을 선택하느냐에 따라 스토리가 달라진다. 또한 반복해서 플레이하면 선택지가 늘어나거나 변경된다.

R.P.M. 레이싱

● 발매일 / 1992년 3월 19일 ● 가격 / 8,800엔
● 퍼블리셔 / 빅터 엔터테인먼트

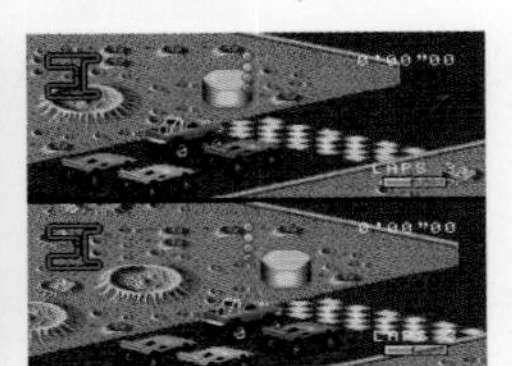
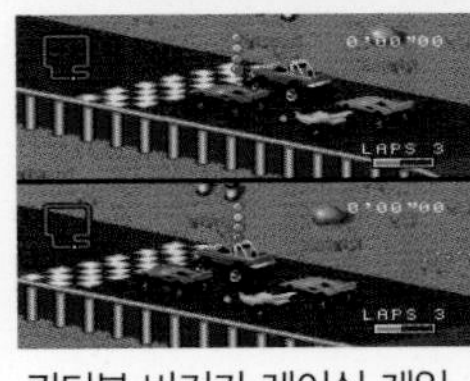

쿼터뷰 버기카 레이싱 게임. 상하로 분할된 화면으로 1인 혹은 2인 플레이, 대전 플레이가 가능하다. 레이스로 받은 상금으로 타이어와 엔진 등의 파츠나 무기인 지뢰를 살 수 있다. 다른 차량과 부딪치면 대미지를 입고 마지막에는 폭발한다.

슈퍼 이인도 타도 노부나가

● 발매일 / 1992년 3월 19일 ● 가격 / 11,800엔
● 퍼블리셔 / 코에이

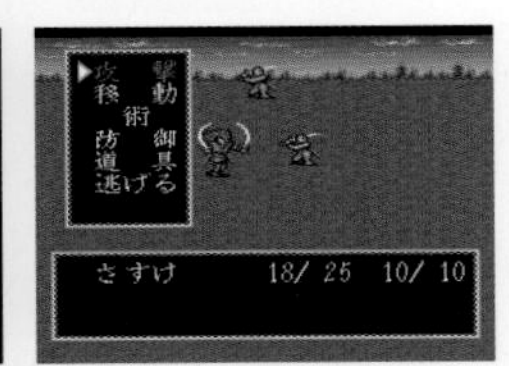

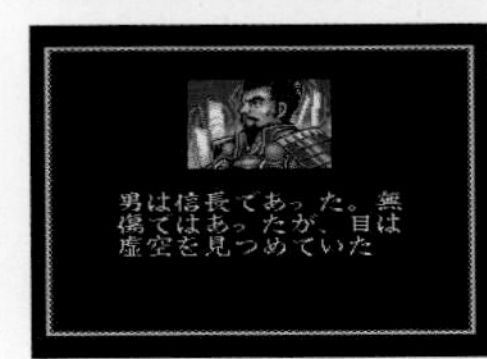

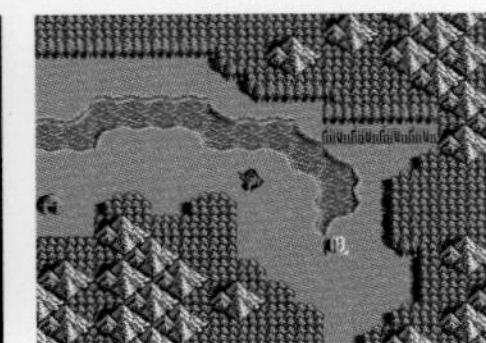

전반은 RPG, 후반은 시뮬레이션인 코에이의 독자적인 역사 시뮬레이션 게임. 「이인도(伊忍道)」의 '이'는 주인공인 이가닌자(伊賀忍者)에서 따왔다. 오다 노부나가에 의해 일족이 멸해진 주인공이 각지의 전국 다이묘를 아군으로 만들며 타도 노부나가를 목표로 한다. PC게임의 이식작.

신세기 GPX 사이버 포뮬러

● 발매일 / 1992년 3월 19일 ● 가격 / 8,800엔
●퍼블리셔 / 타카라

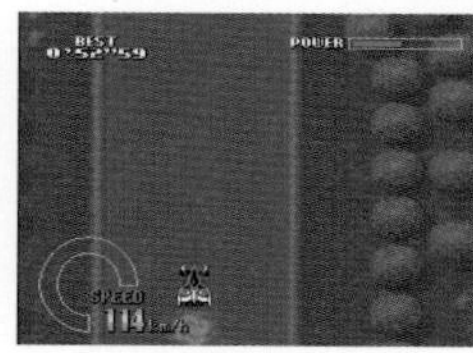

동명의 애니메이션이 원작인 탑뷰 레이싱 게임. 시속 500km라고 설정된 미래의 차량 「사이버 포뮬러」로 코스를 질주한다. 애니메이션 시나리오를 따른 스토리 모드, 머신을 고를 수 있는 프리 모드 등으로 플레이할 수 있다. 부스트 등의 기능도 있다.

초공합신 사디온

● 발매일 / 1992년 3월 20일 ● 가격 / 8,800엔
● 퍼블리셔 / 아스믹

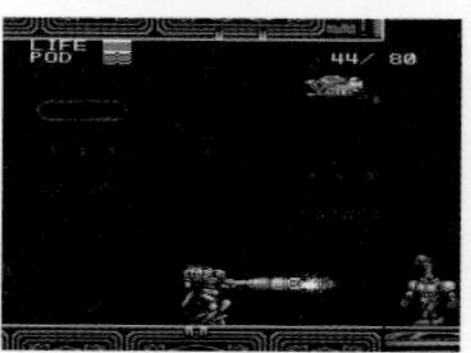
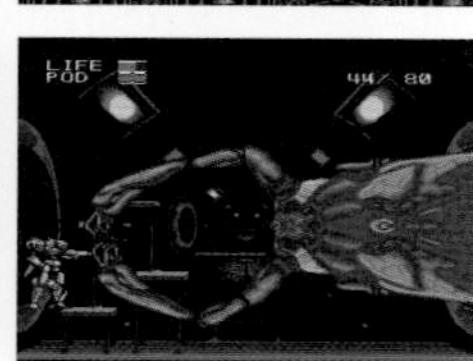

RPG 요소가 있는 횡스크롤 액션 게임. 메카 디자인은 카토키 하지메, 연출은 가이낙스라는 화려한 스태프를 자랑한다. 색, 디자인, 성능이 다른 3가지 타입의 기종을 사용해서 스테이지를 클리어해 나가고, 적을 쓰러뜨리면 기체의 레벨업이 가능하다.

파이널 파이트 가이

● 발매일 / 1992년 3월 20일 ● 가격 / 8,500엔
● 퍼블리셔 / 캡콤

아케이트판에는 있었으나 SFC용 『파이널 파이트』에서는 삭제된 캐릭터인 '가이'를 '코디' 대신 메인으로 삼은 작품. 추가 요소가 있지만 기본적인 시스템은 전작과 같은 횡스크롤 액션이다. 가이는 닌자 캐릭터라 해거 시장과는 다른 민첩한 공격으로 적을 쓰러뜨려 나간다.

S.T.G

● 발매일 / 1992년 3월 27일 ● 가격 / 8,900엔
● 퍼블리셔 / 아테나

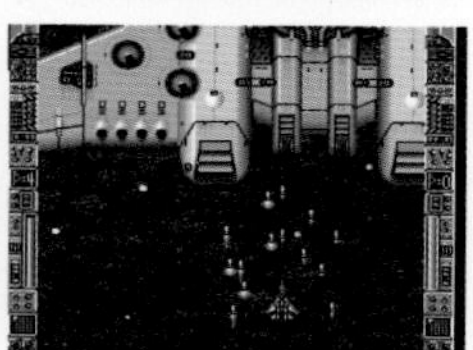

아케이드판의 이식작으로 2인 동시 플레이가 가능한 종스크롤 슈팅 게임. 통상 샷 외에도 15종류의 특수 무기가 있고, 스테이지 돌입 전에 그중 하나를 골라 장비하게 된다. 특수 무기의 탄수는 제한이 있으며, 2기가 합체해 강력한 공격을 할 수도 있다. 총 8스테이지가 있다.

카드 마스터 림사리아의 봉인

● 발매일 / 1992년 3월 27일 ● 가격 / 8,900엔
● 퍼블리셔 / HAL 연구소

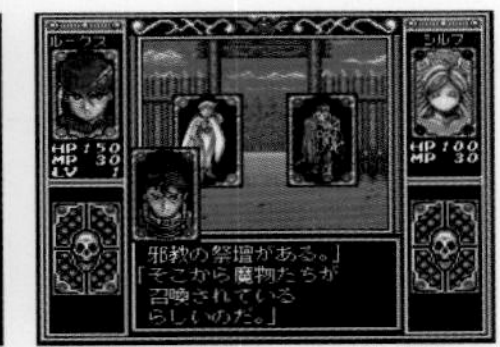

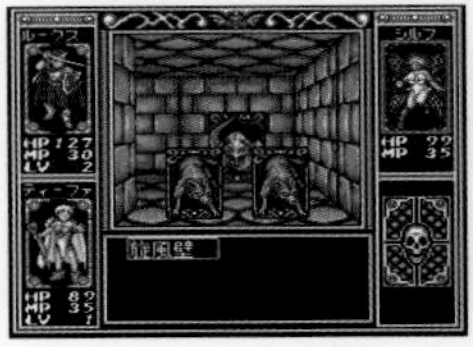

타이틀에서 알 수 있듯이, 전투 장면에서는 카드를 특수 무기로 사용하는 3D 던전 RPG. 정령이 깃든 카드에는 속성이 설정되어 있어서, 동일하게 속성이 설정된 적 캐릭터와는 상성이 존재한다. 게임은 총 5장으로 구성되어 있고, 카드 이외에도 검과 마법으로 적을 쓰러뜨린다.

더 그레이트 배틀 II 라스트 파이터 트윈

● 발매일 / 1992년 3월 27일 ● 가격 / 8,200엔
● 퍼블리셔 / 반프레스토

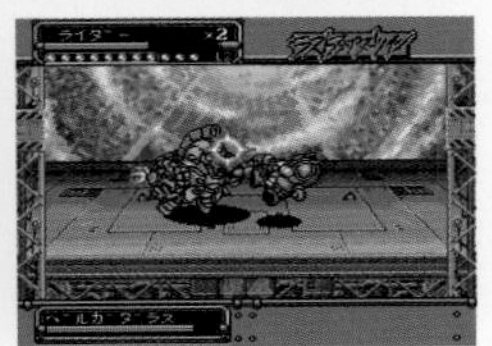

SD화 된 울트라맨, 건담, 가면라이더라는 3대 히어로와 반프레스토의 오리지널 히어로인 로아를 쓸 수 있는 횡스크롤 격투 액션 게임. 제각각 화려한 필살기를 쓸 수 있는 캐릭터로 싸워서 소원을 이루어주는 4개의 캡슐을 모은다. 2인 플레이도 가능하다.

SUPER 바리스 붉은 달의 소녀

● 발매일 / 1992년 3월 27일 ● 가격 / 8,500엔
● 퍼블리셔 / 일본 텔레넷

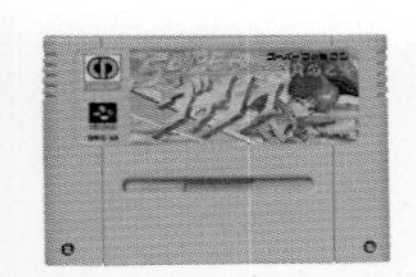

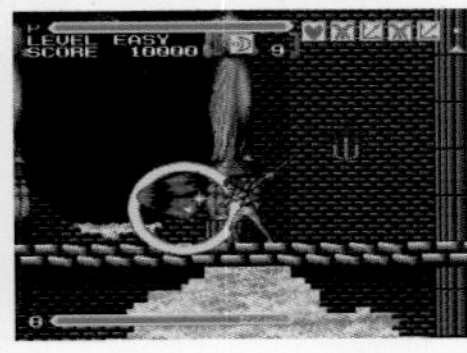

횡스크롤 액션 게임. PCE에서의 이식작이지만 시스템, 비주얼 등은 대폭 변경되었다. '바리스'는 주인공인 소녀 레아가 사용하는 검의 이름이다. 검이라고는 하지만, 베는 것만이 아니라 샷도 쏠 수 있다. 게임 안에 들어간 영상은 애니메이션풍의 컷신이다.

슈퍼 패미스타

● 발매일 / 1992년 3월 27일 ● 가격 / 7,900엔
● 퍼블리셔 / 남코

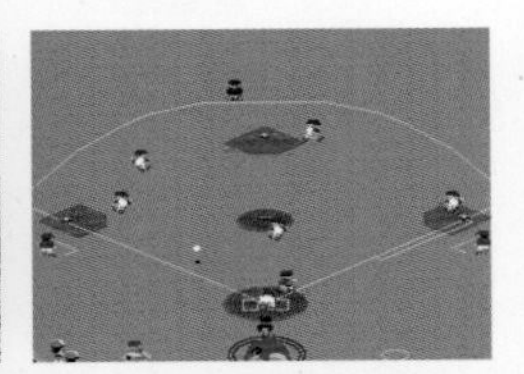

FC판부터 인기를 모은 타자 시점 야구 게임의 이식작으로, SFC판 시리즈 제1탄이다. 일본야구기구(NPB)에서 라이선스를 취득해 센트럴 · 퍼시픽 양대 리그 구단과 선수가 실명으로 등장한다(92년 시즌). 공식전, 올스타전, 홍백전, 드래프트 모드 등이 있으며 2인 플레이도 가능하다.

스매시 T.V.

● 발매일 / 1992년 3월 27일 ● 가격 / 7,800엔
●퍼블리셔 / 아스키

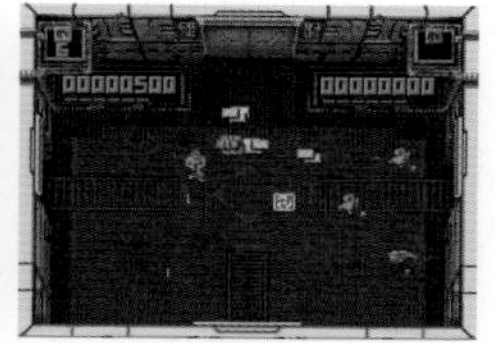
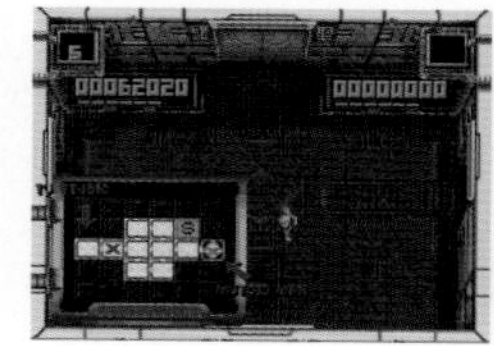
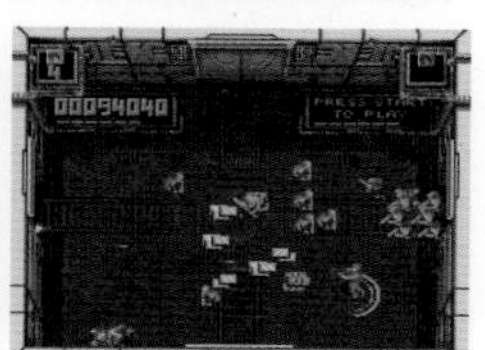

『스매시 T.V.』라는 가상의 서바이벌 TV 방송에 참가해서 총을 난사하며 살아남는 것을 목표로 하는 슈팅 액션 게임. 탑뷰 화면에 4개의 버튼을 써서 8방향으로 이동하면서 싸운다. 2인 동시 플레이도 가능하다. 살인 게임이라는 어두운 분위기가 특징이다.

탑 레이서

● 발매일 / 1992년 3월 27일 ● 가격 / 7,800엔
● 퍼블리셔 / 켐코

화면이 상하로 분할된 3D 레이싱 게임. 4종의 머신 중에 하나를 선택해 레이싱 경기장이 아닌 일반도로를 달려 순위를 겨룬다. 리얼한 레이스가 아니므로, 아이템으로 폭발적인 가속도 가능하고 코스에 장애물도 있는 거친 게임이다. CPU 또는 2인 대전이 가능하다.

해트트릭 히어로

● 발매일 / 1992년 3월 27일 ●가격 / 8,000엔
● 퍼블리셔 / 타이토

아케이드판의 이식작으로 쿼터뷰 형식의 횡스크롤 축구 게임이다. 세계 8개국의 팀을 모델로 했지만 화면에 표시되는 선수는 11명뿐이다. 버튼을 누르면 상대 선수를 걷어차는 거친 플레이도 가능한데 파울이 3번이면 퇴장 당하게 된다.

배틀 그랑프리

● 발매일 / 1992년 3월 27일 ● 가격 / 8,500엔
●퍼블리셔 / 나그자트

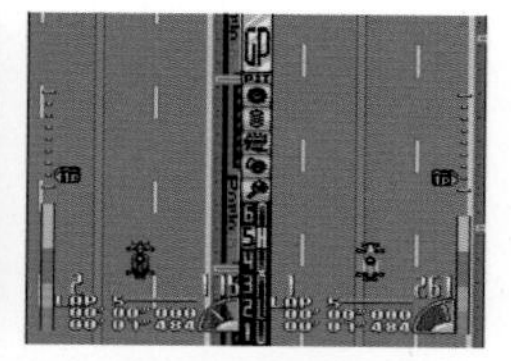
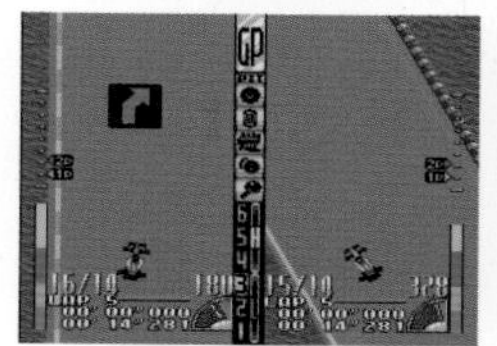

화면이 좌우로 2분할된 탑뷰형 F1 레이싱 게임. 8개 팀이 있으며 머신 세팅은 직접 세세하게 조정할 수 있다. 전 세계의 코스가 모델인 경기장을 돌며 플레이하는데, 코스에 비가 내리면 타이어를 교환하는 등 세부 항목이 리얼하다.

러싱 비트

● 발매일 / 1992년 3월 27일 ● 가격 / 8,700엔
● 퍼블리셔 / 자레코

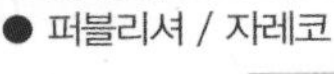

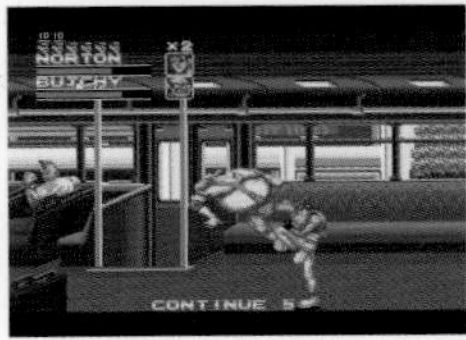

횡스크롤 액션 게임. 거구의 경관과 날카로운 느낌의 청년 중에 한 명을 선택해 스테이지를 진행해 나간다. 꽤 화려한 액션이지만 십자키와 버튼 3개밖에 쓰지 않아서 조작은 어렵지 않다. 분노 모드라는 것이 있어서 적에게 받은 대미지가 축적되면 무적 시간이 발생한다.

란마1/2 정내격투(町内激闘)편

● 발매일 / 1992년 3월 27일 ● 가격 / 8,800엔
● 퍼블리셔 / 메사이어

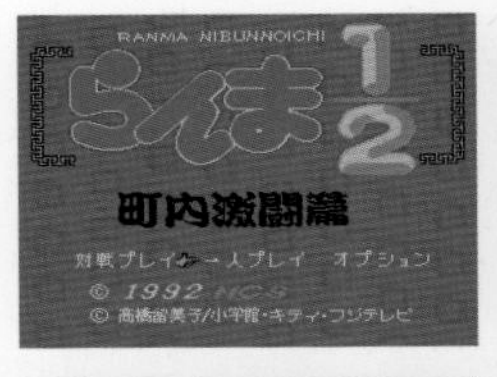

타카하시 루미코의 원작 만화 속 캐릭터를 사용한 대전 격투 게임. 주인공 란마를 조작해서 마을 사람들과 싸워서 중국행을 목표로 하는 스토리 모드, 8명의 캐릭터 중에서 한 명을 선택해 싸우는 대전 모드가 있다. 각 캐릭터마다 원작에서 따온 필살기가 있고 히든 캐릭터도 있다.

매지컬☆타루루토군 MAGIC ADVENTURE

● 발매일 / 1992년 3월 28일 ● 가격 / 8,000엔
● 퍼블리셔 / 반다이

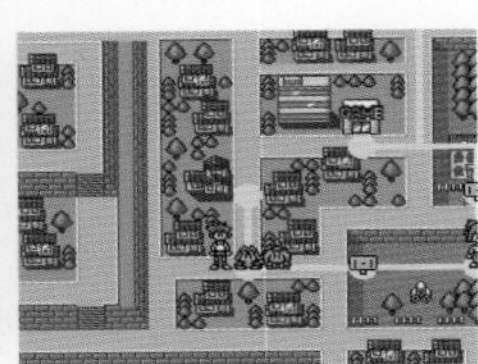

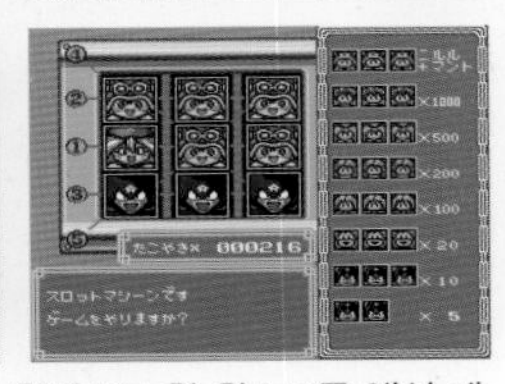

에가와 타츠야의 동명 만화를 원작으로 한 횡스크롤 액션 게임. 귀여운 캐릭터가 혀를 뻗어서 화면에 나오는 타코야키를 얻으며 득점한다. 최종 목적은 납치당한 히로인 이요나를 구출하는 것이다. 파스텔풍의 색조, 코미컬한 캐릭터로 만화의 세계관을 잘 재현했다.

울티마VI 거짓 예언자

● 발매일 / 1992년 4월 3일 ● 가격 / 9,800엔
● 퍼블리셔 / 포니 캐니언

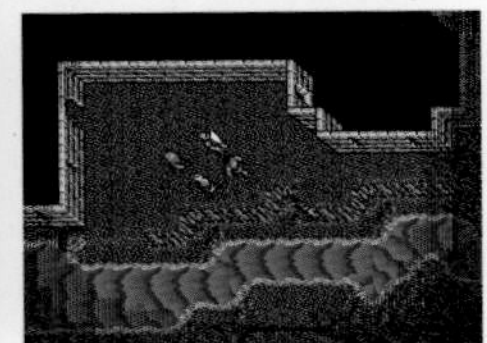

원조 RPG라 불리는 미국의 PC게임 시리즈 여섯 번째 작품을 이식했다. 최종 목적은 던전의 끝에 있는 아이템을 입수하는 것이지만, 자유도가 높아서 게임 초반부터 필드에서 갈 수 있는 곳이 많다. 인간과 가고일이라는 두 종족이 싸우는 세계가 무대이다.

에어 매니지먼트 큰 하늘에 걸다

● 발매일 / 1992년 4월 5일 ● 가격 / 11,800엔
● 퍼블리셔 / 코에이

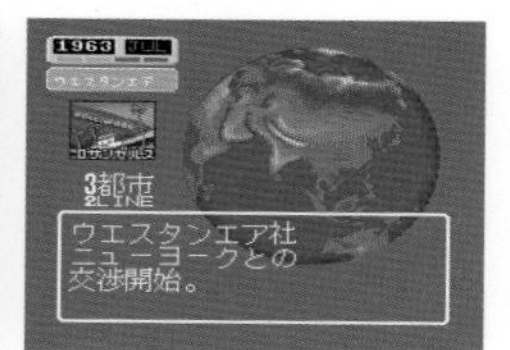

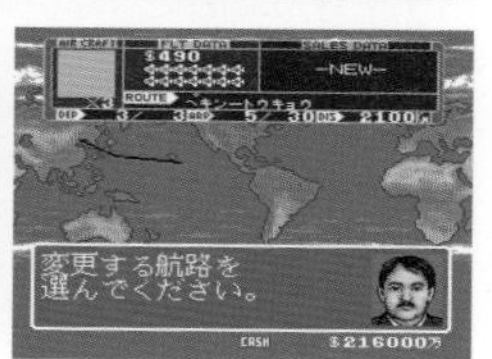

항공 회사의 경영자가 되어 라이벌 회사와 경쟁하면서 세계 각지에 항로를 설치하고, 이용객 수를 늘려서 수익을 올리는 시뮬레이션 게임. 본사 이외에 각지에 지사를 만들거나 회의로 담당자의 의견을 들으며 게임을 진행한다. 스트라이크, 비행 붐 등의 이벤트가 있다.

오델로 월드

● 발매일 / 1992년 4월 5일 ● 가격 / 8,700엔
● 퍼블리셔 / 츠쿠다 오리지널

일본에서 만들어진 테이블 게임 「오델로」의 SFC판. 플레이 방법은 통상 오델로와 동일하다. 전체적으로 동화적인 화면이고 등장하는 CPU 캐릭터도 동화에 나오는 토끼이지만, 포근한 그래픽과는 달리 오델로 실력은 만만찮다.

페블비치의 파도

● 발매일 / 1992년 4월 10일 ● 가격 / 9,800엔
● 퍼블리셔 / T&E 소프트

캘리포니아주에 있는 태평양을 접한 골프장 「페블비치 골프링크」를 무대로 한 골프 게임. 리얼한 고속 묘사 화면을 3D 폴리곤을 사용한 시스템으로 재현했다. 바다 가까이에 위치해 바람의 영향을 받는다는 것도 꼼꼼하게 재현되어 있다.

호창 진라이 전설 무샤

●발매일 / 1992년 4월 21일 ●가격 / 8,800엔
●퍼블리셔 / 데이텀 폴리스타

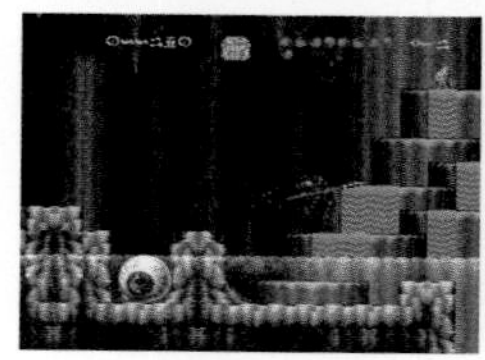
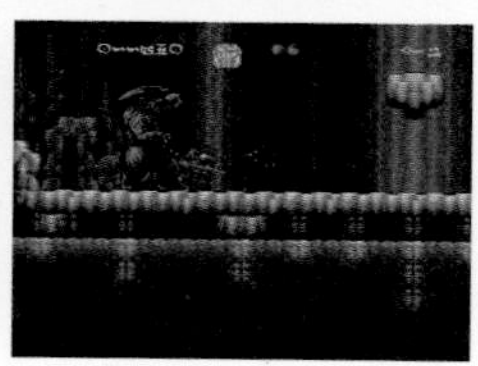

일본풍의 횡스크롤 액션 게임. 호창(豪槍)이라 추앙받던 주인공 진라이는 도착한 마을의 장로로부터 끌려간 딸을 구해 달라는 부탁을 받고, 무기인 창을 들고 지옥으로 통하는 동굴에 뛰어든다. 적은 요괴이고 진라이는 창 이외에도 요술을 쓸 수 있다.

슈퍼컵 사커

● 발매일 / 1992년 4월 24일 ● 가격 / 9,000엔
● 퍼블리셔 / 자레코

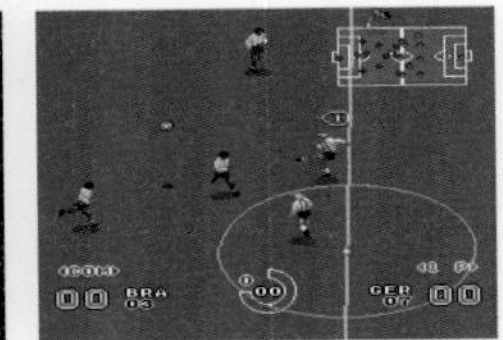
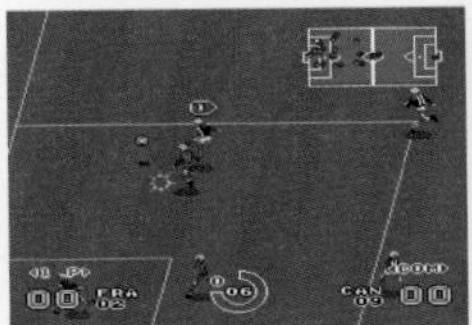
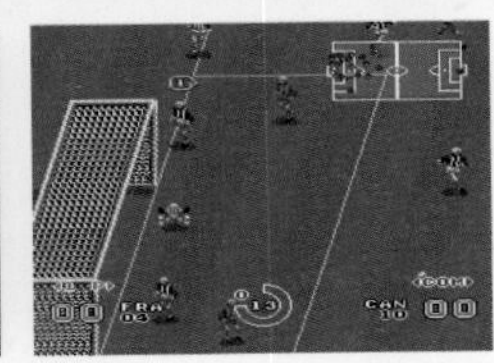

쿼터뷰 화면의 축구 게임. 일본을 비롯해 독일, 아르헨티나 등 세계 24개국 팀 중에서 하나를 선택하고, 예선부터 싸워서 우승을 목표로 한다. 확대 · 축소 등의 화면 효과가 인상적이다. 화면 우측 상단에 전체 필드 상황이 리얼타임으로 표시된다.

WWF 슈퍼 레슬매니아

● 발매일 / 1992년 4월 24일 ● 가격 / 8,800엔
● 퍼블리셔 / 어클레임 재팬

미국 프로레슬링 단체(WWF는 현 WWE의 전신이다) 소속 레슬러 10명이 모두 실명으로 등장하는 프로레슬링 게임. 캐릭터 선택 화면에서도 실존 레슬러의 사진을 사용하는 등, 팬이라면 좋아할 수밖에 없는 내용이다. 2인 협력플레이, 대전 플레이를 간단한 조작으로 즐길 수 있다.

헤라클레스의 영광Ⅲ 신들의 침묵

● 발매일 / 1992년 4월 24일 ● 가격 / 8,800엔
●퍼블리셔 / 데이터 이스트

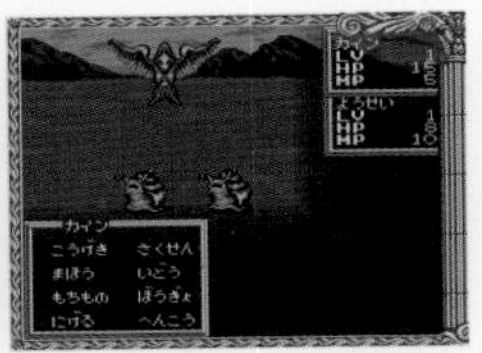
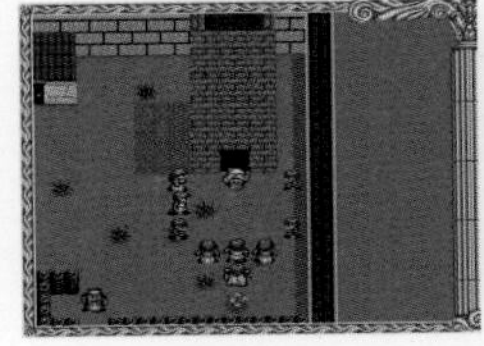
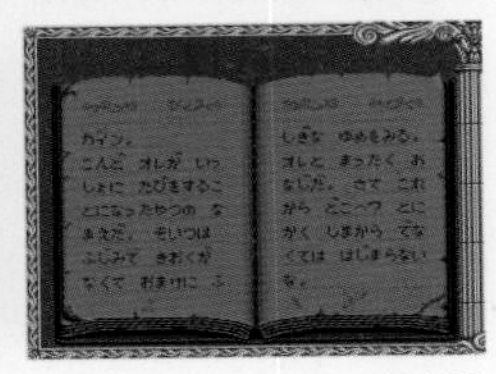

그리스 신화를 토대로 한 RPG 시리즈의 세 번째 작품이자 첫 SFC 작품. 기억은 못 하지만 불사신이라는 특수 능력을 가진 주인공이 꿈에 나온 장소를 찾아 떠나고, 여행 중에 영웅 헤라클레스와 만난다. 인류의 존망을 둘러싸고 신들 사이에서 줄다리기를 당한다는 장대한 시나리오.

마카마카

● 발매일 / 1992년 4월 24일 ● 가격 / 8,700엔
● 퍼블리셔 / 시그마

개그 만화가인 아이하라 코지의 세계관과 캐릭터 디자인을 토대로 한 개그 RPG. 여기저기에 개그 요소가 포진되어 있다. 타이틀 「마카마카」는 주인공의 부모를 물벼룩으로 만들어버린 적의 조직이다. 여자 친구와 함께 적에게 도전한다는 내용.

F-1 GRAND PRIX

● 발매일 / 1992년 4월 28일 ● 가격 / 9,700엔
● 퍼블리셔 / 비디오 시스템

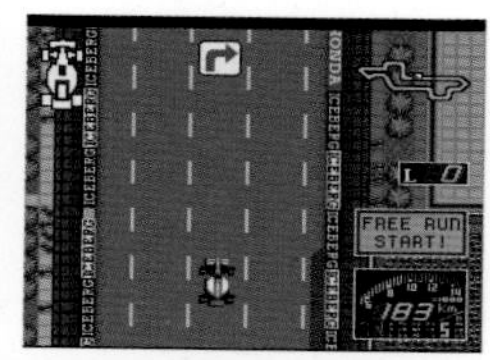

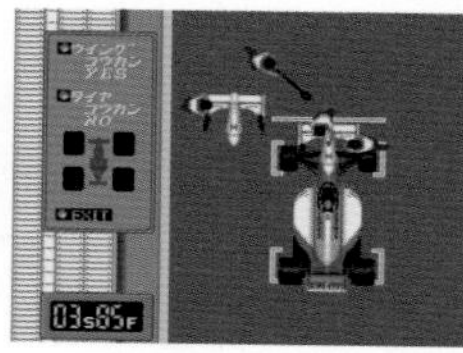

당시 F1 단체인 FOCA(Formula One Constructors Association) 공인으로 91년의 머신, 팀, 드라이버는 물론 실존하는 세계 16개 코스를 완성도 높게 재현한 레이싱 게임. 탑뷰 화면에 F1답게 스피드 넘치는 플레이가 진행된다. 머신을 소개하는 무비에도 정성이 들어가 있다.

권투왕 월드 챔피언

● 발매일 / 1992년 4월 28일 ● 가격 / 8,000엔
● 퍼블리셔 / 소프엘

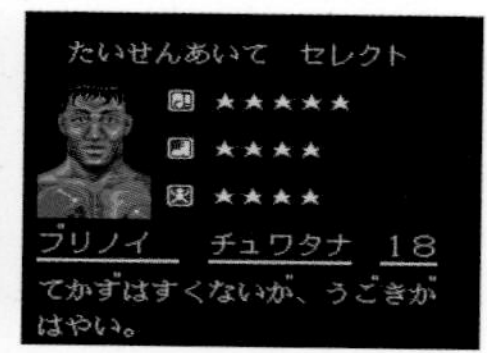

펀치 이외의 공격 방법은 없고 필살기 같은 것도 없는 리얼한 복싱 게임. 횡방향에서 링을 보는 화면이고 펀치를 날려서 적을 쓰러뜨린다. 승리한 선수를 성장시켜서 권투왕을 목표로 하는 스토리 모드, 좋아하는 선수를 선택하는 프리 모드, 2인 플레이 대전이 가능하다.

슈퍼 알레스타

● 발매일 / 1992년 4월 28일 ● 가격 / 8,700엔
● 퍼블리셔 / 토호

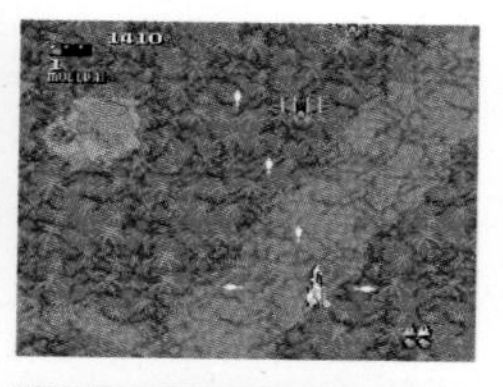

세가 계열 기기와 MSX 등으로 전개되었던 시리즈의 다섯 번째 작품. 종스크롤 슈팅 게임으로 8종의 무기 중에서 하나를 선택해 싸우게 된다. 적을 쓰러뜨리면 무기가 파워업 된다. 빽빽한 탄막, 다수의 적, 장애물 등이 꽤나 화려한 STG이다.

슈퍼 상하이 드래곤즈 아이

● 발매일 / 1992년 4월 28일 ● 가격 / 7,800엔
●퍼블리셔 / 핫·비

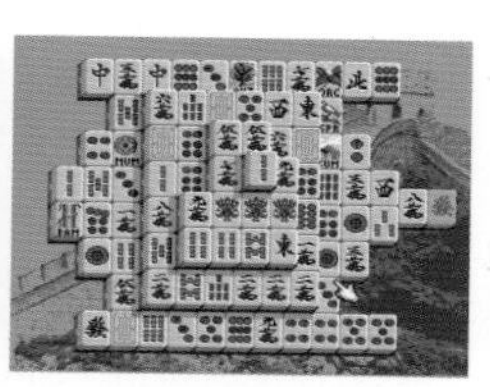
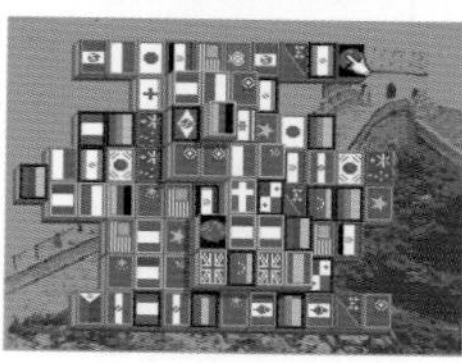

쌓인 마작패를 지워가는 퍼즐 게임인 「상하이」 및 마작패의 산을 만드는 공격과 부수는 수비로 나뉘어서 싸우는 2인 대전 플레이 「드래곤즈 아이」의 두 가지 방식으로 플레이할 수 있다. 화면에 나오는 마작패의 그림은 일반적인 것 이외에 화투와 국기 등으로도 바꿀 수 있다.

배틀 블레이즈

● 발매일 / 1992년 5월 1일 ● 가격 / 8,700엔
● 퍼블리셔 / 사미

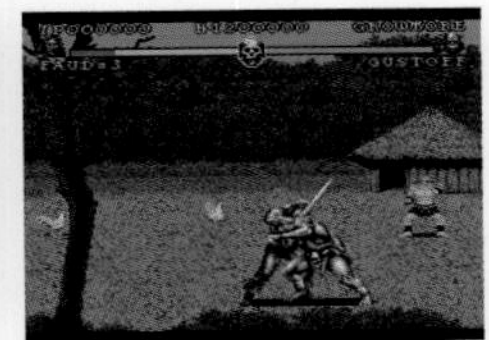

검과 마법의 세계가 무대인 대전 격투 액션 게임. 상반신이 드러난 근육질 주인공을 조작해 마왕을 타도하는 스토리 모드, 좋아하는 캐릭터를 선택해 플레이하는 모드를 즐길 수 있다. 주인공 이외의 캐릭터에는 인간 외 종족도 있으며, 그래픽은 세계관을 따른 미국 만화풍이다.

갑룡전설 빌가스트 사라진 소녀

● 발매일 / 1992년 5월 23일 ● 가격 / 9,000엔
● 퍼블리셔 / 반다이

「빌가스트」라는 이세계에서 연인 미치코를 찾는 중학생 미이케 슌이 주인공인 RPG. 시작은 반다이가 판매한 뽑기 장난감 상품이었지만 시나리오는 오리지널이다. 작품에서 인기 있는 캐릭터로 구성된 두 개의 파티를 바꿔가면서 스토리가 진행된다.

참II 스피리츠

● 발매일 / 1992년 5월 29일 ● 가격 / 9,800엔
● 퍼블리셔 / 울프팀

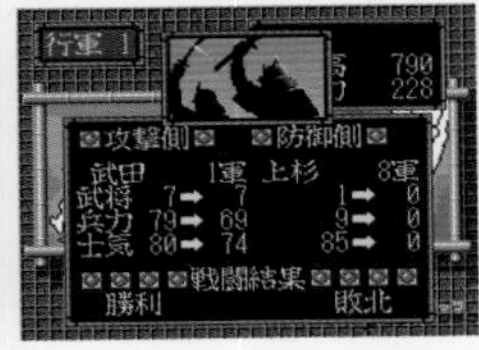

천하통일을 목표로 하는 전국 시뮬레이션 게임. 다이묘뿐 아니라 무장도 주인공 캐릭터로 선택할 수 있는 것이 특징이다. 다이묘의 휘하에 들어가 중신까지 오르거나 모반을 일으켜서 출세할 수 있다. 선택할 수 있는 캐릭터는 다수인데 누구를 골라도 엔딩까지 갈 수 있다.

매직 소드

● 발매일 / 1992년 5월 29일 ● 가격 / 8,500엔
● 퍼블리셔 / 캡콤

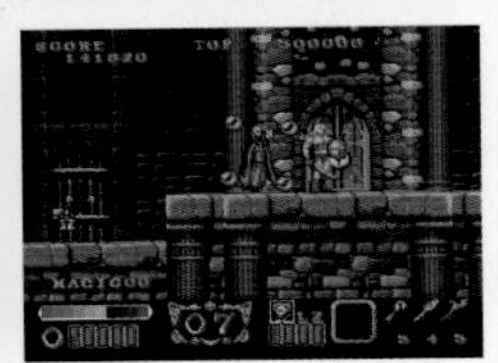

판타지 세계를 무대로 검과 마법을 사용해 싸우는 횡스크롤 액션 게임. 드래곤 등의 적을 쓰러뜨리며 마왕이 있는 50층탑을 올라간다. 탑에는 동료가 붙잡혀 있어서 주인공이 감옥에서 구출해주면 동료가 되고, 그중 한 명이 후방에서 지원해준다.

슈퍼 장기

● 발매일 / 1992년 6월 19일 ● 가격 / 8,800엔
● 퍼블리셔 / 아이맥스

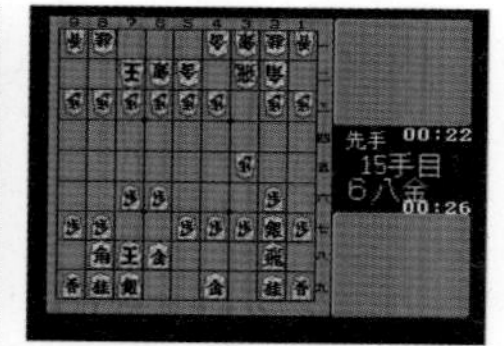

평범한 장기 게임 외에도 CPU 장기 기사 총 16인과 경쟁하는 토너먼트전, 묘수풀이, 토카이도(일본의 옛 행정구역_역자)의 각지를 돌아다니며 내기 장기를 하면서 교토로 향하는 주사위 게임을 플레이할 수 있다. CPU의 사고 시간이 짧고 장기 실력도 꽤 좋다.

슈퍼 덩크슛

● 발매일 / 1992년 6월 19일 ● 가격 / 8,600엔
● 퍼블리셔 / HAL 연구소

실명은 아니지만 NBA를 모델로 한 28개 팀이 등장하는 농구 게임. 선수의 움직임에 따라 3D 화면의 시점이 바쁘게 이동한다. 시즌전 이외에도 대전 플레이, 연습경기가 가능하다. 플레이는 리얼타임으로 진행되며 선수 교대 등도 할 수 있다.

카멜 트라이

● 발매일 / 1992년 6월 26일 ● 가격 / 8,500엔
●퍼블리셔 / 타이토

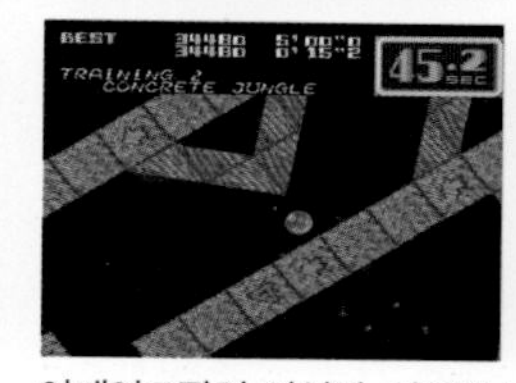
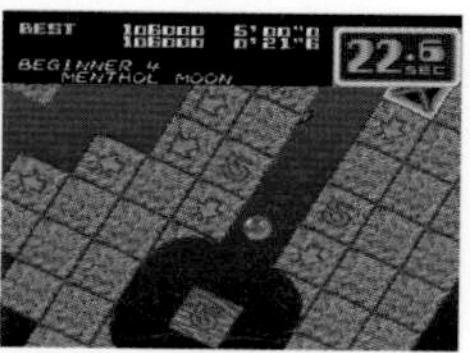

아케이드판의 이식작. 다양한 장치가 들어간 미로 자체를 회전시켜서 구슬 형태의 공을 굴리고, 제한 시간 내에 골로 향하게 하는 퍼즐 액션 게임. 공이 아니라 미로를 360도 움직여서 플레이하기 때문에 화면이 분주하게 움직인다.

고시엔2

● 발매일 / 1992년 6월 26일 ● 가격 / 8,900엔
● 퍼블리셔 / 케이 어뮤즈먼트

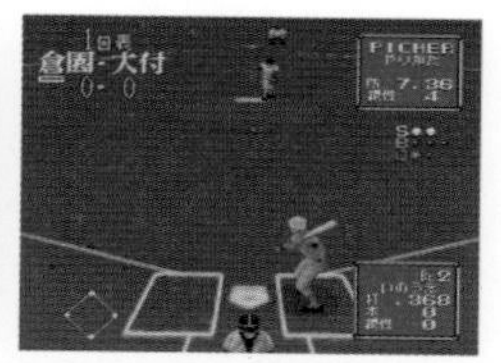
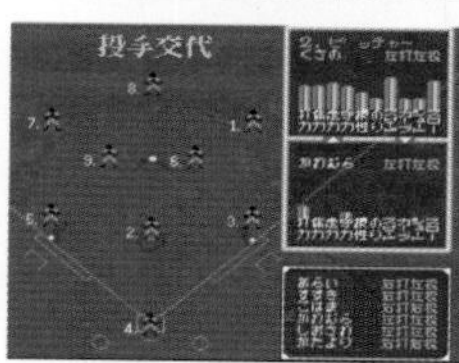
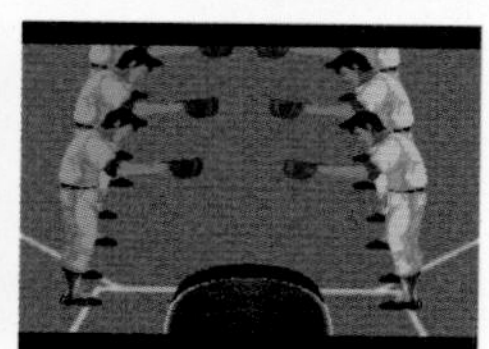

고교 야구를 모델로 한 전형적인 야구 게임. 4,000개 이상 준비된 가상의 학교 중에서 하나를 선택해 예선부터 경기를 펼쳐서 고시엔에 참가하고 전국 우승을 목표로 한다. 대회, 대전, 연습 모드가 있고 플레이하는 사이에 선수는 계속 성장한다. 승패 예상도 즐길 수 있다.

종합 격투기 아스트랄 바우트

● 발매일 / 1992년 6월 26일 ● 가격 / 9,030엔
● 퍼블리셔 / 킹 레코드

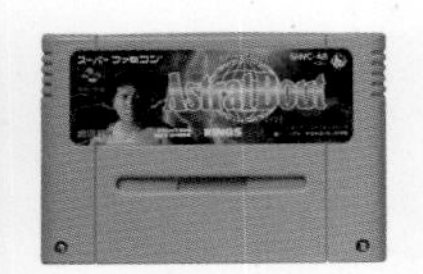

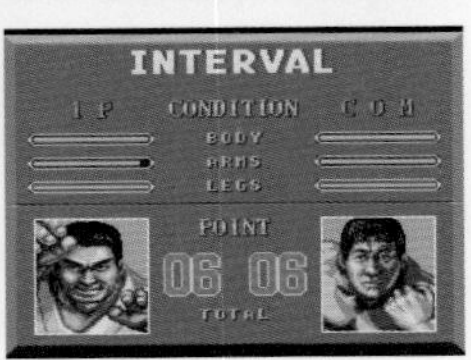

격투기 선수 마에다 아키라의 사진을 패키지에 내세운 횡방향 시점의 이종 격투 대전 게임. 링 안에서 유도, 복싱, 무에타이, 삼보 등 다양한 격투기 캐릭터가 경쟁해서 최강의 격투왕을 목표로 하는 모드, 캐릭터를 선택해 대전하는 모드, 스파링 모드가 있다.

요코야마 미츠테루 삼국지

● 발매일 / 1992년 6월 26일 ● 가격 / 9,500엔
● 퍼블리셔 / 엔젤

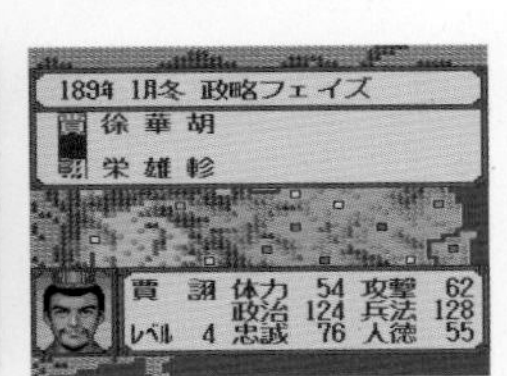
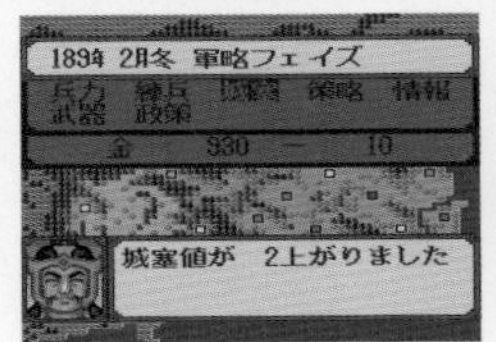
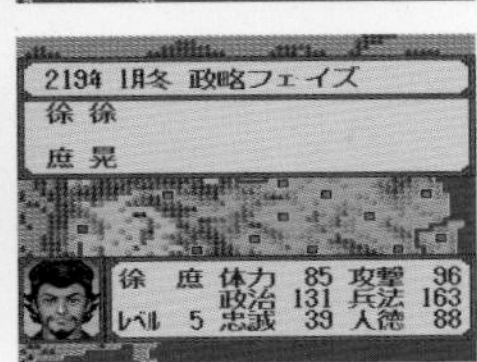

TV 애니메이션으로도 나온 요코야마 미츠테루의 동명 만화를 전략 시뮬레이션 게임화 했다. 관우, 장비 등 삼국지의 영웅 캐릭터가 등장하는데, 플레이어는 군주가 되어서 적국을 합병하며 전국 통일을 목표로 한다. 시나리오는 두 종류이고 중간의 컷신은 애니메이션을 바탕으로 했다.

슈퍼 오프로드

● 발매일 / 1992년 7월 3일 ● 가격 / 6,900엔
● 퍼블리셔 / 팩 인 비디오

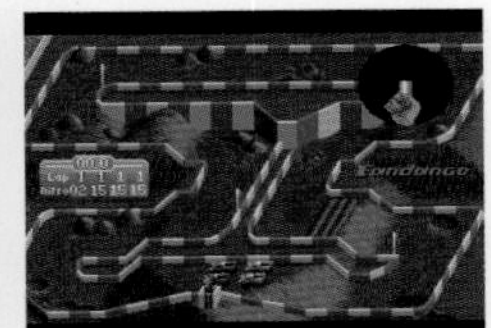

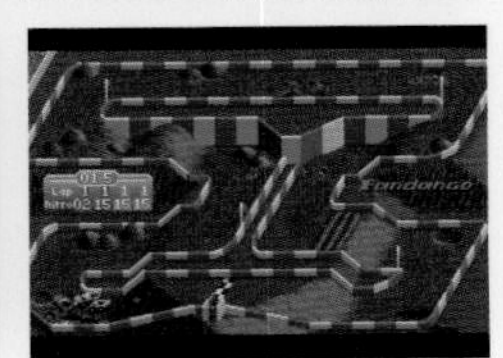

쿼터뷰 화면의 레이싱 게임. 고정화면의 고저 차이가 심한 코스를 질주하지만, 드라이버 시점이 아니기 때문에 RC카를 조작하는 것 같은 감각을 즐길 수 있다. 레이스에서 이기면 상금을 얻게 되고 상금으로 머신을 파워업 할 수 있다. 2인 플레이 대전이 가능하다.

슈퍼 볼링

● 발매일 / 1992년 7월 3일 ● 가격 / 8,300엔
● 퍼블리셔 / 아테나

최대 4명이 플레이할 수 있는 볼링 게임. 평범한 볼링 게임 이외에도 연습 모드, 핀이 일반적이지 않은 위치에 배치된 골프 모드로 플레이할 수 있다. 공을 굴린 후에 레인 뒤에 있는 캐릭터가 성적에 따른 리액션을 해준다. 전체적인 화면이 미국풍이다.

파로디우스다! -신화에서 웃음으로-

● 발매일 / 1992년 7월 3일 ● 가격 / 8,500엔
● 퍼블리셔 / 코나미

아케이드에서 이식한 인기 슈팅 게임 「그라디우스」을 코나미가 셀프 패러디한 작품. 게임 곳곳에 코나미의 캐릭터와 개그 요소가 숨겨져 있다. 시스템은 전형적인 슈팅 게임이지만 그 완성도는 매우 높다.

PGA 투어 골프

● 발매일 / 1992년 7월 3일 ● 가격 / 8,500엔
● 퍼블리셔 / 이머지니어

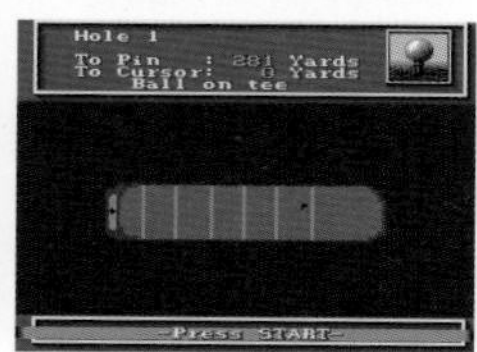

미국 남자 탑 「PGA 투어」를 토대로 한 해외 골프 게임의 이식작. 실명으로 등장하는 선수 캐릭터를 상대로 72개 코스를 돌며 토너먼트 형식으로 경기를 치러 우승을 목표로 한다. 고저 차이가 있는 그린은 와이어 프레임(컴퓨터 그래픽의 일종-역주)으로 그려져서 꽤 리얼하다.

페르시아의 왕자

● 발매일 / 1992년 7월 3일 ● 가격 / 8,800엔
● 퍼블리셔 / 메사이어

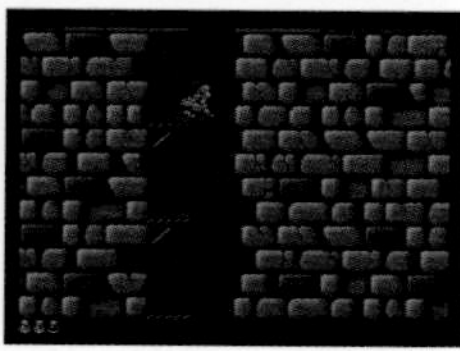

아라비안나이트풍의 세계관을 토대로 한 2D 액션 어드벤처 게임. 탑의 최상층에 붙잡혀 있는 공주를 구하기 위해 함정이 설치된 탑을 올라가고, 제한 시간 2시간 이내에 클리어해야 한다. Apple II 용으로 개발되었던 게임인데 다양한 하드로 이식되었다.

라이트 판타지

● 발매일 / 1992년 7월 3일 ● 가격 / 8,900엔
● 퍼블리셔 / 톤킹 하우스

코미컬 요소가 강한 RPG. 납치당한 공주를 구출하러 가는 주인공은 소심한 용사여서, 적을 쓰러뜨리는 것이 아니라 가두기만 한다. 비주얼, 스토리뿐만 아니라 적을 포함한 캐릭터 전부가 포근한 이미지라서 몬스터도 동료로 삼아서 파티를 꾸릴 수 있다.

북두의 권5 천마유성전 애★절장

● 발매일 / 1992년 7월 10일 ● 가격 / 8,900엔
● 퍼블리셔 / 토에이 동화

만화의 원작자인 부론손 씨가 감수한 오리지널 스토리 RPG이다. 『북두의 권』의 패러렐 월드(평행우주)이며 주인공과 적 모두가 오리지널이다. 주인공이 납치당한 연인을 구하기 위해 여행을 떠난다는 내용이다. 원작에 있는 북두, 남두의 캐릭터도 등장하는데 함께 적과 싸운다.

유우유의 퀴즈로 GO! GO!

● 발매일 / 1992년 7월 10일 ● 가격 / 8,500엔
● 퍼블리셔 / 타이토

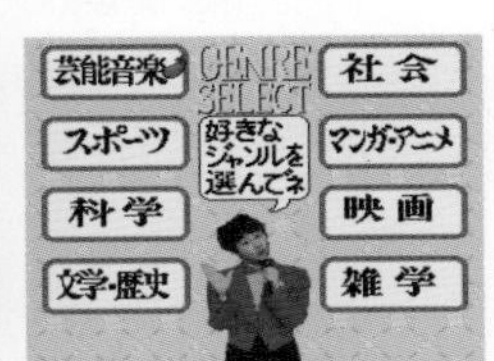

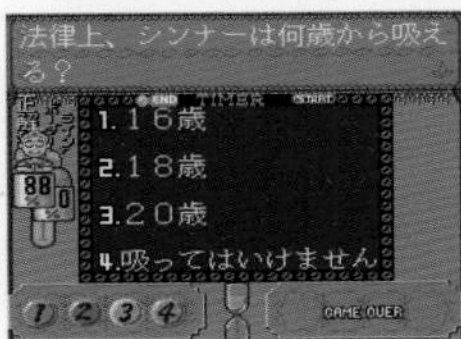

걸그룹 오냥코클럽의 멤버이자 예능 코너에서도 활약했던 아이돌 유우유(이와이 유키코)가 실사로 등장하는 퀴즈 게임. 「예능 음악」 「스포츠」 「만화, 애니메이션」 등의 장르를 선택해서 10초 이내에 4개의 보기 중에서 답을 맞혀야 한다. 게임 중에 유우유의 실사 사진이 나온다.

캡틴 츠바사III 황제의 도전

● 발매일 / 1992년 7월 17일 ● 가격 / 8,900엔
● 퍼블리셔 / 테크모

시리즈의 첫 번째 SFC 작품으로 FC판에서 호평을 받은 연출이 더욱 강화되었다. 스토리는 독일이 무대인 게임 오리지널로, 모든 선수에게 이름이 붙어 있다. 새롭게 「올스타」 모드가 생겨서 자신이 좋아하는 선수로 팀을 만들 수 있게 되었다.

스즈키 아구리의 F-1 슈퍼 드라이빙

● 발매일 / 1992년 7월 17일 ● 가격 / 8,800엔
● 퍼블리셔 / 로직

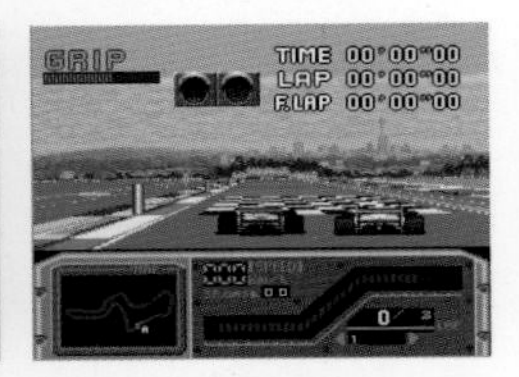

F1 선수 스즈키 아구리가 감수한 드라이버 시점 3D 레이싱 게임으로 머신을 세세하게 설정할 수 있다. F1답게 스피디한 레이스로 포인트를 획득해서 우승을 목표로 한다. 중간에 실사 화면의 스즈키 아구리가 삽입되고 2인 대전도 가능하다. 차가 커브를 완전히 돌지 못하면 스핀하게 된다.

다이너 워즈 공룡 왕국으로 가는 대모험

● 발매일 / 1992년 7월 17일 ● 가격 / 8,800엔
● 퍼블리셔 / 아이렘

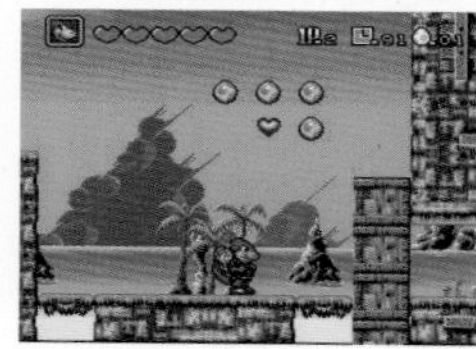

동명 영화가 원작인 횡스크롤 액션 게임. 영화와 마찬가지로 『다이너 워즈』라는 TV 방송 속으로 들어간 아이와 공룡이 협력해서 악의 원시인 록키즈와 싸운다. 소년 캐릭터와 소녀 캐릭터를 플레이할 수 있다. 공룡의 등에 올라탄 아이는 장면에 따라서 단독으로 뛰쳐나온다.

파친코 워즈

● 발매일 / 1992년 7월 17일 ● 가격 / 9,500엔
● 퍼블리셔 / 코코너츠 재팬 엔터테인먼트

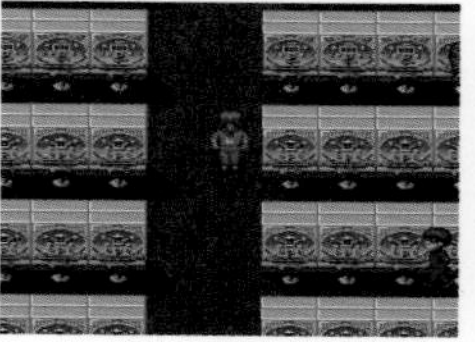

SFC의 첫 번째 파친코 게임으로 주인공은 파친코 스파이로 설정되었다. 각지의 파친코 가게에서 파친코 기기를 멈추게 하고 손님에게서 정보를 얻어 적의 스파이를 쫓는다는 스토리다. BGM도 스파이 영화답고 경품 교환소에서는 무기와 교환할 수도 있다.

HOOK

● 발매일 / 1992년 7월 17일 ● 가격 / 8,500엔
● 퍼블리셔 / 에픽 소니 레코드

동명 영화가 원작으로 어른이 된 피터팬을 주인공으로 한 횡스크롤 액션 게임이다. 하늘을 나는 방법을 잊어버린 피터팬은 숙적인 후크 선장에게 납치당한 자신의 아이들을 구하기 위해 팅커벨의 인도를 받아 분투한다. 원작의 분위기를 재현한 밝은 게임이다.

산드라의 대모험 왈큐레와의 만남

● 발매일 / 1992년 7월 23일 ● 가격 / 8,300엔
● 퍼블리셔 / 남코

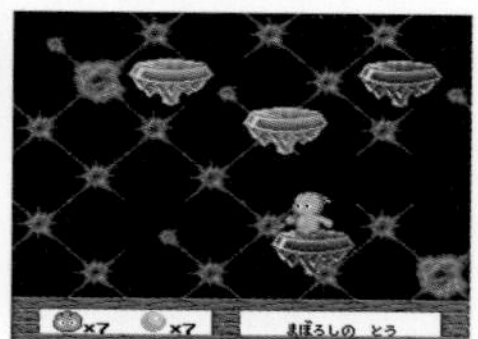

남코의 인기 작품 『왈큐레』 시리즈에 등장하는 캐릭터인 「산드라」를 주인공으로 삼은 횡스크롤 액션 게임. 병에 걸린 아들을 치료할 아이템을 찾아 적을 쓰러뜨리며 여행을 한다는 내용이다. 귀여운 캐릭터와는 반대로 난이도는 높은 편이다.

어스 라이트

● 발매일 / 1992년 7월 24일 ● 가격 / 8,500엔
● 퍼블리셔 / 허드슨

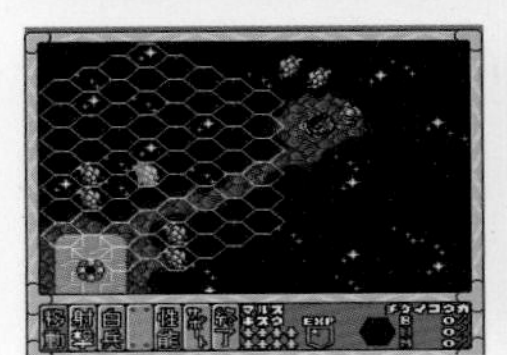
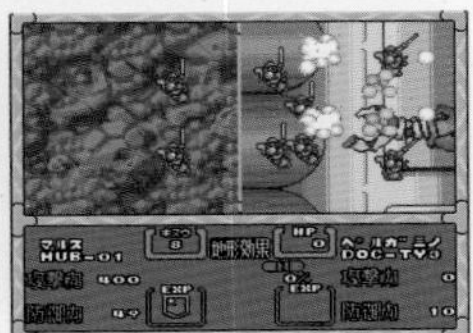

PCE의 전쟁 시뮬레이션 게임 『넥타리스』의 시스템을 계승했다. 전쟁 시뮬레이션 게임 같지 않은 동글동글한 캐릭터 그래픽은 귀엽지만 시스템은 박진감이 넘친다. 우주를 무대로 다양한 무기를 가지고 적을 격파해 나간다.

얼티메이트 풋볼

● 발매일 / 1992년 7월 24일 ● 가격 / 8,700엔
● 퍼블리셔 / 사미

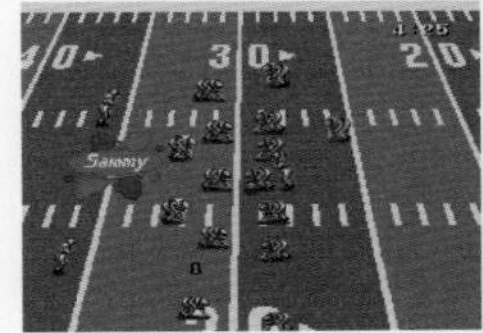

쿼터뷰 화면의 횡스크롤 아메리칸 풋볼 게임. 총 28개 팀 중에서 선택할 수 있고, 다양한 포메이션 중에서 장면에 따른 공격과 수비를 골라 우승을 목표로 나아간다. 하프 타임 화면에서는 치어걸의 컷신이 등장한다.

사이바리온

● 발매일 / 1992년 7월 24일 ● 가격 / 8,600엔
● 퍼블리셔 / 도시바 EMI

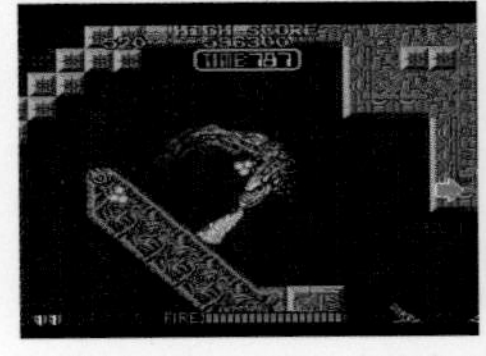
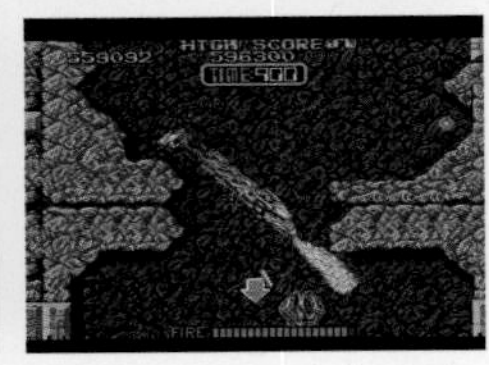

아케이드판의 이식작. 금색 드래곤 형태의 우주선이 때로는 늘어나고 때로는 뱀처럼 꿈틀거리면서, 입에서 불을 뿜어 적을 쓰러뜨리며 미궁 안을 나아가 목적지로 향한다. 제한 시간과 분기 루트가 있으며, 멀티 엔딩을 채택해서 몇 번이고 플레이할 수 있는 액션 게임이다.

슈퍼 F1 서커스

● 발매일 / 1992년 7월 24일 ● 가격 / 8,800엔
● 퍼블리셔 / 일본 물산

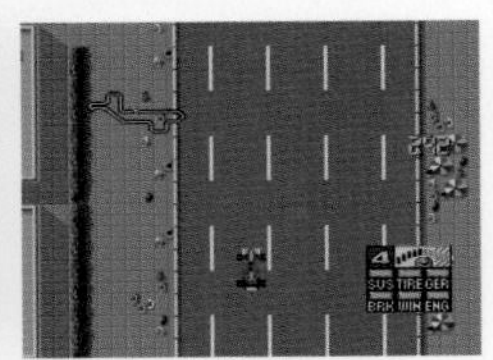

PCE에서 이식된 탑뷰 화면의 F1 레이싱 게임. 레이서로서 머신을 조작하고, 레이스에서의 활동을 통해 상위 팀에 스카우트되어 이적할 수 있다. 세계 각지의 경기장을 돌며 월드 챔피언을 목표로 하는데, 변화하는 날씨에 맞춘 머신 세팅이 중요하다.

T.M.N.T. 터틀스 인 타임

● 발매일 / 1992년 7월 24일 ● 가격 / 8,500엔
● 퍼블리셔 / 코나미

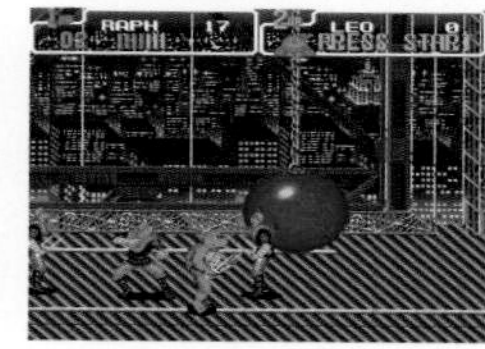

미국 만화 『닌자 터틀스』가 원작인 벨트 스크롤 격투 액션 게임. 4명의 주인공 중에서 한 명을 골라 슈레더의 코브라 군단과 싸운다. 게임 중 주인공이 카메라를 향해 적을 던지는 장면이 있는데, 이때 던져진 적이 확대되는 연출이 박력 있다. 컷신은 원작과 같은 미국 만화풍.

블레이존

● 발매일 / 1992년 7월 24일 ● 가격 / 8,500엔
● 퍼블리셔 / 아틀라스

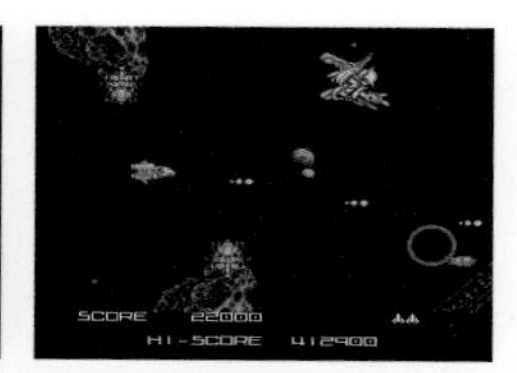

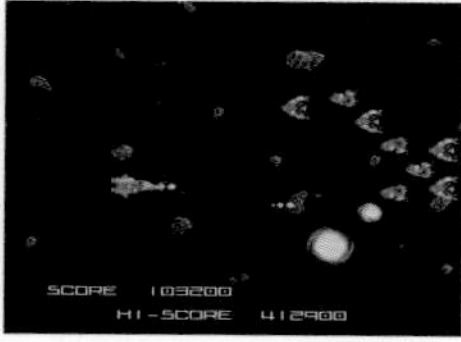

아케이드판의 이식작으로 상대방 기체를 빼앗아 우주 공간을 나아가는 횡스크롤 슈팅 게임. 적의 기체를 빼앗으면 무기와 공격 방법이 제각각인 적의 능력을 흡수할 수 있다. 본작의 독특한 파워업 시스템을 강조한 오프닝 장면은 한 편의 애니메이션처럼 만들어졌다.

3×3EYES 성마강림전

● 발매일 / 1992년 7월 28일 ● 가격 / 9,500엔
● 퍼블리셔 / 유타카

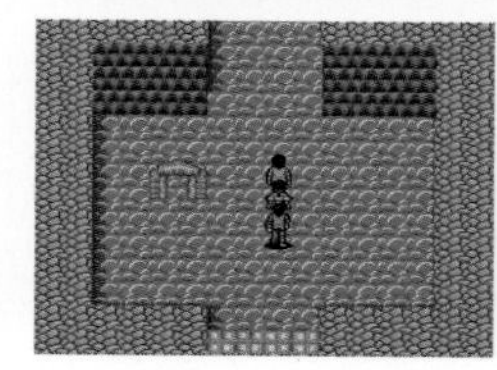
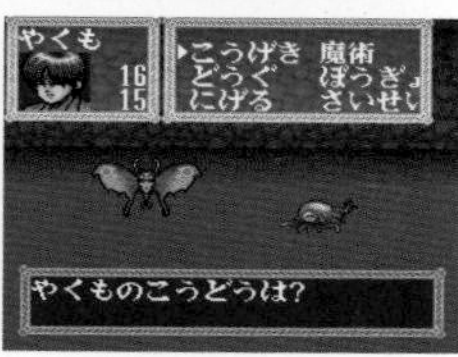

타카다 유조의 동명 만화를 토대로 한 오리지널 스토리의 RPG. 주인공은 원작과 같은 후지이 야쿠모이며, 파이 일행과 파티를 짜서 전 세계에 있는 5개의 열쇠를 모으는 것이 목적이다. 원작처럼 야쿠모는 죽지 않는다는 설정이지만, 야쿠모 외의 캐릭터가 죽으면 게임 오버다.

기갑경찰 메탈 잭

● 발매일 / 1992년 7월 31일 ● 가격 / 8,800엔
● 퍼블리셔 / 아틀라스

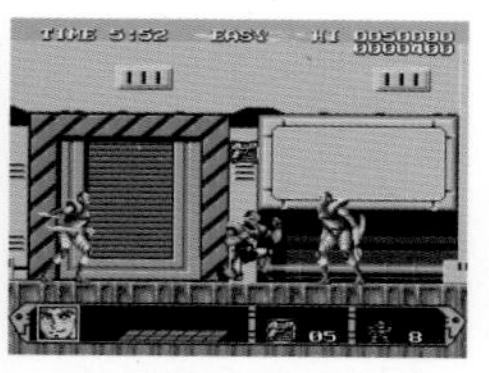

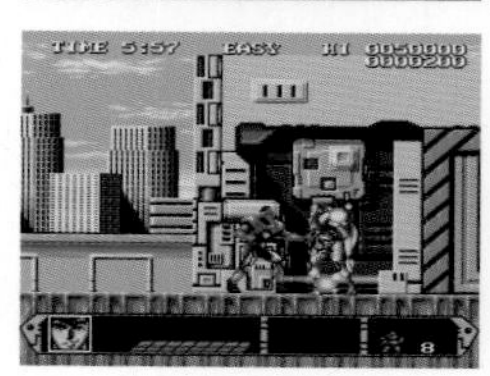

TV 애니메이션이 원작인 횡스크롤 액션 게임으로 「메탈 잭」은 경시청 내의 조직이다. 3명의 사이보그 형사 중에서 한 명을 선택해 로봇과 테러리스트 등의 적과 싸운다. 게임 중간에 애니메이션을 바탕으로 한 컷신과 무비가 등장한다.

KING OF THE MONSTERS

●발매일 / 1992년 7월 31일 ●가격 / 8,800엔
●퍼블리셔 / 타카라

괴수끼리 싸우는 이색 대전 액션 게임. 괴수 4마리 중에서 하나를 선택해 도시를 파괴하면서 적 괴수와 싸운다. 펀치, 킥, 파일 드라이버 등의 프로레슬링 기술 외에도 불을 뿜고 날아가는 헬기를 잡아서 던지기도 한다.

비룡의 권S GOLDEN FIGHTER

● 발매일 / 1992년 7월 31일 ● 가격 / 9,700엔
● 퍼블리셔 / 컬처 브레인

FC로 인기를 얻은 시리즈의 2D 대전 격투 게임. FC판보다 그래픽이 대폭 강화되었다. 마지막에 보스와 싸우는 스토리 모드 이외에도 2P와의 대전 플레이, 토너먼트 모드로 플레이할 수 있다. 성별에 관계없이 다양한 격투기 유파의 선수가 등장한다.

불꽃의 투구아 돗지탄평

● 발매일 / 1992년 7월 31일 ● 가격 / 8,500엔
● 퍼블리셔 / 선 소프트

애니화 되었던 아동용 만화 캐릭터가 등장하는 피구 게임. 주인공 팀이 선수권 우승을 목표로 하는 스토리 모드와 2P 대전 플레이를 즐길 수 있다. 캐릭터 컷신과 필살기는 원작에 충실하게 만들어져 제법 화려하지만 MD용에 비해 게임성은 조금 심심하다.

슈퍼 대항해시대

● 발매일 / 1992년 8월 5일 ● 가격 / 11,800엔
● 퍼블리셔 / 코에이

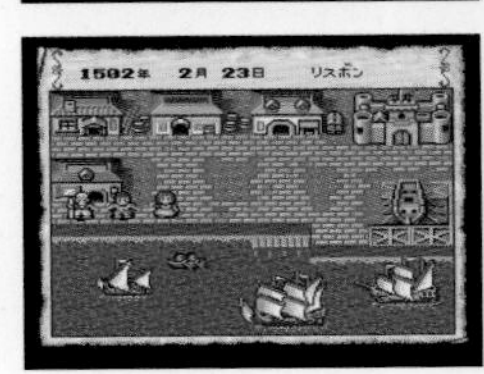
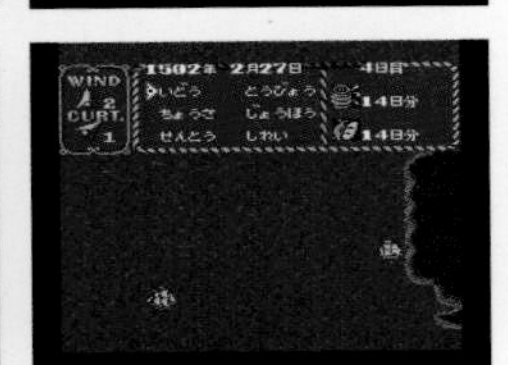

RPG 요소가 들어간 코에이의 시뮬레이션(리코에이션이라 불린다) 시리즈 중 하나. 몰락 귀족인 주인공은 명예와 작위를 되찾기 위해 범선을 구입하고 무역과 해전을 치르며 세계를 돌아다닌다. 명예를 얻으려면 항구를 발견하거나 적 함대에 승리하거나 칙명을 달성해야 한다.

초대 열혈경파 쿠니오군

● 발매일 / 1992년 8월 7일 ● 가격 / 8,900엔
● 퍼블리셔 / 테크노스 재팬

아케이드에서 시작된 벨트 스크롤 액션 게임의 SFC판. RPG 요소도 도입된 본 작품은 오사카를 방문한 주인공 쿠니오군과 친구인 리키가 불량 학생들을 상대로 활약한다는 내용이다. 경험치를 쌓으면 레벨이 올라가고 각종 능력치를 강화할 수 있다.

슈퍼 팡

● 발매일 / 1992년 8월 7일 ● 가격 / 7,500엔
● 퍼블리셔 / 캡콤

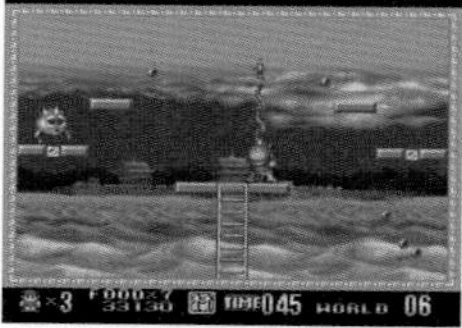

아케이드판의 이식작으로 소년이 주인공인 퍼즐 게임. 와이어를 쏘아 움직이는 공을 제거하며 스테이지를 클리어해 나간다. 와이어에는 여러 종류가 있으며 그 외의 아이템들도 사용할 수 있다. 또한 공의 크기는 크고 작은 것이 있어서 순서를 생각하며 제거해야 한다.

슈퍼 프로페셔널 베이스볼 II

● 발매일 / 1992년 8월 7일 ● 가격 /9,000엔
● 퍼블리셔 / 자레코

TV 야구 중계와 같은 백스크린 시점의 화면이 특징인 야구 게임 제2탄. 전작보다 그래픽이 강화되었고 실존하는 선수의 실명이 도입되었다. 좋아하는 야구팀을 이끌고 리그에서 우승하고 일본 시리즈 재패를 목표로 한다.

슈퍼 모모타로 전철 II

● 발매일 / 1992년 8월 7일 ● 가격 / 8,800엔
● 퍼블리셔 / 허드슨

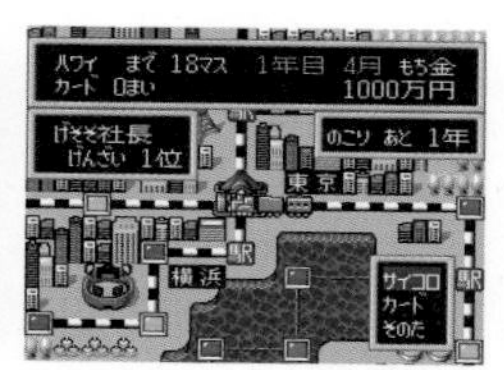

철도회사 운영을 모티브로 한 인기 보드 게임 『모모테츠』의 SFC 이식작. 규칙은 기존과 동일하지만 조작성이 향상되었고 카드와 이벤트 수가 늘었다. 가난신이 킹 봄비로 변신하거나 하와이와 사이판 같은 해외의 역을 갈 수 있게 되었다.

스핀디지 월드

● 발매일 / 1992년 8월 7일 ● 격 / 8,800엔
● 퍼블리셔 / 아스키

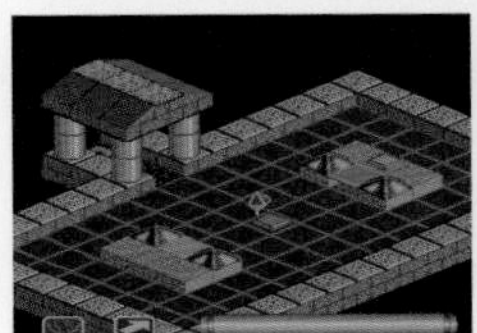
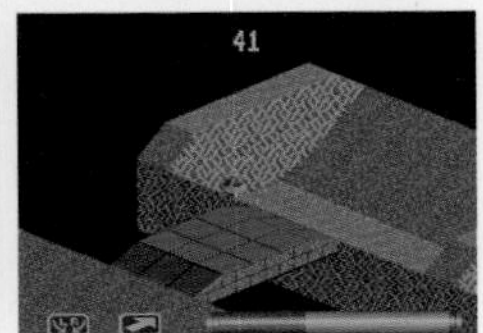

유사 3D로 표현된 가상 세계인 「스핀디지」를 우주선으로 공략하는 퍼즐 액션 게임. 우주선은 팽이 형태이고 게임 화면은 쿼터뷰 시점이다. 아이템을 얻으면서 게임을 진행하는데 조작은 단순하지만 바닥이 쉽게 미끄러지기 때문에 난이도는 높은 편이다.

파이프 드림

● 발매일 / 1992년 8월 7일 ● 가격 / 7,500엔
● 퍼블리셔 / BPS

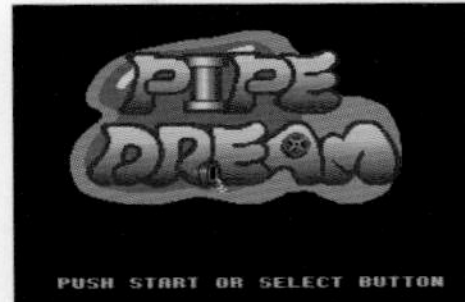

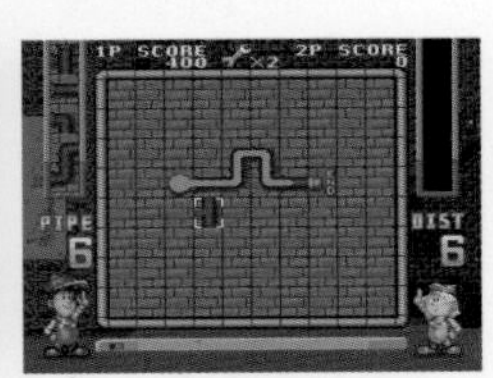

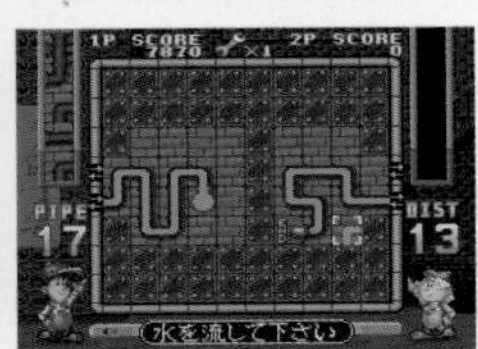

수도관 파이프를 물이 새지 않게 이어가는 퍼즐 게임이다. 일부러 멀리 돌려보내거나 복잡하게 이으면 고득점이 가능하지만, 제한 시간 내에 완성하지 않으면 클리어할 수 없다. 화면에 물이 지나가지 않는 파이프가 있으면 스테이지 클리어 시 감점 처리된다.

팔랑크스

● 발매일 / 1992년 8월 7일 ● 가격 / 8,900엔
● 퍼블리셔 / 켐코

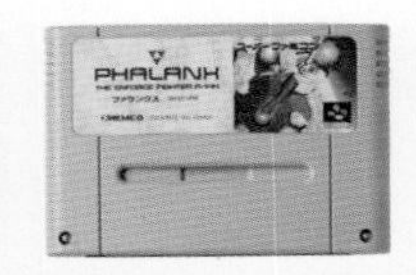

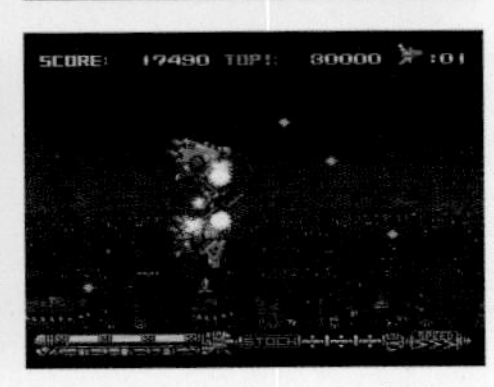

PC에서 이식된 횡스크롤 슈팅 게임. 팔랑크스(Phalanx)란 고대 그리스나 마케도니아에서 쓰였던 중장 보병의 밀집 진형을 말한다. 미사일과 레이저 등 무기의 종류를 상황에 따라 바꿔가며 탄막을 펼치는 적을 쓰러뜨려 나간다.

나 홀로 집에

● 발매일 / 1992년 8월 11일 ● 가격 / 8,800엔
● 퍼블리셔 / 알트론

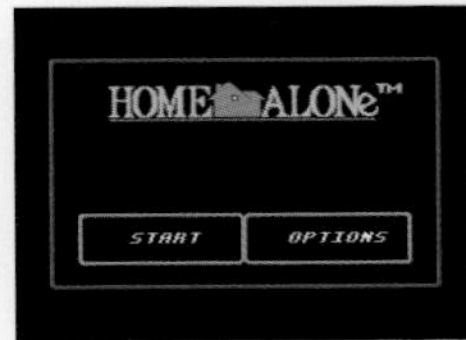

영화를 원작으로 한 액션 게임. 혼자서 집을 지키는 「꼬마 컬킨」이 보물을 지키기 위해 물대포 등의 무기를 써서 도둑을 격퇴한다. 게임 중에 영화의 영상이 삽입된다. 주인공이 소년이다 보니 도둑을 쓰러뜨리는 것이 아니라 붙잡히지 않게 도망치는 데 집중한다.

근육맨 DIRTY CHALLENGER

● 발매일 / 1992년 8월 21일 ● 가격 / 7,800엔
● 퍼블리셔 / 유타카

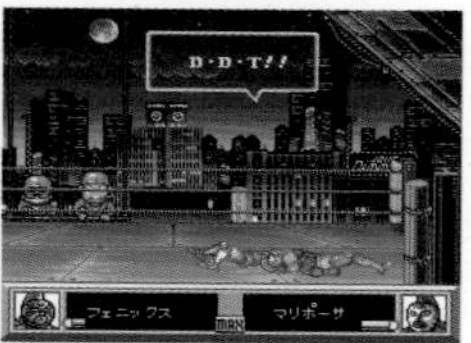

동명 만화가 원작인 애니메이션 『근육맨 근육별 왕위 쟁탈전편』을 토대로 한 대전 격투 게임. 원작에 등장하는 캐릭터가 원작의 필살기를 쓰며 왕위를 노린다. 기본은 프로레슬링이지만 애니메이션이기에 가능한 화려한 기술도 있으며, 승패는 3카운트나 기브업으로 결정된다.

슈퍼 마작

● 발매일 / 1992년 8월 22일 ● 가격 / 8,000엔
● 퍼블리셔 / 아이맥스

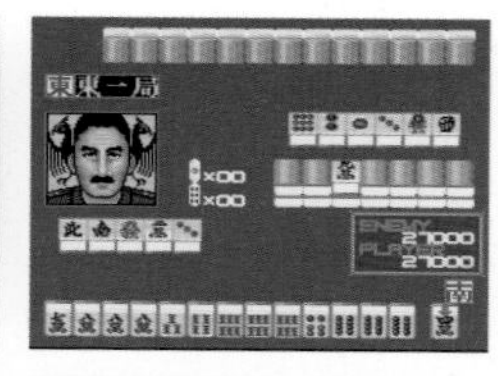
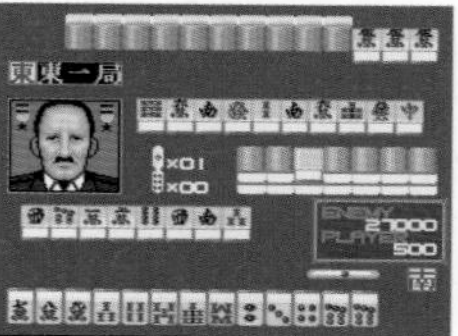
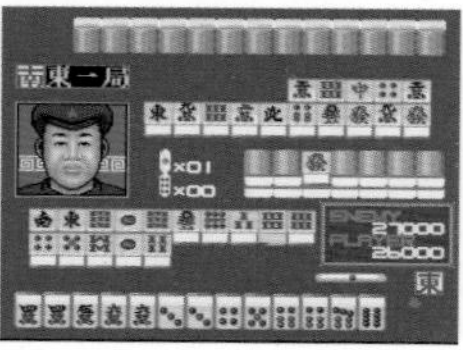

좋아하는 마작사를 선택해 2명이 대국하는 「프리 대국 모드」, 아이템을 사용해 즐기는 「아이템 대국 모드」, 수상한 풍모의 위인들(투탕카멘, 간디 등)과 마작으로 세계 영토를 빼앗는 「세계 통일 모드」를 플레이할 수 있다.

울트라 베이스볼 실명편

● 발매일 / 1992년 8월 28일 ● 가격 / 8,800엔
● 퍼블리셔 / 마이크로 아카데미

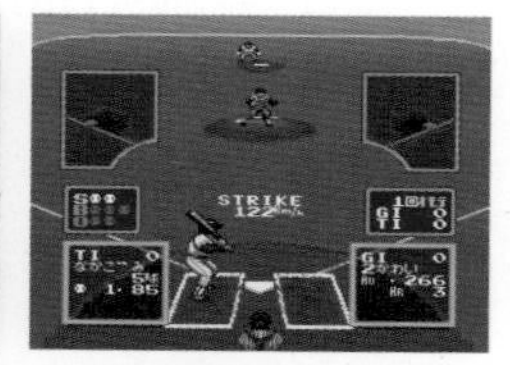

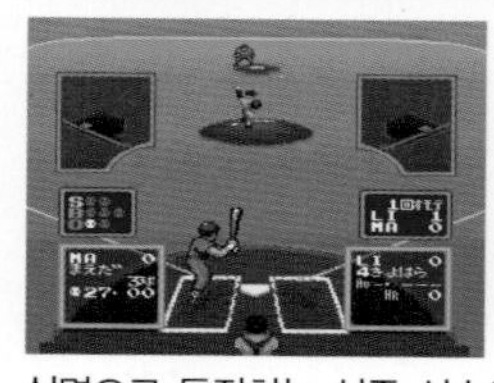
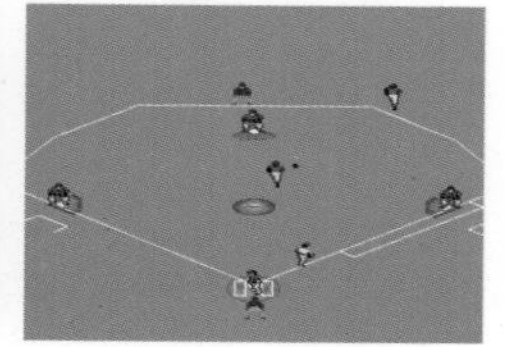

실명으로 등장하는 실존 선수와 가상의 초인 선수들을 함께 쓸 수 있는 야구 게임. 전작들과 마찬가지로 초인들은 모든 것이 가능한 마구와 히든 타법을 쓰고, 장외 홈런을 잡기도 한다. 실존 선수와 초인 선수가 올스타 모드로 대전할 수 있다는 것이 장점 중 하나다.

CB 캐릭 워즈 잃어버린 개~그

● 발매일 / 1992년 8월 28일 ● 가격 / 8,500엔
● 퍼블리셔 / 반프레스토

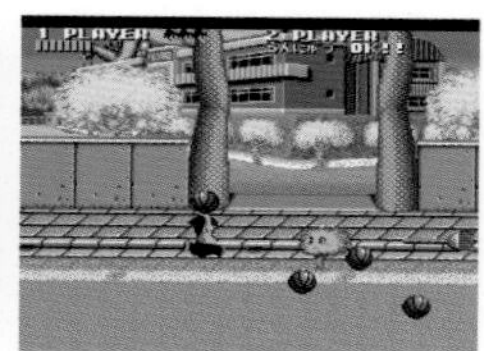

만화가 나가이 고의 캐릭터인 데빌맨과 마징가Z가 세계에서 사라져가는 웃음을 되찾기 위해 CB(치비) 캐릭터가 되어서 싸우는 횡스크롤 액션 게임. 무대가 되는 스테이지도 『파렴치 학원』 등 나가이의 작품이 토대가 됐다. 일시적으로 적을 부하로 사용할 수 있다.

액스레이

● 발매일 / 1992년 9월 11일 ● 가격 / 8,800엔
● 퍼블리셔 / 코나미

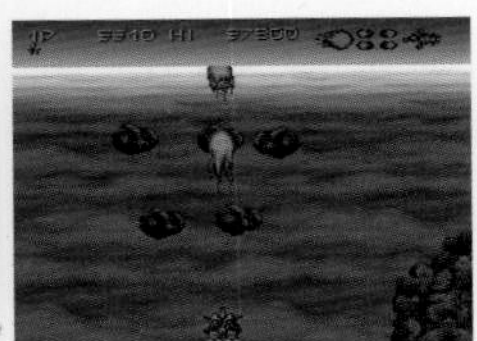
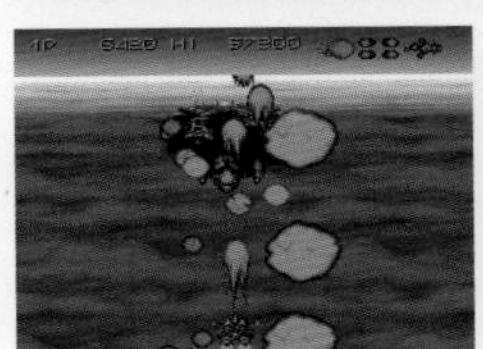
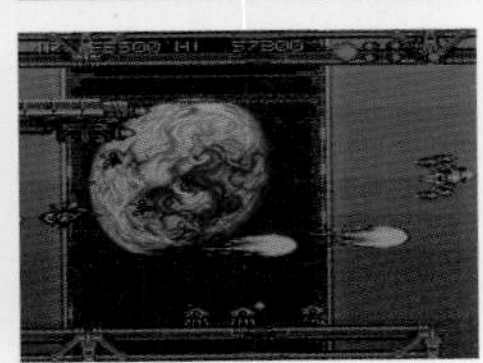

유사 3D 종스크롤 슈팅과 횡스크롤 슈팅 화면이 교대로 나오는 변칙적인 슈팅 게임. 스테이지를 클리어하면 무기 종류가 늘어난다. 앞으로 쏘는 샷 이외에도 주위를 공격하는 미사일 등, 용도에 따라 무기를 구분해서 사용하며 스테이지를 공략해 나간다.

아크로뱃 미션

● 발매일 / 1992년 9월 11일 ● 가격 / 8,800엔
● 퍼블리셔 / 테이치쿠

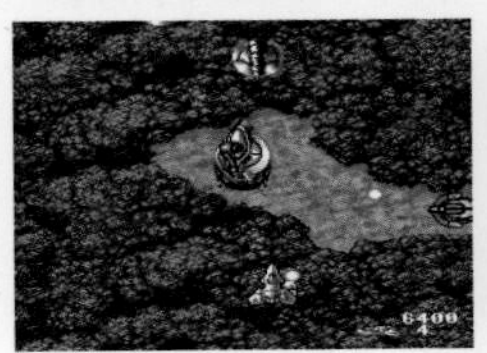
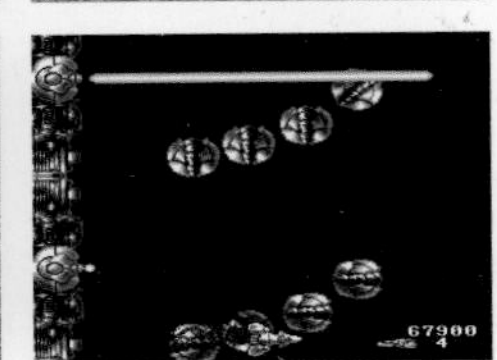

아케이드에서 이식된 종스크롤 슈팅 게임. 화성에 이주한 인간이 정체불명의 적으로부터 혹성을 지킨다는 설정이다. 적의 탄 이외에는 무엇에 맞아도 대미지가 없다는 설정이어서 적의 기체에 닿아도 괜찮다. 보스는 화면에 다 들어가지 못할 정도로 거대하며, 2인 동시 플레이도 가능.

SD기동전사 건담 V작전 시동

● 발매일 / 1992년 9월 12일 ● 가격 / 7,800엔
●퍼블리셔 / 엔젤

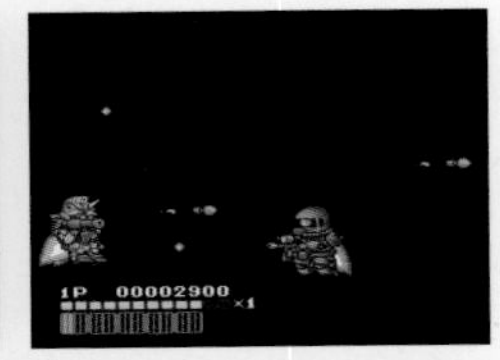

SD화 된 애니메이션 『기동전사 건담』에 등장하는 모빌 슈트가 활약하는 횡스크롤 액션 게임. 퍼스트 건담의 스토리(1년 전쟁)를 토대로 한 스테이지에서 싸운다. 장면 연출도 TV에서 방송된 화면이 바탕이 되었다. 2P 동시 플레이와 대전 플레이가 가능하다.

슈퍼 마작대회

● 발매일 / 1992년 9월 12일 ● 가격 / 9,800엔
● 퍼블리셔 / 코에이

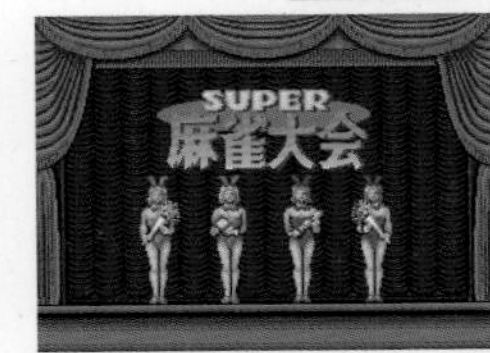

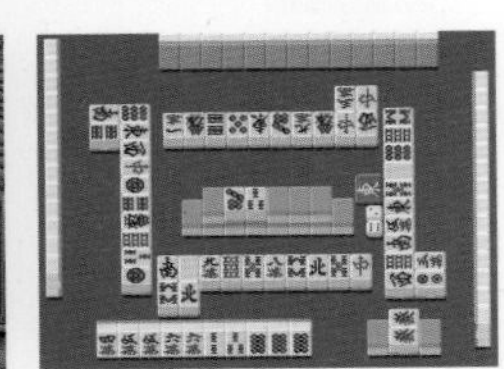
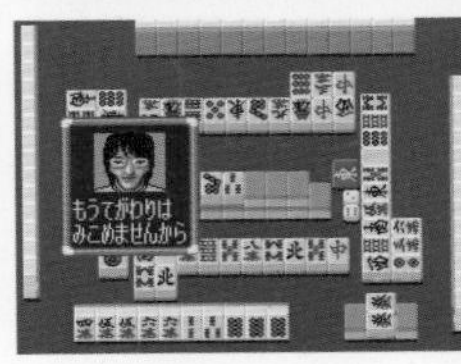

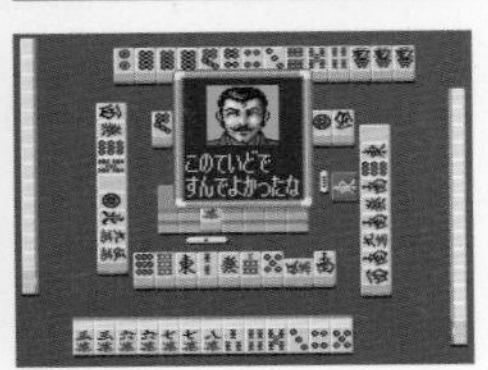

『노부나가의 야망』으로 유명한 코에이의 게임답게, 역사 시뮬레이션에 등장하는 위인 캐릭터(오다 노부나가, 오노 코마치, 시저 등)와 대결하는 4인제 마작 게임이다. 대회 모드에서는 누가 우승할지 내기를 하는 것이 가능하고, 마작장 모드에서는 CPU 3인과 대전할 수 있다.

슈퍼 가챠폰 월드 SD건담X

● 발매일 / 1992년 9월 18일 ● 가격 / 9,500엔
●퍼블리셔 / 유타카

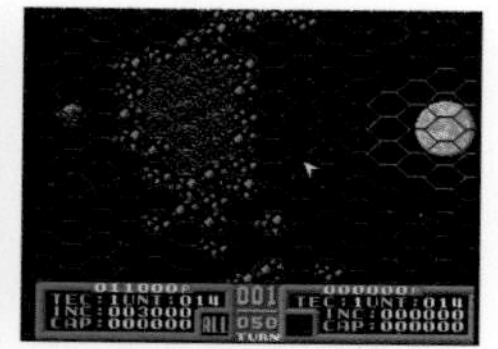
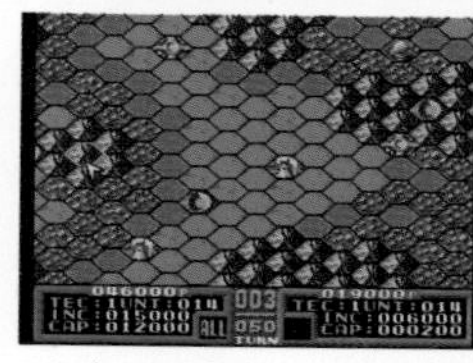
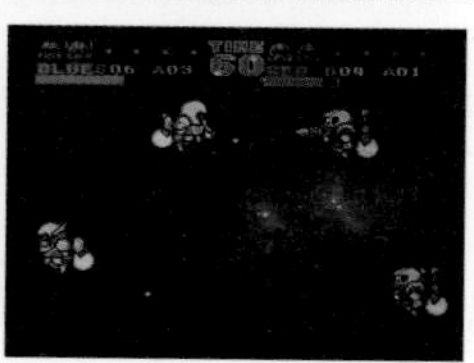

FC판으로 인기를 얻은 『SD건담 월드 가챠폰 전사』의 흐름을 이어받은 전쟁 시뮬레이션 게임. 플레이어는 준비된 5개의 군대 중에서 하나를 선택하고 모빌 슈트를 지휘해 적을 제압한다. 유닛은 작은 것부터 함선까지 100종류 이상이 준비되어 있다.

와이알라에의 기적

● 발매일 / 1992년 9월 18일 ● 가격 / 9,800엔
● 퍼블리셔 / T&E 소프트

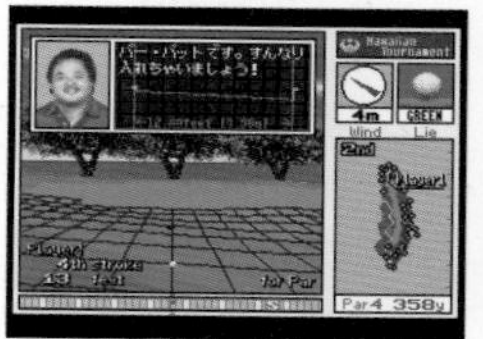
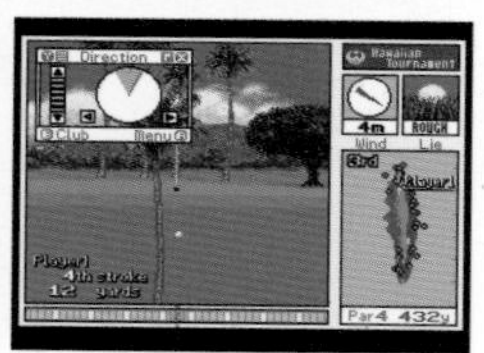

「폴리시스(POLYSYS)」라고 불리는 3D CG 시스템을 이용해 코스를 리얼하게 재현한 골프 시뮬레이션 게임. 코스는 하와이안 오픈이 개최되는 와이알라에(Waialae) 컨트리클럽으로 강풍으로 유명한 곳이다. 코스에 서 있는 야자나무 등이 정취를 돋운다.

제독의 결단

● 발매일 / 1992년 9월 24일 ● 가격 / 14,800엔
● 퍼블리셔 / 코에이

※복각판
발매일 / 1995년 6월 30일
가격 / 9,800엔

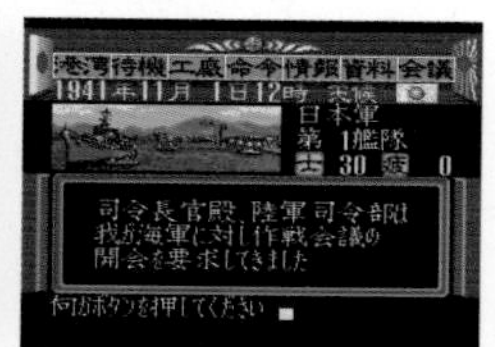

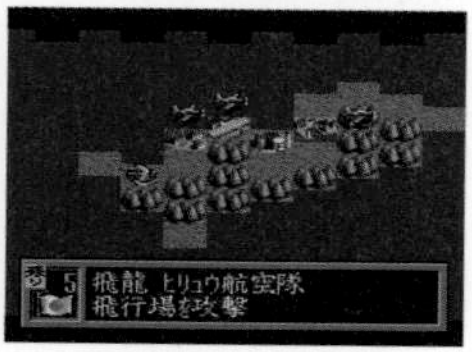

태평양 전쟁을 모티브로 한 전략 시뮬레이션 게임으로 PC에서 이식했다. 플레이어는 일본군이 아닌 연합군을 지휘할 수 있고, 2인 플레이도 가능하다. 군대 내 의견을 조정하면서 다수의 함선을 지휘해서 승리를 목표로 싸운다. 함선과 전투는 고증을 거쳤으며 복각판도 존재한다.

갬블러 자기중심파 마작 황위전

● 발매일 / 1992년 9월 25일 ● 가격 / 8,800엔
● 퍼블리셔 / 펄 소프트

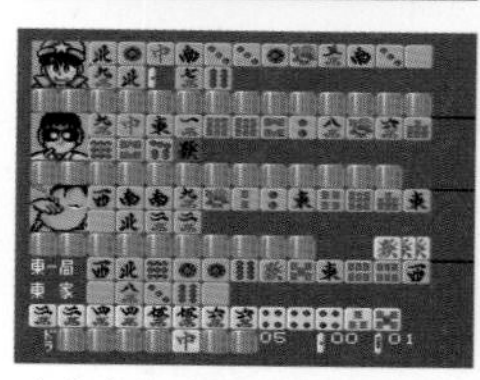
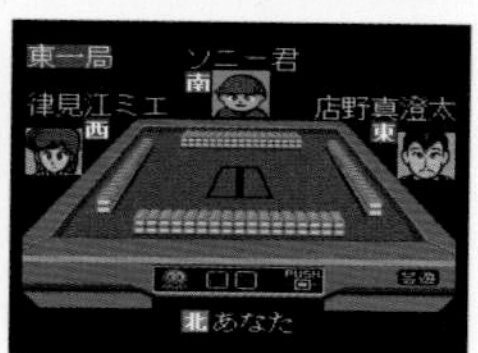

카타야마 마사유키의 동명 마작 개그 만화가 원작인 4인 마작 게임. 만화에 나오는 캐릭터를 모델로 했고 마작을 치는 방법과 특징 있는 대사, 개그는 원작을 재현하고 있다. 상대를 마음대로 선택할 수 있는 프리 대국, 일본 제패를 목표로 하는 투어 모드와 퀴즈 모드가 있다.

은하영웅전설

● 발매일 / 1992년 9월 25일 ● 가격 / 9,800엔
● 퍼블리셔 / 토쿠마 서점 인터미디어

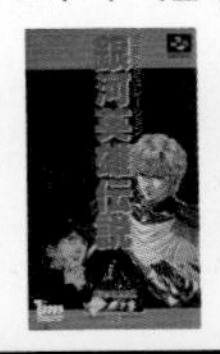

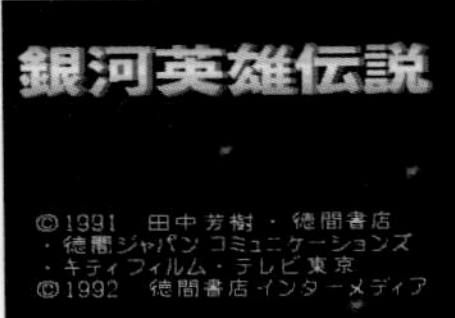

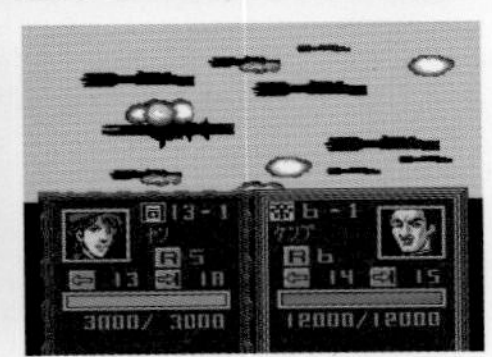

애니메이션, 만화, 연극으로도 만들어진 타나카 요시키의 동명 소설을 토대로 한 전쟁 시뮬레이션 게임. 라인하르트가 지휘하는 제국군, 양 웬리가 지휘하는 동맹군을 선택해 플레이할 수 있다. 원작을 기본으로 하지만, 진행 방향에 따라서는 원작에서 사망하는 캐릭터가 생존할 수도 있다.

소닉 블래스트 맨

● 발매일 / 1992년 9월 25일 ● 가격 / 8,500엔
● 퍼블리셔 / 타이토

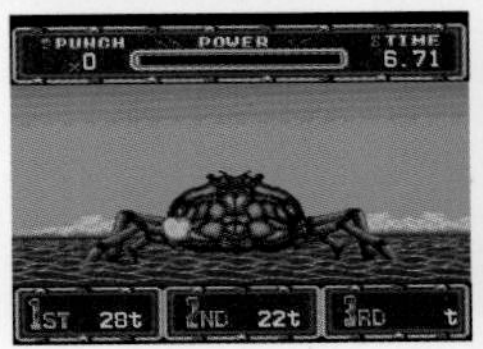

펀치력을 측정하는 아케이드용 머신에 나오는 정의의 캐릭터 「소닉 블래스트 맨」을 주인공으로 한 횡스크롤 액션 게임. 지구의 평화를 지키는 히어로는 슈트 차림에서 미국 만화풍 코스튬으로 변신하고, 매우 화려한 필살기를 사용하여 적을 쓰러뜨린다.

대전략 익스퍼트

● 발매일 / 1992년 9월 25일 ● 가격 / 9,800엔
● 퍼블리셔 / 아스키

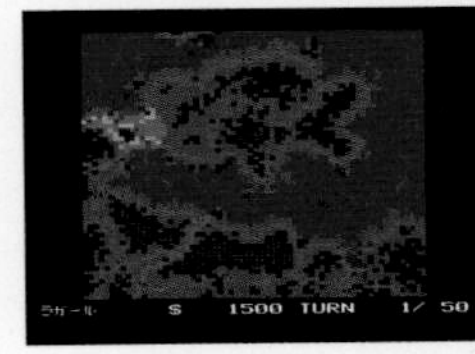
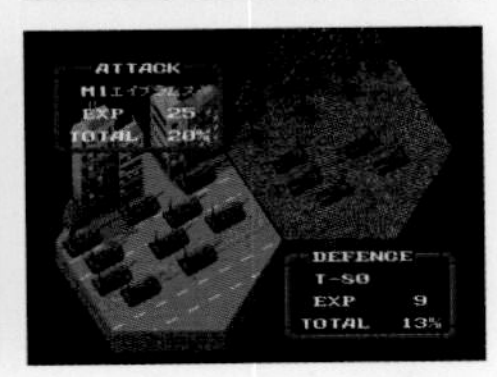

PC판을 SFC에 이식한 시뮬레이션 게임. 유닛을 지휘해서 상대 기지를 탈취하는 것이 목적이다. 보병과 전차, 헬기, 전투기에서 패트리어트 미사일까지 각종 무기를 쓰면서 게임을 진행해 나간다. 캠페인 모드와 시나리오 모드가 있다.

스카이 미션

● 발매일 / 1992년 9월 29일 ● 가격 / 8,300엔
● 퍼블리셔 / 남코

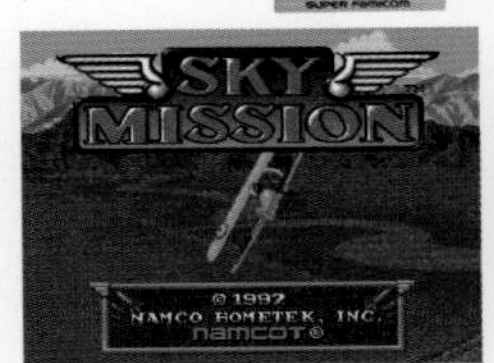

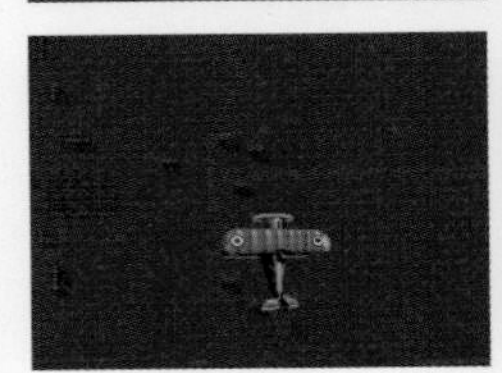

복엽기를 조종해서 공중전과 지상 공격, 폭격 등을 플레이하는 플라이트 시뮬레이션 게임. SFC의 확대 · 축소 기능을 최대한 활용한 3D 화면을 채택해, 유럽을 모델로 한 웅대한 자연을 배경으로 유유히 비행한다. 플레이어는 연합군으로, 탑뷰와 후방 시점에서 독일군과 교전하게 된다.

로드 모나크

● 발매일 / 1992년 10월 9일 ● 가격 / 8,800엔
● 퍼블리셔 / 에폭사

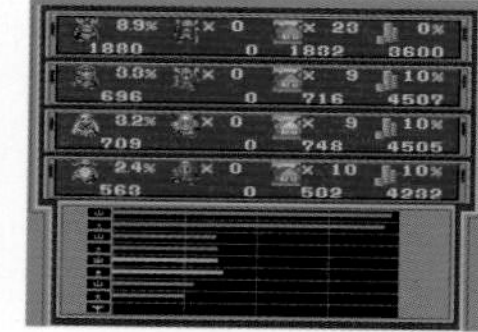
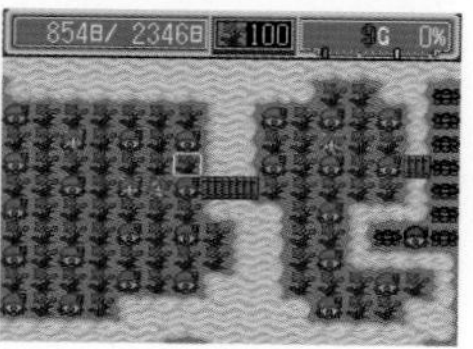

맵에 배치된 4개의 나라 중 하나를 선택해 다양한 명령을 내리고, 다른 3개의 나라를 멸망시키는 것을 목표로 하는 시뮬레이션 게임. 리얼타임으로 진행되는 게임 세계에서 건축과 병사 모집, 세율 설정 등 밸런스를 판단해 지시를 내려야 한다. 게임 시나리오는 다수 준비되어 있다.

리턴 오브 더블 드래곤

● 발매일 / 1992년 10월 16일 ● 가격 / 8,600엔
● 퍼블리셔 / 테크노스 재팬

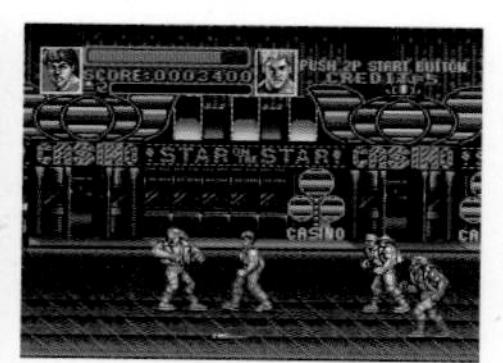

절권도 고수가 되어 적과 싸우는 횡스크롤 액션 게임. 킥과 펀치, 던지기뿐 아니라 필살기도 쓸 수 있다. 주인공은 형제로 설정되어 있고 2인 동시 플레이도 가능하다. 눈차크 등의 아이템을 써서 싸울 수도 있다.

슈퍼 로얄 블러드

● 발매일 / 1992년 10월 22일 ● 가격 / 9,800엔
● 퍼블리셔 / 코에이

강력한 힘을 가진「로얄 블러드」라는 왕관을 두고 싸우는 시뮬레이션 게임. 검과 마법, 몬스터가 나오는 판타지풍의 세계관에 기초한 시나리오는 코에이 오리지널이며, 비교적 난이도가 낮은 시스템으로 되어 있다.

아담스 패밀리

● 발매일 / 1992년 10월 23일 ● 가격 / 8,800엔
●퍼블리셔 / 미사와 엔터테인먼트

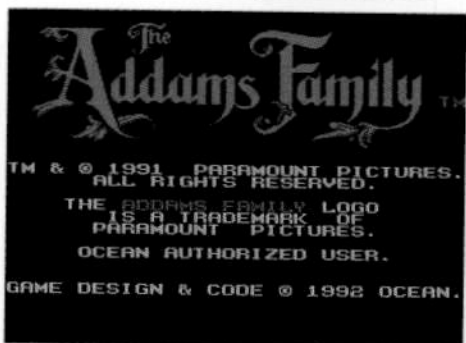

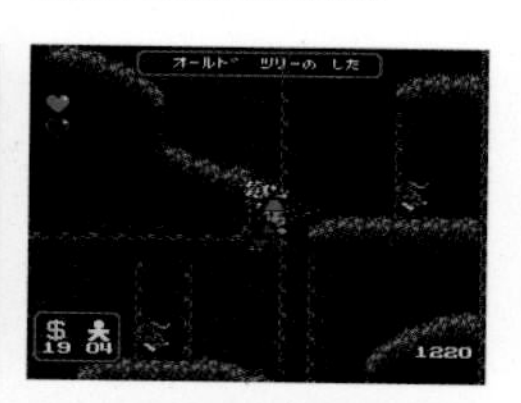

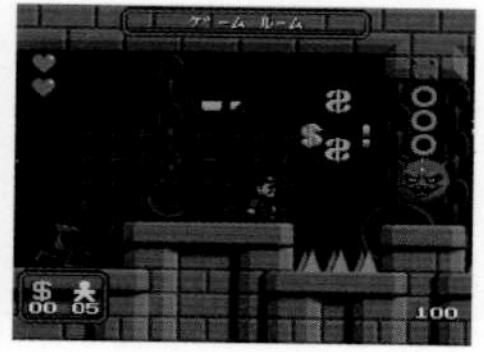

동명의 미국 호러 코미디 영화의 캐릭터가 등장하는 액션 게임. 주인공은 패밀리의 아버지인데 맨션에 갇힌 가족을 구출해야 한다. 맨션 여기저기에 장치가 있으며 고스트 등을 쓰러뜨리며 진행해야 한다. 귀신의 집을 헤매는 듯한 느낌이지만 그다지 무섭지는 않다.

슈퍼 F1 서커스 리미티드

● 발매일 / 1992년 10월 23일 ● 가격 / 9,200엔
● 퍼블리셔 / 일본 물산

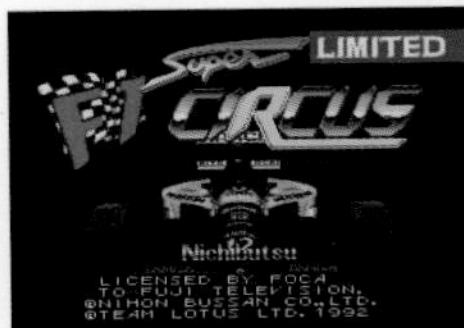

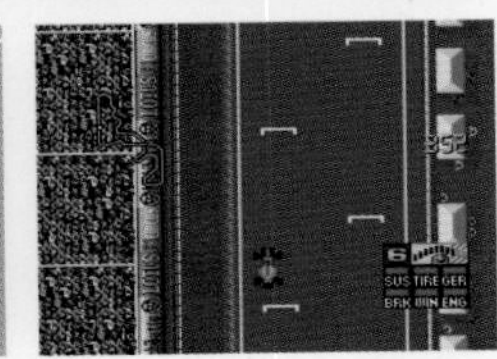

F1 레이싱 게임 『슈퍼 F1 서커스』의 한정판. 탑뷰 시점에서의 조작 등 기본 시스템은 그대로이지만, F1 단체 FOCA의 허가를 받아 팀과 드라이버가 실명으로 등장한다. 본작 발매 2년 후에 레이스 중 사망한 아일톤 세나도 등장한다.

사이버 나이트

● 발매일 / 1992년 10월 30일 ● 가격 / 8,900엔
● 퍼블리셔 / 톤킹 하우스

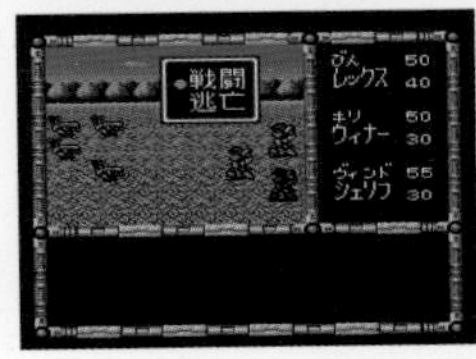

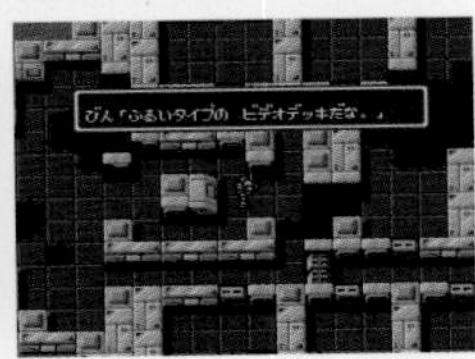

PCE에서 이식된 RPG로 무대는 SF 세계이다. 적의 습격에서 살아남은 우주 전함의 승조원들이 우주 저편에서 모듈이라는 로봇을 조작해서 적과 싸운다. 쓰러뜨린 적에게서 파츠를 빼앗아 모듈을 강화하거나 무기를 만들어서 지구로의 귀환을 목표로 한다.

코스모 갱 더 비디오

● 발매일 / 1992년 10월 29일 ● 가격 / 7,900엔
● 퍼블리셔 / 남코

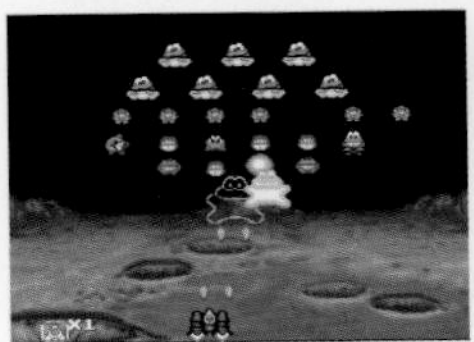

명작 슈팅 게임 『갤러가』 스타일의 종방향 슈팅 게임. 남코의 아케이드용 체감 게임 「코스모 갱스」의 캐릭터가 등장하는데 원본보다 꽤 귀엽다. 상대의 기체를 격추시켜서 파츠를 획득하면 파워업이 된다. 2인 동시 플레이도 가능하다.

진 여신전생

● 발매일 / 1992년 10월 30일 ● 가격 / 9,800엔
● 퍼블리셔 / 아틀라스

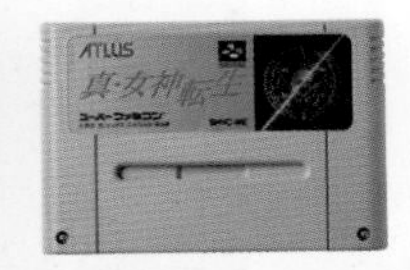

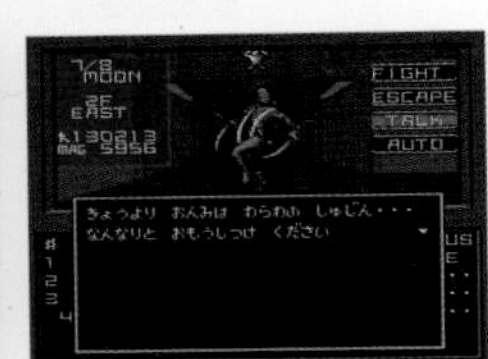

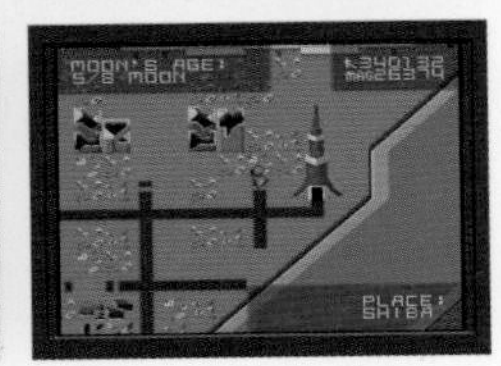

인기 3D 던전 RPG의 SFC판 제1탄. 이 게임의 독특한 점은 적인 악마가 동료가 되면 실행되는 「악마 합체 시스템」이다. 동료 악마 중에서 둘 혹은 셋을 합체시켜 새로운 악마를 만들 수 있다. 무대는 도쿄 키지조지이며, 살인 사건으로 시작하는 어두운 스토리다.

슈퍼 리니어 볼

● 발매일 / 1992년 11월 6일 ● 가격 / 8,000엔
● 퍼블리셔 / 히로

호버 머신을 타고 고속 이동하면서 공중에 떠 있는 공을 골까지 옮기는 근미래 스포츠 게임. 화면은 1인칭 시점이며, 2인 동시 플레이일 경우에는 상하로 분할된다. 필드에는 트랩이 설치되어 있으며 꽤 스피드감이 있는 게임이다.

삼국지III

● 발매일 / 1992년 11월 8일 ● 가격 / 14,800엔
● 퍼블리셔 / 코에이

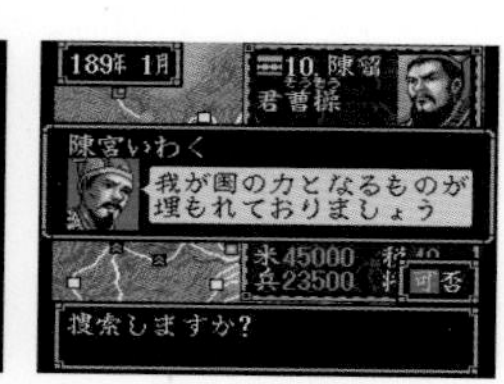

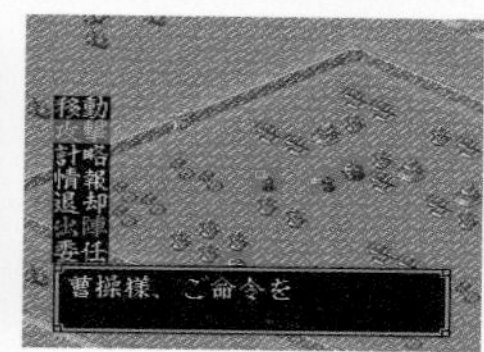

인기 역사 시뮬레이션 게임의 제3탄. 예전 시리즈처럼 삼국지의 등장 캐릭터가 되어서 중국 통일을 목표로 한다. 세세한 시스템 변경이 적용되어 찬찬히 음미하면서 플레이할 수 있게 되었고 역사적 사실에 기초한「역사」 모드, 가상 세계인「가상」 모드로 플레이할 수 있다.

비룡의 권S 하이퍼 버전

● 발매일 / 1992년 11월 11일 ● 가격 / 9,700엔
● 퍼블리셔 / 컬처 브레인

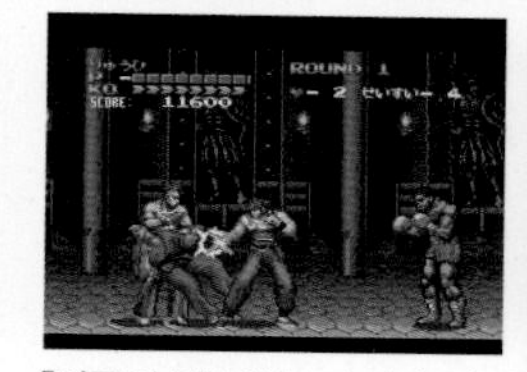

『비룡의 권S 골든 파이터』의 개량 버전이다. 조작성과 스피드가 향상되었고 동일 캐릭터 대전 등이 만들어져 보다 플레이하기 쉬워졌다. 또한 느려지는 현상도 개선되었다. 스토리 모드, 애니메이션 모드, VS 토너먼트, 배틀 모드로 플레이할 수 있다.

슈퍼 SWIV

● 발매일 / 1992년 11월 13일 ● 가격 / 9,500엔
● 퍼블리셔 / 코코너츠 재팬 엔터테인먼트

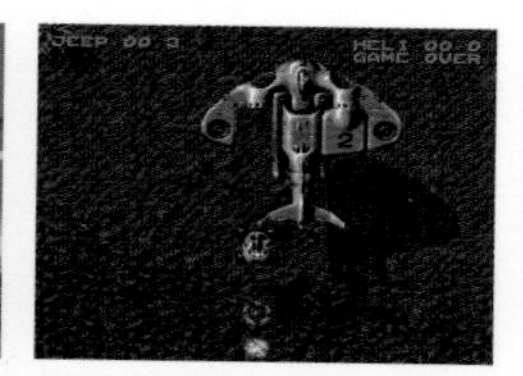
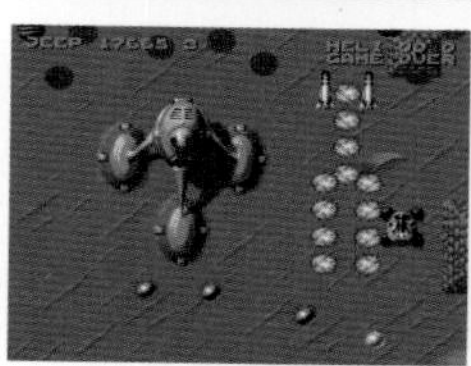
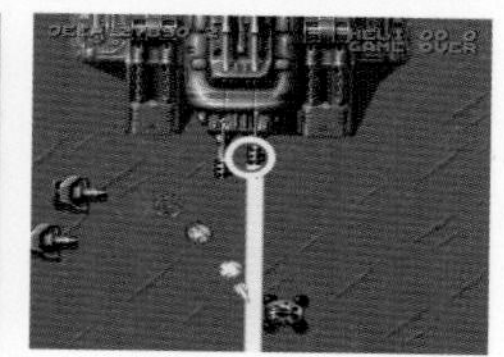

총 6스테이지를 진행하는 종스크롤 슈팅게임. 플레이어의 기체는 둘 중에서 선택할 수 있다. 즉 지상물의 영향은 받지만 공중물에는 맞지 않으며 8방향으로 통상탄을 쏘는 지프, 지상의 적과는 접촉하지 않고 공중과 전방만 공격할 수 있는 헬기가 그것이다. 2인 동시 플레이가 재미있다.

레나스 고대 기계의 기억

● 발매일 / 1992년 11월 13일 ● 가격 / 9,600엔
● 퍼블리셔 / 아스믹

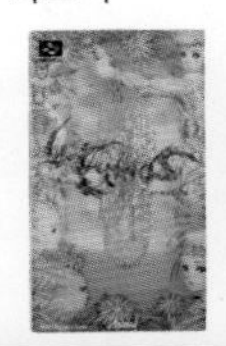

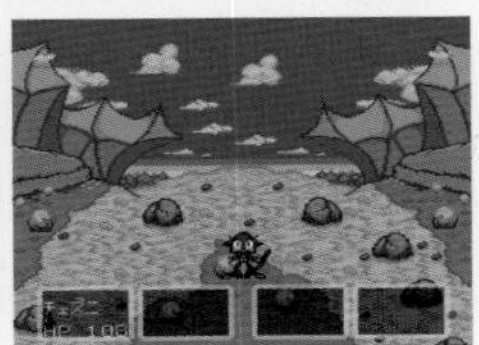

파스텔풍 색채를 많이 사용한 그래픽이 인상적인 판타지 RPG. 마법 학교의 학생인 소년과 마법을 쓸 수 있는 소녀가 주인공으로, 봉인에서 풀려 움직이기 시작한 고대 기계를 멈추고 세계 붕괴를 막기 위해 여행을 떠난다. MP 개념이 없으며 HP를 소비해서 마법을 쓴다.

아메리카 횡단 울트라 퀴즈

● 발매일 / 1992년 11월 20일 ● 가격 / 8,700엔
● 퍼블리셔 / 토미

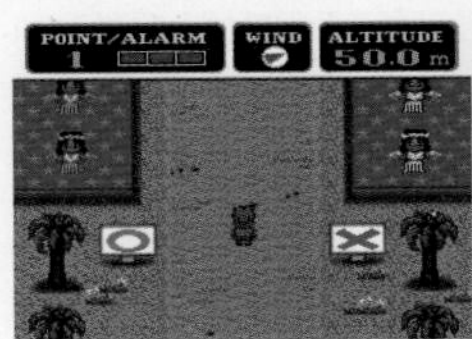

니혼테레비의 TV 퀴즈 방송을 토대로 제작된 퀴즈 게임이다. 퀴즈 방송과 마찬가지로 도쿄 돔의 예선부터 시작하여 각종 퀴즈를 클리어하면서 미국 각 도시를 횡단한다. 퀴즈를 맞히더라도 그 후의 액션을 성공하지 못하면 클리어가 되지 않기도 한다.

위저드리 V 재앙의 중심

● 발매일 / 1992년 11월 20일 ● 가격 / 9,800엔
● 퍼블리셔 / 아스키

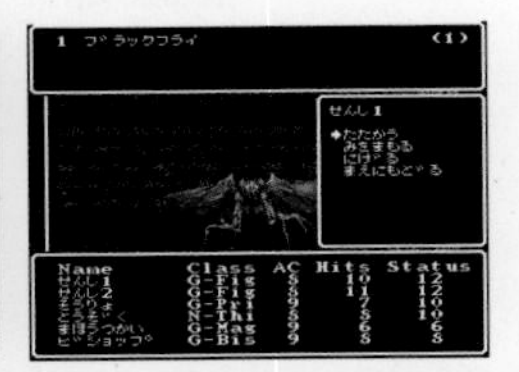

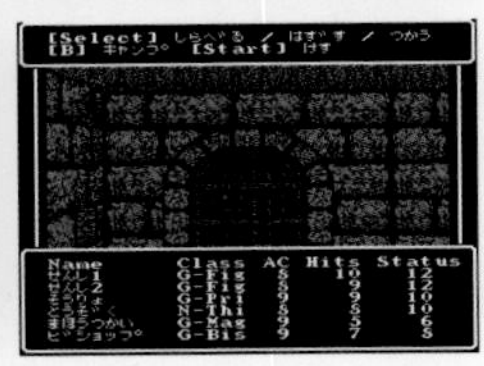

PC에서 이식된 세계적인 인기 RPG. 전사, 승려 등 복수의 직업을 골라서 파티를 짜고 3D 화면의 던전을 탐색한다. 적과 조우하면 커맨드식 전투가 되는 것은 전작과 동일하지만, 사정거리 개념이 새로 도입되어 후방에서 통상 공격을 할 수 있는 등 새로운 시도 또한 존재한다.

대결!! 브라스 넘버즈

● 발매일 / 1992년 11월 20일 ● 가격 / 8,500엔
● 퍼블리셔 / 레이저 소프트

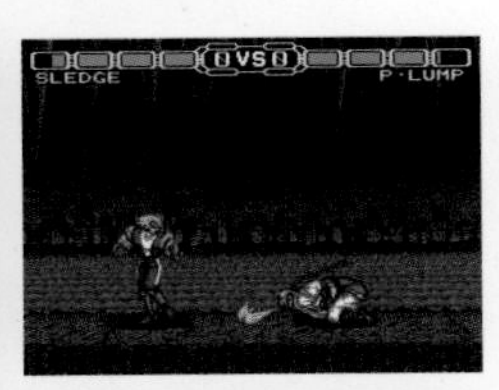

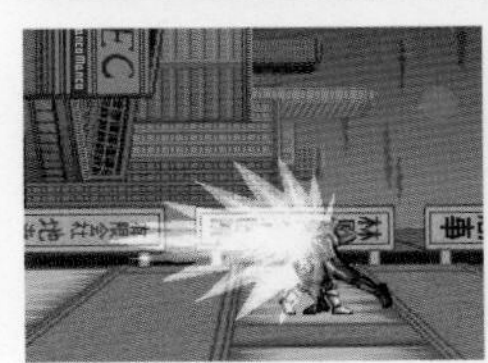

액체 금속으로 만들어진 안드로이드, 뿔과 꼬리를 가진 이족 보행 드래곤 등 인간 이외의 캐릭터도 등장하는 2D 대전 격투 게임. 주인공은 붉은 도복의 금발 히어로다. 단순한 격투 게임에서 벗어난 성장 시스템도 있으며 통상 공격인 펀치, 킥 이외에 필살기도 있다.

히어로 전기 프로젝트 올림포스

● 발매일 / 1992년 11월 20일 ● 가격 / 9,600엔
● 퍼블리셔 / 반프레스토

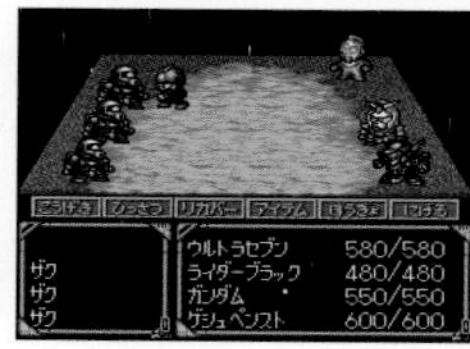

건담 시리즈, 울트라 시리즈, 가면라이더 시리즈의 SD캐릭터가 활약하는 RPG. 각 히어로들은 이름이 붙은 대륙을 갖고 있고, 아무로 레이 같은 각각의 대륙 대표가 악의 테러리스트 군단과 싸운다. 캐릭터마다 전투에서 쓸 수 있는 필살기를 가지고 있다.

북두의 권6 격투전승권 패왕으로 가는 길

● 발매일 / 1992년 11월 20일 ● 가격 / 8,900엔
● 퍼블리셔 / 토에이 동화

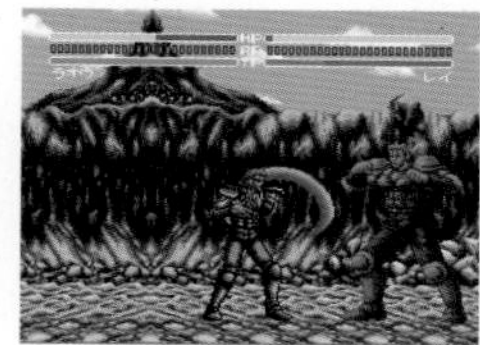

동명의 만화 캐릭터가 등장하는 대전 격투 게임. 켄시로, 라오우, 카이오 같은 주연뿐만 아니라 하트처럼 인기 있는 조연도 선택해서 싸울 수 있다. 원작 만화를 따른 대사와 기술이 재현되었으며, 필살기를 쓸 때는 캐릭터가 기술명을 외친다.

휴먼 그랑프리

● 발매일 / 1992년 11월 20일 ● 가격 / 9,700엔
● 퍼블리셔 / 휴먼

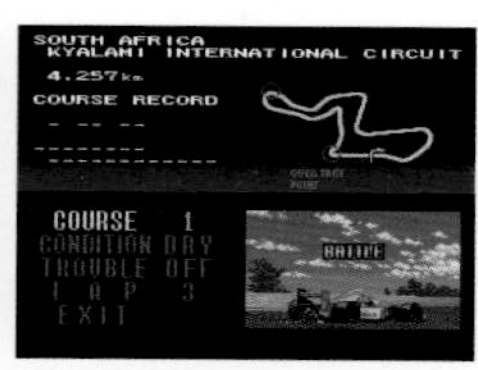
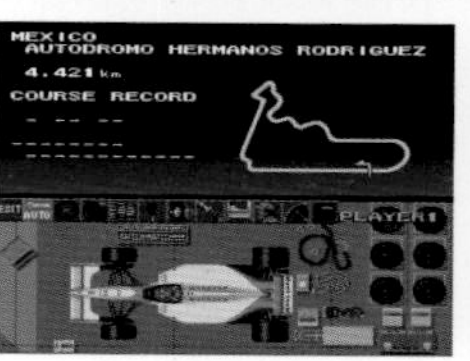

F1 단체 FOCA가 공인한 F1 게임. 드라이버와 팀이 실명으로 등장하고 실존 서킷을 충실하게 재현했다. 세세한 조정이 가능한 스티어링은 꺾으면 다시 되돌려야 하는 리얼함을 실현했다. 2인 플레이 시에는 3D 타입의 화면이 상하로 분할된다.

미키의 매지컬 어드벤처

● 발매일 / 1992년 11월 20일 ● 가격 / 8,500엔
● 퍼블리셔 / 캡콤

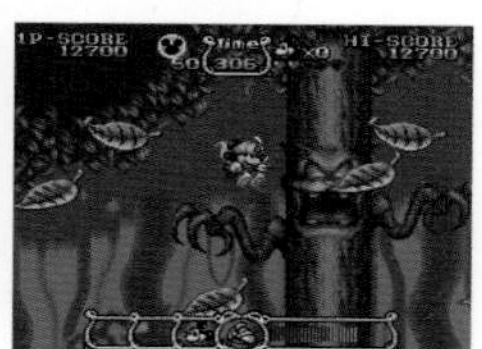

납치당한 애완동물인 플루토를 구하기 위해 미키 마우스가 마법의 나라를 모험하는 횡스크롤 액션 게임. 여행 중에 의상을 갈아입으면 마법사와 소방사 등으로 변신하고 각각의 능력을 쓸 수 있다. 다양한 아이템을 쓰는 미키의 액션이 코미컬하다.

카코마☆나이트

● 발매일 / 1992년 11월 21일 ● 가격 / 7,800엔
● 퍼블리셔 / 데이텀 폴리스타

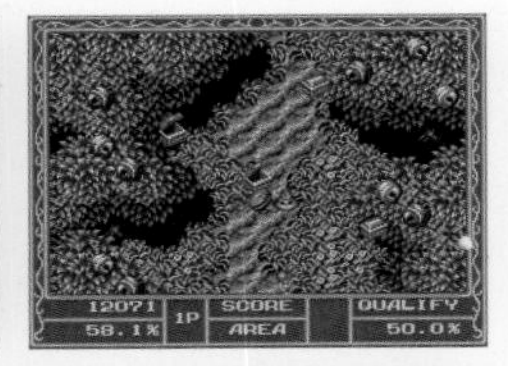

왕의 명령을 받은 주인공이 초크를 그으며 화면을 채워가는 땅따먹기 게임. 황폐한 느낌의 화면을 선으로 둘러싸면 파스텔풍으로 바뀌고, 규정된 영역 이상의 공간을 둘러싸면 스테이지 클리어다. 실패하면 왕녀가 울면서 컨티뉴를 부탁한다.

애프터 월드

● 발매일 / 1992년 11월 27일 ● 가격 / 8,800엔
● 퍼블리셔 / 빅터 엔터테인먼트

해외 제작 어드벤처 게임. 쉬운 힌트가 없기 때문에 처음에는 무엇을 해야 할지 모르지만, SF적 감각의 독특한 세계를 주의 깊게 관찰해서 하나씩 문제를 풀어 나가는 과정이 재미있다. 플레이할수록 빠져드는 명작이다.

내일의 죠

● 발매일 / 1992년 11월 27일 ● 가격 / 8,900엔
● 퍼블리셔 / 케이 어뮤즈먼트리스

인기 만화를 원작으로 한 2D 격투 복싱 게임. 원작처럼 죠와 라이벌들이 사투를 펼친다. 원작 스토리 모드 이외에도 2인 동시 대전 플레이가 준비되어 있다. 죠의 크로스 카운터, 리키이시의 어퍼컷 등도 등장해서 원작을 좋아한다면 더 재미있게 즐길 수 있다.

아랑전설 숙명의 결투

● 발매일 / 1992년 11월 27일 ● 가격 / 9,800엔
● 퍼블리셔 / 타카라

네오지오의 인기 대전 격투 게임의 SFC 이식 제1탄이다. 아케이드판에 비해 조작이 어려운 점 등 난점이 많지만 그래픽 퀄리티는 손색이 없다. 또한 아케이드판에서는 쓸 수 없었던 적 캐릭터를 사용할 수 있고, 동일 캐릭터 대전도 가능하게 되었다.

건 포스

● 발매일 / 1992년 11월 27일 ● 가격 / 8,300엔
● 퍼블리셔 / 아이렘

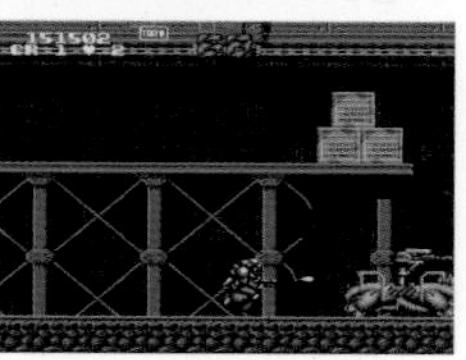

아케이드에서 이식된 횡스크롤 슈팅 게임. 주인공은 전신에 전투 장비를 두르고 낙하산을 타고 내려와, 라이플을 난사하며 적의 차량과 헬기를 빼앗아 적 기지를 향해 달려간다. 머신건, 바주카, 레이저, 화염 방사기 등, 다양한 무기를 사용할 수 있다.

송 마스터

● 발매일 / 1992년 11월 27일 ● 가격 / 9,000엔
● 퍼블리셔 / 야노만

노래를 부르면 일반적 RPG의 마법 같은 효과가 발휘되는 특이한 RPG. 주인공 유리는 강력한 노래를 부를 수 있으며, 넘쳐나는 노래의 힘을 제어할 능력을 얻기 위해 동료들과 여행하며 수행을 해 나간다. 적과의 전투에서도 마법은 노래로 대체된다.

바르바로사

● 발매일 / 1992년 11월 27일 ● 가격 / 9,800엔
● 퍼블리셔 / 사미

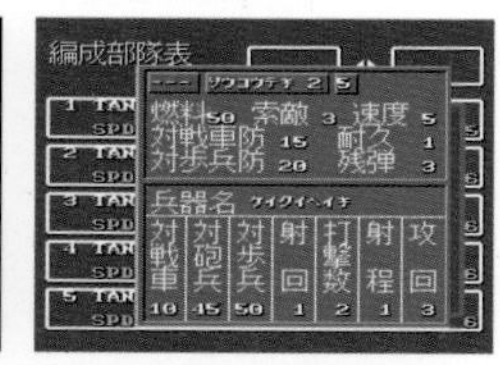
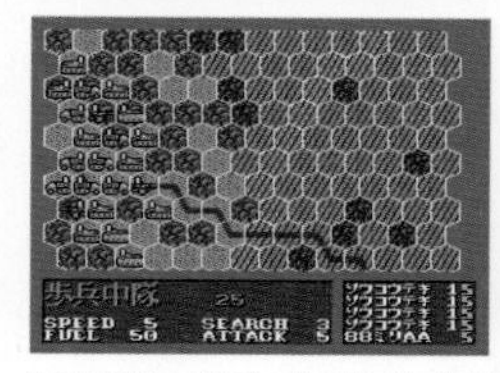
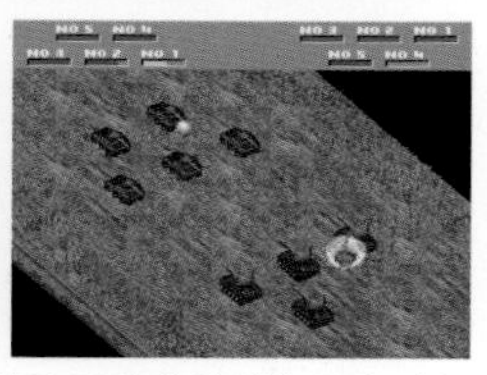

「바르바로사」란 제2차 세계대전 중 독일이 실시한 소련 기습 작전의 코드 네임이다. 본작은 사상 최대 군사작전이라 일컬어지는 바르바로사 작전을 토대로 한 전쟁 시뮬레이션 게임으로, 전차 부대를 중심으로 하는 독일 기갑사단의 사단장이 되어서 지휘를 하게 된다.

발리볼 Twin

● 발매일 / 1992년 11월 27일 ● 가격 / 8,900엔
● 퍼블리셔 / 톤킹 하우스

TV 중계와 같은 쿼터뷰 시점의 배구 게임이다. 퀵 오픈, 시간차 등의 공격은 물론 블로킹도 가능하다. 세계 8개국 팀 중에서 선택해 플레이하는 월드컵과 CPU 대전, 2P 플레이를 즐길 수 있다. 또한 6인제 남자 배구 외에 2인제 여자 비치발리볼도 플레이할 수 있다.

파워 어슬리트

● 발매일 / 1992년 11월 27일 ● 가격 / 8,500엔
● 퍼블리셔 / KANEKO

성별, 타입, 성격이 다른 캐릭터가 각각 다른 유파의 격투기를 이용해 싸우는 2D 격투 게임. 1P로 이기면 그 캐릭터의 특기 능력이 강화된다. 화면에는 라인이 있어서 앞 라인과 뒤 라인을 이동할 수 있다는 것이 특징 중 하나. 2P 대전 플레이도 가능하다.

로열 컨퀘스트

● 발매일 / 1992년 11월 27일 ● 가격 / 8,500엔
● 퍼블리셔 / 자레코

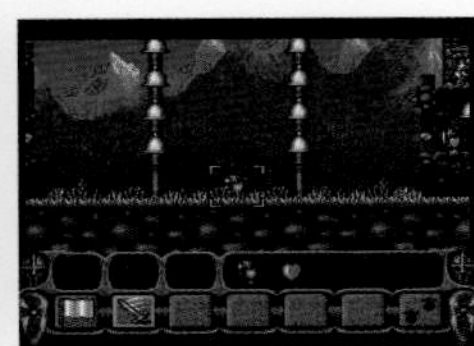

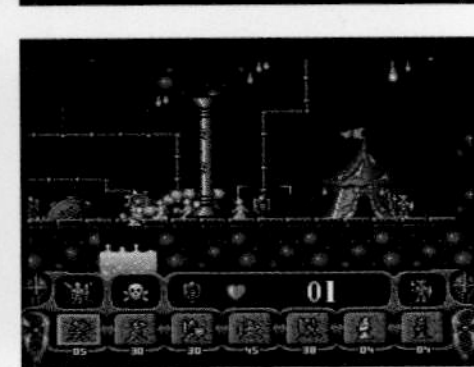

왕을 대신해 8종류(궁병, 방패병, 마술사 등)의 군대에 지시를 내려서 진격하고, 적을 쓰러뜨리는 사이드뷰 타입의 리얼타임 전략 게임. 장애물에 따라 군대를 구분해 사용해서 함정과 적을 쓰러뜨려 나간다. 『레밍스』와 비슷하지만 보다 전략을 요구하는 게임이다.

슈퍼 블랙배스

● 발매일 / 1992년 12월 4일 ● 가격 / 9,800엔
● 퍼블리셔 / 핫·비

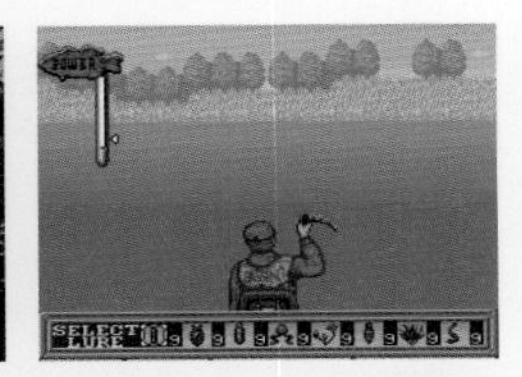
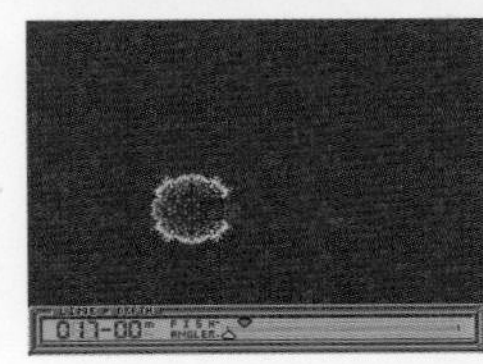
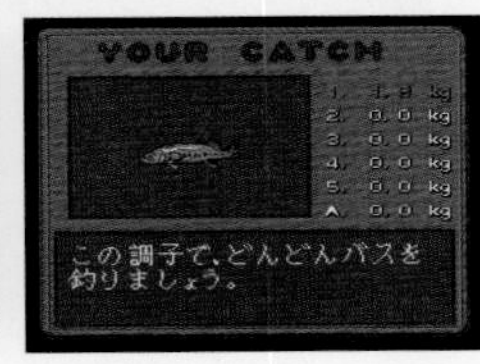

블랙배스 전문 낚시 게임. 호수를 보트로 이동하고, 포인트에 도착하면 루어와 낚싯줄을 골라서 낚시를 시작한다. 보다 무거운 블랙배스를 낚아서 다양한 대회에서 우승하는 것을 목표로 한다. 어군 탐지기를 쓰거나 날씨가 변화하는 등, 꽤나 본격적인 구성이다.

세리자와 노부오의 버디 트라이

● 발매일 / 1992년 12월 4일 ● 가격 / 9,600엔
● 퍼블리셔 / 토호

프로 골퍼 세리자와 노부오 외에 그의 형인 세리자와 명인, 랏샤 이타마에(타케시 군단) 등이 실명으로 등장하는 골프 게임. 세리자와의 코스 설명 등 골프 자체에는 웃음 포인트가 없지만, 이타마에 등의 코멘트가 웃음을 준다. 날아가는 공을 뒤에서 따라가는 3D 화면이 재밌다.

미스터리 서클

● 발매일 / 1992년 12월 4일 ● 가격 / 8,300엔
● 퍼블리셔 / 케이 어뮤즈먼트리스

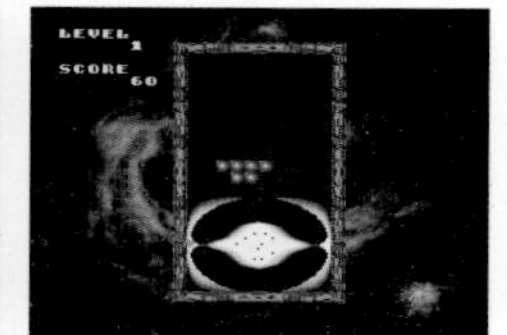

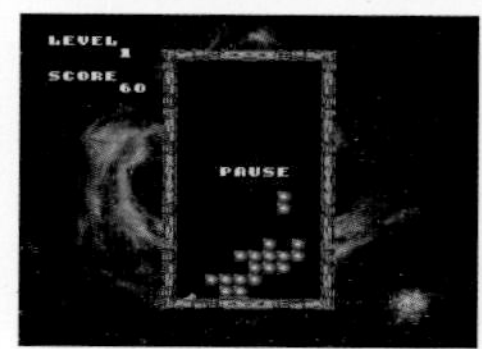

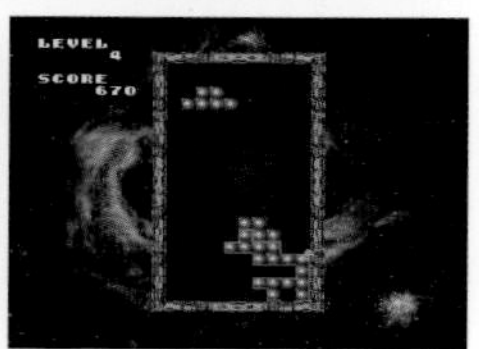

작은 로켓을 조작해서, 화면 위에서 떨어지는 다양한 형태의 블록을 선으로 둘러싸서 지워 나가는 퍼즐 게임. 블록을 크게 둘러싸면 득점이 높고, 블록이 위까지 도달하면 게임 종료다. 우주인이 블록을 떨어뜨린다는 설정이라 UFO가 등장하기도 하고, 2인 플레이도 가능하다.

메이저 타이틀

● 발매일 / 1992년 12월 4일 ● 가격 / 8,800엔
●퍼블리셔 / 아이렘

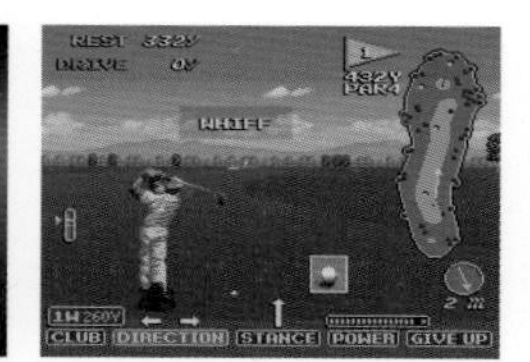

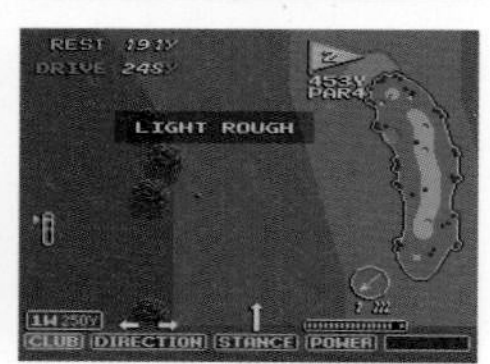

아케이드 골프 게임의 이식작. 원하는 샷 타이밍 조절과 강도, 방향, 자세 등을 미리 정하고 칠 수 있다. 골퍼의 뒤쪽에서 보는 시점이며 코스는 미국과 유럽이다. 골퍼는 4명 중에서 선택할 수 있다.

대 스모 혼

● 발매일 / 1992년 12월 11일 ● 가격 / 9,000엔
● 퍼블리셔 / 타카라

격투 게임처럼 커맨드 입력으로 스모 기술을 사용하며 싸우는 대전 격투 게임. 비록 실명은 아니지만 실존 선수를 모델로 했다. 오리지널 선수를 만들어 요코즈나를 목표로 하는 「목표는! 요코즈나」, 연승이 목표인 「승자 진출 대 스모」, 대전 모드인 「합숙소별 대항전」이 있다.

사이코 드림

● 발매일 / 1992년 12월 11일 ● 가격 / 8,900엔
● 퍼블리셔 / 일본 텔레넷

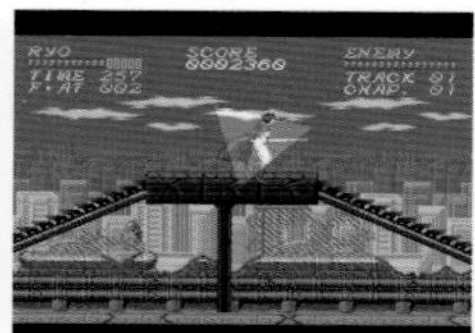
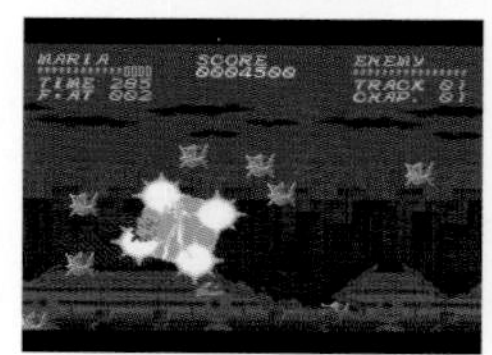

가상 세계에 푹 빠진 청년을 실제 세계로 데리고 나오기 위해 싸우는 조직의 일원이 주인공인 종횡스크롤 액션 게임. 자신도 가상 세계에 들어가서 싸우지만 등장하는 적은 꽤 흉측하며, 작중에 나오는 소프트의 이름도 『폐도 이야기』라는 세기말적인 세계관이 가득한 게임이다.

백열 프로야구 간바리그'93

● 발매일 / 1992년 12월 11일 ● 가격 / 9,500엔
●퍼블리셔 / 에픽 소니 레코드

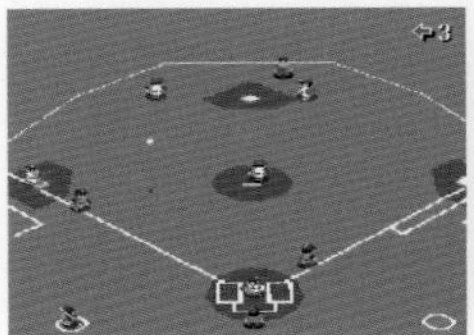

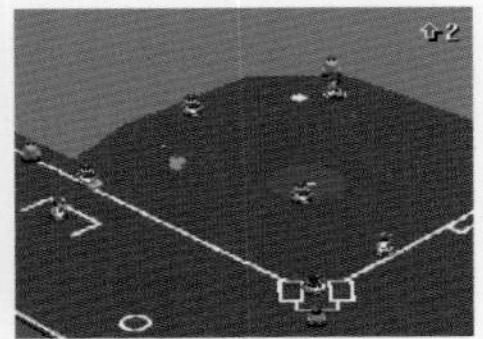

간단한 조작으로 인기를 얻은 야구 게임의 속편. 조작성, 심플한 화면 등은 그대로 유지하면서 게임은 보다 쉽게 진행된다. 타자 뒤에서 보는 전형적인 시점이며 페넌트레이스 모드, 올스타전, 연습 게임 등을 플레이할 수 있다. 본작부터는 선수가 실명으로 등장한다.

파치오군 SPECIAL

● 발매일 / 1992년 12월 11일 ● 가격 / 9,800엔
● 퍼블리셔 / 코코너츠 재팬 엔터테인먼트

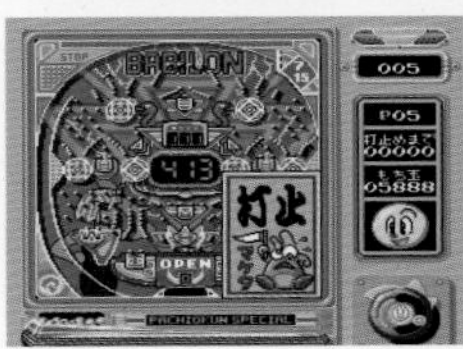

파친코 구슬을 모델로 한 『파치오군』이 주인공인 파친코 게임의 SFC판으로, 이전 FC판이 많은 인기를 모았다. 파친코 별에 늘어선 파친코 가게를 영업 정지로 만들며 공략해 나간다는 내용이다. 히코키, 세븐 같은 최신 기종들이 등장해서 꽤 리얼하다.

배틀 사커 필드의 패자

● 발매일 / 1992년 12월 11일 ● 가격 / 9,500엔
●퍼블리셔 / 반프레스토

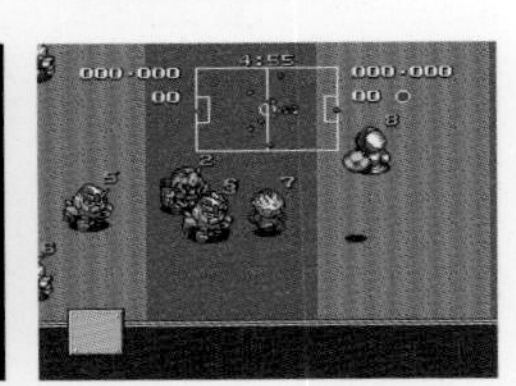

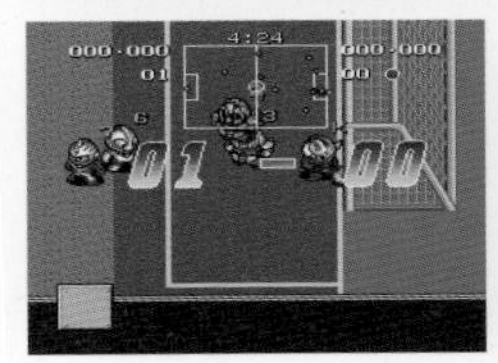

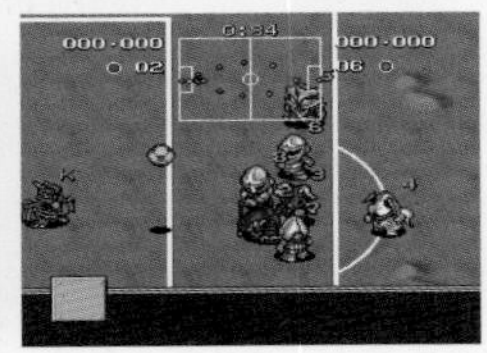

SD 캐릭터인 가면라이더, 건담, 울트라맨 등을 조작하는 탑뷰형 축구 게임. 통상 축구 게임과는 다르게 필살기를 써서 게임을 유리하게 이끌 수 있다. 팀은 8개가 준비되어 있는데 히어로뿐 아니라 괴수 팀도 있다.

벤케이 외전 모래의 장

● 발매일 / 1992년 12월 11일 ● 가격 / 9,600엔
● 퍼블리셔 / 선 소프트

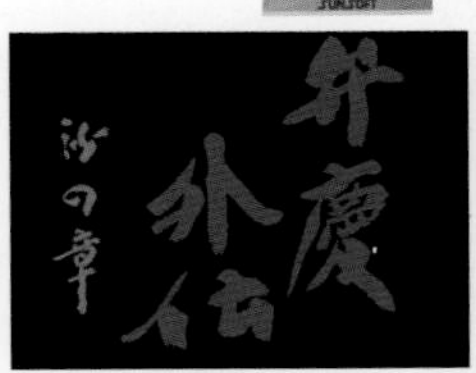

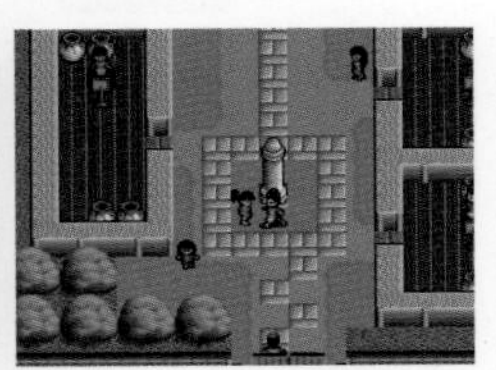

몽고가 일본을 침략했다는 역사적 사실, 즉 몽고군 내침의 난을 토대로 한 일본풍 2D 탑뷰형 RPG. 일본뿐 아니라 중국까지 무대로 삼은 스토리이다. PCE판 『벤케이 외전』의 속편이지만 스토리에 연관성은 없고, 부동(不動)이라 불리는 주인공은 남녀를 선택할 수 있다.

기동장갑 다이온

● 발매일 / 1992년 12월 14일 ● 가격 / 8,500엔
● 퍼블리셔 / 빅 토카이

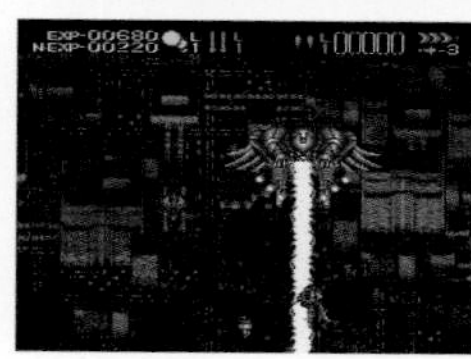

「다이온」이라는 아머를 장비하고 4종류의 무기로 적과 싸우는 종스크롤 슈팅 게임. 지구 침략을 꾀하는 기계 생명체를 전멸시키는 것이 목적이며 무기는 레벨업이 가능하다. 『트랜스포머』의 일러스트로 유명한 스튜디오 OX가 메카 디자인을 담당했다.

어메이징 테니스

● 발매일 / 1992년 12월 18일 ● 가격 / 8,800엔
● 퍼블리셔 / 팩 인 비디오

플레이어의 후방 시점인 테니스 게임. 3D 화면에서 상대와 공을 주고받는 장면은 실제로 테니스를 하는 것처럼 박력이 넘친다. 또한 스코어를 알리는 심판의 목소리가 들어간 연출이 게임의 분위기를 띄운다. 다만 서양에서 개발된 게임이어서 게임 내 텍스트는 영어로 되어 있다.

SD건담 외전2 원탁의 기사

● 발매일 / 1992년 12월 18일 ● 가격 / 9,500엔
● 퍼블리셔 / 유타카

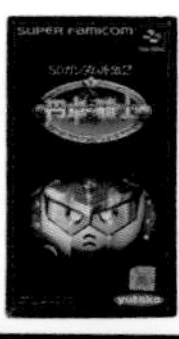
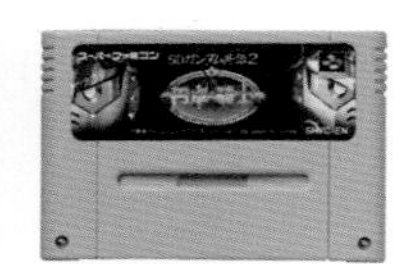

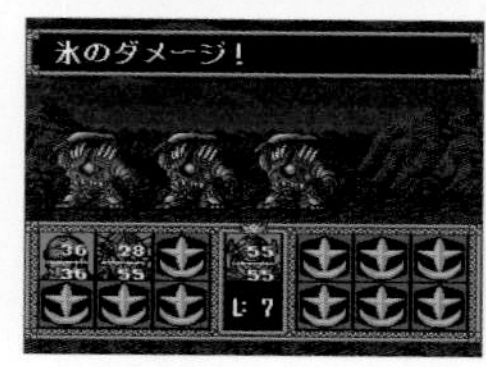

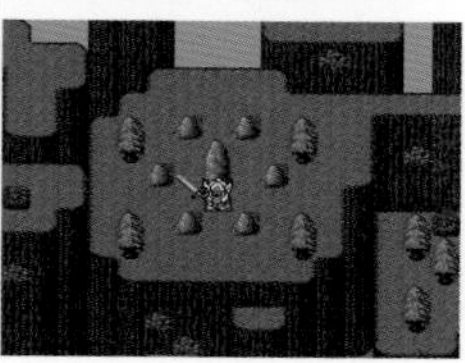

SD 캐릭터인 나이트 건담을 주인공으로 삼은 『SD건담 외전 나이트 건담 이야기』의 속편. 전작 이후에 등장한 카드 덱을 모아서 동료로 만들고 스토리를 진행한다. 최대 13명까지 파티를 구성할 수 있으며 오리지널 무기를 만들 수 있는 기능도 생겼다.

중장기병 발켄

● 발매일 / 1992년 12월 18일 ● 가격 / 8,800엔
● 퍼블리셔 / 메사이어

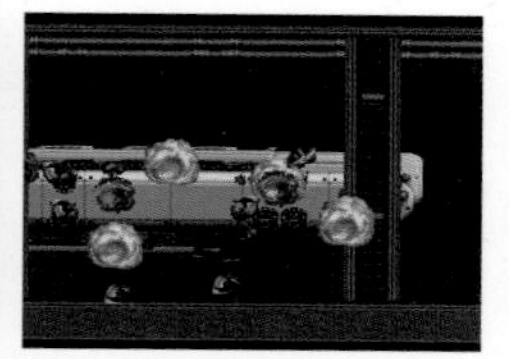
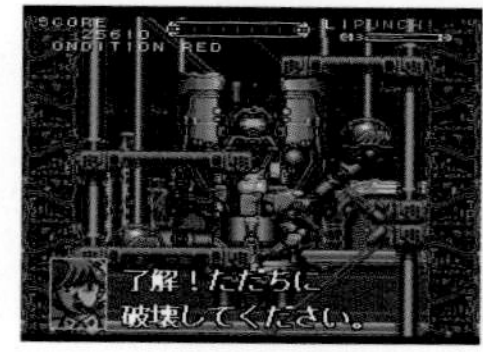

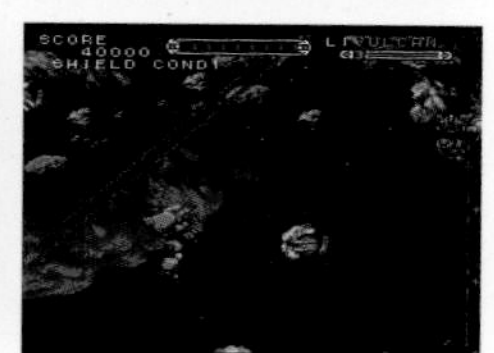

하드한 SF 분위기의 횡스크롤 액션 게임. 주인공이 탑승하는 전투용 로봇 「발켄」을 조작해서 발칸, 펀치 등으로 적을 제압하며 임무를 수행한다. 멀티 엔딩을 채용했으며, 애니메이터이자 만화가인 우루시하라 사토시가 캐릭터 설정을 맡았다.

슈퍼 대 스모 열전 대일번

● 발매일 / 1992년 12월 18일 ● 가격 / 8,800엔
● 퍼블리셔 / 남코

가상의 선수 중 한 명을 골라 첫날부터 마지막 날까지 싸우는 「목표는 우승」, 요코즈나 승진이 목표인 「요코즈나로 가는 길」, 「5판 승부」라는 3가지 모드가 있다. 경기장을 바로 옆에서 본 화면이며 선수의 상태는 기합, 팔과 허리 게이지 증감으로 알 수 있다. 2인 대전 플레이도 가능하다.

슈퍼 스타워즈

● 발매일 / 1992년 12월 18일 ● 가격 / 8,800엔
● 퍼블리셔 / 빅터 엔터테인먼트

명작 SF 영화를 게임화 했다. 오프닝 장면과 BGM은 물론이고, 루크 스카이워커가 되어서 데스스타를 파괴하는 것을 목표로 하는 등 영화 스토리를 그대로 도입해서 팬이라면 감동하지 않을 수 없다. 슈팅 액션은 2D, 3D 장면이 모두 존재한다.

슈퍼 테트리스2+봄블리스

● 발매일 / 1992년 12월 18일 ● 가격 / 8,500엔
● 퍼블리셔 / BPS

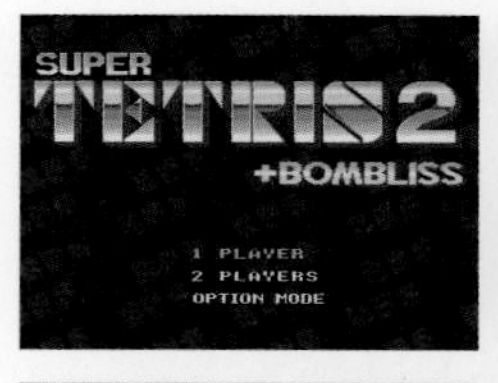

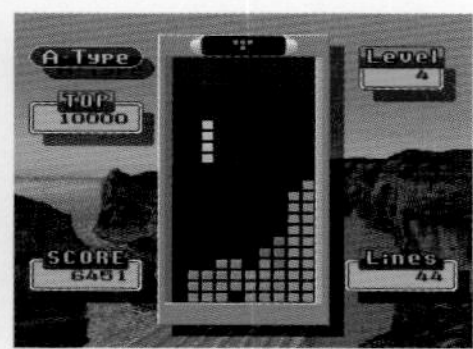

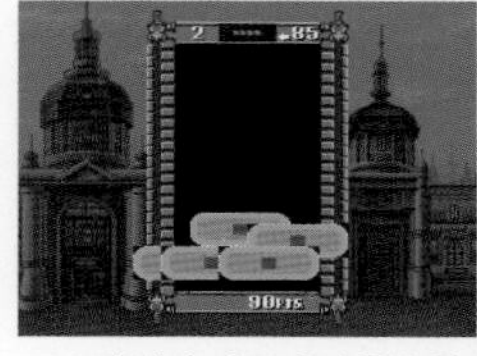
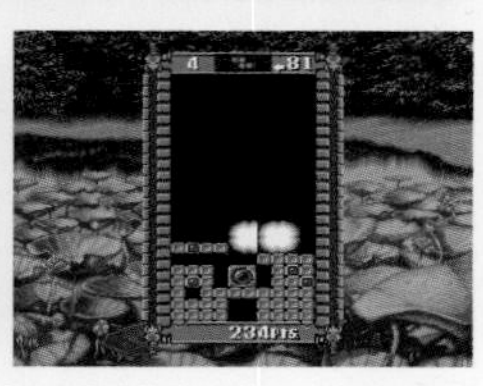

구소련에서 만들어진 친숙한 퍼즐 게임 『테트리스』의 SFC판. 『봄블리스』는 『테트리스』에서 파생된 게임으로 떨어지는 블록을 폭탄으로 파괴해 나간다. 『테트리스』는 3가지 타입이, 『봄블리스』는 콘테스트와 퍼즐 모드가 준비되어 있다.

슈퍼 니치부츠 마작

● 발매일 / 1992년 12월 18일 ● 가격 / 8,800엔
● 퍼블리셔 / 일본 물산

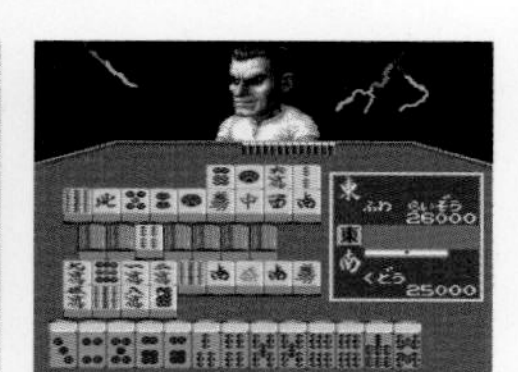

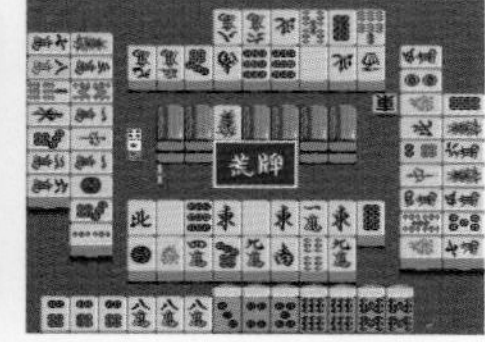

아케이드판의 이식작. 마작 입문 강좌와 마작 연구회 등의 초보자용 모드, 프리 대국과 리그전 등의 상급자용 모드로 플레이할 수 있다. 프리 대국은 2인~4인용, 헤아림 역만, 야키토리, 들통 같은 세세한 설정이 가능하다. 마작 화면은 탑뷰 시점이며 일러스트는 극화풍이다.

스텔스

● 발매일 / 1992년 12월 18일 ● 가격 / 9,700엔
● 퍼블리셔 / 헥터

북베트남군의 게릴라를 상대로 소대를 지휘해서 다양한 임무를 수행하는 전략 시뮬레이션 게임. 숲에 매복한 게릴라를 찾아내서 싸우는데 지뢰 등의 함정이 설치되어 있어서 지옥의 전장이라 불린 베트남 전쟁을 재현하고 있다. 무기도 전쟁 당시에 사용된 것으로 설정되었다.

타이니툰 어드벤처즈

● 발매일 / 1992년 12월 18일 ● 가격 / 8,000엔
● 퍼블리셔 / 코나미

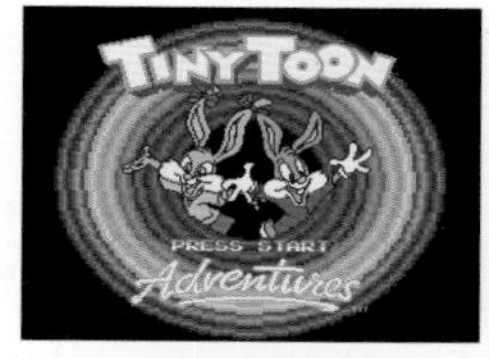

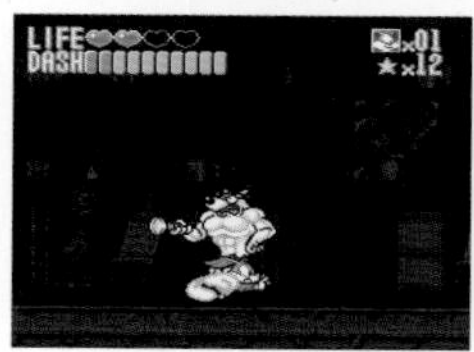

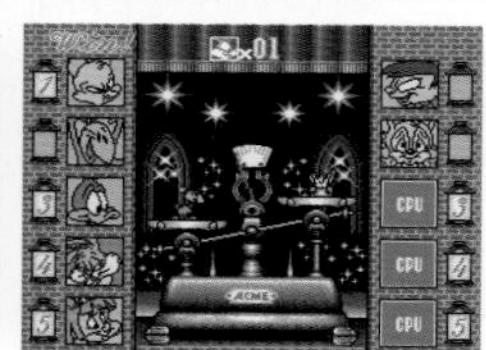

미국 TV 애니메이션 『타이니툰즈』의 캐릭터인 하늘색 소년 토끼 '버스터 버니'를 조작하는 횡스크롤 액션 게임. 버스터 버니는 아이답게 재빠르게 움직이며 벽을 타고 오르기도 한다. 파스텔풍 화면이라 쉽게 친해질 수 있고, 간단한 조작의 「어린이 모드」도 있다.

싸워라 원시인2 루키의 모험

● 발매일 / 1992년 12월 18일 ● 가격 / 8,000엔
●퍼블리셔 / 데이터 이스트

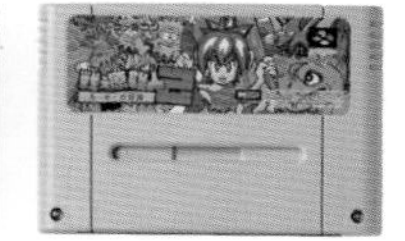

전작 『JOE & MAC』의 주인공은 한눈에도 원시인처럼 보이지만, 속편인 본작의 『루키』는 처음에는 원숭이 비슷하지만 아이템을 쓰면 귀여운 소년으로 진화한다. 납치당한 소녀를 구하는 것이 목적으로, 곤봉으로 상대를 때리는 액션은 동일하다.

나카지마 사토루 감수 슈퍼 F-1 히어로

● 발매일 / 1992년 12월 18일 ● 가격 / 8,900엔
●퍼블리셔 / 바리에

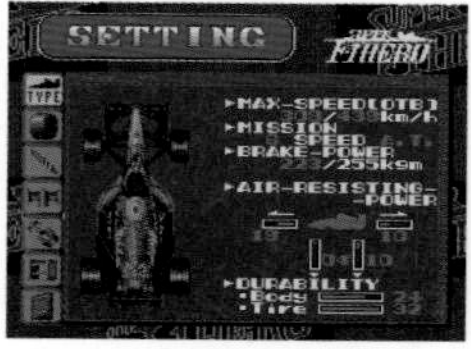

전직 F1 드라이버 나카지마 사토루가 감수한 1인 플레이 전용 F1 레이싱 게임. 운전석 시점 고정 화면에 라운드 수를 고를 수 있고 세세한 머신 조정이 가능하다. 스피드감이 좋은 게임으로 규정 순위를 클리어하지 않으면 게임 오버다. 나카지마 사토루의 얼굴이 묘하게 리얼하다.

나그자트 슈퍼 핀볼 사귀 크래시

● 발매일 / 1992년 12월 18일 ● 가격 / 8,500엔
● 퍼블리셔 / 나그자트

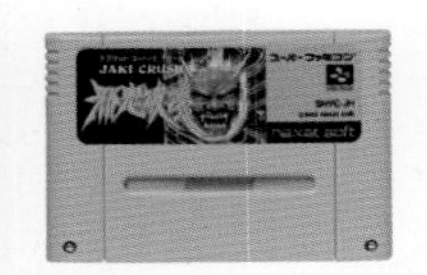

핀볼 판에 일본 요괴가 배치되어 음산한 분위기를 풍기는 일본풍 게임. 화면은 꺼림칙하지만 핀볼 자체는 평범한 시스템이다. 타이틀(邪鬼破壊)은 한자의 음만 따서 「사귀 크래시」라고 읽는다. 화면은 종스크롤이며 특정한 용의 입에 공이 들어가면 화면이 바뀐다.

플라잉 히어로 부규르~의 대모험

● 발매일 / 1992년 12월 18일 ● 가격 / 8,800엔
● 퍼블리셔 / 소프엘

「부규르~」란 날개를 가진 하얗고 둥근 구슬 같이 생긴 주인공 캐릭터를 말한다. 납치당한 친구 「파오」를 구하기 위해 싸우는 종스크롤 슈팅 게임으로, 적의 캐릭터를 포함해 전체적으로 동화 같은 분위기를 연출한다. 보스 캐릭터도 3등신이다.

반숙영웅 아아, 세계여 반숙이 되어라…!!

● 발매일 / 1992년 12월 19일 ● 가격 / 9,500엔
● 퍼블리셔 / 스퀘어

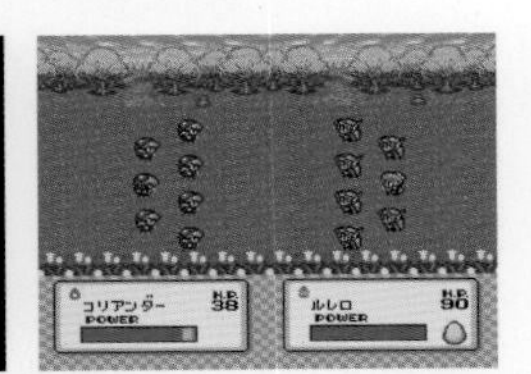
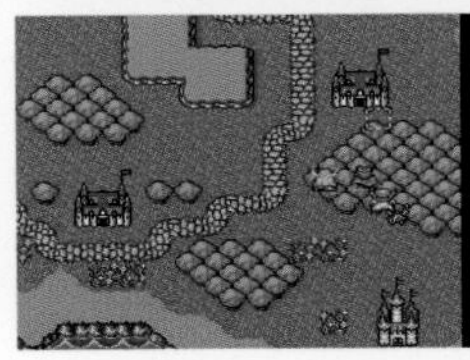
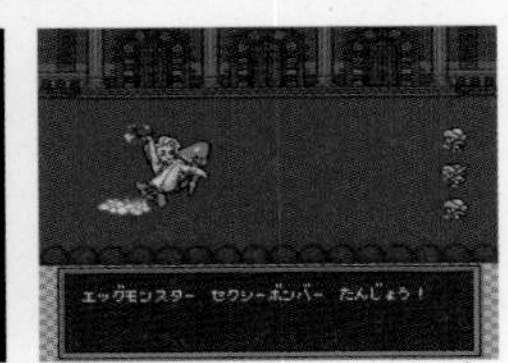

FC판 『반숙영웅』의 속편 시뮬레이션 RPG. 리얼타임 전투에서는 알에서 부화한 에그 몬스터를 사용한다. 게임 전체에 개그 요소가 들어간 연극풍의 연출이 특징으로 FF 시리즈의 패러디도 존재한다. 음악은 스기야마 코우이치가 담당했다.

46억 년 이야기 아득한 에덴으로

● 발매일 / 1992년 12월 21일 ● 가격 / 9,600엔
● 퍼블리셔 / 에닉스

지구 탄생에서 시작해 46억 년의 역사를 따라가는 장대한 액션 RPG. 어류에서 시작한 주인공은 다른 생물을 쓰러뜨려 몸을 흡수하면서 양서류, 파충류, 조류, 포유류로 진화해 나간다. 최종 목표는 인류가 되는 것이지만, 진행 방식에 따라서는 인류가 아닌 존재가 되기도 한다.

기기괴계 수수께끼의 검은 망토

● 발매일 / 1992년 12월 22일 ● 가격 / 8,500엔
● 퍼블리셔 / 나츠메

아케이드에서 인기를 모았던 액션 게임 『기기괴계』의 오리지널 SFC판. 귀여운 무녀 「사요짱」과 요괴 너구리 「마누케」가 일본을 노리는 서양 요괴 군단에 맞선다는 스토리의 액션 슈팅 게임으로 2인 동시 플레이도 가능하다. 다만 캐릭터는 1P, 2P가 고정.

소년 아시베 고마짱의 유원지 대모험

● 발매일 / 1992년 12월 22일 ● 가격 / 7,800엔
● 퍼블리셔 / 타카라

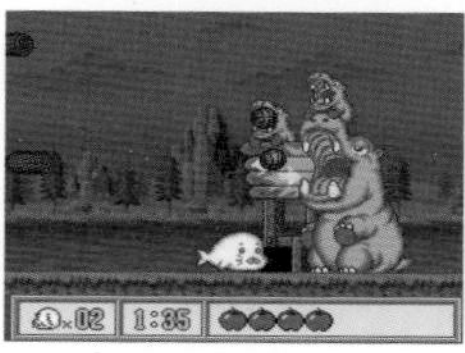

애니화 되었던 모리시타 히로미의 만화 『소년 아시베』를 소재로 한 액션 게임. 아시베의 애완동물인 새하얀 바다표범 고마짱을 조작해서, 아시베의 할아버지가 만든 유원지에 숨겨진 보물을 모은다는 내용이다. 뀨뀨~ 하고 우는 고마짱의 액션이 사랑스럽다.

러싱비트 란 복제도시

● 발매일 / 1992년 12월 22일 ● 가격 / 9,600엔
● 퍼블리셔 / 자레코

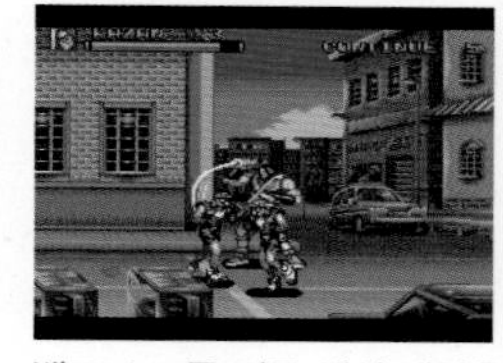

벨트 스크롤 격투 액션 게임 『러싱비트』의 속편. 간단한 조작과 화려한 액션이라는 기본적인 시스템은 동일하지만, 쓸 수 있는 캐릭터가 5명으로 늘어났고 적과 조합했을 때의 공격 패턴이 다양해졌다. 새로운 캐릭터인 웬디는 유일한 여성이다.

LOONY TUNES 로드 런너 VS 와일리 코요테

● 발매일 / 1992년 12월 22일 ● 가격 / 8,600엔
● 퍼블리셔 / 선 소프트

미국 TV 애니메이션에 나오는 조류인 로드 런너가 주인공인 횡스크롤 액션 게임. 원작처럼 주인공을 잡아먹으려고 하는 「와일리 코요테」에게서 도망치며 목적지로 향한다. 로드 런너는 '미미!'라고 울며 고속으로 달리는데, 도중에 장애물에 부딪치거나 코요테의 방해를 받기도 한다.

컴뱃 트라이브스

● 발매일 / 1992년 12월 23일 ● 가격 / 9,300엔
● 퍼블리셔 / 테크노스 재팬

아케이드판의 이식작. 「컴뱃 트라이브스」라 불리는 2미터가 넘는 거한 3인조가 뉴욕의 스트리트 갱 조직 「그라운드 제로」를 상대로 싸우는 횡스크롤 액션 게임이다. 적을 휘두르는 공격을 하기도 하고, 대전 모드가 있어서 적 캐릭터를 선택할 수도 있다.

슈퍼 킥 오프

● 발매일 / 1992년 12월 25일 ● 가격 / 7,700엔
● 퍼블리셔 / 미사와 엔터테인먼트

91년에 발매된 해외 PC게임의 이식작 「프로 사커」의 속편이다. 유럽 축구가 무대이지만 J리그를 모델로 한 팀이 추가되었다. 탑뷰형 플레이 화면에 8방향으로 킥을 할 수 있는 시스템은 그대로이지만, 화면 스크롤이 느려져서 조작이 쉬워졌다.

슈퍼 발리 II

● 발매일 / 1992년 12월 25일 ● 가격 / 8,900엔
● 퍼블리셔 / 비디오 시스템

아케이드판의 이식작. 코트를 옆에서 본 화면이어서 서브를 좌우로 구분해서 넣는 것은 불가능하다. 각 12개의 해외 팀으로 경쟁하는 월드 남자 모드와 월드 여자 모드 및 필살기(사라지는 서브, 분열 서브 등)를 쓸 수 있는 하이퍼 모드가 있다.

슈퍼 파이어 프로레슬링2

● 발매일 / 1992년 12월 25일 ● 가격 / 8,500엔
● 퍼블리셔 / 휴먼

SFC의 첫 프로레슬링 게임 『슈퍼 파이어 프로레슬링』의 속편. 사용할 수 있는 레슬러가 20명에서 25명으로 늘어났다. 레슬러의 이름은 「하타모토 신야」처럼 가명이다. 대 CPU의 승자 진출식 공식 리그전, 오픈 리그전, 2P 대전, 5명을 골라 싸우는 단체전으로 플레이할 수 있다.

대폭소 인생극장

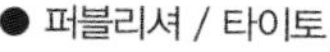

● 발매일 / 1992년 12월 25일 ● 가격 / 8,500엔
● 퍼블리셔 / 타이토

인간의 일생을 유사 체험하면서 최고의 부자를 목표로 하는 보드 게임. 아이로 시작해서 성장하면서 다양한 직업을 경험하고 마지막에는 노인이 되어 골인한다. 중간에 플레이할 수 있는 미니 게임은 축구, 카 레이스 등 4종류로, 최고 6명까지 동시 플레이할 수 있다.

테크모 슈퍼 NBA 바스켓볼

● 발매일 / 1992년 12월 25일 ●가격 / 8,900엔
● 퍼블리셔 / 테크모

NBA 공인을 받아 농구팀은 물론 마이클 조던, 매직 존슨 등 슈퍼스타가 실명으로 등장한다. TV 중계와 같은 쿼터뷰 시점이며 게임 속도 등을 조절할 수 있다. 줌업 화면으로 이루어진 덩크슛은 박력이 넘친다.

마작비상전 울부짖는 류

● 발매일 / 1992년 12월 25일 ● 가격 / 9,800엔
● 퍼블리셔 / 아이지에스

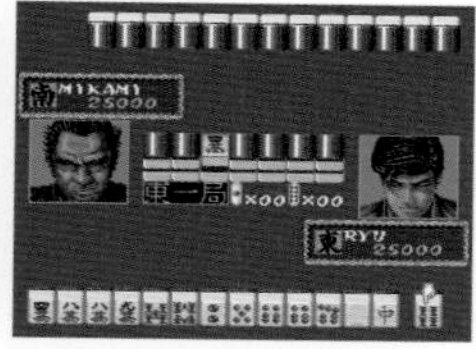

「별책 근대 마작」에 연재되던 동명의 마작 만화를 원작으로 한 2인 마작 게임. 마작사 류의 라이벌인 '아마미야 켄'이 되어서 류를 찾는다는 스토리의 「마작비상전」 모드, 16명의 마작사 중에서 한 명을 골라 출장하는 「수라 토너먼트」, 「프리 대국」의 3가지 모드가 존재한다.

란마1/2 폭렬난투편

● 발매일 / 1992년 12월 25일 ● 가격 / 9,600엔
● 퍼블리셔 / 메사이어

타카하시 루미코 만화 원작의 대전 격투 게임 제2탄. 새로운 캐릭터 아카네와 무스가 추가된 것 이외에 숨겨진 캐릭터도 있다. 조작 계통이 『스파 II』와 유사하게 개선되었고, 마음에 드는 캐릭터를 사용해 원작(애니 포함)에 충실한 기술과 승리 포즈 등의 그래픽을 가볍게 즐길 수 있는 게임이 되었다.

더 킹 오브 랠리

● 발매일 / 1992년 12월 28일 ● 가격 / 8,800엔
● 퍼블리셔 / 멜닥

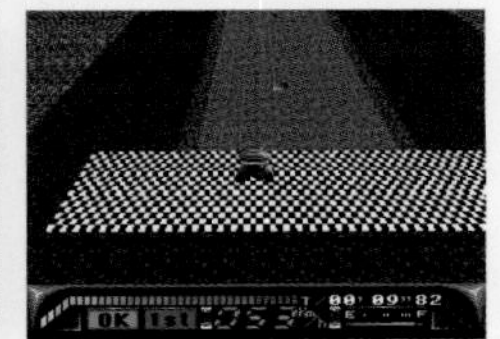

파리를 시작으로 유라시아 대륙 약 16,000km를 횡단하고, 모스크바를 경유해서 북경을 목표로 하는 랠리 에이드 대회를 게임화 했다. 4명 중에서 선택해야 하는 네비게이터와 랠리 중에 일어나는 사고에 대한 대응이 순위에 영향을 준다. 차량 뒤에서 내려다보는 3D 화면이다.

사상 최강의 퀴즈왕 결정전 Super

● 발매일 / 1992년 12월 28일 ● 가격 / 8,900엔
● 퍼블리셔 / 요네자와

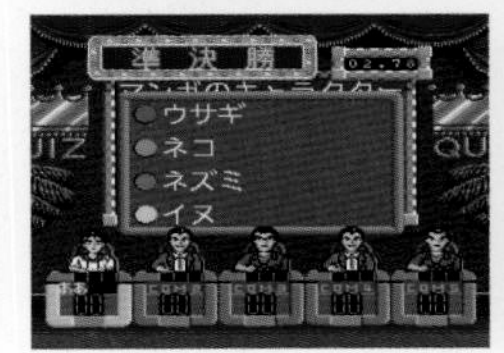

동명의 TV 퀴즈 방송을 토대로 한 정통파 퀴즈 게임. 실제로 TV 방송에서 문제를 담당했던 스태프가 퀴즈 문제를 만들었는데 출제 장르는 다양하다. 「킹 오브 퀴즈」 이외에도 3개의 모드로 플레이할 수 있고, 지방 예선부터 시작하는 모드도 준비되어 있다.

닌텐도 엔터테인먼트

닌텐도 관련 상품을 판매하는 프랜차이즈 체인점 「닌텐도 엔터테인먼트」가 1991년 9월부터 시작되었다. 가맹점 내에는 전용 코너가 설치되어 신작 소프트와 잘 팔리는 상품 등이 우선 공급되었다.

전성기 일본 내 2,200개 이상의 가맹점이 있었고, 같은 시기에 「슈퍼마리오 클럽」도 발족했다. 이 클럽에 의한 게임 소프트 평가는 구매업자와 미디어에게 귀중한 정보원이었다. 닌텐도는 이런 방식으로 당시 문제시되었던 소프트 끼워팔기와 덤핑 판매를 방지했고, 질이 낮은 소프트를 배제했다.

이렇게 유저와 소매점이 안심하고 소프트를 구입할 수 있는 구조를 만들면서 닌텐도가 구축한 가정용 게임 시장을 지키려고 한 것이다. 덧붙여서 해외에서는 「월드 오브 닌텐도」라는 명칭으로 사랑받았다.

닌텐도 엔터테인먼트 점내 모습. 1993년경까지 디스크 라이터도 배치되어 있었다.

백화점과 완구점의 닌텐도 코너에서 눈부시게 반짝이던 마리오상과 간판.

슈퍼마리오 클럽의 책자. 고평가 게임에는 마리오 마크가 들어가 있다.

슈퍼마리오 클럽의 게임 평가. 소매점들이 소프트 구입 시에 참고했다.

슈퍼 패미컴 밀리언 타이틀 (일본 + 해외)

해외판(SNES) 포함 랭킹은 아래의 표와 같은데, 일본에서는 랭킹에 들지 못했던 소프트도 다수 볼 수 있다(표의 노란색).

11위에 랭크된 『Killer Instinct(킬러 인스팅트)』는 『슈퍼 동키콩』으로 알려진 레어사가 개발한 2D 대전 격투 게임이다. 상쾌한 콤보로 인기가 많았지만 일본에서는 발매되지 않았다. 1996년에 아케이드 및 N64로 속편이 나왔고, 2013년에는 Xbox One용으로 리메이크되었다. 일본에서 발매된 것은 2014년이다.

1위

『슈퍼마리오 월드』

2061만 개

2위

『슈퍼마리오 컬렉션』

1055만 개

3위

『슈퍼 동키콩』

930만 개

슈퍼패미컴 밀리언 타이틀 일람(일본+해외)					
1	슈퍼마리오 월드	2061만 개	20	슈퍼마리오 RPG	214만 개
2	슈퍼마리오 컬렉션	1055만 개	21	슈퍼 스트리트 파이터II	200만 개
3	슈퍼 동키콩	930만 개	22	심시티	198만 개
4	슈퍼마리오 카트	876만 개	23	성검전설2	180만 개
5	스트리트 파이터II	630만 개	24	알라딘	175만 개
6	슈퍼 동키콩2 딕시 & 디디	515만 개	25	파이널 판타지IV	170만 개
7	젤다의 전설 신들의 트라이포스	461만 개	26	슈퍼 스코프6	165만 개
8	요시 아일랜드	412만 개	27	파이널 파이트	148만 개
9	스트리트 파이터II 터보	410만 개	28	별의 커비 슈퍼 디럭스	144만 개
10	슈퍼 동키콩3 신비한 클레미스섬	351만 개	29	슈퍼 메트로이드	142만 개
11	Killer Instinct (※일본 미발매)	320만 개	30	드래곤 퀘스트III 그리고 전설로…	140만 개
11	드래곤 퀘스트VI 환상의 대지	320만 개	31	로맨싱 사가3	130만 개
13	스타 폭스	299만 개	32	미키의 매지컬 어드벤처	121만 개
14	파이널 판타지VI	290만 개	33	록맨X	116만 개
15	F-ZERO	285만 개	34	파일럿 윙스	114만 개
16	드래곤 퀘스트V 천공의 신부	280만 개	35	로맨싱 사가2	110만 개
17	파이널 판타지V	240만 개	35	드래곤 퀘스트 1·2	110만 개
18	마리오 페인트	231만 개	37	초마계촌	109만 개
19	크로노 트리거	230만 개	38	파이널 파이트2	103만 개

※ 본 페이지에 게재된 데이터는 『2019CESA 게임 백서』(일반 사단법인 컴퓨터엔터테인먼트협회 간행)를 기준으로 했다.

※ 일본 내 밀리언 출하인 『슈~퍼~ 뿌요뿌요』, 『드래곤볼Z 초무투전』, 『드래곤볼Z 초무투전2』, 『더비 스탈리온III』, 『더비 스탈리온96』은 데이터가 확인되지 않아 게재하지 않았다.

슈퍼 패미컴

1993년

Super Famicom

스타 폭스

● 발매일 / 1993년 2월 21일 ● 가격 / 9,800엔
● 퍼블리셔 / 닌텐도

최첨단 기술을 쓰면서도 온기가 있는 게임성을 실현

슈팅 게임은 닌텐도에게 익숙한 장르가 아니었기에 SFC에서는 본 작품이 처음이다. 그러나 만반의 준비를 한 만큼, 롬팩에 「슈퍼 FX칩」을 탑재해서 SFC 최초의 3D 폴리곤을 이용한 그래픽을 실현했다. 기존 유사 3D 작품과 비교하면 플레이어 기체의 부유감이 압도적이어서 정말 우주에 떠 있는 느낌을 받게 된다.

1993년 시점에서 주인공을 포함해 의인화 된 동물 캐릭터가 등장하고 미션 중에 대화 장면이 있다는 점에 주목할 필요가 있다. 차가운 분위기가 날 수밖에 없는 슈팅 게임에도 캐릭터가 가득 채워져 있다는 사실이 멋지다.

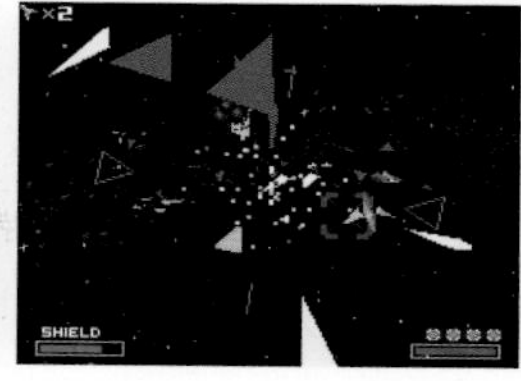

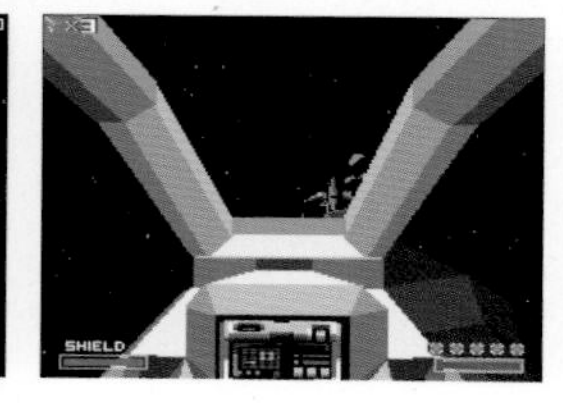

전설의 오우거 배틀

● 발매일 / 1993년 3월 12일 ● 가격 / 9,600엔
● 퍼블리셔 / 퀘스트

시스템을 이해하지 못하면 암흑길 배드 엔드 확정

당시에 완전히 무명이었던 퀘스트에서 발매한 세미 리얼타임의 시뮬레이션 RPG. 오우거 배틀 사가라는 이름이 붙은 장대한 스토리를 토대로 스테이지 클리어형 게임을 구성했다. 플레이어가 담당하는 반란군은 다수의 캐릭터가 있는데 최대 5명까지 파티를 구성해 필드에 투입할 수 있다. 각 파티는 이동 장소를 설정하면 자동으로 나아가고 적과 접촉하면 전투가 벌어진다.

게임 안에는 '카오스 프레임'이라 불리는 수치가 있어서 그에 따라 이벤트와 엔딩이 변하지만, 잘 조절하기 위해서는 사전 지식이 필요하다.

드래곤볼Z 초무투전

● 발매일 / 1993년 3월 20일 ● 가격 / 9,800엔
● 퍼블리셔 / 반다이

원작 팬의 꿈을 이룬 드래곤볼 캐릭터의 대전 격투 게임

드래곤볼 관련 게임은 현재에 이르기까지 다수 발매되고 있지만, 그중에서도 본 작품은 첫 번째 대전 격투 게임이다. FC에서 SFC로의 세대교체에 따라 하드 성능이 대폭 향상되었고, 이전에는 무리였던 화려한 액션을 표현할 수 있게 되었다.

원작의 설정을 살려서 동일 장르 게임으로는 드물게 공중을 자유롭게 이동할 수 있다. 적과의 거리가 벌어졌을 경우에는 화면 구분이 발생하고, 각 캐릭터 주변만 표시된다. 손오공, 피콜로, 트랭크스 등 원작의 '인조인간 셀편'까지 등장한 캐릭터만 사용할 수 있으며, 초사이어인으로 각성도 할 수 있다.

슈퍼마리오 컬렉션

● 발매일 / 1993년 7월 14일 ● 가격 / 9,800엔
● 퍼블리셔 / 닌텐도

4개의 명작이 하나로! 꿈 같은 10주년 기획

패미컴 발매 10주년을 기념해서 발매된 합본 소프트. 역대 『슈퍼마리오』 시리즈를 플레이할 수 있는 게임으로 많은 플레이어에게 사랑받았다. 수록된 작품은 『슈퍼마리오 브라더스』를 비롯해 『2』, 『3』, 『슈퍼마리오 USA까지』 총 4개 작품. 모두 FC와 디스크 시스템으로 발매됐던 게임이다.

하드 성능 향상에 따라 그래픽이 새롭게 작업되어 단순한 이식으로 끝나지 않은 작품이 되었다. 단 세세한 변경점은 있어도 게임성은 오리지널과 동일해 같은 감각으로 플레이할 수 있었다.

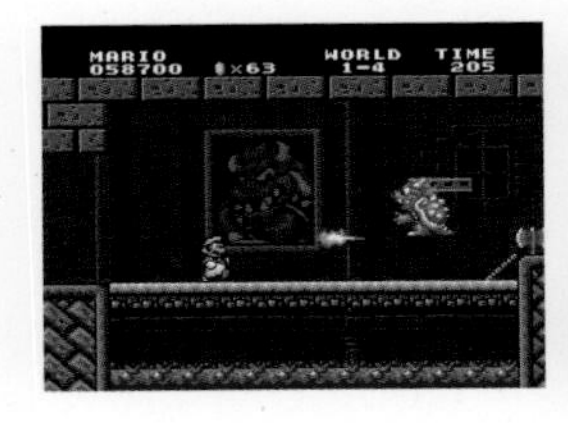

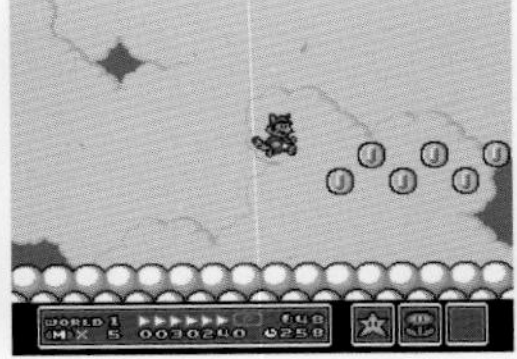

성검전설2

● 발매일 / 1993년 8월 6일 ● 가격 / 9,800엔
● 퍼블리셔 / 스퀘어

스퀘어 브랜드 효과와 함께 판매량 150만 개의 히트작이 되다

GB로 발매됐던 『성검전설』의 속편에 해당하지만, 「파이널 판타지 외전」이란 서브타이틀이 아닌 독립적 시리즈가 되었다. 게임 장르는 탑뷰 액션 RPG로, 3인 파티 중 플레이어가 조작할 수 있는 것은 한 명뿐이다. 나머지 캐릭터는 NPC로서 전투를 보조해준다. 검, 활, 도끼 등 8종류의 무기가 있고 두 명의 캐릭터는 마법도 쓸 수 있다. 적을 쓰러뜨리면 무기와 마법의 숙련도가 올라가고, 위력이 늘거나 필살기를 습득하기도 한다.
최대 3명까지 멀티플레이가 가능해 당시 RPG로는 드물게 친구와 함께 플레이할 수 있었다. 성검전설 시리즈가 대작 RPG로 발돋움하는 시발점이 된 타이틀이다.

톨네코의 대모험 이상한 던전

● 발매일 / 1993년 9월 19일 ● 가격 / 9,600엔
● 퍼블리셔 / 춘 소프트

RPG 여명기의 명작을 가정용 게임기용으로 어레인지

1980년에 만들어져 UNIX상에서 플레이하던 RPG 『로그』를 어레인지해서, 『드퀘Ⅳ』의 톨네코를 주인공으로 내세웠다. 랜덤 생성되는 던전이 특징인데 던전의 형태, 떨어져 있는 아이템 종류, 장소까지 모두가 랜덤이다. 경험치와 레벨 개념은 있지만, 던전에서 나오게 되면 레벨은 1로 돌아가 버린다. 때문에 캐릭터가 아니라 플레이어 자신이 경험을 쌓는 것이 중요하다.
이러한 로그라이크 게임의 기본에 더해서, 본 작품에서는 창고를 건설해 아이템을 가지고 돌아간다거나 반입하는 시스템이 추가되어 게임이 더욱 풍성해졌다.

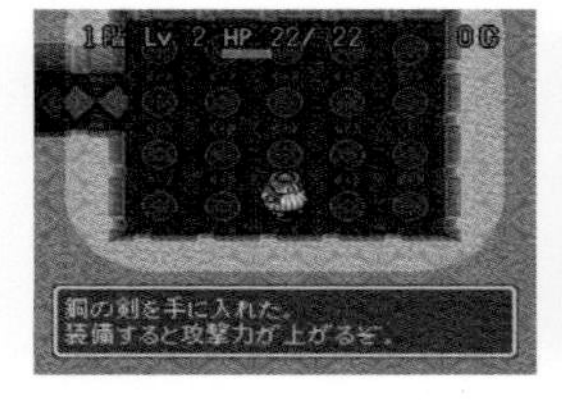

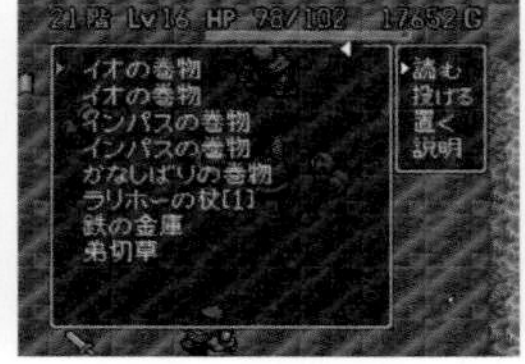

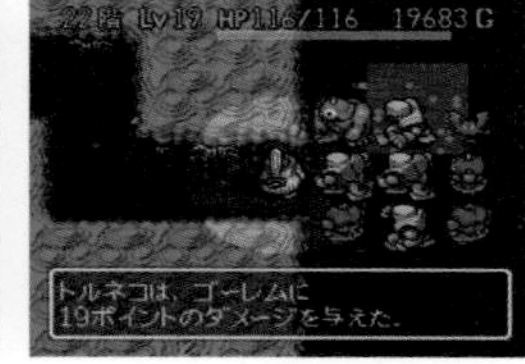

로맨싱 사가2

● 발매일 / 1993년 12월 10일 ● 가격 / 9,900엔
● 퍼블리셔 / 스퀘어

플레이어에게 많은 것을 맡긴, 프리 시나리오 시스템의 완성형

전작에서 채용된 프리 시나리오 시스템을 발전시키면서도 독자적인 게임성을 확립하는 데 성공한 걸작. 주인공이 세대를 거듭해 적과 싸우고 제국의 영토를 넓혀 나간다는 장대한 스토리가 특징이다. 주인공 캐릭터는 다음 세대로 넘어갈 때 바뀌지만, 「계승법」을 이용해서 기술과 마법 숙련도를 계승할 수 있다. 또한 새로운 영토를 얻으면 동료로 만들 수 있는 종족과 직업이 늘어난다.
이렇게 파티를 강화하면서 일곱 영웅을 쓰러뜨려 나가지만, 공략 순서는 정해져 있지 않아 임의로 게임을 진행할 수 있다(물론 어느 정도의 제약은 있다). 높은 자유도가 이 게임 최대의 매력이다.

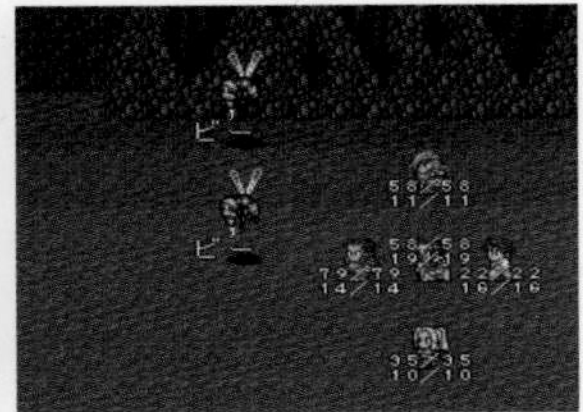
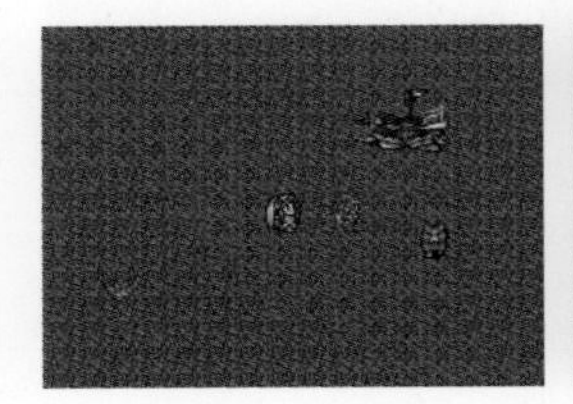

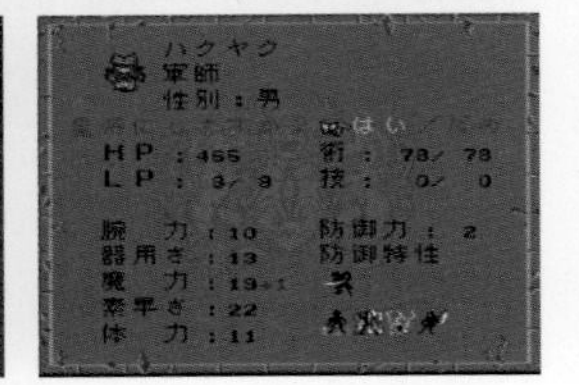

드래곤 퀘스트 I・II

● 발매일 / 1993년 12월 18일 ● 가격 / 9,600엔
● 퍼블리셔 / 에닉스

「부활의 주문」이 사라지면서 스무스하게 게임을 진행할 수 있다

일본의 국민 RPG 두 작품을 커플링하면서 리메이크한 작품. FC판과 비교하면 그래픽이 대폭 강화된 것 이외에도 『I』에서 혹평 받았던 번거로운 동작 커맨드가 「편리 버튼」 하나로 합쳐져서 플레이하기 쉬워졌다. 또한 두 작품 모두 게임 밸런스가 대폭 조정되어, 시리즈에서 가장 어렵다고 하는 『II』도 비교적 편하게 클리어할 수 있게 되었다.
이 밖에도 패스워드 역할을 하던 「부활의 주문」이 배터리 백업으로 대체되면서 게임 중단과 재개가 획기적으로 편해졌다. 많은 플레이어에게는 이것이 가장 큰 진화로 느껴질 것이다.

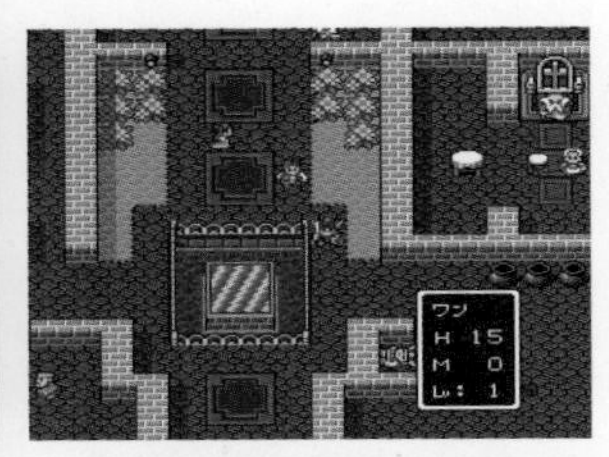
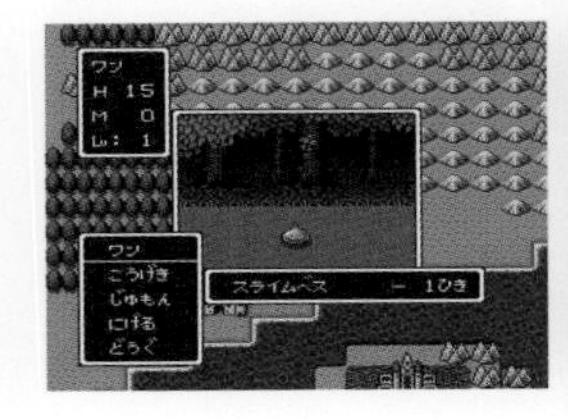

엘파리아

● 발매일 / 1993년 1월 3일 ● 가격 / 9,500엔
● 퍼블리셔 / 허드슨

경험치와 돈이라는 개념이 없는 독특한 시스템의 RPG. 다양한 무기와 장비를 조합하면 전투력이 향상되고 마을을 해방하면 레벨이 올라간다. 물, 불, 흙, 바람이라는 4개 속성이 있고 전투에 상성이 존재한다. 캐릭터 디자인은 패미통 표지 일러스트를 담당한 마츠시타 스스무가 담당했다.

에일리언 VS 프레데터

● 발매일 / 1993년 1월 8일 ● 가격 / 9,800엔
●퍼블리셔 / 아이지에스

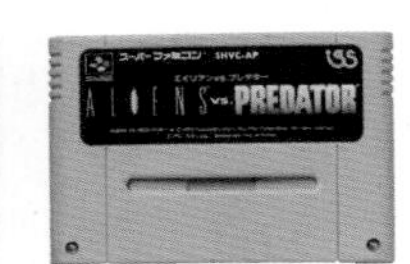

동명의 영화를 토대로 한 벨트 스크롤 액션 게임. 플레이어는 프레데터가 되어서 혹성 VEGA-4에서 부화하고 번식하는 에일리언을 펀치, 킥 등으로 제압한다. 프레데터와 에일리언으로 대전할 수 있는 모드도 있다.

부라이 「팔옥의 용사 전설」

● 발매일 / 1993년 1월 14일 ● 가격 / 9,800엔
● 퍼블리셔 / 아이지에스

다양한 분야에서 활약하던 크리에이터가 집결한 RPG의 이식작. 혹성 기프로스의 평화를 되찾기 위해 8개의 구슬에게 선택받은 용사가 혹성을 지배하는 황제에 도전한다. 각 장마다 다른 용사가 활약하는 스토리가 전개되며, 종반이 되어서야 전원이 집결한다.

유럽 전선

● 발매일 / 1993년 1월 16일 ● 가격 / 12,800엔
● 퍼블리셔 / 코에이

제2차 세계대전 중의 유럽 전선이 소재인 전쟁 시뮬레이션 게임. 플레이어는 「추축군」(독일, 이탈리아, 일본 등)이나 「연합군」(영, 불, 러 등) 중에서 하나를 선택해 「프랑스 침공전」부터 시작하는 시나리오를 클리어해 나간다. 롬멜, 패튼 등 실존 명장들이 등장한다.

드래곤즈 어스

● 발매일 / 1993년 1월 22일 ● 가격 / 8,500엔
● 퍼블리셔 / 휴먼

플레이어가 마술사가 되어서 몬스터들을 조종하며 강력한 악의 드래곤과 싸우는 판타지계 리얼타임 시뮬레이션 게임이다. 숲, 산, 정글, 빙하라는 4개 에어리어에서 보물을 모으고, 에어리어를 클리어하면 나타나는 최종 스테이지의 라스트 드래곤을 쓰러뜨려야 한다.

포퓰러스2

● 발매일 / 1993년 1월 22일 ● 가격 / 9,800엔
● 퍼블리셔 / 이머지니어

플레이어가 신이 되어서 "기적"을 일으키며 적대 세력을 멸망시킨다는 전작을 계승한 시뮬레이션 게임. 플레이어는 제우스와 인간 여성 사이에서 태어난 청년이라는 설정. 다른 신을 믿는 신자들을 멸망시키는 것이 목적으로 "기적"의 종류가 대폭 늘어나는 등, 시스템을 개선했다.

마이트 & 매직 BOOK II

● 발매일 / 1993년 1월 22일 ● 가격 / 8,800엔
● 퍼블리셔 / 로직

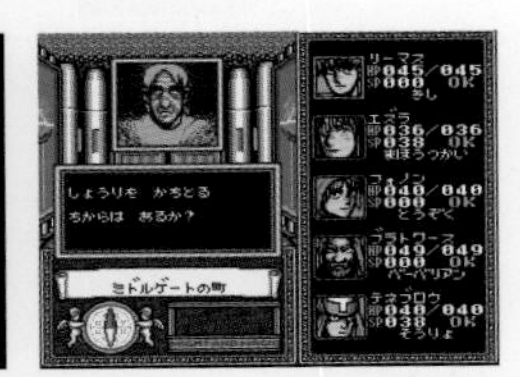
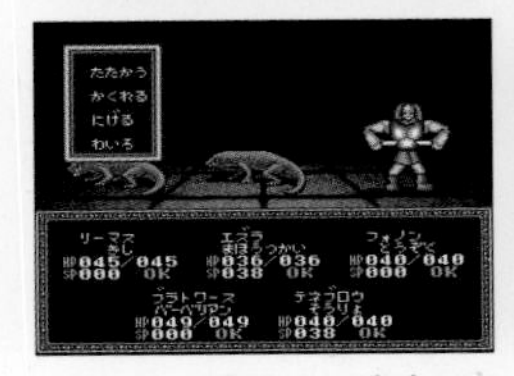

PC에서 이식된 3D 던전 RPG. 탑에서 마을까지의 필드는 모두 3D로 그려져 있다. 플레이어는 기사, 마법사, 도적, 바바리안, 승려로 구성된 파티를 이끌고 「퀘스트」라는 시나리오를 클리어하며 스토리를 진행해 나간다.

지지 마라! 마검도

● 발매일 / 1993년 1월 22일 ● 가격 / 8,800엔
● 퍼블리셔 / 데이텀 폴리스타

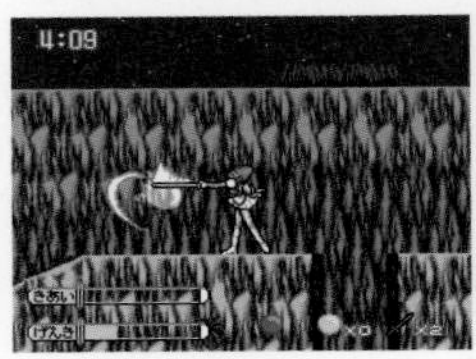

천재적인 검도 실력을 가진 여고생 츠루기노 마이가 요괴 형사 도로 씨의 부탁으로 요괴를 퇴치한다는 내용의 액션 게임. 주인공은 리본 체조의 포즈로 흰색 의상의 히로인으로 변신하고, 손에 든 죽도를 휘둘러 요괴를 퇴치한다. 점프할 때 미니스커트를 신경 쓰는 등 코미컬한 동작도 존재한다.

우시오와 토라

● 발매일 / 1993년 1월 25일 ● 가격 / 8,800엔
● 퍼블리셔 / 유타카

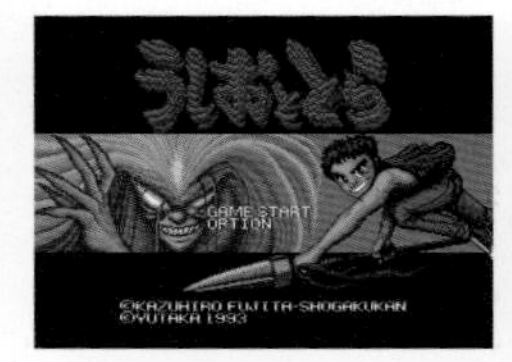

후지타 카즈히로의 동명 만화가 원작인 횡스크롤 액션 게임. 소년 우시오, 요괴 토라 중 하나를 선택해 요괴를 쓰러뜨린다. 우시오는 짐승의 창의 힘으로 변신하고, 요괴인 토라는 날카로운 손톱으로 싸운다. 우시오가 적을 쓰러뜨리면 주먹밥이, 토라가 적을 쓰러뜨리면 햄버거가 나온다.

Q*bert3

● 발매일 / 1993년 1월 29일 ● 가격 / 7,000엔
● 퍼블리셔 / 밥

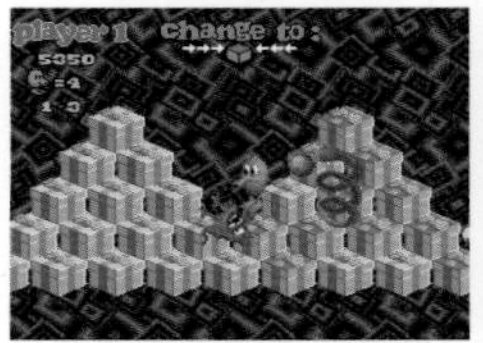

해마처럼 생긴 캐릭터를 조종해서 블록 위를 점프하는 게임. 캐릭터가 점프한 블록은 색이 바뀌는데 모든 블록의 색이 바뀌면 스테이지 클리어가 된다. 하지만 중간에 방해하는 적 캐릭터가 나와서 간단히 클리어하게 놔두지 않는다. 도우미 캐릭터도 등장한다.

크리스티 월드

● 발매일 / 1993년 1월 29일 ● 가격 / 8,000엔
● 퍼블리셔 / 어클레임 재팬

미국 애니메이션『더 심슨』에 등장하는 피에로 캐릭터인「크리스티」가 집에 둥지를 튼 쥐를 격퇴한다는 내용의 액션 게임. 퍼즐적인 요소가 있어서 집안에 있는 블록 등의 아이템을 잘 이용해서 진행해야 한다.『심슨』 이외의 캐릭터도 등장한다.

노부나가 공기(公記)

● 발매일 / 1993년 1월 29일 ● 가격 / 12,500엔
● 퍼블리셔 / 야노만

전국 시대가 무대인 전략 시뮬레이션 게임. 노부나가와 관련된「요시모토 상경」「타케다 움직이다」「에치고의 용」「혼노지」「히데요시 대 이에야스」라는 5가지 시나리오 중에서 하나를 선택한 후, 좋아하는 무장을 골라서 내정 · 외교 · 전투로 영지를 넓히고 천하통일을 목표로 한다.

슈퍼 소코반

● 발매일 / 1993년 1월 29일 ● 가격 / 7,800엔
● 퍼블리셔 / 팩 인 비디오

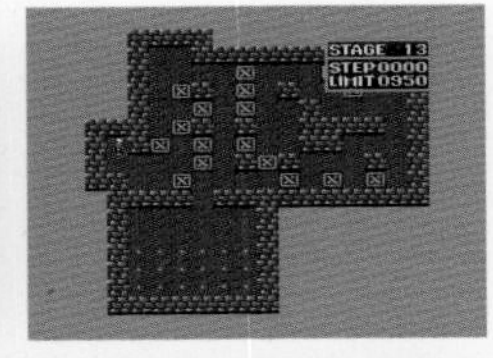

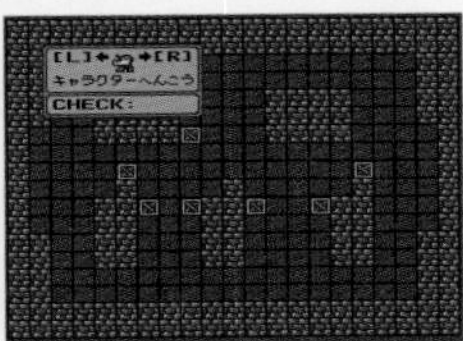

퍼즐 게임의 고전 『소코반』의 SFC판. 창고 안의 짐을 움직여서 정해진 장소로 가져가야 하는데, LIMIT라는 걸음 수 제한이 있어서 계속 실수해서는 안 된다. 스테이지가 진행될수록 어려워지고 스테이지 50에서는 짐이 15개나 된다. 플레이어가 직접 스테이지를 만들 수 있는 에디트 모드도 있다.

슈퍼 빅쿠리맨

● 발매일 / 1993년 1월 29일 ● 가격 / 7,800엔
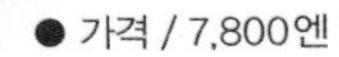
● 퍼블리셔 / 벡

애니메이션으로도 만들어진 초콜릿 과자의 경품 스티커 『빅쿠리맨』의 캐릭터로 싸우는 대전 격투 게임. 1P 모드에서는 천사군인 피닉스나 티키를 선택해 악마군과 싸운다. VS 모드에서는 데빌 제우스 등 6명의 악마군도 사용할 수 있다. 스토리 모드는 없다.

남콧 오픈

● 발매일 / 1993년 1월 29일 ● 가격 / 8,800엔
● 퍼블리셔 / 남코

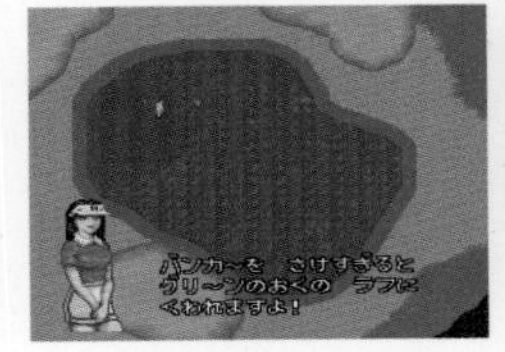
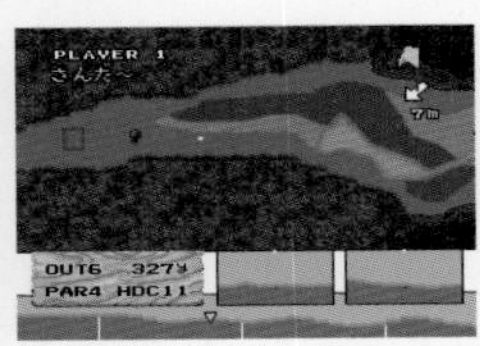

남코 오리지널인 FC판 골프 게임 『남코 클래식』을 업그레이드한 SFC판이다. 「라운드 플레이」 「투어 골프」 「연습」의 3가지 모드가 준비되어 있는데, 2D 화면에서 방향을 정하고 3D 화면에서 샷을 한다. 오리지널 캐릭터를 만들어 투어 모드에서 상금왕을 목표로 한다.

월드 클래스 럭비

● 발매일 / 1993년 1월 29일 ● 가격 / 7,900엔
● 퍼블리셔 / 미사와 엔터테인먼트

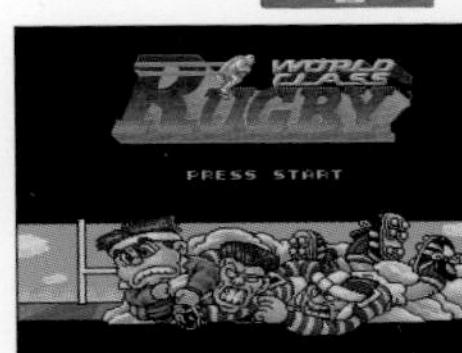

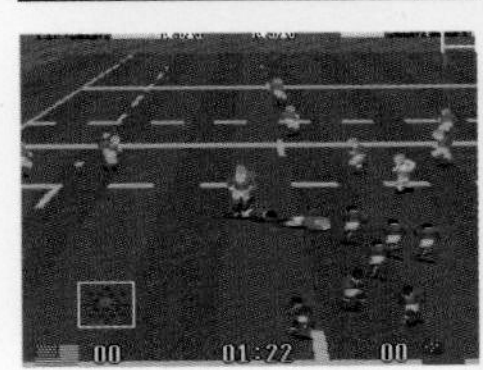

미국 PC에서 이식된 럭비 게임으로 비스듬히 위에서 내려다보는 3D 화면이다. 잉글랜드, 뉴질랜드 등 세계 16개국 중에서 선택한 팀을 조작하며 월드컵 우승을 목표로 한다. 그 밖에 리그전, 2P 대전 모드가 있다. 리플레이 기능이 있어서 게임 후에도 감상할 수 있다.

게게게의 키타로 부활! 천마대왕

● 발매일 / 1993년 2월 5일 ● 가격 / 8,800엔
● 퍼블리셔 / 반다이

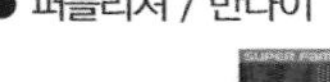

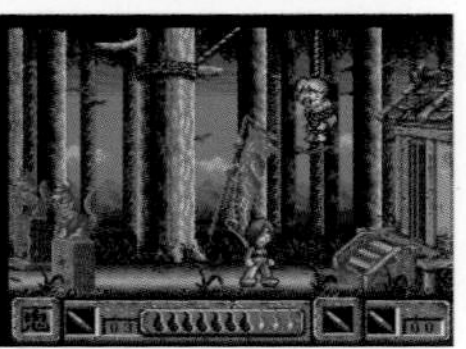

여러 번 애니화 된 요괴 만화 『게게게의 키타로』의 캐릭터가 등장하는 횡스크롤 액션 게임. 붙잡힌 '생쥐 인간'과 '애울음 영감' 등의 동료를 구하면서 '털 침'과 '리모컨 게다'로 적 요괴와 싸운다. 2인 동시 플레이에서는 합체 공격도 할 수 있다. 적은 꽤 강한 편이다.

프로 풋볼'93

● 발매일 / 1993년 2월 12일 ● 가격 / 8,900엔
● 퍼블리셔 / 일렉트로닉 아츠 빅터

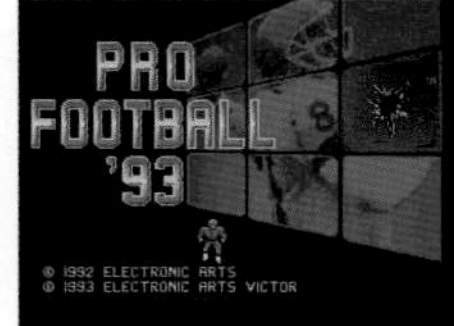

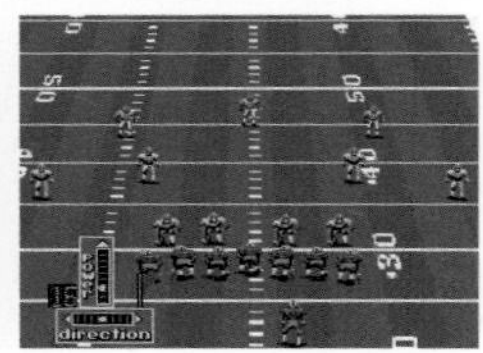

유명한 아메리칸 풋볼 해설자 존 매든이 감수한 『프로 풋볼』의 93년판. 3D 화면의 풋볼 게임이며 40개 팀, 5개의 모드로 플레이할 수 있다. 시합 형식 이외에도 날씨와 그라운드의 잔디 상태까지 디테일한 설정이 가능하다.

월리를 찾아라! 그림책 나라의 대모험

● 발매일 / 1993년 2월 19일 ● 가격 / 9,500엔
● 퍼블리셔 / 토미

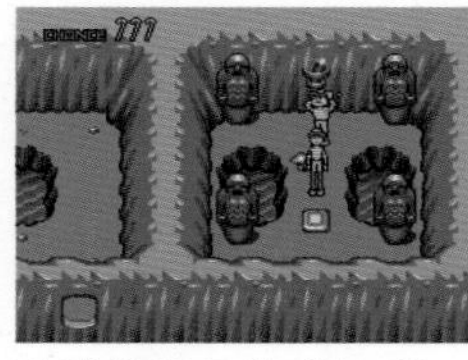

전 세계적으로 인기를 모은 그림책 『월리를 찾아라!』를 게임화 했다. 월리의 친위대인 주인공 믹이 월리와 다른 친위대 99인을 찾는다는 내용이다. 무대 설정은 다양하지만 어떤 식으로 플레이하더라도 월리의 세계관이 잘 반영된 그림들로 즐겁게 플레이할 수 있다.

키쿠니 마사히코의 작투사 도라왕

● 발매일 / 1993년 2월 19일 ● 가격 / 8,900엔
● 퍼블리셔 / POW

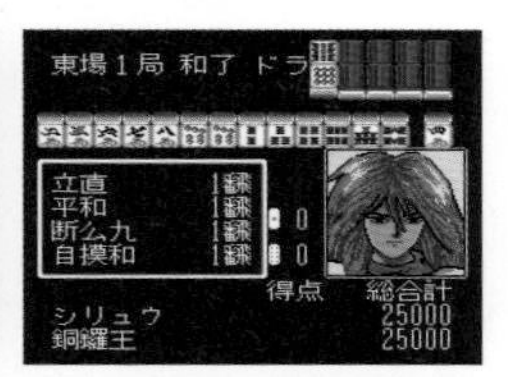

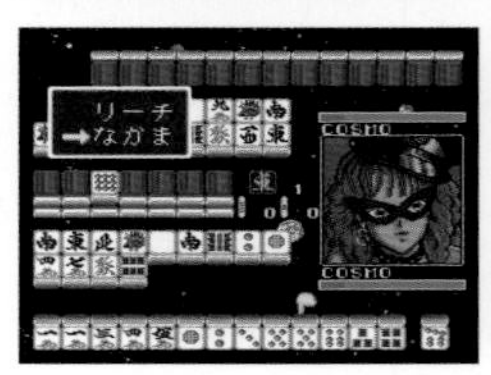

만화가 키쿠니 마사히코가 캐릭터 디자인을 담당한 마작 게임. 통상적인 대전형 마작 게임과는 다르게 스토리 모드가 메인이다. 패의(牌衣)라는 갑옷을 입은 주인공이 적을 격파해 나간다는 내용이다. 개그 요소와 만화 패러디가 많고, 조건에 따라 눈속임 기술도 쓸 수 있다.

강철의 기사

● 발매일 / 1993년 2월 19일 ● 가격 / 9,800엔
● 퍼블리셔 / 아스믹

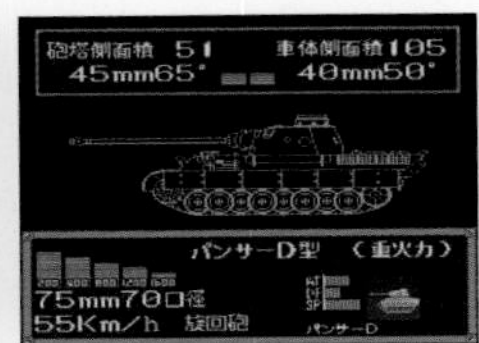

일본 PC판의 이식작. 제2차 세계대전의 유럽을 무대로 한 전차전 시뮬레이션 게임. 플레이어는 독일군 중대장이 되어서 10대의 전차대를 지휘하며 소련이 지배하는 도시를 공략하고 모스크바를 점령한다. 시나리오는 7개이고, 등장하는 전차는 역사적 사실에 기초했다.

도라에몽 노비타와 요정의 나라

● 발매일 / 1993년 2월 19일 ● 가격 / 8,000엔
● 퍼블리셔 / 에폭사

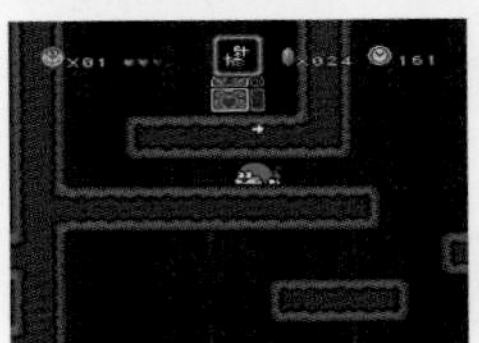

후지코 F 후지오 원작의 일본 국민 만화이자 애니메이션인 『도라에몽』을 소재로 한 액션 게임. 노비타 일행이 사는 마을 파트와 요정의 나라 파트가 있다. 마을에서 정보를 모으고 요정의 나라에 나타난 괴물과 싸우는데, 다양한 비밀 도구와 친숙한 캐릭터가 활약한다.

NBA 프로 바스켓볼 불즈 VS 레이커스

● 발매일 / 1993년 2월 26일 ● 가격 / 8,900엔
● 퍼블리셔 / 일렉트로닉 아츠 빅터

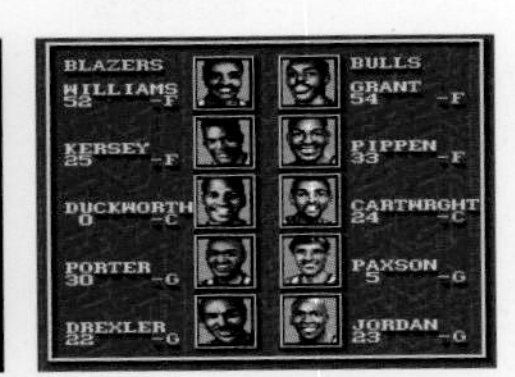

NBA가 공인해 총 18개 팀과 전 선수가 실명으로 등장하는 농구 게임. 통상적인 1인 플레이 이외에도 2P 대전 플레이, 2P와 협력해서 1개의 팀을 조작하는 모드가 있다. 마이클 조던 등 유명 선수도 자유롭게 조작할 수 있으며, 좋아하는 장면을 반복 재생하는 리플레이 기능도 있다.

F-1 GRAND PRIX PART II

● 발매일 / 1993년 2월 26일 ● 가격 / 9,800엔
● 퍼블리셔 / 비디오 시스템

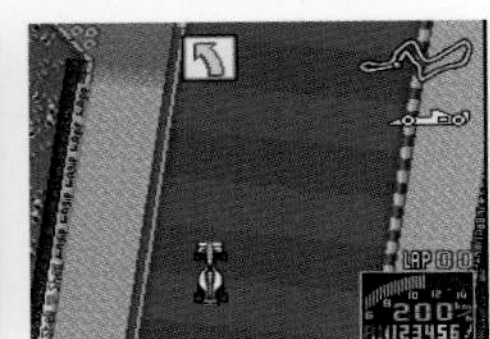

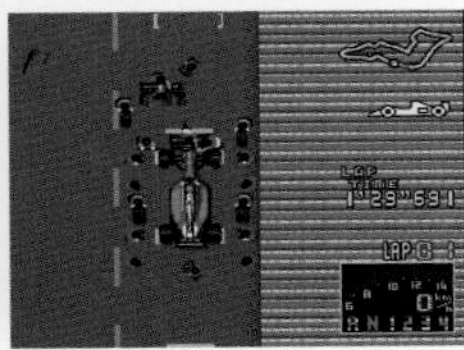

F1 단체인 FOCA 공인 『F-1 GRAND PRIX』 제2탄. 당시 실존하던 모든 머신, 모든 드라이버가 등장하는 레이싱 게임의 92년판이다. 박력 있는 탑뷰형 레이스 화면은 건재하고, 직접 팀을 만들어서 레이스에 참가할 수 있는 스토리 모드가 추가되었다.

오다 노부나가 패왕의 군단

● 발매일 / 1993년 2월 26일 ● 가격 / 9,500엔
● 퍼블리셔 / 엔젤

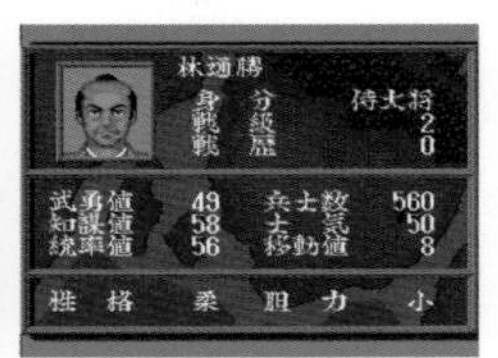
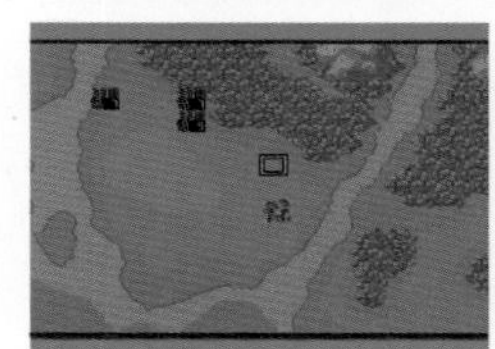

요코야마 미츠테루의 만화를 토대로 한 역사 시뮬레이션. 노부나가의 생애를 「첫 출진」부터 「혼노지의 변」까지 총 26장으로 나눠 재현했다. 노부나가가 사망하면 패배하게 되고, 플레이에 따라 노부나가를 살해한 아케치 미츠히데를 이길 수도 있다. 캐릭터 얼굴은 원작을 활용했다.

코스모 갱 더 퍼즐

● 발매일 / 1993년 2월 26일 ● 가격 / 7,900엔
● 퍼블리셔 / 남코

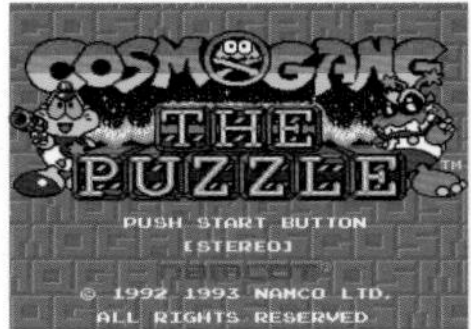

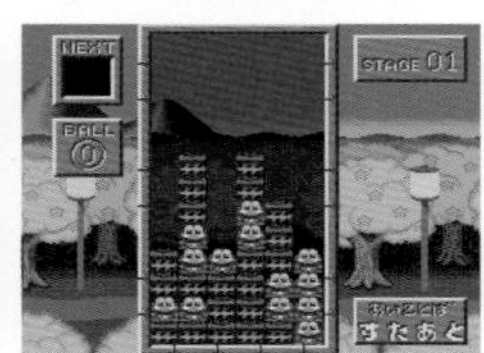

개구리를 닮은 남코의 캐릭터 「코스모」와 위에서 떨어지는 컨테이너를 모아서 지우는 퍼즐 게임. 컨테이너는 가로 일렬로 모으면 지울 수 있지만, 코스모는 가끔씩 떨어지는 파란 공에 닿아야 사라진다. 1인 모드, 2P 대전 모드, 100스테이지 모드가 있다.

사크

● 발매일 / 1993년 2월 26일 ● 가격 / 9,600엔
● 퍼블리셔 / 선 소프트

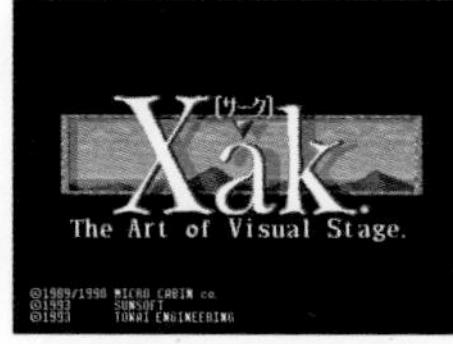

일본 PC에서 이식된 액션 RPG. 「바두」라는 괴물의 부활을 저지하기 위해, 전쟁의 신 「듀엘」의 후손인 소년이 적을 쓰러뜨리며 모험을 한다. 화면은 탑뷰로 건물의 그림자에 들어간 캐릭터는 반투명으로 처리되었다. 스토리는 정통파 판타지.

심 앤트

● 발매일 / 1993년 2월 26일 ● 가격 / 12,800엔
● 퍼블리셔 / 이머지니어

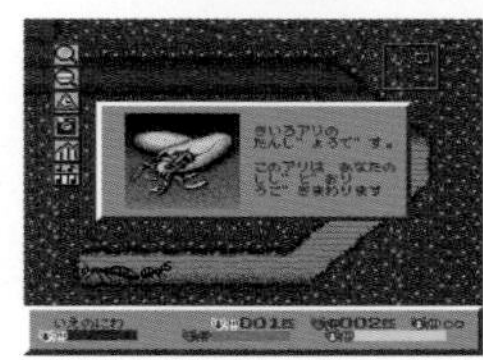
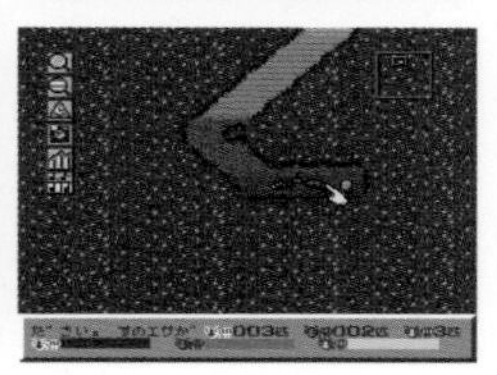

PC에서 인기를 모은 시뮬레이션 게임 『심』 시리즈 제3탄의 이식작. 검은 개미의 수를 늘려서 적으로 상정된 붉은 개미를 멸망시키는 것이 목적이다. 오리지널 모드와 함께, 플레이어가 적 개미에게 당하거나 사고(인간에게 밟히는 등)로 3번 죽으면 게임 오버가 되는 시나리오 모드가 있다.

바트의 신비한 꿈의 대모험

● 발매일 / 1993년 2월 26일 ● 가격 / 8,800엔
● 퍼블리셔 / 어클레임 재팬

미국 애니메이션『더 심슨』의「바트」가 주인공인 액션 게임. 바트의 꿈속 세계가 무대로 바람에 날아간 시험지를 찾는 것이 목적이다. 개그 애니메이션이라는 원작을 답습해 게임에도 이상한 캐릭터와 개그가 가득하다. 배경이 꿈속이므로 변신하거나 날아다니는 등 무엇이든 가능하다.

배틀 테크

● 발매일 / 1993년 2월 26일 ● 가격 / 9,800엔
● 퍼블리셔 / 빅터 엔터테인먼트

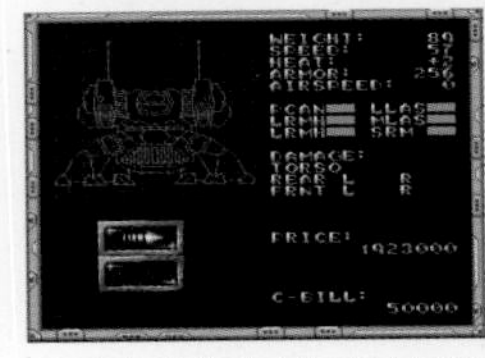

동명의 아케이드판 로봇 시뮬레이션의 SFC 이식작. 플레이어는「멕」이라는 이름의 이족보행 로봇에 탑승해서, 모든 방향에서 차례차례 공격해오는 적을 레이더로 찾아내어 제압한다. 아케이드판에는 없는 RPG적 요소가 추가되었고, 패배하면 군대의 신병처럼 괴롭힘을 당한다.

배트맨 리턴즈

● 발매일 / 1993년 2월 26일 ● 가격 / 8,800엔
● 퍼블리셔 / 코나미

동명 영화를 토대로 한 벨트 스크롤 액션 게임.「캣 우먼」「펭귄맨」 등 영화에 등장하는 적 캐릭터도 당연히 등장한다. 스테이지5에서는 유일하게 배트 모빌을 이용한 카 체이스를 즐길 수 있다. 영화처럼 어두운 하늘에 박쥐 마크가 비춰지는 오프닝이 멋지다.

리딩 컴퍼니

● 발매일 / 1993년 2월 26일 ● 가격 / 12,800엔
● 퍼블리셔 / 코에이

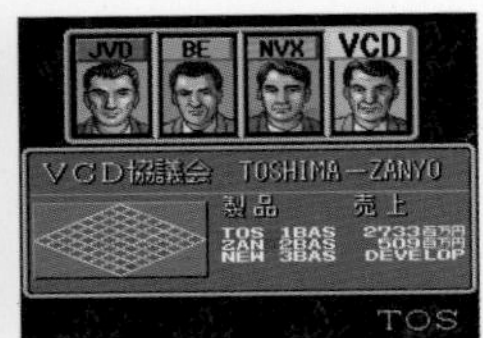

비디오 데크 업계를 모델로 한 회사 경영 시뮬레이션 게임. 플레이어는 다양한 기술 규격이 난립하는 비디오 업계의 회사 사장이 되어, 매출을 늘리고 브랜드 파워를 키우면서 자사의 규격으로 업계를 통일하는 것을 최종 목적으로 한다. 상품은 전부 6개까지 소유할 수 있다.

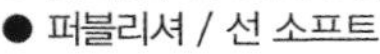

알버트 오디세이

● 발매일 / 1993년 3월 5일 ● 가격 / 9,600엔
● 퍼블리셔 / 선 소프트

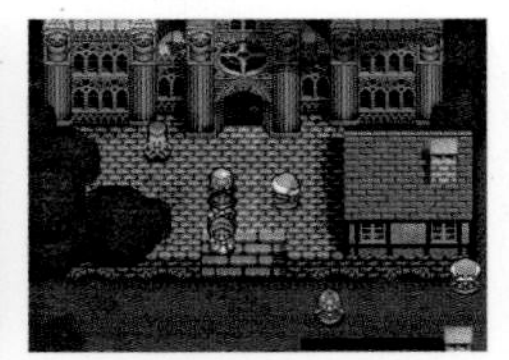

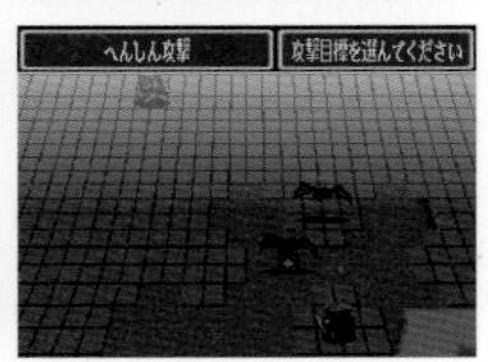

시뮬레이션 RPG. 왕족의 후예인 소년 「알버트」가 아버지를 대신해 세계 정복을 노리는 마술사를 쓰러뜨리기 위해 여행을 떠난다. 친구이자 견습 승려인 노이만, 마법의 힘을 가진 소녀 세피아가 동행한다. 전투에서는 지형 효과 등도 고려해야 한다.

엑조스트 히트 F1 드라이버로 가는 길

● 발매일 / 1993년 3월 5일 ● 가격 / 9,800엔
● 퍼블리셔 / 세타

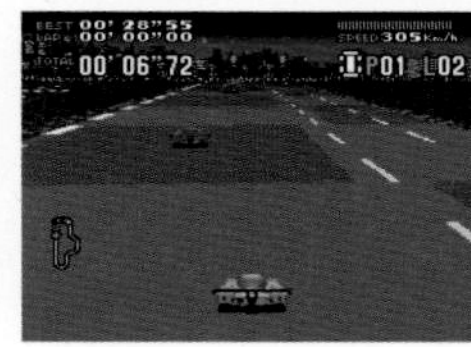

전작을 버전업 한 제2탄. F1 단체 FOCA가 공인해 팀과 드라이버의 이름이 실명으로 등장한다. 획득한 상금으로 머신을 강화하고 레이스 우승을 목표로 한다. 본 작품은 특수 칩을 탑재해서 스피드감이 향상되었고 머신의 수도 늘었다.

이하토보 이야기

● 발매일 / 1993년 3월 5일 ● 가격 / 9,700엔
● 퍼블리셔 / 헥터

작가 미야자와 겐지가 그려낸 가상의 이상향, 이하토보가 무대. 플레이어는 이야기 세계를 여행하면서 아이템 「잃어버린 7권의 수첩」을 모은다. RPG를 표방하지만 적과의 전투는 없고 어드벤처 색채가 강하다. 작가 겐지를 만나는 것이 게임의 최종 목적이다.

죠죠의 기묘한 모험

● 발매일 / 1993년 3월 5일 ● 가격 / 9,500엔
● 퍼블리셔 / 코브라 팀

아라키 히로히코의 동명 만화 제3부 「스타더스트 크루세이더즈」를 토대로 한 RPG. 이 작품 최초로 단독 게임화 되었다. 흡혈귀 DIO와 싸우는 '스탠드(스타 플라티나)'의 사용자 쿠죠 죠타로가 주인공이다. 바이오리듬과 스트레스 등 다른 RPG에는 없는 특이한 시스템도 존재한다.

슈퍼 킥복싱

● 발매일 / 1993년 3월 5일 ● 가격 / 8,800엔
● 퍼블리셔 / 일렉트로 브레인 재팬

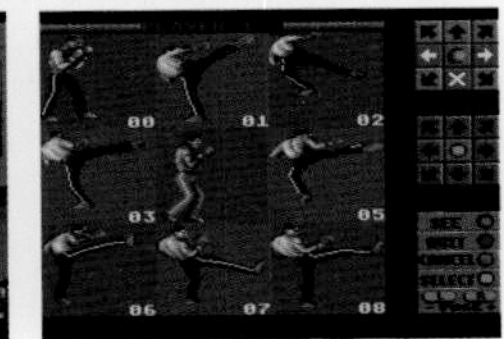

해외 게임의 이식작으로 영어로 진행되는 사이드뷰 킥복싱 게임. 무술인 스타일의 도복을 입은 외국인 선수를 사용해서 싸운다. 오리지널 선수를 만들어 트레이닝과 시합으로 능력치를 올리고 최종적으로 월드 챔피언이 되는 것이 목적이다.

데빌즈 코스

● 발매일 / 1993년 3월 5일 ● 가격 / 9,800엔
● 퍼블리셔 / T&E 소프트

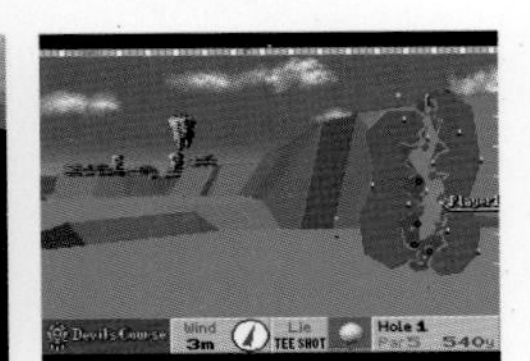
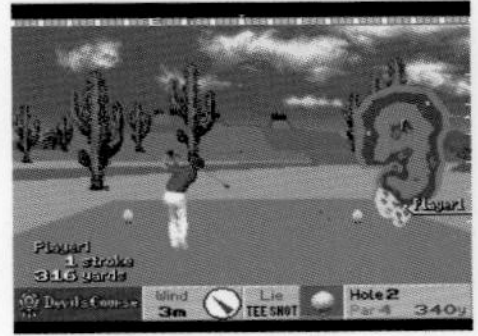

『아득한 오거스타』 등과 같이 폴리곤 시스템을 사용한 골프 게임. 하늘에 바위가 떠 있어서 공이 부딪치면 코스가 바뀐다거나, 무수한 기둥이 세워져 있다거나, 산 아래에 그린이 있는 등 기상천외한 가상의 코스를 공략해 나간다.

METAL MAX2

● 발매일 / 1993년 3월 5일 ● 가격 / 9,500엔
● 퍼블리셔 / 데이터 이스트

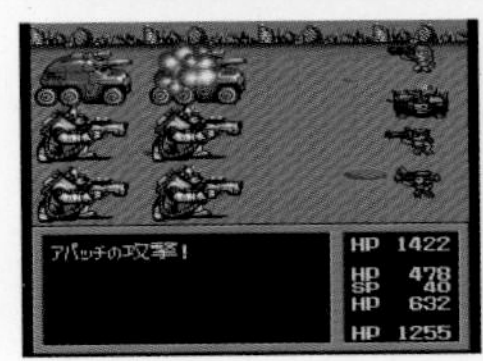

근미래가 무대인 RPG. 흉악 조직 「그래플러」에게 양친을 잃은 주인공이 세계 최강의 몬스터 헌터를 목표로 동료인 메카닉, 여기사, 전투견과 전차에 타서 싸움을 벌인다. 벌어들인 상금으로 전차의 엔진과 무기를 사서 개조하고 파워업을 한다.

모노폴리

● 발매일 / 1993년 3월 5일 ● 가격 / 9,700엔
● 퍼블리셔 / 토미

전 세계에서 플레이되고 있는 보드게임의 SFC판. 1인 플레이에서는 모노폴리 맨션의 방을 돌며 주민과 대전한다. 게임 규칙은 보드게임과 동일하며, 주사위를 던져서 멈춘 장소의 토지와 회사 등을 사서 재산을 늘려 나간다.

EDONO 키바

● 발매일 / 1993년 3월 12일 ● 가격 / 8,900엔
● 퍼블리셔 / 마이크로 월드

근미래 일본의 가상 도시 EDO를 무대로 한 횡스크롤 액션 게임. 플레이어는 특수부대 에도노키바대의 일원이 되어서 파워 슈트를 입고 갑옷 무사와 비슷한 그래픽의 적들과 사투를 벌인다. 고속 이동이나 하늘을 날 수 있는 스테이지도 있다.

캘리포니아 게임즈 II

● 발매일 / 1993년 3월 12일 ● 가격 / 8,800엔
● 퍼블리셔 / 헥터

미국 태평양 연안을 무대로 인기 있는 육해공 스포츠를 즐긴다. 플레이할 수 있는 스포츠는 「스케이트 보드」「제트 서핑」「보디 보딩」「헹글라이딩」「스노우 보딩」이다. 1인 플레이 외에도 최대 8명까지 플레이할 수 있으며 연습 모드도 있다.

슈퍼 패미스타2

● 발매일 / 1993년 3월 12일 ● 가격 / 7,900엔
● 퍼블리셔 / 남코

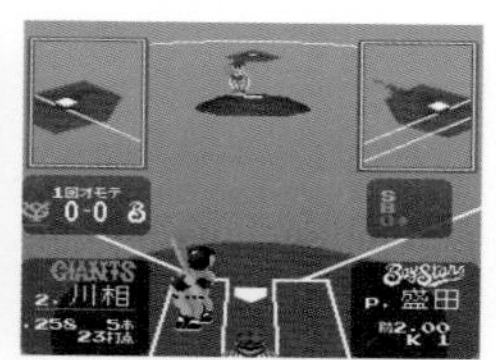
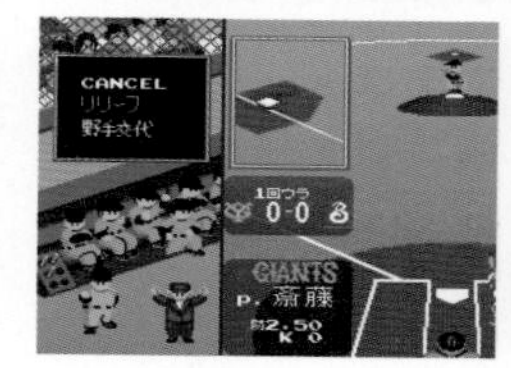

일본에서 가장 유명한 야구 게임 시리즈. NPB 공인으로 센트럴 · 퍼시픽리그의 구단과 선수가 실명으로 등장하는데, 선수 이름이 한자로 표기되어 읽기 쉽다. 퍼시픽리그는 지명타자 제도를 도입했으며 공식전 외에 「올스타」, 「드래프트」, 직접 선수를 만들 수 있는 「내가 히어로!」가 준비되어 있다.

2020 슈퍼 베이스볼

● 발매일 / 1993년 3월 12일 ● 가격 / 8,900엔
● 퍼블리셔 / 케이 어뮤즈먼트리스

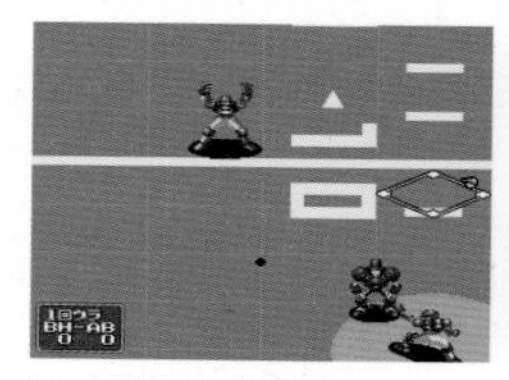

근미래를 무대로 한 SF적 요소가 강한 야구 게임으로 네오지오 이식작이다. 선수는 격투기나 아메리칸 풋볼과 같은 강화 아머를 장착하고 있는데 맨몸으로는 할 수 없는 플레이가 포인트다. 플레이를 하면 상금을 받을 수 있고 그 상금으로 아머를 강화할 수 있다.

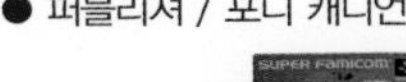

정글 워즈2
고대 마법 아티모스의 비밀

● 발매일 / 1993년 3월 19일 ● 가격 / 9,500엔
● 퍼블리셔 / 포니 캐니언

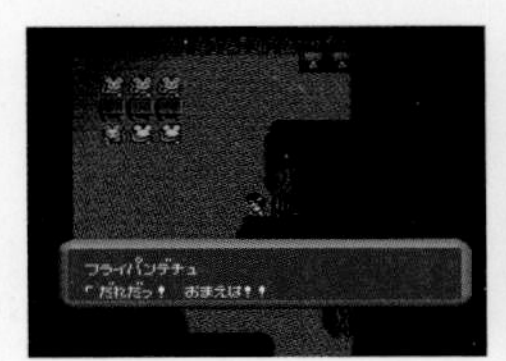

GB로 발매된 RPG의 속편. 정글의 평화를 지키려는 소년이 마법사 소녀들과 함께 고대 비보의 힘을 얻게 되고, 세계 정복을 노리는 「우르우르국」과 싸운다는 스토리다. 본편과 관계없는 「옥션」이나 「정글 철도」 등의 서브 이벤트가 다수 등장한다.

초마계대전! 도라보짱

● 발매일 / 1993년 3월 19일 ● 가격 / 8,800엔
● 퍼블리셔 / 나그자트

마계의 나라 드라키라야의 왕자 도라보짱이 주인공인 액션 RPG. 도라보짱은 우호국 밤파렐라의 공주 카밀라와 함께 적국인 오오와루사와 싸운다. 귀여운 3등신 캐릭터가 모자와 망토를 사용해 공격하는데, 간단한 조작법으로 아이들도 즐길 수 있다.

나이젤 만셀 F1 챌린지

● 발매일 / 1993년 3월 19일 ● 가격 / 8,800엔
● 퍼블리셔 / 인포컴

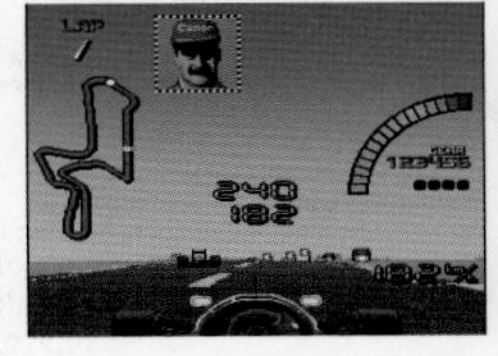
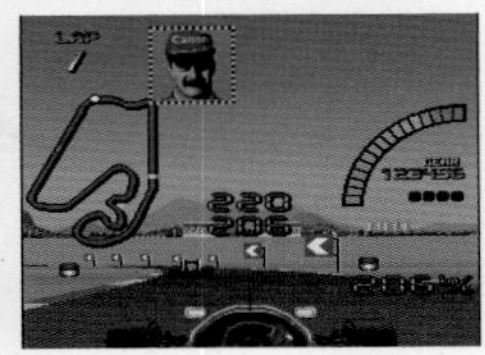

대담한 드라이빙으로 인기를 모은 92년 F1 챔피언 나이젤 만셀이 감수했다. F1 드라이버가 실명으로 등장하는 레이싱 게임으로 화면은 드라이버 시점이다. 연습 모드에서는 만셀의 머신이 앞장서서 코스 공략법을 가르쳐준다.

바이오 메탈

● 발매일 / 1993년 3월 19일 ● 가격 / 8,980엔
● 퍼블리셔 / 아테나

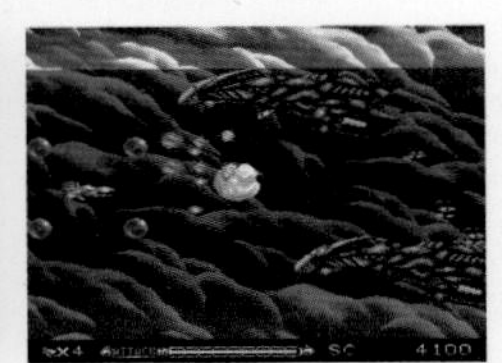
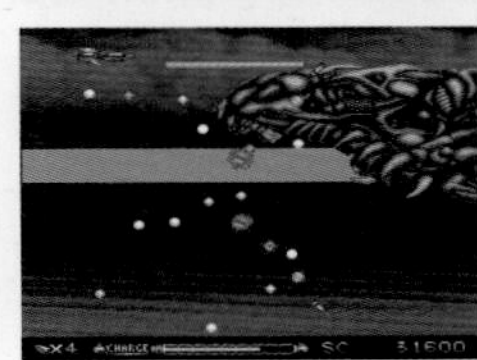
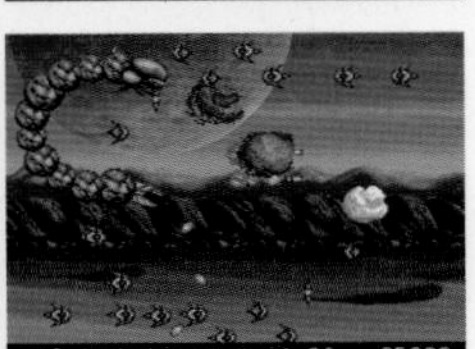

근미래형 디자인의 전투기에 탑승해서 유기적인 디자인의 반기계(半機械) 반수(半獸)인 바이오 메탈을 격퇴하는 횡스크롤 슈팅 게임. 통상 공격인 샷과 미사일 이외에도 플레이어 기체의 주변을 빙글빙글 도는 4개의 푸른 구슬을 공격과 방어에 사용할 수 있다는 것이 특징이다.

USA 아이스하키

● 발매일 / 1993년 3월 19일 ● 가격 / 9,000엔
● 퍼블리셔 / 자레코

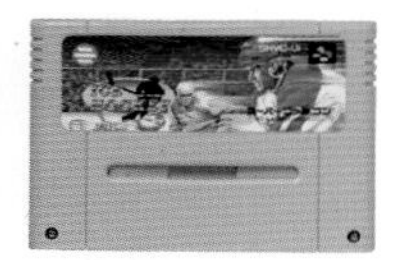

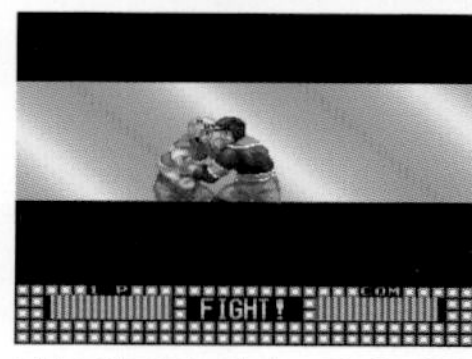

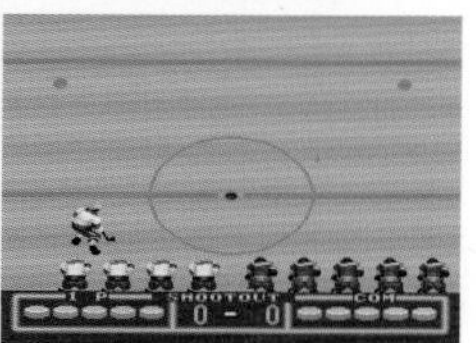

탑뷰 화면의 아이스하키 게임. 대 CPU전 이외에도 레귤러 시즌, 슈퍼컵 모드가 있다. 실제 경기처럼 오프사이드 등의 반칙도 있고, 악질적인 파울을 하면 난투 모드로 발전하기도 한다. 얼음 위를 미끄러지는 느낌을 멋지게 재현했다.

슈퍼 푸른 늑대와 하얀 암사슴 원조비사

● 발매일 / 1993년 3월 25일 ● 가격 / 11,800엔
● 퍼블리셔 / 코에이

칭기즈칸 등의 영웅이 활약하는 역사 시뮬레이션 『푸른 늑대와 하얀 암사슴』 제3탄을 이식했다. 시나리오는 「몽골 고원의 통일」 「징기스칸의 웅비」 등 4가지가 준비되어 있다. 광대한 대륙을 통일하는 데는 장시간이 소요되므로, 오르도의 왕비에게 사랑을 속삭여서 후계자를 만들어야 한다.

슈퍼 와갼랜드2

● 발매일 / 1993년 3월 25일 ● 가격 / 8,300엔
● 퍼블리셔 / 남코

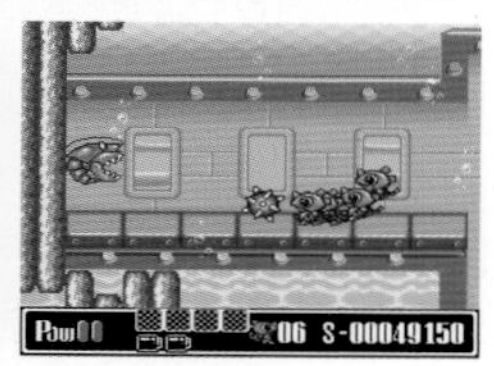

귀엽게 변형된 공룡 캐릭터 와갼을 주인공으로 한 횡스크롤 액션 게임. 상대에게 목소리 공격을 해서 기절시키는 시스템은 여전하지만 캐릭터가 전작보다 귀여워졌다. 전체적으로 포근한 느낌이라 아이들도 쉽게 플레이할 수 있다. 보스전의 미니 게임은 종류가 늘었고 2P 대전도 가능하다.

인터내셔널 테니스 투어

● 발매일 / 1993년 3월 26일 ● 가격 / 8,900엔
● 퍼블리셔 / 마이크로 월드

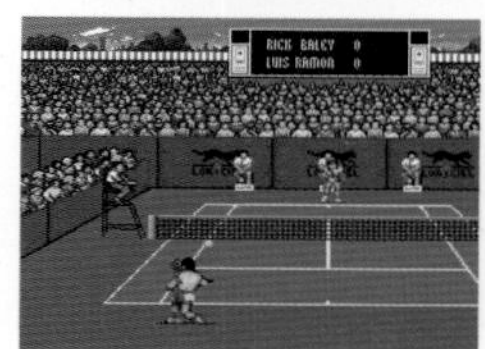

2P 대전 플레이가 가능한 본격 테니스 게임. 컨트롤러의 6개 버튼에 다양한 구종이 배분되어서, 십자키와 조합하면 각종 샷을 구분해서 칠 수 있다. 토너먼트, 국제 컵, 챔피언십 등 5개의 모드가 존재한다.

울트라 세븐

● 발매일 / 1993년 3월 26일 ● 가격 / 8,800엔
● 퍼블리셔 / 반다이

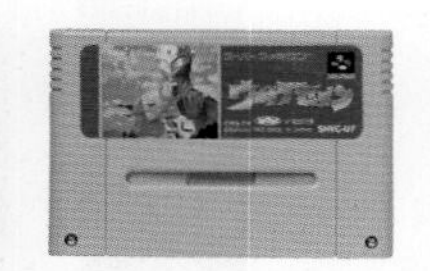

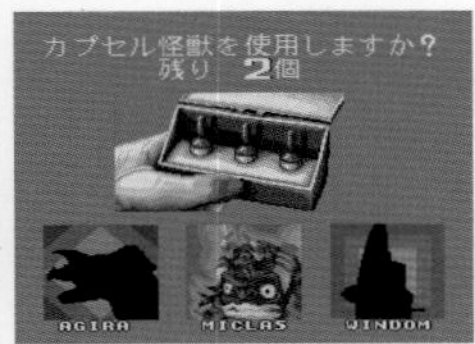

동명의 특촬 히어로 방송에 나오는 캐릭터를 활용한 대전 격투 게임. 스토리 모드와 대전 모드가 있다. 대전 모드에서는 울트라 세븐과 괴수 이외에도 캡슐 괴수 윈덤 등을 쓸 수 있다. 등장하는 괴수로는 엘레킹, 메트론 성인, 킹 죠 등이 있다.

더 심리 게임 악마의 코코로지

● 발매일 / 1993년 3월 26일 ● 가격 / 9,800엔
● 퍼블리셔 / 위젯

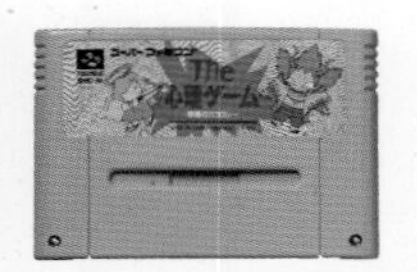

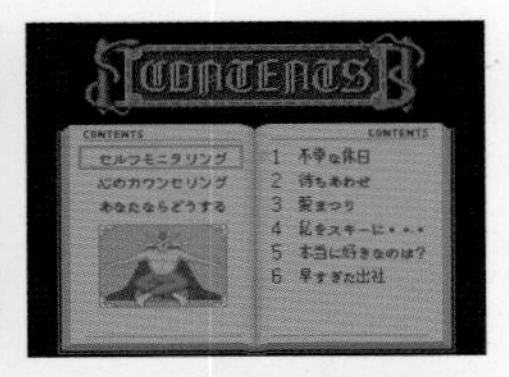

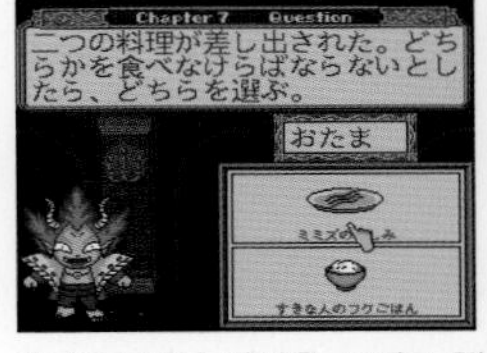

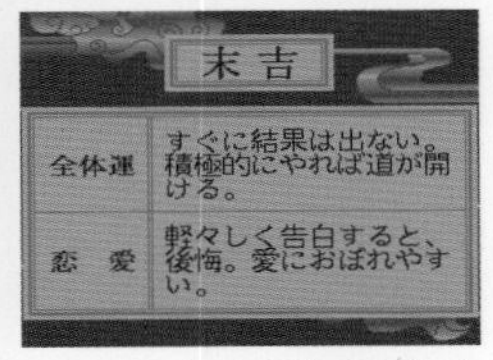

친숙한 심리 게임을 소재로 했으며 몇 가지 간단한 질문에 답하면 숨겨진 심리를 알 수 있다. 두 명이 플레이해서 상성을 진단하거나 짝사랑 체크를 할 수 있고 제비뽑기로 운세를 점칠 수도 있다. 다인 플레이에도 대응한다.

더 그레이트 배틀 III

● 발매일 / 1993년 3월 26일 ● 가격 / 8,700엔
● 퍼블리셔 / 반프레스토

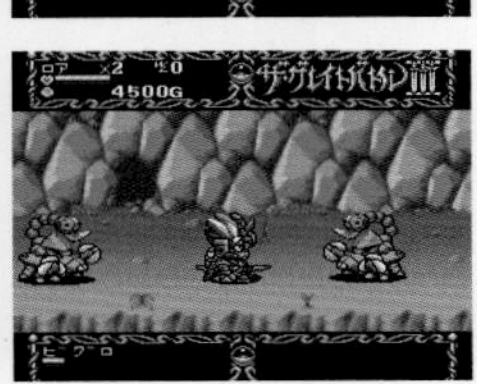

SD 캐릭터인 울트라맨 그레이트, 건담 F-91, 가면라이더 블랙 RX 등이 검과 마법의 판타지 세계에서 싸우는 횡스크롤 액션 게임. 히어로들도 무기와 도구를 장비해서 싸우는데, 마법을 쓸 수 있고 돈을 모아서 아이템도 살 수 있다. 2P 대전 모드도 있다.

버터라 대 스모 입신출세편

● 발매일 / 1993년 3월 26일 ● 가격 / 9,000엔
● 퍼블리셔 / 테크모

FC판의 이식작. 자유의 여신상 머리 위인 「마천루 여신장소」와 하와이의 모래사장인 「늘여름 남양장소」 등, 특이한 경기장을 선택할 수 있다. 필살기로 상대를 날려버릴 수 있고, 패배하면 높게 점프해서 캐릭터가 화면에서 사라지는 등 개그 요소가 강한 스모 게임이다.

데저트 스트라이크 걸프 작전

● 발매일 / 1993년 3월 26일 ● 가격 / 8,900엔
● 퍼블리셔 / 일렉트로닉 아츠 빅터

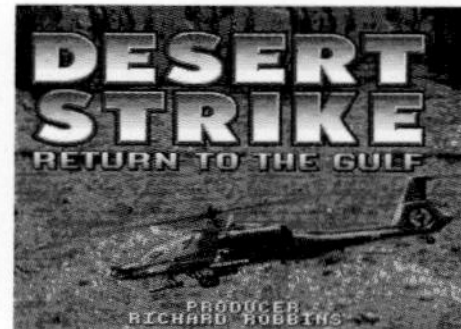

걸프전쟁을 무대로 한 슈팅 게임. 플레이어는 전투 헬기 아파치를 조종해서 레이더 기지와 발전소를 파괴하거나 전투 지령소를 습격한다. 최종 목표는 테러리스트의 리더 킬바바 장군을 쓰러뜨리는 것이다.

데드 댄스

● 발매일 / 1993년 3월 26일 ● 가격 / 9,700엔
● 퍼블리셔 / 자레코

유형이 다른 4명의 파이터(가라데 비슷한 격투기를 쓰는 일본인 청년, 흑인 청년, 수리검을 가진 닌자 타입의 일본인 여성, 프로레슬러인 백인 남성) 중에서 한 명을 선택해 싸우는 대전 격투 게임. 스토리 모드, 1P vs 2P 모드, VS CPU의 3가지 모드가 있다.

노이기어 ~바다와 바람의 고동~

● 발매일 / 1993년 3월 26일 ● 가격 / 9,800엔
● 퍼블리셔 / 울프팀

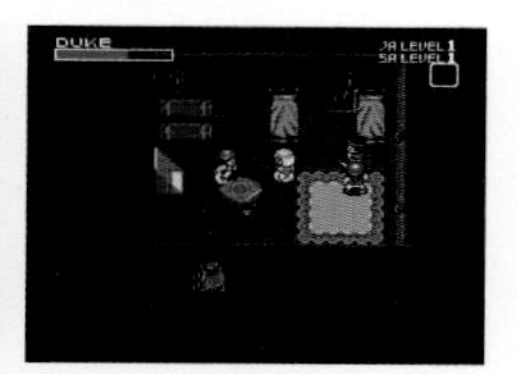
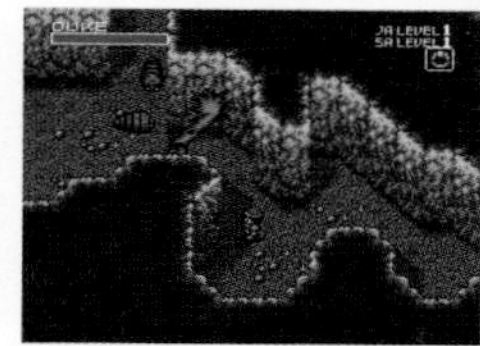

고향인 노이기어령(領)으로 돌아가는 길에 바다에서 사건에 휘말린 영주의 아들이 주인공인 액션 RPG. 아래층에서 위층으로 점프해서 선내를 이동하고, 후크가 달린 체인을 활용해 적과 물건에 걸거나 공간 너머로 이동하기도 한다.

파워 몽거 ~마장의 모략~

● 발매일 / 1993년 3월 26일 ● 가격 / 12,800엔
● 퍼블리셔 / 이머지니어

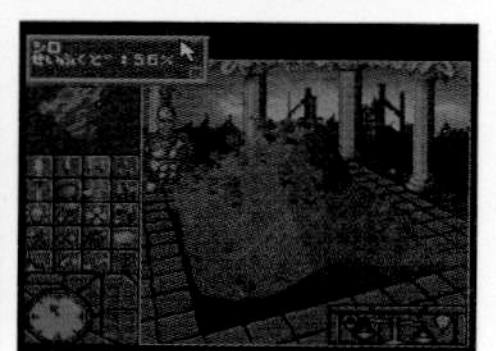

PC게임의 이식작으로 『포퓰러스』와 동일한 제작자의 리얼타임 시뮬레이션 게임이다. 플레이어는 중세 유럽풍의 세계를 정복하기 위해 검과 활 같은 무기를 써서 다른 라이벌들을 쓰러뜨려 나간다. 원래 PC게임이었던 만큼 마우스를 쓰면 플레이가 쾌적하다.

블루스 브라더스

● 발매일 / 1993년 3월 26일 ● 가격 / 7,800엔
● 퍼블리셔 / 캡콤

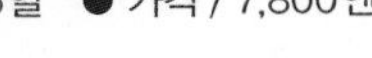

인기 절정의 시점에 사망한 유명 코미디언 존 · 벨시의 동명 코미디 영화를 소재로 한 횡스크롤 액션 게임. 영화 속 모습과 같은 들쭉날쭉(요철) 콤비가 함정을 피하며 스테이지를 진행한다. 레코드를 던져서 공격하는 등 1P와 2P의 협력 플레이가 가능하다.

Pop'n 트윈비

● 발매일 / 1993년 3월 26일 ● 가격 / 8,900엔
● 퍼블리셔 / 코나미

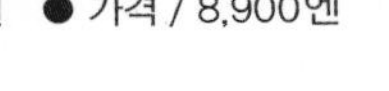

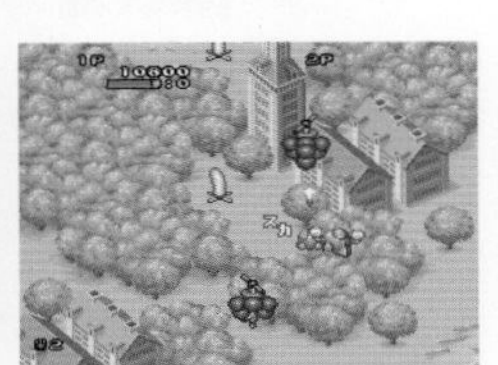

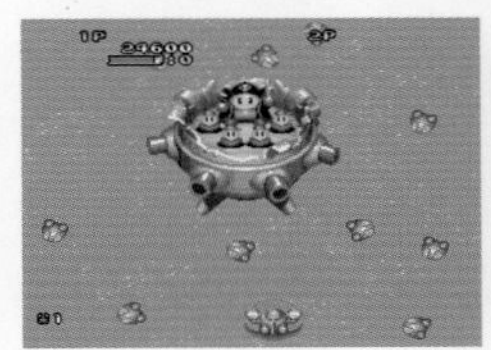

『트윈비』 시리즈의 SFC판이며 오리지널 작품이다. 화면에 떠 있는 구름을 쏘면 파워업 아이템인 종이 튀어 나오는데, 종을 계속 공격하면 색이 바뀌고 효과도 바뀐다. 꼬마 분신, 펀치, 투척 공격 등이 추가되었으며 2P 동시 플레이가 가능하다.

에어 매니지먼트 II 항공왕을 노려라

● 발매일 / 1993년 4월 2일 ● 가격 / 12,800엔
● 퍼블리셔 / 코에이

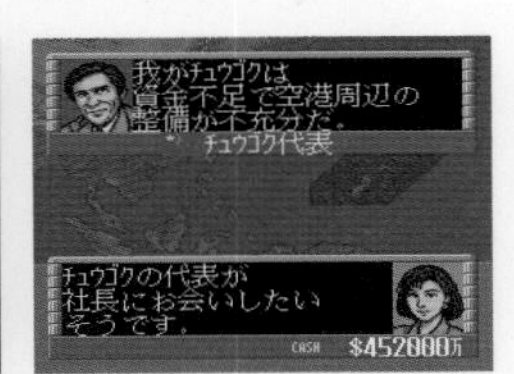

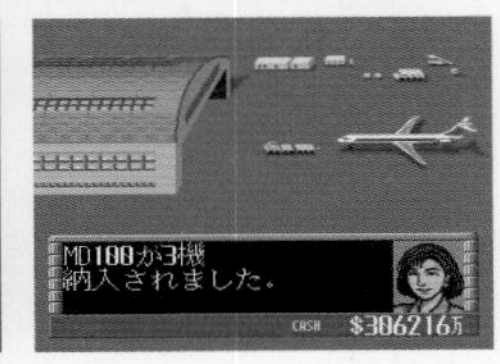

항공 회사 경영 시뮬레이션 제2탄. 항로를 설치하는 도시의 수가 전작의 4배로 대폭 늘었고 시나리오도 4개가 되었다. 7개 지역(아시아, 중동, 유럽, 아프리카, 북아메리카, 남아메리카, 남태평양)에서 점유율 No.1을 목표로 한다. 이후에 PC와 MD에도 이식되었다.

캡틴 츠바사IV 프로의 라이벌들

● 발매일 / 1993년 4월 3일 ● 가격 / 9,700엔
● 퍼블리셔 / 테크모

프로 선수가 된 주인공 오오조라 츠바사가 브라질의 상파울루 FC에 입단한다. 세계의 강호를 상대로 활약하는 오리지널 스토리이며, 시합 결과에 따라 엔딩이 바뀌는 멀티 시나리오 형식을 채택했다. 날씨 요소가 추가되었고 오리지널 캐릭터도 만들 수 있다.

브레스 오브 파이어 용의 전사

● 발매일 / 1993년 4월 3일 ● 가격 / 9,800엔
● 퍼블리셔 / 캡콤

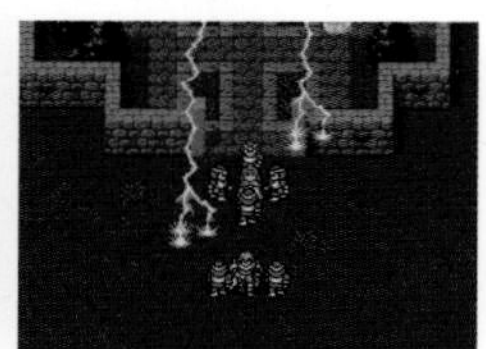

세계 정복을 노리는 흑룡족을 물리치고 세계를 지키기 위해, 또한 납치당한 누나를 찾기 위해 백룡족 소년 류가 여행을 떠난다는 RPG. 여행 도중에 만나는 특수 능력을 가진 종족 7인과 힘을 합쳐 갖가지 고난을 헤쳐 나간다.

태합입지전

● 발매일 / 1993년 4월 7일 ● 가격 / 11,800엔
● 퍼블리셔 / 코에이

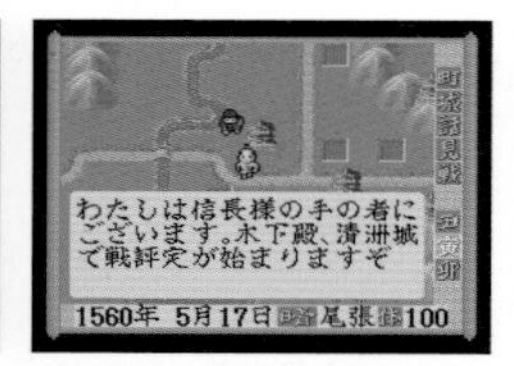

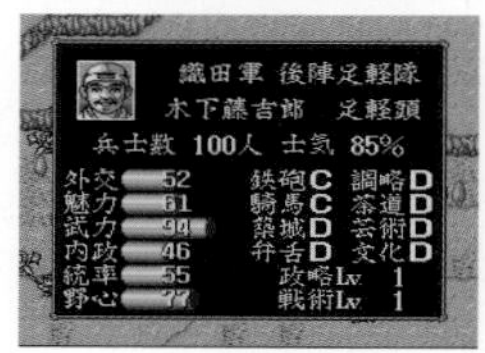

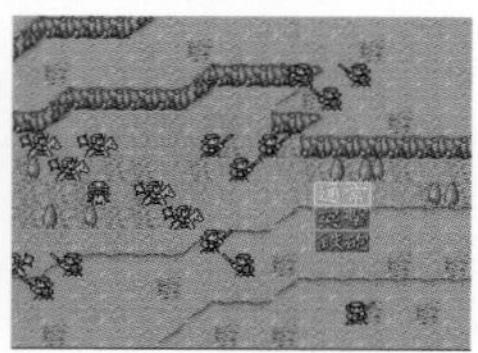

오다 노부나가 군대의 하급 무사인 키노시타 토키치로를 관백 토요토미 히데요시로 출세시키는 것이 목적인 시뮬레이션 게임. 초반에는 노부나가의 명령을 완수하면 신분이 상승하지만 실패하면 목을 베이게 된다. 역사와 달리 노부나가에게 모반을 일으킬 수 있을 정도로 자유도가 높다.

액션 파치오

● 발매일 / 1993년 4월 9일 ● 가격 / 9,500엔
● 퍼블리셔 / 코코너츠 재팬 엔터테인먼트

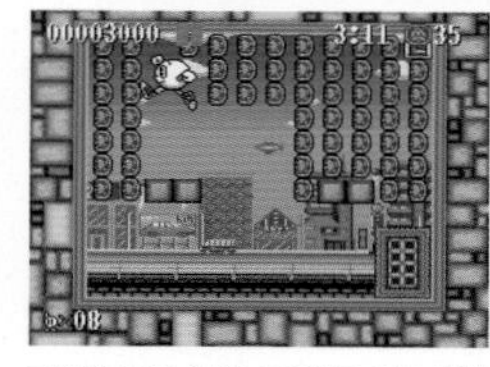
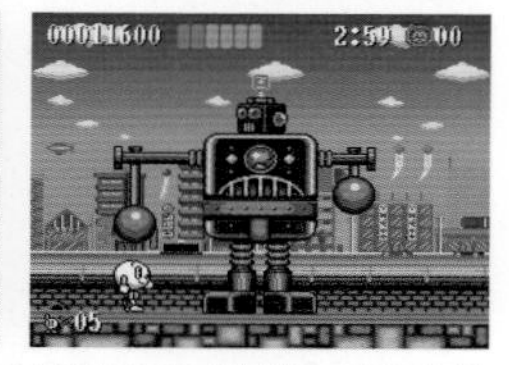

파친코 구슬을 모델로 한 파치오군이 주인공인 횡스크롤 액션 게임. 납치당한 인질을 구하기 위해 모험에 나선다. 파치오군은 파친코 구슬에 팔다리가 달린 캐릭터라는 설정상, 둥글게 변해서 고속 이동을 하거나 회전해 부딪쳐서 공격한다. 코인을 모으면 1UP 한다.

The 마작 투패전

● 발매일 / 1993년 4월 16일 ● 가격 / 8,900엔
● 퍼블리셔 / 비디오 시스템

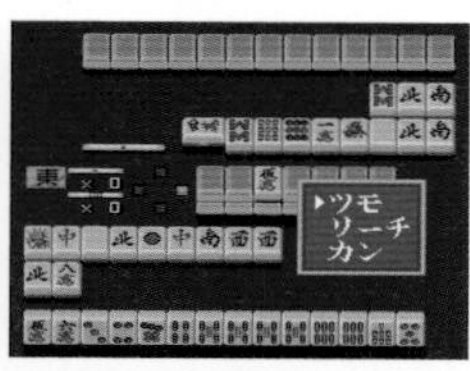

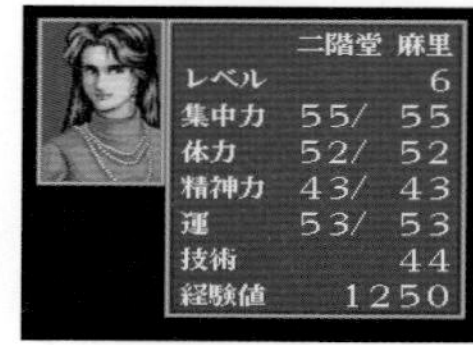

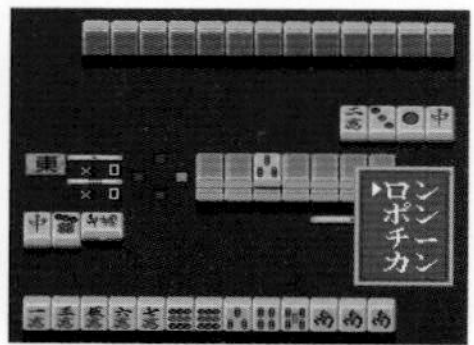

보스 캐릭터를 쓰러뜨리는 것이 목적인 「투패왕」 모드가 메인인 2인 마작 게임. 아이템을 입수하면 패 조절 등의 속임수 기술과 필살기를 사용할 수 있다. 그 밖에도 상대를 골라서 대전하는 「프리 대국」과 「실전 마작」, 통상 규칙이 적용되는 「마작 대회」 모드가 있다.

듀얼 오브 성령주 전설

● 발매일 / 1993년 4월 16일 ● 가격 / 9,700엔
● 퍼블리셔 / 아이맥스

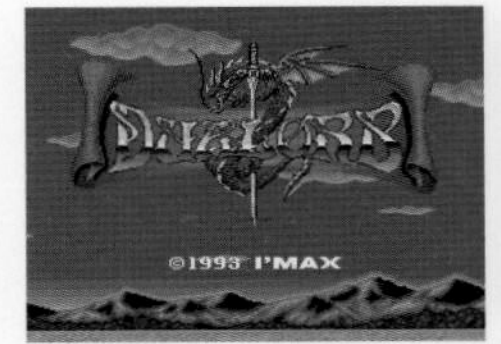

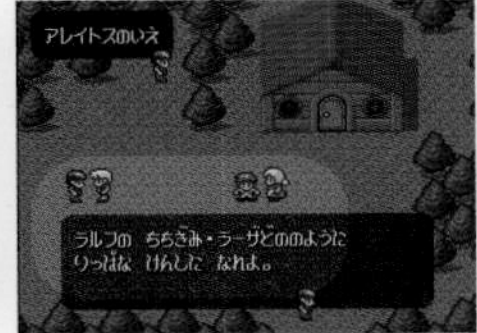

신성한 드래곤 라제스에게 사악의 근원인 판제를 봉인하라는 사명을 받은 소년 랄프가 주인공인 RPG. 무대는 중세 유럽풍의 판타지 세계이다. 여행 중에 같은 선택을 받은 테오, 지저 세계의 소녀 리즈 일행과 동료가 되면서 함께 싸운다.

분노의 요새

● 발매일 / 1993년 4월 23일 ●가격 / 8,700엔
● 퍼블리셔 / 자레코

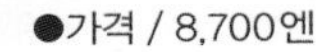

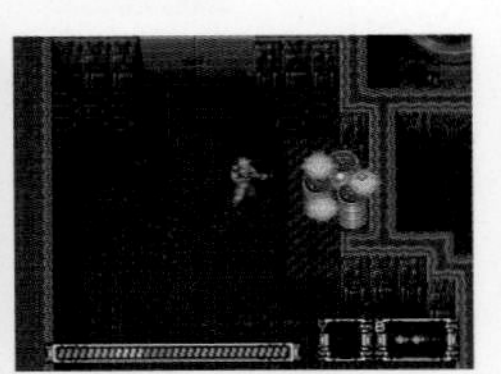
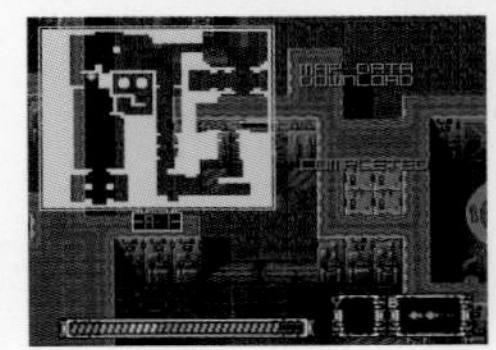
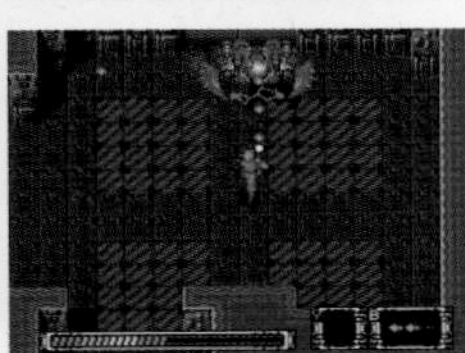

탑뷰형 액션 슈팅 게임으로 GB에서 이식되었다. 주인공은 머신 건, 화염방사기, 레이저 등의 무기를 쓰며 요새 안을 나아가는데, 지뢰와 디코이 등도 사용할 수 있다. 적은 아공간(亞空間) 생물이며 게임의 최종 목적은 「물질 전송장치」를 파괴하는 것이다.

엘나드

● 발매일 / 1993년 4월 23일 ●가격 / 9,600엔
● 퍼블리셔 / 게임플랜21

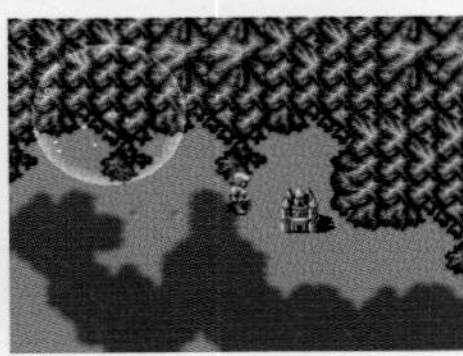

지도자 시더의 일곱 제자(인간, 에일리언, 드워프, 엘프, 데몬, 로봇) 중 한 명이 되어 「7개의 아크」를 찾는다는 내용의 RPG이다. 적과 마을의 위치를 알 수 있는 레이더 역할을 하는 크리스탈을 쓸 수 있다. 타이틀 엘나드는 혹성의 이름이다.

슈퍼 배틀 탱크

● 발매일 / 1993년 4월 23일 ● 가격 / 7,800엔
●퍼블리셔 / 팩 인 비디오

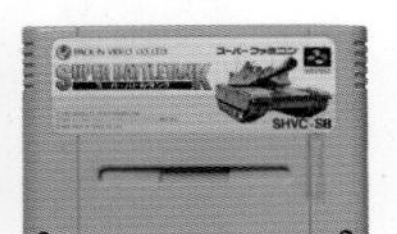

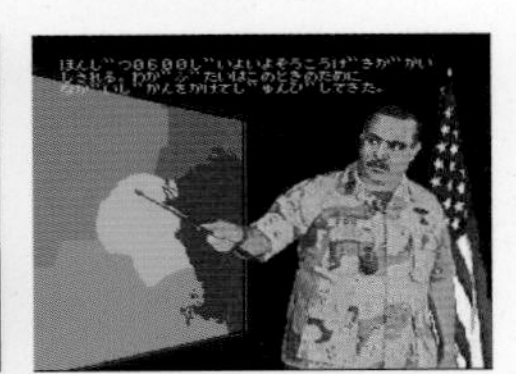

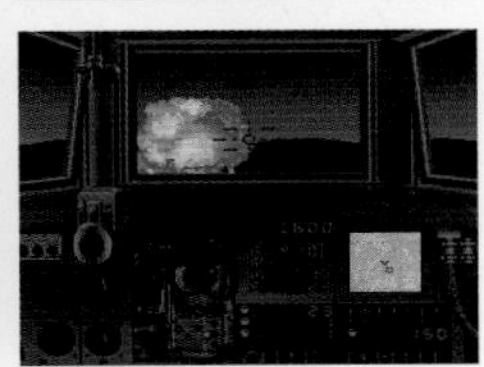

미군이 개발한 실존 전차 「M1 에이브럼스」의 조종사가 되어 적을 제압하는 3D 슈팅 게임. 화면은 전차 콕핏 시점이다. 걸프전을 무대로 했으며, 최종 목적인 적 본거지 파괴를 위해 44구경 120mm 활강포 등으로 싸운다.

용기병단 단잘브

● 발매일 / 1993년 4월 23일 ● 가격 / 9,500엔
● 퍼블리셔 / 유타카

가이낙스가 캐릭터와 메카닉 디자인을 담당한 로봇 RPG로 가상현실을 테마로 했다. 플레이어는 특수 공격부대 단잘브의 일원이 되어, 용 모습의 로봇인 슈퍼 모노로이드를 조종하거나 맨몸으로 적인 다마이어 군과 싸운다.

슈퍼 덩크 스타

● 발매일 / 1993년 4월 28일 ● 가격 / 7,900엔
● 퍼블리셔 / 사미

2D 시점의 일반적인 농구 게임으로 진행되다가, 덩크슛을 시도하면 화면이 전환되면서 박력 있는 장면이 연출된다. 게임 중에 공을 가진 선수는 빛이 나서 알아보기 쉽고, 가상의 8개 팀 중에서 한 팀을 골라 토너먼트로 싸운다.

슈퍼 봄버맨

● 발매일 / 1993년 4월 28일 ● 가격 / 7,800엔
● 퍼블리셔 / 허드슨

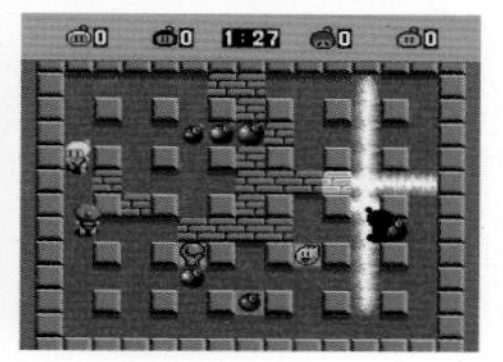

시한폭탄을 설치하여 적과 블록을 날려버리는 대 인기 액션 게임의 SFC판이다. PCE판에서 시스템이 진화했고 폭탄 종류도 늘었다. 통상 모드에서는 봄버맨을 조작해서 적을 전멸시키면 클리어가 된다. 배틀 게임은 최대 4명까지 대전할 수 있는데 살아남은 사람이 이기는 방식이다.

대국 바둑 고라이어스

● 발매일 / 1993년 5월 14일 ● 가격 / 14,800엔
● 퍼블리셔 / BPS

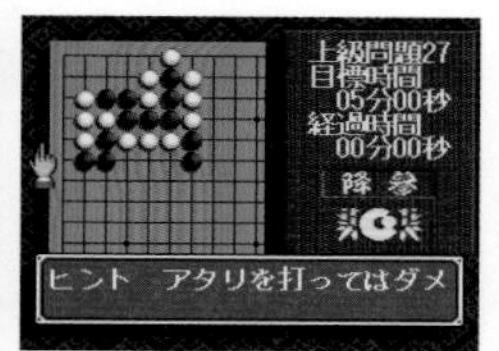

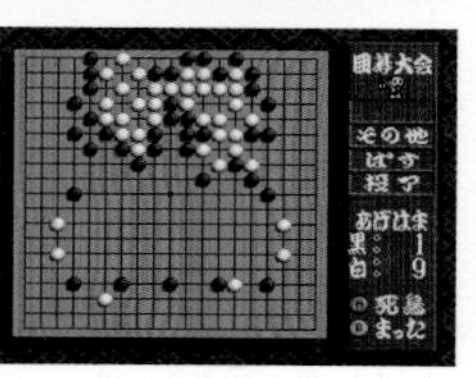

초보자부터 상급자까지 플레이할 수 있는 바둑 소프트로 '고라이어스'는 게임의 사고 엔진 이름이다. 9줄판, 13줄판, 19줄판의 3종류 중에서 고를 수 있고 연습전(대전), 바둑 대회, 묘수풀이(수읽기)의 3가지 모드를 플레이할 수 있다. 대국 때는 돌 깔기 등의 핸디캡 설정도 가능하다.

바코드 배틀러 전기 슈퍼 전사 출동하라!

● 발매일 / 1993년 5월 14일 ● 가격 / 7,680엔
● 퍼블리셔 / 에폭사

오리지널 모드는 기본적으로 소프트에서 플레이할 수 있다. 하지만 상품 바코드를 쓰는 BB2 배틀인 오리지널 배틀 모드를 플레이하려면, 카드 바코드에서 캐릭터와 아이템을 생성하는 「바코드 배틀러 II 전용 인터페이스」가 꼭 필요하다.

NBA 올스타 챌린지

● 발매일 / 1993년 5월 21일 ● 가격 / 8,800엔
● 퍼블리셔 / 어클레임 재팬

유명 해외 선수가 실명으로 등장하는 농구 게임. 인원 규칙은 기본적인 5:5가 아니라 1:1 스타일이다. 플레이어는 27명의 선수 중에서 좋아하는 한 명을 선택하게 된다. 1:1, 토너먼트, 자유투, 3점 슛, 호스라는 5개의 모드를 플레이할 수 있다.

파이널 파이트2

● 발매일 / 1993년 5월 22일 ● 가격 / 9,000엔
● 퍼블리셔 / 캡콤

전작에 나온 범죄 조직 매드 기어의 잔당과 싸우는 횡스크롤 격투 액션 게임. 1P, 2P의 협력 플레이가 가능하다. 총 3명의 캐릭터를 쓸 수 있는데 전작에도 출연한 하가 시장 외에 일본도를 사용하는 카를로스 미야모토, 인법을 쓰는 겐류사이 마키가 새로 등장했다. 아쉽게도 코디는 나오지 않는다.

셉텐트리온

● 발매일 / 1993년 5월 28일 ● 가격 / 8,500엔
● 퍼블리셔 / 휴먼

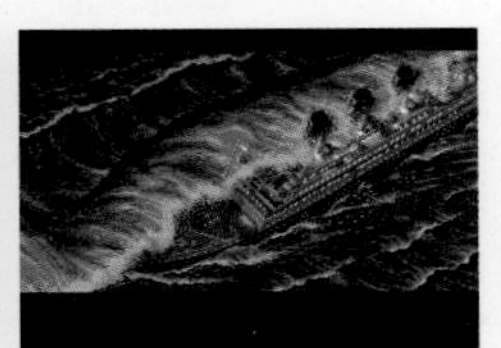

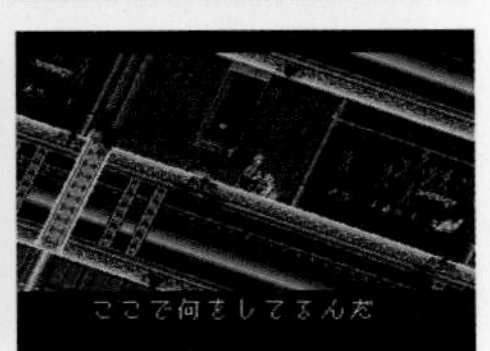

전복되어 침몰하는 호화 여객선에서 승객을 구해 탈출하는 액션 어드벤처 게임. 제한 시간 안에 한 명이라도 더 구하는 것이 목적으로 등장인물과 대화해서 생존자를 유도한다. 게임은 리얼타임으로 진행되고 맵도 변경된다. 플레이어는 4명 중에서 주인공을 선택할 수 있다.

파친코 이야기 파치슬로도 있다고!!

● 발매일 / 1993년 5월 28일 ● 가격 / 9,800엔
● 퍼블리셔 / KSS

판도라 타워라는 갬블 빌딩에서 파친코, 파친코 슬롯(파치슬로)을 공략한다. 파친코 기기는 6종류, 파친코 슬롯은 5종류가 있는데 모두 가상의 기종이다. 모든 층에 파친코가 있는 것은 아니어서 은행, 접수, 게임 센터가 있는 층도 있다. 100만을 모아서 오너와 대결하게 된다.

드래곤 슬레이어 영웅전설 II

● 발매일 / 1993년 6월 4일 ● 가격 / 9,800엔
● 퍼블리셔 / 에폭사

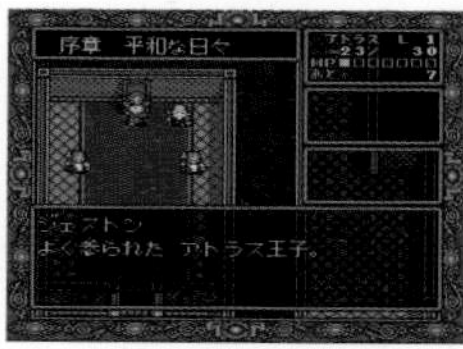
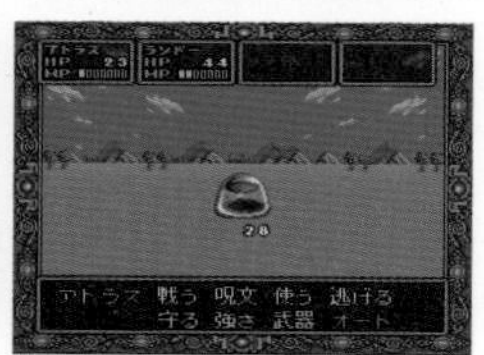

전작으로부터 십 수년 후의 세계가 무대인 RPG. 전작의 주인공인 세리오스의 아들 아트라스는 몬스터가 넘치는 세계의 비밀을 풀기 위해 여행을 떠난다. 몬스터와의 전투는 오토 배틀이며 조작이 간단하다. 전작 캐릭터도 다수 등장하고, 바코드 배틀러 II 와도 연동할 수 있다.

코스모 폴리스 갸리반 II

● 발매일 / 1993년 6월 11일 ● 가격 / 8,800엔
● 퍼블리셔 / 일본 물산

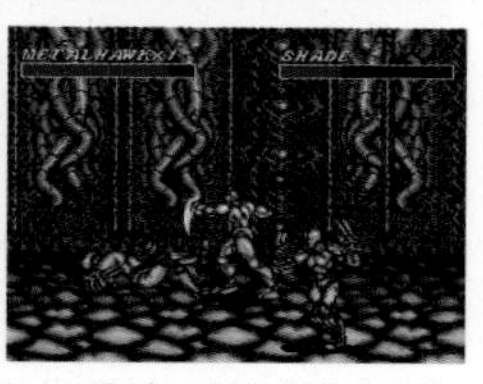

숙적 마가를 쓰러뜨리기 위해 코스모 폴리스 3인, 즉 「갸리반」 「퀸비」 「메탈 호크」를 조작해 싸우는 횡스크롤 액션 게임. 사이보그 전사인 코스모 폴리스 일행에게는 각각 개성이 있으며 필살기도 다르다. 좋아하는 캐릭터를 골라서 대전도 할 수 있다.

슈퍼 포메이션 사커 II

● 발매일 / 1993년 6월 11일 ● 가격 / 8,500엔
● 퍼블리셔 / 휴먼

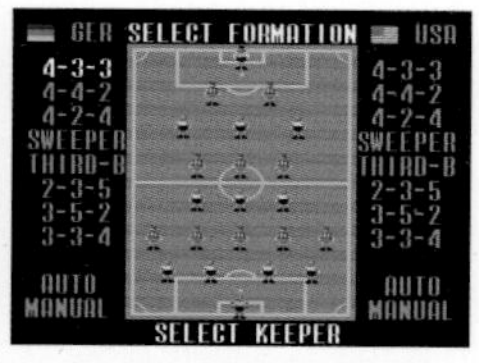

전작의 특징인 공중촬영 같은 게임 화면 등은 그대로 유지하면서, 세이브가 가능해진 축구 게임이다. 주변기기인 멀티 플레이어5를 사용하면 최대 4명까지 함께 플레이할 수 있다. 토너먼트, 레귤러 게임, 페널티킥 등으로도 즐길 수 있다.

프로 마작 극

● 발매일 / 1993년 6월 11일 ● 가격 / 9,600엔
● 퍼블리셔 / 아테나

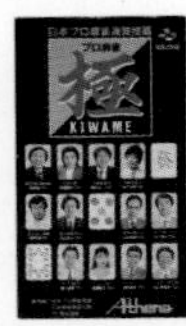

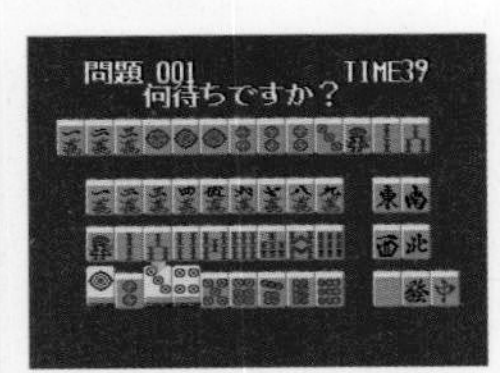

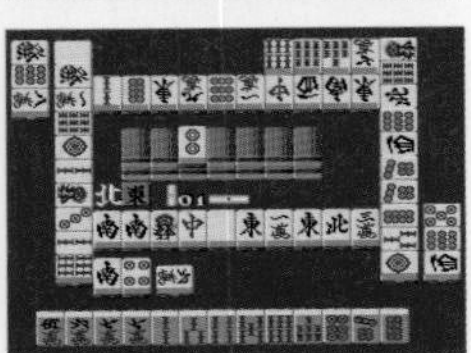

일본프로마작연맹이 추천하는 4인 마작 게임. 이데 요스케, 데지마 사다오 등 실명의 프로 마작사가 대전 상대로 등장한다. 노멀(통상 대전), 트레이닝(퀴즈), 챌린지라는 3가지 모드가 있는데, 챌린지 모드에서는 「십단/위 전」「아사다 테츠야배」 등 실존 타이틀전에 도전할 수 있다.

신성기 오딧세리아

● 발매일 / 1993년 6월 18일 ● 가격 / 9,500엔
● 퍼블리셔 / 빅 토카이

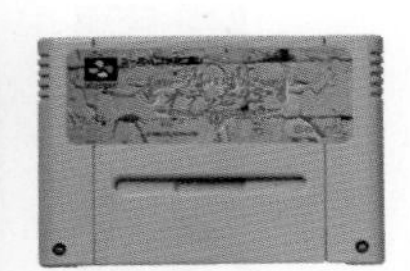

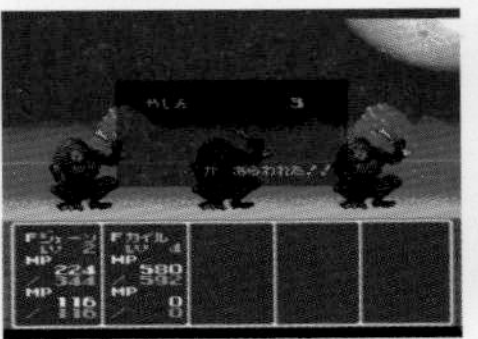

기억을 잃은 소녀가 고대의 신들과 함께 3가지 시대(빙하기, BC 1500년, BC 550년)를 모험해 나간다는 내용의 RPG. 그리스, 인도 등 세계 각지의 신화가 바탕이 된 세계관에 더해서, 오래 전 무 대륙 등 초 고대문명이 번영했다는 설정이다.

속기 2단 모리타 장기

● 발매일 / 1993년 6월 18일 ● 가격 / 14,800엔
● 퍼블리셔 / 세타

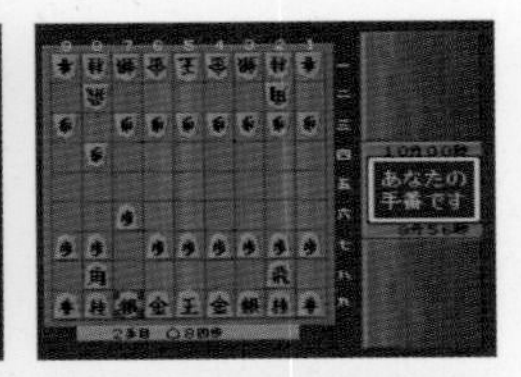

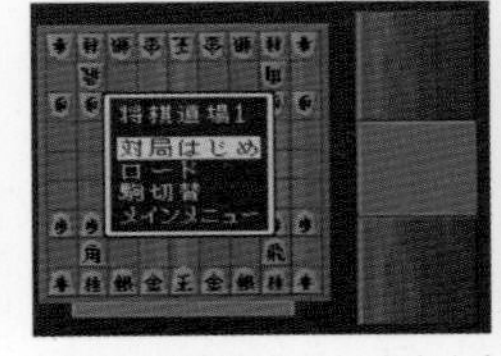

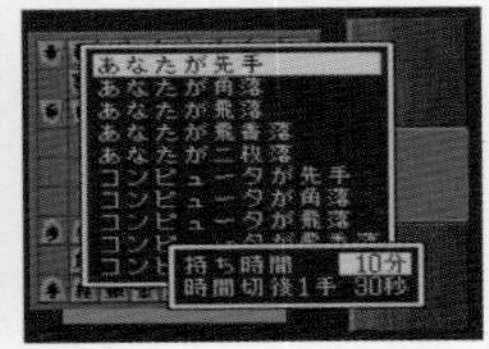

일본장기연맹이 2단 실력이라 판정한 장기 게임. 특수 칩을 탑재해서 컴퓨터의 사고가 매우 빠르다. 통상적인 장기 이외에도 입문 교실, 묘수풀이, 단위 획득전 모드가 있다. 단위 획득전을 클리어해서 얻은 패스워드를 소지하고 연맹에 신청하면 진짜 라이선스를 받을 수 있었다.

슈퍼 스코프6

● 발매일 / 1993년 6월 21일 ● 가격 / 9,800엔
● 퍼블리셔 / 닌텐도

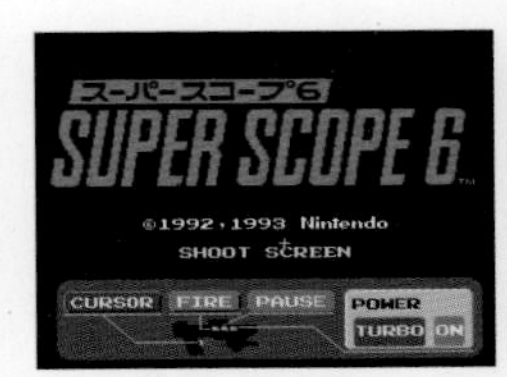

바주카처럼 어깨에 얹어서 사용하는 SFC의 주변기기인 「슈퍼 스코프」에 동봉된 소프트로 테트리스 타입의 퍼즐 게임이다. 미사일과 에일리언을 공격하는 게임을 포함해 총 6개의 게임이 수록되어 슈퍼 스코프6란 이름이 붙었다.

스페이스 바주카

● 발매일 / 1993년 6월 21일 ● 가격 / 6,500엔
● 퍼블리셔 / 닌텐도

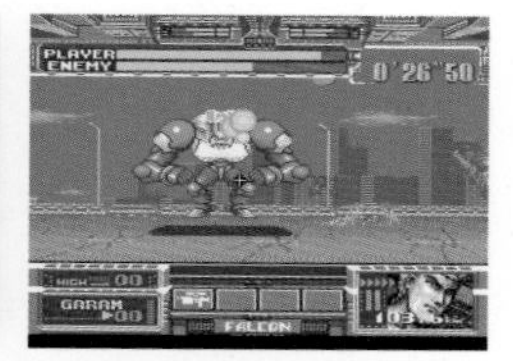
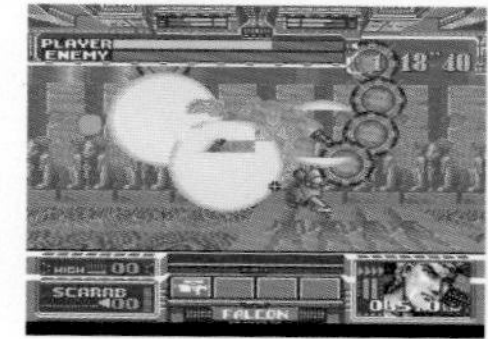

주변기기 「슈퍼 스코프」 전용 3D 슈팅 게임. 플레이어가 인간형 로봇 「스탠딩 탱크」에 탑승해서 배틀 게임에 참가한다는 내용이다. 적은 배틀 게임의 패자 아누비스로 설정되어 있는데, 플레이어는 세계 각지의 아누비스 부하와 싸워 나간다.

에스트폴리스 전기

● 발매일 / 1993년 6월 25일 ● 가격 / 8,900엔
● 퍼블리셔 / 타이토

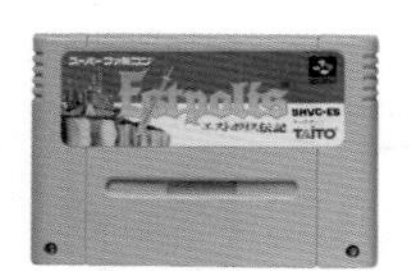

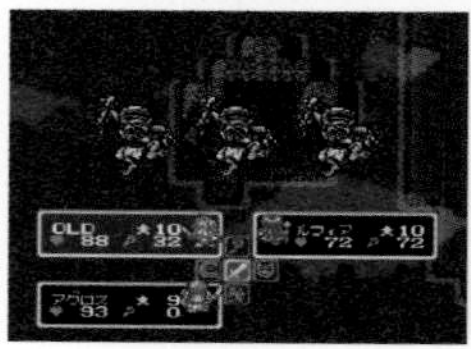

공포를 관장하는 신 '디오스'가 부활시킨 4명의 광신(狂神)과 싸우는 간단한 조작의 RPG. 주인공은 일찍이 네 명의 광신을 쓰러뜨린 영웅 막심의 자손으로, 막심이 썼던 무기 「듀얼 블레이드」를 유일하게 다룰 수 있다. 파티의 동료는 마법사 소녀, 병사 청년, 하프 엘프 소녀이다.

격돌탄환 자동차 결전 배틀 모빌

● 발매일 / 1993년 6월 25일 ● 가격 / 8,800엔
● 퍼블리셔 / 시스템 사콤

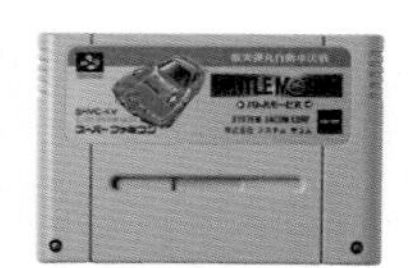

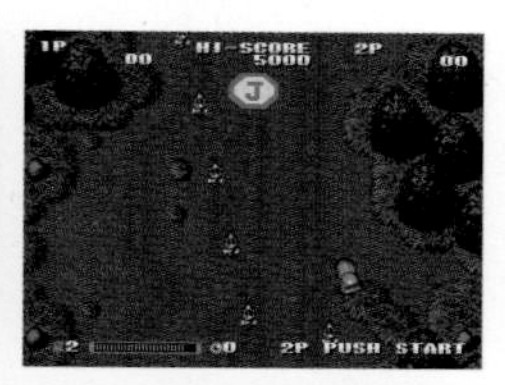

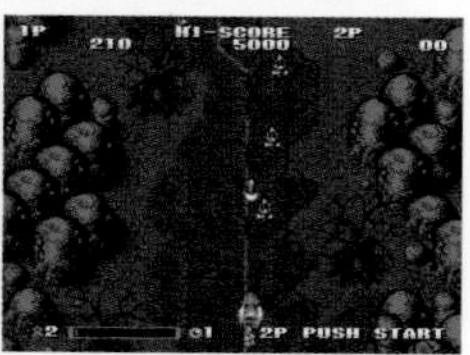

황폐해진 미래 세계를 자동차로 달리면서 지상의 적은 몸통박치기, 공중의 적은 미사일로 공격하는 종스크롤 액션 게임. 지상의 적은 바이크와 차량이고, 공중의 적은 헬리콥터 등이며, 보스는 트레일러와 전차이다. 배리어도 쓸 수 있으며 1P, 2P 동시 플레이도 가능하다.

삼국지 정사 천무 스피리츠

● 발매일 / 1993년 6월 25일 ● 가격 / 12,800엔
● 퍼블리셔 / 울프팀

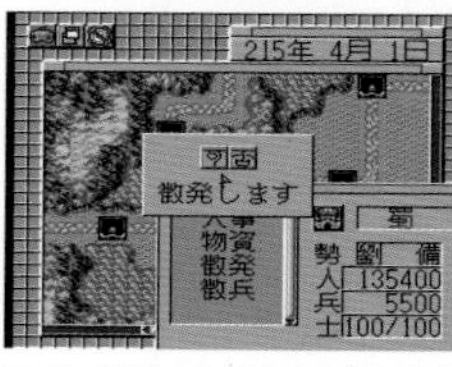

조조, 유비, 손권 등 영웅이 할거한 삼국시대를 무대로 한 시뮬레이션 게임. 일본 PC에서 이식된 게임이라 마우스에 대응하고 있으며, 화면 역시 PC 윈도우즈풍이다. 제후 중에서 한 명을 고르고 「후한전국」 「용호격돌」 「천하삼분」 「무후출사」 중에서 시나리오를 선택할 수 있다.

GP-1

● 발매일 / 1993년 6월 25일 ● 가격 / 8,800엔
● 퍼블리셔 / 아틀라스

바이크 레이스의 월드 그랑프리(현재의 Moto GP)를 토대로 한 레이싱 게임. 플레이어는 6종류의 바이크 중에서 한 대를 골라 세계 13개 코스를 달리는데 그랑프리 레이스, 1P VS 2P, 연습 모드가 있다. 라이더는 코스를 돌 때 몸을 코스 안쪽으로 기울인다.

실버 사가2

● 발매일 / 1993년 6월 25일 ● 가격 / 9,800엔
● 퍼블리셔 / 세타

FC로 발매됐던 RPG의 속편. 히어로와 히로인이 마왕을 쓰러뜨린다는 정통파 RPG로 용병 시스템이 호평 받았다. 어둠의 마왕을 쓰러뜨리기 위해 주인공이 빛의 전사를 찾는 여행을 떠난다는 내용. 4인 1조의 파티를 최대 3개까지 편성할 수 있고, 전투 중 파티 교대도 가능하다.

슈퍼 패밀리 테니스

● 발매일 / 1993년 6월 25일 ● 가격 / 7,900엔
● 퍼블리셔 / 남코

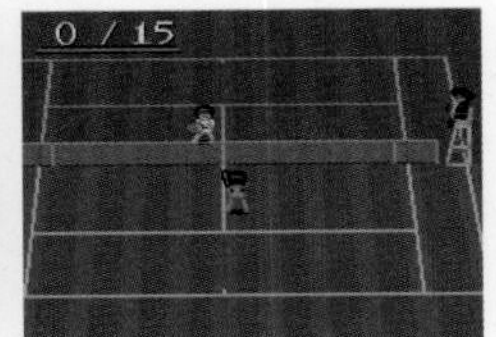

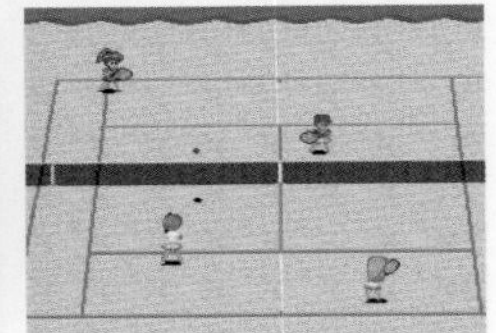

4인 동시 플레이가 가능한 테니스 게임. 20명의 플레이어 중에서 좋아하는 캐릭터를 남녀 혼성으로 선택해 플레이한다. 자유로운 조합으로 플레이할 수 있는 친선 경기, 5대 대회 제패를 목표로 하는 토너먼트, 토너먼트에서 우승하면 플레이할 수 있는 스토리 모드가 있다.

톰과 제리

● 발매일 / 1993년 6월 25일 ● 가격 / 8,900엔
● 퍼블리셔 / 알트론

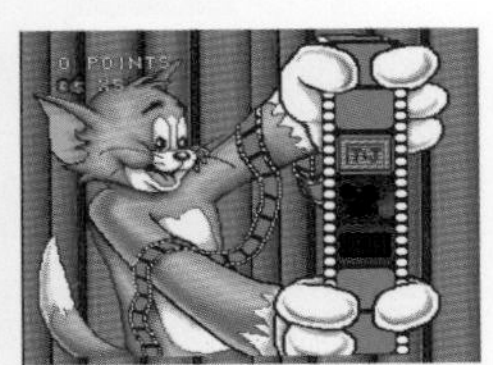

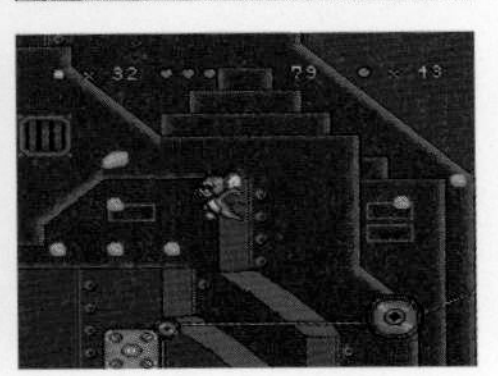

톰과 제리가 술래잡기를 하는 인기 애니메이션이 원작인 액션 게임. 플레이어는 제리를 조작해서 톰이 설치한 덫과 추적을 피해 자신의 보금자리로 돌아가는 것을 목표로 한다. 애니메이션을 재현한 그래픽과 액션이 귀엽다.

드래곤즈 매직

● 발매일 / 1993년 6월 25일 ● 가격 / 8,800엔
● 퍼블리셔 / 코나미

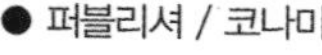

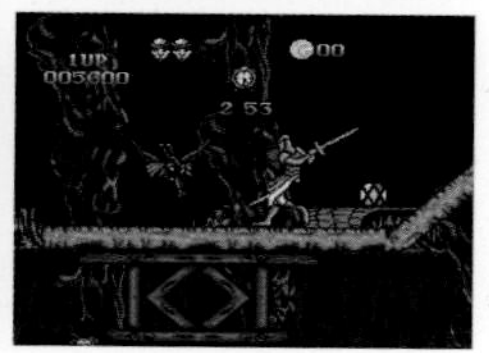

중세 기사풍의 주인공이 마법사에게 납치당한 프린세스 다프네를 구하기 위해 적의 성에 잠입해서 싸우는 횡스크롤 액션 게임이다. 갑옷을 입은 용사 다크는 검과 도끼 등을 사용해서 다양한 함정이 설치된 복잡한 구조의 스테이지들을 돌파해 나간다.

마징가Z

● 발매일 / 1993년 6월 25일 ● 가격 / 8,800엔
● 퍼블리셔 / 반다이

대 인기 로봇 애니메이션 『마징가Z』를 원작으로 한 횡스크롤 액션 게임. 플레이어는 마징가Z를 조종해 6가지 무기(로켓 펀치, 광자력 빔, 루스트 허리케인, 브레스트 파이어 등)를 사용하면서, 닥터 헬이 이끄는 기계수(機械獸)를 쓰러뜨려 나간다.

퍼스트 사무라이

● 발매일 / 1993년 7월 2일 ● 가격 / 7,800엔
● 퍼블리셔 / 켐코

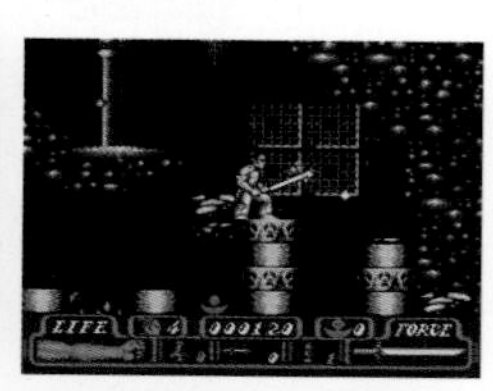

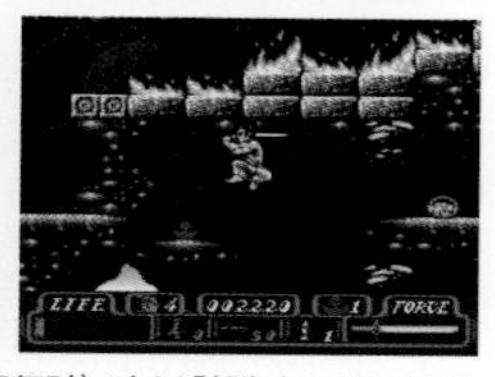

태고에 봉인된 악령 「마광신(魔狂神)」이 부활했다. 모든 시대를 지배하려는 악령의 계략을 저지하기 위해, 플레이어는 사무라이가 되어서 시대를 넘어 적과 싸운다. 적을 쓰러뜨리면 얻게 되는 포스를 모으면 「파사의 검」을 쓸 수 있다. 대사가 영어로 처리되는 등 이색적인 작품이다.

에일리언3

● 발매일 / 1993년 7월 9일 ● 가격 / 8,800엔
● 퍼블리셔 / 어클레임 재팬

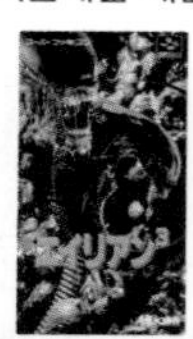

영화 원작의 액션 게임. 플레이어는 리플리가 되어서 우주 끝에 있는 혹성의 형무소에서 에일리언 집단과 싸운다. 단순한 액션뿐만 아니라 스테이지마다 「에일리언의 알 제거」 같은 미션이 등장해서 클리어하지 않으면 다음 단계로 진행할 수 없다.

가면라이더 SD 출격!! 라이더 머신

● 발매일 / 1993년 7월 9일 ● 가격 / 8,800엔
● 퍼블리셔 / 유타카

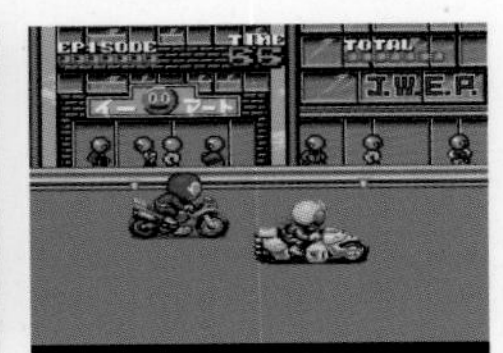

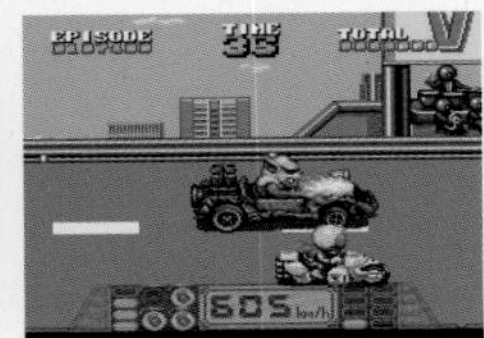

SD 캐릭터인 가면라이더가 활약하는 횡스크롤 액션 게임. 배틀 모드에서는 머신에 올라탄 상태에서 적과 싸우고 아저씨의 의뢰를 클리어해 나간다. VS 모드에서는 1호부터 블랙 RX까지, 가면라이더 10명 중에서 한 명을 선택해 라이더들끼리 싸우게 된다.

슈퍼 하이 임팩트

● 발매일 / 1993년 7월 9일 ● 가격 / 8,800엔
● 퍼블리셔 / 어클레임 재팬

AC판의 이식작인 아메리칸 풋볼 게임. 대 CPU, 2P 대전, 1P와 2P가 협력하는 CPU 대전 등을 플레이할 수 있다. 18개 팀 중에서 하나를 선택하고, 15종류가 준비된 포메이션을 구사하면서 승리로 향한다. 선수가 부딪치면 화면이 흔들리는 등, 박력 만점의 시합이 전개된다.

요시의 쿠키

● 발매일 / 1993년 7월 9일 ● 가격 / 6,600엔
● 퍼블리셔 / BPS

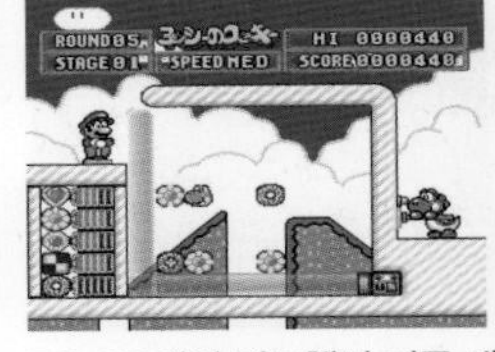

FC, GB에서 히트했던 퍼즐 게임의 SFC판. 화면에 나오는 쿠키의 줄을 종·횡으로 움직여서 같은 종류로 맞추며 지워 나간다. 1인 모드, VS 모드, 퍼즐 모드로 플레이할 수 있다. VS 모드에서 쓸 수 있는 캐릭터는 4종류로 친숙한 요시, 마리오, 피치 공주, 쿠파이다.

스트리트 파이터 II 터보

● 발매일 / 1993년 7월 11일 ● 가격 / 9,980엔
● 퍼블리셔 / 캡콤

대히트 격투 게임을 버전업 했다. 사용 가능한 캐릭터는 총 12명인데 전작의 8명에 바이슨, 발로그, 사가트, 베가라는 사천왕이 더해졌다. 새롭게 추가된 터보 모드로 게임 속도를 변경할 수 있게 되었는데, 히든 커맨드로 속도를 더 올릴 수 있다.

요시의 로드 헌팅

● 발매일 / 1993년 7월 14일 ● 가격 / 6,500엔
● 퍼블리셔 / 닌텐도

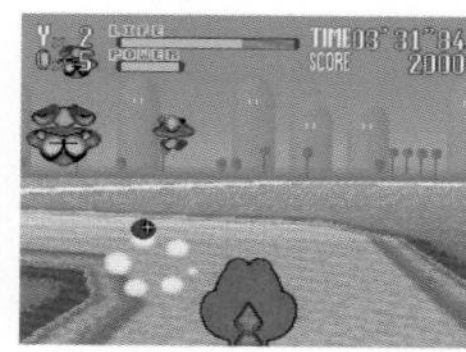

SFC 주변기기 「슈퍼 스코프」 전용 슈팅 게임. 플레이어는 요시에 탄 마리오가 되어, 어깨에 짊어진 슈퍼 스코프로 화면에 나타나는 적을 차례차례 쏜다. 각 코스에는 제한 시간이 설정되어 있어서 시간 내에 보스를 쓰러뜨려야 한다.

산리오 월드 스매시 볼!

● 발매일 / 1993년 7월 16일 ● 가격 / 6,980엔
● 퍼블리셔 / 캐릭터 소프트

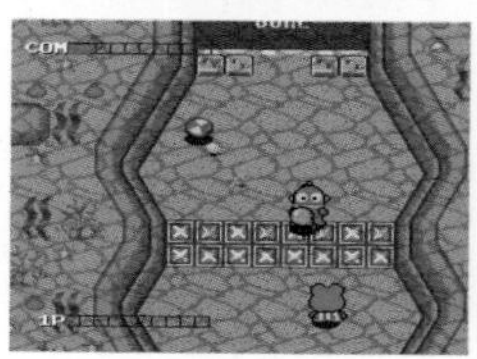
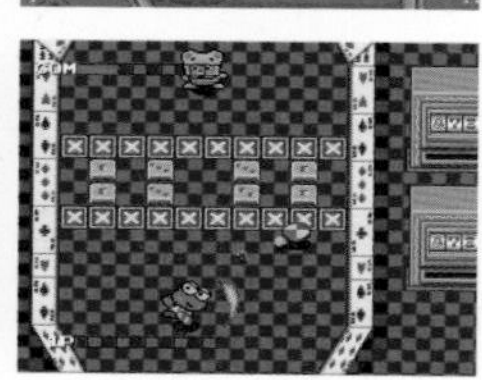

케로피, 타아보 등의 산리오 캐릭터를 조작해서 상대의 뒤에 위치한 골에 공을 넣는 게임이다. 골 앞에는 블록이 늘어서 있어서 먼저 그 블록을 파괴해야 한다. 공의 속도는 일정하지 않은데 생각보다 빠르다. 1P vs 2P 모드도 있다.

슈퍼 에어다이버

● 발매일 / 1993년 7월 16일 ● 가격 / 8,900엔
● 퍼블리셔 / 아스믹

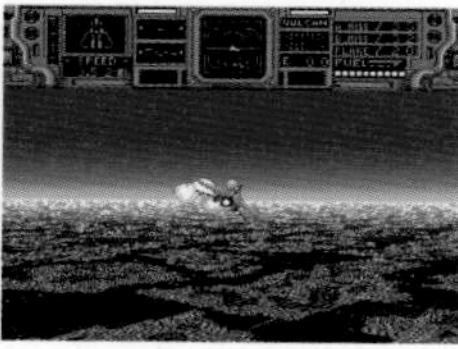

전투기를 뒤에서 보는 시점의 3D 슈팅 게임. 플레이어는 영공을 침범한 국적 불명의 전투기를 격퇴하는 미션을 수행한다. 공중전과 지상전이 준비되어 있는데 각각 두 종류의 기체 중에서 선택해서 싸운다. 공중전은 스피드감이 꽤 좋다.

전일본 프로레슬링

● 발매일 / 1993년 7월 16일 ● 가격 / 9,900엔
● 퍼블리셔 / 메사이어

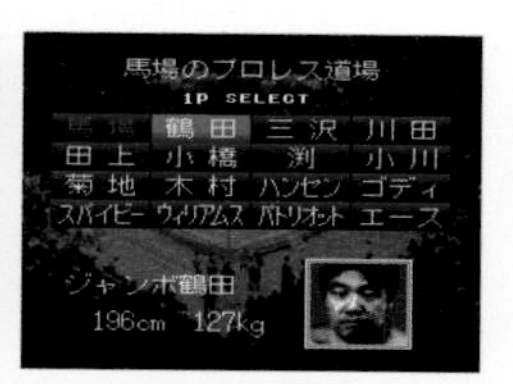

전일본 프로레슬링의 실존 레슬러 16명 중에서 좋아하는 선수를 선택해 「3관왕 헤비급 선수권」 「챔피언 카니발」 등 실제 타이틀전 우승을 목표로 싸운다. 지금은 작고한 1989년 이전의 유명 프로 레슬러도 다수 등장한다. 특기 기술을 구사할 수 있고, 최대 4명이 플레이할 수 있다.

데스 블레이드

● 발매일 / 1993년 7월 16일 ● 가격 / 9,700엔
● 퍼블리셔 / 아이맥스

AC판을 이식한 대전 격투 게임. 캐릭터는 AC판에서 3명이 줄어서 5명의 캐릭터(전사, 아마조네스, 헤라클레스, 미노타우로스, 비스트) 중에서 선택할 수 있는데, 일부 캐릭터는 원거리 도구도 쓴다. 1인 vs CPU, 1P vs 2P 모드가 있다.

매직 존슨의 슈퍼 슬램덩크

● 발매일 / 1993년 7월 16일 ● 가격 / 8,900엔
● 퍼블리셔 / 버진 게임

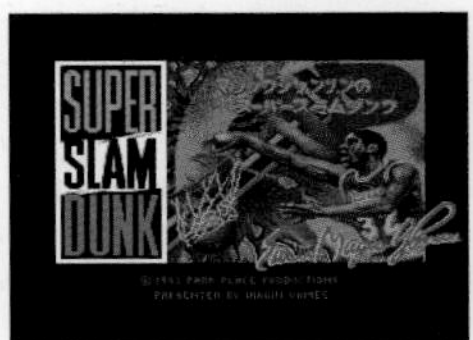

NBA 슈퍼스타, 매직 존슨이 감수한 농구 게임. 코트 중앙을 비스듬하게 내려다보는 화면으로 한 게임만 치르는 친선 경기와 챔피언십을 경쟁하는 플레이오프의 2가지 모드로 플레이할 수 있다. 매직 존슨의 어드바이스도 등장한다.

망량전기 MADARA2

● 발매일 / 1993년 7월 16일 ● 가격 / 9,800엔
● 퍼블리셔 / 코나미

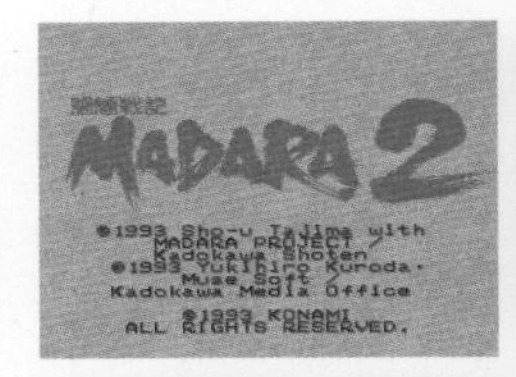

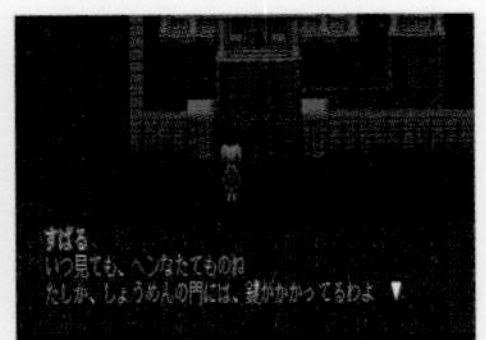

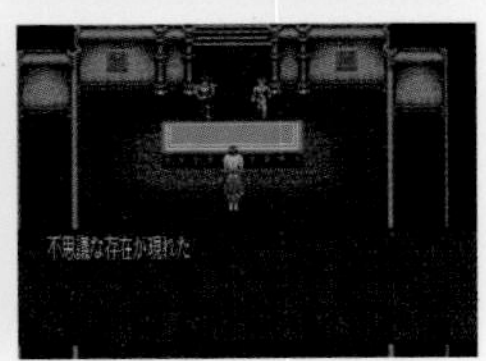

주인공이 시공을 넘어 전생해서 싸우는 인기 만화 『망량전기 MADARA』를 원작으로 한 RPG. 만화 캐릭터들이 다수 등장하지만 스토리는 오리지널이다. 마다라의 자손인 주인공이 납치당한 소꿉친구를 구하기 위해 이세계를 여행하며 동료 용사를 모아 숙적과 대결한다는 내용이다.

월드 사커

● 발매일 / 1993년 7월 16일 ● 가격 / 9,500엔
● 퍼블리셔 / 코코너츠 재팬 엔터테인먼트

세계 64개국의 팀과 선수 데이터를 기반으로 한 축구 게임. 챔피언십, 토너먼트, 리그전, 인도어 사커 등을 플레이할 수 있다. 각 선수의 파라미터(스피드, 볼 컨트롤, 킥, 태클 스피드 등 11개 항목)를 자유롭게 조정할 수 있다.

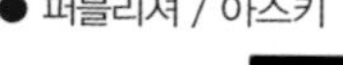

윙 커맨더

● 발매일 / 1993년 7월 23일 ● 가격 / 9,800엔
● 퍼블리셔 / 아스키

PC에서 이식된 3D 슈팅 게임. 주인공은 우주선 파일럿이며 우주인 적과 싸운다는 스토리이다. 화면은 우주선의 콕핏에서 본 우주 공간이다. 주인공은 다양한 미션을 수행하는데 3D 전투는 SF 영화처럼 박력이 넘친다.

슈퍼 백투더퓨처II

● 발매일 / 1993년 7월 23일 ● 가격 / 9,000엔
● 퍼블리셔 / 도시바 EMI

시간 여행을 테마로 한 SF 영화 『백투더퓨처II』가 원작인 횡스크롤 액션 게임. 호버 보드에 탄 마티를 조작해서 과거, 현재, 미래를 무대로 적과 싸운다. 참고로 1985년 개봉한 영화 속에서의 미래는 2015년으로 설정되어 있다.

슈퍼 제임스 폰드II

● 발매일 / 1993년 7월 23일 ● 가격 / 8,800엔
● 퍼블리셔 / 빅터 엔터테인먼트

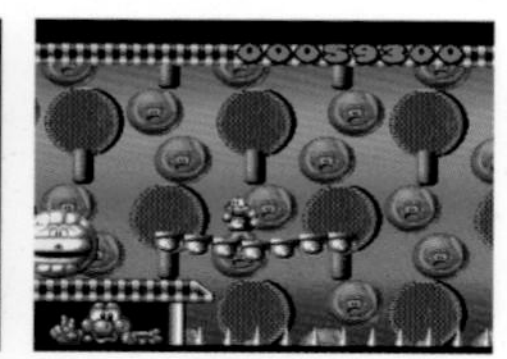

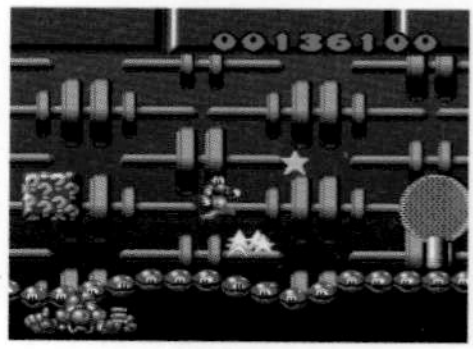

유명 스파이 영화의 패러디로, 물고기(대구) 캐릭터인 제임스 폰드가 활약하는 액션 게임. 특수한 슈트를 입은 폰드가 악의 과학자 닥터 메이비로부터 산타클로스의 장난감 공장을 되찾는다는 스토리이다. 점프하거나 몸을 늘리면서 스테이지를 공략해 나간다.

제3차 슈퍼로봇대전

● 발매일 / 1993년 7월 23일 ● 가격 / 9,600엔
● 퍼블리셔 / 반프레스토

건담, 마징가Z, 겟타로보, 라이딘 등 로봇 애니메이션의 캐릭터가 등장하는 시뮬레이션 RPG. 스토리는 멀티 시나리오에 멀티 엔딩을 채택했다. 주인공은 전작에 등장했던 아무로 일행이 소속된 '화이트 베이스'를 기반으로 한 '론드 벨'이다.

WWF 로얄럼블

● 발매일 / 1993년 7월 23일 ● 가격 / 9,800엔
● 퍼블리셔 / 어클레임 재팬

미국의 프로레슬링 단체 WWF의 레슬러 12명이 실명으로 등장하는 프로레슬링 게임. 1vs1, 태그팀, 트리플 태그팀, 로얄럼블의 모드로 플레이할 수 있다. 랜디 새비지, 언더테이커, 릭 플레어, 브렛 하트 등의 스타가 등장한다.

바즈! 마법 세계

● 발매일 / 1993년 7월 23일 ● 가격 / 9,800엔
● 퍼블리셔 / 핫·비

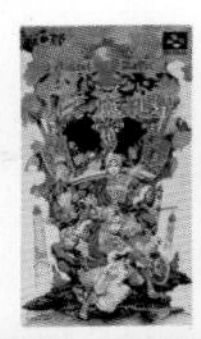

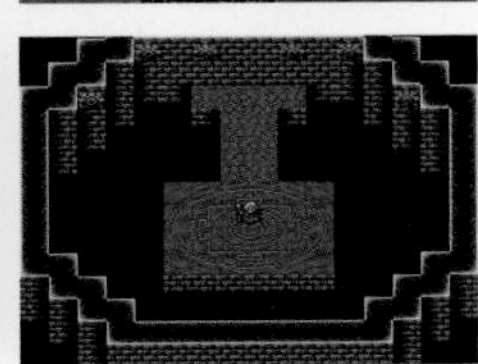

마법 세계가 무대인 환상적 분위기의 RPG. 주인공은 16세 아이로 마도사가 되기 위해 마법학교에서 수행 중인데, 성별은 남녀 중에서 고를 수 있다. 『십이국기』의 일러스트를 담당했으며 탐미적 화풍으로 유명한 만화가 겸 일러스트레이터 야마다 아키히로가 캐릭터를 디자인했다.

배틀 돗지볼 II

● 발매일 / 1993년 7월 23일 ● 가격 / 9,600엔
● 퍼블리셔 / 반프레스토

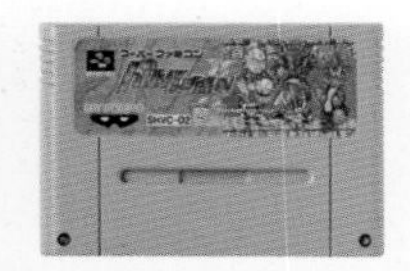

전작에 이어서 SD화 된 건담, 가면라이더, 울트라맨 같은 히어로 팀이 피구를 해서 서로의 HP를 깎는 스포츠 게임. 「투구왕 결정전」「격투 대전」「수행」이라는 3가지 모드로 플레이할 수 있다. 히어로는 공을 잡아서 MP를 모으고 필살기를 쓸 수 있다.

메가로매니아 ~시공 대전략~

● 발매일 / 1993년 7월 23일 ● 가격 / 12,800엔
● 퍼블리셔 / 이머지니어

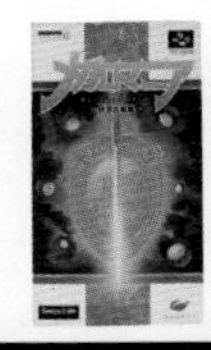

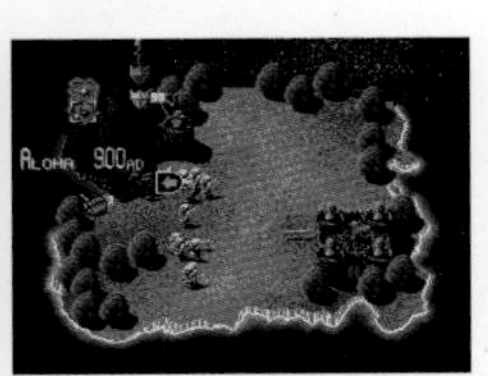
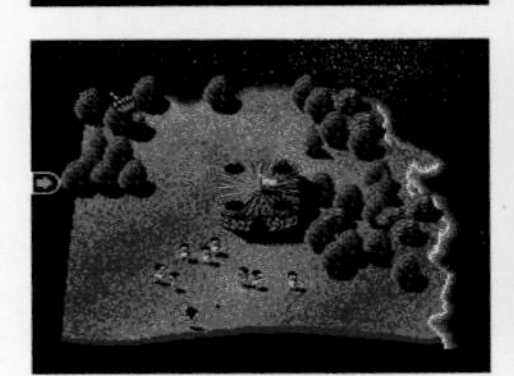
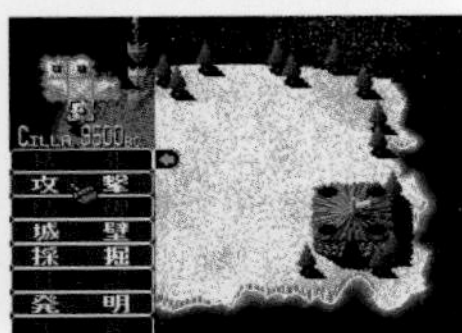

리얼타임 시뮬레이션 게임. 스칼렛, 시저, 오베른, 매드 캡의 4명 중에서 한 명을 선택해 자신의 종족을 진화시키고 다른 3명의 나라를 전멸시켜 혹성의 신이 되는 것이 목적이다. 슈퍼 패미컴 전용 마우스에도 대응한다.

슈퍼 F1 서커스2

● 발매일 / 1993년 7월 29일 ● 가격 / 9,500엔
● 퍼블리셔 / 일본 물산

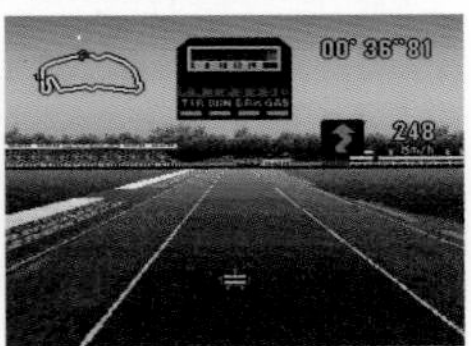

탑뷰 화면이었던 전작과는 달리, 본 작품부터는 머신의 후방에서 본 3D 타입으로 시점이 변경되었다. 실명의 선수와 머신이 등장하고 월드 챔피언십, 스팟 엔트리, 타임 어택 등의 다채로운 모드로 플레이할 수 있다.

우주의 기사 테카맨 블레이드

● 발매일 / 1993년 7월 30일 ● 가격 / 8,800엔
● 퍼블리셔 / 벡

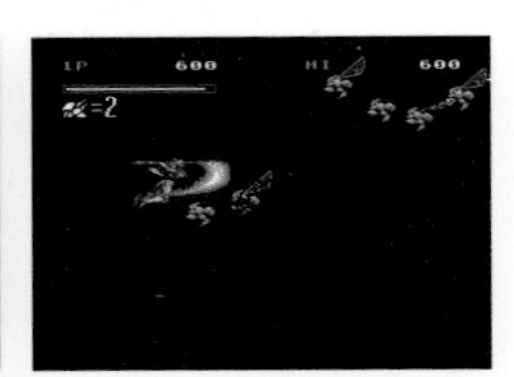

애니메이션 원작의 액션 게임. 「테카맨」이란 우주 공간에서도 활동 가능하도록 육체를 강화한 인간을 말하는데, 의문의 지적 생명체로부터 인류를 지키기 위해 싸운다. 기본은 횡스크롤 액션이지만 격투 게임 요소도 있고 2P 격투도 가능하다. 플레이어는 다양한 종류의 테카맨을 선택할 수 있다.

크레용 신짱 "폭풍을 부르는 유치원생"

● 발매일 / 1993년 7월 30일 ● 가격 / 9,500엔
● 퍼블리셔 / 반다이

횡스크롤 액션 게임. 주인공은 물론이고 가족과 친구 등, 원작과 같은 캐릭터가 등장하고 음성도 삽입되어 있다. 미니 게임이 몇 가지 수록되어 있지만 액션 파트와는 다르게 난이도가 높다. 다음해에는 메가 드라이브에도 이식되었다.

소닉 윙스

● 발매일 / 1993년 7월 30일 ● 가격 / 8,900엔
● 퍼블리셔 / 비디오 시스템

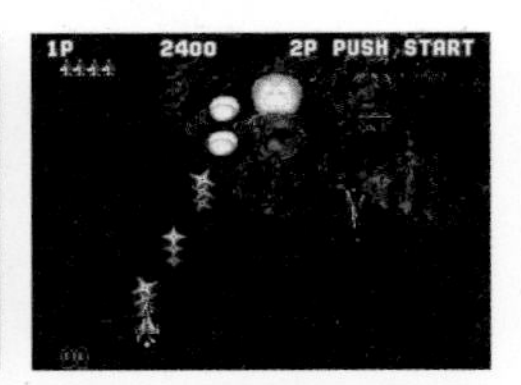

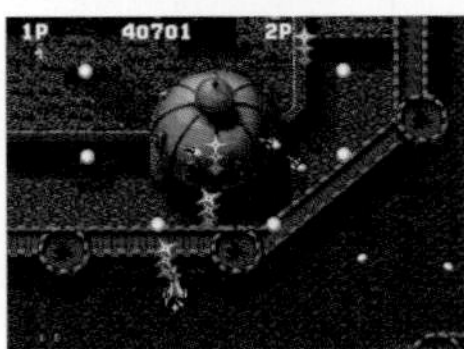
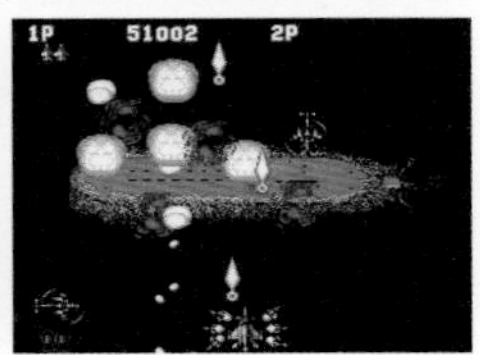

아케이드의 이식작으로 캐릭터가 개성 있는 종스크롤 슈팅 게임. 선택한 캐릭터에 따라서 엔딩이 달라진다. 등장하는 기체는 미국(F-18, F-14), 일본(FSX, F-15), 스웨덴(AJ-37, JAS-39), 영국(AV-8, IDS)으로 총 8종이다. 2P 동시 플레이도 가능하다.

대폭소 인생극장 두근두근 청춘편

● 발매일 / 1993년 7월 30일 ● 가격 / 8,800엔
● 퍼블리셔 / 타이토

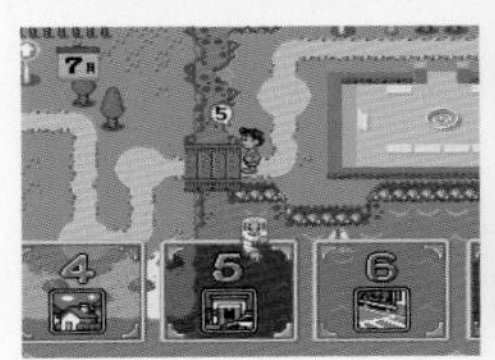

FC로 인기를 얻은 시리즈의 제5탄. 중 · 고등학교 시절 6년 동안 얼마나 많은 인생 경험 포인트를 모으는지를 경쟁하는 보드게임이다. 4명이 경쟁하는 시스템이기 때문에, 인원이 부족할 경우에는 부족한 만큼 NPC로 대체된다.

니트로 펑크스 마이트 헤즈

● 발매일 / 1993년 7월 30일 ● 가격 / 8,800엔
● 퍼블리셔 / 아이렘

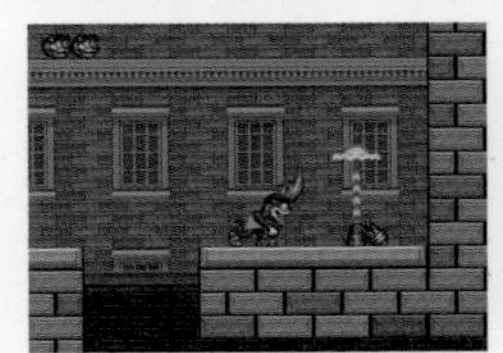

펑키한 횡스크롤 액션 게임이다. 마피아 조직의 가르시아에게 납치당한 레스토랑 오너의 딸 멜로디를 구하는 것이 목적이다. 주인공 니트로는 불도그 같은 외모로 설정되었고, 머리카락을 와이어나 스프링 등으로 다양하게 변화시켜 싸울 수 있다.

파티 문

● 발매일 / 1993년 7월 30일 ● 가격 / 8,900엔
● 퍼블리셔 / 바리에

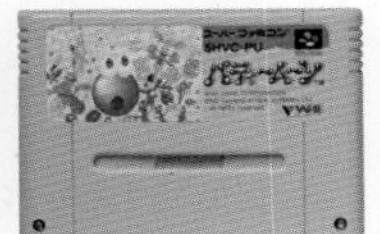

기묘한 생물인 '파티'가 주인공인 액션 게임. 악의 마술사인 다즐 일당에게 붙잡혀서 얼어버린 동료를 구하는 것이 목적이다. 상하좌우로의 신축(伸縮) 이동과 적을 흡수하는 등, 특이한 액션을 즐길 수 있다. 해외 PC인 아미가로부터 이식되었다.

미소녀 작사 스치파이

● 발매일 / 1993년 7월 30일 ● 가격 / 9,700엔
● 퍼블리셔 / 자레코

두 명이 플레이하는 미소녀 마작 게임으로 「스토리」「프리」「여왕위전」 모드가 있다. 본 작품은 전 연령 대상이어서 탈의는 수영복 장면까지만 볼 수 있지만, 나름 인기를 얻었기 때문에 그 후에는 플랫폼을 바꿔서 다양한 전개를 보여주었다.

슈퍼 노부나가의 야망 전국판

● 발매일 / 1993년 8월 5일 ● 가격 / 8,800엔
● 퍼블리셔 / 코에이

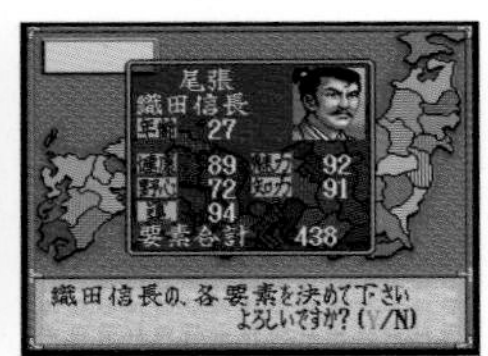
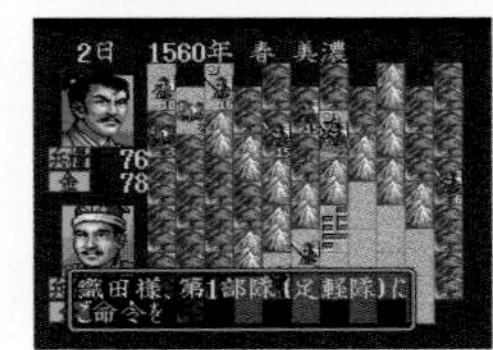
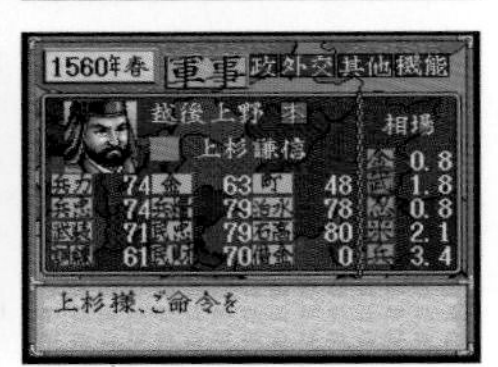

역사 시뮬레이션 게임. 플레이어는 전국 무장이 되어서 나라를 통치하고 외교를 하며 전쟁에서 승리해 영토를 확장한다. 전국 통일이 목표. 「열강쟁패의 장」「군웅할거의 장」「풍운대지의 장」「패왕몽환의 장」이라는 4가지 시나리오와 방언(사투리) 모드가 있다.

오오니타 아츠시 FMW

● 발매일 / 1993년 8월 6일 ● 가격 / 9,800엔
● 퍼블리셔 / 포니 캐니언

「노 로프, 유극철선, 전류폭파, 데스 매치」 등 과격한 프로레슬링으로 유명한 FMW 소속 선수가 실명으로 등장하는 프로레슬링 게임. 오오니타 아츠시는 물론 타잔 고토, 쿠도 메구미 같은 인기 선수들이 가상의 악의 단체 SMW의 레슬러들과 싸운다는 내용이다.

쿠니오군의 피구다! 전원 집합!

● 발매일 / 1993년 8월 6일 ● 가격 / 9,600엔
● 퍼블리셔 / 테크노스 재팬

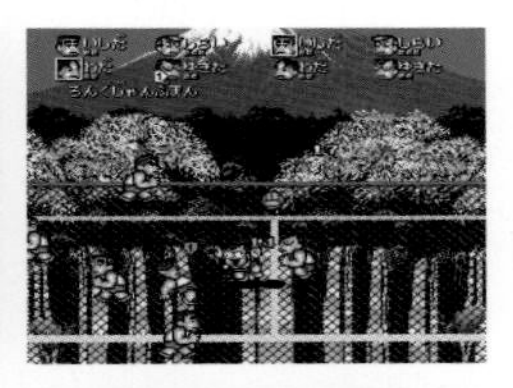

FC판 『열혈 고교 피구부』를 SFC용으로 리뉴얼했다. 일반적인 피구와는 확연히 달라서, 시합에서 이기면 상금을 받을 수 있고 아이템과 필살 슛을 구입해 캐릭터를 강화할 수 있다. 최대 4인까지 플레이할 수 있다.

J리그 사커 프라임 골

● 발매일 / 1993년 8월 6일 ● 가격 / 8,500엔
● 퍼블리셔 / 남코

J리그 공인 축구 게임. J리그 발족 당시의 10개 팀과 선수가 실명으로 등장한다. 쿼터뷰 시점의 게임으로 일대일이 되면 화면이 전환되면서 확대된다. 특전 모드로 리프팅 게임이 준비되어 있다.

슈퍼 파워리그

● 발매일 / 1993년 8월 6일 ●가격 / 9,500엔
● 퍼블리셔 / 허드슨

PCE에서 이식된 리얼계 야구 게임. 선수는 실명으로 등장한다. 오픈전, 페넌트레이스, 올스타전, 홈런 레이스 및 워치 모드(관전 전용)가 준비되어 있다. 시합 후에는 『프로야구 뉴스』의 나카이 미호 아나운서가 실명으로 등장한다.

소드 월드 SFC

● 발매일 / 1993년 8월 6일 ● 가격 / 9,800엔
● 퍼블리셔 / T&E 소프트

PC로 발매되었던 테이블 토크 RPG 『소드 월드』를 SFC판으로 리메이크했다. PC판과 마찬가지로 소설 『죽은 신의 섬』이 원작으로, 다양한 시나리오가 준비되어 있으며 클리어하면 경험치를 받을 수 있다. 다만 PC판보다 시나리오의 수는 적은 편이다.

휴먼 베이스볼

● 발매일 / 1993년 8월 6일 ● 가격 / 8,600엔
● 퍼블리셔 / 휴먼

한신 타이거즈와 요코하마 웨일즈에서 활약한 전직 프로야구 선수이자 프로야구 해설가인 카토 히로카즈 씨가 감수한 야구 게임. 등장 팀과 선수는 모두 실명이다. 날아가는 공을 화면이 자동으로 쫓아가고, 확대 · 축소 기능을 써서 리얼한 야구를 재현했다. 히든 팀(파이프로, 휴먼)도 있다.

슈퍼 경마

● 발매일 / 1993년 8월 10일 ● 가격 / 9,700엔
● 퍼블리셔 / 아이맥스

예전의 동명 TV 방송이 공인한 게임. 말을 구입하고 레이스에서 활약해서 G1 레이스 총 16전을 제패하는 것이 목적이다. 초기 자금 2000만 엔으로 시작한다. 인기 평론가 고(故) 오오카와 케이지로, 이사키 슈고로 등 방송에서 자주 본 얼굴들이 등장한다.

월드 히어로즈

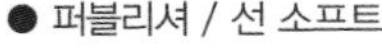

● 발매일 / 1993년 8월 12일 ● 가격 / 9,800엔
● 퍼블리셔 / 선 소프트

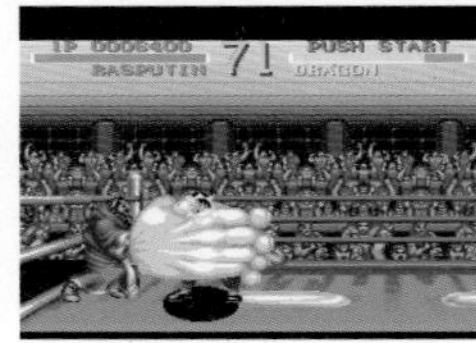

네오지오용 인기 대전 격투 게임의 이식작. 일본, 중국, 프랑스, 미국, 독일, 몽골, 러시아 등 세계 각국에서 시대를 넘어 집결한 맹자들이 통상 격투기는 물론이고 인술, 미사일, 검 등을 사용해서 사투를 펼친다. 함정이 설치된 데스 매치 모드도 있다.

슈퍼 슬랩 샷

● 발매일 / 1993년 8월 20일 ● 가격 / 8,500엔
● 퍼블리셔 / 알트론

아이스하키 게임으로 타이틀의 「슬랩 샷」이란 강력한 스윙을 이용한 빠른 슛을 말한다. 친선 경기, 토너먼트, 난투만 있는 파이팅, 슛만 있는 슛 아웃 등의 모드로 플레이할 수 있다. 또한 프로와 아마추어 중에서 규칙을 선택할 수 있다.

엑스 존

● 발매일 / 1993년 8월 27일 ● 가격 / 6,500엔
● 퍼블리셔 / 켐코

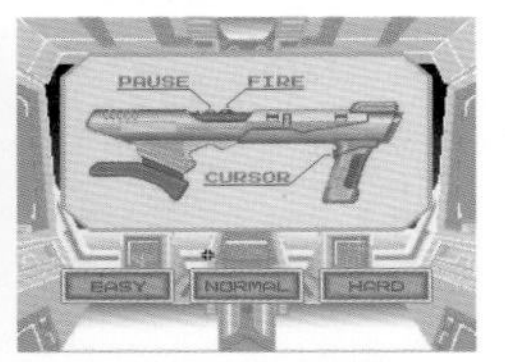

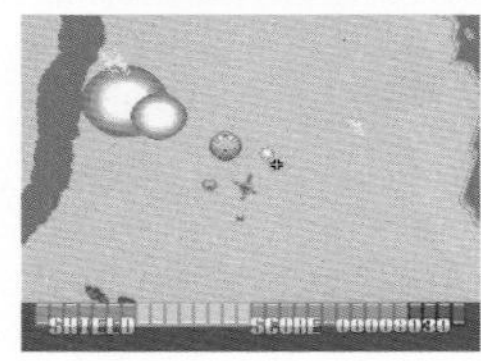

SF 주변기기 「슈퍼 스코프」 전용 3D 슈팅 게임. 바이러스에 감염돼 폭주한 바이오컴퓨터를 파괴하기 위해 군사병기연구소에 들어간다는 설정이다. 연구소 안에서는 화면을 가득히 덮어오는 미사일 등이 플레이어를 노린다.

MVP 베이스볼

● 발매일 / 1993년 8월 27일 ● 가격 / 8,700엔
● 퍼블리셔 / 어클레임 재팬

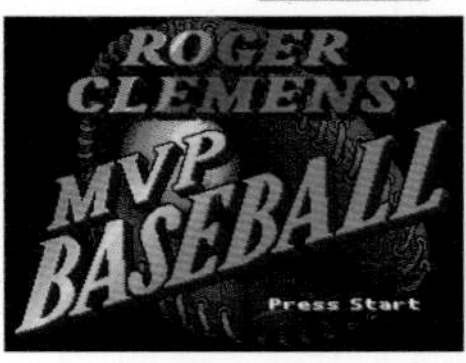

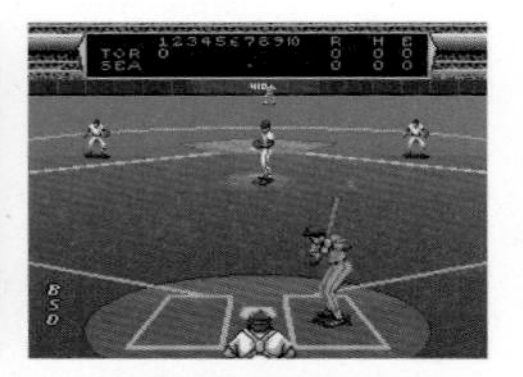

메이저리거가 모델인 야구 게임. 아메리칸 리그 동서, 내셔널 리그 동서를 합쳐서 26개의 가상 팀 중에서 선택할 수 있다. 우승을 목표로 정규 시즌을 치르는 것 외에 한 시합 한정 친선 경기도 있다. 타구에 맞춰서 화면이 전환된다.

서러브레드 브리더

● 발매일 / 1993년 8월 27일 ● 가격 / 9,700엔
● 퍼블리셔 / 헥터

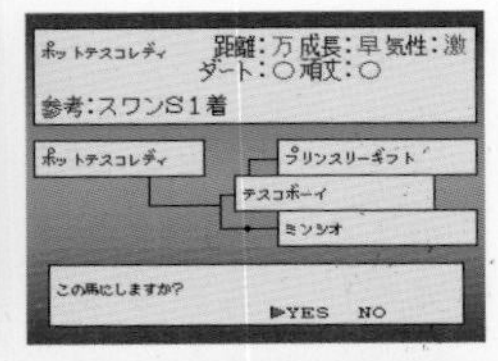

서러브레드(경주마의 품종—역주)의 오너 브리더가 되어서 강한 경주마를 육성시키는 시뮬레이션 게임. 번식용 암말과 기수 이름은 모두 실명이다. 게임 오리지널인 「헥터컵」 6레이스에서 승리하는 것이 목표로, 처음에는 두 마리의 망아지와 번식용 암말을 가지고 시작한다.

수제 전기

● 발매일 / 1993년 8월 27일 ● 가격 / 9,600엔
● 퍼블리셔 / 에닉스

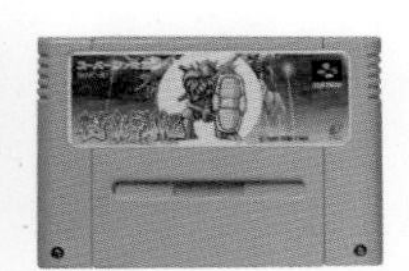

부유 대륙이 무대인 시뮬레이션 게임. 플레이어는 식물에 마법을 걸어서 만들어낸 반(半) 식물 병기 쥬네를 조종한다. 대국이 구세계를 멸망시키고 타국을 침략하기 위해 고대 세계에서 소생시킨 기계 마도병과 싸운다는 설정이다. 시뮬레이션에 익숙하지 않은 사람들을 위한 비기너 모드도 있다.

디스트럭티브

● 발매일 / 1993년 8월 27일 ● 가격 / 6,800엔
● 퍼블리셔 / 반다이

SF 주변기기 「슈퍼 스코프」 전용 슈팅 게임. 근미래를 무대로 폭주한 사이보그를 바주카로 격파한다. 스토리를 따르는 브릭크 리그, 스코어를 경쟁하는 브릭크 캠프라는 2가지 모드가 준비되어 있다. 적은 떼를 지어 나타나는데 갑자기 화면 아래쪽에서 출현하기도 한다.

미소녀 전사 세일러 문

● 발매일 / 1993년 8월 27일 ● 가격 / 9,800엔
● 퍼블리셔 / 엔젤

대인기 원작의 캐릭터가 활약하는 벨트 스크롤 액션 게임. 애니메이션 성우가 각 캐릭터의 목소리를 담당했고, 만화 원작자와 TV 시리즈 애니메이터도 제작에 협력했다. 아이들도 쉽게 플레이할 수 있도록 난이도를 4가지 중에서(「사이좋음」은 히든 모드) 선택할 수 있도록 했다.

마리오와 와리오

● 발매일 / 1993년 8월 27일 ● 가격 / 6,800엔
● 퍼블리셔 / 닌텐도

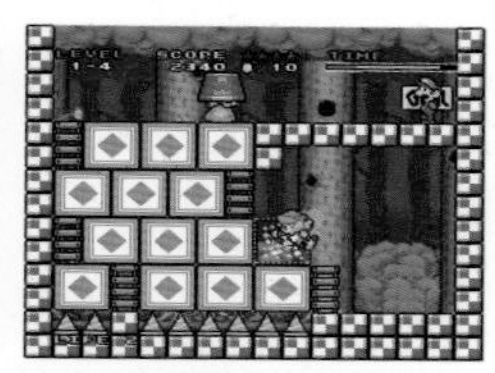
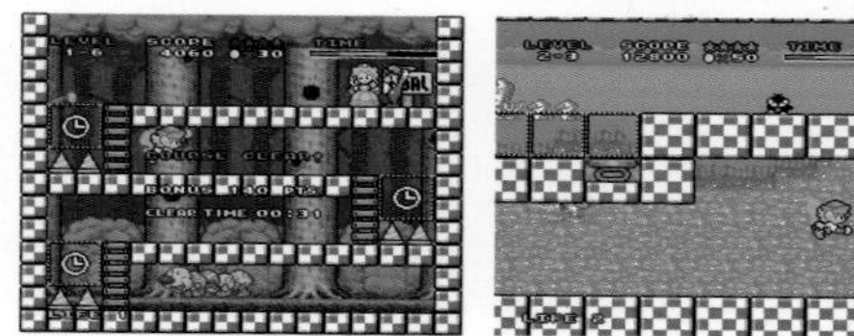

SFC 마우스 전용 소프트. 플레이어는 숲의 요정이 되어서, 와리오가 양동이를 뒤집어씌워 앞이 보이지 않게 된 마리오를 출구까지 인도하는 게임이다. 스테이지는 100개인데 점프대 등의 기믹이 설치되어 있다. 사진에 나오는 단품판과 SFC 마우스 세트(9,800엔)가 동시 발매되었다.

슈퍼 터리칸

● 발매일 / 1993년 9월 3일 ● 가격 / 7,500엔
● 퍼블리셔 / 톤킹 하우스

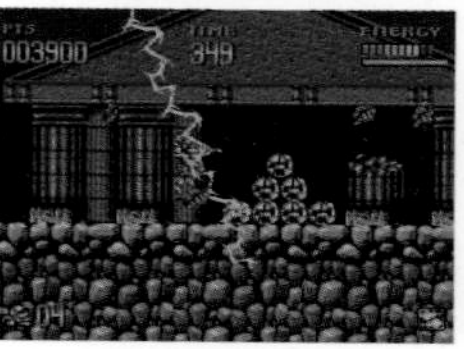

해외에서 인기가 높은 PC게임의 SFC 이식작. 「터리칸」이라는 특수 공격용 슈트를 입은 플레이어가 상황에 따라 장비된 샷과 빔, 지뢰 등의 무기를 구분해서 사용하며 진행하는 횡스크롤 액션 게임. 정복당한 혹성 카타키스 탈환이 목적이다.

위닝 포스트

● 발매일 / 1993년 9월 10일 ● 가격 / 12,800엔
● 퍼블리셔 / 코에이

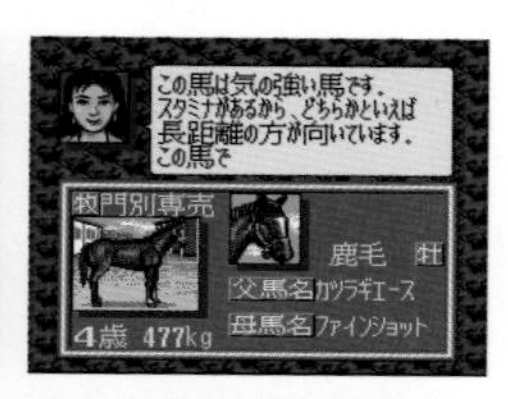

플랫폼을 바꾸면서 지금도 속편이 발매되는 등, 인기가 높은 경마 시뮬레이션 시리즈. 본 작품은 첫 작품인 PC판의 이식작이다. 플레이어는 마주가 되어서 레이스에서 승리하고, 상금을 모아 목장을 사서 최강의 말을 키우는 것을 목적으로 한다.

썬더버드 국제 구조대 출동하라!!

● 발매일 / 1993년 9월 10일 ● 가격 / 8,800엔
● 퍼블리셔 / 코브라 팀

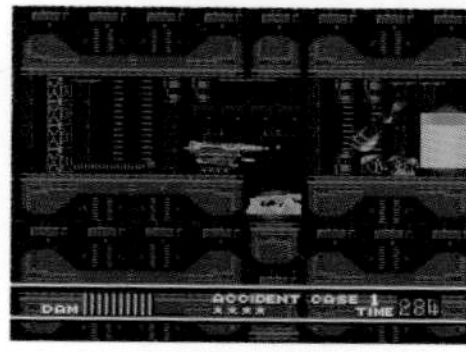

특촬 인형극이 원작인 액션 게임. 플레이어는 국제 구조대를 자칭하는 비밀조직 「썬더버드」의 슈퍼 메카를 조종해서 다양한 사고와 재해 현장에서 구조 활동을 개시한다. 이지 모드에서는 6스테이지까지, 하드 모드에서는 총 10스테이지를 플레이할 수 있다.

파이널 판타지 USA 미스틱 퀘스트

● 발매일 / 1993년 9월 10일 ● 가격 / 7,900엔
● 퍼블리셔 / 스퀘어

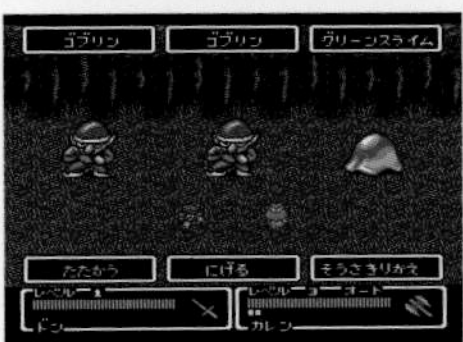

미국용으로 제작된 RPG의 역수입 작품. 거대한 탑 「포커스 타워」 정상에 있는 마왕 다크킹을 쓰러뜨리는 것이 목적이다. FF 시리즈에서 친숙한 '크리스탈' 같은 단어도 등장하지만, 일본의 FF 시리즈와는 다르며 액션 요소도 존재한다.

라스베이거스 드림

● 발매일 / 1993년 9월 10일 ● 가격 / 9,800엔
● 퍼블리셔 / 이머지니어

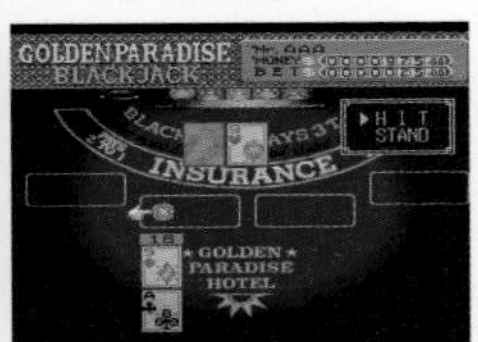

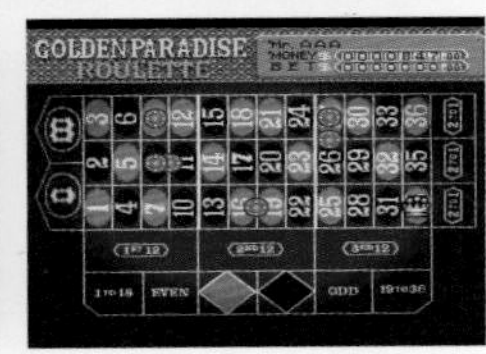

카지노의 본고장 라스베이거스를 무대로 한 게임으로 SFC 전용 마우스에 대응한다. 블랙잭, 룰렛, 슬롯, 포커, 크랩이라는 5종류의 게임을 플레이해서 거금 획득을 목표로 한다. 포커 이외에는 최대 4명까지 플레이할 수 있다.

신일본 프로레슬링 초전사 IN 투강도몽(도쿄돔)

● 발매일 / 1993년 9월 14일 ● 가격 / 9,800엔
● 퍼블리셔 / 바리에

당시 신일본 프로레슬링에 소속되어 있던 쵸슈, 후지나미, 라이거, 그레이트 무타, 베이더, 하시모토, 쵸노 등 10명의 레슬러가 실명으로 등장하는 프로레슬링 게임. 승자 진출전인 G1 클라이맥스, CPU 또는 2P와 대전하는 모드가 있다. 선수의 움직임과 기술을 리얼하게 재현했다.

NFL 풋볼

● 발매일 / 1993년 9월 17일 ● 가격 / 9,000엔
● 퍼블리셔 / 코나미

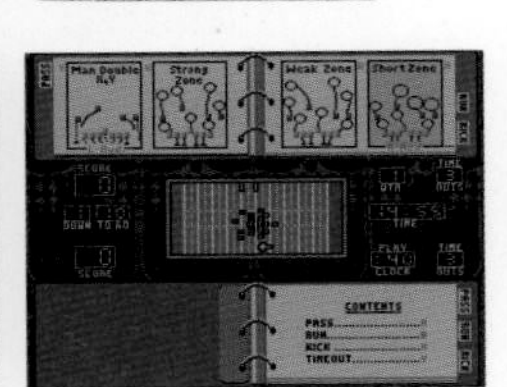

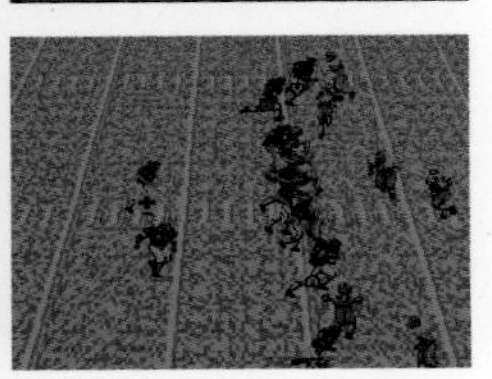

NFL 총 28팀에 소속된 선수가 실명으로 등장하는 아메리칸 풋볼 게임. 시점은 비스듬한 사이드뷰이지만 태클한 선수가 확대되거나 공에 따라서 화면이 움직이는 등, 매우 정성이 들어간 연출이 포인트 중의 하나다.

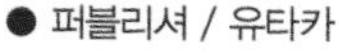

과장 시마 코사쿠

● 발매일 / 1993년 9월 17일 ●가격 / 9,800엔
● 퍼블리셔 / 유타카

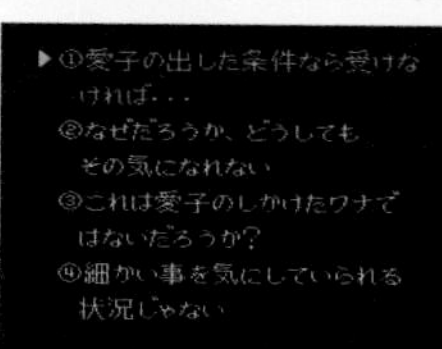

히로카네 켄시의 만화를 원작으로 하는 어드벤처 게임. 대기업 「하츠시바 전기산업」에 근무하는 샐러리맨 시마 코사쿠가 어려운 문제를 해결하면서 성장해 나간다. 원작처럼 비즈니스에 국한된 것이 아니라 여성 문제와 파벌 경쟁도 다루는데, 선택에 따라서는 원작과 다른 결말을 맞이한다.

파이널 세트

● 발매일 / 1993년 9월 17일 ● 가격 / 8,500엔
● 퍼블리셔 / 포럼

최대 4인 동시 플레이가 가능한 테니스 게임. 시합 중 움직이면 소모되는 스태미너 개념이 있어서 전략성도 중요하다. 월드 모드, 대전 모드, 트레이닝 모드 등이 존재하고, 선수는 다양한 인종으로 구성된 8명의 남녀 중에서 선택할 수 있다.

전국전승

● 발매일 / 1993년 9월 19일 ● 가격 / 8,800엔
● 퍼블리셔 / 데이터 이스트

네오지오에서 이식한 벨트 스크롤 액션 게임. 단과 힐은 오래전 이 세상을 지옥으로 만들고자 했던 군주를 쓰러뜨린 무장의 자손이다. 부활한 군주를 쓰러뜨리기 위해 그들이 다시 마경성으로 향한다. 적은 닌자 등으로 설정되었고, 중간에 요괴와 선인도 등장한다.

머나먼 오거스타2 마스터즈

● 발매일 / 1993년 9월 22일 ● 가격 / 9,900엔
● 퍼블리셔 / T&E 소프트

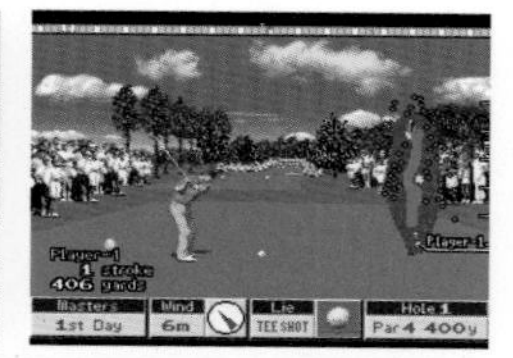

마스터즈 토너먼트 대회가 열리는 「오거스타 내셔널 골프 클럽」은 난코스로 유명한데 이를 리얼하게 재현한 3D 골프 시뮬레이션 게임의 두 번째 작품으로 마우스에 대응한다. 총 4일간 경기하는 마스터 모드, 낙하지점에서 공을 보는 역시점 등이 추가되었다.

SD기동전사 건담2

● 발매일 / 1993년 9월 23일 ● 가격 / 8,800엔
● 퍼블리셔 / 엔젤

횡스크롤 액션 『V작전 시동』의 속편으로, TV 애니메이션 『기동전사 Z건담』의 세계관을 게임화 했다. 탑승할 수 있는 기체는 「Z건담」 「건담 MK II」 「백식」 3종류이고 선택한 기체에 따라 맵과 보스가 달라진다. 2인 동시 플레이, 대전 모드가 있다.

GS미카미 제령사는 나이스 바디

● 발매일 / 1993년 9월 23일 ● 가격 / 8,800엔
● 퍼블리셔 / 바나렉스

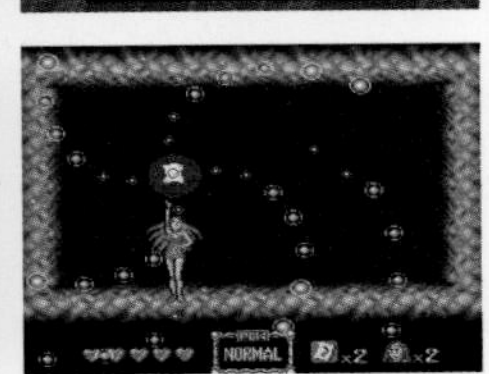

시이나 타카시의 만화 『GS미카미』가 원작인 액션 게임. GS는 고스트 스위퍼(악령 퇴치)의 약칭이다. 타이틀에서 짐작되듯 플레이어는 나이스 바디에 실력도 좋은 GS미카미 레이코를 조작해서 악령들을 쓰러뜨린다. 7개의 보석을 모아 비보를 손에 넣는 것이 목적이다.

GO! GO! 피구 리그

● 발매일 / 1993년 9월 24일 ● 가격 / 7,800엔
● 퍼블리셔 / 팩 인 비디오

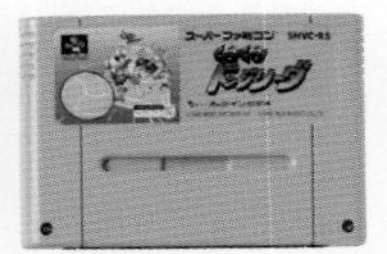

1팀 6인제의 피구 게임으로 최대 4명까지 플레이할 수 있다. 가상의 「메비오 학교」를 무대로 6 VS 6에서 전원이 아웃되면 패배하는 「메비오 피구」, 모자를 쓴 사람이 아웃되면 패배하는 「왕 피구」 중에서 한 가지 규칙으로 플레이할 수 있다.

다라이어스 포스

● 발매일 / 1993년 9월 24일 ● 가격 / 8,800엔
● 퍼블리셔 / 타이토

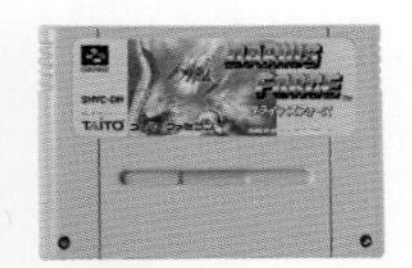
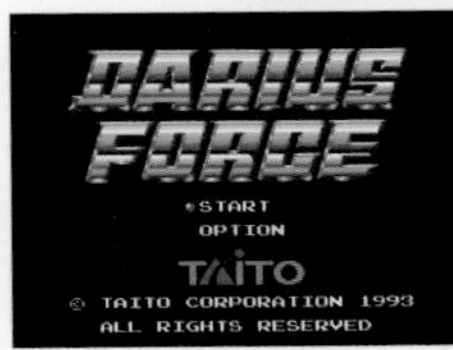

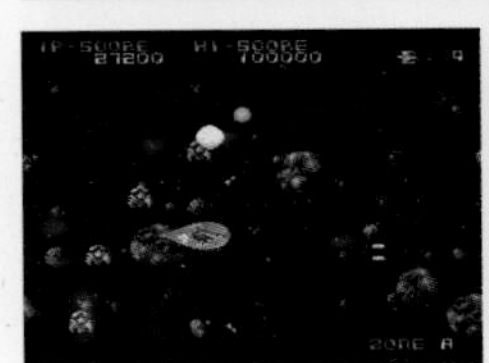

우주 전투기 「실버 호크」로 해양생물 타입의 적을 격파해 나가는 횡스크롤 슈팅 게임. 실버 호크는 성능이 다른 3종류가 있으며 단계적으로 파워업 한다. 보스전을 클리어했을 때 선택한 스테이지로 게임이 진행되는 시리즈 전통의 '스테이지 분기 시스템'을 채용했다.

본격 마작 테츠만

● 발매일 / 1993년 9월 24일 ●가격 / 7,800엔
● 퍼블리셔 / 나그자트

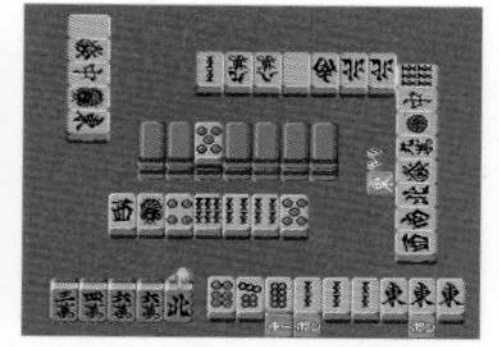
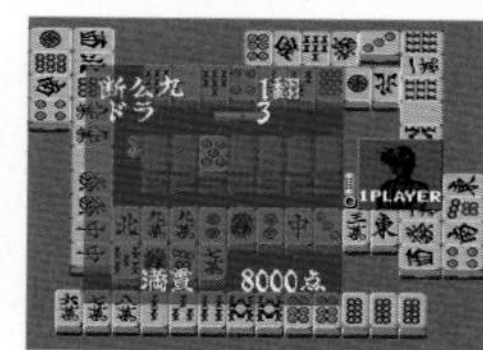

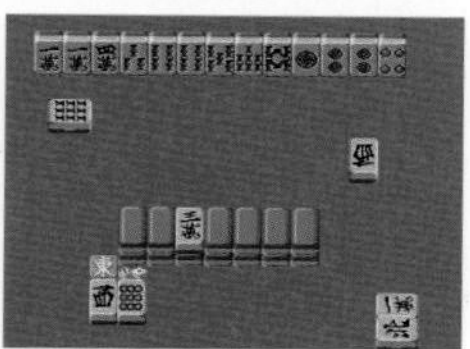

혼자서도 할 수 있지만 1P, 2P가 태그를 짜서 CPU 2캐릭터와 대전할 수 있는 마작 게임이다. 오리지널 캐릭터 중에서 대전 상태를 선택할 수 있는데, 총 12명의 캐릭터 중에는 여고생도 있다. 난이도는 이지, 노멀, 하드의 3단계로 구성되어 있고 속임수 기술은 쓸 수 없다.

히가시오 오사무 감수 슈퍼 프로야구 스타디움

● 발매일 / 1993년 9월 30일 ● 가격 / 8,900엔
● 퍼블리셔 / 토쿠마 서점 인터미디어

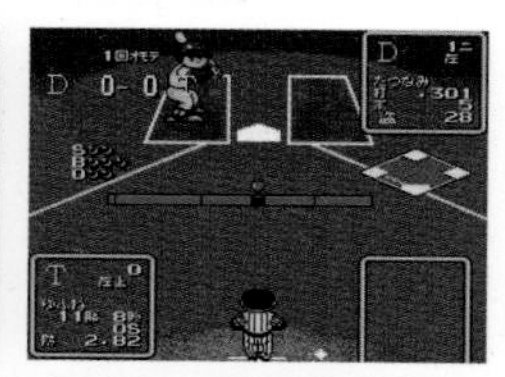
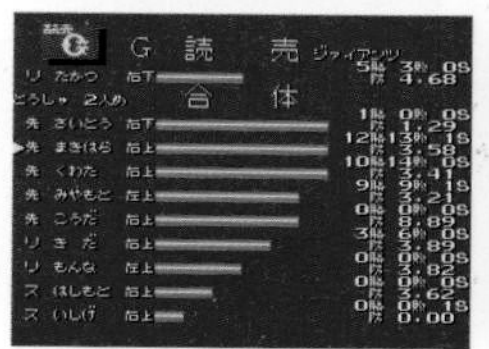

GB에서의 이식작. 전 세이부 라이온즈의 투수 겸 감독인 히가시오 오사무가 감수했다. 선수 두 명을 합성하는 「선수 합체」와 투구를 할 때 바가 나오는 독특한 시스템을 채용했다. 3D 화면 시점은 수비 시엔 투수 뒤, 공격 시엔 타자 뒤가 된다. 선수는 모두 실명으로 등장한다.

슈퍼 3D 베이스볼

● 발매일 / 1993년 10월 1일 ● 가격 / 12,800엔
● 퍼블리셔 / 자레코

모든 선수가 실명으로 등장하는 야구 게임이지만 오리지널 선수를 만드는 것도 가능하다. 페넌트, 오픈전, 올스타전을 플레이할 수 있다. 타석의 선수 성적이 세세하게 표시되고 타이틀 경쟁도 있다. 한국 정발 버전은 100% 한국어화 및 한국프로야구 실명 데이터로 로컬라이즈 되었다.

트리네아

● 발매일 / 1993년 10월 1일 ● 가격 / 9,800엔
● 퍼블리셔 / 야노만

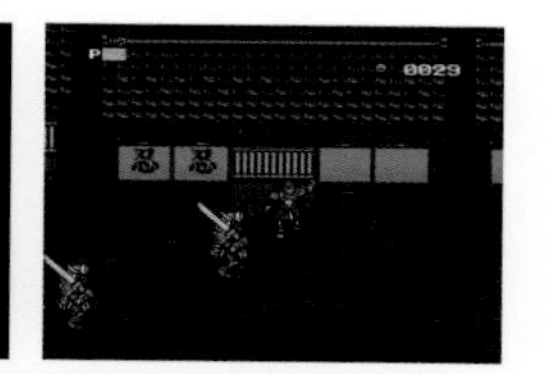

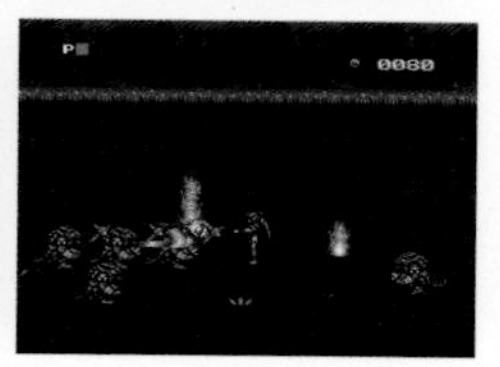

사신 부활을 막기 위해 「트리네아」라는 비보를 찾는 용사가 주인공인 액션 RPG. 용사에는 기사, 마도사, 닌자가 있는데 공격 마법과 스토리가 다르다. 한 번에 한 명의 용사를 선택해 조작할 수 있으므로 3개의 게임을 즐길 수 있는 셈이다.

레드 옥토버

● 발매일 / 1993년 10월 1일 ● 가격 / 8,800엔
● 퍼블리셔 / 알트론

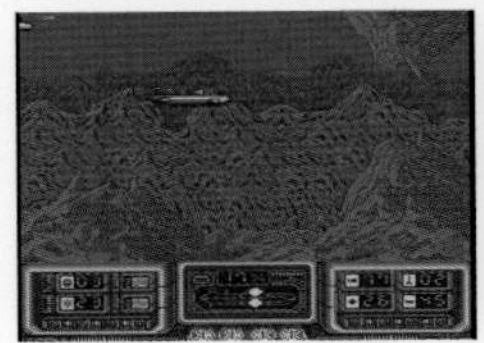

영화로도 만들어진 군사 서스펜스 소설 『레드 옥토버를 쫓아라!』를 게임화 했다. 「레드 옥토버」는 당시 소련의 최신예 원자력 잠수함의 이름으로, 미국으로의 망명을 실행한다는 설정이다. 플레이어는 이 잠수함에 타서 9개의 임무를 수행해야 한다.

슈퍼 경주마 바람의 실피드

● 발매일 / 1993년 10월 8일 ● 가격 / 9,300엔
● 퍼블리셔 / 킹 레코드

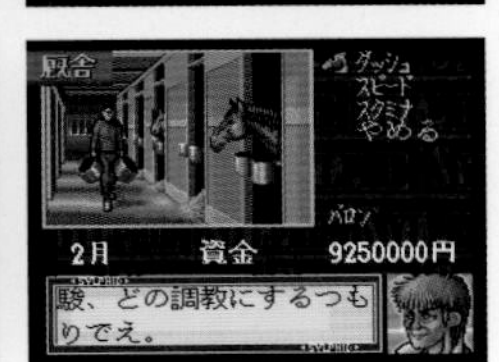

모토시마 유키히사의 만화 『바람의 실피드』가 원작인 경마 게임. 스토리 모드에서는 실피드 등의 소유마를 육성해 전 G1 제패를 목표로 한다. VS 모드에서는 필살기를 가진 8명의 기수 중에서 한 명을 선택해 레이스를 벌인다. 레이스는 버튼 연타가 기본이며 난이도는 낮은 편이다.

바이킹의 대미혹

● 발매일 / 1993년 10월 8일 ● 가격 / 8,800엔
● 퍼블리셔 / T&E 소프트

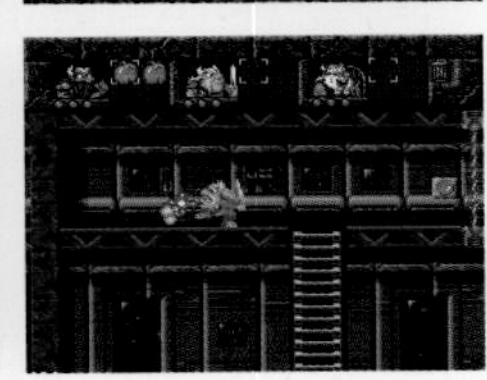

우주선에 납치당한 3명의 바이킹이 힘을 모아 탈출한다는 퍼즐 요소가 강한 액션 게임이다. 점프하는 제비의 릭, 검으로 공격하는 맹렬의 배리오그, 방패로 막는 강철의 올라프라는 3명의 특징을 잘 구분해서 쓰면서 진행한다. 전원이 골인하지 않으면 다음으로 넘어갈 수 없다.

스즈카 에이트 아워

● 발매일 / 1993년 10월 15일 ● 가격 / 8,800엔
● 퍼블리셔 / 남코

매년 개최되는 「스즈카 8시간 내구 로드 레이스」를 소재로 한 레이싱 게임. 스즈카를 포함한 5개의 코스에서 각각 다른 배기량(250, 400, 750)의 바이크로 플레이한다. 투어, 타임 어택, 스팟 등의 4가지 모드가 준비되어 있고, 2P와 대전할 때는 화면이 상하로 분할된다.

슈퍼 카지노 시저스 팔레스

● 발매일 / 1993년 10월 21일 ● 가격 / 8,900엔
● 퍼블리셔 / 코코너츠 재팬 엔터테인먼트

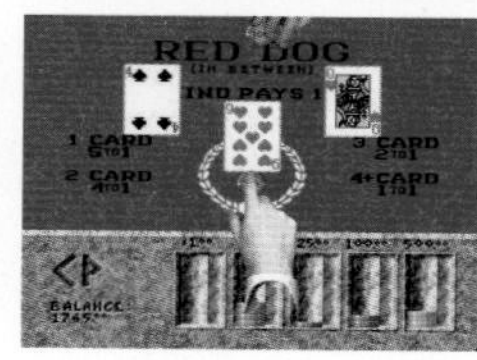

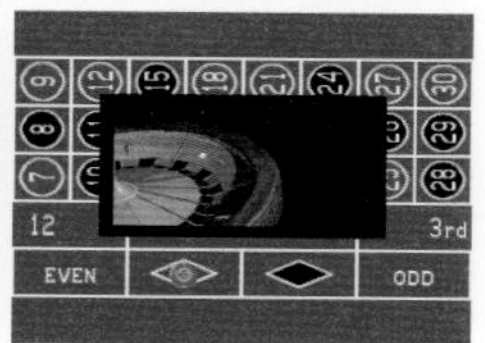

라스베이거스에 있는 오래된 카지노 호텔 「시저스 팔레스」를 무대로 한 카지노 게임. 3층까지 준비된 탑뷰형 카지노 공간에서 룰렛, 슬롯, 포커, 키노 등을 플레이할 수 있다. 블랙잭, 크랩스를 위한 VIP룸도 있다.

아쿠스 스피리츠

● 발매일 / 1993년 10월 22일 ● 가격 / 8,900엔
● 퍼블리셔 / 사미

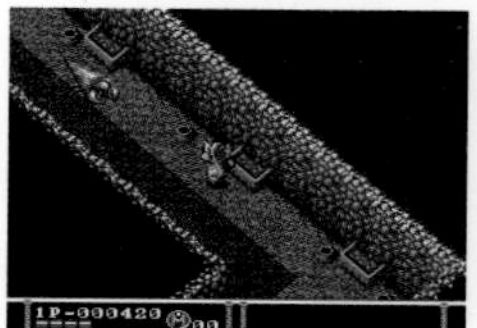

판타지 액션 RPG로 2인 동시 플레이도 가능하다. 타입이 다른 4명의 캐릭터 중에서 한 명을 선택해 적을 쓰러뜨리며 진행한다. 원조는 PC로 발매됐던 『아쿠스』인데, 본 작품은 MD판인 『아쿠스 오디세이』를 재이식한 것이다.

미라클☆걸즈 토모미와 미카게의 신비한 세계의 대모험

● 발매일 / 1993년 10월 22일 ● 가격 / 8,800엔
● 퍼블리셔 / 타카라

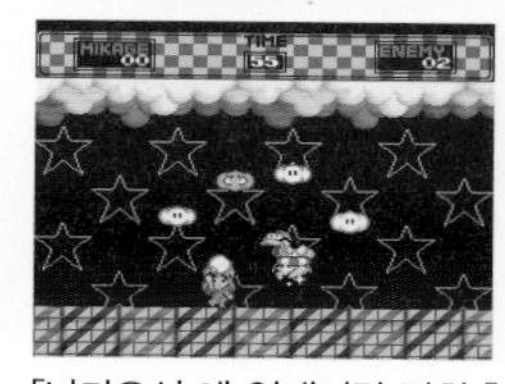
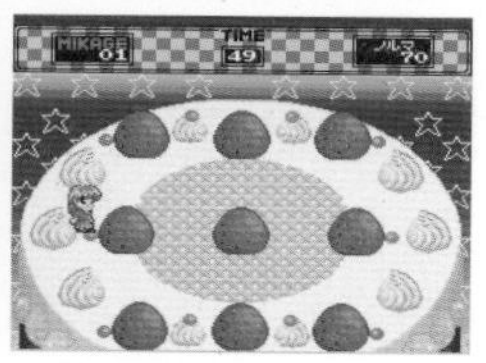

「나카요시」에 연재되던 만화 『미라클☆걸즈』를 소재로 한 액션 게임. 초능력을 가진 쌍둥이 자매 마츠나가 토모미와 미카게를 조작해서 납치당한 4명의 동료를 구출하는 내용이다. 아동용이기 때문에 적을 쓰러뜨리는 것이 아니라 사탕을 던져서 상대가 먹는 틈을 타 나아간다.

란마1/2 주묘단적 비보

● 발매일 / 1993년 10월 22일 ● 가격 / 9,800엔
● 퍼블리셔 / 토호 / 쇼가쿠칸 프로덕션

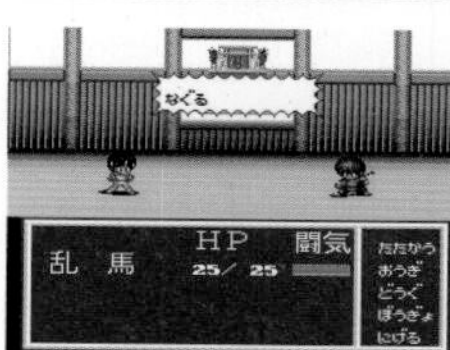

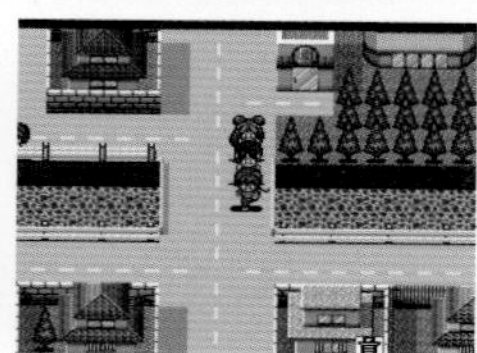

타카하시 루미코의 격투 러브 코미디 만화 『란마1/2』를 소재로 한 오리지널 스토리 RPG. 의문의 집단인 주묘단의 비보를 찾아 란마, 아카네, 료가 일행이 되어 모험을 떠난다. 원작 캐릭터가 다수 등장하고, 전투 장면에서 필살기를 쓰면 애니메이션이 흘러나온다.

액트레이저2 ~침묵으로 가는 성전~

● 발매일 / 1993년 10월 29일 ● 가격 / 9,300엔
● 퍼블리셔 / 에닉스

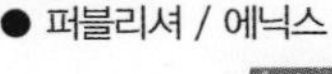

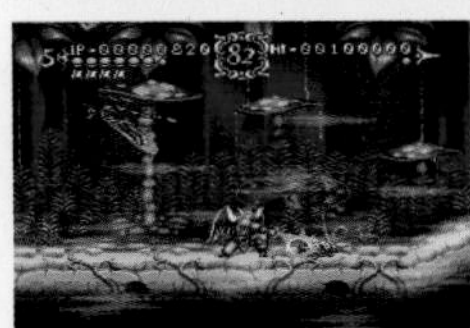

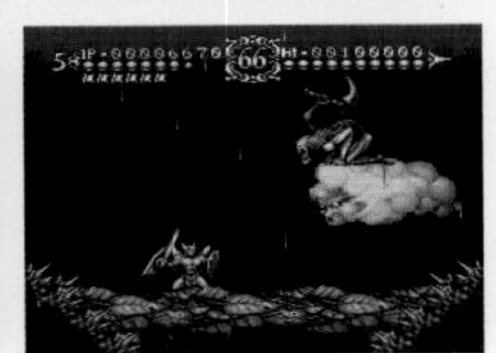

전작에 있던 크리에이션 모드가 없어지고 횡스크롤 액션 모드만 남았다. 플레이어는 신이 되어 검과 마법을 사용해 마왕 사탄과 그 부하들과 싸운다. 이번 작품은 2단 점프가 가능해서 점프한 채로 하늘을 날 수 있게 되었다. 난이도는 3단계 중에서 고를 수 있다.

클래식 로드

● 발매일 / 1993년 10월 29일 ● 가격 / 9,800엔
● 퍼블리셔 / 빅터 엔터테인먼트

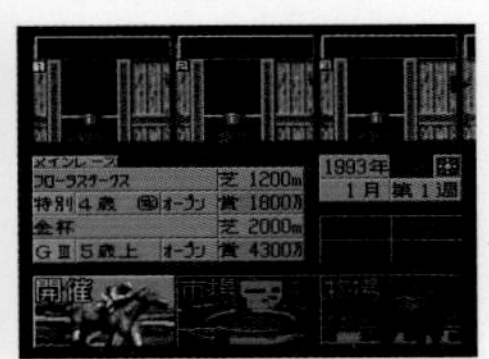

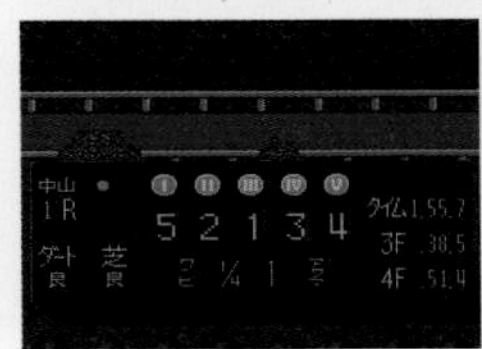

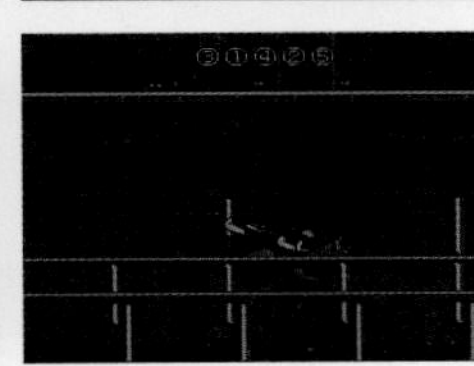

경주마 육성 시뮬레이션 게임. 망아지를 시장에서 사거나 목장에서 생산해 키우고 훈련시켜서 레이스에 내보낸다. 지방마를 구입해서 훈련하는 것도 가능하고 마권도 살 수 있다. 관동, 관서를 선택할 수 있고 혈통이 중요한 점 등, 꽤 본격적인 내용이다.

지미 코너스의 프로 테니스 투어

● 발매일 / 1993년 10월 29일 ● 가격 / 8,900엔
● 퍼블리셔 / 미사와 엔터테인먼트

4대 대회에서 통산 8승을 한 전 프로 테니스 선수 지미 코너스가 감수한 테니스 게임. 투어 모드에서는 플레이어가 지미 코너스가 되어 각지의 코트를 전전하며 랭킹 탑을 목표로 한다. 친선 경기 모드에서는 코트와 세트 수 등을 자유롭게 설정할 수 있다.

장기 풍림화산

● 발매일 / 1993년 10월 29일 ● 가격 / 8,800엔
● 퍼블리셔 / 포니 캐니언

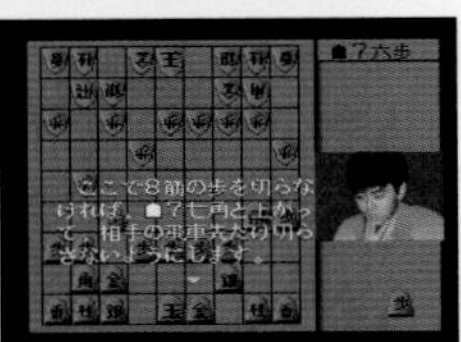

두는 방법이 다른 5명의 프로 기사와 대국할 수 있는 장기 게임. 묘수풀이 모드, 다음의 한 수 모드, 프로의 전술을 배울 수 있는 강좌 모드가 있다. 대국 중에 대전 상대인 프로 기사가 상황에 따라 다양한 대사를 하는 것이 재밌고, 표정도 다수 준비되어 있다.

슈퍼 차이니즈 월드2 우주 제일 무투 대회

● 발매일 / 1993년 10월 29일 ● 가격 / 9,800엔
● 퍼블리셔 / 컬처 브레인

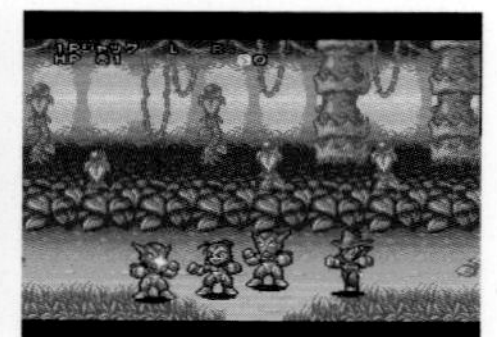

컬처 브레인의 인기 시리즈로 SFC에서는 두 번째 작품이다. 장르는 액션 RPG이며, 적과 조우하면 사이드뷰 전투 화면으로 이동해서 펀치와 킥으로 공격한다. 보스전일 경우에만 커맨드 선택식 전투 방식이 된다. 2P와의 대전 모드도 탑재되어 있다.

슈퍼 니치부츠 마작2 전국 제패편

● 발매일 / 1993년 10월 29일 ● 가격 / 9,800엔
● 퍼블리셔 / 일본 물산

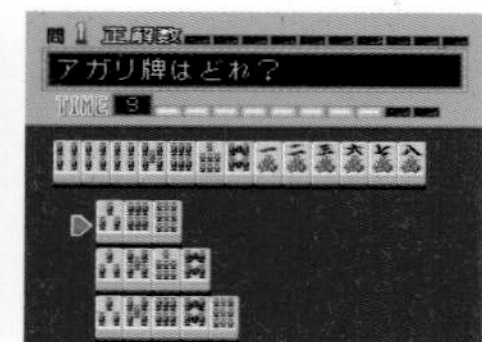

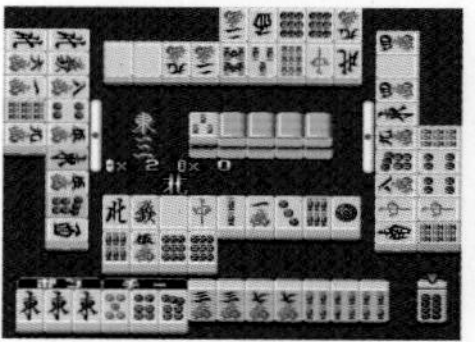

일본 물산은 아케이드용 탈의 마작게임을 다수 발매했지만, 본 작품에는 섹시한 요소가 거의 없다. 2인 마작, 3인 마작, 4인 마작을 선택할 수 있고, 전국 선수권 모드에서는 각 지역 대표 캐릭터와 토너먼트 방식으로 승부한다. 미니 게임으로 퀴즈도 즐길 수 있다.

장갑기병 보톰즈 더 배틀링 로드

● 발매일 / 1993년 10월 29일 ● 가격 / 9,800엔
● 퍼블리셔 / 타카라

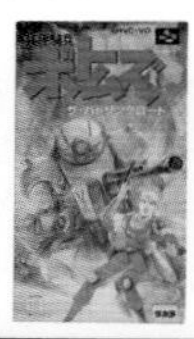

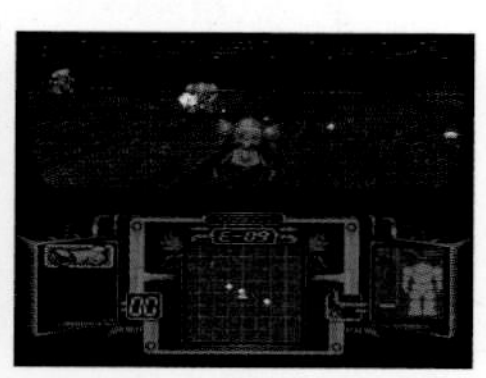

인기 애니메이션을 원작으로 한 콕핏 시점의 유사 3D 슈팅 게임. 플레이어는 아머드 트루퍼(AT)를 조작해서 암 펀치와 헤비 머신 건으로 적을 쓰러뜨리며 진행한다. 스테이지 사이에는 데모가 삽입되어서 스토리를 얘기해주는 것 같은 구성이다.

초시공요새 마크로스 스크램블 발키리

● 발매일 / 1993년 10월 29일 ● 가격 / 8,800엔
● 퍼블리셔 / 반프레스토

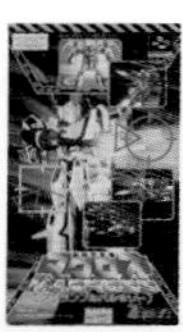

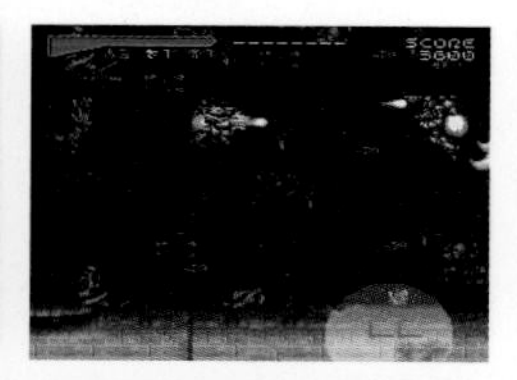
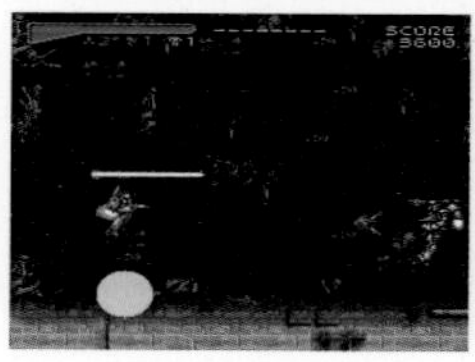

현재까지 시리즈가 이어지고 있는 인기 애니메이션의 첫 번째 작품을 원작으로 한 횡스크롤 슈팅 게임. 주인공은 이치죠 히카루, 맥스, 밀리아 중에서 선택하고, 기체는 파이터, 가워크, 배트로이드의 3가지 타입으로 변형 가능하다. 공격 방법이 각각 달라서 구분해 사용하는 것이 중요하다.

하타야마 핫치의 파로 야구 뉴스! 실명판

● 발매일 / 1993년 10월 29일 ● 가격 / 9,800엔
● 퍼블리셔 / 에폭사

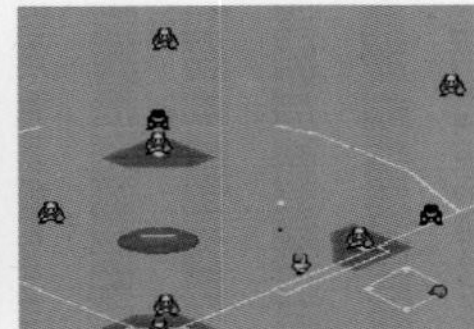

당시 프로야구를 소재로 4컷 만화를 그리던 하타야마 핫치(야쿠미츠루)의 이름을 내건 야구 게임. 한 시합만 하는 오픈전 이외에 페넌트레이스와 배틀 야구판도 플레이할 수 있다. 특훈 모드에서는 선수의 능력을 올리거나 아이템을 강화하는 것이 가능하다.

유토피아

● 발매일 / 1993년 10월 29일 ● 가격 / 9,500엔
● 퍼블리셔 / 에픽 소니 레코드

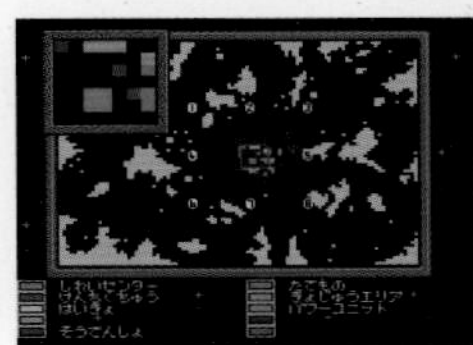

황폐해진 혹성을 개발해가는 도시 육성 시뮬레이션 게임. 다양한 역할을 하는 건물을 세우는 동시에 에일리언의 습격으로부터 혹성을 방어해야 한다. 다양한 사건 사고를 해결하면서 주민의 생활 레벨을 100%로 만들면, 다음 혹성 개발로 옮겨갈 수 있는 구조이다.

용호의 권

● 발매일 / 1993년 10월 29일 ● 가격 / 9,800엔
● 퍼블리셔 / 케이 어뮤즈먼트리스

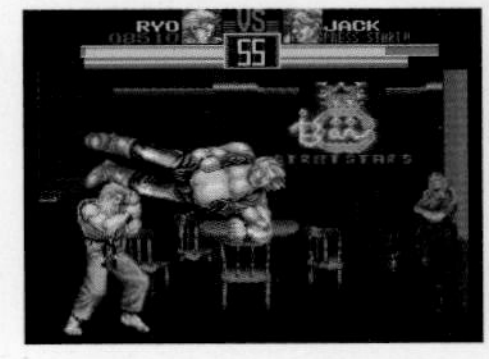

SNK에서 아케이드로 발매했던 대전 격투 게임을 이식했다. 기력이 쌓인 정도에 따라 필살기의 위력이 바뀐다는 것이 특징이고, 초필살기를 처음 도입한 것으로도 유명하다. SFC판은 다른 게임기 버전과는 달리 화면의 확대 · 축소까지 재현되어 있다.

아쿠탈리온

● 발매일 / 1993년 11월 5일 ● 가격 / 8,900엔
● 퍼블리셔 / 테크모

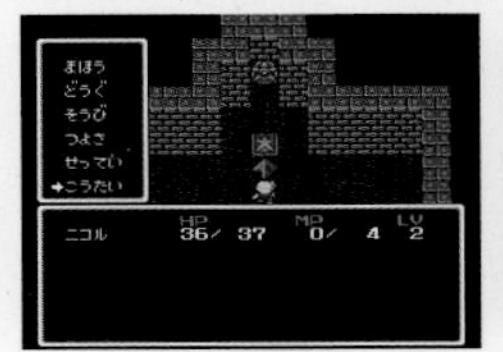

테크모에서 발매되었던 전형적인 시스템의 RPG. 필드는 탑뷰 화면이며 전투에서는 커맨드 입력식을 채용하고 있다. 메인과 서브라는 두 가지 파티가 바뀌면서 스토리가 흘러가는 방식이다. 깊은 묘미가 있는 작품이다.

파이널 녹아웃

● 발매일 / 1993년 11월 5일 ● 가격 / 8,800엔
● 퍼블리셔 / 팩 인 비디오

해외 개발사가 제작한 3인칭 시점 유사 3D 복싱 게임. 당시 활약하던 인기 복서를 모방한 8명의 주인공 중에서 한 명을 선택할 수 있고 3가지 모드를 플레이할 수 있다. 간단한 조작으로 스트레이트, 어퍼와 같은 펀치를 구분해서 쓸 수 있고 가드와 더킹도 가능하다.

가면라이더 쇼커 군단

● 발매일 / 1993년 11월 12일 ● 가격 / 9,800엔
● 퍼블리셔 / 반다이

가면라이더의 캐릭터를 사용한 벨트 스크롤 액션 게임. 주인공은 혼고 타케시(2P는 이치몬지 하야토)의 모습으로 등장하는데 변신하면 가면라이더가 된다. 커맨드 입력으로 다양한 기술을 쓸 수 있고, 그 기술을 특정 버튼에 등록하면 커맨드 없이도 다채로운 공격이 가능하다.

슈퍼 UNO

● 발매일 / 1993년 11월 12일 ● 가격 / 8,500엔
● 퍼블리셔 / 토미

1971년에 미국에서 고안되어 일본에서도 인기를 얻은 카드 게임 「UNO」를 비디오 게임화 했다. CPU 대전 상대를 자유롭게 선택할 수 있는 와글와글 모드 이외에 보드 게임 요소를 도입한 주사위 모드를 플레이할 수 있다. 물론 2P와 함께 플레이하는 것도 가능하다.

솔스티스 II

● 발매일 / 1993년 11월 12일 ● 가격 / 9,500엔
● 퍼블리셔 / 에픽 소니 레코드

패미컴으로 발매됐던 『솔스티스 3차원 미궁의 광수』의 속편. 장르는 액션 퍼즐이며 쿼터뷰 화면의 필드가 특징이다. 난이도는 높은 편이지만 성장 요소가 있어서 플레이하는 맛은 충분하다. 시스템은 라이프제를 채용했고 보스전도 준비되어 있다.

파이널 스트레치

● 발매일 / 1993년 11월 12일 ● 가격 / 9,800엔
● 퍼블리셔 / 로직

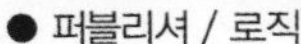

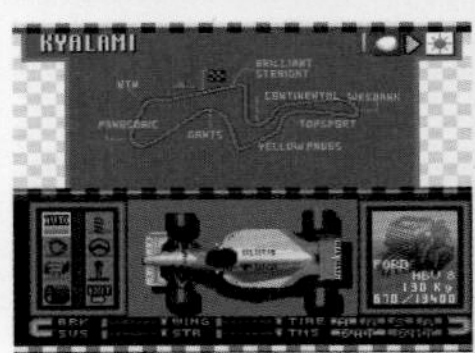

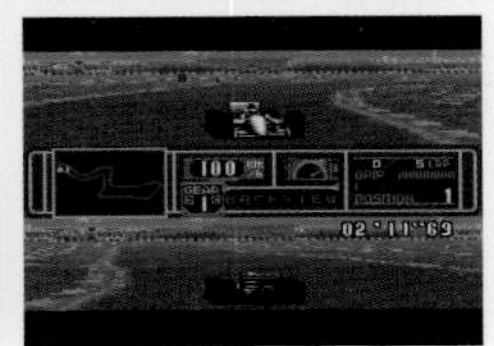

스즈키 아구리가 감수한 F1 레이싱 게임. 상하로 분할된 화면이 특징인데 화면 상단은 플레이어 차량의 뒤쪽 시점, 옆 시점, 상공 시점으로 변경할 수 있다. 당시의 F1 레이스 팀이 등장하며, 드라이버를 이적시키거나 머신 세팅을 변경하는 등의 요소도 있다.

와카타카 대 스모 꿈의 형제 대결

● 발매일 / 1993년 11월 12일 ● 가격 / 9,800엔
● 퍼블리셔 / 이머지니어

당시 붐을 일으켰던 와카타카 형제(와카노하나, 타카노하나)의 이름을 내건 스모 게임. 액션성이 강한 작품이 많은 장르이지만 본 작품은 카드 배틀을 채용하고 있다. 「당기기」 「돌진」 「던지기」 등의 카드를 선택해서 선수를 조작하는데 상황을 보면서 타이밍 좋게 카드를 내야 한다.

이스Ⅳ 마스크 오브 더 선

● 발매일 / 1993년 11월 19일 ● 가격 / 9,800엔
● 퍼블리셔 / 톤킹 하우스

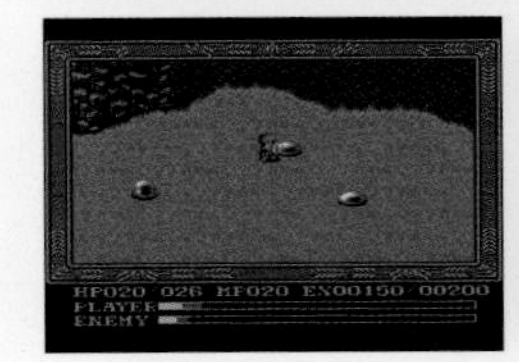

일본 팔콤의 인기 액션 RPG 시리즈의 네 번째 작품에 해당된다. 넘버링 타이틀로는 유일하게 팔콤이 개발하지 않은 작품으로, 먼저 공개된 PCE판이 아니라 본 작품이 정사(正史)로 취급된다. 1, 2와 마찬가지로 적을 몸통 박치기로 공격하는 시스템이다.

파치스로 러브 스토리

● 발매일 / 1993년 11월 19일 ● 가격 / 9,800엔
● 퍼블리셔 / 코코너츠 재팬 엔터테인먼트

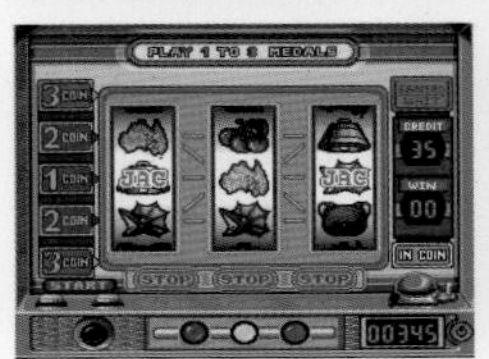

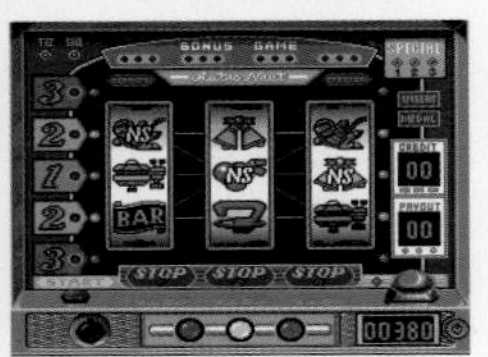

주인공이 전국을 이동하면서 파친코 슬롯을 하고, 코인을 특정 매수까지 늘리면 스토리가 진행되는 구조이다. 게임 내의 홀에 설치되어 있는 것은 당시의 인기 기기를 모티브로 한 가상의 기기인데, 옵션에서 대표적인 리치 수치를 알 수 있다.

배틀 마스터 궁극의 전사들

● 발매일 / 1993년 11월 19일 ● 가격 / 9,800엔
● 퍼블리셔 / 도시바 EMI

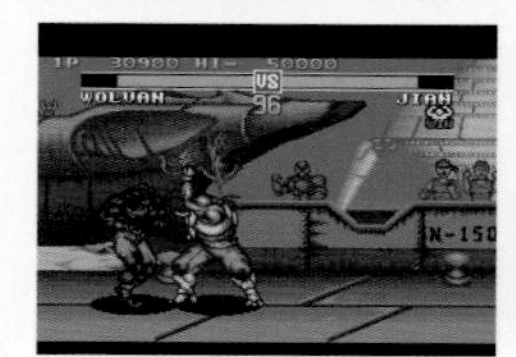

8명의 캐릭터 중에서 한 명을 선택해서 상대 캐릭터와 싸우는 대전 격투 게임. 커맨드 입력으로 필살기를 쓸 수 있으며, 공중 콤보와 가드 캔슬 같은 새로운 요소도 탑재되어서 혁신적인 작품이 되었다.

유진 작수학원

● 발매일 / 1993년 11월 19일 ● 가격 / 8,900엔
● 퍼블리셔 / 바리에

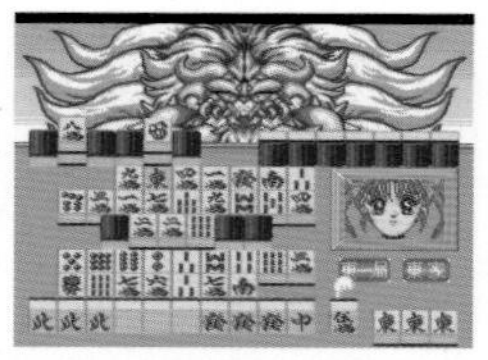

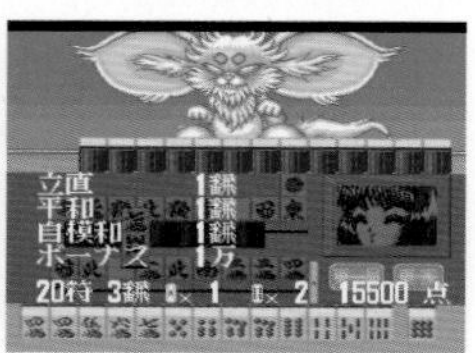

유진이 그린 캐릭터를 사용한 마작 게임이지만, 이겨도 캐릭터가 탈의하지는 않는다. 메인은 스토리 모드로 3명의 캐릭터 중 한 명을 골라 2인 마작을 한다. 이형의 캐릭터에게 승리하면 정화 성공이 되어 소녀의 모습을 되찾는다. 히든 커맨드로 캐릭터를 수영복 차림으로 만들 수도 있다.

리딕 보우 복싱

● 발매일 / 1993년 11월 23일 ● 가격 / 8,400엔
● 퍼블리셔 / 마이크로 넷

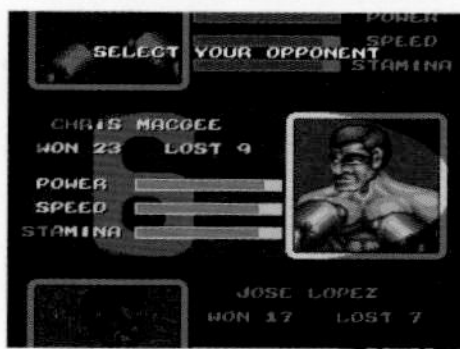

90년대 전반에 활약했던 헤비급 복서의 이름을 내건 복싱 게임. 사이드뷰 화면에 커다란 캐릭터가 싸우는 모습은 박력 만점이다. 오리지널 캐릭터를 만들어서 왕좌를 목표로 하는 것도 가능한데, 시합을 거듭하면 나이를 먹는 것이 재밌는 요소다.

액셀 브리드

● 발매일 / 1993년 11월 26일 ● 가격 / 9,800엔
● 퍼블리셔 / 토미

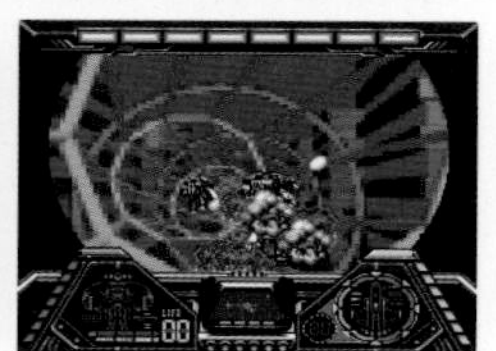

튜브형 코스를 로봇형 기체로 주행하는 유사 3D 레이싱 슈팅 게임. 플레이어의 기체는 공격형과 방어형으로 변형이 가능해서 상황에 따라 구분해서 사용한다. 스테이지를 시작할 때 무기를 선택할 수 있지만, 포인트를 소비해서 새로운 무기를 추가하는 것도 가능하다.

알라딘

● 발매일 / 1993년 11월 26일 ● 가격 / 9,000엔
● 퍼블리셔 / 캡콤

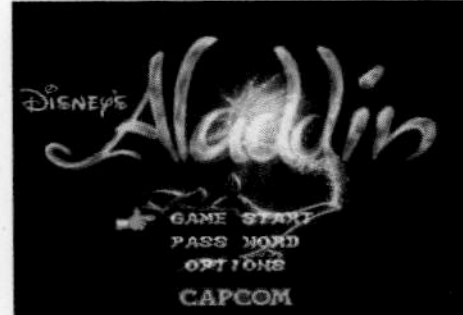

디즈니가 제작한 동명의 영화를 게임화 했다. 장르는 사이드뷰 액션으로 간단한 조작으로 다양한 동작이 가능하다. 캐릭터의 움직임은 매우 매끄럽고 스테이지도 세심하게 구성되었다. 난이도는 적당한 느낌이며, 원작을 보지 않았어도 충분히 즐길 수 있을 만큼 완성도가 높다.

아디 라이트 풋

● 발매일 / 1993년 11월 26일 ● 가격 / 9,800엔
● 퍼블리셔 / 아스키

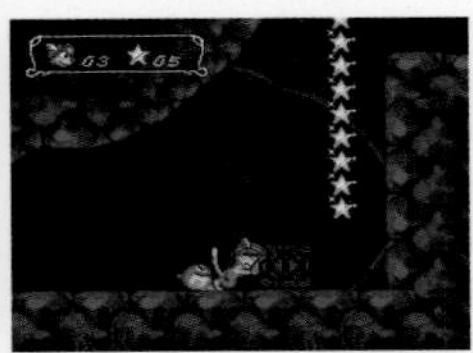

아스키에서 발매된 사이드뷰 액션 게임. 주인공을 조작해서 두 종류의 점프를 이용해 진행한다. 동행하는 파트너 캐릭터는 공격을 담당하는데 제대로 사용해야 한다. 스테이지에는 기믹도 매우 풍부해서 적당한 난이도로 즐길 수 있는 게임이다.

아레사

● 발매일 / 1993년 11월 26일 ● 가격 / 9,800엔
● 퍼블리셔 / 야노만

GB에서 인기를 얻은 RPG 시리즈를 플랫폼을 바꿔서 발매했다. 여성이 주인공이라는 특징은 이어지고 있지만 시스템과 스토리는 변경되었다. 전투 중에 적이 네 방향에서 공격해오는데 이에 맞춰 방향을 바꿔가며 공격할 필요가 있다.

abc 먼데이 나이트 풋볼

● 발매일 / 1993년 11월 26일 ● 가격 / 9,000엔
● 퍼블리셔 / 데이터 이스트

실존하는 NFL 팀을 사용할 수 있는 아메리칸 풋볼 게임. 선수의 후방에서 보는 시점이 특징으로 유사 3D처럼 화면 안쪽을 향해 필드가 스크롤된다. 플레이 시작 전에 포메이션을 선택하는데 플레이어가 조작하는 선수 이외에는 그 포메이션대로 움직인다.

F-15 슈퍼 스트라이크 이글

● 발매일 / 1993년 11월 26일 ● 가격 / 9,600엔
● 퍼블리셔 / 아스믹

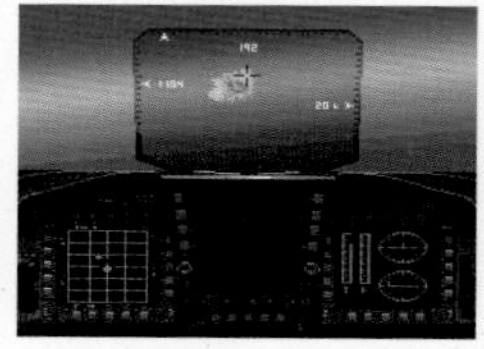

전투기 F-15를 모티브로 제작된 플라이트 슈팅 게임. 콕핏 시점을 이용한 유사 3D 화면은 박력 만점이면서 리얼함도 자아낸다. 레이더에 잡히는 적을 모두 파괴하면 미션 클리어라는 알기 쉬운 시스템을 채용했다.

오니즈카 카츠야 슈퍼 버추얼 복싱 ~진 격투왕 전설~

● 발매일 / 1993년 11월 26일 ● 가격 / 9,800엔
● 퍼블리셔 / 소프엘

훈훈한 외모와 패션 센스로 여성에게 인기가 많았던 프로 복서 오니즈카 카츠야의 이름을 내건 복싱 게임. 선수 시점에서 진행되기 때문에 자신의 캐릭터는 화면에서 손만 보인다. CPU 대전 상대는 6명이 준비되어 있는데, 모두에게 이긴 후에 타이틀 매치가 벌어진다.

아랑전설2 -새로운 결투-

● 발매일 / 1993년 11월 26일 ● 가격 / 9,980엔
● 퍼블리셔 / 타카라

SNK의 인기 대전 격투 게임 『아랑전설』의 두 번째 작품을 이식했다. 플레이어 캐릭터에 시라누이 마이와 쳉 신잔 등 5명이 추가되었고, 회피 공격과 초필살기 같은 요소가 더해지면서 게임성이 대폭 향상됐다. SFC판에서는 라스트 보스인 크라우저 등, 4명의 캐릭터도 사용 가능하다.

실전! 파치스로 필승법!

● 발매일 / 1993년 11월 26일 ● 가격 / 9,500엔
● 퍼블리셔 / 사미

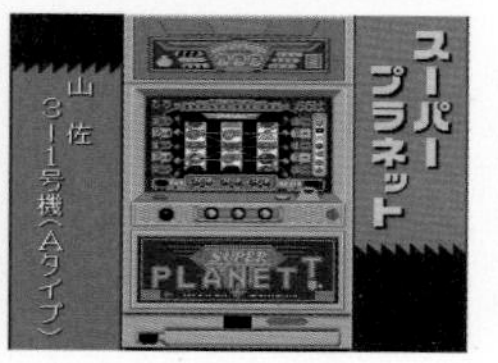

현재는 세가를 산하에 둔 파친코 기업 '사미'가 개발한 파친코 슬롯 게임. 자사의 파친코 슬롯뿐 아니라 다른 메이커의 기기도 등장한다. 파친코 회사가 독자적으로 개발한 게임인 만큼, 기기의 움직임 등이 실제와 같이 재현되어서 리얼한 공략에 도움이 되었다.

슈퍼 H.Q. 크리미널 체이서

● 발매일 / 1993년 11월 26일 ● 가격 / 8,900엔
● 퍼블리셔 / 타이토

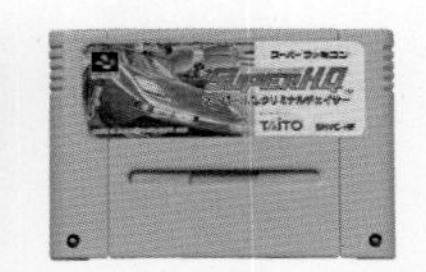

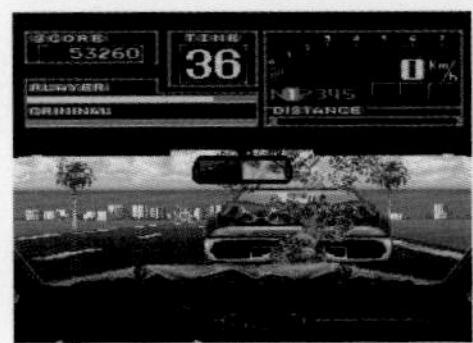

타이토에서 발매되던 인기 아케이드 게임 『체이스 H.Q.』를 슈퍼 패미컴용으로 어레인지 이식했다. 범인 추적과 체포가 목적인데, 도주 차량에 자신의 차량을 충돌시키는 게임성이 참신했다. SFC판은 오토와 수동을 고를 수 있고 차량에 내구력이 설정되어 있다.

다이나믹 스타디움

● 발매일 / 1993년 11월 26일 ● 가격 / 8,500엔
● 퍼블리셔 / 사미

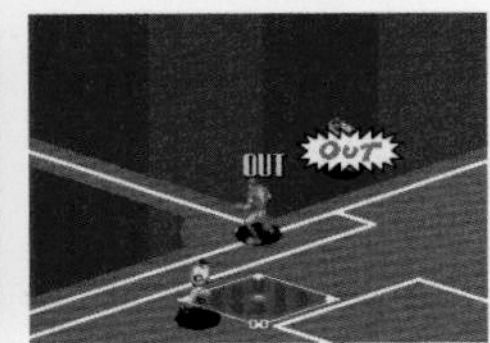

NPB에 소속된 12개 구단의 선수가 실명으로 등장하는 야구 게임. 게임성은 대체로 전형적이며 페넌트레이스, 친선 경기, 올스타 토너먼트 등의 모드를 플레이할 수 있다. 탑뷰가 아닌 백뷰 화면이 특징이며 박력을 중시한 게임이다.

다케다 노부히로의 슈퍼컵 사커

● 발매일 / 1993년 11월 26일 ● 가격 / 9,500엔
● 퍼블리셔 / 자레코

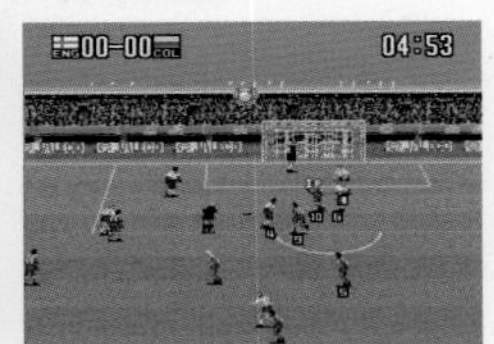
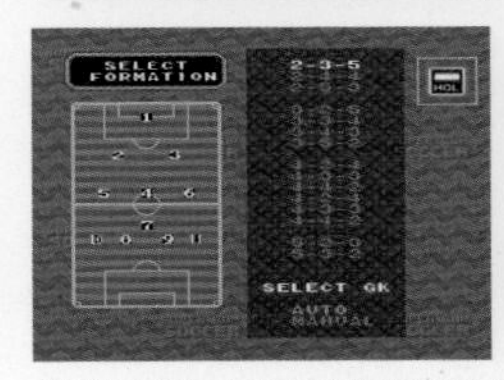

현재도 예능 프로그램 등에서 활약하고 있는 타케다 노부히로 선수를 내세운 축구 게임. 24개국 대표팀을 사용할 수 있고 포메이션 변경도 가능하다. 화면은 비스듬한 백뷰 시점이며 상하 방향으로 필드가 스크롤 된다.

테크모 슈퍼볼

● 발매일 / 1993년 11월 26일 ● 가격 / 9,800엔
● 퍼블리셔 / 테크모

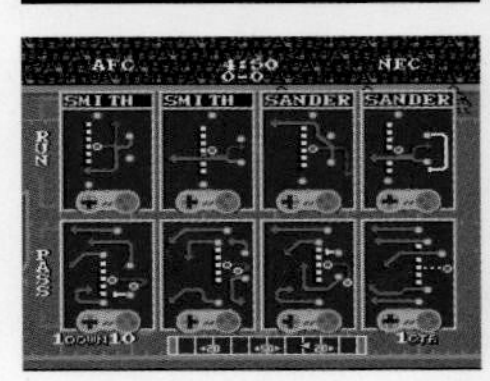
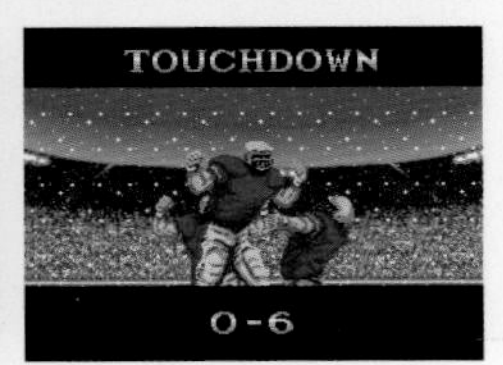

패미컴에서 인기를 모았던 『테크모 슈퍼볼』의 SFC판. 당시 NFL에 소속되어 있던 선수들이 상세하게 수치화 되어 있다. 시즌 게임에서는 정규 16게임을 치르고 플레이오프전(토너먼트)에서 승리해 마지막에는 슈퍼볼에 도전한다.

야다몽 원더랜드 드림

● 발매일 / 1993년 11월 26일 ● 가격 / 8,800엔
● 퍼블리셔 / 토쿠마 서점

NHK에서 방송되던 애니메이션『야다몽』의 캐릭터를 사용한 특이한 게임. 3개의 마법석을 찾아내는 것이 목적이다. 배경에 있는 다양한 사물에 커서를 맞추면 이벤트가 발생하면서 게임이 진행된다. SFC 마우스에 대응한다.

가이아 환상기

● 발매일 / 1993년 11월 27일 ● 가격 / 9,800엔
● 퍼블리셔 / 에닉스

퀸텟과 에닉스가 공동 개발한 액션 RPG. 주인공은 3종류의 캐릭터로 변신할 수 있고 각각 특수한 기술을 사용할 수 있다. 퍼즐 요소도 풍부하고 시나리오도 뛰어나서 높은 평가를 받은 작품이다. 지금 플레이해도 충분히 즐길 수 있을 정도로 완성도가 높다.

Soul & Sword

● 발매일 / 1993년 11월 30일 ● 가격 / 9,800엔
● 퍼블리셔 / 반프레스토

자유도가 매우 높은 RPG. 섬에서 나가거나 10년이 지나면 게임이 끝나지만, 그때까지 얼마나 많은 이벤트를 수행했는지에 따라서 결말이 달라지는 멀티 엔딩을 채용했다. 단순한 전개가 많은 일본 RPG의 성향을 감안하면 꽤 이질적인 존재다.

슈퍼 마작2 본격 4인 마작!

● 발매일 / 1993년 12월 2일 ● 가격 / 8,800엔
● 퍼블리셔 / 아이맥스

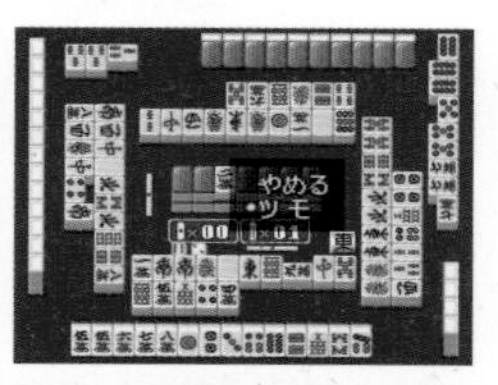

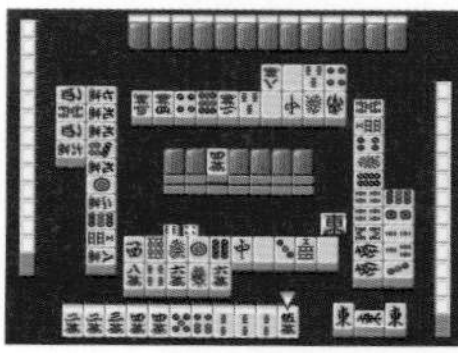
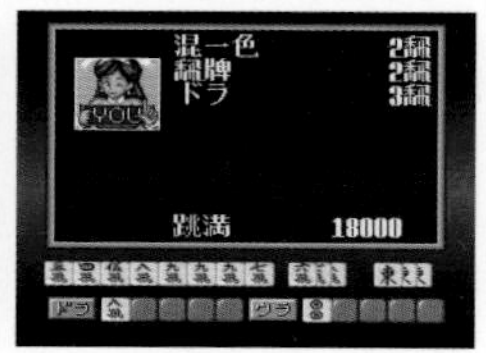

「본격」이라는 타이틀에 맞게 플레이어의 데이터를 기록해두어 종합 성적을 볼 수 있다. 프리 대국과 상금왕 토너먼트가 준비되어 있고 CPU 캐릭터와 승부한다. 단위를 인정해주는 기능도 있어서 오랫동안 플레이할 수 있다.

NBA 프로 바스켓볼'94 불즈 VS 선즈

● 발매일 / 1993년 12월 3일 ● 가격 / 9,800엔
● 퍼블리셔 / 일렉트로닉 아츠 빅터

당시 NBA에 소속되어 있던 팀과 선수를 조작하는 농구 게임. 스피디한 전개가 많은 현실 농구를 제대로 재현했는데 10명의 선수가 코트에서 뒤섞이는 모습이 압권이다. 불즈와 선즈 이외의 팀도 사용 가능하다.

키쿠니 마사히코의 작투사 도라왕2

● 발매일 / 1993년 12월 3일 ● 가격 / 8,900엔
● 퍼블리셔 / POW

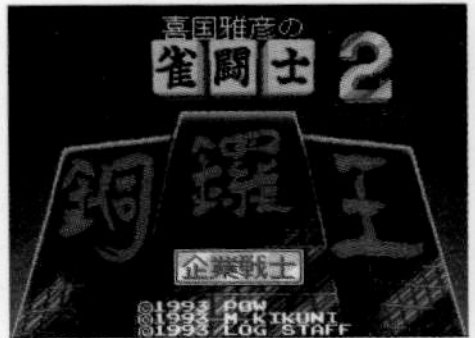

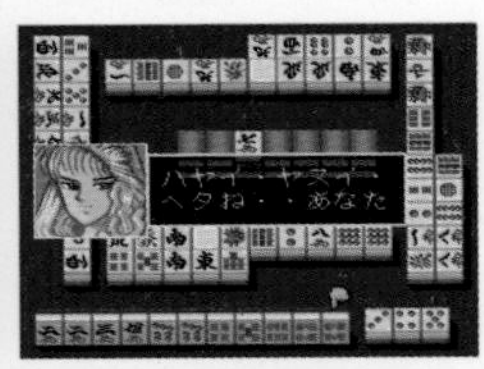

같은 해 2월에 발매됐던 마작 게임의 속편. 프리 대국과 스토리 모드 이외에 친치로링, 패 경마 등의 미니 게임을 플레이할 수 있다. 만화가 키쿠니 마사히코의 캐릭터는 개성이 넘치고 대국 중에는 다양한 대사로 분위기를 즐겁게 해준다.

슈퍼 궁극 하리키리 스타디움

● 발매일 / 1993년 12월 3일 ● 가격 / 9,500엔
● 퍼블리셔 / 타이토

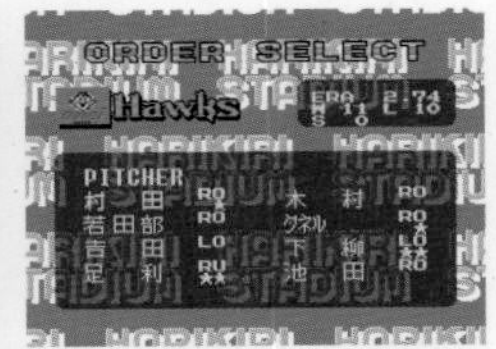

FC로 발매됐던 야구 게임 시리즈가 SFC로 플랫폼을 옮겼다. 선수와 팀명은 실명이 되었지만 가상의 팀도 준비되어 있다. 또한 연습 모드에서는 선수 육성도 할 수 있고 육성한 선수를 시합에서 사용할 수도 있다.

T.M.N.T. 뮤턴트 워리어즈

● 발매일 / 1993년 12월 3일 ● 가격 / 9,800엔
● 퍼블리셔 / 코나미

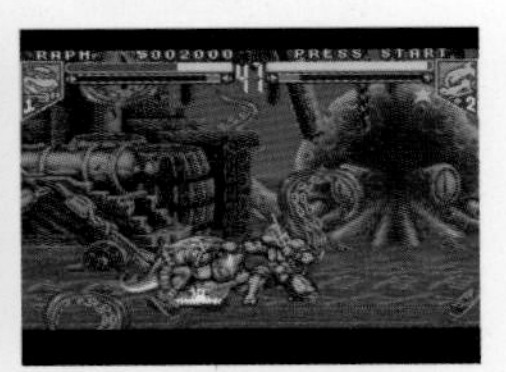
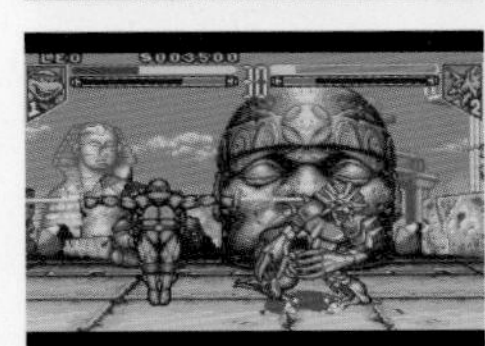
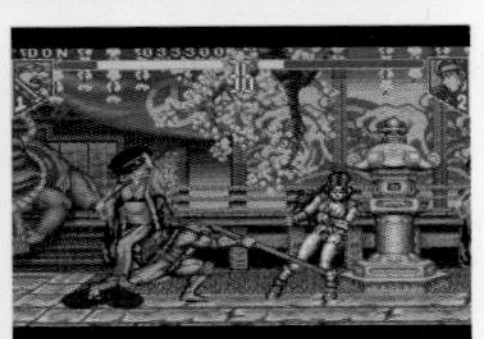

미국에서 대 인기였던 애니메이션 닌자 거북이를 사용한 대전 격투 게임. 메인인 4명의 캐릭터 이외에도 다양한 캐릭터를 사용할 수 있으며, 당연히 커맨드 입력을 이용한 필살기도 존재한다. 화려한 연출 같은 것은 없지만 동일 장르 게임의 기본은 확실하게 갖추고 있다.

노부나가의 야망 패왕전

● 발매일 / 1993년 12월 9일 ● 가격 / 12,800엔
● 퍼블리셔 / 코에이

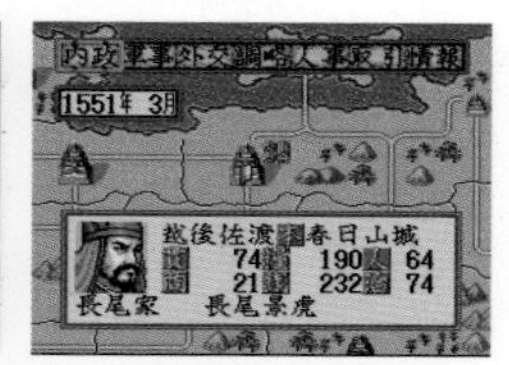

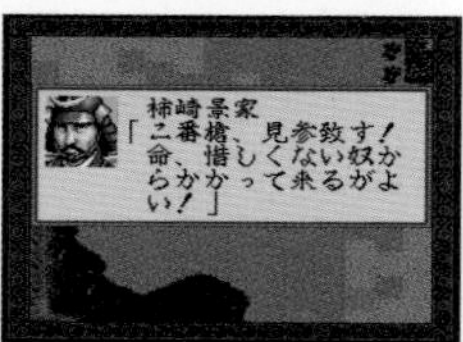

PC로 발매됐던 시리즈의 다섯 번째 작품을 이식했다. 본 작품부터 국가 단위가 아니라 성 단위의 공방이 도입되어 본성에 이은 지성도 등장했다. 또한 무장은 업적에 따른 보상을 원하게 되어서, 군주는 논공행상을 통해 영지를 분배하는 등의 활동을 해야 한다.

쿨 스팟

● 발매일 / 1993년 12월 10일 ● 가격 / 8,900엔
● 퍼블리셔 / 버진 게임

해외 제작사가 개발한 사이드뷰 액션 게임. 주인공은 소프트드링크 『7UP』의 마스코트 캐릭터로 붙잡힌 동료를 구하는 것이 목적이다. 필드 위에 배치되어 있는 마크를 일정수 이상 획득해서 감옥에 도달하면 스테이지가 클리어 된다.

R · TYPE III

● 발매일 / 1993년 12월 10일 ● 가격 / 9,800엔
● 퍼블리셔 / 아이렘

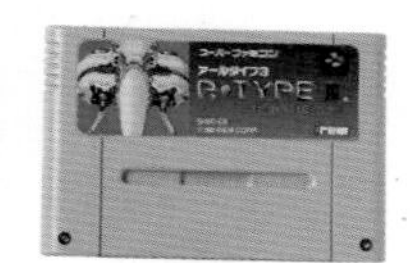

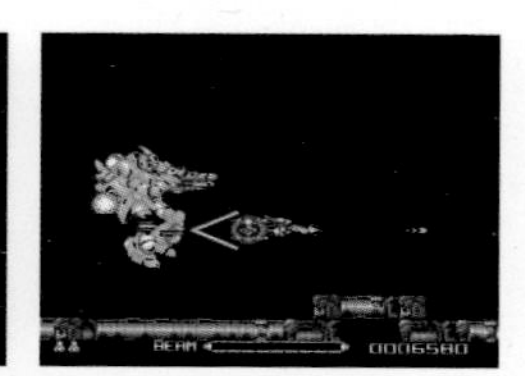
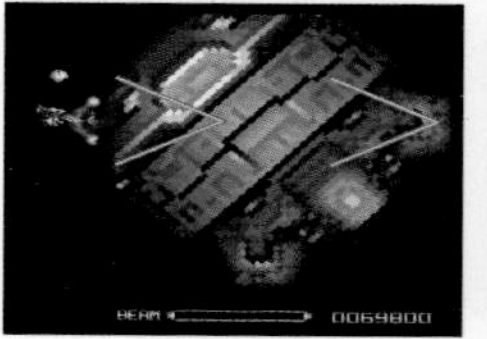
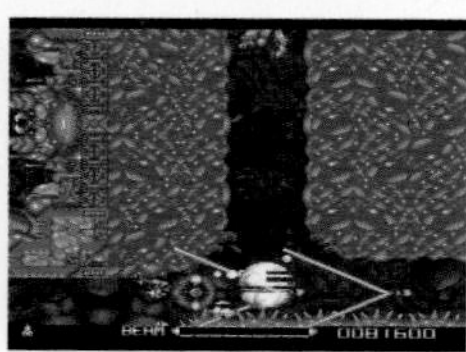

아케이드로 대 히트했던 횡스크롤 슈팅 게임의 세 번째 작품. 가정용 하드로는 처음 발매되었다. 플레이어의 기체는 동일하지만 3종류 중에서 선택할 수 있는 포스는 각각 공격 방법이 다르다. 아이렘다운 학습형 작품으로 2회차 클리어로 엔딩이 된다.

결전! 도카폰 왕국Ⅳ ~전설의 용사들~

● 발매일 / 1993년 12월 10일 ● 가격 / 8,900엔
● 퍼블리셔 / 아스믹

타이틀에 「Ⅳ」라고 명시되어 있지만 본 작품이 시리즈 첫 번째이다. RPG 요소를 더한 보드 게임이며, 룰렛을 돌려서 나온 숫자만큼 이동해서 다양한 이벤트를 수행한다. 적과의 전투는 커맨드 선택식이고 승리하면 상금과 경험치를 얻을 수 있다.

슈~퍼~ 뿌요뿌요

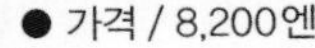

● 발매일 / 1993년 12월 10일 ● 가격 / 8,200엔
● 퍼블리셔 / 반프레스토

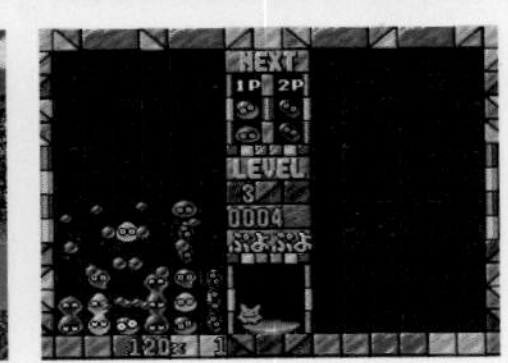

아케이드에서 인기에 불이 붙은 『뿌요뿌요』의 SFC판. 기본적인 규칙은 완전히 똑같고, 연쇄로 『뿌요』를 지우면 상대에게 다수의 방해 뿌요를 보낼 수 있다. 본 작품에는 AC판에 없었던 엔드리스 모드가 있어서 마음껏 『뿌요뿌요』를 즐길 수 있게 되었다.

백열 프로야구'94 감바리그3

● 발매일 / 1993년 12월 10일 ● 가격 / 8,900엔
● 퍼블리셔 / 에픽 소니 레코드

SFC에서 시작된 야구 게임 시리즈의 세 번째 작품이자 마지막 작품이다. 조작 등은 기본에 충실하지만 게임 모드가 다양해서 오랫동안 즐길 수 있다. 선수는 모두 실명으로 등장하며 NPB에 소속된 12개 구단과 올스타팀을 사용할 수 있다.

플록

● 발매일 / 1993년 12월 10일 ● 가격 / 8,900엔
● 퍼블리셔 / 액티비전 재팬

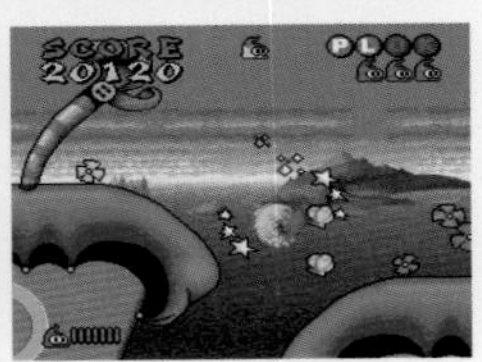

빼앗긴 깃발을 되찾기 위해 주인공이 섬을 모험하는 사이드뷰 액션 게임으로 해외 제작사 작품이다. 주인공에겐 두 종류의 점프 이외에도 변신 능력이 있어서, 특정 아이템을 만지면 다양한 형태로 변신할 수 있다. 다수의 장치가 배치된 필드로 인해 난이도는 높은 편이다.

비밀 마권 구입술 경마 에이트 스페셜

● 발매일 / 1993년 12월 10일 ● 가격 / 9,000엔
● 퍼블리셔 / 미사와 엔터테인먼트

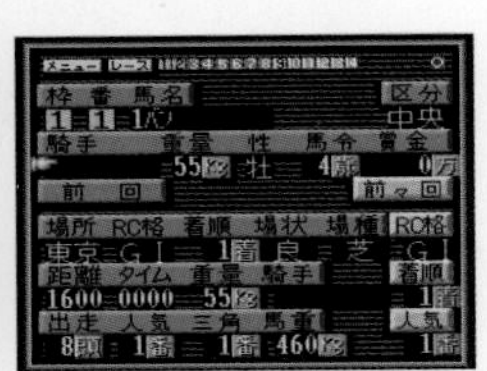
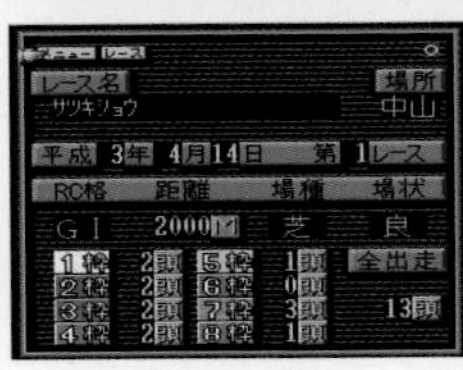

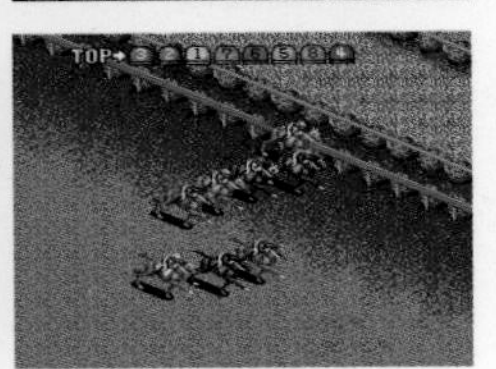

경마 신문 「경마 에이트」가 감수하는 예상 소프트. 경주마에 관한 다양한 데이터를 입력하면 레이스 결과를 자동으로 예측해주기 때문에 예상 서포트로서 활약하고 있다. 또한 게임상의 레이스에 돈을 걸어서 플레이하는 모드도 탑재되어 있다.

알카에스트

● 발매일 / 1993년 12월 17일 ● 가격 / 8,800엔
● 퍼블리셔 / 스퀘어

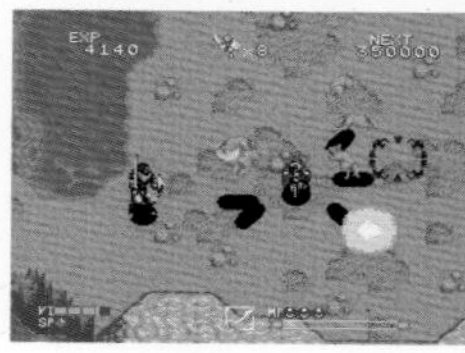
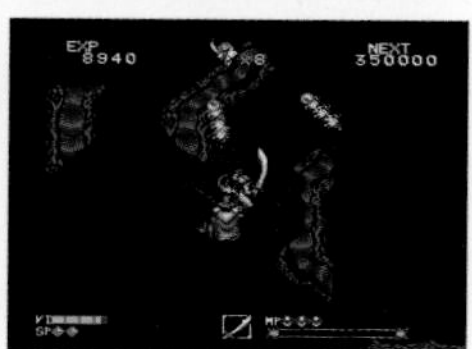

HAL 연구소가 개발하고 스퀘어가 발매한 액션 RPG. 원래의 타이틀은 『가디언 블레이드』이며 마계신의 부활을 저지하는 것이 게임의 목적이다. 방패를 이용한 가드와 버튼을 길게 누르면 발동되는 필살기를 구사하면서 스테이지를 클리어해 나간다.

다운타운 열혈 베이스볼 이야기 야구로 승부다! 쿠니오군

● 발매일 / 1993년 12월 17일 ● 가격 / 9,800엔
● 퍼블리셔 / 테크노스 재팬

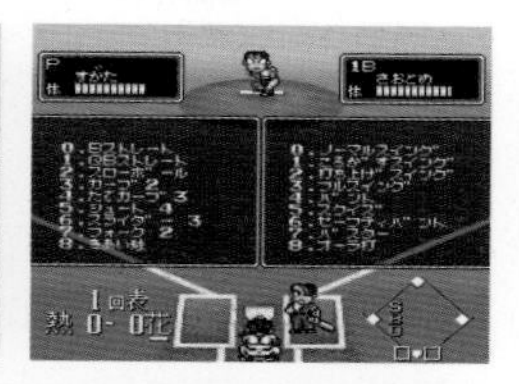
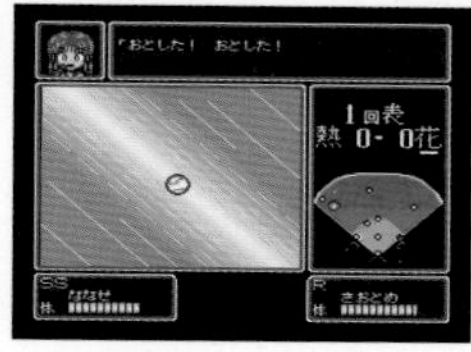
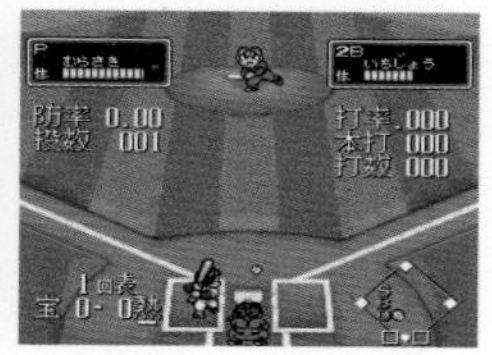

쿠니오군이 주인공인 야구 게임. 메인인 스토리 모드에서는 열혈 고교의 야구부를 이끌고 우승을 목표로 한다. 시합 사이에 플레이가 스크롤업 되어서 경기 분위기를 띄운다. 쿠니오군 시리즈답게 한정적이기는 하지만 폭력 행위도 인정된다.

슈퍼 스타워즈 제국의 역습

● 발매일 / 1993년 12월 17일 ● 가격 / 9,800엔
● 퍼블리셔 / 빅터 엔터테인먼트

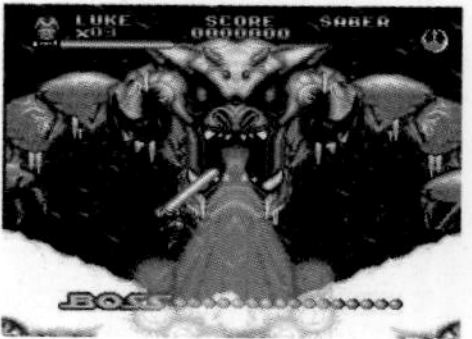
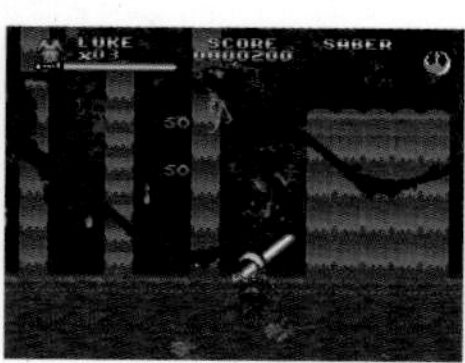

세계적으로 대 히트한 영화의 에피소드 4~6이 SFC에서 시리즈화 되었는데, 본 작품은 그중 두 번째이다. 사이드뷰 액션이 기본이지만, 맨몸인 경우와 전투기 등에 탑승했을 때는 조작 방법과 시점이 다르다. 원작 팬이라면 더 깊이 즐길 수 있는 작품이다.

도라에몽2 노비타의 토이즈랜드 대모험

● 발매일 / 1993년 12월 17일 ● 가격 / 8,000엔
● 퍼블리셔 / 에폭사

SFC에서는 도라에몽 게임 두 번째 작품. 다양한 비밀도구의 힘을 빌려서 스테이지를 클리어하는 액션 게임이다. 사용할 수 있는 캐릭터는 도라에몽, 노비타, 시즈카, 스네오, 자이안까지 5명이며 각각 특징이 다르다. 도라에몽은 스테이지 2부터 쓸 수 있다.

드래곤볼Z 초무투전2

● 발매일 / 1993년 12월 17일 ● 가격 / 9,800엔
● 퍼블리셔 / 반다이

드래곤볼의 캐릭터를 사용한 대전 격투 게임. 필드가 넓어서 원거리 공방이 가능한데 그때는 화면이 좌우로 분할된다. 캐릭터가 하늘을 날 수 있다는 것도 특징이며, 기본 8명의 캐릭터에 히든 캐릭터까지 포함하면 총 10명의 캐릭터를 사용할 수 있다.

드라키의 동네야구

● 발매일 / 1993년 12월 17일 ● 가격 / 9,800엔
● 퍼블리셔 / 이머지니어 줌

일본 코카콜라가 협찬한 야구 게임으로 팀명도 코카콜라의 주스 이름에서 따왔다. 조작 등은 전형적이지만, 마구와 타법을 사용할 수 있는 특이한 게임성이 추가되었다. 또한 심판의 판정에 항의할 수 있는 시스템이 채용된 것도 재밌다.

파친코 워즈 II

● 발매일 / 1993년 12월 17일 ● 가격 / 9,800엔
● 퍼블리셔 / 코코너츠 재팬 엔터테인먼트

파친코 게임의 장인 코코너츠 재팬이 개발했다. 기기는 가상의 것이지만 당시의 실제 기기를 모티브로 했다. 파친코로 특정수의 구슬을 수집해서 스토리를 진행한다. 구슬은 경품과 교환할 수 있고, 게임 중에 도움이 되는 다양한 아이템을 입수할 수도 있다.

홀리 스트라이커

● 발매일 / 1993년 12월 17일 ● 가격 / 8,800엔
● 퍼블리셔 / 헥터

판타지 세계를 무대로 한 블록 깨기 게임. 주인공은 빛의 구슬을 튕겨서 블록을 파괴해 나간다. 필드 상단에 있는 골 부분에 공을 넣으면 스테이지 클리어가 된다. 캐릭터는 좌우뿐만이 아니라 8방향으로 이동할 수 있고 플레이어끼리의 대전도 가능하다.

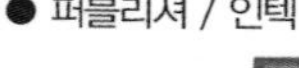

몽환처럼

● 발매일 / 1993년 12월 17일 ● 가격 / 9,800엔
● 퍼블리셔 / 인텍

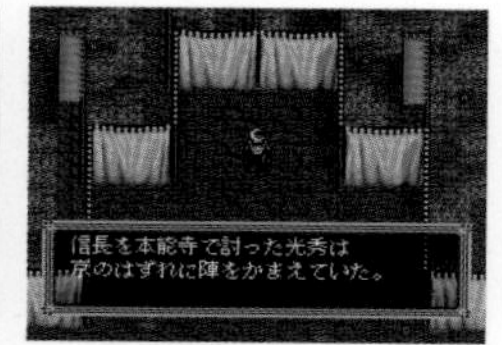

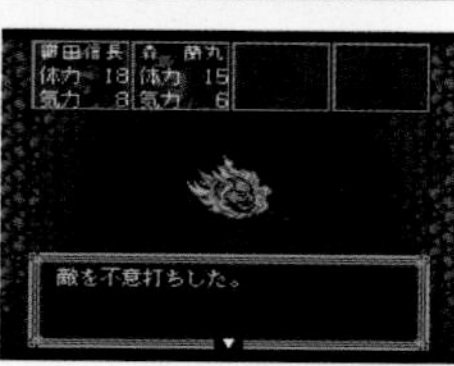

모토미야 히로시의 만화를 원작으로 하는 비교적 전형적인 RPG. 무대는 전국시대 일본이며, 오다 노부나가가 혼노지의 변에서 살아남아 주인공이 됐다는 설정이다. 노부나가 이외의 전국 무장도 다수 등장한다. 한 손 무기의 이도류와 상급직으로의 전직 등이 재미있는 요소다.

러싱비트 수라

● 발매일 / 1993년 12월 17일 ● 가격 / 9,700엔
● 퍼블리셔 / 자레코

자레코에서 발매된 벨트 스트롤 액션 시리즈의 제3탄. 4명의 캐릭터 중에서 주인공을 선택하고 적을 쓰러뜨리면서 나아간다. 버튼을 조합해서 특수한 기술을 쓸 수 있는 등, 전작과 비교하면 테크니컬한 게임이 되었고 조작성도 향상되었다.

록맨X

● 발매일 / 1993년 12월 17일 ● 가격 / 9,500엔
● 퍼블리셔 / 캡콤

『록맨X』 시리즈의 첫 번째 작품. 기본적인 게임성은 패미컴의 록맨 시리즈와 같지만, 주인공이 엑스로 바뀌고 새로운 액션도 추가되었다. 인기 작품의 후계작이라는 후광효과도 있어서 발매 전부터 플레이어의 기대감이 높았고 100만 개 이상의 판매량을 기록했다.

원더러스 매직

● 발매일 / 1993년 12월 17일 ● 가격 / 9,800엔
● 퍼블리셔 / 아스키

시스템 사콤이 개발하고 아스키가 발매한 RPG. 꽤 독특한 시스템을 채용하고 있는데, 맵상에서의 이동은 목적지를 설정하기만 해도 OK. 적과의 전투에서는 리얼타임이 채용되어서 공격과 도구 사용 등을 재빨리 선택해야 한다.

에이스를 노려라!

● 발매일 / 1993년 12월 22일 ● 가격 / 9,400엔
● 퍼블리셔 / 일본 텔레넷

인기 만화를 원작으로 한 테니스 게임. 이 장르의 게임치고는 드물게 시나리오 모드가 메인이며 원작을 따른 스토리가 전개된다. 시합 중에는 공의 움직임에 맞춰서 시점이 다이나믹하게 변화하므로 박력 있는 게임을 즐길 수 있다.

힘내라 고에몽2 기천열장군 매기네스

● 발매일 / 1993년 12월 22일 ● 가격 / 9,800엔
● 퍼블리셔 / 코나미

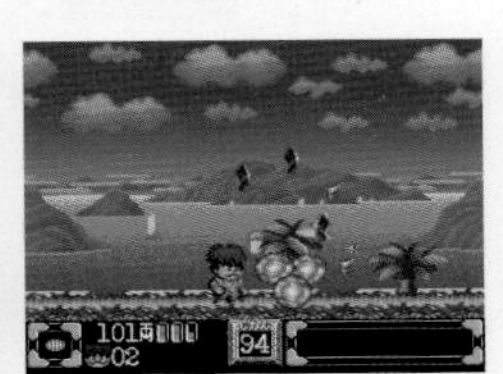

인기 시리즈의 SFC 두 번째 작품. 고에몬, 에비스마루, 사스케 중에서 주인공을 선택할 수 있다. 기본은 사이드뷰 액션이며 무기를 바꾸면서 적을 쓰러뜨린다. 마을 안에서는 화면 안쪽으로도 이동이 가능하며 가게에서는 체력 회복과 쇼핑을 할 수 있다. 캐릭터에겐 성장 요소도 있다.

힘내라! 대공의 겐상

● 발매일 / 1993년 12월 22일 ● 가격 / 8,900엔
● 퍼블리셔 / 아이렘

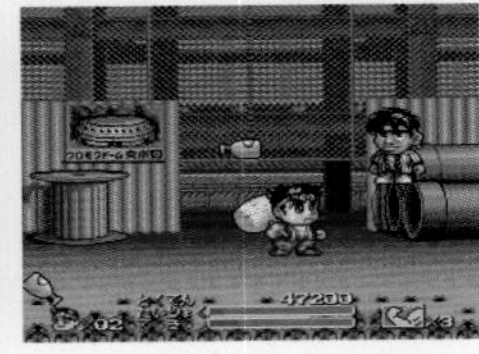

이후 파친코 기기로 큰 인기를 모았던 목수 겐을 주인공으로 한 사이드뷰 액션 게임. 손에 든 커다란 나무망치를 써서 공격하거나 지진을 일으키는 것도 가능하다. 코미컬한 캐릭터와 적절한 난이도 덕분에 가볍게 즐길 수 있는 작품이다.

킹 오브 더 몬스터즈2

● 발매일 / 1993년 12월 22일 ● 가격 / 9,800엔
● 퍼블리셔 / 타카라

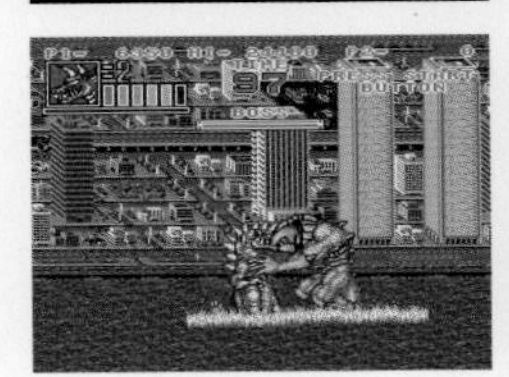
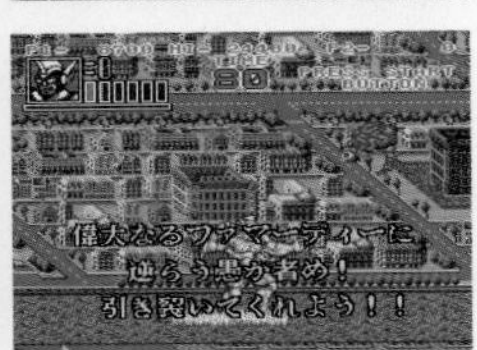

네오지오에서 발매되던 아케이드용 액션 게임의 이식판. 시가지와 공장 지대를 무대로 히어로가 거대 괴수와 싸운다. 기본적인 게임성은 프로레슬링에 가까우며 적을 펀치와 잡기 기술 등으로 공격한다. 빌딩을 무너뜨려 적에게 던지는 등, 파괴의 즐거움을 느낄 수 있는 작품이다.

초 고질라

● 발매일 / 1993년 12월 22일 ● 가격 / 9,800엔
● 퍼블리셔 / 토호

이동 모드로 고질라를 움직여서 아이템을 획득하거나 건조물 등을 파괴하며 나아간다. 적과 접촉하면 배틀 모드가 되고, 일대일 대전 격투 게임풍 화면으로 전환된다. 적에게 마구잡이 공격을 하기보다는 괴수들의 '투쟁 본능 게이지' 잔량도 신경 써야 한다.

스페이스 펑키 비오비

● 발매일 / 1993년 12월 22일 ● 가격 / 8,900엔
● 퍼블리셔 / 일렉트로닉 아츠 빅터

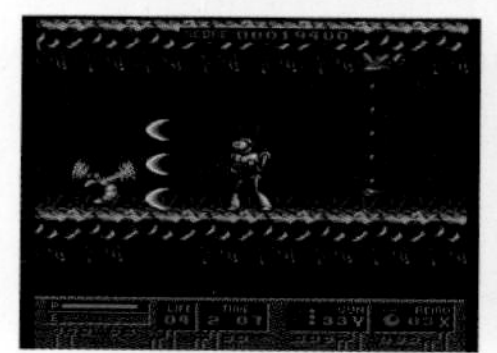

해외 제작사가 개발한 액션 게임. 탑뷰형 맵 화면을 이동해서 사이드뷰 던전을 탐색한다. 펀치와 총으로 적을 공격하고, 특수한 아이템을 구사해서 스테이지를 클리어해 나간다. 독특한 터치의 그래픽에 빠져들게 되는 게임이다.

탑 레이서2

● 발매일 / 1993년 12월 22일 ● 가격 / 8,500엔
● 퍼블리셔 / 켐코

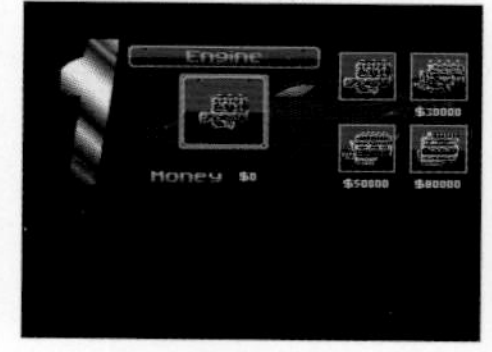

유사 3D 레이싱 게임. 해외에서는 『탑 기어』 시리즈로 오랫동안 작품이 발매되어 왔다. 무려 64종류의 코스가 준비되어 있고, 플레이어 차량의 엔진과 타이어를 구입해서 자유롭게 튠업 하는 것도 가능하다. 오랫동안 즐길 수 있는 작품이다.

빙빙! 빙고

● 발매일 / 1993년 12월 22일 ● 가격 / 8,900엔
● 퍼블리셔 / KSS

파티 등에서 하는 빙고 게임을 비디오 게임화 한 것이다. 메인인 빙고는 4종류가 있는데 사다리 타기나 스카이다이빙 등으로 숫자를 선택해 나간다. 그 외에도 경마와 두더지잡기 등의 미니 게임이 수록되어 있어서 자유롭게 플레이할 수 있다.

플래시 백

● 발매일 / 1993년 12월 22일 ● 가격 / 9,600엔
● 퍼블리셔 / 선 소프트

프랑스의 게임 제작사가 개발한 액션 어드벤처 게임. 아름답고 매끄러운 애니메이션 등 고도의 기술이 사용되었고 시나리오도 좋은 평가를 받았다. 난이도가 매우 높고 즉사하는 장소도 많아서 몇 번이고 죽어가며 암기하는 것이 기본이라 할 수 있다.

유☆유☆백서

● 발매일 / 1993년 12월 22일 ● 가격 / 9,600엔
● 퍼블리셔 / 남코

토가시 요시히로의 인기 만화를 원작으로 한 대전형 배틀 게임. 캐릭터를 직접 조작하는 것이 아니라 커맨드 입력으로 행동을 명령한다. 화면 하단에 있는 게이지를 모으는 것이 중요하며, 많이 모을수록 각종 행동의 위력과 효과가 크게 달라지는 구조이다.

헤베레케의 포푼

● 발매일 / 1993년 12월 22일 ● 가격 / 8,200엔
● 퍼블리셔 / 선 소프트

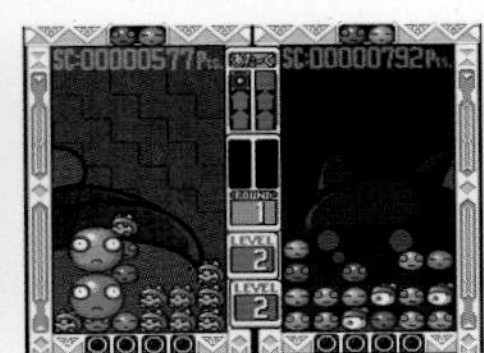

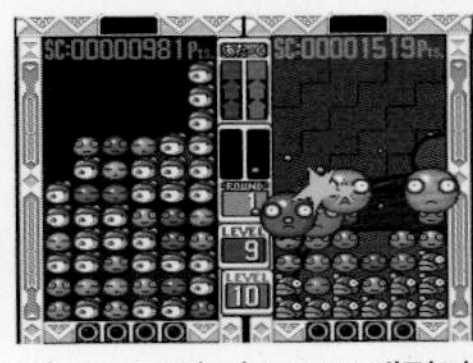

선 소프트의 마스코트 캐릭터 「헤베레케」를 사용한 낙하형 퍼즐 게임. 엔드리스 모드는 없고 기본적으로 상대 캐릭터와 승부하게 된다. 같은 색의 블록을 일정수 이상 접촉시켜서 지우면 되는데, 연쇄로 지우면 상대 쪽에 방해 블록을 보낼 수 있다. 화면 상단까지 쌓이면 패배다.

NFL 프로풋볼'94

● 발매일 / 1993년 12월 24일 ● 가격 / 9,800엔
● 퍼블리셔 / 일렉트로닉 아츠 빅터

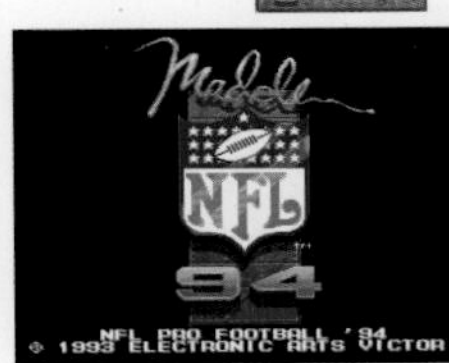

미국에서는 인기가 많았지만 일본에서는 친숙하지 않았던 아메리칸 풋볼 게임. 당시의 NFL팀을 사용할 수 있고 경기 전에 포메이션을 선택한다. 런이나 패스를 이용해 거리를 벌고, 터치다운이나 필드 골을 성공하면 점수가 들어온다. 아메리칸 풋볼 애호가들에게 인기 있는 시리즈.

신 모모타로 전설

● 발매일 / 1993년 12월 24일 ● 가격 / 9,800엔
● 퍼블리셔 / 허드슨

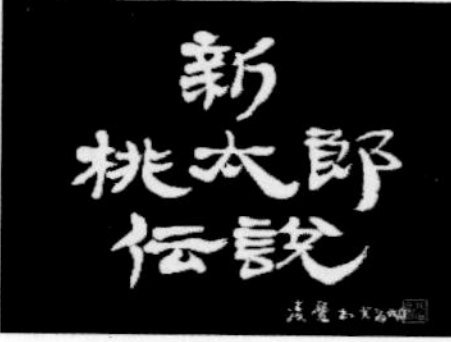

PC엔진으로 발매되었던 『모모타로 전설 II』의 리메이크판. 일본 전래동화를 모티브로 한 RPG로 잘 만들어진 시나리오가 높은 평가를 받았다. 전투 시에는 날씨 개념이 있어서 머물고 있는 지역에 따라서 기후가 다르다. 캐릭터들에게도 선호하는 날씨가 있어서 전투에 큰 영향을 준다.

테트리스 무투외전

● 발매일 / 1993년 12월 24일 ● 가격 / 8,000엔
● 퍼블리셔 / BPS

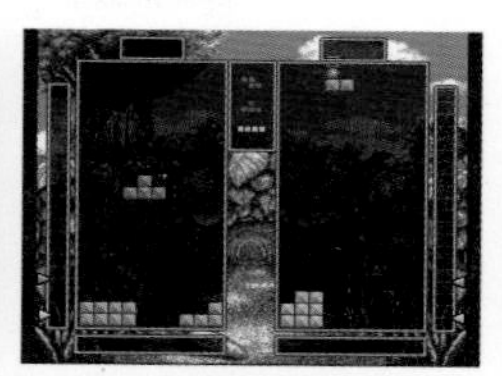

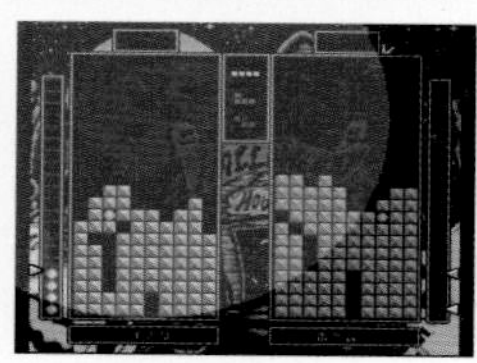

낙하형 퍼즐의 시조인 『테트리스』를 대전에 특화시킨 작품. 무투(武闘)라고 쓰고 배틀이라고 읽는다. 시스템적으로는 캐릭터끼리 싸우는 형식을 취하고 있는데 캐릭터마다 기술이 다르다. 필드 위의 크리스탈을 지우면 포인트가 쌓이고, 그것을 소비해서 기술을 쓰는 구조이다.

휴먼 그랑프리2

● 발매일 / 1993년 12월 24일 ● 가격 / 9,500엔
● 퍼블리셔 / 휴먼

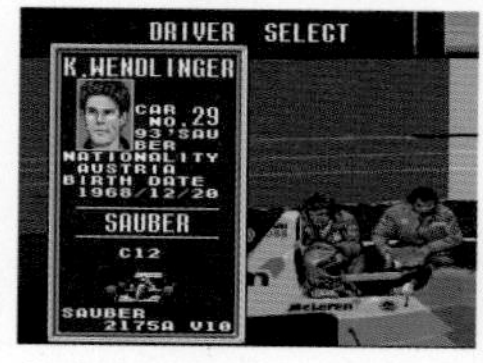

휴먼이 개발한 F1 레이싱 게임. 유사 3D 시점에서 화면 상단에 나오는 2개의 사이드 미러가 특징이다. 당시의 유명 드라이버가 실명으로 등장해서 플레이어와 실력을 겨룬다. 머신 세팅도 즐길 수 있지만 초보는 오토 세팅을 선택할 수도 있다.

북두의 권7

● 발매일 / 1993년 12월 24일 ● 가격 / 9,700엔
● 퍼블리셔 / 토에이 동화

토에이 동화가 발매한 시리즈 일곱 번째 작품. SFC로서는 네 번째 작품으로 게임 장르는 대전 격투 게임이 되었다. 1인 플레이에서는 켄시로를 써서 하트와 신, 라오우 등과 싸워 나간다. 상대를 쓰러뜨리려면 오의(奧義)를 쓸 필요가 있는데 이때의 연출도 볼만하다.

모탈 컴뱃 신권강림전설

● 발매일 / 1993년 12월 24일 ● 가격 / 9,800엔
● 퍼블리셔 / 어클레임 재팬

미국에서 큰 인기를 모은 대전 격투 게임을 SFC로 이식했다. 캐릭터에는 실사를 도입한 화상을 사용했고 커맨드 입력으로 필살기도 쓸 수 있다. 적에게 이겼을 때 FINISH HIM(HER)이라는 메시지가 표시되고, 특정 커맨드를 입력하면 마무리 필살기 「페이탈리티」가 발동된다.

몬스터 메이커3 빛의 마술사

● 발매일 / 1993년 12월 24일 ● 가격 / 9,800엔
● 퍼블리셔 / 소프엘

FC와 GB에서 인기를 모은 시리즈의 세 번째 작품. 원래는 카드를 사용한 RPG이지만, 본 작품은 비교적 전형적인 사이드 뷰 형식으로 만들어졌다. 적과의 전투에는 거리 개념이 있어서 직접 공격하려면 접근해야 하는 등, 전략적인 요소가 추가되었다.

리틀 매직

● 발매일 / 1993년 12월 24일 ● 가격 / 8,900엔
● 퍼블리셔 / 알트론

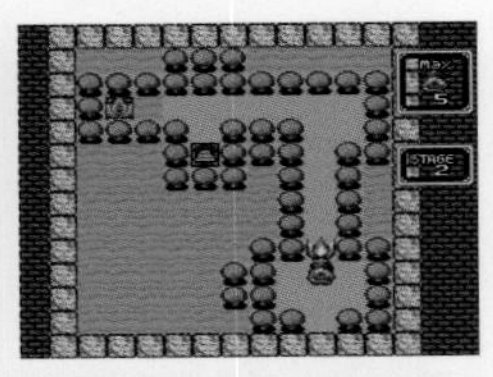
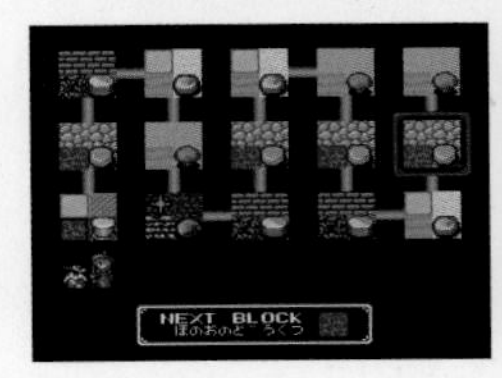

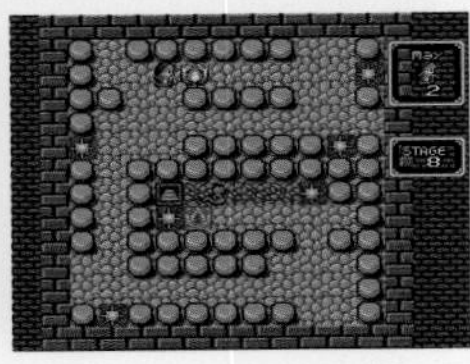

탑뷰 스테이지 클리어 형식 퍼즐 게임. 필드 위의 마법석을 특정 위치까지 옮기면 클리어가 된다. 주인공은 견습 마법사이고 스테이지 클리어에도 마법이 도움이 된다. 적이 존재하므로 액션성이 있고 그것들을 어떻게 처리하는지도 중요하다.

미신전설 Zoku

● 발매일 / 1993년 12월 25일 ● 가격 / 9,800엔
● 퍼블리셔 / 마지팩트

레이싱과 벨트 스크롤 액션이 융합된 특이한 게임이다. 목적지를 향해 유사 3D 코스를 달리지만, 적과 조우하면 화면이 전환되며 전투가 벌어진다. 코스가 매우 넓어 길을 잃기 쉽기 때문에 항상 화면 우측 상단에 표시되는 레이더로 위치를 확인해야 한다.

사커 키드

● 발매일 / 1993년 12월 28일 ● 가격 / 8,800엔
● 퍼블리셔 / 야노만

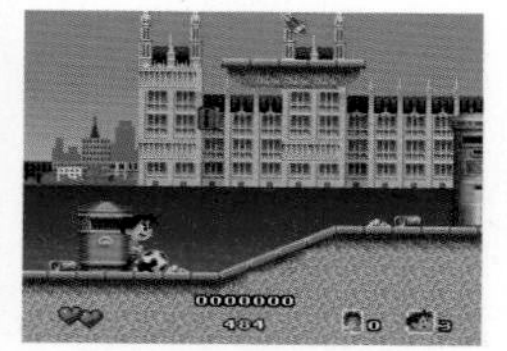

축구 게임이 아닌 사이드뷰 액션 게임이다. 원래는 해외 제작사가 개발한 게임이지만, 일본 버전으로 주인공 캐릭터의 일러스트가 추가되었다. 공격에는 축구공을 사용하고 필드 위의 카드와 컵 조각을 되찾는 것이 목적이다.

전일본 프로레슬링 대시 세계 최강 태그

● 발매일 / 1993년 12월 28일 ● 가격 / 9,800엔
● 퍼블리셔 / 메사이어

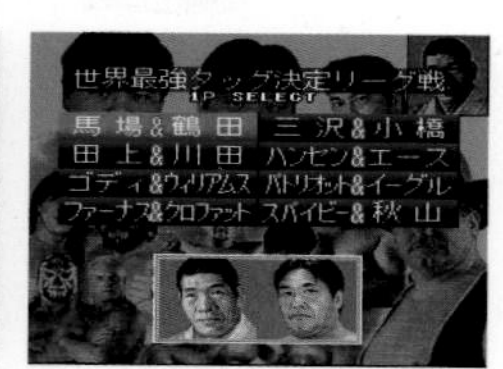

전일본 프로레슬링(AJPW)의 허가를 얻어 발매된 프로레슬링 게임. 자이언트 바바와 점보 츠루타 등, 추억의 레슬러를 사용할 수 있다. 기본적인 부분은 같은 해에 발매된 『전일본 프로레슬링』을 답습하고 있지만 레슬러와 모드에 변경점이 있다.

슈퍼 파이어 프로레슬링3 파이널 바우트

● 발매일 / 1993년 12월 29일 ● 가격 / 9,700엔
● 퍼블리셔 / 휴먼

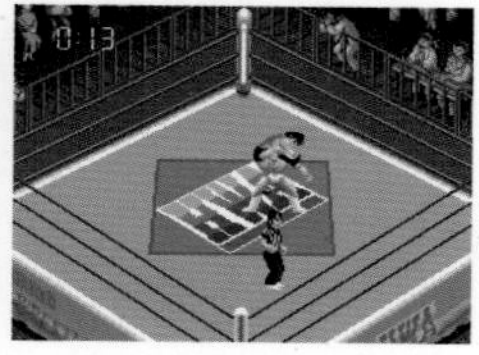

휴먼이 개발한 인기 프로레슬링 시리즈. SFC에서는 세 번째 작품이다. 기본적인 시스템은 계승하면서 조작 가능한 레슬러의 수를 대폭 늘렸다. 또한 레슬러 에디트 기능도 탑재되어 플레이어 취향에 맞는 레슬러를 만들어 사용할 수 있다.

미소녀 전사 세일러 문R

● 발매일 / 1993년 12월 29일 ● 가격 / 9,800엔
● 퍼블리셔 / 반다이

대인기 만화(애니메이션)을 원작으로 한 벨트 스크롤 액션 게임. 6인의 세일러 전사 중에서 한 명을 골라 게임을 진행한다. 2인 동시 플레이도 가능하지만 1인 플레이에서만 초필살기를 쓸 수 있다. 대전 모드가 추가되어 각 캐릭터끼리 일대일로 싸우게 된 것은 대단한 장점.

요코야마 미츠테루 삼국지2

● 발매일 / 1993년 12월 29일 ● 가격 / 9,800엔
● 퍼블리셔 / 엔젤

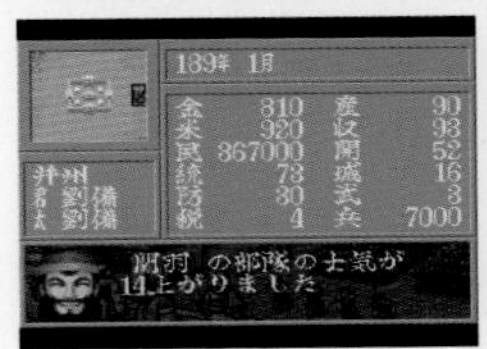

요코야마 미츠테루의 만화를 토대로 한 시뮬레이션 게임 제2탄. 유비, 조조 등의 옛 영웅들이 중국 대륙을 무대로 패권을 다툰다. 내정으로 수입을 늘려서 국가의 기반을 다지고 전쟁으로 영토를 확대시켜 나간다. 무장에는 성장 요소가 있어서 여러모로 신경 써야 한다.

광고지 갤러리

『MOTHER2 기그의 역습』

『슈퍼마리오 RPG』

모토코짱의 원더 키친

● 발매일 / 1993년 ● 가격 / 비매품
● 퍼블리셔 / 아지노모토

아지노모토 마요네즈의 경품. 메모에 적힌 식재료를 모아 요리하는 게임으로, 화면 위의 커서를 움직이면서 탐색해 나간다. 「골라서! 보내줘! 프레젠트 캠페인」을 통해 매회 3,000명, 총 6회 정도 배포되었다고 한다.

요시의 쿠키 쿠루폰 오븐으로 쿠키

● 발매일 / 1993년 ● 가격 / 비매품
● 퍼블리셔 / 마츠시타 전기(내셔널)

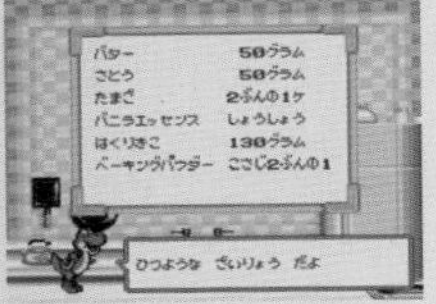

기간 중에 내셔널의 오븐 '쿠루폰'을 사면 증정했던 소프트. 제품판과 동일한 『요시의 쿠키』와 화면의 쿠키 레시피를 모으는 오리지널 쿠킹 모드를 플레이할 수 있다. 500개 한정.

비매품 소프트

『UFO 가면 야키소바 케틀러의 검은 음모』

닛신 식품 『야키소바 U.F.O』의 경품. TV 광고에 출연했던 마이클 후쿠오카가 그려진 패키지로 3,000개 한정이었지만 후에 제품화도 되었다.

『슈퍼 모모타로 전철 DX JR서일본 프레젠츠』

JR서일본의 캠페인 경품. 오사카에서 시작하는 등, 제품판 『슈퍼 모모타로 전철 DX』와는 약간 내용이 다르다.

『로맨싱 사가3 체험판 샘플 ROM』

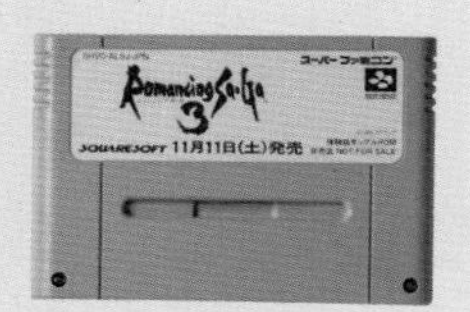

제품 발매 전에 점포에서 플레이할 수 있었던 체험판으로 초반만 플레이가 가능하다. 이 외에도 『성검전설3』와 『크로노 트리거』 등이 있다.

『상어 거북 캐릭터집』

상어 거북 하이스코어 콘테스트 전국 대회의 더블 찬스상으로 증정된 메모리 팩. 천외마경 시리즈의 캐릭터를 쓸 수 있다.

『슈퍼 테트리스2+봄블리스』(골드)

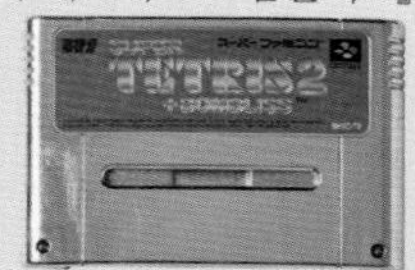

『슈퍼 테트리스2+봄블리스』의 스코어 상위자에게 보냈던 경품이라고 한다. 내용은 제품판과 같다.

『매지컬 드롭2 문화방송 스페셜 버전』

문화방송의 라디오 방송 『요시다 테루미의 의욕 MANMAN!』 등의 추첨 경품. 제품판과 일부 내용이 다르다.

『슈퍼 봄버맨5 코로코로 코믹』

『코로코로 코믹』 1997년 3월호의 경품. 미소봉에 하이퍼가 추가되는 등, 제품판과는 약간 다르다. 1,000개 한정.

『GAME PROCESSOR RAM CASSETTE』

게임 전문학교의 교재로 사용됐던 RAM 팩. 내용물은 없고 학생들이 프로그래밍한 게임을 입력했었다.

『슈퍼 포메이션 사커'95 della 세리에A XAQUA 버전』

UCC의 스포츠 음료 『XAQUA(자쿠아)』의 캠페인 상품. 제품판과는 내용이 다소 다르다. 3,000개 한정.

슈퍼 패미컴

1994년

Super Famicom

파이어 엠블렘 문장의 비밀

● 발매일 / 1994년 1월 21일 ● 가격 / 9,800엔
● 퍼블리셔 / 닌텐도

난이도가 낮아져 플레이어의 입문이 쉬워졌다

FC로 발매되던 『파이어 엠블렘』을 SFC로 리메이크하고, 속편인 제2부를 추가했다. 시뮬레이션 RPG의 원조라고 할 수 있지만, 죽은 캐릭터가 되살아나지 않는 등 매우 빡센 시스템이 화제였다. 그러나 오리지널에 비해 난이도는 낮은 편이고 전투 애니메이션의 생략이 가능해진 점 등, 전체적으로 친절한 설계라서 플레이가 쉬워졌다. 따라서 도중에 포기하는 플레이어는 드물었다.
제2부는 1부의 데이터를 이어서 플레이할 수 있지만, 2부만 플레이하는 것도 가능하다. 기존 팬은 물론 SFC판부터 시작한 신규 플레이어도 사로잡은 명작이다.

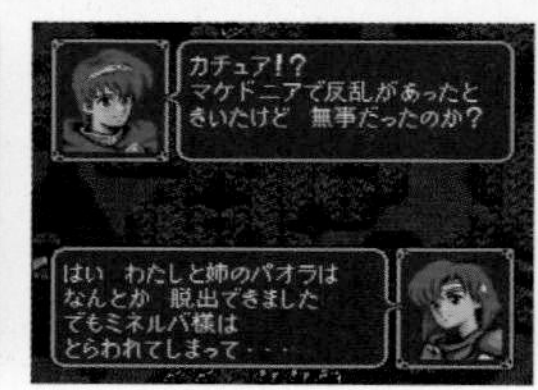

슈퍼 메트로이드

● 발매일 / 1994년 3월 19일 ● 가격 / 9,800엔
● 퍼블리셔 / 닌텐도

해외에서 높은 인기를 자랑한 탐색형 액션 게임의 SFC판

FC의 디스크 시스템용으로 발매된 작품과 GB로 발매된 작품에 이은, 시리즈 세 번째 작품이다. 장르는 사이드뷰 액션이지만 방대한 맵을 돌아다니는 탐색형 게임이기도 하다. 경험치와 레벨 개념은 없지만, 주인공은 아이템을 이용해 파워업을 하고 에너지 상한과 미사일 탑재 수를 올릴 수 있다. 또한 공 형태로의 변형과 스크류 어택 등, 지금까지와 똑같은 강화도 준비되어 있다. 미로형 필드는 방대해서 길을 잃기 쉽지만, 오토 맵핑 기능이 있어서 안심하고 플레이할 수 있다.

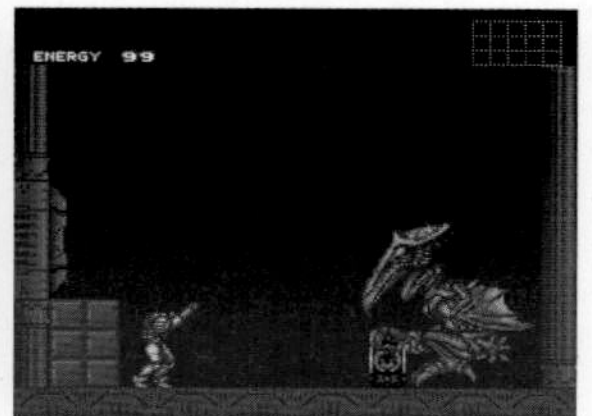

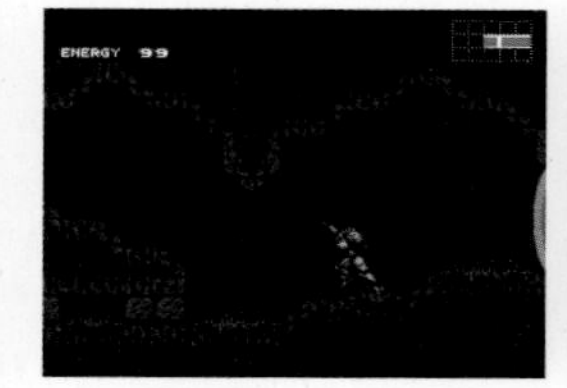

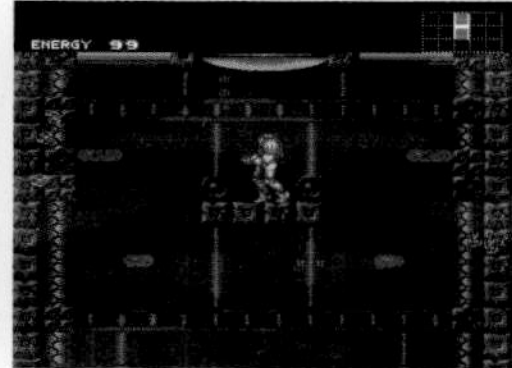

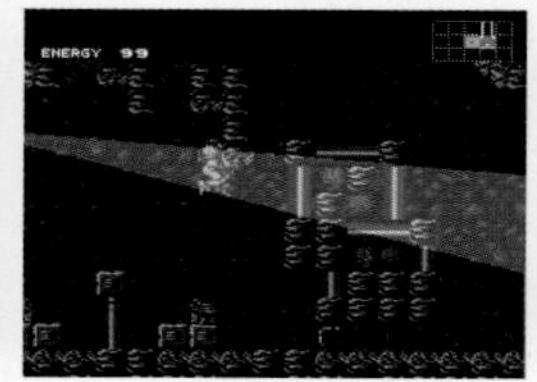

파이널 판타지VI

● 발매일 / 1994년 4월 2일 ● 가격 / 11,400엔
● 퍼블리셔 / 스퀘어

매우 많은 캐릭터가 등장하지만 모든 캐릭터가 매력적이다

SFC로서는 세 번째 작품인 『FF』. 기존 시리즈와 비교해도 메인이 되는 캐릭터가 매우 많은데, 따로 주연을 만들지 않고 스토리 안에 각 캐릭터의 배경을 담았다. 또한 마법이 희소한 세계를 무대로 했기 때문에, 다수의 캐릭터는 기본적으로 마법을 쓸 수 없다. 파티로 편성할 수 있는 캐릭터는 최대 14명에 이르지만, 클리어에 필수적인 것은 3명뿐이라 시스템적으로도 자유도가 꽤 높다.
전투 시스템은 『IV』의 액티브 타임 배틀을 계승했고, 마석을 이용한 마법 습득과 파라미터 성장 등, 새로운 요소도 탑재되어 있다.

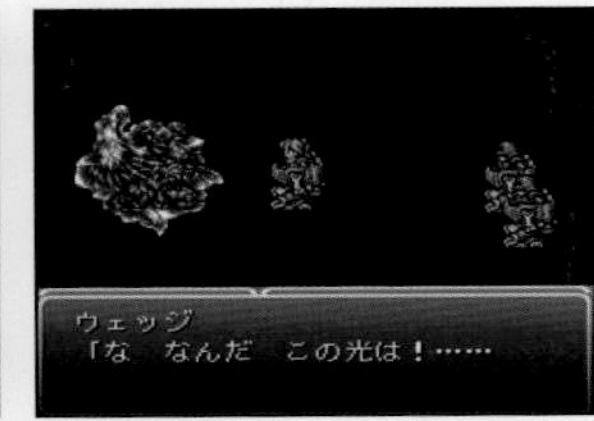

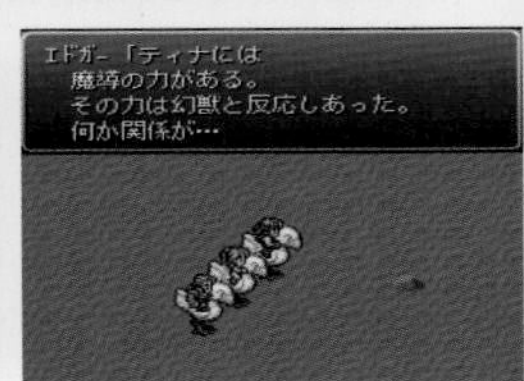

MOTHER2 기그의 역습

● 발매일 / 1994년 8월 27일 ● 가격 / 9,800엔
● 퍼블리셔 / 닌텐도

개발에도 큰 난항을 겪었고, 발매까지 긴 세월을 소비했다

패미컴으로 발매되어 인기를 모은 『MOTHER』의 속편에 해당하는 작품으로 5년이라는 기다림 끝에 세상에 나왔다. 당초 예정보다 제작 기간이 대폭 늘어났고 한때는 개발 중지라는 얘기까지 나왔지만, 이후 닌텐도 사장으로 취임한 이와다 사토루의 손에 의해 드디어 빛을 볼 수 있었다.
전작처럼 소년이 주인공이고 현실에 가까운 세계를 무대로 했다. 시스템적으로는 심볼 인카운터 방식을 채용했고, 전투는 커맨드 선택 방식에 더해 드럼롤 파라미터가 사용되었다. 이토이 시게사토의 시나리오도 평가가 좋아서 성인도 즐길 수 있는 RPG가 되었다.

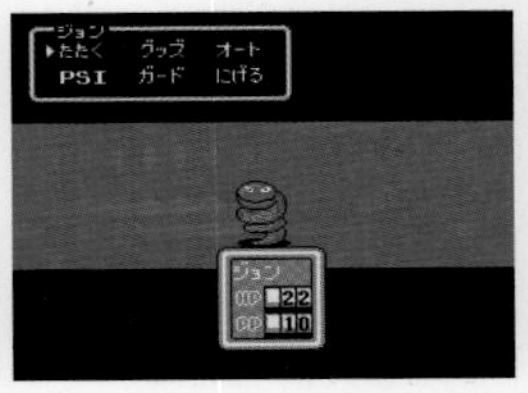

카마이타치의 밤

● 발매일 / 1994년 11월 25일 ● 가격 / 10,800엔
● 퍼블리셔 / 춘 소프트

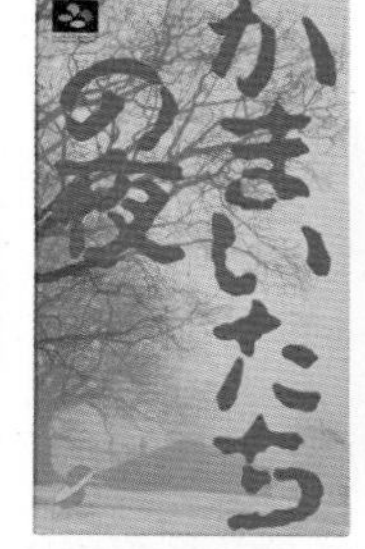

혼자서 돈의 단서에 도달하려면 상당한 추리력이 필요하다

『제절초』에 이은 춘 소프트의 사운드 노벨 제2탄. 주인공이 머무는 펜션에서 일어난 살인사건을 토대로 했는데 플레이어의 선택에 따라 스토리가 뒤집힌다. 등장인물은 모두 실루엣으로 표시되어 플레이어의 상상력을 자극한다.
게임은 때때로 표시되는 몇 가지 선택지 중에서 하나를 고르는 것뿐이어서 누구나 플레이할 수 있다. 그러나 플레이할수록 아비코 타케마루의 시나리오에 푹 빠지게 된다. 일단 사건을 해결하면 선택지가 늘어나서 다양한 루트로 스토리가 전개된다. 1회 플레이 시간은 짧지만, 몇 번이고 도전하고 싶어지는 작품이다.

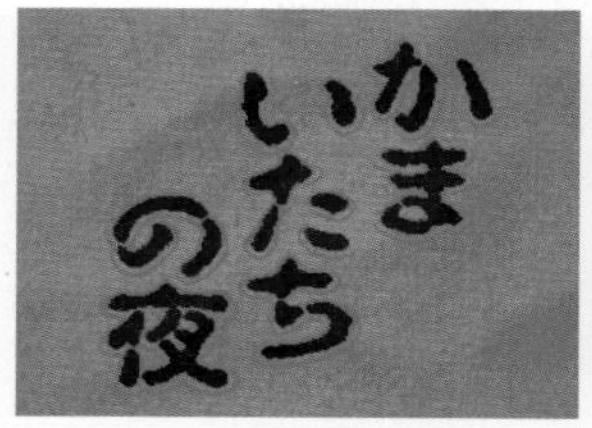

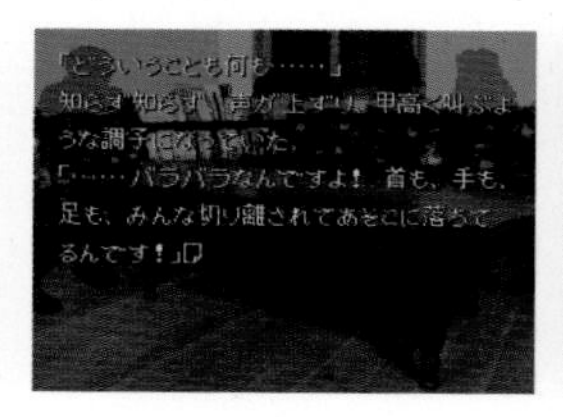

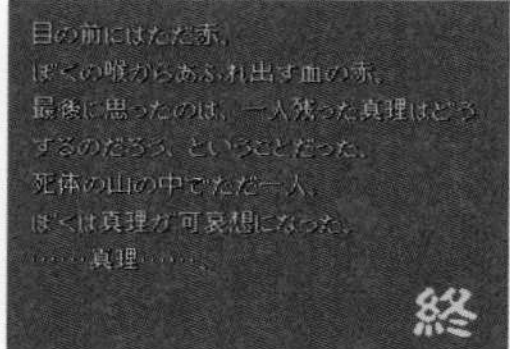

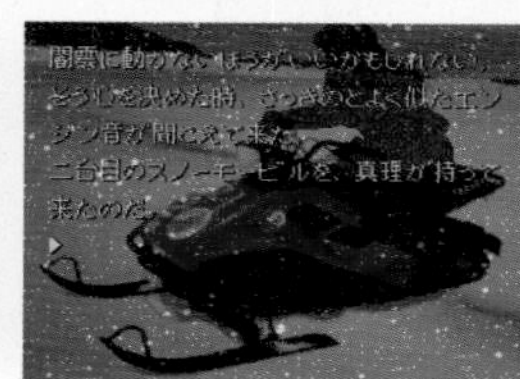

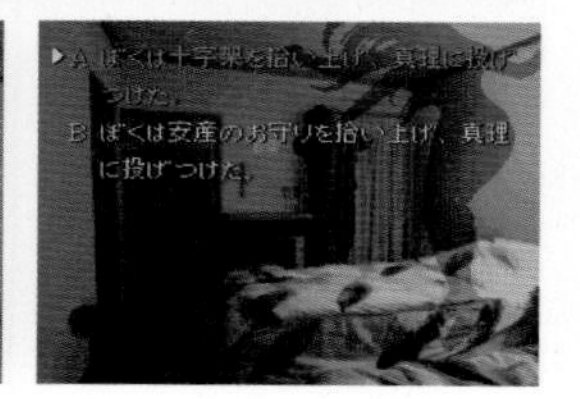

슈퍼 동키콩

● 발매일 / 1994년 11월 26일 ● 가격 / 9,800엔
● 퍼블리셔 / 닌텐도

올드 게임 팬에게 친숙한 바로 그 캐릭터가 부활!

FC의 『동키콩3』 이후, 거치형 게임기로서는 약 10년 만에 발매된 시리즈작. 신세대 『슈퍼』 시리즈로서 새로운 팬을 획득했다. 주인공으로는 원조 동키콩의 손자가 발탁되었고 개발은 영국의 레어사가 담당했다.
게임 장르는 사이드뷰 액션으로 1인용, 2P 대전, 2P 협력의 3가지 모드를 플레이할 수 있다. 점프와 롤링 어택 등으로 적을 쓰러뜨리면서 진행하고, 골에 도착하면 스테이지 클리어다. 플레이어의 캐릭터는 동키와 디디를 임의로 교대할 수 있다. 일본에서는 SFC 4위인 약 300만 개, 전 세계에서는 약 930만 개의 판매량을 기록했다.

YOGI BEAR

● 발매일 / 1994년 1월 3일 ● 가격 / 8,800엔
● 퍼블리셔 / 마지팩트

해외 제작사가 개발한 사이드뷰 액션 게임으로, 화학공장 건설을 중지시키는 것이 목적이다. 주인공의 HP는 케이크인데, 적과 부딪치면 케이크를 떨어뜨린다. 컨티뉴 횟수를 늘리는 보너스 게임이 있지만 난이도는 꽤 높은 편이다.

로큰롤 레이싱

● 발매일 / 1994년 1월 3일 ● 가격 / 7,900엔
● 퍼블리셔 / 남코

그야말로 해외 개발사다운 그래픽이 특징인 레이싱 게임이다. 작은 코스를 달리며 순위를 경쟁하는데, 코스 위에 금덩이가 떨어져 있어서 주우면 자금이 늘어난다. 자금을 사용해 차량을 파워업 하면 레이스에서 유리해지고, 포대를 장비하면 공격도 할 수 있다.

트윈비 레인보우 벨 어드벤처

● 발매일 / 1994년 1월 7일 ● 가격 / 9,000엔
● 퍼블리셔 / 코나미

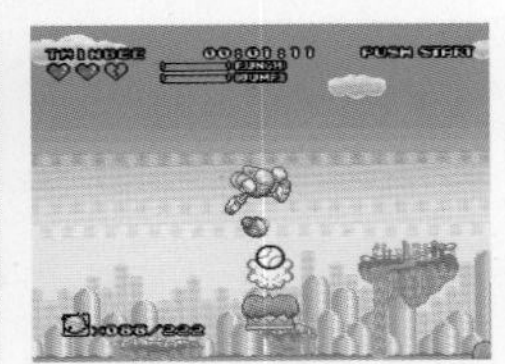

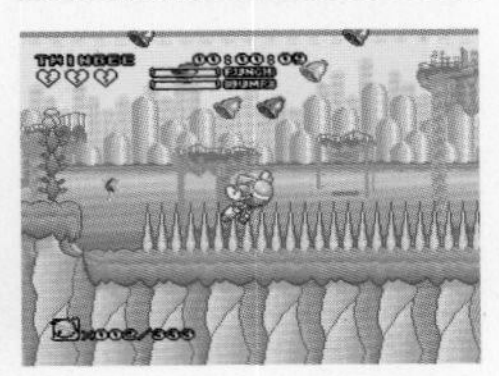

코나미를 대표하는 슈팅 게임 중 하나인 『트윈비』 캐릭터를 사용한 사이드뷰 액션 게임. 성능이 다른 세 가지 유닛 중에서 주인공 캐릭터를 선택하고 스테이지를 클리어해 나간다. 벨을 이용한 파워업이 특징이며 분신, 레이저 장비, 배리어 등의 효과를 얻을 수 있다.

배틀 토드 인 배틀 매니악

●발매일 / 1994년 1월 7일 ●가격 / 9,800엔
●퍼블리셔 / 메사이어

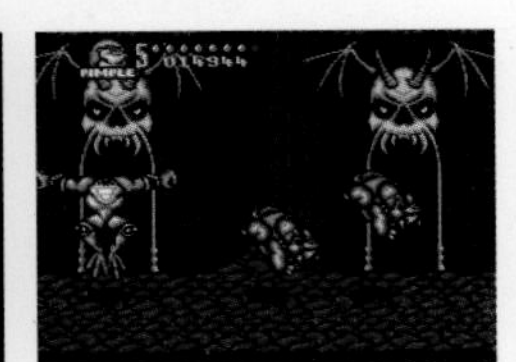

FC로도 발매되었던 『배틀 토드』의 속편에 해당한다. 개구리를 주인공으로 한 액션 게임으로 두 마리 중에서 주인공을 선택하고, 2인 동시 플레이도 가능하다. 전작보다 캐릭터가 커졌지만 움직임은 여전히 부드럽다. 다만 난이도가 높은 편이라 클리어를 위해서는 연습이 필요하다.

월드 클래스 럭비2 국내 격투편'93

● 발매일 / 1994년 1월 7일 ● 가격 / 9,700엔
● 퍼블리셔 / 미사와 엔터테인먼트

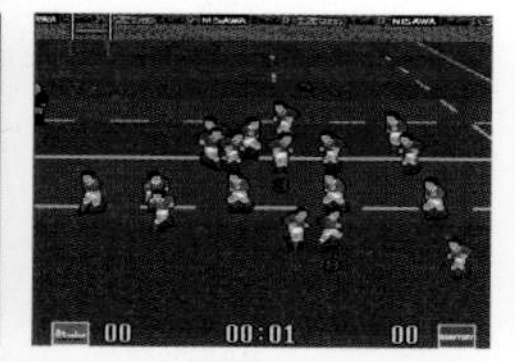

92년에는 내셔널 팀끼리의 경기였지만, 이번 작품에서는 일본 사회인 팀을 선택할 수 있게 되었다. 럭비는 '2019년 럭비 월드컵'이 일본에서 개최되면서 갑자기 인기를 얻게 되었지만, 예나 지금이나 럭비 게임은 희소하기에 그런 의미에서는 귀중한 게임이다.

필승 777파이터 파치스로 용궁 전설

● 발매일 / 1994년 1월 14일 ● 가격 / 9,500엔
● 퍼블리셔 / 밥

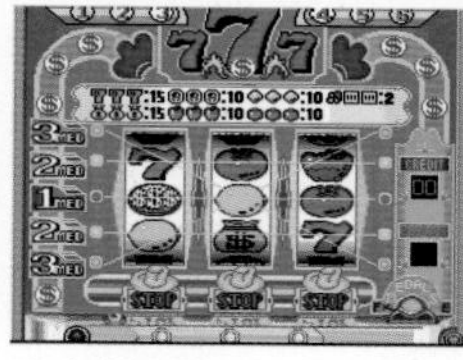

공략지「파친코 비밀 정보」가 감수한 파친코 슬롯 게임. 3호기인 '콘티넨탈 리노 트라이엄프' 이외에도 4호기 '라스베이거스', 가상의 '슈퍼 범프'를 플레이할 수 있다. 플레이어가 설정을 자유롭게 변경할 수 있으며, 대전 모드에서는 가상의 기기로 2인 동시 플레이를 할 수 있다.

슈퍼 핀볼 비하인드 더 마스크

● 발매일 / 1994년 1월 8일 ● 가격 / 9,800엔
● 퍼블리셔 / 멜닥

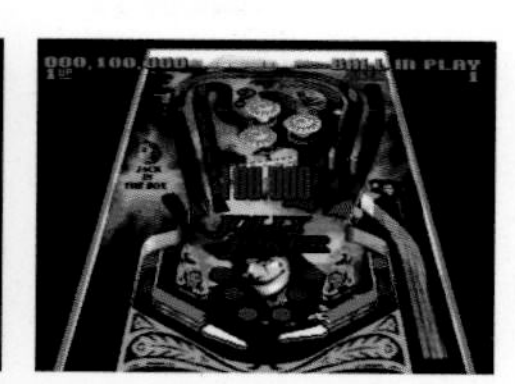
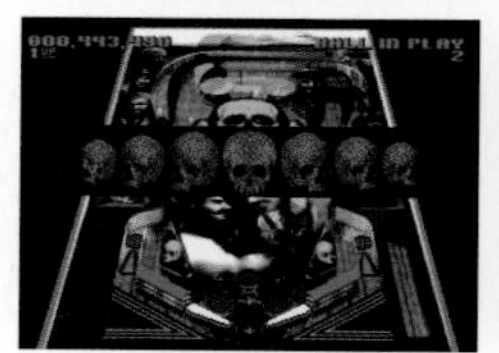

섬뜩한 그래픽이 특징인 핀볼 게임. 이 장르의 작품은 탑뷰가 대세인데, 본 작품은 비스듬한 탑뷰 시점을 채용해서 실제 기기를 플레이하는 것 같은 느낌을 받게 된다. 기기는 3종류 중에서 자유롭게 선택할 수 있고, 각각 기믹이 풍부하게 준비되어 있다.

슈퍼 테트리스2+봄블리스 한정판

● 발매일 / 1994년 1월 21일 ● 가격 / 8,500엔
● 퍼블리셔 / BPS

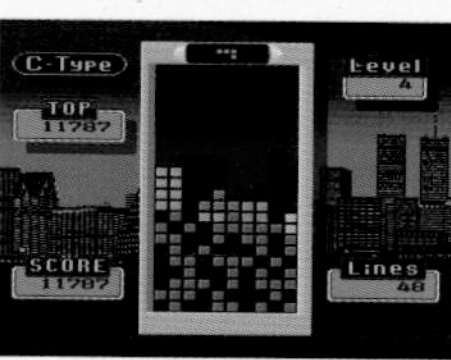

FC로도 발매됐던 『테트리스2+봄블리스』의 이식작. 대전이 가능한 『테트리스』와 그 스핀오프 게임인 『봄블리스』를 플레이할 수 있다. 「한정판」인 본 작품은 콘테스트 모드와 퍼즐 모드의 문제가 갱신되어 있는데 규칙과 시스템은 동일하다.

가이아 세이버 히어로 최대의 작전

● 발매일 / 1994년 1월 28일 ● 가격 / 9,800엔
● 퍼블리셔 / 반프레스

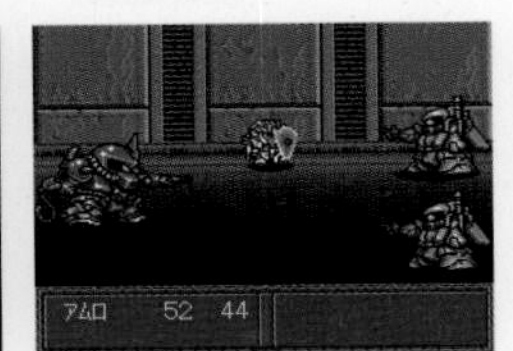
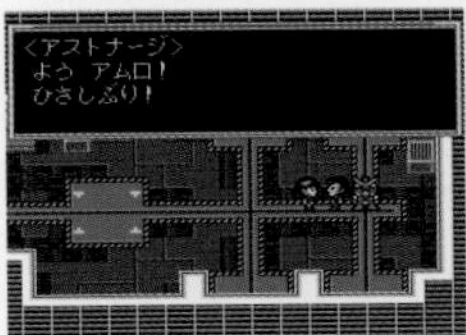

콤파치 히어로 시리즈 중의 하나. 아무로와 울트라맨, 가면라이더 아마존 등이 함께 싸운다. 장르는 RPG로 플레이어의 행동에 따라 지구의 인구가 감소하거나 파괴가 진행되고, 엔딩에 영향을 주는 구조를 채용했다.

강철의 기사2 사막의 롬멜 군단

● 발매일 / 1994년 1월 28일 ● 가격 / 12,800엔
● 퍼블리셔 / 아스믹

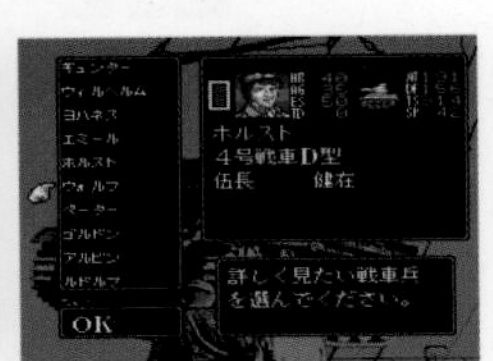

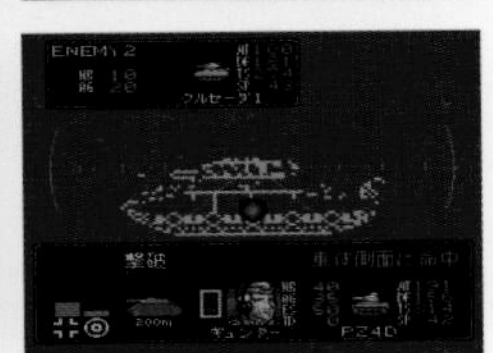

제2차 세계대전 중의 전차전을 재현한 시뮬레이션 게임 제2탄. 플레이어는 롬멜 휘하의 전차 부대로서 다양한 전장을 전전한다. 탄이 명중했을 때 피탄 부위에 따라 관통인지 아닌지가 판정되는 등, 꽤나 본격적인 시스템을 채용하고 있다.

더 그레이트 배틀 외전2 축제다 영차

● 발매일 / 1994년 1월 28일 ● 가격 / 9,500엔
● 퍼블리셔 / 반프레스토

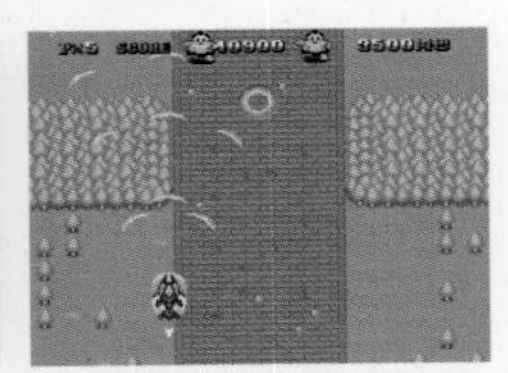
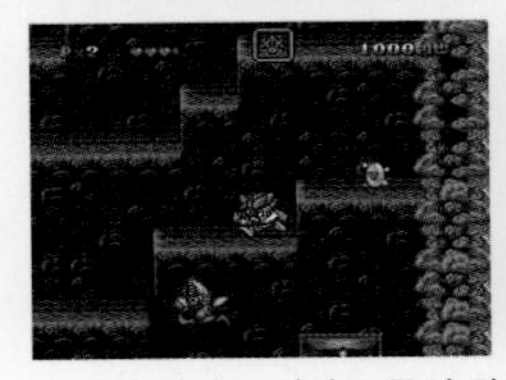
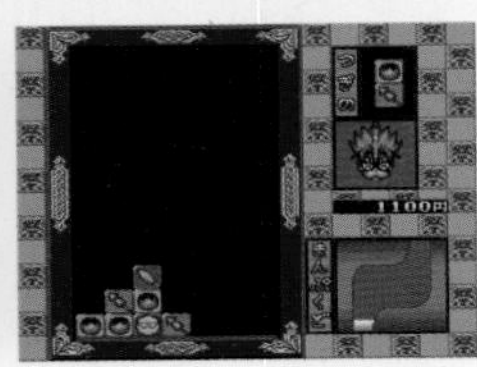

콤파치 히어로 시리즈 중의 하나로 축제를 테마로 한 액션 게임. 스테이지에는 노점이 있는데 가면 상점에서 캐릭터 체인지와 아이템 구입이 가능하다. 또한 미니 게임도 풍부하게 준비되어 있어서, 이것을 특정 횟수 클리어하는 것이 스테이지 클리어의 조건이 된다.

더 닌자 워리어즈 어게인

● 발매일 / 1994년 1월 28일 ● 가격 / 9,300엔
● 퍼블리셔 / 타이토

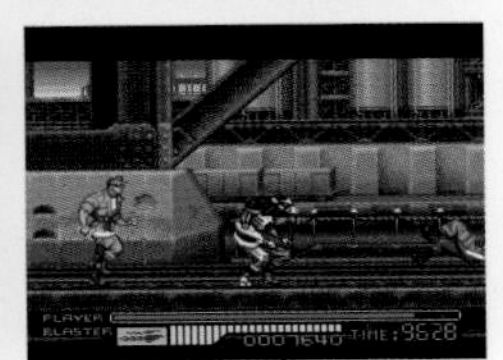

타이토의 아케이드용 게임 『닌자 워리어즈』의 어레인지 이식판. 변경점이 매우 많은데 주인공은 성능이 다른 세 명 중에서 고를 수 있다. 시간 경과에 따라 화면 하단의 게이지가 쌓이고, 가득 차면 화면 위의 적 모두에게 대미지를 줄 수 있는 특수 공격을 사용할 수 있다.

BASTARD!! -암흑의 파괴신-

● 발매일 / 1994년 1월 28일 ● 가격 / 9,800엔
● 퍼블리셔 / 코브라 팀

예전에 「주간 소년 점프」에 연재되었고, 현재도 계속되고 있는 인기 만화를 원작으로 한 대전 액션 게임. 필드에는 앞쪽과 안쪽 라인이 있고 캐릭터는 두 라인으로 나뉘어서 스타트한다. 원작에 따른 마법을 사용한 원거리 공격이 메인으로, 독특한 대전을 즐길 수 있다.

브레인 로드

● 발매일 / 1994년 1월 28일 ● 가격 / 9,600엔
● 퍼블리셔 / 에닉스

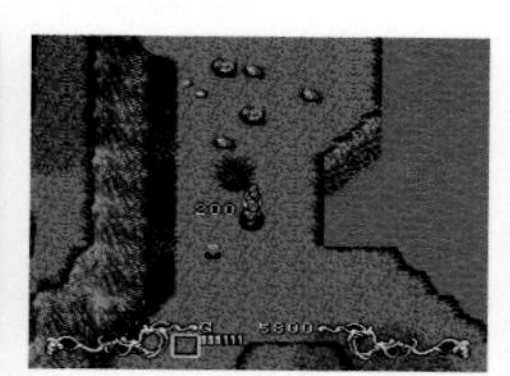
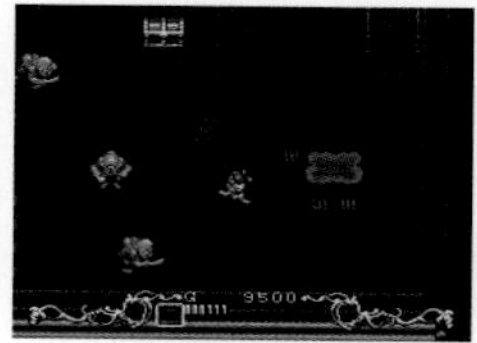

에닉스에서 발매된 액션 RPG. 주인공에게는 레벨 개념이 없고 적을 쓰러뜨려서 얻은 돈으로 아이템과 장비를 구입해 파워업을 한다. 던전 안에는 다양한 장치가 설치되어 있어서 꽤 퍼즐성이 강한 작품이 되었다.

마신전생

● 발매일 / 1994년 1월 28일 ● 가격 / 9,800엔
● 퍼블리셔 / 아틀라스

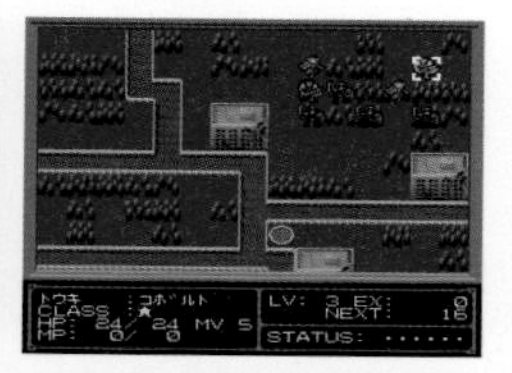
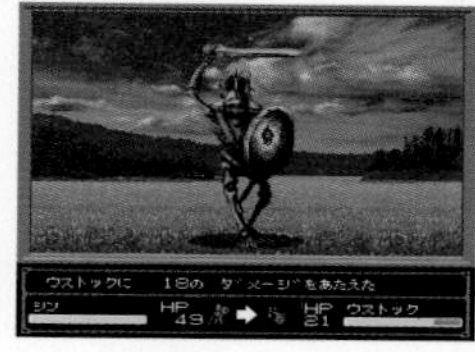
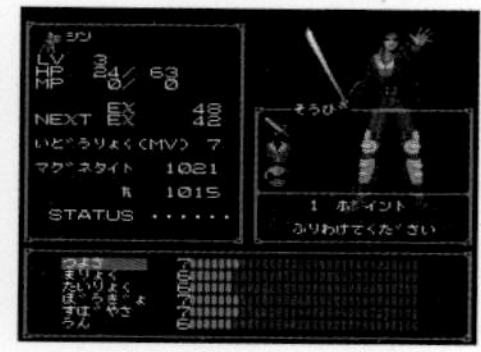

『진 여신전생』의 세계관을 토대로 한 시뮬레이션 RPG. 턴 제도를 채용해서 교대로 맵 위의 유닛을 움직이며 적과 싸운다. 팬들에게는 친숙한 악마 합체 시스템도 탑재되어 있어서, 동료 유닛을 합성시키면 보다 강력한 악마로 전생시킬 수 있다.

이토 하타스 6단의 장기 도장

● 발매일 / 1994년 2월 4일 ● 가격 / 9,600엔
● 퍼블리셔 / 애스크 고단샤

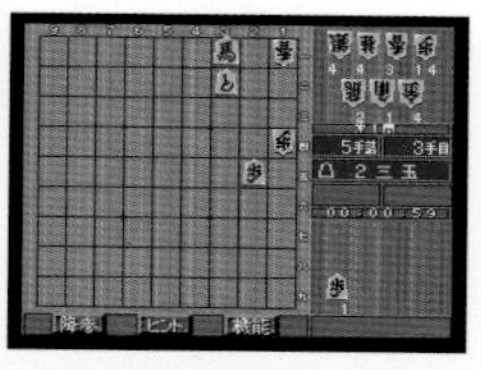
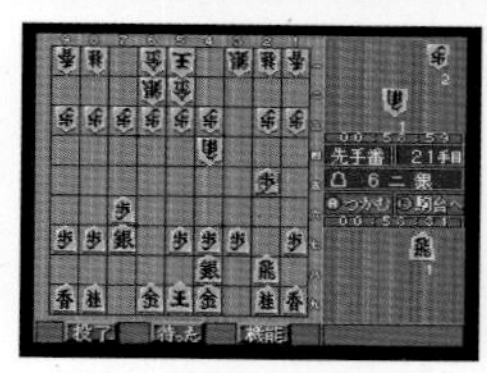
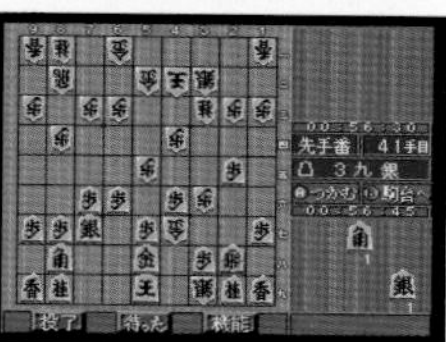

묘수풀이 작가로도 유명한 이토 하타스 6단(후에 8단으로 승단)이 감수한 장기 게임. CPU와의 대국도 가능하지만 역시나 묘수풀이가 메인이다. 초보자용과 중급자용이 120문제, 상급자용이 125문제 수록되어 있어서 매일 한 문제씩 풀면 1년 동안 플레이할 수 있다.

올리비아의 미스터리

● 발매일 / 1994년 2월 4일 ● 가격 / 9,800엔
● 퍼블리셔 / 알트론

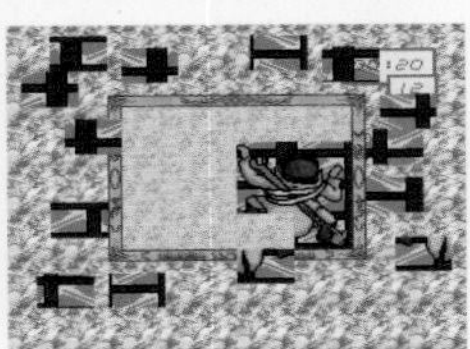

조각으로 분해된 화면을 하나로 조립하는 퍼즐 게임. 화면 조각이 계속 움직이기 때문에 정지된 그림을 조립하는 평범한 퍼즐과는 다른 맛을 느낄 수 있다. 후반 스테이지로 갈수록 조각의 수가 늘어나므로 난이도가 꽤 높다.

슈퍼 파이어 프로레슬링3 이지 타입

● 발매일 / 1994년 2월 4일 ● 가격 / 7,900엔
● 퍼블리셔 / 휴먼

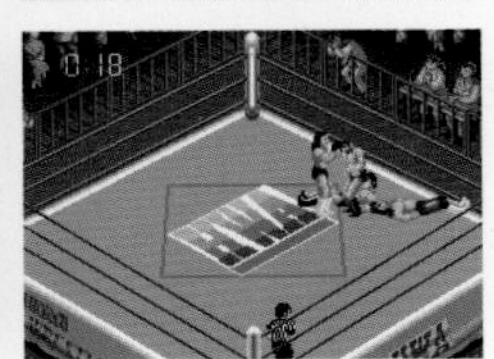

전년도에 발매된 동일 타이틀의 쉬운 버전으로 발매되었다. CPU의 레벨이 낮아져서 초보자라도 쉽게 플레이할 수 있게 된 것 이외에도, 배터리 백업 기능 폐지로 원가를 절감해 기존 버전 대비 정가를 1,800엔 인하했다. 다만 레슬러 에디트 기능은 탑재되지 않았다.

울펜슈타인 3D

● 발매일 / 1994년 2월 10일 ● 가격 / 9,800엔
● 퍼블리셔 / 이머지니어

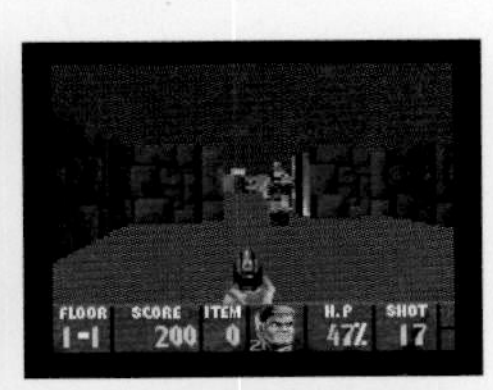
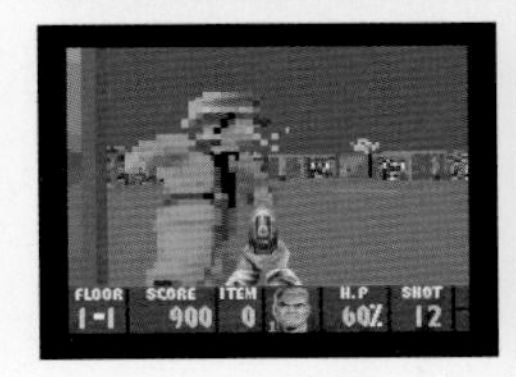
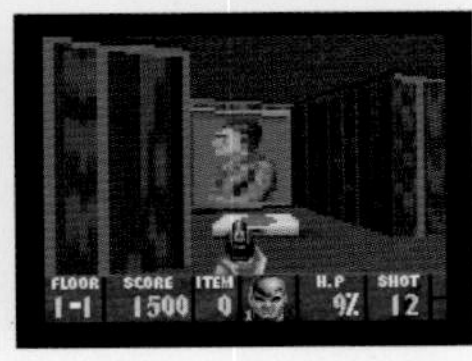

현재는 하나의 큰 게임 장르가 된 FPS의 원조라 할 수 있는 작품을 SFC로 이식했다. 주인공 시점으로 게임이 진행되며, 유사 3D 필드를 자유롭게 이동하며 총으로 적을 쏜다. 박력 있는 게임을 즐길 수 있지만 사람에 따라서는 3D 멀미가 일어나는 경우도 있다.

슈퍼 즈간 –하코텐성에서 온 초대장–

● 발매일 / 1994년 2월 11일 ● 가격 / 8,800엔
● 퍼블리셔 / 일렉트로닉 아츠 빅터

카타야마 마사유키의 인기 마작 만화를 소재로 한 마작 게임. 원작에 등장한 캐릭터와의 프리 대국도 가능하지만 메인은 시나리오 모드이다. 주인공이 납치당한 히로인을 구출하기 위해 하코텐성에 뛰어든다는 내용으로, 적과의 결전은 당연히 마작으로 진행된다.

소드 마니악

● 발매일 / 1994년 2월 11일 ● 가격 / 8,800엔
● 퍼블리셔 / 도시바 EMI

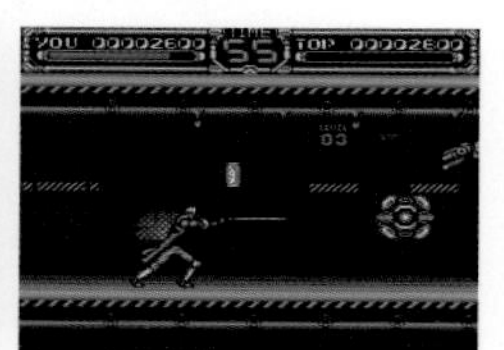
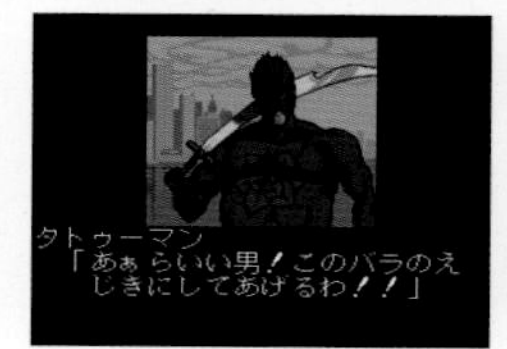

미래의 뉴욕을 무대로 한 사이드뷰 액션 게임. 주인공은 형사이며 납치당한 연인을 구출하기 위해 악의 조직과 싸운다. 무기가 검이어서 늘 근접전이 요구되며 보스전은 일대일 전투이다. 캐릭터가 큼직해서 박력 있는 액션을 즐길 수 있다.

탑 매니지먼트 II

● 발매일 / 1994년 2월 11일 ● 가격 / 14,800엔
● 퍼블리셔 / 코에이

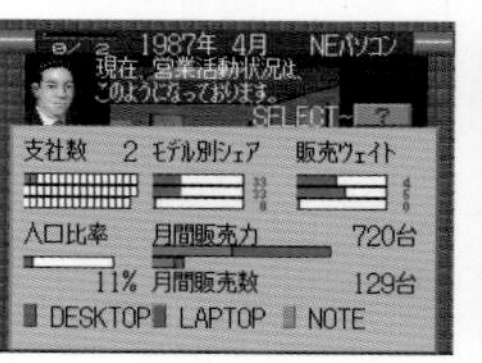

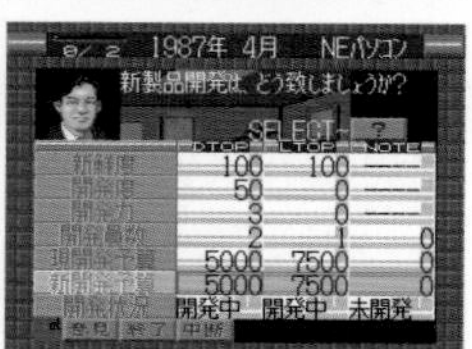

코에이가 발매한 경영 시뮬레이션 게임. PC 개발사의 사장으로 회사를 경영한다는 설정이다. 신제품 개발부터 지사 설치, 공장 라인 증설 등 해야 할 일이 매우 많다. 현실적인 게임이기는 하지만 실제로는 좀처럼 하기 힘든 체험이 가능하다.

버추얼 워즈

● 발매일 / 1994년 2월 11일 ● 가격 / 11,000엔
● 퍼블리셔 / 코코너츠 재팬 엔터테인먼트

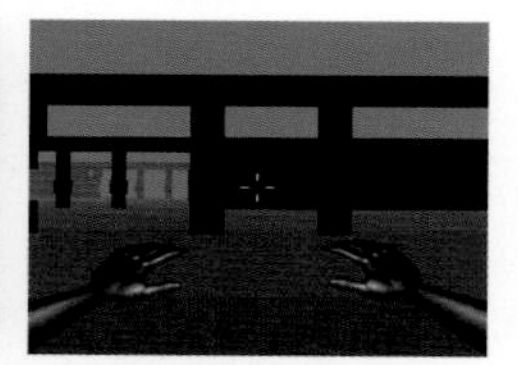
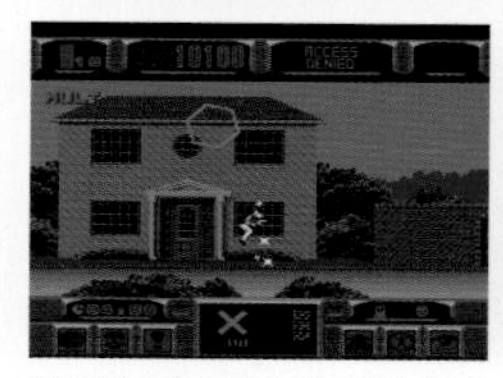

영화를 원작으로 한 액션 슈팅 게임. 현실 세계는 사이드뷰, 가상 세계는 유사 3D로 표현된다. 실사 영상을 이용한 데모 장면 등, 컷신에도 신경을 쓴 작품이다. 주인공은 두 명 중에서 선택할 수 있고 난이도는 꽤 높은 편이다.

비왕전 마물들과의 맹세

● 발매일 / 1994년 2월 11일 ● 가격 / 11,800엔
● 퍼블리셔 / 울프팀

망국의 왕자가 주인공인 시뮬레이션 게임. 울프팀이 개발했으며 PC에서 이식되었다. 시스템은 리얼타임제를 채용하고 있으며 아군 캐릭터로 소대를 만들어서 명령을 내린다. 익숙해질 때까지는 꽤 바쁘다고 느낄 수 있다.

가루라왕

● 발매일 / 1994년 2월 18일 ● 가격 / 8,900엔
● 퍼블리셔 / 에픽 소니 레코드

인도 신화를 소재로 한 보기 드문 액션 게임. 난이도는 그다지 높지 않지만, 게임 시작 시 주인공의 리치가 짧은 것이 흠이다. 보스를 쓰러뜨리면 필살기를 배워서 강해지고, 벽에 달라붙거나 공중을 이동하는 등의 다채로운 액션이 가능하다.

더비 스탈리온 II

● 발매일 / 1994년 2월 18일 ● 가격 / 12,800엔
● 퍼블리셔 / 아스키

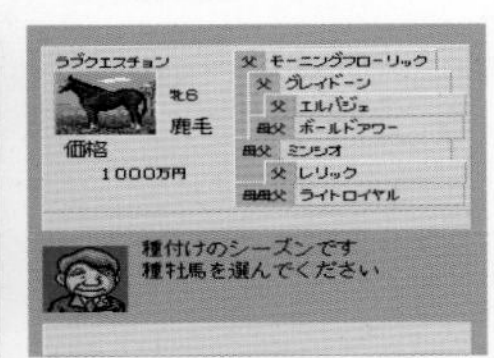
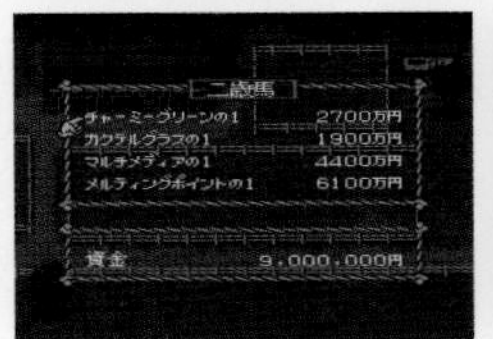

FC로 발매되어 호평 받은 경주마 육성 시뮬레이션의 속편. 전작에 비해서 배합 공식이 복잡해졌고 「유니크」 개념을 도입했다. 또한 종마도 소유할 수 있게 되었다. 입소문으로 서서히 인기를 얻었고 다음 작품에서 그 인기가 폭발했다. 최초로 브리더즈컵을 탑재한 작품이다.

싸워라 원시인3 주인공은 역시 JOE & MAC

● 발매일 / 1994년 2월 18일 ● 가격 / 8,500엔
● 퍼블리셔 / 데이터 이스트

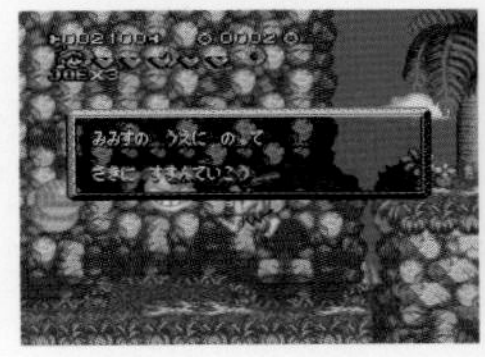

SFC에서 세 번째 작품이 된 인기 액션 게임. 전작에 등장하지 않았던 JOE & MAC이 주인공으로 복귀했다. 기본은 사이드뷰 액션이지만 집을 보수하거나 결혼 요소가 추가되었고 아이도 태어난다. 코미컬한 캐릭터의 과장된 행동과 다양한 기믹이 즐거운 게임이다.

데저트 파이터 사막의 폭풍 작전

● 발매일 / 1994년 2월 18일 ● 가격 / 9,800엔
● 퍼블리셔 / 세타

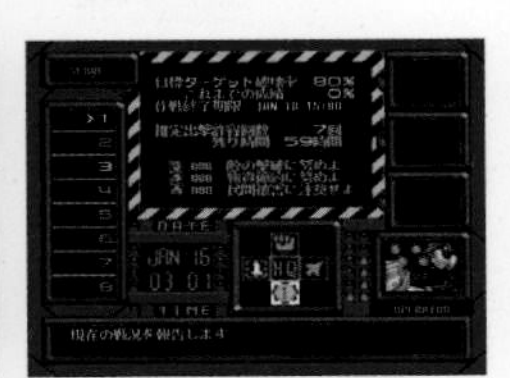
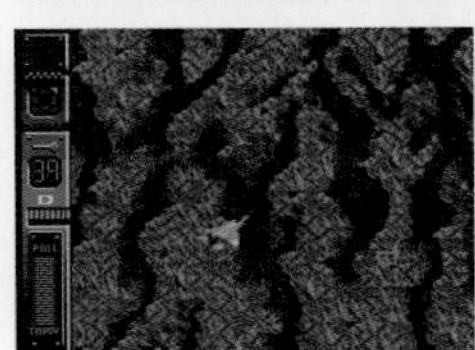

걸프전을 모티브로 한 특이한 STG. F-15나 A-10을 조작해 적의 기지 파괴 등의 미션을 수행한다. 플레이어의 기체는 항상 전진하며 급선회가 불가능하다는 점 등, 리얼 지향이며 시뮬레이션 요소도 있다. 전작 『데저트 스트라이크 걸프작전』과는 달리 미션 중 세이브가 가능하다.

철완 아톰

● 발매일 / 1994년 2월 18일 ● 가격 / 9,000엔
● 퍼블리셔 / 반프레스토

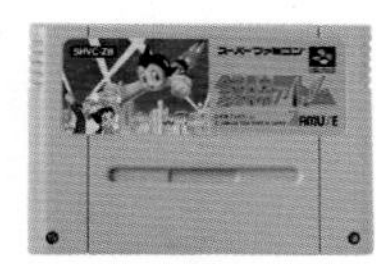

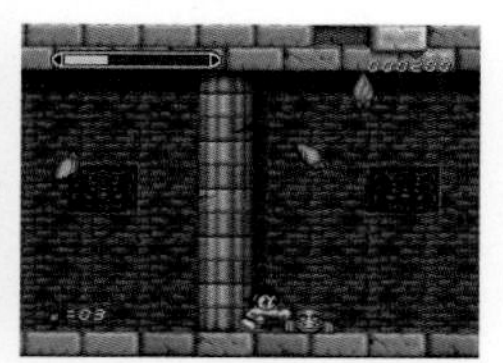
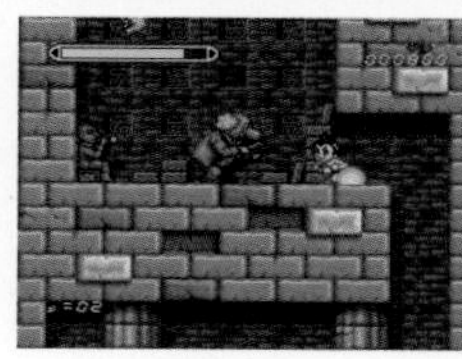
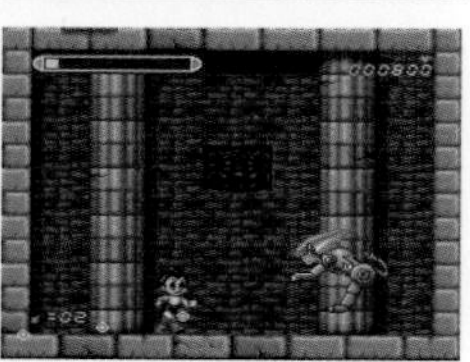

테즈카 오사무의 인기 만화 『철완 아톰』을 원작으로 한 사이드뷰 액션 게임. 적을 펀치로 공격하고 공중에서 멈추는 등, 원작과 같은 동작이 가능하다. 돌로 변해버린 오차노미즈 박사를 구하기 위해 다양한 장치가 준비된 스테이지를 공략해 나간다.

사이보그 009

● 발매일 / 1994년 2월 25일 ● 가격 / 8,800엔
● 퍼블리셔 / 벡

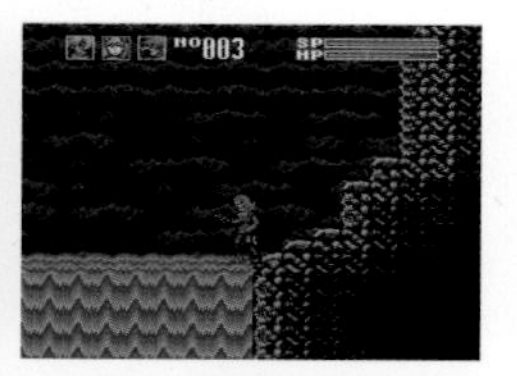
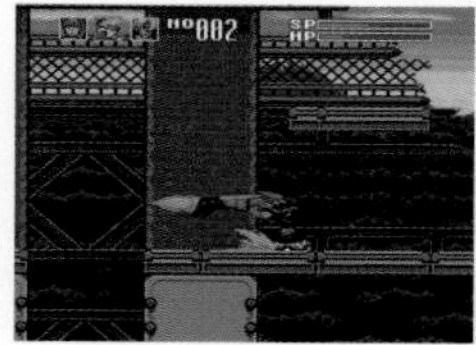

이시노모리 쇼타로의 인기 만화 『사이보그 009』의 캐릭터가 등장하는 사이드뷰 액션 게임. 9명의 사이보그 전사에게는 각각 특수한 능력이 설정되어 있고, 그것을 이용해 미션을 공략해 나간다. 어떤 캐릭터와 함께하느냐에 따라 난이도가 크게 바뀌는 구조이다.

우주 레이스 아스트로 고! 고!

● 발매일 / 1994년 2월 25일 ● 가격 / 9,800엔
● 퍼블리셔 / 멜닥

아름다운 그래픽이 눈길을 끄는 레이싱 게임. 무대는 우주이며 코스에는 다양한 장치가 설치되어 있다. 플레이어의 차량은 5종류 중에서 선택할 수 있는데 각각 성능과 특징이 다르다. 아이템 포인트를 써서 대시를 하거나 배리어를 펼칠 수도 있다.

스트바스 야로우 쇼

● 발매일 / 1994년 2월 25일 ● 가격 / 9,000엔
● 퍼블리셔 / 비아이

「월간 소년 점프」에 연재된 동명 만화를 모티브로 한 농구 게임. 시합은 3 on 3으로 이루어지는데 코트는 일반 크기의 절반이다. 일반적인 농구와는 달리, 팀이 공격과 수비로 나뉘어 하나의 골을 둘러싸고 공방을 펼친다.

종합 격투기 아스트랄 바우트2

● 발매일 / 1994년 2월 25일 ● 가격 / 9,700엔
● 퍼블리셔 / 킹 레코드

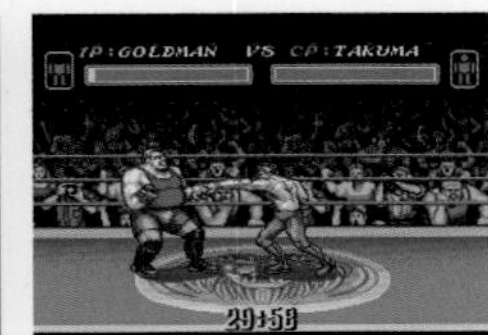

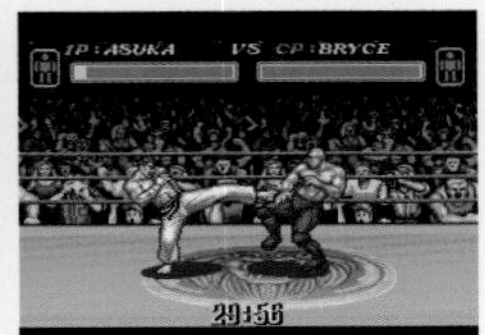

시리즈 두 번째 작품. 고대 로마의 격투기 '판크라치온'을 모티브로 한 게임이다. 잡기 기술이 메인인 모드와 타격기를 메인으로 한 모드를 클리어하면 새로운 모드를 플레이할 수 있다. 종합 격투기 링의 창설자인 마에다 아키라가 나온 패키지가 인상적이다.

대항해시대II

● 발매일 / 1994년 2월 25일 ● 가격 / 11,800엔
● 퍼블리셔 / 코에이

FC로도 발매됐던 『대항해시대』의 속편. 기본적인 시스템은 답습하고 있지만 주인공을 6명 중에서 선택할 수 있는 등, 복수의 시나리오를 즐길 수 있다. 교역과 모험, 해적 퇴치 등 플레이어가 할 수 있는 행동의 폭이 넓고 자유도가 높다. 오랫동안 플레이할 수 있는 게임이었다.

T2 더 아케이드 게임

● 발매일 / 1994년 2월 25일 ● 가격 / 8,900엔
● 퍼블리셔 / 어클레임 재팬

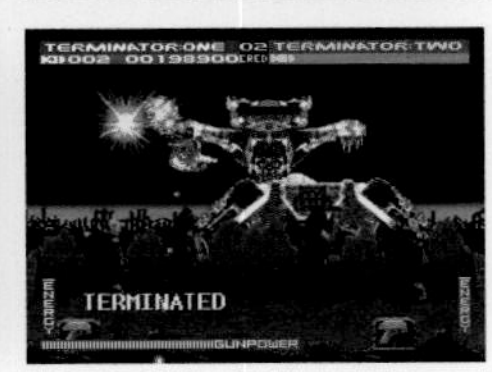

터미네이터2를 모티브로 한 아케이드용 건슈팅 게임을 이식했다. 유사 3D 시점으로 화면에 나타나는 적을 쓰러뜨려 나간다. 조준은 순정 조이패드로도 할 수 있지만, 슈퍼 스코프와 마우스에도 대응해서 환경에 맞춰 플레이할 수 있었다.

파치스로 랜드 파치파치 코인의 전설

● 발매일 / 1994년 2월 25일 ● 가격 / 9,800엔
● 퍼블리셔 / 카로체리아 재팬

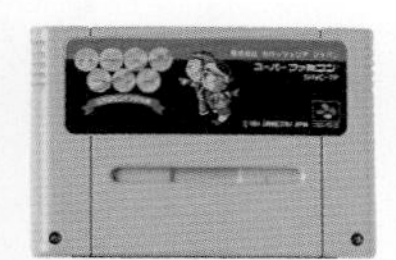
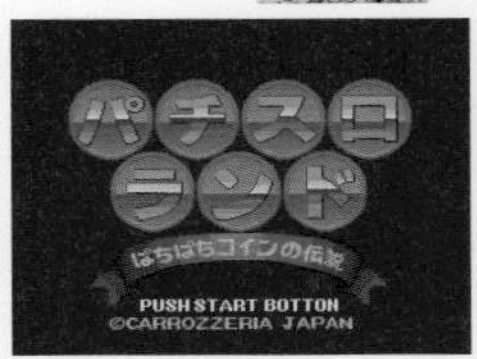

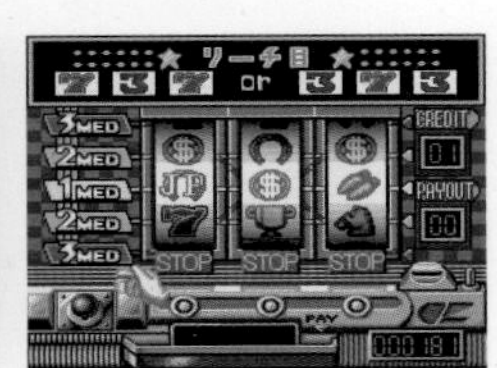
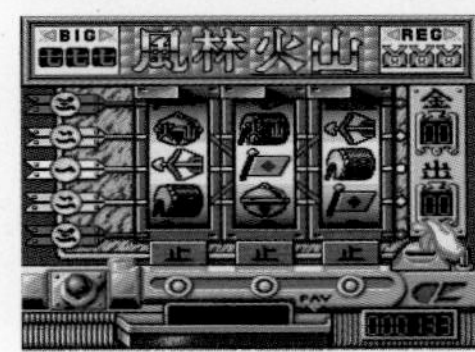

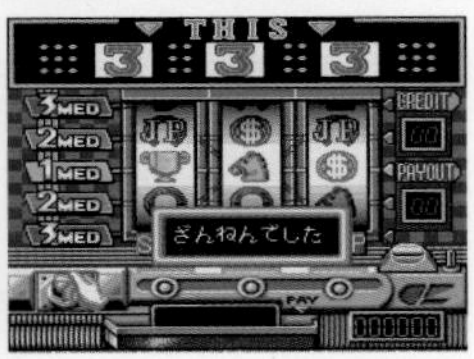

주인공 커플이 소원을 이루어주는 「파치파치 코인」을 모은다는 내용이다. 등장하는 파친코 슬롯 기기는 모두 가상의 기기이다. 규정 수의 코인을 내면 보스전에 돌입하고, 이기면 다음 스테이지로 진행하는 구조이다.

라모스 루이의 월드 와이드 사커

● 발매일 / 1994년 2월 25일 ● 가격 / 9,500엔
● 퍼블리셔 / 팩 인 비디오

발매 당시에는 베르디 가와사키 소속으로 일본 국가대표이기도 했던 라모스 루이의 이름을 내건 축구 게임. 내셔널 팀과 J리그 팀을 사용할 수 있으며 포메이션 변경도 가능하다. 공의 움직임에 따라 시점이 움직이는 다이나믹한 게임성이 특징이다.

이타다키 스트리트2 네온사인은 장밋빛으로

● 발매일 / 1994년 2월 26일 ● 가격 / 9,800엔
● 퍼블리셔 / 에닉스

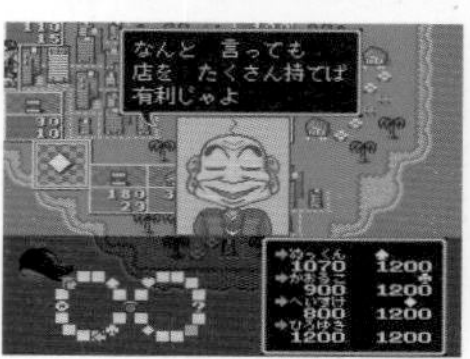

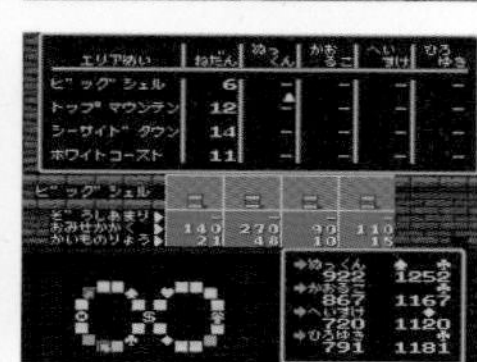

FC로 발매됐던 『이타다키 스트리트』의 속편. 모노폴리를 발전시킨 규칙의 보드 게임이다. 맵 위의 상점을 증자해서 발전시키고 그곳에 멈춘 플레이어에게 판매금을 받는다. 기본적인 규칙은 전작과 동일하지만 맵과 CPU 캐릭터가 대폭 늘었다.

슈퍼 본명 GI 제패

● 발매일 / 1994년 2월 28일 ● 가격 / 9,800엔
● 퍼블리셔 / 일본 물산

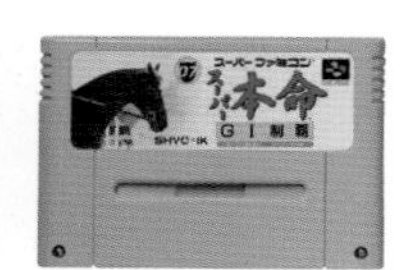

목장을 경영하면서 종마와의 교배로 강한 혈통의 말을 만들어 내고, 조교로서 말의 능력을 올리는 경주마 육성 시뮬레이션 게임. 목표는 전 G1 레이스 제패다. 기존 시리즈작처럼 실제 레이스 예상도 가능하다.

가부키 록스

● 발매일 / 1994년 3월 4일 ● 가격 / 9,800엔
● 퍼블리셔 / 아틀라스

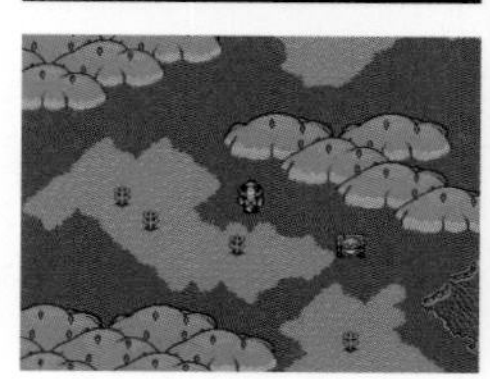

『천외마경』 시리즈 등으로 유명한 레드 컴퍼니와 『여신전생』 시리즈의 아틀라스가 공동 개발한 RPG. 이동 시에는 탑뷰이며 전투는 커맨드 선택식이라는 매우 전형적인 구조이면서도, 마법을 대신해 가부키가 들어가는 등 가부키를 모델로 한 게임이었다.

더 킹 오브 드래곤즈

● 발매일 / 1994년 3월 4일 ● 가격 / 9,800엔
● 퍼블리셔 / 캡콤

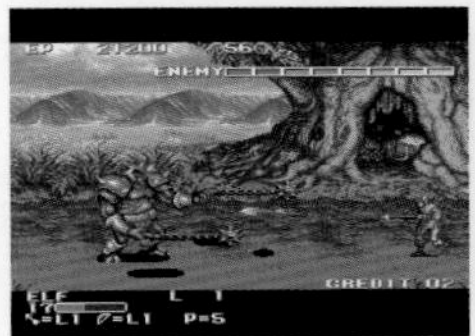

캡콤이 개발한 아케이드용 벨트 액션 게임을 이식. 파이터, 클레릭, 드워프 등 5종류의 주인공 중에서 선택할 수 있고 성장 요소도 있다. 레드 드래곤을 쓰러뜨리는 것이 목적. 스테이지 마지막에는 보스전이 있어서 보스를 쓰러뜨리면 무기와 방어구를 입수하고 공격력과 방어력이 올라간다.

지코 사커

● 발매일 / 1994년 3월 4일 ● 가격 / 9,800엔
● 퍼블리셔 / 일렉트로닉 아츠 빅터

독특한 시스템을 채용한 축구 게임. 각국의 내셔널팀과 가시마 앤틀러스를 사용할 수 있다. 선수를 직접 움직이는 것이 아니라 감독처럼 지시를 내린다. 화면은 상하로 분할되어 있는데, 지시를 내리는 쪽은 화면 하단이며 화면 상단의 선수는 자동으로 움직인다.

슈퍼 패미스타3

● 발매일 / 1994년 3월 4일 ● 가격 / 8,800엔
● 퍼블리셔 / 남코

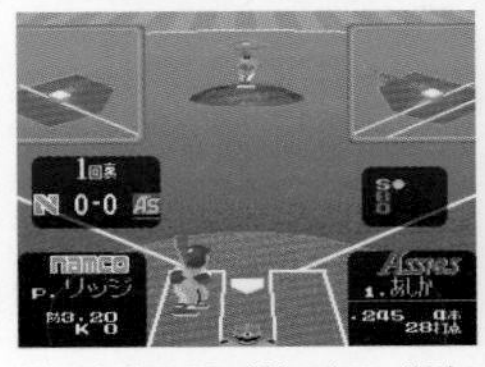
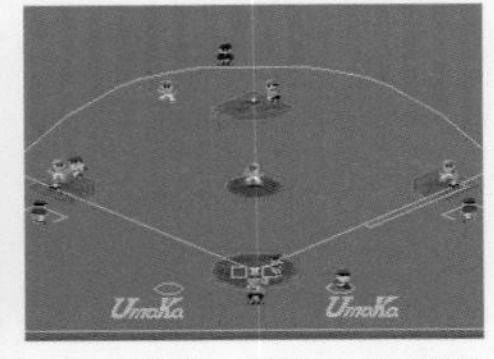

한 시대를 풍미한 야구 게임으로 SFC에서는 시리즈 세 번째 작품이다. 조작 방법은 첫 번째 작품인 FC판에서 거의 바뀌지 않았지만, 배터리 백업이 탑재되면서 최고 130게임의 리그전 결과를 기록해둘 수 있게 되었다.

슈퍼 루프스

● 발매일 / 1994년 3월 4일 ● 가격 / 8,900엔
● 퍼블리셔 / 이머지니어

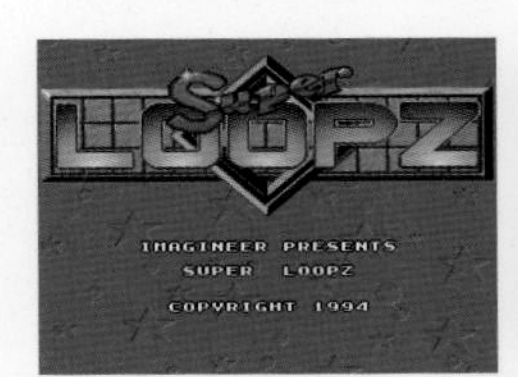
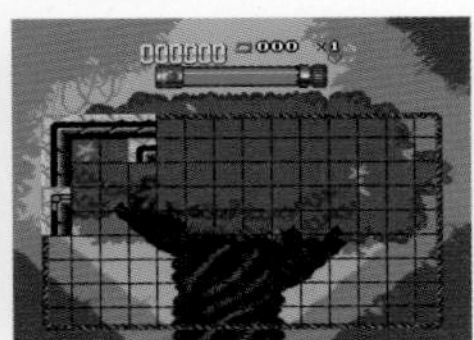

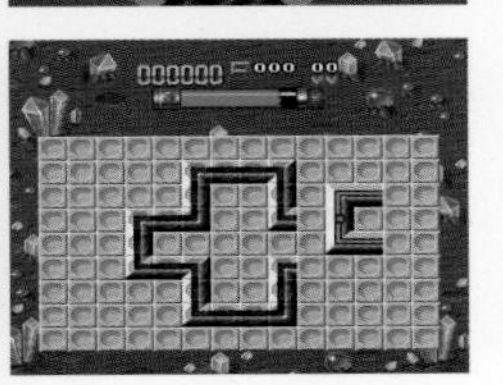

이머지니어가 개발한 퍼즐 게임. 필드에 랜덤으로 보내지는 파츠를 방향을 바꿔서 배치하고, 빙 둘러싸서 지운다. 스테이지 클리어 형식인 아케이드 모드 이외에 정해진 모양을 만드는 퍼즐 모드 등, 4종류를 플레이할 수 있다.

기동전사 V건담

● 발매일 / 1994년 3월 11일 ● 가격 / 9,800엔
● 퍼블리셔 / 반다이

1993년부터 94년에 걸쳐 방송됐던 TV 애니메이션을 원작으로 한 사이드뷰 액션 게임. 대전 격투 게임을 연상케 하는 커다란 캐릭터가 특징이며, 스테이지 내의 적을 모두 쓰러뜨리면 클리어되고 스토리가 진행된다. 무기에는 탄수 제한이 있어서 낭비하지 못하게 되어 있다.

갤럭시 로보

● 발매일 / 1994년 3월 11일 ● 가격 / 9,800엔
● 퍼블리셔 / 이머지니어

미래 세계를 무대로 한 SF 시뮬레이션 RPG. 시스템은 전형적이며, 탑뷰 맵 위에 배치된 유닛을 이동시켜서 적을 공격하고 쓰러뜨린다. 적을 전멸시키면 스토리가 진행되고, 총 18화를 클리어하면 엔딩이다.

참Ⅲ 스피리츠

● 발매일 / 1994년 3월 11일 ● 가격 / 12,800엔
● 퍼블리셔 / 울프팀

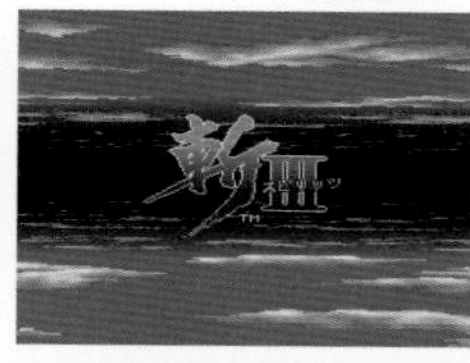

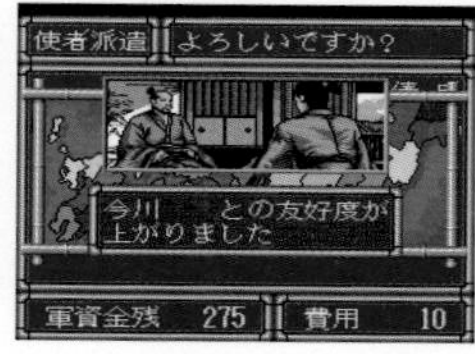

울프팀이 개발한 역사 시뮬레이션 시리즈로 SFC에서는 두 번째 작품. 다이묘만이 아니라 휘하 무장과 낭인으로도 플레이가 가능하며, 모반을 일으켜서 성을 빼앗는 등의 자유로운 행동이 특징이다. 시스템은 페이즈 방식이며, 계절마다 전략과 군사 등에 관한 명령을 내릴 수 있다.

실황 파워풀 프로야구'94

● 발매일 / 1994년 3월 11일 ● 가격 / 9,000엔
● 퍼블리셔 / 코나미

현재까지 이어지고 있는 장수 인기작이 된 『실황야구』 시리즈의 기념비적인 첫 작품. 투구와 타격 시의 고저 차 개념을 추가하고 「미트 커서」라는 독자적인 시스템을 도입해서 야구 게임의 새로운 기준이 되었다. 또한 시합 중에 음성으로 실황이 흘러나오는 것도 참신했다.

엄청난 헤베레케

● 발매일 / 1994년 3월 11일 ● 가격 / 8,900엔
● 퍼블리셔 / 선 소프트

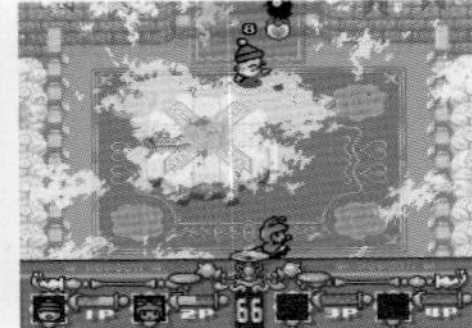

선 소프트에서 개발한 대전형 액션 게임. 독특한 편안함과 분위기를 가진 『헤베레케』의 캐릭터가 필드 위를 이동하면서 펀치와 킥으로 상대를 공격한다. 멀티탭을 이용하면 최대 4명까지 동시 플레이가 가능하고 난투의 묘미를 맛볼 수 있는 게임이다.

리설 엔포서즈

● 발매일 / 1994년 3월 11일 ● 가격 / 9,800엔
● 퍼블리셔 / 코나미

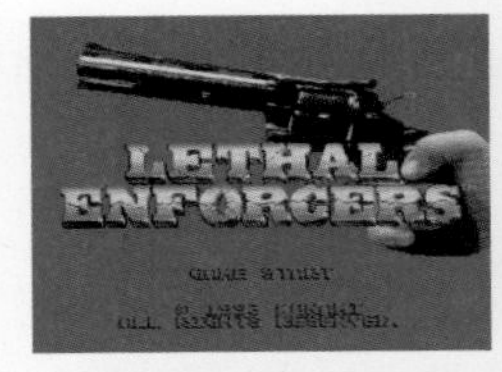

아케이드용으로 인기를 모았던 건슈팅 게임을 이식했다. 오리지널을 재현하기 위해 총 모양 컨트롤러가 동봉되었고, TV 화면의 총을 조준해 적을 공격한다. 실사가 들어간 화상이 사용되었지만 오히려 그것이 코미컬한 분위기를 연출했다.

퍼스트 퀸 오르닉 전기

● 발매일 / 1994년 3월 11일 ● 가격 / 9,800엔
● 퍼블리셔 / 컬처 브레인

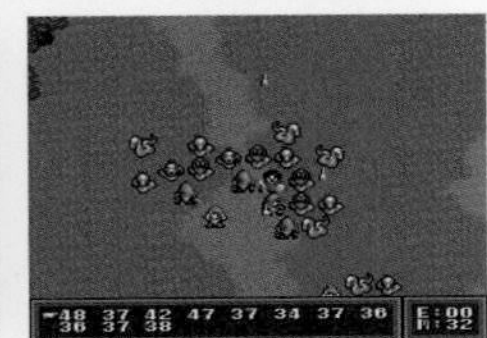

PC로 인기를 얻은 시뮬레이션 게임을 이식했다. 리얼타임 제도를 채용했으며, 다수의 캐릭터가 동시에 전투하는 모습으로 인해 「난장판 캐릭터 배틀」이라 불리기도 했다. 시스템은 스테이지 클리어 방식으로, 중간의 데모 신에서 스토리가 전개되는 구조로 되어 있다.

Advanced Dungeons & Dragons 아이 오브 더 비홀더(주시자의 눈)

● 발매일 / 1994년 3월 18일 ● 가격 / 12,800엔
● 퍼블리셔 / 캡콤

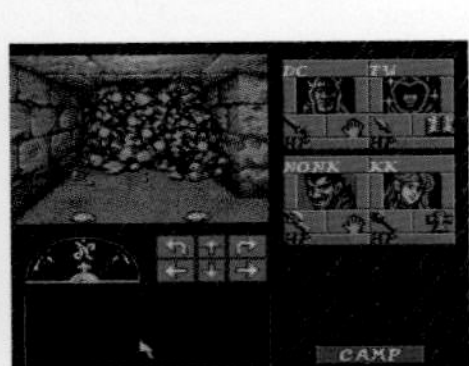

세계적으로 유명한 테이블 토크 RPG 『Dungeons & Dragons』의 세계관을 사용한 RPG. 유사 3D의 리얼타임 제도를 채용했고 적과의 전투도 끊임없이 이루어진다. 익숙해질 때까지는 무엇을 해야 할지 몰라서 혼란스럽지만, 경험을 쌓으면 게임이 쉽게 진행된다.

손쉬운 고양이

● 발매일 / 1994년 3월 18일 ● 가격 / 8,800엔
● 퍼블리셔 / 반프레스토

고양이를 게임의 말로 사용한 보드 게임으로, 고양이는 4종류 중에서 선택할 수 있다. 오델로처럼 자신의 색깔인 말로 상대 말을 감싸서 색깔을 바꿔 나가는데, 그때 가위바위보 같은 배틀이 벌어진다. 최종적으로 자신의 말이 칸을 많이 차지하면 승리한다.

이데아의 날

● 발매일 / 1994년 3월 18일 ● 가격 / 9,700엔
● 퍼블리셔 / 쇼에이 시스템

개그 만화가인 아이하라 코지가 감수한 RPG. 적과 아군 모두 캐릭터가 매우 개성적이어서 독특한 분위기를 뿜어낸다. 또한 파티 멤버들의 옷을 자유롭게 바꿀 수 있으며 그래픽도 그에 대응한 것이 표시되는 등, 묘한 부분에 힘이 들어가 있다.

갬블러 자기중심파2 도라퐁 퀘스트

● 발매일 / 1994년 3월 18일 ● 가격 / 8,900엔
● 퍼블리셔 / 팩 인 비디오

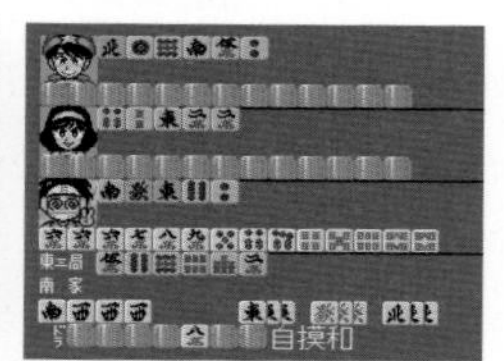

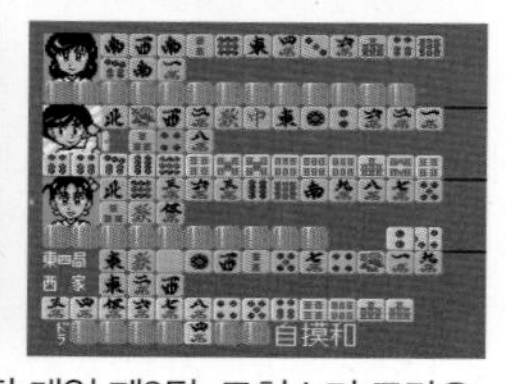

카타야마 마사유키 원작의 마작 게임 제2탄. 모치스기 도라오 등, 만화 속 캐릭터와 자유롭게 대국할 수 있는 프리 대국에서는 강운(强運)을 가진 캐릭터의 능력을 체험할 수 있다. 스토리 모드에서는 유명 RPG의 패러디를 플레이할 수 있으며, 적과의 전투는 당연히 마작으로 진행된다.

금붕어주의보! 뛰어나가라! 게임 학원

● 발매일 / 1994년 3월 18일 ● 가격 / 9,800엔
● 퍼블리셔 / 자레코

네코베 네코의 만화를 소재로 한 미니 게임 모음집으로 무대는 학교이다. 슈팅 게임, 달리기 경주 등 오락계부터 스피드 사회 퀴즈 등의 학습계까지 다양한 게임을 플레이할 수 있다. 다인 플레이도 가능해서 멀티탭이 있으면 최대 3명까지 동시 플레이를 할 수 있다.

사이드 포켓

● 발매일 / 1994년 3월 18일 ● 가격 / 8,500엔
● 퍼블리셔 / 데이터 이스트

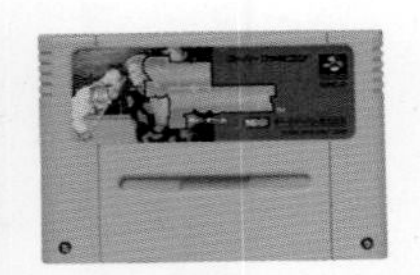

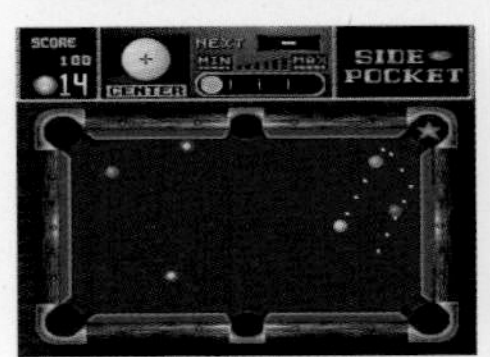

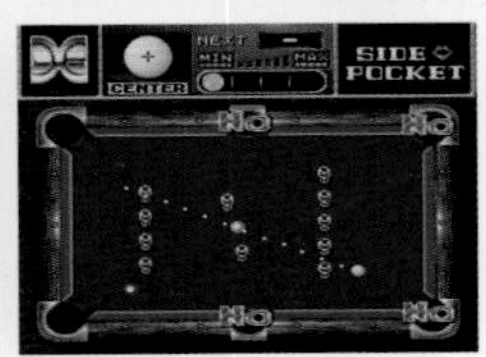

데이터 이스트의 아케이드용 당구 게임의 이식판인데, FC로도 동명의 게임이 발매되었다. 어덜트한 분위기가 특징이며 포켓 게임과 나인볼 이외에 트릭샷을 겨루는 모드도 있다. 탑뷰 화면을 채택해 박력보다는 편하게 보는 것을 중시한 게임이다.

J리그 슈퍼 사커

● 발매일 / 1994년 3월 18일 ● 가격 / 9,500엔
● 퍼블리셔 / 허드슨

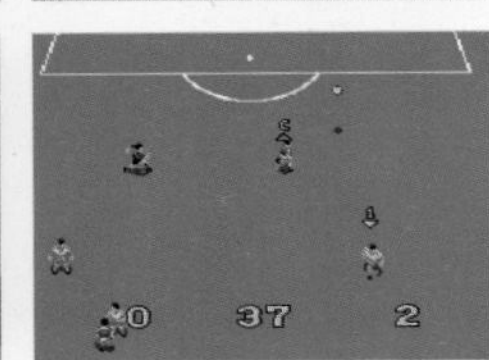

J리그가 개막한 93년 이래로 다수 발매된 축구 게임 중 하나. 오리지널10에 베르마레 히라츠카, 주빌로 이와타가 더해져 총 12개 팀이 수록되어 있으며, 모든 팀이 참가한 리그전을 즐길 수 있다. 선수와 공의 스피드가 빨라지는 FAST 모드가 이 게임의 백미.

진 여신전생II

● 발매일 / 1994년 3월 18일 ● 가격 / 9,990엔
● 퍼블리셔 / 아틀라스

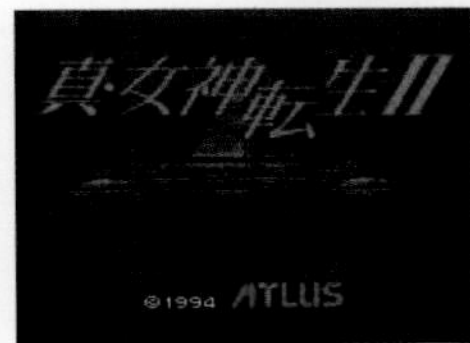

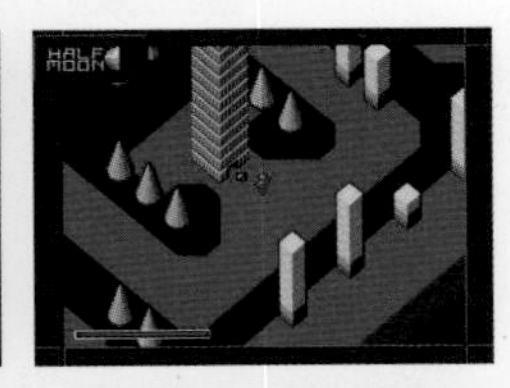

시리즈 두 번째 작품으로, 전작에서 일어난 도쿄 대파괴 이후의 세계를 그렸다. 악마를 설득해 동료로 만들고, 합성해서 강력한 동료를 만들어내는 시스템은 건재하다. 로우, 카오스, 뉴트럴이라는 3가지 루트에 따라 시나리오가 바뀌어간다. 지금 플레이해도 확실히 즐길 수 있는 명작.

SUPER 인생게임

● 발매일 / 1994년 3월 18일 ● 가격 / 9,800엔
● 퍼블리셔 / 타카라

전 세계에서 즐기던 보드게임을 SFC용으로 비디오 게임화 했다. 룰렛으로 결정된다는 게임성에 주식 매매 등의 전략적 요소와 용모 및 인기, 행운 같은 파라미터가 추가되었다. 4인 동시 플레이도 가능해서 손님 접대용으로 플레이하기 좋았다.

슈퍼 나그자트 오픈 골프로 승부다 도라보짱

● 발매일 / 1994년 3월 18일 ● 가격 / 9,500엔
● 퍼블리셔 / 나그자트

나그자트가 PC엔진용으로 발매했던 액션 RPG 『초마계대전! 도라보짱』의 캐릭터를 사용한 골프 게임. 선택한 캐릭터에 따라 테크닉 등 특징이 다르고, 도라보짱 오픈에서는 아이템 카드를 이용한 특수 기술을 사용할 수 있다.

소닉 블래스트 맨II

● 발매일 / 1994년 3월 18일 ● 가격 / 9,500엔
● 퍼블리셔 / 타이토

원래는 펀칭 머신의 캐릭터였던 소닉 블래스트 맨을 주인공으로 한 벨트 스크롤 액션 제2탄. 주인공을 세 명 중에서 선택할 수 있게 되었고 공격 방법도 다채로워졌다. 전작에서 약간 불만스러웠던 조작감도 개선되어 더 쉽게 플레이할 수 있다.

더비 자키 [기수왕으로 가는 길]

● 발매일 / 1994년 3월 18일 ● 가격 / 9,800엔
● 퍼블리셔 / 아스믹

플레이어가 기수가 되어서 레이스를 펼치는 경마 게임. 소속 지역과 마굿간을 정해서 레이스에 임한다. 말에 따라 각질(주행 습성)이 다르므로 그것을 잘 이용한 레이스 운영이 중요하다. 레이스 중에는 스태미너에 주의하면서 조작해야 하지만 위치 선정도 매우 중요하다.

독립전쟁 Liberty or Death

● 발매일 / 1994년 3월 18일 ● 가격 / 11,800엔
● 퍼블리셔 / 코에이

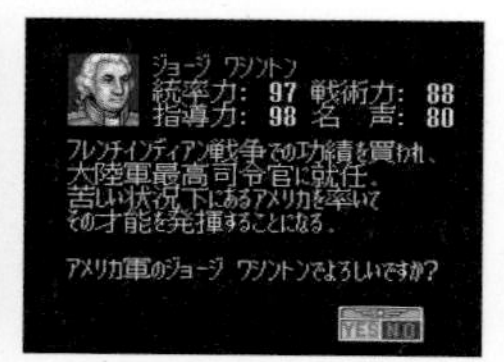

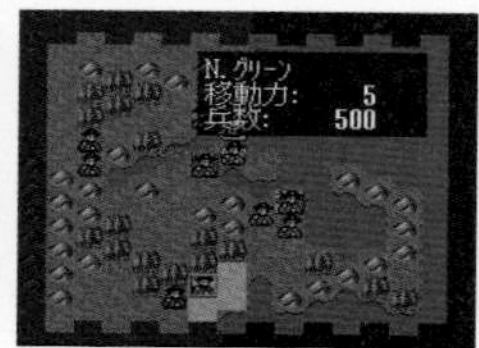

코에이의 역사 시뮬레이션으로는 드물게 『랑펠로』에 이어 근대 서양사를 다룬 작품. 플레이어는 미군이나 영국군 최고 사령관이 되어서 독립이나 그 저지를 목표로 한다. 시스템은 페이즈 제도를 채용하고 있고 1턴에 정부, 지구, 전쟁이라는 3페이즈를 실행한다.

너구리 라스칼

● 발매일 / 1994년 3월 25일 ● 가격 / 8,900엔
● 퍼블리셔 / 메사이어

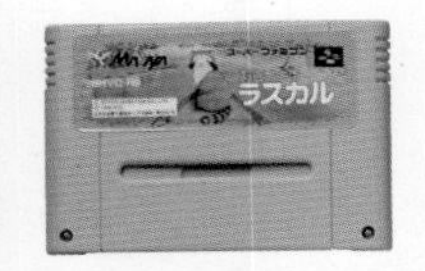

70년대에 방송되어 인기를 모았던 애니메이션 『너구리 라스칼』의 캐릭터를 사용한 퍼즐 게임. 라스칼을 조작해서 같은 유리병을 종·횡·대각으로 3개 이상 모아서 지운다. 3가지 모드가 있으며 2P와의 대전도 가능하다. 라스칼의 행동과 몸짓이 귀여워서 힐링이 되는 작품이다.

검용전설 YAIBA

● 발매일 / 1994년 3월 25일 ● 가격 / 9,800엔
● 퍼블리셔 / 반프레스토

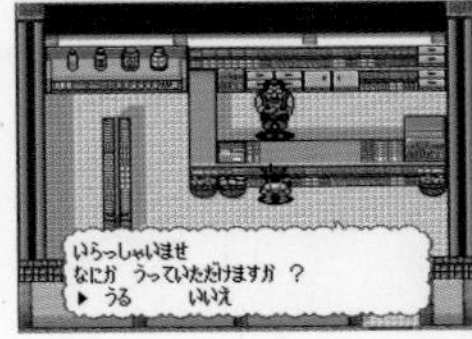

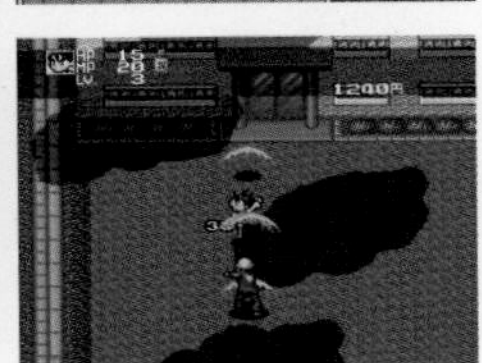

「주간 소년 선데이」에서 연재되던 아오야마 고쇼의 만화를 원작으로 한 액션 RPG. 검을 이용한 공격이 기본으로, 특정 검을 장비하면 레벨에 따른 필살기를 쓸 수 있다. 2P와의 협력 플레이도 가능한데, 이때는 게임 오리지널 캐릭터인 류진라이를 쓸 수 있다.

더 블루 크리스탈 로드

● 발매일 / 1994년 3월 25일 ● 가격 / 9,800엔
● 퍼블리셔 / 남코

드루아가의 탑으로 유명해진 엔도 마사노부의 '바빌로니안 캐슬 사가' 중의 하나로 시리즈 최종작이 되었다. 멀티 엔딩을 채용한 어드벤처 게임이며 유사 3D로 표현된 마을과 던전 등을 이동한다. 이벤트의 선택지에 따라 파라미터가 변하고 엔딩이 결정된다.

산리오 월드 케로케로케로피의 모험 일기 잠들지 못하는 숲의 케롤린

● 발매일 / 1994년 3월 25일 ● 가격 / 6,980엔
● 퍼블리셔 / 캐릭터 소프트

「케로케로케로피」와 「모두의 타아보」 「한교돈」 같은 산리오 캐릭터가 등장하는 RPG. 저연령용이라 간략화 된 시스템을 채용했고, 파티가 전멸해도 페널티가 거의 없다. 게임 이어하기는 패스워드 방식이 채용되었다.

섀도우 런

● 발매일 / 1994년 3월 25일 ● 가격 / 9,800엔
● 퍼블리셔 / 데이터 이스트

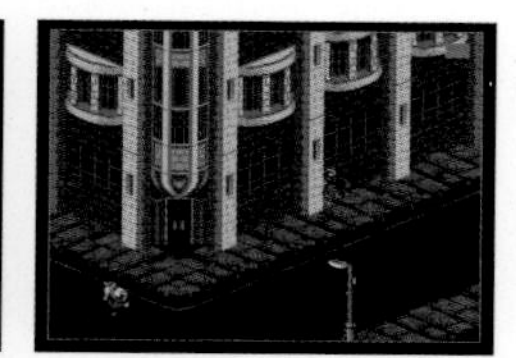
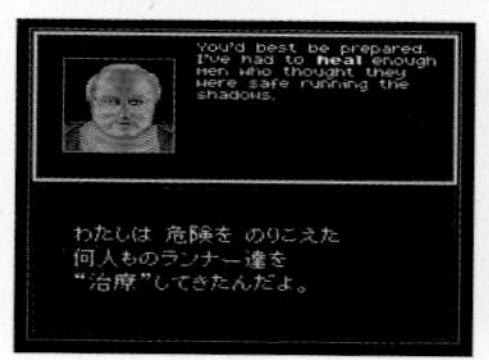

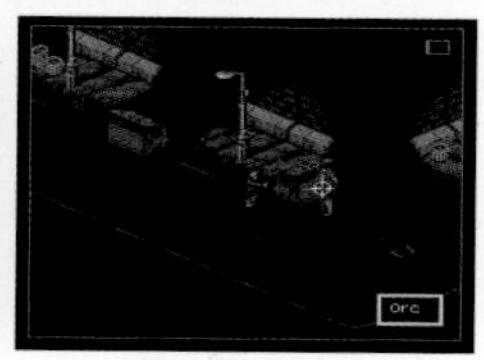

데이터 이스트가 발매한 RPG이지만 원래는 미국 개발사의 작품이다. 영어 메시지에 일본어 자막이 있는 것이 이 때문이다. 사이버 펑크 세계관이 특징으로, 전투가 끊임없이 이루어지기 때문에 이동 중에도 방심할 수 없다.

슈퍼 오목 연주

● 발매일 / 1994년 3월 25일 ● 가격 / 8,800엔
● 퍼블리셔 / 나그자트

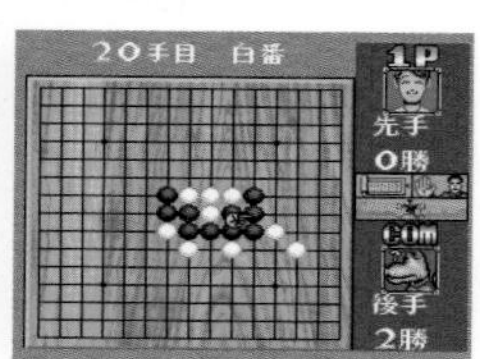

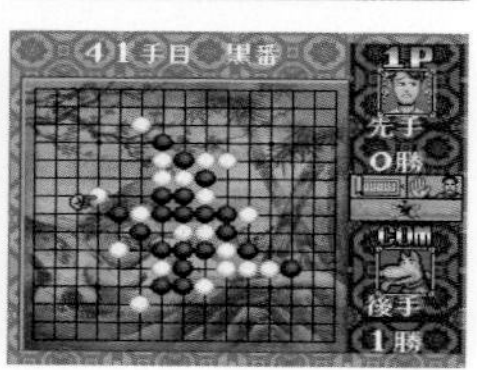

오목을 SFC용으로 비디오 게임화 한 것. 미리 준비된 국면부터 승리를 목표로 하는 묘수풀이와 프리 대국을 플레이할 수 있으며 용어 해설도 해준다. CPU는 꽤 강해서 가장 쉬운 대국 상대라도 고전을 면치 못할 수 있다.

슈퍼 트롤 어드벤처

● 발매일 / 1994년 3월 25일 ● 가격 / 8,900엔
● 퍼블리셔 / 켐코

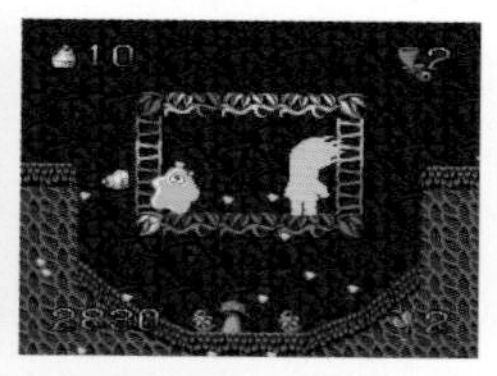
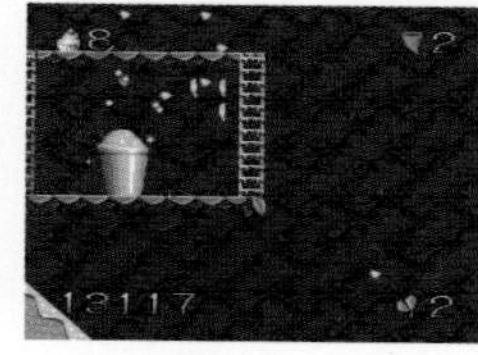

요정인 트롤을 주인공으로 한 사이드뷰 액션 게임. 상당히 독특한 그래픽이 특징으로 해외 개발사의 작품이다. 필드는 처음에는 흑백이지만 주인공이 걸어간 부분이 컬러로 바뀌고, 전체 필드의 색상이 바뀌면 스테이지 클리어가 되는 구조이다.

슈퍼 하키'94

● 발매일 / 1994년 3월 25일 ● 가격 / 8,900엔
● 퍼블리셔 / 요네자와

94년에 개최된 동계 올림픽을 토대로 했다. 14개국의 내셔널 팀을 사용할 수 있는 아이스하키 게임으로 토너먼트 모드, 올림픽 모드, 대전 모드의 3종류를 플레이할 수 있다. 시합 중에 L버튼을 누르면 시점이 바뀌어서 다이나믹하고 박력 있는 게임을 즐길 수 있다.

슈퍼 리얼 마작P Ⅳ

● 발매일 / 1994년 3월 25일 ● 가격 / 9,800엔
● 퍼블리셔 / 세타

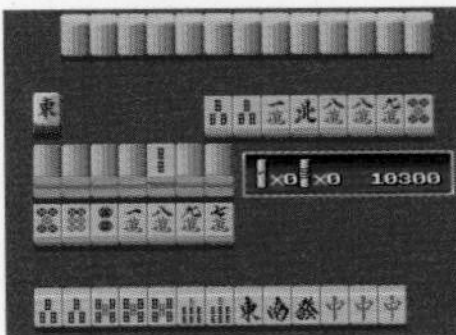
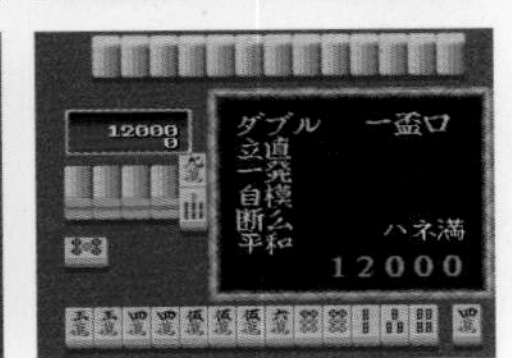

아케이드로 인기를 모은 탈의 마작 게임을 SFC에 이식했다. 탈의 요소는 사라졌지만, 올라간 역에 따라 그림이 완성되어 가는 퍼즐 모드와 득점을 소비해서 컷신을 감상할 수 있는 데이트 모드를 플레이할 수 있다. 세 자매와의 대국은 항상 2인 마작이다.

슈퍼로봇대전 EX

● 발매일 / 1994년 3월 25일 ● 가격 / 9,800엔
● 퍼블리셔 / 반프레스토

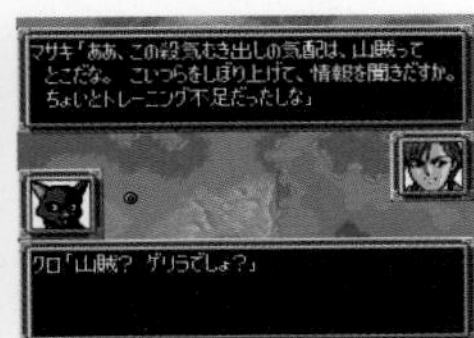
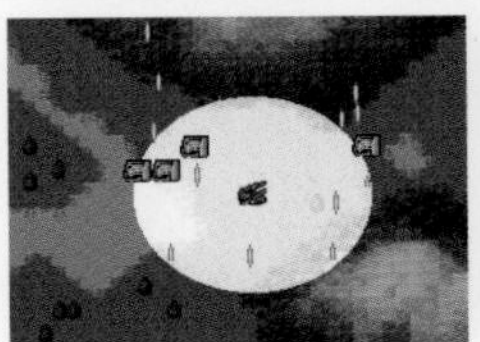

현재도 인기 있는 『슈로대』 시리즈 중의 하나. 지저 세계를 무대로 건담과 단바인, 마징가Z, 겟타로보 등의 로봇을 조작해서 싸운다. 난이도가 다른 3가지 시나리오를 즐길 수 있으며, 선택지에 따라 다른 시나리오에 영향을 주는 시스템이 채용되었다.

스페이스 인베이더

● 발매일 / 1994년 3월 25일 ● 가격 / 4,980엔
● 퍼블리셔 / 타이토

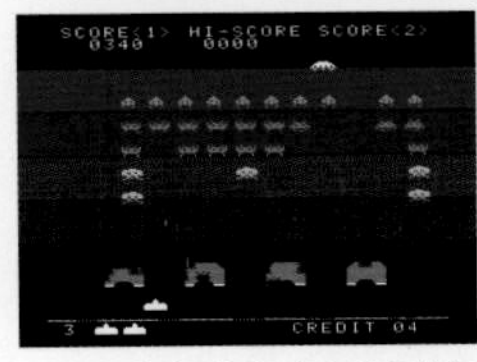
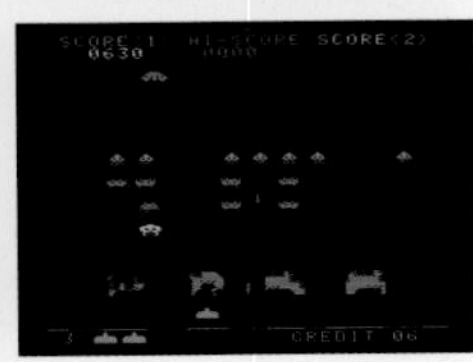

1978년에 발매되어서 폭발적인 붐을 일으켰던 아케이드 게임을 이식. 당시의 기판과 매체에 따른 차이를 재현한 4종류의 모드를 플레이할 수 있다. 대전 모드도 있는데, 자신의 필드에 있는 인베이더를 가로로 한 줄 지워서 상대에게 보낼 수 있다.

스페이스 에이스

● 발매일 / 1994년 3월 25일 ● 가격 / 9,800엔
● 퍼블리셔 / 이머지니어

아케이드용 레이저 디스크 게임을 가정용 하드에 맞게 액션 게임화 했다. 해외 개발사의 작품으로 그래픽은 독특하면서도 아름답다. 매우 어려운 게임으로 알려져 있으며, 클리어하려면 몇 번이고 죽어가며 조금씩 암기해 나가는 것이 필요하다.

챔피언스 월드 클래스 사커

● 발매일 / 1994년 3월 25일 ● 가격 / 8,900엔
● 퍼블리셔 / 어클레임 재팬

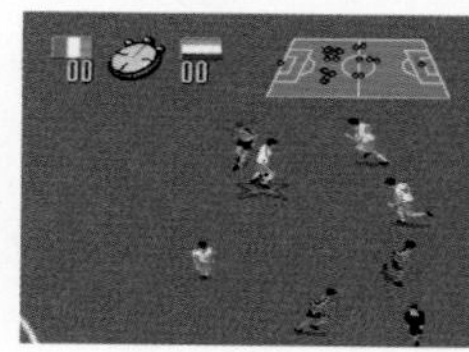

해외 개발사의 축구 게임을 일본어로 로컬라이즈 했다. 당시 SFC에서는 필드를 종방향으로 플레이하는 작품이 많았는데, 본 작품은 횡방향이어서 대전하기가 쉬웠다. 32개국의 내셔널팀을 사용할 수 있으며 각각 능력 차가 존재한다.

남국소년 파푸와군

● 발매일 / 1994년 3월 25일 ● 가격 / 8,800엔
● 퍼블리셔 / 에닉스

시바타 아미의 만화를 원작으로 한 사이드뷰 액션 게임. 파푸와군의 친구인 신타로가 주인공이며, 원작을 재현한 캐릭터의 코미컬한 움직임이 즐거운 작품이다. 적을 쓰러뜨리면 경험치를 얻고, 레벨업을 하면 라이프 수와 특수 공격인 「감마포」 사용 횟수가 늘어난다.

멜판드 스토리즈

● 발매일 / 1994년 3월 25일 ● 가격 / 9,800엔
● 퍼블리셔 / 아스키

반역자인 대신을 쓰러뜨리기 위해 여행을 떠난다는 내용의 사이드뷰 액션 게임. 주인공은 파이터, 나이트, 도둑, 위치라는 4명의 캐릭터 중에서 선택할 수 있다. 캐릭터는 전체적으로 큰 편이며 중간 보스와 보스전도 있다. 2인 동시 플레이에서는 협력해서 합체 마법을 쓸 수 있다.

록맨즈 사커

● 발매일 / 1994년 3월 25일 ● 가격 / 9,000엔
● 퍼블리셔 / 캡콤

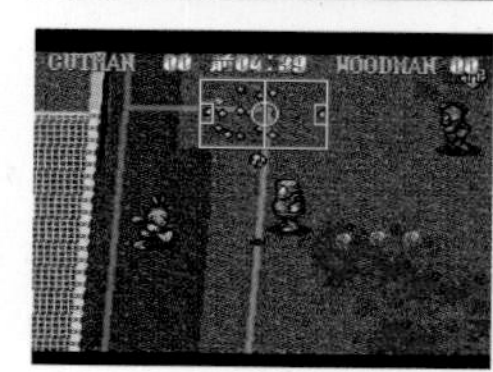

『록맨』의 캐릭터를 사용한 8인제 축구 게임. 친선 경기, 챔피언십, 토너먼트, 리그라는 4종류의 모드를 플레이할 수 있다. 각 선수에게는 필살 슛이 있고, 닿은 상대를 파괴하거나 감전시킬 수 있지만 사용 횟수가 미리 정해져 있다.

From TV animation SLAM DUNK 4강 격돌!!

● 발매일 / 1994년 3월 26일 ● 가격 / 9,800엔
● 퍼블리셔 / 반다이

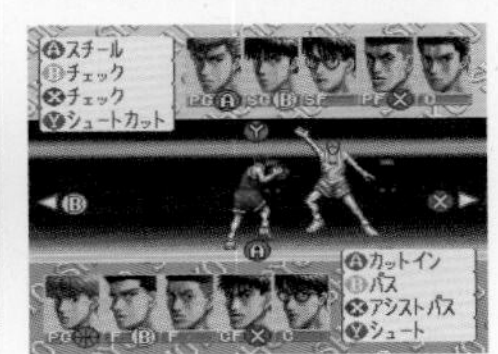

농구 만화의 금자탑이라 할 수 있는 작품을 SFC용으로 비디오 게임화 했다. 친선 모드에서는 6개 팀 중에서 하나를 선택해 CPU 또는 2P와 대전한다. 메인인 스토리 모드에서는 쇼호쿠(북산) 고교를 이끌고 시합에 임한다. 커맨드 입력 방식이어서 액션이 익숙하지 않은 사람도 즐길 수 있다.

진 마작

● 발매일 / 1994년 3월 30일 ● 가격 / 9,000엔
● 퍼블리셔 / 코나미

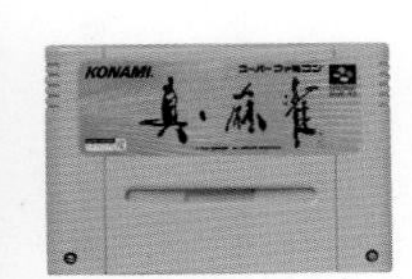

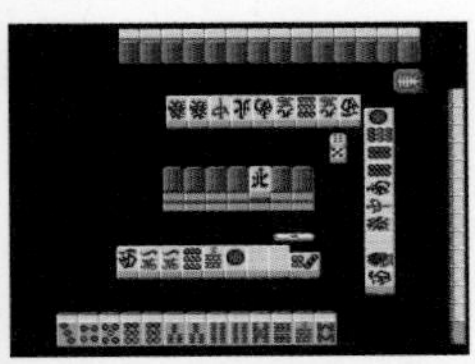
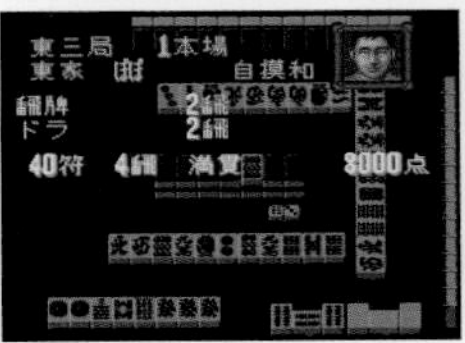
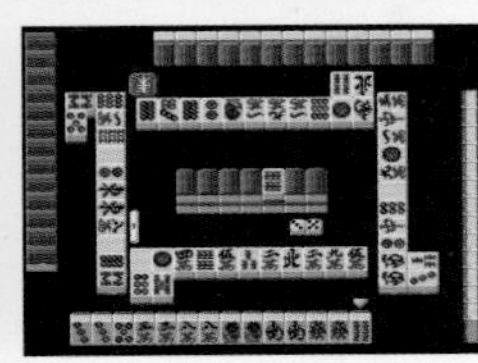

시황제, 모차르트, 아르키메데스, 미토 코몬 같은 세계적 위인과 대국할 수 있는 마작 게임. 프리 대국과 리그전이 있는데 전자에서는 3인 마작을 플레이할 수 있고, 후자에서는 대국 결과를 보존할 수 있다. 꽤 세세한 규칙 변경이 가능하고, 보기드문 로컬 룰도 채용 가능하다.

머슬 봄버

● 발매일 / 1994년 3월 30일 ● 가격 / 9,980엔
● 퍼블리셔 / 캡콤

캡콤이 개발한 아케이드용 프로레슬링 게임을 이식했다. 레슬러는 모두 가상의 인물인데 『북두의 권』으로 유명한 하라 테츠오가 디자인했다. 싱글 매치와 태그 매치를 플레이할 수 있으며 멀티탭을 사용하면 최대 4명 동시 플레이가 가능하다. 폴이나 기브업으로 승리하게 된다.

안드레 아가시 테니스

● 발매일 / 1994년 3월 31일 ● 가격 / 8,800엔
● 퍼블리셔 / 일본 물산

골든 슬램(4대 대회+올림픽 우승)을 달성한 테니스 선수, 안드레 아가시가 감수한 테니스 게임. 화면 앞쪽과 안쪽으로 나뉘어서 싸우는 전형적인 내용으로, 친선 경기와 토너먼트 모드가 준비되어 있다. 코트는 하드, 흙바닥, 잔디 바닥의 3종류 중에서 선택할 수 있다.

슈퍼 인디챔프

● 발매일 / 1994년 4월 1일 ● 가격 / 9,200엔
● 퍼블리셔 / 포럼

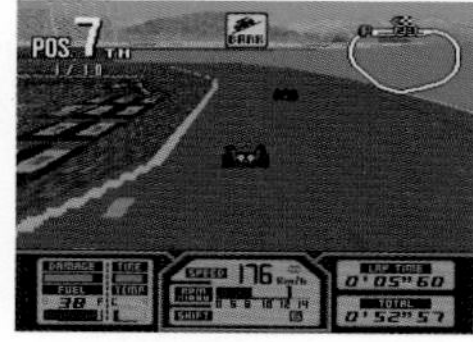
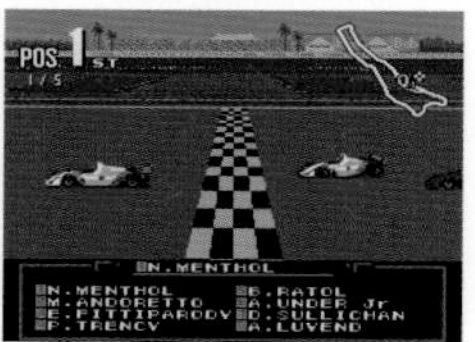

인디 카 레이스를 모티브로 한 레이싱 게임. 라이트, 챔피언십, 500마일, 배틀이라는 4가지 모드를 플레이할 수 있고 오리지널 레이스도 생성할 수 있다. 코스의 수가 많은 것이 특징. 시즌을 통해 다양한 레이스에 도전해서 새로운 파츠를 입수하면서 머신을 파워업 해 나간다.

슈퍼 더블 역만

● 발매일 / 1994년 4월 1일 ● 가격 / 9,000엔
● 퍼블리셔 / 밥

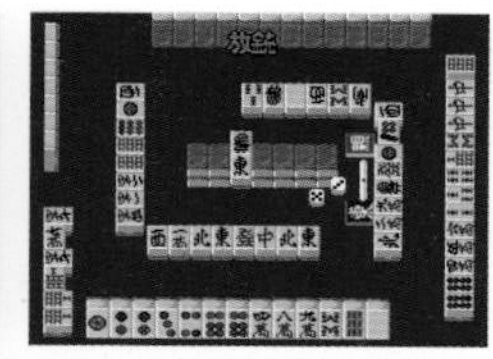
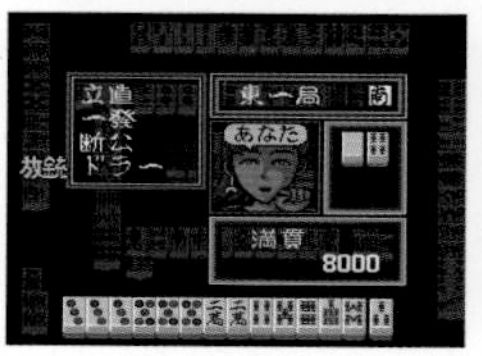
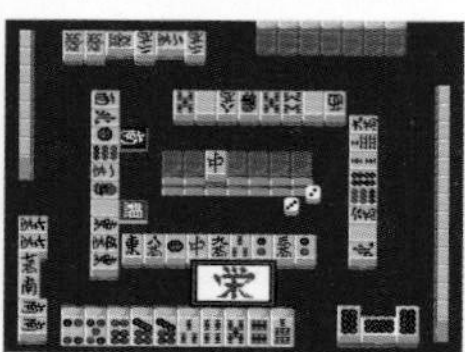

GB로 발매되었던 마작 게임의 SFC판. 플레이할 수 있는 모드는 도장 깨기, 마작 하우스, 토너먼트의 3종류이며 CPU 캐릭터는 15명이 준비되어 있다. 전형적인 4인 마작이며, 쿠이탕의 유무 등 세세한 규칙 설정도 가능하다.

항유기

● 발매일 / 1994년 4월 6일 ● 가격 / 12,800엔
● 퍼블리셔 / 코에이

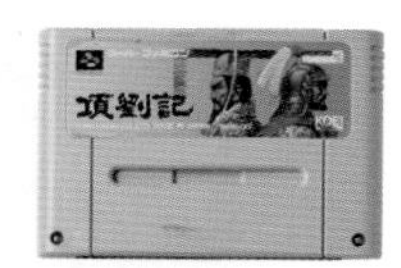

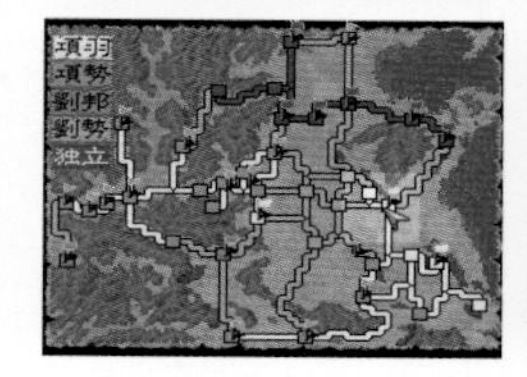

코에이의 역사 시뮬레이션 게임 중 가장 오래된 시대를 다룬 작품이다. 사상 첫 대륙 통일을 이룬 진나라가 붕괴된 후, 항우와 유방 사이에 벌어진 권력 투쟁을 테마로 했다. 항과 유, 두 진영 외에도 독립 세력이 존재해서 그들을 같은 편으로 만드는 것이 중요하다.

NHL 프로하키'94

● 발매일 / 1994년 4월 8일 ● 가격 / 9,800엔
● 퍼블리셔 / 일렉트로닉 아츠 빅터

미국의 프로하키 리그를 테마로 한 작품이며 해외 개발사 작품이다. 소속된 25개 팀을 사용 할 수 있는데 팀마다 능력 차가 꽤 존재한다. 코트는 종방향이며 비스듬한 백뷰형 시점을 채용했다. 태클을 하거나 상대 선수를 붙잡는 플레이도 가능하다.

시엔 -SHIEN- THE BLADE CHASER

● 발매일 / 1994년 4월 8일 ● 가격 / 9,600엔
● 퍼블리셔 / 다이나믹 기획

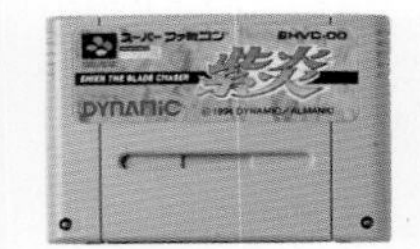

유사 3D 화면의 건슈팅 게임이지만, 주인공은 닌자이므로 총이 아니라 수리검과 고무도(苦無刀)로 공격한다. 적과의 거리에 따라 공격 방법을 바꿔야 하는데 먼 곳의 적에게는 수리검을, 바로 앞의 적에게는 고무도로 대응한다. 두루마기를 써서 화면 전체에 대미지를 줄 수도 있다.

슈퍼 바둑 바둑왕

● 발매일 / 1994년 4월 8일 ● 가격 / 14,800엔
● 퍼블리셔 / 나그자트

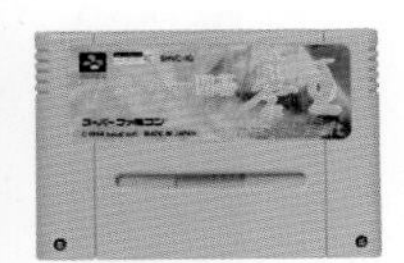

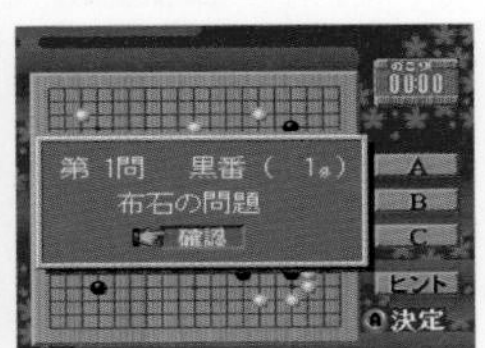

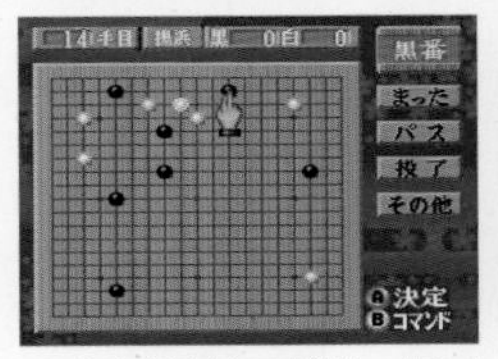
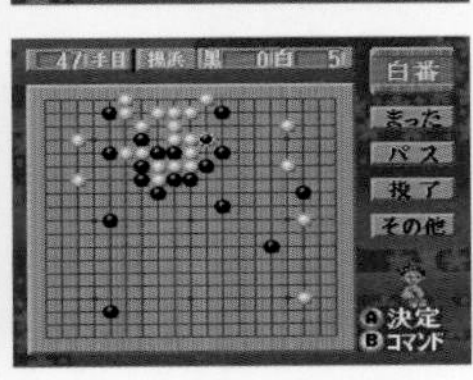

호방뇌락(豪放磊落)한 기풍과 성격으로 유명한 후지사와 히데유키 명예 기성이 감수한 바둑 게임. 급위 인정 문제를 풀어서 자신의 실력을 확인할 수 있고, 그 후에 나오는 해설을 보면서 실력을 키울 수 있다. CPU와의 대국도 가능한데 그 실력은 상당하다.

드림 메이즈 인형옷 대모험

● 발매일 / 1994년 4월 15일 ● 가격 / 9,800엔
● 퍼블리셔 / 헥터

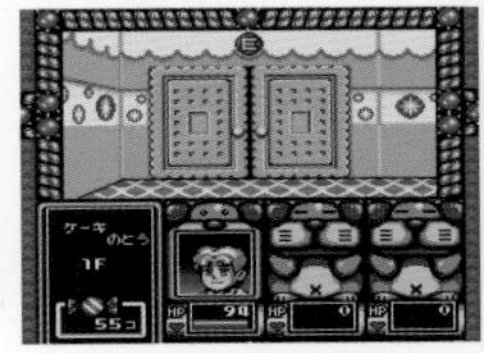

특이한 시스템을 채용한 유사 3D 던전 RPG. 경험치와 레벨 같은 개념이 없고, 적을 쓰러뜨려서 입수하는 인형옷으로 파워업을 한다. 전투는 커맨드 입력식으로 공격하는 부위를 선택하게 된다. 던전 안에는 장난스러운 장치가 많으며 난이도는 높은 편이다.

핑크 팬더

● 발매일 / 1994년 4월 15일 ● 가격 / 9,500엔
● 퍼블리셔 / 알트론

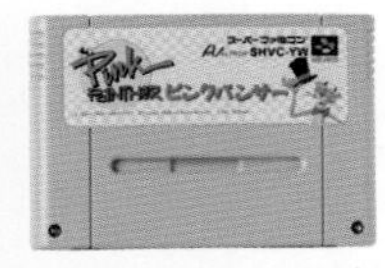

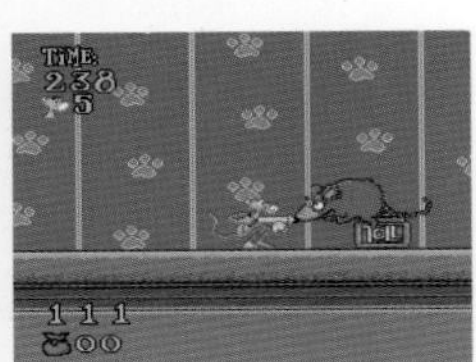

'핑크 팬더'란 피터 셀러스가 자크 클루조 경감으로 출연한 영화(1963) 시리즈의 제목이자 오프닝 애니메이션에 등장하는 핑크색 표범이다. 본 작품은 사이드뷰 액션 게임으로 주인공의 과장되고 코미컬한 움직임이 특징이다. 대시와 점프, 스프레이를 이용한 공격이 가능하다.

캠퍼스 BLUES 대결! 도쿄 사천왕

● 발매일 / 1994년 4월 15일 ● 가격 / 9,800엔
● 퍼블리셔 / 반다이

「주간 소년 점프」에 연재되던 모리타 마사노리의 만화를 원작으로 한 대전 격투 게임. 시스템 면에서는 LR 동시 조작을 이용한 공격 회피와 그 후의 던지기 기술이 참신하다. 스토리 모드에서는 원작에 따른 뜨거운 전개를 볼 수 있어서 팬이라면 더욱 즐길 수 있는 게임이다.

F-1 GRAND PRIX PARTⅢ

● 발매일 / 1994년 4월 22일 ● 가격 / 9,900엔
● 퍼블리셔 / 비디오 시스템

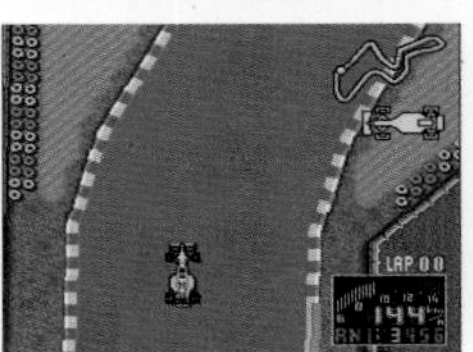
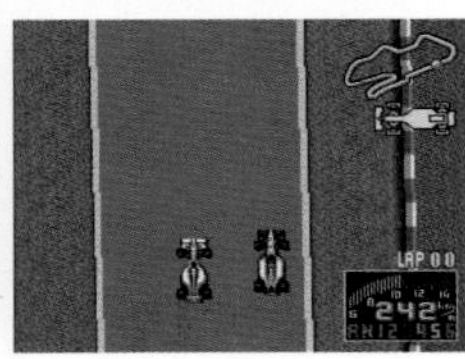

비디오 시스템의 『F-1 GRAND PRIX』 시리즈 세 번째 작품으로 전작과 같은 탑뷰 레이싱 게임이다. 총 6가지 모드를 플레이할 수 있고, 팀과 드라이버 데이터는 93년판이 수록되어 있다. 팀에 소속되어서 월드 챔피언을 목표로 한다.

기동경찰 패트레이버

● 발매일 / 1994년 4월 22일 ● 가격 / 9,800엔
● 퍼블리셔 / 벡

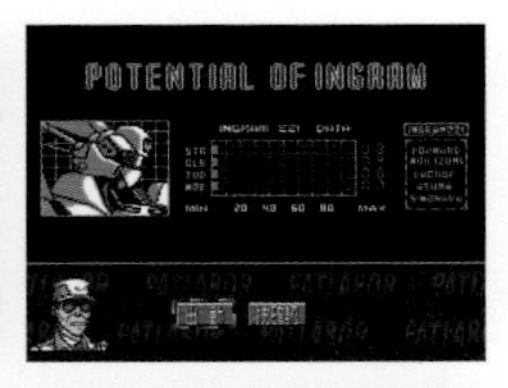

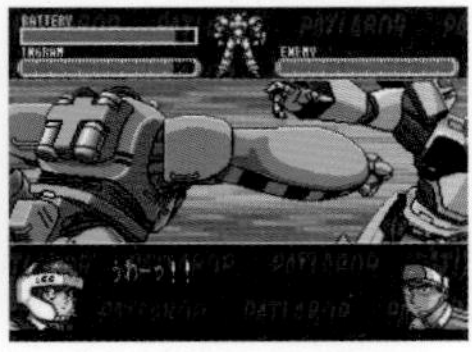

오시이 마모루 감독의 대표작 중 하나인 동명의 애니메이션을 원작으로 한 시뮬레이션 게임. 스토리 중간에 전투 파트가 삽입되었다. 잉그램을 맵 위에서 이동시키고, 적 레이버와의 전투에서는 커맨드 선택 방식을 채용했다. 팬이라면 놓치기 힘든 작품이다.

코튼 100%

● 발매일 / 1994년 4월 22일 ● 가격 / 9,300엔
● 퍼블리셔 / 데이텀 폴리스타

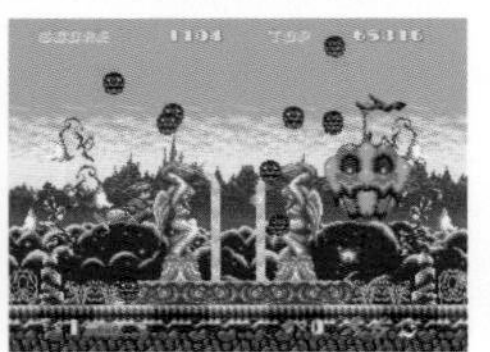

석세스가 개발하고 세가가 발매한 아케이드용 사이드뷰 슈팅 게임의 이식판. 마법을 이용한 특수 공격과 요정 옵션 등이 특징이다. 캐릭터의 인기가 매우 높았으며, 초회 한정판에는 오리지널 곡의 싱글 CD가 부속되어 있었다.

슈퍼 파치스로 마작

● 발매일 / 1994년 4월 28일 ● 가격 / 9,500엔
● 퍼블리셔 / 일본 물산

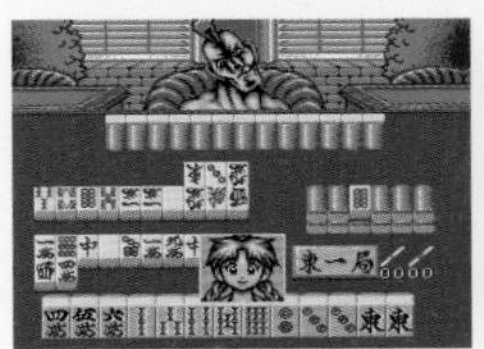

마작과 파친코 슬롯을 모두 즐길 수 있는 게임. 가상의 파친코 슬롯이 등장하지만 실존 모델을 바로 눈치 챌 정도로 닮았다. 마작 모드에서는 2인과 4인 마작 중 선택할 수 있는 프리 대국과 대회 모드를 플레이할 수 있다. 갬블러 모드에서는 10만 G를 100만 G로 만드는 것이 목적.

슈퍼 봄버맨2

● 발매일 / 1994년 4월 28일 ● 가격 / 8,500엔
● 퍼블리셔 / 허드슨

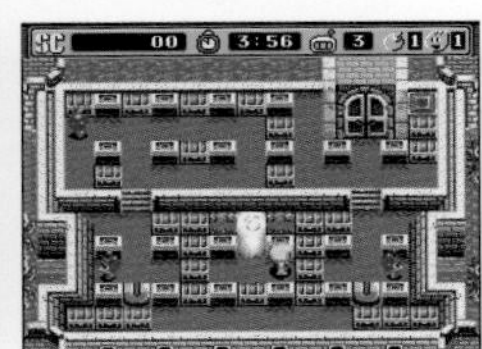

SFC의 『봄버맨』 시리즈 두 번째 작품. 1인용인 노멀 모드, 최대 4인까지 동시 플레이가 가능한 배틀 모드를 즐길 수 있다. 노멀 모드에서는 이후 시리즈에도 등장하는 극악 봄버 5인조가 나오고, 필드에는 다양한 기믹이 설치되어 있다.

다이너마이트 라스베이거스

● 발매일 / 1994년 4월 28일 ● 가격 / 8,900엔
● 퍼블리셔 / 버진 게임

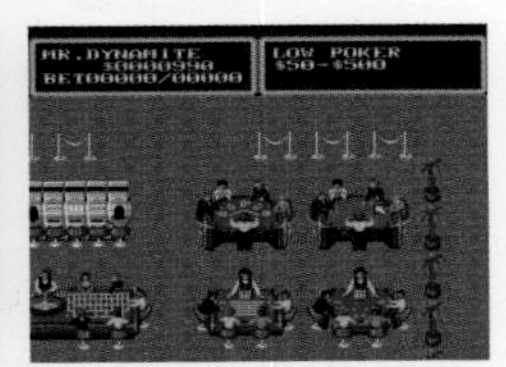

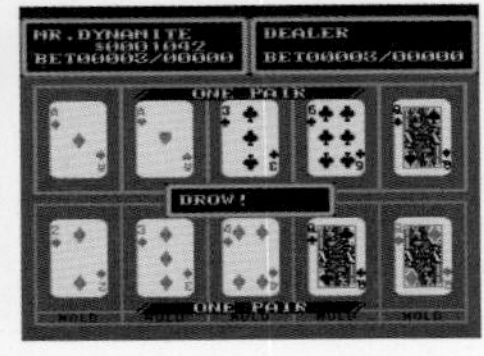

라스베이거스의 카지노를 재현한 테이블 게임. 키노, 대소, 슬롯머신, 포커, 룰렛 등 11종류의 게임이 준비되어 있다. 주인공이 카지노의 비밀 조직을 무너뜨리고 아버지의 행방을 찾는다는 스토리도 존재한다. 목적을 위해서는 카지노에서 일정 이상의 금액을 모아야 한다.

Fortune Quest 주사위를 굴려라

● 발매일 / 1994년 4월 28일 ● 가격 / 9,800엔
● 퍼블리셔 / 반프레스토

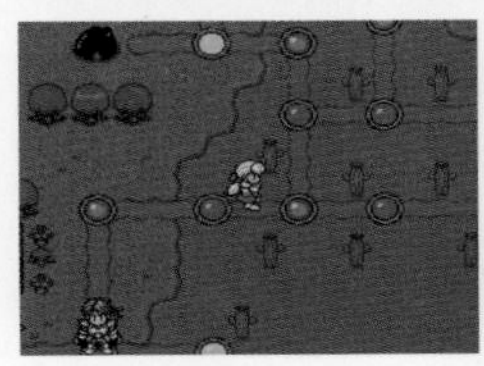

후카자와 미시오의 인기소설 『포춘 퀘스트』의 캐릭터를 사용한 보드 게임. 전사인 클레이, 도적인 트랩 등 원작에 등장하는 캐릭터 중에서 한 명을 선택해 퀘스트를 수행해 나간다. 맵은 주사위를 던져서 나온 수만큼 이동하고, 최대 6명의 플레이어가 참여할 수 있다.

헤이세이 강아지 이야기 바우 팝픈 스매시!!

● 발매일 / 1994년 4월 28일 ● 가격 / 7,800엔
● 퍼블리셔 / 타카라

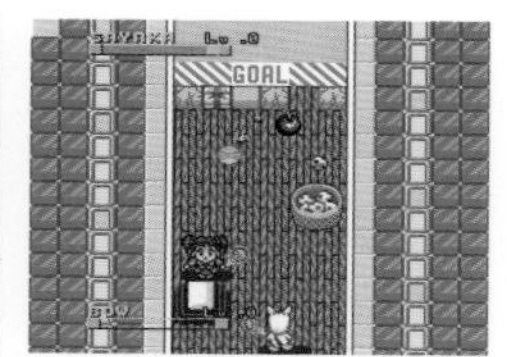

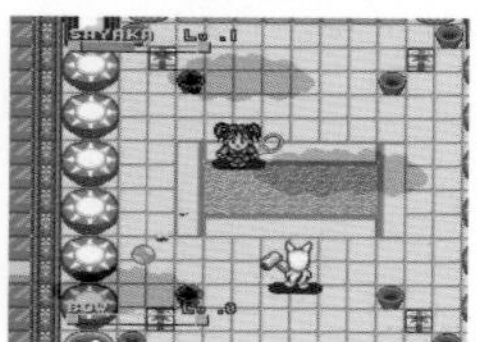

테리 야마모토의 만화와 애니메이션을 원작으로 한 스쿼시 게임. 나뭇가지와 배트 등에서 라켓을 선택하고, 실내와 정원 등 다양한 장소에서 대전한다. 때문에 코트의 모양은 정해져 있지 않고 장애물이 게임에 재미를 준다. 히든 커맨드로 스토리 모드의 캐릭터를 바꿀 수 있다.

란마1/2 초기난무편

● 발매일 / 1994년 4월 28일 ● 가격 / 9,980엔
● 퍼블리셔 / 토호 / 쇼가쿠칸 프로덕션

SFC의 란마1/2로는 네 번째이자 마지막 작품으로 내용은 대전 격투 게임. 원작에 나오는 12명의 캐릭터를 사용할 수 있고, 히든 커맨드로 라스트 보스도 쓸 수 있다. CPU 혹은 2P와의 대전뿐 아니라 스토리 모드도 있어서, 소원을 이루어주는 마네키네코를 둘러싼 결투가 펼쳐진다.

웃어도 되지! 타모림픽

● 발매일 / 1994년 4월 28일 ● 가격 / 9,500엔
● 퍼블리셔 / 아테나

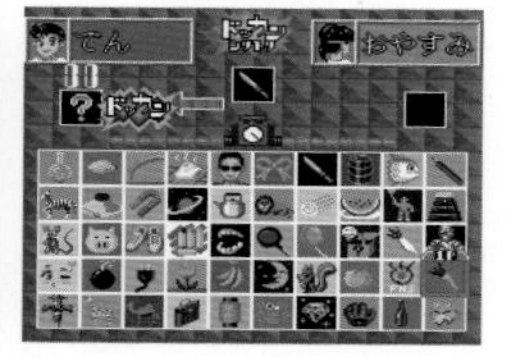

전설이 된 장수 방송의 인기 코너를 모티브로 한 미니 게임 모음집. 19종류나 되는 게임이 수록되어 있고, 플레이어는 월요일 팀으로서 다양한 종목에 도전한다. 다인 플레이도 가능해서 최대 4명까지 동시에 플레이할 수 있다.

NBA JAM

● 발매일 / 1994년 4월 29일 ● 가격 / 9,800엔
● 퍼블리셔 / 어클레임 재팬

NBA에 소속된 선수를 사용할 수 있는 농구 게임. 시합은 풀코트 방식의 2 on 2로 이루어진다. 현실에서는 있을 수 없는 점프력으로 화려한 덩크를 하는 등, 황당무계한 게임성이 인기를 모았다. 특히 미국에서는 빅 히트를 기록해 많은 속편이 만들어졌다.

신 열혈경파 쿠니오들의 만가

● 발매일 / 1994년 4월 29일 ● 가격 / 9,800엔
● 퍼블리셔 / 테크노스 재팬

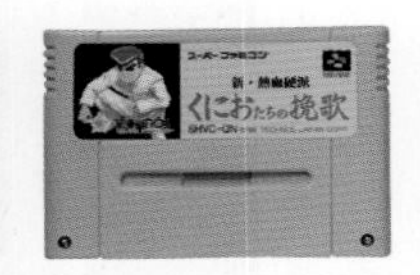

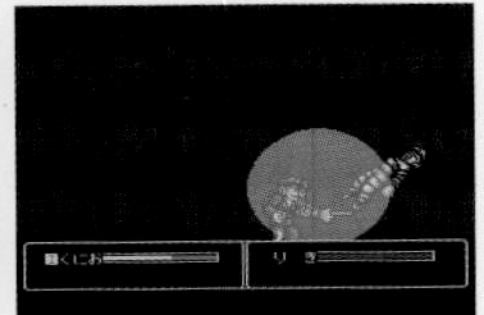

스포츠계의 파생 작품이 다수 발매된 『쿠니오군』 시리즈 중에서도 본 작품은 첫 작품으로 돌아가 벨트 스크롤 액션이 되었다. 누명을 쓰고 소년원에 들어간 「쿠니오」와 「리키」가 탈주를 감행해서 자신들에게 누명을 씌운 배후를 찾아낸다는 내용이다.

다크 킹덤

● 발매일 / 1994년 4월 29일 ● 가격 / 9,800엔
● 퍼블리셔 / 일본 텔레넷

일본 텔레넷이 발매한 RPG. 주인공은 고향을 멸망시킨 범인을 찾아내기 위해 마왕군의 병사가 된다. 기존 RPG에서라면 지켜야 할 대상인 인간을 마왕군으로서 쓰러뜨린다는 다크한 전개가 화제를 모았다. 전투는 커맨드 선택식이지만 스윙 미터로 대미지가 달라진다.

나이스 DE 샷

● 발매일 / 1994년 4월 29일 ● 가격 / 9,800엔
● 퍼블리셔 / 애스크 고단샤

유사 3D 골프 게임. 월드 코스에서는 세계 각국의 코스를 돌게 되는데, 그 나라의 특징이 살아 있어서 재밌다. 클래식 코스는 베이직하게 구성되어 홀을 편하게 플레이할 수 있다. 시점은 조금 특별하지만 조작은 전형적이라 쉽게 즐길 수 있는 게임이다.

J리그 익사이트 스테이지'94

● 발매일 / 1994년 5월 1일 ● 가격 / 9,800엔
● 퍼블리셔 / 에폭사

당시 J리그에 소속되어 있던 12개 팀을 사용할 수 있는 축구 게임. 시점은 비스듬한 사이드뷰 타입이며 필드는 횡방향이다. 6가지 모드를 플레이할 수 있는데, 그중에서 사방이 벽으로 둘러싸인 필드에서 8명이 시합하는 풋살이 특이하면서도 재밌다.

다테 키미코의 버추얼 테니스

● 발매일 / 1994년 5월 13일 ● 가격 / 9,000엔
● 퍼블리셔 / 비아이

프로 테니스인 WTA 랭킹에서 세계 4위를 기록한 다테 키미코가 감수한 테니스 게임. 당시의 선수 16명을 사용할 수 있다. 코트는 고정되어 있지 않고 안쪽 선수의 움직임에 맞춰 좌우로 스크롤되는 것이 특징이다. 월드 투어, 토너먼트 등 4가지 모드를 플레이할 수 있다.

파치오군 SPECIAL2

● 발매일 / 1994년 5월 20일 ● 가격 / 9,980엔
● 퍼블리셔 / 코코너츠 재팬 엔터테인먼트

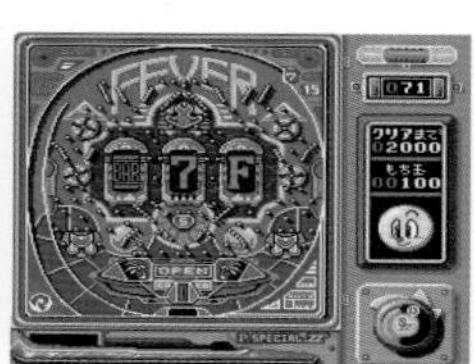

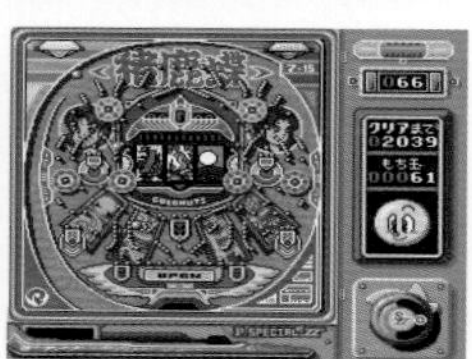

시리즈 두 번째 작품으로, 파친코를 통해 가출한 아들을 찾는다는 스토리이다. 『파치오군』 시리즈에 등장하는 파친코 기기는 모두 가상의 것이지만, 그중에는 실존 기기를 모델로 한 것도 있어서 당시에 파친코를 했던 플레이어라면 어떤 기기인지 바로 알 수 있다.

SD건담 GX

● 발매일 / 1994년 5월 27일 ● 가격 / 9,800엔
● 퍼블리셔 / 반다이

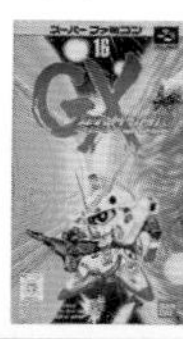

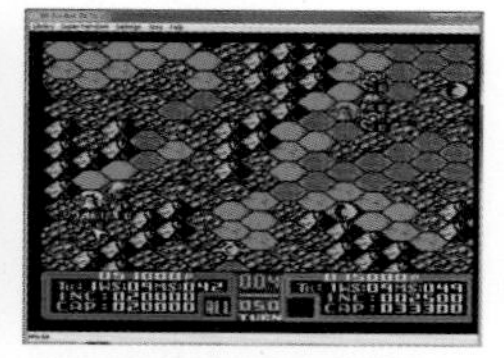
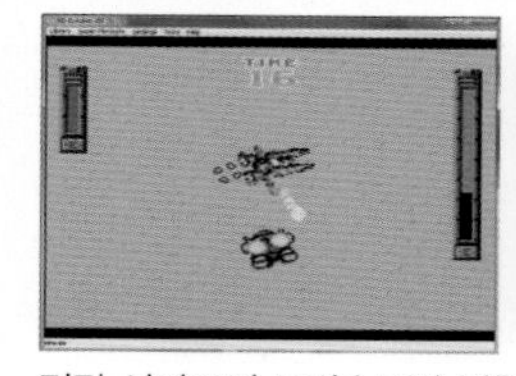
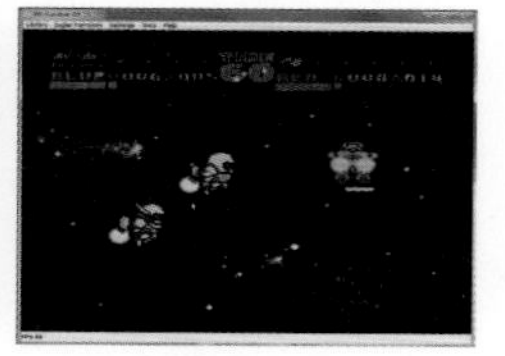

건담 시리즈의 모빌슈트와 전함이 다수 등장하는 시뮬레이션 게임. 헥스형 맵 위의 유닛을 이동시키고, 전투시의 화면은 사이드뷰 액션이 된다. 팬들의 평가가 매우 높으며 동일한 작품군 중에서는 완성도가 가장 높다고 칭해진다.

승리마 예상 소프트 마권 연금술

● 발매일 / 1994년 5월 27일 ● 가격 / 9,500엔
● 퍼블리셔 / KSS

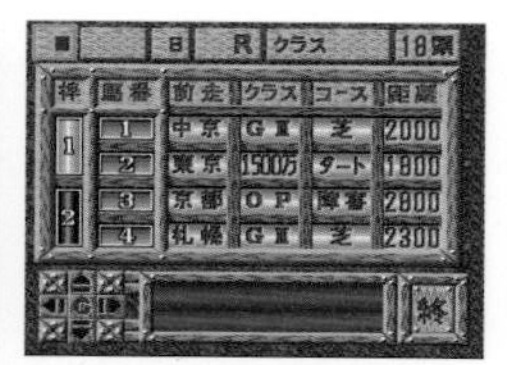
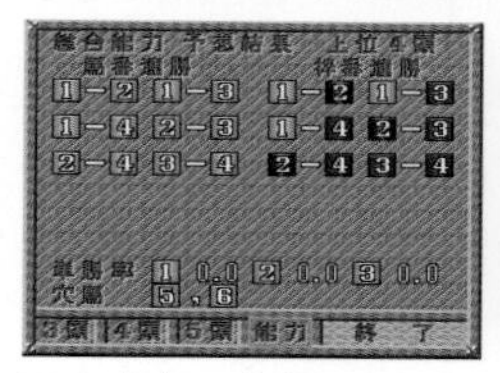
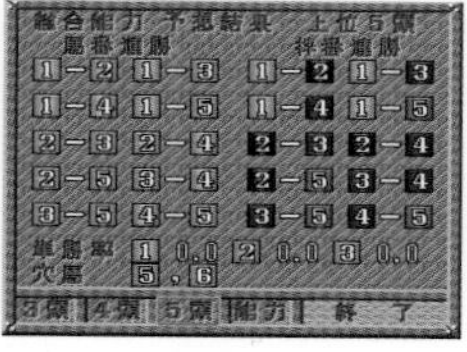

경마 레이스 결과를 예상하는 소프트. 꽤 세세한 데이터까지 수동으로 입력해야 하지만, 마우스에 대응하기 때문에 마우스를 이용하면 쉽게 입력할 수 있다. 레이스 예상은 숫자로만 표시되고 레이스 장면의 묘사 같은 것은 없다. 불필요한 요소를 모두 배제한 간결한 소프트.

쿠니오의 오뎅

● 발매일 / 1994년 5월 27일 ● 가격 / 6,900엔
● 퍼블리셔 / 테크노스 재팬

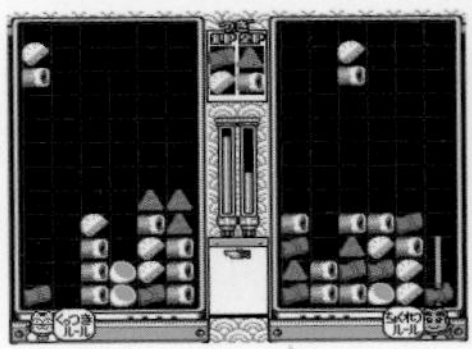
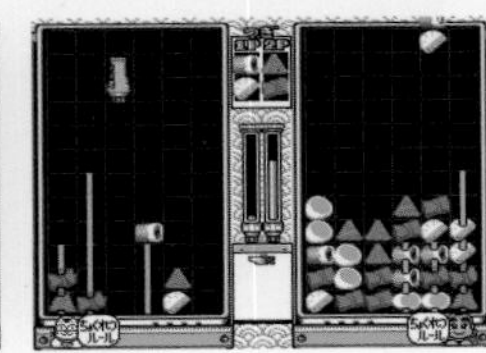

『쿠니오군』 시리즈의 캐릭터를 사용한 낙하형 퍼즐 게임. 「붙이기」와 「직렬」 중에서 규칙을 선택할 수 있고, 1P와 2P가 각각 다른 규칙을 채용하는 것도 가능하다. 규칙에 따라 어묵 재료를 맞춰서 지워 나가면 되는데, 연쇄로 지우면 상대에게 어묵 꼬치를 보내서 방해할 수 있다.

크레용 신짱2 대마왕의 역습

● 발매일 / 1994년 5월 27일 ● 가격 / 6,800엔
● 퍼블리셔 / 반다이

93년 7월에 발매된 『폭풍을 부르는 유치원생』의 속편. 같은 해 여름에 공개된 극장판 이후가 그려져 있으며, 하이그레 마왕이 재등장한다. 장르는 벨트 스크롤 액션으로 화면 앞쪽과 안쪽을 오가며 적을 쓰러뜨려 나간다. 저연령용이기 때문에 난이도는 낮은 편이다.

슈퍼 배틀 탱크2

● 발매일 / 1994년 5월 27일 ● 가격 / 9,800엔
● 퍼블리셔 / 팩 인 비디오

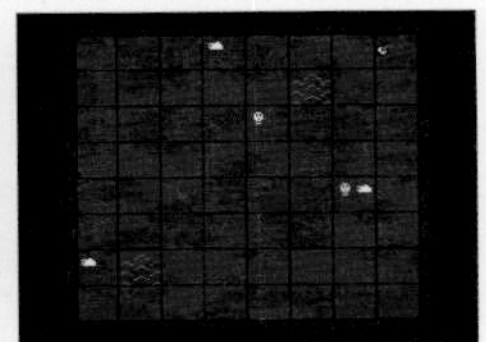

93년에 발매된 전작으로부터 약 1년 만에 발매되었다. 콕핏 시점의 전차 시뮬레이터라고도 할 수 있는 작품. 필드를 자유롭게 이동하며 화면 아래의 레이더에 의지해서 적의 전차를 찾아내어 파괴한다. 미션 방식을 채용하고 있으며 조건을 클리어해야 다음으로 나아갈 수 있다.

드리프트 킹 츠치야 케이이치 & 반도 마사아키 수도고 배틀'94

● 발매일 / 1994년 5월 27일 ● 가격 / 9,800엔
● 퍼블리셔 / BPS

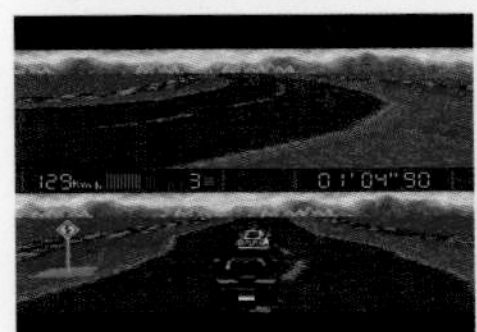

일명 드리프트 킹이라고 불리는 레이서 '츠치야 케이이치'와 레이싱 튜너 겸 감독으로 유명한 '반도 마사아키'의 레이싱 게임 시리즈 제1탄. 레이스는 대전 형식이며 시나리오에 따라 진행된다. 차의 그립력이 낮아서 쉽게 미끄러지기 때문에 레이스는 드리프트를 중시한 전개가 된다.

파이터즈 히스토리

● 발매일 / 1994년 5월 27일 ● 가격 / 9,800엔
● 퍼블리셔 / 데이터 이스트

데이터 이스트에서 발매되었던 아케이드용 대전 격투 게임을 이식했다. 약점 시스템을 채용해서, 각 캐릭터는 특정 부위에 일정량의 공격을 받으면 약점으로 인해 기절하고 만다. SFC판에서는 조건을 충족하면 보스 캐릭터인 크라운과 카르노프를 사용할 수 있게 되었다.

와일드 트랙스

● 발매일 / 1994년 6월 4일 ● 가격 / 9,800엔
● 퍼블리셔 / 닌텐도

SFC의 닌텐도 레이싱 게임으로는 『F-ZERO』 『슈퍼마리오 카트』에 이은 세 번째 작품. ROM 카트리지에 슈퍼FX 칩을 탑재해서 폴리곤을 이용한 3D 그래픽을 실현했다. 처음엔 3종류의 차량만 쓸 수 있지만 조건을 충족하면 바이크형을, 보너스 스테이지에서는 트레일러형을 쓸 수 있다.

서러브레드 브리더 II

● 발매일 / 1994년 6월 8일 ● 가격 / 12,800엔
● 퍼블리셔 / 헥터

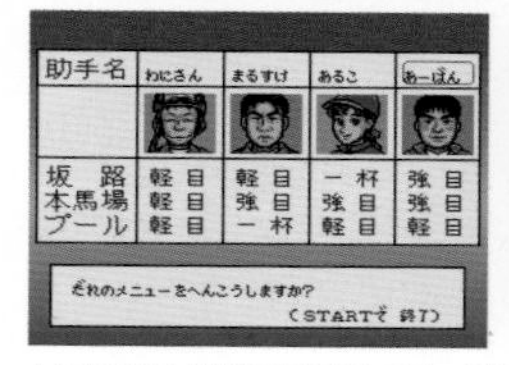

시리즈 두 번째 작품이 되는 경주마 육성 SLG. 경주마 오너로서 교배를 하고 육성을 통해 더 강한 말을 만들어간다. 쇼와 39년(1964년)부터 시작해서 역대 명마와 경쟁한다는 내용인데, 많은 경주마의 데이터가 수록되어 있어서 경마 팬이라면 그것만으로도 즐겁다.

나이츠 오브 더 라운드

● 발매일 / 1994년 6월 10일 ● 가격 / 9,500엔
● 퍼블리셔 / 캡콤

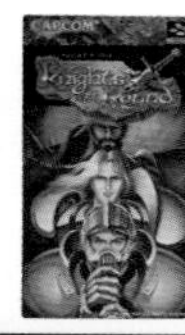

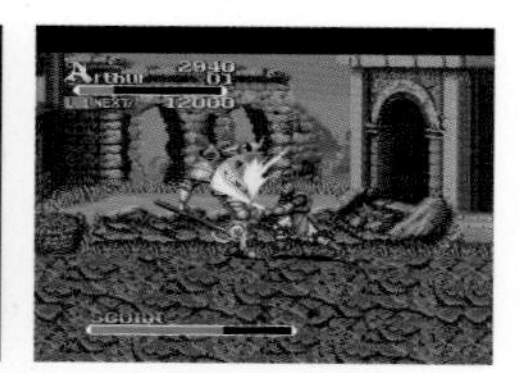

캡콤에서 발매한 아케이드용 벨트 스크롤 액션 게임의 이식작. 아서왕과 랜슬롯 등 원탁의 기사를 조작해서 적을 쓰러뜨린다. 가드를 사용하는 것이 중요하고, 적의 공격을 튕겨낸 후의 무적 시간을 잘 이용하면 적을 일방적으로 공격할 수 있다.

포플 메일

● 발매일 / 1994년 6월 10일 ● 가격 / 8,800엔
● 퍼블리셔 / 일본 팔콤

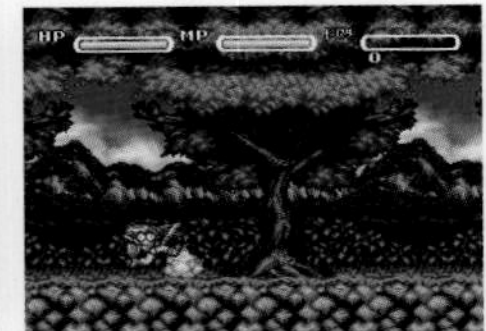

일본 팔콤의 SFC 첫 작품. PC용으로 발매되었던 액션 RPG의 이식작이다. 처음엔 주인공이 엘프 소녀이지만, 스토리를 진행하면 마도사와 괴수 캐릭터가 동료가 되어서 사용할 수 있다. 오리지널은 몸통 박치기를 이용해 공격하는데 본 작품에서는 검과 방패로 공방을 펼친다.

유☆유☆백서2 격투의 장

● 발매일 / 1994년 6월 10일 ● 가격 / 9,600엔
● 퍼블리셔 / 남코

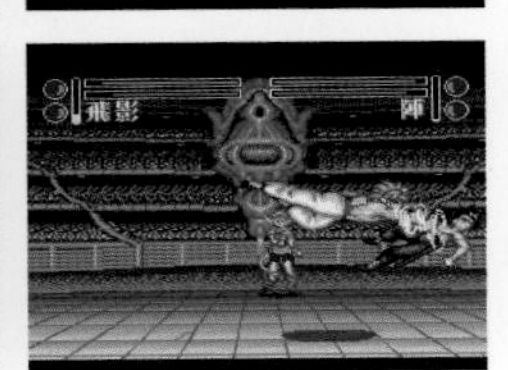

시리즈 두 번째 작품으로 대전 격투 게임이 되었다. 1인 플레이용인 스토리 모드와 대무술 모드, 배틀 모드 등을 플레이할 수 있다. 원작에 격투 장면이 많았으므로 팬이라면 위화감 없이 즐길 수 있다. 체술(体術)과 영술(靈術) 필살기가 가능한데 영술은 영력 게이지를 사용한다.

울티마 외전 흑기사의 음모

● 발매일 / 1994년 6월 17일 ● 가격 / 9,800엔
● 퍼블리셔 / 일렉트로닉 아츠 빅터

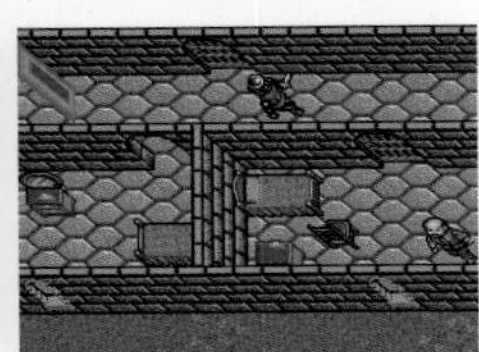

세계적으로 유명한 RPG 시리즈의 외전에 해당한다. 4명의 캐릭터 중에서 주인공을 고르고 블랙 나이트를 토벌하러 여행을 떠난다. 게임 장르는 퍼즐성이 강한 액션 RPG로, 장치가 많은 던전을 클리어해 나간다. 해외 개발사의 작품이어서 그런지 짙은 색상의 그래픽이 특징이다.

SD비룡의 권

● 발매일 / 1994년 6월 17일 ● 가격 / 9,800엔
● 퍼블리셔 / 컬처 브레인

몸이 줄어든 SD 캐릭터들끼리 싸우는 대전 격투 게임. 던져진 후의 낙법과 대시, 가드 후의 반격기 등, 당시로서는 최신 시스템이 다수 채용되었다. 사용할 수 있는 캐릭터가 15명이나 되는데 각각 성능과 쓸 수 있는 기술이 다르다. 엔딩에서는 초필살기도 전수된다.

기기괴계 월야초자

● 발매일 / 1994년 6월 17일 ● 가격 / 9,500엔
● 퍼블리셔 / 나츠메

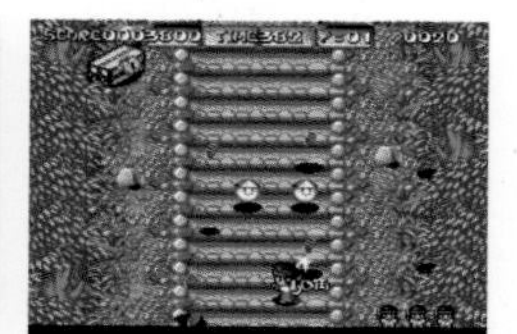

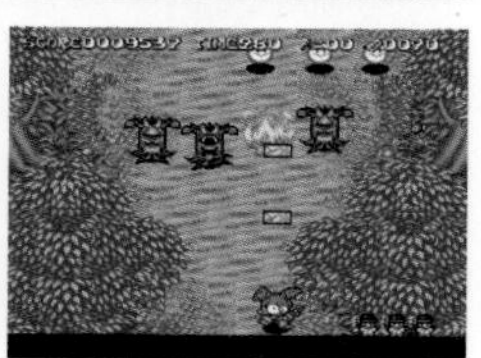

SFC에서는 시리즈 두 번째 작품으로 장르는 여전히 액션 슈팅이다. 부적을 이용한 원거리 공격과 액막이봉을 이용한 근거리 공격으로 적을 쓰러뜨리면서 진행한다. 또한 옵션을 적에게 맞추는 옵션 봄버를 사용해서 큰 대미지를 줄 수 있다. 단 연속 사용은 할 수 없다.

슈퍼 장기2

● 발매일 / 1994년 6월 17일 ● 가격 / 9,800엔
● 퍼블리셔 / 아이맥스

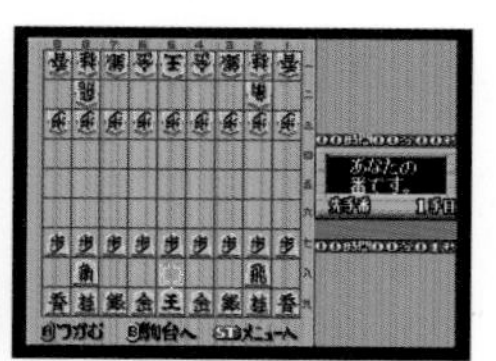
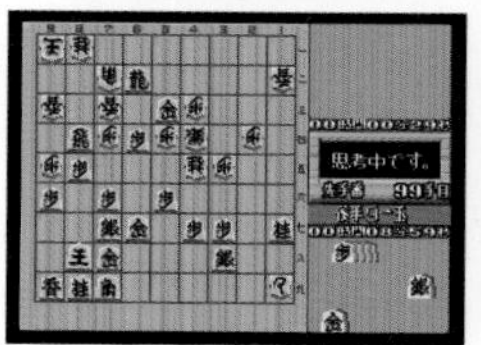
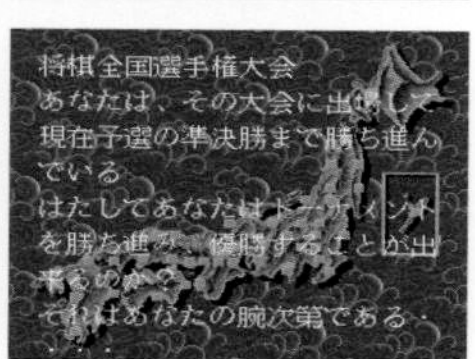

장기 게임 시리즈 두 번째 작품. CPU나 2P와의 대국 이외에도 장기 순위표와 장기 전국 선수권을 플레이할 수 있다. 장기 순위표는 총 5일의 일정으로 1일 1대국을 하면서 순위 상승을 목표로 하고, 장기 전국 선수권은 각 지역의 대표로서 장기 토너먼트에서 우승을 목표로 한다.

슈퍼 포메이션 사커94 월드컵 에디션

● 발매일 / 1994년 6월 17일 ● 가격 / 9,800엔
● 퍼블리셔 / 휴먼

90년대 전반을 대표하는 축구 게임 시리즈 중의 하나. SFC에서는 세 번째 작품에 해당된다. 미국에서 개최된 월드컵을 무대로 했으며 당시의 내셔널팀이 재현되어 있다(선수명은 가명). 다른 시리즈작처럼 비스듬한 백뷰 화면에 종방향 필드가 채용되었다.

슈퍼 4WD The BAJA

● 발매일 / 1994년 6월 17일 ● 가격 / 8,800엔
● 퍼블리셔 / 일본 물산

1992년에 발매된 『슈퍼 오프로드』의 속편에 해당된다. 타이틀의 「BAJA(바하)」란 멕시코에서 열리는 랠리 레이스를 지칭한다. 후방 시점의 유사 3D 레이싱 게임인데, 1000마일이나 되는 장거리 코스를 주파하려면 드라이브 테크닉뿐 아니라 차량 점검도 중요하다.

FIFA 인터내셔널 사커

● 발매일 / 1994년 6월 17일 ● 가격 / 9,800엔
● 퍼블리셔 / 빅터 엔터테인먼트

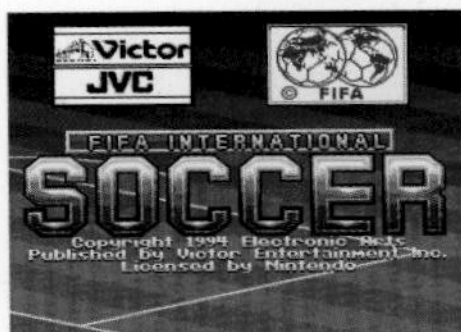

FIFA가 공인한 축구 게임으로 해외 개발사의 작품이다. 48개국에 달하는 내셔널팀을 사용할 수 있는데 각각 슛, 달리기, 패스 등의 능력이 다르다. 쿼터뷰 필드가 특징이며 친선 경기, 토너먼트 등 4가지 모드를 플레이할 수 있다.

살쾡이 바부지의 대모험

● 발매일 / 1994년 6월 17일 ● 가격 / 9,800엔
● 퍼블리셔 / 팩 인 비디오

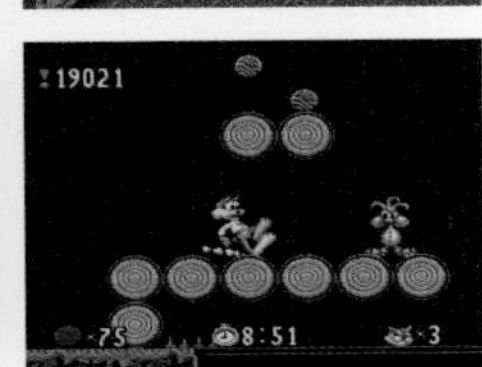

마리오와 소닉에서 영감을 얻은 캐릭터 「바부지」를 주인공으로 한 사이드뷰 액션 게임. 캐릭터의 점프력이 대단하고 화려한 액션이 매력적이다. 일본에서는 마이너한 게임이었지만 미국에서의 인기는 꽤 높아서 속편이 몇 개나 발매되었고 애니메이션도 만들어졌다.

월드컵 스트라이커

● 발매일 / 1994년 6월 17일 ● 가격 / 9,980엔
● 퍼블리셔 / 코코너츠 재팬 엔터테인먼트

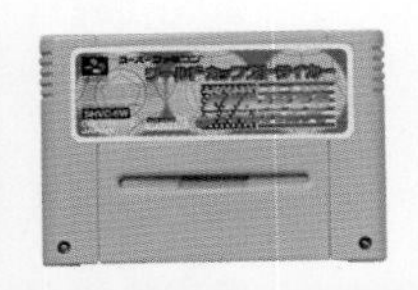

93년부터 94년까지 베르디 가와사키의 감독을 맡았던 마츠키 야스타로가 추천한 축구 게임. 파친코 게임으로 유명한 코코너츠 재팬이 발매했다. 당시에 흔했던 종방향 필드가 채용되었고 세계 각국의 내셔널팀을 사용할 수 있다.

지그재그 캣 타조 클럽도 대소동이다

● 발매일 / 1994년 6월 24일 ● 가격 / 9,500엔
● 퍼블리셔 / DEN'Z

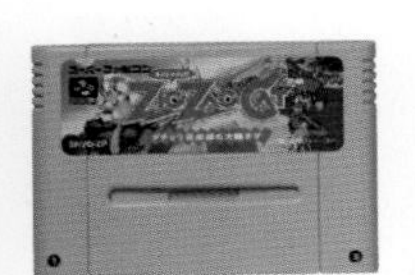

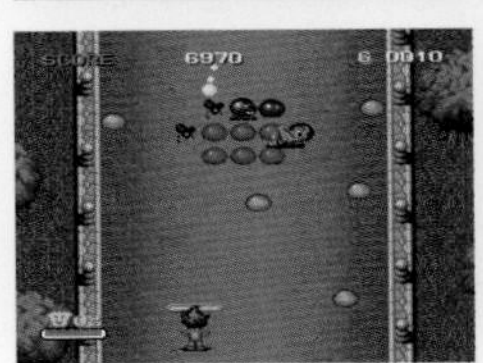
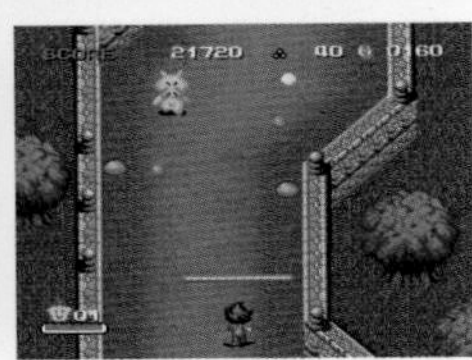

흔히 말하는 「블록 깨기」에 스토리성은 물론 쇼핑과 아이템을 이용한 파워업 요소가 추가된 이색적인 게임이다. 필드에 있는 검은 돌을 파괴하면 스테이지 클리어가 되어 앞으로 나아갈 수 있다. 타이틀에 나오는 '타조 클럽'도 게임에 등장하지만 스토리와의 연계성은 거의 없다.

쥬라기 공원

● 발매일 / 1994년 6월 24일 ● 가격 / 9,800엔
● 퍼블리셔 / 자레코

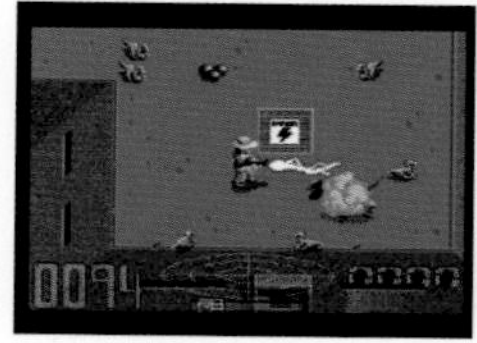
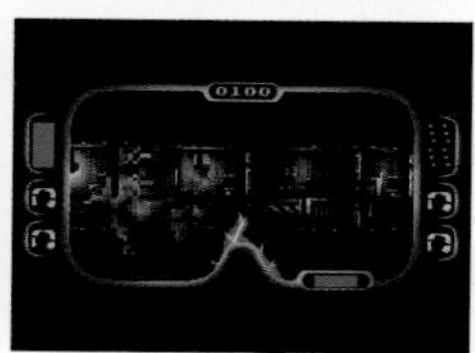

동명 영화와 소설을 원작으로 한 액션 슈팅 게임. 옥외 필드에서는 탑뷰이지만, 건물 안에 들어가면 유사 3D의 1인칭 시점이 된다. 주인공이 쥬라기 공원에서 탈출한다는 스토리인데, 무기로 공룡을 쓰러뜨리면서 다양한 조건을 충족시켜야 한다.

슈퍼 도그파이트

● 발매일 / 1994년 6월 24일 ● 가격 / 9,800엔
● 퍼블리셔 / 팩 인 비디오

항공모함을 기지로 한 플라이트 슈팅 게임으로 해외 개발사의 작품이다. 플레이어가 콕핏에 앉아 있는 듯한 시점이 특징이며, 화면 하단에 있는 레이더를 이용해 적기를 찾아낸다. 게임은 미션 클리어 방식인데 표적을 파괴한 후 모함에 돌아가면 다음 스테이지로 나아갈 수 있다.

슈퍼 빌리어드

● 발매일 / 1994년 6월 24일 ● 가격 / 9,800엔
● 퍼블리셔 / 이머지니어

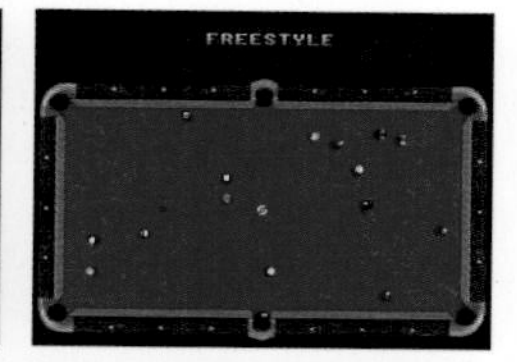

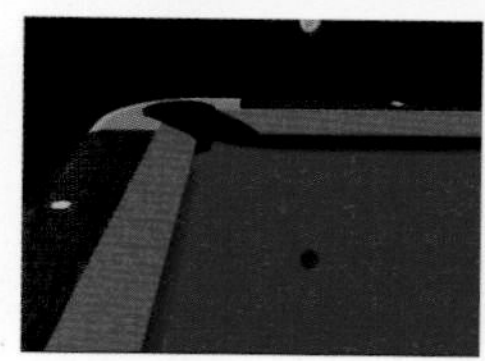

해외 개발사의 당구 게임으로 프리 스타일, 파티, 토너먼트, 챌린지의 4가지 모드를 플레이할 수 있다. 규칙 역시 9볼이나 8볼, 로테이션 등에서 선택할 수 있다. 꽤 세세한 조작이 가능한 본격파 게임으로 플레이 중에는 시점을 자유롭게 바꾸는 것이 가능하다.

슬레이어즈

● 발매일 / 1994년 6월 24일 ● 가격 / 9,800엔
● 퍼블리셔 / 반프레스토

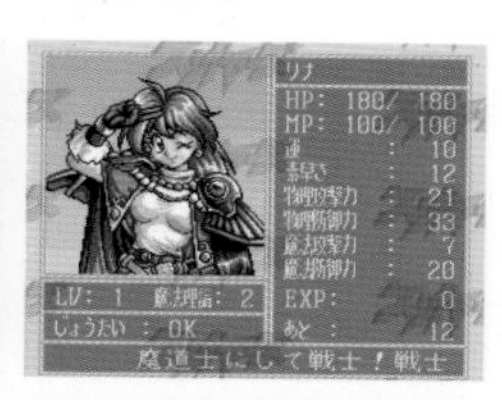

칸자키 하지메의 유명 라이트 노벨을 소재로 한 RPG. 탑뷰 이동 화면에 커맨드 선택식 전투라는 매우 전형적인 시스템을 채택했다. 원작을 토대로 한 캐릭터의 개성이 두드러지며 그래픽도 아름답다. 클리어 후에는 자유롭게 파티를 편성할 수 있는 등, 팬 서비스가 많은 작품이다.

루니 툰즈 벅스 버니 엉망진창 대모험

● 발매일 / 1994년 6월 24일 ● 가격 / 9,200엔
● 퍼블리셔 / 선 소프트

해외 인기 애니메이션을 소재로 한 사이드뷰 액션 게임. 주인공인 벅스 버니를 조작해서 밟기 등으로 적을 쓰러뜨리며 진행한다. 애니메이션풍 게임답게 과장된 액션이 게임의 분위기를 띄우지만, 컨티뉴 횟수가 정해져 있어 클리어하려면 상당한 실력이 필요하다.

슈퍼 스트리트 파이터 II

● 발매일 / 1994년 6월 25일 ● 가격 / 10,900엔
● 퍼블리셔 / 캡콤

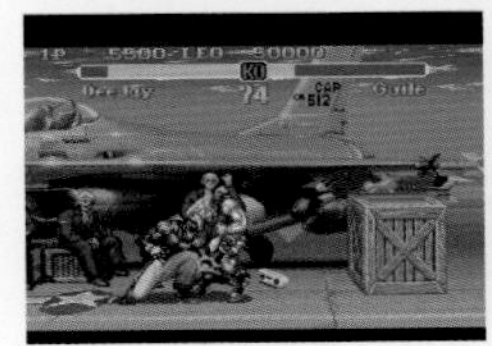

캡콤의 인기 대전 격투 게임을 이식했으며, SFC에서는 시리즈 세 번째 작품이다. 캐릭터 그래픽이 새로워졌고 페이롱, 디제이, T호크, 캐미라는 4명의 캐릭터가 추가되었다. 또한 이전 아케이드판에서는 할 수 없었던 스피드 조절이 가능하다.

전일본 프로레슬링 파이팅이다 퐁!

● 발매일 / 1994년 6월 25일 ● 가격 / 9,800엔
● 퍼블리셔 / 메사이어

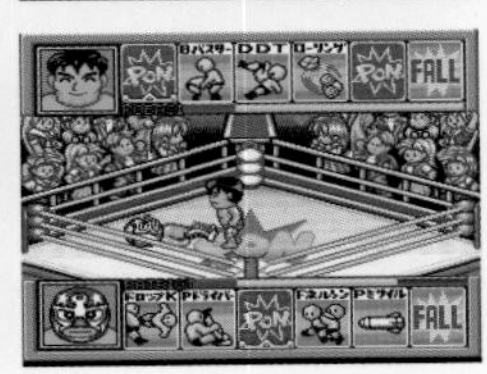

자이언트 바바가 이끄는 전일본 프로레슬링의 레슬러가 다수 등장하는 게임이다. 장르는 '보드 게임+카드 게임'이며 스토리에 따라 게임이 진행된다. 특정 칸에 멈추면 시합을 하게 되는데, 그때는 서로 카드를 내면서 기술을 거는 구조로 되어 있다.

브랜디시

● 발매일 / 1994년 6월 25일 ● 가격 / 10,800엔
● 퍼블리셔 / 코에이

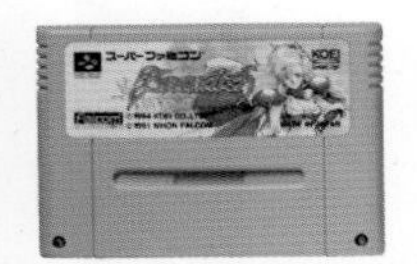

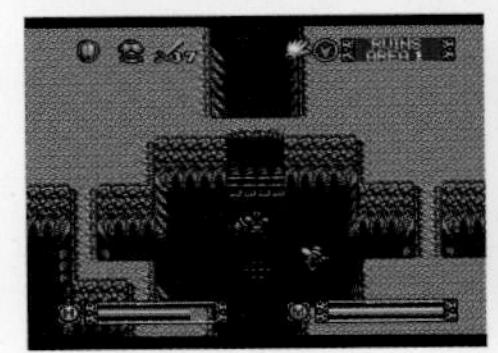
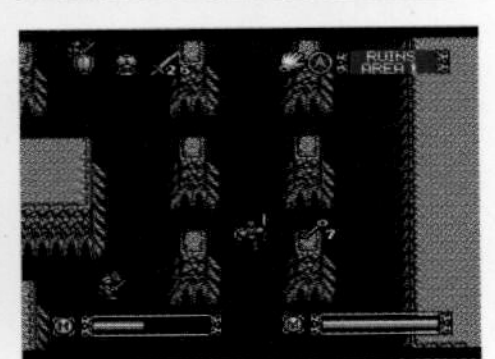

일본 팔콤이 개발하고 코에이가 발매한 액션 RPG. PC게임으로 발매되었던 작품의 이식작이다. 던전에서 시작해서 지상을 목표로 나아간다는 내용이다. 무기에 내구력이 있다거나 즉사 함정이 다수 설치되어 있는 등, 난이도는 꽤 높은 편이다.

태권도

● 발매일 / 1994년 6월 28일 ● 가격 / 8,900엔
● 퍼블리셔 / 휴먼

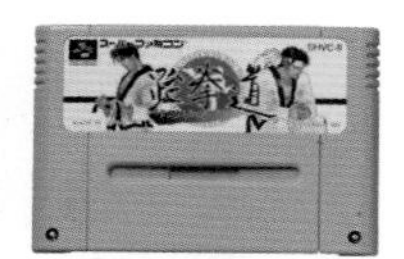

오로지 태권도에만 집중한 보기 드문 대전 격투 게임. 각 버튼에 기술을 배분해두는 시스템을 채용해서 조작이 매우 간단하다. 기술을 쓰면 체력이 소비되고, 카운터 히트 개념도 있어서 치고 빠지는 것이 중요하다. 오리지널 캐릭터를 조작할 수도 있다.

유진의 후리후리 걸즈

● 발매일 / 1994년 7월 1일 ● 가격 / 8,900엔
● 퍼블리셔 / POW

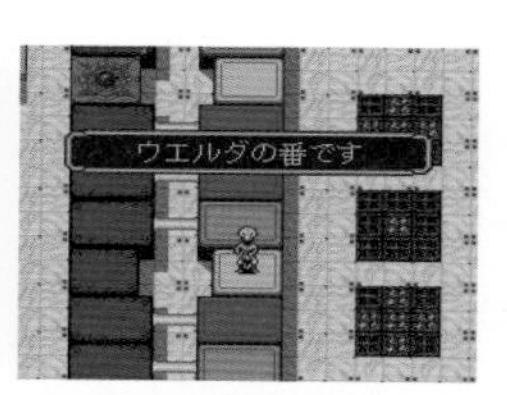

인기 만화가 유진의 캐릭터를 사용한 보드 게임. 맵은 3종, 캐릭터는 4명 중에서 선택할 수 있고 4명까지 동시 플레이가 가능하다. 보다 많은 JL(질)을 모으는 것이 목적인데, JL은 이벤트에 따라 늘어나거나 줄어든다. 다른 플레이어와 같은 칸에서 멈추면 가위바위보를 이용한 전투가 벌어진다.

월드 히어로즈2

● 발매일 / 1994년 7월 1일 ● 가격 / 9,980엔
● 퍼블리셔 / 자우르스

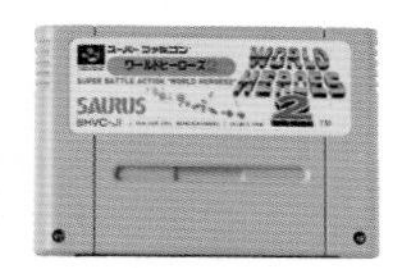

알파 전자가 개발한 아케이드용 대전 격투 게임의 두 번째 작품을 SFC에 이식했다. 버튼을 누르는 시간에 따라 기술의 강약을 조절할 수 있는 시스템은 건재하다. 전작의 캐릭터 8명에 슈라, J맥시멈, 매드맨 등 6명이 추가되어 사상 최강의 히어로라는 자리를 걸고 싸운다.

산사라 나가2

● 발매일 / 1994년 7월 5일 ● 가격 / 9,800엔
● 퍼블리셔 / 빅터 엔터테인먼트

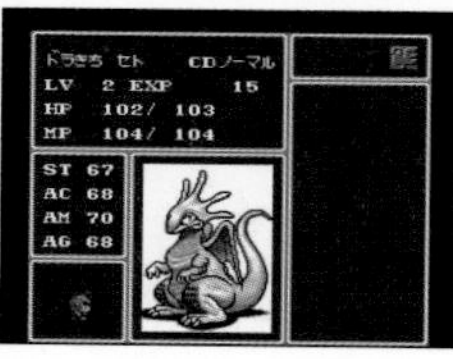

캐릭터 디자인은 사쿠라 타마키치, 감독은 오시이 마모루가 담당한 RPG 제2탄. 전작은 FC이다. 주인공이 3마리의 용을 키우면서 여행한다는 내용인데, 주인공에겐 레벨 개념이 없어서 용을 어떻게 키우느냐가 중요하다. 플레이어가 선택한 속성에 따라 다른 특징을 가진 용이 육성된다.

슬랩스틱

● 발매일 / 1994년 7월 8일 ● 가격 / 9,600엔
● 퍼블리셔 / 에닉스

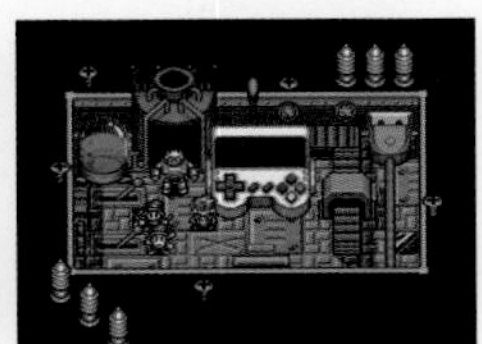

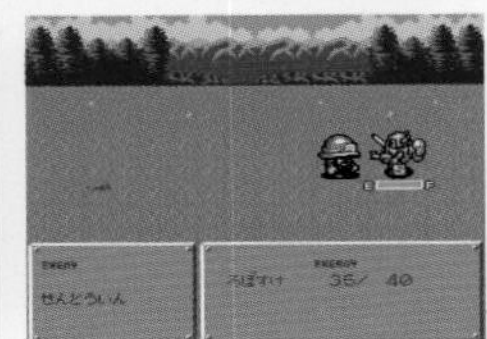

퀸텟이 개발하고 에닉스가 발매한 RPG. 발명가인 주인공이 로봇과 아이템을 만들어서 악의 조직과 싸운다는 내용이다. 로봇은 3개까지 소유할 수 있고, 파츠에 따라 다양한 특징을 부여할 수 있다. 새로운 발명품을 만들어 강화시킬 수도 있다.

낚시 타로

● 발매일 / 1994년 7월 8일 ● 가격 / 9,800엔
● 퍼블리셔 / 팩 인 비디오

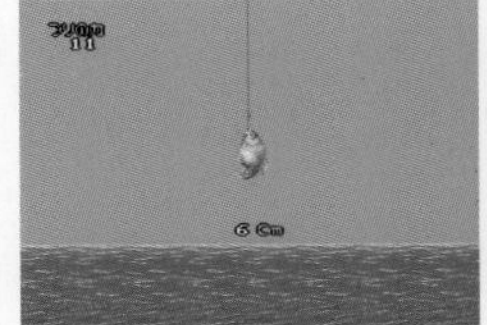
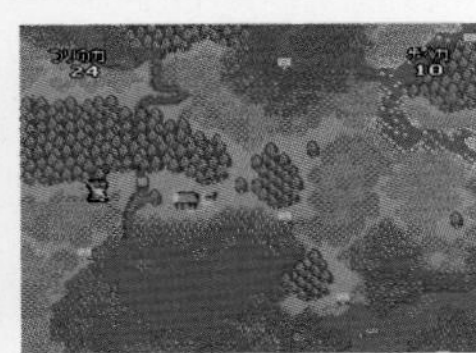

『강의 낚시꾼』 시리즈로 유명한 팩 인 비디오가 발매한 낚시 게임. 병에 걸린 여동생을 위해 「대물」을 낚는다는 스토리이다. RPG풍의 필드를 이동해서 낚시장으로 향하고 다양한 장치로 물고기를 낚는다. 낚이는 물고기는 블랙배스를 비롯해 참붕어, 산천어 등 15종류이다.

테트리스 플래시

● 발매일 / 1994년 7월 8일 ● 가격 / 8,000엔
● 퍼블리셔 / BPS

세계적으로 대 히트한 낙하형 퍼즐 게임의 원조 『테트리스』의 규칙을 바꾼 게임. 해외에서는 닌텐도가 발매했다. 필드 위의 플래시 블록을 전부 지우면 스테이지 클리어가 되고 노멀 모드, 퍼즐 모드, VS 모드를 플레이할 수 있다. 패스워드를 이용한 '이어하기'도 가능하다.

드라키의 A리그 사커

● 발매일 / 1994년 7월 8일 ● 가격 / 9,800엔
● 퍼블리셔 / 이머지니어 줌

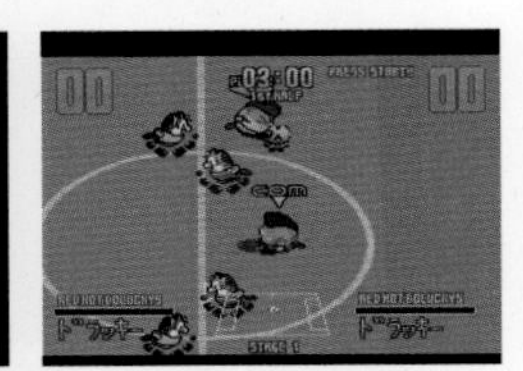

드라키 일행을 사용한 스포츠 게임으로 『동네야구』에 이은 두 번째 작품. 팀은 개, 고양이, 토끼 등으로 구성되고 각각 특수한 동작을 할 수 있다. 코미컬한 캐릭터가 공을 뺏고 빼앗기는 모습은 유머러스하지만, 상대를 날려버리는 등의 폭력적인 플레이가 허용된다.

미녀와 야수

● 발매일 / 1994년 7월 8일 ● 가격 / 8,500엔
● 퍼블리셔 / 허드슨

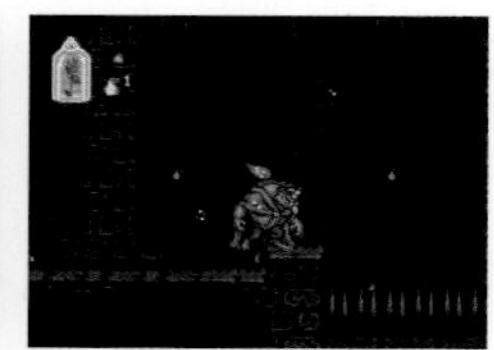

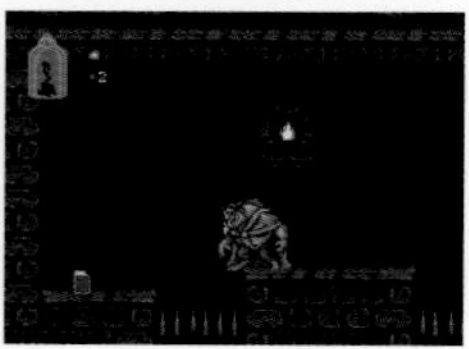

디즈니 영화를 모티브로 한 사이드뷰 액션 게임. 야수의 모습으로 변해버린 왕자가 주인공이며, 마녀가 건 저주를 푸는 것이 목적이다. 주인공의 액션은 다채롭고 움직임은 매우 매끄럽다. 디즈니답다는 말이 나오는 빛나는 작품이다.

가부키쵸 리치 마작 동풍전

● 발매일 / 1994년 7월 15일 ● 가격 / 8,800엔
● 퍼블리셔 / 포니 캐니언

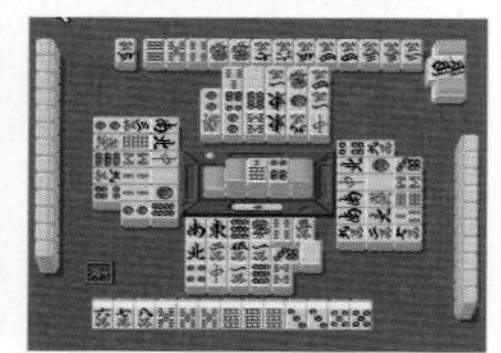

신주쿠 가부키쵸를 무대로 한 마작 게임. 맵 위를 이동해서 마작장으로 가고 자금을 늘려 나간다. 최종 목적은 모든 마작장을 손에 넣는 것. 게임 센터에서는 미니 게임도 할 수 있고 점수에 따라 자금을 늘려간다. 마작 자체는 전형적이지만 적패(赤牌)에는 「보너스」가 붙는다.

키퍼

● 발매일 / 1994년 7월 15일 ● 가격 / 7,200엔
● 퍼블리셔 / 데이텀 폴리스타

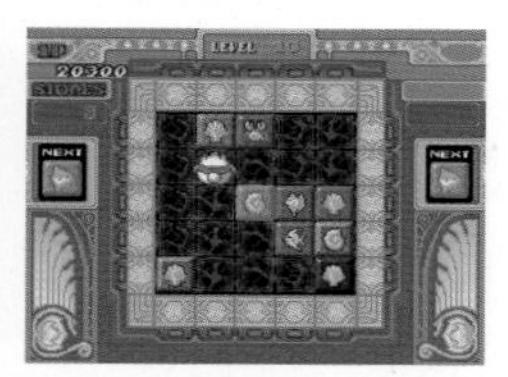
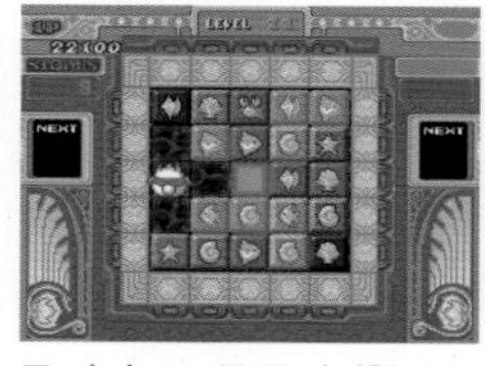
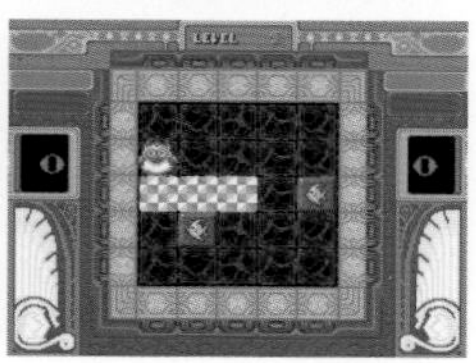

두 가지 모드를 플레이할 수 있는 퍼즐 게임. 주인공인 동물을 조작해서 필드 위의 패널을 밀거나 당기며 모아 나간다. 같은 색이나 같은 무늬의 패널을 가로 · 세로로 3장 이상 모으면 지울 수 있는 구조이다. 끝없이 패널을 지워나갈 수도 있고 2P와의 대전도 가능하다.

정글 북

● 발매일 / 1994년 7월 15일 ● 가격 / 9,800엔
● 퍼블리셔 / 버진 게임

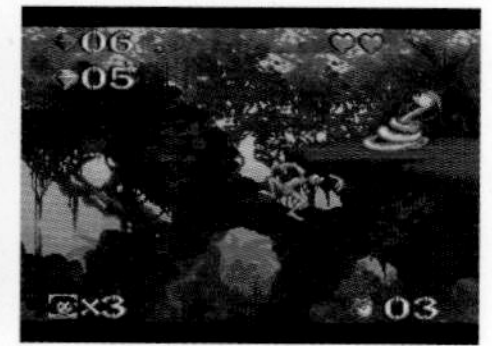

디즈니 애니메이션을 바탕으로 한 사이드뷰 액션 게임으로 해외 개발사의 작품이다. 늑대가 키운 소년이 주인공으로 정글의 덩굴을 사용한 다양한 액션을 보여준다. 난이도는 높은 편이지만 그래픽은 아름답고 캐릭터의 움직임도 애니메이션처럼 매끄럽다.

슈퍼 F1 서커스3

● 발매일 / 1994년 7월 15일 ● 가격 / 9,900엔
● 퍼블리셔 / 일본 물산

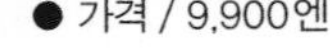

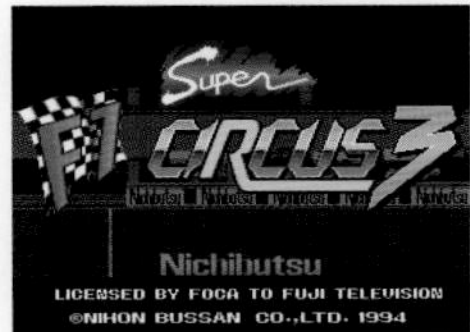

크림이 개발하고 일본 물산이 발매한 F1 레이싱 게임. SFC에서는 네 번째 작품으로 두 번째, 세 번째 작품과 마찬가지로 유사 3D 화면을 채용했다. PC엔진으로 발매됐던 탑뷰 화면의 작품과는 수준이 다른 존재가 된 것이다. 라이선스를 취득해서 팀과 드라이버가 실명으로 등장한다.

소드 월드 SFC2 고대 거인의 전설

● 발매일 / 1994년 7월 15일 ● 가격 / 9,900엔
● 퍼블리셔 / T&E 소프트

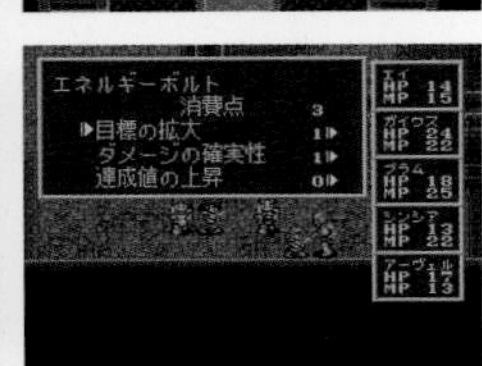

테이블 토크 RPG를 컴퓨터 게임화 한 『소드 월드』 시리즈의 두 번째 작품이자 SFC 오리지널이다. 주사위를 던져서 캐릭터를 만들고, 파티를 편성해서 퀘스트를 수주한다. 클리어하면 경험치가 들어와서 캐릭터가 성장하고, 전투는 택티컬 배틀로 진행된다.

파치스로 연구

● 발매일 / 1994년 7월 15일 ● 가격 / 9,500엔
● 퍼블리셔 / 마호

스토리(실전) 모드가 탑재된 파친코 슬롯 게임. 플레이할 수 있는 기기는 다이토 음향의 「잔가스 I」과 「II」, 파이오니어의 「시티 보이II」와 「무사시II」, 그리고 오리지널 기기 2가지이다. 연구 모드에서는 자유롭게 설정을 변경할 수 있어서, 실제 기기의 움직임을 연구할 수 있다.

배틀 제쿠 전

● 발매일 / 1994년 7월 15일 ● 가격 / 9,800엔
● 퍼블리셔 / 아스믹

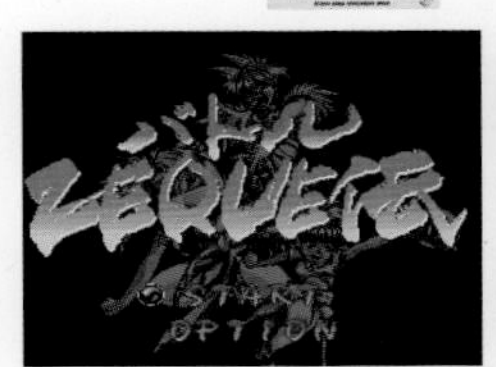

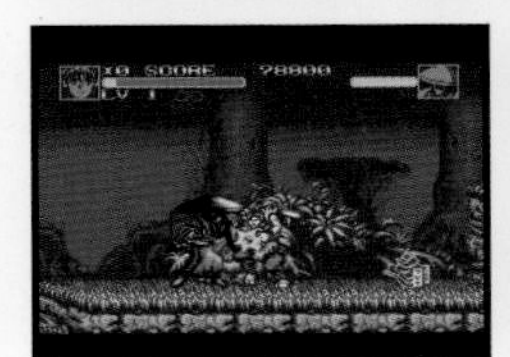

일정수의 적을 쓰러뜨리면 앞으로 나아가는 벨트 스크롤 액션 시스템을 채용했지만 필드에 입체감은 없어서 화면 안쪽으로 이동할 수는 없다. 주인공은 3명의 캐릭터 중에서 선택할 수 있고 레벨 개념도 있다. 게임의 특성상 적의 공격을 피하기 힘들기 때문에 가드를 능숙하게 쓰는 것이 중요하다.

미소녀 전사 세일러 문S 이번에는 퍼즐로 벌을 줄 거야!!

● 발매일 / 1994년 7월 15일 ● 가격 / 6,800엔
● 퍼블리셔 / 반다이

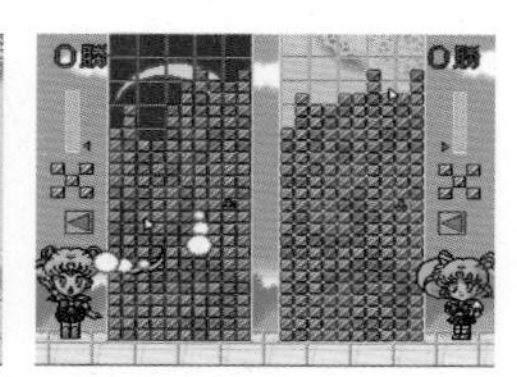

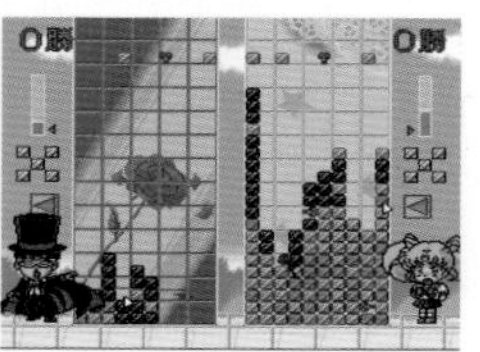

세일러 문의 캐릭터를 사용한 퍼즐 게임. 필드에 있는 다수의 패널 중에서 같은 색이 2장 이상 접한 것을 골라서 지워 나간다. 대전 플레이에서는 다수의 패널을 동시에 지우면 상대에게 방해 패널을 보낼 수 있다. 게이지를 소비해서 필살기도 쓸 수 있다.

구피와 맥스 해적섬 대모험

● 발매일 / 1994년 7월 22일 ● 가격 / 7,800엔
● 퍼블리셔 / 캡콤

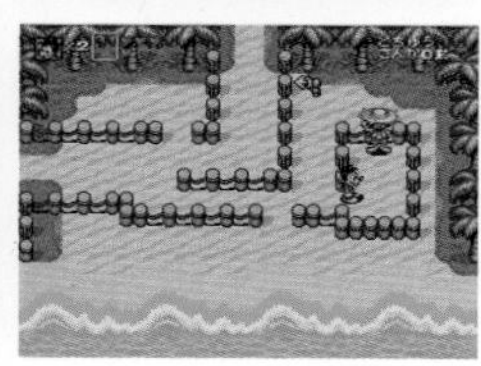

구피와 맥스를 조작하는 탑뷰 액션 게임으로 2P와의 협력 플레이가 가능하다. 다양한 물건을 들거나 던지거나 차버리는 등의 액션이 가능하고, 적을 쓰러뜨리면서 나아가게 된다. 퍼즐 요소가 강한 것이 특징으로 다양한 장치를 이용해서 총 5 스테이지의 맵을 클리어한다.

직소 파티

● 발매일 / 1994년 7월 22일 ● 가격 / 8,200엔
● 퍼블리셔 / 호리 전기

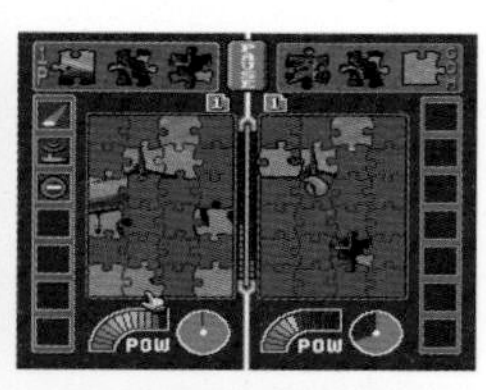

대전형 직소 퍼즐이라는 희소한 게임. 랜덤으로 배치되는 피스를 올바른 위치에 넣으면 아이템 파워가 쌓인다. 빨리 넣을수록 많이 쌓이는 구조이다. CPU나 2P와의 대전 모드 이외에도 2명이 협력해서 직소 퍼즐을 완성하는 모드를 플레이할 수 있다.

슈퍼 원인

● 발매일 / 1994년 7월 22일 ● 가격 / 8,800엔
● 퍼블리셔 / 허드슨

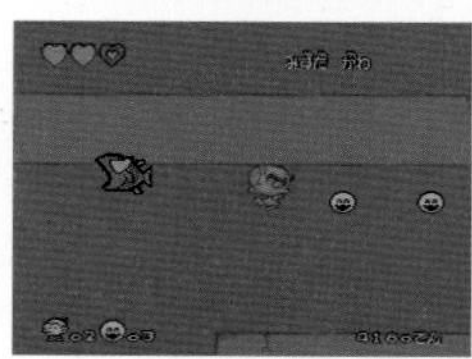

PC엔진에서 인기를 모은 『PC원인』의 SFC판이다. 주인공의 코미컬한 외모와 동작이 특징으로 적도 유머러스한 캐릭터가 많다. '봉크'라 불리는 박치기로 적을 쓰러뜨리고 고기를 먹으면 파워업을 한다. SFC판이기에 가능한 요소는 주인공의 사이즈 변경이다.

제로4 챔프 RR(더블 알)

● 발매일 / 1994년 7월 22일 ● 가격 / 9,980엔
● 퍼블리셔 / 미디어 링

PC엔진에서 두 번째 작품까지 발매됐던 인기 레이싱 게임의 속편 격 작품. 어드벤처 모드로 스토리를 진행시키고 주인공 차량에 튜닝을 거듭하면서 레이스에 임한다. 레이스에서는 핸들 조작이 없고 직선을 얼마나 빨리 달리는지가 중요하다. 기어 변환 타이밍이 포인트.

파이프로 여자 올스타 드림 슬램

● 발매일 / 1994년 7월 22일 ● 가격 / 9,500엔
● 퍼블리셔 / 휴먼

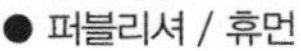

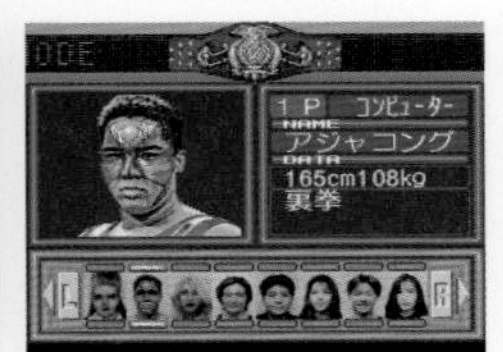

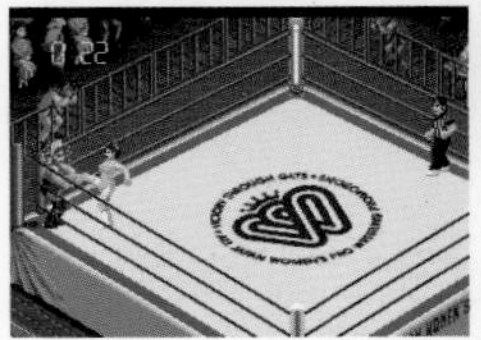

전일본 여자 프로레슬링이 공인한 프로레슬링 게임. 『파이프로』 시리즈의 첫 번째 작품이다. 불 나카노, 아자 콩 같은 실명의 레슬러가 18명 등장하고 싱글 매치, 태그 매치, 토너먼트 등 5가지 모드를 플레이할 수 있다. 조작 방법은 기본적으로 『파이어 프로레슬링』을 답습했다.

프로 마작 극II

● 발매일 / 1994년 7월 22일 ● 가격 / 9,800엔
● 퍼블리셔 / 아테나

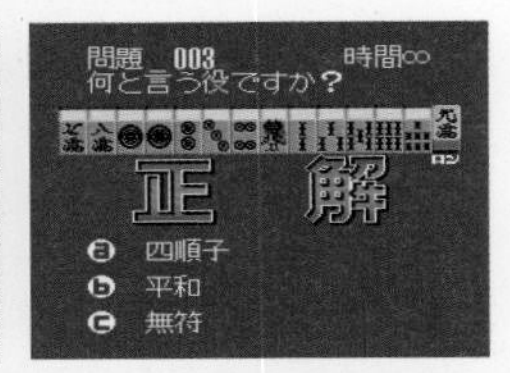

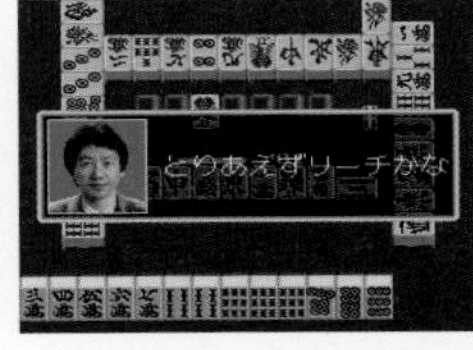

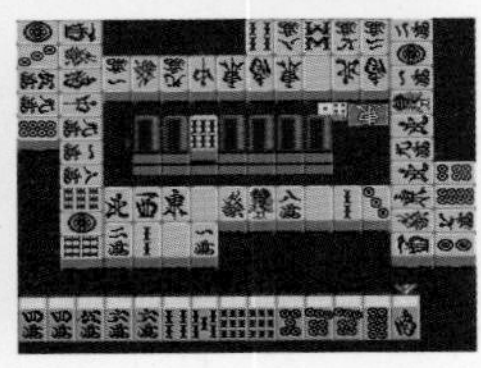

시리즈 제2탄. 이번 작품 역시 일본 프로마작 연맹, 일본 마작 최고위전, 101경기 연맹이라는 3개 단체의 인가를 받아서 다수의 프로 마작사가 실명으로 등장한다. 일반 마작은 물론 4인 마작이 가능하며 노멀 모드, 챌린지 모드, 퀴즈 모드 등 5가지 모드로 즐길 수 있다.

슈퍼 울트라 베이스볼2

● 발매일 / 1994년 7월 28일 ● 가격 / 9,800엔
● 퍼블리셔 / 컬처 브레인

마구와 히든 타법을 사용할 수 있는 『초인 울트라 베이스볼』 시리즈의 SFC 제2탄. NPB의 공인을 받아 실제 선수가 등장하는 야구 게임이 대세인 가운데, 모든 팀이 가상이란 사실이 오히려 신선했다. 노멀 상태에서의 시합과 마구 · 히든 타법이 있는 모드에서의 시합이 가능하다.

아랑전설 SPECIAL

● 발매일 / 1994년 7월 29일 ● 가격 / 10,900엔
● 퍼블리셔 / 타카라

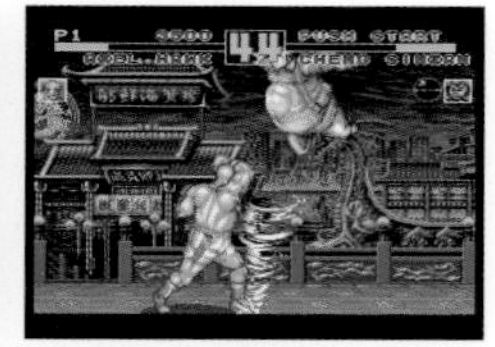
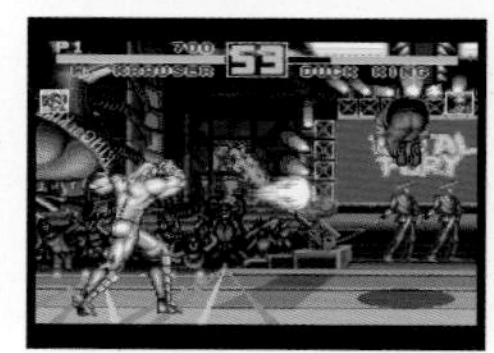

아케이드용 대전 격투 게임 시장에서 『스파 II』와 인기를 양분하던 『아랑전설』의 세 번째 작품을 이식했다. 전작의 라스트 보스였던 크라우저와 그 부하인 3투사를 쓸 수 있으며, 히든 커맨드로 『용호의 권』 류도 쓸 수 있다. 화려한 초필살기와 연속기 등, 축제 게임의 요소가 강한 작품.

고시엔3

● 발매일 / 1994년 7월 29일 ● 가격 / 9,800엔
● 퍼블리셔 / 마호

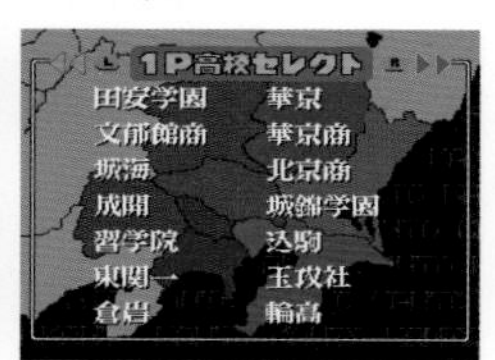

고교 야구를 테마로 한 야구 게임 시리즈 『고시엔』의 세 번째 작품(첫 번째 작품은 FC로 발매). 전국 고교 야구에 출전했던 고등학교가 이름을 바꿔서 등장하는데 플레이어는 좋아하는 학교를 선택할 수 있다. 당연히 고시엔에서의 우승이 목적이며 시합은 지구 대회부터 시작한다.

슈퍼 니치부츠 마작3 요시모토 극장편

● 발매일 / 1994년 7월 29일 ● 가격 / 10,800엔
● 퍼블리셔 / 일본 물산

SFC에서는 일본 물산의 세 번째 마작 게임. 당시 활약하던 요시모토흥업 소속 연예인이 다수 등장한다. 프리 대국에서는 2인과 4인 마작 중에서 선택할 수 있지만 다른 모드에서는 한 쪽만 선택할 수 있다. 특히 2인 마작에서는 대국 상대의 표정이 바뀌어서 플레이가 즐겁다.

SUPER!! 파친코

● 발매일 / 1994년 7월 29일 ● 가격 / 9,800엔
● 퍼블리셔 / 아이맥스

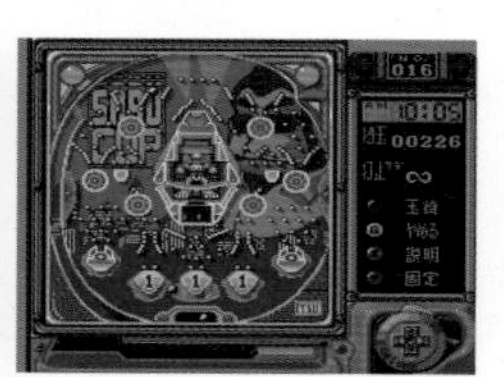
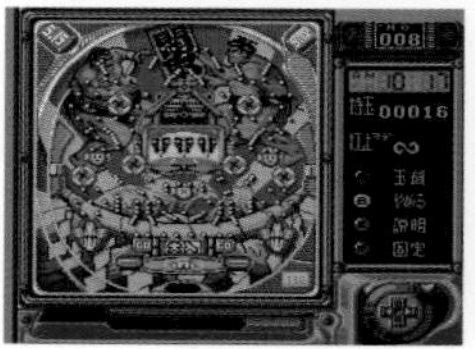
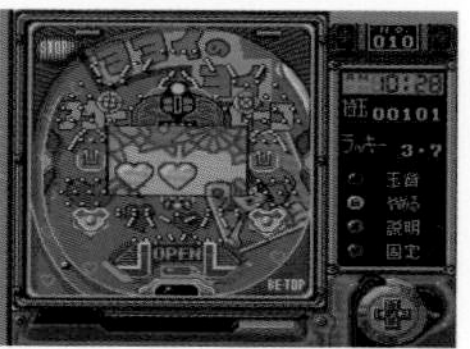

『파치오군』 시리즈가 어느 정도 성공을 거두면서 SFC에서도 갑자기 늘어나던 파친코 게임 중 하나. 모두 가상의 기기이지만 하네모노와 세븐 등이 준비되어 있다. 주인공은 파친코 프로를 목표로 하는 백수인데, 60일 동안 파친코로 번 돈으로 구입한 가구에 따라 엔딩이 바뀐다.

줄의 꿈 모험

● 발매일 / 1994년 7월 29일 ● 가격 / 8,800엔
● 퍼블리셔 / 인포컴

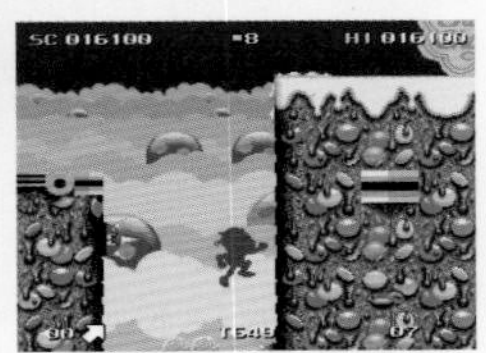

해외 개발사의 사이드뷰 액션 게임. 검정색으로 칠해진 주인공이 닌자라는 설정으로 다양한 액션이 가능하다. 꽤 마이너한 작품이지만 조작성은 양호하고 캐릭터의 움직임도 매우 매끄럽다. 게임 내에 츄파춥스, 야마하 리조트 등과의 제휴 광고도 나온다.

천사의 시 ~하얀 날개의 기도~

● 발매일 / 1994년 7월 29일 ● 가격 / 9,980엔
● 퍼블리셔 / 일본 텔레넷

PC엔진의 슈퍼 CD-ROM2용으로 발매되어서 마이너하면서도 열광적 팬을 얻었던 『천사의 시』 시리즈의 완결편에 해당된다. 필드에 출현하는 적과는 교섭도 가능해서 성공하면 경험치를 얻고 우호도도 상승한다. 게임 중에 영상도 풍부하게 준비되어 있다.

파치스로 이야기 유니버설 스페셜

● 발매일 / 1994년 7월 29일 ● 가격 / 9,800엔
● 퍼블리셔 / KSS

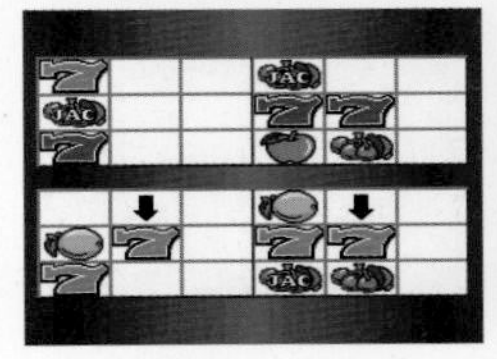

파친코 슬롯의 탑 메이커 중 하나인 유니버설(그룹사 포함)의 기기를 플레이할 수 있다. 수록되어 있는 것은 3호기인 「컨티넨탈」과 「II」 「III」, 4호기인 「오리엔탈 II」 「클럽 트로피카나」 「솔렉스」의 총 6대이다. 덧붙여 가상의 기기인 「가부키」와 「정글 피버」도 플레이할 수 있다.

해트트릭 히어로2

● 발매일 / 1994년 7월 29일 ● 가격 / 8,900엔
● 퍼블리셔 / 타이토

타이토가 개발한 아케이드용 축구 게임 시리즈의 세 번째 작품. 각국의 내셔널팀을 사용해 토너먼트와 리그전을 치른다. 시합 중에는 게이지를 소비해서 커맨드 입력을 하고 필살 슛, 대시, 태클 등을 쓸 수 있다. 심판이 보지 않는 곳에서는 거친 플레이도 가능하다.

로드 런너 트윈 저스티와 리버티의 대모험

● 발매일 / 1994년 7월 29일 ● 가격 / 8,800엔
● 퍼블리셔 / T&E 소프트

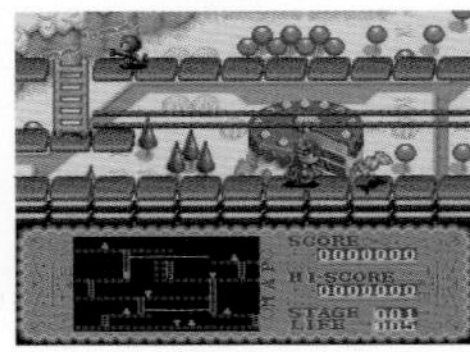
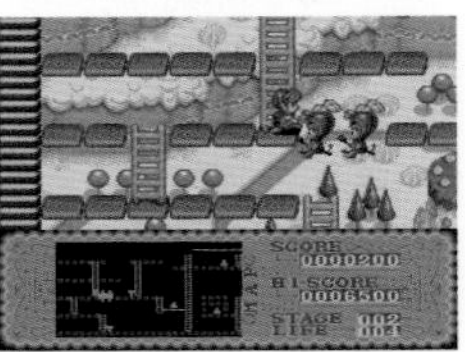

브로더번드사의 세계적 대히트 액션 퍼즐『로드 런너』시리즈 중 하나. 원작에 비해 내용이 꽤 변경되었으며 스토리, 배틀 등 4가지 모드를 플레이할 수 있다. 필드는 상하좌우로 스크롤하도록 되어 있지만, 적과 금괴의 위치를 나타내는 레이더는 화면 하단에 위치한다.

월드컵 USA94

● 발매일 / 1994년 7월 29일 ● 가격 / 9,800엔
● 퍼블리셔 / 선 소프트

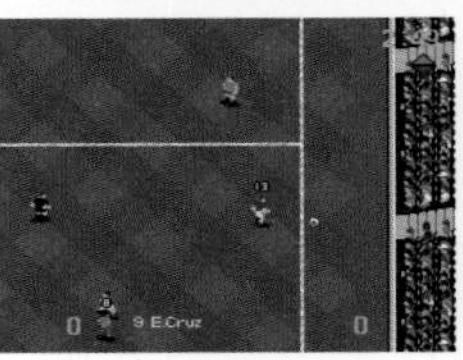

미국에서 개최된 월드컵을 소재로 한 축구 게임. 해외 개발사의 게임을 그대로 발매했으므로 언어 선택은 가능하지만 일본어는 준비되어 있지 않다. 게임 모드는 5가지인데 등장하는 것은 각국의 내셔널팀이다. 버튼을 많이 사용해서 세세한 조작이 가능하다.

슈퍼 파워리그2

● 발매일 / 1994년 8월 3일 ● 가격 / 9,800엔
● 퍼블리셔 / 허드슨

허드슨이 PC엔진으로 발매했던 야구 게임으로 SFC에서는 두 번째 작품. 선수의 사이즈가 인간에 가까운 리얼계 야구 게임으로 NPB의 12개 구단을 사용할 수 있다. 실황을 음성으로 전해주는데 TBS의 마츠시타 켄지 아나운서와 후쿠시마 유미코 아나운서가 담당했다.

움직이는 그림 Ver. 2.0 아료르

● 발매일 / 1994년 8월 5일 ● 가격 / 9,800엔
● 퍼블리셔 / 알트론

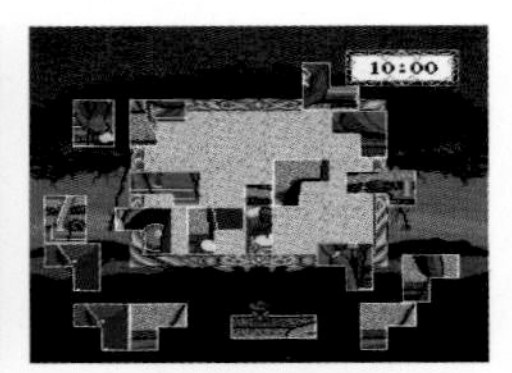
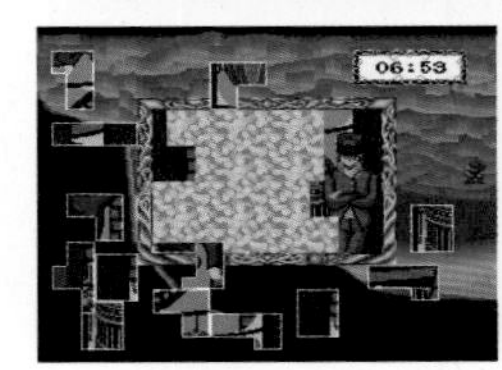
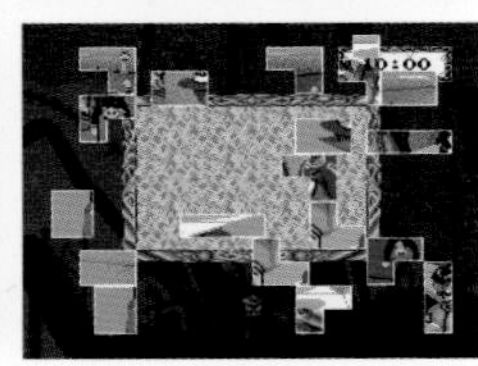

같은 해 2월에 발매된『올리비아의 미스터리』속편에 해당된다. 전작과 마찬가지로 조각난 동화를 맞춰가는 직소 퍼즐인데 게임성이 대폭 향상되었다. 너무 어려웠던 전작에 비해, 소리를 이용한 힌트와 보너스 조각이 있어서 스트레스 없이 즐길 수 있는 게임이 되었다.

귀신강림전 ONI

● 발매일 / 1994년 8월 5일 ● 가격 / 9,800엔
● 퍼블리셔 / 반프레스토

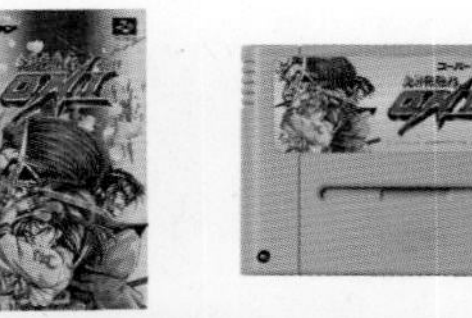

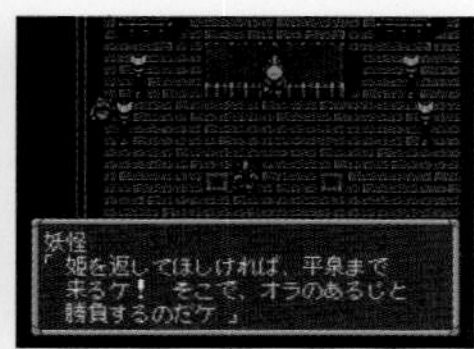

GB로 인기를 모았던 『ONI』 시리즈 중의 하나로, SFC에서는 첫 번째 작품이다. 게임 장르는 탑뷰 RPG이며 가마쿠라 시대를 무대로 했다. 캐릭터 성장에는 레벨 개념이 없으며, 전투 중에 취한 행동에 따라 능력이 올라가는 시스템을 채용했다.

제노사이드2

● 발매일 / 1994년 8월 5일 ● 가격 / 9,800엔
● 퍼블리셔 / 켐코

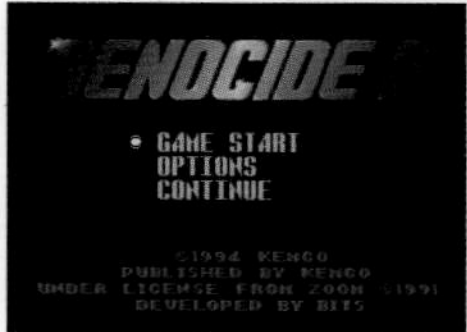

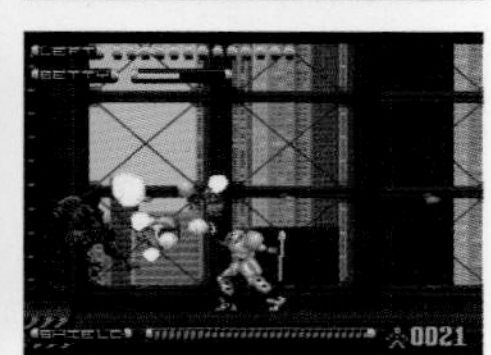

PC로 발매됐던 사이드뷰 액션 게임의 이식판. 시리즈로는 두 번째 작품이고 SFC로는 첫 이식작이다. 주인공은 로봇이지만 공격은 접근전으로 하고, 구르기와 대시 등의 다채로운 액션이 가능하다. 히든 커맨드를 사용해 스테이지를 선택하거나 무적이 되는 것도 가능하다.

J리그 사커 프라임 골2

● 발매일 / 1994년 8월 5일 ● 가격 / 8,800엔
● 퍼블리셔 / 남코

남코가 개발한 축구 게임 두 번째 작품. 당시 J리그에 소속되었던 12개 팀을 사용할 수 있다. CPU나 2P와의 대전, 리그전, PK전 및 올스타팀도 사용할 수 있다. 전작보다 조작성이 향상되었으며 경기 후에는 남콧 스포츠의 결과 발표도 등장한다.

슈퍼 고교야구 일구입혼

● 발매일 / 1994년 8월 5일 ● 가격 / 9,800엔
● 퍼블리셔 / 아이맥스

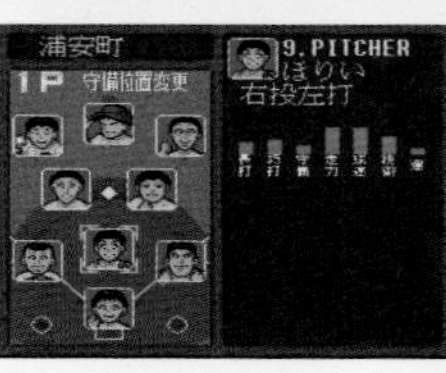

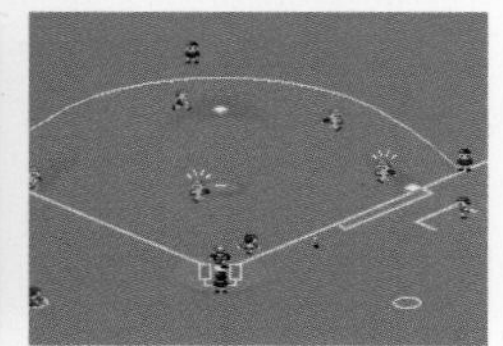

고교 야구팀을 육성해서 고시엔에서의 우승을 목표로 한다. 선수를 실제로 조작하는 모드뿐만 아니라, 감독으로서 지시를 내리는 모드도 플레이할 수 있다. 전국에 실존하는 고등학교를 모델로 한 4,071개 학교가 수록되어 좋아하는 팀을 선택할 수 있다.

슈~퍼~ 닌자군

● 발매일 / 1994년 8월 5일 ● 가격 / 7,900엔
● 퍼블리셔 / 자레코

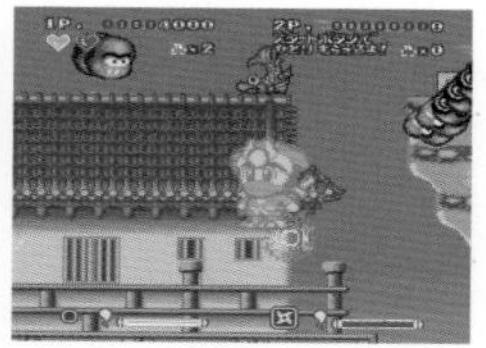
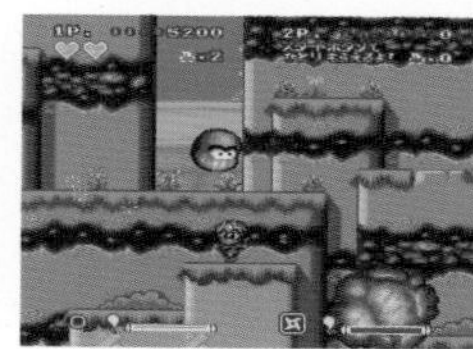
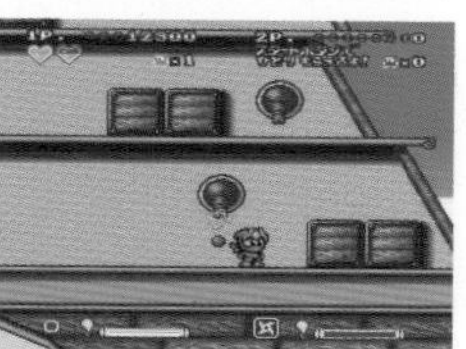

이전에 UPL이 발매한 『닌자군』 시리즈의 신작으로, 판권을 소유한 자레코가 발매했다. 기본적인 게임성은 오리지널을 계승했고, 단차(段差)가 있는 필드에서 점프와 수리검 등의 무기를 사용해서 적을 쓰러뜨린다. 게이지를 소비해서 술법도 쓸 수 있다.

슈퍼 화투

● 발매일 / 1994년 8월 5일 ● 가격 / 8,800엔
● 퍼블리셔 / 아이맥스

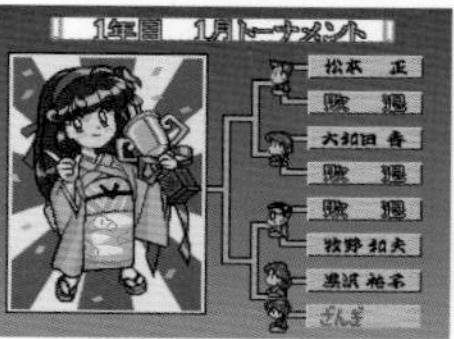

「코이코이」에 특화된 화투 게임. 프리 대국과 토너먼트 모드를 플레이할 수 있으며, 시간제한의 유무나 일부 역의 유무 등 세세한 규칙의 설정이 가능하다. 개성 넘치는 8명의 CPU 캐릭터가 대전 상대인데, 대전 화면에 등장해서 다양한 표정을 보여준다.

핀볼 핀볼

● 발매일 / 1994년 8월 5일 ● 가격 / 9,980엔
● 퍼블리셔 / 코코너츠 재팬 엔터테인먼트

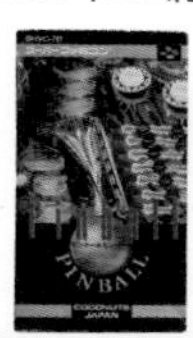
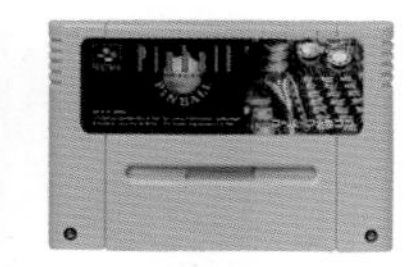

플레이할 수 있는 기기는 4가지인데 각각 우주나 락 등의 콘셉트를 갖고 있는 핀볼 게임이다. 조작이 매우 간단해서 처음 플레이해도 당황할 일이 거의 없다. 또한 기기를 정교하게 흔들어서 공의 위치를 조정하는 것도 가능해 상급자도 충분히 즐길 수 있다.

마법 포이포이 포잇!

● 발매일 / 1994년 8월 5일 ● 가격 / 8,800엔
● 퍼블리셔 / 타카라

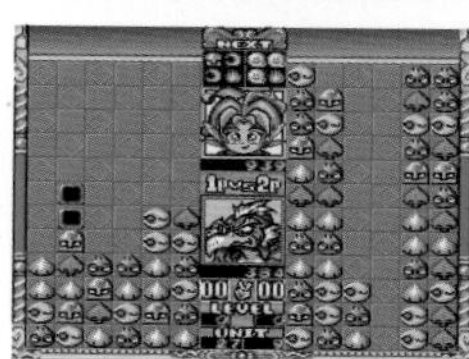

당시 『뿌요뿌요』의 대히트와 함께 붐을 일으켰던 대전 낙하형 퍼즐 게임의 하나. 필드 상단에서 4개 1세트로 떨어지는 블록을 가로 · 세로 · 대각으로 3개 이상 맞춰서 지운다. 연쇄로 지우면 상대에게 대량의 방해 블록을 보낼 수 있다.

더 프린트스톤즈 트레져 오브 쉐라 매드록

● 발매일 / 1994년 8월 12일 ● 가격 / 8,500엔
● 퍼블리셔 / 타이토

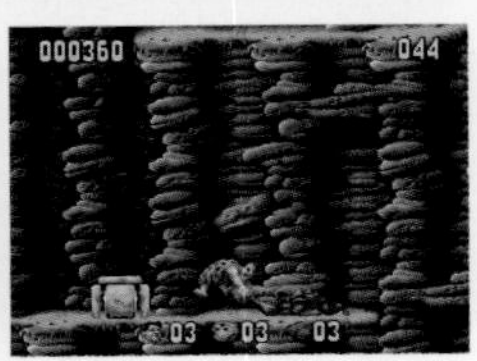

광고에도 나온 미국 애니메이션 『원시가족 프린트스톤』의 캐릭터를 사용한 사이드뷰 액션 게임. 맵 화면에서 주사위를 굴리고 나온 숫자에 따라 스테이지를 진행한다. 점프 버튼을 연타하면 캐릭터가 손발을 파닥이며 공중에 뜨는 등, 유머러스한 작품이다.

신일본 프로레슬링 '94 배틀필드 IN 투강도몽

● 발매일 / 1994년 8월 12일 ● 가격 / 11,800엔
● 퍼블리셔 / 바리에

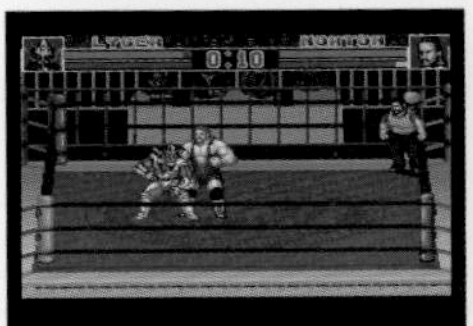

신일본 프로레슬링이 공인한 프로레슬링 게임 『투강도몽(도쿄돔)』 시리즈의 두 번째 작품. 쵸슈 리키, 수신 선더 라이거, 3세대 타이거 마스크 등 20명의 레슬러를 사용할 수 있고 4종류의 모드를 플레이할 수 있다. 게이지를 소모해 각 레슬러의 필살기를 쓰는 것도 가능하다.

슈퍼 궁극 하리키리 스타디움2

● 발매일 / 1994년 8월 12일 ● 가격 / 9,500엔
● 퍼블리셔 / 타이토

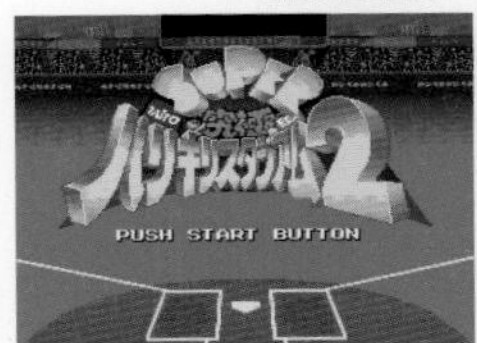

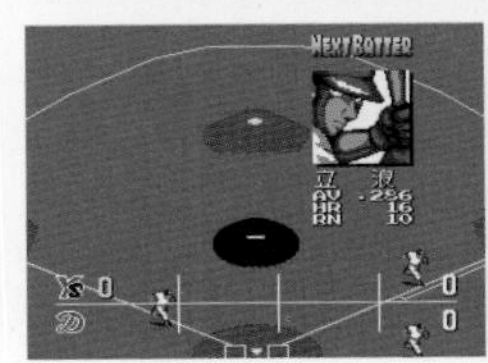

타이토가 개발한 야구 게임 시리즈로 SFC에서는 두 번째 작품. NPB의 12개 구단을 사용할 수 있는 것은 물론이고, 모든 구단의 홈구장도 수록되어 있다. 배틀, 페넌트, 올스타의 3가지 모드를 플레이할 수 있고, 성적에 따라 선수의 능력이 변하는 성장 요소와 트레이드도 존재한다.

슈퍼 파이널 매치 테니스

● 발매일 / 1994년 8월 12일 ● 가격 / 8,900엔
● 퍼블리셔 / 휴먼

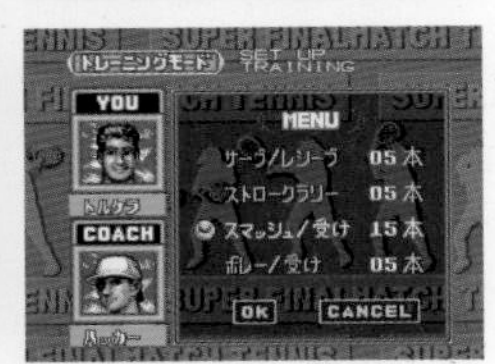

휴먼이 개발한 테니스 게임. 종방향 코트에 비스듬한 백뷰 시점을 채용한 전형적인 스타일이다. 당시 활약했던 남녀 프로 테니스 선수가 가명으로 등장하며 친선 경기, 월드 투어, 트레이닝이라는 3가지 모드를 플레이할 수 있다. 코트는 3가지 유형이 준비되어 있다.

슈퍼 삼국지

● 발매일 / 1994년 8월 12일 ● 가격 / 9,800엔
● 퍼블리셔 / 코에이

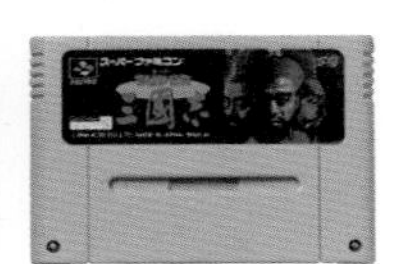

코에이를 대표하는 역사 시뮬레이션 『삼국지』의 첫 작품을 SFC에 이식했다. 먼저 발매된 패미컴판에서는 삭제되었던 커맨드가 부활했으며, 느리게 움직이던 전투 화면도 개선되어 게임을 보다 쾌적하게 진행할 수 있었다.

뽀빠이 심술궂은 마녀 시해그의 권

● 발매일 / 1994년 8월 12일 ● 가격 / 9,500엔
● 퍼블리셔 / 테크노스 재팬

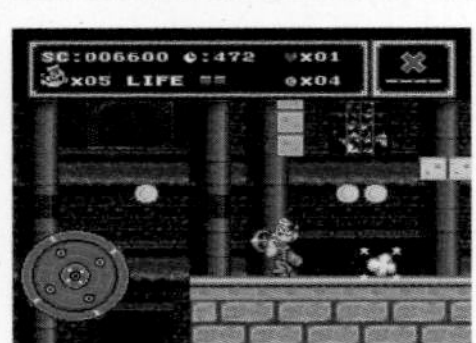

미국뿐 아니라 일본에서도 인기를 모은 애니메이션이자 만화 『뽀빠이』를 모티브로 한 작품. 보드게임+액션이라는 꽤 특이한 장르의 게임이다. 룰렛에서 나온 숫자만큼 진행하고, 그 칸에 대응한 스테이지를 클리어하면 다시 보드게임 파트로 돌아오는 구조다.

레밍스2

● 발매일 / 1994년 8월 12일 ● 가격 / 9,800엔
● 퍼블리셔 / 선 소프트

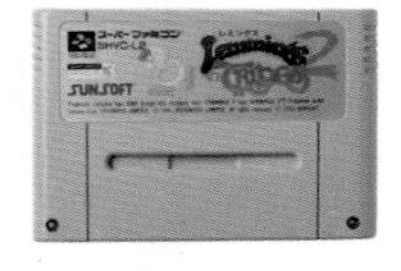

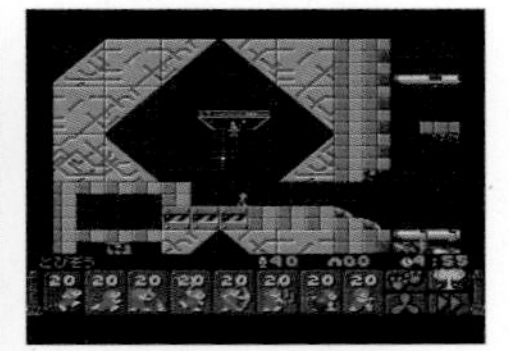

SFC로도 발매됐던 액션 퍼즐 게임 『레밍스』의 속편에 해당된다. 게임성은 전작을 계승했고, 분주히 돌아다니는 레밍들을 정해진 규칙에 따라 골로 유도하면 스테이지 클리어가 된다. 속편인 만큼, 레밍에게 내리는 지령의 종류가 늘어났고 스테이지 수도 아주 많다.

와일드 건즈

● 발매일 / 1994년 8월 12일 ● 가격 / 9,200엔
● 퍼블리셔 / 나츠메

『와일드 건즈』는 유사 3D 화면의 건슈팅 게임인데, 최근 PS4와 Switch로 리메이크작이 발매되었다. 다른 건슈팅 장르와는 달리 주인공이 화면 앞에 있고, 탄 회피 요소가 있는 것이 특징이다. 서부극풍의 세계관을 표현하면서 다양한 기계가 적으로 등장하는 것도 재밌다.

필승 777파이터2 파치스로 비밀 정보

● 발매일 / 1994년 8월 19일 ● 가격 / 9,500엔
● 퍼블리셔 / 밥

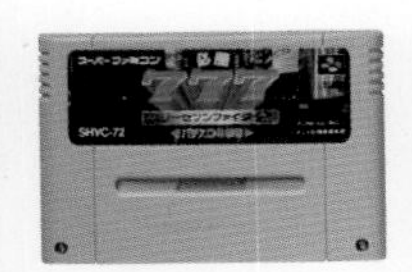

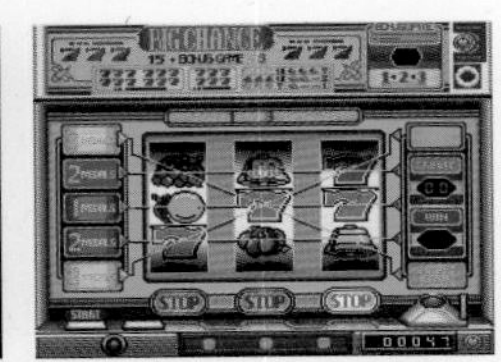

예전의 공략지 「파치스로 비밀정보」가 감수한 파친코 슬롯 게임 두 번째 작품. 납치당한 동료를 구하기 위해 파친코 슬롯을 한다는 스토리다. 「컨티넨탈 II」와 「사파리 랠리」 등을 모방한 가상의 기기가 수록되어 있으며, 전작처럼 2P와의 대전 기기도 플레이할 수 있다.

마작 오공 천축

● 발매일 / 1994년 8월 19일 ● 가격 / 9,800엔
● 퍼블리셔 / 샤노알

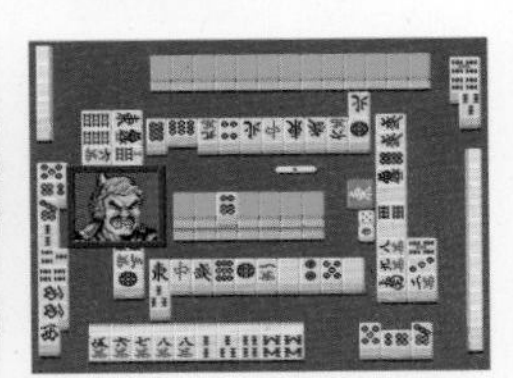
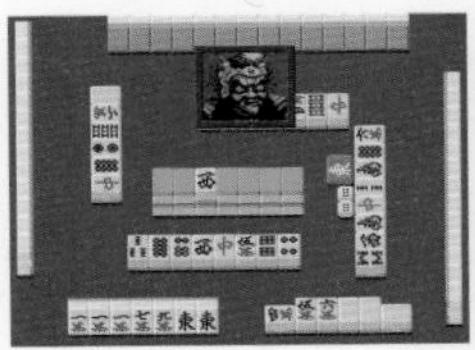
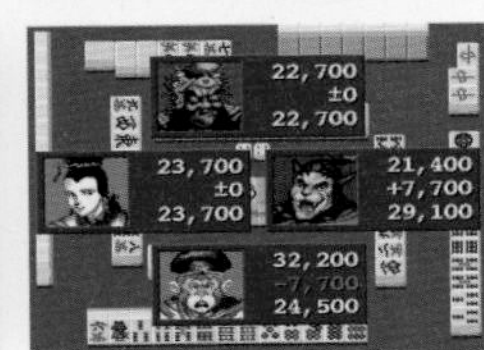

샤노알이 개발하고 FC 등으로 발매됐던 『프로페셔널 마작 오공』의 SFC판. 서유기를 모티브로 한 작품이라 금각, 백안대왕, 호장군 등의 캐릭터가 대전 상대로 등장한다. 당시의 개발사가 최강이라 자부하던 AI가 탑재되어서 CPU의 실력은 상당하다.

애플 시드

● 발매일 / 1994년 8월 26일 ● 가격 / 9,800엔
● 퍼블리셔 / 비지트

시로 마사무네의 만화 겸 애니메이션을 원작으로 한 사이드뷰 액션 게임. 큰 캐릭터가 특징으로, 듀난이나 프리아레오스 중에서 주인공을 고를 수 있다. 총과 폭탄으로 적을 쓰러뜨리면서 진행하고, 버튼과 십자키를 조합해서 다방향 공격이 가능하다. 원작 팬이라면 놓칠 수 없는 작품.

오스!! 공수부

● 발매일 / 1994년 8월 26일 ● 가격 / 10,800엔
● 퍼블리셔 / 컬처 브레인

1985년부터 10년 이상 「주간 영 점프」에 연재되던 인기 만화가 원작이다. 장르는 대전 격투 게임으로 땀 냄새 나는 남자들이 겨루는 모습은 꽤 박력 있다. 커맨드 입력을 이용한 필살기와 게이지가 MAX일 때 사용할 수 있는 필살기가 탑재되어 있다.

사이버 나이트2 지구 제국의 야망

● 발매일 / 1994년 8월 26일 ● 가격 / 9,900엔
● 퍼블리셔 / 톤킹 하우스

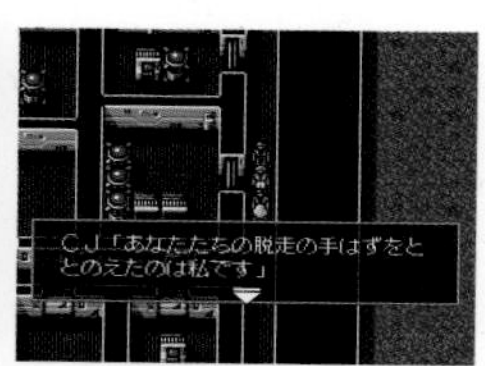

SFC에서는 1992년 발매된 「사이버 나이트」의 속편에 해당된다. 전작은 PC엔진용이었지만 본 작품은 SFC에서만 발매되었다. 장르는 RPG이며 SF를 주제로 한 시나리오가 높은 평가를 받았다. 5×7칸의 택티컬 보드 위를 이동하면서 전투를 벌인다.

슈퍼 드라켄

● 발매일 / 1994년 8월 26일 ● 가격 / 9,800엔
● 퍼블리셔 / 켐코

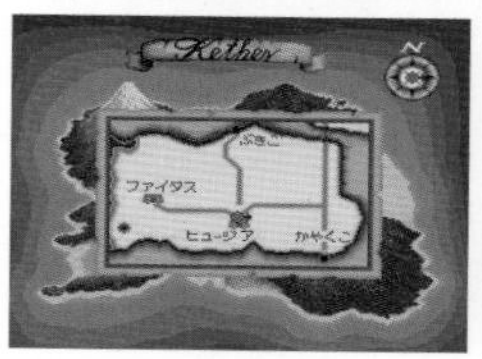

해외 제작사가 개발한 『드라켄』의 속편. 전작이 꽤 거친 작품이었던 데 반해, 본 작품은 일본 제작사가 개발해서 그런지 플레이하기가 쉽다. 장르는 액션 RPG가 되었고, 옥외 필드는 3D 시점으로 던전과 마을을 사이드뷰로 구분해서 사용한다.

헬로! 팩맨

● 발매일 / 1994년 8월 26일 ● 가격 / 8,300엔
● 퍼블리셔 / 남코

세계에서 가장 성공한 아케이드용 게임인 『팩맨』이 주인공이다. 플레이어는 팩맨을 직접 조작할 수 없고, 이동할 방향을 지시하면서 유도해야 한다. 화면 위의 다양한 장소에서 파친코 구슬을 맞추면 이벤트가 발생하는데, 그때의 리액션을 즐길 수 있는 작품이기도 하다.

마츠무라 쿠니히로전 최강의 역사를 바꿔라!

● 발매일 / 1994년 8월 26일 ● 가격 / 9,900엔
● 퍼블리셔 / 쇼에이 시스템

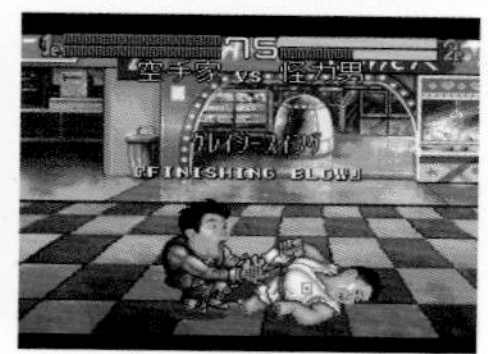

일본의 천재 개그맨이라 불리는 마츠무라 쿠니히로를 주인공으로 한 대전 격투 게임. 주인공이 출연하는 게임을 만들기 위해 개발사를 찾아다니고 중간에 만나는 캐릭터와 싸움을 벌인다. 캐릭터의 얼굴 그래픽에 특히 힘이 들어가 있어서 움직이는 것을 보기만 해도 즐겁다.

요코즈나 이야기

● 발매일 / 1994년 8월 26일 ● 가격 / 9,800엔
● 퍼블리셔 / KSS

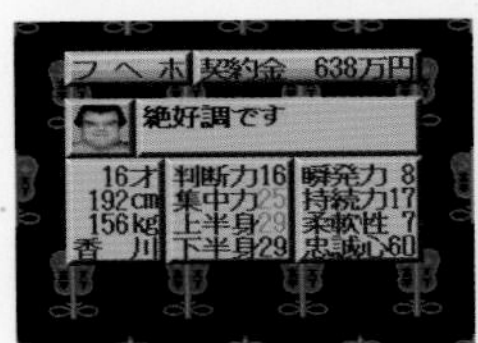

보기 드문 스모 선수 육성 & 스모 육성소 경영 시뮬레이션 게임. 플레이어는 스모 육성소의 리더가 되어 새로운 제자를 스카우트하여 육성한다. 선수가 강해지면 육성소의 수입이 올라가고 우수 제자를 입문시킬 수 있다. 단, 선수가 나이 들면 쇠약해지므로 세대교체도 중요하다.

헤베레케의 맛있는 퍼즐은 필요 없나요

● 발매일 / 1994년 8월 31일 ● 가격 / 8,900엔
● 퍼블리셔 / 선 소프트

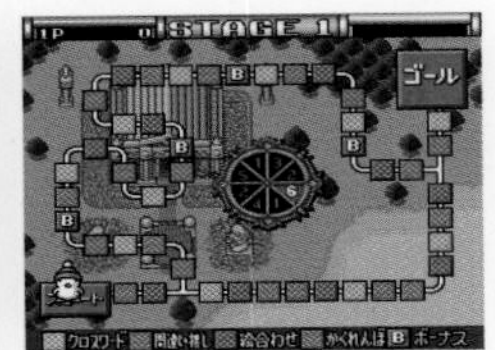
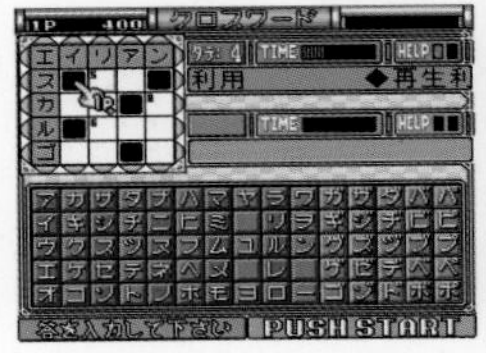
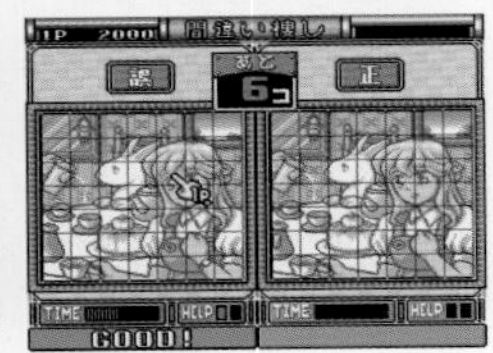

원래 아케이드용 게임으로 개발됐던 『맛있는 퍼즐은 필요 없나요』를 SFC에 이식했다. 룰렛으로 나온 숫자만큼 맵 위를 이동하고, 멈춘 맵에 따라 출제되는 크로스워드, 그림 맞추기, 틀린 그림 찾기 등의 퍼즐을 클리어해 나간다.

산리오 월드 산리오 상하이

● 발매일 / 1994년 8월 31일 ● 가격 / 6,980엔
● 퍼블리셔 / 캐릭터 소프트

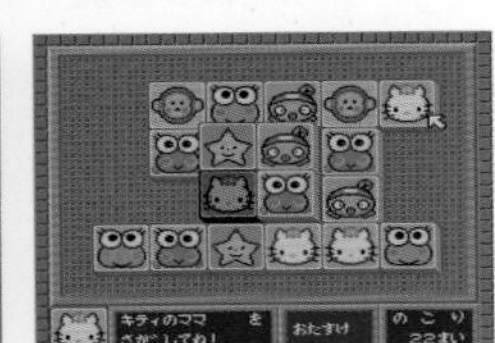

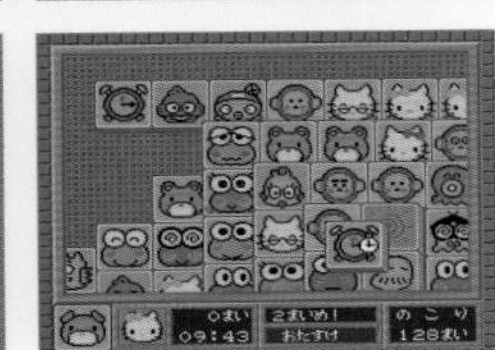

「케로케로 케로피」「헬로 키티」「한교돈」 같은 산리오 캐릭터를 사용한 『상하이』. 저연령용이라서 패의 수가 비교적 적고 간단하다. 단, 같은 캐릭터라도 표정이 다르면 다른 패로 취급되기 때문에 주의 깊게 패를 지워 나갈 필요가 있다.

라이브 어 라이브

● 발매일 / 1994년 9월 2일 ● 가격 / 9,900엔
● 퍼블리셔 / 스퀘어

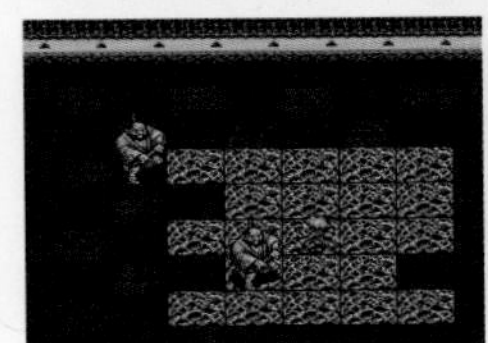
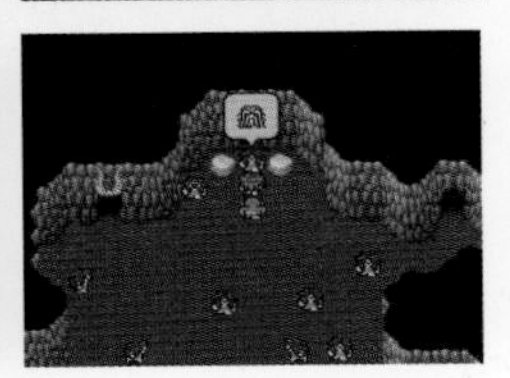

쇼가쿠칸과 스퀘어의 공동 기획으로 개발된 RPG. 게임은 옴니버스 형식이며 다양한 장소와 시대의 스토리가 전개된다. 캐릭터 디자인을 위해 아오야마 고쇼, 시마모토 카즈히코 등 7명의 만화가가 기용된, 실로 화려한 작품이다.

더 파이어맨

● 발매일 / 1994년 9월 9일 ● 가격 / 9,300엔
● 퍼블리셔 / 휴먼

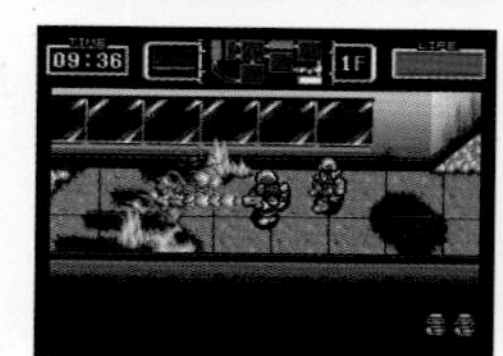

소방관이 주인공인 보기 드문 액션 게임. 화재 현장에서 소방 활동을 하면서 인명 구조도 한다는 존경스러운 작품. 주인공은 방수기와 소화 폭탄을 장비해 상황에 따라 사용한다. NPC인 파트너는 자동으로 조작되어서 주인공이 할 수 없는 도어록 해제와 구급 반송 등의 임무를 맡는다.

쵸프리프터 III

● 발매일 / 1994년 9월 9일 ● 가격 / 7,800엔
● 퍼블리셔 / 빅터 엔터테인먼트

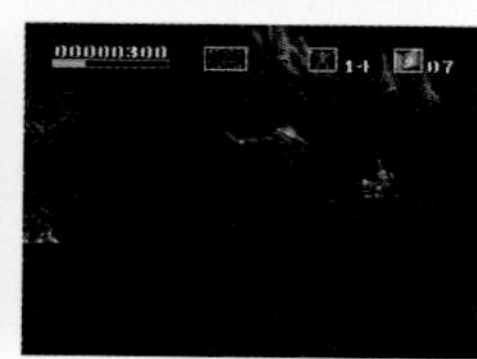

미국 브로더번드 사를 대표하는 시리즈 중 하나인 『쵸프리프터』의 세 번째 작품. 게임 내용은 첫 작품과 같은 사이드뷰 슈팅이며 역시 포로 구출이 목적이다. 헬리콥터라는 설정에서 오는 약간 독특한 조작감이 매력 있으며, 포로가 오폭당하지 않게 신중한 조작이 필요하다.

상하이 III

● 발매일 / 1994년 9월 15일 ● 가격 / 8,900엔
● 퍼블리셔 / 선 소프트

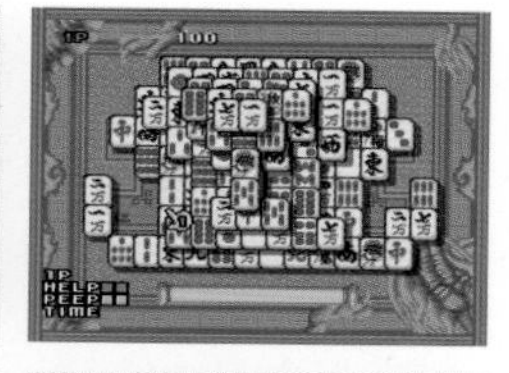
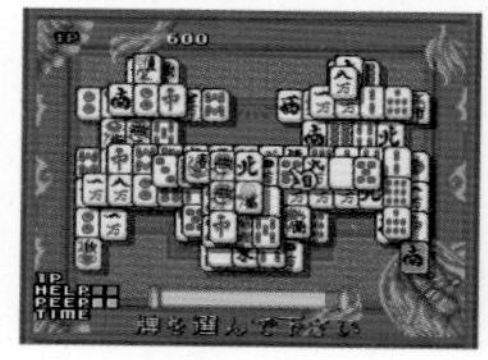
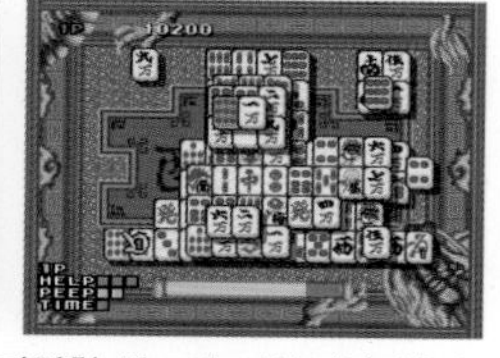

1987년에 처음 발매된 이후, 다양한 하드에 이식되었던 『상하이』. 본 작품은 선 소프트가 아케이드용으로 발매했던 시리즈 세 번째 작품을 이식했다. 기본적인 규칙은 오리지널과 동일하지만, 패를 늘어놓는 방법의 종류가 늘어나서 오래 즐길 수 있는 작품이 되었다.

스파크스터

● 발매일 / 1994년 9월 15일 ●가격 / 9,800엔
● 퍼블리셔 / 코나미

코나미가 메가 드라이브용으로 발매했던 『로켓 나이트 어드벤처즈』를 토대로 SFC용으로 다시 개발한 작품이다. 주머니쥐인 주인공을 조작해서 다수의 기믹이 준비되어 있는 스테이지를 클리어해 나간다. 로켓을 짊어진 주인공의 스피디한 액션이 포인트이지만 신중한 조작도 필요하다.

외출 레스타~ 레레레노레 (^^;

● 발매일 / 1994년 9월 16일 ● 가격 / 8,900엔
● 퍼블리셔 / 아스믹

작정하고 만든 바보 게임으로 주인공은 대단히 미덥지 못한 인물. 강한 적과 맞서 싸우는 용자계 주인공을 비튼 것이라고는 하지만, 완전히 무력한 작은 동물에게서도 도망치고 만다. 조작은 꽤 독특하고 공격은 엉거주춤하다. 하지만 왠지 그 성장을 지켜보고 싶어지는 게임이다.

리딩 자키

● 발매일 / 1994년 9월 16일 ● 가격 / 9,800엔
● 퍼블리셔 / 카로체리아 재팬

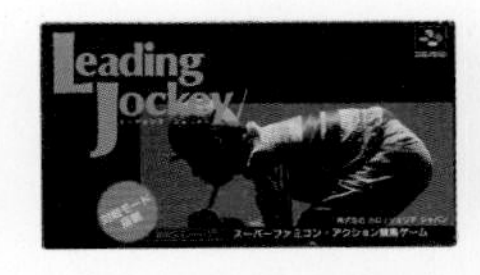

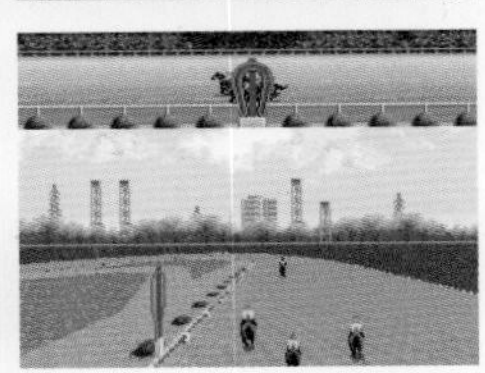

자동차용품 판매로 유명한 카로체리아 재팬이 발매한 경마 게임. 플레이어는 기수로서 개선문상 경마대회의 우승을 목표로 하는데, 번식 등으로 경주마를 생산하는 것부터 관여한다. 레이스는 유사 3D 화면으로 채찍질 타이밍과 위치 선정이 중요하다.

실전! 파치스로 필승법!2

● 발매일 / 1994년 9월 16일 ● 가격 / 9,980엔
● 퍼블리셔 / 사미

파친코 슬롯 기기의 대표 기업인 사미가 발매한 파친코 슬롯 게임 제2탄. 같은 회사가 발매한 3호기 「알라딘 II」와 4호기 「헤비메탈」 이외에도 다른 회사의 기기인 「뉴 펄서」와 「드림 세븐 Jr.」 등을 플레이할 수 있다. 물론 설정은 자유롭게 바꿀 수 있다.

정글의 왕자 타짱 세계 만유 대격투의 권

● 발매일 / 1994년 9월 18일 ● 가격 / 8,800엔
● 퍼블리셔 / 반다이

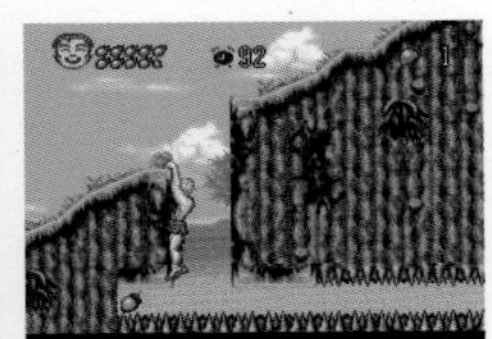

「주간 소년 점프」에 연재된 인기 만화를 소재로 한 횡스크롤 액션 게임. 펀치와 킥으로 적을 공격하고, 벽 등의 장애물을 파괴하거나 덩굴을 이용해 멀리 점프하는 등 풍부한 액션이 매력적이다. 스테이지에 떨어져 있는 도토리를 얼마나 모으느냐에 따라 엔딩의 내용이 바뀐다.

데자에몽

● 발매일 / 1994년 9월 20일 ● 가격 / 12,900엔
● 퍼블리셔 / 아테나

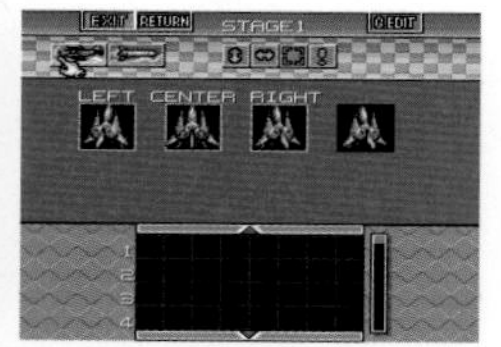

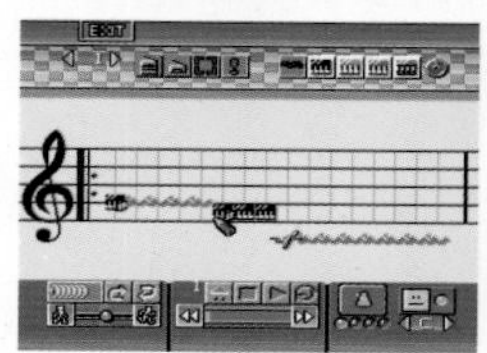

아테나가 개발한 슈팅 게임 제작 소프트. FC로 발매됐던 『데자에몽』을 버전업 한 형태이다. 6스테이지까지 준비된 종스크롤 슈팅 게임을 만들 수 있고 BGM 작곡도 가능하다. 게임 제작의 기초를 배울 수 있는 작품이다.

커비 볼

● 발매일 / 1994년 9월 21일 ● 가격 / 7,900엔
● 퍼블리셔 / 닌텐도

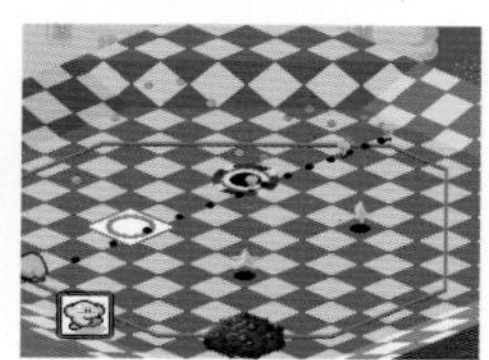

커비의 동그랗게 변하는 능력을 살린 작품으로, 골프에 당구를 더한 게임성이 특징이다. 공이 된 커비가 튕겨져서 적을 쓰러뜨리며 나아간다. 최후의 적은 컵으로 설정되어 컵 속에 커비가 들어가면 클리어가 된다. 타수를 스코어로 한다는 규칙이다.

위저프 ~암흑의 왕

● 발매일 / 1994년 9월 22일 ● 가격 / 9,900엔
● 퍼블리셔 / 아스키

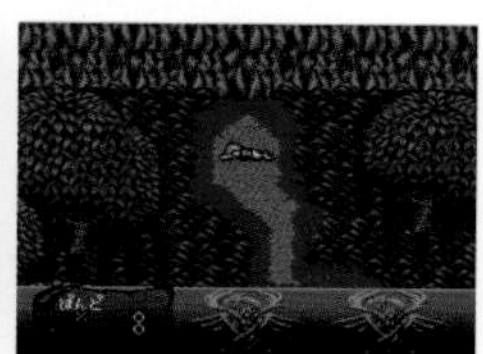

아스키가 발매한 RPG로, FC로 발매됐던 『다크 로드』(데이터 이스트 발매)의 속편에 해당한다. 자유도가 매우 높지만 그런 특성 때문에 난이도도 높아졌다. 주인공 캐릭터를 만들고, 마을에서 일거리를 받아 특정 행동을 취하면 에피소드가 발생하는 구조이다.

사무라이 스피리츠

● 발매일 / 1994년 9월 22일 ● 가격 / 10,900엔
● 퍼블리셔 / 타카라

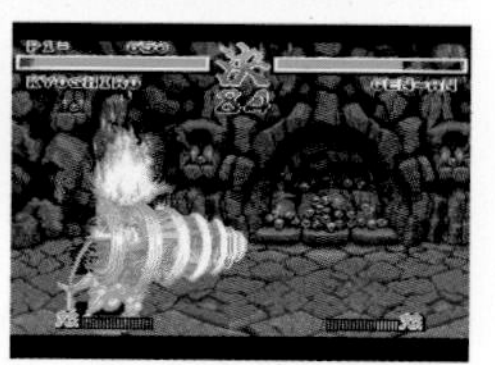

SNK가 개발한 인기 아케이드용 대전 격투 게임의 이식작. 등장 캐릭터 전원이 무기를 가지고 있다는 점이 특징으로, 베기 공격의 대미지가 높게 설정되어 있다. SFC판에서는 화면의 확대 · 축소가 사라졌지만 게임성은 그대로 재현되었다. 오리지널처럼 모든 캐릭터를 사용할 수 있다.

슈퍼 포메이션 사커94 월드컵 내셔널 데이터

● 발매일 / 1994년 9월 22일 ● 가격 / 9,800엔
● 퍼블리셔 / 휴먼

같은 해 6월에 발매된 『월드컵 에디션』에서 불과 3개월 만에 나온 작품. 미국 월드컵의 결과를 반영해 팀의 데이터가 변경되어 있다. 그 외에는 큰 변경점이 없고, 비스듬한 백뷰 시점의 종방향 필드와 내셔널팀 등은 그대로 유지되었다.

나카지마 사토루 감수 F-1 히어로'94

● 발매일 / 1994년 9월 22일 ● 가격 / 9,800엔
● 퍼블리셔 / 바리에

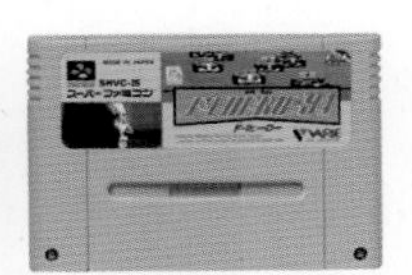

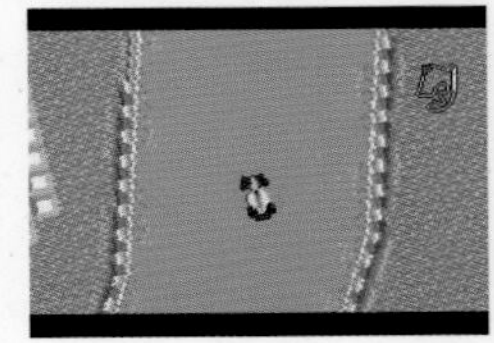
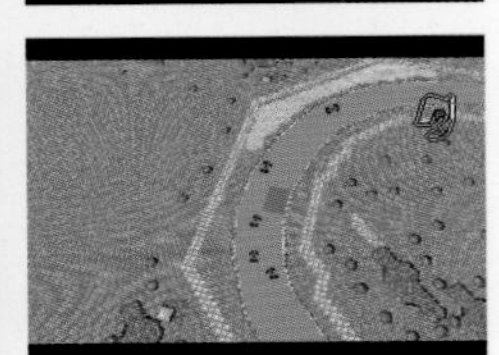

당시의 F1 붐을 타고 다양한 하드로 다수 발매된 『나카지마 사토루 감수』 시리즈. SFC로는 본 작품이 두 번째이다. 유사 3D 화면이 기본이지만, 플레이어가 5개의 시점을 자유롭게 구분해서 사용할 수 있다. 라이선스를 취득해서 드라이버는 실명으로 등장한다.

본가 화투

● 발매일 / 1994년 9월 22일 ● 가격 / 9,800엔
● 퍼블리셔 / 이머지니어

이머지니어가 발매한 화투 게임. 「꽃 맞추기」와 「코이코이」라는 2가지 규칙으로 플레이할 수 있으며 세세한 규칙 설정도 가능하다. 시나리오 모드에서는 장거리 트럭 기사가 되어 전국을 돌며 화투로 승부를 펼친다. 대전 캐릭터의 수도 풍부해서 여러 가지로 즐길 수 있는 작품이다.

래리 닉슨 슈퍼 배스 피싱

● 발매일 / 1994년 9월 22일 ● 가격 / 9,800엔
● 퍼블리셔 / 킹 레코드

미국의 유명 배스 프로(블랙배스 낚시의 프로) 래리 닉슨의 이름을 내세운 낚시 게임. 낚시 용품 메이커인 다이와의 협찬으로 실제 판매되던 낚싯대를 사용할 수 있다. 단순히 물고기를 낚는 게임이 많았지만, 본 작품은 꽤 본격적이라 적당히 해서는 물고기를 구경조차 할 수 없다.

리블라블

● 발매일 / 1994년 9월 22일 ● 가격 / 6,300엔
● 퍼블리셔 / 남코

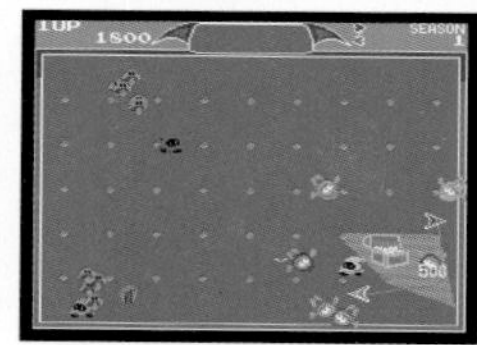

남코의 아케이드용 액션 게임을 이식. 원작은 화살표 모양의 플레이어 기체를 2개의 레버로 조작하는 게임이었지만, 본 작품은 3가지 조작 방법 중에서 선택 가능하게 되었다. 적이나 요정을 선으로 감싸는 특수한 게임성과 기분 좋은 사운드가 제대로 재현되어 이식도는 높다 하겠다.

안젤리크

● 발매일 / 1994년 9월 23일 ● 가격 / 9,800엔
● 퍼블리셔 / 코에이

※프리미엄 BOX
발매일 / 1995년 12월 8일
가격 / 9,800엔

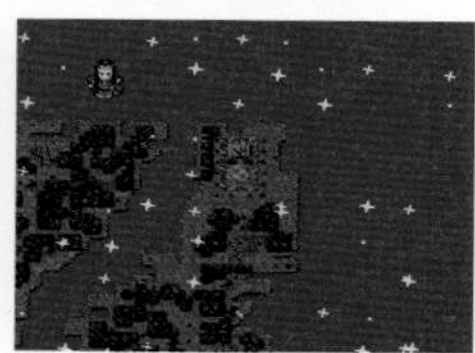

여성 스태프에 의해 제작된 여성용 연애 SLG. 표면적인 목적은 여왕 후보로서 라이벌과 별의 육성을 경쟁하는 것이지만, 그 과정에서 남성 캐릭터와 친해지는 것이 진짜 목적이다. 여성용 게임이 적었던 시대의 혁신적인 작품으로, 관련 상품이 가득 담긴 프리미엄 BOX도 존재했다.

고스트 체이서 전정

● 발매일 / 1994년 9월 23일 ● 가격 / 9,800엔
● 퍼블리셔 / 반프레스토

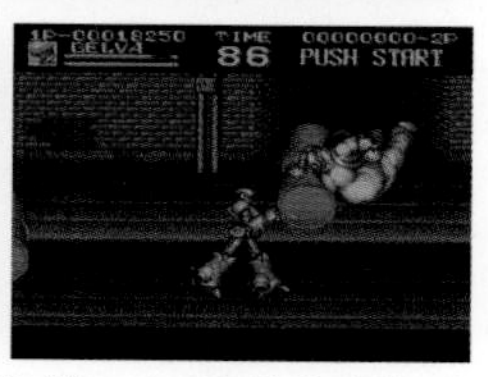

반프레스토가 발매한 아케이드용 벨트 스크롤 액션 게임 『전신마괴』를 이식했다. 3명의 캐릭터 중에서 주인공을 선택해 적을 쓰러뜨리며 나아가고, 게이지를 소비하면 필살기를 사용할 수 있다. 마이너한 작품이지만 절묘한 난이도, 양질의 스토리 등이 후에 재평가되었다.

슈퍼 블랙배스2

● 발매일 / 1994년 9월 23일 ● 가격 / 9,800엔
● 퍼블리셔 / 스타 피시 데이터

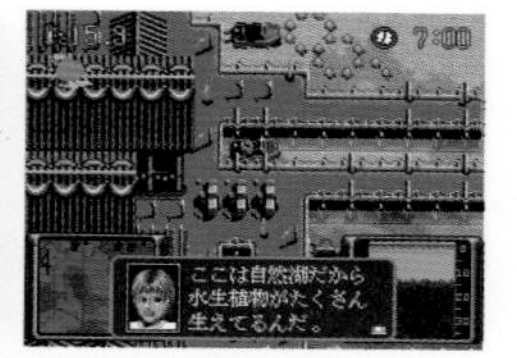

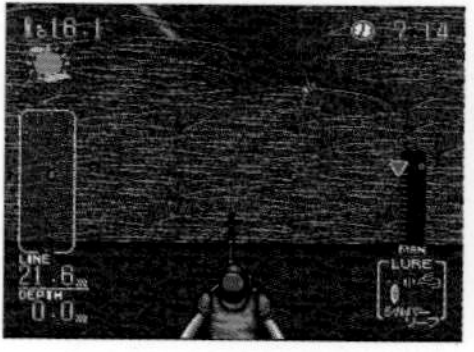
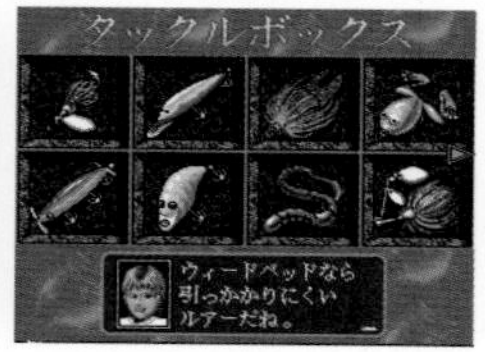

FC로도 발매되었던 핫 · 비의 『블랙배스』 시리즈 중 하나로, 도산한 회사를 대신해 스타 피시가 발매했다. 주인공 캐릭터를 만들어서 미국의 낚시 대회에 참가한다는 것이 게임의 내용이다. 꽤 본격적인 구성이라 전략을 짜지 않으면 배스는 전혀 낚이지 않는다.

TOKORO'S 마작

● 발매일 / 1994년 9월 23일 ● 가격 / 9,500엔
● 퍼블리셔 / 빅 토카이

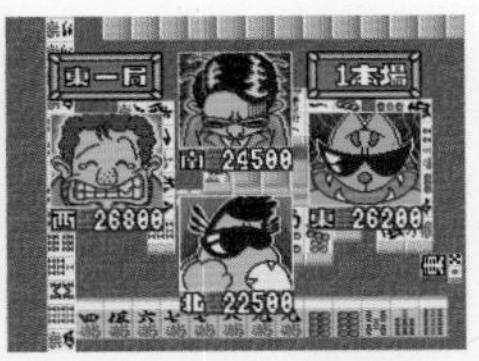

시청률의 남자라 불리며 전 연령대의 지지를 받는 '토코로 죠지'가 그린 캐릭터를 바탕으로 한 마작게임. 노멀, 이벤트, 스터디, 계산이라는 4가지 모드를 플레이할 수 있고, 대국은 3인과 4인 마작 중에서 선택할 수 있다. CPU 캐릭터에는 낯익은 연예인풍의 인물이 많다.

드래곤볼Z 초무투전3

● 발매일 / 1994년 9월 29일 ● 가격 / 9,800엔
● 퍼블리셔 / 반다이

SFC의 『초무투전』 시리즈 마지막 작품이다. 다른 시리즈작과 동일한 2D 대전 격투 게임으로, 원작의 마인(魔人) 부우편 전반까지의 캐릭터가 등장한다. 전작보다 게임 스피드가 올라갔고, 무공술(舞空術)을 언제든 쓸 수 있게 되었기 때문에 공중전을 펼칠 기회가 늘어났다.

마작 전국 이야기

● 발매일 / 1994년 9월 23일 ● 가격 / 9,300엔
● 퍼블리셔 / 요지겐

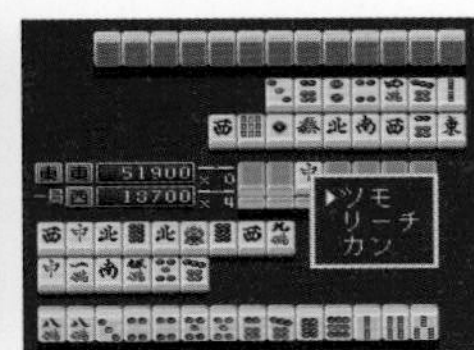

전국 무장의 캐릭터가 다수 등장하는 마작게임. 플레이어는 타케다 신겐, 호조 우지야스 같은 전국 무장이 되어 다른 무장들과 싸우게 된다. 메인인 마작 전국시대 모드에서는 10명의 전국 다이묘 중 한 명을 선택해 전국 통일을 목표로 하는데, 패 교환 등의 기술을 사용할 수 있다.

크래시 더미 ~닥터 잡을 구출하라~

● 발매일 / 1994년 9월 30일 ● 가격 / 8,900엔
● 퍼블리셔 / 어클레임 재팬

교통사고 등의 모의실험에 쓰이는 더미 인형이 주인공인 사이드뷰 액션 게임. 해외 제작사가 개발한 만큼 대담한 모양새가 매력적이다. 스패너를 던지거나 밟기 등으로 적을 쓰러뜨리며 골을 향해 나아가는데, 대미지를 받으면 인형의 부품이 떨어져 나가는 것이 재밌다.

타이니 툰 어드벤처즈 우당탕 대운동회

● 발매일 / 1994년 9월 30일 ● 가격 / 9,000엔
● 퍼블리셔 / 코나미

미국에서 인기를 얻고 일본에서도 방송된 애니메이션「타이니 툰즈」의 캐릭터가 등장하는 미니 게임 모음집. 흔히 말하는 파티 게임으로, 멀티탭이 있으면 최대 4명까지 참여 가능하다. 친구와 떠들면서 즐기기에 적당하고, 처음 하더라도 경기를 설명해주기 때문에 안심이다.

텐류 겐이치로의 프로레슬링 레볼루션

● 발매일 / 1994년 9월 30일 ● 가격 / 9,800엔
● 퍼블리셔 / 자레코

당시 WAR 소속이던 텐류 겐이치로의 이름을 내건 프로레슬링 게임. 텐류 외에도 모델이 된 레슬러는 있지만 모두 가명이다. 분할된 화면이 특징인데 레슬러의 모습이 상하로 나뉘어 크게 비춰지고, 큰 기술이 들어갔을 때는 레슬러가 화면에 클로즈업된다. 총 15명의 레슬러가 등장한다.

다운 더 월드

● 발매일 / 1994년 9월 30일 ● 가격 / 9,800엔
● 퍼블리셔 / 아스키

아스키가 발매한 RPG. 캐릭터 디자인은 마츠시타 스스무, 시나리오는 강진화가 담당했다. 전투는 택티컬 컴뱃 방식인데 9×9의 보드 위에서 캐릭터를 이동시켜 적과 싸워 나간다. 구상에 5년이 걸렸다는 시나리오가 본 작품 최대의 포인트다.

버클리의 파워 덩크

● 발매일 / 1994년 9월 30일 ● 가격 / 9,200엔
● 퍼블리셔 / DEN'S

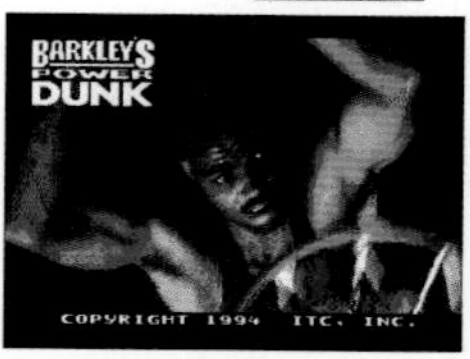

해외 개발사의 농구 게임으로, NBA의 대스타「찰스 버클리」가 감수했다. 시합은 2 on 2로 이루어지고 16명의 선수를 사용할 수 있다. 코트는 풀 사이즈이고 야외에서의 시합도 준비되어 있다. 최대 4명까지 동시 플레이가 가능하고 호쾌한 덩크에 성공하면 기분까지 상쾌해진다.

버추얼 바트

● 발매일 / 1994년 9월 30일 ● 가격 / 9,800엔
● 퍼블리셔 / 어클레임 재팬

미국의 인기 애니메이션 『더 심슨』의 캐릭터가 등장하는 액션 게임. 주인공은 장남인 바트로 6가지 스테이지에 도전한다. 스테이지에 따라 바트는 아기 공룡, 돼지 등으로 변신하게 되는데 블랙 유머가 넘치는 원작다운 게임으로 만들어졌다.

휴먼 그랑프리3 F1 트리플 배틀

● 발매일 / 1994년 9월 30일 ● 가격 / 10,500엔
● 퍼블리셔 / 휴먼

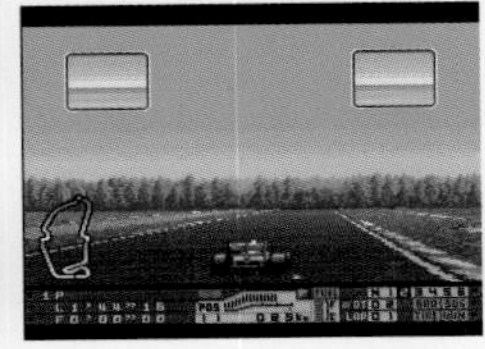

SFC에서는 시리즈 세 번째 작품. FOCA의 라이선스를 취득해서 드라이버가 실사 화면과 함께 등장한다. 화면은 유사 3D이고 화면 상단에는 백미러 영상도 나온다. 월드 그랑프리, 배틀, 타임 어택의 3가지 모드를 플레이할 수 있고, 오리지널 드라이버도 만들 수 있다.

바이크 정말 좋아! 드라이버 혼

● 발매일 / 1994년 9월 30일 ● 가격 / 9,600엔
● 퍼블리셔 / 메사이어

본격 레이싱 게임을 연상시키는 타이틀이지만 실제로는 코미컬한 내용이다. 화면은 상하로 나뉘어져 있고, 1인용에서는 상단의 시점을 임의로 바꿀 수 있다. 선택 가능한 캐릭터는 8명이고 레이스 중에 입수한 아이템을 잘 사용하면 레이스를 유리하게 이끌 수 있다.

마작대회 II

● 발매일 / 1994년 9월 30일 ● 가격 / 9,800엔
● 퍼블리셔 / 코에이

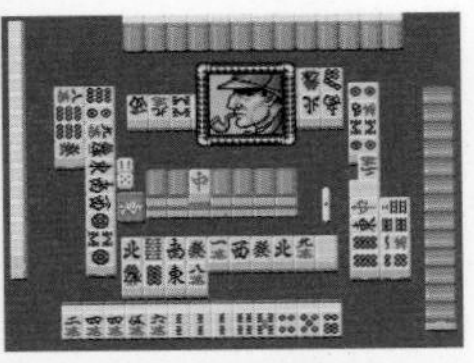

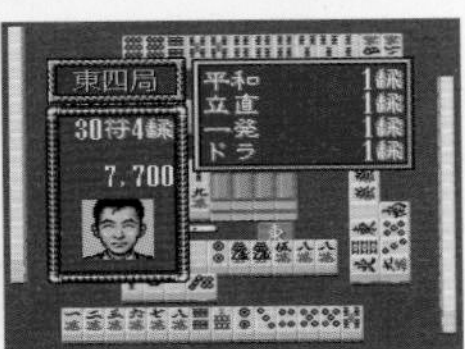

『슈퍼 마작대회』의 속편에 해당한다. 이번 작품에서도 나폴레옹, 관우, 미토 코몬 같은 동서고금의 유명인(소설의 주인공도 포함)들과 마작을 하는데, 메인인 대회 모드에서는 총 24명이 토너먼트전을 치른다. 대국 결과는 배터리 백업 기능으로 저장된다.

비밀 마권 구입술 경마 에이트 스페셜2

● 발매일 / 1994년 9월 30일 ● 가격 / 9,980엔
● 퍼블리셔 / 이머지니어

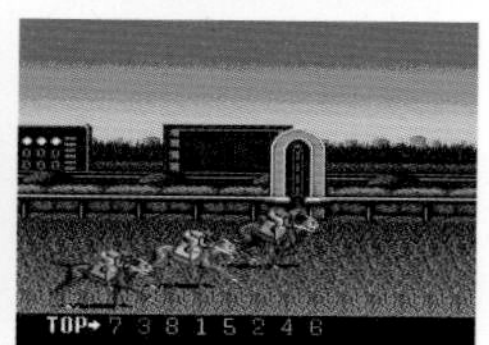

경마 예상지 「경마 에이트」가 감수한 승리마 예상 소프트 제2탄. 데이터를 입력해서 실제 경마의 도착 순서를 예상하는 것 이외에도 어드벤처 모드와 파티 모드가 탑재되어 있다. 어드벤처 모드는 마권을 구입해서 자금을 벌고 여성에게 선물을 보낸다는 내용이다.

시빌라이제이션 세계 7대 문명

● 발매일 / 1994년 10월 7일 ● 가격 / 12,800엔
● 퍼블리셔 / 아스믹

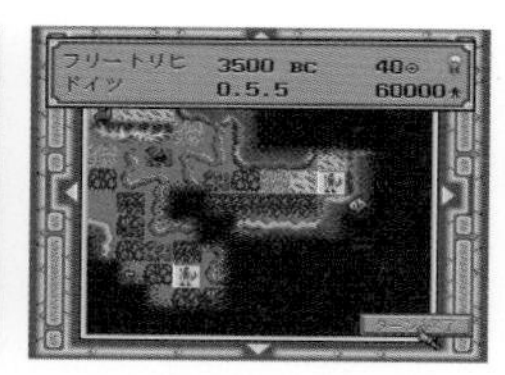

시드 마이어의 인기 시뮬레이션 게임 첫 작품을 이식했다. 플레이어는 문명의 수장이 되어 도시의 발전과 문명의 진보를 이끈다. 다른 문명과 평화적인 관계를 쌓거나 전쟁을 벌여 멸망시킬 수 있다. 현재까지 시리즈가 이어지고 있는 명작의 기본 규칙을 배울 수 있는 최적의 작품.

노스페라투

● 발매일 / 1994년 10월 7일 ● 가격 / 9,800엔
● 퍼블리셔 / 세타

다크한 분위기가 특징인 사이드뷰 액션 게임. 화면 구성 등에 『페르시아의 왕자』가 영향을 미친 것으로 보인다. 주인공이 단신으로 드라큘라가 사는 성에 들어간다는 하드한 설정인데 난이도 역시 꽤 높다. 주인공이 할 수 있는 행동이 매우 많아서 조작을 외우는 것도 쉽지 않다.

미스터 넛츠

● 발매일 / 1994년 10월 7일 ● 가격 / 8,800엔
● 퍼블리셔 / 소프엘

해외 개발사의 사이드뷰 액션 게임. 짙고 화려한 색을 이용한 그래픽이 특징이다. 주인공은 붉은색과 흰색이 믹스된 다람쥐인데, 도토리를 던지거나 꼬리로 때리면서 적을 공격한다. 총 6스테이지로 구성되어 있고 마지막에 등장하는 보스를 쓰러뜨리면 클리어되는 구조이다.

호혈사 일족

● 발매일 / 1994년 10월 14일 ● 가격 / 10,500엔
● 퍼블리셔 / 아틀라스

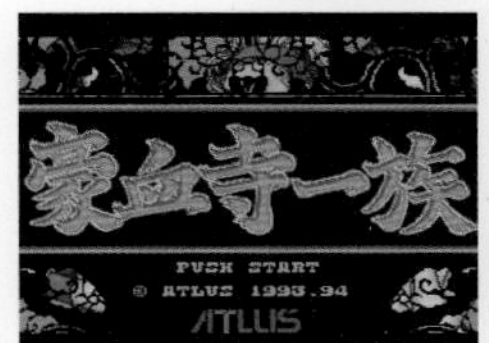

아틀라스가 개발한 아케이드용 대전 격투 게임을 이식. 일족의 당주를 결정하기 위해 8명의 캐릭터가 알대일로 싸운다. 파계승과 대인공포증 닌자 등, 캐릭터 설정이 매우 특이하다. 특히 고케츠지 오타네는 78세인데 대전 상대의 정기를 흡수해서 회춘할 수 있다는 설정이다.

U.F.O. 가면 야키소반 케틀러의 검은 음모

● 발매일 / 1994년 10월 14일 ● 가격 / 5,890엔
● 퍼블리셔 / DEN'Z

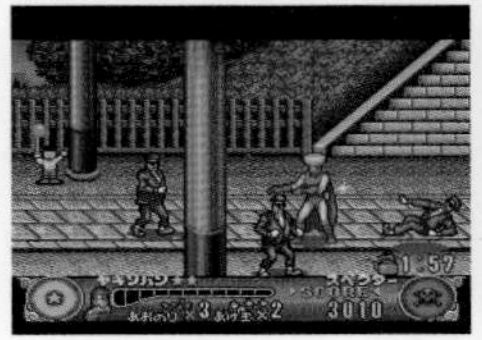
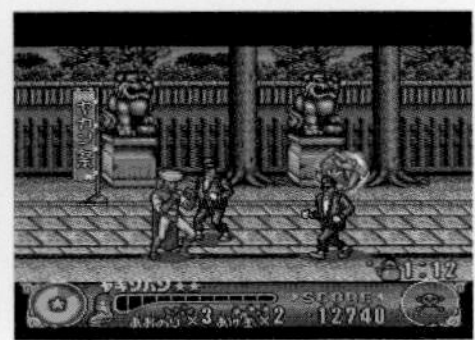

마이클 후쿠오카와 데이브 스펙터의 연출로 화제를 모은, 닛신 야키소바 U.F.O.의 CM을 토대로 한 벨트 스크롤 액션 게임. 원래는 당첨자를 위한 경품이었지만, 후에 정식으로 발매되었다. 「튀김 방울 봄버」「소스 빔」「해초 플래시」 같은 기술을 사용할 수 있다.

파친코팬 승리 선언

● 발매일 / 1994년 10월 15일 ● 가격 / 9,800엔
● 퍼블리셔 / POW

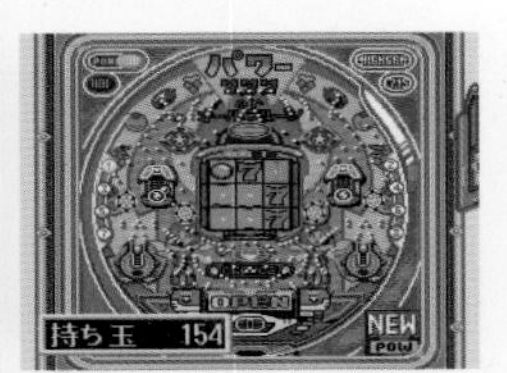

파친코 공략지의 거장 「파친코팬」이 감수했다. 실전편에서는 파친코로 자금을 늘리면서 여성과의 데이트를 즐긴다. 공략 · 연구 모드에서는 좋아하는 기기를 자유롭게 플레이할 수 있다. 가상의 기기를 수록했지만, 파친코 팬이라면 그 모델이 무엇인지 바로 알 수 있을 것이다.

시모노 마사키의 Fishing To Bassing

● 발매일 / 1994년 10월 16일 ● 가격 / 9,800엔
● 퍼블리셔 / 나츠메

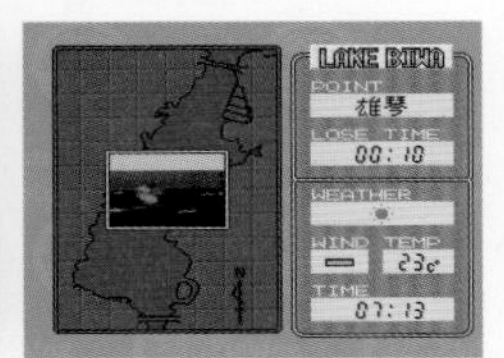

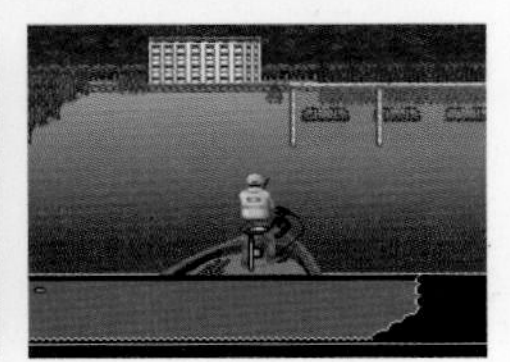

일본 배스 프로의 창시자라 할 수 있는 시모노 마사키의 배스낚시 게임. 6명의 캐릭터 중에서 주인공을 선택해 대회에 도전한다. 대회에서 벌어들인 상금으로 다양한 종류의 낚시 도구와 루어, 보트 등을 구입할 수 있다. 대회의 수가 많은 편이어서 공략해가는 보람이 있다.

배고픈 바카

● 발매일 / 1994년 10월 19일 ● 가격 / 4,980엔
● 퍼블리셔 / 마호

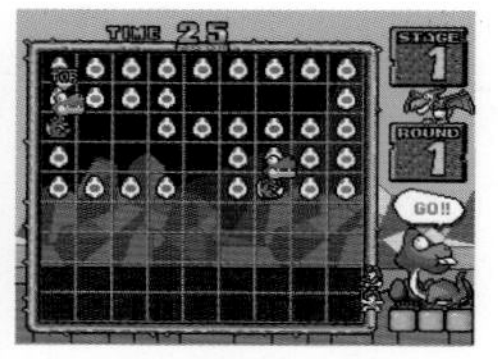

코미컬한 모습의 공룡을 조작하는 대전형 퍼즐 게임. 9×9칸의 판 위에 있는 자신의 캐릭터를 움직여 알을 늘어놓는다. 자신의 알로 상대의 알을 감싸면 자신의 알로 만들 수 있다. 또한 알 위를 이동해서 알들을 먹어버릴 수도 있다. 일정 시간 내에 상대보다 많은 알을 배치하면 승리.

키드 크라운의 크레이지 체이스

● 발매일 / 1994년 10월 21일 ● 가격 / 8,800엔
● 퍼블리셔 / 켐코

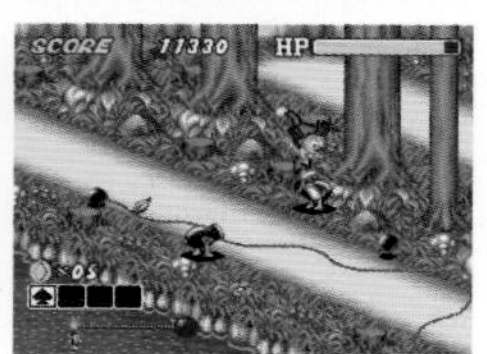

게임 잡지 「전격 슈퍼 패미컴」과의 협업으로 기획 · 개발된 액션 게임. 몇 가지 부분은 독자의 투표로 결정되었다. 좌우 방향으로의 강제 스크롤이 특징인데, 다양한 장치와 함정을 점프로 피하면서 필요한 마크를 회수해야 한다.

슈퍼 패밀리 서킷

● 발매일 / 1994년 10월 21일 ● 가격 / 8,800엔
● 퍼블리셔 / 남코

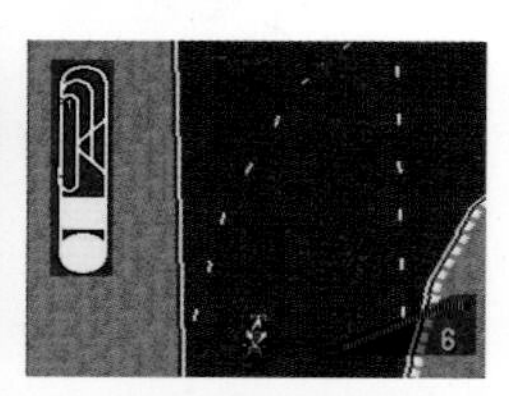

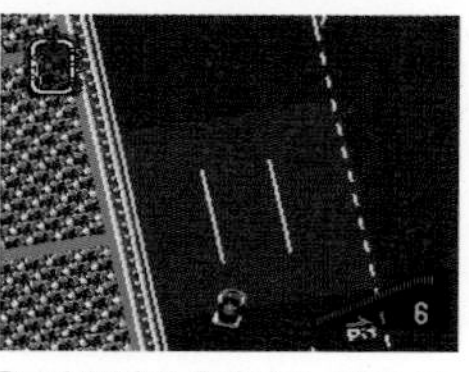

FC로 발매되어 열광적인 팬덤을 만들었던 『패밀리 서킷』의 SFC판. 시리즈로는 세 번째 작품이다. 게임 내용은 탑뷰 레이싱 게임으로 라이벌 차량에 충돌 판정이 없는 것이 특징이다. SFC의 하드 성능을 살려서 코스가 좌우로 회전한다.

슈퍼 럭비

● 발매일 / 1994년 10월 21일 ● 가격 / 9,000엔
● 퍼블리셔 / 톤킹 하우스

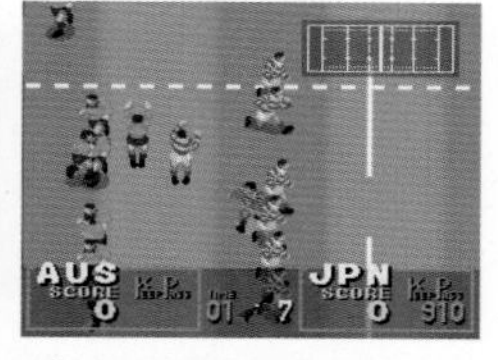

당시에는 마이너 스포츠의 영역에서 벗어나지 못했던 럭비를 다룬 작품. 16개국의 내셔널팀을 사용할 수 있으며 상황에 따라 화면이 확대되는 등, 시합의 분위기를 제대로 띄운다. 월드컵 모드와 CPU · 2P와의 프리 대전 모드가 있으며 규칙 해설도 준비되어 있다.

데몬즈 블레이존 마계촌 문장편

● 발매일 / 1994년 10월 21일 ● 가격 / 9,800엔
● 퍼블리셔 / 캡콤

GB와 FC로 발매됐던 『레드 아리마』 시리즈의 SFC판이자 『마계촌』의 스핀오프 작품이기도 하다. 사이드뷰 액션 게임으로 마석(魔石)을 바꿔서 레드 아리마의 모습과 능력을 바꿀 수 있다. 호버링이나 벽에 붙기 등 다채로운 액션이 매력적인 작품.

필살 파친코 컬렉션

● 발매일 / 1994년 10월 21일 ● 가격 / 9,800엔
● 퍼블리셔 / 선 소프트

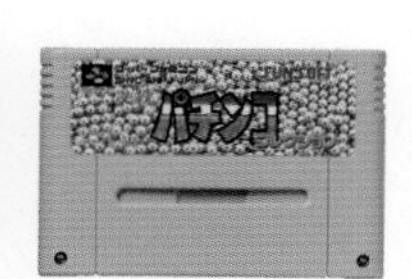

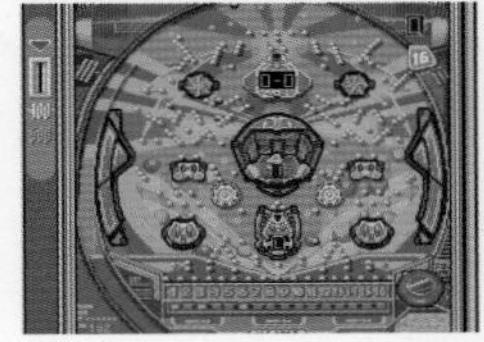

파친코 개발사인 후지 상사가 협력하고 선 소프트가 발매한 파친코 게임. 수록 기기는 「알레딘」「알레킹」「에비스Ⅲ」「에비스Ⅴ」 4가지이고, 지금은 볼 수 없게 된 강렬한 연장(連荘)을 맛볼 수 있다. 또한 여자 캐릭터들은 모두 거유인데 부자연스러울 정도로 가슴이 흔들린다.

후나키 마사카츠 HYBRID WRESTLER 투기 전승

● 발매일 / 1994년 10월 21일 ● 가격 / 9,800엔
● 퍼블리셔 / 테크노스 재팬

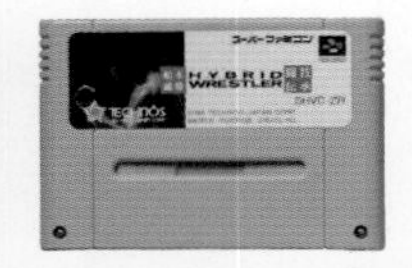

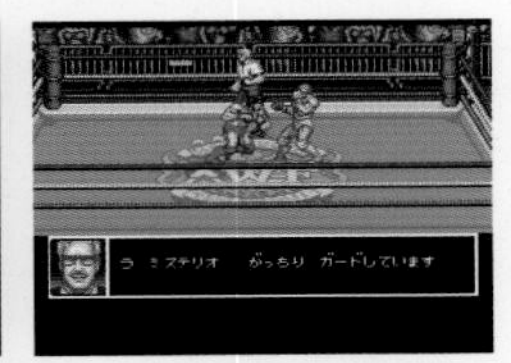

후나키 마사카츠가 만든 종합 격투기 단체 '판크라스'가 협력한 프로레슬링 게임. 10명의 레슬러를 사용할 수 있는데 후나키 이외에는 모두 가상의 레슬러다. 통상적인 링 이외에도 사막이나 절벽에 설치된 링에서 싸울 수 있으며, 오리지널 레슬러도 생성할 수 있다.

헤라클레스의 영광Ⅳ 신들의 선물

● 발매일 / 1994년 10월 21일 ● 가격 / 9,900엔
● 퍼블리셔 / 데이터 이스트

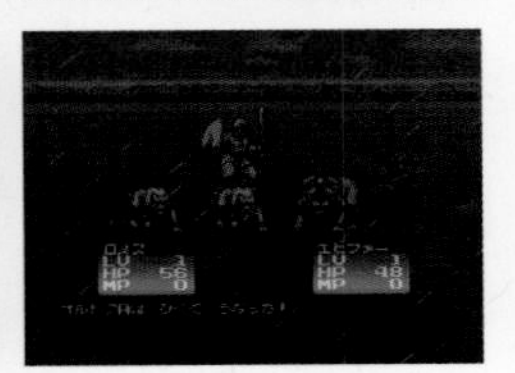

FC 초기부터 존재했으며 강력한 팬을 가진 RPG 시리즈의 네 번째 작품. 그리스 신화를 소재로 해서 카론 모이라이 같은 신들도 등장한다. 자신의 몸을 잃게 된 주인공이 다양한 인물에게 옮겨가면서 스토리를 진행한다. 전투는 전형적인 커맨드 선택식이다.

본격 마작 테츠만II

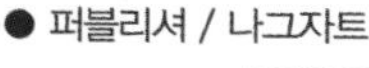

● 발매일 / 1994년 10월 21일 ● 가격 / 8,900엔
● 퍼블리셔 / 나그자트

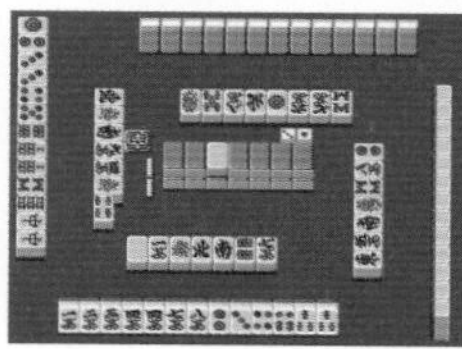

전작과는 달리 프로 마작사가 다수 등장하는 마작 게임. 4인 대국이며 속임수 기술은 존재하지 않는다. 세세한 설정과 로컬 룰을 사용할 수도 있다. 메인인 타이틀 제패 모드에서는 5년 동안 얼마나 많은 타이틀을 따는가를 경쟁하지만, 대회는 월 1회만 열리기 때문에 장기전이 된다.

화학자 할리의 파란만장

● 발매일 / 1994년 10월 28일 ● 가격 / 8,900엔
● 퍼블리셔 / 알트론

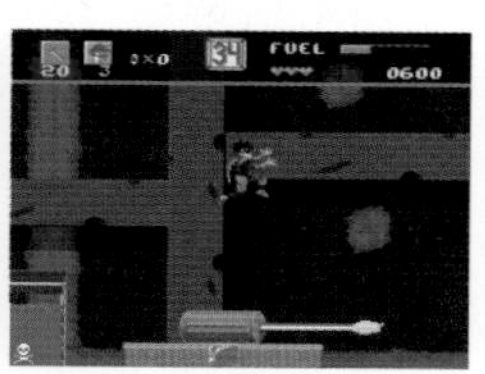
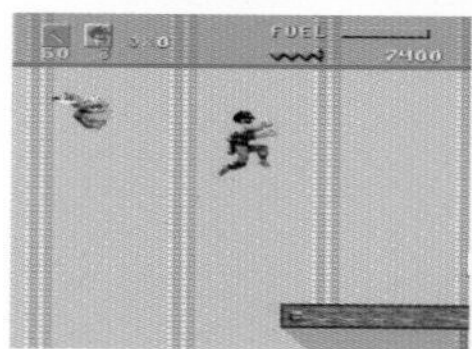

해외 개발사의 사이드뷰 액션 게임. 사고로 몸이 작아진 주인공 할리의 파란만장한 모험이 펼쳐진다. 과학자인 할리는 다양한 무기를 쓸 수 있고 보조 분사장치인 버니어를 이용한 비행도 가능하다. 부엌과 책상 위 등 다양한 장소를 나아가지만, 맵이 넓어 길을 잃기 쉽다.

일바니안의 성

● 발매일 / 1994년 10월 28일 ● 가격 / 9,980엔
● 퍼블리셔 / 일본 클라리 비즈니스

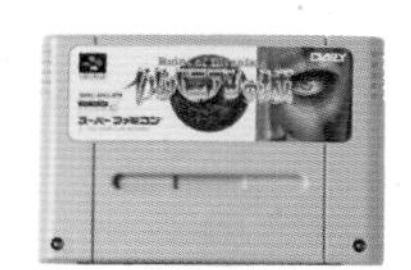

판타지 세계를 무대로 한 전략 시뮬레이션 게임. 엔젤과 가고일 같은 몬스터 유닛을 불러내고 맵 위에 전개시켜서 적의 성으로 향한다. 유닛은 경험을 쌓아서 성장하는데, 맵을 클리어할 때 살아남으면 다음 맵으로 가지고 갈 수 있다.

SANKYO Fever! 피버! 파친코 실제 기기 시뮬레이션 게임

● 발매일 / 1994년 10월 28일 ● 가격 / 9,800엔
● 퍼블리셔 / 일본 텔레넷

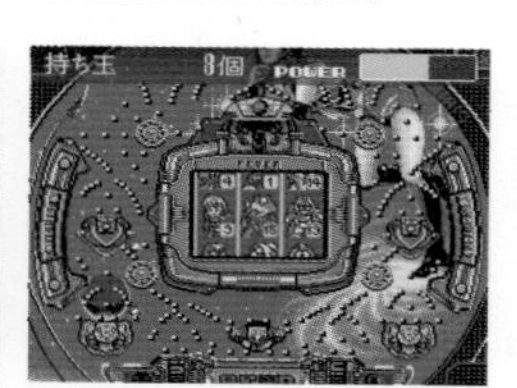
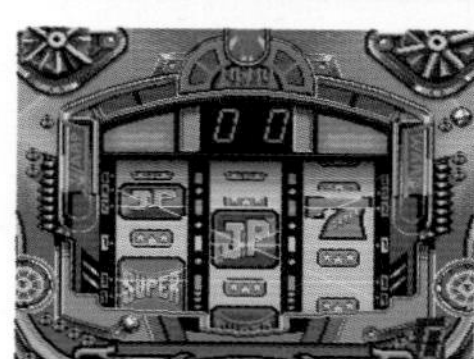
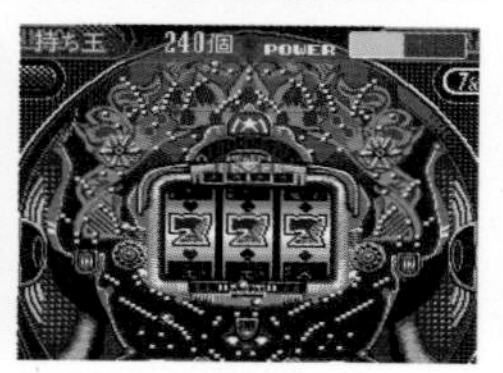

파친코 3대 개발사인 SANKYO가 기획하고 협력한 파친코 게임. 플레이할 수 있는 기기는 「피버 파이터 I」「피버 루센트 II」「피버 퀸 II」「피버 파워풀 III」의 4종류이다. 실제 기기와 같은 리치 액션을 즐길 수 있고 보상 영상도 준비되어 있다.

소년 닌자 사스케

● 발매일 / 1994년 10월 28일 ● 가격 / 9,800엔
● 퍼블리셔 / 선 소프트

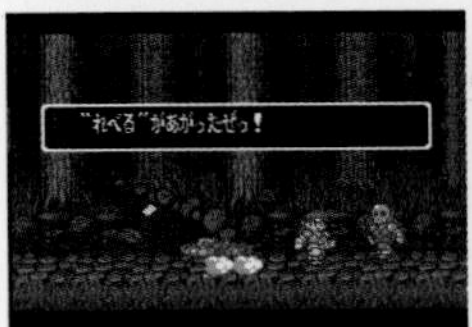

닌자 소년이 주인공인 액션 게임. 「퀘스트 모드」에서는 적을 쓰러뜨려서 경험치와 돈을 얻고 쇼핑과 레벨업이 가능하다. 「액션 모드」에서는 앞의 두 가지가 없지만 쓰러뜨린 적이 아이템을 떨어뜨린다. 어떤 모드로 플레이해도 시나리오는 동일하며 코미컬 요소가 포함되어 있다.

슈퍼 카지노2

● 발매일 / 1994년 10월 28일 ● 가격 / 9,800엔
● 퍼블리셔 / 코코너츠 재팬 엔터테인먼트

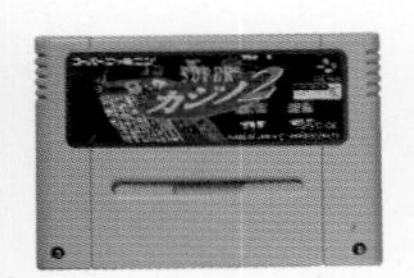

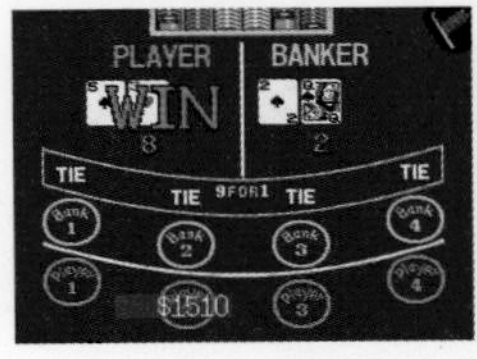

코코너츠 재팬이 발매한 테이블 게임이며 카지노에서 돈을 버는 것이 목적이다. 바카라, 비디오 포커, 비디오 경마, 블랙잭 등 6종류를 플레이할 수 있다. 어떤 게임에 도전하더라도 최종적으로 100만 달러를 모으면 엔딩이다.

진 여신전생 if…

● 발매일 / 1994년 10월 28일 ● 가격 / 9,990엔
● 퍼블리셔 / 아틀라스

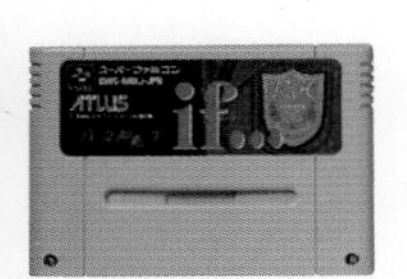
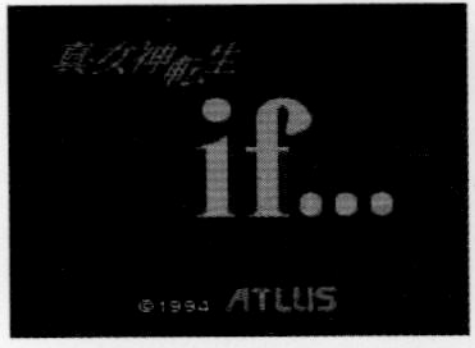

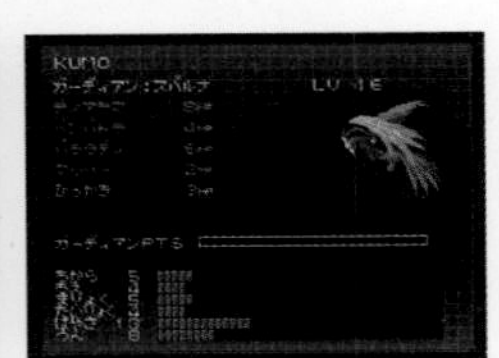
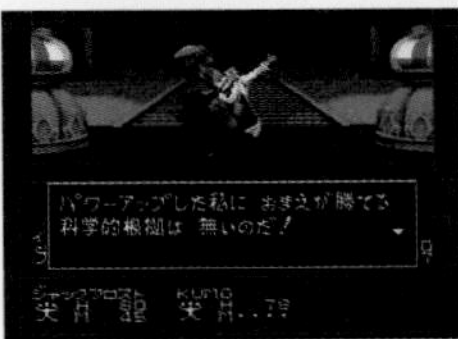
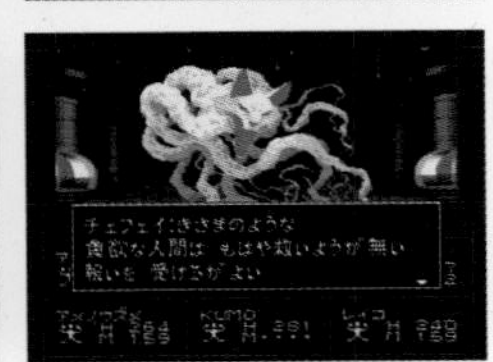

SFC에서는 「진 여신전생」 시리즈 세 번째 작품. 무대를 고등학교 안이라는 좁은 공간으로 한정한 것이 특징이다. 내용은 유사 3D 던전 RPG이며 「II」의 시스템에 변경점을 추가했다. 특히 주인공과 친구가 당했을 때 등장하는 가디언 시스템이 참신하다.

졸업 번외편 저기, 마작해요!

● 발매일 / 1994년 10월 28일 ● 가격 / 9,800엔
● 퍼블리셔 / KSS

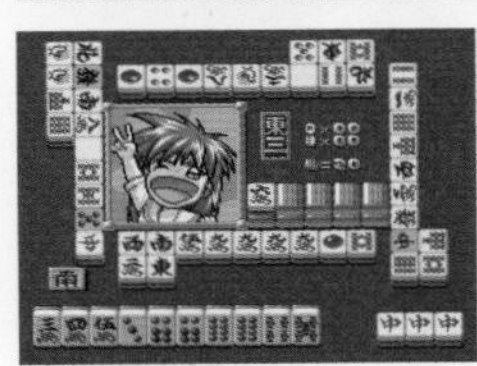
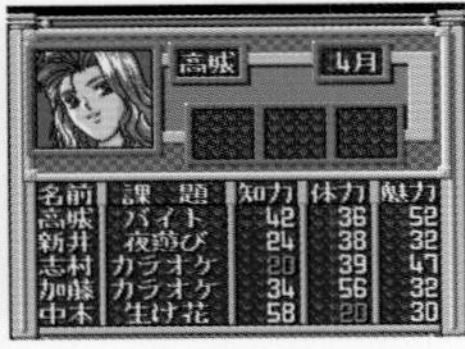

PC로 발매되어 미소녀 육성 시뮬레이션의 선구자가 된 『졸업』의 캐릭터가 등장하는 마작 게임. 본 작품만의 요소가 존재해서, 마작을 치는 틈틈이 학생의 스케줄을 결정한다. 마작을 하는 플레이어의 순위에 따라 학생의 파라미터 수치가 변하는 구조이다.

DEAR BOYS

● 발매일 / 1994년 10월 28일 ● 가격 / 9,800엔
● 퍼블리셔 / 유타카

1989년 「월간 소년 매거진」에서 연재를 시작해 현재까지 계속되고 있는 인기 만화 『DEAR BOYS』를 원작으로 한 게임. 농구를 소재로 했지만 선수를 직접 움직이지는 않는 커맨드 입력식으로, 플레이어는 선수에게 지시를 내려서 시합을 치러 나간다.

테크모 슈퍼 베이스볼

● 발매일 / 1994년 10월 28일 ● 가격 / 9,800엔
● 퍼블리셔 / 테크모

메이저리그의 팀을 사용할 수 있는 야구 게임. 같은 회사의 작품인 『테크모 슈퍼볼』이 토대가 되었으며 플레이 시즌, 시즌 게임, 슈퍼스타즈라는 3가지 모드를 플레이할 수 있다. 메이저리그에 소속된 선수가 얼굴 사진과 함께 등장하는데 각각 세세한 능력치가 부여되어 있다.

드라키의 퍼즐 투어'94

● 발매일 / 1994년 10월 28일 ● 가격 / 8,200엔
● 퍼블리셔 / 이머지니어 줌

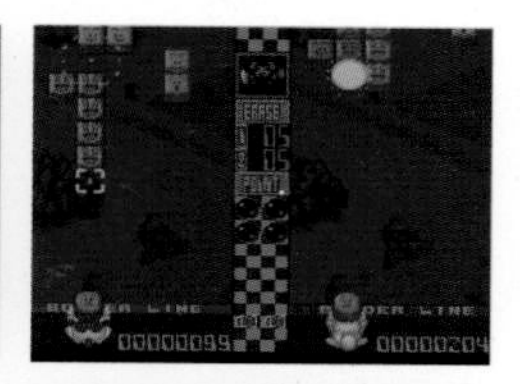

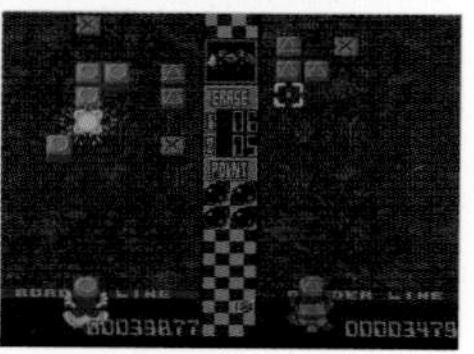

동네야구와 축구에 이은 『드라키』 시리즈 중의 하나. 게임 장르는 슈팅 퍼즐로 3색 패널을 던져서 가로 · 세로로 3개 이상 모으며 지울 수 있다. 지우면 대전 상대를 방해할 수 있는데, 연쇄가 아니라 빨리 지우는 것으로 승부가 결정되는 것이 특징이다.

폭투 피구즈 반프스섬은 대혼란

● 발매일 / 1994년 10월 28일 ● 가격 / 8,500엔
● 퍼블리셔 / BPS

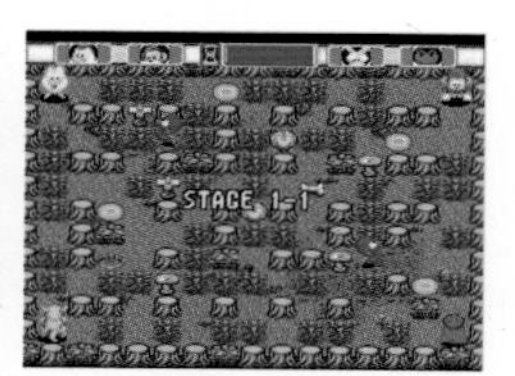

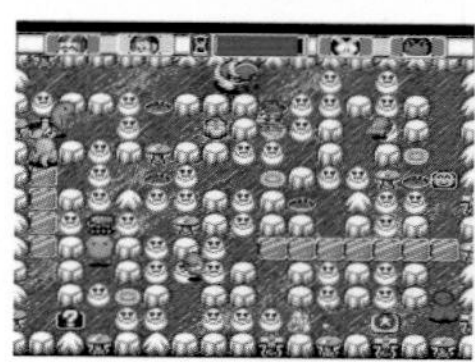
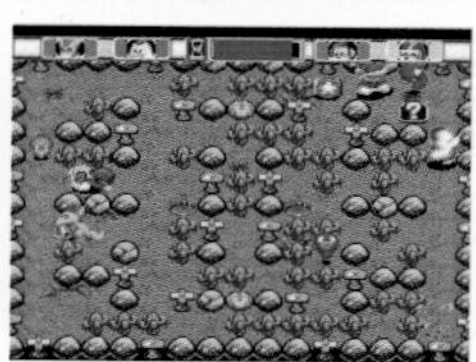

「피구」 경기를 소재로 한 게임으로, 멀티탭을 사용하면 4명까지 동시 플레이가 가능하다. 5종류의 필드에서 시합을 하며 상대에게 공을 맞춰야 한다. 8명의 캐릭터 중 한 명을 선택해서 참가하게 되는데 구덩이 같은 함정도 존재한다. 친구끼리 플레이하는 것이 즐거운 게임.

FEDA THE EMBLEM OF JUSTICE

● 발매일 / 1994년 10월 28일 ● 가격 / 9,990엔
● 퍼블리셔 / 야노만

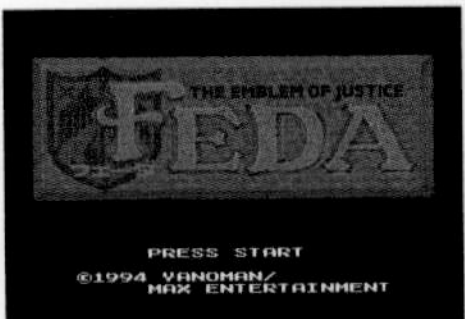

『아레사』 시리즈로 유명한 야노만이 발매한 SRPG. 자기 세력의 캐릭터를 필드 상에서 이동시켜서 적과 싸운다. 아군 캐릭터에는 로우, 카오스, 뉴트럴이라는 속성이 있고, 플레이어의 전투 방식에 따라서는 이탈해 버리기도 한다. 전형적인 내용이지만 완성도는 꽤 높다.

본격파 바둑 기성

● 발매일 / 1994년 10월 28일 ● 가격 / 14,800엔
● 퍼블리셔 / 타이토

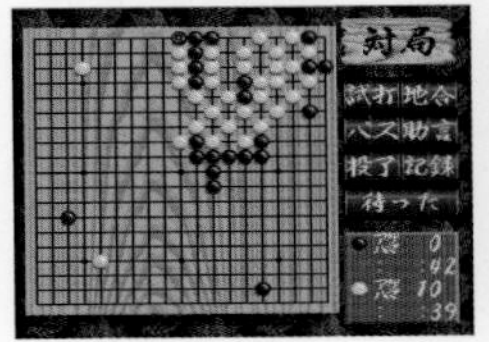
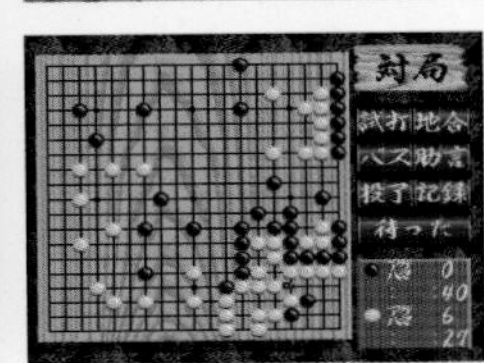

여류 기사인 오가와 토모코가 감수하고 일본 기원이 추천한 바둑 게임. CPU나 2P와의 대국이 가능하고 묘수풀이도 100문제 수록되어 있어서 실력 향상에 도움이 된다. 또한 실력 검증 모드에서는 전국의 기사들과 대국하게 된다.

멀티 플레이 발리볼

● 발매일 / 1994년 10월 28일 ● 가격 / 8,900엔
● 퍼블리셔 / 팩 인 비디오

비디오 게임으로는 보기 드문 배구를 다룬 작품. 코트는 종방향이며 앞쪽과 안쪽으로 팀을 나누어 경기를 한다. 최대 4명까지 참여할 수 있고 협력이나 대전이 가능하다. 페인트와 백어택, 퀵 등도 구사해서 대전 상대를 농락할 수도있다.

곤

● 발매일 / 1994년 11월 11일 ●가격 / 8,800엔
● 퍼블리셔 / 반다이

타나카 마사시의 「모닝」 연재만화를 원작으로 한 사이드뷰 액션 게임. 꼬리와 박치기 공격으로 적을 쓰러뜨려 나간다. 대사가 일절 없었던 원작의 분위기를 훼손하지 않기 위해 스코어 표시나 주인공 체력 등의 정보를 화면에서 배제했다. 곤이 위험할 때는 음악이 바뀐다.

실황 월드 사커 PERFECT ELEVEN

● 발매일 / 1994년 11월 11일 ● 가격 / 9,980엔
● 퍼블리셔 / 코나미

코나미의 인기 축구 게임인 『위닝 일레븐』의 전신에 해당하는 시리즈작. 음성을 이용한 실황을 최대의 세일즈 포인트로 내세웠다. 세계 각국의 내셔널팀을 사용할 수 있으며 플레이할 수 있는 모드는 6종류나 된다. 다양한 하드로 오랫동안 발매되었던 인기 시리즈이다.

파이어 파이팅

● 발매일 / 1994년 11월 11일 ● 가격 / 9,890엔
● 퍼블리셔 / 자레코

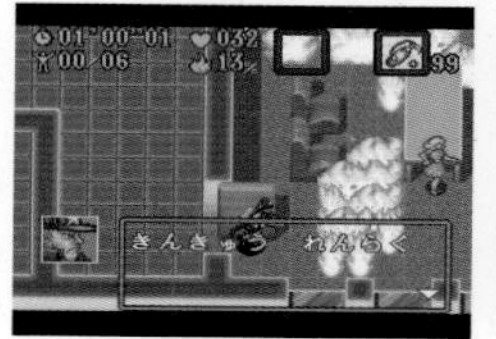
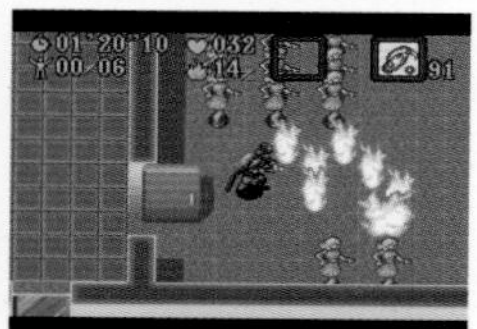

소방관의 활동을 테마로 한 액션 게임. 미션을 수행하기 전에 화재 현장의 브리핑이 있고 클리어를 위한 조건이 제시된다. 실제 현장에서는 소화제(消火劑) 등의 아이템을 사용해 불을 끄고 대피하지 못한 사람을 구출해야 한다. 시간과의 싸움이라 할 수 있는 게임이다.

미키와 미니 매지컬 어드벤처2

● 발매일 / 1994년 11월 11일 ● 가격 / 9,500엔
● 퍼블리셔 / 캡콤

사이드뷰 액션 게임 시리즈의 두 번째 작품. 이번 작품에서는 미키뿐 아니라 미니도 참전해서, 플레이어는 둘 중 한 명을 주인공으로 선택할 수 있다. 게임의 핵심은 코스튬을 이용한 변신. 청소부나 탐험가 등이 되어서 적을 쓰러뜨리거나 그냥은 갈 수 없는 장소에 도달한다.

모탈 컴뱃II 궁극신권

● 발매일 / 1994년 11월 11일 ● 가격 / 11,800엔
● 퍼블리셔 / 어클레임 재팬

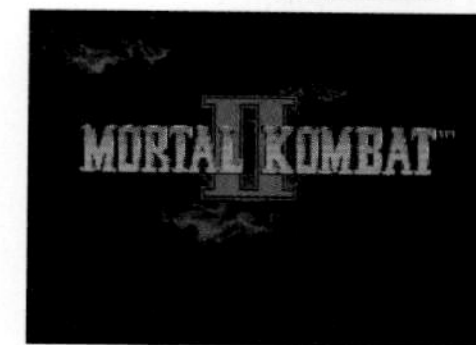

미국에서 인기를 모은 대전 격투 게임 시리즈의 두 번째 작품. 캐릭터에 실사 화면이 사용되었다. 게임성은 약간 심심하지만 적을 쓰러뜨린 후의 마지막 일격인 페이탈리티가 인기다. 이번 작품부터는 적을 아기로 바꿔버리는 '베이버리티'와 우호관계가 되는 '프랜드십'이 추가되었다.

울티마VII 더 블랙 게이트

● 발매일 / 1994년 11월 18일 ● 가격 / 9,800엔
● 퍼블리셔 / 포니 캐니언

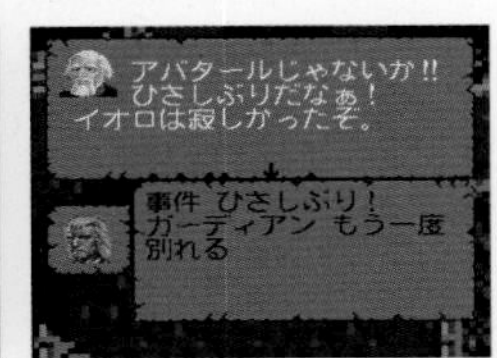

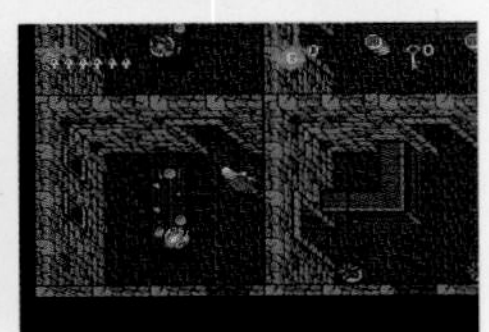

PC RPG의 여명기부터 존재했던 인기 시리즈의 일곱 번째 작품에 해당하는데, 이번 작품은 액션 RPG가 되었다. 자유도는 높은 편이지만 스토리에 관한 정보가 적어서, 매우 친절한 일본 RPG에 익숙한 플레이어들은 어렵게 느낄 수도 있다.

GP-1RS RAPID STREAM

● 발매일 / 1994년 11월 18일 ● 가격 / 9,800엔
● 퍼블리셔 / 아틀라스

아틀라스가 발매한 바이크 레이싱 게임 『GP-1』의 속편이다. 메인인 GP 레이스 모드에서는 일본선수권과 세계선수권을 연속해서 치르게 된다. 6종류 중에서 머신을 선택할 수 있고 엔진과 서스펜션 등의 튜닝도 가능한 본격파 게임이다. 배터리 백업을 이용해 세이브도 가능하다.

SUPER 오목·장기 =정석 연구편=

● 발매일 / 1994년 11월 18일 ● 가격 / 9,500엔
● 퍼블리셔 / 일본 물산

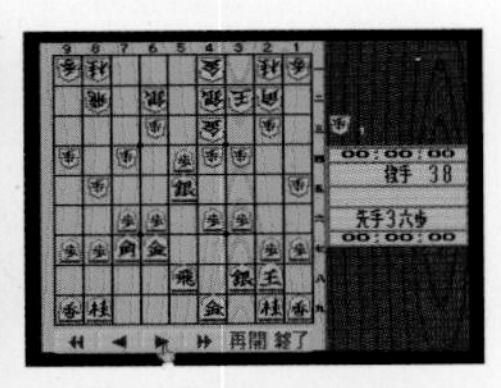

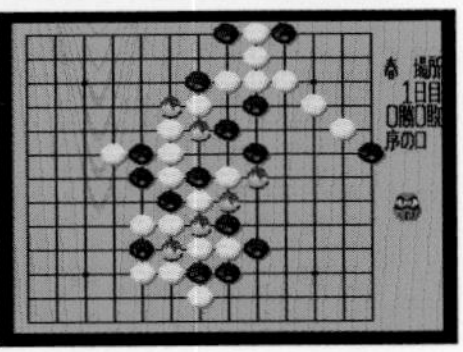

오목과 장기를 모두 플레이할 수 있는 실속 소프트. 장기 모드에서는 대국 중에 격언으로 최선의 수를 가르쳐주고, 장기 스모에서는 7일간 한 장소에서 7번의 대국을 승리해 요코즈나를 목표로 한다. 오목에도 똑같이 오목 스모가 있는데, 이 경우엔 한 장소에서 15일간 경기한다.

츠요시, 똑바로 하렴 대전 퍼즐 구슬

● 발매일 / 1994년 11월 18일 ● 가격 / 8,500엔
● 퍼블리셔 / 코나미

코나미가 아케이드용으로 개발한 낙하형 퍼즐 『대전 퍼즐 구슬』의 SFC판. 만화 『츠요시, 똑바로 하렴』의 캐릭터를 사용했다. 같은 색의 큰 구슬을 3개 이상 이으면 지울 수 있고, 그 옆에 있던 작은 구슬은 큰 구슬로 변한다. 초보자라도 쉽게 연쇄를 해낼 수 있다.

드림 바스켓볼 덩크 & 후프

● 발매일 / 1994년 11월 18일 ● 가격 / 9,600엔
● 퍼블리셔 / 휴먼

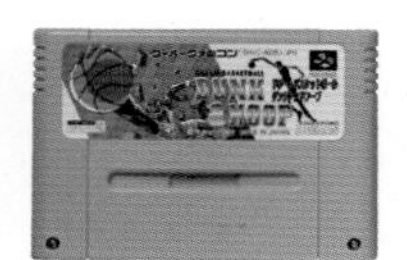

NBA의 팀을 모방한 16개 팀과 일본의 내셔널팀을 사용할 수 있는 농구 게임. 소속된 선수에게는 각각 세세한 능력치가 설정되어 있는데 그것이 팀의 특징이 된다. 일반적인 시합 이외에 3 on 3 시합도 준비되어 있다.

나카노 코이치 감수 경륜왕

● 발매일 / 1994년 11월 18일 ● 가격 / 9,980엔
● 퍼블리셔 / 코코너츠 재팬 엔터테인먼트

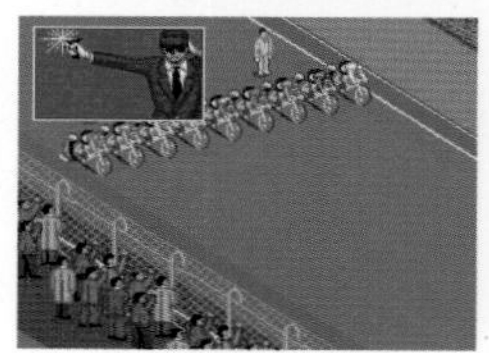

현재도 보기 드문 경륜을 소재로 한 작품으로, 장르는 육성 시뮬레이션이다. 경륜 학교를 갓 졸업한 주인공 캐릭터의 능력을 향상시켜서 GP 레이스 우승을 목표로 한다. 연습에는 버튼 연타력이 필요해서, 주인공의 다리가 단련되는 것과 동시에 플레이어의 팔 근육도 단련되었다.

하가네 HAGANE

● 발매일 / 1994년 11월 18일 ● 가격 / 9,500엔
● 퍼블리셔 / 허드슨

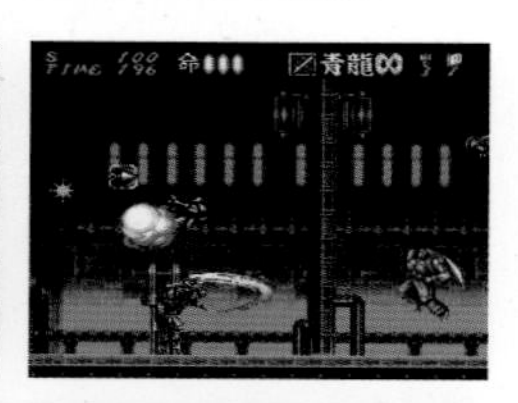

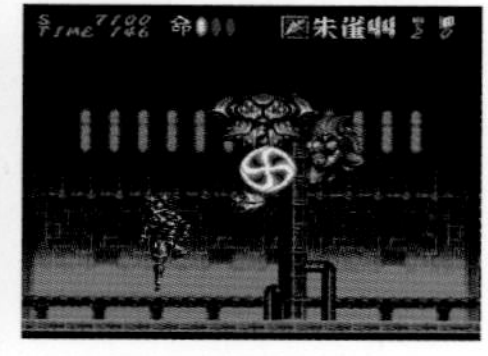

닌자(일본적이며 과거를 상징)와 기계 문명(서양적이며 미래를 상징)이라는 상반된 세계관을 융합한 근미래 닌자 액션 게임. 조작은 약간 복잡하지만 실로 다채로운 액션이 가능하다. 경쾌한 조작성도 어우러져서 매우 상쾌하게 플레이할 수 있는 작품이 되었다.

파친코 비밀 필승법

● 발매일 / 1994년 11월 18일 ● 가격 / 9,800엔
● 퍼블리셔 / 밥

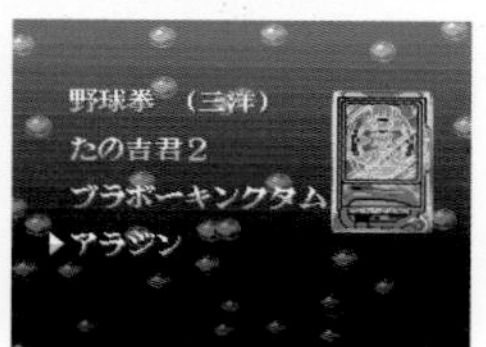

파친코 게임이지만 산요의 「야구권」 이외에는 가상의 기기가 수록되어 있다. 「타노(타누) 키치군2」 「브라보 킹덤(킹덤)」 「알라딘(알레딘)」처럼 실제 기기의 이름을 살짝 바꿔 놓았다. 신참 기자로서 파친코 가게에서 특종을 찾는다는 스토리 모드도 준비되어 있다.

꽃의 케이지 -구름의 저편에-

● 발매일 / 1994년 11월 18일 ● 가격 / 9,800엔
● 퍼블리셔 / 요지겐

하라 테츠오의 인기 만화를 모티브로 한 대전 격투 게임. 자유롭게 대전하는 「시합」 모드와 스토리에 따라 게임이 전개되는 「이야기」 모드가 있다. 후자는 플레이어가 고른 선택지에 따라 스토리가 바뀌고, 중간에 다른 캐릭터와의 대전이 삽입되어 있다.

패닉 인 나카요시 월드

● 발매일 / 1994년 11월 18일 ● 가격 / 6,800엔
● 퍼블리셔 / 반다이

고단샤의 월간 소녀만화 잡지 「나카요시」에 연재되던 네 가지 작품의 캐릭터를 사용한 고정화면식 액션 게임. 『미소녀 전사 세일러 문』 『금붕어 주의보!』 등의 작품을 소재로 했다. 아이템으로 샷을 강화해서 적을 쓰러뜨리고, 필드 위의 친구를 구한다는 내용이다.

마그나 브라반 ~편력의 용사

● 발매일 / 1994년 11월 18일 ● 가격 / 9,800엔
● 퍼블리셔 / 애스크 고단샤

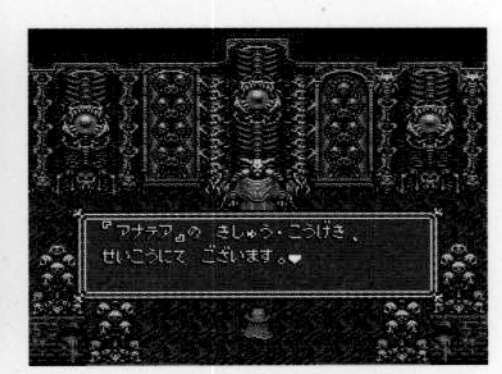
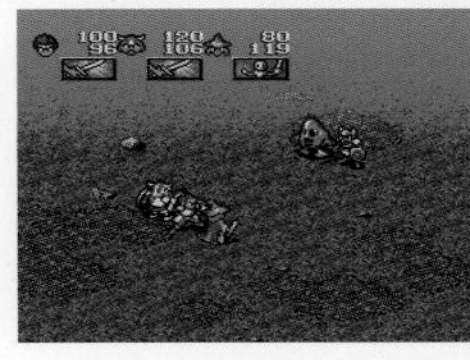
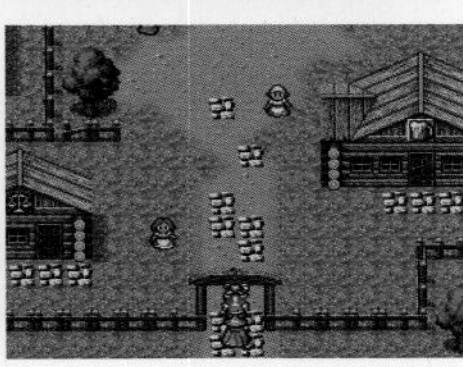

사소한 착각으로 인해 용사가 되어버린 주인공 파티의 활약을 그린 RPG. 서민적인 캐릭터가 플레이어의 공감을 얻어서, 마이너한 작품이지만 높은 평가를 받고 있다. 전투에는 독자적인 시스템이 사용되는데 미리 등록해 놓은 작전에 따라 자동으로 수행된다.

밀리티어

● 발매일 / 1994년 11월 18일 ● 가격 / 8,800엔
● 퍼블리셔 / 남코

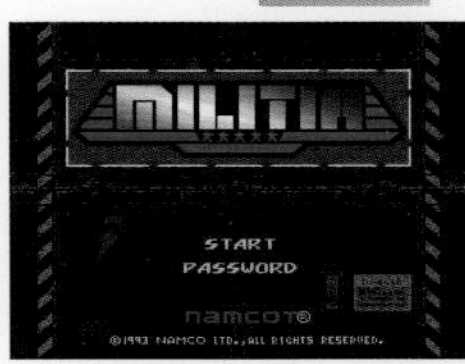

리얼타임 시뮬레이션 게임. 플레이어와 적은 바다를 사이에 둔 섬에 진을 치고, 미사일 기지나 배틀러라 불리는 대형 로봇 등을 배치해서 싸운다. 각각의 공격 · 방어 유닛에는 상성이 있어서 공격할 때 적의 진형을 파악하고 유효한 유닛을 사용해야 한다.

몬스터 메이커 키즈 왕이 되고 싶어

● 발매일 / 1994년 11월 18일 ● 가격 / 9,200엔
● 퍼블리셔 / 소프엘

당초엔 카드 게임이었던 『몬스터 메이커』의 캐릭터를 사용한 보드게임. 주사위를 굴려서 나온 숫자만큼 진행해서 목표를 향한다. 칸에 따라 다양한 이벤트가 벌어지거나 전투를 하기도 한다. 전투 시에도 주사위를 굴려서 대미지를 판정하는 구조다.

원조 파치스로 일본제일 창간호

● 발매일 / 1994년 11월 25일 ● 가격 / 9,980엔
● 퍼블리셔 / 코코너츠 재팬 엔터테인먼트

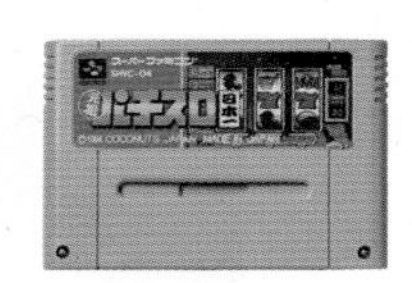

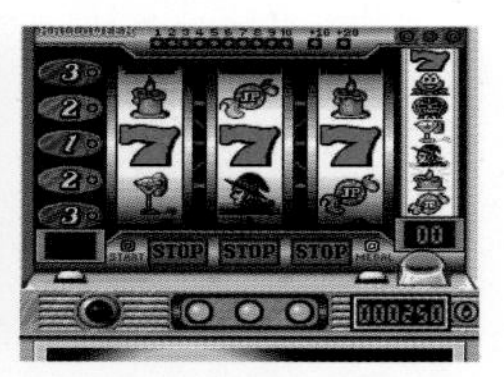

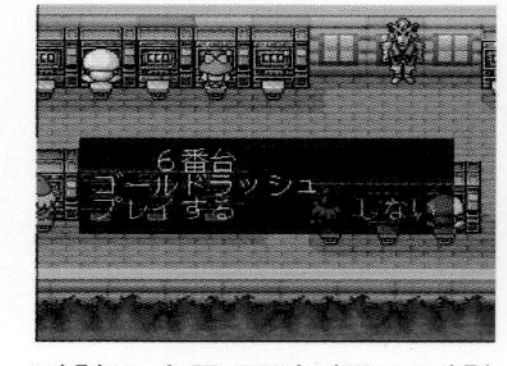

파친코 슬롯 공략지를 모방한 게임. 타이틀에 창간호라고 표기했지만 2호는 발매되지 않았다. 코코너츠 재팬의 게임답게 수록된 기기는 모두 실제 기기를 모방한 것이다. 스토리 모드가 2가지 있는데 하나는 살인 사건을 해결하는 서스펜스물, 다른 하나는 동화풍의 내용이다.

유진 작수 학원2

● 발매일 / 1994년 11월 18일 ● 가격 / 9,800엔
● 퍼블리셔 / 바리에

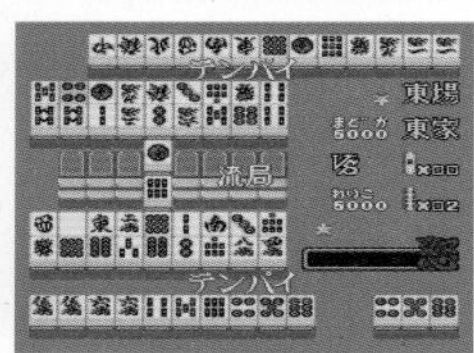

유진의 캐릭터를 사용한 마작 게임의 두 번째 작품. 이번 작품에서는 4인 마작도 플레이할 수 있게 되었고 규칙 설정도 가능하다. 스토리 모드에서는 여성 캐릭터가 다수 등장해서 함께 마작을 친다. 마작에서 이기면 주인공 캐릭터가 성장하는데 운이나 실력 등도 상승한다.

극상 파로디우스

● 발매일 / 1994년 11월 25일 ● 가격 / 9,800엔
● 퍼블리셔 / 코나미

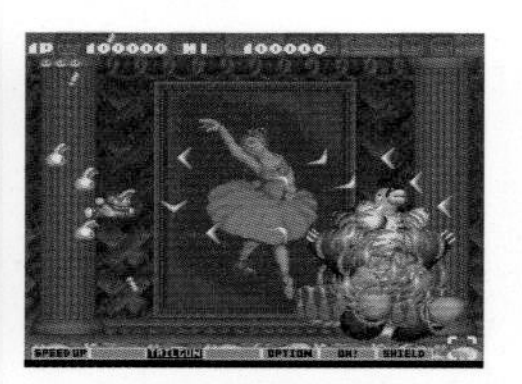
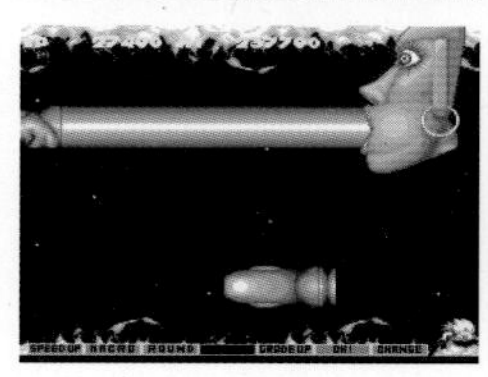
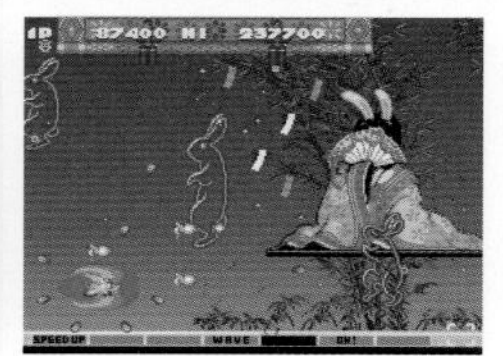

코나미의 아케이드용 사이드뷰 슈팅 게임의 이식판으로 이식도가 꽤 높다. SFC판에서는 우파, 드라큘라군, 고에몽이 플레이어의 기체로 추가되었다. 또한 난이도, 잔여 기체 설정, 오토 연사 유무를 선택할 수 있고 제자리 부활도 채택 가능하다는 점에서 내용이 충실하다 할 수 있다.

슈퍼 마작3 매운맛

● 발매일 / 1994년 11월 25일 ● 가격 / 9,800엔
● 퍼블리셔 / 아이맥스

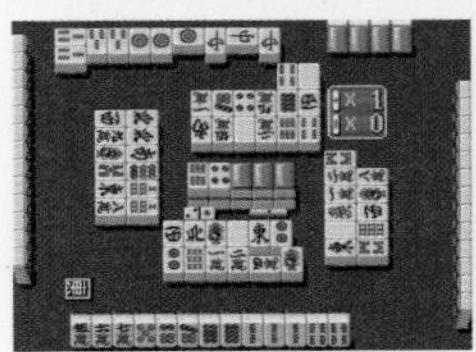
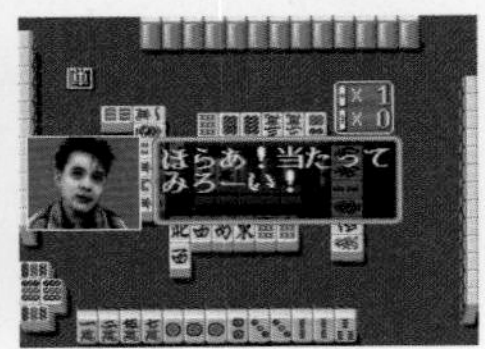

아이맥스의 마작 게임 시리즈 세 번째 작품. 플레이어의 분신인 주인공 캐릭터를 만들어서 마작장 3번관에서 대국한다. 처음에는 플레이할 수 있는 캐릭터가 한정되어 있지만, 조건을 충족하면 캐릭터가 늘어나고 마지막에는 대회가 열린다. 꽤 세세한 규칙 설정이 가능한 것도 특징.

전국 고교 사커

● 발매일 / 1994년 11월 25일 ● 가격 / 9,800엔
● 퍼블리셔 / 요지겐

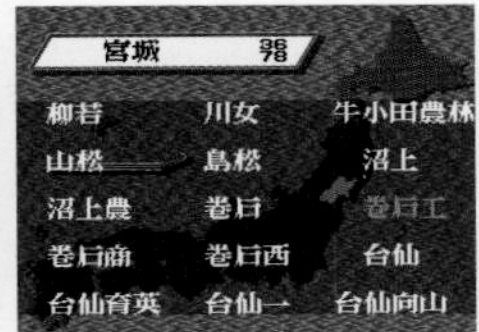

일본에 있는 4,449개 고등학교를 사용할 수 있는 축구 게임. 지구 예선부터 시작해서 최종적으로는 전국 고교 축구 선수권의 우승을 목표로 한다. 학교명은 실제 학교 이름에서 첫 번째 한자와 두 번째 한자를 뒤바꾸어 등장한다. 좋아하는 학교를 선택해 플레이하면 된다.

대폭소 인생극장 오에도 일기

● 발매일 / 1994년 11월 25일 ● 가격 / 9,000엔
● 퍼블리셔 / 타이토

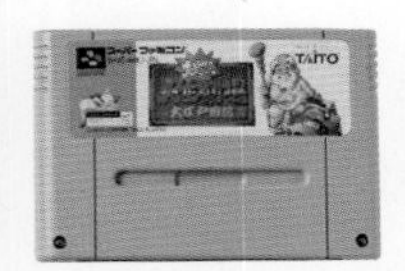

FC로도 발매됐던 타이토의 보드게임 시리즈. 본 작품은 게임의 무대가 에도 시대이고 규칙도 기존 작품과는 다르다. 주사위를 굴려서 나온 수만큼 나아가고 이벤트에 따라 파라미터가 변한다. 최종적으로는 총 자산이 많은 플레이어가 우승한다.

타케다 노부히로의 슈퍼리그 사커

● 발매일 / 1994년 11월 25일 ● 가격 / 9,800엔
● 퍼블리셔 / 자레코

현재도 예능 프로그램을 중심으로 활약 중인 타케다 노부히로의 축구 게임 제2탄. J리그에 소속된 12개 팀을 사용할 수 있고 슈퍼리그, 친선 경기 등을 플레이할 수 있다. 이 외에도 축구 제비뽑기나 축구 교실 같은 모드가 준비되어 있다. 시합에서는 상황에 따라 시점이 변한다.

지금 용사 모집 중 한 그릇 더

● 발매일 / 1994년 11월 25일 ● 가격 / 9,900엔
● 퍼블리셔 / 휴먼

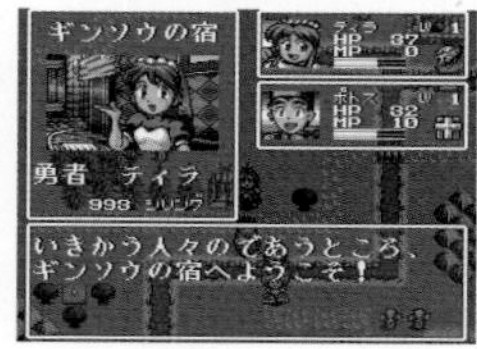

원래 PC엔진으로 발매됐던 보드게임의 속편. 플레이어는 주사위를 굴려서 나온 수만큼 맵을 나아간다. 플레이를 하면서 동료의 수를 늘리고 적과 싸우면서 보스가 있는 곳을 목표로 한다. 보스를 쓰러뜨리면 포인트가 들어오고, 포인트를 가장 많이 얻은 플레이어가 우승한다.

그렇구나! 더 월드

● 발매일 / 1994년 11월 25일 ● 가격 / 9,500엔
● 퍼블리셔 / 토미

1981년부터 96년까지 후지TV에서 방송되던(특집 방송은 현재도 방송 중) 인기 퀴즈 방송을 TV 게임화 했다. 아이카와 킨야, 쿠스타 에리코가 MC로 등장해서 게임의 분위기를 띄운다. 다양한 취향의 퀴즈가 출제되며, 방송 스폰서였던 아사히 카세이의 이름도 종종 표시된다.

논땅과 함께 빙글빙글 퍼즐

● 발매일 / 1994년 11월 25일 ● 가격 / 7,800엔
● 퍼블리셔 / 빅터 엔터테인먼트

애니메이션으로도 제작된 그림책 캐릭터 「논땅」을 사용한 낙하형 퍼즐 게임. 위에서 떨어지는 블록을 2개 이상 모으면 지울 수 있다. 블록은 버튼으로 뒤집을 수 있고 생선이 뼈만 남는 변화가 일어난다. 논땅 블록으로 변하는 경우도 있는데, 이를 지우면 가로 한 줄이 동시에 지워진다.

배틀 사커2

● 발매일 / 1994년 11월 25일 ● 가격 / 8,800엔
● 퍼블리셔 / 반프레스토

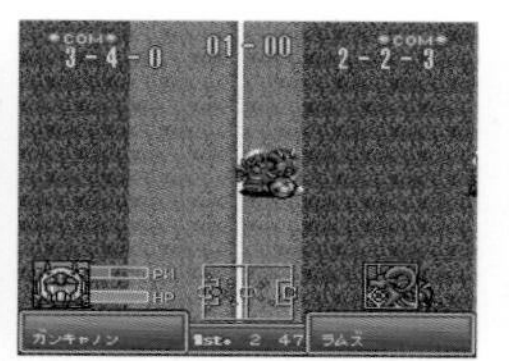
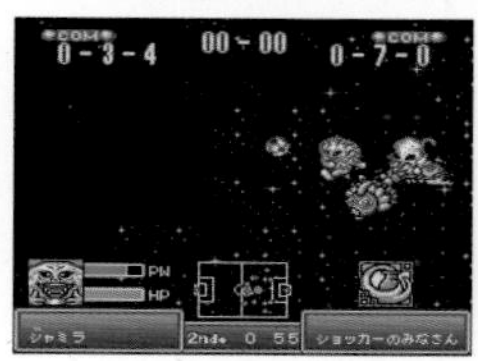
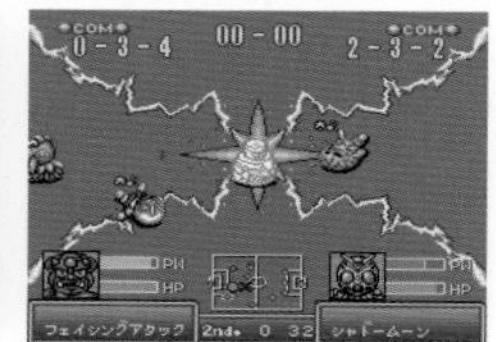

반프레스토의 콤파치 히어로 시리즈 중 하나. 울트라맨, 가면라이더, 건담의 캐릭터들이 축구를 한다. 적을 날려버릴 수 있는 필살 슛도 건재하고 거친 플레이도 마음껏 할 수 있다. 적의 팀 선수를 스카우트할 수도 있어서 자신의 취향에 맞춘 팀을 만들 수 있다.

아레사 II 아리엘의 신비한 여행

● 발매일 / 1994년 12월 2일 ● 가격 / 9,900엔
● 퍼블리셔 / 야노만

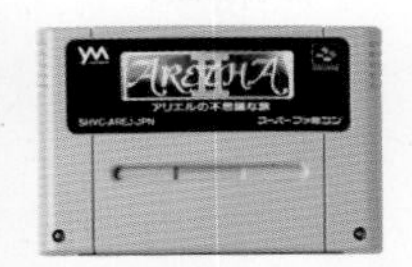

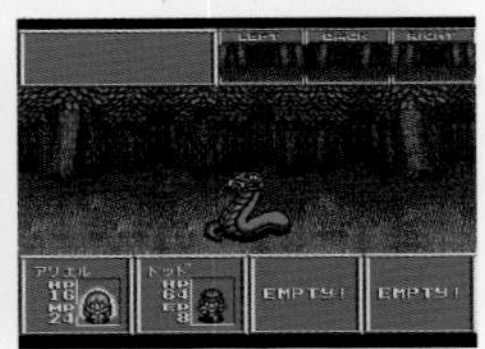

GB로 발매됐던 RPG 시리즈를 이식한 SFC 두 번째 작품. 전작 이후 시점부터 스토리가 전개되고 전작과 같이 주인공은 아리엘이 맡았다. 전투에서는 익사이팅 포인트를 사용한 시스템이 독특하며, 아군이 위험에 빠질수록 포인트가 누적되어 역전이 가능하다.

더 라스트 배틀

● 발매일 / 1994년 12월 2일 ● 가격 / 9,800엔
● 퍼블리셔 / 테이치쿠

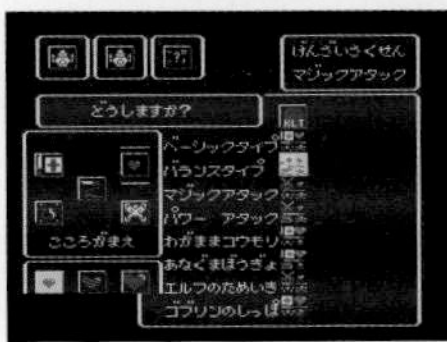
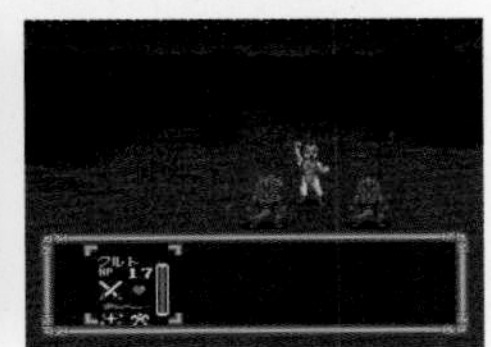

레코드 회사인 테이치쿠가 발매한 RPG. '키무코우'로 알려진 키무라 하지메가 감수했고 도이 타카유키가 캐릭터 디자인을 맡았다. 전투에서의 작전 지시를 자유롭게 조합하거나 마나를 조합해서 새로운 마법을 만들어내는 등, 자유도가 높은 게임이다.

스트리트 레이서

● 발매일 / 1994년 12월 2일 ● 가격 / 9,200엔
● 퍼블리셔 / UBI 소프트

영국 게임 개발사 작품인 레이싱 게임으로 유사 3D 화면을 채용했다. 성능이 다른 8대의 머신을 사용할 수 있으며 다양한 방법으로 라이벌 차량을 방해할 수 있다. 그냥 달리기만 하는 것이 아니라 치고 빠지는 것이 포인트. 화면을 4분할해서 최대 4명까지 동시 플레이가 가능하다.

제복전설 프리티 파이터

● 발매일 / 1994년 12월 2일 ● 가격 / 9,980엔
● 퍼블리셔 / 이머지니어

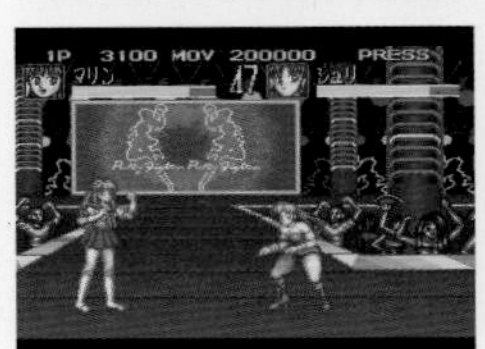

『스파 II』의 흐름을 따른 2D 대전 격투 게임인데 등장 캐릭터는 모두 여성이다. 타이틀에서 알 수 있듯 많은 캐릭터가 유니폼을 입고 있으며 간호사나 여경 등 직업도 다양하다. 커맨드 입력으로 쓸 수 있는 필살기에는 「블루 세일러 어퍼」「엉덩이 푸」 등 독특한 이름이 붙어 있다.

도카폰3 · 2 · 1 ~폭풍을 부르는 우정~

● 발매일 / 1994년 12월 2일 ● 가격 / 9,600엔
● 퍼블리셔 / 아스믹

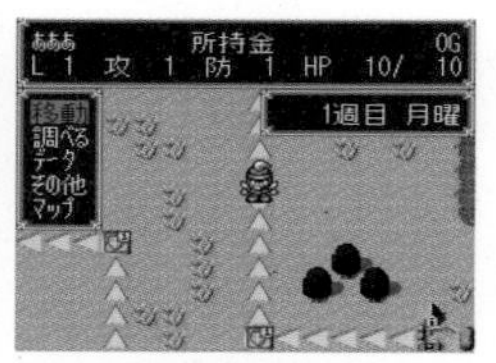

『도카폰』 시리즈의 두 번째 작품. 『Ⅳ』가 첫 번째 작품이어서 혼동하기 쉽다. 게임 장르는 보드게임이지만 RPG 요소가 포함된 대전형으로 구성되어 있으며, 적 캐릭터나 플레이어들끼리 싸우게 된다. 캐릭터 디자인은 인기 만화가 시바타 아미가 담당했다.

브레스 오브 파이어 II -사명의 아이-

● 발매일 / 1994년 12월 2일 ● 가격 / 9,980엔
● 퍼블리셔 / 캡콤

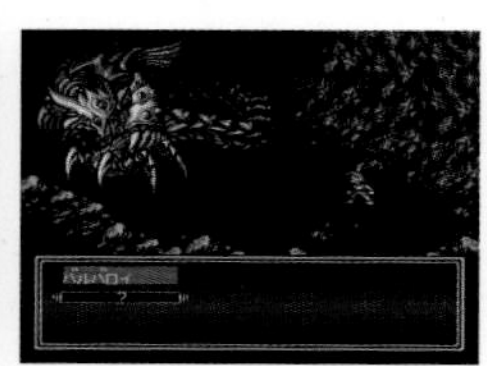

캡콤이 개발한 RPG 시리즈의 두 번째 작품. 전작의 500년 후를 무대로 하고 있으며, 주인공과 히로인은 같은 이름이지만 다른 사람이란 설정이다. 세계 각지에 흩어진 사람들을 자신들의 커뮤니티에 끌어들일 수 있다는 공동체 시스템이 신선하다.

볼텍스

● 발매일 / 1994년 12월 9일 ● 가격 / 9,900엔
● 퍼블리셔 / 팩 인 비디오

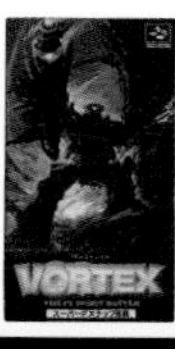

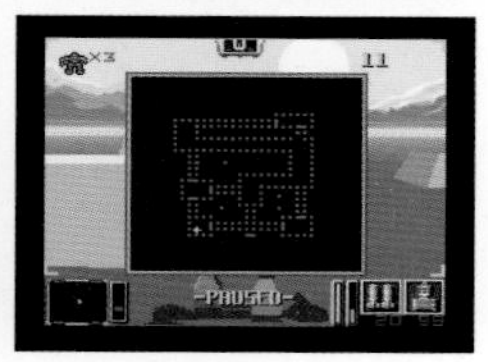

『스타 폭스』의 주요 개발사인 아거노트 소프트웨어의 3D 슈팅 게임. 슈퍼 FX칩을 탑재해서 폴리곤을 이용한 3D 그래픽을 실현했다. 플레이어의 기체는 로봇이지만 차량형이나 비행형으로 변신할 수 있으므로, 상황에 따라 구분해서 사용할 필요가 있다.

캡틴 츠바사V 패자의 칭호 캄피오네

● 발매일 / 1994년 12월 9일 ● 가격 / 9,980엔
● 퍼블리셔 / 테크모

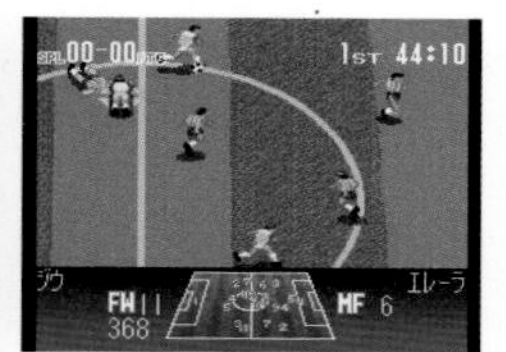

FC 시대부터 이어지고 있는 테크모의 『캡틴 츠바사』 시리즈 다섯 번째 작품. 게임 화면은 일반 축구 게임을 방불케 할 정도로 바뀌었지만, 커맨드 선택식 패스나 슛은 그대로이다. 스토리 이외에 인기 선수의 서브 스토리도 준비되어 있다.

고질라 괴수 대결전

● 발매일 / 1994년 12월 9일 ● 가격 / 9,980엔
● 퍼블리셔 / 토호

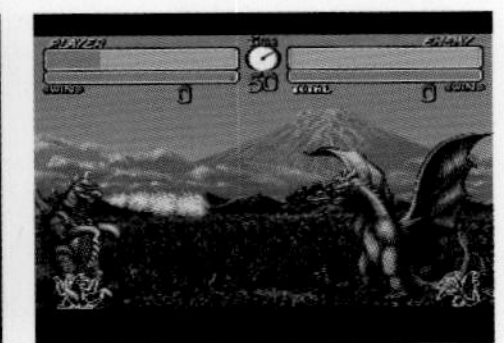

고질라의 캐릭터를 사용한 대전 격투 게임. 기본으로 사용할 수 있는 것은 킹 고질라, 메가 고질라 등 9개 캐릭터인데, 여기에 메갈로 등의 매니악한 캐릭터도 쓸 수 있다. 강 · 약 공격 및 던지기와 필살기가 있고, 분노 게이지가 MAX일 때는 초필살기도 쓸 수 있다.

슈퍼 모모타로 전철Ⅲ

● 발매일 / 1994년 12월 9일 ● 가격 / 9,500엔
● 퍼블리셔 / 허드슨

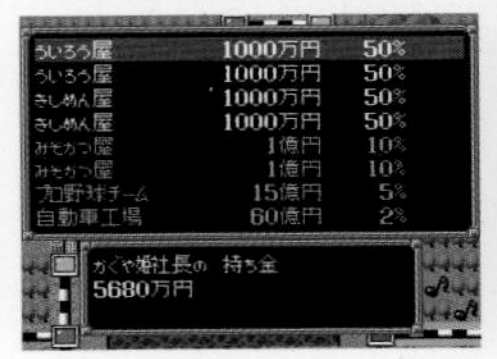

시리즈 전체로는 네 번째 작품, SFC로는 두 번째 작품이다. 기본적인 규칙에 큰 변경점은 없고, 일본 전국을 전철로 이동하면서 입수한 자금으로 물건을 구입해 나간다. 가난신이나 킹봄비의 장난도 건재하다.

삼국지Ⅳ

● 발매일 / 1994년 12월 9일 ● 가격 / 14,800엔
● 퍼블리셔 / 코에이

이번 작품부터 무장에게 특기가 생겨서 보다 개성이 강해졌고, 내정은 담당관과 예산을 미리 정해두면 자동으로 이루어지게 되었다. 전투에서는 병과(兵科) 특성을 채택했으며 공성병기가 등장했다. 야전과 공성전이 준비되어 있는데 수비하는 쪽에 결정권이 있다.

스고로 퀘스트++ -다이스닉스-

● 발매일 / 1994년 12월 9일 ● 가격 / 9,900엔
● 퍼블리셔 / 테크노스 재팬

90년대 중반에 유행했던 대전형 보드게임 중의 하나. RPG풍 게임이며 주사위에서 나온 숫자만큼 이동해서 멈춘 칸에 따라 이벤트가 발생한다. 퀘스트를 해결하며 나아가게 되는데 전투 방법은 커맨드 입력식을 채택했다.

패채(牌砦)

● 발매일 / 1994년 12월 9일 ● 가격 / 8,800엔
● 퍼블리셔 / 타카라

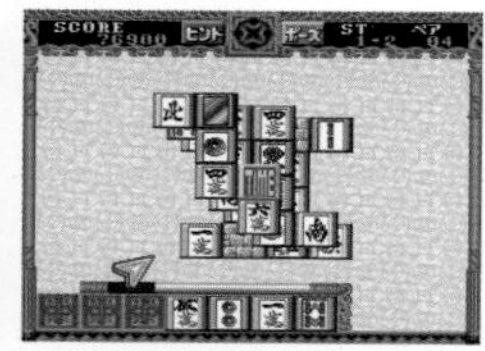
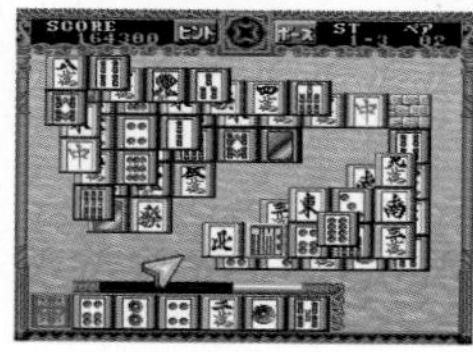

아케이드용 퍼즐 게임의 이식판. 쌓인 마작패 중에 같은 패 2개를 골라서 지워 나간다. 화면 하단에는 선택한 패를 보관해두는 장소가 있는데 이것이 넘치면 게임오버가 된다. 규칙은 단순하지만 난이도는 높은 편이라 사고력을 시험하는 작품이다.

배틀 크로스

● 발매일 / 1994년 12월 9일 ● 가격 / 9,800엔
● 퍼블리셔 / 이머지니어

쿼터뷰 시점의 고정화면 레이싱 게임. 짧은 코스를 돌며 순위를 경쟁한다. 코스 위에는 다양한 아이템이 출현하는데 그것을 사용해 레이스를 유리하게 진행할 수 있다. 배틀, 그랑프리, 실력 검증의 3가지 모드가 준비되어 있다. 친구와 서로 방해하면서 플레이하는 것이 즐거운 게임.

라이온 킹

● 발매일 / 1994년 12월 9일 ● 가격 / 9,980엔
● 퍼블리셔 / 버진 게임

뮤지컬로 유명한 디즈니의 극장판 애니메이션을 원작으로 한 사이드뷰 액션 게임. 주인공인 심바는 아이일 때와 어른일 때 가능한 액션의 종류나 조작 방법이 다르다. 원작을 충실하게 재현한 그래픽이 아름답고 캐릭터의 움직임도 매우 매끄럽다.

원더 프로젝트J 기계 소년 피노

● 발매일 / 1994년 12월 9일 ● 가격 / 11,800엔
● 퍼블리셔 / 에닉스

에닉스가 발매한 시뮬레이션 게임. 플레이어는 아무것도 모르는 기계 인간 피노에게 도구 사용법 등을 가르쳐주면서 피노를 키운다. 피노가 잘못된 행동을 했을 때는 꾸짖어서 올바른 행동을 할 수 있도록 교육해야 한다.

푸른 전설 슛!

● 발매일 / 1994년 12월 16일 ● 가격 / 10,800엔
● 퍼블리셔 / KSS

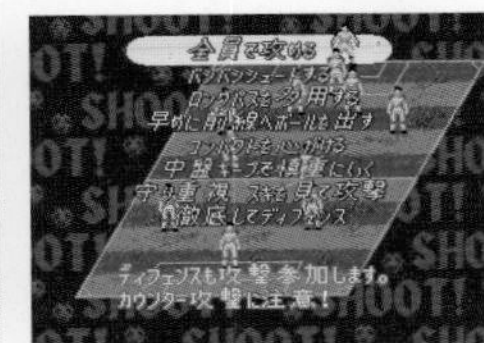

「주간 소년 매거진」에 연재되던 『슛!』과 그 애니메이션을 원작으로 한 축구 게임. 스토리 모드에서는 원작에 따라 내용이 전개되고 승리할 때마다 선수가 성장한다. 필살 슛을 쓸 수 있다는 것이 최대 특징인데 선수를 튕겨 내거나 공이 사라지기도 한다.

NBA 라이브95

● 발매일 / 1994년 12월 16일 ● 가격 / 9,600엔
● 퍼블리셔 / 일렉트로닉 아츠 빅터

스포츠 게임을 다수 발매해온 일렉트로닉 아츠의 농구 게임. NBA의 팀과 선수가 실명으로 등장한다. 2 on 2 게임이 많지만, 본 작품에서는 5대 5인 10명으로 경기를 치른다. 시즌 모드에서는 82경기를 치르는 리그전을 진행하며 챔피언을 목표로 한다.

바다낚시 명인 농어편

● 발매일 / 1994년 12월 16일 ● 가격 / 9,800엔
● 퍼블리셔 / 일렉트로닉 아츠 빅터

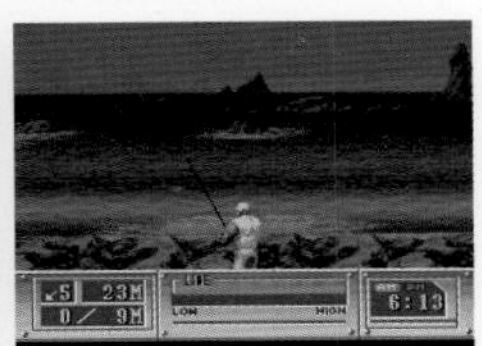

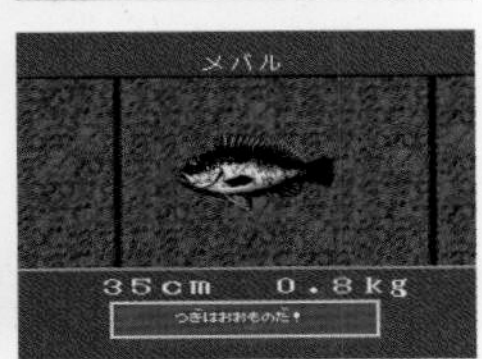

블랙배스 낚시 게임이 대세인 가운데, 바다낚시에 집중한 개성 있는 작품. 타겟은 씨배스(Sea Bass)라 불리는 농어. 루어 낚시뿐 아니라 미끼를 이용한 낚시를 할 수 있고 다양한 장치도 쓸 수 있다. 바다낚시답게 다양한 어종을 낚을 수 있어 낚시의 묘미를 제대로 느낄 수 있다.

힘내라 고에몽3 사자 쥬로쿠베이의 꼭두각시 만자 굳히기

● 발매일 / 1994년 12월 16일 ● 가격 / 9,600엔
● 퍼블리셔 / 코나미

SFC에서 『고에몽』 시리즈 세 번째 작품. 전작과 방향성이 달라져, 맵을 자유롭게 이동하며 퍼즐을 푸는 액션 어드벤처가 되었다. 고에몽, 에비스마루, 사스케, 야에로 4명이 주인공인데 플레이어는 언제든 이들을 임의로 교체할 수 있다.

기온의 꽃

● 발매일 / 1994년 12월 16일 ● 가격 / 7,980엔
● 퍼블리셔 / 일본 물산

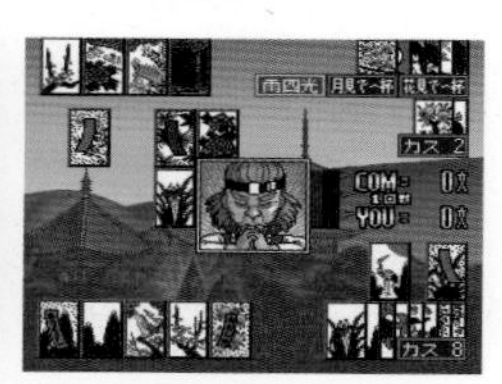

일본 물산이 발매한 화투 게임. 「코이코이」「꽃 맞추기」「오이쵸카부」를 플레이할 수 있고 주사위, 프리 대전, 대회의 3가지 모드 중에서 선택할 수 있다. 그중 주사위 모드는 「코이코이」로 대전하면서 이긴 쪽이 주사위를 던진다는 독특한 내용이다.

슈퍼 스네이크

● 발매일 / 1994년 12월 16일 ● 가격 / 7,800엔
● 퍼블리셔 / 요지겐

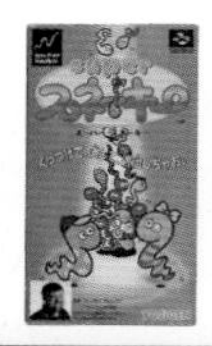

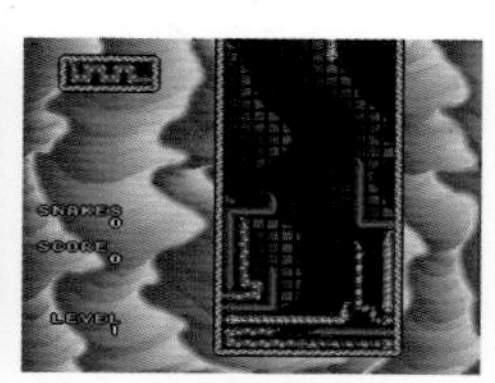
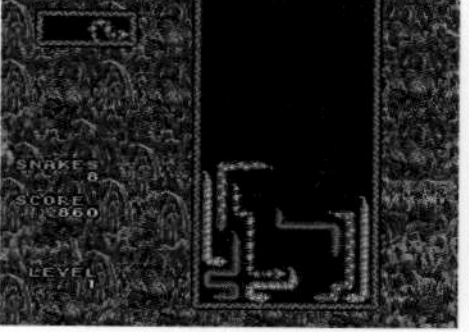

『테트리스』 개발자인 알렉세이 파지노프가 감수한 낙하형 퍼즐 게임. 화면 위에서 내려오는 색상과 무늬가 다른 뱀을 유도해서, 같은 뱀을 먹어 나간다. 단, 착지한 뱀은 빈틈으로 들어가려고 하기 때문에 쉽지는 않다.

슈퍼 장기 묘수풀이 1000

● 발매일 / 1994년 12월 16일 ● 가격 / 9,800엔
● 퍼블리셔 / 보톰 업

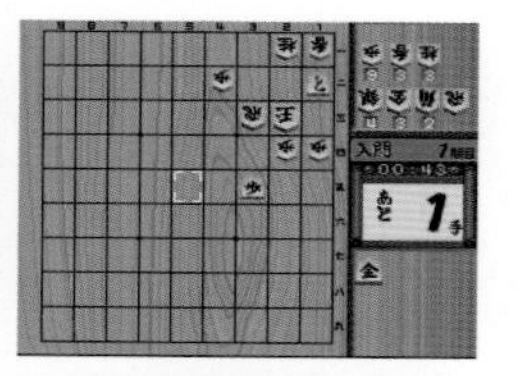
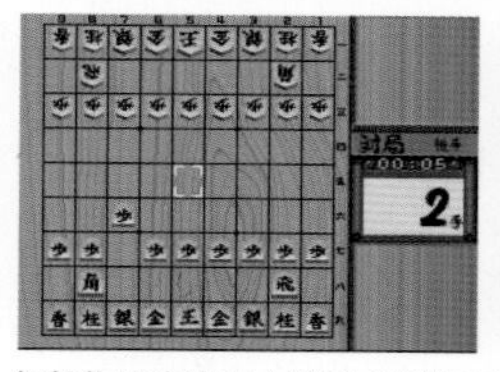
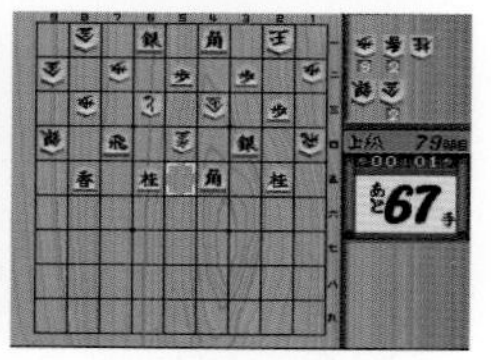

'전일본 장기 묘수풀이 연맹'이 공인한 장기 게임. 타이틀 그대로 묘수풀이 1,000문제가 수록되어 있다. 문제는 입문, 초급, 중급, 상급으로 나뉘어져 있으므로 문제를 풀어서 자신의 단위를 가늠할 수 있고, 연맹에 패스워드를 보내면 단위를 인정받는다. 물론 일반적인 대국도 가능하다.

슈퍼 테트리스3

● 발매일 / 1994년 12월 16일 ● 가격 / 8,500엔
● 퍼블리셔 / BPS

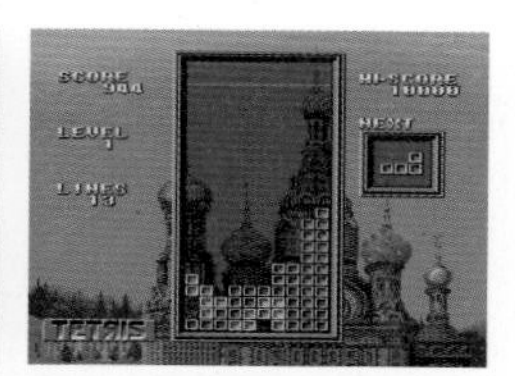

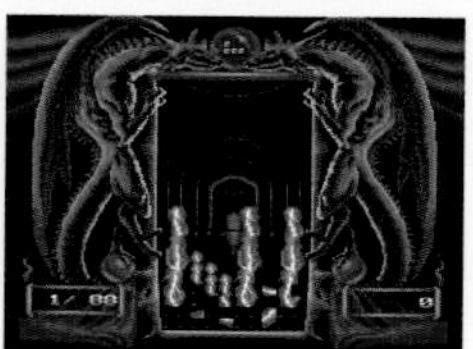

일반적인 『테트리스』 이외에도 『마지칼리스』 『슈퍼 크리스』라는 두 종류의 낙하형 퍼즐 게임을 플레이할 수 있다. 후자의 두 작품은 『테트리스』의 마이너 체인지판 같은 규칙을 갖고 있는데 나름 재밌다. 3종류 게임에 각각 2가지 모드가 있어서 플레이 가능한 퍼즐은 총 6가지이다.

슈퍼 피싱 빅 파이트

● 발매일 / 1994년 12월 16일 ● 가격 / 9,800엔
● 퍼블리셔 / 나그자트

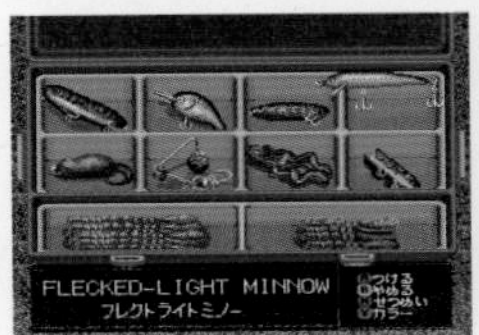

코미컬한 겉모습에 본격 낚시라는 내용을 가진 게임. 처음엔 블랙배스 낚시 대회부터 시작하지만, 홋카이도에서의 연어 낚시나 고치에서의 가숭어 낚시에도 도전할 수 있다. 당시 낚시 도구를 취급하던 마미야 OP가 협찬해서 ABU의 낚싯대와 릴, 헤돈의 루어 등을 사용할 수 있다.

SUPER 레슬 엔젤스

● 발매일 / 1994년 12월 16일 ● 가격 / 9,980엔
● 퍼블리셔 / 이머지니어

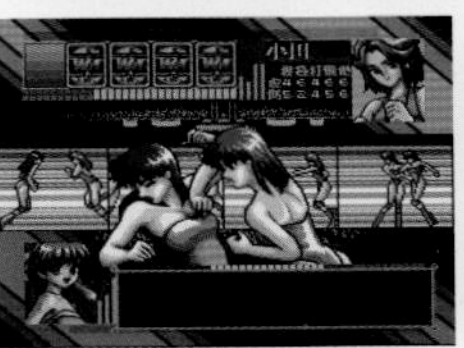

PC로 발매됐던 작품의 이식작. 카드 배틀 형식의 프로레슬링 게임이지만, 동시에 여자 프로레슬링 단체도 경영한다. 신인 레슬러 육성도 중요한 요소인데 연습이나 지도를 통해 강화되고, 강해져서 인기를 얻으면 경영도 순조롭게 진행된다.

스키 파라다이스 WITH 스노보드

● 발매일 / 1994년 12월 16일 ● 가격 / 8,900엔
● 퍼블리셔 / 팩 인 비디오

하나의 소프트로 스키와 스노보드를 플레이할 수 있다. 트레이닝, 프리 라이드, 시합의 3가지 모드를 선택할 수 있고 시합에서는 슬라롬, 자이언트, 다운 힐에 도전할 수 있다. 화면은 유사 3D이며 업다운도 재현되어 있어서 박력이 넘친다. 노르디카(NORDICA) 등의 광고도 표시된다.

쿠웅! 암석 배틀

● 발매일 / 1994년 12월 16일 ● 가격 / 8,800엔
● 퍼블리셔 / 아이맥스

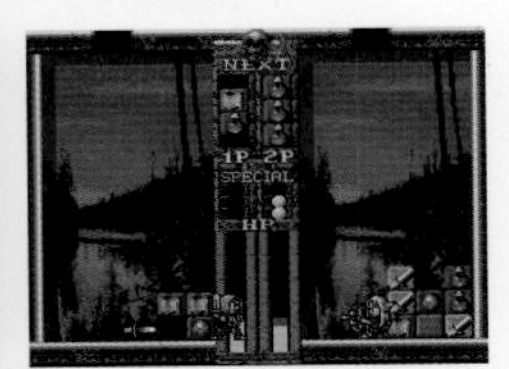

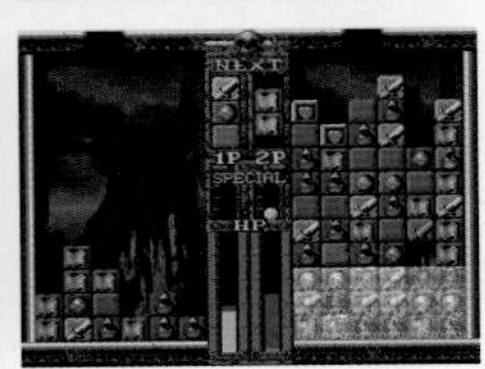

대전 형식의 낙하형 퍼즐 게임으로 같은 종류의 퍼즐을 가로 · 세로 · 대각으로 3개 이상 모으면 지울 수 있다. 패널을 지우면 대전 상대에게 대미지를 줄 수 있는데, 캐릭터에 따라 마법이나 물리 공격 등 특기 분야가 존재해서, 그에 대응한 패널을 지우면 보다 효과적으로 공격할 수 있다.

도라에몽3 노비타와 시간의 보옥

● 발매일 / 1994년 12월 16일 ● 가격 / 9,500엔
● 퍼블리셔 / 에폭사

SFC에서는 시리즈 세 번째 작품. 장르는 사이드뷰 액션이며 친숙한 동료들을 사용할 수 있다. 현대의 마을에서 비밀도구를 찾고 타임머신으로 과거나 미래로 이동한다. 다양한 무기를 사용한 공격과 맵 탐색 등, 풍성한 내용을 담았다.

나이젤 만셀의 인디 카

● 발매일 / 1994년 12월 16일 ● 가격 / 10,900엔
● 퍼블리셔 / 어클레임 재팬

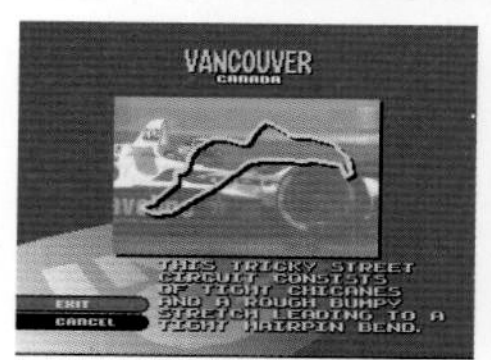

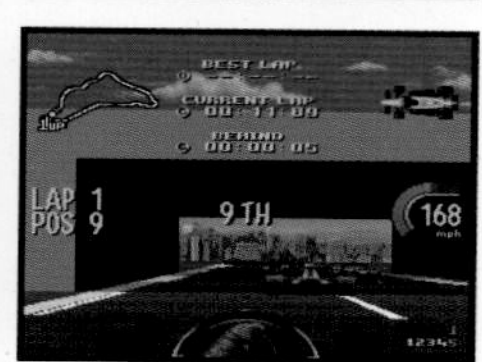

F1과 인디 카의 챔피언을 획득한 위대한 레이서 나이젤 만셀에 초점을 맞춘 레이싱 게임. 인디 카 경주를 게임화 했다. 실존하는 15개 서킷에서 치러지는 레이스를 전전하며 챔피언십을 목표로 한다.

화투왕

● 발매일 / 1994년 12월 16일 ● 가격 / 8,980엔
● 퍼블리셔 / 코코너츠 재팬 엔터테인먼트

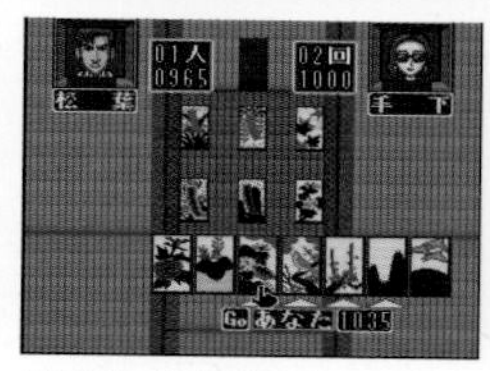

화투의 비밀 세계가 보낸 자객 「12인조」와 싸우는 화투 게임. 종목은 「코이코이」 「오이쵸카부」 「꽃 맞추기」 세 종류로 패스워드로 세이브가 가능하다. 프리 모드에서는 대전 상대와 종목을 자유롭게 선택할 수 있다. 슈퍼 패미컴 마우스에 대응한다.

미소녀 전사 세일러 문 S 장외난투!? 주인공 쟁탈전

● 발매일 / 1994년 12월 16일 ● 가격 / 9,980엔
● 퍼블리셔 / 엔젤

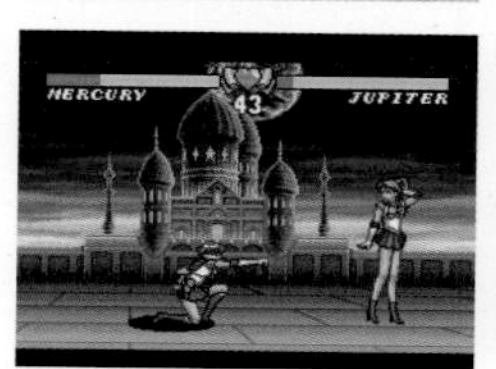

『미소녀 전사 세일러 문』의 캐릭터를 사용한 대전 격투 게임. 최고의 자리를 놓고 9명의 캐릭터가 싸운다. 당시의 유행을 반영한 작품으로, 커맨드 입력을 이용한 필살기 이외에 대시나 던지기도 사용할 수 있다. 예상 외로 본격적으로 만들어진 작품이다.

빅 일격! 파치스로 대공략

● 발매일 / 1994년 12월 16일 ● 가격 / 9,800엔
● 퍼블리셔 / 애스크 고단샤

실존 기기를 플레이할 수 있는 파친코 슬롯 게임. 3호기인 「슈퍼 플래닛」「페가서스412」와 4호기인 「뉴 펄서」「페가서스 워프」「플릿퍼3」「이브X」「트로피카나」가 수록되어 있다. 여기에 오리지널 기기까지 총 8종의 기기를 플레이할 수 있다.

필승 파치스로 팬

● 발매일 / 1994년 12월 16일 ● 가격 / 9,800엔
● 퍼블리셔 / POW

파친코와 파친코 슬롯 공략지의 거장이었던 「파치스로 팬」이 감수한 파친코 슬롯 게임. 개발사의 공인을 받지 않아 가상의 기기만 플레이할 수 있지만, 모델이 된 기기를 바로 알아챌 수 있을 정도로 닮았다. 실전 모드에서는 받은 상금으로 라면 가게 등을 살 수 있다.

풀 파워

● 발매일 / 1994년 12월 16일 ● 가격 / 11,000엔
● 퍼블리셔 / 코코너츠 재팬 엔터테인먼트

코코너츠 재팬이 발매한 레이싱 게임으로 전미 13개 레이스에 참전한다. 재미있는 것은 바이크 레이스와 제트스키 레이스가 혼재되어 있다는 점인데, 둘 중 하나만 선택할 수는 없다. 또한 킥으로 라이벌을 방해할 수도 있다.

미키의 도쿄 디즈니랜드 대모험

● 발매일 / 1994년 12월 16일 ● 가격 / 9,800엔
● 퍼블리셔 / 토미

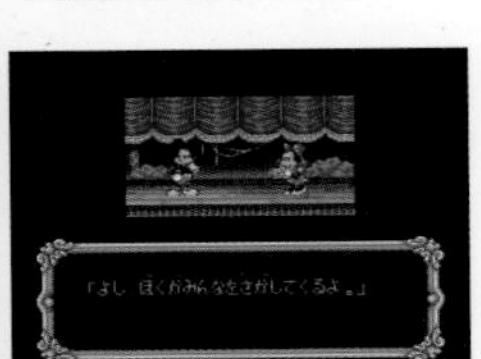
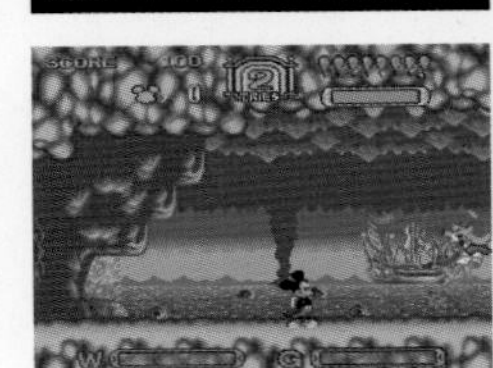
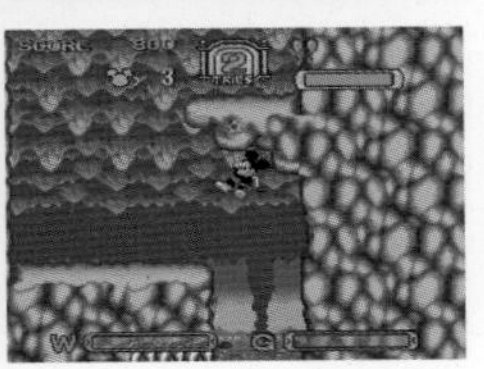

도쿄 디즈니랜드를 무대로 한 사이드뷰 게임으로, 주인공은 미키가 담당한다. 물풍선과 가스풍선이라는 두 종류의 풍선을 사용한 액션이 특징인데 공격이나 이동 시에 사용된다. 스테이지는 「스플래시 마운틴」이나 「혼데드 맨션」 등 실제 놀이기구들로 구성되었다.

록맨X2

● 발매일 / 1994년 12월 16일 ● 가격 / 9,800엔
● 퍼블리셔 / 캡콤

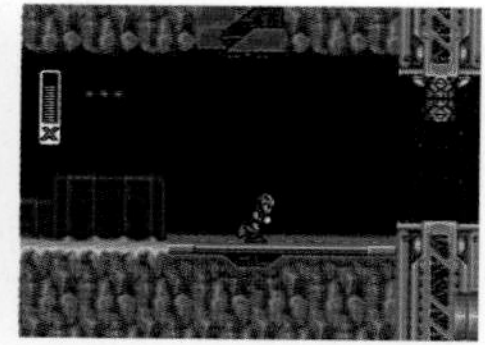

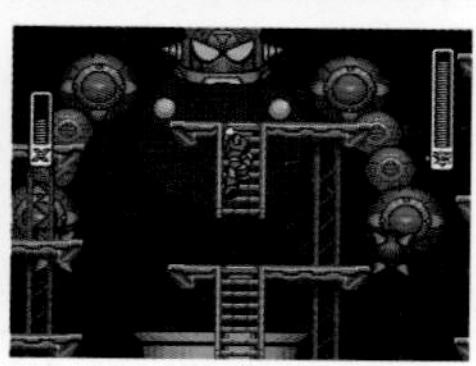

『록맨X』 시리즈 두 번째 작품. 캡콤이 독자 개발한 특수칩 CX4를 탑재한 작품으로 고도의 그래픽을 내세웠다. 시스템 면에서는 처음부터 대시를 쓸 수 있게 되었고, 약점 무기에 맞으면 보스가 비틀거리는 등 이후 작품의 기초가 완성되었다.

와갼 파라다이스

● 발매일 / 1994년 12월 16일 ● 가격 / 8,800엔
● 퍼블리셔 / 남코

SFC에서는 시리즈 세 번째 작품. 주인공은 세대교체가 이루어져 타쿠토와 카린 중에서 선택하게 되었다. 음파포를 이용한 공격과 점프 액션 등, 기존작의 요소들을 이어가고 있지만 세세한 부분에 변경점이 있다. 호평을 받았던 미니 게임도 전반적으로 변경되었다.

더 그레이트 배틀Ⅳ

● 발매일 / 1994년 12월 17일 ● 가격 / 9,600엔
● 퍼블리셔 / 반프레스토

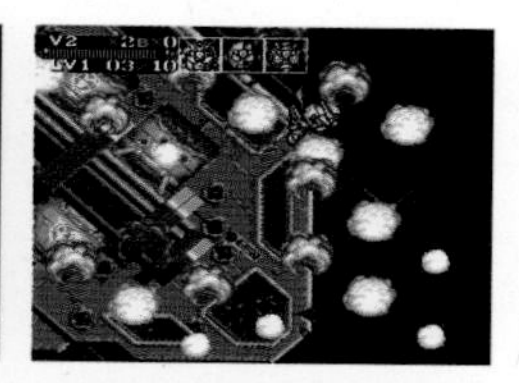
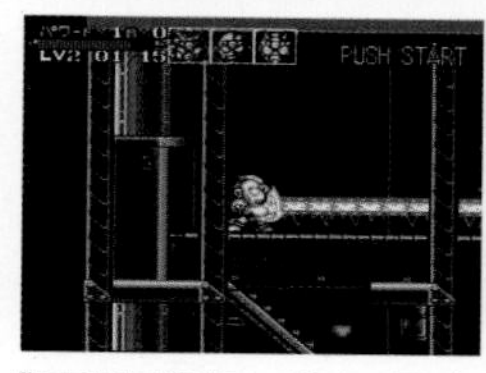

『콤파치 히어로』 시리즈 중의 하나로, 『그레이트 배틀』 시리즈로는 네 번째 작품이다. 장르는 액션 슈팅 게임으로 4명의 캐릭터를 사용할 수 있다. 각각의 캐릭터는 특징이 있는데 스테이지에 따라 유불리가 있으므로 교대를 잘 하면서 싸워야 한다.

테크모 슈퍼볼Ⅱ 스페셜 에디션

● 발매일 / 1994년 12월 20일 ● 가격 / 9,980엔
● 퍼블리셔 / 테크모

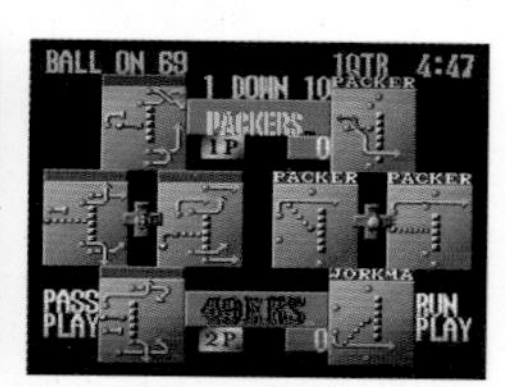

SFC에서는 시리즈 두 번째 작품으로 데이터가 최신판으로 업데이트되었다. 조작 방법 등은 전작을 따르지만, 그래픽은 보다 아름다워졌고 포메이션 수도 늘었다. 또한 선수를 트레이드 할 수 있게 되어서 자신의 취향에 맞는 팀을 구성할 수 있다.

오카모토 아야코와 매치플레이 골프

● 발매일 / 1994년 12월 21일 ● 가격 / 9,700엔
● 퍼블리셔 / 츠쿠다 오리지널

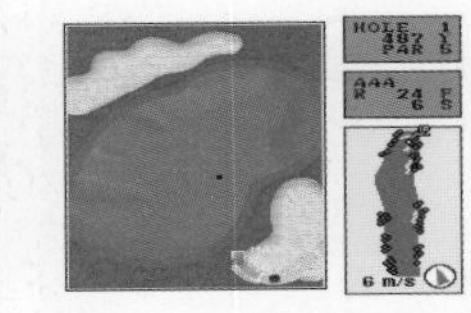

세계를 무대로 활약한 여자 프로 골퍼 오카모토 아야코에게 초점을 맞춘 골프 게임. 하와이에 있는 코올리나 골프 클럽의 코스가 재현되어 있다. 타이틀엔 매치플레이를 내세웠지만 스트로크 플레이도 가능하다. 플레이할 수 있는 모드는 스킨 매치 등 6가지나 된다.

용호의 권2

● 발매일 / 1994년 12월 21일 ● 가격 / 10,900엔
● 퍼블리셔 / 자우르스

SNK 아케이드용 대전 격투 게임을 이식. 오리지널과 다르게 강약 기술이 버튼에 배분되었고, 12명의 캐릭터를 기본으로 사용할 수 있다. 상대와의 거리에 따라 변화되는 화면의 확대 · 축소도 재현되었고, 히든 커맨드를 쓰면 라스트 보스인 기스 하워드도 사용할 수 있다.

애니멀 무란전 -브루탈-

● 발매일 / 1994년 12월 22일 ● 가격 / 9,800엔
● 퍼블리셔 / 켐코

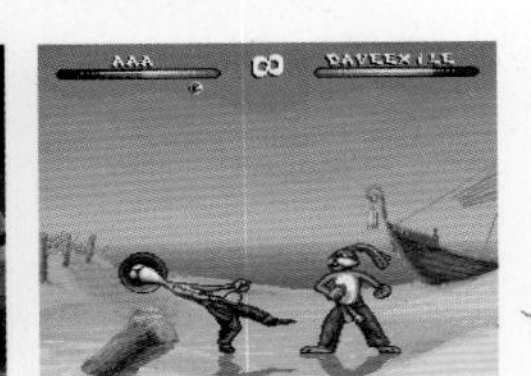

해외 개발사의 메가CD용 대전 격투 게임을 이식했다. 타이틀에서 알 수 있듯 등장하는 캐릭터는 모두 동물인데, 쿵푸를 하는 토끼나 무에타이 전사인 치타 등과 싸운다. 처음에는 구사할 수 있는 기술의 종류가 적지만, 싸울 때마다 경험치를 얻어서 성장하고 필살기를 배워간다.

알버트 오디세이2 사신의 태동

● 발매일 / 1994년 12월 22일 ● 가격 / 9,980엔
● 퍼블리셔 / 선 소프트

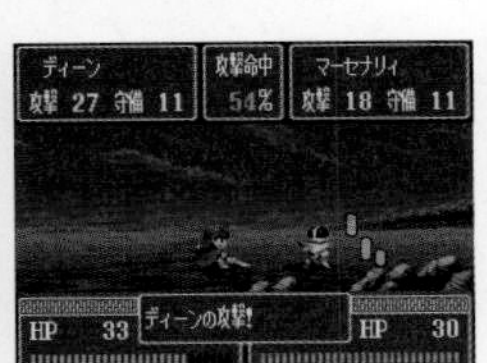

호평을 받은 전작으로부터 1년 9개월 만에 발매된 속편. 장르는 전작과 같은 시뮬레이션 RPG로 10년 후의 세계를 그리고 있다. 적을 보는 방향에 따라 명중률이 변하는 시스템 등은 건재하고, 세세한 규칙이 추가되어서 완성도가 올라갔다.

울트라 베이스볼 실명판2

● 발매일 / 1994년 12월 22일 ● 가격 / 9,800엔
● 퍼블리셔 / 컬처 브레인

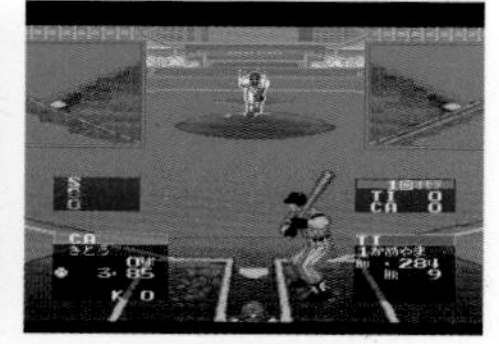
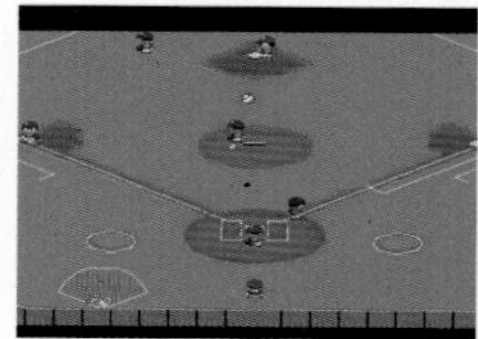

컬처 브레인의 야구 게임 시리즈 두 번째 작품. 선수의 외형을 변형시킨(데포르메) 노멀 사이즈와 리얼 사이즈 캐릭터 중에서 선택할 수 있다. 전형적인 백네트 뒤에서의 시점을 채택했으며, 울트라 플레이 모드에서는 마구나 히든 타법을 사용할 수 있다.

원조 파친코왕

● 발매일 / 1994년 12월 22일 ● 가격 / 9,980엔
● 퍼블리셔 / 코코너츠 재팬 엔터테인먼트

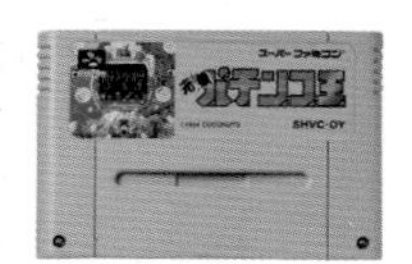

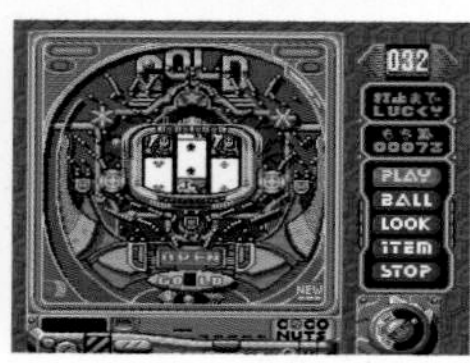

파친코가 모든 것의 중심인 도시국가 드림시티에 사는 고교생이 10년 동안 집에 가지 않고 파친코 공략에 임한다는 설정이다. 플레이할 수 있는 것은 모두 가상의 기기이며 자금을 벌면 스토리가 진행된다. 최종 목적인 파친코왕 토너먼트 우승까지의 길은 길고도 험난하다.

선스포 피싱 계류왕

● 발매일 / 1994년 12월 22일 ● 가격 / 9,980엔
● 퍼블리셔 / 이머지니어

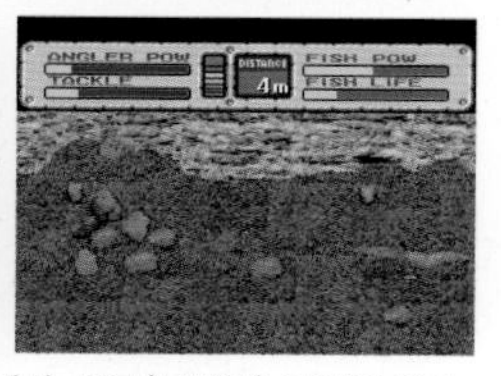

타이틀에는 『계류왕』이라고 썼지만, 계류(시냇물) 이외의 장소에서도 낚시를 할 수 있다. 대상 어종은 블랙배스, 잉어, 대형 메기, 호수 송어 등 다양하며 미끼낚시부터 루어를 사용한 낚시까지 폭넓게 즐길 수 있다. 실존하는 낚시 도구도 사용 가능하다.

슈퍼 캐슬즈

● 발매일 / 1994년 12월 22일 ● 가격 / 9,800엔
● 퍼블리셔 / 빅터 엔터테인먼트

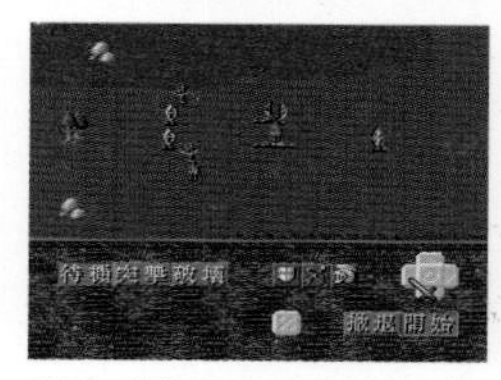

해외 개발사의 땅따먹기 시뮬레이션 게임. 내정으로 나라를 부강하게 만들고 전쟁으로 영토를 넓히는 것이 이런 게임들의 정석이지만, 본 작품에서는 타국과의 우호를 중시하며 교황에게 인정받고 왕이 되는 것이 최종 목표이다.

슈퍼 파이어 프로레슬링 스페셜

● 발매일 / 1994년 12월 22일 ● 가격 / 11,500엔
● 퍼블리셔 / 휴먼

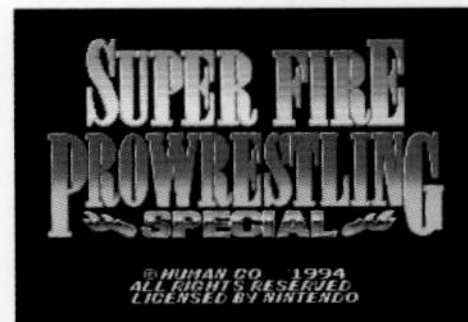

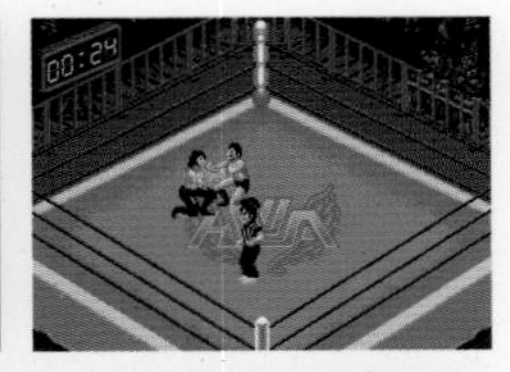

기술을 거는 타이밍 등 일부 시스템이 변경되었다. 이후 많은 명작을 만든 스다 코이치가 챔피언 로드의 시나리오에 참여해, 그이기에 가능한 기묘한 스토리가 전개된다. 터보 파일 트윈에 대응해서 데이터 백업이 가능하다.

대패수 이야기

● 발매일 / 1994년 12월 22일 ● 가격 / 10,900엔
● 퍼블리셔 / 허드슨

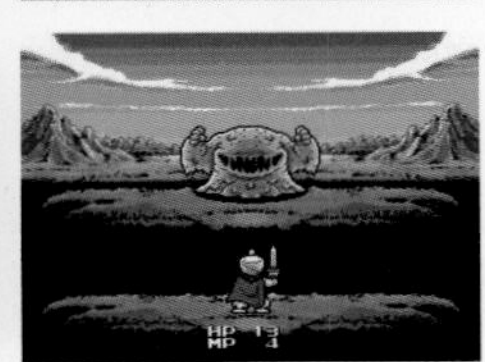

FC로 발매됐던 『패수 이야기』의 속편이지만, 발매처는 남코에서 허드슨으로 바뀌었다. 「도우미」 시스템과 배틀 토크 시스템 등이 특징으로, 전투나 이동 중에 활용하면 도움이 된다. 30만 개가 판매된, 많은 팬을 거느린 시리즈이다.

패왕대계 류나이트 로드 오브 팔라딘

● 발매일 / 1994년 12월 22일 ● 가격 / 9,800엔
● 퍼블리셔 / 반다이

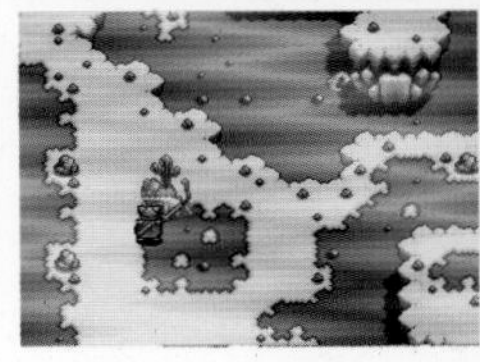
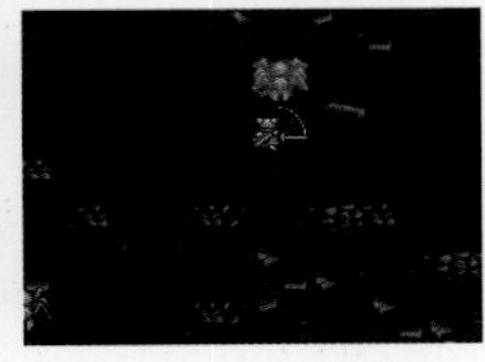

1994년부터 다음해까지 TV도쿄에서 방송됐던 TV 애니메이션이 원작으로 장르는 탑뷰 액션 RPG이다. 최대 4명까지 파티를 꾸릴 수 있으며 조작 캐릭터의 교대도 가능하다. 마을에서의 쇼핑과 경험치를 이용한 레벨업 등 흔한 내용이다.

달려라 헤베레케

● 발매일 / 1994년 12월 22일 ● 가격 / 9,500엔
● 퍼블리셔 / 선 소프트

선 소프트가 자랑하는 인기 캐릭터 「헤베레케」의 캐릭터를 사용한 레이싱 게임. 바이크나 차량이 아니라 캐릭터 본인이 달린다는 것이 특징이다. 캐릭터 고유의 필살기나 아이템으로 라이벌을 방해할 수 있고 「달려라 헤베」 「타임 어택」 「엔가쵸」의 3가지 모드를 플레이할 수 있다.

배틀 자키

● 발매일 / 1994년 12월 22일 ● 가격 / 9,800엔
● 퍼블리셔 / 버진 게임

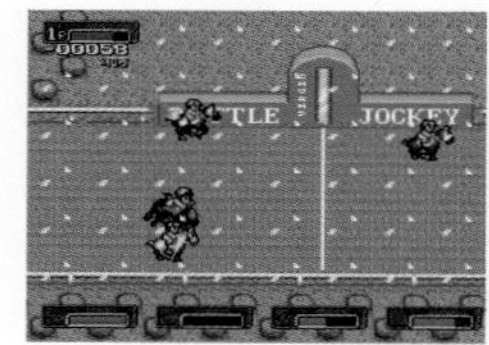
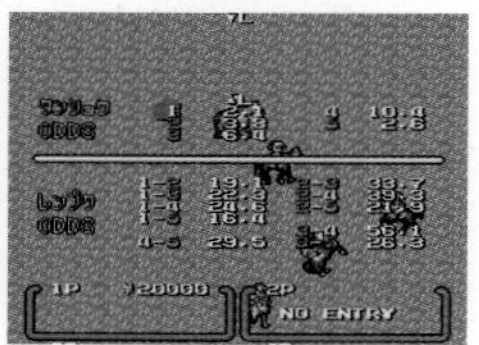

플레이어가 기수가 되어 레이스에 도전하는 경마 게임. 『패밀리 자키』를 발매했던 남코로부터 라이선스를 받았다. 메인인 위너즈 서클 모드에서는 자신의 말을 만들어서 G1 레이스 제패를 목표로 한다. 자금을 써서 말을 트레이닝할 수 있다.

파워 오브 더 하이어드

● 발매일 / 1994년 12월 22일 ● 가격 / 9,800엔
● 퍼블리셔 / 메사이어

메사이어가 발매한 시뮬레이션 RPG. 「하이어드 시스템」이라 불리는 독자적인 시스템을 갖고 있다. 마수사(魔獸使)인 주인공이 고용한 마수에 따라 사용할 수 있는 마법의 종류가 다르다. 게임은 탑뷰 스퀘어 맵을 채택했으며 초보자라도 쉽게 플레이할 수 있다.

포코냥!

● 발매일 / 1994년 12월 22일 ● 가격 / 8,800엔
● 퍼블리셔 / 토호

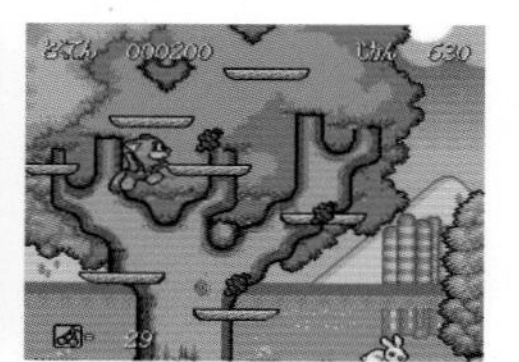
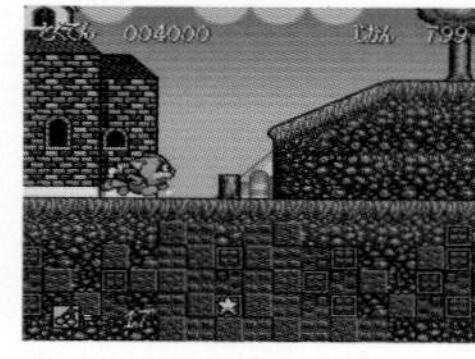

후지코 F 후지오의 만화 · 애니메이션 『포코냥』을 원작으로 한 사이드뷰 액션 게임. 주인공이 과자를 모으면서 골로 향하는 게임이며, 점프를 사용해서 적을 쓰러뜨리거나 변신할 수 있다. 저연령용 작품이기 때문에 주인공은 무적이다. 난이도는 매우 낮은 게임.

본격 장기 풍운아 용왕

● 발매일 / 1994년 12월 22일 ● 가격 / 9,800엔
● 퍼블리셔 / 버진 게임

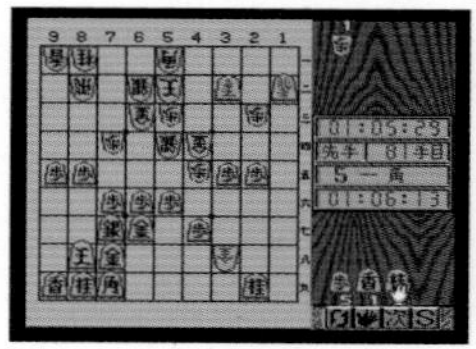
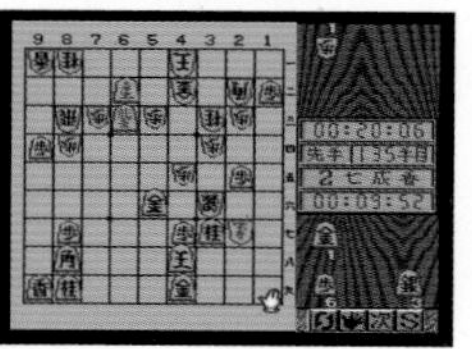

「횡보 잡기 전법」과 「텐포의 명 대국」 같은 묘수풀이가 수록되었고, 그것들을 재현할 수도 있는 장기 게임. 데이터베이스로도 활용 가능하다. 조건을 설정해둔 CPU와의 대전과 토너먼트전 등도 플레이할 수 있고 에디트 기능도 충실하다. 단, CPU AI의 처리 시간이 약간 긴 편이다.

마작 클럽

● 발매일 / 1994년 12월 22일 ● 가격 / 4,980엔
● 퍼블리셔 / 헥터

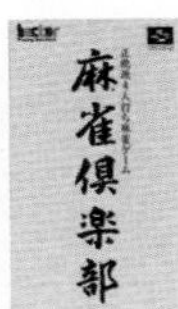

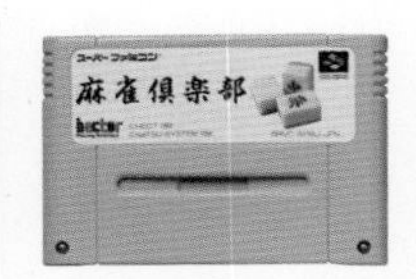

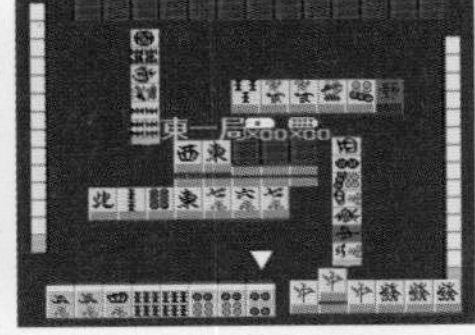
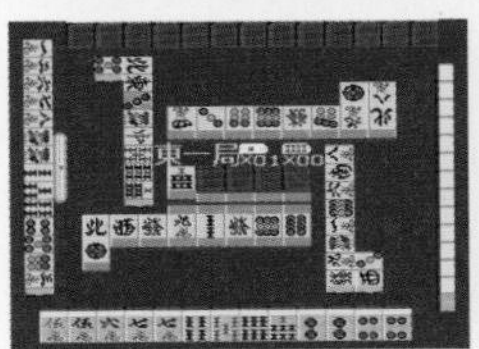
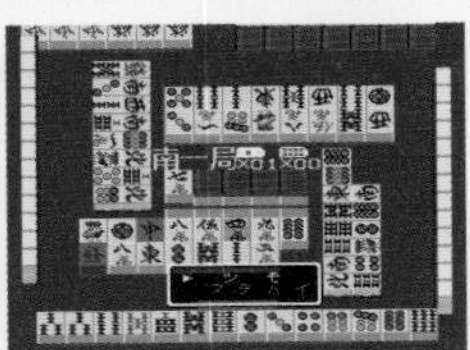

플레이어의 취향에 맞는 캐릭터를 생성할 수 있는 마작 게임. 적패 유무나 쿠이탕 유무 등 세세한 규칙에 더해서 백만석, 사연각 같은 역만을 채용할지 말지도 설정할 수 있다. 겉보기에는 수수하지만 탄탄한 게임이다.

유☆유☆백서 특별편

● 발매일 / 1994년 12월 22일 ● 가격 / 9,800엔
● 퍼블리셔 / 남코

대전 격투 게임이지만 시스템은 커맨드 입력식이다. 턴제를 기본으로 하며, 서로가 입력한 행동에 따라 화면 상단의 캐릭터가 공격하거나 회피한다. 액션 게임에 익숙하지 않아도 플레이할 수 있으며 사용할 수 있는 캐릭터는 17명으로 많은 편이다.

요코야마 미츠테루 삼국지반희 주사위 영웅기

● 발매일 / 1994년 12월 22일 ● 가격 / 9,800엔
● 퍼블리셔 / 엔젤

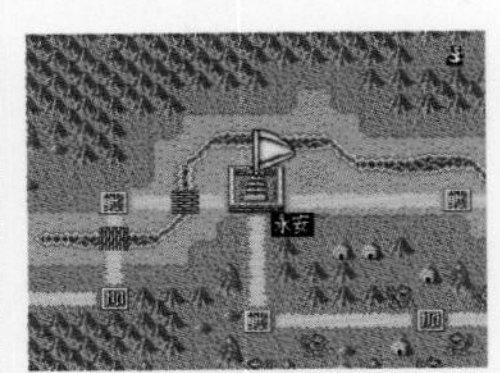

요코야마 미츠테루가 그린 대작 만화 『삼국지』의 캐릭터가 등장하는 보드게임. 플레이어는 조조, 유비와 같은 군주를 골라서 다른 군주와 패권을 다툰다. 맵은 중국 대륙을 토대로 했고 룰렛으로 나온 숫자만큼 이동한다. 황건적이나 무장 등과 싸워서 카드와 돈을 입수한다.

라이즈 오브 더 로봇

● 발매일 / 1994년 12월 22일 ● 가격 / 10,900엔
● 퍼블리셔 / T&E 소프트

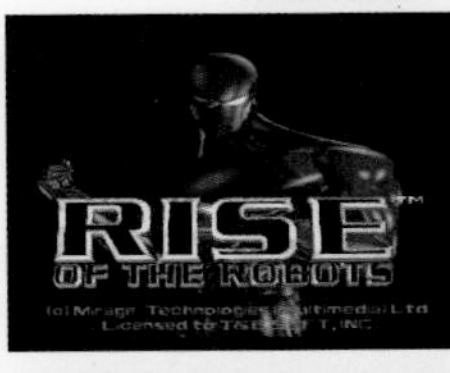

미래 세계를 무대로 로봇끼리 싸우는 대전 격투 게임. 해외 개발사의 작품으로 오리지널판은 아미가(Amiga)용으로 발매되었다. 사람끼리 싸우는 작품이 많은 가운데 로봇을 이용한 대전이 참신했고, 독특한 그래픽과 어우러져서 특히 해외에서 인기를 얻었다.

우미하라 카와세

● 발매일 / 1994년 12월 23일 ● 가격 / 9,800엔
● 퍼블리셔 / TNN

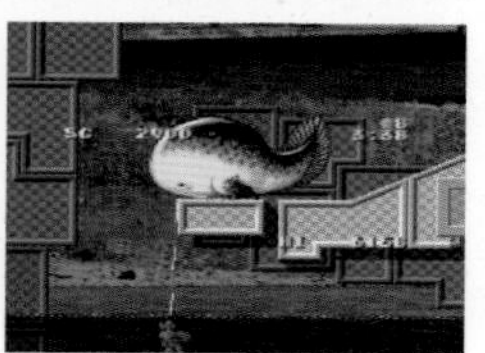

기발한 타이틀에 귀여운 주인공 캐릭터가 눈길을 끄는 와이어 액션 게임. 벽에 루어를 걸고 신축성이 있는 로프를 사용하면 다채로운 액션이 가능하다. 발매 시에는 마이너 게임 취급을 받았지만 서서히 인기를 얻어서 시리즈화 되었다.

GO GO ACKMAN

● 발매일 / 1994년 12월 23일 ● 가격 / 9,300엔
● 퍼블리셔 / 반프레스토

토리야마 아키라의 만화 『GO!GO! ACKMAN』이 원작인 사이드뷰 액션 게임. 주인공인 아크맨을 조작해서 적으로 설정된 천사를 쓰러뜨리며 나아간다. 필드 위에 있는 아이템으로 파워업을 하고 총 5스테이지를 클리어한다. 획득 포인트로 엔딩의 일러스트가 바뀐다.

JWP 여자 프로레슬링 –퓨어 레슬 퀸즈–

● 발매일 / 1994년 12월 23일 ● 가격 / 9,800엔
● 퍼블리셔 / 자레코

여자 프로레슬링 단체 JWP에 소속되었던 다이너마이트 칸사이, 데빌 마사미 등이 실사 영상과 함께 등장하는 프로레슬링 게임. 시합에서는 4개의 버튼으로 다양한 기술을 쓸 수 있고, 경영 모드에서는 보드게임으로 단체를 운영하게 된다.

SUPER 불타라!! 프로야구

● 발매일 / 1994년 12월 23일 ● 가격 / 9,800엔
● 퍼블리셔 / 자레코

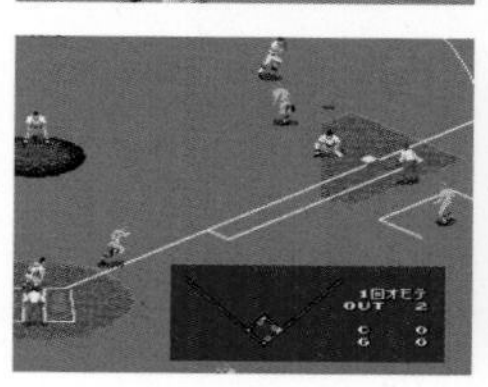

FC에서 센세이셔널한 데뷔를 했던 야구 게임의 SFC판. 선수와 팀은 모두 실명으로 등장하고 페넌트레이스, 오픈전, 홍백전, 올스타의 4가지 모드를 플레이할 수 있다. 투수 후방 시점의 화면으로 마치 야구 중계를 보는 듯한 현장감을 느낄 수 있다.

파치스로 승부사

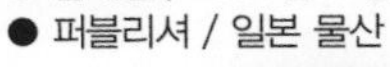

● 발매일 / 1994년 12월 23일 ● 가격 / 8,980엔
● 퍼블리셔 / 일본 물산

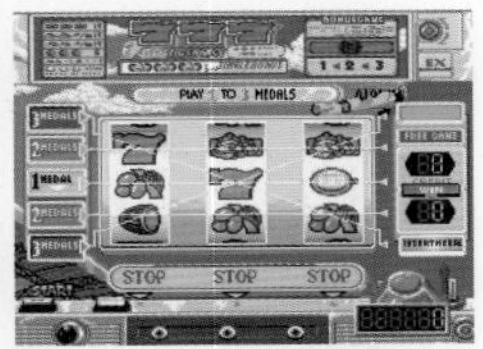

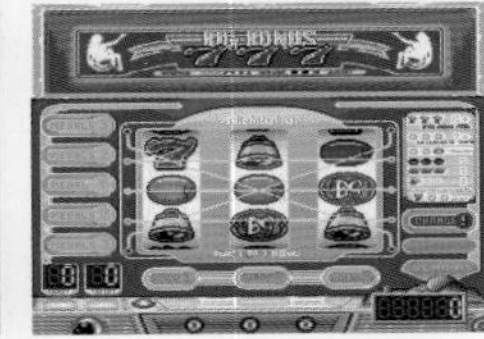

일본 물산이 발매한 파친코 슬롯 게임. 실제 기기를 모델로 한 가상의 기기를 플레이할 수 있으며, 일본 게임센터에 흔히 비치된 8라인 비디오 슬롯이나 2인 혹은 4인 마작까지 할 수 있다. 스토리 모드에서는 일정 금액을 모으는 것이 목표이다.

기동무투전 G건담

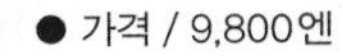

● 발매일 / 1994년 12월 27일 ● 가격 / 9,800엔
● 퍼블리셔 / 반다이

TV 애니메이션 건담 중에서도 이색적인 존재였던 『기동무투전 G건담』을 토대로 한 대전 격투 게임. 원작이 모빌 파이터를 이용한 격투를 소재로 했던 만큼 매우 그럴싸한 작품이 되었다. 메인인 스토리 모드에서는 5가지 기체 중 하나를 선택해 싸운다.

루팡 3세 전설의 비보를 쫓아라!

● 발매일 / 1994년 12월 27일 ● 가격 / 9,800엔
● 퍼블리셔 / 에폭사

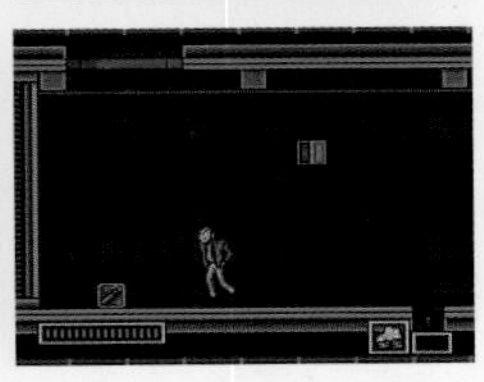

몽키 펀치(카토 카즈히코) 원작이며 일본을 대표하는 애니메이션 중 하나인 『루팡 3세』를 토대로 한 액션 게임. 루팡 3세를 조작해서 비밀을 풀며 진행한다. 로프나 폭탄 등 다양한 아이템이 존재하는데 그것을 어떻게 사용하는지가 중요하다.

듀얼 오브 II

● 발매일 / 1994년 12월 29일 ● 가격 / 10,800엔
● 퍼블리셔 / 아이맥스

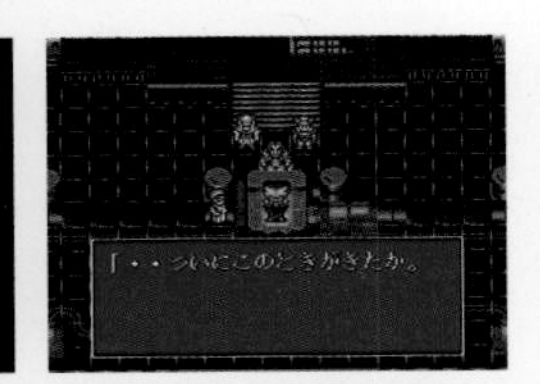

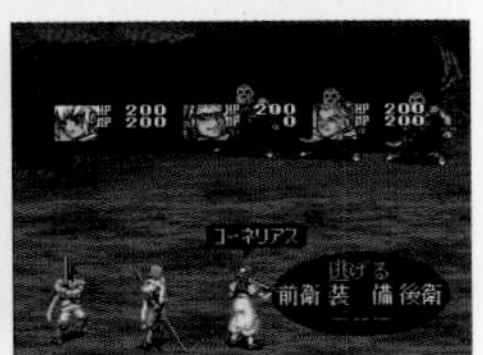

전작으로부터 약 1년 반 만에 발매된 RPG. 이동 화면에서는 데포르메화 되었던 캐릭터가 전투 화면이 되면 리얼한 모습이 된다. 세미 리얼타임제가 채택되었으며, 무기를 단련해서 강화하는 등의 새로운 요소가 더해져 시스템이 대폭 진화했다.

슈퍼 즈간2 츠칸포 파이터 ~아키나 컬렉션~

● 발매일 / 1994년 12월 30일 ● 가격 / 9,980엔
● 퍼블리셔 / J 윙

카타야마 마사유키의 만화를 토대로 한 마작 게임 제2탄. 프리 대국에서는 만화 캐릭터 14명 중에서 골라 마작을 할 수 있다. 멀티 엔딩을 채택한 본 작품은 『스파 II』의 패러디이면서 스토리 모드 같은 존재이다. 각 캐릭터와 대전해서 승리해 나간다는 내용.

전설의 발매 중지 소프트 『사운드 팩토리』

1994년경 완성 직전 상태에서 발매 중지된 전설의 타이틀. 마우스로 그린 그림이 음악으로 변하고 패널을 지우는 게임이었다. 먼저 발매된 32비트 기기와 비교해 SFC 소프트 발매 수가 대폭 재검토되면서 사장되고 말았다.
※도쿄 하라주쿠의 이벤트에서 나왔던 전 개발자의 증언 (2010년 8월 21일)

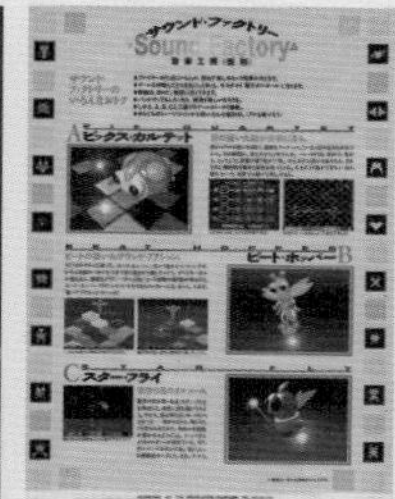

『사운드 팩토리』의 광고지

슈퍼 패미컴 마우스 전용 소프트로 발매될 예정이었다.

본격적인 골프 시뮬레이터 『레저 버디』

본격 골프 시뮬레이터라고 예고된 『레저 버디』는 레이저 클럽, 센서 매트, 스탠스 게이지가 세트 구성이고, 전용 소프트 『겟 인 더 홀』이 동봉되었다. 클럽 끝에서 나오는 레이저 광선을 센서 매트가 감지해 비거리와 구종을 측정하는 구조다.
코스는 오리지널인 18개 홀이 준비되어 있고 스트로크 플레이, 매치 플레이, 스킨즈 매치, 핸디캡 토너먼트 중에서 선택할 수 있다. 그 외에 1스윙마다 헤드의 궤적이 유사 화면으로 표현되는 실전용 트레이닝 모드도 준비되어 있어서 꽤 본격적인 시뮬레이터였다.

내용 / 레트로 게임 동호회

● 발매일 / 1995년 ● 메이커 / 리코 ● 가격 / 49,800엔

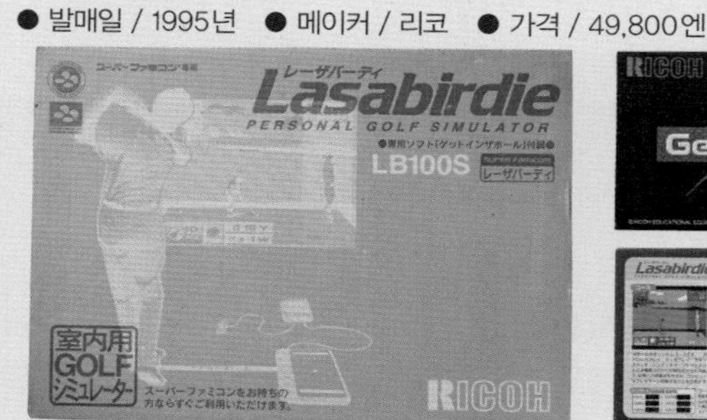

『겟 인 더 홀』

레이저 클럽

스탠스 게이지

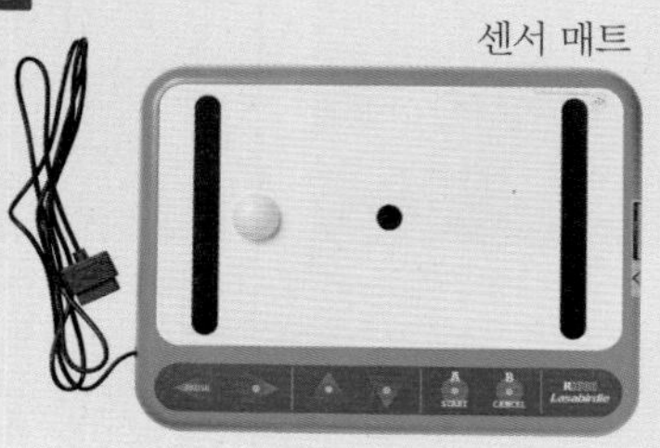

센서 매트

슈퍼 패미컴

1995년

Super Famicom

더비 스탈리온Ⅲ

● 발매일 / 1995년 1월 20일 ● 가격 / 12,800엔
● 퍼블리셔 / 아스키

전국의 경마 팬을 사로잡은 경마 게임 시리즈 중흥의 시조

육성 시뮬레이션으로 밀리언셀러가 된 괴물 소프트. SFC로는 두 번째 작품이지만, 전작에서 대폭 개량되어 이후 시리즈의 기본을 완성했다. 첫 번째 작품에서 게임의 큰 틀은 바뀌지 않았다.
플레이어는 생산자, 마주, 조교사로서 경주마의 번식부터 조교까지 담당하고 강한 말을 키워 레이스에 보낸다. 본 작품부터는 조교가 자동으로 실행되는 자동 마굿간과 비밀 레이스 등이 도입되어서, 보다 편하게 즐길 수 있는 작품이 되었다. 목표는 본 작품 최고의 대회라 할 수 있는 개선문상이지만, 승부에 집착하지 않고 오랫동안 즐길 수 있다.

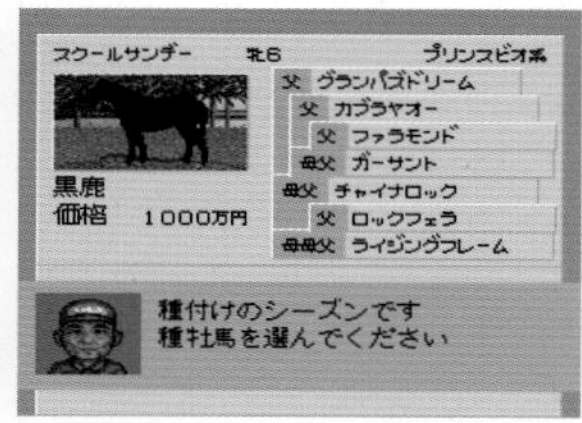

크로노 트리거

● 발매일 / 1995년 3월 11일 ● 가격 / 11,400엔
● 퍼블리셔 / 스퀘어

대히트가 틀림없는 프로젝트, 대가들이 집결한 꿈의 개발팀

스퀘어가 발매한 대작 RPG로 '드림 프로젝트'라 불린 팀이 개발했다. 『파이널 판타지』의 사카구치 히로노부, 『드래곤 퀘스트』의 호리이 유지, 『드래곤볼』의 토리야마 아키라 등이 주요 멤버로 이름을 내걸었다. 일본의 2대 RPG였던 『드퀘』와 『FF』의 융합을 목표로 했다고도 할 수 있다.
시공을 초월한 모험을 시나리오화 했으며 파티 멤버를 바꾸면서 게임을 진행한다. 전투는 화면 전환 없이 진행되고, 배틀 게이지가 쌓인 캐릭터부터 순서대로 행동을 취할 수 있다. 한 번 클리어한 후에 다시 처음부터 플레이할 수 있는 「강하게 뉴 게임」도 화제가 되었다.

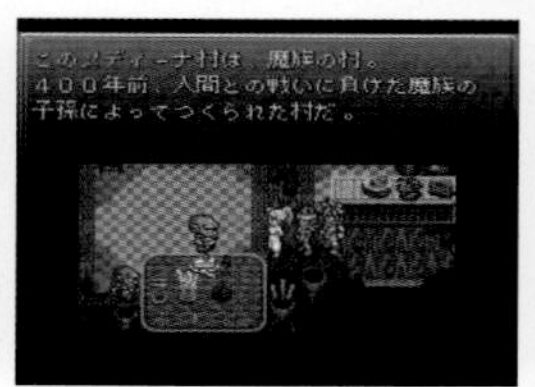

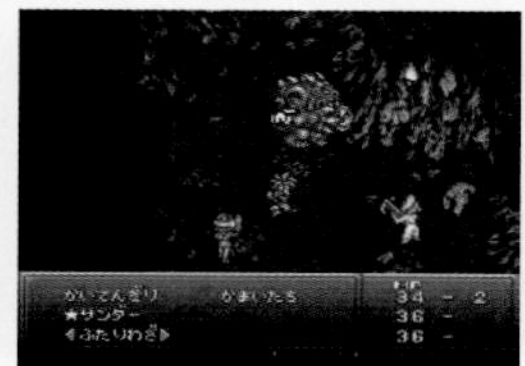

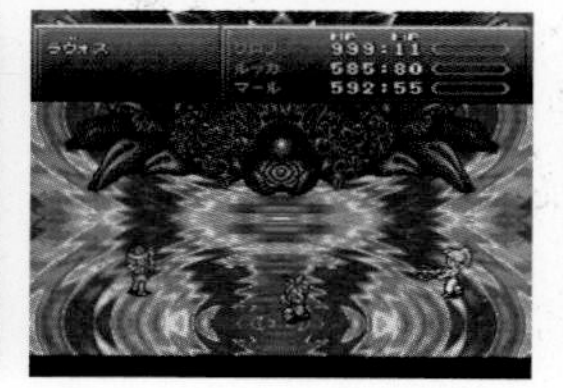

성검전설3

● 발매일 / 1995년 9월 30일 ● 가격 / 11,400엔
● 퍼블리셔 / 스퀘어

스퀘어가 발매한 액션 RPG의 명작

SFC로는 두 번째 작품. 전작과 같은 액션 RPG이며 기본적인 시스템을 계승했다. 6명 중에서 주인공과 동료 2명을 선택할 수 있는데, 이 선택에 따라 게임 중 발생하는 대화 내용이 바뀌게 되고, 클리어한 후에도 캐릭터를 바꿔서 몇 번이고 다시 시작할 수 있다.

스토리는 전작처럼 마나가 핵심이며, 주인공 일행은 세계의 평화를 되찾기 위해 싸운다. 적을 인식하면 자동으로 전투에 돌입하고 몬스터를 모두 쓰러뜨리면 전투에서 빠져나올 수 있다. 필살기 게이지를 소비해서 각 캐릭터 고유의 필살기를 쓸 수 있고, 클래스 체인지로 새로운 기술을 습득한다.

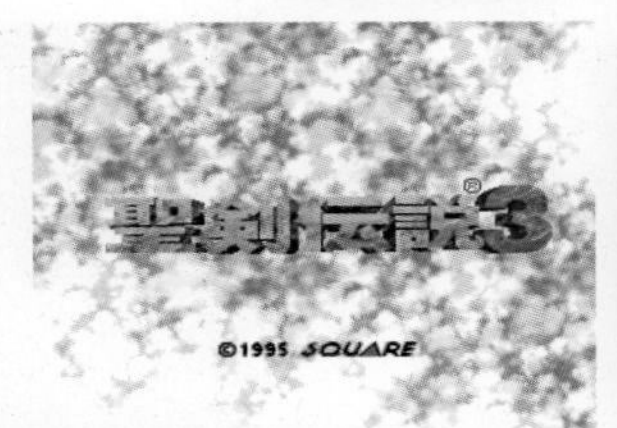

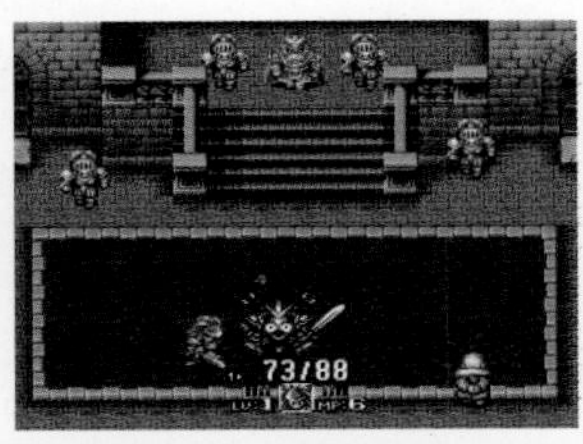

택틱스 오우거

● 발매일 / 1995년 10월 6일 ● 가격 / 11,400엔
● 퍼블리셔 / 퀘스트

정의 vs. 악이라는 이원론이 아니라 다양한 사상의 공존이 특징

마츠노 야스미의 『오우거 배틀 사가』 제7장에 해당한다. SFC에서는 『전설의 오우거 배틀』로부터 2년 반 후에 발매됐다. 고저차가 있는 맵 위에서 적과 아군이 뒤섞여 싸우는 전략 시뮬레이션 RPG로, 전작의 세미 리얼타임제에서 독자적인 웨이트 턴제로 변경되었다.

민족의 독립 전쟁을 다룬 웅장한 스토리와 중후한 세계관에 이끌린 팬들이 많아서, 잡지의 좋아하는 게임 랭킹에도 오랜 기간 머물러 있었다. 우수한 게임 시스템과 높은 난이도, 다양한 캐릭터가 전하는 명언과 숨겨진 커맨드 등, 현재에 이르기까지 화제가 끊이지 않는 작품이다.

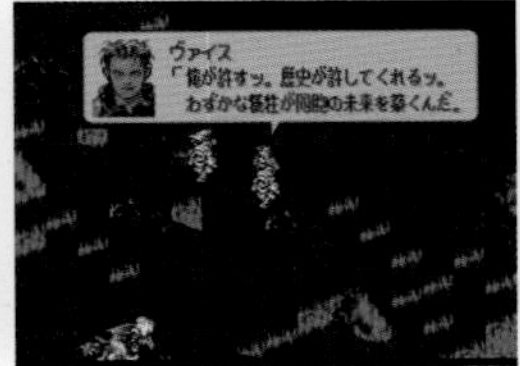

천지창조

● 발매일 / 1995년 10월 20일 ● 가격 / 11,800엔
● 퍼블리셔 / 에닉스

파괴와 창조를 테마로 한 퀸텟의 SFC 최종작

퀸텟이 개발하고 에닉스가 발매한 액션 RPG. 『소울 블레이더』 『가이아 환상기』와 함께 퀸텟 3부작(소울 3부작)이라 불린다. 현실의 세계 지도를 토대로 한 방대한 필드를 탐색하고, 던전 안에서는 적과 싸운다. 방대한 스토리이면서도 게임 시스템은 어렵지 않아 누구라도 문제없이 세계관에 몰입할 수 있다.

전투에서는 커맨드 입력으로 미들 슬래이서, 스핀 어택, 렉 슬라이더 같은 기술을 쓸 수 있고, 원거리 무기를 막을 수도 있다. 액션 부분의 난이도는 적당하고 퍼즐 요소도 풍부하다. 모든 면에서 밸런스가 잡힌 SFC 굴지의 명작이라 할 만하다.

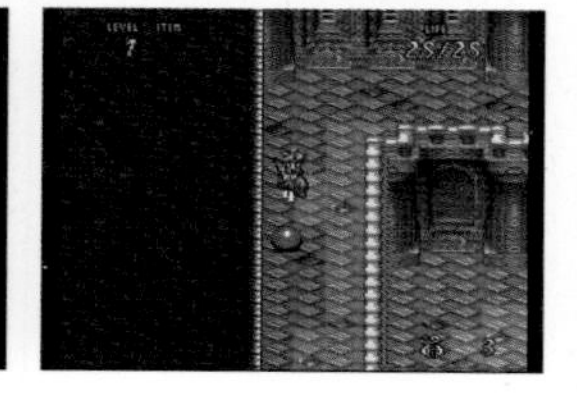

로맨싱 사가3

● 발매일 / 1995년 11월 11일 ● 가격 / 11,400엔
● 퍼블리셔 / 스퀘어

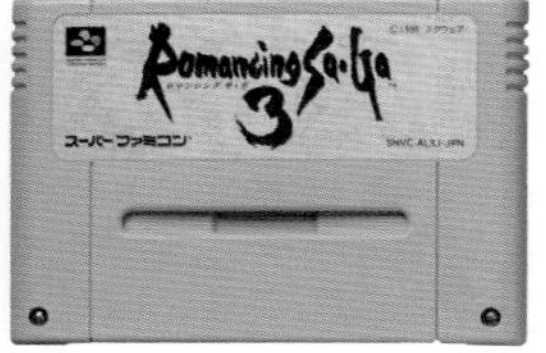

SFC에서의 시리즈 최종작, 총결산된 시스템은 완성도가 높았다

프리 시나리오를 채택한 세 번째 작품으로 시스템은 첫 작품으로 회귀한 형태가 되었다. 주인공은 8명 중에서 고를 수 있는데 각각 전용 스토리가 준비되어 있다. 서브 스토리 또한 다양하고, 어떤 캐릭터를 동료로 삼을지는 플레이어에게 맡겨둔다.

여전히 자유도 높은 시스템이지만 최종 목적은 동일하다. 시나리오는 최종 결전을 앞두고 제대로 완결이 되도록 만들어졌다. 전투에서는 새롭게 커맨더 모드가 채용되었지만, 사용 여부는 플레이어에게 달렸다. 기존의 커맨드 입력식 전투로 끝까지 진행하는 것도 가능하다.

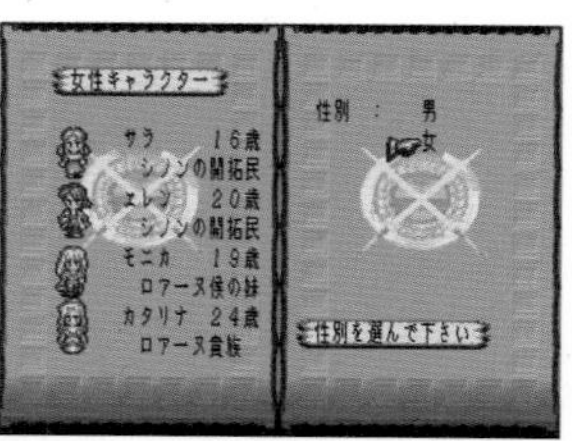

드래곤 퀘스트Ⅵ 환상의 대지

● 발매일 / 1995년 12월 9일 ● 가격 / 11,400엔
● 퍼블리셔 / 에닉스

플레이하기 전부터 확신하는 안정감과 재미가 매력

일본에서 국민 RPG라는 말을 정착시킨 시리즈 제6탄. SFC로는 『V』『I · II』에 이어서 세 번째 작품이고, 스토리 면에서는 천공 시리즈의 완결을 다루고 있다. 주인공 일행이 두 개의 세계를 왕래하면서 진실을 해명해 나간다는 내용이다. 주인공의 파란만장한 인생을 그린 전작과 비교하면 왕도계(王道系) 시나리오로 회귀했다고도 할 수 있다.
전투는 기존과 같은 커맨드 선택식이지만, 마법 이외에도 MP를 소모하지 않고 쓸 수 있는 특기가 대폭 늘었고 전직(轉職)을 이용한 캐릭터 육성이 매우 중요해졌다. 몬스터를 동료로 만드는 시스템은 『V』에서 계승되었다.

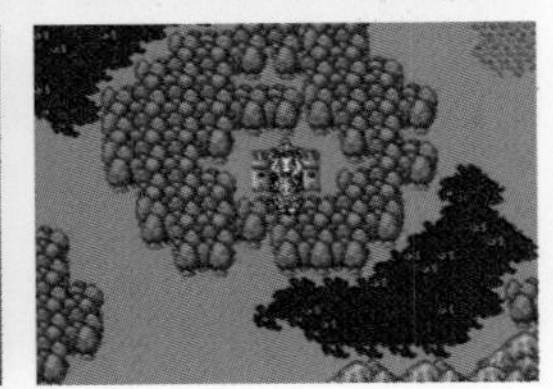

테일즈 오브 판타지아

● 발매일 / 1995년 12월 15일 ● 가격 / 11,800엔
● 퍼블리셔 / 남코

이식작 · 리메이크판 출하량이 SFC판의 5배 이상

PC와 가정용 하드로 수많은 게임을 선보였던 울프팀이 개발한 RPG. 『테일즈』 시리즈의 첫 번째 작품이다. SFC로 발매되었던 것은 본 작품뿐이지만, 플랫폼을 바꿔가며 오랫동안 인기를 얻고 있는 시리즈이다.
본 작품은 SFC 중에서도 압도적인 고품질 그래픽과 오프닝곡, 후지시마 코우스케가 만들어낸 캐릭터 등, 화제가 되는 요소가 많았다. 하지만 다른 대작 RPG 정도로 히트하지는 못했다. 대신에 입소문으로 천천히 인기가 퍼져 나갔고, 리메이크작과 시리즈 두 번째 작품 이후에 인기가 폭발했다.

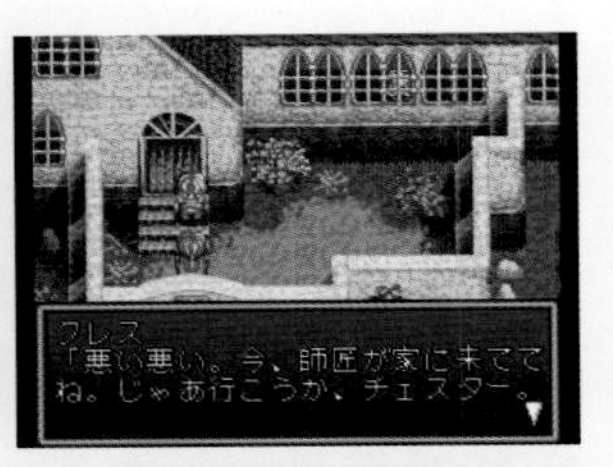

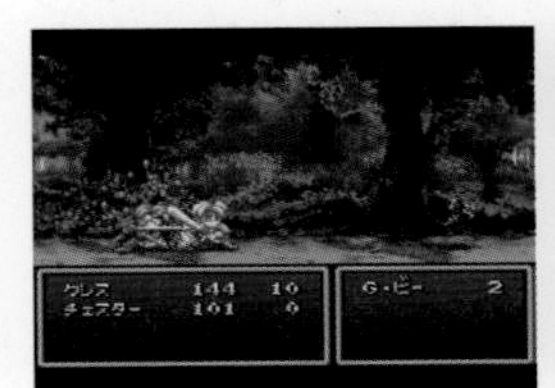

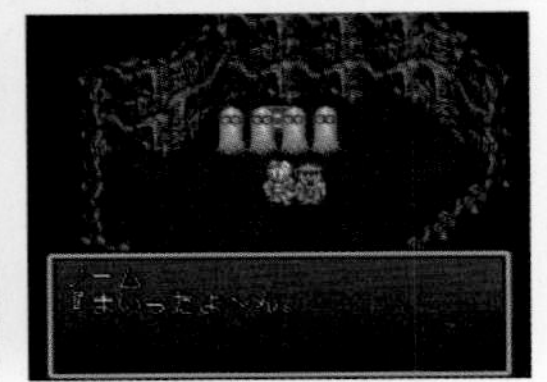

X-MEN

● 발매일 / 1995년 1월 3일 ● 가격 / 9,980엔
● 퍼블리셔 / 캡콤

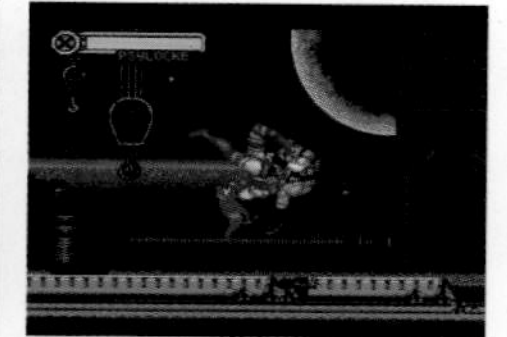

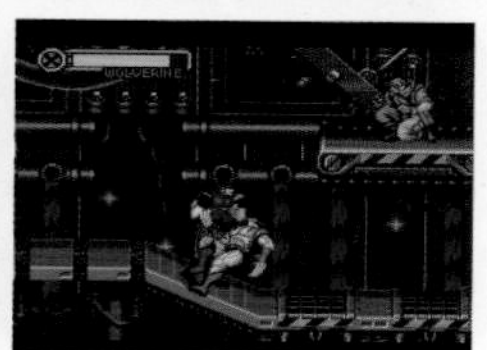

마블의 인기 만화 『X-MEN』의 캐릭터가 활약하는 사이드뷰 액션 게임. 「사이클롭스」「울버린」「사이록」「건비트」「비스트」라는 5명의 캐릭터를 사용할 수 있다. 스테이지2 이후로는 캐릭터를 자유롭게 선택할 수 있고 커맨드 입력으로 필살기도 쓸 수 있다.

슈퍼 차이니즈 파이터

● 발매일 / 1995년 1월 3일 ● 가격 / 9,800엔
● 퍼블리셔 / 컬처 브레인

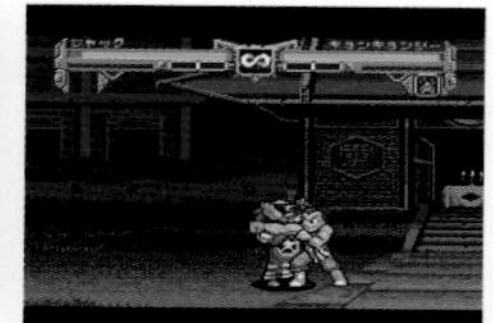

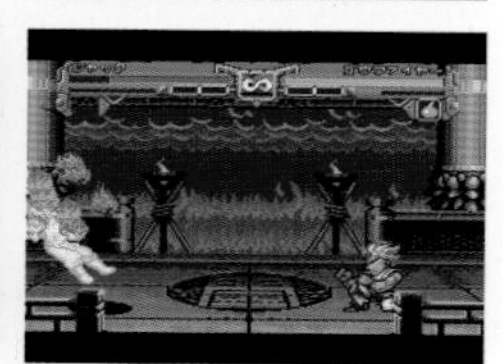

『슈퍼 차이니즈』 시리즈 중의 하나로 장르는 대전 격투 게임이다. 1인용 플레이의 메인인 어드벤처 모드에서는 납치당한 링링과 비전서(祕傳書)를 되찾기 위해 잭과 류가 적과 싸운다는 내용이다. 아이템도 사용할 수 있다.

다카하시 명인의 대모험도 II

● 발매일 / 1995년 1월 3일 ● 가격 / 9,500엔
● 퍼블리셔 / 허드슨

FC에서 이어지는 시리즈이며 SFC로는 두 번째 작품이다. 이번 작품에서는 게임성이 바뀌어서 액션 RPG가 되었다. 따라서 아이템 탐색과 문제풀이 등의 요소가 풍부하게 준비되었고 마법도 쓸 수 있다. 또한 본 작품에서 명인의 무기는 검으로 다양한 기술을 습득할 수 있다.

팩 인 타임

● 발매일 / 1995년 1월 3일 ● 가격 / 7,900엔
● 퍼블리셔 / 남코

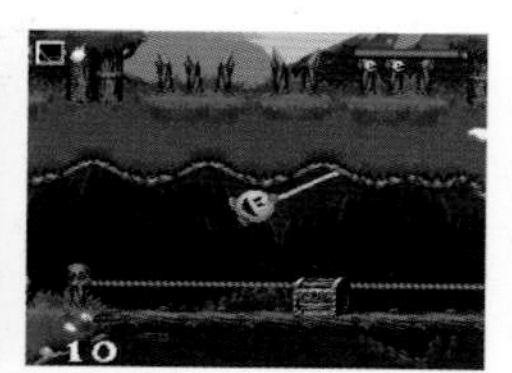
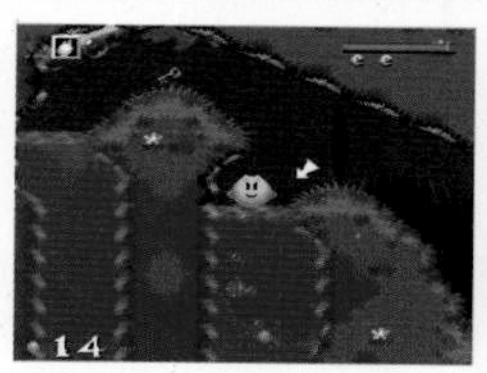
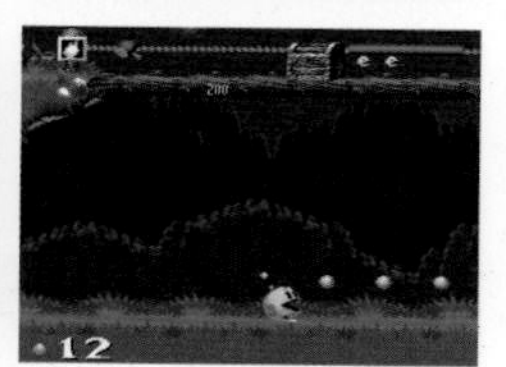

의인화 된 『팩맨』을 조작해서 진행하는 사이드뷰 액션 게임. 스테이지 클리어를 위해서는 모든 도트를 회수해야 한다. 주인공이 마법의 링을 지나가면 네 가지 종류의 능력을 습득할 수 있는데, 그것을 활용하여 스테이지를 공략해 나간다.

본커스 헐리우드 대작전!

● 발매일 / 1995년 1월 3일 ● 가격 / 8,500엔
● 퍼블리셔 / 캡콤

동명 타이틀인 디즈니 애니메이션을 원작으로 한 사이드뷰 액션 게임. 주인공은 점프, 폭탄 던지기, 달리기 등이 가능하고 필드에는 다양한 아이템이 떨어져 있다. 특정 지점에 도착하면 보스와 싸우게 되는데 보스를 쓰러뜨리면 스테이지 클리어이다.

갤럭시 워즈

● 발매일 / 1995년 1월 13일 ● 가격 / 5,980엔
● 퍼블리셔 / 이머지니어

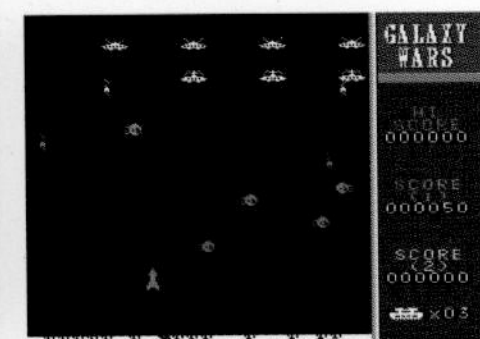

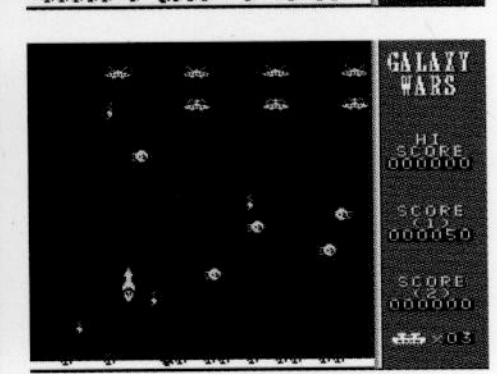

「게임센터 아라시」가 필살기 '화염의 코마'를 습득하는 계기가 된 아케이드용 작품을 리메이크했다. 흑백화면 모드와 흑백화면에 셀로판을 붙여 컬러 매체를 재현한 90년대풍 리메이크 모드를 플레이할 수 있다. 리메이크 모드에서는 실제 '화염의 코마'를 사용할 수 있다.

실전! 마작 지도

● 발매일 / 1995년 1월 13일 ● 가격 / 9,800엔
● 퍼블리셔 / 애스크 고단샤

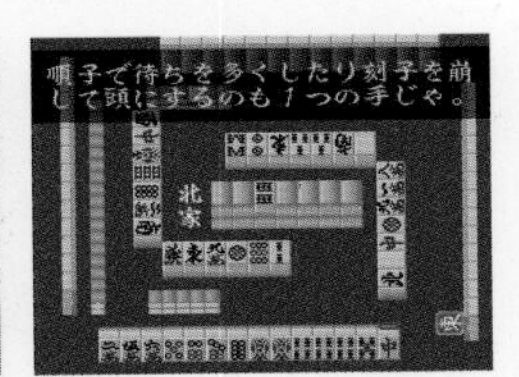
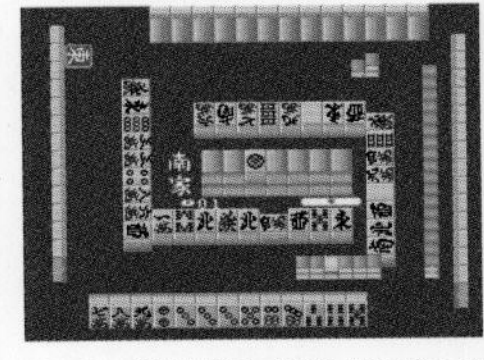
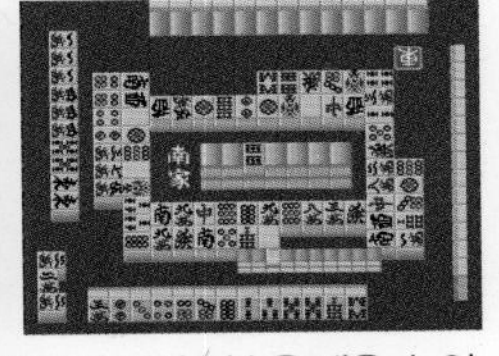

CPU 캐릭터를 사범 대리로 지명하면 마작 전술을 배울 수 있다. 물론 일반적인 대국도 할 수 있으며 프리 대국, 단위 심사 등 5가지 모드를 플레이할 수 있다. 대국 데이터를 보존해두기 때문에 언제든 자신의 전술을 되짚어볼 수도 있다.

작유기 오공난타

● 발매일 / 1995년 1월 13일 ● 가격 / 8,900엔
● 퍼블리셔 / 버진 게임

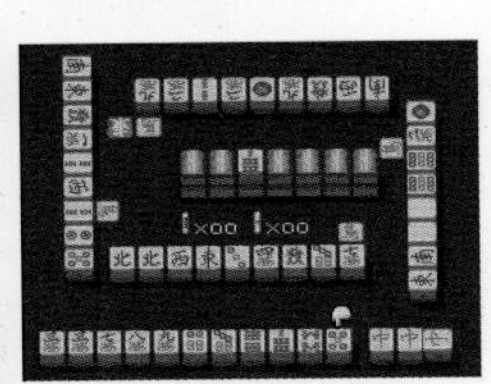
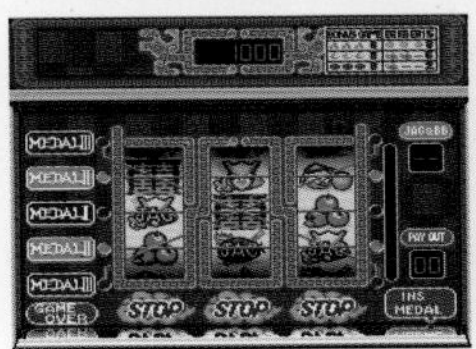

서유기가 모티브인 마작 게임. 삼장법사 일행이 노잣돈을 벌기 위해 마작장에서 마작을 한다는 설정이다. 서유기의 캐릭터들과 자유롭게 대국하는 모드뿐 아니라 신경쇠약, 슬롯머신 같은 미니 게임도 플레이할 수 있다. 4인 마작이며 속임수가 없어서 안심하고 즐길 수 있도록 설계되었다.

퍼즐 보블

● 발매일 / 1995년 1월 13일 ● 가격 / 6,800엔
● 퍼블리셔 / 타이토

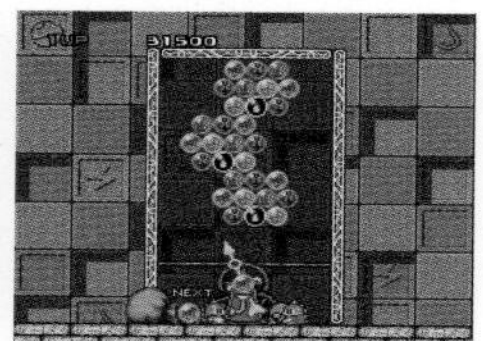
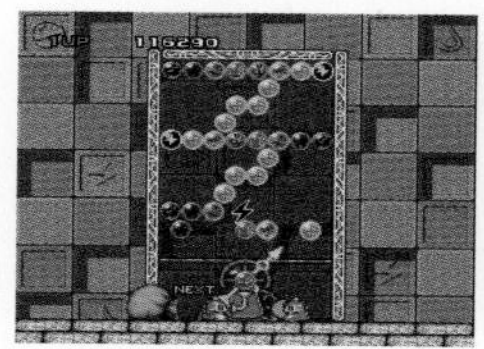

타이토의 아케이드용 퍼즐 게임을 이식. 원래는 『버블 보블』의 스핀오프 작품이었지만, 본 작품을 뛰어넘는 인기 시리즈가 되었다. 화면 하단의 포대에서 버블을 쏘고, 같은 색이 3개 이상 이어지면 지울 수 있다. 모든 버블을 없애면 스테이지 클리어가 된다.

두근두근 스키 원더 슈푸르

● 발매일 / 1995년 1월 13일 ● 가격 / 9,600엔
● 퍼블리셔 / 휴먼

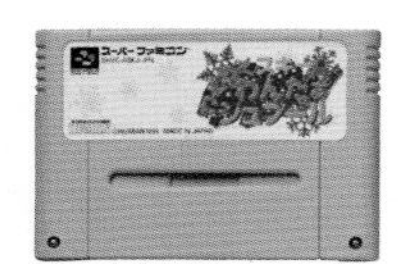

코미컬한 캐릭터가 특징인 스키 게임. 그런데 스키라고는 하지만 코스는 경사지지 않았고 겉보기에는 평범한 레이싱 게임이다. 8명 중에서 사용할 캐릭터를 선택할 수 있는데 각각 성능이 다르다. 스크럼블 레이스와 매치 레이스 등 4종류의 모드를 플레이할 수 있다.

스타더스트 스플렉스

● 발매일 / 1995년 1월 20일 ● 가격 / 9,980엔
● 퍼블리셔 / 바리에

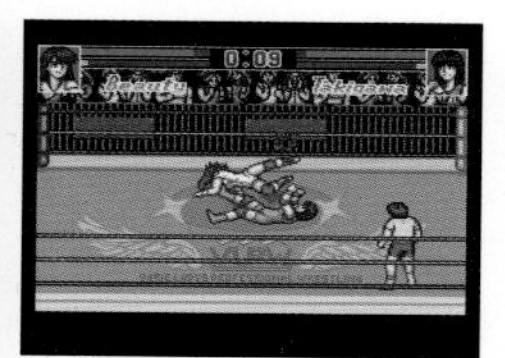

바리에가 발매한 프로레슬링 게임인데 등장 레슬러는 모두 여성이다. 선수는 모두 가명이지만 모델이 된 레슬러가 실존해서 팬이라면 금방 알 수 있다. 버튼과 십자키를 조합해서 타격기부터 관절기까지 다양한 공격이 가능하다.

마이클 안드레티 인디 카 챌린지

● 발매일 / 1995년 1월 20일 ● 가격 / 9,800엔
● 퍼블리셔 / BPS

미국인 레이서이며 F1 드라이버이기도 했던 마이클 안드레티의 이름을 내세운 레이싱 게임. 유사 3D 화면이며 레이스 전에 머신 세팅이 가능하다. 마이클 안드레티가 실제 존재하는 16개 코스에 대한 어드바이스를 해준다.

울버린

● 발매일 / 1995년 1월 27일 ● 가격 / 10,900엔
● 퍼블리셔 / 어클레임 재팬

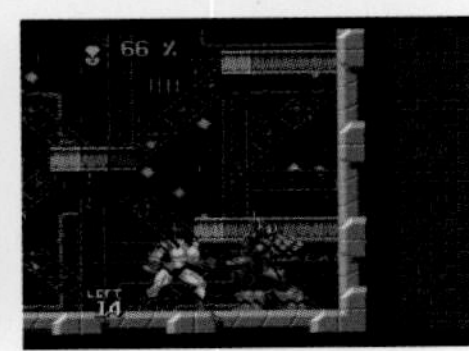

X-MEN 중에서도 특히 인기가 높은 울버린을 주인공으로 한 사이드뷰 액션 게임. 아다만티움 손톱으로 적을 공격하거나 천장에 찔러 넣어서 이동에 사용하기도 한다. 조작은 약간 복잡하지만 익숙해지면 실로 다채로운 액션이 가능하다.

키테레츠 대백과 초시공 주사위게임

● 발매일 / 1995년 1월 27일 ● 가격 / 8,900엔
● 퍼블리셔 / 비디오 시스템

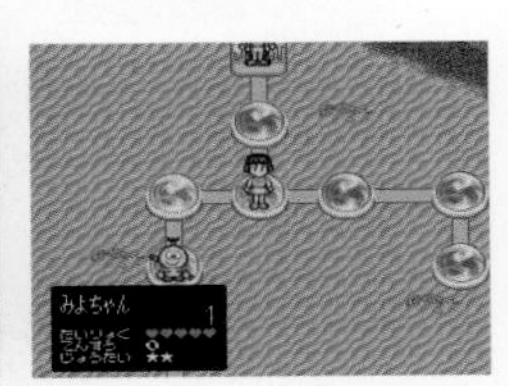

후지코 F 후지오의 인기 만화 『키테레츠 대백과』의 캐릭터를 사용한 보드게임. 룰렛을 돌려서 나온 숫자만큼 나아가고 멈춘 칸에 따라 포인트가 증감된다. 아이템을 사용해서 유리하게 진행하거나 라이벌을 방해할 수 있으며, 미니 게임도 준비되어 있다.

강철의 기사3 -격돌 유럽전선-

● 발매일 / 1995년 1월 27일 ● 가격 / 12,800엔
● 퍼블리셔 / 아스믹

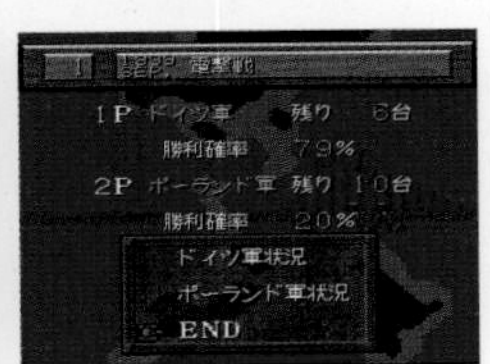
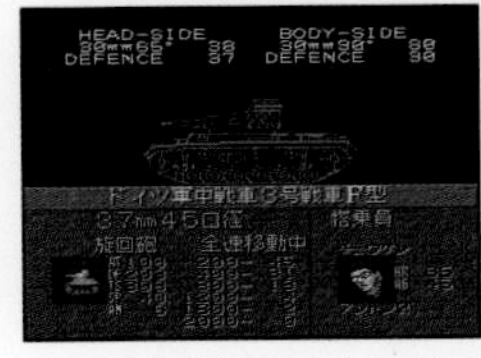
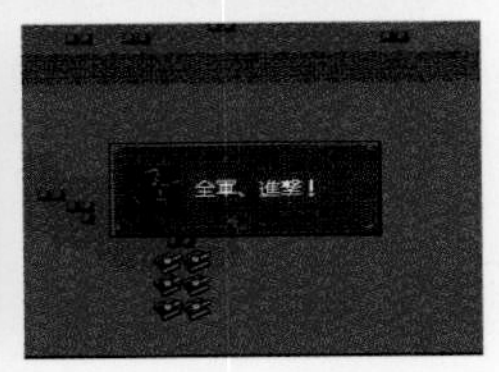

제2차 세계대전 당시 독일 기갑사단의 활약을 그린 SLG 세 번째 작품. 전쟁 초기인 폴란드 침공부터 말기인 베를린 공방전까지가 그려져 있다. 당시의 전차가 다수 등장하는 등 밀리터리 마니아라면 놓칠 수 없는 작품으로 세세한 명중 판정 등 본격적으로 만들어졌다.

파친코 이야기2 나고야 샤치호코의 제왕

● 발매일 / 1995년 1월 27일 ● 가격 / 9,800엔
● 퍼블리셔 / KSS

시리즈 두 번째 작품. 이번엔 파친코의 본고장인 나고야의 빌딩에서 승부에 도전한다. 기기는 10종류가 준비되어 있는데 모두 가상의 기기이다. 빌딩의 다른 층에는 게임센터나 카바레 등이 있어서 미니 게임을 플레이하거나 여자를 유혹할 수도 있다. 정보 수집이 중요한 게임.

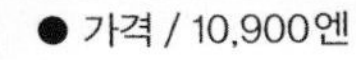

미라클 카지노 파라다이스

● 발매일 / 1995년 1월 27일 ● 가격 / 9,800엔
● 퍼블리셔 / 카로체리아 재팬

카로체리아 재팬이 발매한 보드게임. 음악은 일본 팔콤의 게임으로 유명한 코시로 유조가 담당했다. 게임의 규칙은 『모노폴리』 타입으로, 카지노를 렌탈해서 수익을 늘려 나간다. 카지노가 모티브인 만큼 미니 게임도 다수 준비되어 있다.

방과 후 in Beppin 여학원

● 발매일 / 1995년 2월 3일 ● 가격 / 9,980엔
● 퍼블리셔 / 이머지니어

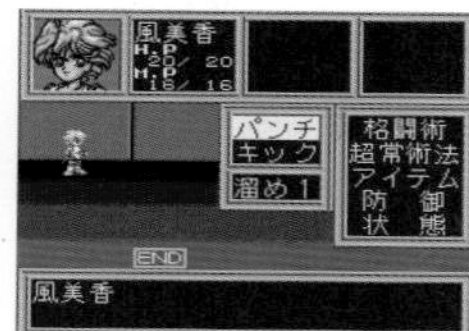

이머지니어가 발매한 육성 시뮬레이션 게임. 3명의 학생 중에서 한 명을 선택해 에이전트로서 교육을 실행한다. 학생의 스케줄을 결정하면 훈련이나 활동이 시작되고 파라미터가 증감된다. 다양한 이벤트도 발생하지만 아쉽게도 연애 요소는 존재하지 않는다.

아이언 코만도 강철의 전사

● 발매일 / 1995년 2월 10일 ● 가격 / 9,800엔
● 퍼블리셔 / 폿포

2명의 주인공 중에서 한 명을 선택하고, 적을 쓰러뜨리면서 나아가는 벨트 스크롤 액션 게임. 맨손 공격과 배트나 나이프 등을 이용한 근접 공격을 할 수 있고, 강제 스크롤 스테이지도 준비되어 있다. 라이선스를 취득한 홍콩의 BLAZEPRO라는 회사가 2017년에 복각판을 발매했다.

기동전사 건담 CROSS DIMENSION 0079

● 발매일 / 1995년 2월 10일 ● 가격 / 9,800엔
● 퍼블리셔 / 반다이

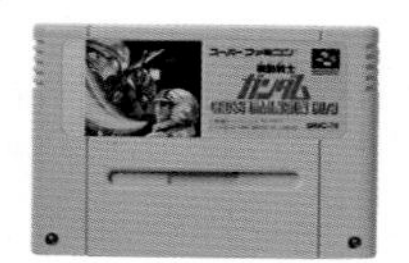

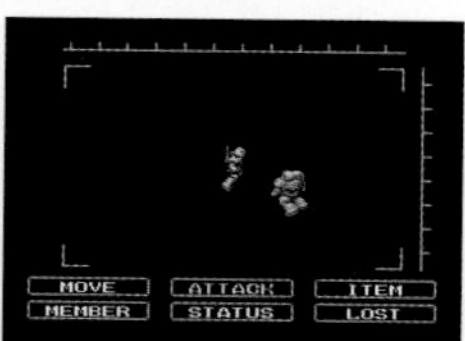

건담을 주제로 한 시뮬레이션 RPG. 제1부는 아무로가 처음 건담에 탑승하는 부분부터 라스트 슈팅 후의 육탄전까지를 다룬다. 제2부는 게임 오리지널로 주인공이 건담 픽시에 탑승한다. 공격 시 커맨드 입력으로 필살기를 쓸 수 있다는 점이 재밌다.

사이바라 리에코의 마작 방랑기

● 발매일 / 1995년 2월 10일 ● 가격 / 9,800엔
● 퍼블리셔 / 타이토

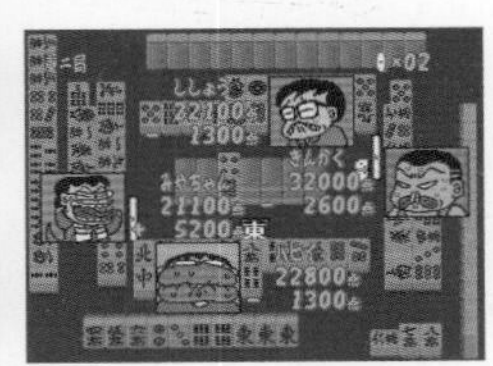
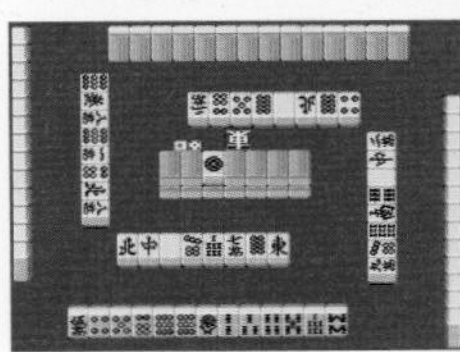

사이바라 리에코의 동명 만화를 토대로 만든 마작 게임. 본인 이외에도 작가인 킨카쿠 긴카쿠, 긴타마 감독, 하쿠○도의 미야 짱, 바바 프로 등 만화 속 캐릭터와 상대할 수 있다. 실제로 개최되던 작황전 모드에서는 탁자에 둘러앉은 플레이어 중에서 점수가 많은 4명이 결승에 진출한다.

더 심리게임2 ~매지컬 트립~

● 발매일 / 1995년 2월 10일 ● 가격 / 8,800엔
● 퍼블리셔 / 비지트

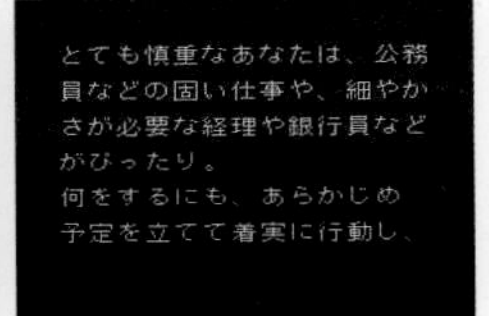

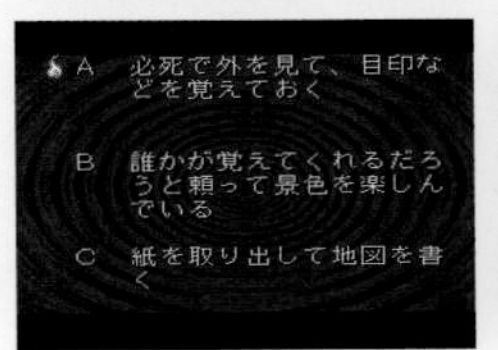

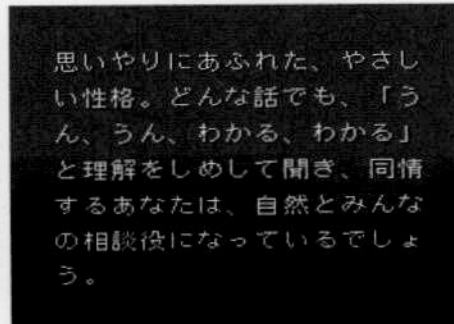

『심리게임』 시리즈의 두 번째 작품. 「당신이라면 어떻게 할 거야?」「셀프 모니터링」「상성 진단」「매지컬 트립」이라는 4가지 게임을 플레이할 수 있고, 설문에 답하면 심리 분석도 해준다. 또한 장편소설 두 편을 읽을 수 있으며 사이키델릭한 화면으로 마음을 힐링해준다.

잼즈

● 발매일 / 1995년 2월 10일 ● 가격 / 7,800엔
● 퍼블리셔 / 카로체리아 재팬

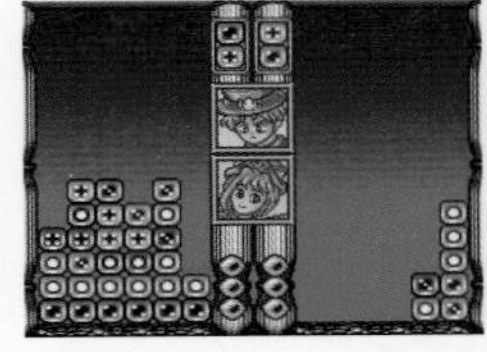

주사위를 사용한 낙하형 퍼즐 게임. 위에서 내려오는 2개의 주사위를 좌우로 유도 회전시켜서 떨어뜨린다. 그때 같은 색 주사위 사이에 다른 색의 주사위가 끼워지면 지울 수 있다. 위에 끼워졌던 주사위는 눈이 1 감소하는데, 눈이 0이 되면 그 주사위도 지울 수 있다.

다루마 도장

● 발매일 / 1995년 2월 10일 ● 가격 / 8,800엔
● 퍼블리셔 / DEN'Z

일본의 전통 놀이기구 '다루마 오토시'를 모티브로 한 퍼즐 게임. 아케이드의 이식작이다. 주인공을 조작해서 나무망치로 나무토막을 쳐내고, 화면 하단에 같은 토막 3개가 모이면 지울 수 있다. 플레이할 수 있는 모드가 많고, 시간제한이나 횟수 제한으로 규칙을 바꿀 수도 있다.

카시와기 시게타카의 탑 워터 배싱

● 발매일 / 1995년 2월 17일 ● 가격 / 14,800엔
● 퍼블리셔 / 밥

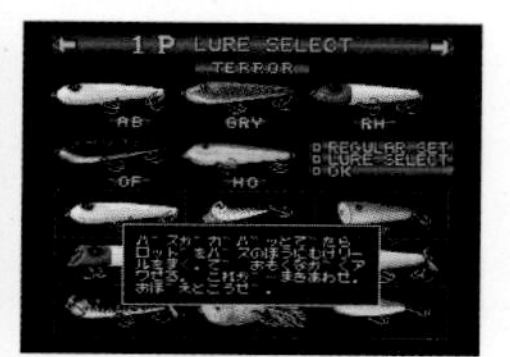

실존했던 루어 브랜드 ZEAL의 창설자이자 지금도 유명 배스 프로로 활약 중인 카시와기 시게타카의 배스 낚시 게임. 조작은 약간 복잡하지만 본격적으로 만들어져서 적당히 플레이했다가는 물고기를 낚을 수 없다. ZEAL의 루어 제품이 다수 등장한다.

타임 캅

● 발매일 / 1995년 2월 17일 ● 가격 / 9,800엔
● 퍼블리셔 / 빅터 엔터테인먼트

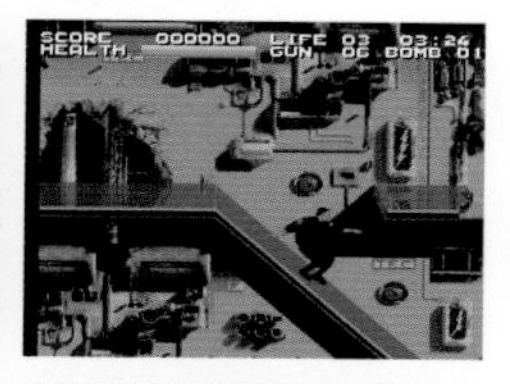
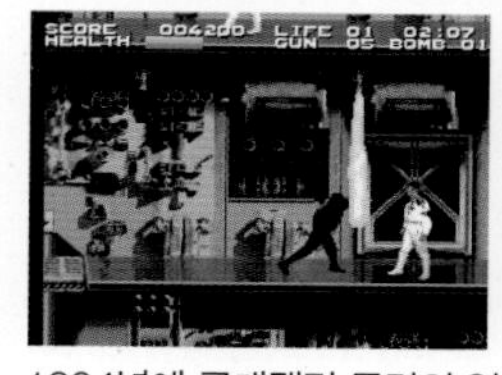
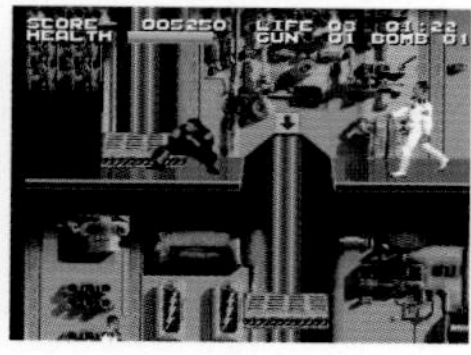

1994년에 공개됐던 동명의 영화를 원작으로 한 사이드뷰 액션 게임. 해외 제작사가 개발했으며, 실사 영상을 사용한 인물 표현으로 마치 영화 같은 리얼함을 재현했다. 앞으로 나아가려면 장치를 작동시켜야 하고 맵 탐색이 중요하다.

긴타마 두목의 실전 파친코 필승법

● 발매일 / 1995년 2월 17일 ● 가격 / 10,500엔
● 퍼블리셔 / 사미

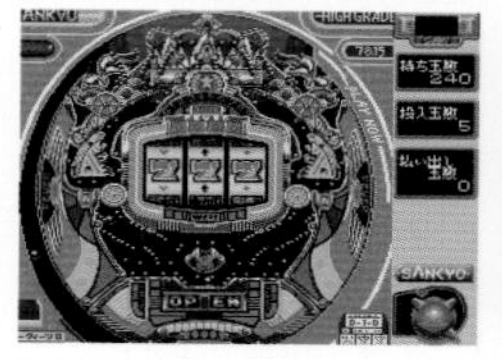
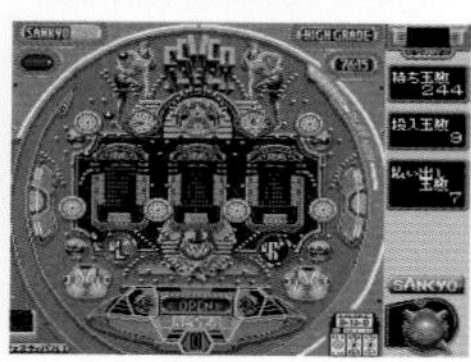

「파친코 필승 가이드」나 사이바라 리에코의 만화에 종종 등장했으며, 현재는 마작장 경영자인 긴타마 두목 '야마자키 카즈오'의 파친코 게임. 헤이와, 산쿄가 협찬했고 「피버 퀸 II」 「뉴 빅 슈터」 「탄환 이야기 SP」 등 5대의 실존 기기가 등장한다.

체스 마스터

● 발매일 / 1995년 2월 17일 ● 가격 / 9,800엔
● 퍼블리셔 / 알트론

해외 제작사가 개발한 체스 게임으로 불필요한 연출이 일절 없는 간결한 게임이다. CPU와의 대전 이외에 2P와도 대전할 수 있고 세세한 설정도 가능하다. CPU AI의 처리 능력이 꽤 높아서 말을 움직일 줄 아는 정도의 플레이어는 손을 쓸 엄두를 못 낸다.

제독의 결단 II

● 발매일 / 1995년 2월 17일 ● 가격 / 14,800엔
● 퍼블리셔 / 코에이

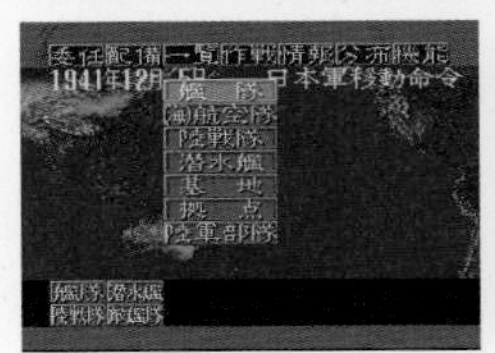
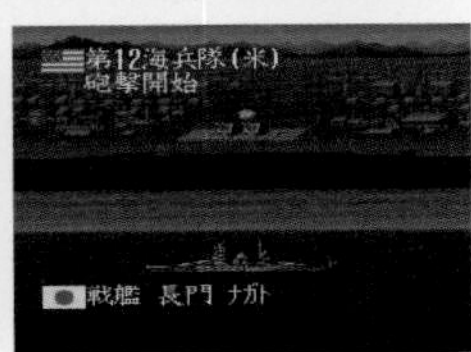

태평양전쟁을 토대로 한 시뮬레이션 게임으로 일본 해군이나 미국 해군을 지휘해서 승리를 목표로 한다. 함정이나 항공기를 설계할 수 있고 카드 게임으로 회의를 재현하는 등, 전투 이외의 부분에도 공을 들였다.

파이터즈 히스토리 미조구치 위기일발!!

● 발매일 / 1995년 2월 17일 ● 가격 / 9,900엔
● 퍼블리셔 / 데이터 이스트

데이터 이스트의 아케이드용 대전 격투 게임을 SFC용으로 어레인지한 신작. 인기 캐릭터인 미조구치가 주인공으로 발탁됐다. 미조구치 모드에서는 도둑맞은 타코야키 가게의 간판을 되찾기 위해 각 캐릭터와 대전을 펼친다. 데이터 이스트의 캐릭터인 체르노브가 최종 보스로 등장한다.

야무야무

● 발매일 / 1995년 2월 17일 ● 가격 / 9,800엔
● 퍼블리셔 / 반다이

『불꽃의 투구아 돗지탄평』과 『이나즈마 일레븐』으로 유명한 「코시타 테츠히로」가 캐릭터를 디자인한 신기한 게임. 기본은 RPG이지만, 마을 사이를 이동할 때는 유사 3D 슈팅 게임이 된다. 여기서 적을 쓰러뜨리면 돈이 들어오고 레벨도 올라가는 구조이다.

마신전생 II

● 발매일 / 1995년 2월 19일 ● 가격 / 10,800엔
● 퍼블리셔 / 아틀라스

아틀라스의 시뮬레이션 RPG 속편. 본 작품 역시 『진 여신전생』의 동료 악마나 마수 합성 시스템을 사용하고 있다. 대화를 통해 악마를 동료로 만들고, 합체시켜서 더 강력한 동료를 만들어낸다. 전투 중에는 엑스트라 기술을 쓸 수 있는데, 합체를 통해 그 기술을 계승시키는 것도 가능하다.

에스트폴리스 전기 II

● 발매일 / 1995년 2월 24일 ● 가격 / 9,980엔
● 퍼블리셔 / 타이토

타이토가 발매한 인기 RPG 시리즈의 두 번째 작품. 전작에서 100년 전 시점의 스토리로 인간과 신들의 전투가 그려져 있다. 던전은 문제 풀이 요소가 가득해서 퍼즐 게임처럼 만들어졌고, 전투에는 캡슐 몬스터 시스템이 도입되었다.

NFL 쿼터백 클럽'95

● 발매일 / 1995년 2월 24일 ● 가격 / 11,800엔
● 퍼블리셔 / 어클레임 재팬

해외 개발사의 아메리칸 풋볼 게임으로, 당시 NFL에 소속됐던 팀이 실명으로 등장한다. 필드는 종방향이어서 1인용 플레이일 경우에는 위쪽을 공격하는 형태가 된다. 아메리칸 풋볼의 주요 공격과 수비 포메이션도 다수 수록되어 실제 시합처럼 즐길 수 있다.

NBA JAM 토너먼트 에디션

● 발매일 / 1995년 2월 24일 ● 가격 / 11,800엔
● 퍼블리셔 / 어클레임 재팬

다양한 플랫폼으로 발매되고 있는 『NBA JAM』 시리즈의 SFC 두 번째 작품. NBA의 슈퍼스타들이 얼굴 사진과 함께 실명으로 출연하는 것이 포인트로 시합은 2 on 2로 이루어진다. 여전히 선수의 점프력이 엄청나서 화려한 시합을 즐길 수 있다.

클래식 로드 II

● 발매일 / 1995년 2월 24일 ● 가격 / 12,800엔
● 퍼블리셔 / 빅터 엔터테인먼트

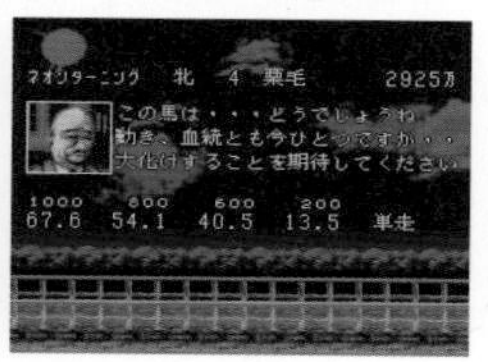

경주마 육성 시뮬레이션의 속편. 경주마를 구입하거나 번식시키고 조교로 키워 나간다. 이번 작품부터는 외국 말이나 지방의 말도 구입할 수 있게 되어서 게임의 폭이 넓어졌다. 목표는 G1 레이스 제패이지만 게임에 명확한 목적은 없어서 자유도는 높은 편이다.

실황 파워풀 프로야구2

● 발매일 / 1995년 2월 24일 ● 가격 / 9,980엔
● 퍼블리셔 / 코나미

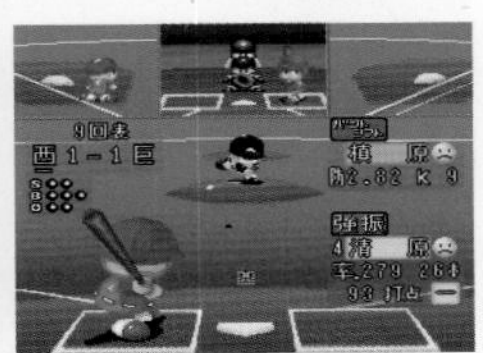

『실황야구』 시리즈의 두 번째 작품으로 아사히 방송 아나운서의 실황 중계가 삽입되었다. 전작에서 시스템의 큰 변화는 없으며, 순수한 신규 데이터판으로서 즐길 수 있는 내용이다. 인기는 순조롭게 올라갔고 팬들에게는 야구 게임의 기준으로 인식되었다.

장기 클럽

● 발매일 / 1995년 2월 24일 ● 가격 / 8,800엔
● 퍼블리셔 / 헥터

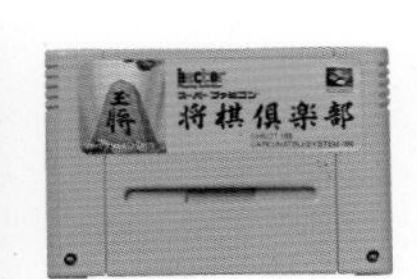

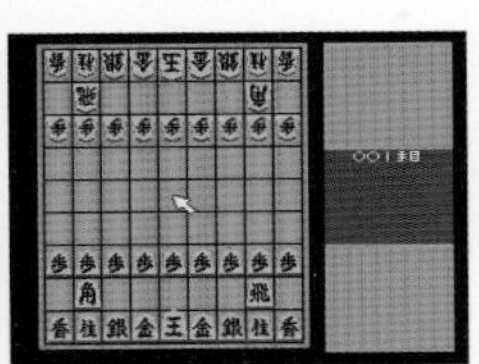
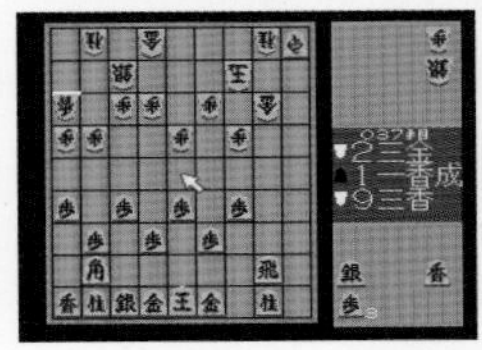
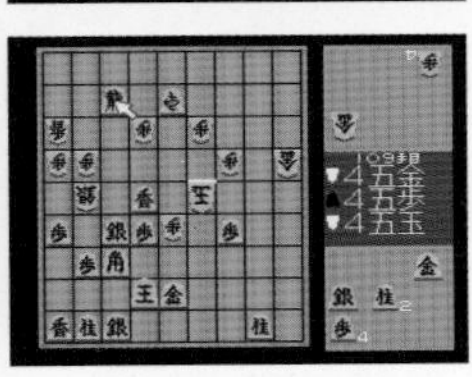

헥터가 발매한 장기 게임으로 CPU와 대국하는 모드 하나뿐이다. 설정으로 선공 · 후공, 비차 각 떼기 등의 말 떼기를 선택할 수 있지만 불필요한 연출이나 그래픽은 일절 없다. 당시에 이 정도로 심플한 게임은 오히려 드물었다.

슈퍼 드리프트 아웃

● 발매일 / 1995년 2월 24일 ● 가격 / 9,980엔
● 퍼블리셔 / 비스코

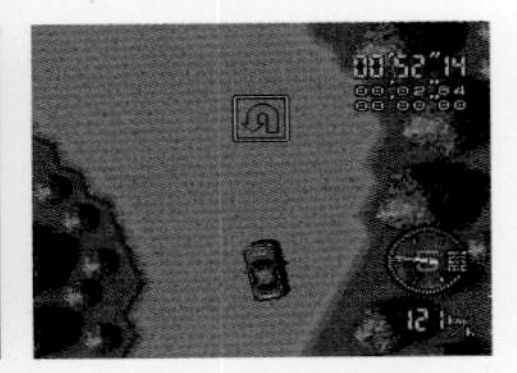
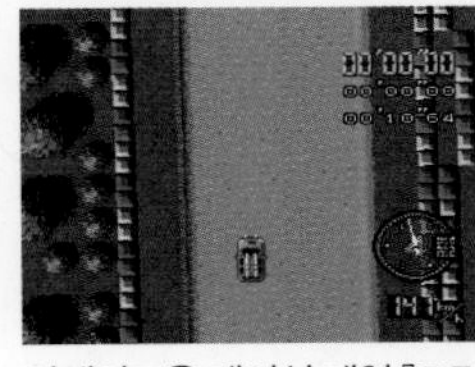

아케이드용 레이싱 게임 『드리프트 아웃』의 SFC 이식판. 스바루 임프레자, 토요타 셀리카, 미츠비시 랜서 에볼루션 등 실제 차량이 등장하는 랠리가 펼쳐지며 탑뷰 시점이 특징이다. 좌우 방향으로 크게 회전하는 코스가 매력 있지만 멀미가 날 수도 있다.

Turf Memories

● 발매일 / 1995년 2월 24일 ● 가격 / 11,600엔
● 퍼블리셔 / 벡

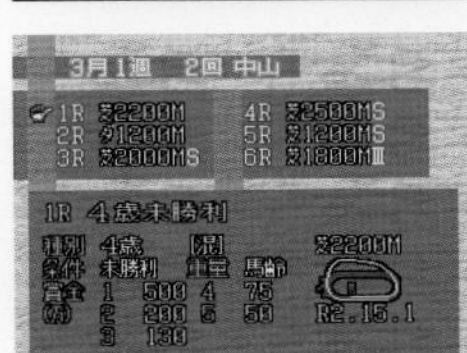

플레이어는 기수가 되어서 다양한 레이스에 도전한다. 게임은 1970년대부터 시작되는데 처음에는 신인 기수였던 주인공이 점점 성장해가는 모습을 따라간다. 과거의 큰 레이스에 개입할 수는 있지만, 패배하면 거기서 끝이고 다시 하는 것은 불가능하다.

드리프트 킹 츠치야 케이이치 & 반도 마사아키 수도고 배틀2

● 발매일 / 1995년 2월 24일 ● 가격 / 9,800엔
● 퍼블리셔 / BPS

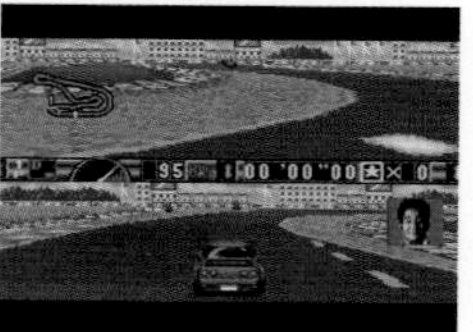

드리프트 킹, 츠치야 케이이치가 감수한 레이싱 게임 제2탄. 배틀은 라이벌과 일대일로 이루어지고 화면이 상하로 분할된다. 코스는 수도 고속도로 이외에 전용 서킷이 있으며, 반도 마사아키가 있는 곳에서 머신 세팅도 가능하다. 등장하는 차량은 실제 차량을 모델로 했다.

NAGE LIBRE 정적의 수심

● 발매일 / 1995년 2월 24일 ● 가격 / 9,800엔
● 퍼블리셔 / 바리에

등장 캐릭터 전체가 미소녀라는 설정의 시뮬레이션 RPG. 맵 위에서 캐릭터를 이동시켜서 인접한 적을 공격한다. 전투 시엔 랜덤으로 배분되는 카드로 공격, 방어, 회피 등을 하게 된다. 코스튬 카드를 이용해 수영복이나 체조복 등으로 갈아입는 것도 볼거리다.

배틀 핀볼

● 발매일 / 1995년 2월 24일 ● 가격 / 6,800엔
● 퍼블리셔 / 반프레스토

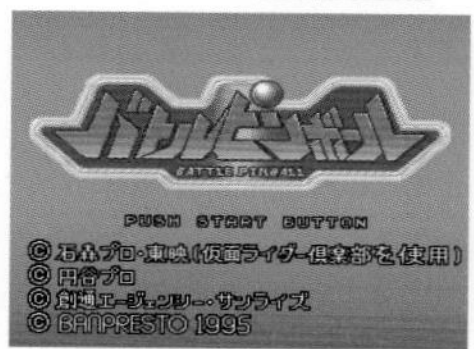

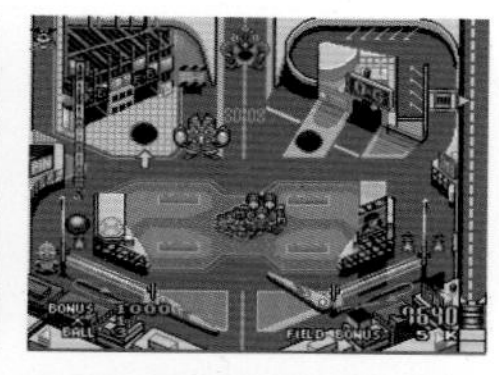

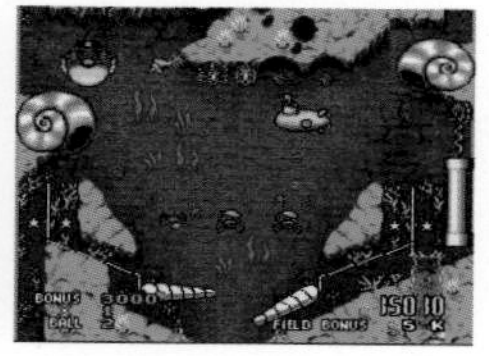

『콤파치 히어로』 시리즈의 핀볼 게임. 핀볼 기기에는 건담 스테이지, 울트라 스테이지 등의 테마가 있고 거기에 대응한 캐릭터가 등장한다. 악의 군단을 쓰러뜨린다는 스토리도 존재하는데 4개의 기기를 모두 클리어하면 대전형 핀볼로 보스와 싸운다.

미소녀 전사 세일러 문 S 빙글빙글

● 발매일 / 1995년 2월 24일 ● 가격 / 6,800엔
● 퍼블리셔 / 반다이

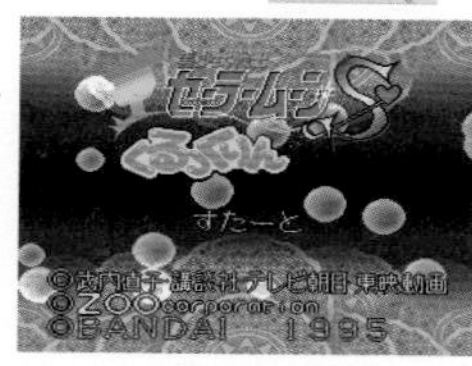

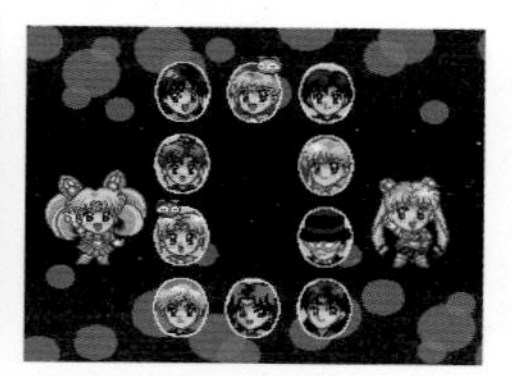

슈퍼 패미컴에서 총 9개 작품이 발매된 세일러 문 시리즈 중 다섯 번째. 장르는 퍼즐 게임으로 3종류의 '탈리스만'을 모두 최하단에 떨어뜨려서 입수하면 승리한다. 캐릭터마다 필살기가 준비되어 있는데 이를 쓰는 타이밍이 중요하다.

파랜드 스토리

● 발매일 / 1995년 2월 24일 ● 가격 / 10,800엔
● 퍼블리셔 / 반프레스토

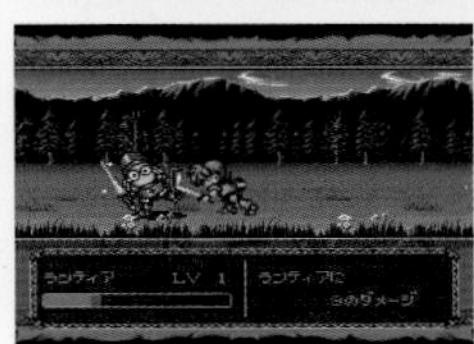
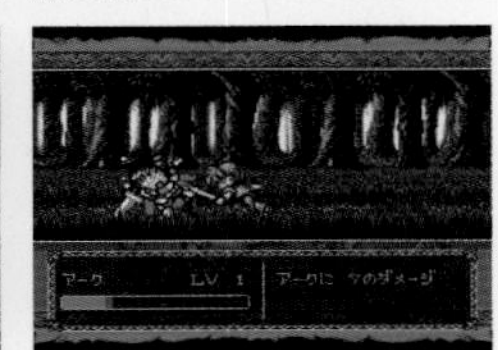

PC에서 여덟 번째 작품까지 발매된 시뮬레이션 RPG의 SPC 판. 검과 마법의 세계가 무대이며 스토리는 2부로 구성되어 있다. 맵 위의 캐릭터를 이동시켜서 적을 제압하는 친숙한 시스템으로 마을에서는 아이템 구입도 가능하다.

From TV animation SLAM DUNK2 IH예선 완전판!!

● 발매일 / 1995년 2월 24일 ● 가격 / 10,800엔
● 퍼블리셔 / 반다이

SFC로는 『슬램덩크』 두 번째 작품으로 시스템은 전작을 계승했다. 선수를 리얼타임으로 움직이면서 패스나 슛은 커맨드 입력으로 한다. 시합 중에 가끔 컷신이 삽입되어서 박력 있는 시합을 즐길 수 있다. 본 작품은 인터하이 예선전 부분을 그리고 있다.

프론트 미션

● 발매일 / 1995년 2월 24일 ● 가격 / 11,400엔
● 퍼블리셔 / 스퀘어

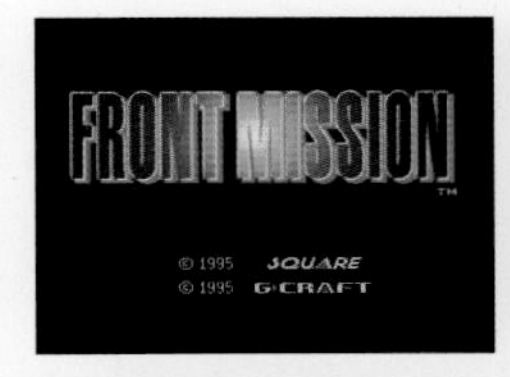

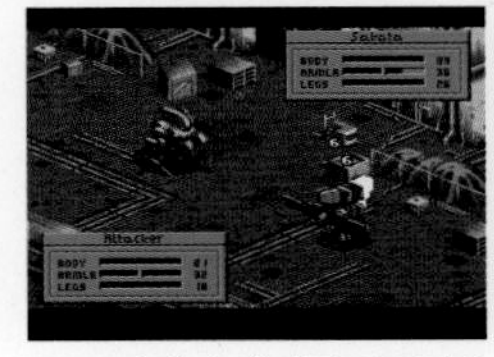
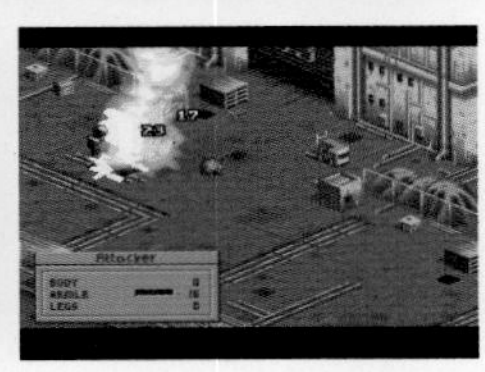

주로 판타지 세계를 다루어온 스퀘어 작품으로는 드물게 SF를 소재로 한 시뮬레이션 RPG이다. 적과 아군이 '반처'라 불리는 이족 보행 병기에 탑승해서 싸우고, 파츠 추가나 강철관으로 강화할 수 있다. 탄탄한 시나리오와 어두운 분위기가 돋보이는 게임이다.

HEIWA 파친코 월드

● 발매일 / 1995년 2월 24일 ● 가격 / 9,900엔
● 퍼블리셔 / 쇼에이 시스템

파친코 대기업인 HEIWA가 전면 협력한 파친코 게임. 「CR 명화」 「아트믹」 「모험섬」 「트럼프 이야기」 「공룡 왕국」과 같은 HEIWA의 실제 기기를 플레이할 수 있다. 실전편에서는 실제 기기와 동일한 확률로 승부하지만, 입문편에서는 조정을 통해 확률이 2배가 되도록 했다.

영원의 피레나

● 발매일 / 1995년 2월 25일 ● 가격 / 9,800엔
● 퍼블리셔 / 토쿠마 서점 인터미디어

애니메이션 잡지 「아니메쥬」에 연재된 슈도 타케시의 소설을 토대로 한 RPG. 탑뷰 화면에 커맨드 선택식 전투 등, 전형적인 짜임새라 안심하고 플레이할 수 있다. 필드 이외에는 B버튼으로 대시를 할 수 있게 되었다.

얼빠진 닌자 콜로세움

● 발매일 / 1995년 2월 25일 ● 가격 / 8,800엔
● 퍼블리셔 / 인텍

4명의 미소녀 쿠노이치가 주인공인 액션 게임. 시간차로 터지는 철침(마키비시)을 필드에 뿌려서 적을 쓰러뜨린다. 장애물을 파괴하면 필드를 지나갈 수 있을 뿐 아니라 아이템이 나오기도 한다. 최대 4명까지 대전 플레이를 할 수 있고, 스토리 모드에서도 2인 동시 플레이가 가능하다.

슈퍼 봄버맨 패닉 봄버 W

● 발매일 / 1995년 3월 1일 ● 가격 / 8,900엔
● 퍼블리셔 / 허드슨

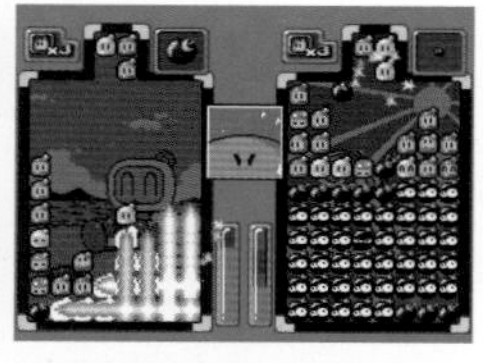
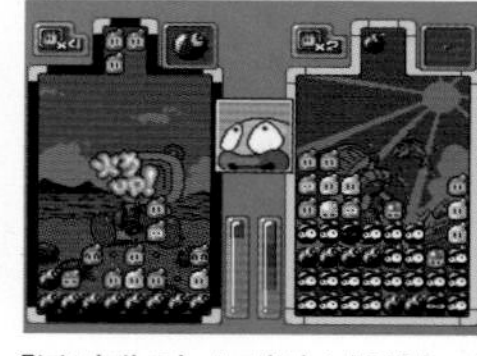
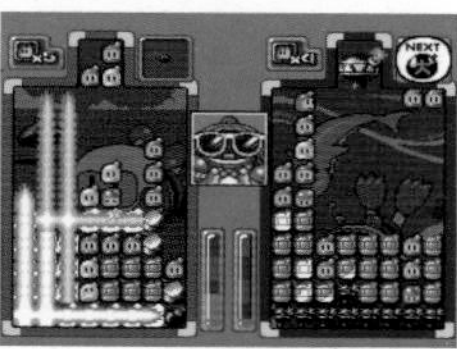

『봄버맨』이 소재인 낙하형 퍼즐 게임. 같은 색 봄버맨을 가로 · 세로 · 대각으로 3개 이상 모으면 지울 수 있다. 다수를 지우거나 연쇄 삭제했을 때 폭탄이 출현하는데, 이를 불붙은 폭탄으로 콤보를 걸면 광범위한 봄버맨을 지울 수 있다. 방해되는 불타는 봄버맨은 폭탄으로만 지울 수 있다.

언더 커버 캅스

● 발매일 / 1995년 3월 3일 ● 가격 / 9,800엔
● 퍼블리셔 / 바리에

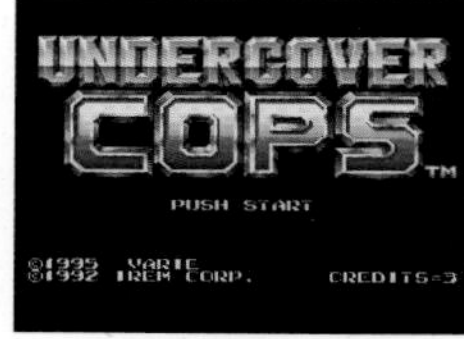

아이렘이 개발한 아케이드용 벨트 스크롤 액션 게임을 SFC로 이식했다. 3명 중에서 주인공 캐릭터를 선택할 수 있으며 3인 동시 플레이가 가능하다. 특정 기술로 적을 쓰러뜨리면 예술점수가 들어오는 시스템이 이색적이다.

슈퍼 에어다이버2

● 발매일 / 1995년 3월 3일 ● 가격 / 9,800엔
● 퍼블리셔 / 아스믹

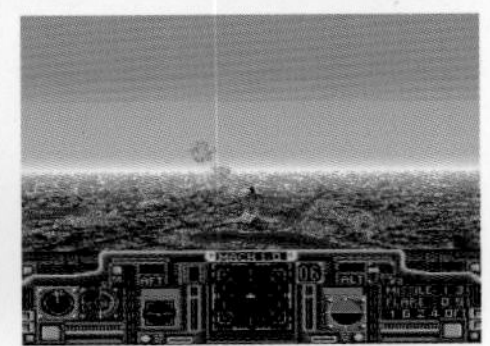

유사 3D 화면의 플라이트 슈팅 게임 두 번째 작품. 이번 작품부터 맵 화면이 추가되었으며, 전략 페이즈로 무대를 이동시켜서 공격할 장소를 선택하게 되었다. 사용할 수 있는 기체는 F-15와 프랑스의 미라쥬2000이다.

슈퍼 패미스타4

● 발매일 / 1995년 3월 3일 ● 가격 / 9,500엔
● 퍼블리셔 / 남코

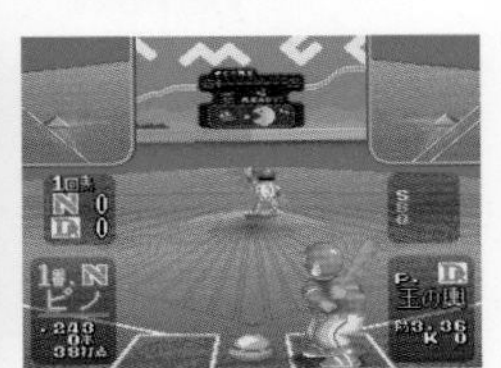

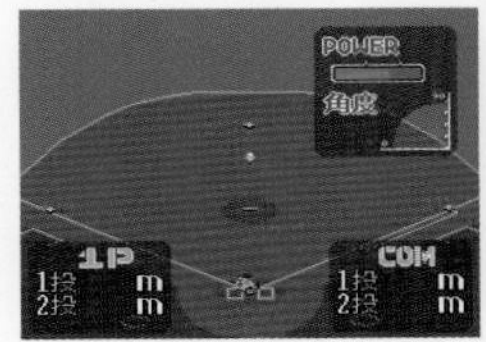

매년 3월에 발매되던 『슈퍼 패미스타』의 네 번째 작품. 본 작품부터 시스템에 변화가 생겨서 피칭과 배팅 시의 고저차 개념이 더해졌다. NPB의 12개 팀을 기본으로 하는데 숨겨진 팀을 포함해서 가상의 4개 구단도 존재한다. 오리지널 선수 생성과 입단이 가능한 모드도 있다.

슈퍼 매드 챔프

● 발매일 / 1995년 3월 4일 ● 가격 / 9,600엔
● 퍼블리셔 / 츠쿠다 오리지널

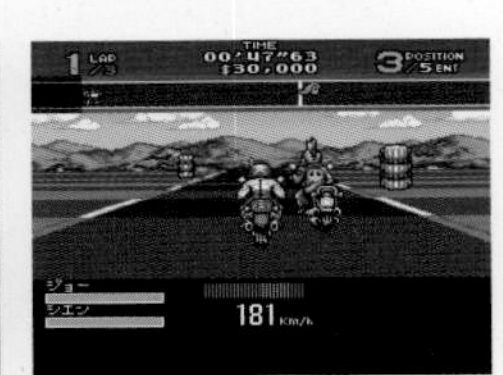

폭력 행위가 인정되는 위험한 바이크 레이싱 게임을 소재로 했지만 코미컬한 분위기로 만들어졌다. 라이더는 5명 중에서 선택하고 레이스에서 상금을 벌어서 바이크를 구입한다. 튜닝에는 미끈미끈, 으득으득, 빠직빠직 같은 독특한 용어를 사용해 이해하기가 쉽다.

라스트 바이블III

● 발매일 / 1995년 3월 4일 ● 가격 / 10,800엔
● 퍼블리셔 / 아틀라스

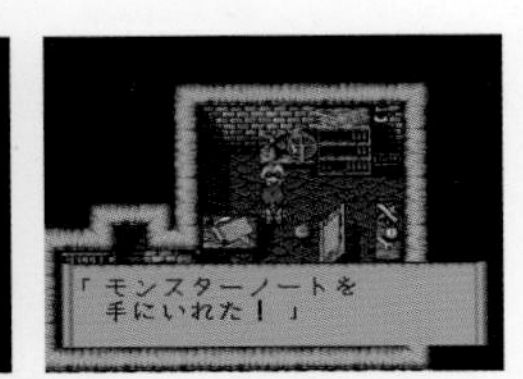

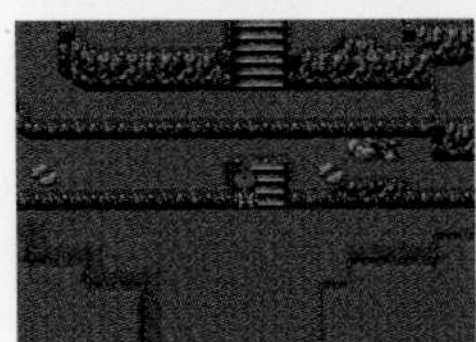

아틀라스가 GB로 발매했던 RPG 시리즈의 세 번째 작품으로, 본 작품만 SFC로 발매되었다. 무겁고 어두운 『진 여신전생』 시리즈에 비해 가벼운 작품이면서 탑뷰 시점이라 플레이하기도 쉽다. 악마와의 대화나 동료 시스템, 마수 합성 등은 그대로 계승되었다.

매지컬 팝픈

● 발매일 / 1995년 3월 10일 ● 가격 / 9,800엔
● 퍼블리셔 / 팩 인 비디오

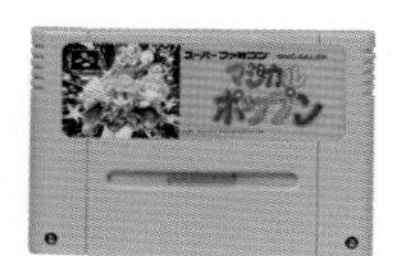

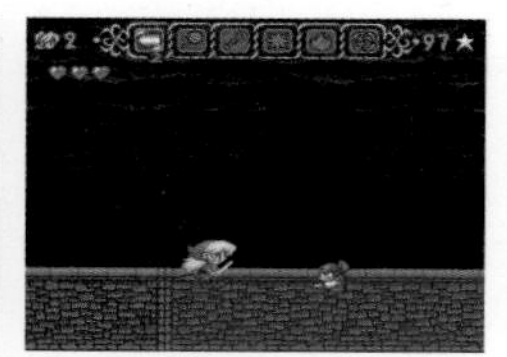

귀여운 마법사 소녀가 검과 6가지 마법을 구사해서 싸우는 사이드뷰 액션 게임. 성우에 첫 도전한 이이지마 아이가 주인공 목소리를 담당한 것으로도 화제가 되었다. 게임 자체로는 양호한 조작성에 다채로운 액션 등 매우 높은 완성도를 보여준다.

오라가 랜드 주최 베스트 농부 수확제

● 발매일 / 1995년 3월 17일 ● 가격 / 7,800엔
● 퍼블리셔 / 빅 토카이

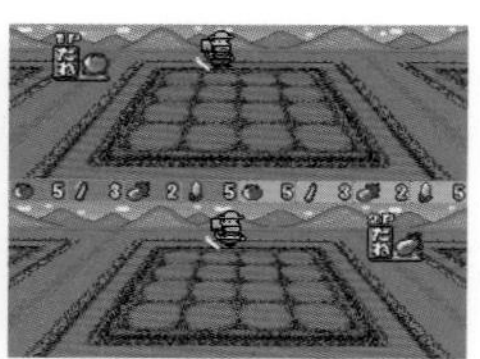
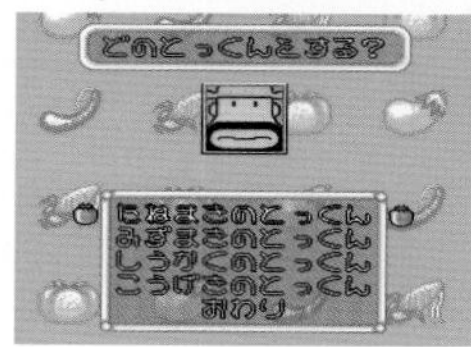

메이지 제과의 과자 「컬」의 이미지 캐릭터가 등장하는 대전형 액션 퍼즐 게임. 밭에 씨를 뿌리고 물을 주어서, 4가지 채소를 상대보다 먼저 정해진 양만큼 수확하면 승리한다. 사용 가능한 캐릭터는 컬 아저씨, 꼬마 등 6명이고 씨 뿌리기나 수확 특훈도 할 수 있다.

캡틴 코만도

● 발매일 / 1995년 3월 17일 ● 가격 / 9,800엔
● 퍼블리셔 / 캡콤

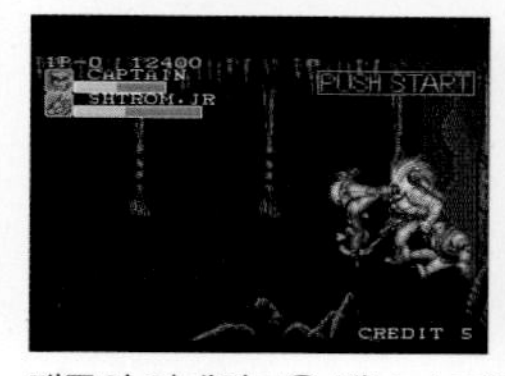
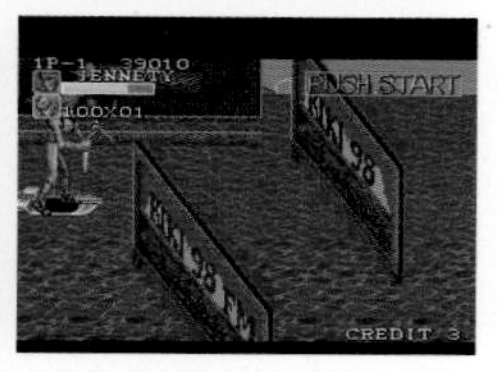

캡콤의 아케이드용 벨트 스크롤 액션 게임을 이식했다. 미국 만화풍 캐릭터는 마치 원작이 있을 것 같은 분위기이지만 캡콤 오리지널이다. 사용 가능한 캐릭터는 4명인데 각각 성능이 다르다. 대시 공격과 강력한 던지기 기술을 조합하는 것이 클리어의 비결이다.

J리그 슈퍼 사커'95 실황 스타디움

● 발매일 / 1995년 3월 17일 ● 가격 / 9,980엔
● 퍼블리셔 / 허드슨

허드슨의 축구 게임 시리즈 두 번째 작품. 해외 개발사의 전작에서 내용상으로 큰 변화가 있었고 그라운드는 횡방향이 되었다. J리그의 팀이 실명으로 등장하며 플레이할 수 있는 모드는 6가지나 된다. 음성을 이용한 실황 중계가 삽입된 것도 특징 중의 하나이다.

슈퍼 작호

● 발매일 / 1995년 3월 17일 ● 가격 / 9,800엔
● 퍼블리셔 / 빅터 엔터테인먼트

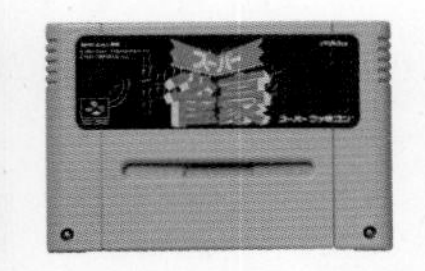

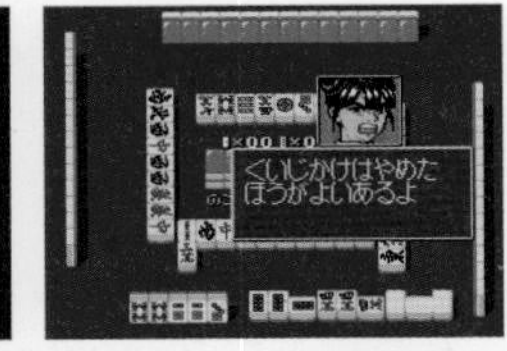

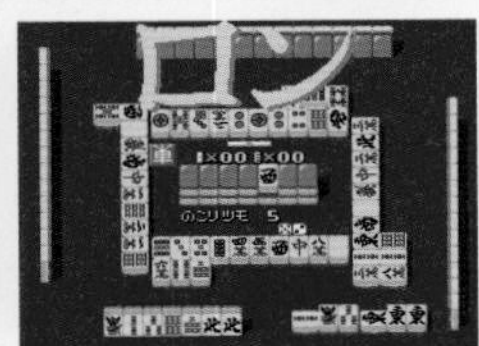

빅터가 발매한 4인 마작 게임. CPU AI의 고속 처리를 전면에 내세웠다. 대국은 속임수가 없는 진검 승부로 프리 대국이나 작호위전, 단기전의 3가지 모드를 플레이할 수 있다. 자신의 분신이 되는 캐릭터를 만들고 대국 결과는 배터리 백업에 기록된다.

슈퍼 핀볼 II 더 어메이징 오디세이

● 발매일 / 1995년 3월 17일 ● 가격 / 9,800엔
● 퍼블리셔 / 멜닥

전작과 마찬가지로 해외 개발사의 작품 같은 그래픽이 특징이다. 플레이할 수 있는 핀볼은 3종류이며 필드 전체가 표시되는 시점도 건재하다. 조작은 매우 간단하면서 기기를 가로세로로 미세하게 흔드는 기술도 쓸 수 있는 등, 본격적으로 만들어진 작품이다.

슈퍼 봄블리스

● 발매일 / 1995년 3월 17일 ● 가격 / 7,500엔
● 퍼블리셔 / BPS

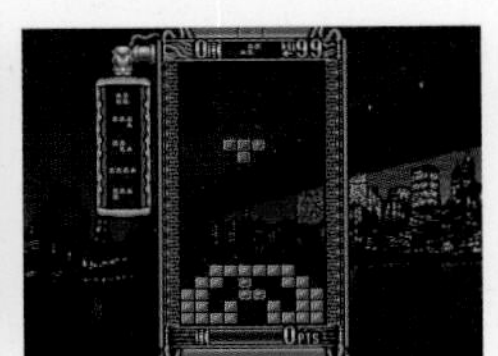
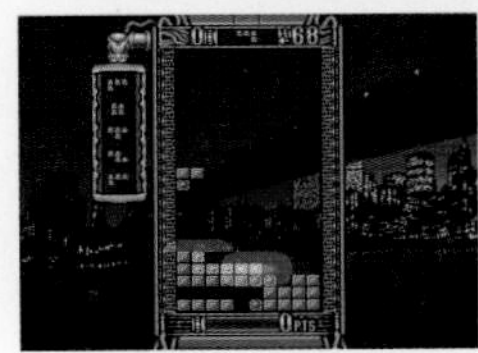

『테트리스』의 마이너 체인지 같은 낙하형 퍼즐 게임. 낙하하는 블록에는 폭탄이 섞여 있어서 가로 일렬로 모이면 폭발해서 주변의 블록을 파괴한다. 폭탄 4개를 정사각형으로 붙이면 거대한 폭탄이 되고 대규모 폭발로 블록을 지운다.

스파이더맨 리설 포즈

● 발매일 / 1995년 3월 17일 ● 가격 / 9,800엔
● 퍼블리셔 / 에폭사

마블 코믹스에 등장하는 히어로 중에서도 특히 인기가 높은 스파이더맨을 주인공으로 한 사이드뷰 액션 게임. 거미줄을 사용한 움직임이 특징이며, 와이어 액션으로 고속 이동도 가능하다. 또한 벽이나 천장에 붙을 수도 있다.

스플린터 이야기 ~노려라!! 일확천금~

● 발매일 / 1995년 3월 17일 ● 가격 / 12,800엔
● 퍼블리셔 / 밥

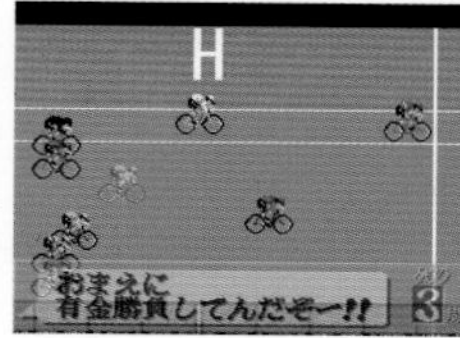

경륜을 모티브로 한 보기 드문 게임으로 장르는 육성 시뮬레이션이다. 플레이어는 경륜 선수가 되어서 근력 트레이닝이나 롤러 등으로 능력치를 올리고, 때로는 휴양이나 데이트 등을 즐길 수 있다. 목표인 6개의 레이스를 제패하면 엔딩이다.

제4차 슈퍼로봇대전

● 발매일 / 1995년 3월 17일 ● 가격 / 12,800엔
● 퍼블리셔 / 반프레스토

정겨운 로봇이 대거 등장하는 인기 시뮬레이션 RPG. 이번 작품부터 주인공을 리얼계와 슈퍼계 중에서 선택할 수 있고 탑승하는 기체가 바뀐다. 전작과 더불어 시리즈의 인기를 확정지은 작품으로 시스템적으로도 완성형이라 할 수 있다. 전투 장면의 연출도 꽤 화려해졌다.

열혈대륙 버닝 히어로즈

● 발매일 / 1995년 3월 17일 ● 가격 / 10,800엔
● 퍼블리셔 / 에닉스

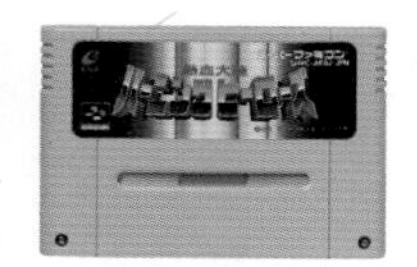

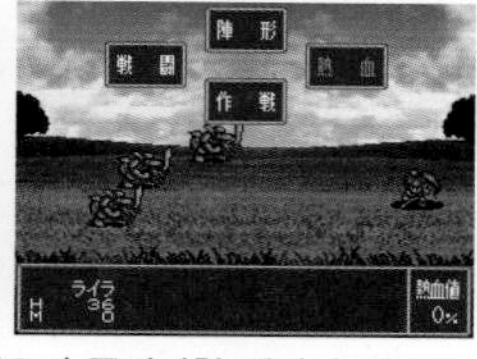

4개의 시나리오가 준비되어 있으며 클리어할 때마다 새로운 시나리오가 해방된다. 주인공은 총 8명. 동료 캐릭터도 존재하지만, 전투 중 커맨드를 내릴 수 있는 것은 주인공뿐이며 나머지는 자동 전투이다. 대미지를 받으면 열혈치가 상승하고 100%에 도달하면 필살기를 쓸 수 있다.

배틀 레이서즈

● 발매일 / 1995년 3월 17일 ● 가격 / 9,800엔
● 퍼블리셔 / 반프레스토

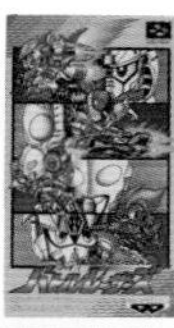

『콤파치 히어로』 시리즈의 레이싱 게임. 친숙한 건담, 울트라맨, 가면라이더의 캐릭터가 레이스로 대결한다. 화면은 상하로 분할되어 있고, 1인용 플레이일 때는 탑뷰 영상이 표시된다. 아이템을 이용해서 유리하게 진행하고 상대를 방해할 수도 있다.

지지 마라! 마검도2 정해라! 요괴 총리대신

● 발매일 / 1995년 3월 17일 ● 가격 / 9,500엔
● 퍼블리셔 / 데이텀 폴리스타

사이드뷰 액션이었던 전작과 달리 대전 격투 게임이 되었다. 언뜻 보면 미소녀만 내세웠다고 생각할 수도 있지만 의외로 제대로 만들어진 작품이다. 캔슬 필살기 등을 쓸 수 있으며, 마권기(魔拳氣) 파워를 소비해서 마법도 사용할 수 있다.

러브 퀘스트

● 발매일 / 1995년 3월 17일 ● 가격 / 9,800엔
● 퍼블리셔 / 토쿠마 서점 인터미디어

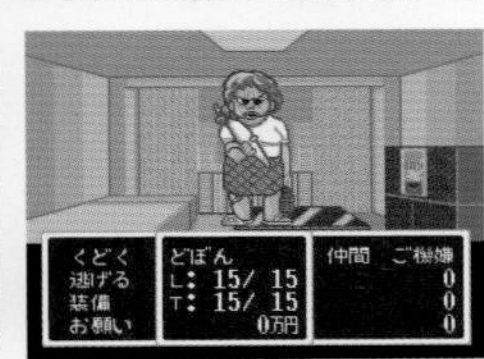

만화가 유즈키 히카루가 디자인을 담당한 RPG로 대단한 괴작으로 알려져 있다. 현대 일본을 무대로 했으며, 전투에서는 주인공이 여자아이를 유혹한다는 꽤 별난 설정이다. 섹드립이나 자학 드립 등 무엇이든지 가능하며, 원래는 FC로 발매될 예정이었다고 한다.

위닝 포스트2

● 발매일 / 1995년 3월 18일 ● 가격 / 12,800엔
● 퍼블리셔 / 코에이

30년이라는 정해진 기간 동안 마주로서 다양한 레이스 제패를 목표로 하는 경마 시뮬레이션 게임의 두 번째 작품. 말을 번식시켜서 경주마를 얻고 육성시킨다. 목장 개발도 할 수 있는 등 플레이어가 해야 할 일이 많다.

TURF HERO

● 발매일 / 1995년 3월 21일 ● 가격 / 12,800엔
● 퍼블리셔 / 테크모

경주마 육성 시뮬레이션 게임. 이 분야의 다른 작품들과 비교하면 스토리성이 높고 발생하는 이벤트가 많다. 전직 기수였던 주인공이 목장 경영자인 아버지나 형 옆에서 최강마 육성에 임한다는 설정이다. 최종 목표는 일본 더비에서의 우승이다.

고속 사고 장기 황제

● 발매일 / 1995년 3월 24일 ● 가격 / 12,800엔
● 퍼블리셔 / 이머지니어

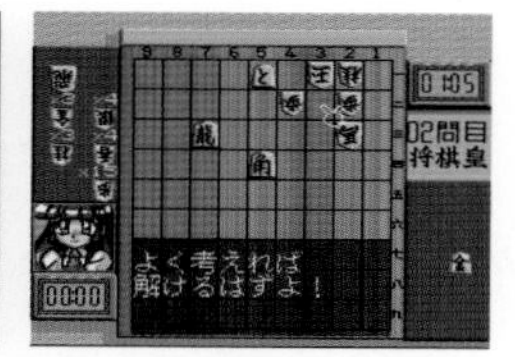
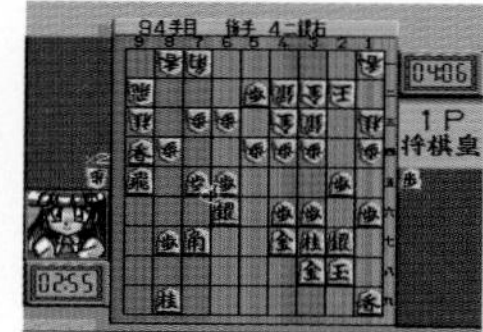
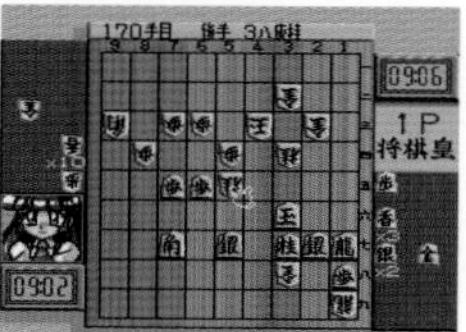

장기 게임의 경우 CPU 차례에서 걸리는 대기 시간이 문제가 되곤 하는데, 본 작품은 AI의 고속 처리를 전면에 내세웠다. 대국, 묘수풀이, 승자 진출전, 연습의 4가지 모드를 플레이할 수 있는데, 장기 실력이 엄청나서 가장 약한 캐릭터와의 대국이라도 방심하면 고전을 면치 못한다.

디 아틀라스

● 발매일 / 1995년 3월 24일 ● 가격 / 10,800엔
● 퍼블리셔 / 팩 인 비디오

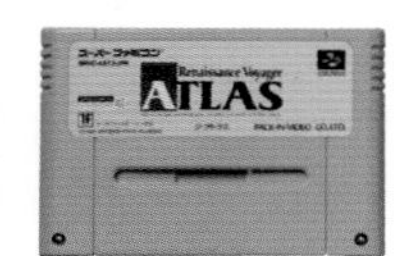

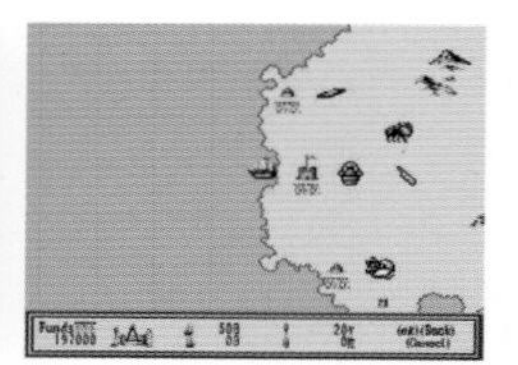

대항해시대를 무대로 세계 지도를 만드는 것이 목적인 시뮬레이션 게임. 이미 알려진 지역 이외의 지도는 백지이며, 파견한 함대가 가지고 돌아온 정보를 토대로 지도를 만들어 간다. 또한 희귀한 생물의 발견과 특산물을 이용한 교역으로 자금을 버는 것도 중요하다.

슈퍼 마권왕'95

● 발매일 / 1995년 3월 24일 ● 가격 / 9,980엔
● 퍼블리셔 / 테이치쿠

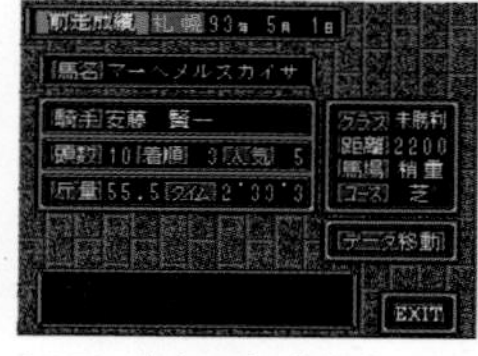

GB로 시리즈가 발매되고 있던 경마 예상 소프트 중의 하나. 최대 130마리의 경주마 데이터를 기록해둘 수 있다. 데이터는 매우 세세한 부분까지 입력할 수 있으며 화면은 깔끔해서 보기 편하다. 어디까지나 예상을 지원하는 소프트이므로 게임성은 전무하다.

드래곤볼Z 초오공전 돌격편

● 발매일 / 1995년 3월 24일 ● 가격 / 10,800엔
● 퍼블리셔 / 반다이

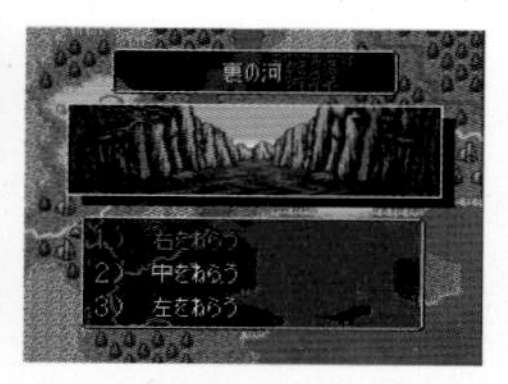

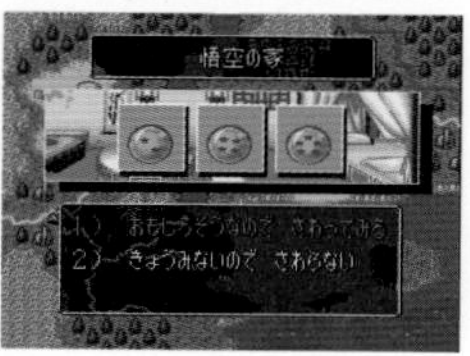

SFC에서의 『드래곤볼』 시리즈 다섯 번째 작품. 오공의 소년 시절을 대상으로 했으며 원작처럼 개그 요소도 있다. 장르는 어드벤처 게임이지만 전투 장면은 리얼타임제 커맨드 입력식으로 되어 있다. 자신이나 적의 몸이 빛나는 타이밍에 공격·방어를 실행한다.

필살 파친코 컬렉션2

● 발매일 / 1995년 3월 24일 ● 가격 / 9,980엔
● 퍼블리셔 / 선 소프트

파친코 개발사인 후지 상사가 협력한 파친코 게임 두 번째 작품. 후지 상사의 6개 기기, 즉 「익사이트」「어레인지맨」「뱅가드」「CR회전야키」「스킵 볼」「턴 백Ⅲ」를 플레이할 수 있는데 꽤 마이너한 기기도 포함되었다. 시리즈 중 유일하게 여성 캐릭터의 가슴이 흔들리지 않는다.

유☆유☆백서 FINAL 마계 최강열전

● 발매일 / 1995년 3월 24일 ● 가격 / 9,800엔
● 퍼블리셔 / 남코

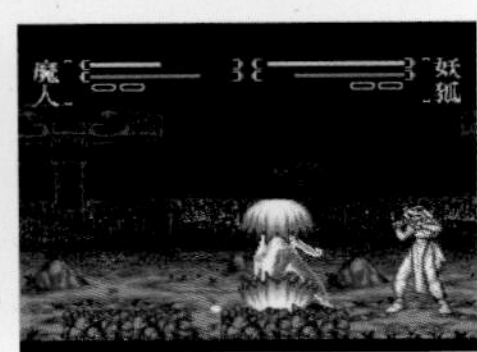

SFC로는 『유☆유☆백서』 시리즈 마지막 작품. 전작처럼 대전격투 게임이다. 1인용 플레이인 스토리 모드 이외에 마계통일 토너먼트나 팀 대전 등도 즐길 수 있다. 전작보다 공격적으로 만들어져서 상쾌한 연속기로 상대를 KO시킬 수 있다.

록맨7 숙명의 대결!

● 발매일 / 1995년 3월 24일 ● 가격 / 9,800엔
● 퍼블리셔 / 캡콤

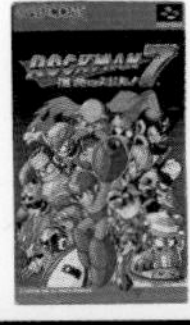

『X』 시리즈는 이미 발매되고 있었지만, 넘버링 타이틀로는 SFC에서 처음 등장한 작품. 기존 시리즈작과 비교해 그다지 큰 변경점은 없지만 그래픽은 FC판보다 훨씬 아름답다. 또한 시리즈 최초로 포르테가 등장한다.

EMIT Vol.1 시간의 미아

● 발매일 / 1995년 3월 25일 ● 가격 / 11,800엔(보이서 군 세트 14,800엔) ● 퍼블리셔 / 코에이

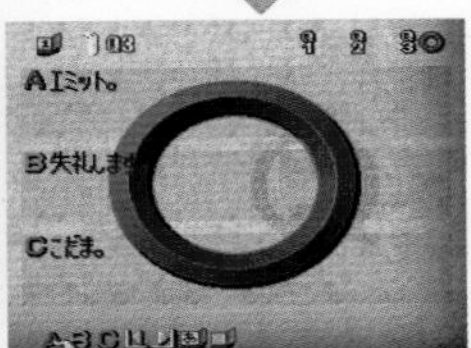

『잉글리시 드림』 시리즈의 첫 번째 작품으로 영어 학습 소프트이다. 음성이 수록된 CD가 동봉되어, 자막과 영어 대사를 통해 영어를 공부한다. 코무로 테츠야가 작곡하고 시노하라 료코가 부른 호화로운 주제가가 화제였다.

EMIT Vol.2 목숨을 건 여행

● 발매일 / 1995년 3월 25일 ● 가격 / 11,800엔(보이서군 세트 14,800엔) ● 퍼블리셔 / 코에이

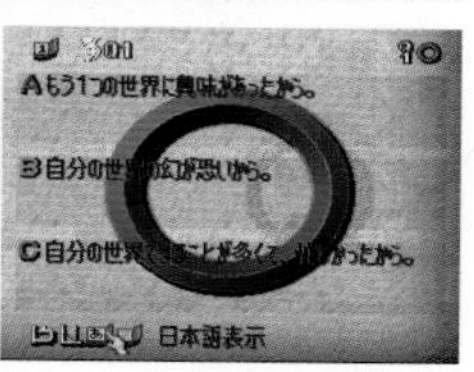

영어 학습 소프트 두 번째 작품. 영어 · 일본어 자막을 쉽게 전환할 수 있어 의미와 구문을 그 자리에서 학습할 수 있다. 스토리는 서스펜스로 꾸며져 스릴 있는 전개에 빠지게 된다. 뒤이어 시리즈 세 작품을 세트로 묶은 밸류 세트도 발매되었다(95년 12월 15일, 19,800엔).

Parlor! 팔러! 파친코 3사 실제 기기 시뮬레이션 게임

● 발매일 / 1995년 3월 30일 ● 가격 / 11,800엔
● 퍼블리셔 / 일본 텔레넷

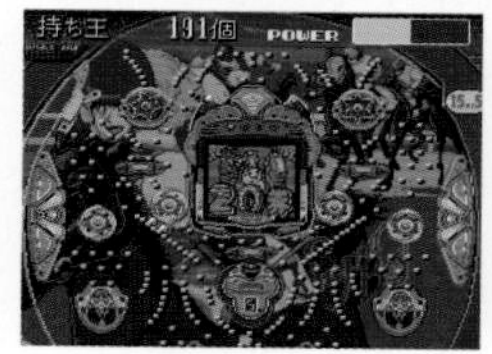
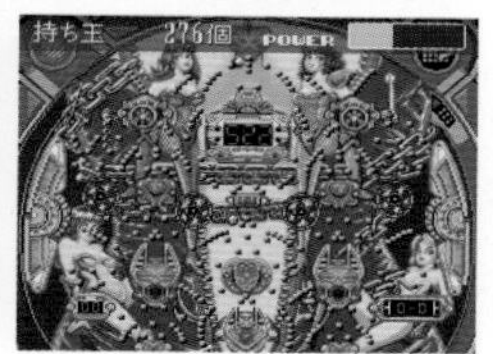

파친코 중견 기업인 쿄라쿠, 산요, 토요마루가 협력한 파친코 게임. 「CR슈퍼 보이 II」「도라도라 천국3」「BAR BAR BAR」「핀볼」「천국 KISS」「돈팡」이라는 3사의 6개 기기를 플레이할 수 있다. 리치 액션이나 확률 등은 실제 기기와 동일하다.

EMIT Vol.3 나에게 작별 인사를

● 발매일 / 1995년 3월 25일 ●가격 / 11,800엔(보이서군 세트 14,800엔) ● 퍼블리셔 / 코에이

영어 학습 소프트의 마지막 장. 주변기기 「보이서군」을 이용해 SFC로 CD 재생을 제어할 수 있다. 캐릭터 디자인은 이노마타 무츠미, 주인공의 일본어 음성은 하야시바라 메구미, 시나리오 원안은 아카가와 지로가 맡는 등 초호화 멤버가 집결한 작품이다.

RPG 쯔쿠르 SUPER DANTE

● 발매일 / 1995년 3월 31일 ● 가격 / 9,800엔
● 퍼블리셔 / 아스키

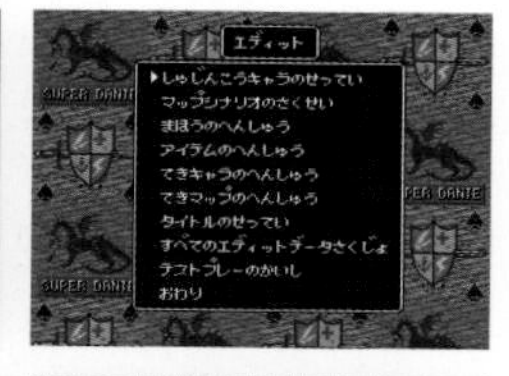

SFC의 첫 『쯔쿠르』 시리즈로 PC로 발매되었던 게임을 이식했다. 플레이어는 맵에서 마법이나 아이템, 적 캐릭터 등을 임의로 편집하고 자신만의 RPG를 제작한다. 샘플 게임도 포함되어 있어서 참고할 수 있었다.

에스파크스 이시공에서의 내방자

● 발매일 / 1995년 3월 31일 ● 가격 / 9,500엔
● 퍼블리셔 / 토미

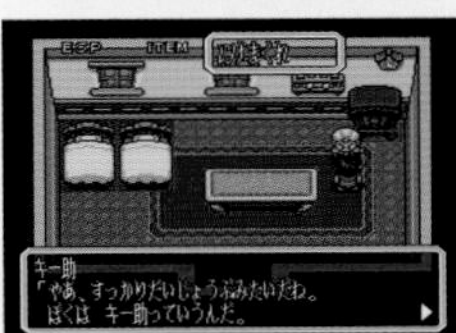

탑뷰 시점의 전형적인 액션 RPG로, 최고 3인 파티가 가능하지만 조작할 수 있는 것은 주인공뿐이다. 원작 만화 「에스파크스」를 모티브로 한 문구용품 등도 인기가 많았다고 한다.

구약 여신전생

● 발매일 / 1995년 3월 31일 ● 가격 / 10,800엔
● 퍼블리셔 / 아틀라스

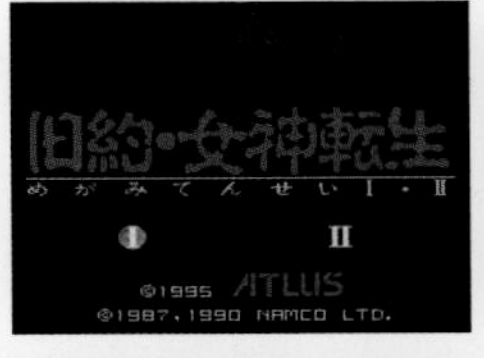

FC로 발매됐던 『여신전생』 두 작품을 리메이크해서 합친 이식작이다. 그래픽은 SFC용으로 다시 그려졌다. 둘 중 어떤 것을 먼저 플레이해도 되지만, 『Ⅰ』을 클리어하고 『Ⅱ』에 도전하면 조건에 따라 특수한 마신(魔神)을 동료로 만들 수 있다.

근대 마작 스페셜

● 발매일 / 1995년 3월 31일 ● 가격 / 9,800엔
● 퍼블리셔 / 이머지니어

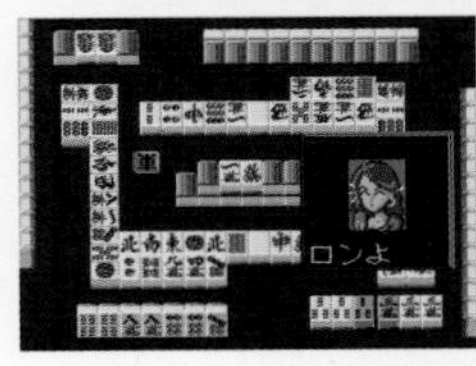

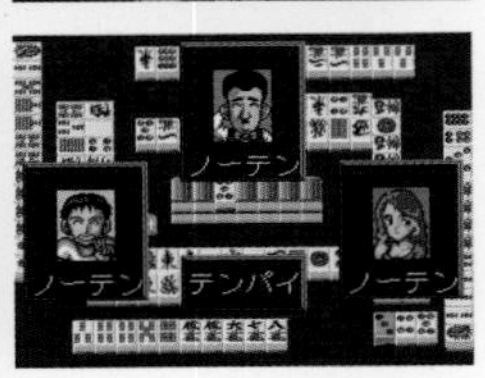

「타케쇼보」가 간행하는 마작 만화지 「근대 마작」이 전면 협력한 마작 게임. 바바 프로가 등장하긴 하지만 대국 상대로는 선택할 수 없고, 등장 캐릭터는 모두 가상의 인물이다. 패 맞추기나 점수 계산 퀴즈도 수록되어 있어서 플레이어의 실력 향상에 도움이 된다.

더 모노폴리 게임2

● 발매일 / 1995년 3월 31일 ● 가격 / 11,500엔
● 퍼블리셔 / 토미

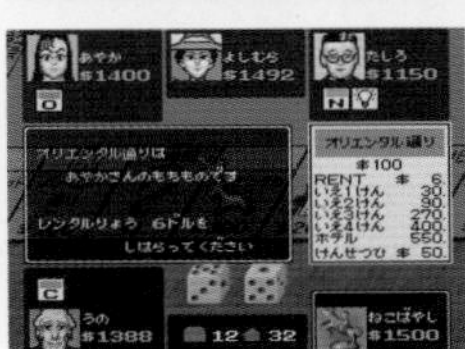

SFC로는 두 번째 작품이며 FC판부터 치면 통산 네 번째 작품이다. 모노폴리를 비디오 게임화 한 것으로, 이번 작품은 특히 CPU AI의 처리 능력 강화에 힘이 들어가 있다. 이토이 시게사토가 슈퍼바이저를, 전 세계 챔피언인 하쿠타 이쿠오가 디렉터를 맡았다.

사상 최강 리그 세리에A 에이스 스트라이커

● 발매일 / 1995년 3월 31일 ● 가격 / 9,980엔
● 퍼블리셔 / TNN

1994년 일본 축구선수 미우라 카즈요시가 이적하면서 주목받게 된 이탈리아 프로축구 리그 『세리에A』에 초점을 맞춘 축구 게임. 리그에 소속된 18개 팀과 선수가 실명으로 등장하고 3종류의 모드를 자유롭게 플레이할 수 있다.

슈퍼 포메이션 사커 95 della 세리에A

● 발매일 / 1995년 3월 31일 ● 가격 / 9,980엔
● 퍼블리셔 / 휴먼

인기 시리즈 축구 게임의 세리에A 버전. 시리즈 전통인 종방향 화면이 채택되어 시리즈를 경험한 사람이라면 위화감 없이 즐길 수 있다. 18개 팀과 선수가 실명으로 등장하고 시츄에이션 모드에서는 총 34경기를 치른다.

최고속 사고 장기 마작

● 발매일 / 1995년 3월 31일 ● 가격 / 9,800엔
● 퍼블리셔 / 바리에

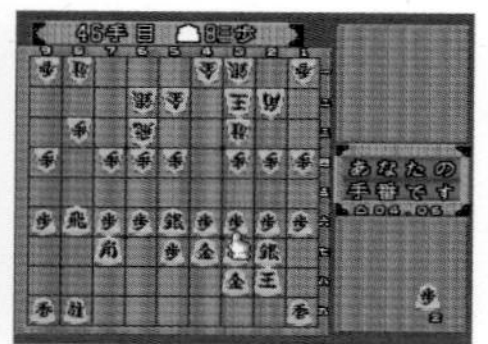
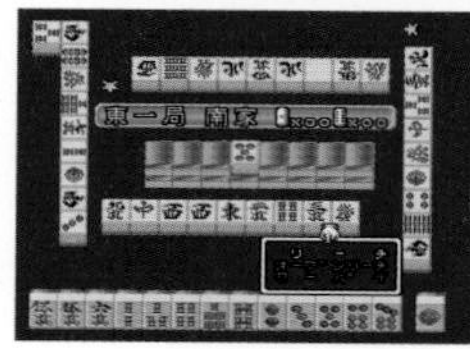
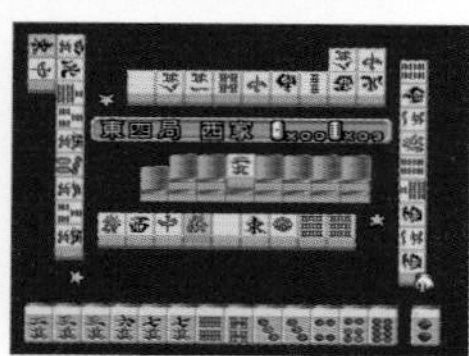

CPU AI의 빠른 처리 속도를 내세운 장기 · 마작 게임. 일본 프로마작연맹의 공인과 추천을 받았다. 장기 · 마작 모두 CPU와의 대국 모드뿐이라 게임은 심플하며, 6명의 캐릭터 중에서 대국 상대를 선택할 수 있다. 사고 속도 향상을 위해서 ROM 내에 SA1 특수 칩을 탑재했다.

만나라 영주님 제일 멋져요

● 발매일 / 1995년 3월 31일 ● 가격 / 9,800엔
● 퍼블리셔 / 선 소프트

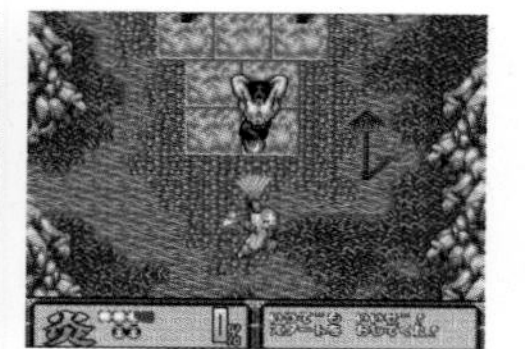

작정하고 만든 개그 게임. 바보 영주나 바보 왕자를 조작해서 (2인 동시 플레이 가능) 진행하는 탑뷰 액션 게임. 바보 영주는 부채 공격이 기본이고 바보 왕자는 장미로 공격한다. 커맨드 입력으로 특수기가 발동되고, TGR(토노사마 그레이트)를 모으면 파괴력 특대의 기술을 쓸 수 있다.

하부 명인의 재미있는 장기

● 발매일 / 1995년 3월 31일 ● 가격 / 12,000엔
● 퍼블리셔 / 토미

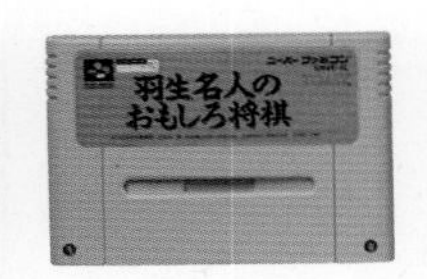

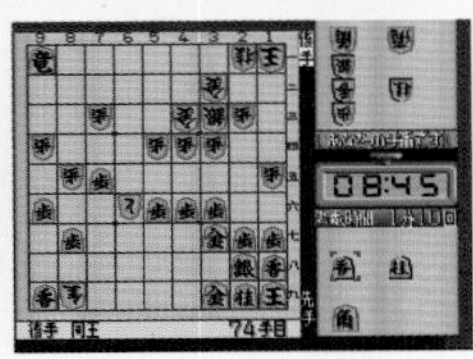

사상 최강의 기사라 불리는 하부 요시하루에 초점을 맞춘 장기 게임. 일본장기연맹의 공인을 받았다. 타이틀에 '재미있는'이 붙은 것은 가림막 장기, 지뢰 장기 같은 특이한 장기를 수록했기 때문이다. 일반 장기로 CPU와 대국하거나 과거의 명승부를 볼 수도 있다.

미키 마니아

● 발매일 / 1995년 3월 31일 ● 가격 / 9,500엔
● 퍼블리셔 / 캡콤

미키 마우스를 주인공으로 한 사이드뷰 액션 게임으로 해외 개발사의 작품이다. 미키가 과거에 자신이 출연한 영화를 돌아본다는 내용으로 원래는 65주년 기념으로 발매될 예정이었다. 흑백 영화 스테이지에서는 게임 내에서도 미키 이외에는 흑백 화면으로 처리된다.

레이디 스토커 ~과거에서의 도전~

● 발매일 / 1995년 4월 1일 ● 가격 / 9,980엔
● 퍼블리셔 / 타이토

클라이맥스가 개발한 쿼터뷰 액션 RPG. 원래는 『드퀘IV』의 아리나를 주인공으로 하는 스핀오프 작품이 될 예정이었다고 한다. 그래서인지 관련성이 느껴지는 부분이 곳곳에 있다. 메가 드라이브의 『랜드 스토커』를 토대로 했기 때문에 시점을 살린 퍼즐 요소도 풍부하다.

전일본 프로레슬링2 3·4무도관

● 발매일 / 1995년 4월 7일 ● 가격 / 10,080엔
● 퍼블리셔 / 메사이어

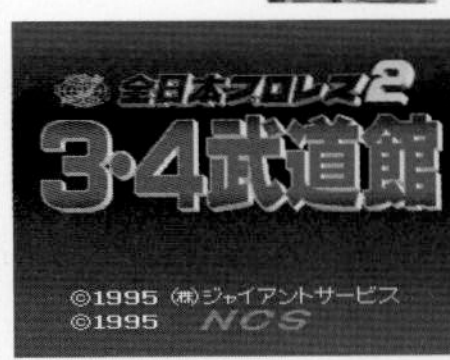

SFC의 『전일본 프로레슬링』 시리즈 세 번째 작품. 전일본 프로레슬링 소속의 레슬러가 등장하며, 93년 3월 4일 일본 무도관에서 있었던 행사에 초점을 맞추고 있다. 이번 작품부터 레슬러의 체력 게이지가 표시되지 않아서 리얼함이 더해졌다.

디아나 레이 점술의 미궁

● 발매일 / 1995년 4월 14일 ● 가격 / 9,500엔
● 퍼블리셔 / 코코너츠 재팬 엔터테인먼트

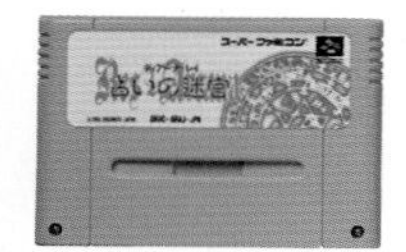

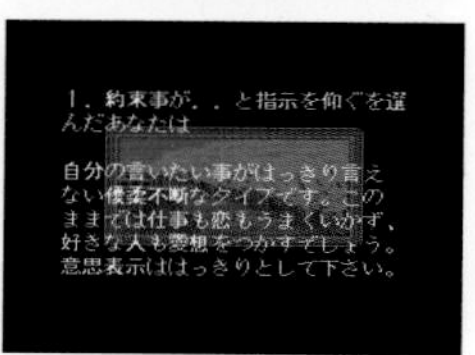

정체불명의 점술사 디아나 레이가 등장하는 점술 소프트. 타로, 역경, 홀로스코프라는 3가지 점을 볼 수 있는데, 그 항목은 연애, 결혼, 상성, 오늘의 운세, 사업, 학업의 5가지이다. 또한 다양한 상황에서 선택지를 고르는 심리 테스트도 가능하다.

신 SD전국전 대장군 열전

● 발매일 / 1995년 4월 21일 ● 가격 / 9,800엔
● 퍼블리셔 / 벡

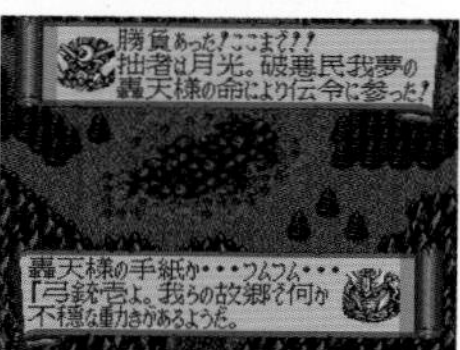

고단샤 코믹 봉봉 등에서 다루던 무사 건담의 캐릭터를 사용한 시뮬레이션 RPG. 기민한 캐릭터부터 행동 순서가 돌아오는 시스템을 채용했다. 일본풍 콘셉트의 작품인 만큼, 스테이터스 화면 등에 한자가 많이 사용되었다.

퍼즐입니다!

● 발매일 / 1995년 4월 14일 ● 가격 / 8,980엔
● 퍼블리셔 / 일본 물산

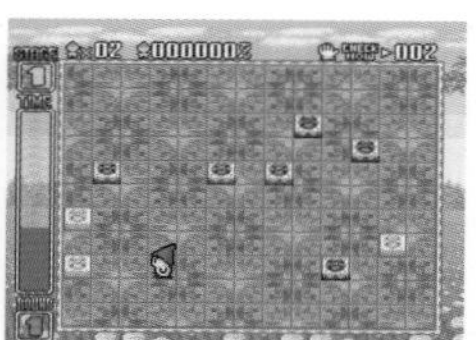

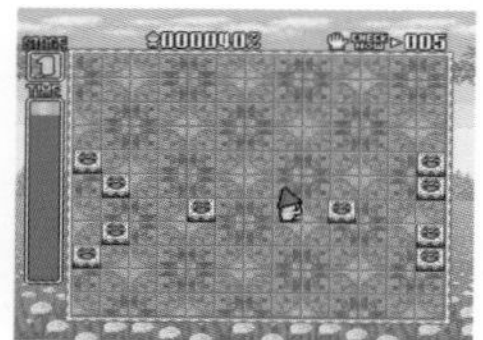

필드 위의 블록을 가로 · 세로로 3개 이상 모아서 지워가는 퍼즐 게임. 주인공은 블록을 밀 수 있는데, 블록은 무언가에 부딪칠 때까지 날아간다. 같은 색 블록이 4개 이상 있을 경우엔 잘 생각해서 지우지 않으면 1개나 2개가 지워지지 않은 채 남을 수 있다.

슈퍼 트럼프 컬렉션

● 발매일 / 1995년 4월 21일 ● 가격 / 8,900엔
● 퍼블리셔 / 보톰 업

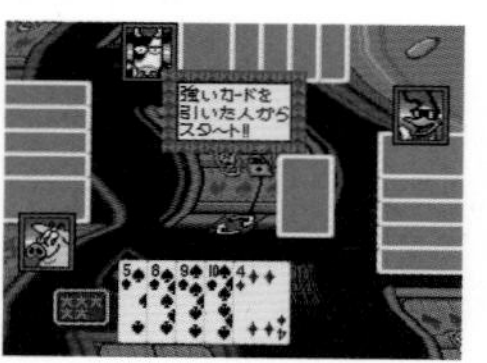

신경쇠약, 페이지 원, 스피드, 7정렬, 대부호, 포커, 블랙잭이라는 7종목을 플레이할 수 있는 트럼프 게임. 종목에 따라서는 규칙 설정과 클리어 조건이 제시되기도 한다. 포커와 블랙잭은 게임센터의 캐비넷 스타일이다.

슈퍼 리얼 마작P V 파라다이스 올스타 4인 마작

● 발매일 / 1995년 4월 21일 ● 가격 / 9,800엔
● 퍼블리셔 / 세타

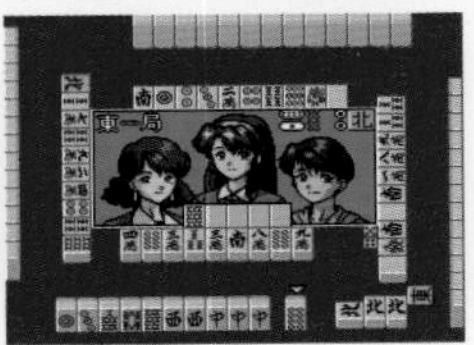

아케이드용 탈의 마작을 상당 부분 어레인지한 작품. 『II』『III』『IV』 시리즈의 6명을 더해 총 9명의 캐릭터가 등장하며, 속임수가 없는 4인 마작이다. 다만 최대의 세일즈 포인트였던 탈의 요소는 일절 존재하지 않는 대신, 각 캐릭터에 대응한 미니게임을 플레이할 수 있다.

택티컬 사커

● 발매일 / 1995년 4월 21일 ● 가격 / 9,800엔
● 퍼블리셔 / 일렉트로닉 아츠 빅터

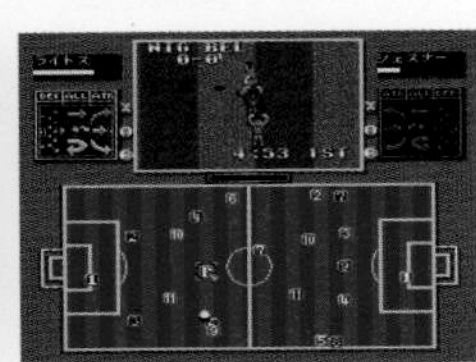

선수에게 지시를 내려서 시합을 진행하는 감독 시뮬레이션 타입의 게임. 리얼타임으로 시합이 진행되기 때문에 순간적으로 정확한 판단을 해야 한다. 16개국의 내셔널팀을 사용할 수 있고 3가지 모드를 고를 수 있다. 월드 서킷 모드에서 15연승을 하면 히든 팀이 출현한다.

나츠키 크라이시스 배틀

● 발매일 / 1995년 4월 21일 ● 가격 / 10,800엔
● 퍼블리셔 / 엔젤

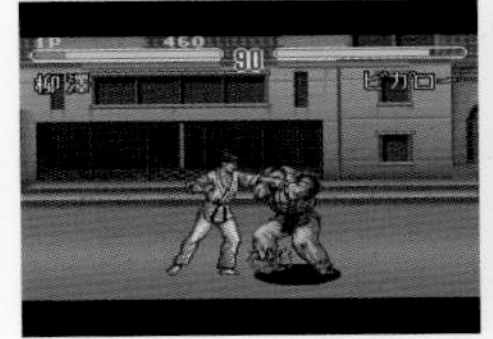

슈에이샤의 만화 잡지에 연재되던 츠루타 히로히사의 만화가 원작인 대전 격투 게임. 스토리 모드에서는 주인공인 나츠키를, VS 배틀에서는 8명의 캐릭터 중에서 한 명을 선택해 싸운다. 커맨드 입력을 이용한 필살기는 물론 카운터 어택, 가드 어택 등도 쓸 수 있다.

마법진 구루구루

● 발매일 / 1995년 4월 21일 ● 가격 / 10,800엔
● 퍼블리셔 / 에닉스

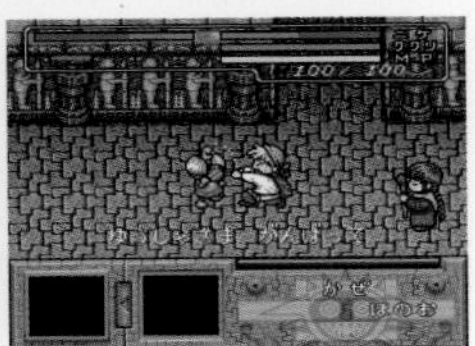

에닉스가 발행하는 만화 잡지 「월간 소년 간간」에 연재되던 만화를 원작으로 한 RPG. 화면에 비해 캐릭터가 꽤 크게 그려져 있고 표정도 섬세하게 변화한다. 공략하는 13개의 탑이 랜덤으로 생성되는 등 『로그』풍 게임성이 도입되었다.

마멀레이드 보이

● 발매일 / 1995년 4월 21일 ● 가격 / 9,800엔
● 퍼블리셔 / 반다이

슈에이샤의 소녀만화 잡지 「리본」에 연재되던 동명의 만화가 원작이다. 장르는 여성용 연애 게임. 플레이어는 주인공인 미키가 되어서, 등장하는 다양한 남자와 데이트를 거듭하며 호감도를 올려간다. 최종적으로는 발렌타인 데이에 고백한다는 내용이다.

眞 聖刻(라 워스)

● 발매일 / 1995년 4월 21일 ● 가격 / 9,800엔
● 퍼블리셔 / 유타카

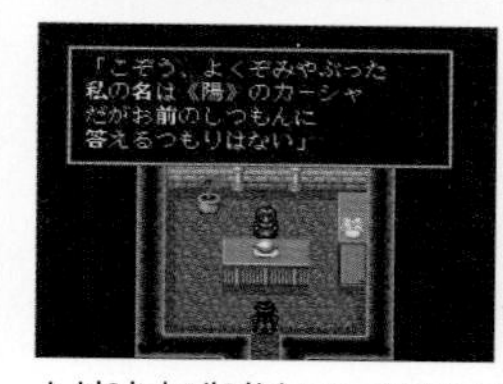

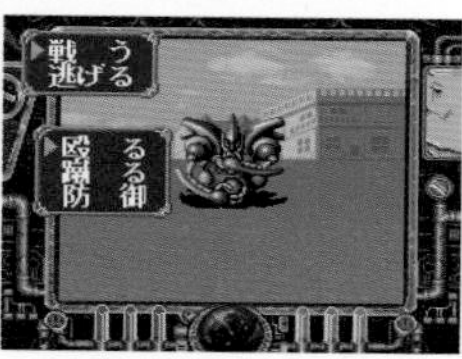

소설이나 테이블 토크 RPG, 라디오 드라마 등의 미디어 믹스 프로젝트에서 생겨난 게임이다. 전투는 맨몸으로 하는 파티전과 사이블레임이라 불리는 기체에 타서 싸우는 로봇 전투가 있는데, 모두 커맨드 선택식이다.

미야지 사장의 파친코팬 승리선언2

● 발매일 / 1995년 4월 21일 ● 가격 / 9,800엔
● 퍼블리셔 / POW

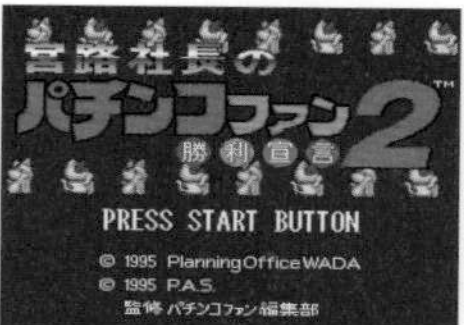

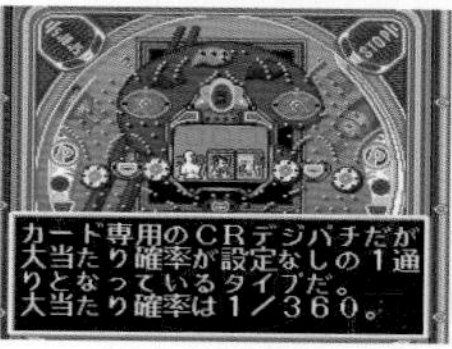

조난(신코) 전기의 창업자이자 파친코 마니아라고 공언한 미야지 사장이 등장하는 파친코 게임 두 번째 작품. 공략지인 「파친코팬」이 감수했지만 플레이하는 것은 모두 가상의 기기이다. 단 'CR명화'를 'CR명랑'으로 바꾼 것처럼 모델이 된 기기는 쉽게 알 수 있다.

리조이스 아레사 왕국의 저편

● 발매일 / 1995년 4월 21일 ● 가격 / 9,900엔
● 퍼블리셔 / 야노만

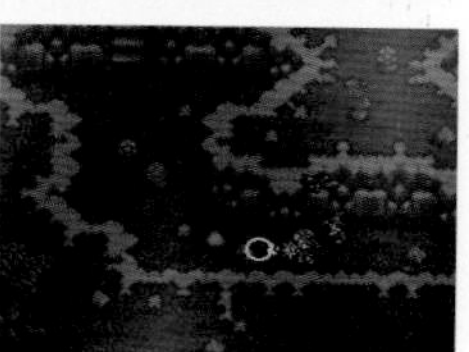

야노만이 개발한 인기작 『아레사』 시리즈의 외전. 탑뷰 액션 RPG이며 2인 동시 플레이가 가능하다. 전투는 화면 전환 없이 매끄럽게 진행된다. GB판인 『2』와 『3』 사이의 시대에 해당하는 시나리오로 팬이라면 놓칠 수 없는 작품이다.

강의 낚시꾼2

● 발매일 / 1995년 4월 28일 ● 가격 / 10,800엔
● 퍼블리셔 / 팩 인 비디오

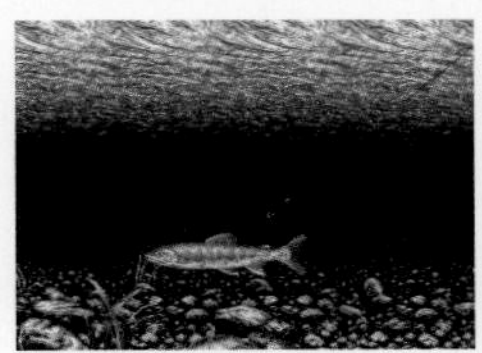
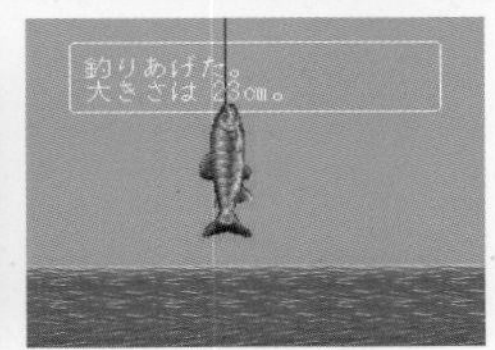

FC로 발매되어 독특한 시스템이 화제가 되었던『강의 낚시꾼』 속편. 낚시를 좋아하는 일가(一家) 네 명의 캐릭터를 사용할 수 있다. 이번 작품에서도 필드에서는 동물과의 전투가 벌어질 수 있다. 낚시터나 낚시 방법, 대상 어종도 늘어나서 전작보다 대폭 파워업 되었다.

3차원 격투 볼즈

● 발매일 / 1995년 4월 28일 ● 가격 / 9,800엔
● 퍼블리셔 / 미디어 링

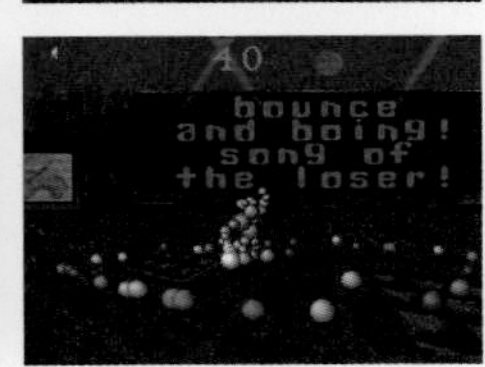

구체로 이루어진 캐릭터가 싸우는 3D 대전 격투 게임. 입체적인 필드가 특징이다. 공격 시엔 구체와 구체의 간격이 늘어나 리치가 길어지게 되므로, 익숙해지기 전까지는 공격 범위를 잡기가 어렵다. 마치 SFC의 한계에 도전하려는 듯 높은 기술력으로 만들어진 작품이다.

J리그 익사이트 스테이지'95

● 발매일 / 1995년 4월 28일 ● 가격 / 9,800엔
● 퍼블리셔 / 에폭사

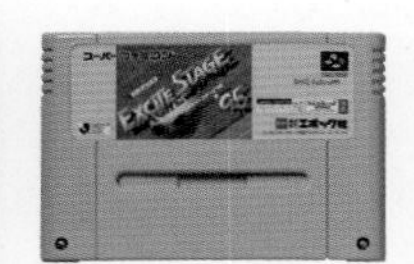

당시에 꽤 많은 인기를 얻었던 축구 게임 시리즈의 두 번째 작품. J리그의 팀과 선수가 실명으로 등장하고 포메이션 변경도 가능하다. 토너먼트전이나 드림 매치 등 7가지 모드를 플레이할 수 있고「바코드 배틀러 II」를 연결해서 선수를 추가할 수도 있다.

시뮬레이션 프로야구

● 발매일 / 1995년 4월 28일 ● 가격 / 12,800엔
● 퍼블리셔 / 헥터

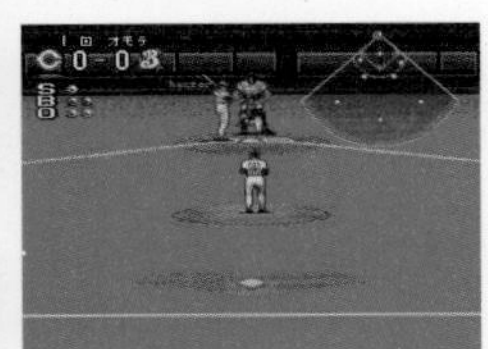
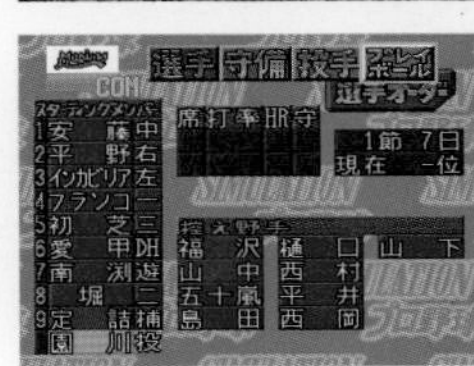
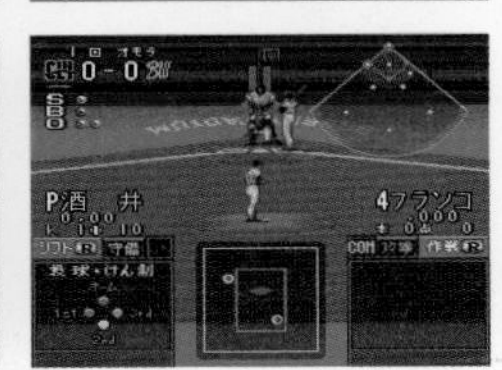

선수를 직접 조작하는 것이 아니라 지시를 내리고 자동으로 시합이 진행되는 야구 시뮬레이션 게임. NPB 12개 구단의 선수가 등장한다. 페넌트레이스와 2P와의 대전, 두 가지 모드를 플레이할 수 있다. 페넌트레이스는 시즌 중간에도 참여할 수 있고 기적의 역전극도 꿈꿀 수 있다.

초단위 인정 초단 프로마작

● 발매일 / 1995년 4월 28일 ● 가격 / 9,800엔
● 퍼블리셔 / 갭스

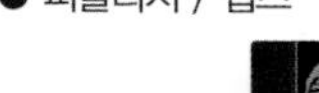

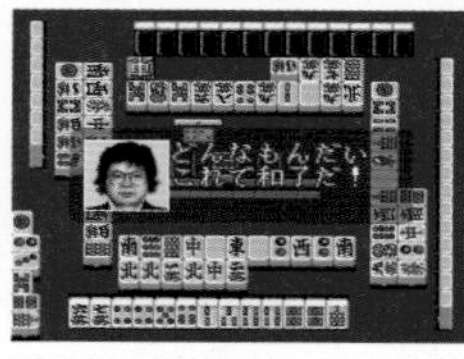

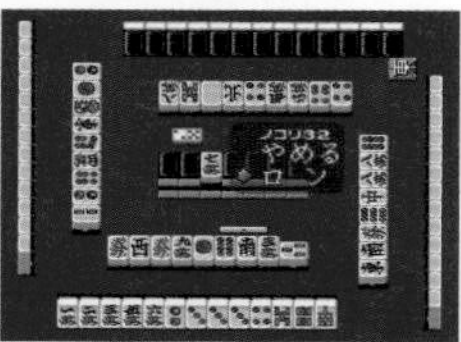

작가인 이주인 시즈카가 추천하고 일본 마작프로연맹이 공인한 마작 게임. 타이틀에서부터 초단을 고집한 게임으로 실제 초단을 인정받을 수 있다. 게임 내에는 실존하는 마작 프로가 15명 등장하는데, 봉황전이나 프리 대전 모드로 대국을 즐길 수 있다.

슈퍼 파친코 대전

● 발매일 / 1995년 4월 28일 ● 가격 / 6,900엔
● 퍼블리셔 / 반프레스토

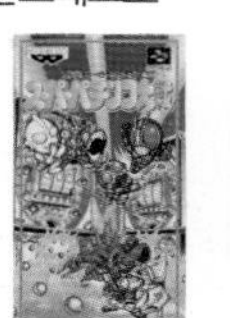

파친코를 사용한 배틀이라는 진기한 작품으로 건담, 울트라맨, 가면라이더 캐릭터가 등장한다. 화면 상단에는 파친코 기기, 하단에는 캐릭터가 등장하고 파친코의 그림이 맞춰지면 상대를 공격한다. 상대의 게이지를 먼저 0으로 만드는 쪽이 승리한다.

슈퍼 봄버맨3

● 발매일 / 1995년 4월 28일 ● 가격 / 8,900엔
● 퍼블리셔 / 허드슨

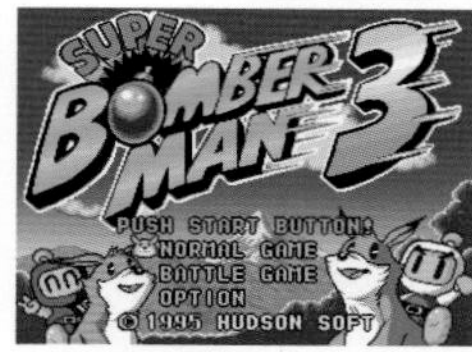

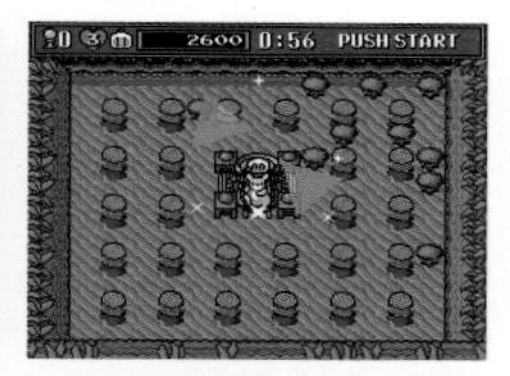

SFC 시리즈 세 번째 작품. 노멀 모드는 1인 혹은 2인용이며 스테이지 클리어형이다. 배틀 모드는 대전형으로 최대 5명까지 동시 플레이가 가능하다. 시리즈 최초로 쓰러진 캐릭터가 활동하는 「미소봄」이 등장해서 다른 이의 공격에 당한 플레이어도 공격에 참여할 수 있다.

스톤 프로텍터즈

● 발매일 / 1995년 4월 28일 ● 가격 / 9,800엔
● 퍼블리셔 / 켐코

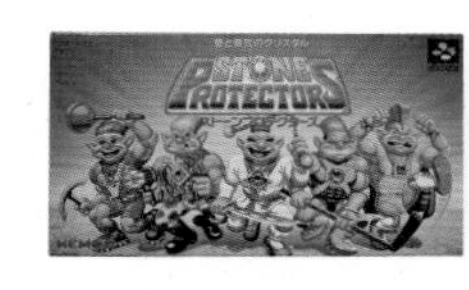

험상궂은 얼굴의 캐릭터 5명 중에서 주인공을 선택하는 벨트스크롤 액션 게임. 펀치나 킥 이외에도 무기를 사용해 적을 쓰러뜨리면서 나아가는 전형적인 내용으로, CPU와의 협력 플레이가 가능하다. MD판도 예고되었지만 발매되지 않았다.

타로 미스터리

● 발매일 / 1995년 4월 28일 ● 가격 / 9,800엔
● 퍼블리셔 / 비지트

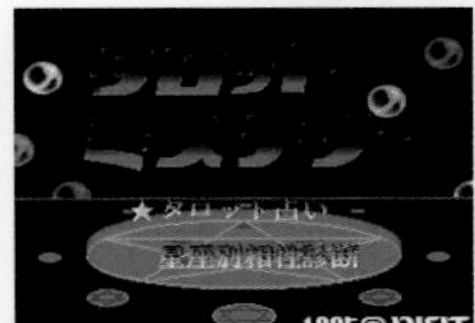

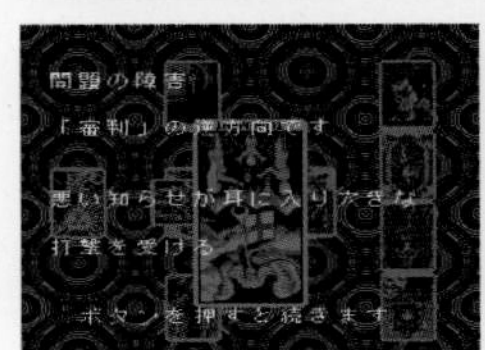
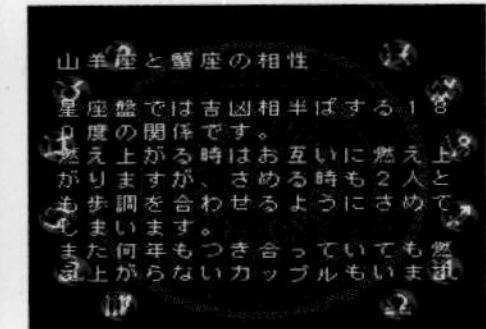

타이틀에서 알 수 있듯이 타로 점을 소재로 한 소프트. 상대운, 학업운, 연애운, 대인운, 결혼운, 금전운, 사업운의 7가지 항목의 점을 봐준다. 플레이어는 마음을 담아 버튼을 누르기만 해도 점괘의 결과가 표시된다. 또한 별자리로 상성 진단도 할 수 있다.

트루 라이즈

● 발매일 / 1995년 4월 28일 ● 가격 / 10,900엔
● 퍼블리셔 / 어클레임 재팬

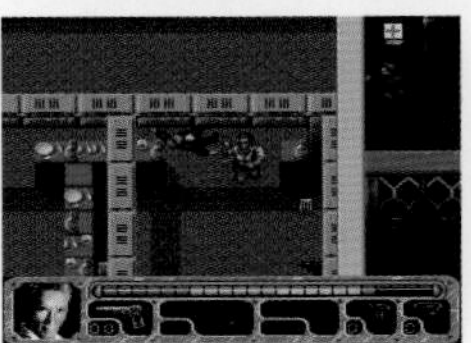

1994년 개봉된 아놀드 슈워제네거 주연의 동명 영화를 토대로 한 액션 게임. 영화의 한 장면이 게임 내에 실사로 나오기도 한다. 총과 폭탄 등의 무기로 적을 쓰러뜨리지만, 일반인을 쏘면 잔기가 줄어든다.

패세마작 능가

● 발매일 / 1995년 4월 28일 ● 가격 / 12,800엔
● 퍼블리셔 / 아스키

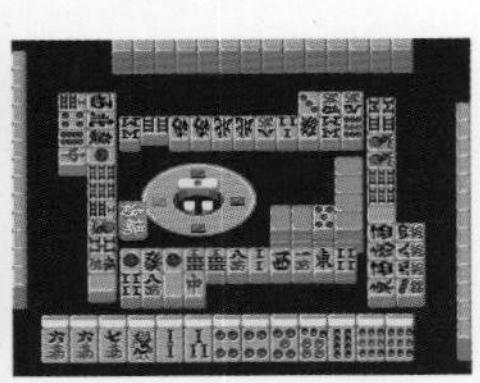
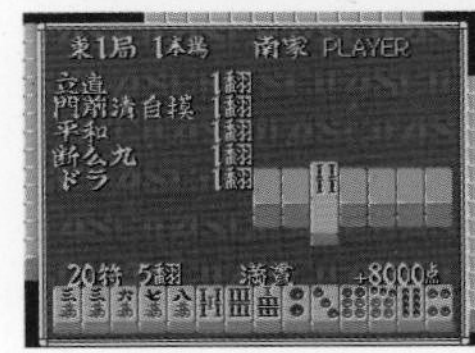

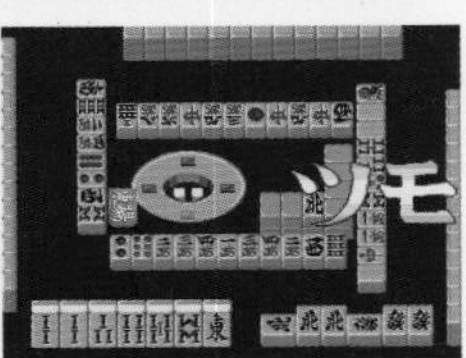

판의 흐름을 읽는 마작을 경험할 수 있다는 것을 내세운 마작 게임. CPU와 대결하는 일반 대국 이외에 더비 모드가 있어서, 마작사를 말로 보고 레이스에 임한다. 플레이어는 기수가 되고, 플레이어가 만든 캐릭터는 조교사가 되어 자동으로 CPU 캐릭터와 대국한다.

플래닛 챔프 TG300

● 발매일 / 1995년 4월 28일 ● 가격 / 9,500엔
● 퍼블리셔 / 켐코

일본에서 『탑 레이서』로 발매됐던 시리즈의 세 번째 작품인데, 어찌된 일인지 타이틀을 완전히 바꿔서 발매했다. 장르는 유사 3D 레이싱 게임으로 차체의 색상을 변경할 수 있다. 본 작품에만 「DSP-4」라는 특수 칩이 탑재되었다.

신디케이트

● 발매일 / 1995년 5월 19일 ● 가격 / 9,800엔
● 퍼블리셔 / 일렉트로닉 아츠 빅터

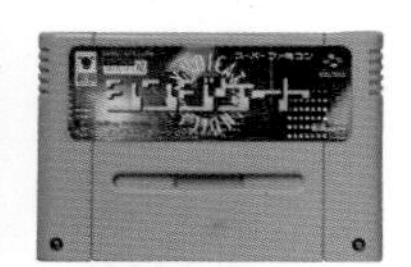

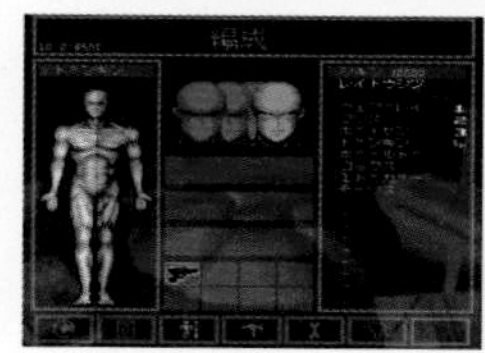

적대 조직을 무너뜨리고 전 세계에 자신의 조직을 넓힌다는 특이한 내용으로 PC에서 이식되었다. 적으로 설정된 것은 7개의 신디케이트인데, 그곳에 사이보그 에이전트를 보내서 살해나 유괴 등으로 무너뜨려 나간다. 중간에 사이보그 개조나 무기 개발도 한다.

슈퍼 경마2

● 발매일 / 1995년 5월 19일 ● 가격 / 11,800엔
● 퍼블리셔 / 아이맥스

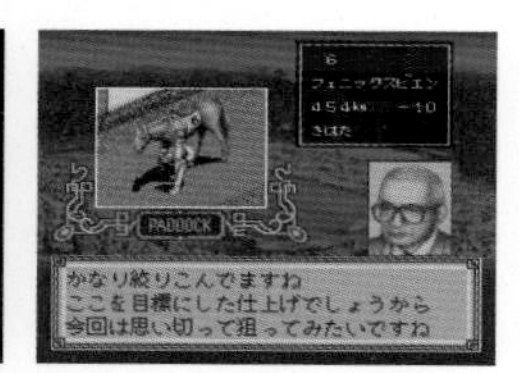

경주마 육성 시뮬레이션의 속편에 해당한다. 경주마를 생산 또는 구입하고 육성으로 능력을 향상시킨다. 후지 TV의 『슈퍼 경마』와 제휴해서 레이스의 상황이 프로그램으로 실황 중계된다. 애마의 G1 레이스 제패가 게임의 목표.

스누피 콘서트

● 발매일 / 1995년 5월 19일 ● 가격 / 9,800엔
● 퍼블리셔 / 미츠이 부동산 / 덴츠

만화 『피너츠』의 세계관을 훌륭하게 재현한 작품. 각 캐릭터에 대응한 스포츠나 액션 퍼즐 등의 게임을 진행하고, 모두 클리어하면 스누피 일행이 콘서트를 시작한다. 닌텐도가 개발에 참여했나 싶을 정도로 섬세하고 완성도가 매우 높다.

배틀 타이쿤

● 발매일 / 1995년 5월 19일 ● 가격 / 10,980엔
● 퍼블리셔 / 라이트 스탭

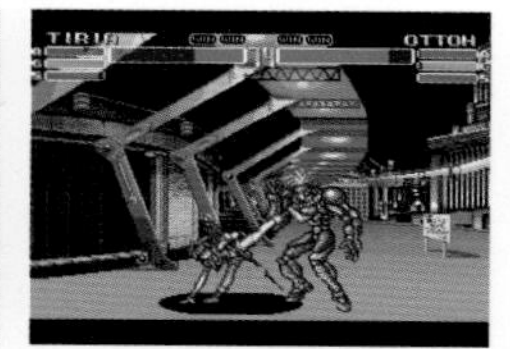

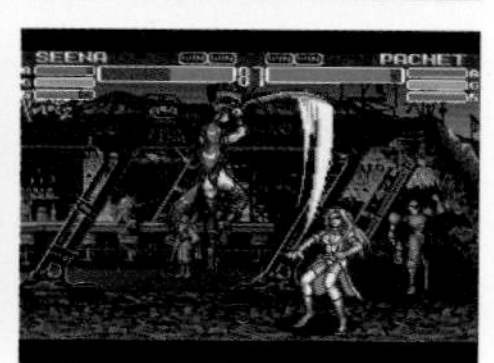

PC엔진으로 발매됐던 대전 격투 게임 『플래시 하이더즈』의 속편에 해당하며, 전작에서 1년 후를 무대로 했다. 기본적으로 9개의 캐릭터와 2개의 히든 캐릭터를 사용할 수 있고, 유명 성우가 목소리를 담당했다. 어드밴스 모드에서는 성장 요소도 존재한다.

워록

● 발매일 / 1995년 5월 26일 ● 가격 / 10,600엔
● 퍼블리셔 / 어클레임 재팬

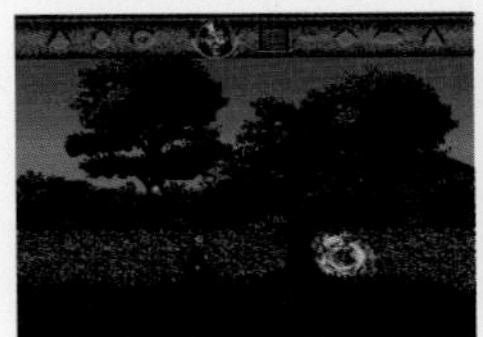

해외 개발사의 사이드뷰 액션 게임. 주인공은 드루이드 전사이고 워록은 상대해야 할 적이다. 메인 공격 방법은 마법인데 좌우와 대각선 방향으로 발사할 수 있다. 또한 주인공의 뒤에 날아다니는 마법의 구(球)는 공격이나 아이템 취득 등에 사용된다.

구울 패트롤

● 발매일 / 1995년 5월 26일 ● 가격 / 8,800엔
● 퍼블리셔 / 빅터 엔터테인먼트

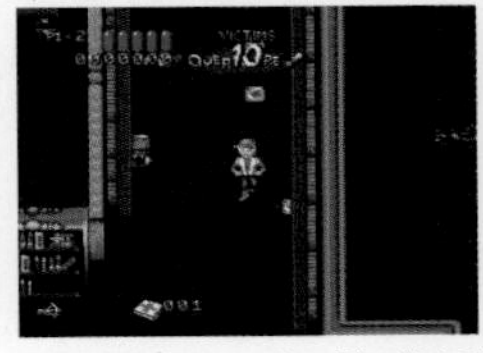

악령 퇴치를 소재로 한 탑뷰 액션 게임. Y+십자버튼으로 달릴 수 있고, X버튼을 누르면 미끄러지는 액션을 할 수 있다. 각 스테이지에는 포로가 10명 존재하는데 전원을 구출하지 않으면 다음 스테이지로 나아갈 수 없다.

컴퓨터 뇌력해석 울트라 마권

● 발매일 / 1995년 5월 26일 ● 가격 / 12,800엔
● 퍼블리셔 / 컬처 브레인

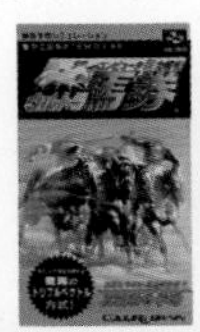

경마 평론가인 하나오카 타카코를 전면에 내세운 경마 예상 소프트. 데이터 입력과 결과 발표뿐인 심심한 소프트가 많은 가운데, 본 작품은 성적파, 견실파, 구멍파라는 예상꾼을 고를 수 있고 레이스 내용이 표시되어 보기만 해도 즐겁다. 다만 예상은 예상일 뿐이라는 경고 메시지도 나온다.

심시티 2000

● 발매일 / 1995년 5월 26일 ● 가격 / 12,800엔
● 퍼블리셔 / 이머지니어

SFC 초기에 상당한 인기를 얻었던 『심시티』의 속편. 이번 작품은 이머지니어가 발매했다. 쿼터뷰 화면이 되어서 입체적인 마을을 만들 수 있게 되었고 지하에도 건설이 가능해졌다. 자유롭게 즐길 수 있는 마을 개발 모드와 제한이 있는 시나리오 모드가 있다.

슈~퍼~ 비밀 뿌요 루루의 루

● 발매일 / 1995년 5월 26일 ● 가격 / 9,200엔
● 퍼블리셔 / 반프레스토

『뿌요뿌요』의 캐릭터와 규칙을 사용한 낙하형 퍼즐 게임이지만 대전형은 아니다. 메인은 특정 조건을 충족하면 클리어되는 「비밀 뿌요」이고, 연쇄 실력을 겨루는 「연쇄로 가는 길」 등 4가지 모드를 플레이할 수 있다.

스타 게이트

● 발매일 / 1995년 5월 26일 ● 가격 / 10,900엔
● 퍼블리셔 / 어클레임 재팬

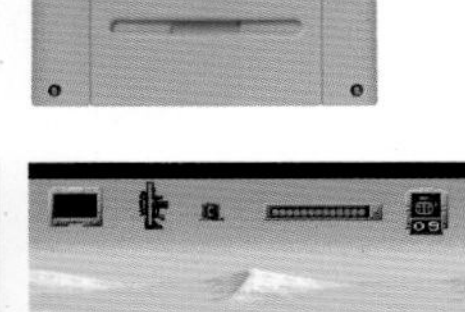

1994년에 공개된 SF 영화를 원작으로 한 사이드뷰 액션 게임. 총과 수류탄으로 적을 쓰러뜨리며 나아가고, 조건을 충족시키면 퀘스트 클리어가 된다. 멀티 엔딩을 채택했는데 폭탄의 재료를 모두 회수했는지가 포인트이다.

스파크 월드

● 발매일 / 1995년 5월 26일 ● 가격 / 8,500엔
● 퍼블리셔 / DEN'Z

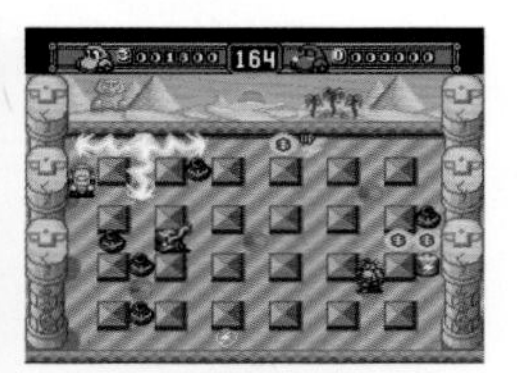

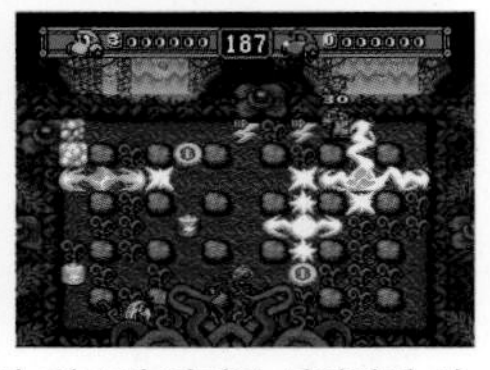

차량이 주인공인 탑뷰 액션 게임. 필드에 전지를 설치하면 시간차로 스파크가 발생하고, 접촉한 적을 쓰러뜨릴 수 있다. 스토리 모드는 1인 또는 2인 협력 플레이이고, 배틀 모드는 4명까지 참여할 수 있는 대전형이다. 이기기 위해서는 다양한 아이템 활용이 중요하다.

니치부츠 아케이드 클래식

● 발매일 / 1995년 5월 26일 ● 가격 / 5,980엔
● 퍼블리셔 / 일본 물산

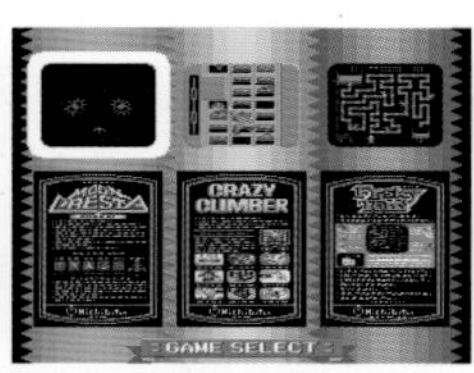

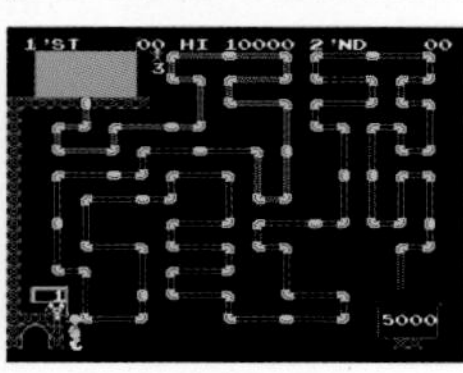

일본 물산이 1980년부터 82년에 걸쳐 발매한 『문 크레스타』 『크레이지 클라이머』 『프리스키 톰』이라는 3가지 게임을 플레이할 수 있다. 각 게임에는 예전과 동일한 오리지널 모드의 그래픽과 90년대풍으로 변경된 어레인지 모드 그래픽, 두 종류가 준비되어 있다.

파친코 연장 천국 슈퍼 CR 스페셜

● 발매일 / 1995년 5월 26일 ● 가격 / 9,800엔
● 퍼블리셔 / 밥

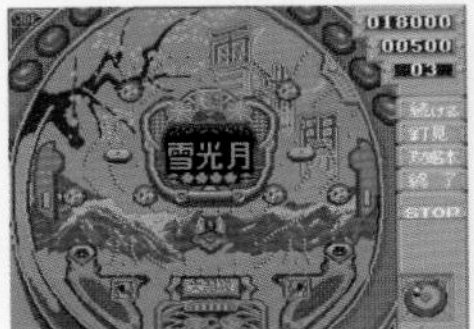

1994년에 발매된 『파친코 비밀 승리법』의 속편에 해당한다. 「눈 만개」 「슈퍼 비글」 「빅 스로틀」의 3개 기기를 플레이할 수 있는데 모두 CR(카드 리더) 기기이다. 실제 기기를 모티브로 했다고는 하지만 실질적으로는 가상의 기기이기 때문에 실전에는 별로 도움이 되지 않는다.

속기 2단 모리타 장기2

● 발매일 / 1995년 5월 26일 ● 가격 / 14,900엔
● 퍼블리셔 / 세타

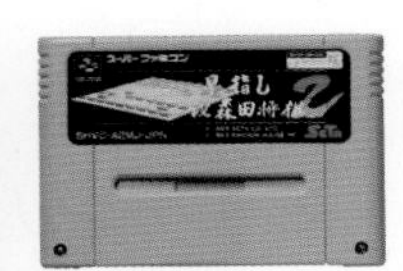

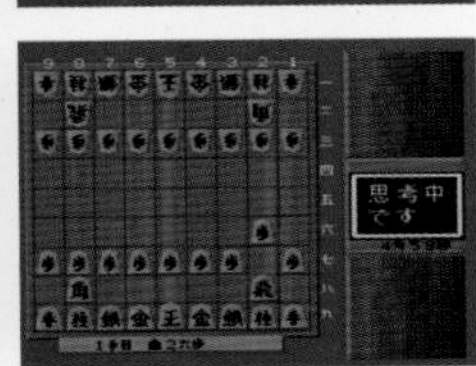

1980년대부터 90년대에 걸쳐 활약한 프로그래머 모리타 카즈로가 제작한 장기 게임. SFC에서는 두 번째 작품이다. 세타가 개발한 특수 칩이 롬팩에 들어가 있는데, CPU의 실력이 상당해서 조건을 갖추면 일본장기연맹의 아마추어 3단을 취득할 수 있다.

진수대국 바둑 바둑 선인

● 발매일 / 1995년 6월 2일 ● 가격 / 15,500엔
● 퍼블리셔 / J·윙

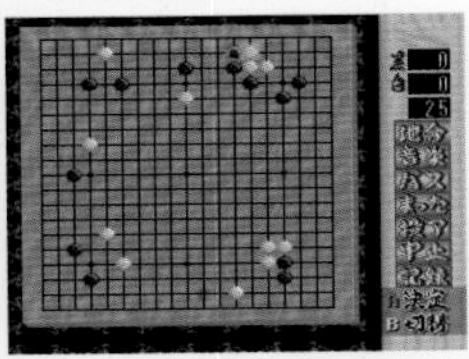
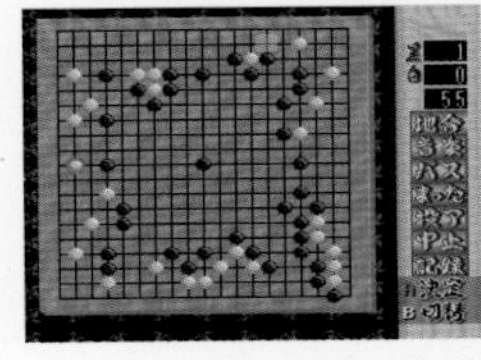

캐릭터나 연출을 모두 배제한 딱딱한 분위기의 바둑 게임으로, 2P와의 대국과 CPU와의 대국만을 플레이할 수 있다. 대신에 접바둑으로 핸디캡을 줄 수도 있고 「타임」도 가능하다. 심플하지만 실력 향상에는 큰 도움이 되는 작품이다.

엘파리아II

● 발매일 / 1995년 6월 9일 ● 가격 / 9,980엔
● 퍼블리셔 / 허드슨

1993년에 발매된 『엘파리아』의 속편으로, 전작에서 100년 후의 세계를 무대로 하고 있다. 전작에서는 소재 합성으로 장비를 강화할 수 있지만 레벨업 개념은 존재하지 않았다. 이번 작품에서는 일반적인 RPG처럼 경험치를 모으면 레벨업이 가능하다.

요괴 버스터 루카의 대모험

● 발매일 / 1995년 6월 9일 ● 가격 / 8,800엔
● 퍼블리셔 / 카도카와 서점

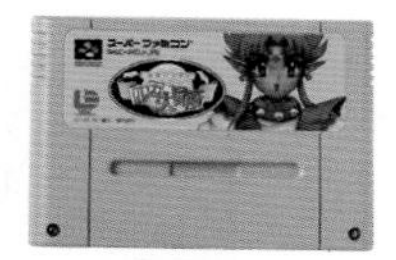

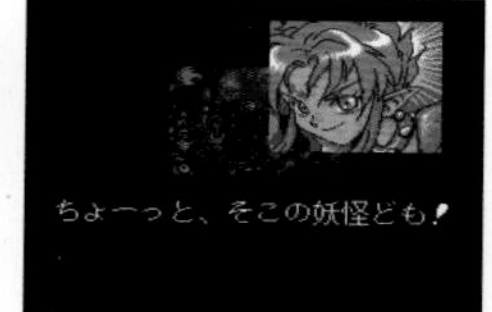

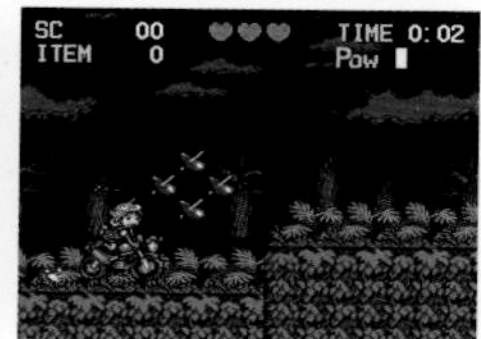

게임지 「승 슈퍼 패미컴」의 마스코트 캐릭터인 루카를 주인공으로 한 사이드뷰 액션 게임. 오니의 머리를 써서 적을 빨아들이거나 벽에 달라붙는 등, 다양한 액션을 할 수 있다. 루카의 표정과 액션이 하나하나 귀엽다.

본가 SANKYO FEVER 실제 기기 시뮬레이션

● 발매일 / 1995년 6월 10일 ● 가격 / 10,800엔
● 퍼블리셔 / DEN'Z

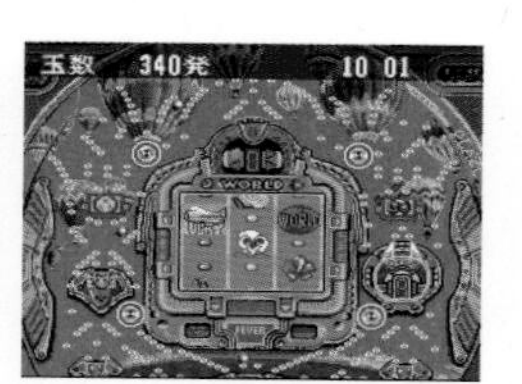

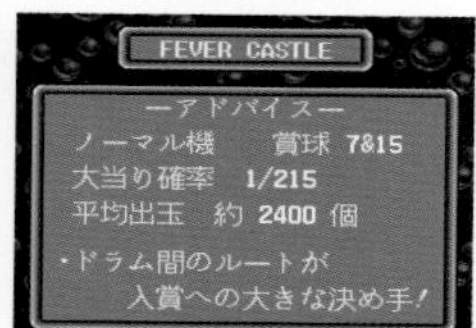

파친코 대기업 SANKYO가 전면 협력한 파친코 게임. 수록되어 있는 것은 「CRF 월드 I」「피버 넵튠」「피버 워즈 I」「피버 캐슬」 4개 기기이다. 물론 실제 기기를 재현했고, 리치 액션 등을 즐길 수 있다.

야광충

● 발매일 / 1995년 6월 16일 ● 가격 / 10,800엔
● 퍼블리셔 / 아테나

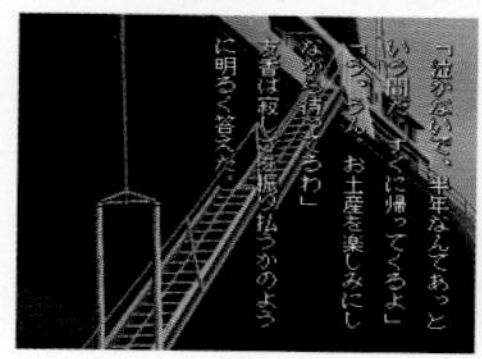

사운드노벨에 해당하는 작품으로 세로쓰기 텍스트가 이색적이다. 화물선의 선장이 주인공으로 스토리의 대부분이 배에 탑승한 상황에서 진행된다. 선택지에 따라 시나리오가 바뀐다는 친숙한 내용이라서 누구라도 쉽게 즐길 수 있다.

어스 웜 짐

● 발매일 / 1995년 6월 3일 ● 가격 / 9,800엔
● 퍼블리셔 / 타카라

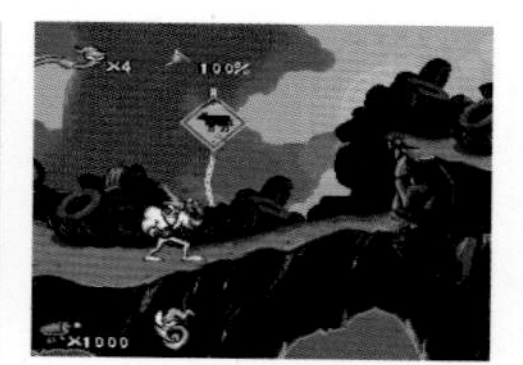

초인적인 힘을 손에 넣은 지렁이가 주인공인 액션 게임. 손에 든 총으로 공격을 할 수 있는데, 과장되면서도 매끄러운 움직임은 볼만한 가치가 있다. 머리를 회전시켜서 하늘을 나는 '헬리콥터 헤드'와 머리를 이용해 공격하는 '헤드 휩' 등 다채로운 액션을 즐길 수 있다.

실전 경정

● 발매일 / 1995년 6월 23일 ● 가격 / 11,800엔
● 퍼블리셔 / 이머지니어

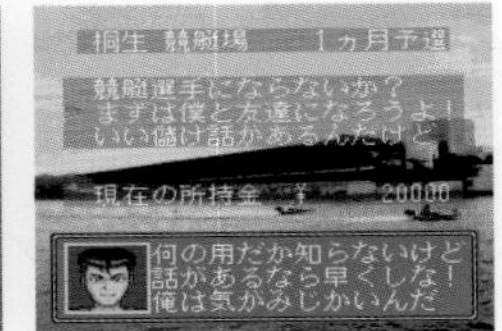

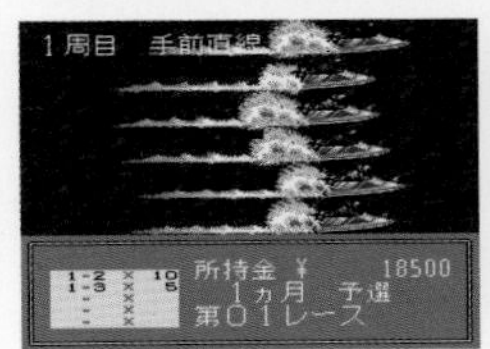

경정을 주제로 한 보기 드문 게임. 스토리 모드에서는 경정 선수를 육성하는데, 코미컬한 캐릭터와 리얼한 레이스 화면의 미스 매치가 재미있다. 선택지를 고르는 것뿐이어서 누구라도 간단하게 플레이할 수 있다. 또한 레이스의 순위를 예상하는 모드도 준비되어 있다.

슈퍼 스타워즈 제다이의 복수

● 발매일 / 1995년 6월 23일 ● 가격 / 10,800엔
● 퍼블리셔 / 빅터 엔터테인먼트

영화 『스타워즈』를 소재로 한 시리즈 세 번째 작품. 에피소드6을 무대로 하고 있다. 처음엔 랜드스피더(스타워즈 시리즈에 등장하는 가상의 반중력 이동 수단-역주)를 이용한 레이싱 게임이지만 메인은 사이드뷰 액션이다. 중간에 실사 영화가 표시되는 등 팬으로서는 행복한 작품이다.

트럼프 아일랜드

● 발매일 / 1995년 6월 23일 ● 가격 / 8,900엔
● 퍼블리셔 / 팩 인 비디오

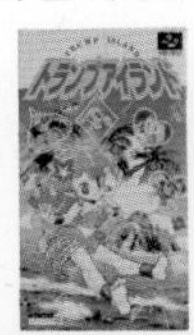

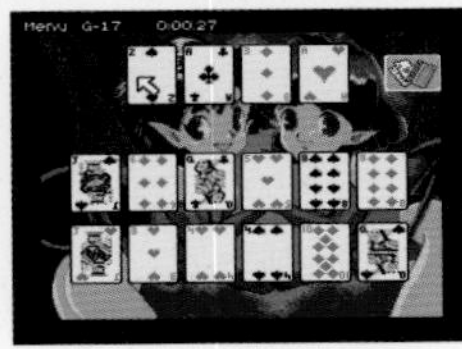

1인용 게임인 『솔리테어』 중에서도 트럼프를 사용한 12종류의 게임을 수록한 궁극의 심심풀이 게임이다. 『클론다이크』나 『프리셀』은 아는 사람이 많겠지만 그 밖에는 마이너한 게임들이다. 배경 일러스트는 아카이 타카미가 담당했다.

니시진 파친코 이야기

● 발매일 / 1995년 6월 23일 ● 가격 / 10,800엔
● 퍼블리셔 / KSS

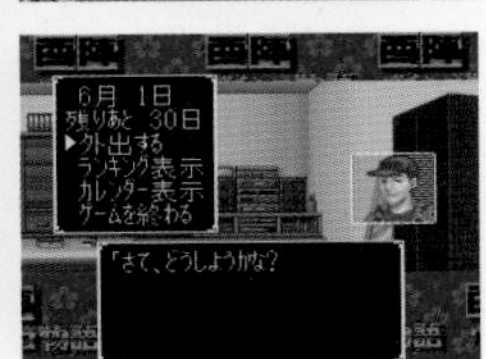

파친코 대기업 니시진이 협력했다. 「CR구계왕EX」 「CR꽃 만개」 「화백경」 「봄이 제일」 「당신은 대단해EX」의 5개 기기를 플레이할 수 있다. 높은 확률로 인기를 모았던 CR 기기 두 종류에 노멀 기기와 시간 단축기, 보류 구슬 연장기 등의 구성으로 밸런스가 좋다.

P맨

● 발매일 / 1995년 6월 23일 ● 가격 / 9,200엔
● 퍼블리셔 / 켐코

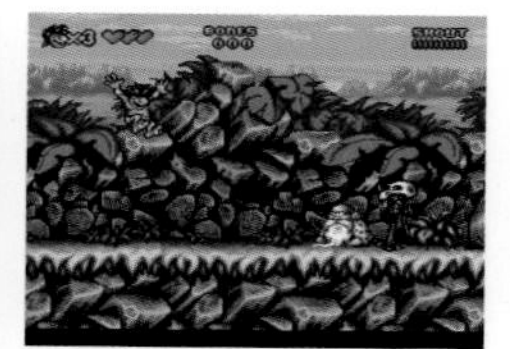

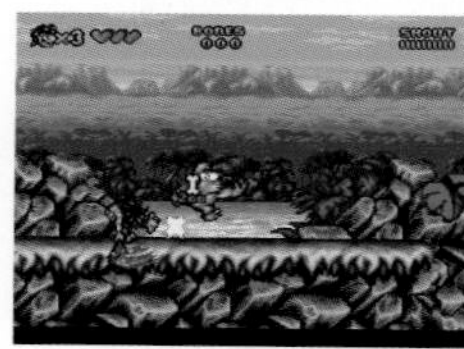

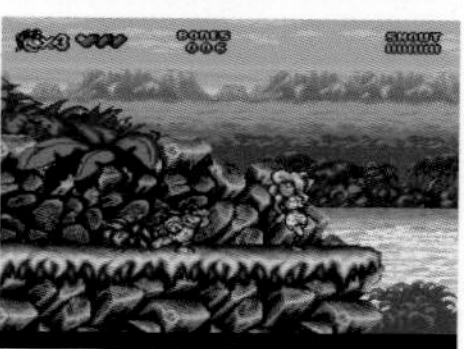

원시인이 주인공인 사이드뷰 액션 게임으로, SFC 후기 작품인 만큼 그래픽이 매우 아름답다. 식재료를 모으는 것이 목적인데 소프트크림이나 쇼트케이크 등 시대와 어울리지 않는 것들이 등장하는 것이 재밌다. 조작성도 양호해서 순수한 액션 게임으로서도 완성도가 높다.

프린세스 미네르바

● 발매일 / 1995년 6월 23일 ● 가격 / 9,900엔
● 퍼블리셔 / 빅 토카이

미소녀 캐릭터가 다수 등장하는 RPG. 9명의 여성 캐릭터를 3명씩 3개 파티로 나눠서 게임을 진행한다. 적과 만나면 랜덤으로 하나의 파티가 전투에 참가하는 구조이다. 성우를 다수 기용하는 등 캐릭터에 중점을 두었다.

Mr. Do!

● 발매일 / 1995년 6월 23일 ● 가격 / 5,980엔
● 퍼블리셔 / 이머지니어

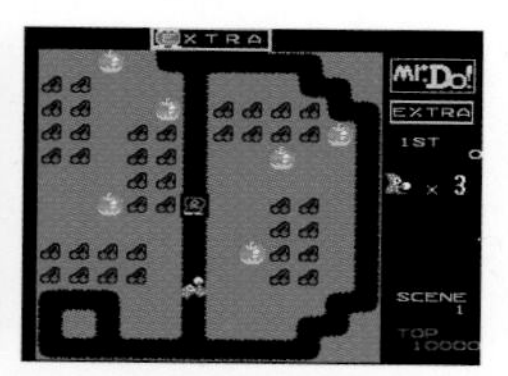

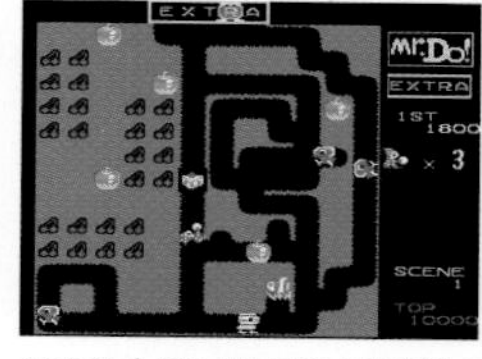

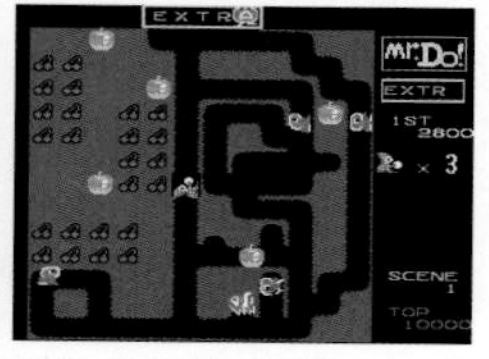

1982년 유니버설이 발매한 아케이드용 액션 게임을 SFC에 이식했다. 주된 스테이지 클리어 방법은 체리를 모두 모으거나 적을 전멸시키는 것이며, 슈퍼볼을 맞추거나 사과로 눌러서 적을 쓰러뜨린다. 어레인지판은 없고 게임성이나 그래픽은 오리지널 그대로다.

루인 암

● 발매일 / 1995년 6월 23일 ● 가격 / 10,800엔
● 퍼블리셔 / 반다이

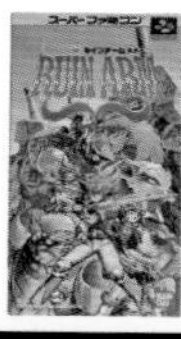

반다이가 발매한 액션 RPG. 컨트롤러의 버튼을 모두 사용해서 다양한 액션을 할 수 있고, 2명의 캐릭터를 1P와 CPU 또는 2인 협력으로 조작한다. 필드에는 여러 가지 장치가 있고 스토리는 전형적이다. 안심하고 플레이할 수 있는 작품.

대물 블랙배스 피싱 인공호수편

● 발매일 / 1995년 6월 30일 ● 가격 / 12,800엔
● 퍼블리셔 / 어클레임 재팬

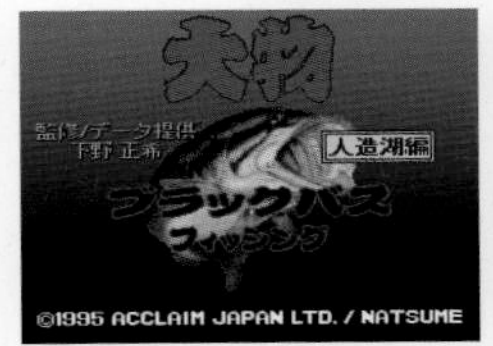

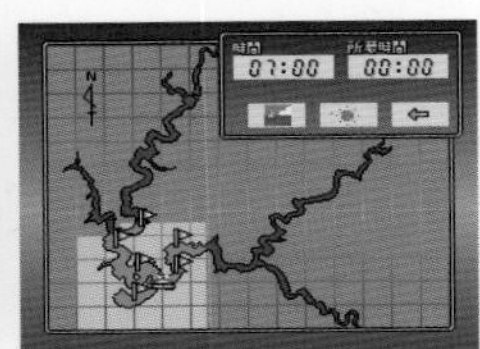

해외 게임을 다수 발매한 어클레임 재팬의 배스 낚시 게임. 일본 개발사의 작품이다. 게임의 무대인 호수를 보트로 이동하며 포인트를 정하고, 루어를 던지고 움직여서 배스를 유혹한다. 5개 대회에서 포인트를 겨루게 되는데 최종 목표는 그랜드 챔피언 우승이다.

가메라 갸오스 격멸 작전

● 발매일 / 1995년 6월 30일 ● 가격 / 9,980엔
● 퍼블리셔 / 사미

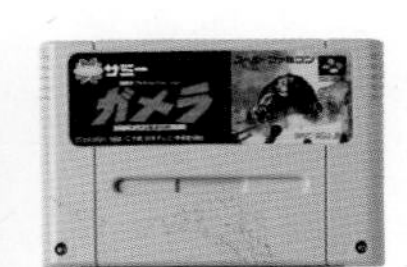

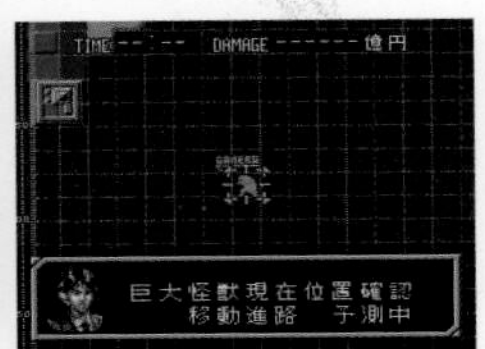

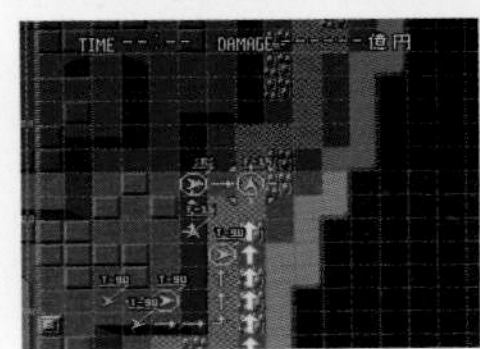

95년 개봉한 영화 『가메라 대괴수 공중결전』을 토대로 한 스토리로, 가메라를 갸오스의 본거지로 유도하는 리얼타임 시뮬레이션 게임이다. 자위대의 병기로는 괴수를 쓰러뜨릴 수 없고 피해액이 일정 선을 넘으면 게임 오버가 되는 등, 이 게임다운 시스템을 채택하고 있다.

그랜 히스토리아 ~환사세계기~

● 발매일 / 1995년 6월 30일 ● 가격 / 11,400엔
● 퍼블리셔 / 반프레스토

멀티 엔딩을 채용한 RPG. 20년 후의 파멸을 피하는 것이 목적이라는 장대한 이야기로 다양한 선택이 게임의 향방을 좌우한다. 시스템 면에서는 비교적 정통적이지만, 전투 장면은 커맨드 선택식이면서 적을 보는 방향 개념이 존재한다.

서킷 USA

● 발매일 / 1995년 6월 30일 ● 가격 / 9,800엔
● 퍼블리셔 / 버진 인터렉티브 엔터테인먼트

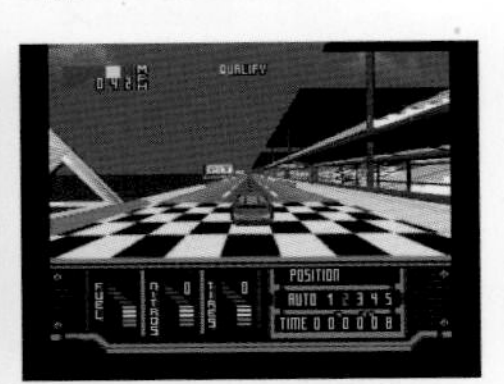

스톡 카(stock car)를 소재로 한 레이싱 게임. 미국의 28개 코스를 전전하며 레이스에 임한다. 레이스에서 얻은 상금으로 차량을 파워업 할 수 있으며, 레이스에서 6위 안에 들면 포인트가 들어온다. 목표는 챔피언이다.

신일본 프로레슬링 공인'95 투강도몽 BATTLE7

● 발매일 / 1995년 6월 30일 ● 가격 / 11,800엔
● 퍼블리셔 / 바리에

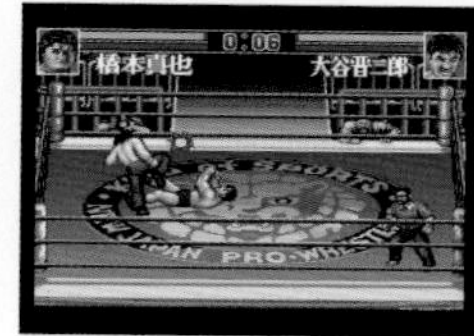

SFC로 발매되었던 신일본 프로레슬링의 『투강도몽(도쿄돔)』 시리즈 최종작. 쵸슈 리키나 후지나미 타츠미 등 20명의 캐릭터를 기본으로 사용할 수 있다. 싱글 매치나 태그 매치 등을 플레이할 수 있으며, 링은 비스듬한 탑뷰에 화면 앞쪽과 안쪽을 오갈 수 있다.

슈퍼 파이어 프로레슬링 퀸즈 스페셜

● 발매일 / 1995년 6월 30일 ● 가격 / 11,400엔
● 퍼블리셔 / 휴먼

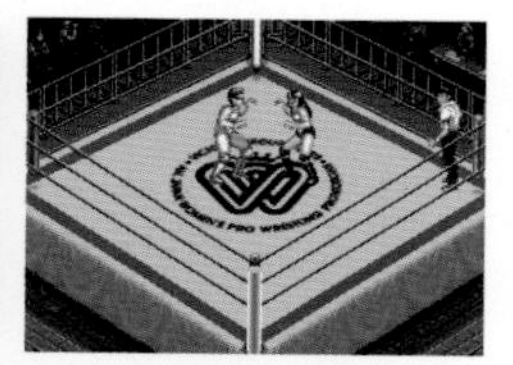

다수 발매된 『파이어 프로』 시리즈 중 하나. SFC로는 여섯 번째 작품으로 『퀸즈』라는 이름대로 여자 프로레슬링을 소재로 했다. 전일본 여자 프로레슬링에 소속된 선수만 실명으로 등장하고 나머지 선수는 가명이다. 조작 방법 등은 전통적인 『파이어 프로』 작품을 따른다.

슈퍼 경정

● 발매일 / 1995년 6월 30일 ● 가격 / 9,500엔
● 퍼블리셔 / 일본 물산

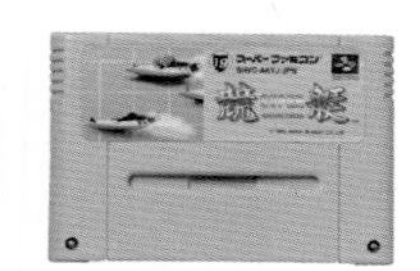

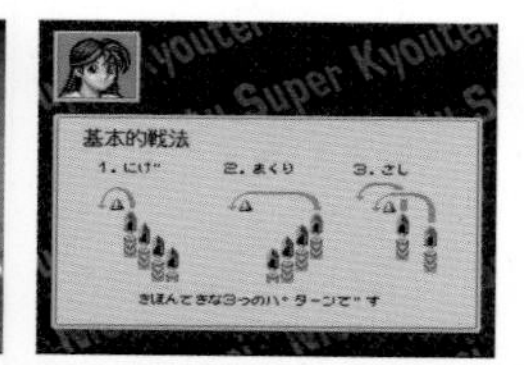

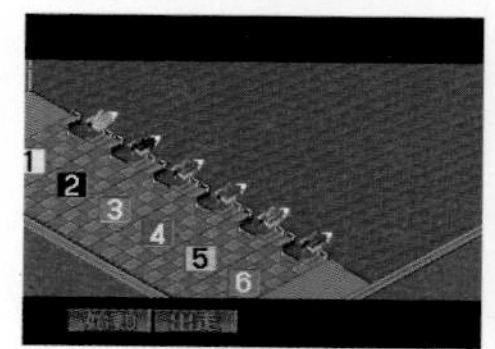
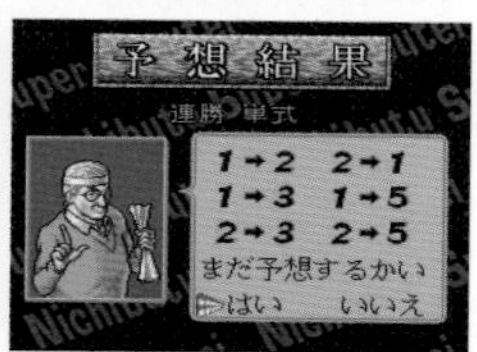

전국 모터보트경정연합회의 인가를 받은 경정 게임. 연수원에서 탑 레이서를 목표로 하는 「경정영웅 열전」, 주권(舟券)으로 돈을 버는 「갬블왕」, 실제 레이스 결과를 예측하는 「승리 배 예상」의 3가지 모드를 플레이할 수 있다. 메인은 당연히 경정영웅 열전이다.

데어 랑그릿사

● 발매일 / 1995년 6월 30일 ● 가격 / 10,800엔
● 퍼블리셔 / 메사이어

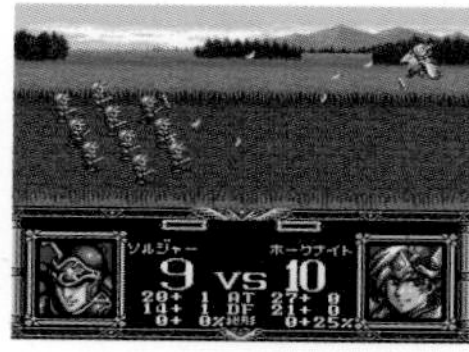

메가 드라이브로 발매됐던 『랑그릿사2』를 이식했지만, 시나리오 분기(分岐)의 자유도가 높아서 왕도, 마도, 패도 등 다양한 시나리오를 즐길 수 있다. 특히 모든 세력을 적으로 돌려서 파트너인 헤인 이외에는 동료가 없어지는 루트는 충격적이다.

떴다! 럭키맨 럭키 쿠키 룰렛으로 돌격~

● 발매일 / 1995년 6월 30일 ● 가격 / 8,800엔
● 퍼블리셔 / 반다이

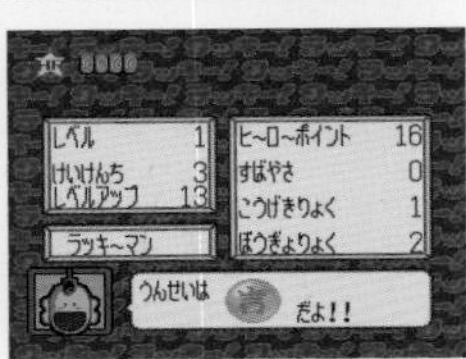

「주간 소년 점프」에 연재되던 가모우 히로시의 개그 만화 『떴다! 럭키맨』을 모티브로 했다. 보드게임과 RPG를 융합한 장르로, 결과를 전적으로 룰렛에 맡기는 것이 특징이다. 원작처럼 운이 좋다면 클리어가 간단할지도 모른다.

프로마작 극Ⅲ

● 발매일 / 1995년 6월 30일 ● 가격 / 9,800엔
● 퍼블리셔 / 아테나

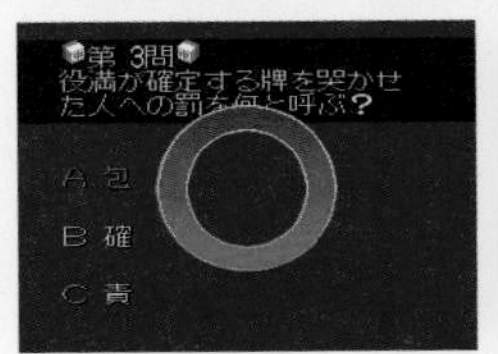
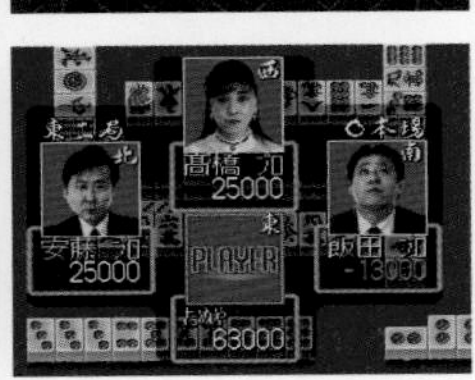

무서운 표정의 프로 마작사들이 등장하는 마작 게임의 세 번째 작품. 딱딱한 내용은 여전하고 퀴즈 모드에서의 「무엇을 버릴까?」 「무엇을 기다릴까?」 같은 문제도 모두 진검승부다. 등장 캐릭터 중에는 지금은 고인이 된 프로도 있어서 함께 마작을 한다는 것이 소중한 경험이 된다.

리틀 마스터 ~무지개빛 마석~

● 발매일 / 1995년 6월 30일 ● 가격 / 9,900엔
● 퍼블리셔 / 토쿠마 서점 인터미디어

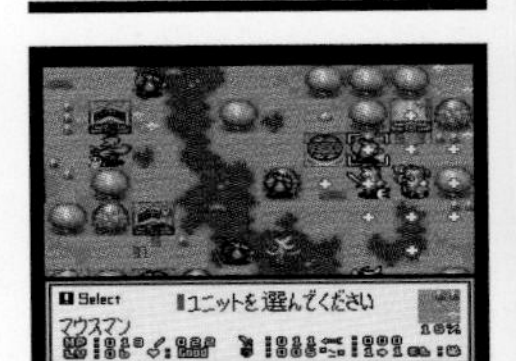

GB로 발매됐던 시뮬레이션 RPG 시리즈의 세 번째 작품. 전작들과 비교하면 하드의 성능이 대폭 향상된 면이 있어서 겉모습이나 전투 화면이 매우 아름답다. 또한 등장 캐릭터나 유닛 종류도 압도적으로 증가했다.

캐러밴 슈팅 컬렉션

● 발매일 / 1995년 7월 7일 ● 가격 / 6,800엔
● 퍼블리셔 / 허드슨

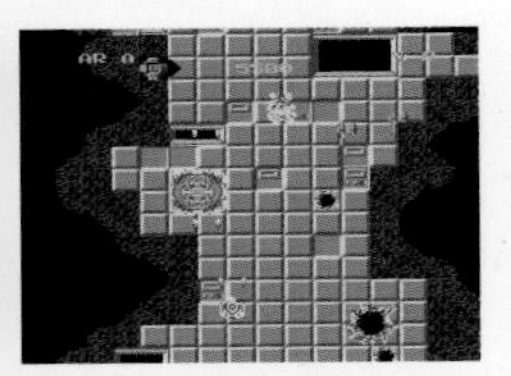
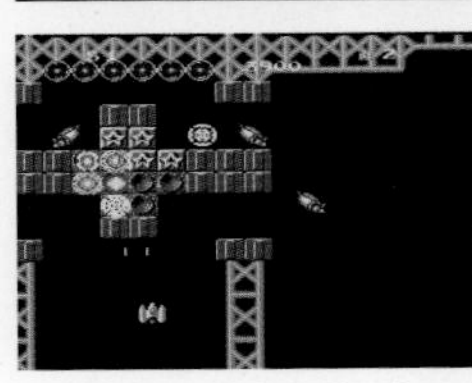
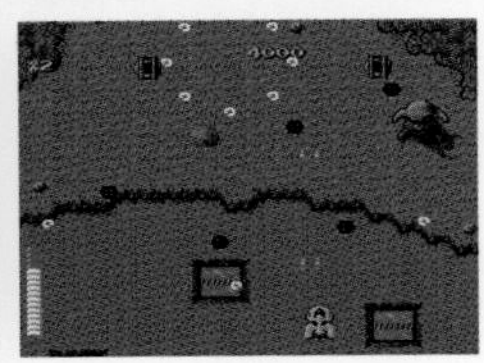

「캐러밴 슈팅」이란 허드슨 주최로 전국 각지를 돌며 개최되던 슈팅 게임 대회이다. 본 작품은 그 대회에서 실행되었던 FC의 슈팅 게임 3개 작품을 합본한 것이다. 게임은 어레인지되지 않은 상태여서 그래픽도 FC판 그대로다.

사기 영웅전

● 발매일 / 1995년 7월 7일 ● 가격 / 10,800엔
● 퍼블리셔 / 아우트리거 공방

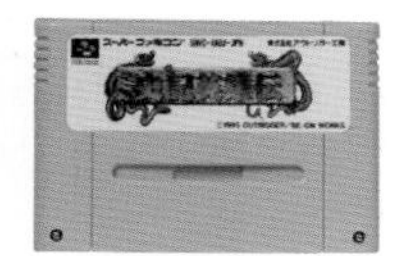

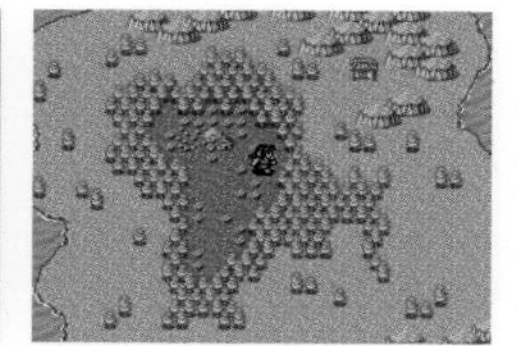

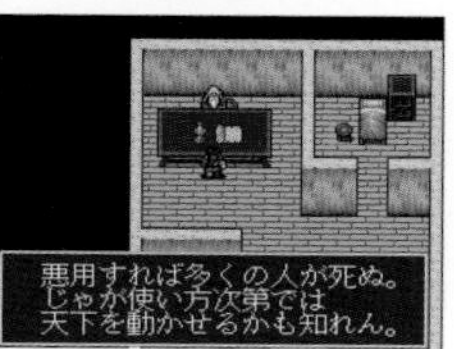

고대 중국을 무대로 한 RPG로, 춘추전국시대부터 전한시대까지를 다루고 있다. 타이틀에도 들어가 있는 '사기'는 전한의 사마의가 기록한 역사서인데, 게임도 그것을 따르듯이 스토리가 전개된다. 역사를 좋아하는 게이머라면 빠져들 만한 작품이다.

실전! 파치스로 필승법! 클래식

● 발매일 / 1995년 7월 7일 ● 가격 / 9,500엔
● 퍼블리셔 / 사미

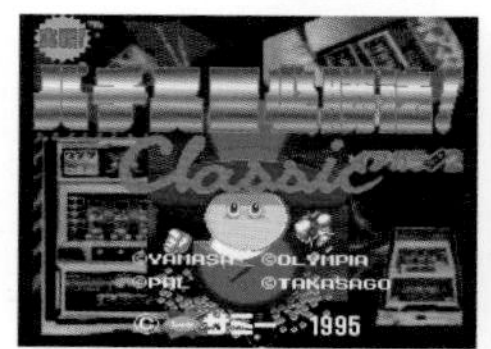

사미가 발매했지만 야마사, 올림피아, 펄 공업, 타카사고 전자의 협력을 받아 실제 기기를 플레이할 수 있다. 1.5호기인 「뉴 페가서스」나 「뉴 스타더스트」 등 오래된 기기 중에서 선택할 수 있어, 지금 시점에서는 매우 중요한 게임이라 할 수 있다.

진 일확천금

● 발매일 / 1995년 7월 7일 ● 가격 / 9,800엔
● 퍼블리셔 / 밥

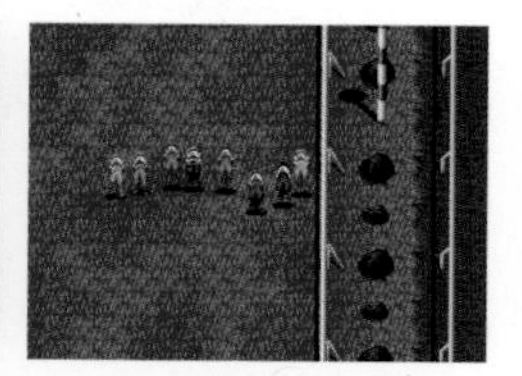
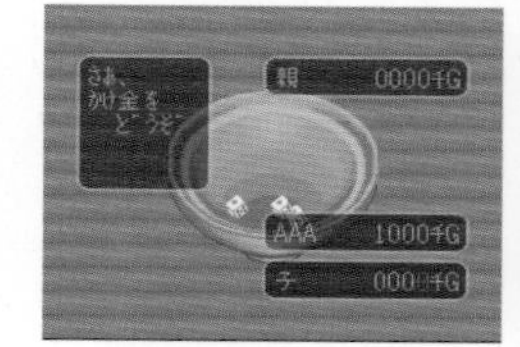
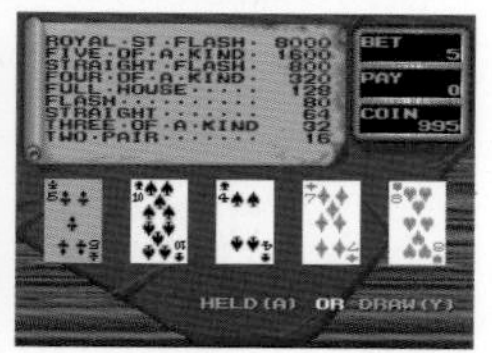

오로지 도박에 초점을 맞춘 꽤 아슬아슬한 게임. 경마나 경정 같은 합법적 갬블부터 친치로린이나 홀짝 같은 비합법적인 갬블까지 수록했다. 챌린지 모드에서는 최고의 갬블러를 목표로 하고, 프리 플레이 모드에서는 자유롭게 갬블을 즐긴다.

슈퍼 F1 서커스 외전

● 발매일 / 1995년 7월 7일 ● 가격 / 9,900엔
● 퍼블리셔 / 일본 물산

일본 물산의 인기 F1 레이싱 게임 『F1 서커스』의 외전. 스톡카 레이스부터 시작해서 최종적으로는 F1 레이서를 목표로 한다. 화면은 유사 3D가 되었는데, 탑뷰였던 시리즈 초기 작품과는 완전히 별개라고 생각하는 것이 좋을 것이다.

따끈따끈 하이스쿨

● 발매일 / 1995년 7월 7일 ● 가격 / 9,990엔
● 퍼블리셔 / BPS

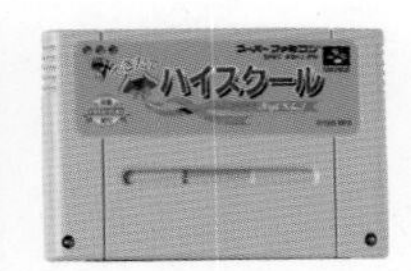

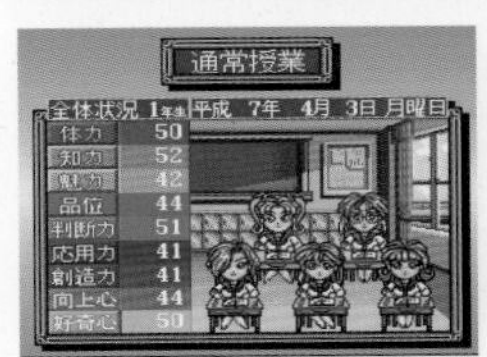

당시에 붐이 일기 시작한 미연시 중의 하나로, 학생 육성 시뮬레이션이다. 주인공은 학원의 이사인데 학교를 마음대로 개축할 수 있고 그 결과가 학생 육성에도 반영된다. 플레이어는 교사와 경영자라는 두 가지 관점에서 학생을 키워야 한다.

파친코 챌린저

● 발매일 / 1995년 7월 7일 ● 가격 / 9,800엔
● 퍼블리셔 / 카로체리아 재팬

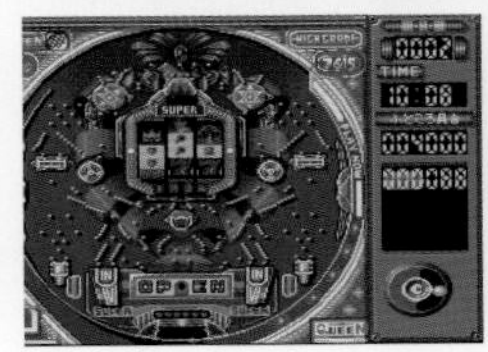

새로운 퍼블리셔의 파친코 게임 참여작. 파친코가 꿈의 나고야 올림픽 정식 종목이 됐다는 전대미문의 스토리를 토대로 했다. 플레이할 수 있는 기기는 모두 가상의 것으로, 그만큼 기기의 수는 풍부해서 실제 기기를 모방한 12가지 기기를 즐길 수 있다.

캣츠 런 전일본 K카 선수권

● 발매일 / 1995년 7월 14일 ● 가격 / 10,800엔
● 퍼블리셔 / 아틀라스

혼다의 투데이, 스즈키의 웨건R, 미츠비시의 톳포 등 90년대에 인기를 모은 경차 레이싱 게임. 등장 캐릭터는 대부분이 여성이며 모두 레이서로 보이지 않는 용모를 하고 있지만, 게임은 잘 만들어졌고 조작성도 양호하다.

고시엔4

● 발매일 / 1995년 7월 14일 ● 가격 / 9,800엔
● 퍼블리셔 / 마호

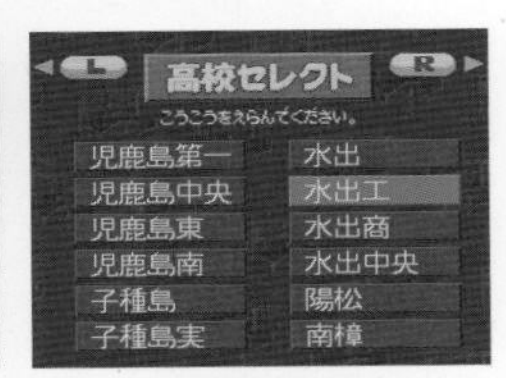

시리즈 네 번째 작품으로 SFC로는 세 번째 작품. 이번에도 역시 전국에 존재하는 고등학교가 이름을 바꿔서 등장한다. 메인인 대회 모드에서는 플레이어가 감독이 되어 10년 이내에 고시엔 우승을 목표로 한다. 이번 작품부터 투타 화면에 고저차 개념이 도입되었다.

공략 카지노 바

● 발매일 / 1995년 7월 14일 ● 가격 / 7,800엔
● 퍼블리셔 / 일본 물산

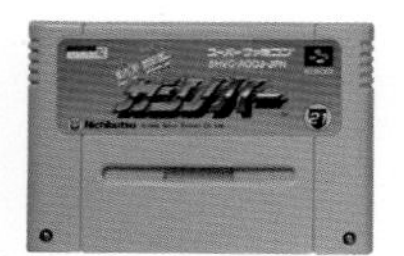

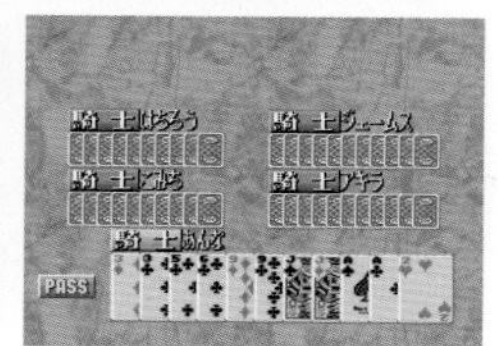

일본 물산이 발매한 카지노 체험 게임. 메인인 스토리 모드에서는 1년 동안 6개 카지노에서 각각 슬롯머신, 룰렛, 대소, 대부호, 블랙잭, 세븐 포커로 승리하는 것을 목표로 한다. 파티 모드에서는 4명까지 동시 참여가 가능하다.

슈퍼 경륜

● 발매일 / 1995년 7월 14일 ● 가격 / 9,800엔
● 퍼블리셔 / 아이맥스

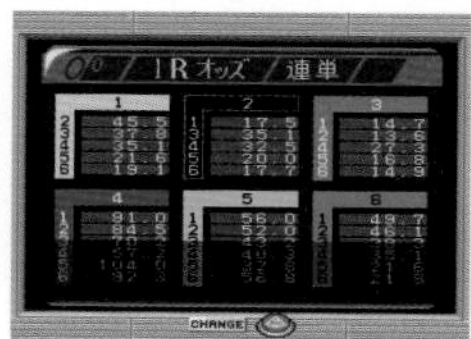

레이스 우승이 아니라 차권(車券)으로 돈을 버는 것이 목적인 경륜 게임. 주인공은 경륜 선수인데 여자 친구와의 결혼 자금을 벌기 위해 경륜을 한다는 설정이다. 꽤 리얼하게 만들어졌으며, 예상꾼에게 유료로 정보를 받거나 경륜장에서 명물을 먹는 이벤트도 있다.

핏폴 마야의 대모험

● 발매일 / 1995년 7월 14일 ● 가격 / 9,800엔
● 퍼블리셔 / 포니 캐니언

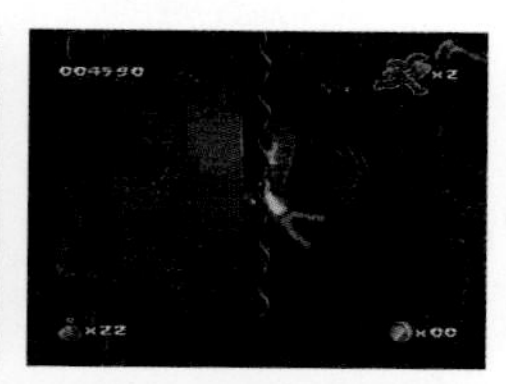
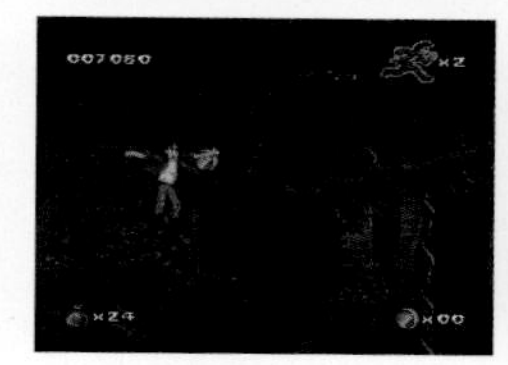
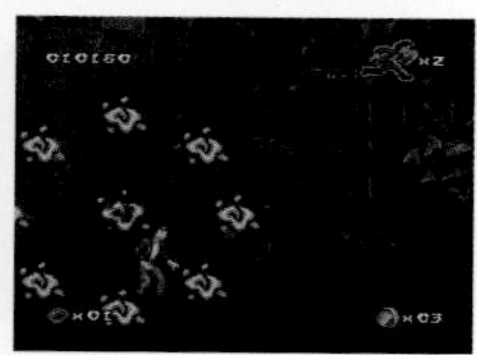

세계적으로 히트해 다양한 플랫폼에 이식된 『핏폴』 시리즈 중의 하나. 장르는 사이드뷰 액션으로 4종류의 무기와 점프, 포복전진 등의 액션을 구사해서 적을 쓰러뜨리며 나아간다. 그래픽이 아름답고 주인공의 움직임도 매끄럽다.

미스틱 아크

● 발매일 / 1995년 7월 14일 ● 가격 / 11,800엔
● 퍼블리셔 / 에닉스

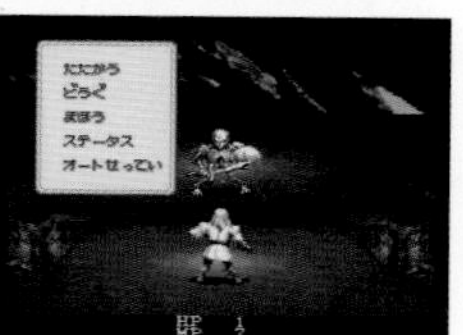

에닉스가 발매한 RPG로 1993년에 발매된 『엘나드』의 속편이다. 필드의 특정 부분에 접촉하면 확대가 되어서 자세히 조사할 수 있는 등, 탐색형 게임의 특성을 갖고 있다. 입수한 아크는 탐색에 사용되고 무기에 깃들게 해서 강화시킬 수도 있다.

4인 장기

● 발매일 / 1995년 7월 14일 ● 가격 / 9,800엔

● 퍼블리셔 / POW

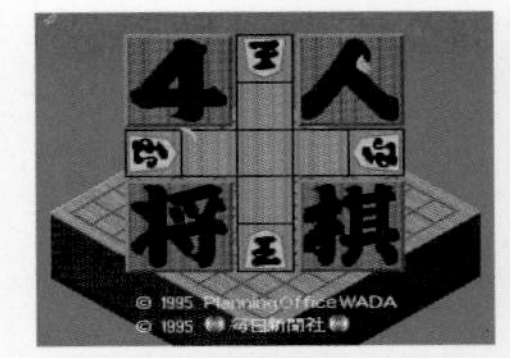

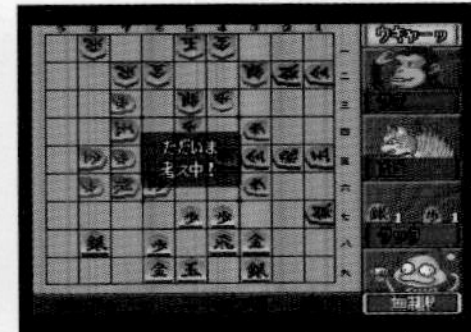

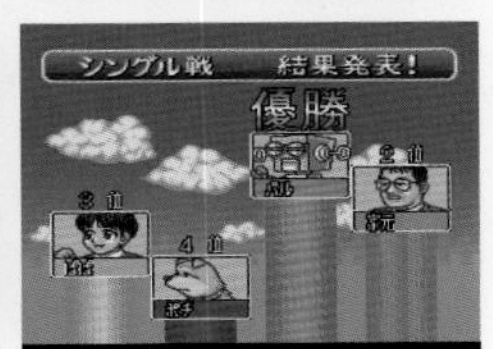

매우 특별한 규칙으로 지금도 많이 보급되지 않은 4인 장기를 비디오 게임화 했다. 말을 움직이는 방법은 일반적인 장기와 동일하지만, 장기판에 방향이 다른 4명의 말이 뒤섞인다. 싱글전에서는 모두가 적이 되고, 더블전에서는 두 명이 한 팀이 되어 상대팀과 싸운다.

라플라스의 마(魔)

● 발매일 / 1995년 7월 14일 ● 가격 / 9,900엔
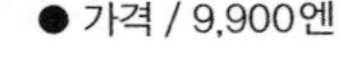
● 퍼블리셔 / 빅 토카이

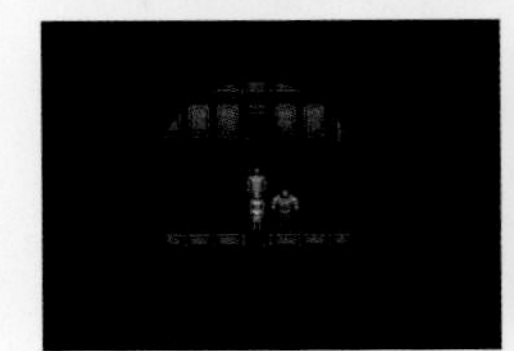

유령 퇴치가 테마인 호러 작품으로 1987년 발매된 일본 PC용 RPG를 이식했다. 직업이 다른 5명의 캐릭터 중에서 주인공을 선택하고, 전투에서는 유령의 사진을 찍으면 돈으로 바꿀 수 있다. SFC판에서는 3D 던전이 없어졌고 문제 풀이의 난이도도 대폭 완화되었다.

악마성 드라큘라 XX

● 발매일 / 1995년 7월 21일 ● 가격 / 9,800엔
● 퍼블리셔 / 코나미

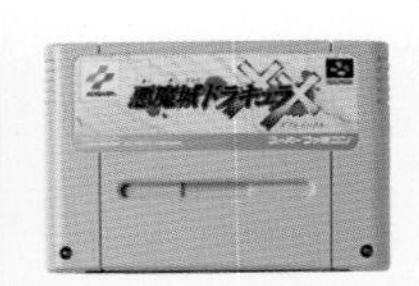

PC엔진으로 발매됐던 『악마성 드라큘라X 피의 윤회』를 리메이크했다. CD-ROM과 롬팩의 용량 차이로 인해 탐색 요소와 비주얼 영상은 삭제되었다. 래스터 스크롤을 쓰는 등, 예전의 시리즈작과 비교하면 그래픽의 질이 달라졌다.

GO GO ACKMAN2

● 발매일 / 1995년 7월 21일 ● 가격 / 9,500엔
● 퍼블리셔 / 반프레스토

시리즈 두 번째 작품. 이번 작품의 시나리오는 완전히 오리지널인데, 전작에 비해 공격 방법이 대폭 파워업 되었다. 슬라이딩 공격과 커맨드 입력을 이용한 연속 공격, 던지기 기술을 사용할 수 있게 된 덕분에 즐거움이 늘어났다.

장기 최강

● 발매일 / 1995년 7월 21일 ● 가격 / 14,800엔
● 퍼블리셔 / 마호

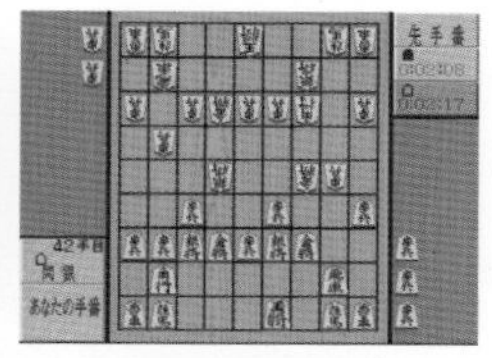

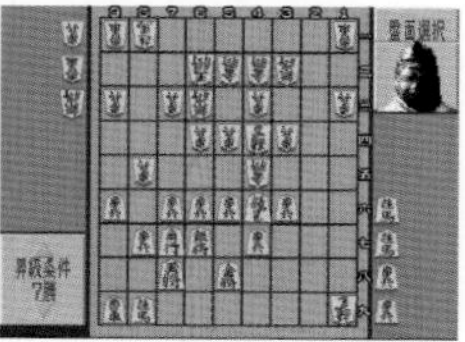

아수라상이 등장하는 타이틀 화면이 임팩트 있는 장기 게임. 「최강」을 자칭하는 CPU와의 대국에서는 실력을 초급, 중급, 상급, 달인으로 변경할 수 있으며, 한 수에 30초 이내인 속기로도 플레이할 수 있다. 롬팩에는 「SA1」이라는 특수 칩이 내장되어 AI의 처리 속도가 향상되었다.

Super 배리어블 지오

● 발매일 / 1995년 7월 21일 ● 가격 / 9,980엔
● 퍼블리셔 / TGL

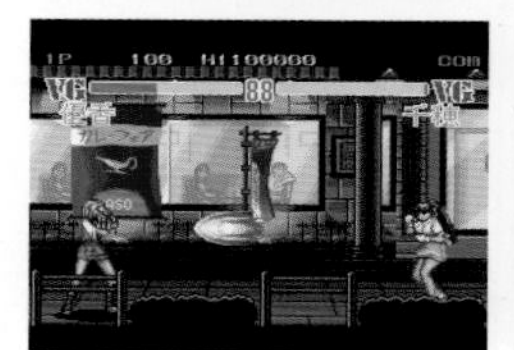

기가가 개발한 일본 PC용 19금 대전 격투 게임을 SFC로 이식했다. 등장 캐릭터는 모두 여성으로 바디콘 슈트, 바니 의상, 패밀리 레스토랑 유니폼 등의 차림을 하고 있다. 내용은 전형적인 대전 격투 게임이며, 패배 캐릭터의 탈의 장면은 완전히 삭제되었다.

타케토요 G1 메모리

● 발매일 / 1995년 7월 21일 ● 가격 / 12,800엔
● 퍼블리셔 / NGP

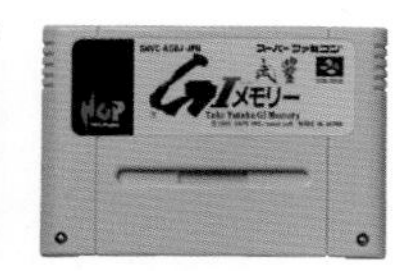

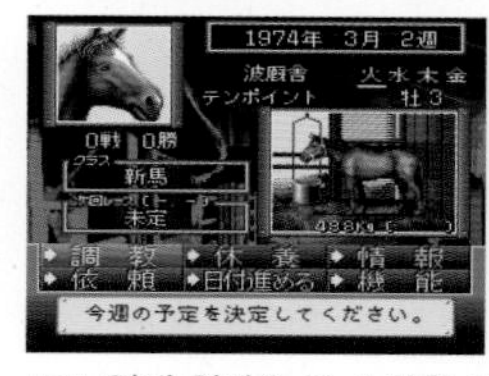

JRA 역대 최다승 등 수많은 기록을 가진 명 기수 타케토요의 이름을 내세운 경마 게임. 메모리얼 모드에서는 과거의 명마 조교사로서 능력 향상을 목표로 하고, 육성 모드에서는 오너 브리더로서 처음부터 경주마를 키운다. 스기모토 키요시 아나운서가 실황 중계를 담당했다.

단 퀘스트 마신 봉인의 전설

● 발매일 / 1995년 7월 21일 ● 가격 / 9,900엔
● 퍼블리셔 / 테크노스 재팬

테크노스 재팬이 개발한 액션 RPG. 각 몬스터별로 경험치가 존재해서, 쓰러뜨릴 때마다 그 몬스터에 대해 강해지는 특이한 시스템을 채용했다. 시나리오는 이벤트마다 던전을 탐색하는 형태로 진행되고 칭호를 얻으면 캐릭터가 강해진다.

빅 일격! 파치스로 대공략2 유니버설 컬렉션

● 발매일 / 1995년 7월 21일 ● 가격 / 10,800엔
● 퍼블리셔 / 애스크 고단샤

파친코 슬롯 대기업인 유니버설의 기기에 초점을 맞춘 파친코 슬롯 게임. 1.5호기인 「파이어버드 7U」부터 4호기인 「플리퍼 3」 등 총 13종류를 수록했다. 공략 모드에서는 설정을 자유롭게 변경할 수 있고, 실전 모드에서는 50만 G를 가지고 파친코 슬롯으로 생활해간다.

란마1/2 오의사암권

● 발매일 / 1995년 7월 21일 ● 가격 / 8,800엔
● 퍼블리셔 / 토호 / 쇼가쿠칸 프로덕션

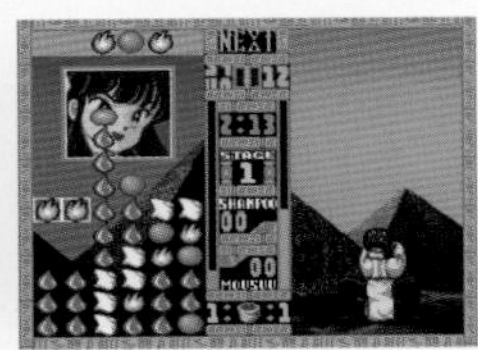

SFC로 발매됐던 『란마1/2』 시리즈로는 다섯 번째 작품에 해당한다. 게임 장르는 대전형의 낙하형 퍼즐로 가위바위보 규칙이 사용된다. 각 블록을 이기는 손 위에 놓아서 지워 나가고, 연쇄로 지우면 상대에게 방해 블록을 보내는 구조이다.

인디 존스

● 발매일 / 1995년 7월 28일 ● 가격 / 10,800엔
● 퍼블리셔 / 빅터 엔터테인먼트

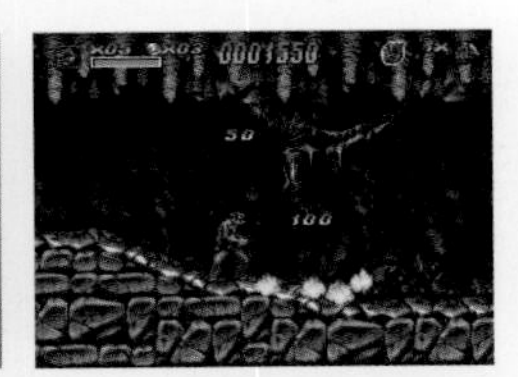

대히트 영화 『인디아나 존스』 시리즈 3부작을 하나에 담은 사이드뷰 액션 게임. 트레이드 마크인 채찍 이외에도 수류탄이나 몸통 박치기 등으로 공격할 수 있다. 필드에는 함정이 가득하고 영화처럼 손에 땀을 쥐게 하는 전개가 이어진다. 난이도는 꽤 높은 편이다.

울티마 공룡제국

● 발매일 / 1995년 7월 28일 ● 가격 / 9,800엔
● 퍼블리셔 / 포니 캐니언

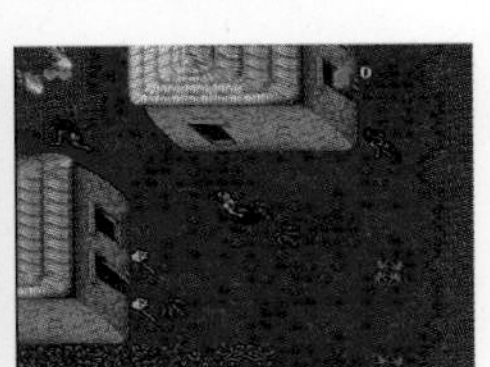

세계적인 인기 RPG 『울티마』 시리즈의 외전으로 『월드 어드벤처』 시리즈로 분류된다. 시스템은 GB판 『잃어버린 룬』이 채택한 퍼즐성이 높은 액션 RPG이다. 무대가 원시 시대라는 점이 상당히 특이하다.

울트라 리그 불타라! 사커 대결전!

● 발매일 / 1995년 7월 28일 ● 가격 / 9,800엔
● 퍼블리셔 / 유타카

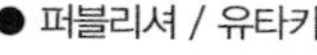

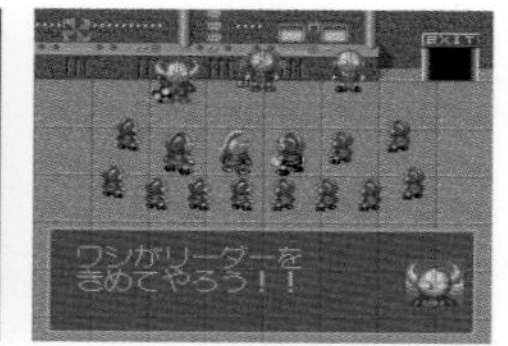

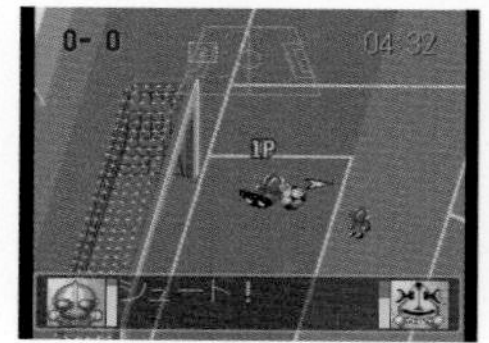

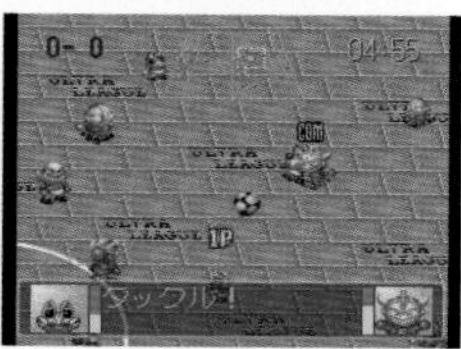

다다, 바르탄 성인 등 울트라맨의 캐릭터를 사용한 축구 게임. 선수에게는 체력이 존재해서 공을 차거나 태클을 하면 줄어들게 된다. 체력이 0이 된 선수는 퇴장해버리기 때문에 주의가 필요하다. 적을 날려버리는 호쾌한 필살 슛도 쓸 수 있다.

에메랄드 드래곤

● 발매일 / 1995년 7월 28일 ● 가격 / 9,800엔
● 퍼블리셔 / 미디어웍스

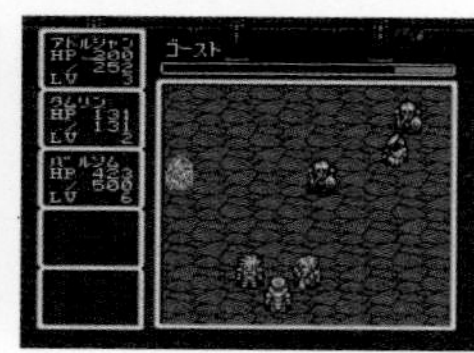

일본 PC로 발매되었던 명작 RPG가 오리지널이지만, 본 작품은 PC엔진판을 기본으로 했다. 게임 밸런스를 수정하면서 보다 플레이하기 쉬운 시스템이 되었다. 또한 오리지널 요소로 전투 중에 드래곤으로 변신할 수 있는 드래곤 체인지가 추가되었다.

캐리어 에이스

● 발매일 / 1995년 7월 28일 ● 가격 / 12,800엔
● 퍼블리셔 / 유미디어

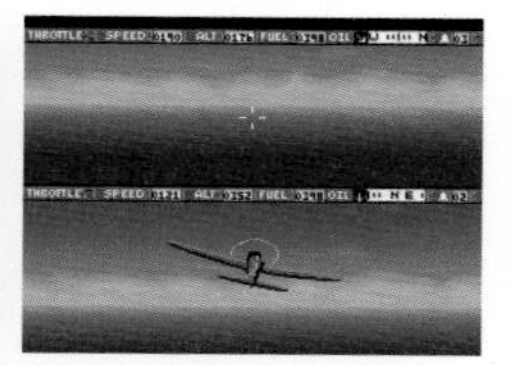

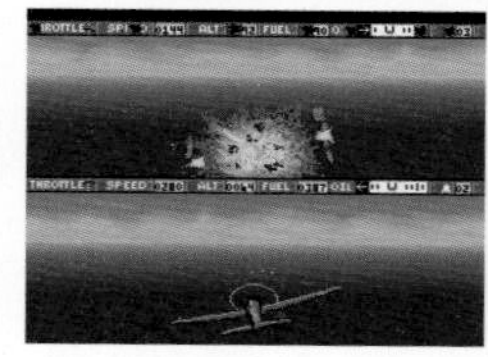

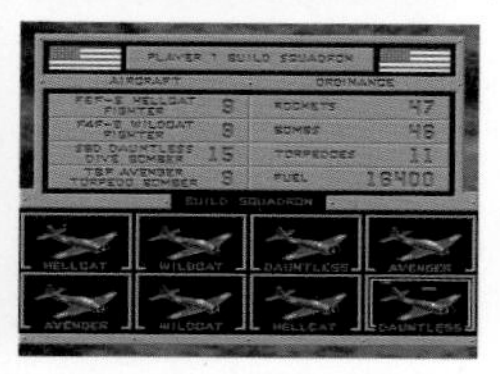

제2차 세계대전 당시의 프로펠러 전투기를 이용한 플라이트 슈팅 게임. 일본군이나 미군을 선택해서 태평양의 섬들을 제압하는 것이 목적이다. 적 전투기와의 근접전이나 어뢰, 폭탄 투하 등 해야 할 일이 많아서, 출격 전에 목표에 맞는 장비를 준비하는 것이 중요하다.

취직 게임

● 발매일 / 1995년 7월 28일 ● 가격 / 11,800엔
● 퍼블리셔 / 이머지니어

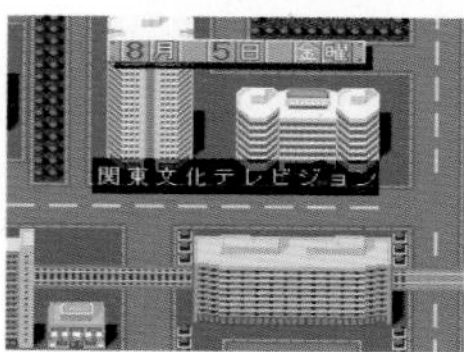

구직 활동을 주제로 한 특이한 어드벤처 게임으로, 히로인을 걸고 합격한 직장의 수로 라이벌과 승부한다는 내용이다. 틈틈이 출현하는 선택지로 시나리오가 분기하며 멀티 엔딩을 채택했다. 대학에 가서 구인(求人) 신청서를 내거나 면접에서 창업 연도를 질문 받는 등, 내용이 꽤 리얼하다.

슈퍼 원인2

● 발매일 / 1995년 7월 28일 ● 가격 / 8,900엔
● 퍼블리셔 / 허드슨

SFC에서의 『원인』 시리즈 두 번째 작품. 장르는 전작과 같은 사이드뷰 액션으로, 점프와 박치기를 이용한 액션이 메인이다. 아이템을 이용해서 「꼬마 원인」이나 「새 원인」으로 변신할 수 있는 등 엉망진창인 느낌은 여전하다. 조작성도 양호해서 안심하고 플레이할 수 있다.

닌타마 란타로

● 발매일 / 1995년 7월 28일 ● 가격 / 9,800엔
● 퍼블리셔 / 컬처 브레인

NHK에서 방송 중인 인기 애니메이션을 원작으로 한 액션 게임 모음집. 란타로, 키리마루, 신베 중에서 캐릭터를 선택할 수 있다. 출제되는 다양한 게임을 클리어하면 새로운 기술을 습득하게 되고 중간에 스토리가 삽입된다.

배스 마스터즈 클래식

● 발매일 / 1995년 7월 28일 ● 가격 / 11,800엔
● 퍼블리셔 / 알트론

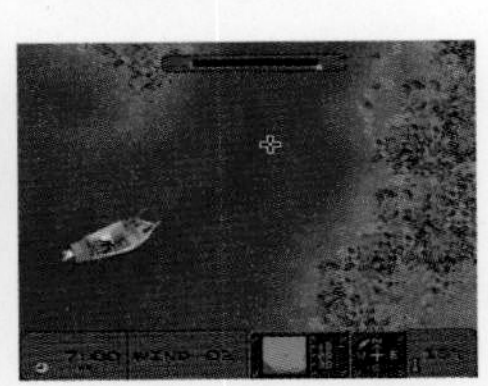

알트론이 발매한 배스 낚시 게임. 각지에서 열리는 배스 낚시 대회에 도전해서 받은 상금으로 낚시 도구를 모아간다. 루어를 던진 후의 물속 모습이 유사 3D로 표시되고, 물고기가 루어를 물 때까지 리얼타임으로 볼 수 있어서 박력 만점이다.

포포이토 헤베레케

● 발매일 / 1995년 7월 28일 ● 가격 / 8,900엔
● 퍼블리셔 / 선 소프트

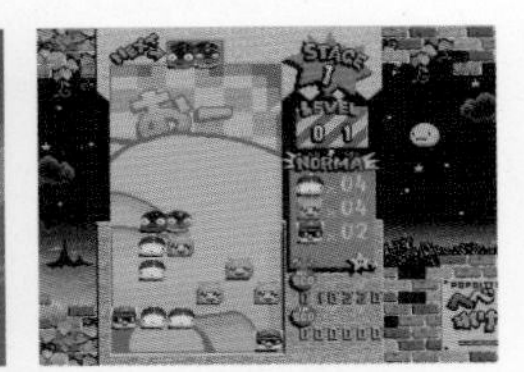

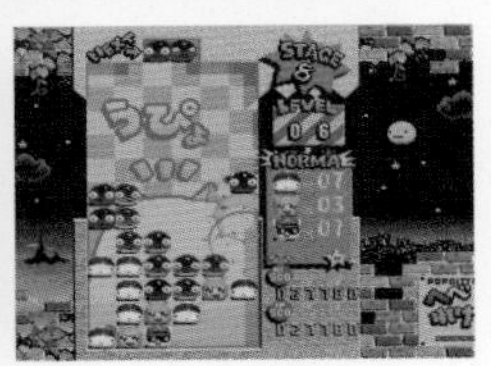

아케이드용 게임으로 발매됐던 낙하형 퍼즐 게임을 이식했다. 『Dr. 마리오』와 비슷한 규칙이며, 필드에 미리 배치된 캐릭터와 같은 색의 블록을 4개 이상 모아 지워 나간다. 단, 캐릭터는 제멋대로 움직이기 때문에 실수하기 쉽다.

마작 번성기

● 발매일 / 1995년 7월 28일 ● 가격 / 6,800엔
● 퍼블리셔 / 일본 물산

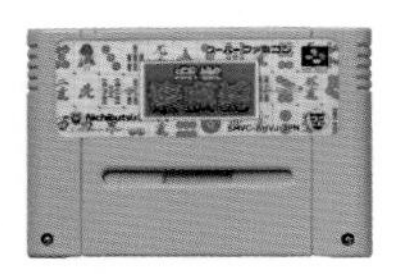

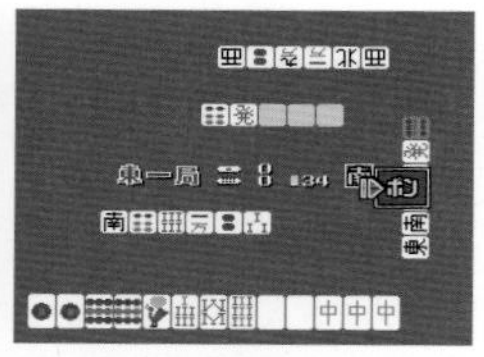
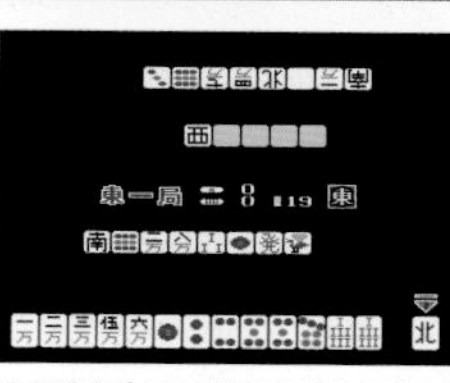

초급부터 프로급까지 난이도를 바꿔가며 할 수 있는 마작 게임. 대전 상대는 매우 풍부해서 아이부터 노인까지 준비되어 있다. 또한 80년대에 같은 회사에서 발매됐던 아케이드용 마작 게임 『로열 마작』과 『작호』가 당시의 그래픽 그대로 수록되어 있다.

귀신동자 ZENKI 열투뇌전

● 발매일 / 1995년 8월 4일 ● 가격 / 9,800엔
● 퍼블리셔 / 허드슨

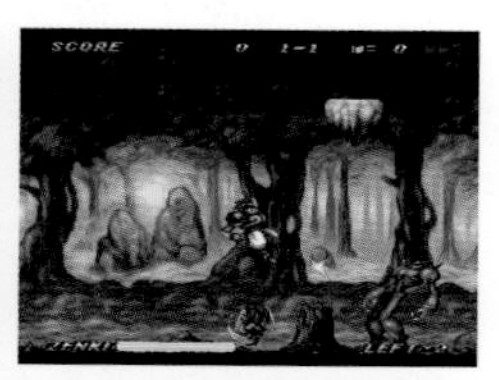
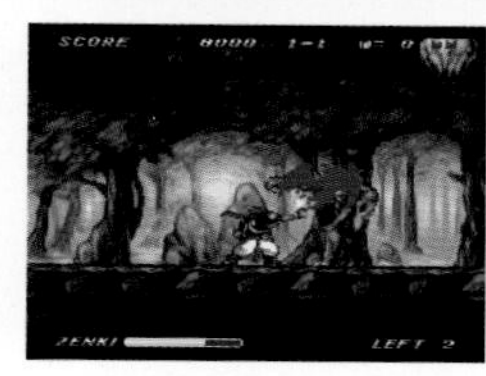

「월간 소년 점프」에 연재되고, TV도쿄에서 애니메이션이 방송된 『귀신동자 ZENKI』를 원작으로 한 사이드뷰 액션 게임. 첫 스테이지는 동자의 모습으로 진행되지만, 이후 스테이지에서는 귀신으로 변신해서 커맨드 입력을 이용한 다양한 공격을 할 수 있다.

번개 서브다!! 슈퍼 비치발리볼

● 발매일 / 1995년 8월 4일 ● 가격 / 9,800엔
● 퍼블리셔 / 버진 인터렉티브 엔터테인먼트

모래밭에서서 2대 2로 시합을 하는 비치발리볼을 게임화 했다. 1인용 플레이의 메인은 프로페셔널 리그인데 C리그부터 시작해서 A리그 진입을 목표로 한다. 커맨드를 입력하면 필살 서브나 어택을 사용할 수 있어서 화려한 시합을 즐길 수 있다.

J리그 사커 프라임 골3

● 발매일 / 1995년 8월 4일 ● 가격 / 9,800엔
● 퍼블리셔 / 남코

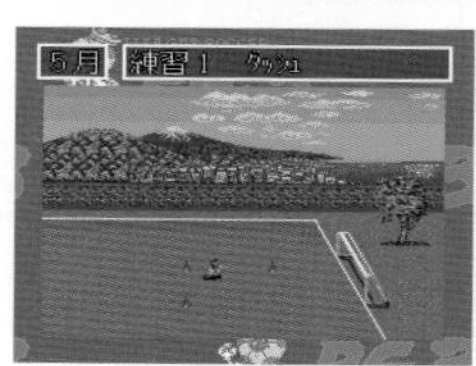

남코가 발매했던 J리그 축구 게임의 최종작이다. 전작보다 플레이할 수 있는 모드가 2가지 늘어서 총 7가지가 되었다. 이번 작품부터 도입된 「네가 히어로」에서는 오리지널 선수를 만들어 팀에 가입시킬 수 있다. 리그전은 총 26경기를 치러야 하는 장기전이다.

초마법대륙 WOZZ

● 발매일 / 1995년 8월 4일 ● 가격 / 10,800엔
● 퍼블리셔 / BPS

쇼가쿠칸이 발행했던 게임지 「게임 온!」의 기획으로 제작된 RPG. 레드 컴퍼니가 개발을 담당하고 BPS가 발매했다. 일본인 · 중국인 · 미국인이라고 설정된 3명의 용사가 세계를 구한다는 스토리로 전투 중에는 마법과 초능력을 쓸 수 있다.

학교에서 있었던 무서운 이야기

● 발매일 / 1995년 8월 5일 ● 가격 / 11,800엔
● 퍼블리셔 / 반프레스토

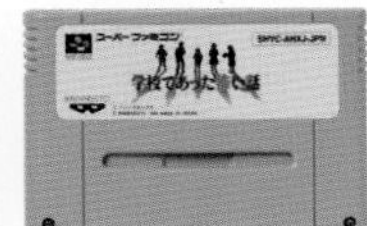

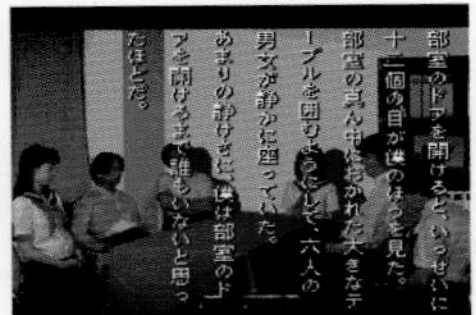
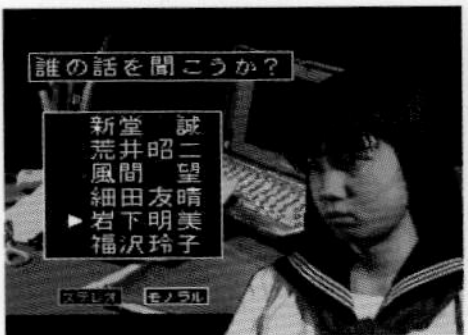

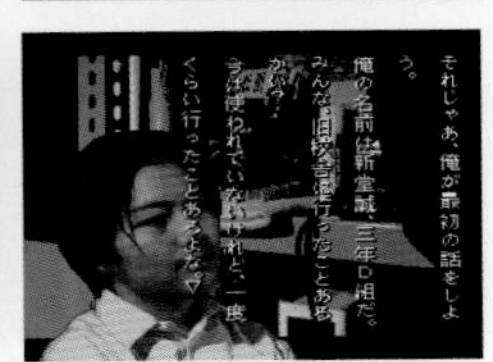

이이지마 타케오가 이끄는 판도라박스가 개발한 사운드노벨. 6명의 화자 중 좋아하는 사람을 선택해 이야기를 듣고 그것을 간접 체험한다는 내용이다. 어떤 순서로 이야기를 듣느냐에 따라 변화하는 시나리오가 이색적이다. 배경과 인물에는 실사 영상이 사용되었다.

슈퍼마리오 요시 아일랜드

● 발매일 / 1995년 8월 5일 ● 가격 / 9,800엔
● 퍼블리셔 / 닌텐도

『슈퍼마리오 월드』에서 첫 등장한 요시가 주연으로 데뷔한 사이드뷰 액션 게임. 아기 마리오를 무사히 전달하는 것이 게임의 목적이다. 요시는 혀를 뻗어서 적을 삼키거나 알을 던져서 적을 쓰러뜨릴 수 있고, 힘찬 점프로 멀리까지 날 수도 있다.

슈퍼 파워리그3

● 발매일 / 1995년 8월 10일 ● 가격 / 9,980엔
● 퍼블리셔 / 허드슨

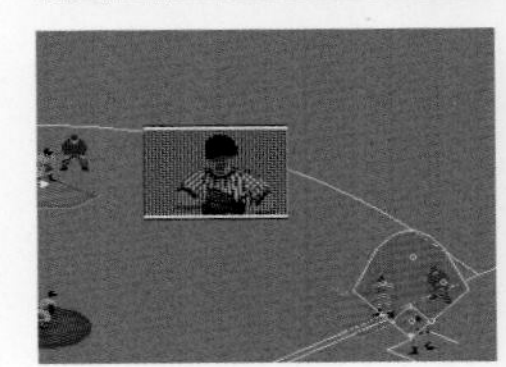
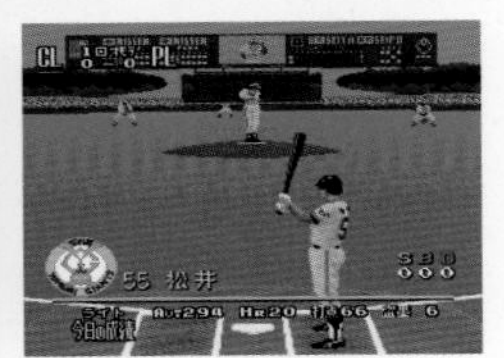

SFC에서의 시리즈 세 번째 작품. 리얼계 야구 게임 중에서는 인기 있는 시리즈로, NPB의 12개 구단과 선수가 실명으로 등장하고 가상의 구단도 2개 팀이 수록되었다. 이번 작품에는 후지TV의 허가를 받아 후쿠이 켄지 아나운서의 실황 중계 음성이 나온다.

게임의 달인

● 발매일 / 1995년 8월 11일 ● 가격 / 12,800엔
● 퍼블리셔 / 선 소프트

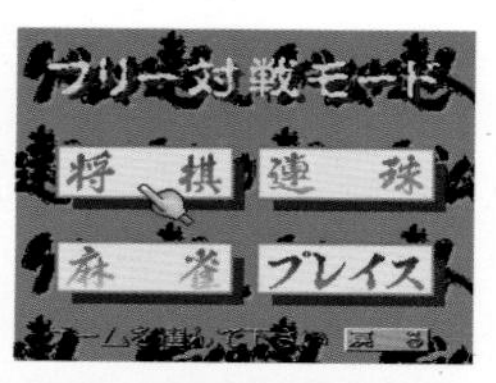
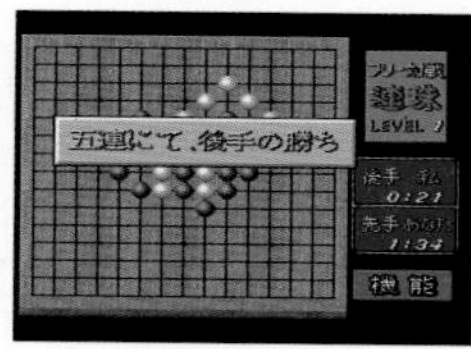
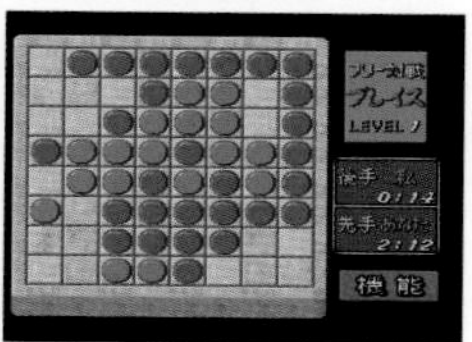

장기, 오목, 마작, 플레이스(오델로)를 하나의 소프트로 즐길 수 있다. 자유롭게 즐기는 프리 모드, 달인에게 인정받을 수 있는 수행 모드, 21개국의 상대와 대전하는 월드 모드의 3종류를 플레이할 수 있다. 모두 승리하는 것은 힘들지만 하는 보람은 충분하다.

슈퍼 굿슨 오요요

● 발매일 / 1995년 8월 11일 ● 가격 / 9,980엔
● 퍼블리셔 / 반프레스토

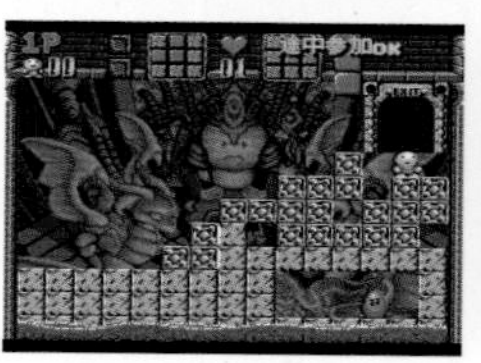

아케이드용 퍼즐 게임 『굿슨 오요요』를 SFC에 이식했다. 위에서 내려오는 블록을 회전 & 유도해서 쌓아올려 길을 만들고, 필드 위를 이동하는 「굿슨」과 「오요요」를 골로 이끈다. 필드에 물이 점점 차오르기 때문에 시간제한에 주의해야 한다.

타케미야 마사키 9단의 바둑 대장

● 발매일 / 1995년 8월 11일 ● 가격 / 14,800엔
● 퍼블리셔 / KSS

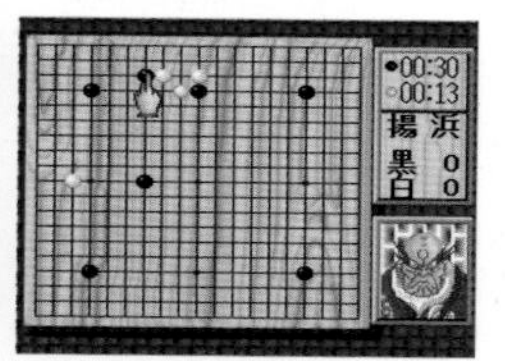
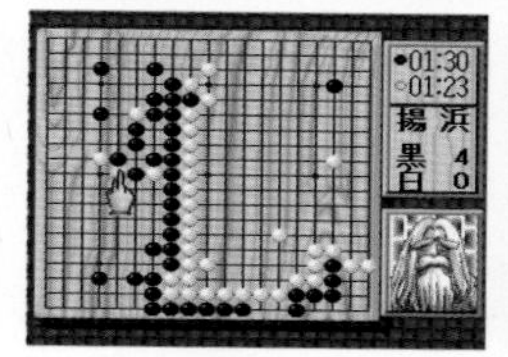
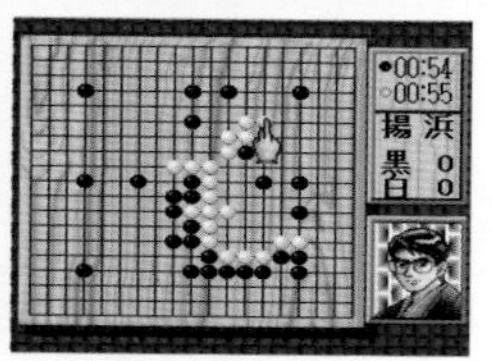

혼인보(본인방) 타이틀을 여섯 차례 획득하는 등, 높은 실력으로 유명한 타케미야 마사키 9단이 감수하고 일본 기원이 추천한 바둑 게임. 2P와의 대국과 5단계로 실력을 조정할 수 있는 CPU와의 대국이 가능하다. 과도한 기능이나 불필요한 연출을 일절 배제한 간결한 바둑 게임이다.

천지를 먹다 삼국지 군웅전

● 발매일 / 1995년 8월 11일 ● 가격 / 12,800엔
● 퍼블리셔 / 캡콤

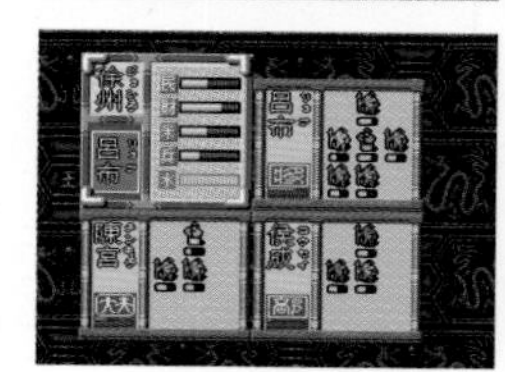

모토미야 히로시의 만화 『천지를 먹다』의 캐릭터가 등장하는 땅따먹기 시뮬레이션 게임. 39개 도시로 이루어진 중화 세계를 통일하는 것이 목적으로, 3개의 시나리오를 플레이할 수 있다. 내정, 외교, 군사 같은 커맨드를 적절하게 사용해서 나라를 부유하게 하고 병사를 늘려 타국을 침공한다.

도널드 덕의 마법의 모자

● 발매일 / 1995년 8월 11일 ● 가격 / 9,800엔
● 퍼블리셔 / 에폭사

도널드 덕이 주인공인 사이드뷰 액션 게임. 아르바이트로 돈을 모아서 여자 친구인 데이지에게 모자를 선물하는 것이 목적이다. 하지만 돈을 모아서 모자를 사러 가면 시나리오가 급반전되면서 마법의 세계에서 마왕을 쓰러뜨리게 된다.

닌자 용검전 토모에

● 발매일 / 1995년 8월 11일 ● 가격 / 7,980엔
● 퍼블리셔 / 테크모

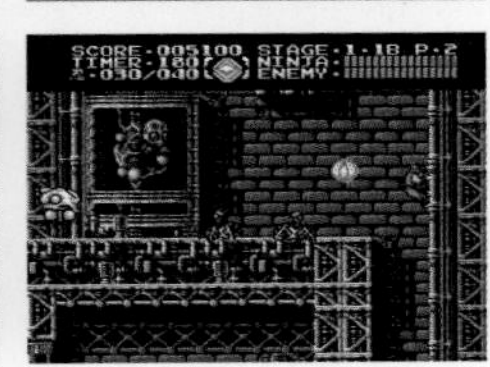

『닌자 용검전』은 테크모의 인기 액션 게임 시리즈인데, FC로 발매됐던 3개 작품을 모아서 SFC로 리메이크했다. 시리즈에서 내세웠던 높은 난이도는 건재하다. FC판에서 특히 화제가 됐던 미려한 컷신은 어레인지되어 수록되었다.

파이팅 베이스볼

● 발매일 / 1995년 8월 11일 ● 가격 / 9,400엔
● 퍼블리셔 / 코코너츠 재팬 엔터테인먼트

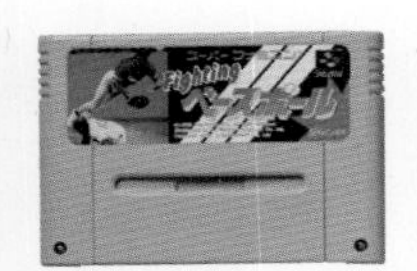

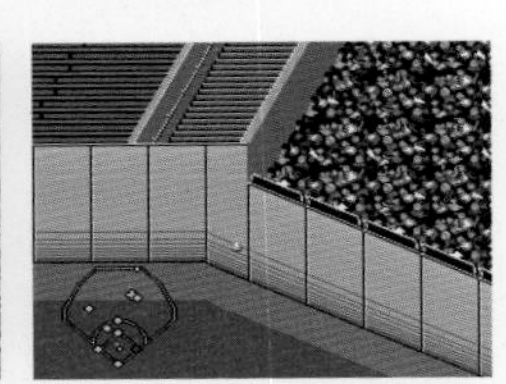

메이저리그가 소재인 야구 게임. 일렉트로닉 아츠가 개발한 작품을 일본어로 로컬라이즈 했다. 오픈전, 월드 시리즈 이외에 플레이오프부터 치르는 모드까지 총 4종류를 플레이할 수 있다. 풀 시즌 모드의 경우 자동으로 진행하는 것도 가능하다.

블랙 손 복수의 검은 가시

● 발매일 / 1995년 8월 11일 ● 가격 / 9,400엔
● 퍼블리셔 / 켐코

『디아블로』 등의 작품으로 유명한 미국의 블리자드가 개발한 사이드뷰 액션 게임. 게임의 목적은 제왕을 쓰러뜨리는 것으로 기복이 많은 필드를 나아간다. 붙잡힌 사람에게 정보를 듣거나 아이템을 사용해서 길을 헤쳐 나가게 된다.

브랜디시2

● 발매일 / 1995년 8월 11일 ● 가격 / 10,800엔
● 퍼블리셔 / 코에이

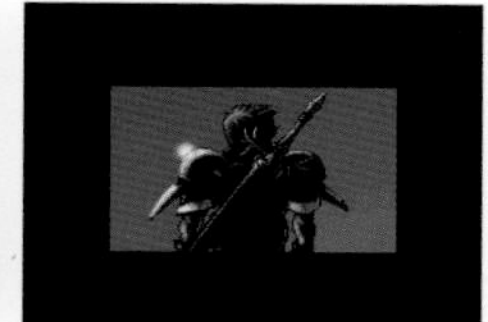
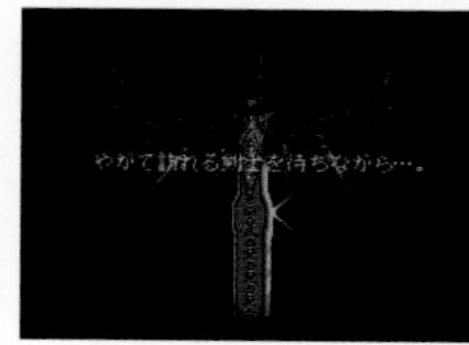
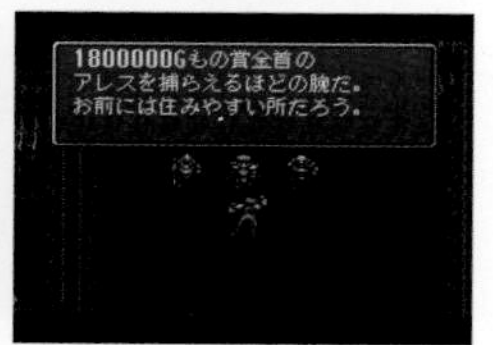

시리즈 두 번째 작품. 일본 팔콤이 개발한 일본 PC용 액션 RPG를 이식했다. 본 작품부터 마우스에 대응하게 되어 PC판에 가까운 감각으로 공략할 수 있게 되었다. 무기의 종류가 늘어났고 맵도 넓어지는 등, 전작에 비해 대폭 파워업 된 작품이다.

더 심리 게임3

● 발매일 / 1995년 8월 25일 ● 가격 / 9,800엔
● 퍼블리셔 / 비지트

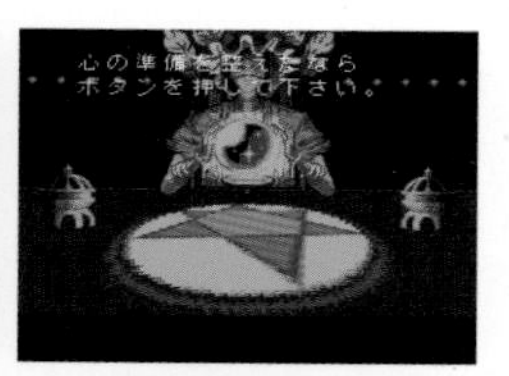
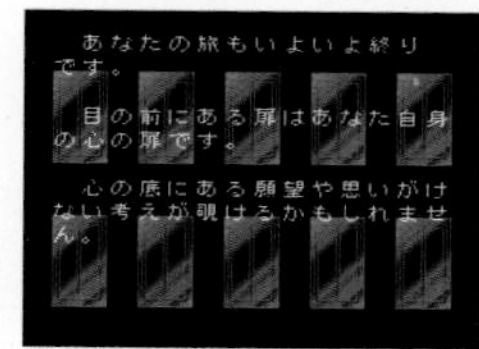

시리즈 세 번째 작품이자 최종작이다. 게임이 시작되고 느닷없이 스토리가 진행되는데, 고대 아틀란티스 대륙과 중세 유럽 등 시간과 장소가 다른 행선지가 랜덤으로 선택된다. 기본적으로 선택지를 고르기만 하면 OK이기 때문에 심리 게임이라기보다는 노벨 게임에 가깝다.

코론 랜드

● 발매일 / 1995년 8월 25일 ● 가격 / 6,800엔
● 퍼블리셔 / 유미디어

적에게 숯을 맞춰서 눈덩이로 만들고 굴려서 크게 만든다. 그것을 다시 적에게 던져서 쓰러뜨리면 되는데, 주인공은 능력이 다른 4명 중에서 선택 가능하다. 퀘스트 모드는 가벼운 스토리가 있는 스테이지 클리어 방식이고, 배틀 모드는 4명까지 참가할 수 있는 대전형이다.

실전 배스 피싱 필승법 in USA

● 발매일 / 1995년 8월 25일 ● 가격 / 9,800엔
● 퍼블리셔 / 사미

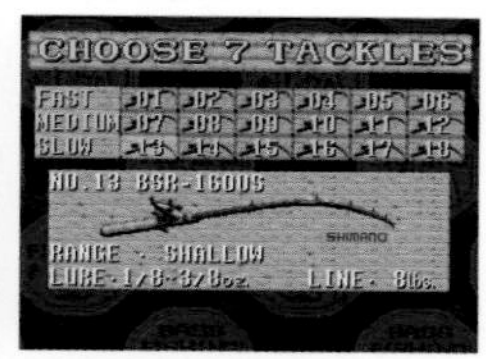

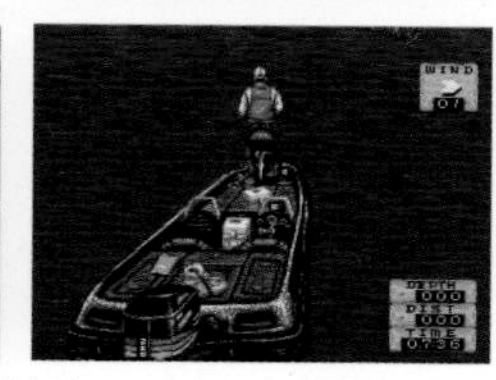

일본과 미국의 배스 프로가 감수하고 시마노가 협찬한 배스 낚시 게임. 대회에 참가해서 실력을 키우고 사미 클래식 트레일에서 우승하는 것이 목적이다. 보트를 타고 호수를 이동하고 포인트에 도착하면 루어를 던진다. 물고기가 물면 미터를 보면서 줄을 감는다.

Parlor! 팔러!2 파친코 5사 실제 기기 시뮬레이션 게임

● 발매일 / 1995년 8월 25일 ● 가격 / 11,800엔
● 퍼블리셔 / 일본 텔레넷

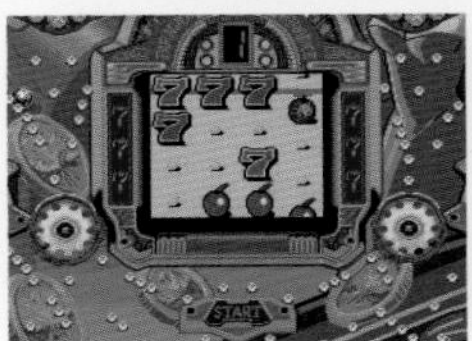

코라쿠, 산요, 토요마루, 다이이치, 마루혼이라는 5개 회사가 협찬했다. 수록된 기기는 「CR울트라 다이너마이트」「CR골든 캐치」「마린 걸즈7」「슬롯 파라다이스2」「승부전설2」「스파크」라는 6개 기종이다. 마이너한 기기가 많지만 플레이할 수 있는 것이 오히려 소중하게 느껴진다.

휴먼 그랑프리4 F1 드림 배틀

● 발매일 / 1995년 8월 25일 ● 가격 / 11,400엔
● 퍼블리셔 / 휴먼

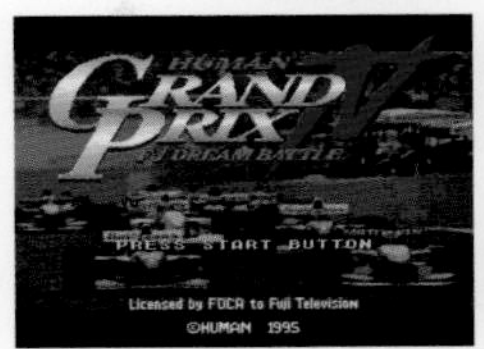

시리즈 네 번째 작품인 F1 레이싱 게임. 92년부터 95년 시즌까지의 데이터가 수록되어 있다. FOCA의 라이선스를 취득했기 때문에 팀과 선수는 실명으로 등장한다. 4종류의 모드를 플레이할 수 있고 에디트 모드도 충실하다. 게임 화면은 유사 3D로 되어 있다.

마수왕

● 발매일 / 1995년 8월 25일 ● 가격 / 10,800엔
● 퍼블리셔 / KSS

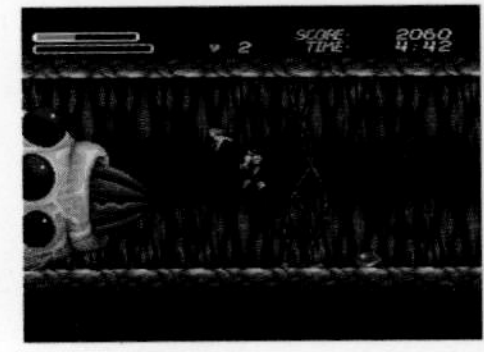

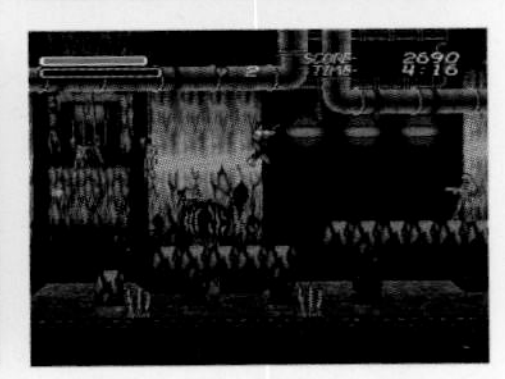

기분 나쁜 적이 다수 등장하는 사이드뷰 액션 게임. 아내는 살해되고 딸은 납치당한 남자의 복수극이 소재. 주인공은 강한 적과 대비되는 맨몸의 인간이지만, 스테이지 보스를 쓰러뜨려 수정옥을 손에 넣으면 마수로 변신할 수 있다. 2018년 Softgarage라는 회사가 복각판을 내놓았다.

마츠카타 히로키의 슈퍼 트롤링

● 발매일 / 1995년 8월 25일 ● 가격 / 9,900엔
● 퍼블리셔 / 톤킹 하우스

타이틀 화면의 마츠카타 히로키가 눈길을 끄는 트롤링 게임. 아프리카나 호주 등에서 열리는 예선에서 이기면 본선에 참가할 수 있다. 보트와 선장을 선택하고 청새치를 찾아 보트로 해역을 이동한다. 막상 물고기가 물어도 낚을 때까지는 시간이 꽤 걸리고 마지막에 놓칠 수도 있다.

카키기 장기

● 발매일 / 1995년 9월 1일 ● 가격 / 12,800엔
● 퍼블리셔 / 아스키

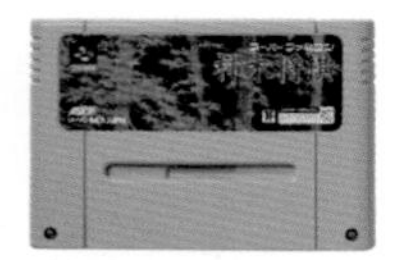

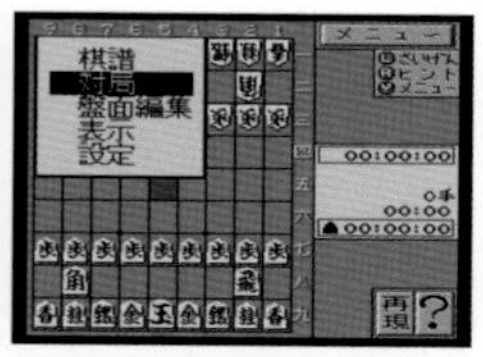

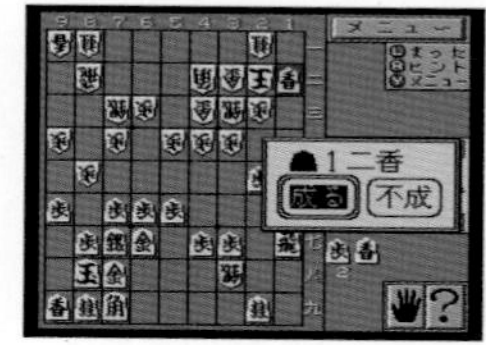

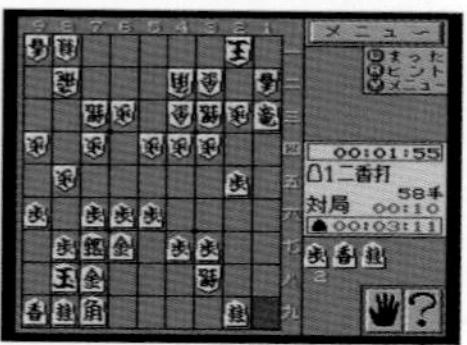

세계 컴퓨터 장기 선수권대회에 제1회부터 참가하고 있는 고참 장기 게임. 같은 시기의 다른 플랫폼에 비해 SFC판은 늦게 발매되었다. 매우 심플한 화면에 불필요한 연출이 배제된 만큼 실력을 보증할 수 있다. 또한 기보를 보존해둘 수도 있어 실력 향상에 도움이 된다.

배틀 로봇 열전

● 발매일 / 1995년 9월 1일 ● 가격 / 12,800엔
● 퍼블리셔 / 반프레스토

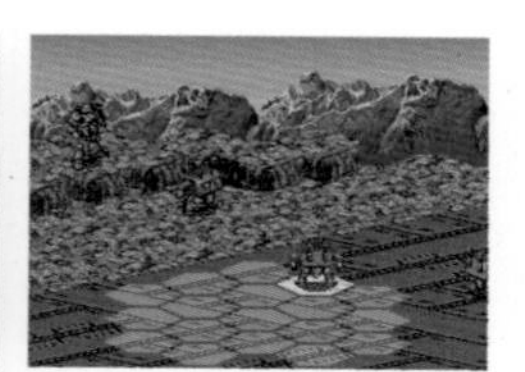

『슈로대』 시리즈와는 다른 타입의 로봇 시뮬레이션 게임. 『기동전사 건담 역습의 샤아』 『성전사 반다인』 『전투메카 자붕글』 등 선라이즈 작품의 기체가 다수 등장한다. 화면은 쿼터뷰의 HEX 맵이고 고저 차 개념이 존재한다.

SUPER 인생게임2

● 발매일 / 1995년 9월 8일 ● 가격 / 9,800엔
● 퍼블리셔 / 타카라

오래 전부터 즐겨왔던 보드게임을 비디오 게임화 한 시리즈의 두 번째 작품. 플레이에 소요되는 시간에 맞춰 성급한 인생 모드와 느긋한 인생 모드를 플레이할 수 있다. 룰렛을 돌려서 진행하는 게임성은 여전하지만 부동산 구입 등도 가능하게 되었다.

바운티 소드

● 발매일 / 1995년 9월 8일 ● 가격 / 11,400엔
● 퍼블리셔 / 파이오니어 LDC

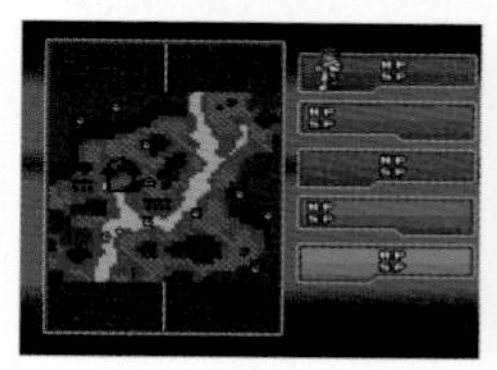

SFC에서는 보기 드문 리얼타임 시뮬레이션 게임. 현상금 사냥꾼으로 전락했던 주인공이 반란군으로 일어나서 싸운다. 아군 캐릭터는 작전에 따라 자동으로 이동해서 적을 공격하기 때문에 빠르고 정확한 지시를 내리는 것이 공략의 핵심이다.

클락 타워

● 발매일 / 1995년 9월 14일 ● 가격 / 11,400엔
● 퍼블리셔 / 휴먼

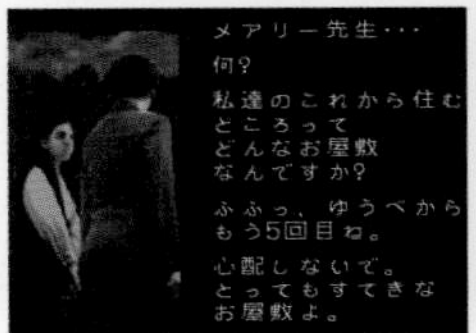

휴먼의 패닉 소프트 시리즈 중의 하나로 장르는 액션 어드벤처이다. 조작은 포인트&클릭 방식으로 이루어지는데, 주인공은 시저맨에게 붙잡히지 않도록 도망치면서 저택에서 탈출하는 것이 목표이다. 리얼타임제이기 때문에 항상 긴장감이 감도는 게임이다.

사쿠라이 쇼이치의 작귀류 마작 필승법

● 발매일 / 1995년 9월 14일 ● 가격 / 9,980엔
● 퍼블리셔 / 사미

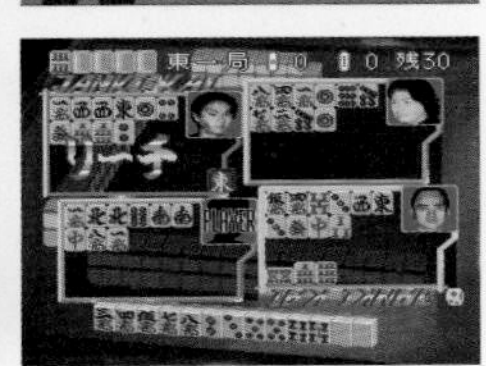

20년간 무패의 남자로 알려진 마작사 사쿠라이 쇼이치의 마작을 배우는 게임. 보통 마작과는 달리 작귀회에는 엄격한 규칙이 있는데, 본 작품에 그 규칙이 재현되어 있다. 예를 들면 1타에서 자패(字牌)를 버리면 혼이 나고, 나는 것을 포기해야 되는 경우도 있다는 것이다.

마리오의 슈퍼 피크로스

● 발매일 / 1995년 9월 14일 ● 가격 / 7,900엔
● 퍼블리셔 / 닌텐도

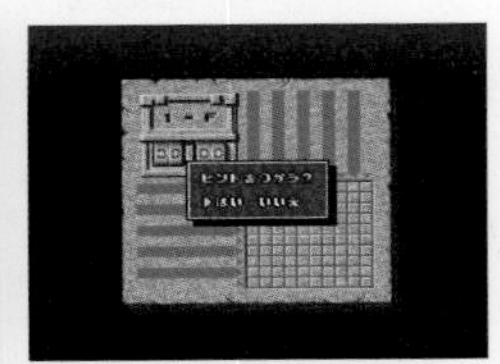
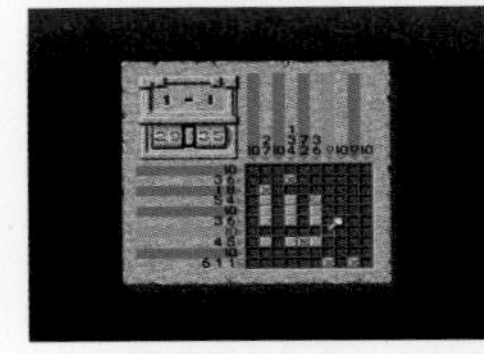
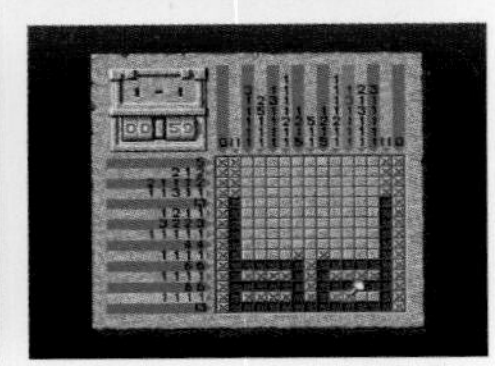

원래는 종이 위에서 즐기던 피크로스를 비디오 게임화 하면서 마리오를 이미지 캐릭터로 내세운 작품. 제한 시간이 있는 마리오판과 제한 시간이 없는 와리오판은 규칙에 세세한 차이가 있는데, 기본적으로 후자가 어렵다. 무려 300문제나 수록되어 있다.

앨리스의 페인트 어드벤처

● 발매일 / 1995년 9월 15일 ● 가격 / 8,800엔
● 퍼블리셔 / 에폭사

디즈니 애니메이션판 『이상한 나라의 앨리스』를 토대로 한 어드벤처 게임. 다양한 장소를 클릭하면 이벤트가 발생하고 스토리가 진행된다. 색칠 모드에서는 선화 그래픽에 색을 칠하며 놀 수 있다.

슈퍼 철구 파이트!

● 발매일 / 1995년 9월 15일 ● 가격 / 9,000엔
● 퍼블리셔 / 반프레스토

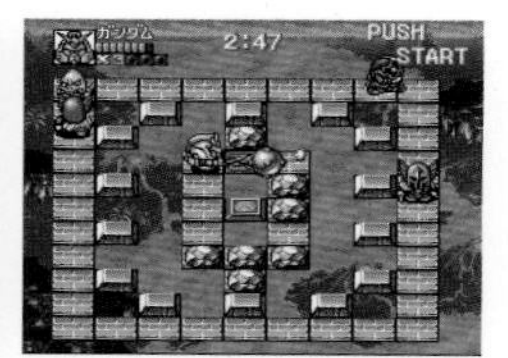

『콤파치 히어로』 시리즈 중의 하나로 친숙한 캐릭터들이 등장한다. 메인인 철구 공격은 사정거리가 있고 되돌아올 때까지 움직일 수 없다. 그 밖에 타일을 뒤집어서 적을 행동 불능으로 만들거나 점프를 이용한 이동도 가능하다. 모든 적을 쓰러뜨리면 스테이지 클리어가 된다.

세인트 앤드류스 ~영광과 역사의 올드 코스~

● 발매일 / 1995년 9월 15일 ● 가격 / 9,800엔
● 퍼블리셔 / 에폭사

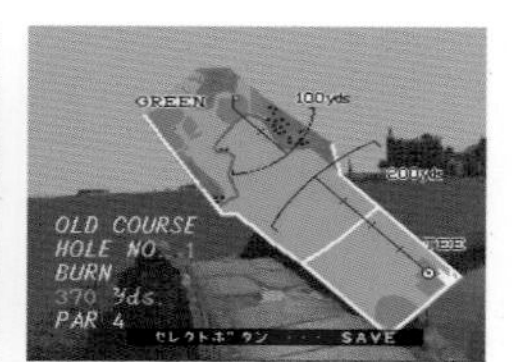

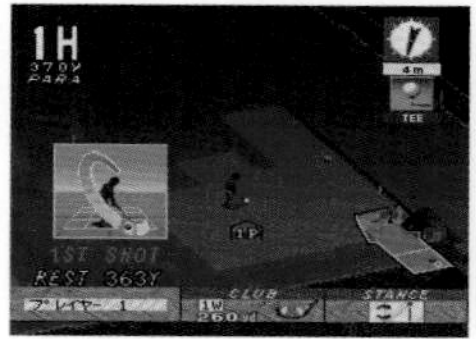

세계에서 가장 오래된 골프 코스인 「세인트 앤드류스」를 재현한 골프 게임. 시점은 코스를 비스듬하게 내려다보는 형태로 토너먼트나 멀티 플레이, 스트로크 플레이, 트레이닝이라는 4가지 모드를 플레이할 수 있다. 또한 핸디캡 설정도 가능하다.

필승 777파이터 III 흑룡왕의 부활

● 발매일 / 1995년 9월 15일 ● 가격 / 10,800엔
● 퍼블리셔 / 밥

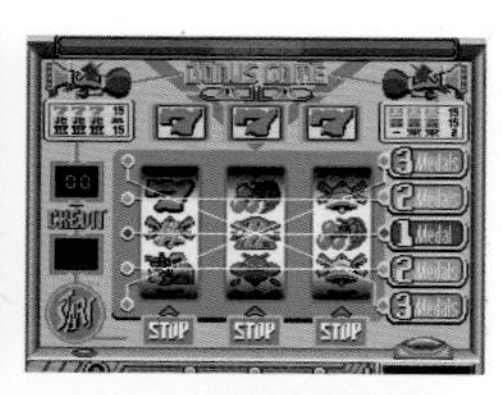
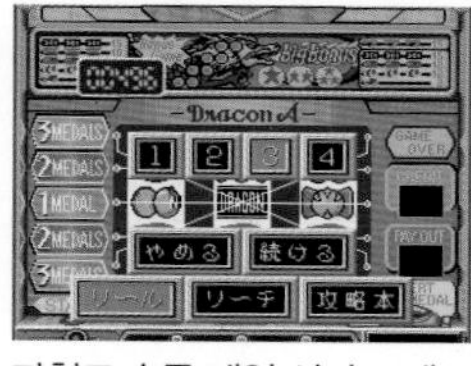

파친코 슬롯 게임 시리즈 세 번째 작품이자 최종작. 모두 가상의 기기가 수록되었지만 겉모습이나 기종 이름으로 모델이 된 실제 기기를 바로 알 수 있다. 스토리 모드에서는 첫 번째 작품에서 쓰러뜨렸던 흑룡왕이 부활하고 주인공이 다시 싸움에 휘말린다는 진지한 내용이 펼쳐진다.

아사히신문 연재 카토 히후미 9단 장기 심기류

● 발매일 / 1995년 9월 22일 ● 가격 / 12,300엔
● 퍼블리셔 / 바리에

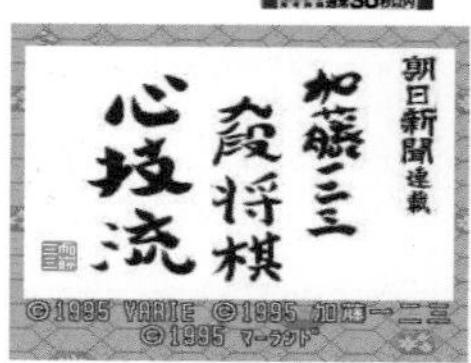

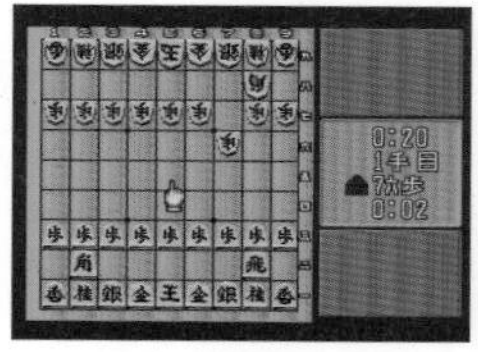
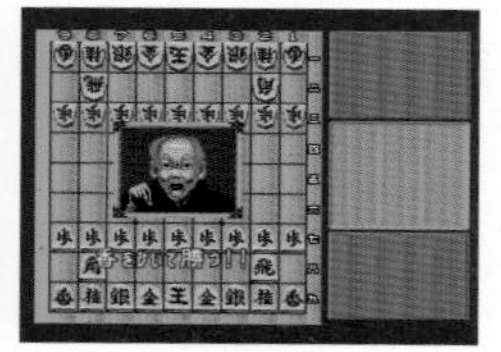

기사 은퇴 이후에는 예능 프로그램에서 활약하고 있는 카토 히후미 9단이 현역 시절에 감수한 장기 게임. 전일본 아마추어 장기 토너먼트 모드에서는 실존 기사를 모방한 캐릭터와 토너먼트전을 치른다. 장기 강좌 모드에서는 카토 히후미 9단의 용어 해설 등이 준비되어 있다.

사주추명학 입문 진 도원향

● 발매일 / 1995년 9월 22일 ● 가격 / 11,800엔
● 퍼블리셔 / 반프레스토

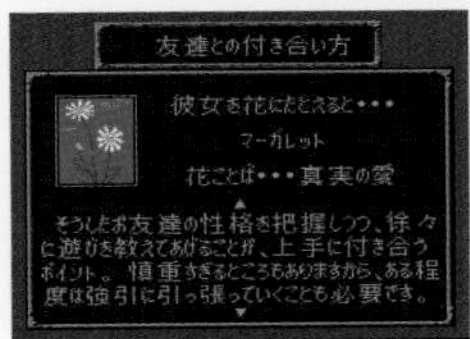

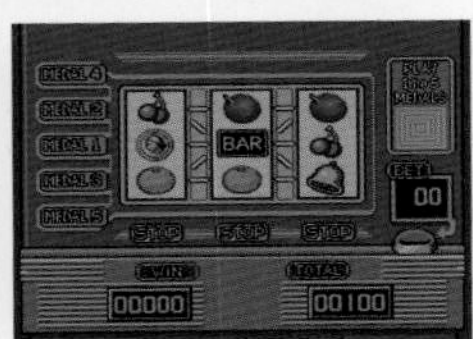

음양오행설에 바탕한 「사주추명학」으로 운세를 보는 소프트. 종합운, 재물운, 사업운 외에도 친구와의 상성이나 상사와 부하에 대한 운세도 볼 수 있어 리얼한 측면이 있다. 운명의 슬롯머신이라는 이름의 미니 게임도 플레이할 수 있다.

실황 월드사커2 FIGHTING ELEVEN

● 발매일 / 1995년 9월 22일 ● 가격 / 9,980엔
● 퍼블리셔 / 코나미

코나미의 실황 축구 게임 시리즈 두 번째 작품. 필드를 비스듬하게 보는 독특한 시점이 특징이며 내셔널팀을 사용한다. 음성을 이용한 실황 중계는 전작보다 파워업 되었다. 조작성도 좋아졌기 때문에 전작 팬이라면 안심하고 즐길 수 있는 작품이다.

정글 스트라이크 계승된 광기

● 발매일 / 1995년 9월 22일 ● 가격 / 9,900엔
● 퍼블리셔 / 일렉트로닉 아츠 빅터

1993년 발매된 『데저트 스트라이크』의 속편 격으로, 본작과 마찬가지로 전투 헬기를 조작해서 다양한 미션에 도전한다. 이번 작품에서는 전투기도 사용할 수 있게 되었고 스텔스기로 알려진 F-117에 탈 수도 있다. 해외 개발사의 작품이지만 일본어 로컬라이즈가 제대로 되어 있다.

신 장기 클럽

● 발매일 / 1995년 9월 22일 ● 가격 / 12,800엔
● 퍼블리셔 / 헥터

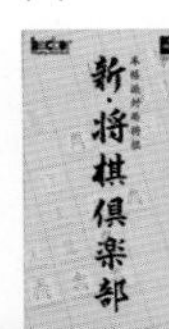
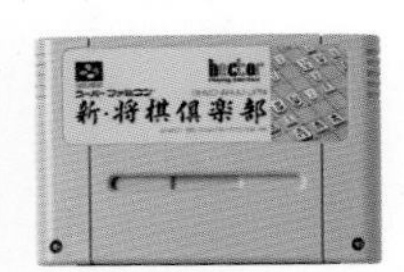

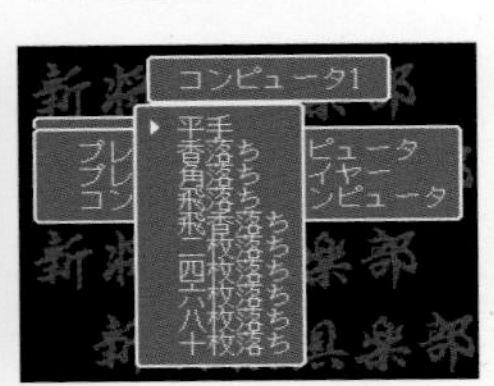
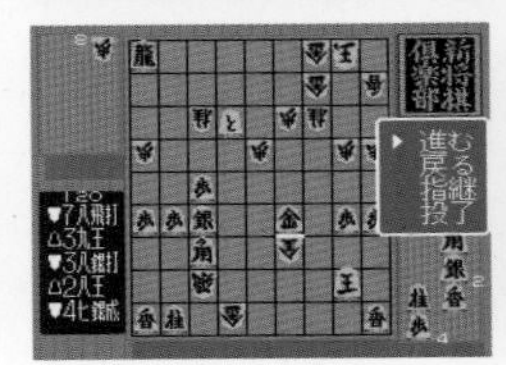
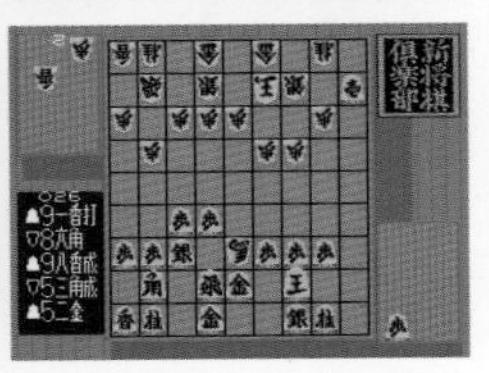

95년 2월에 발매됐던 『장기 클럽』의 속편 같은 존재. 2P와의 대국, CPU와의 대국 이외에 CPU끼리의 대국도 볼 수 있다. 특징이라면 말 떼기에 관한 설정이 세세하다는 것으로 향 떼기부터 10매 떼기까지 설정할 수 있다. CPU의 사고 시간이 짧아서 플레이가 순조롭게 진행된다.

초형귀 폭렬난투편

● 발매일 / 1995년 9월 22일 ● 가격 / 11,800엔
● 퍼블리셔 / 메사이어

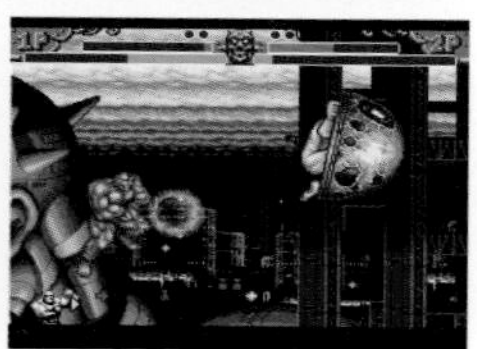

PC엔진으로 발매되어 컬트적인 인기를 자랑하던 슈팅 게임 『초형귀』. 이번 작품은 초형귀의 개성 강한 캐릭터들이 싸우는 대전 격투 게임이다. 캐릭터는 필드를 자유롭게 이동할 수 있지만 점프 개념은 없다. 공격이나 방어에 대한 피스톤 게이지가 존재해서 본 작품다움을 보여준다.

진패

● 발매일 / 1995년 9월 22일 ● 가격 / 7,800엔
● 퍼블리셔 / 반프레스토

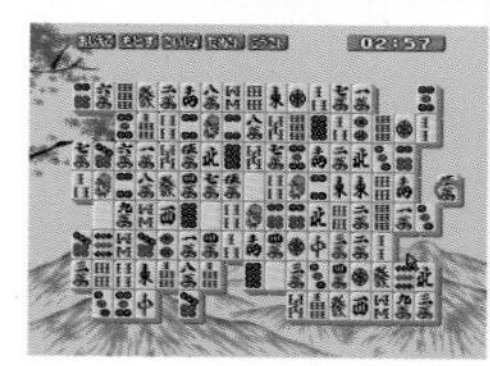
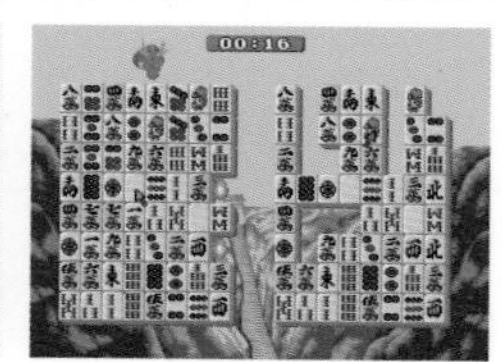

마작패를 사용한 퍼즐 게임. 화면 위에 늘어선 마작패를 이동해서 같은 패를 접속시키면 지울 수 있다. 이동할 때는 한 번만 직각으로 돌릴 수 있다는 규칙이 있다. 승자 진출전과 2인 대전의 2개 모드가 존재하고 마우스에 대응한다.

드래곤볼Z 초오공전 각성편

● 발매일 / 1995년 9월 22일 ● 가격 / 10,800엔
● 퍼블리셔 / 반다이

전작이 오공의 소년 시절부터 시작했다면, 본 작품에서는 성인이 된 오공과 오반의 스토리를 간접 체험한다. 약 반 년 전에 발매됐던 전작과 시스템은 동일하며 전투에서는 타이밍을 봐서 커맨드를 입력해야 한다. 기술에는 가위바위보 같은 상성이 설정되어 있다.

미소녀 전사 세일러 문 ANOTHER STORY

● 발매일 / 1995년 9월 22일 ● 가격 / 11,800엔
● 퍼블리셔 / 엔젤

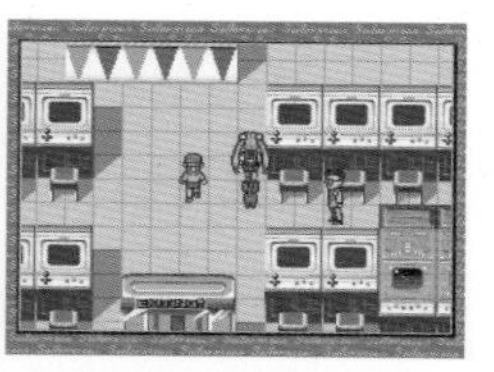

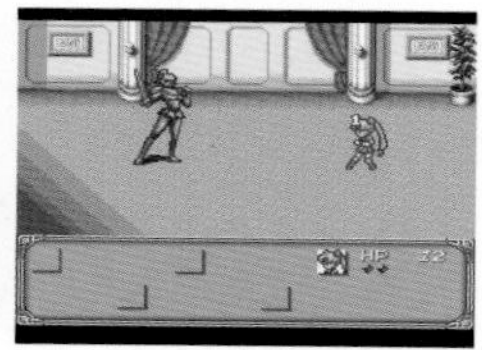

SFC에서의 세일러 문 게임으로는 여섯 번째 작품에 해당하며 시리즈로는 유일한 RPG 작품이다. 스토리는 오리지널이며 플레이어는 10명의 세일러 전사 중에서 캐릭터를 선택할 수 있다. 전투에서는 각 캐릭터 고유의 필살기를 사용할 수 있는데 일부는 애니메이션에 등장하지 않는 것이다.

위저드리 VI 금단의 마필

● 발매일 / 1995년 9월 29일 ● 가격 / 12,800엔
● 퍼블리셔 / 아스키

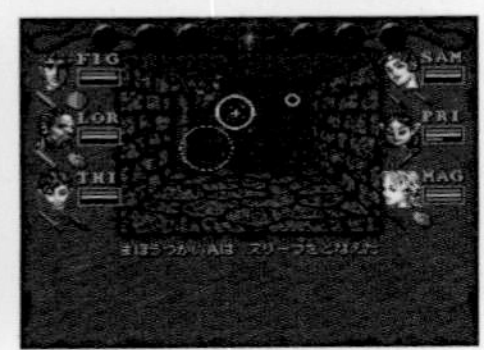

RPG의 여명기부터 존재했으며 일본 내에도 많은 팬을 거느린 『위저드리』의 여섯 번째 작품. 여전히 유사 3D 던전이지만, 종족에 따라 능력치 상한이 다르고 남녀 차도 생겨나는 등 『V』까지 변하지 않았던 시스템이 대폭 수정되었다.

웨딩 피치

● 발매일 / 1995년 9월 29일 ● 가격 / 9,800엔
● 퍼블리셔 / KSS

TV도쿄에서 방송되었던 애니메이션 『애천사 웨딩 피치』를 원작으로 한 미니 게임 모음집. 게임은 총 8종류인데 3명의 캐릭터 중에서 한 명을 선택해 도전한다. 미니 게임에는 금붕어를 낚는 「와글와글 낚시 대회」, 신경쇠약 「페어 엔젤」 등이 있다. 3일간의 승부가 끝나면 엔딩이다.

베른 월드

● 발매일 / 1995년 9월 29일 ● 가격 / 11,800엔
● 퍼블리셔 / 반프레스토

SF 소설의 고전적인 작품 『해저 2만 리』와 『80일간의 세계 일주』의 작가인 쥘 베른의 테마파크를 무대로 한 RPG. 적을 쓰러뜨리면 에너지를 입수할 수 있는데, 그것을 사용해서 아이템을 구입할지 특수 무기를 사용할지는 플레이어가 선택할 수 있다.

A열차로 가자3 슈퍼 버전

● 발매일 / 1995년 9월 29일 ● 가격 / 10,800엔
● 퍼블리셔 / 팩 인 비디오

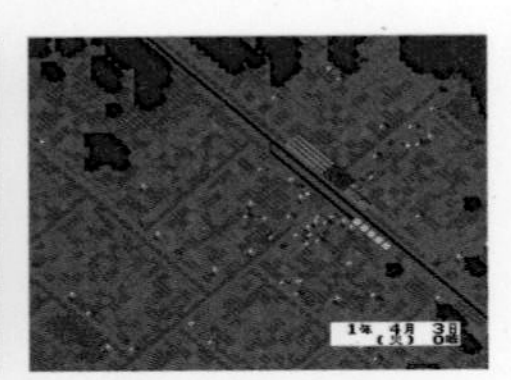

PC에서의 이식판. 철도 선로를 깔고 오피스 빌딩이나 호텔을 세워서 철도를 중심으로 마을을 발전시켜 나간다. SFC판에서는 탑뷰와 쿼터뷰를 전환할 수 있어서 철도 건설 작업이 편해졌다. PC판과 비교해도 손색없는 완성도를 보여준다.

NBA 실황 바스켓 위닝 덩크

● 발매일 / 1995년 9월 29일 ● 가격 / 10,800엔
● 퍼블리셔 / 코나미

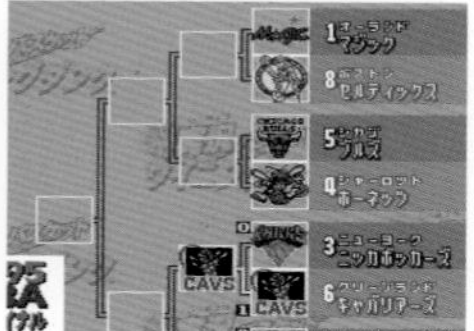

NBA가 공인한 코나미의 농구 게임. 아케이드의 『슬램덩크』를 이식한 형태이지만 SFC 오리지널 모드도 탑재했다. 드물게도 종스크롤로 전개되는 게임이며, 과거에 코나미 CM에서 목소리를 담당했던 크리스 페플러를 실황 중계 아나운서로 기용했다.

미식전대 바라야로

● 발매일 / 1995년 9월 29일 ● 가격 / 9,800엔
● 퍼블리셔 / 버진 인터렉티브 엔터테인먼트

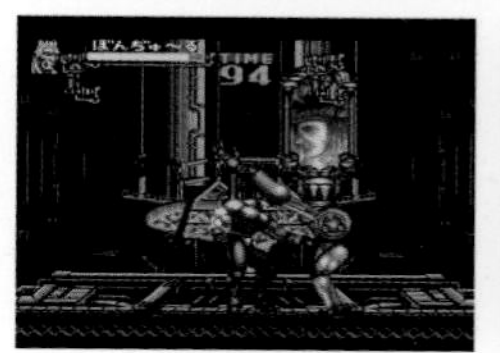

복각판이 발매되고 Steam에서 영어판이 발매되는 등, 아직도 끈질기게 인기를 유지하고 있는 벨트 스크롤형 액션 게임. 무엇보다 특이한 세계관이 특징이다. 적을 쓰러뜨리면 떨어뜨리는 식재료를 조합해서 요리를 만들고 체력을 회복한다는 특이한 시스템을 채용했다.

서전트 선더즈 컴뱃

● 발매일 / 1995년 9월 29일 ● 가격 / 12,800엔
● 퍼블리셔 / 아스키

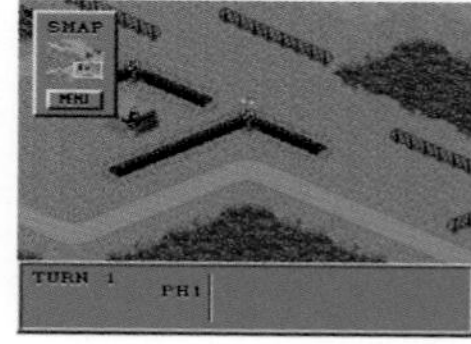

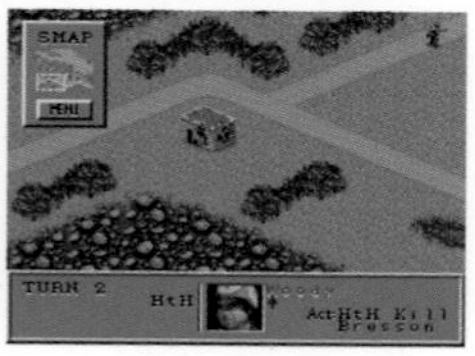

선더즈 상사로 친숙한 해외 드라마 『컴뱃』과 협업한 작품이다. 장르는 아스키의 특기인 시뮬레이션으로, 보병 소대를 조작해서 제2차 세계대전의 무대를 헤쳐 나간다. 포복 전진 등 세세한 커맨드의 설정이 리얼하며 난이도도 높은 편이다.

상승마작 천패

● 발매일 / 1995년 9월 29일 ● 가격 / 8,900엔
● 퍼블리셔 / 에닉스

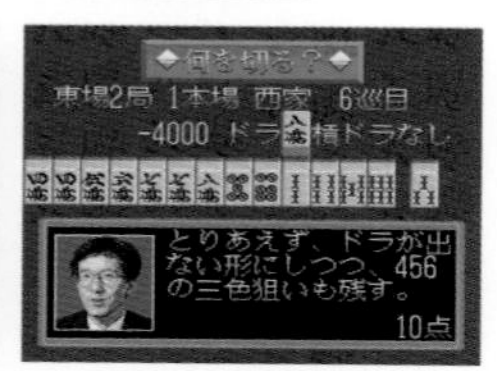

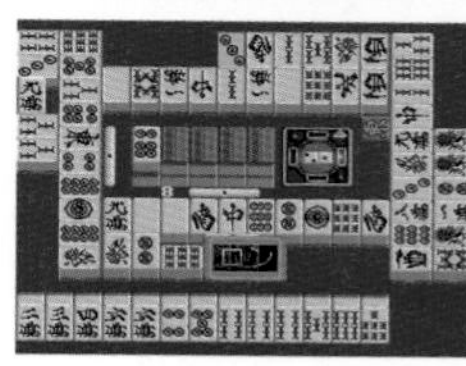
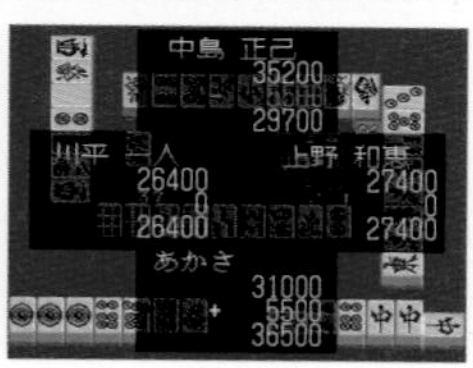

실존 프로 마작사가 등장하는 마작 게임으로 다채로운 모드가 탑재되었다. 대회에서 승리해 나가는 모드 이외에 프로의 전법을 배우는 관전 모드나 자신의 실력을 진단하는 모드도 즐길 수 있다. 사테라뷰에도 대응해서 통신으로 프로리그 데이터를 열람할 수 있다.

전일본 GT 선수권

● 발매일 / 1995년 9월 29일 ● 가격 / 9,980엔
● 퍼블리셔 / KANEKO

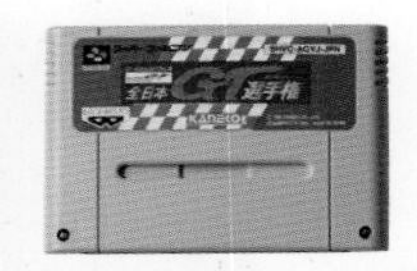

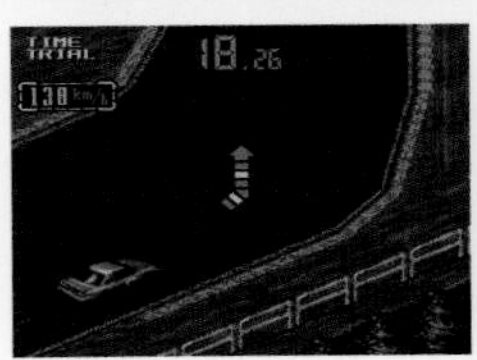
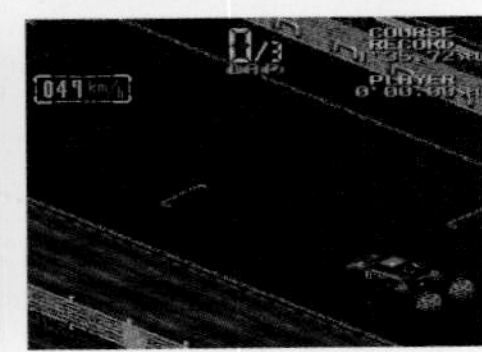

「SUPER GT」의 전신이었던 카 레이스를 모티브로 한 작품. 당시의 팀과 드라이버가 실명으로 등장하고, GT 카를 조작해서 총 5경기의 선수권 제패를 목표로 한다. 일반적 레이싱 게임과는 달리, 다른 차량에 '락온' 표시가 나온 후에 추월해야 한다는 독특한 시스템을 채용했다.

더비 자키2

● 발매일 / 1995년 9월 29일 ● 가격 / 9,800엔
● 퍼블리셔 / 아스믹

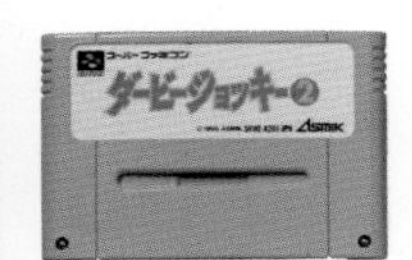

1993년에 발매된 『더비 자키』의 속편. 전작과 마찬가지로 플레이어는 신인 기수부터 캐리어를 시작해서 42세에 찾아오는 강제 은퇴까지 G1 컴플리트를 목표로 한다. 시작할 때는 강한 말에 탈 수 없다는 등, 엄격한 기수 생활의 리얼한 일면을 엿볼 수 있는 게임이다.

노마크 폭패당 사상 최강의 마작사들

● 발매일 / 1995년 9월 29일 ● 가격 / 10,800엔
● 퍼블리셔 / 엔젤

카타야마 마사유키의 만화가 모티브인 마작 게임. 최근에는 영화로도 만들어졌다. 마작 게임치고는 조잡한 편이지만 원작 캐릭터의 전법은 재현되어 있다. 일부 캐릭터 이외에는 억지로 나지 않는 등, 마작 매너를 갖춘 AI가 탑재되었다.

하멜의 바이올린

● 발매일 / 1995년 9월 29일 ● 가격 / 9,600엔
● 퍼블리셔 / 에닉스

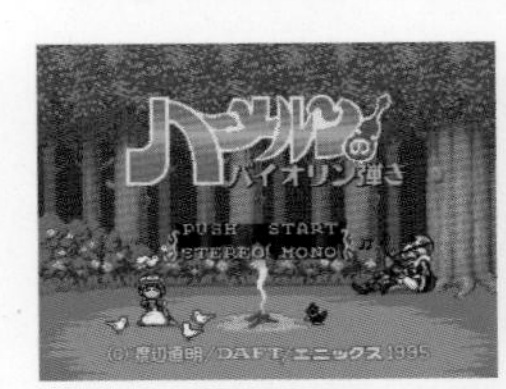

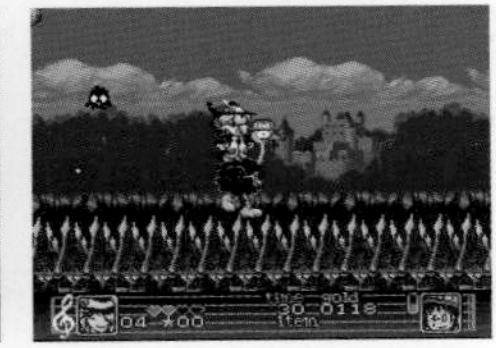

「월간 소년 간간」에 연재되던 와타나베 미치아키의 만화를 바탕으로 만들어진 액션 게임. 주인공 하멜을 조작해 플루트를 유도하면서 스테이지를 진행해 나간다. 게임의 히로인인 플루트를 적이나 장애물에 던져서 공격하는 것은 원작을 재현했기 때문일지도.

불의 황자 야마토 타케루

● 발매일 / 1995년 9월 29일 ● 가격 / 10,800엔
● 퍼블리셔 / 토호

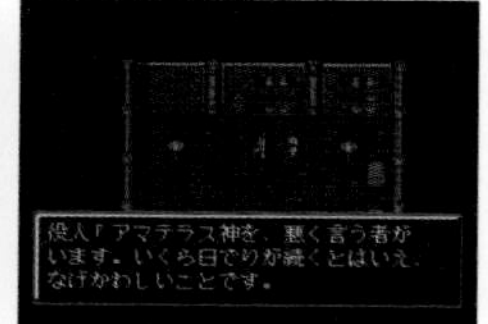

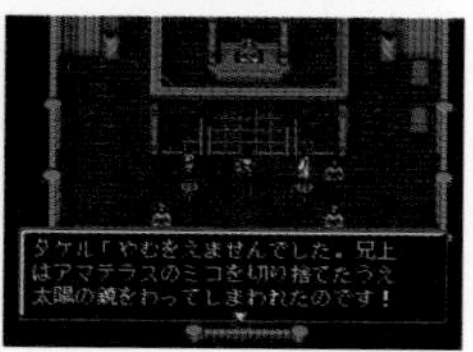

『여신전생』 원작자인 니시타니 아야가 시나리오에 참여한 RPG. 일본 신화에 나오는 야마토 타케루가 주인공이다. 동료를 소환하는 종마 시스템과 타케루와 종마에게 다양한 영향을 미치는 별자리 시스템을 탑재했다. 주인공에게는 상냥함 수치가 있고, 이벤트 선택에 따라 결말이 달라진다.

헤이안 풍운전

● 발매일 / 1995년 9월 29일 ● 가격 / 11,800엔
● 퍼블리셔 / KSS

헤이안 시대를 무대로 아베노 세이메이 등 역사에 이름을 남긴 인물들이 활약하는 시뮬레이션 RPG. 필드를 걸어 다니며 적과 접촉하면 전투 화면으로 전환되고, 부대에 지시를 내려서 싸우는 전형적인 시스템이다. 사망한 동료 캐릭터는 다시 부활하지 않는 등 엄격한 규칙도 존재한다.

HEIWA 파친코 월드2

● 발매일 / 1995년 9월 29일 ● 가격 / 10,800엔
● 퍼블리셔 / 쇼에이 시스템

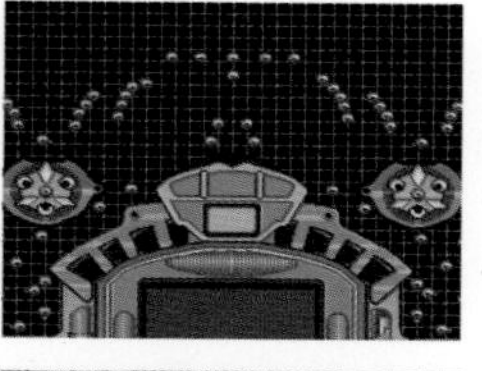
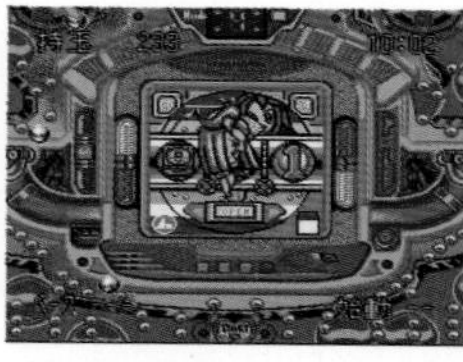

파친코 개발사인 HEIWA의 실제 기기를 시뮬레이션 할 수 있는 파친코 월드 시리즈 두 번째 작품. 이번 작품에서는 「CR미스 파치프로」나 「브라보 칠복신」, 당시 인기를 얻었던 하네모노 기기인 「붕붕마루 DX」 등 5종류의 기기가 수록되어 있다. 주요 시스템은 전작과 동일하다.

호리 엄브렐라 돈데라의 무모함!!

● 발매일 / 1995년 9월 29일 ● 가격 / 9,800엔
● 퍼블리셔 / 나그자트

주인공인 켄이치가 이세계로 날아가 동료를 늘리고 악의 돈데라 군단과 싸운다는 내용의 액션 어드벤처 게임. RPG적인 요소도 약간 포함되어 있다. 우산을 사용한 액션이 특징인데, 우산 손잡이에 고리를 걸어서 날거나 우산을 펼쳐서 호버링을 하는 등 사용법이 다양하다.

마법기사 레이어스

● 발매일 / 1995년 9월 29일 ● 가격 / 9,800엔
● 퍼블리셔 / 토미

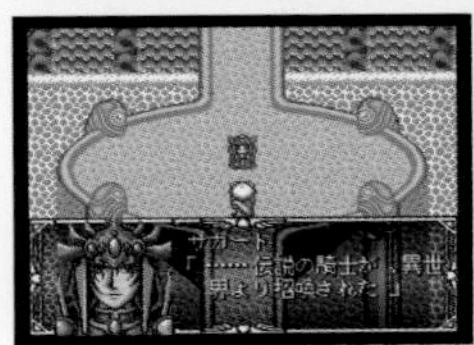
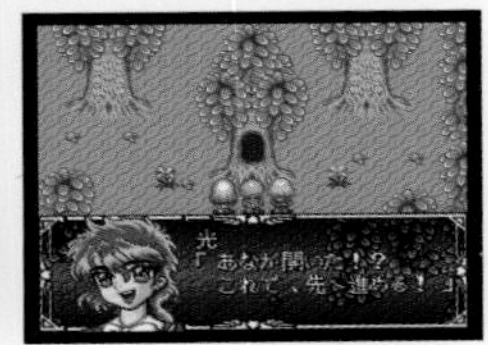

이세계 판타지를 그린 CLAMP의 작품을 게임화한 것으로 1994년부터 95년에 걸쳐 다양한 플랫폼으로 상품을 전개했다. 본 작품은 전형적인 커맨드식 RPG로 원작의 제1부를 토대로 만들어졌지만, 오리지널 마법 등의 어레인지도 들어가 있다.

메탈 맥스 리턴즈

● 발매일 / 1995년 9월 29일 ● 가격 / 12,800엔
● 퍼블리셔 / 데이터 이스트

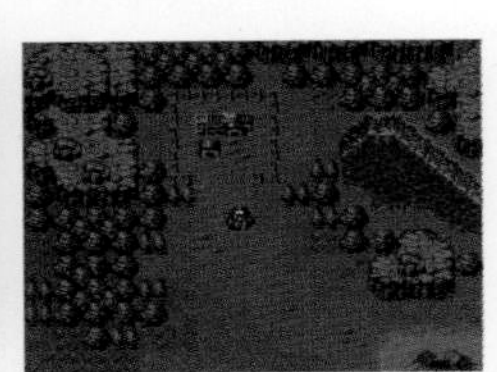

황폐해진 세계에서 전차를 타고 현상범을 잡는 RPG라는 참신한 설정이 인기를 모은 『메탈 맥스』의 리메이크작. FC로 발매되었던 전작을 SFC로 이식했지만, 세세하게 차이가 나는 설정과 일부 아이템의 약화 등 난이도가 조정되었다.

격투 버닝 프로레슬링

● 발매일 / 1995년 10월 6일 ● 가격 / 10,800엔
● 퍼블리셔 / BPS

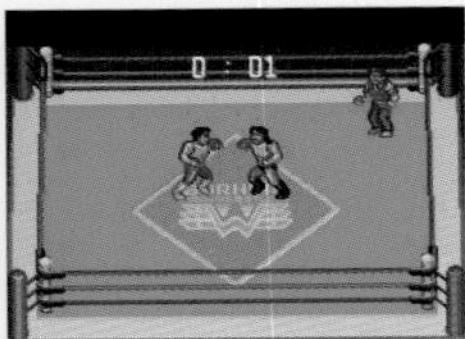

실존하는 단체를 모델로 한 레슬러가 100명 이상 이름을 바꿔 등장하는 프로레슬링 게임. 시스템은 휴먼의 파이어 프로레슬링에 가깝다. 1인용 플레이인 세계 통일전이 메인이며, 배틀로얄 등 다양한 게임 모드가 준비되어 있다.

신성기 오딧세리아II

● 발매일 / 1995년 10월 6일 ● 가격 / 10,800엔
● 퍼블리셔 / 빅 토카이

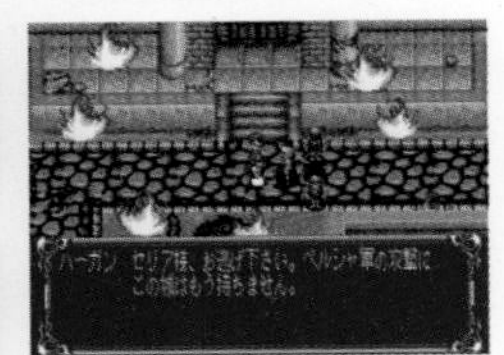
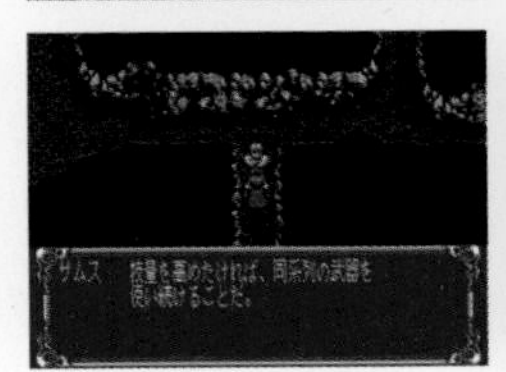
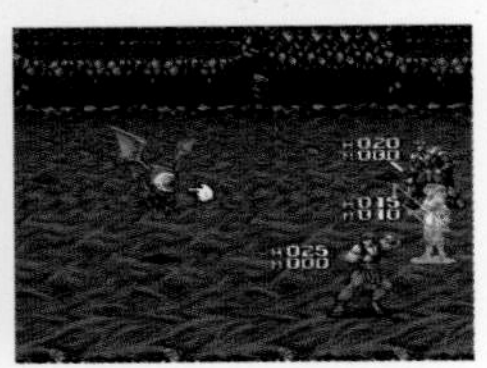

1993년에 발매된 『신성기 오딧세리아』의 속편. 전작에 등장하는 동료 캐릭터 루스의 아들인 에르그를 필두로, 장에 따라 무대나 주인공이 달라지는 군상극(群像劇)의 형태를 보여준다. 스토리 자체는 전작과 직결되는 구조로 전작의 이야기를 보완하는 내용으로 되어 있다.

슈퍼 퐁

● 발매일 / 1995년 10월 6일 ● 가격 / 5,800엔
● 퍼블리셔 / 유타카

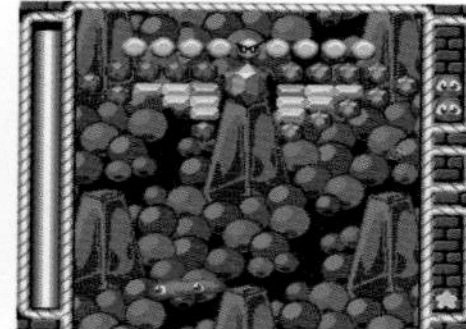

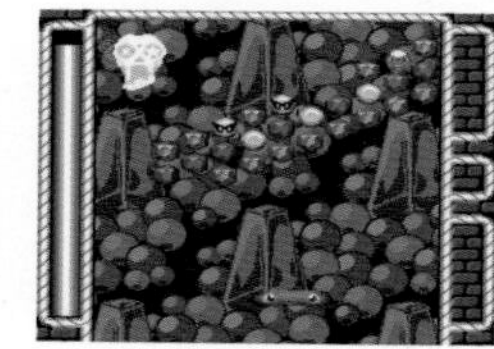

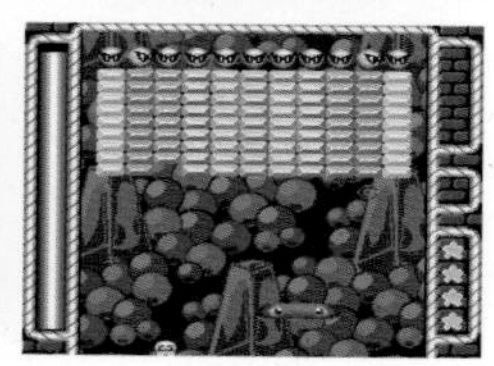

특이한 타이틀이 눈길을 끄는 퍼즐 게임. 흔히 말하는 블록 깨기형 게임이며 스테이지는 총 55개 준비되어 있다. 파워업 시스템도 존재해서 블록을 전부 파괴하지 않더라도 화면 위의 적을 모두 쓰러뜨리면 스테이지 클리어가 된다. 2인 대전도 가능하다.

게임의 철인 THE 상하이

● 발매일 / 1995년 10월 13일 ● 가격 / 9,980엔
● 퍼블리셔 / 선 소프트

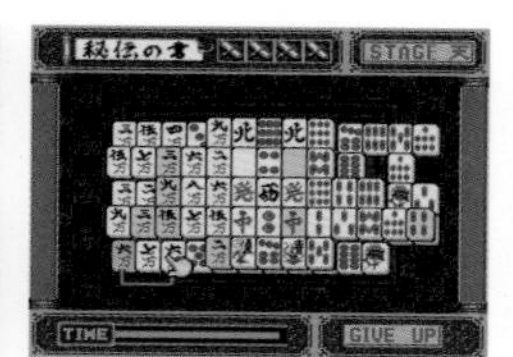

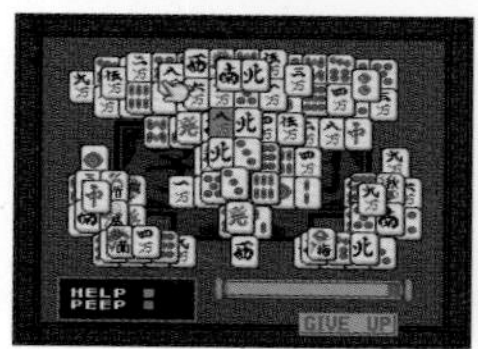

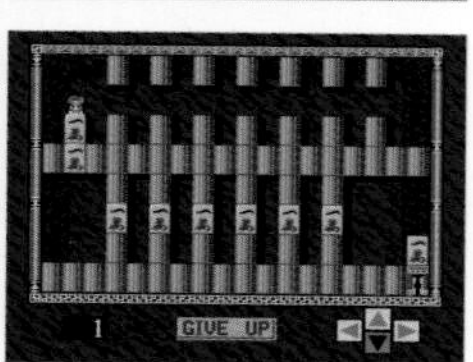

상하이, 류류, 자금성이라는 세 작품을 수록했으며 모두 마작패를 사용한 퍼즐로 플레이한다. 각 게임을 개별로 플레이할 수 있고 이야기를 따라가며 출제된 문제를 풀어가는 스토리 모드도 즐길 수 있다. 어떤 것이나 전원을 끄지 않은 채 모든 문제를 클리어하면 그림이 출현한다.

하이퍼 이리아

● 발매일 / 1995년 10월 13일 ● 가격 / 9,600엔
● 퍼블리셔 / 반프레스토

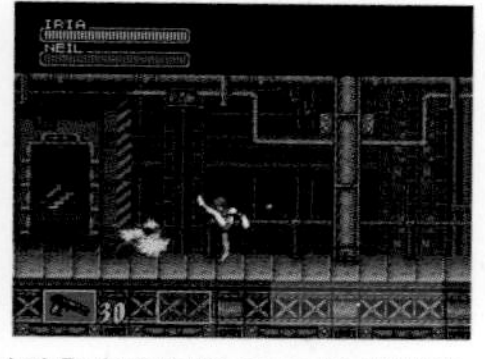

아메미야 케이타 감독의 특촬 영화『제이람』을 OVA화 한『이리아 세이람 디 애니메이션』이 원작인 액션 게임. 플레이어는 현상금 사냥꾼인 이리아를 조작해서 자금을 모으고 무기를 조달하면서 의뢰받은 4개의 미션에 도전한다.

슈퍼 화투2

● 발매일 / 1995년 10월 20일 ● 가격 / 9,800엔
● 퍼블리셔 / 아이맥스

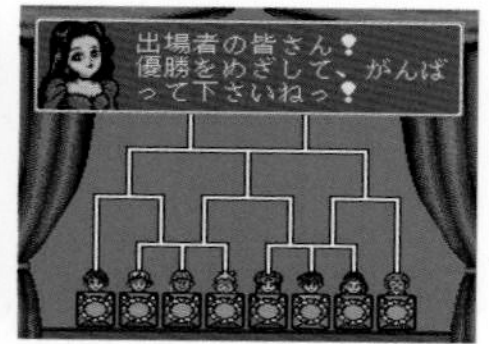

타이틀 그대로 화투를 플레이하는 게임. 게임 모드는 7종류가 존재하고 프리 대전, 리그전, 토너먼트, 2인 대전을 플레이할 수 있다. 친숙한 코이코이 이외에 꽃 맞추기도 수록되어 있으며, 적 캐릭터로는 아이부터 노인까지 다채로운 멤버들이 준비되어 있다.

종합 격투기 링스 아스트랄 바우트3

● 발매일 / 1995년 10월 20일 ● 가격 / 9,800엔
● 퍼블리셔 / 킹 레코드

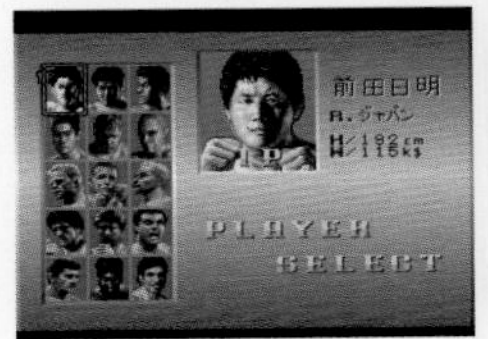

마에다 아키라가 설립한 종합 격투기 단체 '링스'와 협업한 게임의 세 번째 작품. 마에다 아키라를 필두로 4명의 실명 선수와 가상의 외국인 선수가 등장한다. 이번 작품에서는 경기 스타일을 3종류 중에서 선택할 수 있으며, 마에다 도장에 입문하면 조작 방법을 친절하게 가르쳐준다.

매지컬 드롭

● 발매일 / 1995년 10월 20일 ● 가격 / 8,500엔
● 퍼블리셔 / 데이터 이스트

데이터 이스트가 제작한 액션 퍼즐 게임. 원래는 아케이드용 게임이었는데 본 작품을 시작으로 다양한 게임기로 이식되었다. 게임은 흔히 말하는 낙하형 계열이다. 피에로를 조작해 구슬을 빨아들이고 원하는 장소에 뱉어내서 화면 위의 구슬을 지워 나간다.

울트라 베이스볼 실명판3

● 발매일 / 1995년 10월 27일 ● 가격 / 9,800엔
● 퍼블리셔 / 컬처 브레인

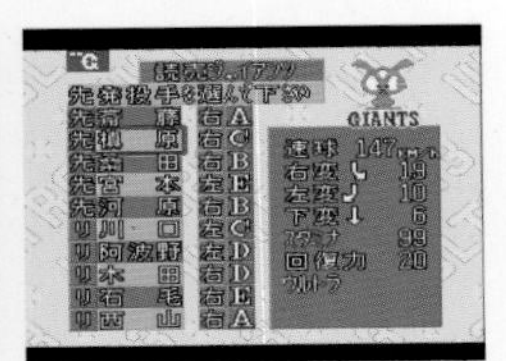

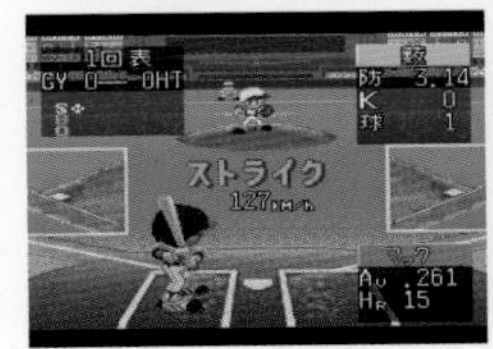

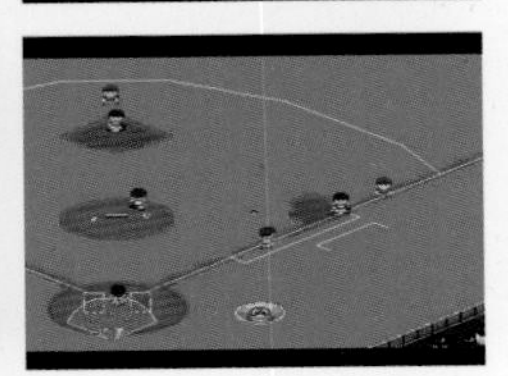

SFC에서는 『초인 울트라 베이스볼』의 다섯 번째 작품에 해당한다. 일본야구기구(NPB)의 라이선스를 획득한 「실명판」으로는 세 번째 작품이 된다. 엄청난 히든 타법이나 마구를 구사해서 싸우는 초인 야구의 요소는 건재하고, 이번 작품에서는 등장하는 선수가 늘어났다.

SD F-1 그랑프리

● 발매일 / 1995년 10월 27일 ● 가격 / 10,900엔
● 퍼블리셔 / 비디오 시스템

드라이버는 가상의 이름으로 등장하지만, 후지TV의 공식 게임이기 때문에 당시 F1 해설가로 활약하던 이마미야 준, 카와이 카즈히토가 실명으로 등장한다. 의인화 된 동물이 레이스를 펼치고 방해 아이템을 사용하는 레이스도 존재하는 등, 꽤 친근한 게임이다.

간간간짱

● 발매일 / 1995년 10월 27일 ● 가격 / 8,800엔
● 퍼블리셔 / 마지팩트

슈퍼 코미컬 액션이라는 평가를 받는 만큼, 귀여운 캐릭터 디자인이 특징인 액션 게임. 플레이어는 맵 위에서 간짱을 조작한다. 가드나 샷을 이용해 4종류의 포요용을 붙잡아 마법진으로 끌고 가고 열쇠를 모으는 것이 목적이다.

크리스탈 빈즈 프롬 던전 익스플로러

● 발매일 / 1995년 10월 27일 ● 가격 / 9,500엔
● 퍼블리셔 / 허드슨

PC엔진에서 히트했던 액션 RPG 『던전 익스플로러』를 SFC용으로 리뉴얼 했다. 멀티 플레이어 최대 인원은 5명에서 3명으로 줄었고, 선택할 수 있는 직업도 원작과는 다르다. 단, 던전에서 보스를 쓰러뜨리고 크리스탈을 회수하면 스테이터스가 올라가는 흐름은 그대로이다.

저스티스 리그

● 발매일 / 1995년 10월 27일 ● 가격 / 11,800엔
● 퍼블리셔 / 어클레임 재팬

슈퍼맨과 배트맨 등 친숙한 미국 만화의 히어로가 집결한 크로스오버 작품을 게임화 했다. 장르는 대전 격투 게임이며, 각 캐릭터의 원작을 따른 필살기가 준비되어 있다. 스토리 모드, 배틀 모드, 대전 모드를 플레이할 수 있다.

저지 드레드

● 발매일 / 1995년 10월 27일 ● 가격 / 10,900엔
● 퍼블리셔 / 어클레임 재팬

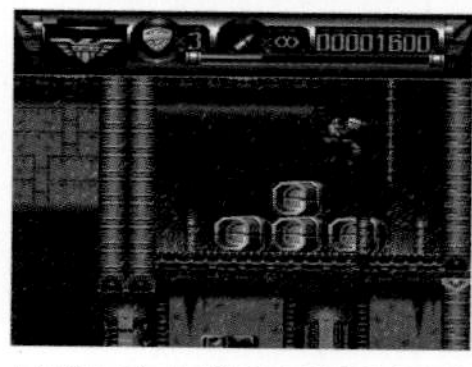

실베스터 스탤론 주연의 동명 영화를 게임화 했다. 핵전쟁 후의 황폐해진 세계에서 저지 드레드가 되어 무법자들을 처단하는 횡스크롤 액션 게임이다. 총격, 킥, 점프는 물론 천장에 매달리는 등의 액션도 가능하다.

하얀 링으로

● 발매일 / 1995년 10월 27일 ● 가격 / 9,980엔
● 퍼블리셔 / 포니 캐니언

여자 프로레슬링 단체인 LLPW와 오오니타 아츠시가 이끄는 FMW 등 복수의 단체가 개발에 협력한 게임이다. 대다수 프로레슬링 게임과는 달리, 액션 중심이 아니라 가상의 주인공을 육성하는 내용이다. 실재하는 레슬러가 스토리에 연루되는 시뮬레이션으로 만들어졌다.

파치스로 이야기 펄 공업 스페셜

● 발매일 / 1995년 10월 27일 ● 가격 / 10,800엔
● 퍼블리셔 / KSS

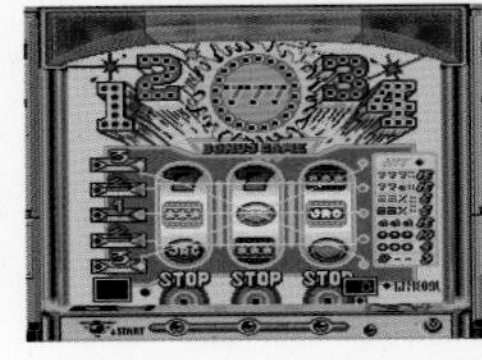

실재했던 오래된 파친코 슬롯 개발사, 펄 공업의 기종을 플레이할 수 있는 작품. 게임은 어드벤처풍으로 만들어져서, 스토리를 따르며 파친코 슬롯을 공략해간다. 「페가수스」 시리즈로 대표되는 펄 공업의 머신은 물론 게임 오리지널 기종도 수록되었다.

천지무용! 게~임편

● 발매일 / 1995년 10월 27일 ● 가격 / 10,800엔
● 퍼블리셔 / 반프레스토

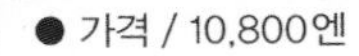

OVA부터 시작해서 TV 애니메이션과 극장판으로도 만들어졌던 『천지무용!』 게임 중 하나. 복수의 플랫폼에서 다른 장르로 전개되었는데, 본 작품은 시나리오 분기형의 SRPG풍으로 만들어졌다. OVA 제1기부터 2기 사이에 벌어진 스토리라는 설정인데, 시나리오는 오리지널이다.

배트맨 포에버

● 발매일 / 1995년 10월 27일 ● 가격 / 11,800엔
● 퍼블리셔 / 어클레임 재팬

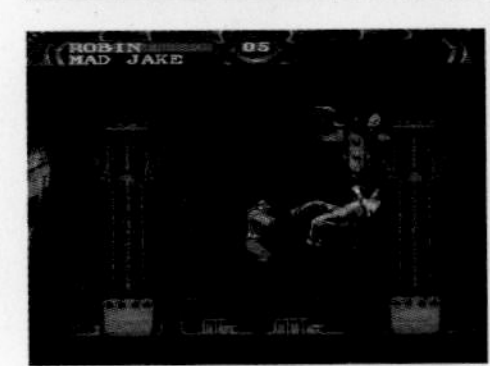
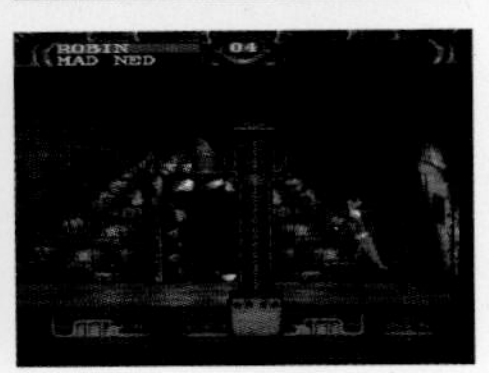

같은 해에 공개된 영화를 모티브로 한 횡스크롤 액션 게임. 실사 영상을 사용하는 등 그래픽에 신경 쓴 것이 눈에 띈다. 원작을 재현한 와이어 액션이 특징이지만 방법을 터득할 때까지는 다루기가 쉽지 않다. 2인 동시 플레이도 가능하다.

패널로 퐁

● 발매일 / 1995년 10월 27일 ● 가격 / 5,800엔
● 퍼블리셔 / 닌텐도

닌텐도와 인텔리전트 시스템이 공동 개발한 액션 퍼즐 게임. 가로 2칸 커서를 사용해서 패널을 바꾸며 연쇄를 노리는 시스템을 채용했다. 닌텐도 게임에서는 보기 드문 마법소녀 계열의 오리지널 캐릭터를 사용했다.

From TV animation SLAM DUNK SD히트 업!

● 발매일 / 1995년 10월 27일 ● 가격 / 9,800엔
● 퍼블리셔 / 반다이

『슬램덩크』 캐릭터를 SD화 한 게임으로 SFC로는 이 시리즈의 세 번째 작품이다. 멀티탭에도 대응해서 최대 5명 동시 플레이가 가능하다. 정면 돌파가 기본인 게임이지만 캐릭터의 게이지가 모이면 캐릭터에 맞는 필살기를 사용할 수 있다.

포어맨 포 리얼

● 발매일 / 1995년 10월 27일 ● 가격 / 11,800엔
● 퍼블리셔 / 어클레임 재팬

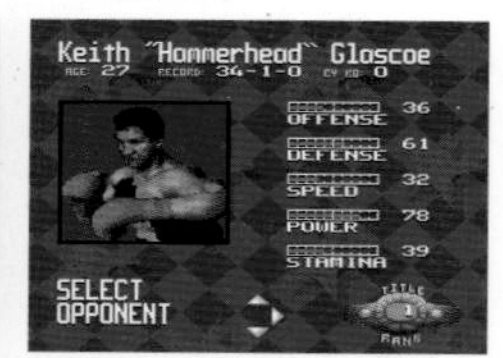

은퇴 이후 45세에 기적의 컴백을 하고 세계 헤비급 챔피언까지 오른 존 포어맨의 이름을 내건 복싱 게임. 포어맨은 라스트 보스로 군림하는데, 게임 자체는 오로지 때리고 맞는 단순 명쾌한 내용이다.

마작비상전 진 울부짖는 류

● 발매일 / 1995년 10월 27일 ● 가격 / 8,900엔
● 퍼블리셔 / 벡

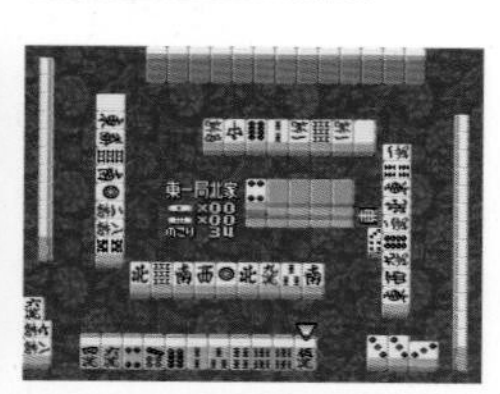

극화풍의 마작 만화 『울부짖는 류』의 SFC 제2탄. 전작은 게임 오리지널 스토리였지만, 이번 작품에서는 원작에 따라 류를 주인공으로 설정했고 시나리오도 원작을 기초로 다시 만들어졌다. 또한 주인공의 특성을 살려서 우는 것이 승리를 거머쥐는 열쇠가 된다.

마천전설 전율의 오파츠

● 발매일 / 1995년 10월 27일 ● 가격 / 10,800엔
● 퍼블리셔 / 타카라

갑자기 우주 공간을 떠돌게 된 일본 열도를 원래대로 돌려놓는 것이 목적인 커맨드 선택식 RPG. 2D 맵과 3D 던전으로 구성되어 있고 몬스터를 이용하는 등, 『여신전생』을 의식한 듯한 내용이다. 적으로부터 흡수한 에너지로 아이템을 만들거나 스테이터스를 올릴 수 있다.

라이트 판타지II

● 발매일 / 1995년 10월 27일 ● 가격 / 9,900엔
● 퍼블리셔 / 톤킹 하우스

1992년에 발매된 팬시 노선 RPG 『라이트 판타지』의 속편. 전작에서 수백 년 후의 세계를 무대로 했으며, 몬스터를 동료로 삼을 수 있는 시스템을 계승했다. 클리어하려면 고생을 해야 하는 게임이지만 엔딩은 여러 가지 의미에서 진하다.

감벽의 함대

● 발매일 / 1995년 11월 2일 ● 가격 / 10,800엔
● 퍼블리셔 / 엔젤

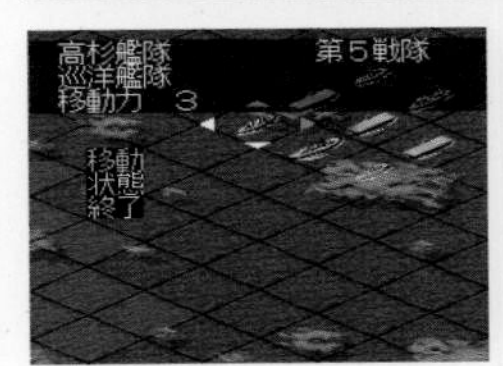

애니메이션으로도 만들어진 아라마키 요시오 원작의 전기 소설 『감벽의 함대』를 게임화 했다. 장르는 미션 클리어형 전략 시뮬레이션. 시뮬레이션 게임 파트뿐만 아니라 인터 미션에서도, 경제 투자를 해서 병기 개발이나 수입 증가를 노릴 수 있는 요소가 존재한다.

필살 파친코 컬렉션3

● 발매일 / 1995년 11월 2일 ● 가격 / 9,980엔
● 퍼블리셔 / 선 소프트

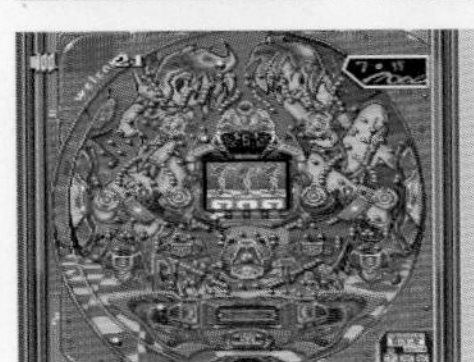

실제 파친코 기기를 플레이할 수 있는 선 소프트의 『필살 파친코 컬렉션』 시리즈 세 번째 작품. 전작까지는 후지 상사의 기종을 수록했지만, 이번 작품에서는 다이이치 상회의 5개 기종을 수록했다. 시리즈 공통으로 등장하는 캐릭터가 거유라는 요소도 계승했다.

전국 횡단 울트라 심리 게임

● 발매일 / 1995년 11월 10일 ● 가격 / 9,800엔
● 퍼블리셔 / 비지트

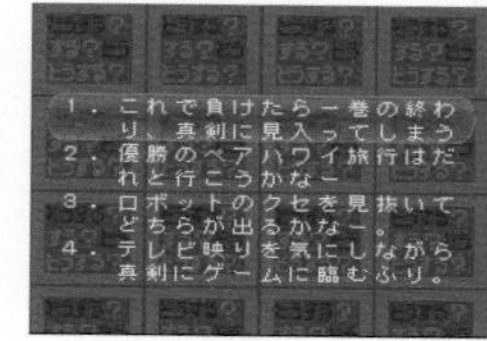

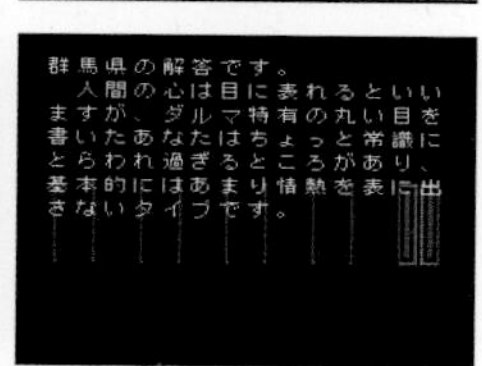

퀴즈 형식으로 심리를 맞추는 게임이다. TV 방송에서 일본 전국을 소개하는 형태로 퀴즈가 출제되고, 해답에 따라 플레이어의 성격 등을 진단한다. 그 밖에도 '마음의 파워'라는 것이 점수로 표시된다. 진단 내용은 의외로 잘 들어맞는다.

캡틴 츠바사J THE WAY TO WORLD YOUTH

● 발매일 / 1995년 11월 17일 ● 가격 / 9,800엔
● 퍼블리셔 / 반다이

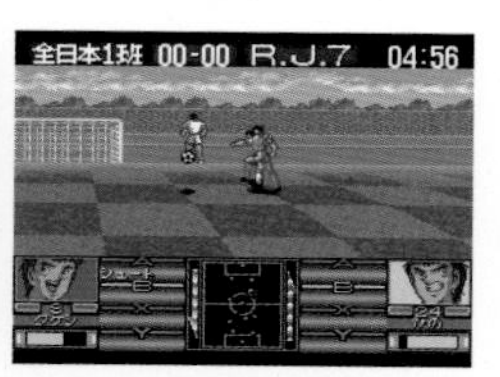

테크모가 개발한 시리즈와는 다른 작품이다. 볼 경쟁이나 필살 슛 방어 등의 특정 장면에서는 버튼 연타로 우열이 결정되는 시스템을 탑재했는데, 이것이 이번 작품의 최대 세일즈 포인트였다. 하지만 적당한 연타로도 이길수 있었다.

상하이 만리장성

● 발매일 / 1995년 11월 17일 ● 가격 / 9,800엔
● 퍼블리셔 / 선 소프트

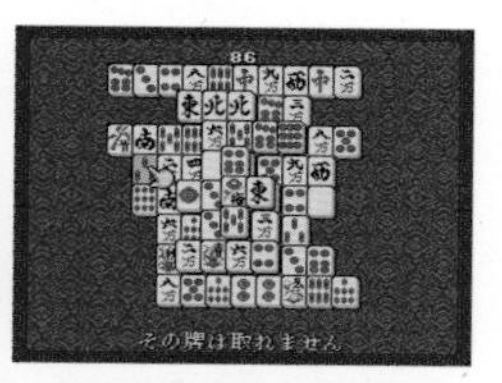

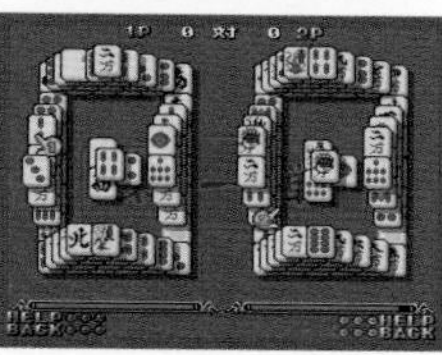

쌓여 있는 마작패를 지워가는 퍼즐 게임 시리즈의 첫 번째 작품. 이전에 발매된 『상하이Ⅲ』처럼 아케이드에서 이식됐지만, 아케이드 모드 이외에도 북경, 그레이트 월 같은 규칙이 다른 모드를 플레이할 수 있다. 대전 플레이인 아오시마도 준비되어 있다.

로고스 패닉 인사

● 발매일 / 1995년 11월 17일 ● 가격 / 9,800엔
● 퍼블리셔 / 유타카

만화가 시리아가리 고토부키의 작품에 등장하는 캐릭터를 사용한 퍼즐 게임. 랜덤으로 출현하는 문자를 특정 단어가 되게 모은다는 아이디어가 참신했다. 하지만 캐릭터에 따라 모아야 할 단어가 다른 데다 단어 자체가 기묘한 것이어서 단어 암기는 필수이다.

신 스타트랙 ~위대한 유산 IFD의 비밀을 쫓아라~

● 발매일 / 1995년 11월 17일 ● 가격 / 9,800엔
● 퍼블리셔 / 토쿠마 서점

장수 SF 드라마 시리즈의 파생 작품 『신 스타트랙』을 모티브로 했다. 게임은 주로 우주선 내의 파트와 선외에서의 탐색 파트로 나뉘어 진행된다. 액션 어드벤처에 가까운 작품이지만 슈팅 파트도 존재한다.

전국 고교 사커2

● 발매일 / 1995년 11월 17일 ● 가격 / 9,800엔
● 퍼블리셔 / 요지겐

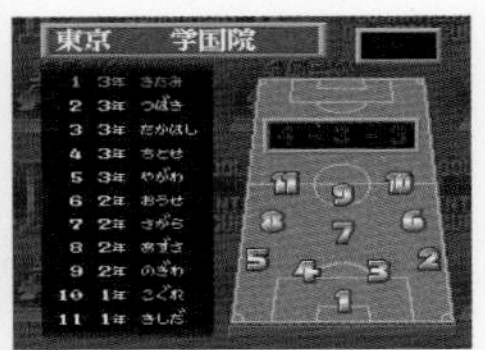

겨울의 풍물시(風物詩)라 할 수 있는 전국 고교축구선수권을 모티브로 한 축구 게임 제2탄. 이번 작품에서는 4,063개 학교 중에서 좋아하는 팀을 선택할 수 있다. 여전히 후방 태클을 마음대로 할 수 있지만, 이번 작품에서는 파울이 추가되었고 패스의 중요도가 커졌다.

블록 깨기

● 발매일 / 1995년 11월 17일 ● 가격 / 5,980엔
● 퍼블리셔 / POW

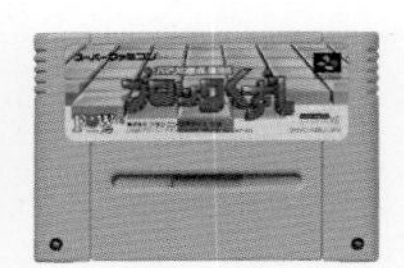

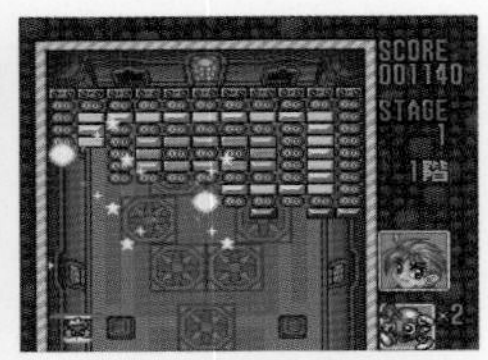

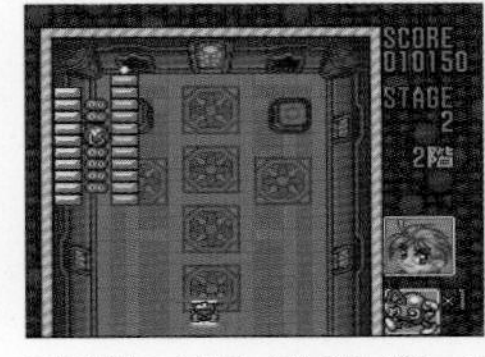

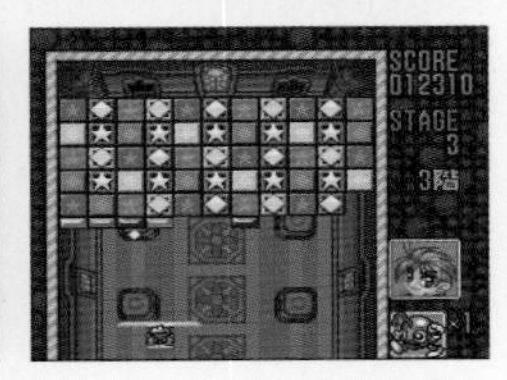

타이틀 그대로 블록을 깨는 게임이지만, 아이템 개념이 있어서 『알카노이드』에 가까운 게임성을 보여준다. 3가지 모드가 존재하는데 스토리 모드, 챌린지 모드, 2인 대전 모드이다. 다양한 장치가 준비되어서 거기에 정신이 팔리면 공을 놓치기 쉽다.

렌더링 레인저 R2

● 발매일 / 1995년 11월 17일 ● 가격 / 10,800엔
● 퍼블리셔 / 버진 인터렉티브 엔터테인먼트

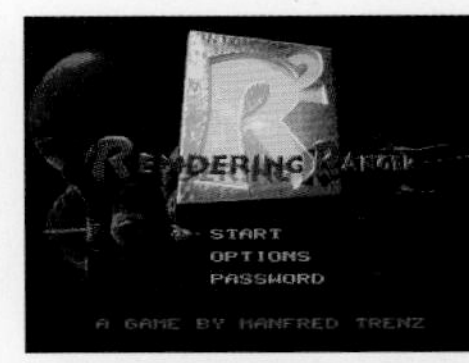

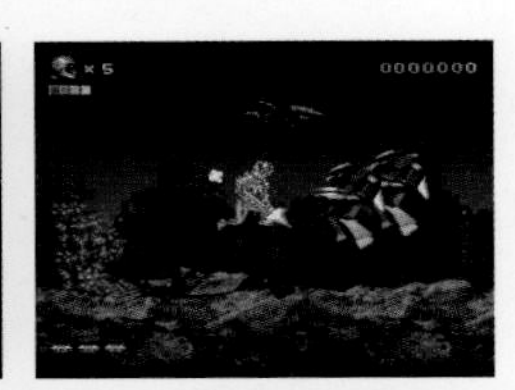

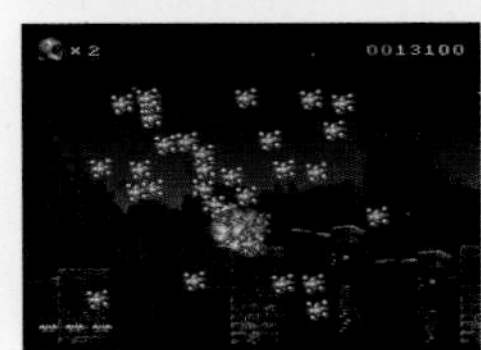

게임성은 『콘트라』에 가까우며 액션 파트와 슈팅 파트로 구성되어 있다. 사용할 수 있는 샷은 발칸, 레이저, 바운드, 와이어의 총 4종류인데 각각 최대 3단계까지 파워업이 가능하다. 슈팅 파트 한정의 옵션 아이템도 준비되어 있다.

슈퍼 동키콩2 딕시 & 디디

● 발매일 / 1995년 11월 21일 ● 가격 / 9,800엔
● 퍼블리셔 / 닌텐도

『슈퍼 동키콩』 시리즈의 두 번째 작품. 이번 작품에서는 동키콩이 납치를 당하는 역할이어서 디디와 딕시가 주인공이다. DK코인 모으기 등 전작보다 파고들 요소가 많아서 클리어한 후에도 컴플리트 목적으로 즐길 수 있었다.

아카가와 지로 마녀들의 잠

● 발매일 / 1995년 11월 24일 ● 가격 / 10,800엔
● 퍼블리셔 / 팩 인 비디오

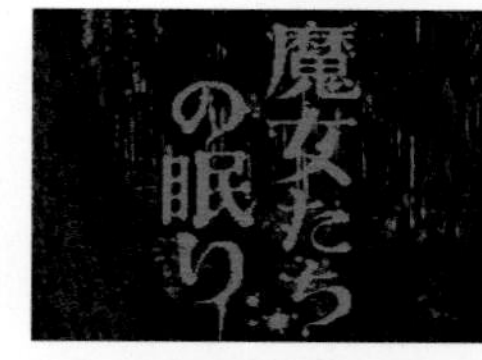

중견 미스터리 소설가 아카가와 지로의 작품 『마녀들의 황혼』 『마녀들의 긴 잠』을 토대로 한 사운드노벨. 게임은 2개의 장으로 나눠져 있는데, 제1막에서 특정 결말에 도달하면 제2막을 플레이할 수 있게 되는 구조이다. 잔혹한 묘사가 공포심을 불러일으킬 수도 있다.

귀신동자 ZENKI 전영뇌무

● 발매일 / 1995년 11월 24일 ● 가격 / 9,980엔
● 퍼블리셔 / 허드슨

SFC로는 두 번째인 『귀신동자 ZENKI』 게임. 전작에는 리얼한 캐릭터가 등장했는데, 이번 작품에서는 액션 파트는 SD 캐릭터가, 보스전은 리얼 캐릭터가 등장하는 것으로 변경되었다. 파트별로 시스템도 다르고 보스전에서는 게이지 배틀이 전개된다.

SUPER 억만장자 게임

● 발매일 / 1995년 11월 24일 ● 가격 / 9,800엔
● 퍼블리셔 / 타카라

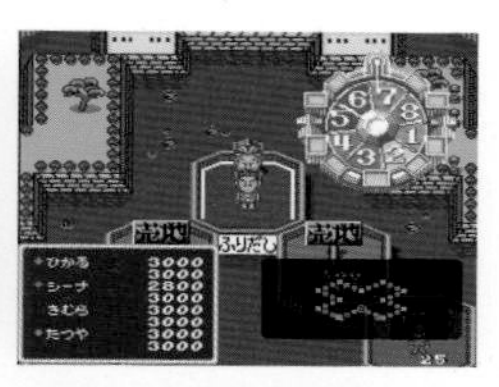
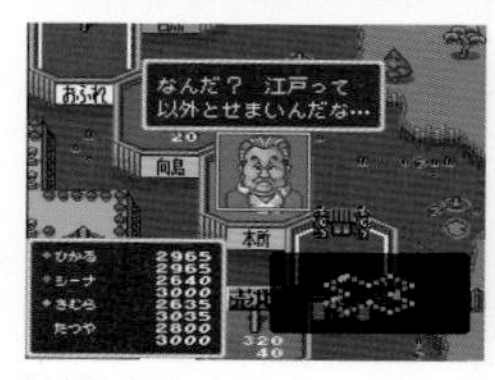

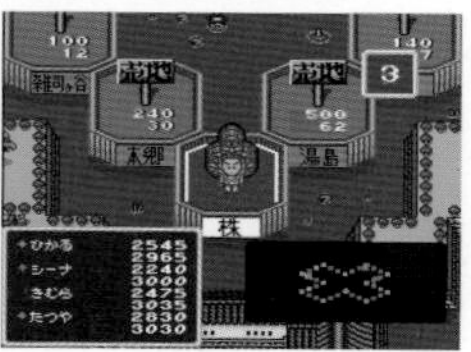

「인생게임」과 함께 1970년대에 대히트한 보드게임 「억만장자 게임」을 원작으로 했다. 4인 동시 플레이가 가능하고, 1인용에서는 토너먼트 모드로 CPU와 대전한다. 주식이나 건물을 사서 자산을 늘리는 게임성은 『이타다키 스트리트』의 원형이라고도 할 수 있다.

MIGHTY MORPHIN POWER RANGERS

● 발매일 / 1995년 11월 24일 ● 가격 / 9,800엔
● 퍼블리셔 / 반다이

『MIGHTY MORPHIN POWER RANGERS(파워레인저)』는 일본의 슈퍼 전대 시리즈를 미국에서 리메이크한 콘텐츠이다. 대전 격투가 존재하는 벨트 스크롤 액션이지만, 화면이 입체적이지는 않으며 스테이지에는 트랩이 설치되어 있다.

리딩 자키2

● 발매일 / 1995년 11월 24일 ● 가격 / 9,800엔
● 퍼블리셔 / 카로체리아 재팬

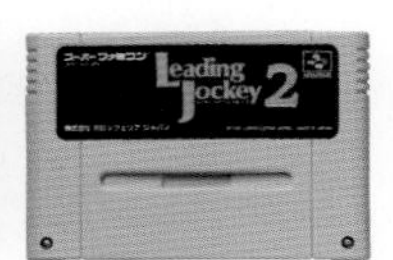

플레이어는 기수가 되어 레이스뿐 아니라 경주마 생산과 육성까지 관여하는 하이브리드 경마 게임의 속편이다. 일본 조교마(調敎馬)의 숙원인 개선문상 제패가 게임의 목적이며 사테라뷰에도 대응하고 있다. 경마의 세계에 완전히 빠지고 싶은 사람에게 추천한다.

제로4 챔프 RR-Z

● 발매일 / 1995년 11월 25일 ● 가격 / 11,900엔
● 퍼블리셔 / 더블 링

전작『제로4 챔프 RR』에서 반 년 후 시점을 그린 SFC 시리즈 두 번째 작품. 전작의 주인공인 아카자와가 챔프의 자리에서 내려오게 되고 이후 재기를 목표로 한다는 스토리이다. 오로지 레이스만 진행되는 것이 아니라 미니 게임으로 자금을 버는 요소도 계승되었다.

오짱의 그림 그리기 로직

● 발매일 / 1995년 12월 1일 ● 가격 / 6,980엔
● 퍼블리셔 / 선 소프트

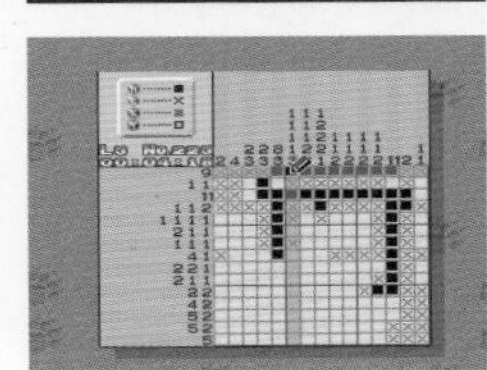
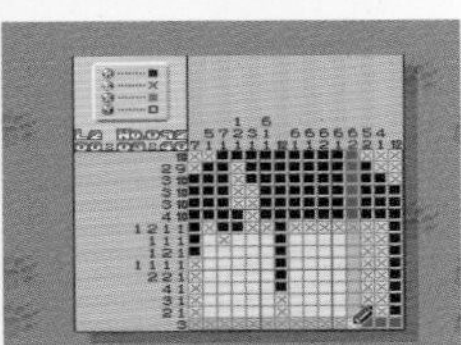

「펜슬 퍼즐」을 유행시킨 세카이분카사의 「퍼즐러」가 감수를 맡았다. 로직 계열 퍼즐 게임으로는 첫 작품인데, 본 작품 이외에도 복수의 하드에 동일 타이틀의 작품이 발매되었다. 원래는 종이 위에서 하던 게임을 컴퓨터로 하게 되면서 보다 스피디하게 즐길 수 있다.

치비 마루코짱 노려라! 남쪽의 아일랜드!!

● 발매일 / 1995년 12월 1일 ● 가격 / 9,000엔
● 퍼블리셔 / 코나미

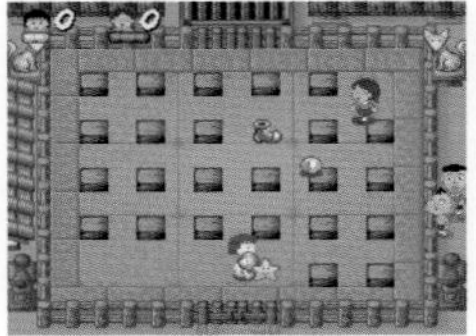

사쿠라 모모코 원작의 국민 애니메이션 『치비 마루코짱』의 액션 게임. 남쪽 섬으로 가는 것을 걸고 친숙한 캐릭터들이 미니 게임으로 경쟁하는 내용이다. 게임은 공 맞추기, 우끼우끼 수영장, 쓱싹쓱싹 페인트의 3종류인데, 스토리 모드를 시작으로 다양한 모드에 도전할 수 있다.

도카폰 외전 불꽃 오디션

● 발매일 / 1995년 12월 1일 ● 가격 / 8,800엔
● 퍼블리셔 / 아스믹

『도카폰』 시리즈의 외전으로 SFC로는 세 번째 작품이다. 캐릭터 디자인은 전작의 시바타 아미에서 사토 겐으로 변경되었다. 최고의 부자가 승리한다는 규칙은 여전하지만, 게임 시간을 단축하는 콘셉트로 만들어져 기존과는 시스템이 다르다.

파치오군 SPECIAL3

● 발매일 / 1995년 12월 1일 ● 가격 / 10,800엔
● 퍼블리셔 / 코코너츠 재팬 엔터테인먼트

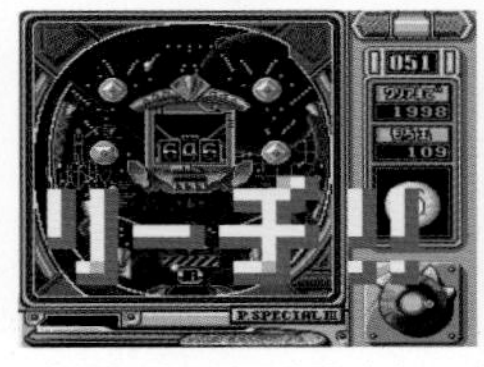
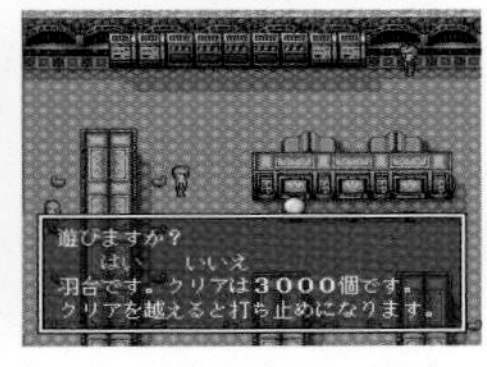

의인화 된 구슬 캐릭터가 트레이드마크인 『파치오군』 시리즈 중 하나. 실제 기기 시뮬레이터가 아니라 오리지널 기종을 플레이해서 구슬을 늘려간다. FC로 발매됐던 1~4까지의 작품을 수록해 가성비가 좋은데, SFC에서는 이것이 마지막 『파치오』 시리즈가 되었다.

B.B.GUN

● 발매일 / 1995년 12월 1일 ● 가격 / 11,800엔
● 퍼블리셔 / 아이맥스

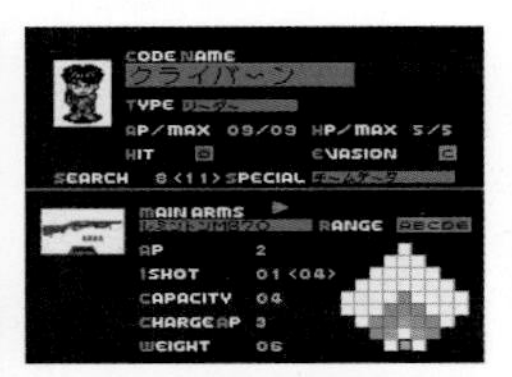

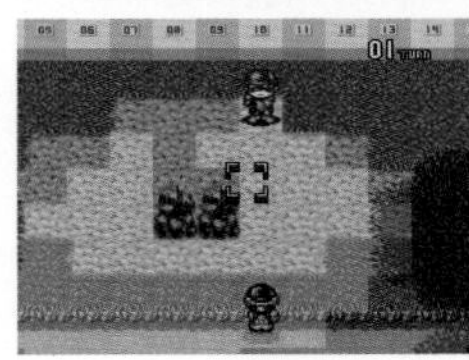

타이틀은 『볼 불렛 건』의 약칭. 에어건으로 상대를 공격하는 서바이벌 게임을 소재로 한 보기 드문 시뮬레이션 게임이다. 팀은 리더 1명을 포함해 10명으로 편성되는데 어택 · 태스크포스 · 디펜스 · 스나이프 중에서 자유롭게 구성할 수 있다. 특정 스테이지에는 강력한 히든 무기가 있다.

빅 허트

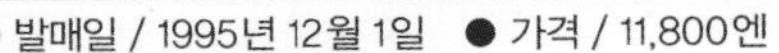

● 발매일 / 1995년 12월 1일 ● 가격 / 11,800엔
● 퍼블리셔 / 어클레임 재팬

타이틀 『빅 허트』는 메이저리거인 프랭크 토마스의 애칭. 본 작품은 토마스가 감수한 해외 제작 야구 게임으로 일본어로 로컬라이즈 되지는 않았다. 리얼한 그래픽과 커맨드식의 세세한 구종 선택이 특징이다.

이상한 던전2 풍래의 시렌

● 발매일 / 1995년 12월 1일 ● 가격 / 11,800엔
● 퍼블리셔 / 춘 소프트

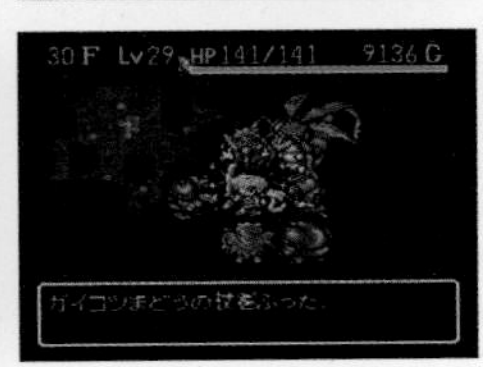

『드래곤 퀘스트Ⅳ』의 파생 작품으로 대히트한 것이 『톨네코의 대모험』인데, 이 시스템을 계승한 것이 이상한 던전 시리즈이다. 세계관은 일본풍이며, 던전뿐 아니라 마을이나 필드도 등장해서 게임의 폭이 넓어졌다.

록맨X3

● 발매일 / 1995년 12월 1일 ● 가격 / 9,800엔
● 퍼블리셔 / 캡콤

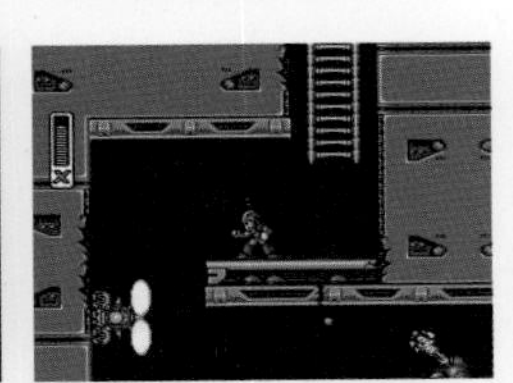
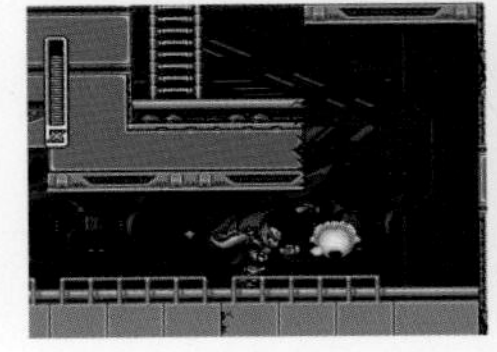

『록맨X』 시리즈의 세 번째 작품. SFC로는 시리즈 마지막 작품이다. 이번 작품에서는 「제로 체인지 시스템」이 도입되어서 스테이지 중간에 엑스와 교대할 수 있다. 제로는 피격 판정이 커서 보스전에서는 쓸모없다는 한계가 있지만 높은 공격력이 매력이다.

아메리칸 배틀 돔

● 발매일 / 1995년 12월 8일 ● 가격 / 9,800엔
● 퍼블리셔 / 츠쿠다 오리지널

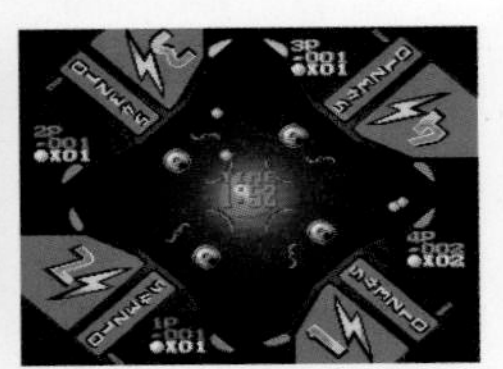

미국에서 만들어진 핀볼 장난감 '배틀 돔'을 게임화 했다. 필드에 떨어지는 무수한 구슬을 오직 플리퍼로만 받아치는 단순한 규칙이지만, 원래 대인전을 목적으로 한 장난감이었으므로 대전 플레이가 재미있다. 필드에는 장애물도 출현한다.

클락 웍스

● 발매일 / 1995년 12월 8일 ● 가격 / 7,800엔
● 퍼블리셔 / 토쿠마 서점

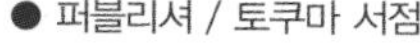

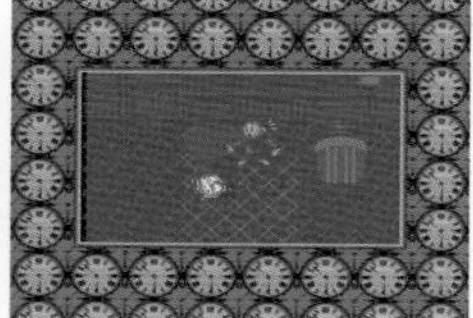
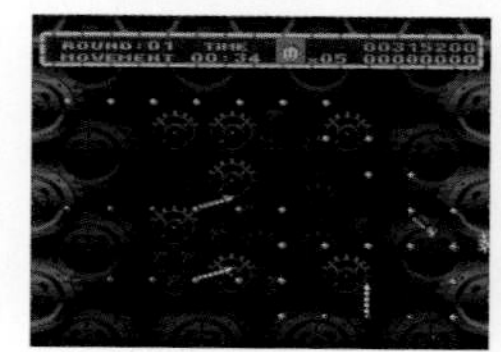
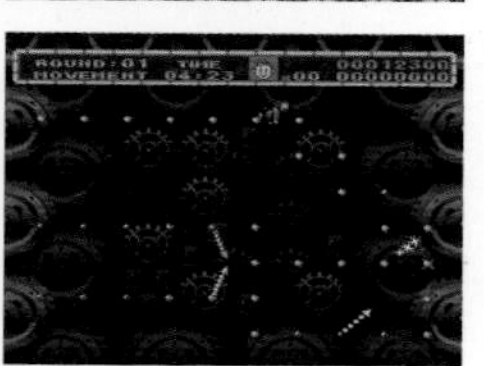

타이틀 화면에 등장하는 테트리스의 창시자 알렉세이 파지노프가 고안한 시계장치 퍼즐 게임. 톱니바퀴 안에 있는 축을 시계방향과 반시계방향으로 빙빙 돌리면서 골로 향하는 스테이지 클리어형 게임이다. 스테이지는 총 50개 준비되어 있다.

슈~퍼~ 뿌요뿌요 통

● 발매일 / 1995년 12월 8일 ● 가격 / 8,800엔
● 퍼블리셔 / 컴파일

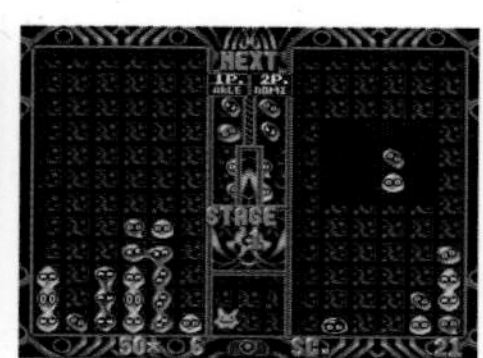
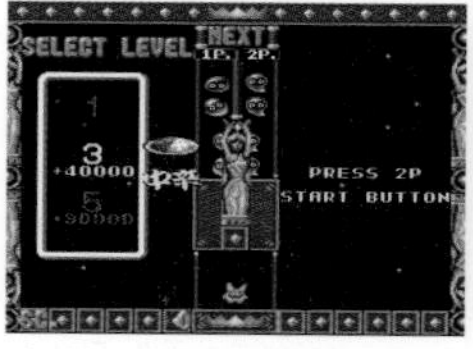

낙하형 퍼즐 게임 『뿌요뿌요』의 두 번째 작품으로 AC에서 이식되었다. 연습 모드인 「쉬운 뿌요뿌요」 등이 독자적인 요소라고 할 수 있다. CPU 대전에는 32종류의 캐릭터가 등장하는데, 멀티탭을 이용하면 4인 대전도 즐길 수 있다.

슈퍼 모모타로 전철 DX

● 발매일 / 1995년 12월 8일 ● 가격 / 9,500엔
● 퍼블리셔 / 허드슨

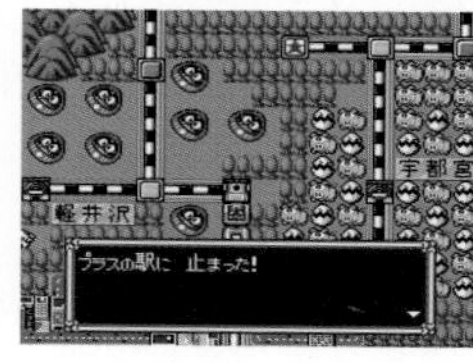

SFC로 발매됐던 『모모타로 전철』 시리즈의 다섯 번째 작품. 「DX」라고 명명된 만큼, 게임 용량이 증가해서 전작보다 진화된 비주얼을 보여준다. 또한 물건 수나 카드, 이벤트 등도 늘어났다. 시리즈 최초로 우주 맵이 등장한다.

미소녀 전사 세일러 문 Super S 폭신폭신 패닉

● 발매일 / 1995년 12월 8일 ● 가격 / 7,980엔
● 퍼블리셔 / 반다이

애니메이션판으로 네 번째인 『미소녀 전사 세일러 문 Super S』의 타이틀을 내건 퍼즐 게임. 빔을 쏘아서 풍선을 터트리고, 같은 색의 풍선으로 연쇄를 만들어 상대에게 방해 풍선을 보낸다는 내용이다. 파워 개념이 있어서 가득차면 필살기를 사용할 수 있다.

MASTERS New 머나먼 오거스타3

● 발매일 / 1995년 12월 8일 ● 가격 / 11,800엔
● 퍼블리셔 / T&E 소프트

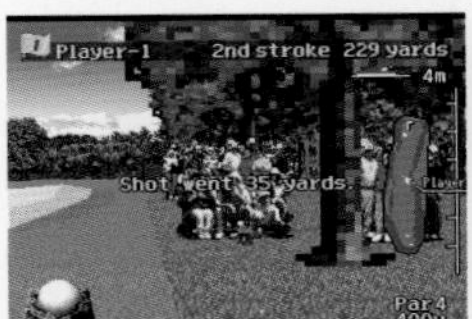

인기를 모은 본격 3D 시뮬레이션 골프 게임 시리즈. 캐주얼한 작품과는 선을 긋는 고집스러운 게임성은 여전하지만, 그래픽과 처리 속도가 대폭 향상되었다. 바람을 계산한다거나 잔디의 상태나 그린의 기울기를 체크하는 등, 생각해야 할 것들이 많다.

미키와 도널드 매지컬 어드벤처3

● 발매일 / 1995년 12월 8일 ● 가격 / 9,800엔
● 퍼블리셔 / 캡콤

『매지컬 어드벤처』 시리즈 제3탄. 타이틀에서 짐작되듯이, 이번 작품에서는 미키와 도널드 중에서 하나를 선택해 모험을 나선다. 코스튬 체인지 시스템도 건재한데 같은 코스튬이라도 미키와 도널드는 성능과 액션이 다르다.

GO GO ACKMAN3

● 발매일 / 1995년 12월 15일 ● 가격 / 9,800엔
● 퍼블리셔 / 반프레스토

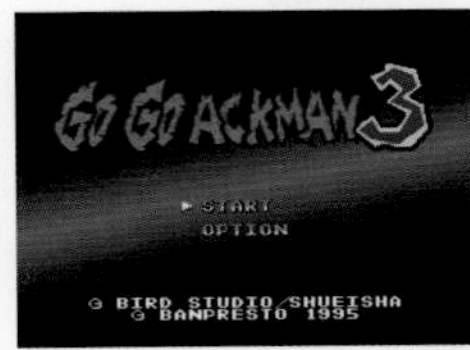

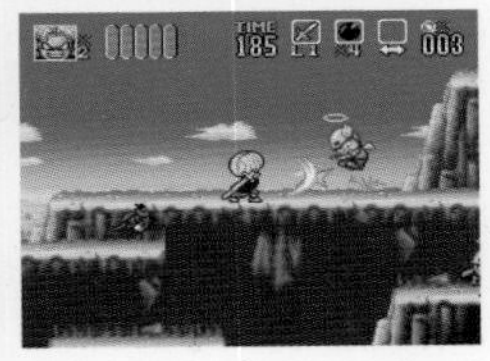

아크맨 시리즈 제3탄. 이번 작품에서는 천사도 조작이 가능해졌으며 아이템을 모을 수 있는 시스템이 되었다. 엔딩 부분에서 차기작을 암시하는 화면이 나왔지만 아쉽게도 속편은 만들어지지 않았다.

JB 더 슈퍼 배스

● 발매일 / 1995년 12월 15일 ● 가격 / 11,800엔
● 퍼블리셔 / NGP

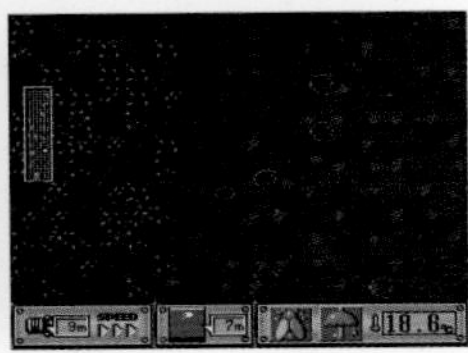

배스 낚시 협회인 「JB」와 「NBC」가 공인하고, 배스 프로인 카베히로카즈가 감수한 낚시 게임. 실존 낚시 도구 회사나 보트 회사 등이 스폰서였기 때문에 게임 내의 아이템은 꽤 충실하게 재현되었다. 라이선스 모드에서는 퀴즈에도 도전할 수 있다.

실황 수다쟁이(오샤베리) 파로디우스

● 발매일 / 1995년 12월 15일 ● 가격 / 9,980엔
● 퍼블리셔 / 코나미

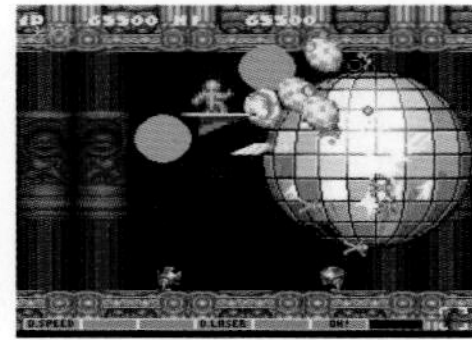
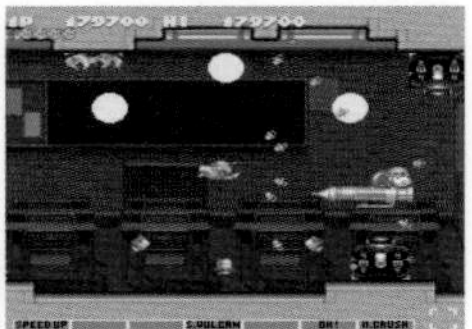

『파로디우스』 시리즈의 네 번째 작품으로 코나미가 전개했던 「실황 시리즈」와 합체된 것이라 할 수 있다. 아케이드의 이식작이 아니라 SFC 오리지널 작품이다. 기본적인 시스템은 계승했지만, 문어의 성우를 담당한 야나미 조지가 다양한 장면에서 수다를 떠는 것이 특징이다.

상인이여, 큰 뜻을 품어라!!

● 발매일 / 1995년 12월 15일 ● 가격 / 9,800엔
● 퍼블리셔 / 반다이

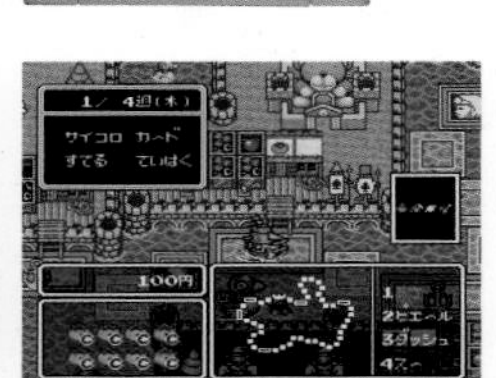

반다이가 발매한 보드게임 타입의 무역 게임. 잘 알려진 『이타다키 스트리트』나 『모모타로 전철』과는 달리 자산이 되는 토지나 건물이 존재하지 않는 것이 특징이다. 자산을 늘리려면 항구를 돌면서 식품을 구입하고 보존기한 내에 팔아야 한다.

슈퍼 블랙배스3

● 발매일 / 1995년 12월 15일 ● 가격 / 11,800엔
● 퍼블리셔 / 스타 피시 데이터

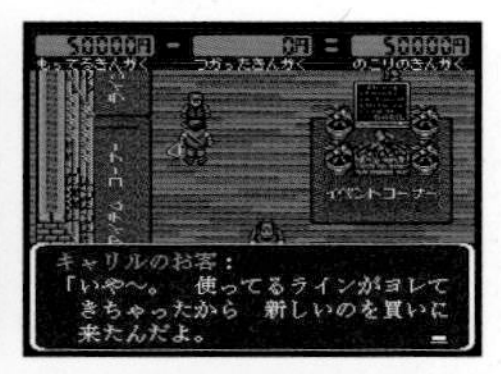

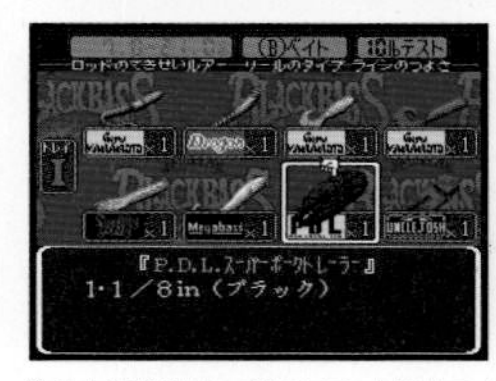
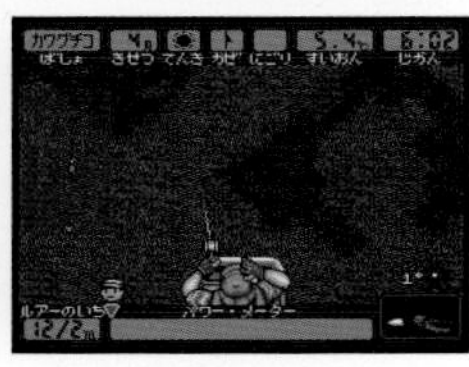

『더 블랙배스』의 SFC 시리즈 세 번째 작품. 배스 낚시의 전문용어를 해설해주는 헬프 모드가 탑재되었다. 또한 시리즈 경험 유무와 낚시 지식 유무에 따라 게임 모드를 선택할 수 있게 되었다. 초보인 비기너, 중급인 버서스, 상급인 배스 프로의 3가지 모드가 준비되어 있다.

성수마전 비스트 & 블레이드

● 발매일 / 1995년 12월 15일 ● 가격 / 11,000엔
● 퍼블리셔 / BPS

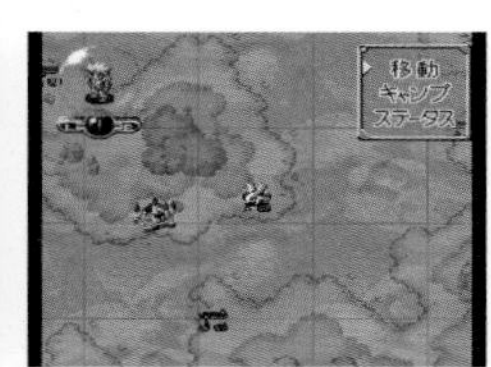

잡지 「전격 슈퍼 패미컴」과 「전격 어드벤처즈」에 독자 참가형 RPG로 연재되던 것을 게임화 했다. 무기를 사용하는 인간과 특수 공격을 하는 비스트를 편성해서 전투를 벌이는 시뮬레이션 RPG로 멀티 엔딩 방식을 채택했다.

테마파크

● 발매일 / 1995년 12월 15일 ● 가격 / 11,800엔
● 퍼블리셔 / 일렉트로닉 아츠 빅터

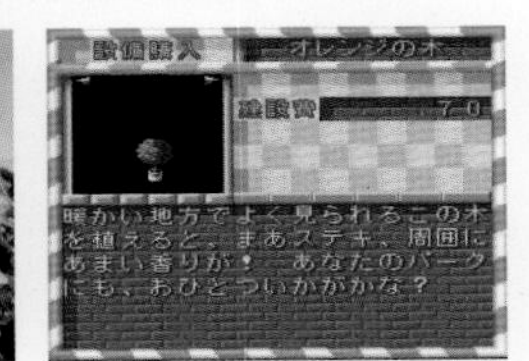

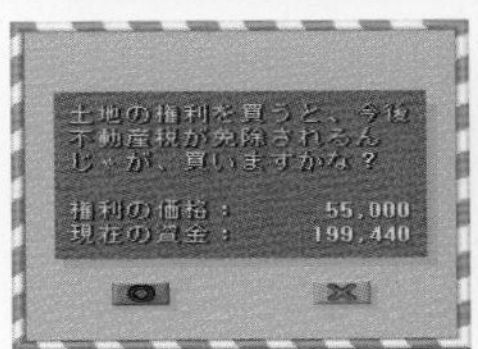

샌드박스 타입의 시뮬레이션 게임. 유원지를 건설해서 경영한다는 내용이다. 타 기종과 비교해 SFC판은 라이트하게 만들어졌지만 어트랙션이나 상점 배치, 입장료나 음식 내용 조정 등 게임의 기본은 제대로 갖추고 있다.

도라에몽4 노비타와 달의 왕국

● 발매일 / 1995년 12월 15일 ● 가격 / 9,500엔
● 퍼블리셔 / 에폭사

에폭사의 SFC용 『도라에몽』 게임 제4탄. 본 작품에서는 처음부터 6명 중에서 좋아하는 캐릭터를 선택해 플레이할 수 있다. 또한 2인 동시 플레이도 가능한데 그때는 합체 공격도 할 수 있게 되었다. 도라에몽 & 도라미 등, 캐릭터 조합으로 공격의 종류가 달라진다.

니치부츠 아케이드 클래식2 헤이안쿄 에일리언

● 발매일 / 1995년 12월 15일 ● 가격 / 5,980엔
● 퍼블리셔 / 일본 물산

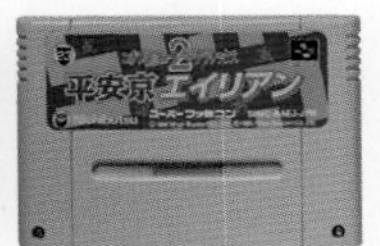

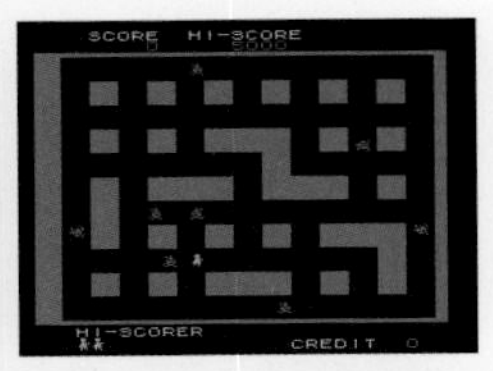

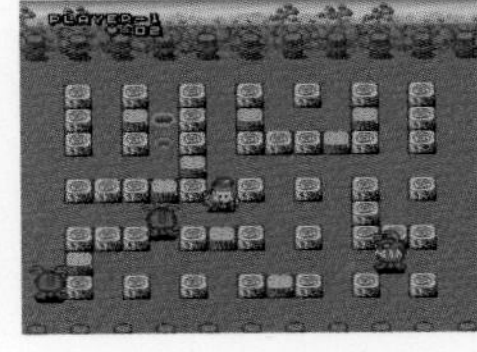
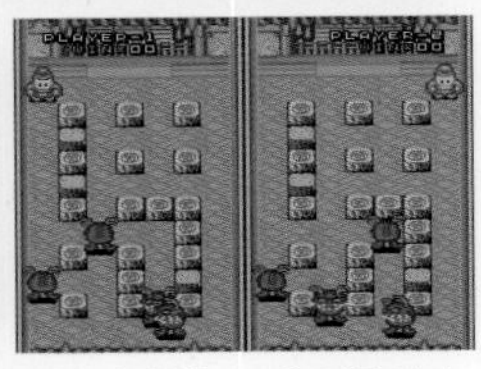

『니치부츠 아케이드 클래식』 제2탄. 전작에는 3개 작품이 수록되어 있었는데 이번 작품엔 「헤이안쿄 에일리언」만 수록되었다. 구멍을 파서 에일리언을 묻는다는 내용으로 아케이드 초기에 인기를 얻은 작품이다. 오리지널판과 함께 어레인지판도 있다.

프린세스 메이커 Legend of Another World

● 발매일 / 1995년 12월 15일 ● 가격 / 9,980엔
● 퍼블리셔 / 타카라

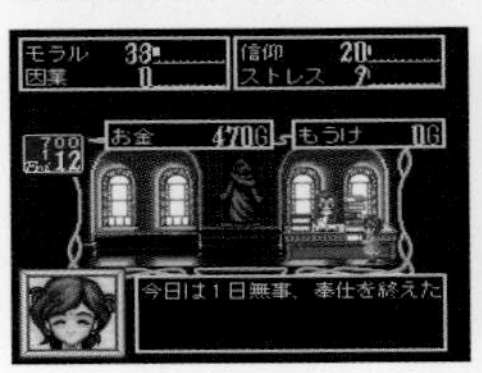

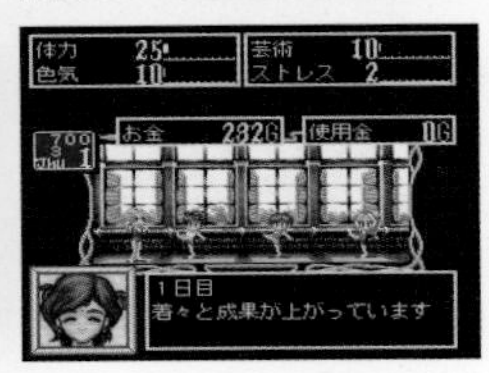

여자아이를 훌륭한 아가씨로 키워가는 육성 시뮬레이션 게임으로 PC판에서 시작되었다. 본 작품은 특히 인기가 높았던 『2』의 리메이크작이지만, 캐릭터 디자인을 포함해서 내용은 대폭 어레인지 되었다. 넘버링 타이틀에는 포함되지 않는 작품.

본가 SANKYO FEVER 실제 기기 시뮬레이션2

● 발매일 / 1995년 12월 15일 ● 가격 / 10,800엔
● 퍼블리셔 / BOSS 커뮤니케이션즈

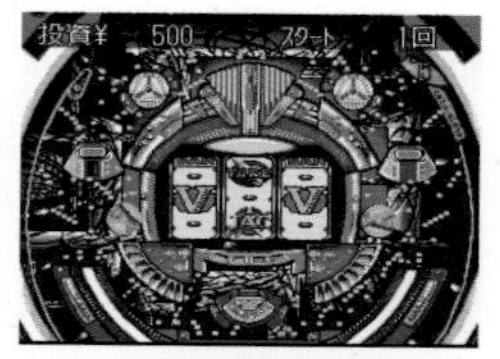

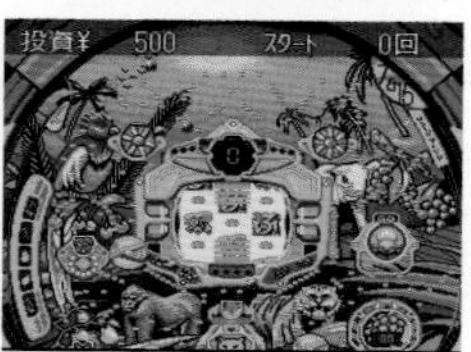

파친코 개발사 SANKYO의 실제 기기 시뮬레이션 시리즈 제2탄. 이번 작품에는 「CR피버 긴가」 「CR피버 원 GP」 「파직파직 스타디움」 「후르츠 찬스」의 4개 기종이 수록되었다. 단, 후르츠 찬스는 테스트 출전 기기인데 실제로는 설치되지 않았다.

가져가 Oh! 도둑

● 발매일 / 1995년 12월 15일 ● 가격 / 9,800엔
● 퍼블리셔 / 데이터 이스트

도둑이 된 플레이어가 경찰로부터 도망치며 악덕 촌장에게 빼앗긴 물건을 되찾는다는 내용의 주사위 게임풍 보드게임. 아이템을 훔치고 탈옥하는 장면 등은 미니 게임 형식으로 되어 있고 액션성도 존재한다.

미즈키 시게루의 요괴 백귀야행

● 발매일 / 1995년 12월 20일 ● 가격 / 11,800엔
● 퍼블리셔 / KSS

일본 각지의 요괴를 동료로 삼아 요괴 대장이 되는 것이 목적인 보드게임. 갓파, 카라카사, 외눈 동자, 눈 요정 중에서 캐릭터를 선택할 수 있다. 이동을 담당하는 슬롯으로 같은 수가 나오면 연속으로 행동할 수 있지만, 2연속 같은 수가 나오면 그 수만큼 턴을 쉰다는 규칙이다.

SD건담 GNEXT

● 발매일 / 1995년 12월 22일 ● 가격 / 12,800엔
● 퍼블리셔 / 반다이

SFC에서 시뮬레이션 장르로 발매됐던 『SD건담』 시리즈 세 번째 작품. 전작보다 내용이 대폭 늘어났다. 유닛은 『건담W』까지의 기체 160개 이상이 등장하고 세력도 12개로 확대되었다. 사테라뷰에도 대응해서, 메모리 팩을 장착하면 배포 데이터를 게임에 반영할 수 있다.

힘내라 고에몽 반짝반짝 여행길 내가 댄서가 된 이유

● 발매일 / 1995년 12월 22일 ● 가격 / 9,980엔
● 퍼블리셔 / 코나미

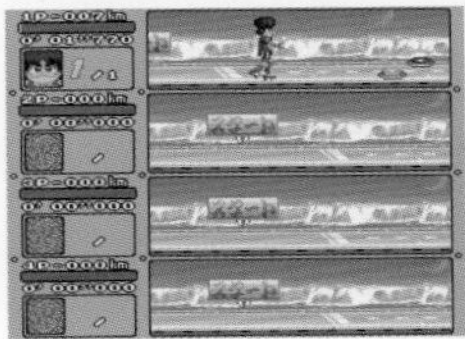
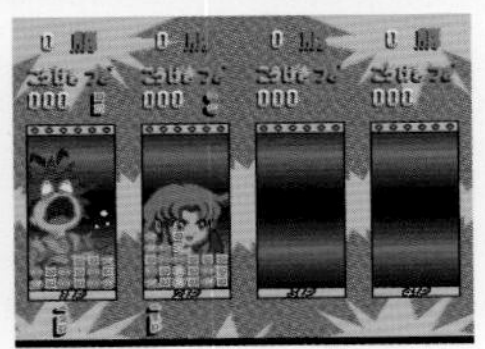

『힘내라 고에몽』 시리즈로 SFC로는 제4탄이다. 탐색성이 강했던 전작과는 달리 『2』에 가까운 횡스크롤 액션으로 돌아왔다. 원래 코미컬한 작품이기는 했지만 이번 작품에서는 그런 색채가 더 강해졌고, 즉사 트랩 등이 많아서 난이도는 높다.

월면의 아누비스

● 발매일 / 1995년 12월 22일 ● 가격 / 11,800엔
● 퍼블리셔 / 이머지니어

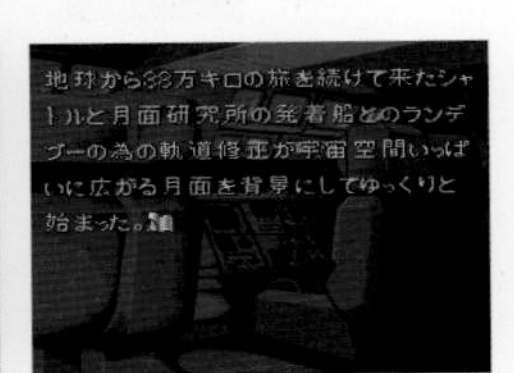

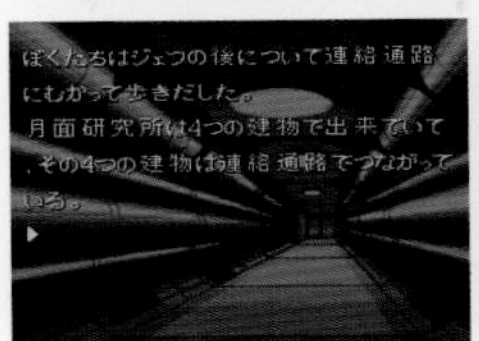
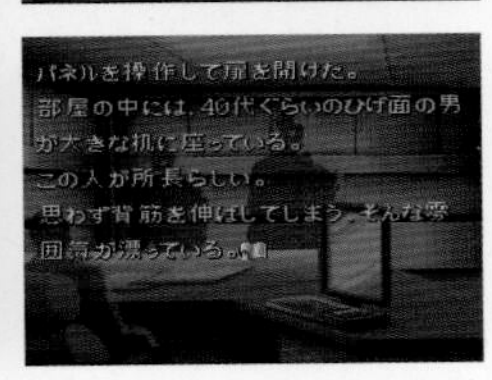

이머지니어가 발매한 사운드노벨. 이런 장르는 호러계 작품이 많은데, 본 작품은 월면 연구소를 무대로 한 SF적 스토리로 만들어졌다. 초반 선택지에 따라 주인공의 성격이 판정되는 시스템이 포함되었으며 그것이 엔딩에도 영향을 준다.

황룡의 귀

● 발매일 / 1995년 12월 22일 ● 가격 / 9,980엔
● 퍼블리셔 / 밥

「영 점프」에 연재되던 동명 만화를 소재로 한 벨트 스크롤 액션 게임. 펀치, 킥 같은 기본기를 사용한다. 이 외에 파워 게이지가 쌓이면 주인공이 피어싱으로 막아둔 귀의 봉인을 풀고 일정 시간 파워업 상태로 싸울 수 있는 등, 원작을 따른 요소도 있다.

더 그레이트 배틀 V

● 발매일 / 1995년 12월 22일 ● 가격 / 9,800엔
● 퍼블리셔 / 반프레스토

SD화 된 히어로가 작품의 장벽을 넘어서 활약하는 『더 그레이트 배틀』 시리즈의 다섯 번째 작품. SFC로는 최종작인 이번 작품은 서부극풍으로 만들어졌다. 로어 이외에 갓 건담, 가면라이더 BLACK RX, 울트라맨이 플레이어 캐릭터인데 각각 성능이 크게 다르다.

석류의 맛

● 발매일 / 1995년 12월 22일 ● 가격 / 11,800엔
● 퍼블리셔 / 이머지니어

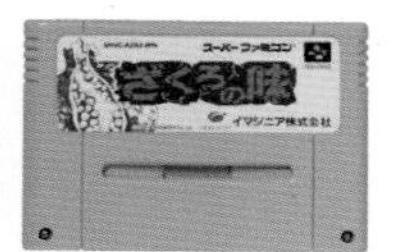

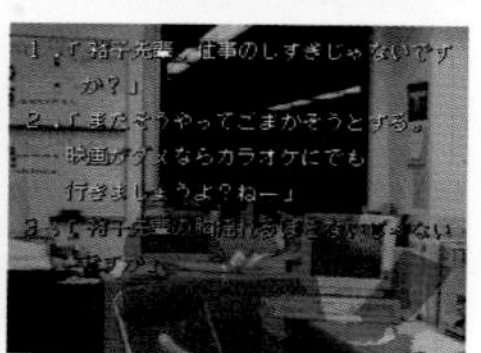

『월면의 아누비스』와 동시 발매된 사운드노벨 계통의 게임. 스토리와는 관련이 없지만, 두 작품 모두 작중에 타이틀이 나오는 장면이 삽입되어 있다. 시나리오는 『월면』보다 스플래터의 색채가 강해서 SF라기보다는 호러에 가깝다.

3×3 EYES ~수마봉환~

● 발매일 / 1995년 12월 22일 ● 가격 / 10,800엔
● 퍼블리셔 / 반프레스토

SFC의 『3×3 EYES』 시리즈 두 번째 작품. 전작은 RPG였지만, 이번 작품은 액션 어드벤처를 메인으로 하면서 커맨드 전투가 부속된 스타일이 되었다. 스토리는 게임 오리지널이며, 주인공 야쿠모의 선택에 따라 엔딩이 분기되는 멀티 방식을 채택했다.

장기 삼매경

● 발매일 / 1995년 12월 22일 ● 가격 / 9,800엔
● 퍼블리셔 / 버진 인터렉티브 엔터테인먼트

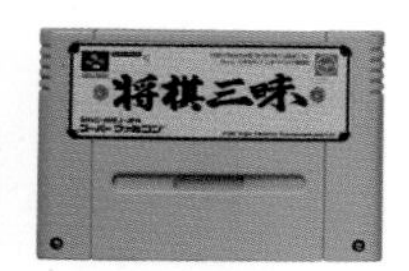

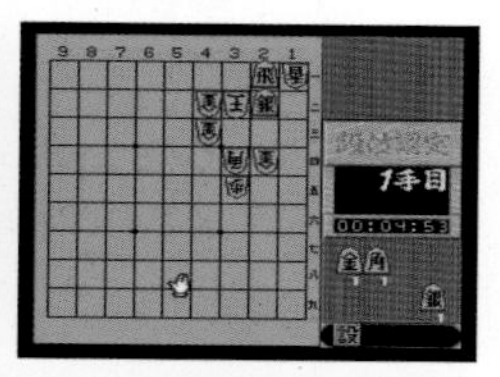
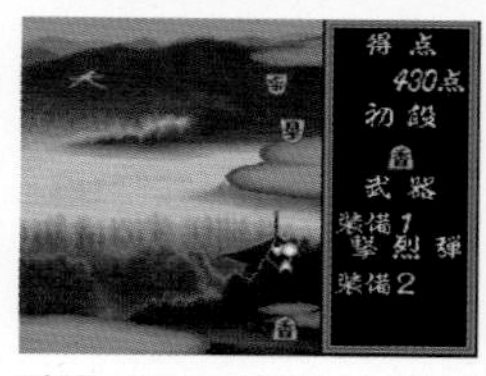

전일본 장기 묘수풀이 연맹 공인으로 방대한 묘수풀이 문제가 실려 있는 장기 게임. 일반 대국이나 장기말 놀이도 플레이할 수 있으며, 놀랍게도 장기 규칙을 도입한 슈팅 게임까지 수록되어 있다. 어떤 의미에서는 타이틀 그대로 '삼매경'인 작품이다.

슈퍼 차이니즈 월드3 ~초차원 대작전~

● 발매일 / 1995년 12월 22일 ● 가격 / 9,800엔
● 퍼블리셔 / 컬처 브레인

『슈퍼 차이니즈 월드』 시리즈 제3탄. 전작의 시스템을 계승하면서도 전투 방식을 액션이나 커맨드 중에서 선택할 수 있게 되었고, 그에 따라 스토리도 바뀌게 된다. 은하 군단과의 전투는 이번 작품에서 일단 마무리된다.

슈퍼 파이어 프로레슬링 X

● 발매일 / 1995년 12월 22일 ● 가격 / 11,900엔
● 퍼블리셔 / 휴먼

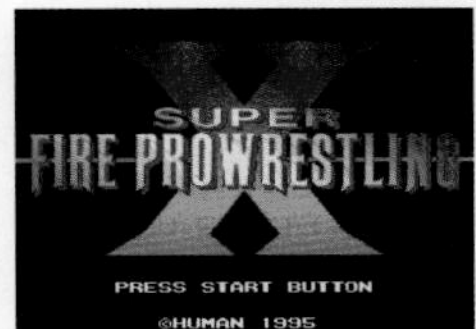

SFC에서의 『파이어 프로레슬링』 시리즈 최종작. 파생 작품 등을 제외하면 딱 떨어지는 열 번째 작품이어서 타이틀에도 『X』가 붙어 있다. 차세대 시리즈를 의식해서 그래픽이 업그레이드되었고, 선수의 오래된 상처를 재현하기 위해 신체 부위의 내구도 설정도 추가되었다.

전국의 패자 천하포무로 가는 길

● 발매일 / 1995년 12월 22일 ● 가격 / 12,800엔
● 퍼블리셔 / 반프레스토

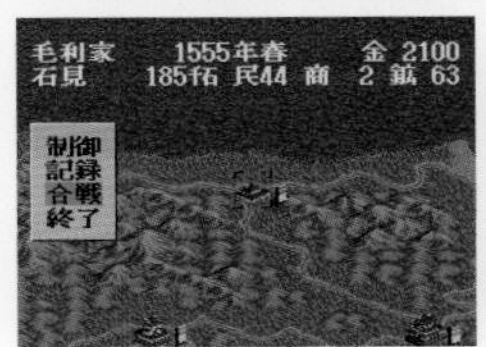

메가CD용으로 발매됐던 전국 시뮬레이션 게임 『천하포무 ~영웅들의 포효~』를 이식했다. 우선 전국판 · 지방판을 선택하고 4종류의 시나리오 중에서 하나를 고른 다음, 리스트 안에서 플레이할 다이묘를 결정한다. 게임의 목표는 천하통일이다.

테크모 슈퍼볼 III FINAL EDITION

● 발매일 / 1995년 12월 22일 ● 가격 / 12,800엔
● 퍼블리셔 / 테크모

NFL의 실명 선수가 등장하는 『테크모 슈퍼볼』 시리즈로 SFC로는 세 번째 작품. 기본적인 게임성은 변함없으며 슈퍼볼 우승을 목표로 한다. 선수 데이터는 95년도판이 들어가 있다. 에디트 기능이 새로 추가되었고, 시즌 모드에서 트레이드 기능이 추가되었다.

천외마경 ZERO

● 발매일 / 1995년 12월 22일 ● 가격 / 9,980엔
● 퍼블리셔 / 허드슨

PC엔진으로 전개되던 『천외마경』 시리즈의 외전. 이식이 아니라 완전한 오리지널 신작이며 SFC의 유일한 시리즈 작품이기도 하다. 특수 칩을 사용해 현실 시간과 게임 시간을 링크시켜서 다양한 효과를 발생시키는 「PLG 시스템」이 최대의 특징이다.

배틀 서브마린

● 발매일 / 1995년 12월 22일 ● 가격 / 9,800엔
● 퍼블리셔 / 팩 인 비디오

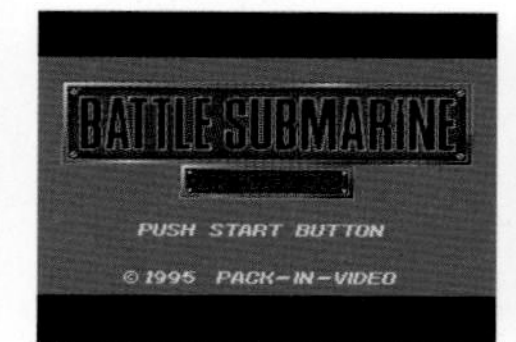

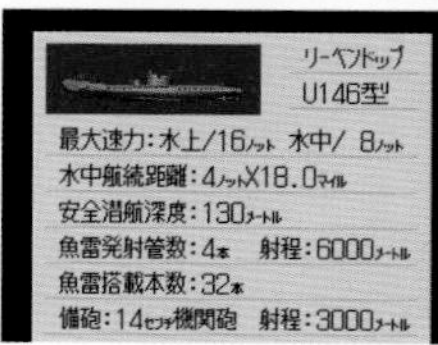

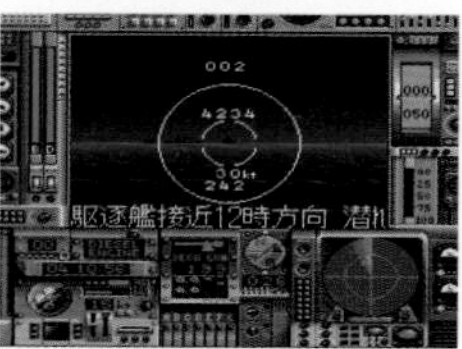

『슈퍼 도그파이트』에 이은 팩 인 비디오의 전쟁 게임. 잠수함을 주제로 한 보기 드문 작품으로 3D 타입의 슈팅 게임이다. 기총과 어뢰를 사용해 공격하고, 스피드 조절과 잠수로 적의 공격을 피하면서 임무를 수행해 나간다.

파랜드 스토리2

● 발매일 / 1995년 12월 22일 ● 가격 / 12,800엔
● 퍼블리셔 / 반프레스토

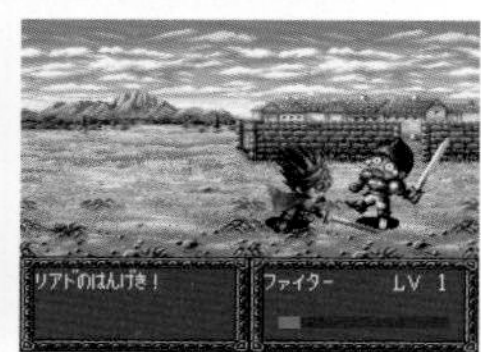

일본 PC에서 시리즈를 전개하던 시뮬레이션 RPG 『파랜드 스토리』의 SFC판 제2탄. 본 작품에서도 SFC만의 독자적인 스토리를 구축했고, 전작에서 20년 후의 세계를 무대로 설정했다. 또한 이번 작품에서는 적이 공격을 피할 수 있게 되어 난이도가 상승했다.

파이널 파이트 터프

● 발매일 / 1995년 12월 22일 ● 가격 / 9,980엔
● 퍼블리셔 / 캡콤

벨트 스크롤 액션으로 한 시대를 풍미했던 『파이널 파이트』 시리즈 세 번째 작품. 이번 작품에는 하가와 가이 이외에 루시아와 딘이라는 새로운 캐릭터가 합류했다. 혼자일 경우에도 2P를 CPU로 설정해서 플레이할 수 있으며, 슈퍼 메가 크래시라는 필살기도 쓸 수 있다.

로도스도 전기

● 발매일 / 1995년 12월 22일 ● 가격 / 10,800엔
● 퍼블리셔 / 카도카와 서점

총 4장으로 구성된 시나리오는 미즈노 료의 원작 소설을 따랐으며, 주로 마신전쟁 종결 직후를 그리고 있다. 장르는 커맨드 선택식의 전형적인 RPG이다. 시스템에서 다소 부족한 점이 있긴 하지만, 그것을 감안하더라도 원작 팬이라면 충분히 즐길 수 있는 작품이다.

최강 타카다 노부히코

● 발매일 / 1995년 12월 27일 ● 가격 / 10,900엔
● 퍼블리셔 / 허드슨

타카다 노부히코가 설립한 「UWF 인터내셔널」이 감수한 대전 격투형 프로레슬링 게임. 등장하는 레슬러는 타카다 이외에는 가상의 인물이며, 성능이 다른 캐릭터가 총 10명 준비되어 있다. 스파링 모드로 단련해서 스테이터스를 늘린 다음에 스토리 모드에 도전한다는 내용이다.

삼국지 영걸전

● 발매일 / 1995년 12월 28일 ● 가격 / 12,800엔
● 퍼블리셔 / 코에이

플레이어는 유비가 되어 중국 통일을 목표로 한다는 시뮬레이션 RPG로 PC에서 이식되었다. 멀티 엔딩 방식을 채택했고, 클리어까지 걸린 턴 수를 참조해서 결말이 분기하기 때문에 반드시 역사대로 흘러간다고 장담할 수 없다.

이스V 잃어버린 모래도시 케핀

● 발매일 / 1995년 12월 29일 ● 가격 / 12,800엔
● 퍼블리셔 / 일본 팔콤

일본 팔콤의 인기 액션 RPG 시리즈의 다섯 번째 작품으로 아돌 크리스틴의 모험을 그리고 있다. 시스템은 대부분이 바뀌어서 높이 개념이나 점프 액션이 추가되었다. 또한 방패로 적의 공격을 막는 등 액션 게임성이 강조되었다.

슈퍼 장기3 기태평

● 발매일 / 1995년 12월 29일 ● 가격 / 12,800엔
● 퍼블리셔 / 아이맥스

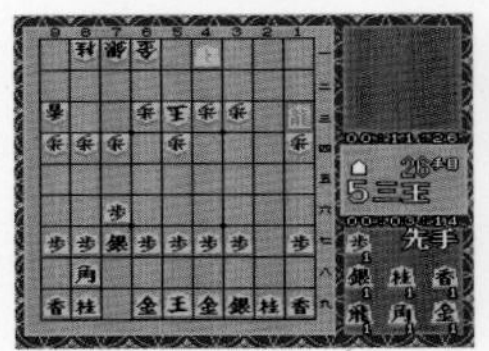
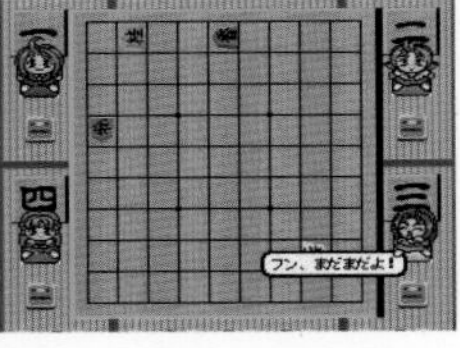

시리즈 제3탄. SA1 특수 칩을 써서 CPU의 AI 처리 시간을 단축시켰다. 또한 여성 제자를 기사로 육성한다는 예상외의 미연시 구조인 「기사의 별 모드」를 탑재했다. 나름대로 잘 만들어진 장기 게임이면서 제자와 데이트도 할 수 있다.

대국 바둑 이다텐

● 발매일 / 1995년 12월 29일 ● 가격 / 14,800엔
● 퍼블리셔 / BPS

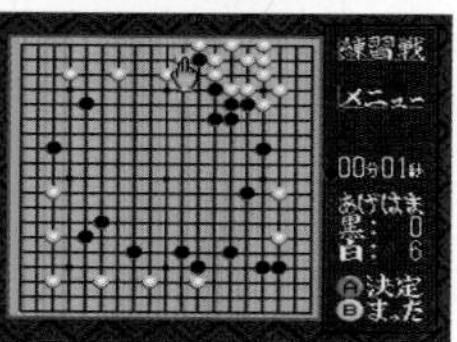

아마추어 지도에 열심인 시라에 하루히코 8단이 감수한 바둑 게임. 연습전, 진검 승부, 묘수풀이, 연구라는 4가지 모드를 플레이할 수 있다. 묘수풀이는 400문제 이상 수록되었고, 연습전에서는 바둑판의 크기를 바꿀 수 있는 등 실력 향상을 꿈꾸는 사람들을 위한 기능이 가득하다.

대폭소 인생극장 엉뚱한 샐러리맨편

● 발매일 / 1995년 12월 29일 ● 가격 / 9,800엔
● 퍼블리셔 / 타이토

SFC로는 네 번째, FC로부터는 통산 일곱 번째 작품인 유명 보드게임. 이번 작품에서는 샐러리맨에 초점을 맞추어서 다양한 이벤트로 플레이어를 즐겁게 해준다. 최종적으로 돈을 가장 많이 가진 플레이어가 승리하게 된다.

Palor! 팔러!Ⅳ CR 파친코 6사 CR 실제 기기 시뮬레이션 게임

● 발매일 / 1995년 12월 29일 ● 가격 / 11,800엔
● 퍼블리셔 / 일본 텔레넷

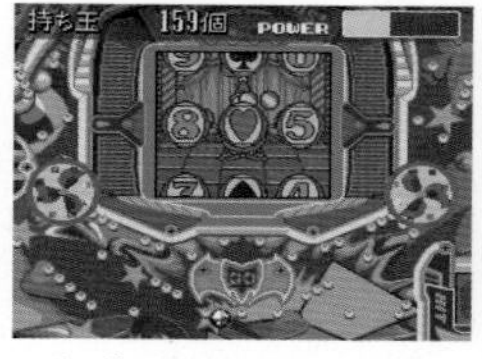

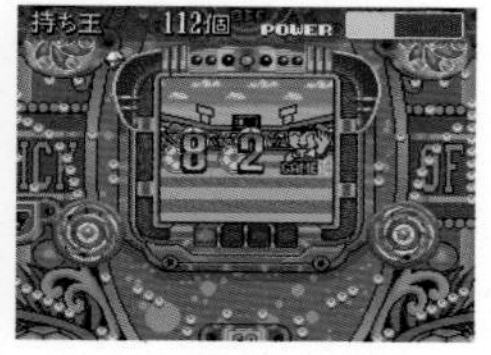

6개 사(코라쿠, 산요, 토요마루, 오쿠무라, 다이이치, 마루혼)의 협력으로 개발된 파친코 게임. 당시 시장을 석권했던 CR 기기 6개 기종이 수록되었고 리치 액션 등도 완전히 재현되어 있다. 또한 수입과 지출 등을 기록하는 일기 모드도 있다.

UNDAKE30 상어 거북 대작전 마리오 버전

● 발매일 / 1995년 ● 가격 / 비매품
● 퍼블리셔 / 허드슨

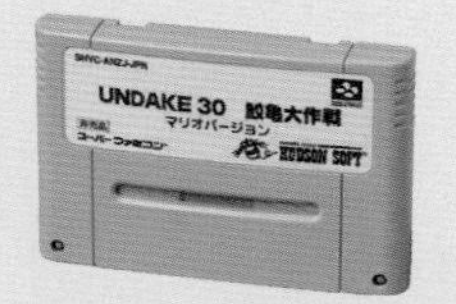

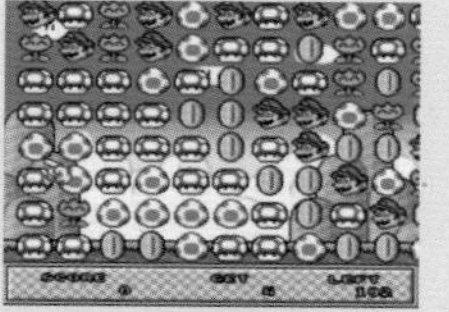
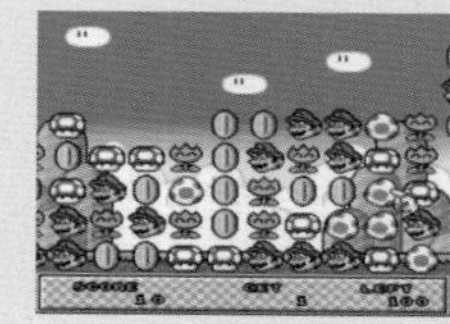

제품판 『상어 거북』 발매 후에 캠페인 경품으로 배포된 것이다. 등장 캐릭터는 5종류로 마리오, 버섯, 파이어 플라워, 코인, 알이다. 당초에는 파일럿판으로 만들어졌고 사테라뷰로도 방송되었다.

슈퍼 패미컴

1996년

Super Famicom

슈퍼마리오 RPG

● 발매일 / 1996년 3월 9일 ● 가격 / 7,500엔
● 퍼블리셔 / 닌텐도

닌텐도와 스퀘어가 손잡은 꿈의 콜라보 작품

닌텐도와 스퀘어가 공동 개발한 전설의 RPG. 시리즈로는 첫 RPG이며 발매 전부터 큰 화제를 모았다.
당연히 마리오가 주인공이고 피치와 쿠파 같은 친숙한 캐릭터도 다수 등장한다. 필드는 쿼터뷰이며 이동 중에는 점프를 사용한 액션도 가능하다. 전투는 턴제로 진행되며 각 버튼에 커맨드가 분배되어 있어서 공격할 때 타이밍 좋게 버튼을 누르면 추가 대미지를 줄 수 있다. 기존 작품에 익숙한 팬이라도 위화감이 들지 않도록 만들어졌다.

드래곤 퀘스트Ⅲ 그리고 전설로…

● 발매일 / 1996년 12월 6일 ●가격 / 8,700엔
● 퍼블리셔 / 에닉스

원작을 플레이했더라도 다시 처음부터 즐길 수 있다

발매일에 대행렬이 이어지는 등 사회현상이라 불리는 붐을 일으킨 대히트 RPG의 리메이크작.
기본적인 시스템이나 시나리오는 계승되었지만, 세세한 추가 요소나 추가 아이템이 다수 존재해서 FC판을 클리어한 플레이어라도 새로운 마음으로 플레이할 수 있었다. 예를 들면『드퀘Ⅴ』에서 도입된 편리 버튼을 이용해서 쾌적한 조작이 가능해졌고, 성격 요소나 새로운 직업을 이용해 전직이 가능한『Ⅲ』의 시스템을 보다 잘 활용할 수 있게 되었다. 또한 주사위 게임장이 추가되면서 새로운 아이템 입수 등의 파고들 여지도 늘어나서 오랫동안 즐길 수 있는 작품으로 호평받았다.

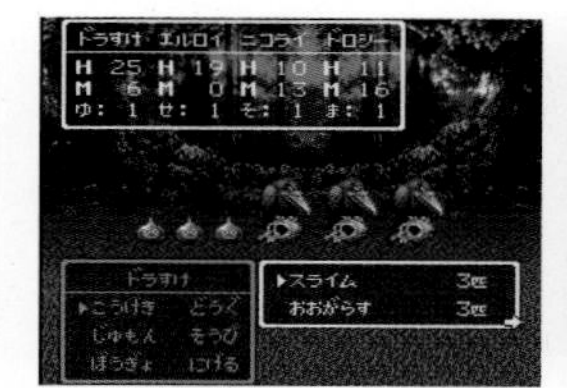

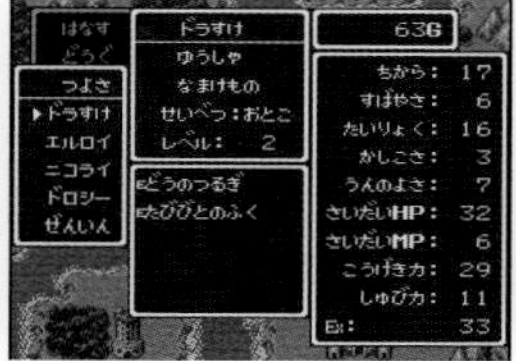

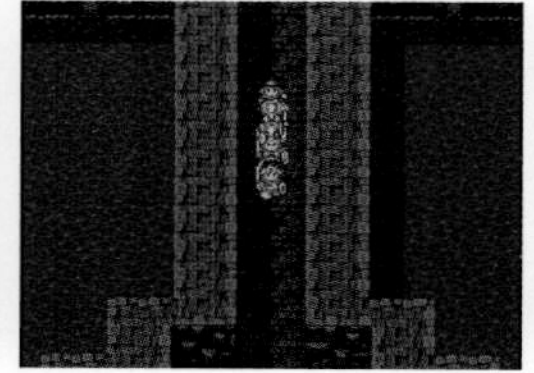

마도물어 하나마루 대 유치원생

● 발매일 / 1996년 1월 12일 ● 가격 / 9,900엔
● 퍼블리셔 / 토쿠마 서점 인터미디어

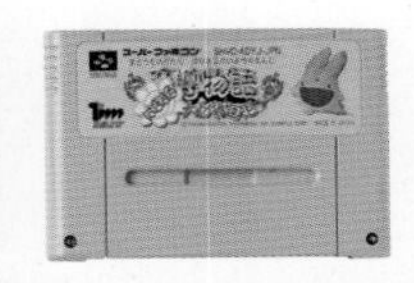

『뿌요뿌요』에 등장하는 아루루를 주인공으로 내세운 던전 RPG 『마도물어』의 SFC 버전. 유치원 시절의 아루루가 졸업 시험에 도전한다는 내용이다. 게임 시스템은 3D 던전이 아니라 친숙한 2D 탑뷰형이며, 전투 전에 만담 데모가 나오는 등 코미컬하게 만들어졌다.

해변 낚시 이도편

● 발매일 / 1996년 1월 19일 ● 가격 / 10,800엔
● 퍼블리셔 / 팩 인 비디오

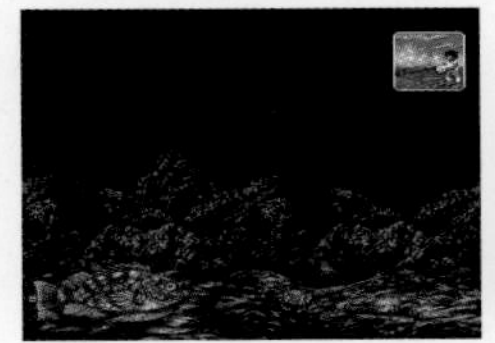

이즈(伊豆) 7도를 돌며 다양한 도구로 해변의 대물을 노리는 낚시 게임. 물고기는 총 20종류가 준비되어 있다. 『낚시꾼』 시리즈의 팩 인 비디오 작품인 만큼 수중 화면은 공통되는 점이 많다. 테크닉을 마스터하지 않으면 컴플리트는 고사하고 한 마리를 낚기도 어렵다.

적중 경마 학원

● 발매일 / 1996년 1월 19일 ● 가격 / 9,980엔
● 퍼블리셔 / 반프레스토

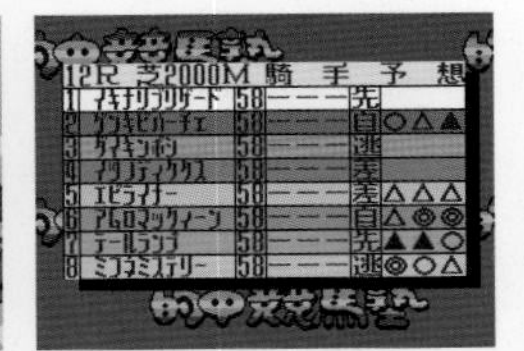

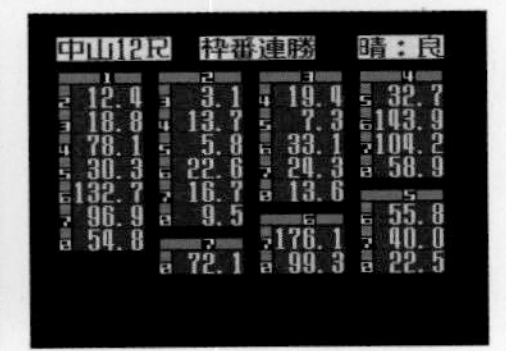

경마 예상 소프트는 마니악한 개발사가 발매한다는 편견을 깬 반프레스토의 작품. 데이터를 입력해서 '구멍 노리기' 등의 영역별 예상이 가능하고, 전국의 경마장을 돌며 돈을 버는 전국 제패 모드와 기수로서 레이스에 임하는 액션 모드를 플레이할 수 있다.

Parlor! 팔러!3 파친코 5사 실제 기기 시뮬레이션 게임

● 발매일 / 1996년 1월 19일 ● 가격 / 11,800엔
● 퍼블리셔 / 일본 텔레넷

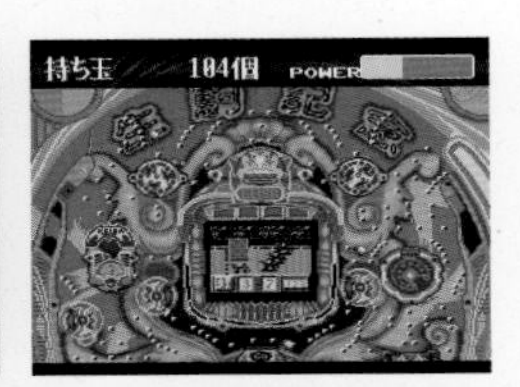

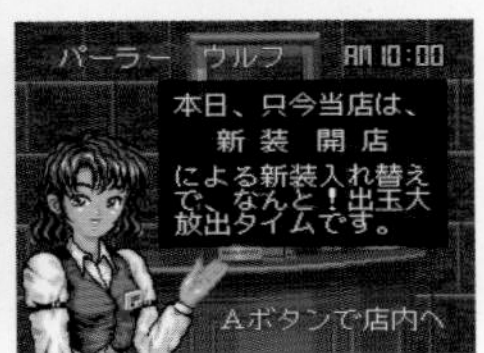

일본 텔레넷이 발매한 파친코 실제 기기 시뮬레이션 시리즈 제3탄. 이번 작품에는 산요, 쿄라쿠, 토요마루, 타이요 일렉, 오쿠무라의 기기가 수록되어 있다. 기종은 「코마코마 클럽2」 「모험도2」 「타누키치군2」 등으로 확률 변동 기기부터 하네모노까지 다채로운 장르가 포함되었다.

바둑 클럽

● 발매일 / 1996년 1월 26일 ● 가격 / 12,800엔
● 퍼블리셔 / 헥터

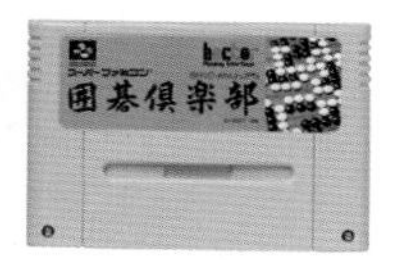

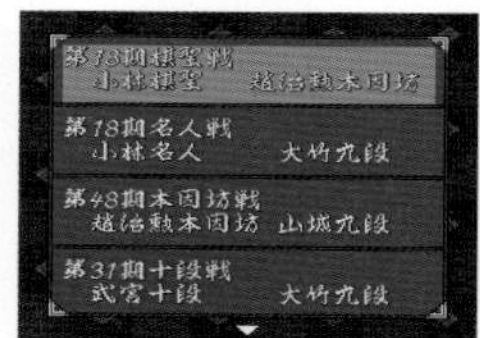

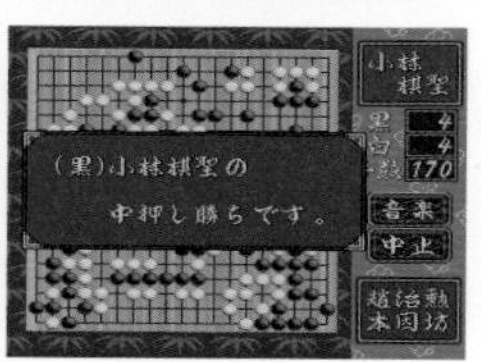

마작이나 장기를 다뤘던 『클럽』 시리즈 중의 하나. FC로 발매됐던 『바둑 지도』 시리즈를 바탕으로 했다. 명대국 관전 모드에서는 실제로 치러졌던 타이틀전을 볼 수 있지만, 데이터는 소프트 발매 시점으로부터 3년 전의 것이다.

SD건담 파워 포메이션 퍼즐

● 발매일 / 1996년 1월 26일 ● 가격 / 8,800엔
● 퍼블리셔 / 반다이

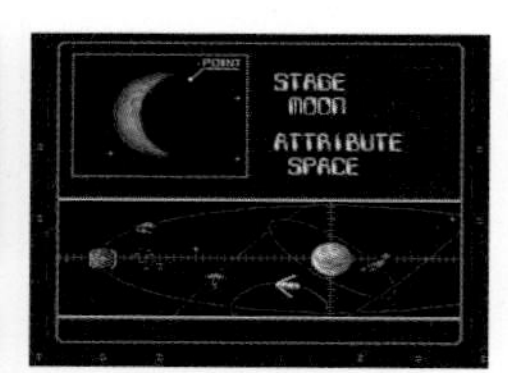

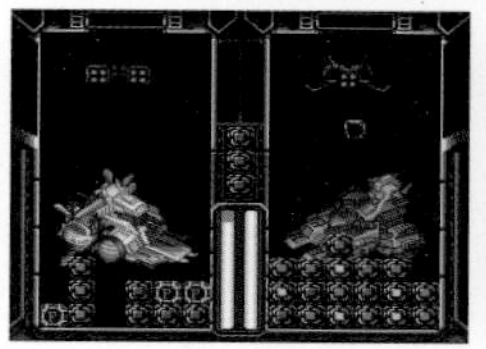

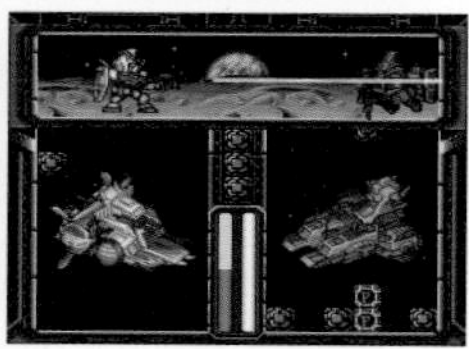

『SD건담』 시리즈의 낙하형 퍼즐 게임. 퍼스트부터 건담W까지의 모빌슈트가 등장한다. 특징이라면 블록을 쌓아서 지우는 것이 아니라, 쌓아서 모빌슈트를 생산한다는 점이다. 출격한 모빌슈트는 적의 전함을 공격하고 라이프를 0으로 만들면 승리한다.

슈퍼 야구도

● 발매일 / 1996년 1월 26일 ● 가격 / 12,800엔
● 퍼블리셔 / 반프레스토

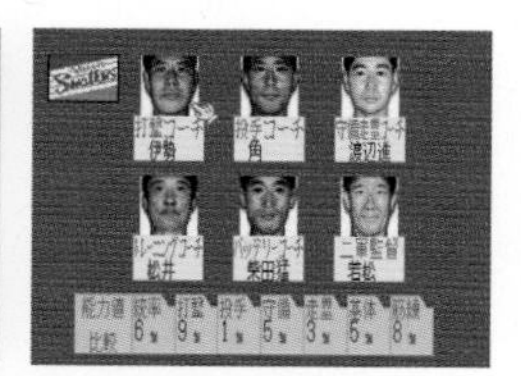

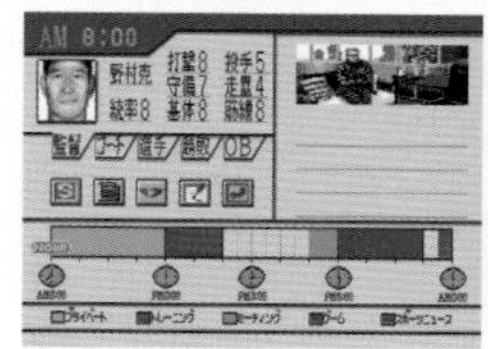

일본 PC의 『야구도』를 SFC에 이식한 시뮬레이션 게임이다. 프로야구팀의 감독이 되어서 페넌트레이스를 지휘하며 일본 제일을 목표로 한다. 우승을 놓치더라도 드래프트나 캠프로 선수를 강화할 수 있지만, 성적이 심각하면 해임될 수도 있다.

노부나가의 야망 천상기

● 발매일 / 1996년 1월 26일 ● 가격 / 12,800엔
● 퍼블리셔 / 코에이

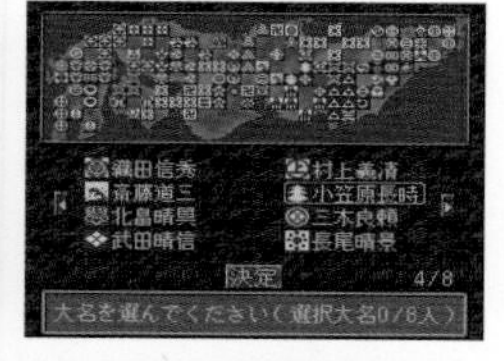

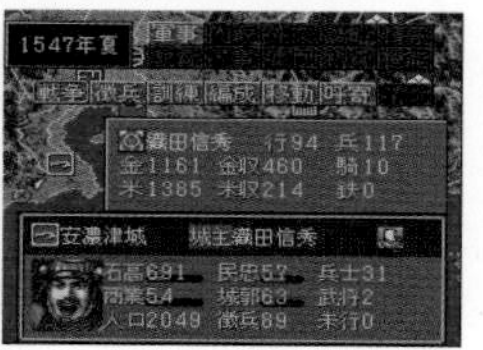

역사 시뮬레이션 『노부나가의 야망』 시리즈의 여섯 번째 작품. PC 게임을 다른 하드로 이식했고 SFC판도 발매되었다는 흐름은 동일하다. SFC판은 다른 기종보다 시나리오 수가 적은 것이 특징. 용량 문제로 성, 무장, 다이묘가 삭제되어서 게임 내용이 눈에 띄게 차이난다.

헤이세이 군인 장기

● 발매일 / 1996년 1월 26일 ● 가격 / 9,800엔
● 퍼블리셔 / 카로체리아 재팬

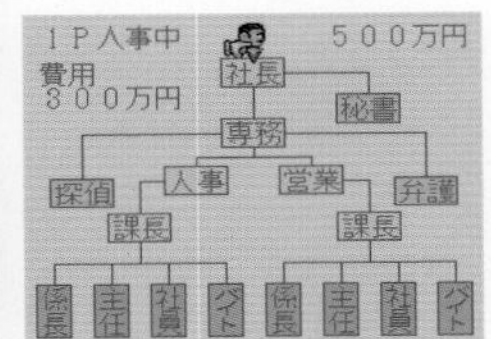

군인 장기를 토대로 한 게임. 회사의 사장이 되어서 다른 회사를 빼앗고 점령해간다는 이색 콘셉트를 갖고 있다. 기본적으로 직함이 높은 쪽이 승리하고, 유닛이 부딪칠 때까지 속을 알 수 없다는 군인 장기와의 공통점이 있지만 오리지널 게임이라고 해도 좋을 것이다.

MADARA SAGA 유치원 전기 마다라

● 발매일 / 1996년 1월 26일 ● 가격 / 9,800엔
● 퍼블리셔 / 데이텀 폴리스타

다양한 미디어믹스로 전개되던 『망량전기 MADARA』 시리즈 중에서도 코믹스 『유치원 전기 마다라』를 게임화 한 RPG. 커서로 다양한 장소를 클릭해서 주인공을 유도한다는 내용으로 총 4장의 시나리오로 구성되어 있다. 전투는 가위바위보로 승패가 결정된다.

무인도 이야기

● 발매일 / 1996년 1월 26일 ● 가격 / 12,800엔
● 퍼블리셔 / KSS

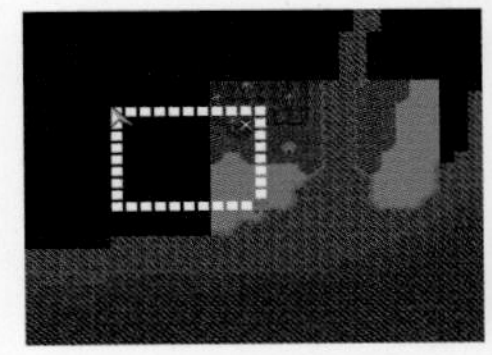

비행기 사고로 무인도에 표류한 주인공이 동료들과 탈출하는 것을 목표로 하는 서바이벌 어드벤처 PC 게임을 이식했다. 탐색 범위 변경이나 이벤트 플래그 다시보기 등이 추가되어서 PC판보다 쉽게 플레이할 수 있으며, 누드나 음주 묘사 등은 변경 또는 삭제되었다.

RPG 쯔쿠르2

● 발매일 / 1996년 1월 31일 ● 가격 / 12,800엔
● 퍼블리셔 / 아스키

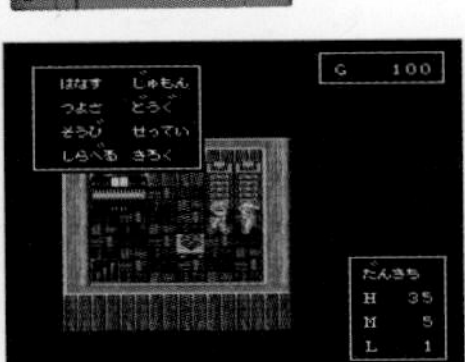
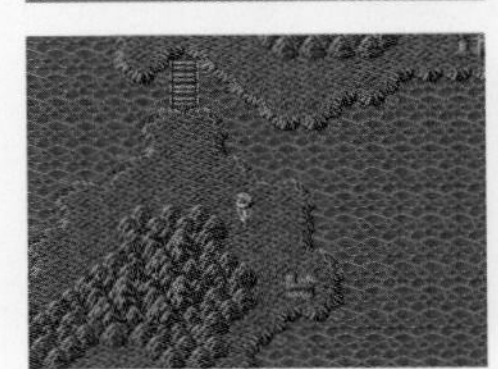
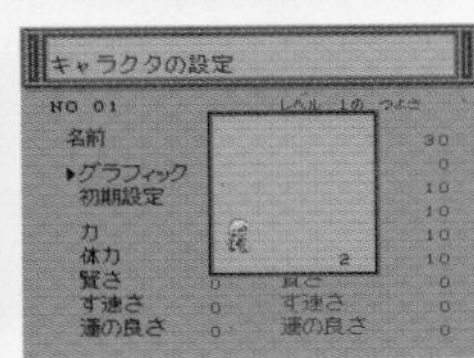

『RPG 쯔쿠르』의 SFC판 제2탄으로 모든 면에서 업그레이드 되었다. 이벤트에 할애할 수 있는 용량은 전작 대비 2.5배가 되었고 캐릭터 표시 사이즈도 커지는 등, 다양한 개량이 이루어졌다. 사테라뷰에도 대응해서 새로운 소재를 다운로드하는 것이 가능했다.

막말 강림전 ONI

● 발매일 / 1996년 2월 2일 ● 가격 / 12,800엔
● 퍼블리셔 / 반프레스토

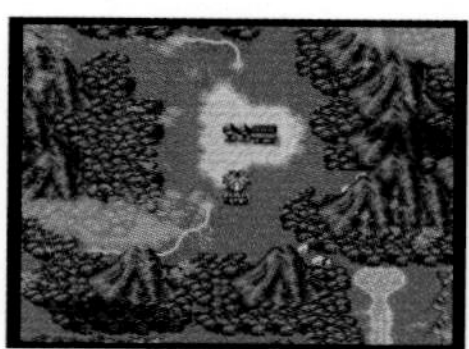

『ONI』 시리즈의 SFC 두 번째 작품. 전작 『귀신 강림전 ONI』의 속편으로 전작의 주인공들이 스토리에 연루된다. 막부 말을 무대로 했지만 이야기는 미국까지 뻗어간다. 이번 작품에서는 경험치 개념을 가진 '천하오검'의 장비가 가능해서 무기 자체가 성장하게 된다.

장기 최강II

● 발매일 / 1996년 2월 9일 ● 가격 / 10,800엔
● 퍼블리셔 / 마호

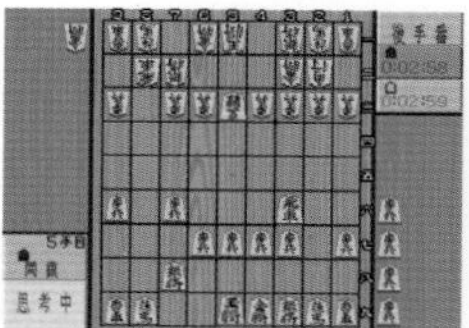
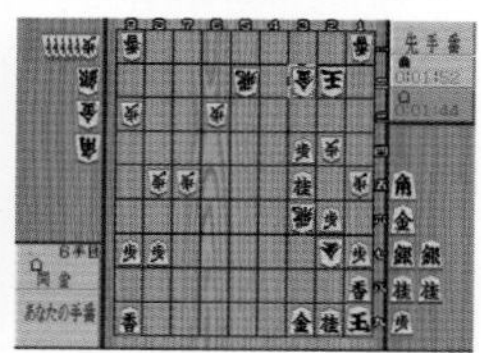

『장기 최강』의 속편. 지정된 국면부터 장기를 두어 나가는 게임이지만 레벨이 올라갈수록 난이도가 올라간다. CPU의 실력과 날카로움도 향상되어서 대충 두면 이길 수 없기 때문에 초보자가 도전하기에는 힘든 게임이다.

두근두근 메모리얼 전설의 나무 아래에서

● 발매일 / 1996년 2월 9일 ● 가격 / 9,980엔
● 퍼블리셔 / 코나미

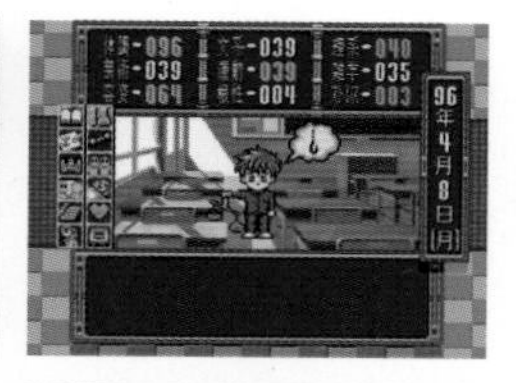

연애 시뮬레이션 게임 『두근두근』 시리즈의 SFC 이식작. PCE판을 토대로 했지만 데이트할 때 미니 게임이 발생하는 등의 어레인지 요소도 존재한다. 용량에 문제가 있어 목소리들은 삭제되었지만 폰트 차이로 감정을 알 수 있도록 개량되었다.

바하무트 라군

● 발매일 / 1996년 2월 9일 ● 가격 / 11,400엔
● 퍼블리셔 / 스퀘어

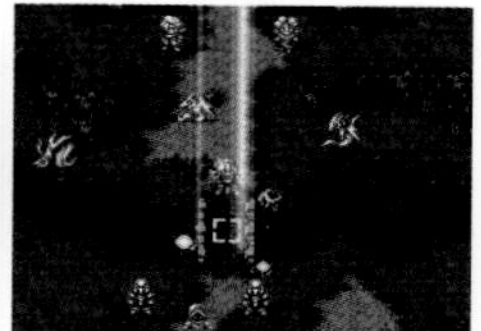
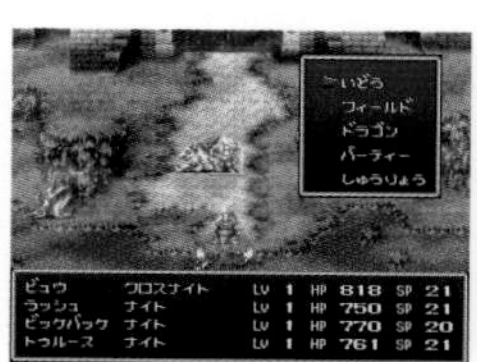

1유닛 4명의 인간이 원칙인 파티에 드래곤을 합류시킨다는 내용의 시뮬레이션 RPG. 전투 경험뿐만 아니라 아이템을 먹여서 드래곤을 성장시킨다는 시스템이 이색적이다. 시나리오는 총 30장으로 구성되는데 충격적인 시나리오가 플레이어를 기다린다.

프로 기사 인생 시뮬레이션 장기의 꽃길

● 발매일 / 1996년 2월 16일 ● 가격 / 12,800엔
● 퍼블리셔 / 아틀라스

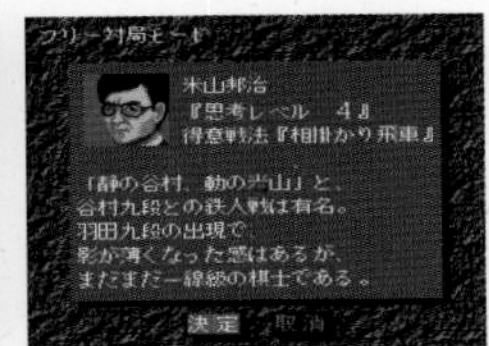

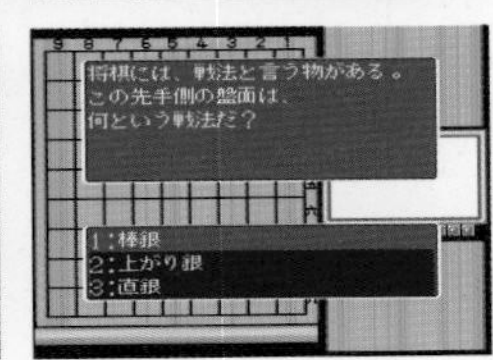

아틀라스가 발매한 첫 장기 게임으로 스토리성이 존재한다. 주인공이 기사가 되어 타이틀 7관왕 제패를 목표로 한다는 내용이다. 장기 실력이 있다면 바로 타이틀을 획득할 수 있지만, 특정 타이틀의 경우는 연차를 쌓는 것이 조건으로 걸려 있다.

귀신동자 ZENKI 천지명동

● 발매일 / 1996년 2월 23일 ● 가격 / 9,980엔
● 퍼블리셔 / 허드슨

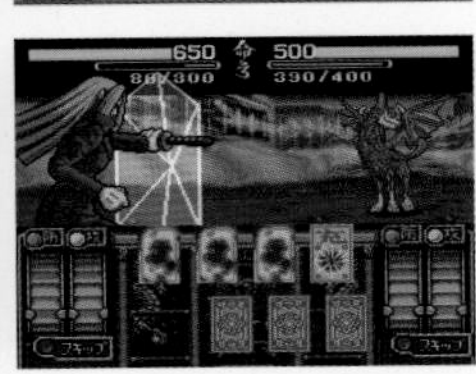

『귀신동자 ZENKI』 시리즈의 세 번째 작품. 액션 게임이었던 이전 두 개 작품과는 달리 보드게임으로 만들어졌다. 주사위에 나온 숫자만큼 맵 위의 길을 이으며 나아가고 배틀을 벌이는 시스템이다. 총 21스테이지가 준비되어 있으며 4인 대전까지 가능한 VS 모드도 탑재되었다.

배틀테크 3050

● 발매일 / 1996년 2월 23일 ● 가격 / 9,800엔
● 퍼블리셔 / 애스크 고단샤

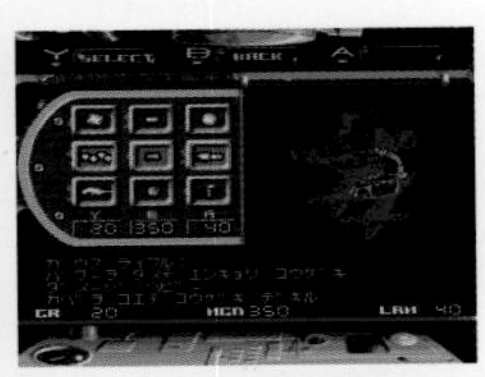

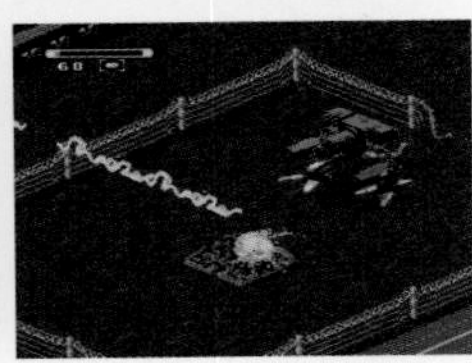

'메크 워리어(Mech Warrior)'라 불리는 대규모 병기로 싸우는 게임이다. 하지만 1993년에 발매된 『배틀테크』와는 다른 작품으로 게임 형태도 다르다. 본 작품은 쿼터뷰로 전개되는 미션 클리어형의 슈팅 게임이다.

프론트 미션 시리즈 건 하자드

● 발매일 / 1996년 2월 23일 ● 가격 / 11,400엔
● 퍼블리셔 / 스퀘어

시리즈 두 번째 작품. 이번 작품은 횡스크롤형 액션 RPG로 장르가 변경되었다. 번처에서 내려서 싸우는 것도 가능한데 상황에 따라서는 강제로 그런 상태가 된다. 기체와 무기에 숙련도가 도입되어서 단련하면 내구력이 향상되고 위력이 증가하는 효과를 볼 수 있다.

실황 파워풀 프로야구3

● 발매일 / 1996년 2월 29일 ● 가격 / 7,500엔
● 퍼블리셔 / 코나미

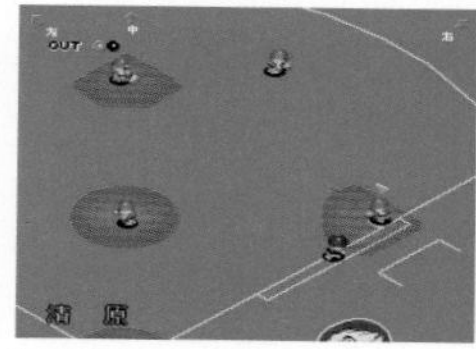

『실황야구』 시리즈 제3탄. 이번 작품의 볼거리는 이후 시리즈에도 계승되는 석세스 모드이다. 『두근두근 메모리얼』에서 힌트를 얻어 오리지널 선수를 육성하는 시스템을 도입했으며, 야구 게임에 플러스알파 요소를 추가했다. 프로야구 데이터는 95년판을 채택했다.

슈퍼 패미스타5

● 발매일 / 1996년 2월 29일 ● 가격 / 6,980엔
● 퍼블리셔 / 남코

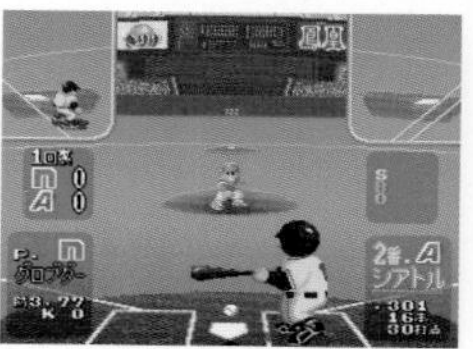
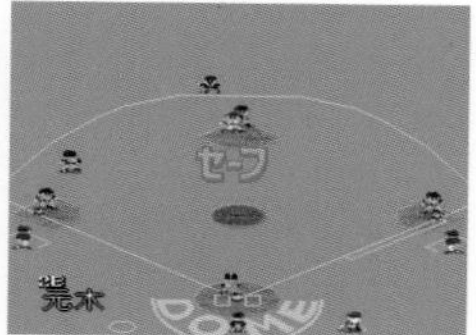

SFC의 『패미스타』 시리즈 마지막 작품. 전작보다 게임 모드가 풍부해졌다. 성적에 따라 지급되는 자금으로 선수를 획득하는 FA 모드, 역대 레전드들에게 도전할 수 있는 OB 모드 등 새롭게 4종류가 추가되었다. 가상의 구단 2개가 등장하는데 남코 스타즈와 아메리칸즈이다.

NFL 쿼터백 클럽'96

● 발매일 / 1996년 3월 1일 ● 가격 / 11,800엔
● 퍼블리셔 / 어클레임 재팬

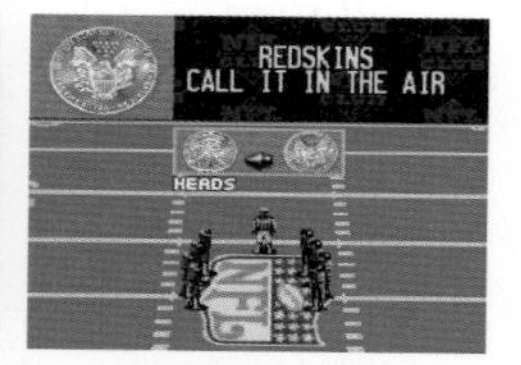

실사를 도입한 아메리칸 풋볼 게임으로, 전작에서 선수 데이터가 최신 버전으로 업데이트 되었다. 어클레임 작품이 자주 그렇듯 일본용으로 로컬라이즈 되지 않아 영어를 모르면 해설 코멘트를 알아들을 수 없다는 점이 고충이다.

기동전사 Z건담 AWAY TO THE NEWTYPE

● 발매일 / 1996년 3월 1일 ● 가격 / 11,800엔
● 퍼블리셔 / 반다이

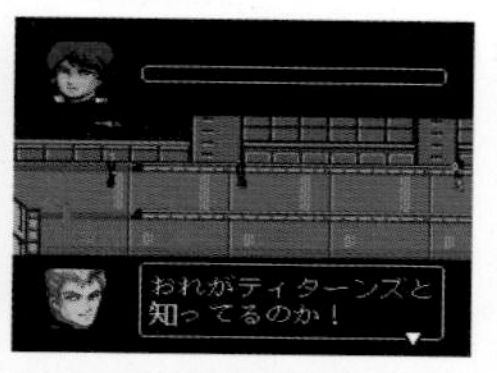

『기동전사 건담 CROSS DIMENSION 0079』의 시스템을 계승한 작품이다. 『Z건담』의 스토리를 따르면서 시뮬레이션, 슈팅, 격투 파트를 수행해 나간다. 28화의 행동에 따라 최종화의 난이도와 엔딩 내용이 바뀐다.

상어 거북(鮫亀)

● 발매일 / 1996년 3월 1일 ● 가격 / 8,980엔
● 퍼블리셔 / 허드슨

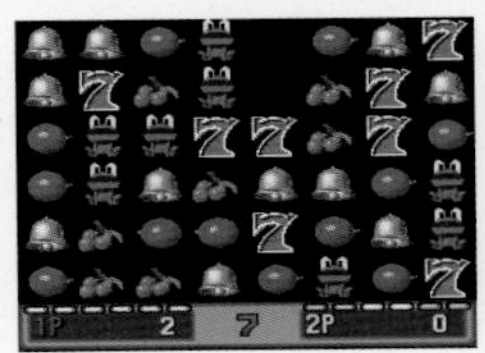

게임 말을 지워가는 퍼즐 게임으로, PC의 프리 소프트로 공개됐던 작품을 SFC에 이식했다. 독자적인 기능으로 더블 팩 방식을 채용했는데, 메모리 팩 접속부에 캐릭터 팩을 넣으면 허드슨의 캐릭터가 등장하는 등 연출을 변화시키는 것이 가능했다. 일본어로는 「사메가메」라고 읽는다.

그믐-달 재우기

● 발매일 / 1996년 3월 1일 ● 가격 / 7,800엔
● 퍼블리셔 / 반프레스토

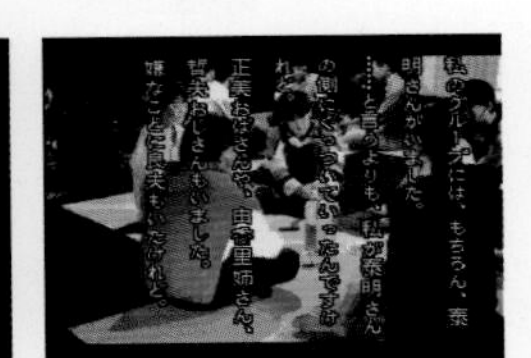

반프레스토가 발매한 사운드노벨 계통의 작품. 『학교에서 있었던 무서운 이야기』의 판도라 박스가 개발에 참여해서 본 작품도 괴담을 다루고 있다. 6명의 화자(話者)에게 괴담을 듣게 되는데 6화에서의 선택에 따라 7화의 내용이 바뀐다.

DOOM

● 발매일 / 1996년 3월 1일 ● 가격 / 12,800엔
● 퍼블리셔 / 이머지니어

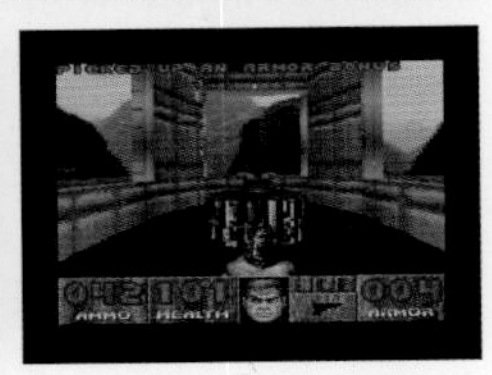

미국의 id software가 제작한 3D 슈팅 게임의 이식판. FPS를 세상에 전파하는 계기가 된 작품이기도 하다. 시스템은 앞서 발매되었던 『울펜슈타인 3D』와 공통되는 부분이 있는데, 건 슈팅이라는 점뿐만 아니라 어드벤처 요소도 도입되었다.

레슬매니아 디 아케이드 게임

● 발매일 / 1996년 3월 1일 ● 가격 / 11,800엔
● 퍼블리셔 / 어클레임 재팬

미국 최대의 프로레슬링 단체를 바탕으로 한 프로레슬링 게임. 언더테이커 등 개성 있는 레슬러 6명이 등장한다. 원작인 미국의 AC판에서는 밤밤 비겔로와 요코즈나도 등장하지만 SFC판에서는 삭제되었다.

레볼루션X

● 발매일 / 1996년 3월 1일 ● 가격 / 11,800엔
● 퍼블리셔 / 어클레임 재팬

세계적인 락 밴드 에어로스미스가 실사로 등장하는 건 슈팅 게임. 유괴당한 멤버를 구출해서 악의 여왕 헬가를 쓰러뜨리는 것이 목적이다. 머신 건과 디스크를 사용해서 적을 공격하는데 스테이지 내의 BGM도 에어로스미스의 곡을 사용했다.

은하 전국군웅전 라이

● 발매일 / 1996년 3월 8일 ● 가격 / 10,800엔
● 퍼블리셔 / 엔젤

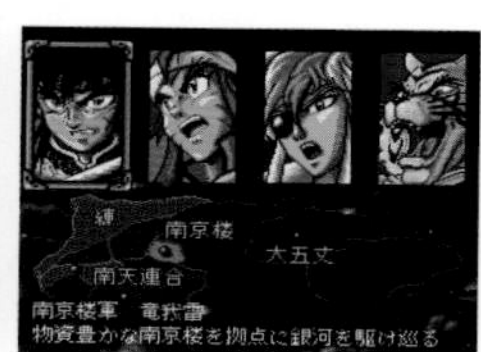
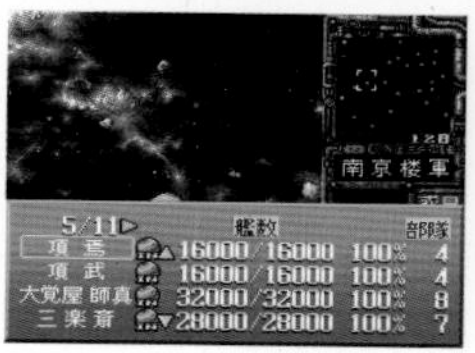
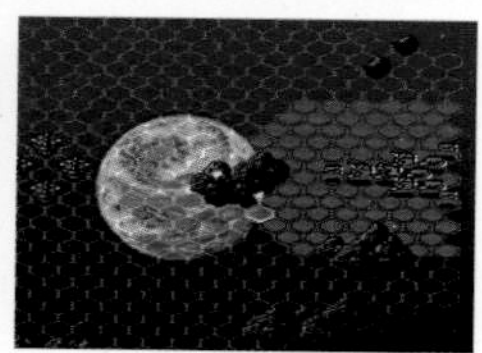

마나베 조지의 SF 만화 · 애니메이션이 원작인 리얼타임 시뮬레이션. 혹성에 들어가 적의 전함과 요새를 함락시키고 혹성 통일을 목표로 한다. 적의 무장을 백병전으로 쓰러뜨리면 3가지 선택지가 발생하는데, 그중 가장 메리트가 있는 것은 기합 격파 경험치를 얻을 수 있는 '처형'이다.

실전 파친코 필승법!2

● 발매일 / 1996년 3월 8일 ● 가격 / 7,800엔
● 퍼블리셔 / 사미

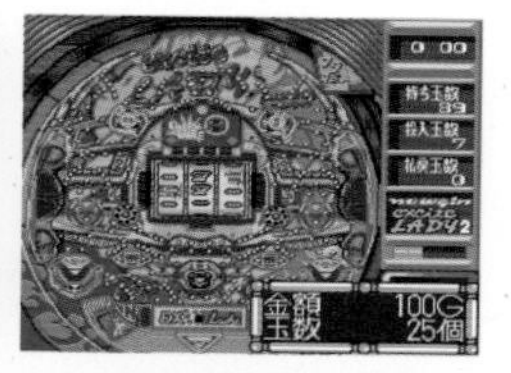
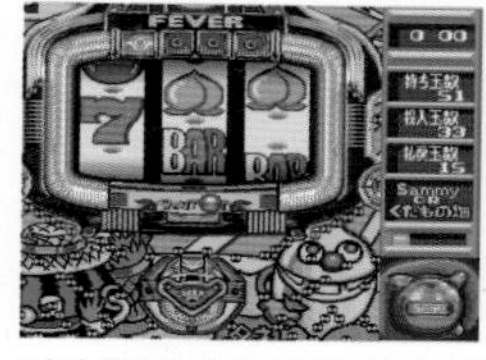

전작 『긴타마 두목의 실전 파친코 필승법』과는 다르게, 이번 작품은 순수한 실제 기기 시뮬레이션이 되었다. 사미의 자사 기종인 「과수원」 이외에 뉴긴의 「매직 카멜2A」 「익사이트 레이디2」 「7쇼크」라는 3개 기종과 SANKYO의 「CRF 넵튠」이 수록되어 있다.

슈~퍼~ 뿌요뿌요 통 리믹스

● 발매일 / 1996년 3월 8일 ● 가격 / 6,800엔
● 퍼블리셔 / 컴파일

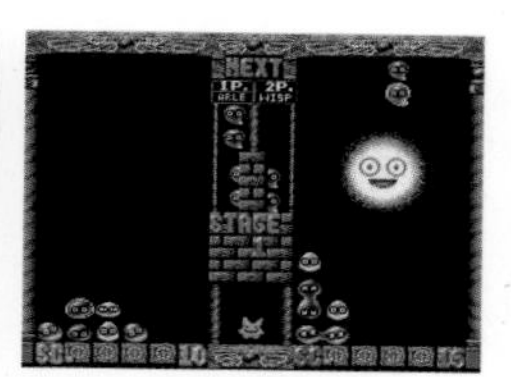

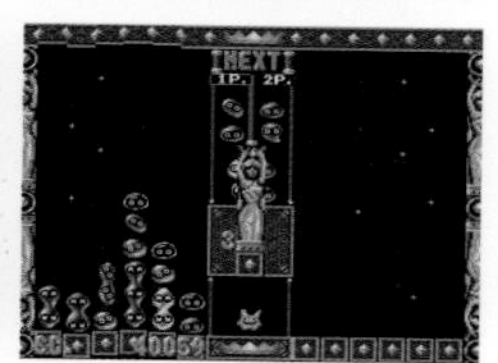

『슈~퍼~ 뿌요뿌요 통』의 마이너 체인지판. 「통 모드」 「엔딩이야 뿌요뿌요 통」 등이 새롭게 추가되었다. 또한 주로 아케이드용이나 다른 게임기에 존재했던 요소를 일부 어레인지해서 도입하기도 했다.

카오스 시드 ~풍수회랑기~

● 발매일 / 1996년 3월 15일 ● 가격 / 9,980엔
● 퍼블리셔 / 타이토

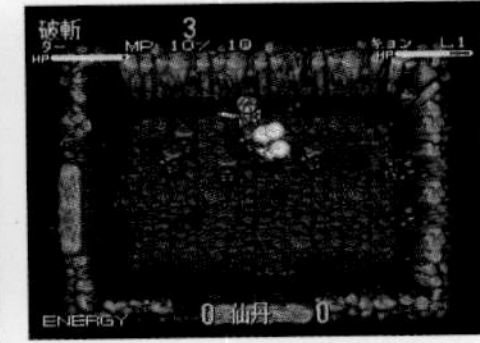
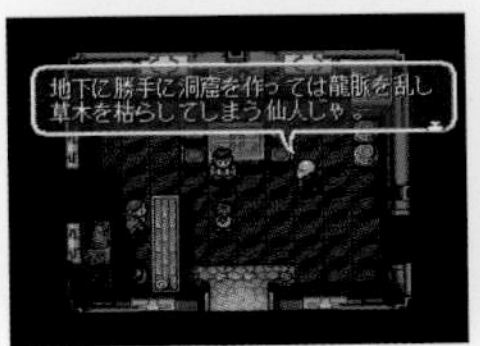

동굴 육성 시뮬레이션이라 명명된 특이한 작품. 고대 중국을 연상시키는 동양풍 세계관 속에 액션, 어드벤처, RPG 요소를 잔뜩 넣어놓았다. 동굴을 굴착해서 설비를 확장하고 규정된 에너지 양을 모으는 것이 게임의 목적이다.

고개 전설 최속 배틀

● 발매일 / 1996년 3월 15일 ● 가격 / 10,800엔
● 퍼블리셔 / BPS

바이크 레이싱 게임. 레이서용 바이크 잡지가 개발에 협력했다. 각 잡지에 이름을 알린 라이더가 실명으로 등장해서 플레이어와 승부를 펼친다는 내용이다. 의도된 것인지는 알 수 없지만, 코스의 전체 지도 등 필요한 정보가 표시되지 않아서 첫 공략은 어렵다.

더비 스타리온96

● 발매일 / 1996년 3월 15일 ● 가격 / 12,800엔
● 퍼블리셔 / 아스키

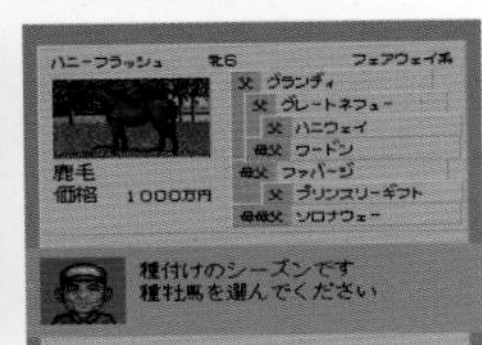

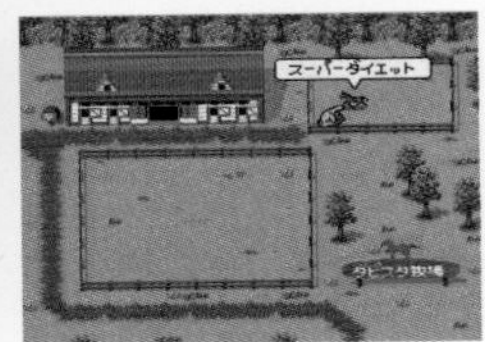

인기 경마 시뮬레이션의 다섯 번째 작품. 재미있는 배합(교배)이 새롭게 도입되어서 브리더즈컵에서 최강의 말을 만들기 위한 필수 요소가 되었다. 또한 이번 작품에서는 리셋 기술을 이용해서 육성을 방지하는 조치도 취할 수 있다. 전작에 이르는 대히트를 기록했다.

브랜디시2 익스퍼트

● 발매일 / 1996년 3월 15일 ● 가격 / 8,800엔
● 퍼블리셔 / 코에이

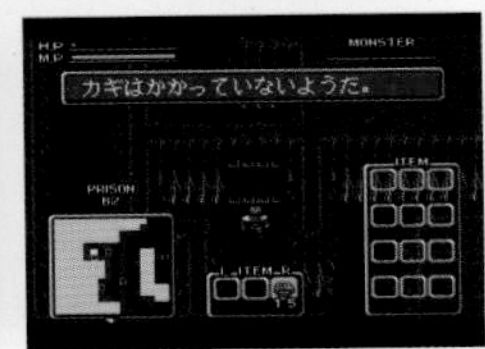

1995년에 이식된 『브랜디시2』의 마이너 체인지판. 게임 본편은 전작과 동일하지만 「익스퍼트」라는 타이틀처럼 극한 전투에 도전할 수 있도록 난이도를 3단계로 설정할 수 있다. 본편을 클리어하면 보스전의 타임 어택 모드가 해금된다.

별의 커비 슈퍼 디럭스

● 발매일 / 1996년 3월 21일 ● 가격 / 7,500엔
● 퍼블리셔 / 닌텐도

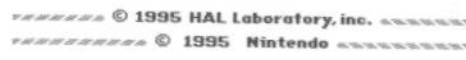

SFC의 『커비』 시리즈로는 두 번째 작품. 이번 작품은 6개의 게임을 임의로 플레이할 수 있는 옴니버스 형식의 소프트가 되었다. 기존의 액션 이외에도 레이스나 미니 게임이 수록되었고, 조건을 충족시키면 개방되는 히든 모드도 존재한다.

이스V 익스퍼트

● 발매일 / 1996년 3월 22일 ● 가격 / 11,800엔
● 퍼블리셔 / 코에이

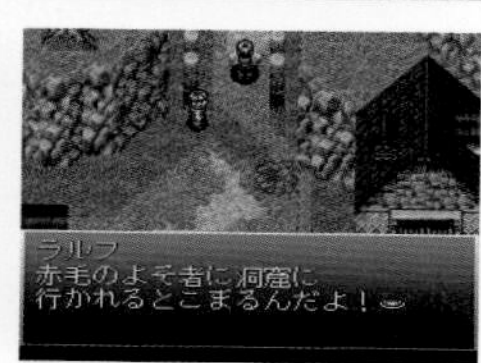

『이스V 잃어버린 사막 도시 케핀』의 마이너 체인지판. 「익스퍼트」란 타이틀에서 짐작되듯이 상급자용으로 만들어졌으며, 통상판보다 전체적으로 적이 강해졌다. 그 외에도 숨겨진 던전이나 타임 어택 모드가 추가되었으며 버그 일부도 수정되었다.

갬블 방랑기

● 발매일 / 1996년 3월 22일 ● 가격 / 8,500엔
● 퍼블리셔 / 밥

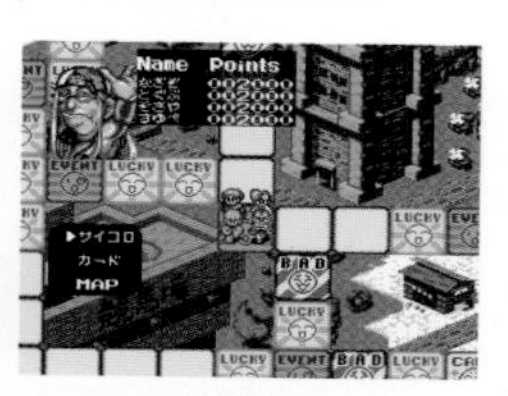

작사가이자 소설가인 아사다 테츠야의 소설 『마작 방랑기』와는 다른 주사위 게임형 보드게임. 3종류의 맵과 8명의 캐릭터가 존재하고 경마나 슬롯, 각종 카드 게임에 도전해서 자금을 늘려간다. 가장 많은 돈을 많이 가진 사람이 승리하는 구조이다.

'96 전국 고교 축구 선수권

● 발매일 / 1996년 3월 22일 ● 가격 / 7,800엔
● 퍼블리셔 / 마호

요지겐이 발매한 『전국 고교 사커』 시리즈와는 별개의 작품. 4,000개 이상의 학교 중에서 팀을 선택할 수 있다는 공통점은 있지만, 본 작품의 경우 플레이어가 주장이 되어서 전국 제패를 목표로 한다. 또한 선택한 캐릭터의 외모를 설정할 수 있다는 것도 특징이다.

슈퍼로봇대전 외전 마장기신 THE LORD OF ELEMENTAL

● 발매일 / 1996년 3월 22일 ● 가격 / 7,800엔
● 퍼블리셔 / 반프레스토

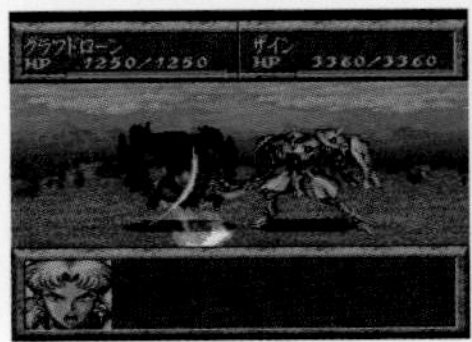

『슈퍼로봇대전』 시리즈 중 오리지널 캐릭터인 「마장기신 사이버스터」를 주인공으로 한 외전. DC전쟁 시리즈(2차·3차·4차 슈로대)의 전후 이야기를 2개의 장으로 나눠서 구성했다. 단독 작품이기 때문에 판권 캐릭터는 등장하지 않는다.

스테이블 스타 ~마굿간 이야기~

● 발매일 / 1996년 3월 22일 ● 가격 / 11,800엔
● 퍼블리셔 / 코나미

코나미의 『실황』 시리즈 중 하나로 경마를 소재로 한 작품. 라이선스를 얻지 않아 인물, 경주마는 모두 가상이지만, 실황 중계로 유명한 스기모토 키요시 아나운서를 기용했다. 플레이어는 조교사가 되어, 자신이 관리하는 말을 해외 레이스에서 우승하게 하는 것이 최종 목적이다.

도레미 판타지 미론의 두근두근 대모험

● 발매일 / 1996년 3월 22일 ● 가격 / 6,800엔
● 퍼블리셔 / 허드슨

FC에서 인기를 모은 액션 게임 『미궁조곡』의 속편. 전설의 악기의 봉인을 풀기 위해 스타 음표를 모아 마인(魔人) 아몬을 쓰러뜨린다는 내용이다. 전작과는 달리 스테이지 클리어형 횡스크롤 액션 게임이 되었는데, 게임 중에 봄버맨도 등장한다.

NEW 얏타맨 난제 관대 야지로베

● 발매일 / 1996년 3월 22일 ● 가격 / 8,800엔
● 퍼블리셔 / 유타카

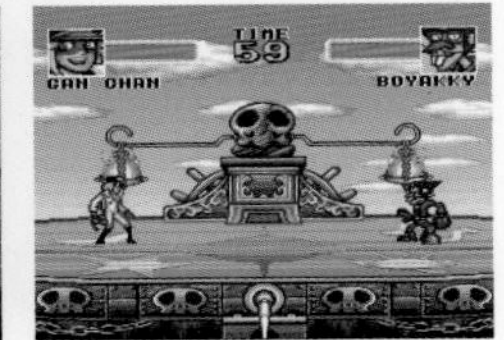

타임보칸 시리즈의 대표작 『얏타맨』을 모티브로 했다. 얏타맨과 도론보 일당으로 나뉘어서, 키 아이템 3개를 먼저 모으는 쪽이 이긴다는 설정의 대전 게임이다. 분할 화면이 특징으로 상대의 동향을 알 수 있게 되었고, 접촉하면 대전 격투가 미니 게임으로 전개된다.

린하이펑 9단의 바둑 대도

● 발매일 / 1996년 3월 22일 ● 가격 / 14,800엔
● 퍼블리셔 / 애스크 고단샤

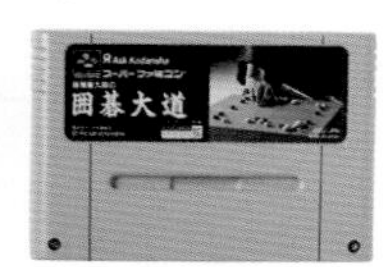

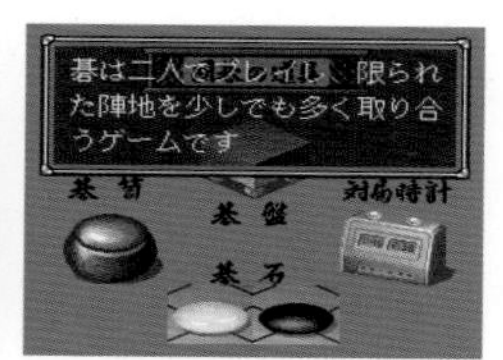

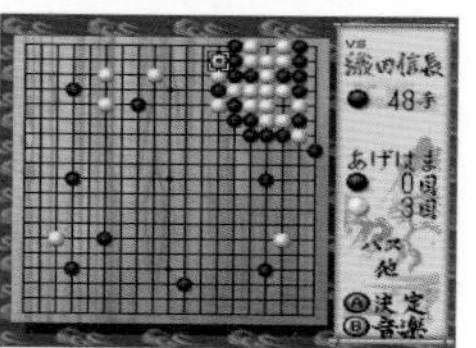

명예 천원의 칭호를 가진 바둑 기사 린하이펑이 감수한 바둑 소프트. 특수 칩「SA1」의 채용으로 기존 게임보다 CPU의 사고 시간이 줄어들었다. 대국 상대는 오다 노부나가, 토요토미 히데요시, 토쿠가와 이에야스라는 천하의 지배자들이다. 초보자용 입문 모드도 준비되어 있다.

SD건담 GNEXT 전용 롬팩 유닛 & 맵 컬렉션

● 발매일 / 1996년 3월 29일 ● 가격 / 3,800엔
● 퍼블리셔 / 반다이

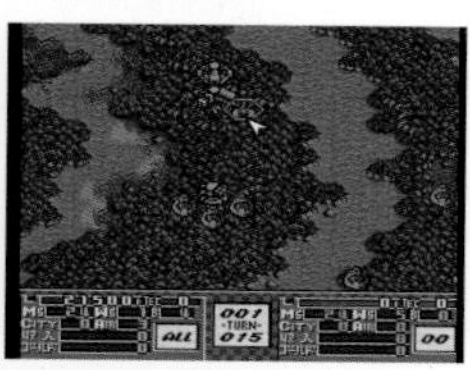
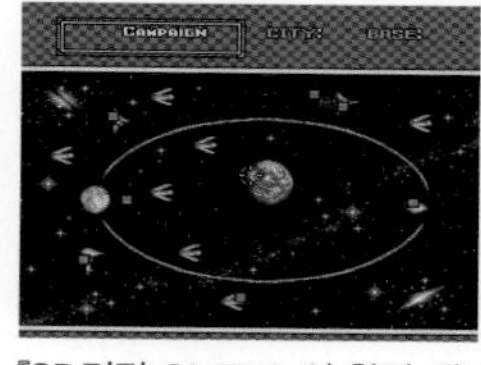

『SD건담 GNEXT』의 확장 데이터가 들어간 소프트. 사테라뷰로 배포된 맵을 수록해 통신 환경이 마련되지 않은 유저를 배려했다. 따라서 이 소프트만으로는 본편을 플레이할 수 없다. 맵 이외에 사용자들이 응모한 모빌슈트도 들어가 있다.

안젤리크 보이스 판타지

● 발매일 / 1996년 3월 29일 ● 가격 / 9,800엔
● 퍼블리셔 / 코에이

여성용 연애 시뮬레이션 게임으로 발매된『안젤리크』에 음성이 들어간 버전. 게임 내용에 대응해 CDP를 제어하는「보이서군」과 캐릭터 음성이 들어간 CD가 동봉되어서, 게임의 진행에 따라 CD 플레이어에서 캐릭터의 목소리가 나온다.

GT 레이싱

● 발매일 / 1996년 3월 29일 ● 가격 / 10,800엔
● 퍼블리셔 / 이머지니어

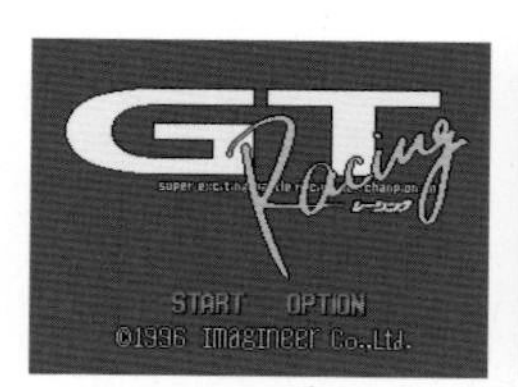

시판 차량을 특별 사양으로 개조해서 경쟁하는 '투어링 카' 레이싱 게임. 각각 특징이 다른 10종류의 차량이 등장하는데 지금은 보기 힘든 일본 차를 운전할 수 있다. 일본 코스 7곳을 모델로 했고, 메인 모드에서는 상위에 입상하면 차량의 성능을 향상시키는 아이템을 받을 수 있다.

신기동전기 건담W 엔드리스 듀얼

● 발매일 / 1996년 3월 29일 ● 가격 / 7,500엔
● 퍼블리셔 / 반다이

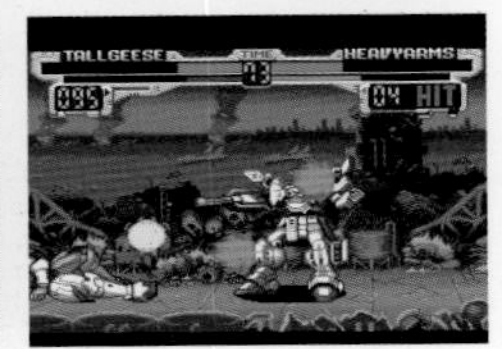

『신기동전기 건담W』를 소재로 한 대전형 격투 게임. 동명의 애니메이션에 등장했던 모빌슈트 '윙 건담'을 비롯해 히든 기체까지 포함하면 총 10종류의 기체 중에서 선택할 수 있다. 제너레이터 게이지가 존재해서 축적된 양에 따라 특별 공격도 가능하다.

슈퍼 파이어 프로레슬링X 프리미엄

● 발매일 / 1996년 3월 29일 ● 가격 / 8,000엔
● 퍼블리셔 / 휴먼

전작으로부터 약 3개월 후에 발매된 마이너 체인지판. 일부 레슬러의 기술에 변경이 있는 등 밸런스 조정이 이루어졌고, 에디트 모드에서 생성할 수 있는 레슬러의 수가 늘어났다. 가격도 꽤 낮아져 입수하기 쉬워졌다.

슈퍼 포메이션 사커96 월드 클럽 에디션

● 발매일 / 1996년 3월 29일 ● 가격 / 7,500엔
● 퍼블리셔 / 휴먼

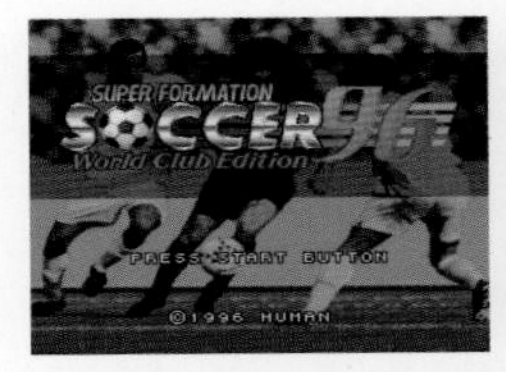

『포메이션 사커』의 SFC판 최종작. 전작은 세리에A의 라이선스를 취득해 실명 표기가 가능했지만, 전 세계 클럽을 대상으로 한 본 작품에서는 팀과 선수의 이름이 가상으로 등장한다. 수록 팀에는 일본의 베르디 카와사키도 포함되어 있다.

돌진 에비스마루 기계장치 미로 사라진 고에몽의 수수께끼!!

● 발매일 / 1996년 3월 29일 ● 가격 / 5,800엔
● 퍼블리셔 / 코나미

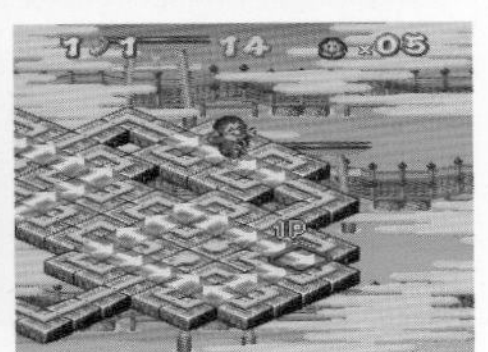

『힘내라 고에몽』 시리즈에 등장하는 서브 캐릭터 에비스마루가 주인공인 퍼즐 게임. 스테이지에 흩어져 있는 화살표가 그려진 방석을 회전시켜서 에비스마루를 골로 이끄는 내용이다. 보스 스테이지가 존재하고 적이 개똥을 밟게 해서 대미지를 준다.

드래곤볼Z HYPER DIMENSION

● 발매일 / 1996년 3월 29일 ● 가격 / 7,800엔
● 퍼블리셔 / 반다이

대전 격투 게임 『드래곤볼Z 초무투전』 시리즈를 리뉴얼한 작품. 공중 콤보나 3D 공격 등의 새로운 요소가 다수 도입되었다. 비주얼도 강화되어서 상대를 띄우면 배경이 바뀌는 장치도 도입되었다. 스토리 모드는 마인 부우편의 전투를 따르고 있다.

닌타마 란타로2

● 발매일 / 1996년 3월 29일 ● 가격 / 7,800엔
● 퍼블리셔 / 컬처 브레인

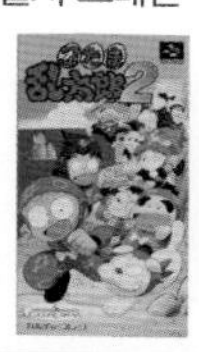

NHK의 장수 애니메이션 『닌타마 란타로』를 게임화 한 제2탄. 게임은 액션 파트와 어드벤처 파트로 나뉜다. 인술 학원에 다니는 닌타마 3인조가 활약하는 스토리 모드(총 5화 구성) 이외에 타임 트라이얼 모드나 미니 게임만을 플레이할 수 있는 모드도 있다.

Parlor! 팔러!5 파친코 3사 실제 기기 시뮬레이션 게임

● 발매일 / 1996년 3월 29일 ● 가격 / 10,800엔
● 퍼블리셔 / 일본 텔레넷

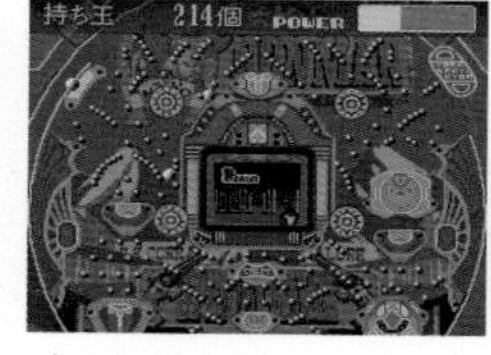

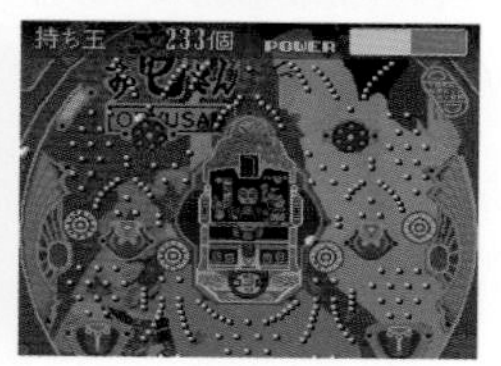

일본 텔레넷의 『Parlor! 팔러!』 시리즈 다섯 번째 작품. 이번 작품에는 코라쿠, 산요, 마루혼 3사의 기종이 수록되었다. 코라쿠의 3개 기종 「돌격 긴페이」, 「CR건맨」, 「류 씨」와 산요의 「번쩍번쩍 파라다이스」, 마루혼의 「CR크레이지 박사」를 플레이할 수 있다.

미소녀 전사 세일러 문 Super S 전원 참가!! 주인공 쟁탈전

● 발매일 / 1996년 3월 29일 ● 가격 / 7,980엔
● 퍼블리셔 / 엔젤

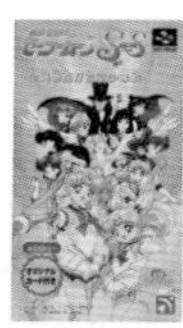

『미소녀 전사 세일러 문 S 장외난투!? 주인공 쟁탈전』의 마이너 체인지판으로 그래픽이 강화되었다. 세일러 문이 슈퍼 세일러 문으로 등장하는 것 이외에 세일러 새턴이 추가되면서 스토리 모드의 라스트 보스도 변경되었다.

미소녀 레슬러 열전 블리자드 Yuki 난입!!

● 발매일 / 1996년 3월 29일 ● 가격 / 8,000엔
● 퍼블리셔 / KSS

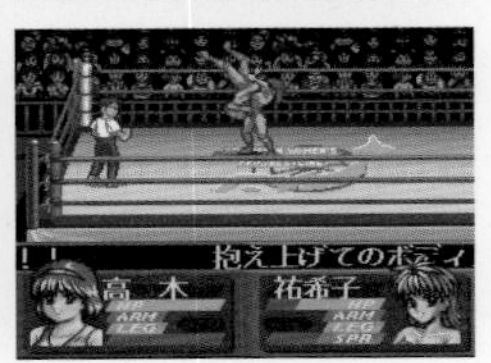

만화와의 협업을 통해 실제로 여자 프로레슬러까지 탄생시킨 『블리자드 Yuki』의 게임. 프로레슬링이 소재이지만, 액션이 아니라 트레이닝으로 선수를 단련시켜서 시합에서 승리하게 만드는 육성 시뮬레이션이다. 『레슬 엔젤스』에 등장하는 캐릭터도 선택할 수 있다

실전 파치스로 필승법! 야마사 전설

● 발매일 / 1996년 4월 5일 ● 가격 / 6,900엔
● 퍼블리셔 / 사미

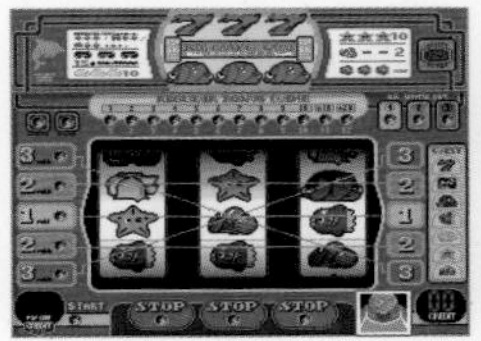
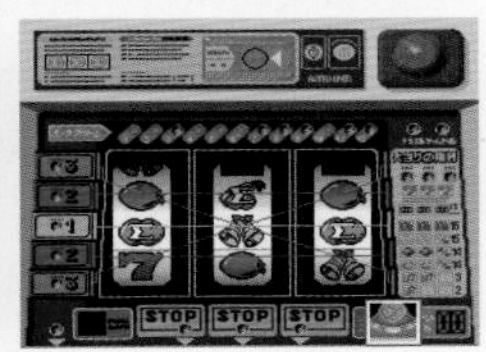

파친코 슬롯 개발사인 사미가 발매한 실제 기기 시뮬레이션. 수록된 기종은 모두 야마사 기기인데 4호기인 「뉴 펄서」를 비롯해 「슈퍼 플래닛」과 「빅 펄서」 같은 2호기와 3호기도 있다. 명기기를 모아놓아 파친코 슬롯 팬에게 추천할 만한 작품이다.

루드라의 비보

● 발매일 / 1996년 4월 5일 ● 가격 / 8,000엔
● 퍼블리셔 / 스퀘어

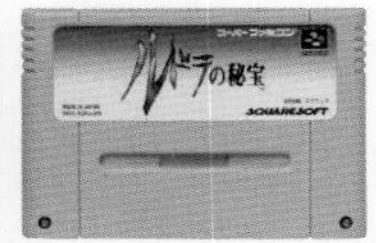

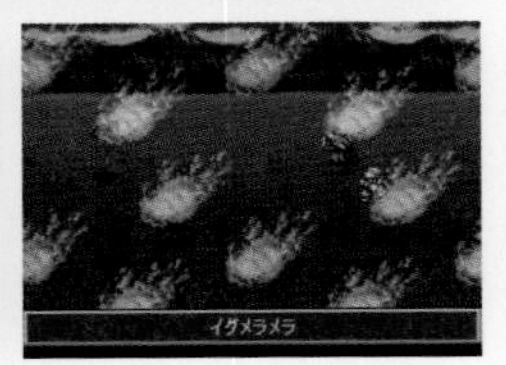

특이한 시스템이 채용되었던 RPG. '언령'이라고 하는 플레이어가 등록한 스펠링을 주문으로 사용할 수 있다. 언령에는 속성과 법칙성이 있어서 강력한 주문을 만들기 위해서는 시행착오를 거쳐야 한다. 시나리오는 주인공별로 4개의 장이 준비되어 있다.

음악 쯔쿠르 연주하자

● 발매일 / 1996년 4월 12일 ● 가격 / 9,980엔
● 퍼블리셔 / 아스키

아스키의 『쯔쿠르』 시리즈로 음악을 만들 수 있다. 게임용답게 쉽게 만들어졌지만, 초보자용 튜토리얼 같은 것은 존재하지 않아서 작곡 지식이 있다는 것을 전제한 작품이다. 별도 메모리 팩을 갖고 있다면 자신이 만든 곡을 『RPG 쯔쿠르2』 등에서 사용할 수 있다.

마법진 구루구루2

● 발매일 / 1996년 4월 12일 ● 가격 / 8,000엔
● 퍼블리셔 / 에닉스

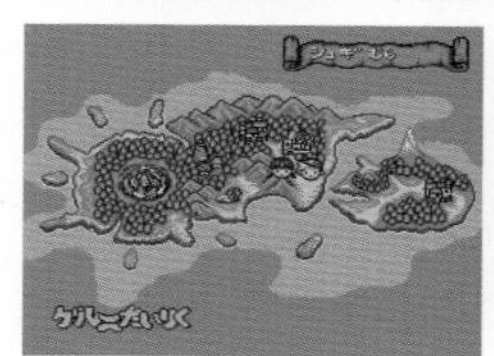

전년도에 발매된 『마법진 구루구루』의 속편. 이번 작품은 원작에 따라 스토리가 진행되다가 후반에 오리지널로 변경된다. 던전 공략이 메인인 전작은 로그라이크 계통의 게임이었지만, 이번 작품은 탑뷰형 액션 RPG가 되었다.

봉래(호라이) 학원의 모험!

● 발매일 / 1996년 4월 19일 ● 가격 / 7,980엔
● 퍼블리셔 / J 윙

우편으로 대화하는 PBM(play-by-mail) 및 테이블 토크 RPG 중심인 콘텐츠 『봉래 학원의 모험』을 게임화 했다. 장르는 커맨드 선택식 RPG로 신문부 부원이 되어서 다양한 사건을 취재한다. 클럽에 소속되면 기술을 배울 수 있는 등 시스템이 특이하다.

일발역전 경마 경륜 경정

● 발매일 / 1996년 4월 26일 ● 가격 / 9,800엔
● 퍼블리셔 / POW

연인의 아버지에게 결혼을 허락받기 위해 경마, 경륜, 경정으로 일확천금을 노린다는 엄청난 동기를 가진 갬블러 게임. 험상궂은 외모의 라이벌이 등장하는 가운데 1년 안에 거금을 모으는 것이 게임의 목적이다. 주인공은 공무원이지만 갬블 이외에 아르바이트도 할 수 있다.

J리그 익사이트 스테이지'96

● 발매일 / 1996년 4월 26일 ● 가격 / 7,980엔
● 퍼블리셔 / 에폭사

축구 게임 『익사이트 스테이지』 시리즈의 세 번째 작품. 이번 작품에서도 등장하는 클럽과 선수는 실명이다. 같은 해에 J리그에 가입한 교토 퍼플 상가와 아비스파 후쿠오카도 빠짐없이 수록되어 있다. 이번 작품에서는 새롭게 게임 모드에 승자진 출전이 추가되었다.

점핑 더비

● 발매일 / 1996년 4월 26일 ● 가격 / 9,800엔
● 퍼블리셔 / 나그자트

경마 장르이면서도 승마 경기용 말을 육성한다는 특이한 게임. 레이스를 통해 애마를 키우고 7개의 단계를 제패하는 것이 목적이다. 레이스 조작은 『패밀리 자키』에 가까운 형식이지만, 예민한 애마가 다른 말과 접촉하거나 점프에 실패해 부상을 입을 수도 있다.

슈퍼 경정2

● 발매일 / 1996년 4월 26일 ● 가격 / 8,500엔
● 퍼블리셔 / 일본 물산

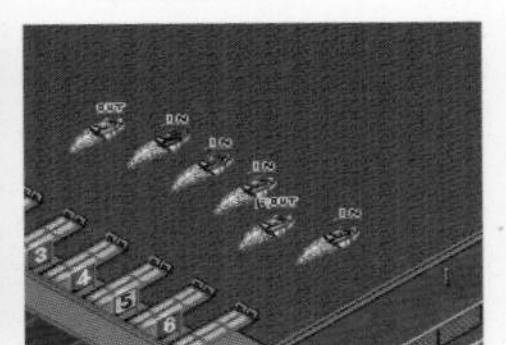

『슈퍼 경정』의 속편. 플레이어는 경정 선수가 되어 6대 SG 경주 제패를 목표로 한다. 경정 게임 자체가 보기 드물고 전문 지식이 필요한 경기이지만, 초보자라도 용어나 레이스 지식을 확실하게 배울 수 있게 구성되었다. 전국 모터보트 경주회 연합의 공인을 받았다

슈퍼 봄버맨4

● 발매일 / 1996년 4월 26일 ● 가격 / 7,777엔
● 퍼블리셔 / 허드슨

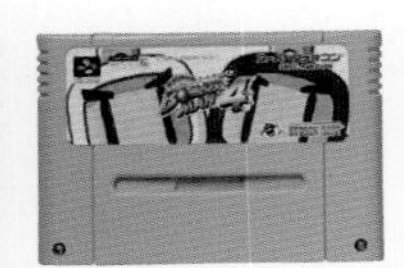

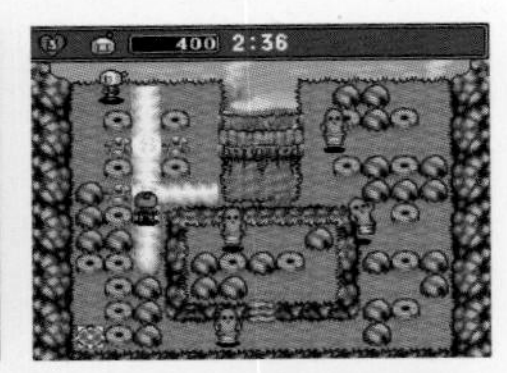
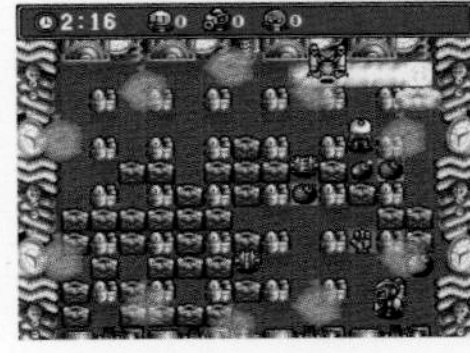
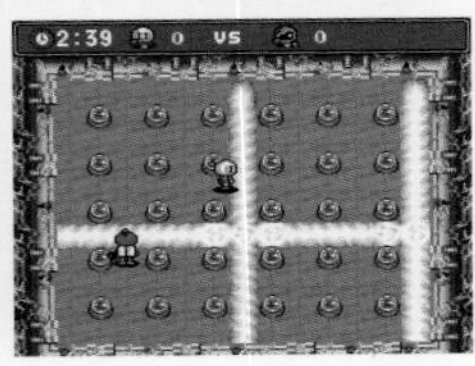

퍼즐 게임까지 포함하면 SFC의 『봄버맨』 시리즈 다섯 번째 작품이 된다. 이번에는 봄버맨 사천왕을 쓰러뜨리는 것이 목적이다. 특정 아이템을 취득하면 다른 봄버맨을 던져버릴 수 있는 봄버 스로우와 밀어서 날려버리는 봄버 푸시가 새로운 요소로 추가되었다.

토이 스토리

● 발매일 / 1996년 4월 26일 ● 가격 / 7,500엔
● 퍼블리셔 / 캡콤

디즈니 · 픽사가 제작한 영화 『토이 스토리』를 액션 게임화 했다. 점프와 로프를 이용해 횡스크롤 스테이지를 공략해가는 것이 기본이지만, 무선 조종 자동차에 탑승해 레이스를 벌이거나 3D 미로를 탐험하는 파트도 존재한다.

Parlor! Mini 파친코 실제 기기 시뮬레이션 게임

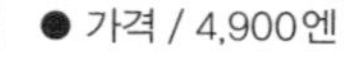

● 발매일 / 1996년 4월 26일 ● 가격 / 4,900엔
● 퍼블리셔 / 일본 텔레넷

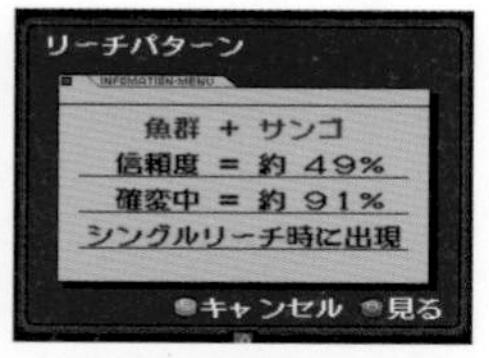

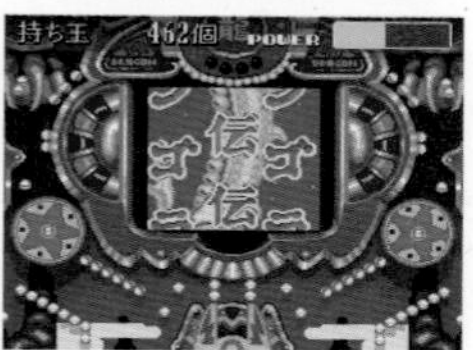

『Parlor!』의 미니판으로 발매된 새로운 시리즈. 이번 작품에는 산요의 「CR번쩍번쩍 파라다이스」와 토요마루의 「CR용왕전설Z」가 수록되어 있다. 2가지 모드를 플레이할 수 있는데, 파친코 쐐기(釘)를 연구할 수 있는 공략 모드와 시나리오별로 소원을 클리어하는 스토리 모드이다.

HEIWA 파친코 월드3

● 발매일 / 1996년 4월 26일 ● 가격 / 7,800엔
● 퍼블리셔 / 쇼에이 시스템

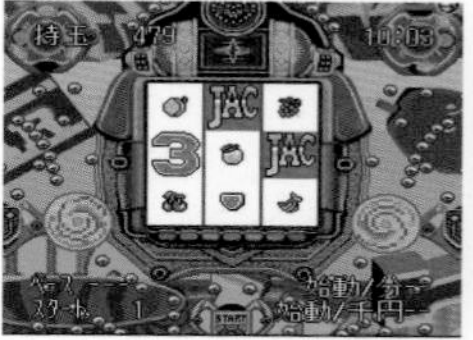
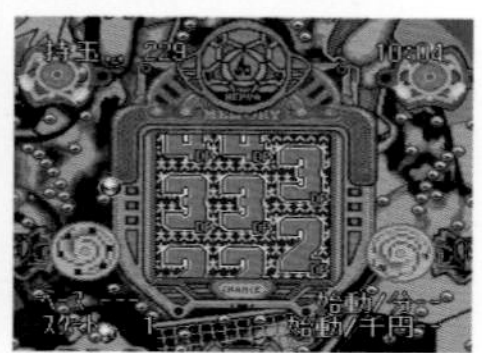

파친코 개발사인 헤이와의 실제 기기를 플레이할 수 있는 『HEIWA 파친코 월드』 제3탄. 수록 기종은 전작보다 하나가 줄어서 「CR용신」, 「요코즈나 전설」, 「브라보 스트라이커」, 「브라보 걸2」의 4개 기종이다. 확률이 다른 2가지 모드를 탑재했다.

파이어 엠블럼 성전의 계보

● 발매일 / 1996년 5월 14일 ● 가격 / 7,500엔
● 퍼블리셔 / 닌텐도

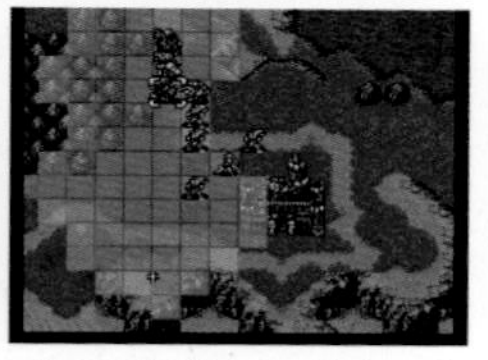

닌텐도의 인기 시뮬레이션 RPG 『파이어 엠블럼』 시리즈 네 번째 작품. 전작에서 내용이 크게 변경되었다. 가위바위보의 개념, 복수의 스킬 기능, 결혼 시스템 등 새로운 요소가 대폭 도입된 것이다. 맵도 광대해져서 하나의 맵에 제압 거점이 존재한다.

이웃집 모험대

● 발매일 / 1996년 5월 24일 ● 가격 / 7,980엔
● 퍼블리셔 / 파이오니어 LDC

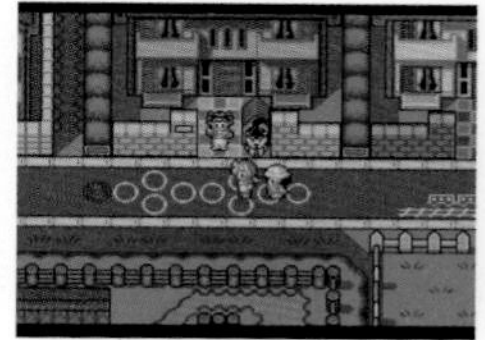

유치원생인 마나가 「이웃집」에서 일어나는 사건을 해결하는 귀여운 디자인의 RPG. 본 작품과 함께 코믹스도 발매되었다. 경험치 개념이 존재하지 않는 본 작품은 월요일에서 토요일까지는 캐릭터를 육성하고 일요일에 모험을 떠난다는 재미있는 시스템을 갖고 있다.

슈퍼 굿슨 오요요2

● 발매일 / 1996년 5월 24일 ● 가격 / 7,800엔
● 퍼블리셔 / 반프레스토

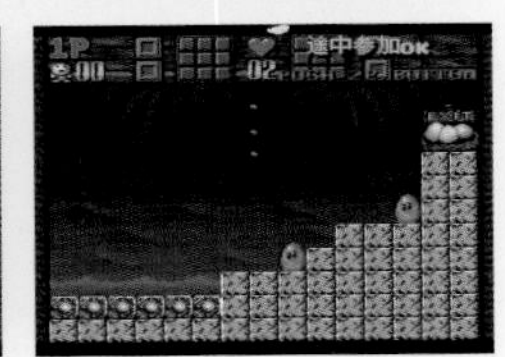

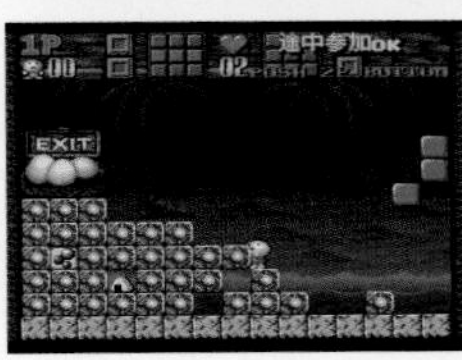

아이렘이 제작한 액션 퍼즐 게임의 속편. 블록이나 폭탄을 써서 캐릭터를 목적지까지 이끄는 내용이다. 전작과 기본적인 게임성에 차이는 없지만 이번 작품은 새롭게 「문제풀이 굿슨 모드」를 탑재했다. 문제풀이 굿슨 모드에서는 미리 정해진 수의 블록을 사용해 골로 향한다.

트레저 헌터G

● 발매일 / 1996년 5월 24일 ● 가격 / 7,900엔
● 퍼블리셔 / 스퀘어

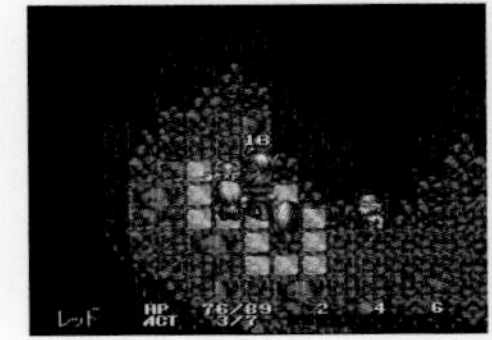

스퀘어의 SFC 마지막 작품. 신비한 힘을 가진 7가지 도구 오파츠를 둘러싼 RPG이다. 액션 포인트를 소비해서 전투를 하는데 무기에도 사정거리가 있는 것이 특징이다. 경험치 개념도 독특해서 아군을 공격해도 경험치를 얻을 수 있다.

사운드노벨 쯔쿠르

● 발매일 / 1996년 5월 31일 ● 가격 / 8,200엔
● 퍼블리셔 / 아스키

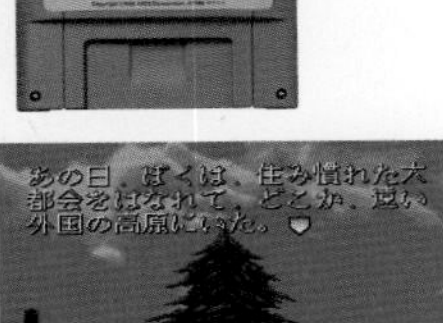

많지 않은 『쯔쿠르』 시리즈 중 하나. 이번에는 사운드노벨을 만들 수 있으며 『RPG 쯔쿠르』처럼 샘플 게임도 수록되어 있다. 또한 『음악 쯔쿠르 연주하자』에서 제작한 곡을 삽입하는 것도 가능하다. 사테라뷰에도 대응한다.

슈퍼 퐁 DX

● 발매일 / 1996년 5월 31일 ● 가격 / 5,800엔
● 퍼블리셔 / 유타카

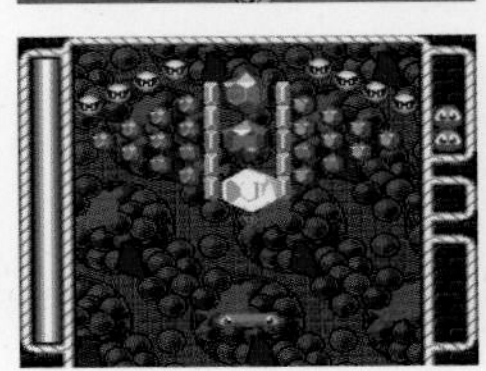
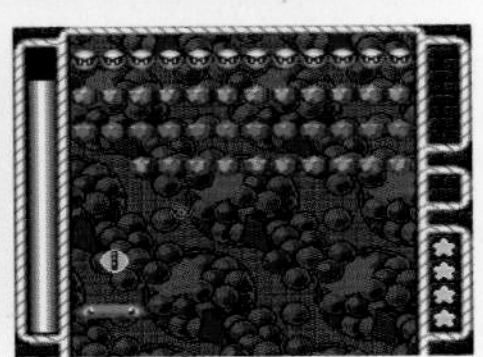

1995년 발매된 블록 깨기형 퍼즐 게임 『슈퍼 퐁』의 디럭스판. 스토리 모드에서는 큰 변경점이 없지만 어레인지된 스테이지가 추가되었다. 또한 전작에는 존재하지 않았던 패스워드 기능이나 화면 분할형 대전 기능도 추가되었다.

다크 하프

● 발매일 / 1996년 5월 31일 ● 가격 / 8,000엔
● 퍼블리셔 / 에닉스

에닉스가 발매한 이색적인 RPG. 보통 게임이라면 쓰러뜨리는 쪽이 용사, 쓰러지는 쪽이 마왕이라는 구도가 형성되지만, 본 작품에서는 양쪽 모두의 입장이 되어서 게임을 진행한다. 시스템도 독특해서 '소울 파워'라는 에너지가 고갈되면 게임오버가 된다.

피싱 고시엔

● 발매일 / 1996년 5월 31일 ● 가격 / 9,800엔
● 퍼블리셔 / 킹 레코드

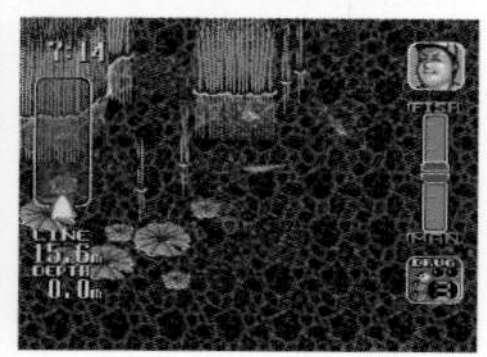

지금도 방송 중인 TV도쿄 계열의 낚시 방송 「THE 피싱」의 과거 스페셜 기획을 게임화 했다. 원래의 기획처럼 고등학생 세 명이 한 팀이 되어 낚시 대결을 벌이고 최종 우승을 목표로 한다.

J리그'96 드림 스타디움

● 발매일 / 1996년 6월 1일 ● 가격 / 7,980엔
● 퍼블리셔 / 허드슨

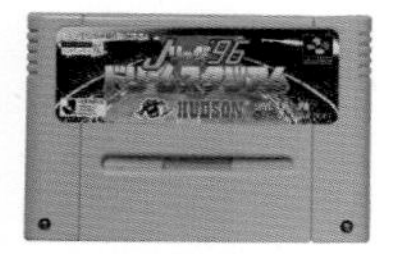

허드슨이 SFC로 발매했던 축구 게임 시리즈는 『J리그 슈퍼 사커』인데, 본 작품은 이와는 별개의 작품이다. 타이틀도 다르고 시점도 쿼터뷰 형식으로 변경되었다. 시즌 우승을 노리는 리그 모드를 비롯해 4가지 모드를 탑재했다.

아라비안 나이트 ~사막의 정령왕~

● 발매일 / 1996년 6월 14일 ● 가격 / 7,800엔
● 퍼블리셔 / 타카라

정령왕의 힘을 봉인한 수정을 모으는 것이 목적인 RPG. 이야기의 큰 줄기는 정해져 있지만 자유도가 높은 게임이다. 만약 무엇을 해야 할지 모르겠다면 일기의 도움을 받을 수 있는 기능이 준비되어 있다. 커맨드 선택형 전투에 다양한 효과를 가진 결계 카드를 사용하는 것도 특징이다.

베스트 샷 프로 골프

● 발매일 / 1996년 6월 14일 ● 가격 / 8,200엔
● 퍼블리셔 / 아스키

일본 프로골프 협회가 감수한 육성 시뮬레이션 게임. 아스키의 스포츠 장르여서 『베스트』라는 타이틀이 붙었다. 젊은 유망주를 키워서 상금왕을 목표로 하는 게임이지만, 재능이 없는 선수는 단련해도 쓸 만한 선수가 되지 않는다는 묘하게 현실적이고 잔혹한 일면이 있다.

공상과학세계 걸리버 보이

● 발매일 / 1996년 6월 28일 ● 가격 / 7,800엔
● 퍼블리셔 / 반다이

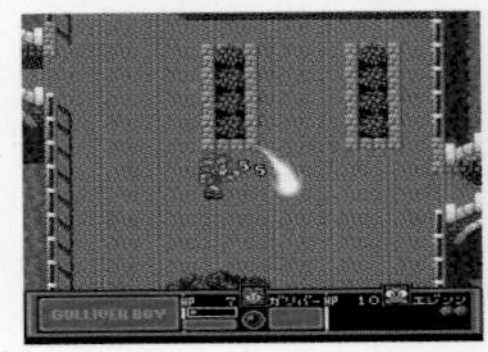

각종 미디어믹스로 전개되었던 동명 애니메이션을 게임화 했다. 허드슨의 PC엔진판이 먼저 발매되었는데 그 후 반다이가 SFC판을 발매했다. 게임은 성능이 다른 3명의 캐릭터를 구분해서 사용하는 액션 RPG이고 스토리는 애니메이션을 토대로 했다.

슈~퍼~ 비밀 뿌요 통 루루의 철완 번성기

● 발매일 / 1996년 6월 28일 ● 가격 / 9,800엔
● 퍼블리셔 / 컴파일

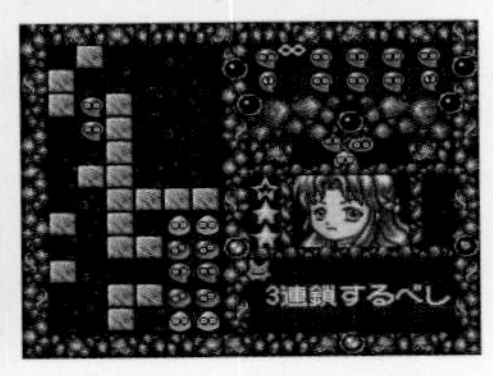

『슈~퍼~ 비밀 뿌요 루루의 루』의 속편. 흔히 말하는 퍼즐로 플레이하는 게임이다. 이번 작품에서는 아루루가 서브 캐릭터, 루루가 주인공이 되었다. 비밀 뿌요의 문제는 유저들이 투고한 것이 사용되었는데 300개 이상의 문제가 준비되어 있었다.

슈패미 터보 전용 SD울트라 배틀 울트라맨 전설

● 발매일 / 1996년 6월 28일 ● 가격 / 3,980엔
● 퍼블리셔 / 반다이 ※사진은 한정 세트판(6,800엔)

반다이의 SFC 주변기기인 슈패미 터보 전용 소프트 중의 하나. 등장 캐릭터는 울트라맨, 바르탄 성인, 레드 킹 3종류인데, 그중 하나를 선택하면 적이 캐릭터와 똑같은 모습에 색상만 바꿔서 출현한다. 총 27스테이지로 구성된 격투 형식의 게임이며 2P 대전 모드도 준비되어 있다.

슈패미 터보 전용 SD울트라 배틀 세븐 전설

● 발매일 / 1996년 6월 28일 ● 가격 / 3,980엔
● 퍼블리셔 / 반다이

『슈패미 터보 전용 SD울트라 배틀 울트라맨 전설』과 동시 발매되었다. 이 작품에는 울트라 세븐, 킹죠, 에레킹이 등장한다. 게임 내용도 거의 동일한 대전형 액션으로, 승자진출전과 2P 대전 모드가 준비되어 있다.

슈패미 터보 전용 포이포이 닌자 월드

● 발매일 / 1996년 6월 28일 ● 가격 / 3,980엔
● 퍼블리셔 / 반다이

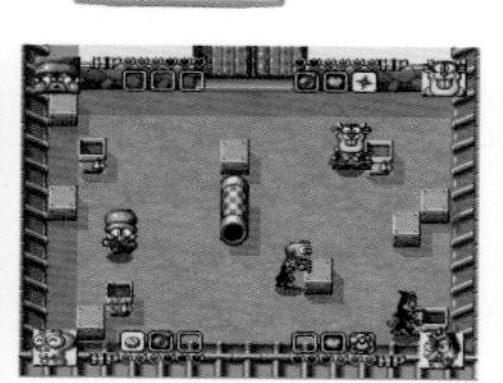
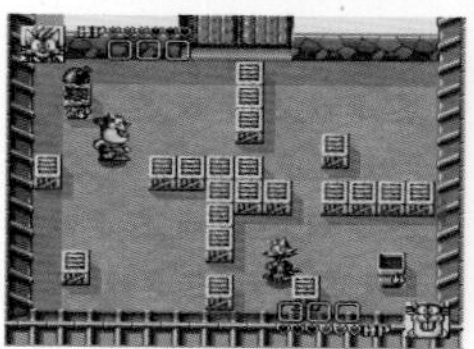
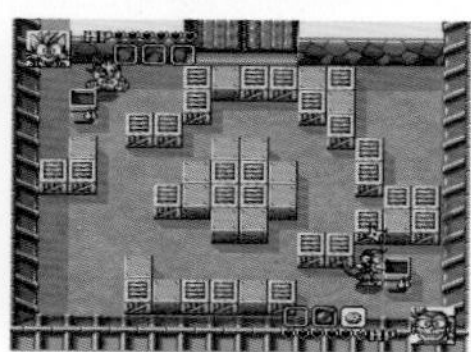

이 소프트 역시 『울트라맨』 시리즈와 같은 날 발매되었다. 슈패미 터보 전용 소프트들은 모두 슈패미 터보와 세트인 동봉판이 발매되어 있다. 의인화 된 동물이 인술 대회에서 우승을 목표로 한다는 내용으로, 박스에서 다양한 아이템을 습득해 싸우는 액션 게임이다.

트래버스

● 발매일 / 1996년 6월 28일 ● 가격 / 7,800엔
● 퍼블리셔 / 반프레스토

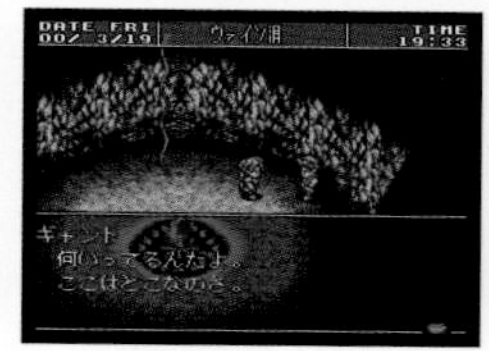
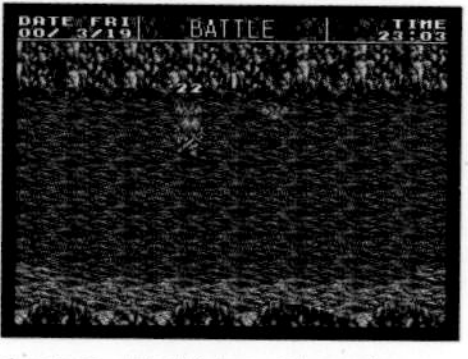

『소울 앤드 소드』의 속편. SFC의 RPG 중에서도 압도적으로 높은 자유도를 자랑한다. 약 40가지 시나리오를 순서 없이 진행하는 프리 시나리오 시스템을 채용했고, 모험의 목적도 표시되지 않아 마음대로 게임을 진행할 수 있다. 엔딩 조건은 시작 후 10년 경과와 결혼이다.

니시진 파친코 이야기2

● 발매일 / 1996년 6월 28일 ● 가격 / 10,800엔
● 퍼블리셔 / KSS

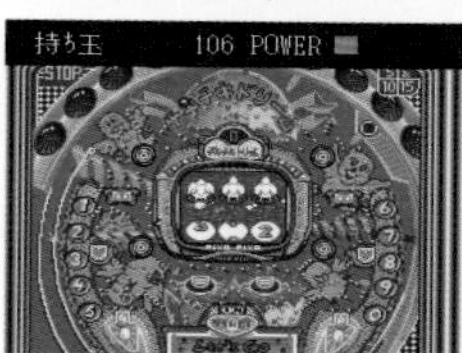

니시진의 파친코 기종을 플레이할 수 있는 실제 기기 시뮬레이션 제2탄. 이번 작품에는 「CR격추왕」「CR치키치키 드림R」「CR에이스 트레인」「허니 러시7」이 수록되었다. 스토리 모드는 버블 붕괴로 직장을 잃은 주인공이 10만 엔을 가지고 파친코 프로로 살아간다는 내용이다.

Parlor! Mini2
파친코 실제 기기 시뮬레이션 게임

● 발매일 / 1996년 6월 28일 ● 가격 / 4,900엔
● 퍼블리셔 / 일본 텔레넷

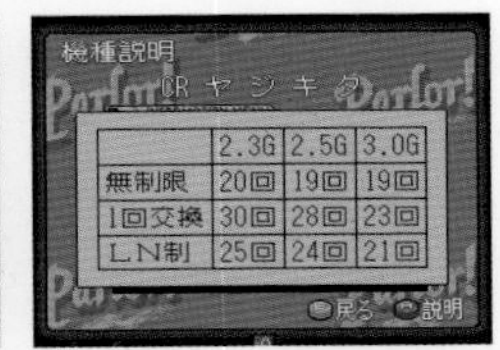

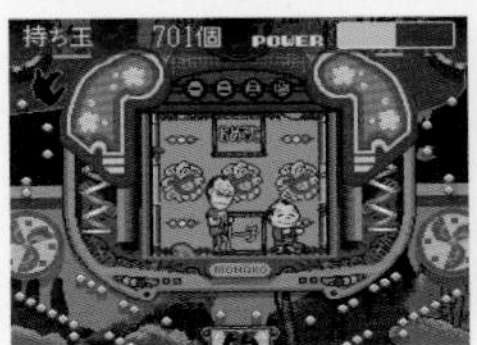

기종을 축소한 파친코 실제 기기 시뮬레이션 시리즈 두 번째 작품. 당시 높은 가동률로 인기를 모은 2개 기종을 수록했다. 오쿠무라 유기의 「CR야지키타」와 다이이치 상회의 「CR후르츠 패션」이다. 공략 모드와 실전 모드가 준비되어 있다.

퍼즐 닌타마 란타로
~인술 학원 퍼즐 대회의 단~

● 발매일 / 1996년 6월 28일 ● 가격 / 6,980엔
● 퍼블리셔 / 컬처 브레인

컬처 브레인의 『닌타마 란타로』 시리즈 중의 하나. 이번 작품은 퍼즐 게임이 되었는데 낙하형 계열의 대전 방식을 채용했다. 낙하하는 블록을 회전 · 분리시키면서 연쇄를 노리고, 상대를 공격할 수 있는 특수 블록을 입수해서 적을 쓰러뜨린다.

바다의 낚시꾼

● 발매일 / 1996년 7월 19일 ● 가격 / 7,800엔
● 퍼블리셔 / 팩 인 비디오

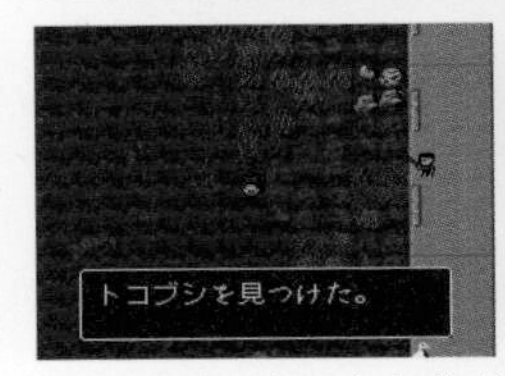

RPG 요소를 담은 낚시 게임 『강의 낚시꾼』 시리즈에서 파생된 작품. 시스템은 『강의 낚시꾼2』와 거의 동일하다. 네 명의 가족 중에서 캐릭터를 고르고, 시나리오별로 각자가 타겟으로 삼은 대물을 낚는 것이 목적이다. 모든 종류의 물고기를 낚으면 히든 시나리오에 도전할 수 있다.

실황 파워풀 프로야구'96 개막판

● 발매일 / 1996년 7월 19일 ● 가격 / 7,500엔
● 퍼블리셔 / 코나미

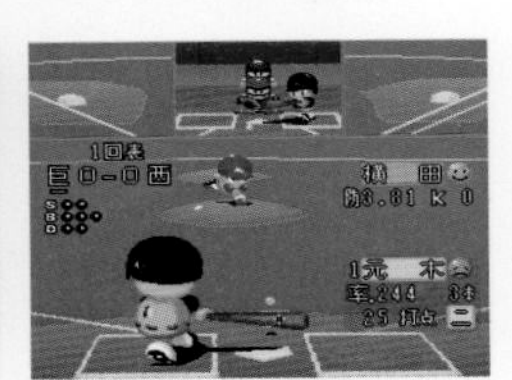
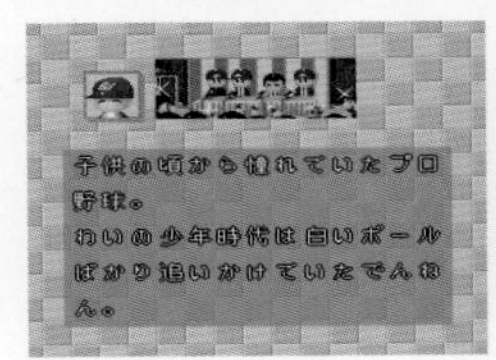

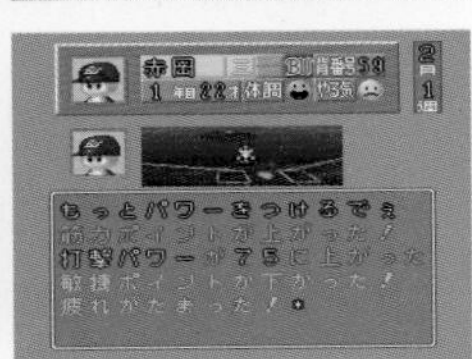

『실황 파워풀 프로야구3』의 마이너 체인지판. 이후 작품들은 기본이 되는 시리즈 타이틀에서 조정이 된 것을 『결정판』으로 발매하게 되었다. 이번 작품은 선수 데이터가 96년 버전으로 업데이트되었고 시나리오 모드의 내용도 새로워졌다.

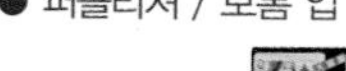

슈퍼 트럼프 컬렉션2

● 발매일 / 1996년 7월 19일 ● 가격 / 5,800엔
● 퍼블리셔 / 보톰 업

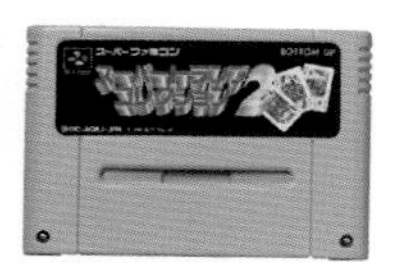

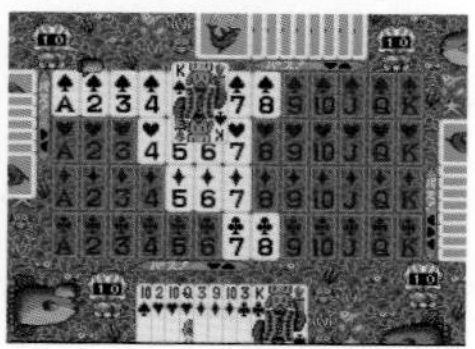

카드 게임이나 보드게임을 주축으로 하던 보톰 업이 발매한 『슈퍼 트럼프 컬렉션』의 업그레이드판. 게임은 10종류로 늘어났고 친숙한 트럼프 게임을 즐길 수 있다. 1인용 플레이가 기본이지만 일부 종목은 2인 대전도 가능하다.

슈패미 터보 전용 게게게의 키타로 요괴 돈자라

● 발매일 / 1996년 7월 19일 ● 가격 / 3,980엔
● 퍼블리셔 / 반다이

슈패미 터보 전용 소프트. 『게게게의 키타로』에 나오는 캐릭터를 사용해, 마작의 간단 버전이라 할 수 있는 테이블 게임 '돈자라'를 플레이한다. 좋아하는 캐릭터를 선택해 우승을 목표로 하는 토너먼트 모드 이외에 미니 게임도 수록되어 있고, 돈자라 이외의 종목에도 도전할 수 있다.

스타 오션

● 발매일 / 1996년 7월 19일 ● 가격 / 8,500엔
● 퍼블리셔 / 에닉스

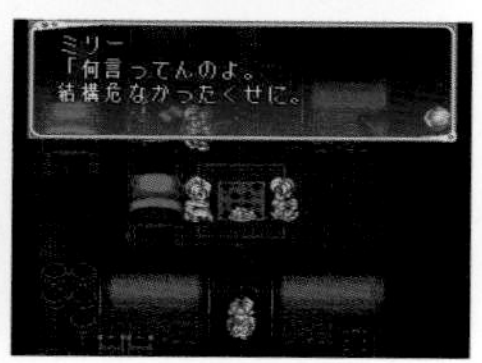

트라이 에이스가 개발하고 에닉스가 발매한 액션 RPG. SF 스토리와 리얼타임 배틀로 인기를 얻었다. 레벨 외에도 풍부한 스킬 시스템이 있어서 자유도 높은 캐릭터 육성을 즐길 수 있다. 또한 연금술 효과와 같은 아이템 크리에이션 등도 존재한다.

어스 라이트 루나 스트라이크

● 발매일 / 1996년 7월 26일 ● 가격 / 7,980엔
● 퍼블리셔 / 허드슨

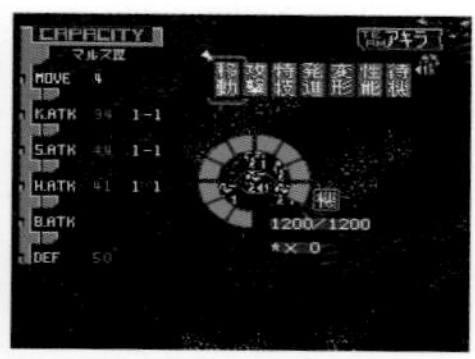
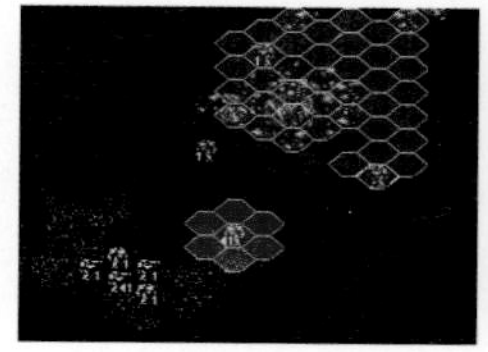

『어스 라이트』와 마찬가지로 코가도 스튜디오 개발, 허드슨 발매라는 조합의 시뮬레이션 RPG. 전작의 흐름과 SF 스토리를 따르고 있으며 시나리오는 총 6장으로 구성되었다. 지휘관 유닛의 주변에 존재하는 지휘 범위를 이용하면 상승효과를 얻을 수 있는 시스템이 특징이다.

에너지 브레이커

● 발매일 / 1996년 7월 26일 ● 가격 / 7,980엔
● 퍼블리셔 / 타이토

『에스트폴리스 전기』와 같은 태그로 제작되어서 세계관도 동일하다는 설정인데, 그런 내용이 엔딩에서 밝혀진다. 전투는 시뮬레이션 형식이며 고저 차 개념이 있고, 뒤를 잡으면 대미지가 상승하는 등의 규칙을 갖고 있다.

심시티 Jr.

● 발매일 / 1996년 7월 26일 ● 가격 / 8,200엔
● 퍼블리셔 / 이머지니어

친숙한 마을 만들기 시뮬레이션이지만, 『심시티』보다는 규모가 축소되었다. 대신에 모든 주민의 생활을 지켜볼 수 있는 것이 포인트 중의 하나. 또한 건설을 위해서는 돈이 아니라 자원이 필요하게 되었다. 원조라 할 수 있는 PC판 타이틀은 『심타운』이다.

슈패미 터보 전용
SD건담 제네레이션 일년전쟁기

● 발매일 / 1996년 7월 26일 ● 가격 / 3,980엔
● 퍼블리셔 / 반다이 ※사진은 한정 세트판 (6,800엔)

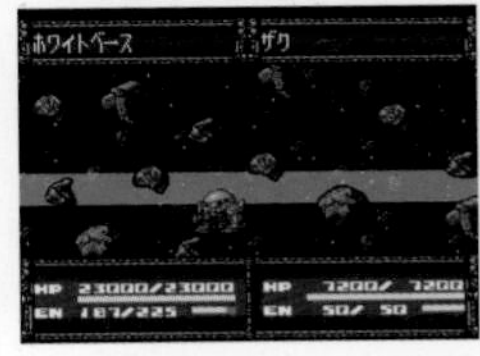

『G-GENERATION』 시리즈의 바탕이 된 작품. 슈패미 터보 전용이며 퍼스트 건담과 0083을 대상으로 한 시뮬레이션 게임이 되었다. 이후 작품들과도 호환성이 있어서, 슈패미 터보의 기능을 사용하면 대전 모드에서 다른 작품의 캐릭터를 참전시킬 수 있다.

슈패미 터보 전용
SD건담 제네레이션 그리프스 전기

● 발매일 / 1996년 7월 26일 ● 가격 / 3,980엔
● 퍼블리셔 / 반다이

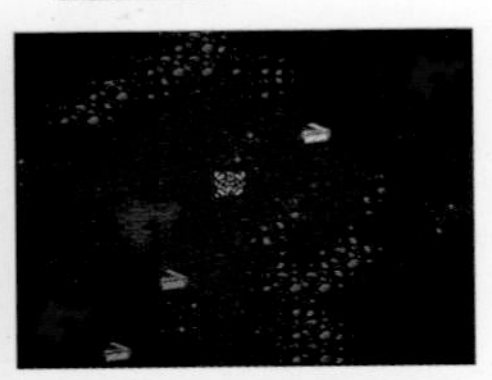
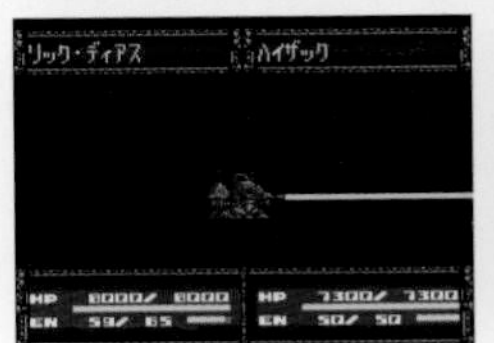

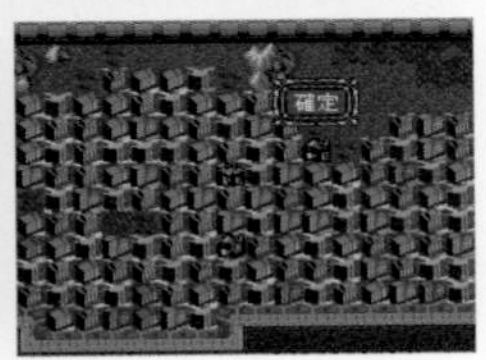

『일 년 전쟁기』와 동시 발매된 소프트이며 동일한 시뮬레이션 게임. 이번 작품은 『Z건담』을 대상으로 하고 있다. 슈패미 터보의 특성을 살려서 캐릭터 데이터의 호환성이 있으며, 이 역시 다른 작품의 캐릭터를 꺼낼 수 있다.

스프리건 파워드

● 발매일 / 1996년 7월 26일 ● 가격 / 9,800엔
● 퍼블리셔 / 나그자트

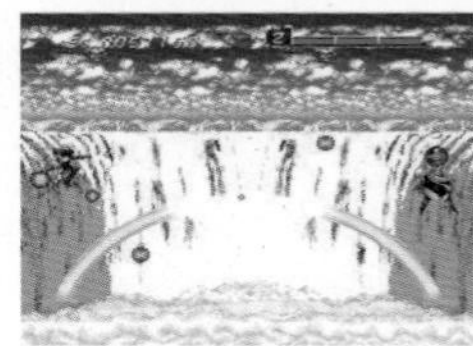
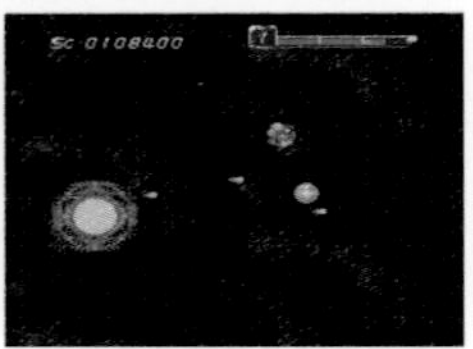

PC엔진으로 발매된 『정령전사 스프리건』 시리즈의 세 번째 작품. 이전 작품들의 개발사인 컴파일은 제작에 참여하지 않았지만, 스토리는 첫 번째 작품의 후일담이라고 설정되어 있다. 움직임이 매끄러운 횡스크롤 슈팅 게임으로 정령술을 이용한 파워업이 특징이다.

테이블 게임 대집합!! 장기 · 마작 · 화투 · 투사이드

● 발매일 / 1996년 7월 26일 ● 가격 / 6,800엔
● 퍼블리셔 / 바리에

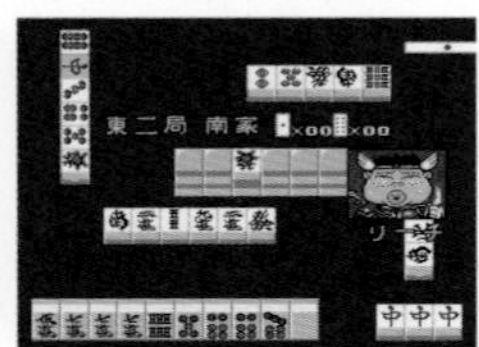

타이틀에 포함된 4가지 종목을 플레이할 수 있는 테이블 게임 모음집. 여기서 투사이드는 오델로를 말하는데 상표 등록 문제 때문인지 이런 명칭을 사용했다. 한편 마작과 장기는 「월간 프로마작」이 공인했으며 일본 프로마작 연맹과 카토 히후미 9단의 추천도 받았다.

레나스 II -봉인의 사도-

● 발매일 / 1996년 7월 26일 ● 가격 / 9,980엔
● 퍼블리셔 / 아스믹

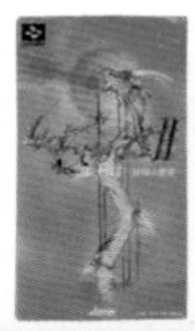

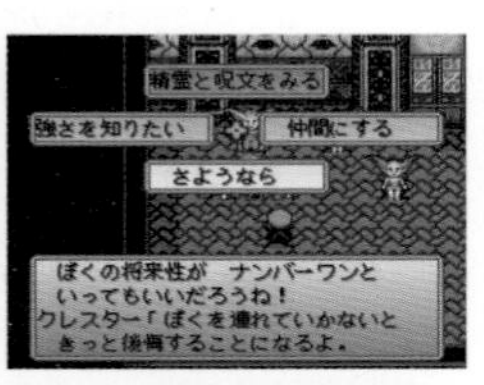

『레나스 고대 기계의 기억』으로부터 약 4년 후에 발매된 속편. 이번 작품은 파르스라는 소년이 주인공인데 전작의 주인공과 히로인도 등장한다. 시스템 역시 전작을 계승했지만, 전투 이외에도 십자키로 커맨드 조작을 할 수 있게 되어서 한 손 플레이가 가능해졌다.

대패수 이야기 II

● 발매일 / 1996년 8월 2일 ● 가격 / 8,200엔
● 퍼블리셔 / 허드슨

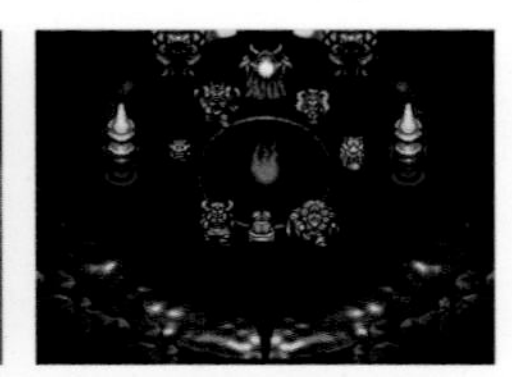

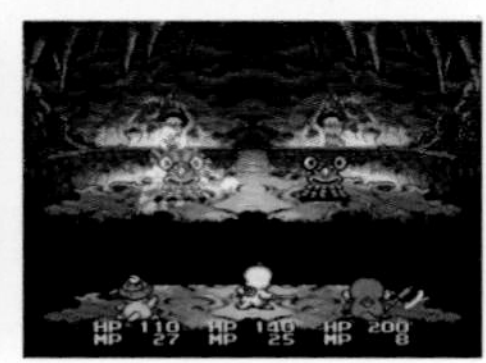

FC의 『패수 이야기』로부터 카운트하면 시리즈 세 번째 작품. 스탬프 모으기나 밭 가꾸기 같은 '한숨 돌리기'뿐 아니라 '파고들기' 요소도 확대되었다. 『천외마경 ZERO』에서 채용된 시계 기능도 있어서 내용은 충실하다.

목장 이야기

● 발매일 / 1996년 8월 6일 ● 가격 / 7,800엔
● 퍼블리셔 / 팩 인 비디오

지금도 시리즈 작품을 계속 발매 중인 인기 샌드박스 시뮬레이션 게임. 시리즈를 관통하는 목가적인 세계관 속에서 작물이나 동물을 키우고 집을 증축해간다는 게임성은 처음부터 변함이 없으며 사계절 개념이나 연애 요소도 들어가 있다.

빨간 망토 차차

● 발매일 / 1996년 8월 9일 ● 가격 / 7,800엔
● 퍼블리셔 / 토미

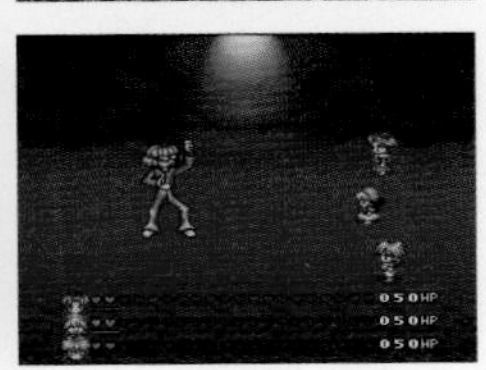

「리본」에 연재되던 아야하나 민 원작의 소녀 만화 · 애니메이션을 토대로 한 RPG. 말풍선이 만화풍으로 구성된 점 등이 캐릭터와 상승효과를 일으켜 전체적으로 큐트한 작품이 되었다. 레벨 개념은 없는 대신 하트가 성장 요소처럼 사용된다.

슈퍼 파워리그4

● 발매일 / 1996년 8월 9일 ● 가격 / 7,980엔
● 퍼블리셔 / 허드슨

『파워리그』 시리즈의 SFC 최종작. 특수 칩을 채용해서 그래픽이 대폭 강화되었다. 기존의 후쿠이 켄지 아나운서가 계속 실황 중계를 담당했고, 이번 작품에서는 새롭게 여성 아나운서인 코지마 나츠코가 기용됐다. 실황 중계 프로그램명도 가상의 이름에서 「프로야구 뉴스」로 변경되었다.

닌타마 란타로 스페셜

● 발매일 / 1996년 8월 9일 ● 가격 / 8,800엔
● 퍼블리셔 / 컬처 브레인

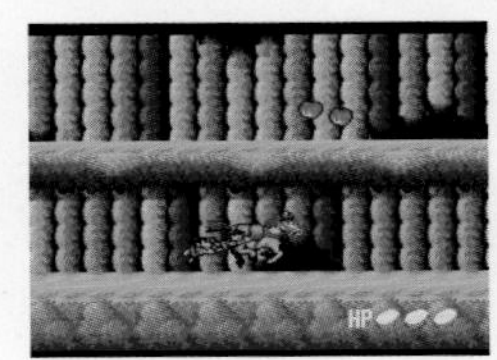

퍼즐 게임에서 다시 액션 게임으로 돌아온 『닌타마 란타로』 시리즈 제4탄. 이번 작품은 극장판 애니메이션의 내용을 소재로 했다. 스토리 모드와 서브 게임 모드, 2종류가 준비되어 있는데 스토리 모드는 어드벤처 파트와 횡스크롤 액션 파트로 나누어진다.

슈패미 터보 전용 SD건담 제네레이션 액시즈 전기

● 발매일 / 1996년 8월 23일 ● 가격 / 3,980엔
● 퍼블리셔 / 반다이

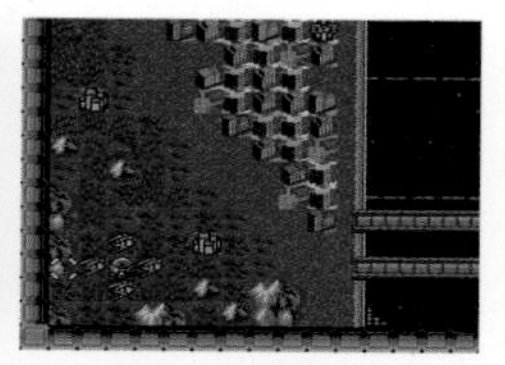
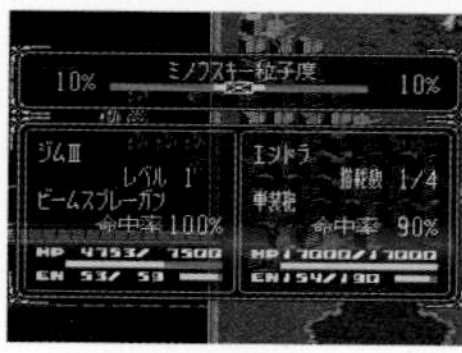

슈패미 터보 전용 『SD건담 제네레이션』의 전쟁 시뮬레이션 시리즈 제3탄. 퍼스트 건담부터 순서대로 발매되었기 때문에 이번 작품은 「ZZ건담」의 차례이다. 게임성은 변함이 없고 시나리오도 5화 분량으로 짧아서 이전 2개 작품을 플레이했다면 쉽게 즐길 수 있다.

슈패미 터보 전용 격주전대 카레인저 전개! 레이서 전사

● 발매일 / 1996년 8월 23일 ● 가격 / 3,980엔
● 퍼블리셔 / 반다이

1996년 방송된 특촬 전대 방송 『격주전대 카레인저』를 슈패미 터보 전용 소프트로 제작했다. 횡스크롤 액션 게임으로 파츠 아이템을 회수하면서 게임을 진행한다. 카레인저 5명 중에서 캐릭터를 선택할 수 있는데 각각 능력이 다르고 전용 무기도 갖고 있다.

슈패미 터보 전용 SD건담 제네레이션 바빌로니아 건국 전기

● 발매일 / 1996년 8월 23일 ● 가격 / 3,980엔
● 퍼블리셔 / 반다이

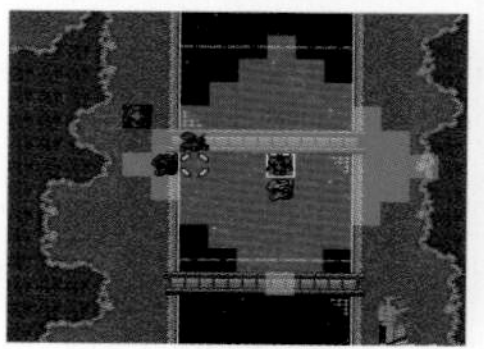

『SD건담 제네레이션』 시리즈의 네 번째 작품. 이번 작품은 극장판 애니메이션 「역습의 샤아」와 「F91」을 합친 것이다. 원작을 베이스로 했으며 시스템 등은 이전과 동일하지만, 두 작품을 합쳤기 때문에 F91 vs V건담이라는 꿈의 대결이 이루어졌다.

후루타 아쓰야의 시뮬레이션 프로야구2

● 발매일 / 1996년 8월 24일 ● 가격 / 8,000엔
● 퍼블리셔 / 헥터

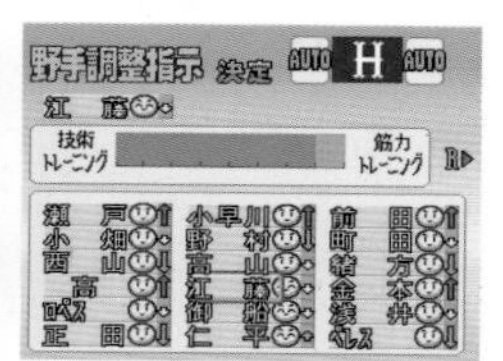

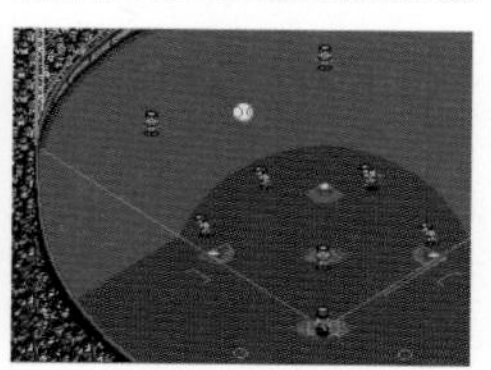

1995년 발매된 『시뮬레이션 프로야구』 게임을 감수했던 후루타 아쓰야를 이번 작품에서는 아예 타이틀에 내세웠다. 감독의 입장에서 팀을 지휘한다는 게임성은 동일하지만, 선수 데이터가 변경되었고 캐릭터 디자인은 데포르메된 것으로 바뀌었다.

대전략 익스퍼트 WWⅡ

● 발매일 / 1996년 8월 30일 ● 가격 / 9,800엔
● 퍼블리셔 / 아스키

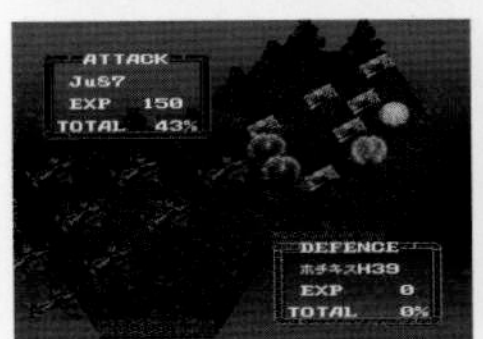

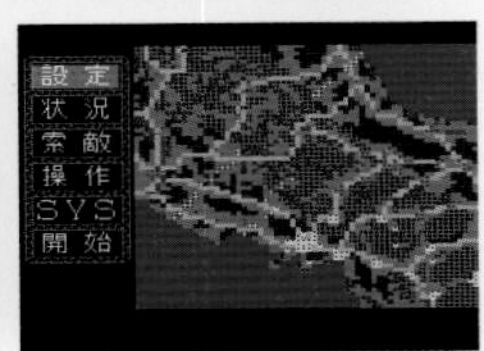

전쟁 SLG로 유명한 『대전략』 시리즈로 SFC에서는 두 번째 작품. 플레이어는 제2차 세계대전 중의 독일군 지휘관이 되어 연합군과 싸운다. 장기나 바둑 게임에 사용되는 SA1 특수 칩을 탑재해서 전작보다 CPU의 AI 처리 시간이 단축되었지만, 그래도 대기 시간이 긴 편이다.

넘버즈 파라다이스

● 발매일 / 1996년 8월 30일 ● 가격 / 8,800엔
● 퍼블리셔 / 어클레임 재팬

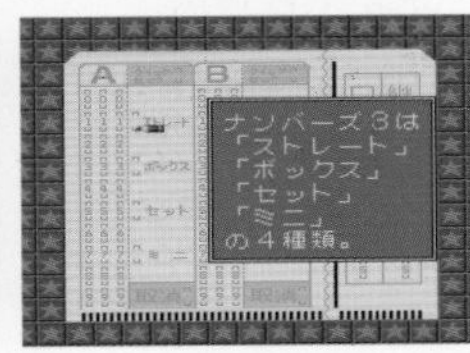

직접 번호를 고를 수 있는 복권 예상 소프트. 복권은 넘버즈3과 4 모두에 대응하고 있다. 복권 판매점에 있는 랜덤으로 번호를 예상해주는 단말기와 동일한 역할이지만, 지난 회의 당첨 번호를 참조해서 결과를 예상하기 때문에 데이터를 중시한다고도 할 수 있다.

필살 파친코 컬렉션4

● 발매일 / 1996년 8월 30일 ● 가격 / 9,980엔
● 퍼블리셔 / 선 소프트

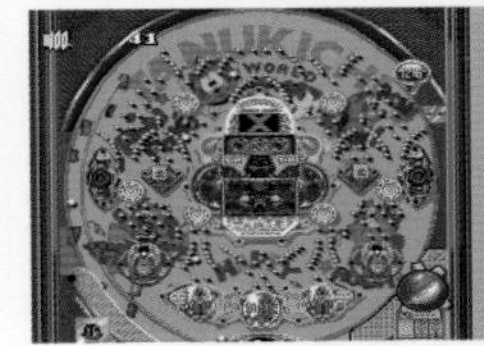

선 소프트의 『필살 파친코 컬렉션』 시리즈 제4탄. 쿄라쿠의 기종으로 한정되었으며 「타누키치 군2」 「류 씨」 「보물섬」 「후르츠 파라다이스2」 「바드쉐이크」 「슈퍼 샷」의 6개 기종을 수록했다. 전작과 마찬가지로 NIFTY SERVE(PC통신 서비스-역주)와 연동한 대회도 개최되었다.

본가 SANKYO FEVER 실제 기기 시뮬레이션3

● 발매일 / 1996년 8월 30일 ● 가격 / 7,480엔
● 퍼블리셔 / BOSS 커뮤니케이션즈

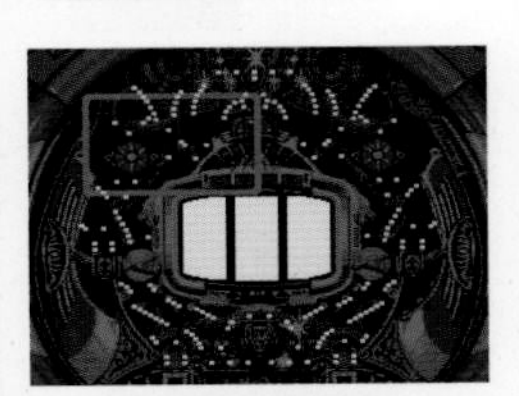

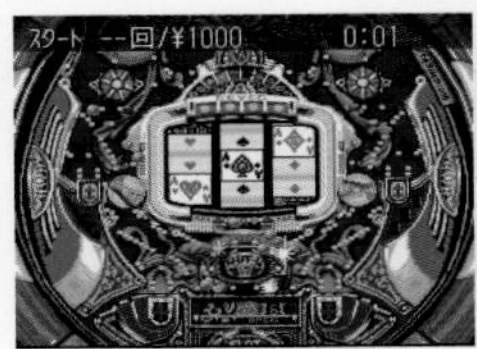

이번 작품에는 「CR피버 퀸 SP」 「피버 메가폴리스 SP」 「CR피버 아야」라는 산쿄의 특기인 드럼 3개 기종이 수록되었다. 게임 모드는 두 가지인데, 실제로 파친코를 하는 실전 공략 모드와 연구를 위한 설정 공략 모드이다.

실황 파워풀 프로레슬링'96 맥스 볼티지

●발매일 / 1996년 9월 13일 ●가격 / 7,980엔
●퍼블리셔 / 코나미

코나미의 실황 스포츠 게임 시리즈의 프로레슬링판. 90년대 월드 프로레슬링 아나운서로 활약한 츠지 요시나리를 실황 중계자로 기용했다. 맥스 볼티지 모드는 5년이라는 기한 동안 젊은 레슬러를 타이틀 보유자로 육성한다는 내용으로 『실황야구』와 유사하다.

페블비치의 파도 New TOURNAMENT EDITION

● 발매일 / 1996년 9월 13일 ● 가격 / 8,000엔
● 퍼블리셔 / T&E 소프트

3D 골프 게임 『머나먼 오거스타』의 PC판으로 발매되었던 확장 디스크를 단품으로 어레인지한 것이다. 코스는 캘리포니아 주에 있는 페블비치 골프 링크를 모티브로 했는데, 링크이다 보니 바람이 매우 강하다.

위저드리 외전Ⅳ ~태마의 고동~

● 발매일 / 1996년 9월 20일 ● 가격 / 8,000엔
● 퍼블리셔 / 아스키

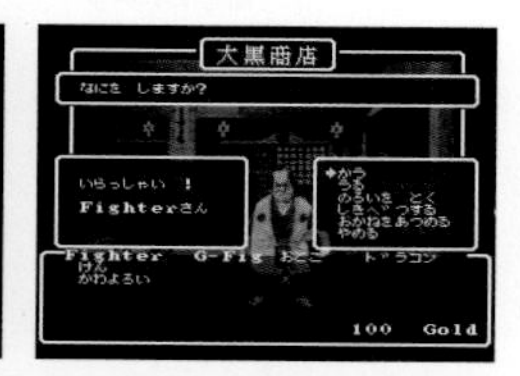

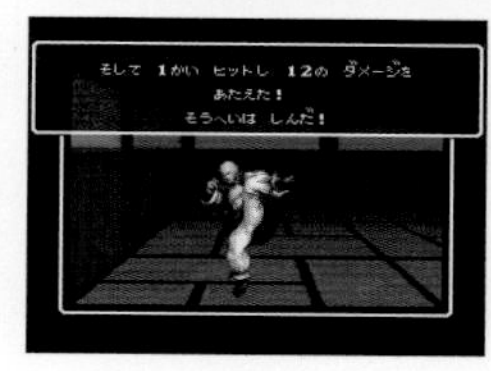
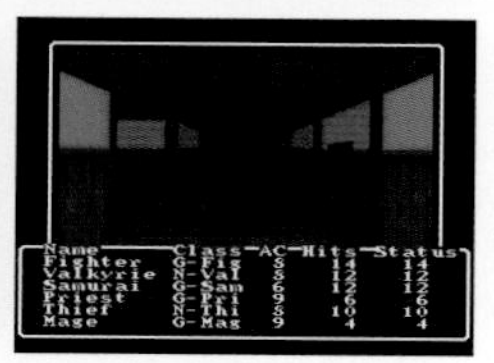

『위저드리』의 외전. GB로 발매되어 매우 높은 평가를 얻은 시리즈의 SFC판이다. 원작에서도 사무라이나 닌자 같은 일본색이 강한 직업이 존재했지만, 이번 작품은 '히렌'이라는 무대 자체가 일본풍 세계관을 드러내고 있다.

매지컬 드롭2

● 발매일 / 1996년 9월 20일 ● 가격 / 7,800엔
● 퍼블리셔 / 데이터 이스트

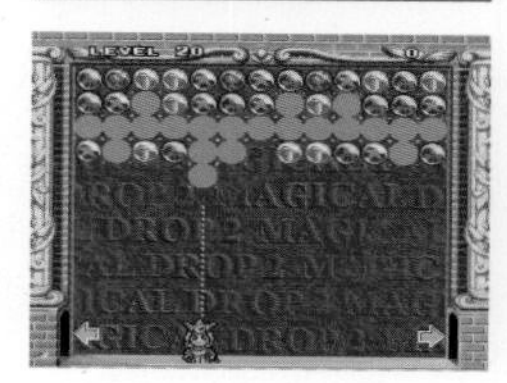
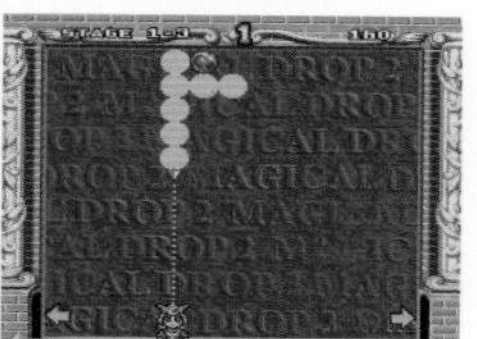

드롭을 빨아들이고 뱉어서 지워 나가는 퍼즐 게임 제2탄. 전작과 마찬가지로, 아케이드가 오리지널이고 이후 SFC 등 여러 가정용 게임기에 이식되었다. 사용 가능한 캐릭터 수가 증가했고 연쇄를 쉽게 할 수 있어서 상쾌함이 늘어났다는 것을 포함해 개량된 포인트가 많았다.

슈퍼 니치부츠 마작4 기초 연구편

● 발매일 / 1996년 9월 27일 ● 가격 / 7,500엔
● 퍼블리셔 / 일본 물산

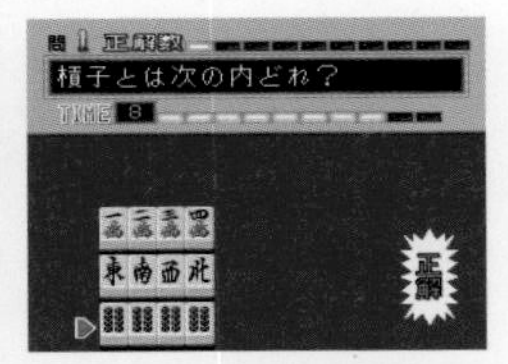

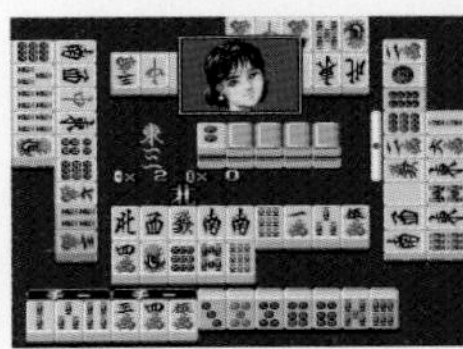
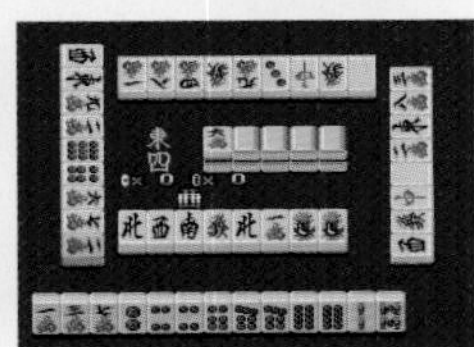

『슈퍼 니치부츠 마작』의 네 번째 작품이자 시리즈 최종작. 아케이드용 마작 게임에서는 섹시한 요소를 마음껏 발휘했던 개발사이지만 가정용에서는 그럴 수가 없었다. 본 작품의 경우, 여고생이 대회 우승을 목표로 한다는 당시로서는 특이한 콘셉트로 만들어졌다.

슈패미 터보 전용 SD건담 제네레이션 콜로니 격투기

● 발매일 / 1996년 9월 27일 ● 가격 / 3,980엔
● 퍼블리셔 / 반다이

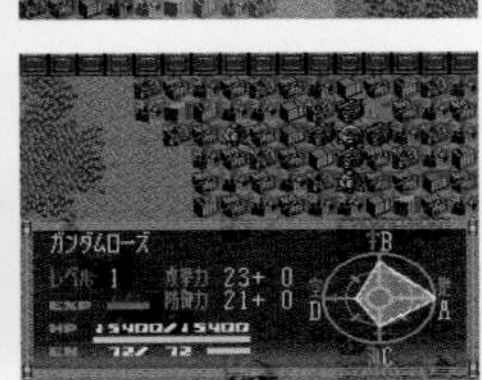

『SD건담 제네레이션』 시리즈 제5탄. 이색 건담 작품이라 불리는 「G건담」을 재현한 작품이다. 시리즈 원형은 그대로 유지하면서, 버서커 시스템이나 하이퍼 모드 같은 원작만이 가능한 요소를 제대로 도입했다.

슈패미 터보 전용 SD건담 제네레이션 잔스칼 전기

● 발매일 / 1996년 9월 27일 ● 가격 / 3,980엔
● 퍼블리셔 / 반다이

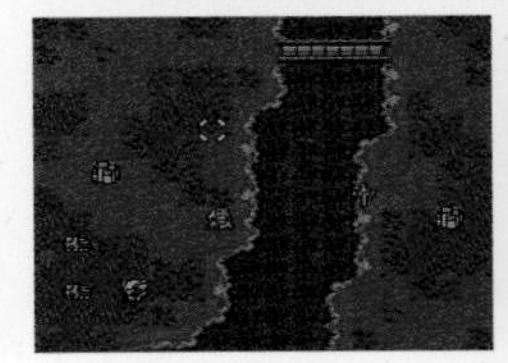
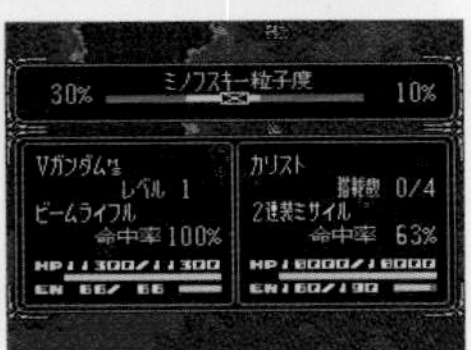

『SD건담 제네레이션』 시리즈의 마지막을 장식한 것은 「V건담」이다. 작품의 순서로는 G건담이 나중이지만, 소프트는 같은 날 발매되었기 때문에 양쪽 다 최종작이라 해도 무방할 것이다. 「건담W」가 차기작으로 예정되었지만 발매되지는 못했다.

슈패미 터보 전용 크레용 신짱 장화 신고 첨벙!!

● 발매일 / 1996년 9월 27일 ● 가격 / 3,980엔
● 퍼블리셔 / 반다이

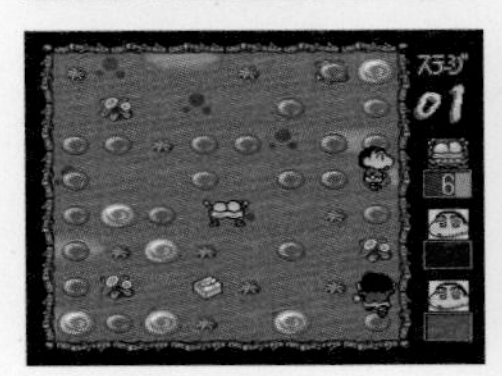

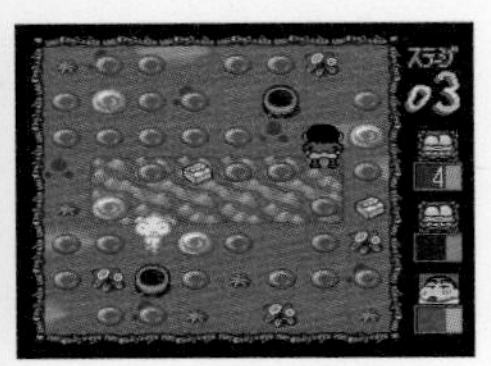

『크레용 신짱』의 슈패미 터보 전용 게임. 화면의 물웅덩이 위로 점프해서 가짜 신짱에게 물을 뿌려 쓰러뜨린다는 퍼즐 요소를 포함한 액션 게임. 1인용 모드에서 게임을 클리어하면 가짜 신짱의 정체를 알 수 있다.

슈패미 터보 전용 미소녀 전사 세일러 문 세일러 스타즈 폭신폭신 패닉2

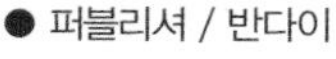

● 발매일 / 1996년 9월 27일 ● 가격 / 3,980엔
● 퍼블리셔 / 반다이

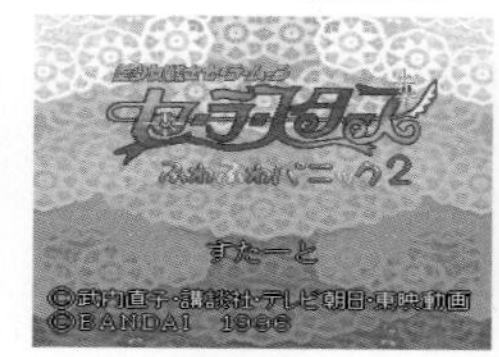

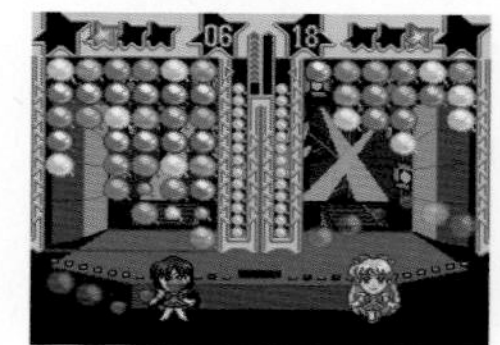

『미소녀 전사 세일러 문 Super S 폭신폭신 패닉』의 속편. 슈패미 터보 전용 소프트이다. 전작과 마찬가지로 풍선을 터뜨리는 퍼즐 게임이지만, 같은 색의 큰 물풍선이 2개 이상 연결되어야 터진다는 규칙의 차이가 있다. 그 밖에도 세세한 변경점이 있고 전작보다 난이도가 올라갔다.

몬스터니아

● 발매일 / 1996년 9월 27일 ● 가격 / 7,800엔
● 퍼블리셔 / 팩 인 비디오

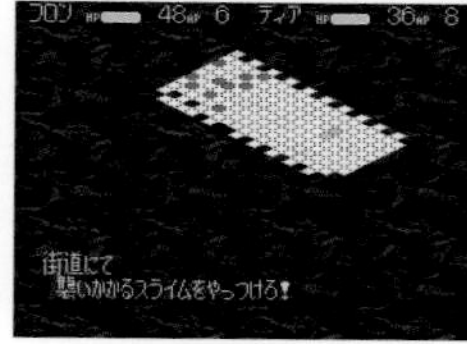

작은 섬 몬스터니아에서 일어나는 신비한 모험을 그린 RPG. 장르는 시뮬레이션 RPG로 분류되지만 캐릭터의 행동은 턴제로 관리된다. 전투에서 자신이 움직이면 적도 움직이는 것뿐만 아니라, 이벤트를 제외한 모든 상황이 턴제로 되어 있다는 것이 특징이다.

Parlor! Mini3 파친코 실제 기기 시뮬레이션 게임

● 발매일 / 1996년 9월 27일 ● 가격 / 4,900엔
● 퍼블리셔 / 일본 텔레넷

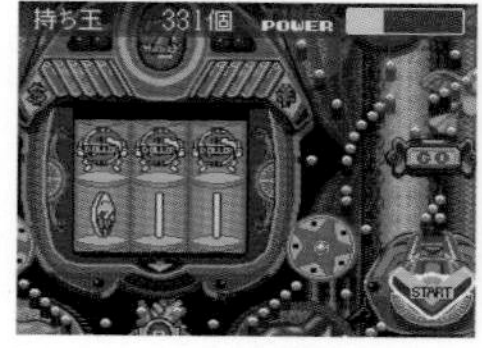

『Parlor! Mini』 시리즈의 세 번째 작품. 토요마루 산업의 「CR 경마 천국 우승편V」와 「나나시」를 수록했다. 게임 모드는 여전히 두 종류인데, 실전 모드에서 홀을 아케이드 형태로 설정할 수 있게 되었다. 확률이 높으면 쐐기(釘)가 안 좋아지는 등 리얼한 승부를 체험할 수 있다.

위닝 포스트2 프로그램'96

● 발매일 / 1996년 10월 4일 ● 가격 / 9,800엔
● 퍼블리셔 / 코에이

경마 시뮬레이션 게임 『위닝 포스트』 시리즈의 SFC판 세 번째 작품. 『위닝 포스트2』의 마이너 체인지판으로 96년 데이터가 반영되었다. 그해에 신설된 G1 레이스 NHK 마일컵도 레이싱 프로그램에 포함되어 있다.

서러브레드 브리더 Ⅲ

● 발매일 / 1996년 10월 18일 ● 가격 / 8,200엔
● 퍼블리셔 / 헥터

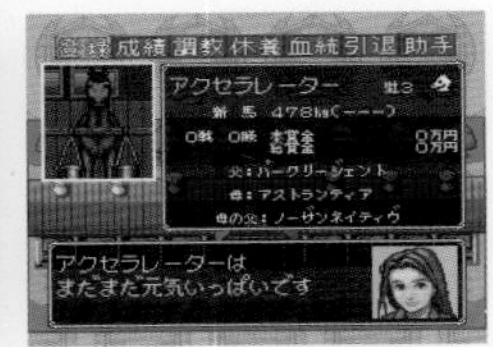

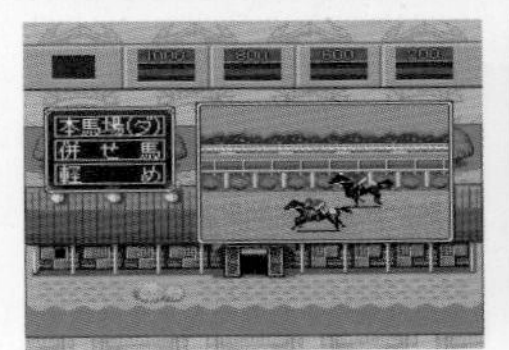

시리즈 최종작. 과거로 돌아가서 명마와 대결한다는 전작과는 내용이 다르다. 이번 작품에서는 북미와 유럽에도 거점을 만드는 것이 가능해 해외의 큰 레이스 제패를 목표로 한다. 레이스 컴플리트, 상금 10억, 말 10마리 생산 등 엔딩 조건이 다양하다.

마블 슈퍼 히어로즈 워 오브 더 젬

● 발매일 / 1996년 10월 18일 ● 가격 / 7,800엔
● 퍼블리셔 / 캡콤

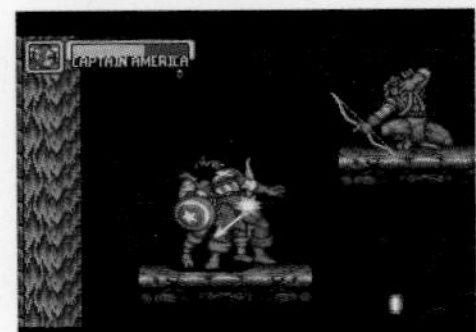
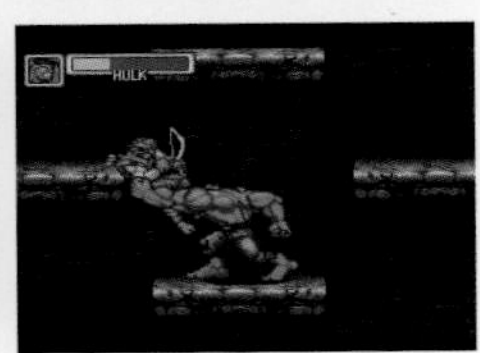

마블코믹스의 히어로들을 소재로 한 횡스크롤 액션 게임. 플레이어 캐릭터는 스파이더맨, 캡틴 아메리카, 아이언맨, 헐크, 울버린 중에서 선택할 수 있다. 젬이라 불리는 6개의 보석을 얻는 것이 게임의 목적으로 도플갱어인 적과 싸운다.

타워 드림

● 발매일 / 1996년 10월 25일 ● 가격 / 8,000엔
● 퍼블리셔 / 아스키

모노폴리 계통의 보드게임으로 캐릭터 디자인은 사쿠라 타마키치가 담당했다. 8명 중에서 플레이할 캐릭터를 선택하고 빈 땅에 회사를 세워서 자산을 늘려간다. 흡수 합병 요소가 있는 것이 최대의 특징으로 현실에서처럼 작은 회사는 큰 회사에 흡수당한다.

마벨러스 ~또 하나의 보물섬~

● 발매일 / 1996년 10월 26일 ● 가격 / 6,800엔
● 퍼블리셔 / 닌텐도

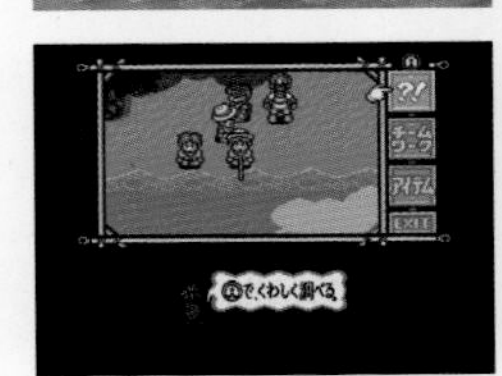

여름방학을 맞아 학교 행사인 캠프에 온 소년 3명의 모험을 그린 액션 어드벤처 게임. 성능이 다른 소년 3명을 바꿔가며 다양한 아이템을 사용해 비밀을 풀어간다. 조작 가능한 캐릭터는 모자를 쓴 한 명이지만 3명이 협력하는 커맨드도 있다. 화면은 탑뷰 시점이다.

슈퍼 동키콩3 비밀의 클레미스섬

● 발매일 / 1996년 11월 23일 ● 가격 / 6,800엔
● 퍼블리셔 / 닌텐도

『슈퍼 동키콩』 시리즈 제3탄. 전작에서 디디콩의 파트너였던 딕시콩이 주인공이며 파트너로 아기 딩키콩이 등장한다. 파트너를 던지는 팀업 액션의 성능이 달라졌고, 애니멀 프렌드에 새로운 캐릭터가 추가되었다.

SUPER 인생게임3

● 발매일 / 1996년 11월 29일 ● 가격 / 5,980엔
● 퍼블리셔 / 타카라

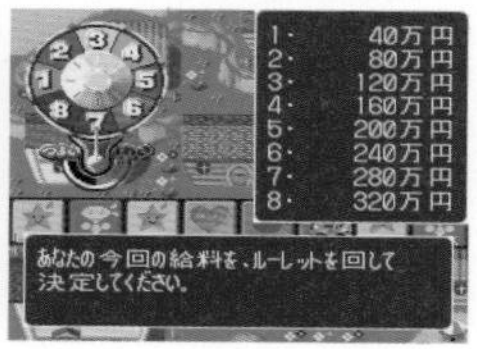

시리즈를 통틀어서 이번이 네 번째인 비디오 게임판 『인생게임』. SFC에서는 최종작이지만 이후에도 다른 플랫폼으로 신작이 나오고 있다. 최대 4명까지 동시 플레이가 가능해서 함께 모여서 즐길 수 있는 작품이다. 보드게임처럼 귀찮은 뒷정리가 필요 없다는 것도 장점.

니치부츠 컬렉션1

● 발매일 / 1996년 11월 29일 ● 가격 / 7,980엔
● 퍼블리셔 / 일본 물산

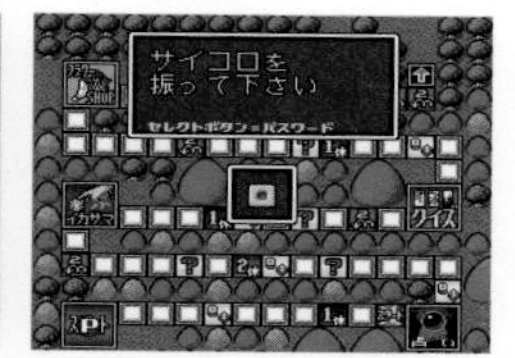

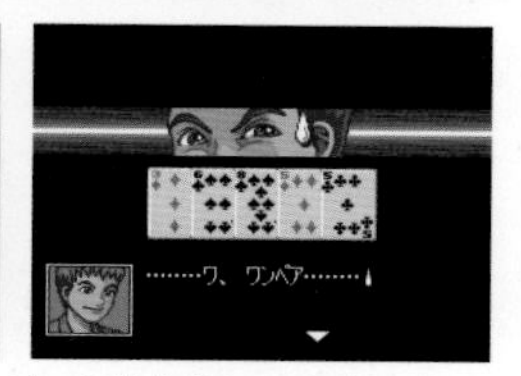

일본 물산이 발매한 게임을 모아놓은 『니치부츠 컬렉션1』. 아케이드에서 탈의 화투 게임이었던 작품을 가정용으로 이식한 『기온의 꽃』과 슬롯, 포커 등 다양한 갬블 게임이 수록된 『공략 카지노 바』가 들어가 있다.

VS. 컬렉션

● 발매일 / 1996년 11월 29일 ● 가격 / 6,980엔
● 퍼블리셔 / 보톰 업

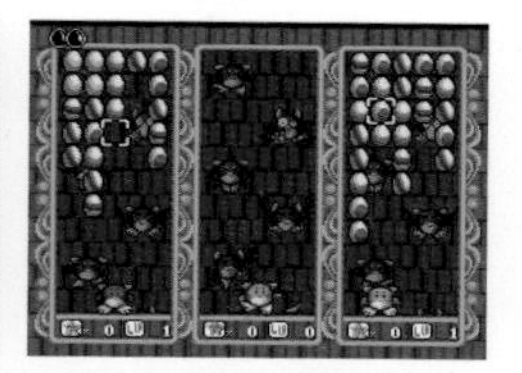
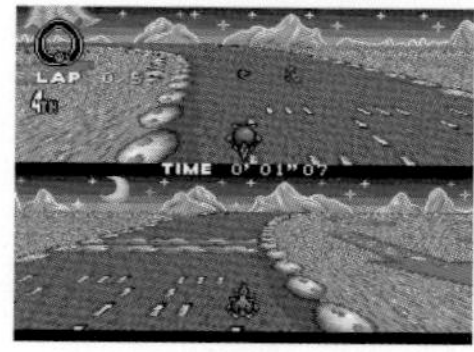

보톰 업이 발매한 4종류의 게임을 모아놓은 작품. 「타마고팟군」은 같은 색의 알을 지워가는 퍼즐 게임이고 「눈덩이 포이포이」는 팀으로 눈싸움을 하는 액션 게임이다. 「두근두근 레이스」는 상대를 방해할 수 있는 레이싱 게임이며 「토리아 태크」는 난투계 액션 게임이다.

Parlor! Mini4 파친코 실제 기기 시뮬레이션 게임

● 발매일 / 1996년 11월 29일 ● 가격 / 5,800엔
● 퍼블리셔 / 일본 텔레넷

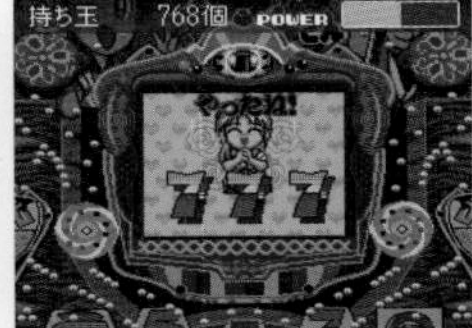

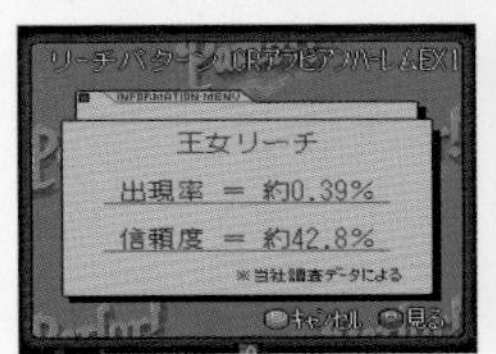

『Parlor! Mini』 시리즈 제4탄. 이번 작품에는 산요와 쿄라쿠의 2개 기종 「CR대공의 겐상」과 「CR아라비안 하렘 EX1」이 수록되었다. 특히 전자는 아케이드에서 절대적인 인기를 자랑했던 기종이라 열광적인 파친코 팬에게 환영받았다.

모모타로 전철 HAPPY

● 발매일 / 1996년 12월 6일 ● 가격 / 8,300엔
● 퍼블리셔 / 허드슨

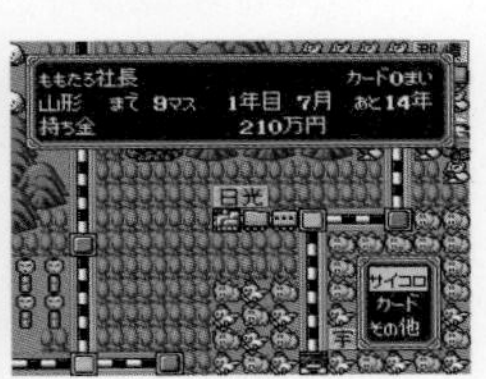

SFC의 시리즈 마지막 작품. 게임 규칙은 기본적으로 전작인 『DX』를 계승했고, 전작 대비 1.5배의 롬 용량을 활용해서 비주얼과 이벤트에 힘을 실었다. 이후 시리즈의 심볼이 된 '봄비라스 별'이 첫 등장한 작품이기도 하다.

주사위 게임 은하전기

● 발매일 / 1996년 12월 19일 ● 가격 / 6,980엔
● 퍼블리셔 / 보톰 업

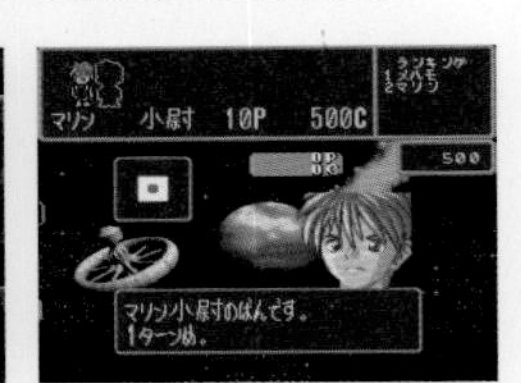

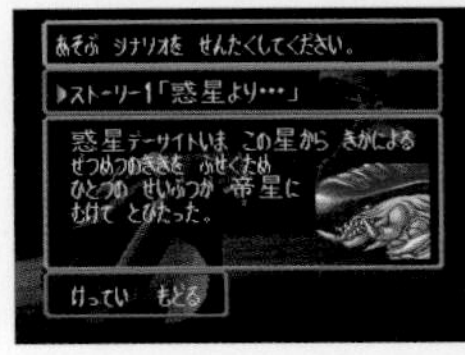
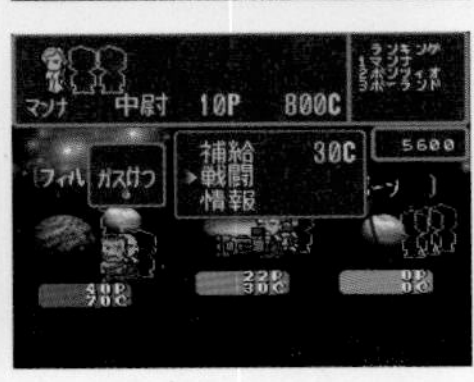

10명의 캐릭터별로 시나리오가 준비된 모노폴리 계통의 보드게임. 스토리 모드에서는 주인공마다 5화의 시나리오가 존재하고, 1위를 차지하면 다음으로 나아갈 수 있는 구조이다. 게임 중에는 독점한 토지를 그대로 빼앗는 공동기금 카드란 것이 있는데 이것이 파란의 시작이 된다.

쿠온파

● 발매일 / 1996년 12월 20일 ● 가격 / 6,800엔
● 퍼블리셔 / T&E 소프트

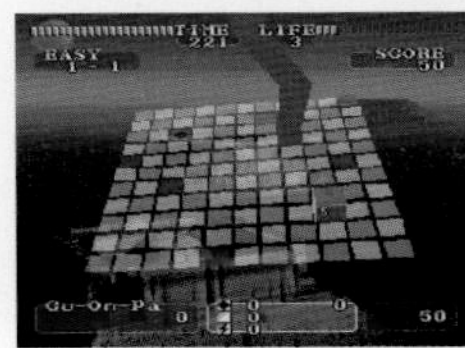
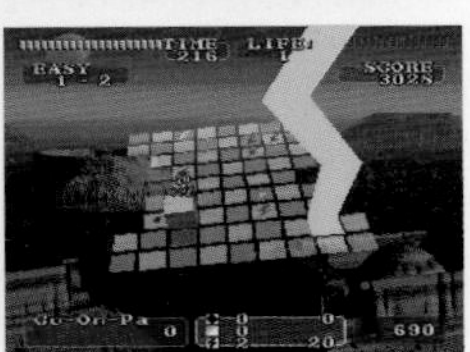

PC의 퍼즐 게임 『Endofun』을 토대로 한 작품. 6색의 큐브를 회전시켜서 같은 색 패널 바닥을 지워간다는 내용이다. 최고의 난관이라 할 수 있는 퍼즐 모드는 장기 묘수풀이와 비슷한 것으로 큐브의 이동 횟수가 정해져 있다.

G.O.D 눈을 뜨라는 목소리가 들린다

● 발매일 / 1996년 12월 20일 ● 가격 / 7,980엔
● 퍼블리셔 / 이머지니어

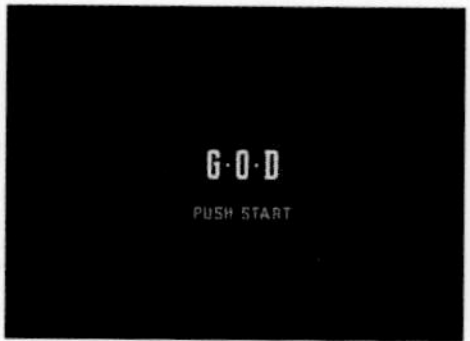

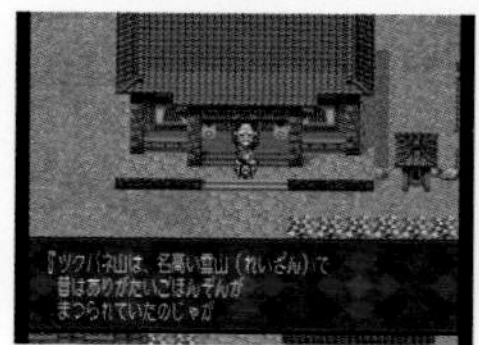
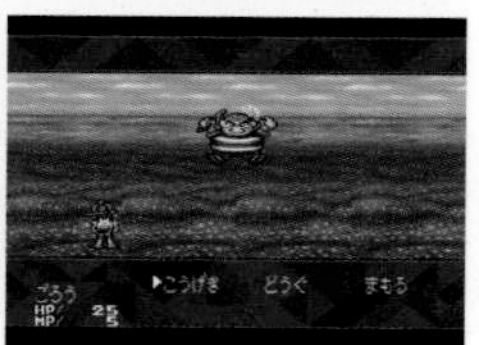

시나리오에 코가미 쇼지, 캐릭터 디자인에 에가와 타츠야, 음악 총감독에 데몬 코구레라는 호화 조합이 탄생시킨 RPG. 전투에서 얻은 사이코 스톤은 차크라(힘이나 지식 등의 파라미터)의 레벨업이나 새로운 기술 습득에 사용할 수 있다. 어떤 차크라를 늘릴지는 플레이어가 결정한다.

스트리트 파이터 ZERO2

● 발매일 / 1996년 12월 20일 ● 가격 / 7,800엔
● 퍼블리셔 / 캡콤

용량 제한으로 인해 시합 개시 직전에 로딩이 있거나 일부 모션이 삭제되는 등의 아쉬운 점은 있지만, 중요한 부분은 확실하게 구현되어 있다. SFC의 말기 작품인 만큼, 같은 하드로 발매된 대전 격투 게임치고는 하이 퀄리티의 작품이다.

도널드 덕의 마우이마라드

● 발매일 / 1996년 12월 20일 ● 가격 / 7,500엔
● 퍼블리셔 / 캡콤

도널드 덕이 주인공인 액션 게임. 탐정이 된 도널드 덕이 도둑맞은 사무브 상을 되찾는다는 내용이다. 게임이 진행되면 닌자로도 변신할 수 있어서 독자적인 액션을 구사할 수 있다. 보너스 스테이지에서는 패스워드를 건 미니게임에 도전한다.

니시진 파친코3

● 발매일 / 1996년 12월 20일 ● 가격 / 7,800엔
● 퍼블리셔 / KSS

전작까지는 『니시진 파친코 이야기』라는 타이틀이었지만, 이번 작품은 『니시진 파친코3』라는 이름에 내용도 바뀌었다. 스토리 모드가 삭제되고 공략 연구 모드만이 남았으며 「CR얏타루데」, 「CR매직 박스」의 2개 기종이 수록되었다.

피노키오

● 발매일 / 1996년 12월 20일 ● 가격 / 7,500엔
● 퍼블리셔 / 캡콤

디즈니의 극장판 애니메이션 『피노키오』의 스토리를 재현한 스테이지 클리어형 액션 게임. SFC 말기의 작품이지만 매우 매끄러운 애니메이션이 돋보이며, BGM을 포함해 원작의 분위기를 충분히 느낄 수 있는 작품이다.

봄버맨 비다맨

● 발매일 / 1996년 12월 20일 ● 가격 / 5,980엔
● 퍼블리셔 / 허드슨

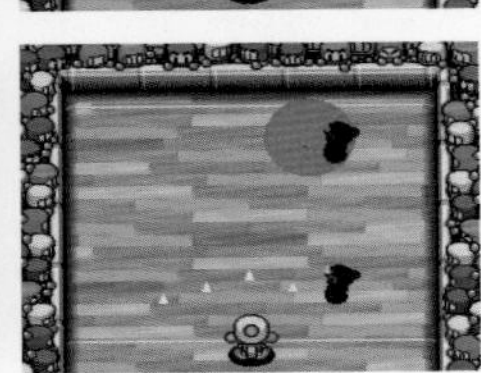

본 작품은 친숙한 폭탄 액션이 아니라 퍼즐 게임이다. 인형 장난감으로 발매되었던 비다맨이 처음 게임화 된 작품이기도 하다. 게임 규칙은 단순해서 스테이지에 배열된 폭탄을 비다 구슬 한 발로 폭발시킨다는 내용이다.

미니 사구
샤이닝 스콜피온 렛츠&고!!

● 발매일 / 1996년 12월 20일 ● 가격 / 8,800엔
● 퍼블리셔 / 아스키

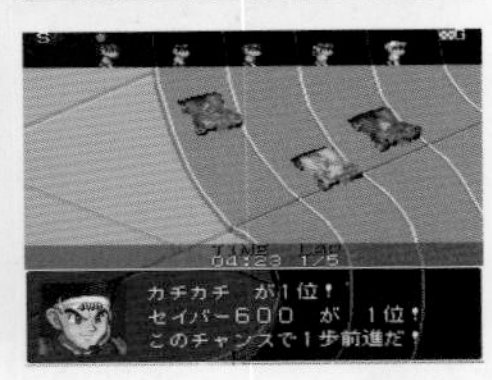

「월간 코로코로 코믹」에 연재되던 『폭주형제 렛츠&고!!』를 게임화 한 것. 원작의 일본 국내편을 어레인지한 스토리가 전개되는 미니 사구 시뮬레이션으로 격렬한 레이스를 즐길 수 있다. 대인전이 가능한 프리 배틀도 탑재되었다.

드래곤 나이트Ⅳ

● 발매일 / 1996년 12월 27일 ● 가격 / 7,980엔
● 퍼블리셔 / 반프레스토

반프레스토가 발매한 시뮬레이션 RPG. 엘프가 PC용으로 발매했던 19금 게임이 원작인데, SFC로 이식하면서 성인물의 요소를 삭제하고 시나리오를 수정했다. 또한 맵과 캐릭터를 추가했다. 게임은 스토리 파트와 전투 파트로 나뉘어서 진행된다.

니치부츠 컬렉션2

● 발매일 / 1996년 12월 27일 ● 가격 / 7,980엔
● 퍼블리셔 / 일본 물산

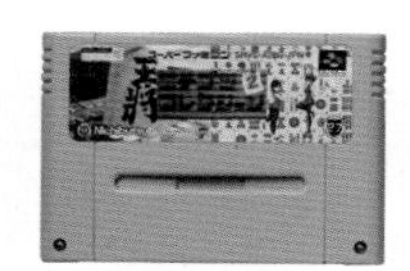

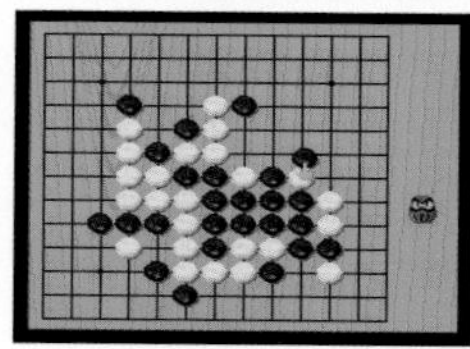
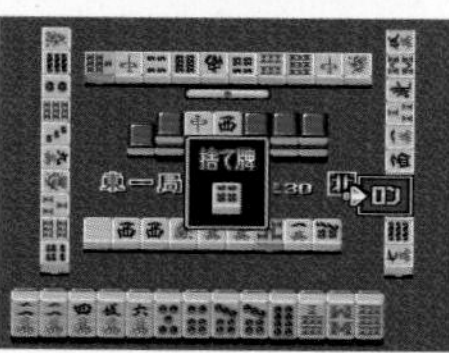

일본 물산이 SFC로 발매했던 『SUPER 오목 · 장기=정석 연구편=』과 『마작 번성기』를 합친 가성비 좋은 소프트. 장기 · 오목 · 마작 3가지를 플레이할 수 있다. 이중 장기는 은근히 알고리즘이 강화되어서 오리지널판보다 강해졌다.

마스크

● 발매일 / 1996년 12월 27일 ● 가격 / 9,800엔
● 퍼블리셔 / 버진 인터렉티브 엔터테인먼트

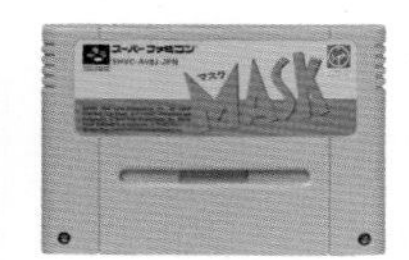

영화 『마스크』를 토대로 한 사이드뷰 액션 게임. 통상 공격인 글러브를 연속으로 누르면 어퍼를 쓸 수 있다. 또한 해머로 벽이나 바닥을 부수거나 고속 이동으로 적을 피하고 총을 연사하는 등, 풍부한 액션이 매력이다. 모션 역시 하나하나가 즐겁다.

SFC 본체 4,000엔 할인쿠폰

1995년 『마리오의 슈퍼 피크로스』 이후 발매된 닌텐도 타이틀에는 SFC 본체 4,000엔 할인쿠폰이 동봉되었다. PS나 SS 같은 32비트 기기의 가격 인하 경쟁에 대항한 판촉 활동이었다. 이 무렵 가정용 게임기 시장은 플레이 스테이션과 세가 새턴이 발매 반년 만에 100만 대를 돌파한 상황이었다.

그때까지 독점 상태였던 닌텐도의 점유율이 서서히 하락했다. 64비트 기기 『NINTENDO64』가 발매될 때까지 SFC를 조금이라도 연명시키기 위한 조치였지만 효과는 크지 않았다. 쿠폰 유효기간이 끝난 1996년 8월에는 13,000엔 전후였던 본체 가격을 9,800엔까지 내렸다. 닌텐도가 본체 가격을 내린 것은 그때가 처음이었다.

95년 발매된 『사테라뷰』의 실적 저하, 『버추얼 보이』의 조기 철수, 차세대 기기의 보급 시작으로 닌텐도에겐 괴로운 1년이었던 듯하다.

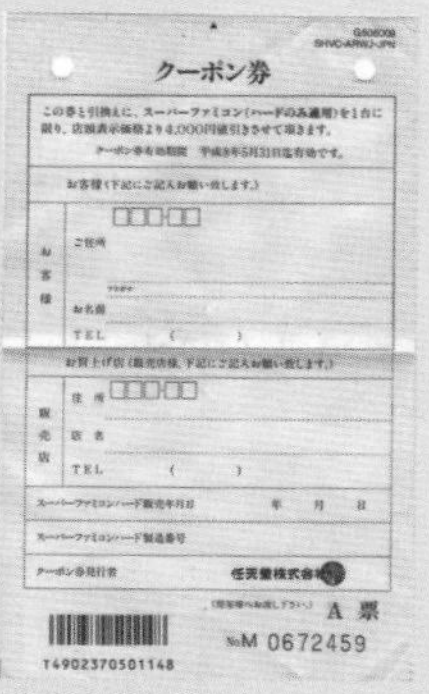

특정 소프트에 동봉되었던 SFC 할인쿠폰

『슈퍼마리오 RPG』 TV-CM 마지막에 소개된 쿠폰

쿠폰이 동봉된 4개 타이틀(패키지에 기재).

『슈퍼마리오 RPG』

『슈퍼 동키콩2 딕시 & 디디』

『마리오의 슈퍼 피크로스』

『별의 커비 슈퍼 디럭스』

슈퍼 패미컴

1997년

Super Famicom

알카노이드 Doh It Again

● 발매일 / 1997년 1월 15일 ● 가격 / 4,980엔
● 퍼블리셔 / 타이토

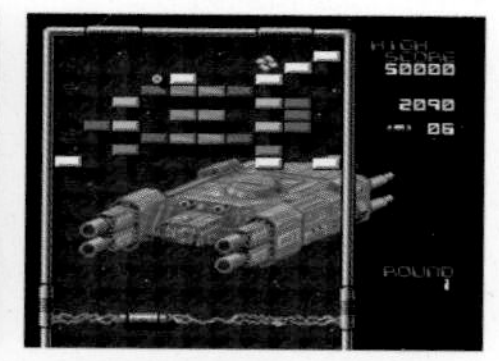
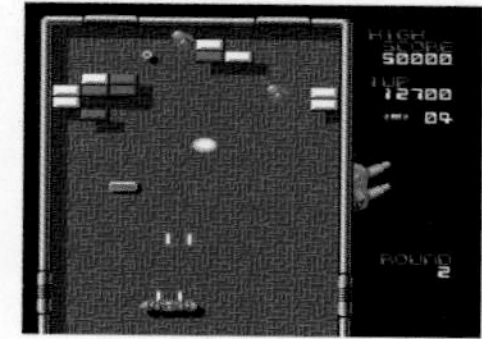
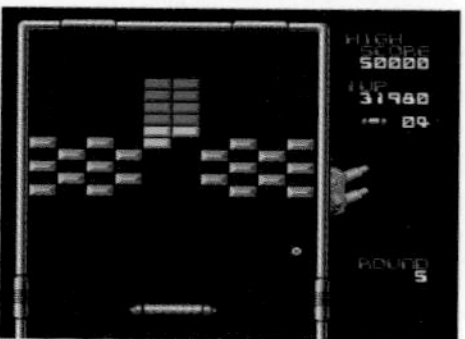

『블록 깨기』의 인기에 다시 불을 붙여 많은 플랫폼에 이식된 『알카노이드』의 SFC판. 컨트롤러를 이용해 조작할 수 있을 뿐 아니라 슈퍼 패미컴 마우스에도 대응했다. 총 99개의 스테이지가 준비되어 있으며, 1인용 모드 이외에 VS 모드나 2인 협력 모드도 존재한다.

BUSHI 청룡전 ~2인의 용사~

● 발매일 / 1997년 1월 17일 ● 가격 / 7,980엔
● 퍼블리셔 / T&E 소프트

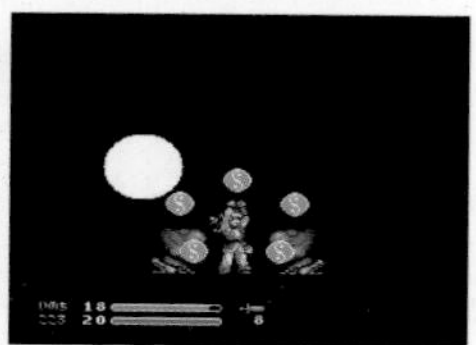

일본 신화를 모티브로 한 액션 RPG. 전투는 횡스크롤 액션에 턴제를 더한 특이한 형태로 진행된다. 보다 적은 턴에 전투를 끝내면 빛의 곡옥(曲玉)을 얻을 수 있고 이를 많이 입수하면 진 엔딩을 볼 수 있다.

프로야구 스타

● 발매일 / 1997년 1월 17일 ● 가격 / 6,800엔
● 퍼블리셔 / 컬처 브레인

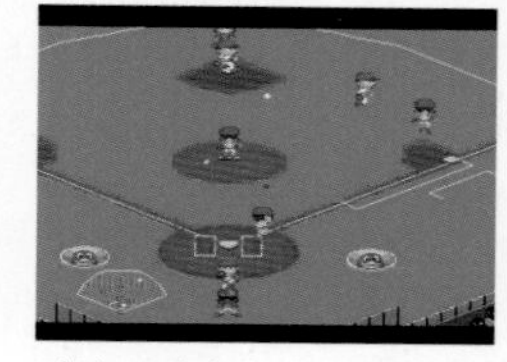
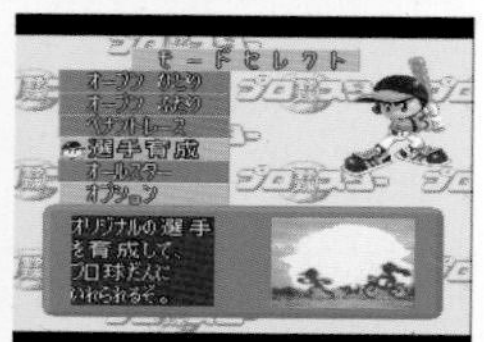

컬처 브레인의 야구 게임 『울트라 베이스볼』 시리즈의 속편으로 개발되었지만, 초인 요소를 제외해서 노멀 야구를 즐길 수 있게 만든 작품이다. 게임 내의 데이터는 1996년 버전이 사용되었다.

건플 GUNMAN'S PROOF

● 발매일 / 1997년 1월 31일 ● 가격 / 8,000엔
● 퍼블리셔 / 아스키

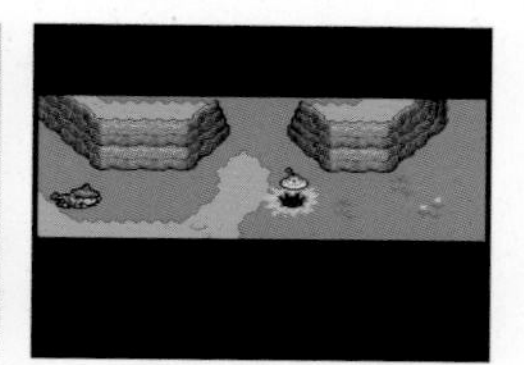

아스키가 발매한 액션 RPG. 라이프제의 탑뷰 화면과 필드와 던전을 공략한다는 점에서는 『젤다의 전설』 타입의 게임이라 할 수 있다. 하지만 어드벤처 요소는 적고 액션에 가까우며, 주인공 소년이 총을 들고 싸우는 것이 특징이다.

피키냐!

● 발매일 / 1997년 1월 31일 ● 가격 / 6,800엔
● 퍼블리셔 / 아스키

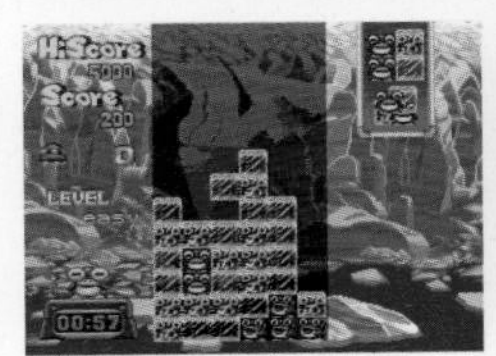
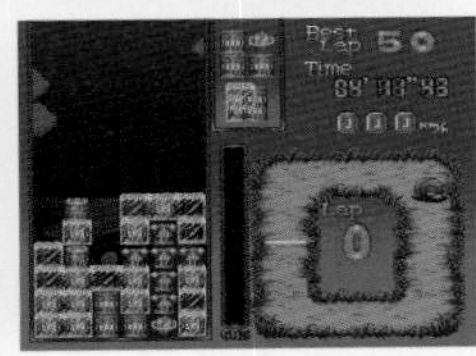

『타워 드림』과 마찬가지로 아스키 개발에 사쿠라 타마키치가 디자인했다. 장르는 낙하형 퍼즐 게임이며, 펭귄을 모방한 블록을 가로 · 세로로 6개 모아서 지우는 것이 기본 규칙이다. 블록 중에는 얼어붙은 것도 있는데 이 얼음 블록은 가로 1줄만 지울 수 있다.

밀란드라

● 발매일 / 1997년 1월 31일 ● 가격 / 7,800엔
● 퍼블리셔 / 아스키

대 마도사 샤이록에게 성과 공주를 빼앗긴 주인공(왕자)이 동료와 함께 밀란드라 성에 들어간다는 스토리의 던전 RPG. 랜덤 생성되는 던전에 도전하는 주인공 이외의 파티에는 AI 기능이 탑재되었다. 던전에 떨어져 있는 하트를 사용해 동료를 늘리는 시스템이 재미있다.

이토이 시게사토의 배스 낚시 No.1

● 발매일 / 1997년 2월 21일 ● 가격 / 7,800엔
● 퍼블리셔 / 닌텐도

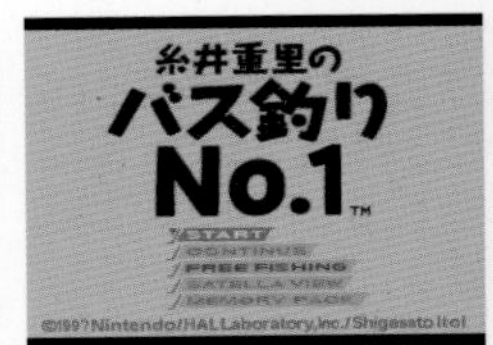

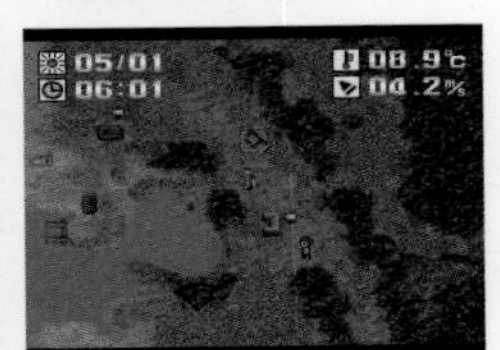

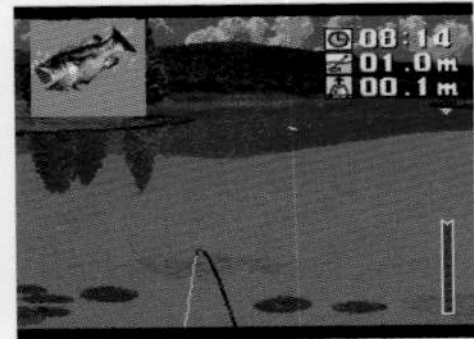

카피라이터인 이토이 시게사토가 감수한 낚시 게임. 적성호라는 가상의 호수를 무대로 본격적인 블랙배스 낚시에 도전한다. 배스 낚시 애호가로 알려진 이토이의 성향이 게임 안에도 강하게 배어 있으며, 현실에서처럼 포인트와 시간대 파악, 루어 선택이 승패를 가른다.

슈퍼 봄버맨5

● 발매일 / 1997년 2월 28일 ● 가격 / 6,980엔
● 퍼블리셔 / 허드슨

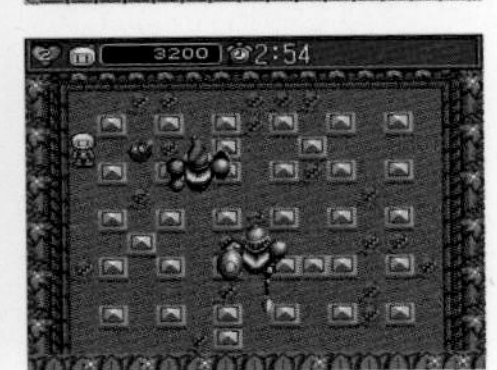

전작은 『비다맨』이 주인공인 외전 격의 작품이었지만, 이번 작품은 기존의 게임성을 답습한 액션 게임이다. SFC 시리즈로는 일곱 번째 작품이자 최종작이기도 하다. 총 100스테이지가 준비된 노멀 게임은 복수의 워프홀 출현을 이용해 스테이지가 분기되고 멀티 엔딩이 도입되었다.

닌타마 란타로3

● 발매일 / 1997년 2월 28일 ● 가격 / 6,980엔
● 퍼블리셔 / 컬처 브레인

시리즈 다섯 번째 작품으로 인술 학원 내부를 무대로 했다. 이번에도 어드벤처 파트와 액션 파트를 수행하는 게임으로 만들어졌는데, 전작에서 크게 바뀐 부분은 없지만 점프 액션과 대시 공격이 추가되었다. 풍부한 미니 게임도 좋은 자극제가 되었다.

파치스로 완전공략 유니버설 새 기기 입하 volume1

● 발매일 / 1997년 3월 7일 ● 가격 / 5,980엔
● 퍼블리셔 / 일본 시스컴

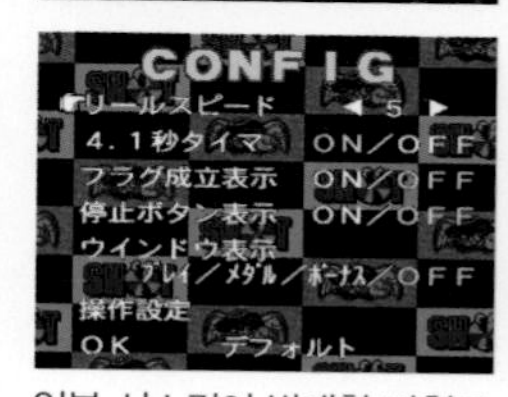

일본 시스컴이 발매한 파친코 슬롯 실제 기기 시뮬레이션 게임. 홀 공략 같은 모드는 전혀 없고 「CC엔젤」「덩크슛2」의 2개 기종을 취향대로 설정해서 플레이한다. 타이틀 넘버링은 volume1이지만 그 후 어떤 하드로도 volume2는 발매되지 않았다.

애니매니악스

● 발매일 / 1997년 3월 7일 ● 가격 / 5,800엔
● 퍼블리셔 / 코나미

스티븐 스필버그가 총 지휘한 동명의 애니메이션을 액션 게임화 했다. 워너 브라더스라는 3명의 캐릭터를 조작해서 다채로운 액션을 구사하며 기믹이 가득한 스테이지를 클리어해 나간다. 해외 게임답게 난이도는 높은 편이다.

캐스퍼

● 발매일 / 1997년 3월 14일 ● 가격 / 4,980엔
● 퍼블리셔 / KSS

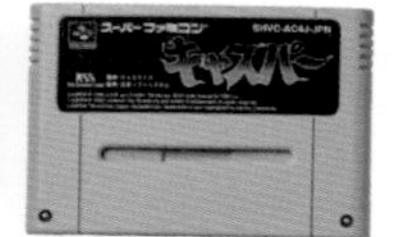
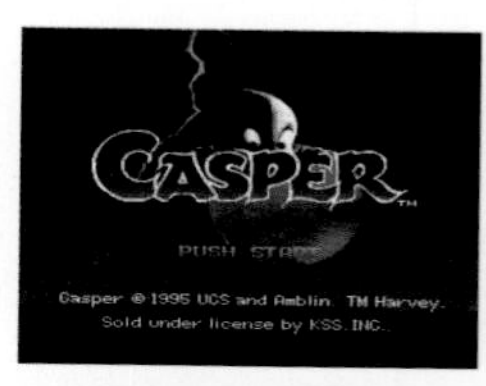

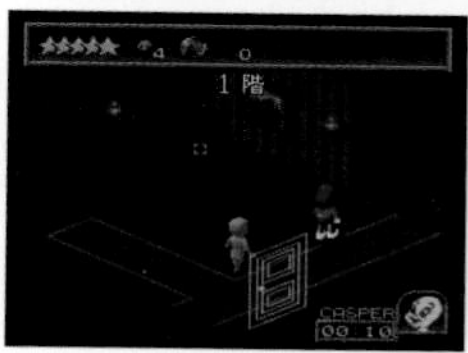

영화로도 만들어졌던 미국의 애니메이션 『캐스퍼』를 소재로 한 쿼터뷰 시점의 액션 어드벤처 게임. 주인공 캣이 아버지 하비 박사를 찾기 위해, 꼬마 유령 캐스퍼의 힘을 빌려 퍼즐을 풀면서 여러 장치가 있는 저택을 탐색한다는 내용이다.

슈퍼 더블 역만 II

● 발매일 / 1997년 3월 14일 ● 가격 / 7,500엔
● 퍼블리셔 / 밥

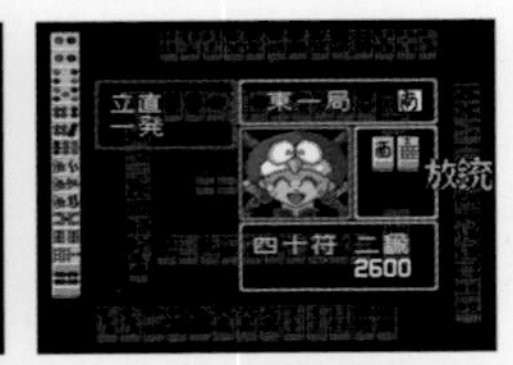

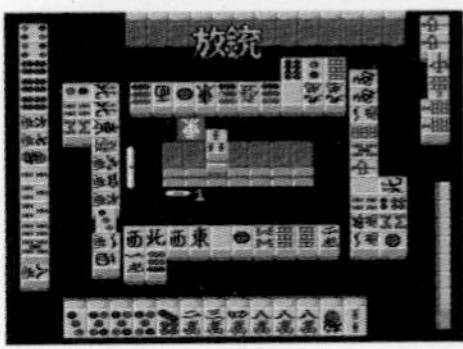

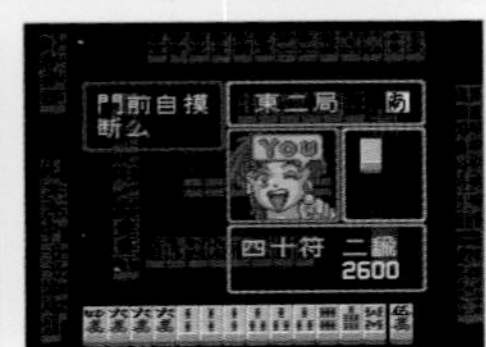

전작으로부터 약 3년 후에 발매된 밥의 마작 게임. 전작에 있었던 도장 깨기 모드는 없어졌고 대결 모드와 토너먼트 모드만 남았다. 다른 마작 게임과 비교해 역만이 쉽게 나오는 것은 여전하기 때문에 리얼한 마작을 기대하면 당황할지도 모른다.

실전 파치스로 필승법! TWIN

● 발매일 / 1997년 3월 15일 ● 가격 / 5,980엔
● 퍼블리셔 / 사미

파친코 슬롯 실제 기기 시뮬레이션 게임. 『TWIN』이라는 타이틀대로 유니버설의 「크랭키 콘돌」과 야마사의 「핑크 팬서」가 수록되었으며, 사미가 발매했지만 사미 제품은 수록되지 않았다. 데이터 분석을 위한 슬럼프 그래프를 볼 수 있다.

실황 파워풀 프로야구3 '97 봄

● 발매일 / 1997년 3월 20일 ● 가격 / 6,800엔
● 퍼블리셔 / 코나미

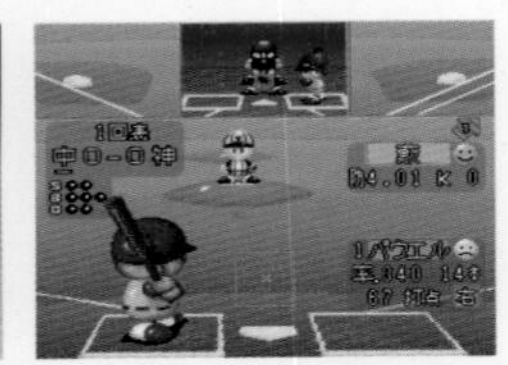

『실황 파워풀 프로야구3』을 업데이트한 것이 『'96 개막판』이고, 그 다음해에 발매된 것이 『'97 봄』 버전이다. 발매 시점이 3월이라 실제로는 96년 정규 시즌 종료 후의 데이터를 사용했는데, 시즌 종료 이후 스토브 리그의 흐름이 반영되어 선수들의 팀 이동 현황을 볼 수 있다.

솔리드 런너

● 발매일 / 1997년 3월 28일 ● 가격 / 8,000엔
● 퍼블리셔 / 아스키

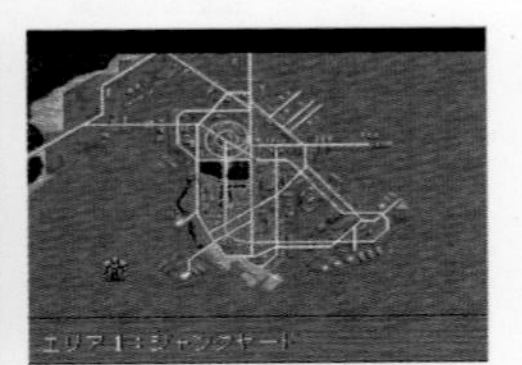

근미래의 지구를 무대로 전뇌 탐정인 슈우가 사건을 해결해간다는 시나리오의 RPG. 커맨드 방식의 전형적인 게임이지만 로봇에 탑승해서 벌이는 전투가 특징으로 복잡한 버튼 조작을 요구한다. 공격도 가위바위보처럼 서로 물고 물리는 관계로 되어 있어 적과의 신경전이 벌어진다.

다크 로우 Meaning of Death

● 발매일 / 1997년 3월 28일 ● 가격 / 8,000엔
● 퍼블리셔 / 아스키

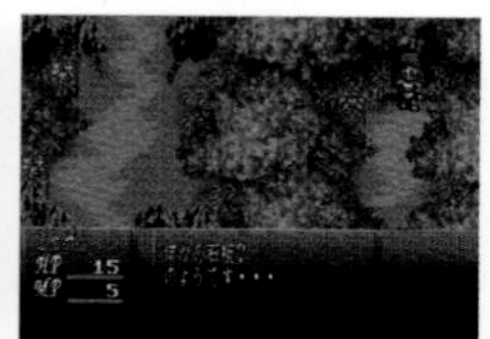
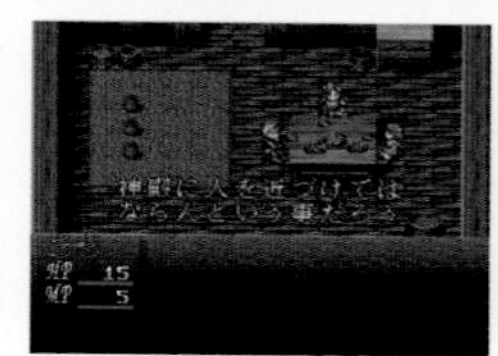
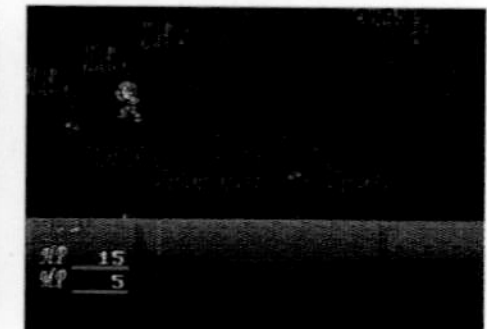

『솔리드 런너』와 같은 날 발매된 RPG. 두 작품에 연관성은 없지만 아스키의 SFC 마지막 작품이라는 공통점이 있다. 본 작품은 『다크 로드』 『위저피』에 이은 시리즈로 시나리오 클리어형의 시뮬레이션 RPG이다.

Parlor! Mini5 파친코 실제 기기 시뮬레이션 게임

● 발매일 / 1997년 3월 28일 ● 가격 / 4,900엔
● 퍼블리셔 / 일본 텔레넷

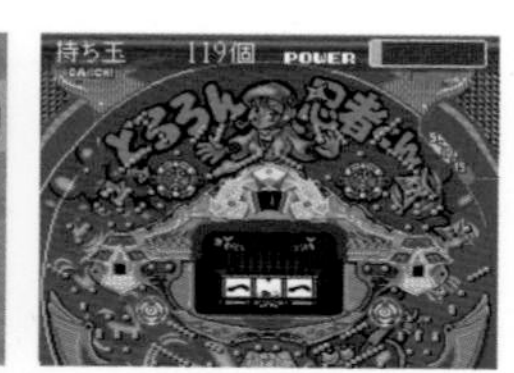
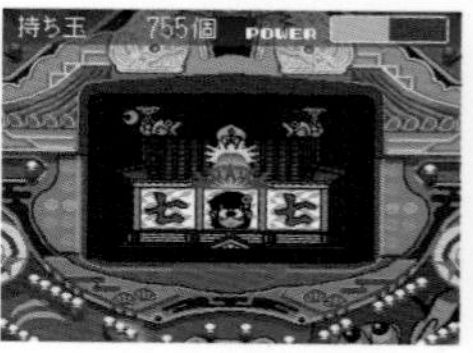

시리즈 통산 다섯 번째 작품이다. 이번 작품에는 다이이치 상사의 「CR도로론 닌자군」과 「CR브레이크 찬스V」 2개 기종이 수록되었다. 게임 모드는 여전히 두 종류인데, 설정을 통해 반드시 리치가 걸리게 할 수 있는 등의 기능이 생겼다.

프로마작 베이

● 발매일 / 1997년 4월 18일 ● 가격 / 6,980엔
● 퍼블리셔 / 컬처 브레인

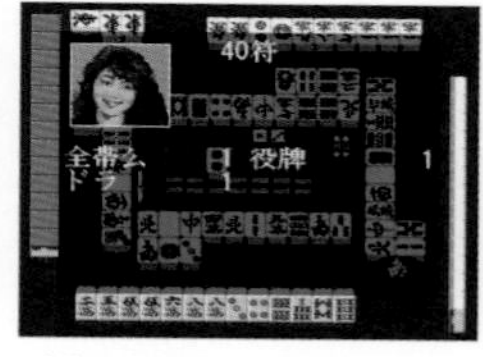
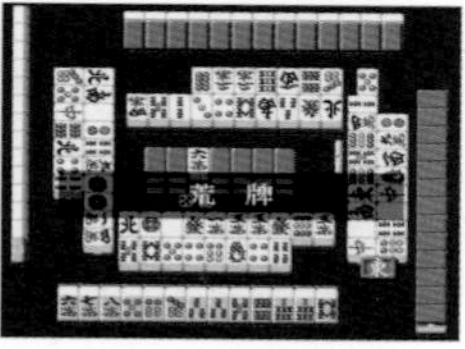

이후 여러 플랫폼에서도 시리즈화 된 마작 게임. 실제 프로 마작사 16명이 등장해 실력 겨루기나 전법을 배울 수 있다. 대회 모드나 마작장 모드 외에 '마작 지도'라는 초보자 모드가 있어서 선인(仙人)의 어드바이스를 받을 수 있다.

프로야구 열투 퍼즐 스타디움

● 발매일 / 1997년 4월 25일 ● 가격 / 7,800엔
● 퍼블리셔 / 코코너츠 재팬 엔터테인먼트

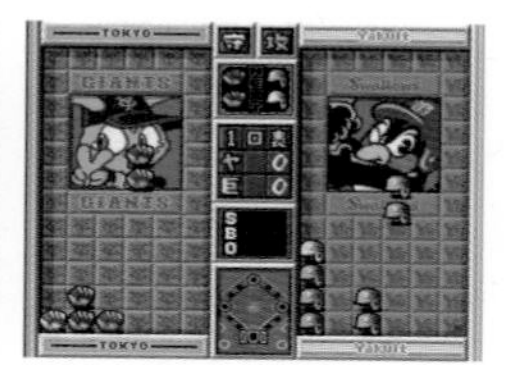

야구 요소를 도입한 낙하형 퍼즐 게임으로, 프로야구 12개 구단의 마스코트 캐릭터가 등장한다. 공수로 나뉘어서 서로 연쇄를 경쟁하고, 9회를 소화한 시점의 득점으로 승패를 결정한다는 야구다운 내용이다.

카토 히후미 9단 장기 클럽

● 발매일 / 1997년 5월 16일 ● 가격 / 4,980엔
● 퍼블리셔 / 헥터

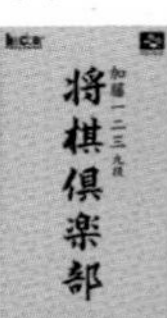

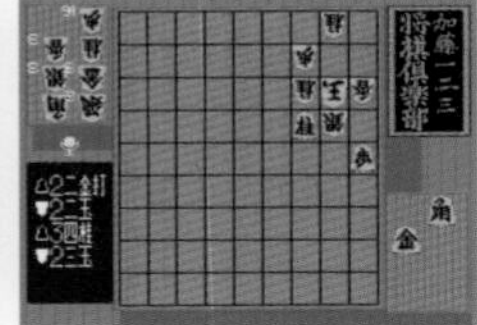
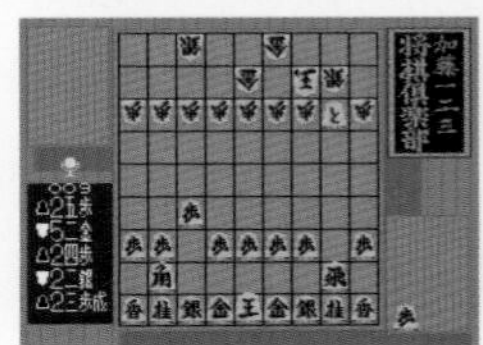
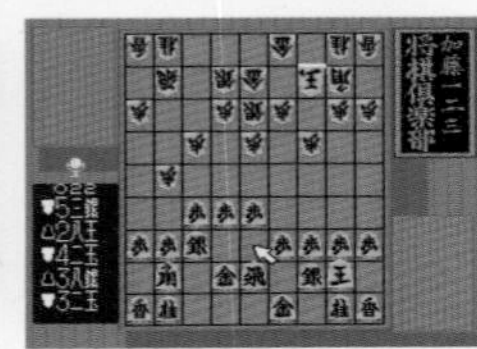

카토 히후미 9단이 감수한 소프트는 1995년에도 나왔지만 그때는 바리에 발매이고, 본 작품은 헥터 발매이다. 1분 장기의 신이라 불린 카토의 명성대로 CPU는 '빠르고 강하게'를 원칙으로 조정되었다. 카토 9단이 출제한 100문제에도 도전할 수 있어서 확실하게 장기를 배울 수 있다.

Parlor! Mini6 파친코 실제 기기 시뮬레이션 게임

● 발매일 / 1997년 5월 30일 ● 가격 / 4,980엔
● 퍼블리셔 / 일본 텔레넷

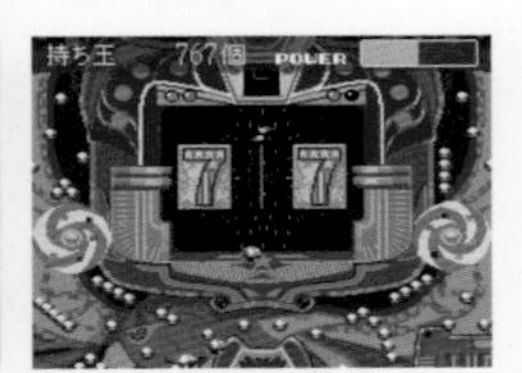

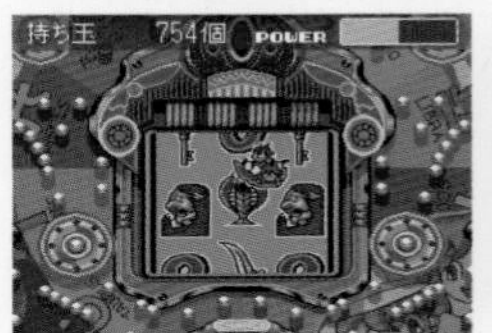

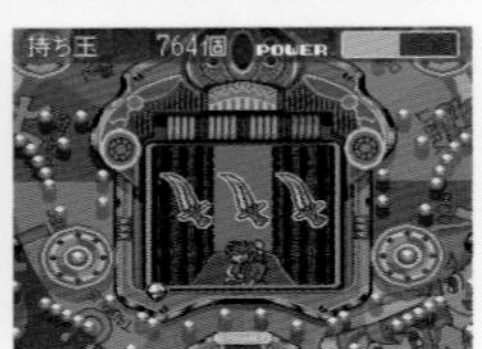

파친코 실제 기기 시뮬레이션 『Parlor! Mini』 시리즈 제6탄은 산요와 마사무라의 합작이다. 산요는 권리물인 「뉴 로드스타」를, 마사무라는 시간 단축기인 「매지컬 체이서3」를 제공했다. 이번 작품에서는 사운드 감상이 추가되었다.

배 타로

● 발매일 / 1997년 8월 1일 ● 가격 / 7,800엔
● 퍼블리셔 / 빅터 인터렉티브 / 팩 인 소프트

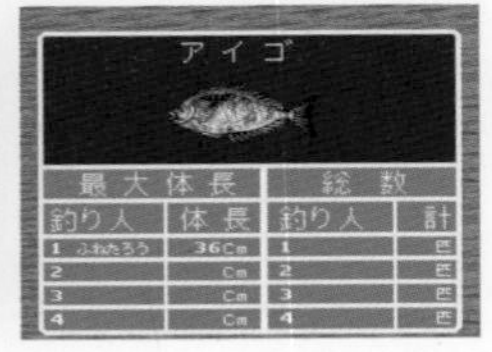

『낚시꾼』 시리즈의 파생 작품인 『낚시 타로』의 바다 버전이다. 일본의 실제 섬에 가서 바다낚시를 즐기는 게임으로 아름다운 배경도 볼만한 점 중의 하나다. 『낚시꾼』 시리즈와 마찬가지로 RPG 요소는 없지만, 갈 수 있는 섬을 늘리려면 목표치를 채워야 한다.

Parlor! Mini7 파친코 실제 기기 시뮬레이션 게임

● 발매일 / 1997년 8월 29일 ● 가격 / 4,900엔
● 퍼블리셔 / 일본 텔레넷

『Parlor! Mini』 시리즈의 일곱 번째 작품. 이번에는 토요마루 산업의 「CR세븐도프V」와 다이이치 상회의 「개굴개굴 점프」를 수록했다. 전자는 권리물이고 후자는 시간 단축기이다. 기능면에서 특별히 추가된 요소는 없고 게임 모드도 기존과 마찬가지로 2종류이다.

실전 파치스로 필승법! Twin Vol.2 ~울트라 세븐·와이와이 펄서2~

● 발매일 / 1997년 9월 12일 ● 가격 / 5,980엔
● 퍼블리셔 / 사미

『실전 파치스로 필승법!』 중 『Twin』 시리즈 제2탄. 사미의 「울트라 세븐」과 야마사의 「와이와이 펄서2」를 수록했다. 두 기종 모두 보너스만으로 보상 구슬을 늘리는 A타입이다. 격렬 모드가 탑재되어 있어서 실제 기기에서는 실현하기 어려웠던 대연장을 만끽할 수 있다.

동급생2

● 발매일 / 1997년 12월 1일 ● 가격 / 3,000엔
● 퍼블리셔 / 반프레스토

『드래곤 나이트Ⅳ』와 마찬가지로 엘프의 PC 작품을 반프레스토가 이식했다. 장르는 어드벤처로 닌텐도 파워 전용 소프트이다. 원작이 19금 작품이어서 규제에 저촉되는 부분은 수정되었고, 새로운 캐릭터를 넣는 대신에 볼륨 자체는 줄었다.

헤이세이 신 오니가시마 전편

● 발매일 / 1997년 12월 1일 ● 가격 / 3,000엔
● 퍼블리셔 / 닌텐도

※롬팩판
발매일 / 1998년 5월 23일
가격 / 3,800엔

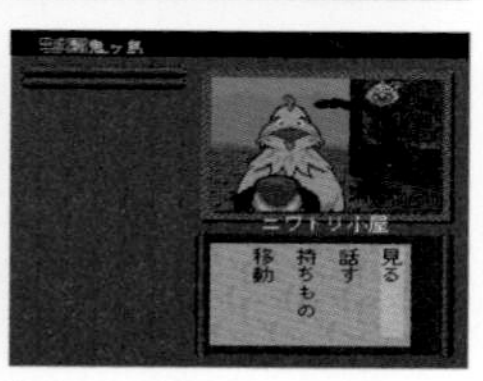

디스크 시스템으로 발매된 『패미컴 옛날이야기 신 오니가시마』의 외전. 사테라뷰로 배포됐던 『BS신 오니가시마』를 리메이크한 것이다. 닌텐도 파워 전용이었지만 후에 롬팩판도 발매되었다. 전편은 1화와 2화가 수록되었는데, 클리어하면 패미컴 디스크판도 플레이할 수 있다.

헤이세이 신 오니가시마 후편

● 발매일 / 1997년 12월 1일 ● 가격 / 3,000엔
● 퍼블리셔 / 닌텐도

※롬팩판
발매일 / 1998년 5월 23일
가격 / 3,800엔

『전편』과 동시 발매됐다. 펑인 오하나가 메인인 3화, 디스크판의 8장 · 9장을 어레인지한 4화(오니가시마에서의 최종 결전이 소재)가 수록되었다. 전편과 같이 클리어하면 패미컴 디스크판을 플레이할 수 있는데 게임은 전후편 중 하나만도 플레이가 가능하다. 전 · 후편 모두 롬팩판 발매.

폭구 연발!! 슈퍼 비다맨

● 발매일 / 1997년 12월 19일 ● 가격 / 4,980엔
● 퍼블리셔 / 허드슨

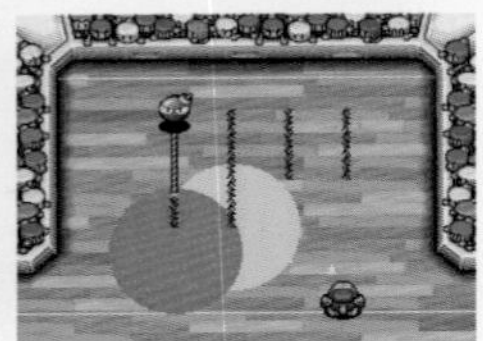

「월간 코로코로 코믹」에 연재되어 인기를 모았던 만화를 토대로 한 슈팅 퍼즐 게임. 구슬을 발사해서 모든 폭탄을 폭발시키면 클리어가 된다. 첫 한 발로 클리어하면 비 코인을 얻을 수 있는데 비다맨 개조에 사용된다.

예상 밖의 부활 ! 전설의『스타 폭스 2』

● 발매일 / 2017년 10월 5일 ● 퍼블리셔 / 닌텐도

『스타 폭스』의 속편으로 기획되었다가 개발 중단된 미공개 작품. 2017년『닌텐도 클래식 미니 슈퍼 패미컴』에 처음 수록됐다. 전작보다 파워업 되어서, N64판에 가깝게 만들어졌다.

광고지 갤러리

『슈퍼 동키콩』

『슈퍼 동키콩2 딕시 & 디디』

『슈퍼 동키콩3 비밀의 클레미스섬』

『슈퍼마리오 컬렉션』

『별의 커비 슈퍼 디럭스』

『헤이세이 신 오니가시마 전편·후편』

슈퍼 패미컴 통신 모뎀 NDM24

전화 회선을 연결해서 통신 서비스를 받을 수 있는 주변기기. NTT 데이터가 판매한 통신 모뎀과 전용 데크가 탑재된 패드가 세트인 『NDM24』이다. 대응 소프트인 『JRA-PAT』는 FC 시절부터 있었던 서비스로 경마의 투표를 실시할 수 있었다. 1991년 4월 FC로 시작해서 SFC, 드림 캐스트로 플랫폼을 바꿔가며 2015년 7월 종료될 때까지 24년이나 이어졌다.

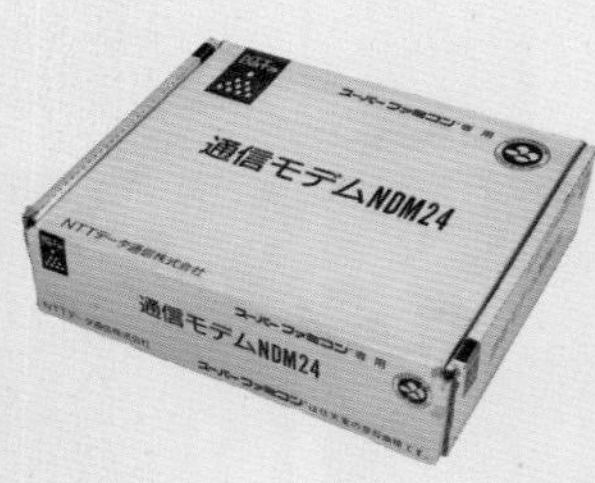

『통신 모뎀 NDM24』

『JAR PAT SHVC-TJBJ-JPN-U1』

『JAR PAT SHVC-TJAJ-JPN-S2』

『JAR PAT 와이드 대응판』

『재택 투표 시스템 SPAT4-와이드』

대전 매칭 서비스 『XBAND』

● 발매일 / 1996년 4월 1일 ● 가격 / 6,800엔 (XBAND카드 / 1,600엔) ● 메이커 / 캐터필트 엔터테인먼트

아마도 가정용 게임기로는 최초로 전화 회선을 사용한 통신 대전을 실현했다. 체험 모니터(흰색 패키지) 배포를 통해 1996년 4월 1일 서비스를 시작했고, 그해 7월부터는 세가 새턴에서도 서비스를 제공했다. 『XBAND 모뎀』에 전용 선불카드를 꽂으면, 1회 40엔으로 통신 대전을 즐길 수 있었다.
대응 소프트는 『슈퍼 스트리트 파이터 II』 『슈퍼마리오 카트』 『패널로 퐁』 『뿌요뿌요 통 REMIX』 『슈퍼 패미 스타5』 『오델로 월드』 등 9개 타이틀. 대전 서비스 이외에 메일이나 채팅, 프로필 작성, 라이벌 리스트 작성 등도 가능했다. 대전 상대와의 매칭은 동일한 시와 국번이 기준이었고, 이용 시간을 제한할 수 있는 등 이용료가 비싸지지 않도록 고안되었다. 하지만 모뎀 속도가 저속(2400bps)이어서 랙으로 불편을 겪은 유저도 적지 않다. 이용자 수의 정체로 서비스 개시 약 1년 반 만에 종료되었다.

『XBAND』

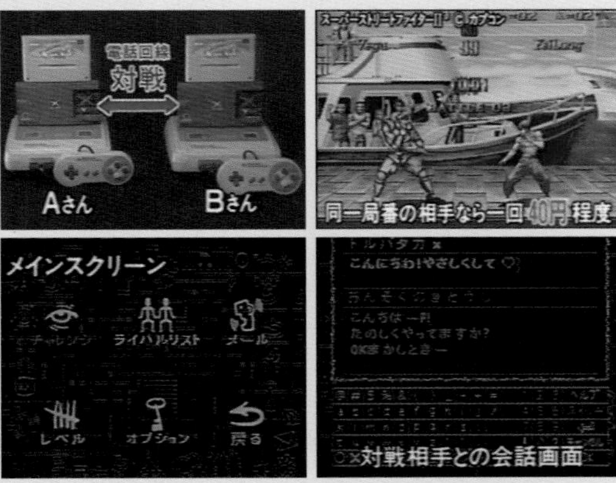

『XBAND』 판촉 비디오 「THIS IS XBAND~단위조작 매뉴얼」에서

슈퍼 패미컴

1998년

Super Famicom

레킹 크루'98

● 발매일 / 1998년 1월 1일 ● 가격 / 3,000엔
● 퍼블리셔 / 닌텐도

※롬팩판
발매일 / 1998년 5월 23일
가격 / 3,800엔

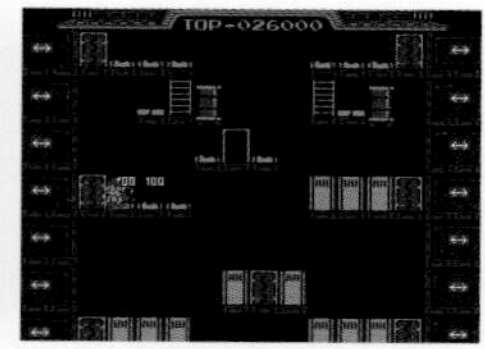
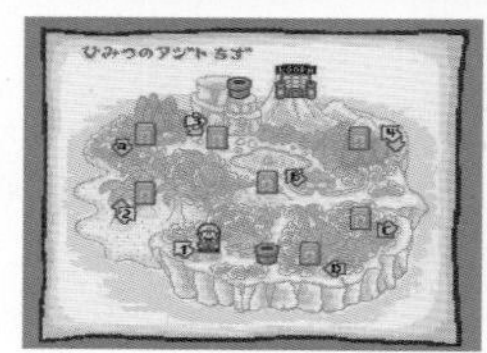

명작 액션 『레킹 크루』를 이식한 낙하형 퍼즐 게임. 주인공 캐릭터를 조작해서 벽을 해머로 파괴하거나 이동시키며 지워 나간다. 4개 이상의 동시 삭제나 연쇄로 상대를 방해할 수도 있다. 오리지널판도 수록되어 있으며 롬팩판도 발매되었다.

HEIWA Parlor! Mini8 파친코 실제 기기 시뮬레이션 게임

● 발매일 / 1998년 1월 30일 ● 가격 / 5,200엔
● 퍼블리셔 / 일본 텔레넷

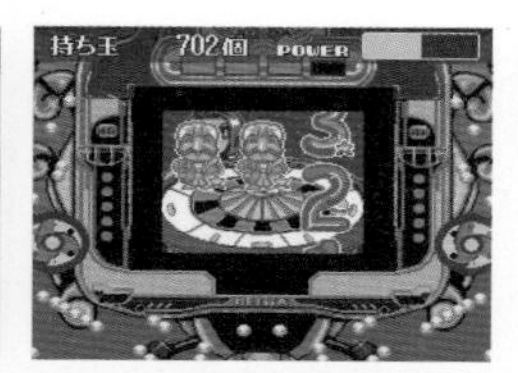

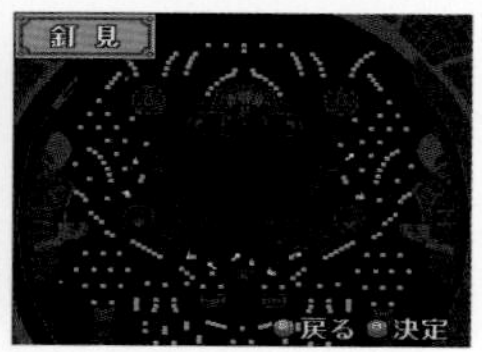

시리즈 여덟 번째 작품은 파친코 기기의 대형 개발사 HEIWA에 초점을 맞추었다. 수록된 것은 「CR석세스 스토리」와 「호조군 DX」 2개 기종이다. 실전 모드에서는 게임 내에 있는 파친코 가게에 가서 100만 G를 모으면 엔딩이다.

커비의 반짝반짝 키즈

● 발매일 / 1998년 2월 1일 ● 가격 / 3,000엔
● 퍼블리셔 / 닌텐도

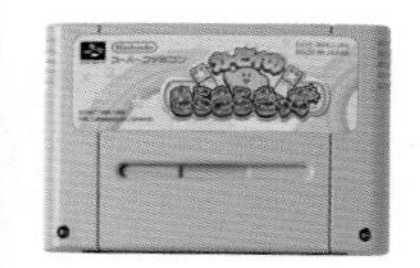

※롬팩판
발매일 / 1999년 6월 25일
가격 / 4,500엔

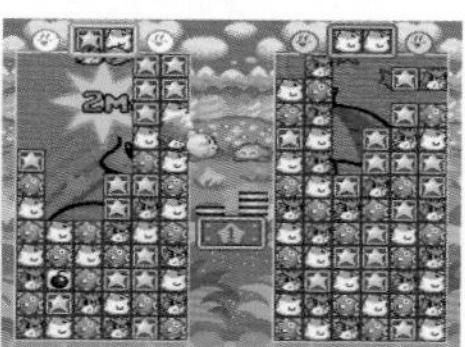

GB로 발매됐던 낙하형 퍼즐 게임을 SFC로 리메이크했다. 같은 종류의 캐릭터 블록을 2개 이상 붙이면 지울 수 있는데, 그 사이에 별 블록이 있으면 그것도 한꺼번에 지울 수 있다. 게임 모드는 5종류인데 대전 모드에서는 연쇄로 지워서 상대를 방해할 수 있다. 롬팩판도 발매되었다.

슈퍼 패밀리 게렌데

● 발매일 / 1998년 2월 1일 ● 가격 / 3,000엔
● 퍼블리셔 / 남코

남코의 『패밀리』 시리즈에서는 유일한 스키 게임이며, 닌텐도 파워의 다운로드 전용 작품이다. 게렌데 배틀, 타임 어택, 스토리, 스키 스쿨이라는 4개의 모드를 플레이할 수 있고, 스키 샵에서 스키와 부츠, 웨어 등을 구입할 수 있다.

슈퍼 펀치아웃!!

● 발매일 / 1998년 3월 1일 ● 가격 / 3,000엔
● 퍼블리셔 / 닌텐도

『펀치아웃!!』의 속편에 해당한다. 시스템은 FC판이 아니라 아케이드판을 기준으로 했고, 주인공 캐릭터의 등 뒤에서 보는 시점을 채용했다. 화면 하단에 있는 미터가 가득 차면 필살 펀치를 쓸 수 있다. 해외에서는 1994년에 발매되었다.

실황 파워풀 프로야구 Basic판'98

● 발매일 / 1998년 3월 19일 ● 가격 / 5,800엔
● 퍼블리셔 / 코나미

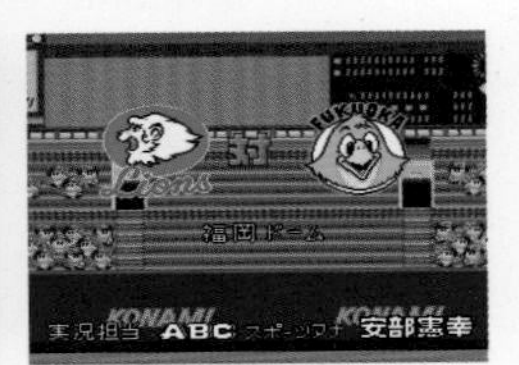

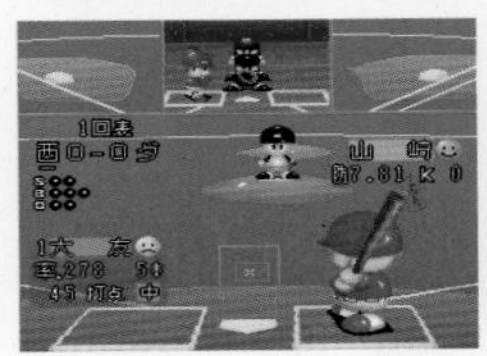

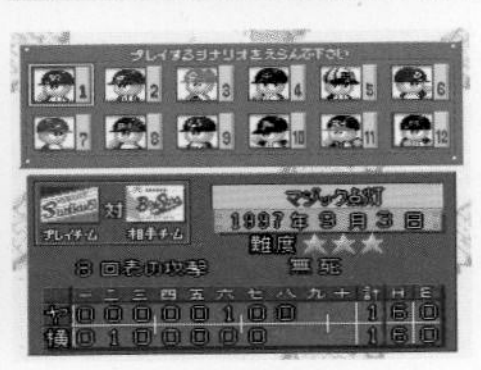

SFC에서의 시리즈 최종작이다. 『3』의 시스템을 토대로 했고 선수 데이터를 최신판으로 갱신했다. 모드는 모두 6종류이지만 호평받았던 석세스 모드는 실리지 않았다. Basic판이라고 할 만큼 기본으로 돌아가서 견실하게 만들어졌다.

별의 커비3

● 발매일 / 1998년 3월 27일 ● 가격 / 4,800엔
● 퍼블리셔 / 닌텐도

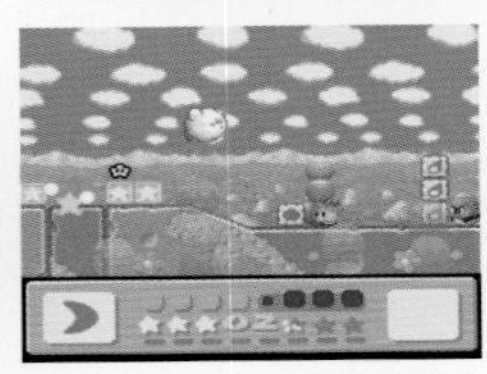

시리즈 통산 다섯 번째 작품이자 SFC에서는 두 번째 작품이다. 전작과는 완전히 다르게 옅은 색이 많이 사용되어서 그래픽이 동화 분위기이다. 시스템 면에서는 큰 변화가 없고, 적을 빨아들이거나 호버링하는 커비의 특징은 그대로 계승되었다.

패미컴 탐정 클럽 PartⅡ
뒤에 서는 소녀

● 발매일 / 1998년 4월 1일 ● 가격 / 3,000엔
● 퍼블리셔 / 닌텐도

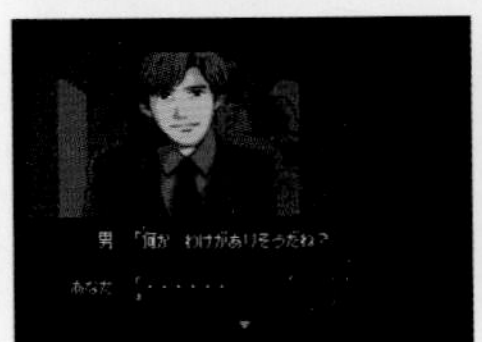

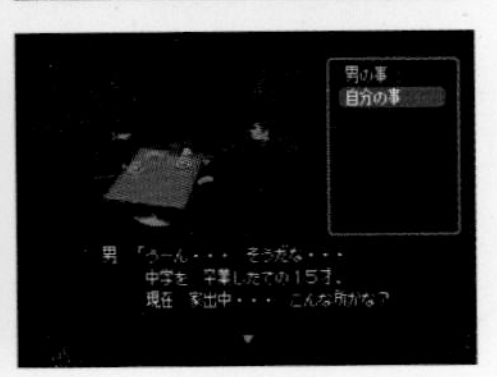

FC의 디스크 시스템용으로 개발된 커맨드 선택식 어드벤처를 리메이크한 본 작품은 닌텐도 파워의 다운로드 전용 게임으로 발매되었다. 시나리오는 오리지널과 동일하지만, 일부 대사가 변경되었고 보너스로 성격 진단을 할 수 있게 되었다.

록맨 & 포르테

● 발매일 / 1998년 4월 24일 ● 가격 / 5,800엔
● 퍼블리셔 / 캡콤

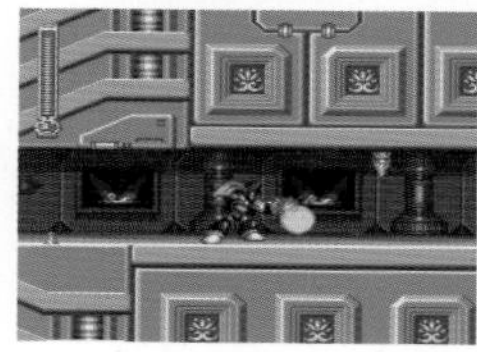
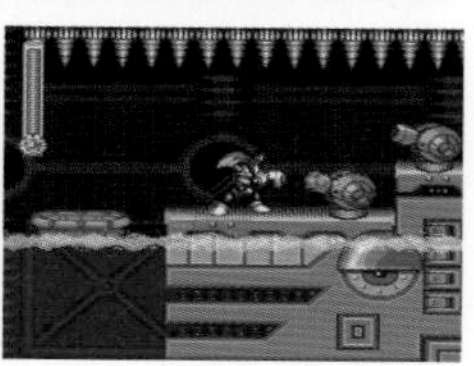

SFC에서 마지막으로 발매된 『록맨』. 라이벌 캐릭터인 포르테를 사용할 수 있게 되었고 스테이지 사이의 데모 내용도 달라졌다. 기존 작품처럼 라이프제를 채용했지만, 적의 공격력이 강하고 난이도는 매우 높다. 캡콤의 마지막 도전장이라 할 수 있다.

슈퍼 패미컴 워즈

● 발매일 / 1998년 5월 1일 ● 가격 / 3,000엔
● 퍼블리셔 / 닌텐도

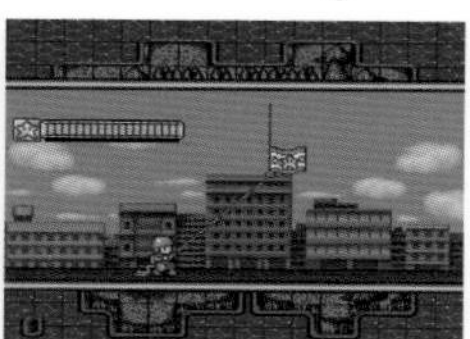

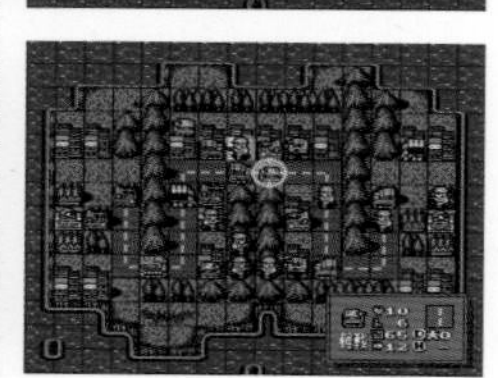

FC로 발매되어 저연령층에게 전략 시뮬레이션의 즐거움을 알려준 『패미컴 워즈』의 파워업 버전. 닌텐도 파워 다운로드 전용으로 발매되었다. 기본적인 시스템이나 게임성은 유지되었고 주로 그래픽이나 사고 속도가 강화되었다.

환수여단

● 발매일 / 1998년 6월 1일 ● 가격 / 3,000엔
● 퍼블리셔 / 악셀러

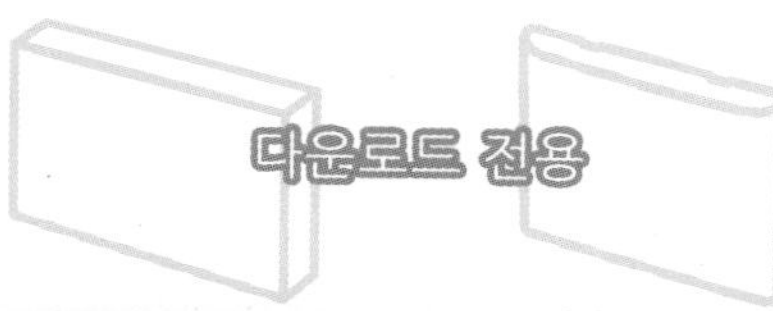

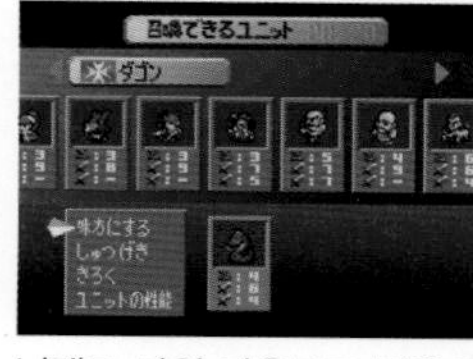

닌텐도 파워 다운로드 전용으로 발매된 판타지 계통의 전략 시뮬레이션 게임. 점령한 모노리스에서 얻는 수입을 토대로 유닛을 소환해서 적의 본거지로 향한다. 스테이지를 클리어하면 새로운 유닛이 추가되는데, 그것의 취사선택이 매우 중요하다.

닥터 마리오

● 발매일 / 1998년 6월 1일 ● 가격 / 3,000엔
● 퍼블리셔 / 닌텐도

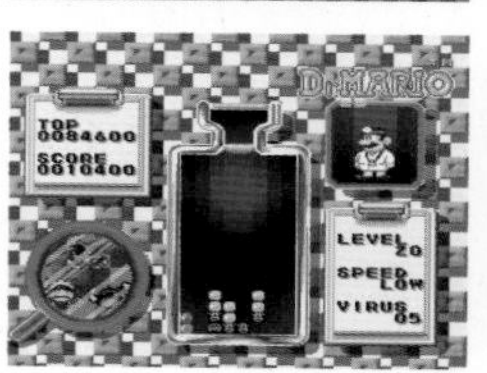

FC와 GB로 발매됐던 낙하형 퍼즐 게임을 닌텐도 파워용으로 이식했다. 화면 상단에서 떨어지는 캡슐과 같은 색의 바이러스를 이어서 지워 나간다. 레벨이 오를수록 스피드가 빨라지고 바이러스 수도 늘어난다. 2인 대전도 가능하다.

링에 걸어라

● 발매일 / 1998년 6월 1일 ● 가격 / 3,000엔
● 퍼블리셔 / 메사이어

「주간 소년 점프」에 연재되어 한 시대를 풍미했던 복싱 만화를 게임화 했다. 닌텐도 파워의 다운로드 전용 게임이다. '모션 리액트 배틀'이라는 시스템이 채용되어서 처음부터 큰 기술을 쓸 수 없다. 잽으로 포인트를 모아서 서서히 강한 펀치로 이어가게 된다.

Zoo욱 마작!

● 발매일 / 1998년 7월 1일 ● 가격 / 3,000엔
● 퍼블리셔 / 닌텐도

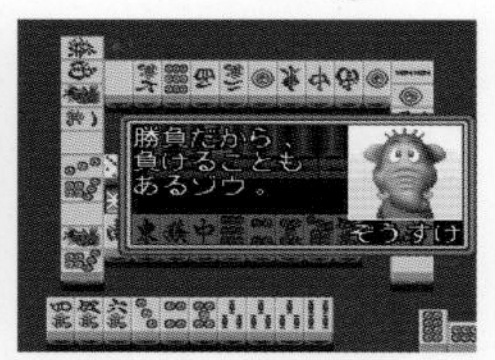

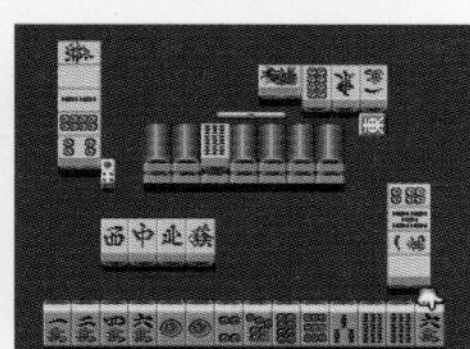

닌텐도 파워 다운로드 전용으로 발매된 마작 게임. 등장 캐릭터는 모두 동물이며 대국 중에 다양한 대사를 한다. 퀘스트 모드에서는 마작 대왕을 쓰러뜨리기 위해 마을의 대표로 대국을 하게 된다. 데이터를 기록해서 플레이어의 전법을 쓰는 분신 캐릭터도 만들 수 있다.

스테 핫군

● 발매일 / 1998년 8월 1일 ● 가격 / 3,000엔
● 퍼블리셔 / 닌텐도

※롬팩판
발매일 / 1999년
6월 25일
가격 / 4,200엔

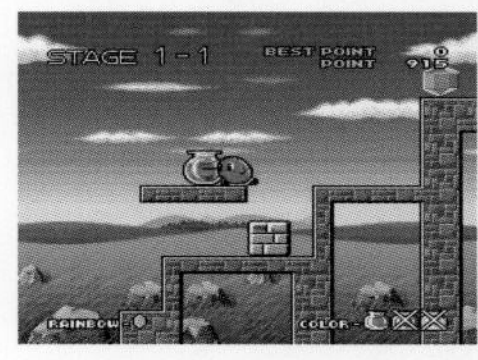

사테라뷰로 배포됐던 액션 퍼즐을 닌텐도 파워용으로 발매했다. 무지개 조각을 모으는 것이 목적인데, 필드 위의 블록을 빨아들이고 내뱉어서 이동시키는 방법을 사용한다. 또한 블록에 색깔을 부여해서 속성을 바꿀 수도 있다. 롬팩판도 발매되었다.

더비 스타리온98

● 발매일 / 1998년 9월 1일 ● 가격 / 2,500엔 (다운로드 버전) ● 퍼블리셔 / 닌텐도

※프리라이트판
발매일 / 1998년
8월 25일
가격 / 6,000엔

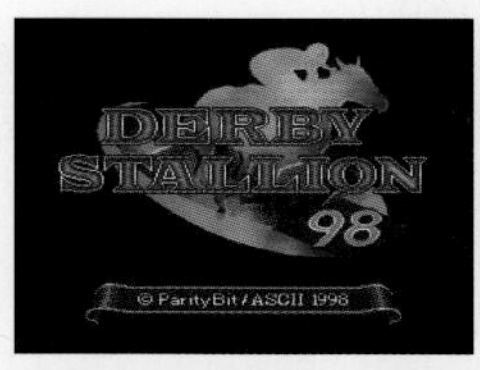

SFC에서의 마지막 『더비 스타』 시리즈로 닌텐도 파워 전용으로 발매되었다. 시스템 면에서 변경이 된 것 외에 레이싱 프로그램도 새로워졌다. 또한 패스워드를 PS · SS와 호환되도록 하는 등, 멀티 플랫폼 전개를 의식하고 만들어진 작품이다.

미니 사구 렛츠 & 고!! POWER WGP2

● 발매일 / 1998년 10월 1일 ● 가격 / 2,500엔
● 퍼블리셔 / 닌텐도

※롬팩판
발매일 / 1998년 12월 4일
가격 / 3,800엔

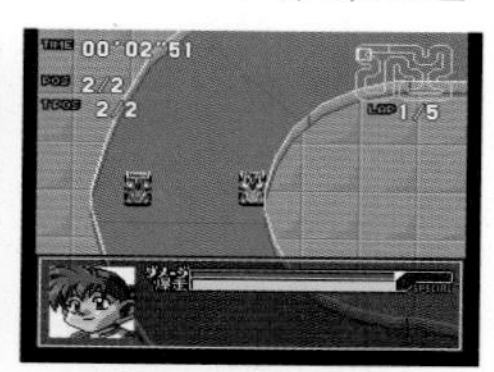

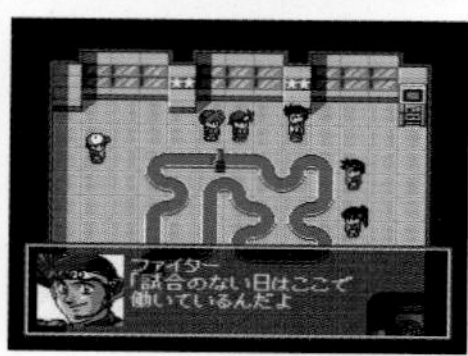

후에 롬팩판도 발매된 닌텐도 파워용 작품. 애니메이션을 원작으로 한 RPG로 미니 사구를 이용한 레이스가 곳곳에 삽입되었다. 스토리는 총 10장으로 구성되었으며 실제 미니 사구처럼 머신을 개조하고 세팅하는 즐거움을 맛볼 수 있다.

COLUMN 발매 중지에서 부활 『나이트메어 버스터즈』

● 발매일 / 2014년 ● 가격 / 85달러
● 퍼블리셔 / SUPER FIGHTER TEAM

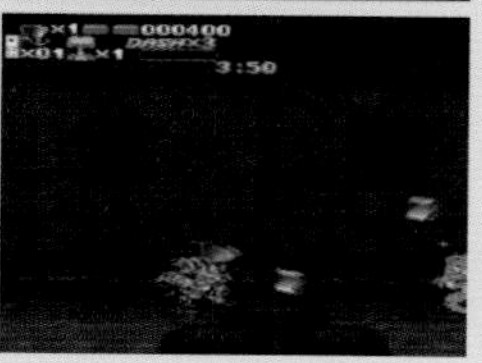

1995년 일본 물산이 발매를 예고했지만 세상에 나오지 못한 전설의 타이틀. 2014년 비록 닌텐도의 공인을 받지는 못했지만 해외 개발사에 의해 SNES판이 발매되었다. 사진은 발매 중지된 일본 물산판.

GALLERY 광고지 갤러리

『레킹 크루'98』

『커비의 반짝반짝 키즈』

『스테 핫군』

『마리오 페인트』

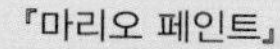

『슈퍼 스코프』

『슈퍼 게임보이』

슈퍼 패미컴

1999년

Super Famicom

Nintendo
SUPER Famicom

POWER 소코반

● 발매일 / 1999년 1월 1일 ● 가격 / 2,500엔
● 퍼블리셔 / 닌텐도

※롬팩판
발매일 / 1999년 6월 25일
가격 / 4,200엔

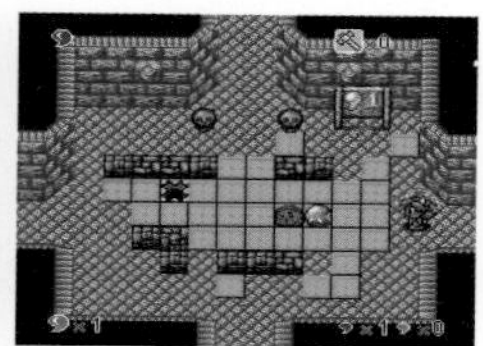

1982년 발매된 이후, 다양한 하드로 이식되었던 퍼즐 게임 『소코반』을 닌텐도 파워용으로 어레인지 했다. 짐을 밀어서 지정된 장소로 옮긴다는 게임성은 여전하지만, 액션 요소가 추가되어 샷으로 적을 쓰러뜨리거나 대시를 할 수 있게 되었다. 롬팩판도 발매되었다.

POWER 로드 런너

● 발매일 / 1999년 1월 1일 ● 가격 / 2,500엔
● 퍼블리셔 / 닌텐도

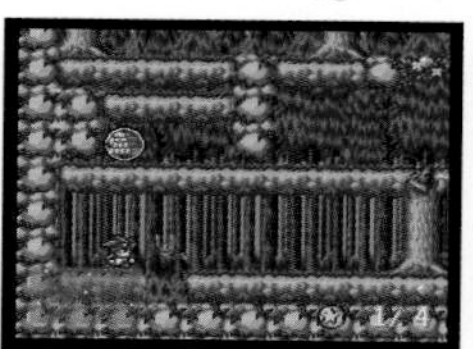
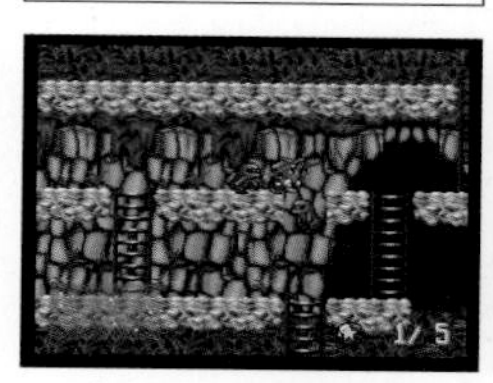
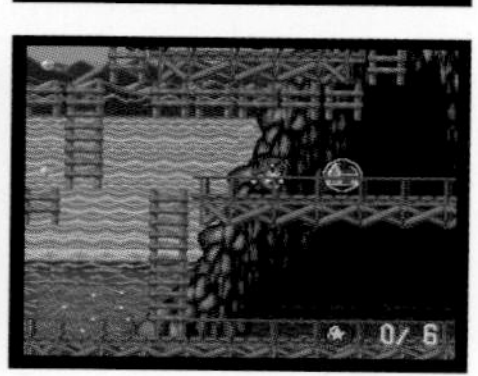

FC에서도 꽤 인기를 모았던 브로더번드 소프트웨어의 퍼즐 게임. 닌텐도 파워용으로 어레인지 되었으며 보물을 모아서 마을을 발전시켜 나간다는 내용이다. 기본적인 규칙은 변경되지 않았고 구멍을 파서 적을 빠뜨리는 게임성은 건재하다.

피크로스 NP Vol.1

● 발매일 / 1999년 4월 1일 ● 가격 / 2,000엔
● 퍼블리셔 / 닌텐도

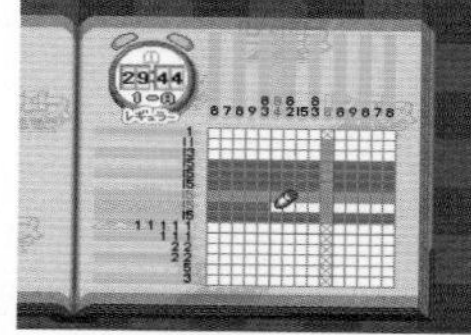

닌텐도 파워 다운로드 전용으로 발매된 『피크로스』 시리즈 첫 번째 작품. 『피크로스』란 픽처 크로스워드의 약칭으로, 원래는 종이와 펜으로 하던 그림 그리기 로직을 비디오 게임화 한 것이다. 종이보다 플레이하기가 매우 쉬워졌다.

타마고치 타운

● 발매일 / 1999년 5월 1일 ● 가격 / 2,500엔
● 퍼블리셔 / 반다이

휴대형 게임으로 폭발적인 인기를 얻은 『타마고치』의 거치형 게임 버전이다. 한 마리의 타마고치를 육성하는 것이 아니라, 타마고치를 번식시켜서 수를 늘리는 것이 목적이다. 총 75종류나 준비된 타마고치를 모두 등장시키기란 꽤 힘든 일이다.

위저드리 Ⅰ·Ⅱ·Ⅲ ~Story of Llylgamyn~

● 발매일 / 1999년 6월 1일 ● 가격 / 3,000엔
● 퍼블리셔 / 미디어 팩토리

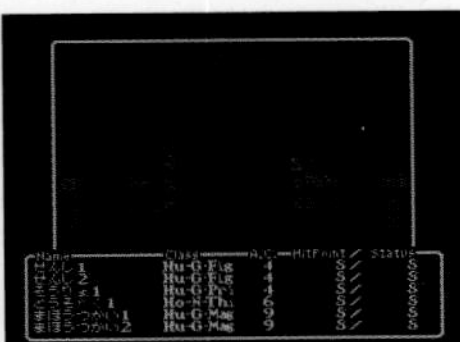

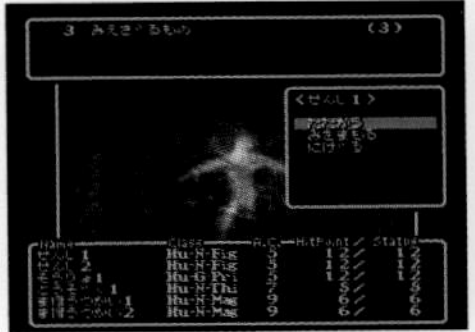

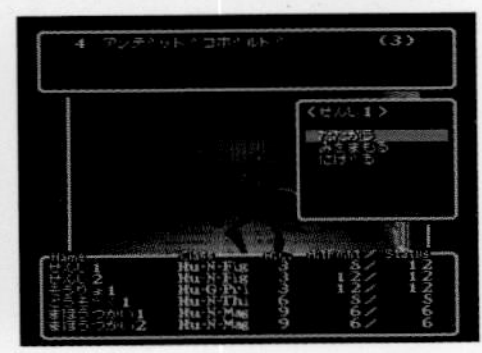

RPG의 고전 명작 『위저드리』 중에서도 초기에 발매된 3개 작품의 합본이다. 기본적인 시스템은 모두 동일하며 완전한 3D 던전 작품이라 할 수 있다. 문제 풀이 요소는 적고 퀘스트도 없다. 오로지 캐릭터를 강하게 만들어서 아이템을 모은다는 남자의 게임이다.

그림 그리기 로직

● 발매일 / 1999년 6월 1일 ● 가격 / 2,000엔
● 퍼블리셔 / 세카이분카사

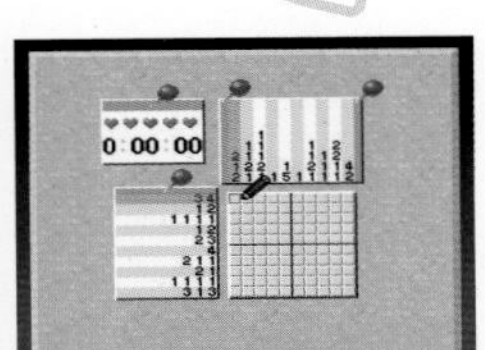

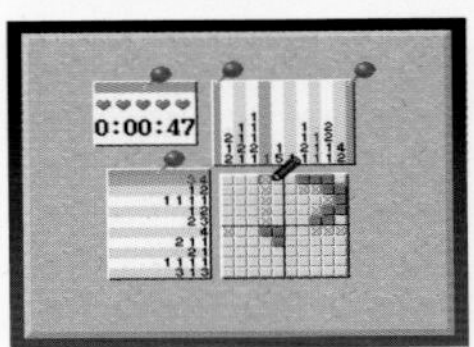

닌텐도 파워 다운로드 전용 퍼즐 게임. 퍼즐의 규칙은 『피크로스』와 똑같지만 『그림 그리기 로직』의 상표는 세카이분카사가, 『피크로스』의 상표는 닌텐도가 갖고 있었기 때문에 같은 내용의 작품이 다른 이름으로 발매된 것이다.

피크로스 NP Vol.2

● 발매일 / 1999년 6월 1일 ● 가격 / 2,000엔
● 퍼블리셔 / 닌텐도

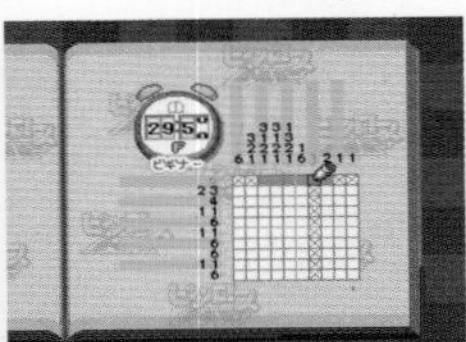

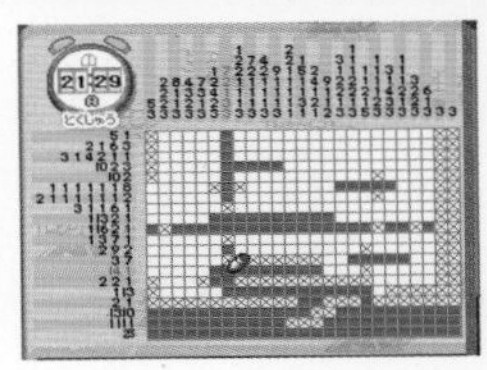

『피크로스』 시리즈의 두 번째 작품. 1999년 4월 1일 『Vol.1』을 시작으로 2개월 간격을 두고 1일에 시리즈가 발매되었다. 『Vol.2』의 특집은 「오즈의 마법사」로 이야기에 나오는 마녀 등이 문제로 수록되어 있다. 또한 마리오 관련 캐릭터도 문제로 등장한다.

패미컴 문고 시작의 숲

● 발매일 / 1999년 7월 1일 ● 가격 / 2,500엔
● 퍼블리셔 / 닌텐도

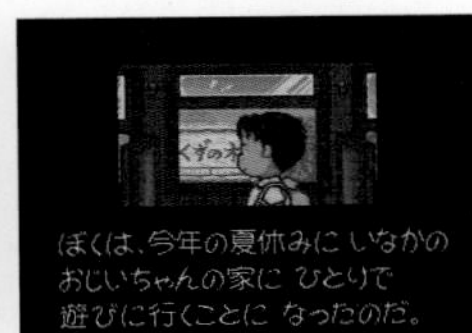

닌텐도 파워 다운로드 전용 어드벤처 게임. 시스템은 『헤이세이 신 오니가시마』 등과 똑같은 커맨드 선택식이다. 장면에 따라 시간제한이 있거나, 미니 게임이나 액션 요소도 준비되어 있다. 부드러운 터치의 그래픽이 향수를 불러일으키는 작품이다.

컬럼스

● 발매일 / 1999년 8월 1일 ● 가격 / 2,000엔
● 퍼블리셔 / 미디어 팩토리

다운로드 전용

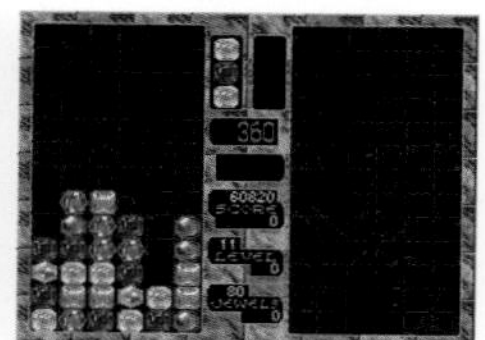
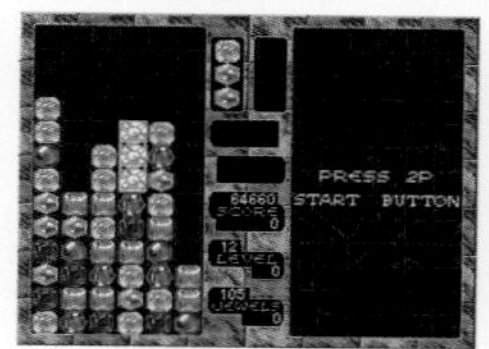

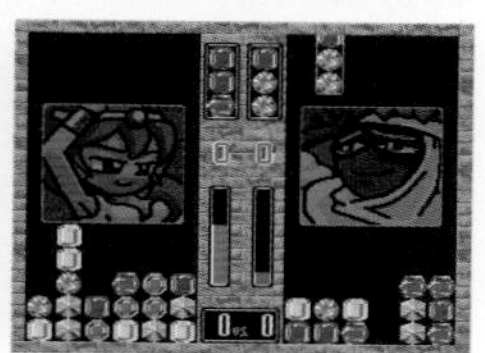

세가의 아케이드용 낙하형 퍼즐을 닌텐도 파워 다운로드 전용으로 이식했다. 낙하하는 3개 1세트인 보석의 배열을 바꾸고 좌우로 이동시켜서 쌓아간다. 같은 색 보석을 가로 · 세로 · 대각선으로 3개 이상 모으면 지울 수 있다. 최초로 연쇄 삭제를 실현한 낙하형 퍼즐 게임이기도 하다.

피크로스 NP Vol.3

● 발매일 / 1999년 8월 1일 ● 가격 / 2,000엔
● 퍼블리셔 / 닌텐도

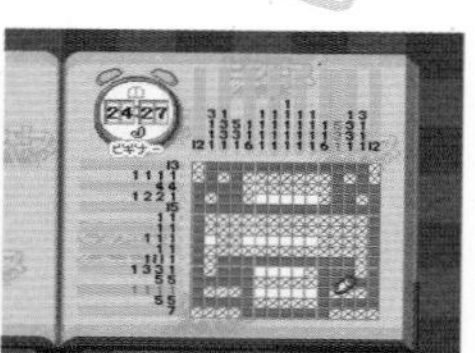
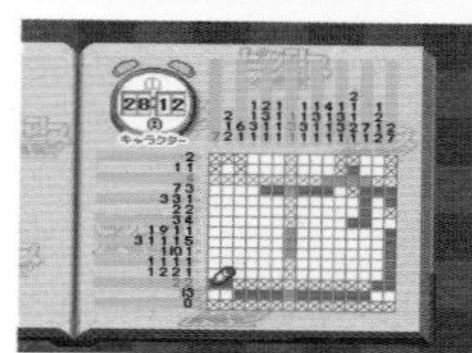

『피크로스』는 화면에 배치된 블록을 파괴해서 출제된 그림을 완성시키는 퍼즐 게임이다. 이 시리즈에서는 비디오 게임이라는 특성을 살려서 완성된 그림이 일러스트로 재현된다. Vol.3에서는 커비의 캐릭터가 문제로 등장한다.

파이어 엠블렘 트라키아776

● 발매일 / 1999년 9월 1일 ● 가격 / 2,500엔
● 퍼블리셔 / 닌텐도

※롬팩판
발매일 / 2000년 1월 21일
가격 / 5,200엔

SFC에서도 두 개의 작품이 발매되었던 시뮬레이션 RPG. 『성전의 계보』 외전에 해당하는 스토리로 레스터의 왕자인 리프가 주인공이 되었다. 시스템 면에서는 체격 개념이나 「짊어지기」 커맨드가 새롭게 채용되었으며, 후에 롬팩판도 발매되었다.

피크로스 NP Vol.4

● 발매일 / 1999년 10월 1일 ●가 격 / 2,000엔
● 퍼블리셔 / 닌텐도

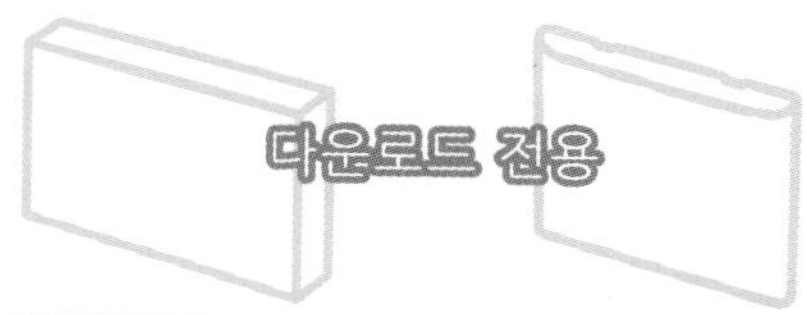

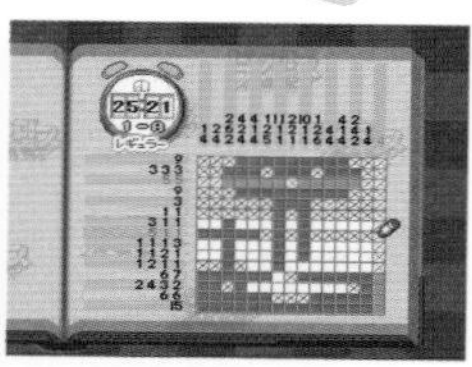
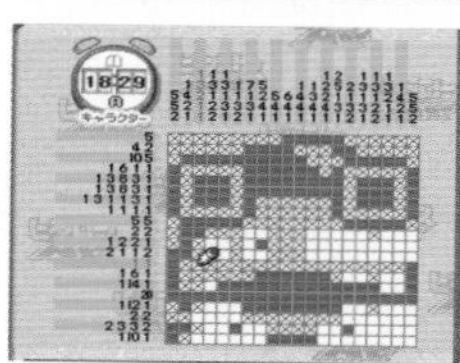

『피크로스』의 문제를 풀 때, 블록의 위와 왼쪽에 있는 숫자가 힌트가 된다. 예를 들어 10×10 블록의 왼쪽에 8 1이라고 적혀 있다면 블록을 왼쪽부터 8개 지우고, 하나를 비운 다음에 하나를 지워야 한다. 숫자와 숫자 사이의 빈 칸에는 반드시 1개 블록 이상 지우지 않는 부분이 있다.

그림 그리기 로직2

● 발매일 / 1999년 11월 1일 ● 가격 / 2,000엔
● 퍼블리셔 / 세카이분카사

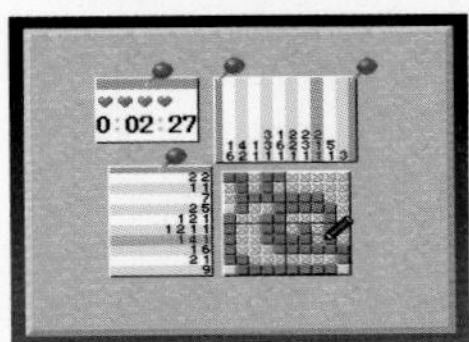

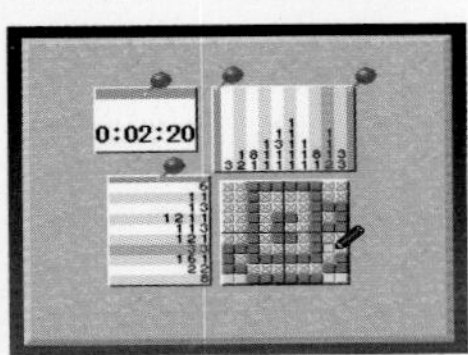

시리즈 두 번째 작품. 총 80문제가 수록되었는데 독자 문제가 20개, 중급 문제가 30개, 상급 문제가 30개이다. 독자 문제에는 투고자의 지역과 이름이 표시된다. 중급 문제는 15×15칸, 상급 문제는 20×20칸으로 구성되고, 잘못된 곳에 색을 칠해도 페널티는 없다.

피크로스 NP Vol.5

● 발매일 / 1999년 12월 1일 ● 가격 / 2,000엔
● 퍼블리셔 / 닌텐도

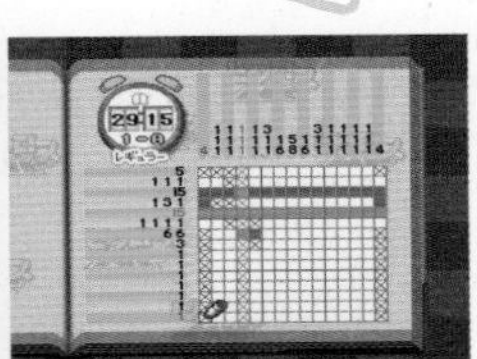
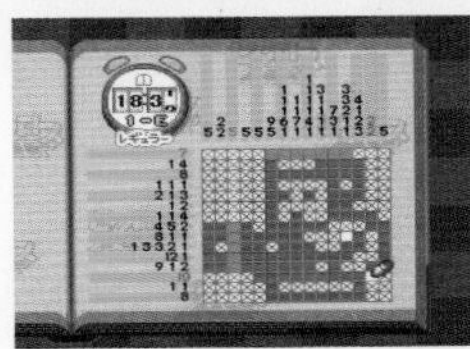
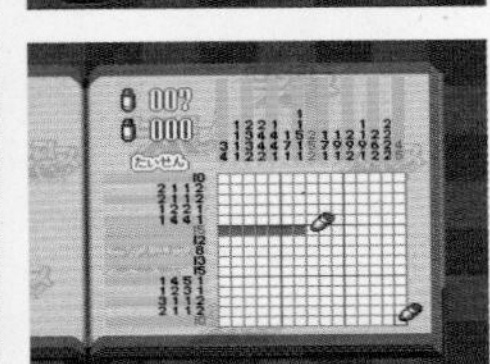

『Vol.5』의 특집은 별자리인데 그와 관련된 문제가 12개 수록되었다. 또한 캐릭터 문제는 『젤다의 전설』 관련해서 출제되었다. 당첨 이벤트도 있어서, 특집 문제의 정답에서 연상되는 키워드를 엽서로 보내면 추첨을 통해 선물을 받을 수 있었다.

광고지 갤러리

『마리오와 와리오』

『커비 볼』

『파이어 엠블렘 트라키아776』

『사테라뷰』

『BS 드래곤 퀘스트 I』

『프린세스 메이커』

비공인 소프트

통상 SFC 소프트는 닌텐도의 라이선스를 받아야 판매할 수 있지만, 일부 노 라이선스 소프트도 존재한다. 그중 성인용 게임으로 유명한 것이 『SM 조교사 히토미』(세이부 기획 / 1994년~) 시리즈다. 이 작품은 닌텐도의 저작권이나 특허 침해를 피하기 위해 중고 소프트의 롬을 교체해서 판매했다. 게임 잡지를 통한 통판이나 아키하바라의 상점 등에서 판매되어 나름 지명도는 있었던 듯하다. 당시 성인용 게임은 고가인 PC가 없으면 플레이할 수 없었기에 분명 SFC판의 수요가 있었을 것이다. 처음엔 중고 팩 위에 씰을 붙여서 간소하게 만들었지만, 점차 패키지 등도 호화로워졌다. 『히토미 Vol.1』은 AVG, 『히토미 Vol.2』는 SLG, 『히토미 Vol.2 REMIX』는 전작의 개정판, 『히토미 Vol.3』는 배터리 백업과 일부 스테레오 음원에도 대응했다. 그 밖에도 비공인 소프트는 존재했지만, 게임 개발의 고도화 등으로 격감했다.

『SM 조교사 「히토미」 Vol.1』

『SM 조교사 「히토미」 Vol.2』

『SM 조교사 히토미2 REMIX』

『SM 조교사 히토미3』

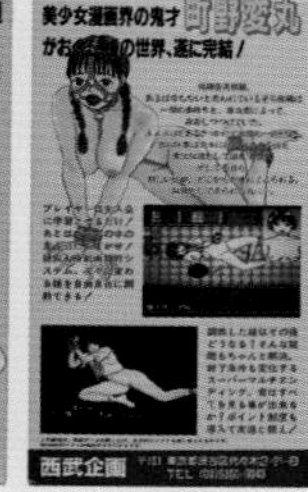

『SM 조교사 히토미 번외편』

『SM 조교사 히토미 번외편 예상 밖의 러브러브 패닉』

『리버스 키즈』

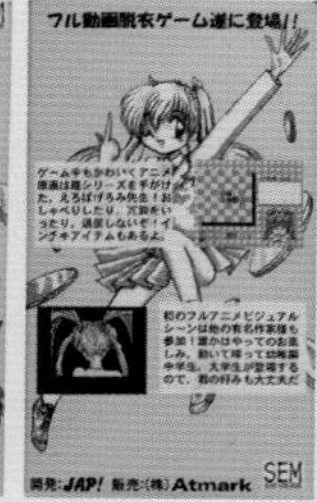

슈퍼 패미컴

2000년

Super Famicom

피크로스 NP Vol.6

● 발매일 / 2000년 2월 1일 ● 가격 / 2,000엔
● 퍼블리셔 / 닌텐도

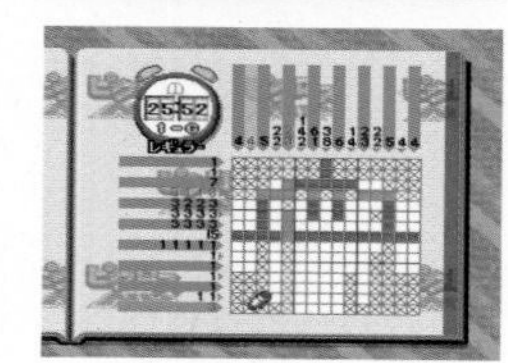

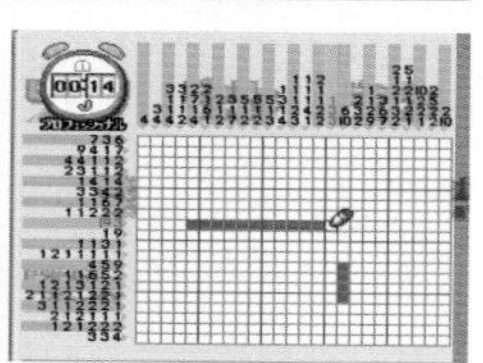

『Vol.6』의 특집 테마는 이탈리아로, 피자나 콜로세움 등이 정답인 문제가 수록되었다. 캐릭터 문제에는 『슈퍼 마리오』의 캐릭터가 출제되어서, 문제를 풀면 피치 공주나 쿠파 등 친숙한 캐릭터가 등장한다.

피크로스 NP Vol.7

● 발매일 / 2000년 4월 1일 ● 가격 / 2,000엔
● 퍼블리셔 / 닌텐도

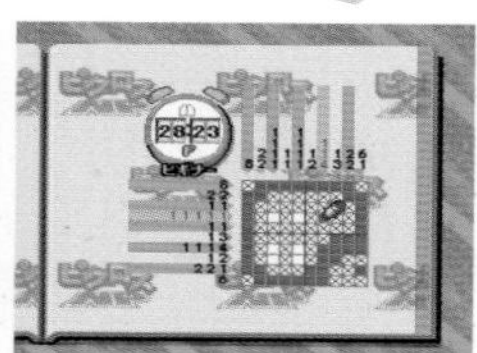

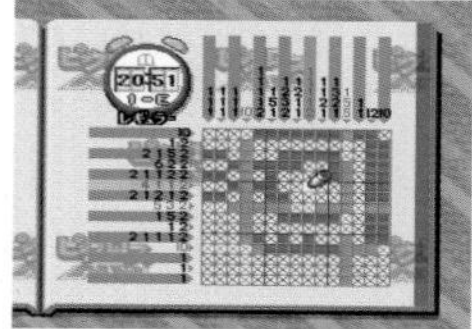

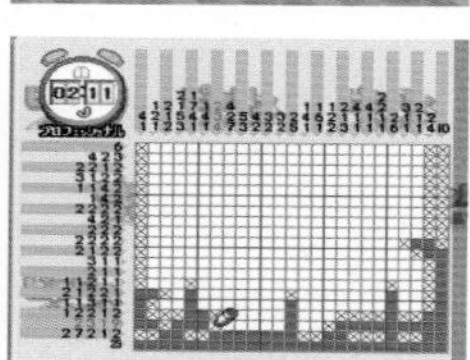

『Vol.7』의 특집은 멸종 위기종으로, 이와 관련된 문제가 출제되고 따오기나 송사리 등이 그려진다. 캐릭터 문제로는 『와리오』 시리즈가 등장한다. 『피크로스 NP』 시리즈에는 대전 모드가 있어서 2명이 동시에 문제를 풀고 득점을 경쟁할 수 있다.

피크로스 NP Vol.8

● 발매일 / 2000년 6월 1일 ● 가격 / 2,000엔
● 퍼블리셔 / 닌텐도

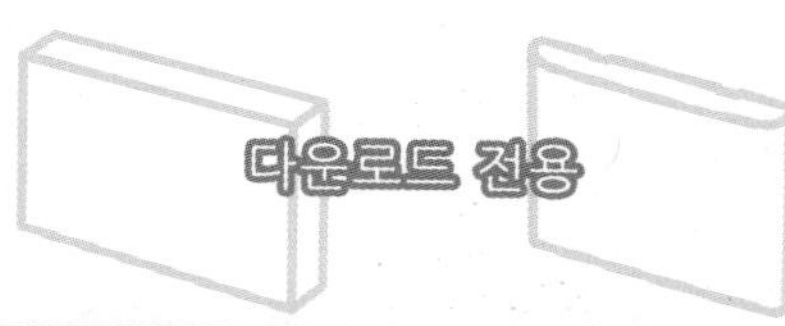

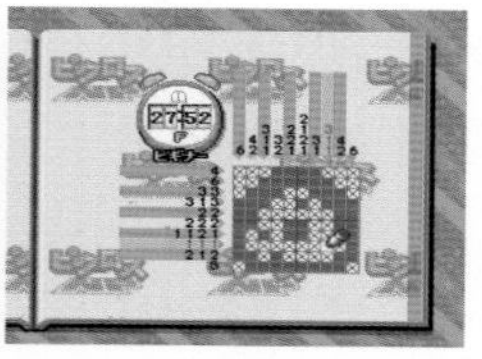

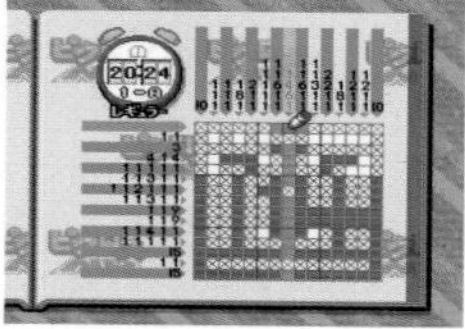

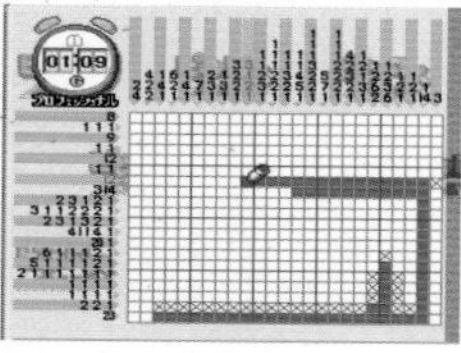

1999년 4월부터 2000년 6월까지 1년 2개월에 걸쳐 전개됐던 닌텐도 파워의 『피크로스 NP』 시리즈 최종작이다. 마지막 작품의 특집은 올림픽이어서 올림픽과 관련된 문제가 출제되었고, 캐릭터 문제는 『동키콩』과 관련되어 출제되었다.

메탈 슬레이더 글로리 디렉터즈 컷

● 발매일 / 2000년 12월 1일 ● 가격 / 2,000엔
● 퍼블리셔 / 닌텐도

※프리라이트판
발매일 / 2000년 11월 29일
가격 / 5,980엔

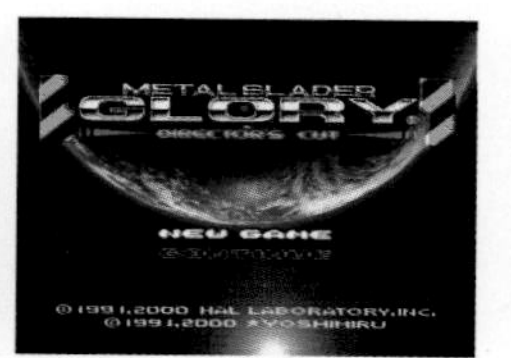

SFC의 마지막 작품은 FC 말기에 발매된 AVG 『메탈 슬레이더 글로리』의 리메이크작이다. 용량 문제로 편집되었던 장면이 추가되었고 그래픽과 사운드 퀄리티도 향상되었다. 사진에 있는 패키지와 씰이 붙어 있는 팩은 예약 한정인 프리라이트판이다.

슈퍼 패미컴

주변기기

Super Famicom

모노 AV 케이블

● 발매일 / 1990년 11월 21일 ● 가격 / 1,200엔
● 퍼블리셔 / 닌텐도

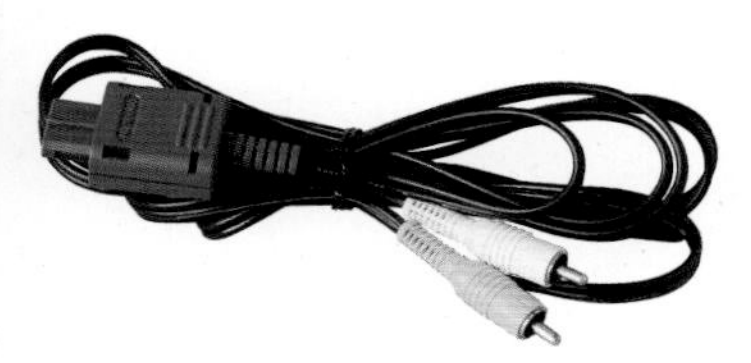

음성 · 영상 출력용 케이블로 음성은 모노로 출력된다. 뉴 패미컴(AV 대응), N64, GC에도 대응한다.

스테레오 AV 케이블

● 발매일 / 1990년 11월 21일 ● 가격 / 1,500엔
● 퍼블리셔 / 닌텐도

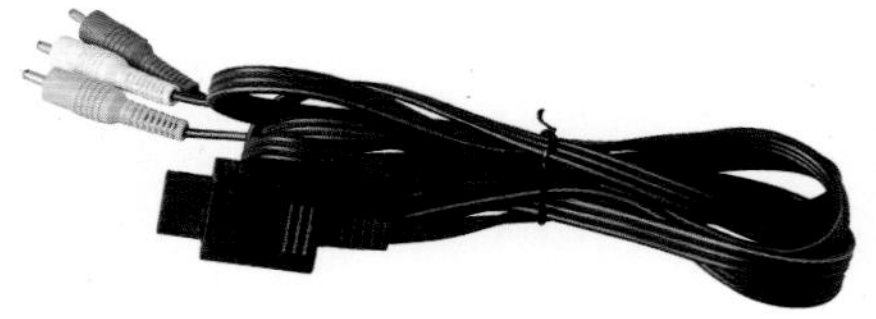

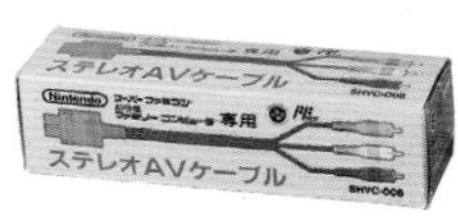

음성 · 영상 출력용 케이블로 음성은 스테레오로 출력된다. 뉴 패미컴, N64, GC에도 대응하며 본체에는 동봉되지 않았다.

S단자 케이블

● 발매일 / 1990년 11월 21일 ● 가격 / 2,500엔
● 퍼블리셔 / 닌텐도

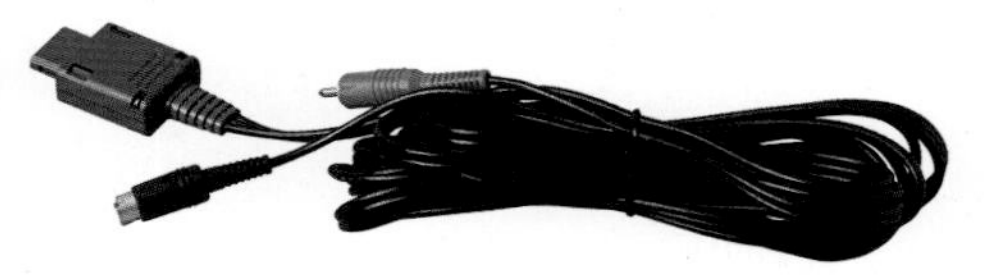

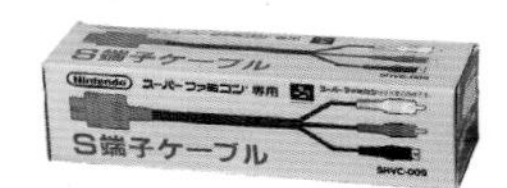

S단자가 있는 TV에 사용해서 AV 케이블보다 깨끗한 영상을 출력할 수 있다. 초기형은 케이블 연결부에 박스가 있다. 패키지에는 SFC 전용이라고 되어 있지만 N64, GC에도 사용할 수 있다.

RGB 케이블

● 발매일 / 1990년 11월 21일 ● 가격 / 2,500엔
● 퍼블리셔 / 닌텐도

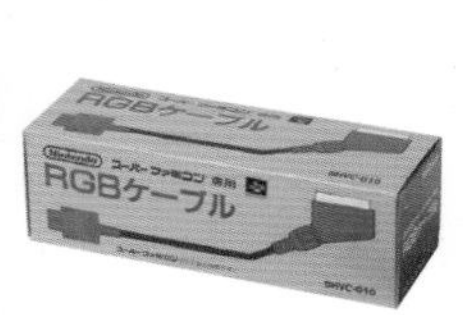

21핀 RGB 단자가 있는 TV에 사용 가능한 케이블. AV 케이블이나 S단자 케이블보다 깨끗한 영상이 출력된다.

AC 어댑터

● 발매일 / 1990년 11월 21일 ● 가격 / 1,500엔
● 퍼블리셔 / 닌텐도

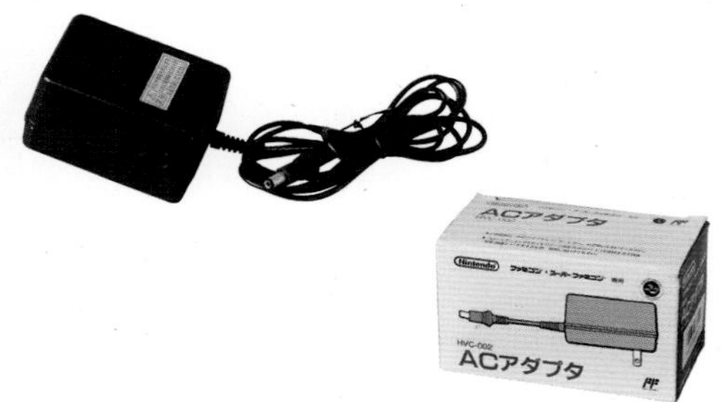

FC와 공용인 AC 어댑터. SFC 본체에는 동봉되지 않았다. FC 시절에는 벌크로 판매되었지만, SFC가 발매되면서 패키지화 되었다.

RF 스위치

● 발매일 / 1990년 11월 21일 ● 가격 / 1,500엔
● 퍼블리셔 / 닌텐도

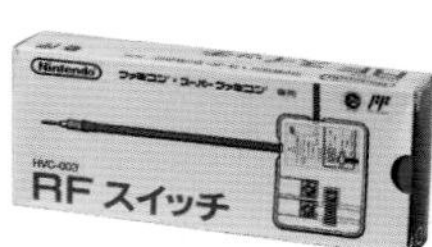

FC와 공용인 RF 스위치. TV 안테나 단자에 연결하면 1번 혹은 2번 채널에 맞춰서 영상을 출력한다. AV 단자가 없던 TV에는 필수였다. FC 시절에는 벌크로 판매되었지만, SFC 발매와 함께 패키지화 되었다.

게임 셀렉터

● 발매일 / 1991년 ● 가격 / 9,500엔
● 퍼블리셔 / 코나미

최대 4대의 게임기를 접속시켜 스위치 하나로 전환할 수 있으며, RF 단자가 있어서 FC도 사용 가능하다. 뉴 패미콤, SFC, FC 3대를 연결했을 경우, 1대 분량의 전원으로 해결할 수 있다.

JB KING

● 발매일 / 1991년 7월 31일 ● 가격 / 9,800엔
● 퍼블리셔 / HAL 연구소

SFC의 첫 조이스틱. 6개의 버튼에 각각 연사 기능(초당 최대 30발)이 들어가 있고, 4단계 슬로우 기능을 탑재했다. A, B, X, Y 버튼의 패널을 회전시키면 선호하는 위치로 조정할 수 있다.

스타 터보

● 발매일 / 1991년 8월 10일 ● 가격 / 1,980엔
● 퍼블리셔 / 호리 전기

순정 조이패드 등 연사 기능이 없는 SFC용 컨트롤러와 본체 사이에 접속시키면 각 버튼에 2단계 연사 기능을 부여할 수 있다. 연장 케이블로도 사용 가능하다.

슈퍼 조이 카드

● 발매일 / 1991년 8월 23일 ● 가격 / 2,480엔
● 퍼블리셔 / 허드슨

FC에서 인기였던 조이 카드의 SFC판. A, B, X, Y 4개 버튼만 3단계 연사 기능(초당 최대 16발)이 있고 순정 조이패드보다 약간 크다. 패키지에는 통상판과 슈퍼 봄버맨이 그려진 버전이 있다.

슈퍼 커맨더

● 발매일 / 1991년 9월 3일 ● 가격 / 2,480엔
● 퍼블리셔 / 호리 전기

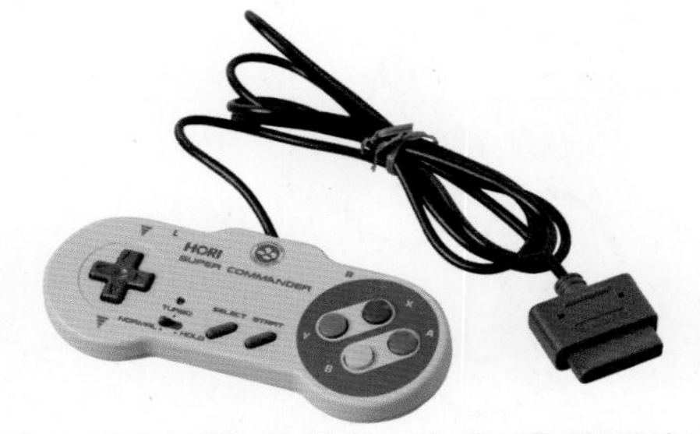

최대 5단계까지 전환 가능한 연사 기능을 갖춘 컨트롤러. 버튼을 누른 상태로 유지하는 홀드 기능도 있다. 또한 인디케이터 램프로 연사 스피드를 확인할 수 있다.

아스키 패드

● 발매일 / 1991년 9월 20일 ● 가격 / 2,980엔
● 퍼블리셔 / 아스키

6개의 버튼에 독립된 연사 기능(초당 20발)을 갖췄다. 버튼을 누른 상태를 유지하는 홀드 기능과 스타트 버튼을 연사 상태로 하는 슬로우 기능도 있다. 사이즈는 순정 조이패드보다 약간 크다.

슈퍼 호리 커맨더

● 발매일 / 1992년 4월 25일 ● 가격 / 2,680엔
● 퍼블리셔 / 호리 전기

6개 버튼에 독립된 연사 기능(초당 24발)이 있다. 버튼을 누른 상태를 유지시키는 홀드 기능과 스타트 버튼을 연사 상태로 하는 2단계 슬로우 기능이 있으며, 사이즈는 순정 조이패드와 같다.

슈퍼 패미컴 마우스

● 발매일 / 1992년 7월 30일 ● 가격 / 3,000엔
● 퍼블리셔 / 닌텐도

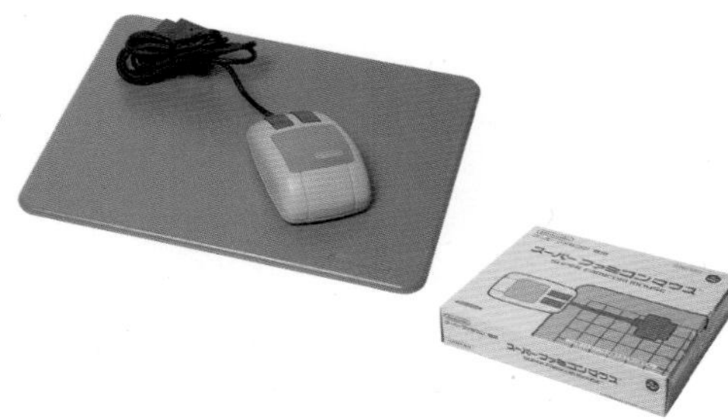

SFC 전용 마우스와 플라스틱 재질의 마우스 패드가 세트인 제품. 마우스는 SFC 본체의 컨트롤러 커넥터에 접속시켜서 사용한다. 처음에는 『마리오 페인트』의 동봉판으로만 발매되었다.

파이팅 스틱

● 발매일 / 1992년 7월 31일 ● 가격 / 6,800엔
● 퍼블리셔 / 호리 전기

아케이드 감각의 레버와 버튼 타입의 컨트롤러. 6개 버튼에 독립된 연사 기능(초당 24발)이 있으며 홀드 기능, 스타트 버튼을 연사 상태로 하는 2단계 슬로우 기능도 있다. 금속의 묵직함으로 안정감이 있었다.

캡콤 파워 스틱 파이터

● 발매일 / 1992년 8월 7일 ● 가격 / 9,800엔
● 퍼블리셔 / 캡콤

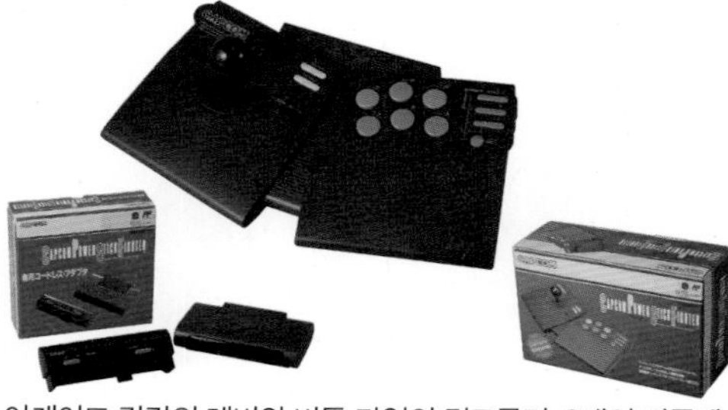

아케이드 감각의 레버와 버튼 타입의 컨트롤러. 6개의 버튼에 독립된 3단계 연사 기능과 홀드, 슬로우 기능을 탑재했다. 『스트리트 파이터 II』 등 캡콤의 격투 게임에 편리했다. 별매품 무선 어댑터(7,800엔)도 있다.

하이퍼 빔

● 발매일 / 1992년 9월 25일 ● 가격 / 5,800엔
● 퍼블리셔 / 코나미

SFC의 첫 무선 패드. 파라볼라 안테나 같은 수신기를 접속시켜 1P만 무선 컨트롤러를 쓸 수 있다. 순정 조이패드와 비슷한 크기이지만 AAA 건전지 3개가 필요하다(연속 사용 시 약 6시간). FC에도 호환된다.

아스키 스틱 레버 L5

● 발매일 / 1992년 9월 25일 ● 가격 / 2,980엔
● 퍼블리셔 / 아스키

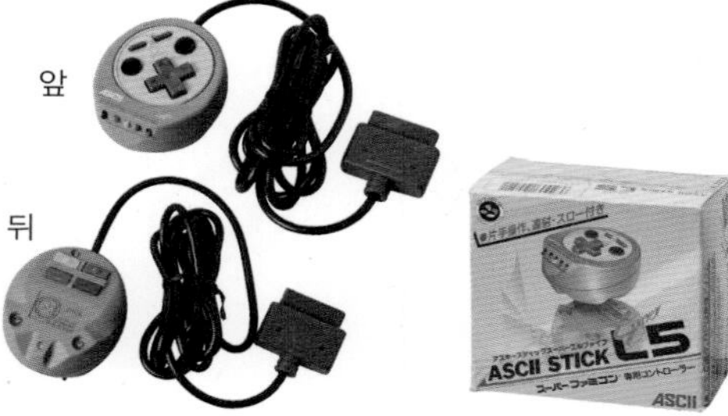

둥근 본체를 손에 들고 조작하는 한 손용 컨트롤러. 앞면에는 십자 버튼과 L, R 버튼 등이 배치되어 패널을 회전시킬 수 있다. 하단에는 연사, 슬로우 기능의 스위치를 탑재했다. 뒷면에는 A, B, X, Y 버튼을 배치했다.

슈퍼 멀티탭

● 발매일 / 1992년 11월 13일 ● 가격 / 2,980엔
● 퍼블리셔 / 허드슨

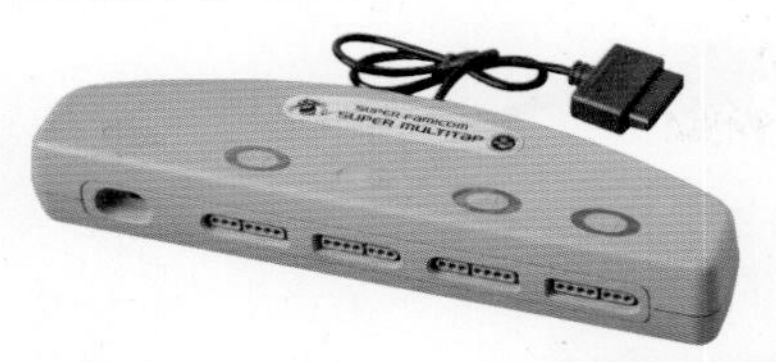

SFC의 첫 멀티 플레이어5 규격 호환 기기. 본체의 2P 커넥터에 연결하고 플레이어 수를 스위치로 전환해서 사용한다. 전원이 꺼져도 인원 수 설정이 남아 있다. 패키지에 슈퍼 봄버맨이 인쇄된 버전도 있다.

터보 파일 어댑터

● 발매일 / 1992년 11월 19일 ● 가격 / 2,500엔
● 퍼블리셔 / 아스키

FC용 『터보 파일』 또는 『터보 파일 II』를 사용하기 위한 어댑터. SFC에 대응하는 데이터를 기록해둘 수 있으며, 일부 소프트에는 FC판 데이터 전송도 가능하다.

파이팅 커맨더

● 발매일 / 1992년 12월 10일 ● 가격 / 2,680엔
● 퍼블리셔 / 호리 전기

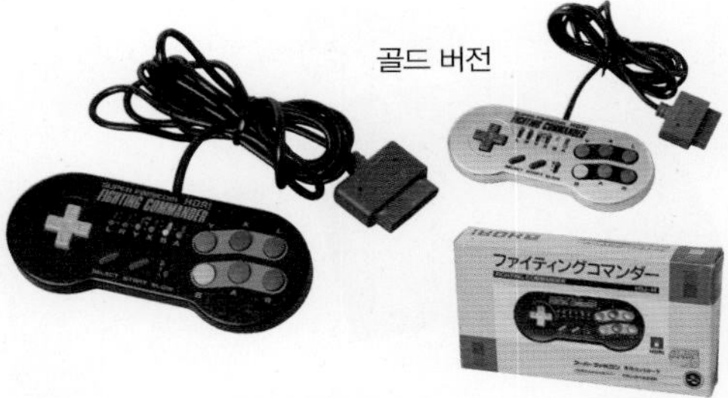

대전 격투 게임용으로 버튼이 배치된 컨트롤러. 6개의 버튼에 독립된 연사 기능(초당 최대 24발)이 있고, 홀드 기능과 2단계 슬로우 기능을 탑재했다. 93년 5월 31일에 골드 버전이 등장했다.

슈퍼 아스키 스틱

● 발매일 / 1992년 12월 11일 ● 가격 / 7,150엔
● 퍼블리셔 / 아스키

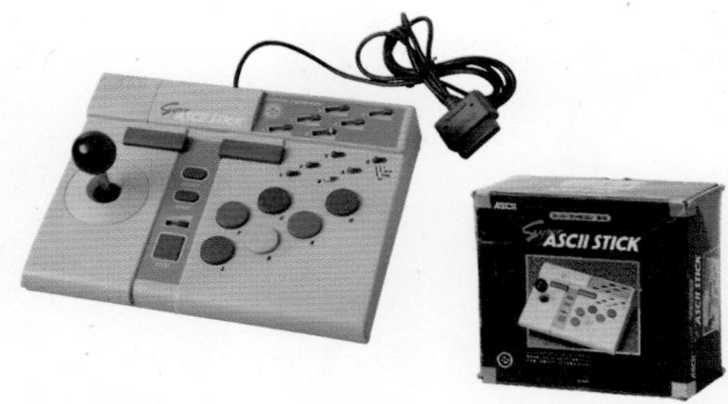

아케이드 감각의 레버와 버튼 타입의 컨트롤러. 6개의 버튼에 독립된 연사 기능(초당 8~30발)이 있고 홀드 기능과 슬로우 기능을 탑재했다. SFC와 같은 컬러링이 채용되었고 케이블은 1.8미터로 길다.

멀티 어댑터 오토

● 발매일 / 1992년 12월 24일 ● 가격 / 2,980엔
● 퍼블리셔 / 요네자와 PR21(옵텍)

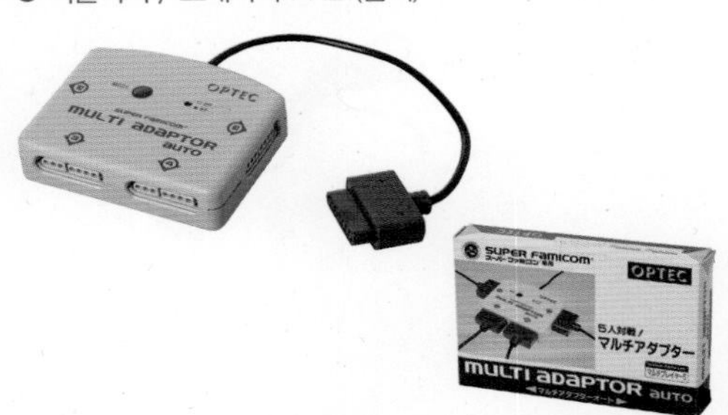

멀티 플레이어5 규격 호환 기기. 접속 커넥터를 세 방향으로 배치해서 콤팩트 사이즈를 실현했다. 인원 수 설정은 스위치를 이용해 전환하고, 전원을 끄면 2인용으로 돌아간다.

트윈 탭

● 발매일 / 1992년 12월 28일 ● 가격 / 1,850엔
● 퍼블리셔 / 요네자와 PR21

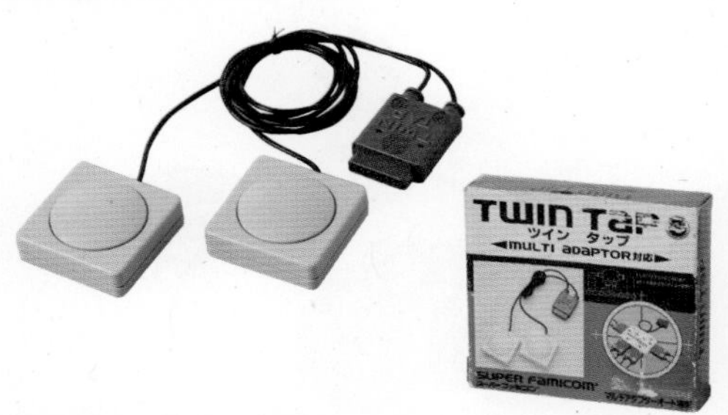

퀴즈 게임 등에서 사용하는 스피드 게임 버튼. 멀티 플레이어5 호환 기기와 조합하면 『사상 최대의 퀴즈왕 결정전 SUPER』 등 최대 8인 동시 플레이가 가능해진다.

인텔리전트 조이스틱 XE-1 SFC

● 발매일 / 1992년 ● 가격 / 13,200엔
● 퍼블리셔 / 마이콤 소프트

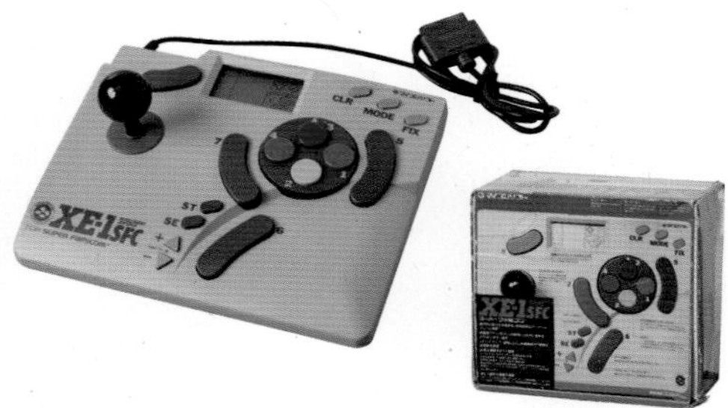

액정 패널을 탑재한 다기능 컨트롤러. 15단계 연사 기능과 홀드 · 슬로우 기능, 버튼 입력 기록 · 재생, 플레이 시간제한, PC와의 통신 등 8가지 모드를 탑재했다. 전원은 SFC 본체에서 공급받는다.

S단자 케이블 릴

● 발매일 / 1993년 3월 20일 ● 가격 / 2,980엔
● 퍼블리셔 / 호리 전기

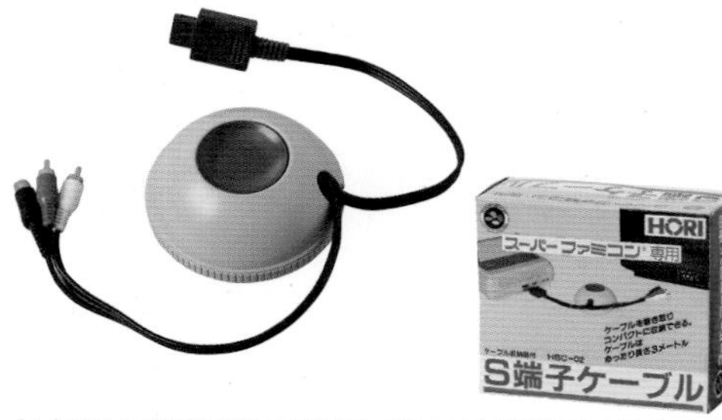

수납기가 부착된 S단자 케이블. 케이스를 빙빙 돌려서 수납하면 3미터나 되는 케이블의 길이를 조절할 수 있다. 케이블(롱) 단독으로도 판매되었다.

슈퍼 스코프

● 발매일 / 1993년 6월 21일 ● 가격 / 9,800엔
● 퍼블리셔 / 닌텐도

바주카 형태의 적외선 무선 컨트롤러. TV 위에 수신기를 설치하고 바주카를 어깨에 얹은 다음, 한쪽 눈으로 스코프를 들여다보면서 쏜다. 대응 소프트는 5개인데 해외에서는 나름 인기가 있었다.

파이터 스틱 스페셜

● 발매일 / 1993년 7월 15일 ● 가격 / 4,980엔
● 퍼블리셔 / 아스키

버튼 위치를 전환해서 4버튼, 6버튼 게임에 대응한다. 7개의 버튼에 독립된 연사 기능이 있고 홀드 기능과 2단계 슬로우 기능도 탑재했다.

이머지니어 프로 패드

● 발매일 / 1993년 8월 27일 ● 가격 / 3,980엔
● 퍼블리셔 / 이머지니어

이머지니어 패드에 커맨드 등록 기능을 추가하고 홀드 기능을 삭제했다. 액정은 물론 『스파 II』와 『아랑전설』의 필살기 커맨드 30종류가 탑재되어 있다. 새로운 커맨드를 6개까지 기억시킬 수 있다.

파이터 스틱

● 발매일 / 1993년 9월 10일 ● 가격 / 3,980엔
● 퍼블리셔 / 아스키

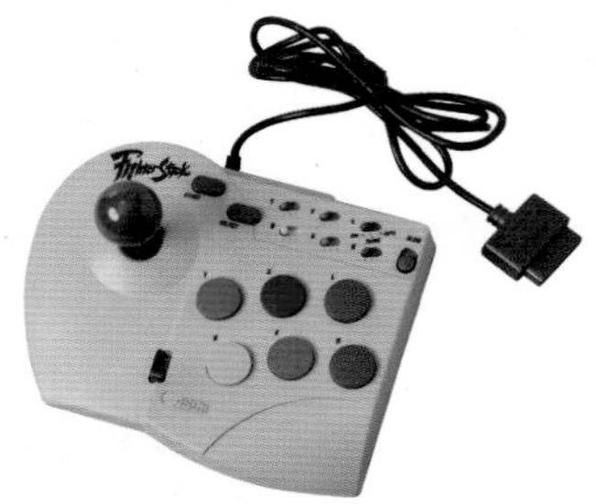

『슈퍼 아스키 스틱』의 염가판. 기능은 동일하지만 격투 게임용으로 버튼이 배치되어 있다. 연사 기능과 홀드 기능, 슬로우 기능도 그대로 탑재되었다.

이머지니어 패드

● 발매일 / 1993년 9월 20일 ● 가격 / 1,980엔
● 퍼블리셔 / 이머지니어

아름다운 클리어 보디가 돋보이는 컨트롤러. 6개의 버튼에 연사 기능(초당 30발)이 있고, 홀드 기능과 슬로우 기능을 탑재했다. 키 입력감이 약간 딱딱하다.

필살 커맨드 컨트롤러

● 발매일 / 1993년 9월 29일 ● 가격 / 3,500엔
● 퍼블리셔 / 코나미

6개 버튼에 독립된 연사 기능(초당 최대 30발)이 있고 커맨드 기억 기능을 탑재했다. 커맨드 등록에는 리얼타임과 프로그램 등록 2종류가 있고 출력 방법은 3종류이다. 등록한 커맨드를 버튼 하나로 쓸 수 있다.

호리 멀티탭

● 발매일 / 1993년 10월 30일 ● 가격 / 2,480엔
● 퍼블리셔 / 호리 전기

일반판

한정판

멀티 플레이어5 규격 호환 기기. 접속 커넥터를 상단에 배치해 사이즈가 작은 것이 특징이다. 2인, 3인 이상인 경우에는 스위치를 바꾸고 전원을 꺼도 인원 수 설정을 기억한다. 한정판(빨강)도 있다.

아랑전설2 커맨더

● 발매일 / 1993년 11월 26일 ● 가격 / 2,480엔
● 퍼블리셔 / 호리 전기

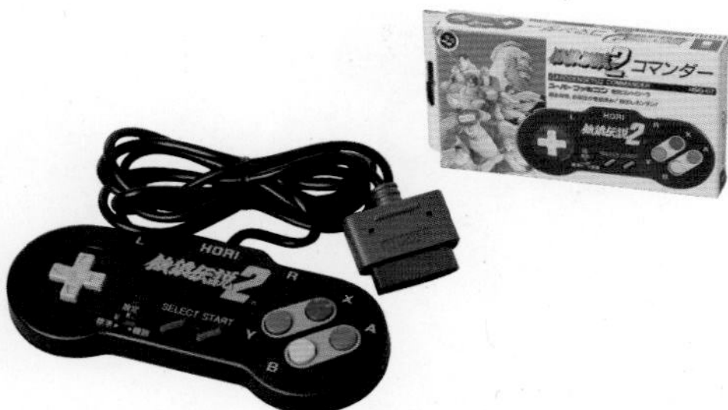

『아랑전설2』(타카라 / 1993년)에 등장하는 8명의 필살기를 간단하게 쓸 수 있는 모드를 탑재했다. 전환 스위치를 이용해서 노멀 패드로도 사용할 수 있다. 연사 장치 등의 기능은 지원하지 않는다.

듀얼 터보

● 발매일 / 1993년 12월 8일 ● 가격 / 6,800엔
● 퍼블리셔 / 어클레임 재팬

무선 패드 2개가 동봉된 제품. 수신기를 본체의 1P · 2P 커넥터에 연결하면 된다. 패드의 6개 버튼에는 독립된 연사 기능이 있고, 홀드와 슬로우 기능도 탑재했으며 AA전지 4개를 사용한다.

무선 멀티 패드

● 발매일 / 1993년 12월 28일 ● 가격 / 3,280엔
● 퍼블리셔 / 요네자와 PR21

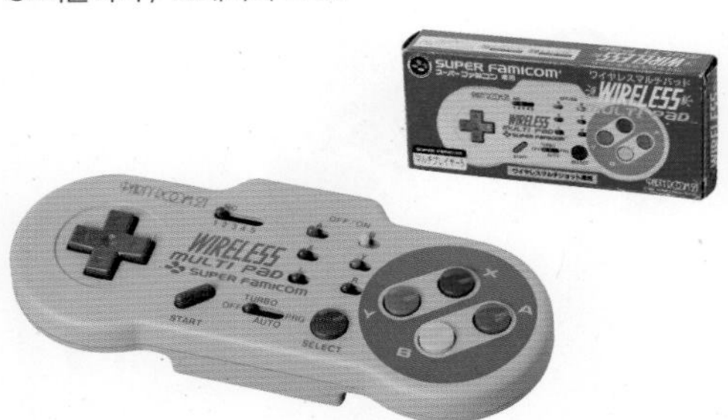

3단계 연사 기능이 있는 무선 패드. 멀티 플레이어용 스위치를 준비해서 최대 5명을 동시에 연결할 수 있다. AAA 건전지 4개를 사용하는데 별매품인 수신기가 없으면 사용할 수 없다.

이머지니어 패드 플러스

● 발매일 / 1994년 3월 4일 ● 가격 / 1,980엔
● 퍼블리셔 / 이머지니어

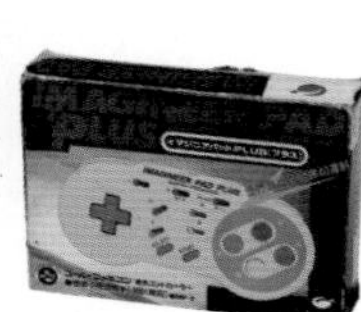

이머지니어 패드와 같이 6개의 버튼에 독립된 연사 기능(초당 최대 40발)을 탑재했다. 홀드와 슬로우 기능도 탑재했고, 거의 순정 조이패드에 가까운 디자인으로 만들어졌다.

슈퍼 멀티탭2

● 발매일 / 1994년 4월 28일 ● 가격 / 2,980엔
● 퍼블리셔 / 허드슨

『슈퍼 멀티탭』과 기능은 같지만, 귀여운 봄버맨 얼굴로 형태가 변경되었다. 인원 수 전환 스위치 덕분에 전원을 꺼도 설정이 남아 있다.

SGB 커맨더

● 발매일 / 1994년 6월 14일 ● 가격 / 1,980엔
● 퍼블리셔 / 호리 전기

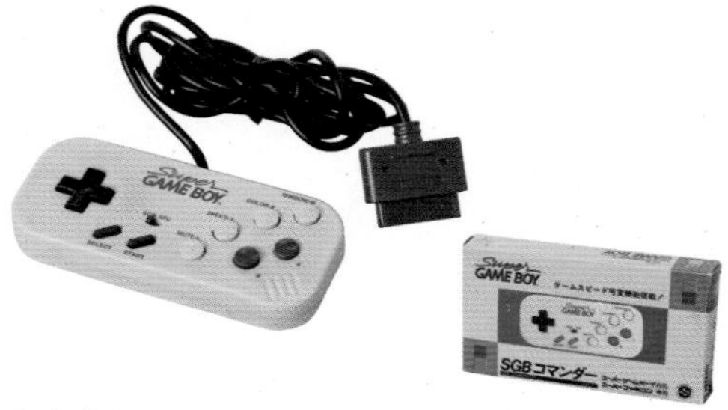

슈퍼 게임보이용 컨트롤러. SFC나 GB 모드로 전환해서 사용한다. 컬러 전환, 윈도우 여닫기, 사운드 온오프 기능도 있다. 게임 스피드를 변경할 수 있는 것도 세일즈 포인트였다.

리설 엔포서즈 2P 전용 건 MODEL510

● 발매일 / 1994년 3월 11일 ● 가격 / 2,480엔
● 퍼블리셔 / 코나미

건슈팅 게임 『리설 엔포서즈』(코나미 / 1994년) 전용 건콘. 2P 쪽은 단품 판매되었다. HD(브라운관 포함)와 UHD TV 등에는 사용할 수 없으며, 2P 전용 건 단품으로는 플레이할 수 없다.

슈퍼 게임보이

● 발매일 / 1994년 6월 14일 ● 가격 / 6,800엔
● 퍼블리셔 / 닌텐도

SFC에서 GB 소프트를 플레이하기 위한 주변기기. GB 소프트의 모노 4색을 임의의 색으로 변환해서 TV에 출력한다. 일부 호환 소프트에서는 음질 향상, 다색 컬러 표시, 하나의 소프트로 2인 동시 플레이가 가능하다.

캡콤 패드 솔저

● 발매일 / 1994년 6월 17일 ● 가격 / 1,980엔
● 퍼블리셔 / 캡콤

격투 게임 전용 패드. 오른손으로 그립을 쥐고 십자 버튼을 조작하고, 왼손 손가락 3개로 버튼을 누른다. 순정 조이패드와 비교하면 필살기 등을 쓰기가 쉽다.

실전 파치스로 컨트롤러

● 발매일 / 1994년 9월 16일 ● 가격 / 4,980엔
● 퍼블리셔 / 사미

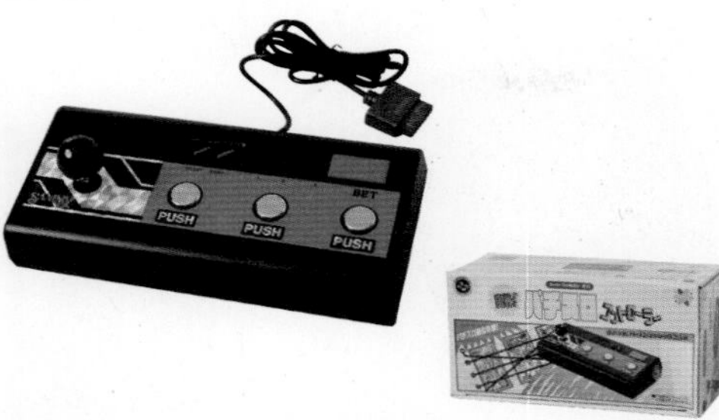

파친코 슬롯을 실제 기기의 감각으로 조작할 수 있는 컨트롤러. SFC의 모든 버튼과 호환되기 때문에 파친코 슬롯 이외의 게임에도 사용할 수 있다.

필살 파친코 컨트롤러

● 발매일 / 1994년 10월 21일 ● 가격 / 3,990엔
● 퍼블리셔 / 선 소프트

실제 파친코 기기와 같은 소재를 사용한 파친코 게임 전용 컨트롤러. SFC 본체의 2P 쪽 커넥터에 연결해서 사용한다. 1994년 10월 이전에 발매된 파친코 게임에는 호환되지 않는다.

이머지니어 아케이드 스틱

● 발매일 / 1994년 11월 18일 ● 가격 / 6,980엔
● 퍼블리셔 / 이머지니어

중량감이 있는 아케이드 사양의 컨트롤러. 6개의 버튼에 독립된 연사 기능(초당 35발)이 있고, 홀드와 슬로우 기능도 있다. SFC만이 아니라 MD나 NEOGEO, PC엔진에도 연결할 수 있다.

이머지니어 패드 LC

● 발매일 / 1994년 11월 18일 ● 가격 / 1,280엔
● 퍼블리셔 / 이머지니어

순정 조이패드와 거의 같은 사양이면서 가격은 저렴했다. 연사 등의 기능은 일절 없지만 케이블의 길이가 2.4미터나 된다.

호리 패드

● 발매일 / 1994년 11월 25일 ● 가격 / 1,180엔
● 퍼블리셔 / 호리 전자

순정 조이패드와 거의 같은 사양이면서 가장 낮은 가격으로 판매되었다. 연사 등의 기능은 일절 없지만 케이블의 길이가 2.2미터나 된다.

무선 멀티샷2

● 발매일 / 1994년 12월 2일 ● 가격 / 5,800엔
● 퍼블리셔 / OPTEC

멀티 플레이어5와 호환되는 무선 컨트롤러. 컨트롤러와 수신기가 세트로 되어 있으며, 6개의 버튼에 독립된 3단계 연사 기능을 탑재했다.

무선 멀티 전용 컨트롤러

● 발매일 / 1994년 12월 2일 ● 가격 / 3,280엔
● 퍼블리셔 / OPTEC

무선 멀티샷2의 추가 컨트롤러. 멀티 플레이 스위치로 플레이어를 판단한다. 최대 5개의 컨트롤러를 연결할 수 있지만 수신기가 없으면 사용할 수 없다.

터보 파일 트윈

● 발매일 / 1994년 12월 22일 ● 가격 / 7,500엔
● 퍼블리셔 / 아스키

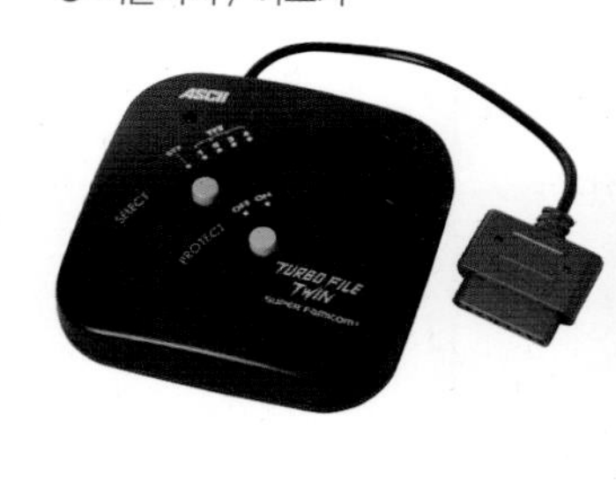

SFC 전용인 외부 기억 장치. 롬팩의 백업 기능과는 별도로 호환 소프트의 게임 데이터를 기록할 수 있다. 기록할 수 있는 데이터 수는 소프트에 따라 다르다.

보이서군

● 발매일 / 1995년 3월 25일 ● 가격 / 3,980엔
● 퍼블리셔 / 코에이

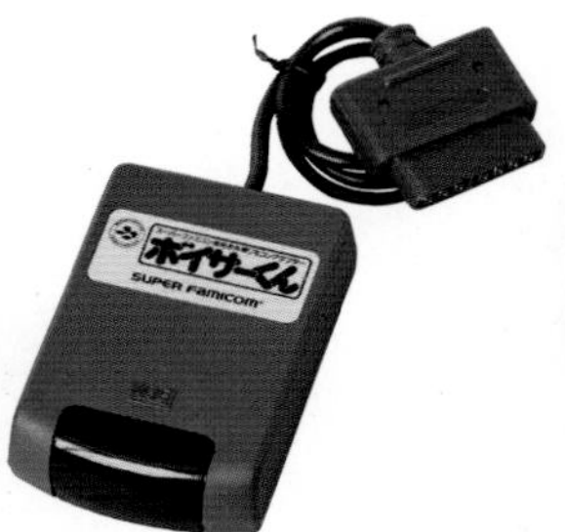

CD 플레이어와 SFC 소프트를 연동시키는 어댑터. CD 플레이어로 재생시킨 음악을 게임 화면의 움직임에 맞춰서 제어할 수 있다. 영어 교재 『EMIT』나 『안젤리크』 등의 동봉판도 있다.

아스키 그립

● 발매일 / 1996년 3월 15일 ● 가격 / 2,480엔
● 퍼블리셔 / 아스키

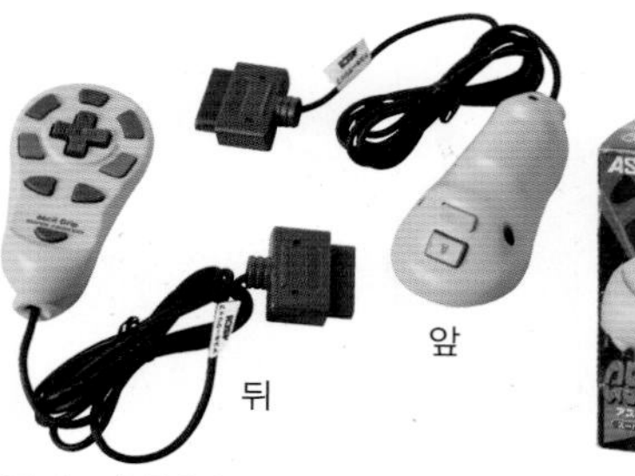

『위저드리』 『더비 스탈리온』 등의 RPG, SLG에 최적화 된 한 손용 컨트롤러. 전면에는 십자 버튼, X, Y, L, R이, 후면에는 A, B 버튼이 배치되어 있다. 초회 특전으로 『더비 스탈리온』의 기록 시트 등이 동봉되었다.

슈패미 터보

● 발매일 / 1996년 6월 28일 ● 가격 / 3,980엔
● 퍼블리셔 / 반다이

전용 팩 2개를 조합해서 2명의 데이터를 사용한 대전이나 다른 게임과의 연동이 가능. 기본 시스템은 슈패미 터보 내에 설정되어 있어서 소프트를 저렴하게 제공할 수 있었다. 호환 소프트는 총 13개.

SF 메모리 카세트

● 발매일 / 1997년 9월 30일 ● 가격 / 3,980엔
● 퍼블리셔 / 닌텐도

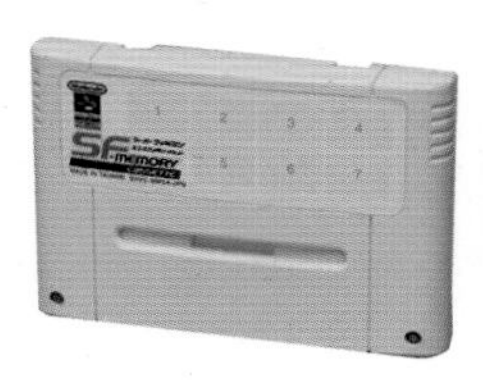

게임 소프트 다운로드 서비스 『NINTENDO POWER』의 메모리 팩으로 32메가비트의 플래시 메모리 탑재. 게임 데이터가 포함된 프리라이트판도 있었다. 로고는 초기판에서는 영어, 통상판에서는 가타카나로 기재되었다.

슈퍼 게임보이2

● 발매일 / 1998년 1월 30일 ● 가격 / 5,800엔
● 퍼블리셔 / 닌텐도

『슈퍼 게임보이』에 통신 단자와 LED 램프를 탑재했다. 통신 케이블을 이용해 통신 플레이는 물론 포켓 카메라, 포켓 프린터 등의 주변기기 접속도 가능하다. 게임 동작 속도가 빠르다는 문제도 해결되었다.

엉킴 방지 봄버

● 발매일 / 1993년 ● 가격 / 불명
● 퍼블리셔 / 허드슨

컨트롤러의 코드가 엉키지 않도록 표시용으로 부착하는 보조 상품. 『봄버맨'94』의 콘테스트(캐릭터 이름 짓기) 경품으로 배포되었다.

닌텐도 클래식 미니 슈퍼 패미컴

2016년 발매되어 이례적인 대히트를 기록한 『닌텐도 클래식 미니 패밀리 컴퓨터』의 슈퍼 패미컴판. 21개나 되는 게임이 수록되었는데 놀랍게도 개발 중지되었던 소프트 『스타 폭스 2』도 포함되었다. 이것만으로도 구입해야 할 이유가 충분했다. 액션, 슈팅, 퍼즐, 대전 격투에 RPG까지 다양한 장르의 명작 게임들을 1만 엔에도 미치지 않는 가격으로 플레이할 수 있었으니 가성비가 정말 훌륭하다.

또한 FC판은 컨트롤러가 작아서 플레이하기 어렵다는 의견이 있었는데, SFC판은 그 문제도 확실하게 해결했다. 원래 SFC와 같은 모양과 크기의 컨트롤러 2개가 기본으로 포함되었기 때문이다. 반면 본체는 손바닥 사이즈라서 방의 인테리어로 활용하는 것도 나쁘지 않다.

내용 / 레트로 게임 동호회

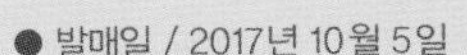

● 발매일 / 2017년 10월 5일
● 메이커 / 닌텐도
● 가격 / 7,980엔

〈사양〉
본체: 높이 40.5mm × 가로 110mm × 세로 133mm
컨트롤러: 높이 25.7mm × 가로 144mm × 세로 63.3mm
컨트롤러 케이블: 길이 약 1.4m
입출력 단자: HDMI 단자, USB 단자(micro-B)
영상출력: 720p, 480p
음성출력: HDMI의 리니어 PCM 2Ch 출력

수록 타이틀	게재 페이지
슈퍼마리오 월드	014
F-ZERO	014
힘내라 고에몽 유키히메 구출 두루마리	025
초 마계촌	021
젤다의 전설 신들의 트라이포스	021
슈퍼 포메이션 사커	029
콘트라 스피리츠	038
슈퍼마리오 카트	035
스타 폭스	082
성검전설2	084
록맨X	144
파이어 엠블렘 문장의 비밀	154
슈퍼 메트로이드	154
파이널 판타지VI	155
슈퍼 스트리트 파이터II	034
슈퍼 동키콩	156
슈퍼마리오 요시 아일랜드	303
패널로 퐁	322
슈퍼마리오 RPG	342
별의 커비 슈퍼 디럭스	352
스타 폭스2	389

슈퍼패미컴 게임 소프트 검색

연대순

타이틀	발매일	퍼블리셔	페이지
1990년			
F-ZERO	1990년 11월 21일	닌텐도	14
슈퍼마리오 월드	1990년 11월 21일	닌텐도	14
봄브잘	1990년 12월 1일	켐코	16
액트 레이저	1990년 12월 16일	에닉스	15
포퓰러스	1990년 12월 16일	이머지니어	16
그라디우스 III	1990년 12월 21일	코나미	15
파일럿 윙스	1990년 12월 21일	닌텐도	16
파이널 파이트	1990년 12월 21일	캡콤	16
SD 더 그레이트 배틀 새로운 도전	1990년 12월 29일	반프레스토	17
1991년			
점보 오자키의 홀인원	1991년 2월 23일	HAL 연구소	22
빅 런	1991년 3월 20일	자레코	22
다라이어스 트윈	1991년 3월 29일	타이토	22
머나먼 오거스타	1991년 4월 5일	T&E 소프트	22
울트라맨	1991년 4월 6일	반다이	23
심시티	1991년 4월 26일	닌텐도	20
슈퍼 프로페셔널 베이스볼	1991년 5월 17일	자레코	23
드라켄	1991년 5월 24일	켐코	23
가듀린	1991년 5월 28일	세타	23
이스 III -원더러즈 프롬 이스-	1991년 6월 21일	톤킹 하우스	24
슈퍼 스타디움	1991년 7월 2일	세타	24
기동전사 건담 F91 포뮬러 전기 0122	1991년 7월 6일	반다이	24
슈퍼 울트라 베이스볼	1991년 7월 12일	컬처 브레인	24
SUPER R · TYPE	1991년 7월 13일	아이렘	25
힘내라 고에몽 ~유키히메 구출 그림 두루마리~	1991년 7월 19일	코나미	25
파이널 판타지IV	1991년 7월 19일	스퀘어	20
배틀 돗지볼	1991년 7월 20일	반프레스토	25
에어리어88	1991년 7월 26일	캡콤	25
백열 프로야구 간바리그	1991년 8월 9일	에픽 소니 레코드	26
초단 모리타 장기	1991년 8월 23일	세타	26
슈퍼 테니스 월드 서킷	1991년 8월 30일	톤킹 하우스	26
하이퍼 존	1991년 8월 31일	HAL 연구소	26
젤리 보이	1991년 9월 13일	에픽 소니 레코드	27
슈퍼 삼국지 II	1991년 9월 15일	코에이	27
프로 사커	1991년 9월 20일	이머지니어	27
초마계촌	1991년 10월 4일	캡콤	21
SUPER E.D.F.	1991년 10월 25일	자레코	27
파이널 판타지IV 이지 타입	1991년 10월 29일	스퀘어	28
악마성 드라큘라	1991년 10월 31일	코나미	28
젤다의 전설 신들의 트라이포스	1991년 11월 21일	닌텐도	21
라이덴 전설	1991년 11월 29일	토에이 동화	28
JOE & MAC 싸워라 원시인	1991년 12월 6일	데이터 이스트	28
슈퍼 포메이션 사커	1991년 12월 13일	휴먼	29
슈퍼 와간랜드	1991년 12월 13일	남코	29
치비 마루코짱 「활기찬 365일」의 권	1991년 12월 13일	에폭사	29
라군	1991년 12월 13일	켐코	29
레밍스	1991년 12월 18일	선 소프트	30
슈퍼 파이어 프로레슬링	1991년 12월 20일	휴먼	30
던전 마스터	1991년 12월 20일	빅터 엔터테인먼트	30
디멘션 포스	1991년 12월 20일	아스믹	30
SD건담 외전 나이트 건담 이야기 위대한 유산	1991년 12월 21일	엔젤	31
슈퍼 노부나가의 야망 무장풍운록	1991년 12월 21일	코에이	31
썬더 스피리츠	1991년 12월 27일	도시바 EMI	31
반성 원숭이 지로군의 대모험	1991년 12월 27일	나츠메	31
슈퍼 차이니즈 월드	1991년 12월 28일	컬처 브레인	32
심어스	1991년 12월 29일	이머지니어	32
배틀 커맨더 팔무중, 수라의 병법	1991년 12월 29일	반프레스토	32
1992년			
타카하시 명인의 대모험도	1992년 1월 11일	허드슨	37
프로 풋볼	1992년 1월 17일	이머지니어	37
드래곤볼Z 초사이어 전설	1992년 1월 25일	반다이	37
로맨싱 사가	1992년 1월 28일	스퀘어	34
소울 블레이더	1992년 1월 31일	에닉스	37
드래곤 슬레이어 영웅전설	1992년 2월 14일	에폭사	38
엑조스트 히트	1992년 2월 21일	세타	38
콘트라 스피리츠	1992년 2월 28일	코나미	38
로켓티어	1992년 2월 28일	아이지에스	38
슈퍼 버디 러시	1992년 3월 6일	데이터 이스트	39
제절초	1992년 3월 7일	춘 소프트	39
R.P.M. 레이싱	1992년 3월 19일	빅터 엔터테인먼트	39
슈퍼 이인도 타도 노부나가	1992년 3월 19일	코에이	39
신세기 GPX 사이버 포뮬러	1992년 3월 19일	타카라	40
초공합신 사디온	1992년.3월 20일	아스믹	40
파이널 파이트 가이	1992년 3월 20일	캡콤	40
S.T.G	1992년 3월 27일	아테나	40
카드 마스터 림사리아의 봉인	1992년 3월 27일	HAL 연구소	41
더 그레이트 배틀 II 라스트 파이터 트 윈	1992년 3월 27일	반프레스토	41
SUPER 바리스 붉은 달의 소녀	1992년 3월 27일	일본 텔레넷	41
슈퍼 패미스타	1992년 3월 27일	남코	41
스매시 T.V.	1992년 3월 27일	아스키	42
탑 레이서	1992년 3월 27일	켐코	42
해트트릭 히어로	1992년 3월 27일	타이토	42
배틀 그랑프리	1992년 3월 27일	나그자트	42
러싱 비트	1992년 3월 27일	자레코	43
란마1/2 정내격투편	1992년 3월 27일	메사이어	43
매지컬☆타루루토군 MAGIC ADVENTURE	1992년 3월 28일	반다이	43
울티마VI 거짓 예언자	1992년 4월 3일	포니 캐니언	43
에어 매니지먼트 큰 하늘에 걸다	1992년 4월 5일	코에이	44
오델로 월드	1992년 4월 5일	츠쿠다 오리지널	44
페블비치의 파도	1992년 4월 10일	T&E 소프트	44
호창 진라이 전설 무사	1992년 4월 21일	데이텀 폴리스타	44

슈퍼컵 사커	1992년 4월 24일	자레코	45
WWF 슈퍼 레슬매니아	1992년 4월 24일	어클레임 재팬	45
헤라클레스의 영광III 신들의 침묵	1992년 4월 24일	데이터 이스트	45
마카마카	1992년 4월 24일	시그마	45
F-1 GRAND PRIX	1992년 4월 28일	비디오 시스템	46
권투왕 월드 챔피언	1992년 4월 28일	소프엘	46
슈퍼 알레스타	1992년 4월 28일	토호	46
슈퍼 상하이 드래곤즈 아이	1992년 4월 28일	핫 · 비	46
배틀 블레이즈	1992년 5월 1일	사미	47
갑룡전설 빌가스트 사라진 소녀	1992년 5월 23일	반다이	47
참II 스피리츠	1992년 5월 29일	울프팀	47
매직 소드	1992년 5월 29일	캡콤	47
스트리트 파이터II	1992년 6월 10일	캡콤	34
슈퍼 장기	1992년 6월 19일	아이맥스	48
슈퍼 덩크슛	1992년 6월 19일	HAL 연구소	48
카멜 트라이	1992년 6월 26일	타이토	48
고시엔2	1992년 6월 26일	케이 어뮤즈먼트리스	48
종합 격투기 아스트랄 바우트	1992년 6월 26일	킹 레코드	49
요코야마 미츠테루 삼국지	1992년 6월 26일	엔젤	49
슈퍼 오프로드	1992년 7월 3일	팩 인 비디오	49
슈퍼 볼링	1992년 7월 3일	아테나	49
파로디우스다! -신화에서 웃음으로-	1992년 7월 3일	코나미	50
PGA 투어 골프	1992년 7월 3일	이머지니어	50
페르시아의 왕자	1992년 7월 3일	메사이어	50
라이트 판타지	1992년 7월 3일	톤킹 하우스	50
북두의 권5 천마유성전 애★절장	1992년 7월 10일	토에이 동화	51
유우유의 퀴즈로 GO! GO!	1992년 7월 10일	타이토	51
마리오 페인트	1992년 7월 14일	닌텐도	35
캡틴 츠바사III 황제의 도전	1992년 7월 17일	테크모	51
스즈키 아구리의 F-1 슈퍼 드라이빙	1992년 7월 17일	로직	51
다이너 워즈 공룡 왕국으로 가는 대모험	1992년 7월 17일	아이렘	52
파친코 워즈	1992년 7월 17일	코코너츠 재팬 엔터테인먼트	52
HOOK	1992년 7월 17일	에픽 소니 레코드	52
산드라의 대모험 왈큐레와의 만남	1992년 7월 23일	남코	52
어스 라이트	1992년 7월 24일	허드슨	53
얼티메이트 풋볼	1992년 7월 24일	사미	53
사이바리온	1992년 7월 24일	도시바 EMI	53
슈퍼 F1 서커스	1992년 7월 24일	일본 물산	53
T.M.N.T. 터틀스 인 타임	1992년 7월 24일	코나미	54
블레이존	1992년 7월 24일	아틀라스	54
3×3EYES 성마강림전	1992년 7월 28일	유타카	54
기갑경찰 메탈 잭	1992년 7월 31일	아틀라스	54
KING OF THE MONSTERS	1992년 7월 31일	타카라	55
비룡의 권S GOLDEN FIGHTER	1992년 7월 31일	컬처 브레인	55
불꽃의 투구아 돗지탄평	1992년 7월 31일	선 소프트	55
슈퍼 대항해시대	1992년 8월 5일	코에이	55
초대 열혈경파 쿠니오군	1992년 8월 7일	테크노스 재팬	56
슈퍼 팡	1992년 8월 7일	캡콤	56
슈퍼 프로페셔널 베이스볼II	1992년 8월 7일	자레코	56
슈퍼 모모타로 전철II	1992년 8월 7일	허드슨	56
스핀디지 월드	1992년 8월 7일	아스키	57
파이프 드림	1992년 8월 7일	BPS	57
팔랑크스	1992년 8월 7일	켐코	57
나 홀로 집에	1992년 8월 11일	알트론	57
근육맨 DIRTY CHALLENGER	1992년 8월 21일	유타카	58
슈퍼 마작	1992년 8월 22일	아이맥스	58
슈퍼마리오 카트	1992년 8월 27일	닌텐도	35
울트라 베이스볼 실명편	1992년 8월 28일	마이크로 아카데미	58
CB 캐릭 워즈 잃어버린 개~그	1992년 8월 28일	반프레스토	58
액스레이	1992년 9월 11일	코나미	59
아크로뱃 미션	1992년 9월 11일	테이치쿠	59
SD기동전사 건담 V작전 시동	1992년 9월 12일	엔젤	59
슈퍼 마작대회	1992년 9월 12일	코에이	59
슈퍼 가차폰 월드 SD건담X	1992년 9월 18일	유타카	60
와이알라에의 기적	1992년 9월 18일	T&E 소프트	60
제독의 결단	1992년 9월 24일	코에이	60
갬블러 자기중심파 마작 황위전	1992년 9월 25일	펄 소프트	60
은하영웅전설	1992년 9월 25일	토쿠마 서점 인터미디어	61
소닉 블래스트 맨	1992년 9월 25일	타이토	61
대전략 익스퍼트	1992년 9월 25일	아스키	61
드래곤 퀘스트V 천공의 신부	1992년 9월 27일	에닉스	36
스카이 미션	1992년 9월 29일	남코	61
로드 모나크	1992년 10월 9일	에폭사	62
리턴 오브 더블 드래곤	1992년 10월 16일	테크노스 재팬	62
슈퍼 로얄 블러드	1992년 10월 22일	코에이	62
아담스 패밀리	1992년 10월 23일	미사와 엔터테인먼트	62
슈퍼 F1 서커스 리미티드	1992년 10월 23일	일본 물산	63
코스모 갱 더 비디오	1992년 10월 29일	남코	63
사이버 나이트	1992년 10월 30일	톤킹 하우스	63
진 여신전생	1992년 10월 30일	아틀라스	63
슈퍼 리니어 볼	1992년 11월 6일	히로	64
삼국지III	1992년 11월 8일	코에이	64
비룡의 권S 하이퍼 버전	1992년 11월 11일	컬처 브레인	64
슈퍼 SWIV	1992년 11월 13일	코코너츠 재팬 엔터테인먼트	64
레나스 고대 기계의 기억	1992년 11월 13일	아스믹	65
아메리카 횡단 울트라 퀴즈	1992년 11월 20일	토미	65
위저드리V 재앙의 중심	1992년 11월 20일	아스키	65
대결!! 브라스 넘버즈	1992년 11월 20일	레이저 소프트	65
히어로 전기 프로젝트 올림포스	1992년 11월 20일	반프레스토	66
휴먼 그랑프리	1992년 11월 20일	휴먼	66
북두의 권6 격투전승권 패왕으로 가는 길	1992년 11월 20일	토에이 동화	66
미키의 매지컬 어드벤처	1992년 11월 20일	캡콤	66
카코마☆나이트	1992년 11월 21일	데이텀 폴리스타	67
애프터 월드	1992년 11월 27일	빅터 엔터테인먼트	67
내일의 죠	1992년 11월 27일	케이 어뮤즈먼트리스	67
아랑전설 숙명의 결투	1992년 11월 27일	타카라	67
건 포스	1992년 11월 27일	아이템	68
송 마스터	1992년 11월 27일	야노만	68

바르바로사	1992년 11월 27일	사미	68
발리볼 Twin	1992년 11월 27일	톤킹 하우스	68
파워 어슬리트	1992년 11월 27일	KANEKO	69
로열 컨퀘스트	1992년 11월 27일	자레코	69
슈퍼 블랙배스	1992년 12월 4일	핫 · 비	69
세리자와 노부오의 버디 트라이	1992년 12월 4일	토호	69
미스터리 서클	1992년 12월 4일	케이 어뮤즈먼트리스	70
메이저 타이틀	1992년 12월 4일	아이렘	70
파이널 판타지V	1992년 12월 6일	스퀘어	36
대 스모 혼	1992년 12월 11일	타카라	70
사이코 드림	1992년 12월 11일	일본 텔레넷	70
백열 프로야구 간바리그'93	1992년 12월 11일	에픽 소니 레코드	71
파치오군 SPECIAL	1992년 12월 11일	코코너츠 재팬 엔터테인먼트	71
배틀 사커 필드의 패자	1992년 12월 11일	반프레스토	71
벤케이 외전 모래의 장	1992년 12월 11일	선 소프트	71
기동장갑 다이온	1992년 12월 14일	빅 토카이	72
어메이징 테니스	1992년 12월 18일	팩 인 비디오	72
SD건담 외전2 원탁의 기사	1992년 12월 18일	유타카	72
중장기병 발켄	1992년 12월 18일	메사이어	72
슈퍼 대 스모 열전 대일번	1992년 12월 18일	남코	73
슈퍼 스타워즈	1992년 12월 18일	빅터 엔터테인먼트	73
슈퍼 테트리스2+봄블리스	1992년 12월 18일	BPS	73
슈퍼 니치부츠 마작	1992년 12월 18일	일본 물산	73
스텔스	1992년 12월 18일	헥터	74
타이니툰 어드벤처즈	1992년 12월 18일	코나미	74
싸워라 원시인2 루키의 모험	1992년 12월 18일	데이터 이스트	74
나카지마 사토루 감수 슈퍼 F-1 히어로	1992년 12월 18일	바리에	74
나그자트 슈퍼 핀볼 사귀 크래시	1992년 12월 18일	나그자트	75
플라잉 히어로 부규르~의 대모험	1992년 12월 18일	소프엘	75
반숙영웅 아아, 세계여 반숙이 되어라…!!	1992년 12월 19일	스퀘어	75
46억 년 이야기 아득한 에덴으로	1992년 12월 21일	에닉스	75
기기괴계 수수께끼의 검은 망토	1992년 12월 22일	나츠메	76
소년 아시베 고마짱의 유원지 대모험	1992년 12월 22일	타카라	76
러싱비트 란 복제도시	1992년 12월 22일	자레코	76
LOONY TUNES 로드 러너 VS 와일리 코요테	1992년 12월 22일	선 소프트	76
컴뱃 트라이브스	1992년 12월 23일	테크노스 재팬	77
슈퍼 킥 오프	1992년 12월 25일	미사와 엔터테인먼트	77
슈퍼 발리 II	1992년 12월 25일	비디오 시스템	77
슈퍼 파이어 프로레슬링2	1992년 12월 25일	휴먼	77
대폭소 인생극장	1992년 12월 25일	타이토	78
테크모 슈퍼 NBA 바스켓볼	1992년 12월 25일	테크모	78
마작비상전 울부짖는 류	1992년 12월 25일	아이지에스	78
란마1/2 폭렬난투편	1992년 12월 25일	메사이어	78
더 킹 오브 랠리	1992년 12월 28일	멜닥	79
사상 최강의 퀴즈왕 결정전 Super	1992년 12월 28일	요네자와	79
1993년			
엘파리아	1993년 1월 3일	허드슨	86
에일리언 VS 프레데터	1993년 1월 8일	아이지에스	86
부라이 「팔옥의 용사 전설」	1993년 1월 14일	아이지에스	86
유럽 전선	1993년 1월 16일	코에이	86
드래곤즈 어스	1993년 1월 22일	휴먼	87
포퓰러스2	1993년 1월 22일	이머지니어	87
마이트 & 매직 BOOK II	1993년 1월 22일	로직	87
지지 마라! 마검도	1993년 1월 22일	데이텀 폴리스타	87
우시오와 토라	1993년 1월 25일	유타카	88
Q*bert3	1993년 1월 29일	밥	88
크리스티 월드	1993년 1월 29일	어클레임 재팬	88
노부나가 공기(公記)	1993년 1월 29일	야노만	88
슈퍼 소코반	1993년 1월 29일	팩 인 비디오	89
슈퍼 빅쿠리맨	1993년 1월 29일	벡	89
남콧 오픈	1993년 1월 29일	남코	89
월드 클래스 럭비	1993년 1월 29일	미사와 엔터테인먼트	89
게게게의 키타로 부활! 천마대왕	1993년 2월 5일	반다이	90
프로 풋볼'93	1993년 2월 12일	일렉트로닉 아츠 빅터	90
월리를 찾아라! 그림책 나라의 대모험	1993년 2월 19일	토미	90
키쿠니 마사히코의 작투사 도라왕	1993년 2월 19일	POW	90
강철의 기사	1993년 2월 19일	아스믹	91
도라에몽 노비타와 요정의 나라	1993년 2월 19일	에폭사	91
스타 폭스	1993년 2월 21일	닌텐도	82
NBA 프로 바스켓볼 불즈 VS 레이커스	1993년 2월 26일	일렉트로닉 아츠 빅터	91
F-1 GRAND PRIX PART II	1993년 2월 26일	비디오 시스템	91
오다 노부나가 패왕의 군단	1993년 2월 26일	엔젤	92
코스모 갱 더 퍼즐	1993년 2월 26일	남코	92
사크	1993년 2월 26일	선 소프트	92
심 앤트	1993년 2월 26일	이머지니어	92
바트의 신비한 꿈의 대모험	1993년 2월 26일	어클레임 재팬	93
배트맨 리턴즈	1993년 2월 26일	코나미	93
배틀 테크	1993년 2월 26일	빅터 엔터테인먼트	93
리딩 컴퍼니	1993년 2월 26일	코에이	93
알버트 오디세이	1993년 3월 5일	선 소프트	94
이하토보 이야기	1993년 3월 5일	헥터	94
엑조스트 히트 F1 드라이버로 가는 길	1993년 3월 5일	세타	94
죠죠의 기묘한 모험	1993년 3월 5일	코브라 팀	94
슈퍼 킥복싱	1993년 3월 5일	일렉트로 브레인 재팬	95
데빌즈 코스	1993년 3월 5일	T&E 소프트	95
METAL MAX2	1993년 3월 5일	데이터 이스트	95
모노폴리	1993년 3월 5일	토미	95
EDONO 키바	1993년 3월 12일	마이크로 월드	96
캘리포니아 게임즈 II	1993년 3월 12일	헥터	96
슈퍼 패미스타2	1993년 3월 12일	남코	96
전설의 오우거 배틀	1993년 3월 12일	퀘스트	82
2020 슈퍼 베이스볼	1993년 3월 12일	케이 어뮤즈먼트리스	96
정글 워즈2 고대 마법 아티모스의 비밀	1993년 3월 19일	포니 캐니언	97
초마계대전! 도라보짱	1993년 3월 19일	나그자트	97

나이젤 만셀 F1 챌린지	1993년 3월 19일	인포컴	97
바이오 메탈	1993년 3월 19일	아테나	97
USA 아이스하키	1993년 3월 19일	자레코	98
드래곤볼Z 초무투전	1993년 3월 20일	반다이	83
슈퍼 푸른 늑대와 하얀 암사슴 원조비사	1993년 3월 25일	코에이	98
슈퍼 와갼랜드2	1993년 3월 25일	남코	98
인터내셔널 테니스 투어	1993년 3월 26일	마이크로 월드	98
울트라 세븐	1993년 3월 26일	반다이	99
더 그레이트 배틀 III	1993년 3월 26일	반프레스토	99
더 심리 게임 악마의 코코로지	1993년 3월 26일	위젯	99
버터라 대 스모 입신출세편	1993년 3월 26일	테크모	99
데저트 스트라이크 걸프 작전	1993년 3월 26일	일렉트로닉 아츠 빅터	100
데드 댄스	1993년 3월 26일	자레코	100
노이기어 ~바다와 바람의 고동~	1993년 3월 26일	울프팀	100
파워 몽거 ~마장의 모략~	1993년 3월 26일	이머지니어	100
블루스 브라더스	1993년 3월 26일	켐코	101
Pop'n 트윈비	1993년 3월 26일	코나미	101
에어 매니지먼트 II 항공왕을 노려라	1993년 4월 2일	코에이	101
캡틴 츠바사IV 프로의 라이벌들	1993년 4월 3일	테크모	101
브레스 오브 파이어 용의 전사	1993년 4월 3일	캡콤	102
태합입지전	1993년 4월 7일	코에이	102
액션 파치오	1993년 4월 9일	코코너츠 재팬 엔터테인먼트	102
The 마작 투패전	1993년 4월 16일	비디오 시스템	102
듀얼 오브 성령주 전설	1993년 4월 16일	아이맥스	103
분노의 요새	1993년 4월 23일	자레코	103
엘나드	1993년 4월 23일	게임플랜21	103
슈퍼 배틀 탱크	1993년 4월 23일	팩 인 비디오	103
용기병단 단잘브	1993년 4월 23일	유타카	104
슈퍼 덩크 스타	1993년 4월 28일	사미	104
슈퍼 봄버맨	1993년 4월 28일	허드슨	104
대국 바둑 고라이어스	1993년 5월 14일	BPS	104
바코드 배틀러 전기 슈퍼 전사 출동하라!	1993년 5월 14일	에폭사	105
NBA 올스타 챌린지	1993년 5월 21일	어클레임 재팬	105
파이널 파이트2	1993년 5월 22일	캡콤	105
셉텐트리온	1993년 5월 28일	휴먼	105
파친코 이야기 파치스로도 있다고!!	1993년 5월 28일	KSS	106
드래곤 슬레이어 영웅전설 II	1993년 6월 4일	에폭사	106
코스모 폴리스 갸리반 II	1993년 6월 11일	일본 물산	106
슈퍼 포메이션 사커 II	1993년 6월 11일	휴먼	106
프로 마작 극	1993년 6월 11일	아테나	107
신성기 오딧세리아	1993년 6월 18일	빅 토카이	107
속기 2단 모리타 장기	1993년 6월 18일	세타	107
슈퍼 스코프6	1993년 6월 21일	닌텐도	107
스페이스 바주카	1993년 6월 21일	닌텐도	108
에스트폴리스 전기	1993년 6월 25일	타이토	108
격돌탄환 자동차 결전 배틀 모빌	1993년 6월 25일	시스템 사콤	108
삼국지 정사 천무 스피리츠	1993년 6월 25일	울프팀	108
GP-1	1993년 6월 25일	아틀라스	109
실버 사가2	1993년 6월 25일	세타	109
슈퍼 패밀리 테니스	1993년 6월 25일	남코	109

톰과 제리	1993년 6월 25일	알트론	109
드래곤즈 매직	1993년 6월 25일	코나미	110
마징가Z	1993년 6월 25일	반다이	110
퍼스트 사무라이	1993년 7월 2일	켐코	110
에일리언3	1993년 7월 9일	어클레임 재팬	110
가면라이더 SD 출격!! 라이더 머신	1993년 7월 9일	유타카	111
슈퍼 하이 임팩트	1993년 7월 9일	어클레임 재팬	111
요시의 쿠키	1993년 7월 9일	BPS	111
스트리트 파이터 II 터보	1993년 7월 11일	캡콤	111
슈퍼마리오 컬렉션	1993년 7월 14일	닌텐도	83
요시의 로드 헌팅	1993년 7월 14일	닌텐도	112
산리오 월드 스매시 볼!	1993년 7월 16일	캐릭터 소프트	112
슈퍼 에어다이버	1993년 7월 16일	아스믹	112
전일본 프로레슬링	1993년 7월 16일	메사이어	112
데스 블레이드	1993년 7월 16일	아이맥스	113
매직 존슨의 슈퍼 슬램덩크	1993년 7월 16일	버진 게임	113
망량전기 MADARA2	1993년 7월 16일	코나미	113
월드 사커	1993년 7월 16일	코코너츠 재팬 엔터테인먼트	113
윙 커맨더	1993년 7월 23일	아스키	114
슈퍼 제임스 폰드 II	1993년 7월 23일	빅터 엔터테인먼트	114
슈퍼 백투더퓨처 II	1993년 7월 23일	도시바 EMI	114
제3차 슈퍼로봇대전	1993년 7월 23일	반프레스토	114
WWF 로얄럼블	1993년 7월 23일	어클레임 재팬	115
바즈! 마법 세계	1993년 7월 23일	핫 · 비	115
배틀 돗지볼 II	1993년 7월 23일	반프레스토	115
메가로매니아 ~시공 대전략~	1993년 7월 23일	이머지니어	115
슈퍼 F1 서커스2	1993년 7월 29일	일본 물산	116
우주의 기사 테카맨 블레이드	1993년 7월 30일	벡	116
크레용 신짱 "폭풍을 부르는 유치원생"	1993년 7월 30일	반다이	116
소닉 윙스	1993년 7월 30일	비디오 시스템	116
대폭소 인생극장 두근두근 청춘편	1993년 7월 30일	타이토	117
니트로 펑크스 마이트 헤즈	1993년 7월 30일	아이렘	117
파티 문	1993년 7월 30일	바리에	117
미소녀 작사 스치파이	1993년 7월 30일	자레코	117
슈퍼 노부나가의 야망 전국판	1993년 8월 5일	코에이	118
오오니타 아츠시 FMW	1993년 8월 6일	포니 캐니언	118
쿠니오군의 피구다! 전원 집합!	1993년 8월 6일	테크노스 재팬	118
J리그 사커 프라임 골	1993년 8월 6일	남코	118
슈퍼 파워리그	1993년 8월 6일	허드슨	119
성검전설2	1993년 8월 6일	스퀘어	84
소드 월드 SFC	1993년 8월 6일	T&E 소프트	119
휴먼 베이스볼	1993년 8월 6일	휴먼	119
슈퍼 경마	1993년 8월 10일	아이맥스	119
월드 히어로즈	1993년 8월 12일	선 소프트	120
슈퍼 슬램 샷	1993년 8월 20일	알트론	120
엑스 존	1993년 8월 27일	켐코	120
MVP 베이스볼	1993년 8월 27일	어클레임 재팬	120
서러브레드 브리더	1993년 8월 27일	헥터	121
수제 전기	1993년 8월 27일	에닉스	121
디스트럭티브	1993년 8월 27일	반다이	121
미소녀 전사 세일러 문	1993년 8월 27일	엔젤	121

마리오와 와리오	1993년 8월 27일	닌텐도	122
슈퍼 터리칸	1993년 9월 3일	톤킹 하우스	122
위닝 포스트	1993년 9월 10일	코에이	122
썬더버드 국제 구조대 출동하라!!	1993년 9월 10일	코브라 팀	122
파이널 판타지 USA 미스틱 퀘스트	1993년 9월 10일	스퀘어	123
라스베이거스 드림	1993년 9월 10일	이머지니어	123
신일본 프로레슬링 초전사 IN 투강도몽(도쿄돔)	1993년 9월 14일	바리에	123
NFL 풋볼	1993년 9월 17일	코나미	123
과장 시마 코사쿠	1993년 9월 17일	유타카	124
파이널 세트	1993년 9월 17일	포럼	124
전국전승	1993년 9월 19일	데이터 이스트	124
톨네코의 대모험 이상한 던전	1993년 9월 19일	춘 소프트	84
머나먼 오거스타2 마스터즈	1993년 9월 22일	T&E 소프트	124
SD기동전사 건담2	1993년 9월 23일	엔젤	125
GS미카미 제령사는 나이스 바디	1993년 9월 23일	바나렉스	125
GO! GO! 피구 리그	1993년 9월 24일	팩 인 비디오	125
다라이어스 포스	1993년 9월 24일	타이토	125
본격 마작 테츠만	1993년 9월 24일	나그자트	126
히가시오 오사무 감수 슈퍼 프로야구 스타디움	1993년 9월 30일	토쿠마 서점 인터미디어	126
슈퍼 3D 베이스볼	1993년 10월 1일	자레코	126
트리네아	1993년 10월 1일	야노만	126
레드 옥토버	1993년 10월 1일	알트론	127
슈퍼 경주마 바람의 실피드	1993년 10월 8일	킹 레코드	127
바이킹의 대미혹	1993년 10월 8일	T&E 소프트	127
스즈카 에이트 아워	1993년 10월 15일	남코	127
슈퍼 카지노 시저스 팔레스	1993년 10월 21일	코코너츠 재팬 엔터테인먼트	128
아쿠스 스피리츠	1993년 10월 22일	사미	128
미라클☆걸즈 토모미와 미카게의 신비한 세계의 대모험	1993년 10월 22일	타카라	128
란마1/2 주묘단적 비보	1993년 10월 22일	토호/쇼가쿠칸 프로덕션	128
액트레이저2 ~침묵으로 가는 성전~	1993년 10월 29일	에닉스	129
클래식 로드	1993년 10월 29일	빅터 엔터테인먼트	129
지미 코너스의 프로 테니스 투어	1993년 10월 29일	미사와 엔터테인먼트	129
장기 풍림화산	1993년 10월 29일	포니 캐니언	129
슈퍼 차이니즈 월드2 우주 제일 무투 대회	1993년 10월 29일	컬처 브레인	130
슈퍼 니치부츠 마작2 전국 제패편	1993년 10월 29일	일본 물산	130
장갑기병 보톰즈 더 배틀링 로드	1993년 10월 29일	타카라	130
초시공요새 마크로스 스크램블 발키리	1993년 10월 29일	반프레스토	130
하타야마 핫치의 파로 야구 뉴스! 실명판	1993년 10월 29일	에폭사	131
유토피아	1993년 10월 29일	에픽 소니 레코드	131
용호의 권	1993년 10월 29일	케이 어뮤즈먼트리스	131
아쿠탈리온	1993년 11월 5일	테크모	131
파이널 녹아웃	1993년 11월 5일	팩 인 비디오	132
가면라이더 쇼커 군단	1993년 11월 12일	반다이	132
슈퍼 UNO	1993년 11월 12일	토미	132
솔스티스 II	1993년 11월 12일	에픽 소니 레코드	132
파이널 스트레치	1993년 11월 12일	로직	133
와카타카 대 스모 꿈의 형제 대결	1993년 11월 12일	이머지니어	133
이스IV 마스크 오브 더 선	1993년 11월 19일	톤킹 하우스	133
파치스로 러브 스토리	1993년 11월 19일	코코너츠 재팬 엔터테인먼트	133
배틀 마스터 궁극의 전사들	1993년 11월 19일	도시바 EMI	134
유진 작수학원	1993년 11월 19일	바리에	134
리딕 보우 복싱	1993년 11월 23일	마이크로넷	134
액셀 브리드	1993년 11월 26일	토미	134
알라딘	1993년 11월 26일	캡콤	135
아디 라이트 풋	1993년 11월 26일	아스키	135
아레사	1993년 11월 26일	야노만	135
abc 먼데이 나이트 풋볼	1993년 11월 26일	데이터 이스트	135
F-15 슈퍼 스트라이크 이글	1993년 11월 26일	아스믹	136
오니즈카 카츠야 슈퍼 버추얼 복싱 ~진 격투왕 전설~	1993년 11월 26일	소프엘	136
아랑전설2 -새로운 결투-	1993년 11월 26일	타카라	136
실전! 파치스로 필승법!	1993년 11월 26일	사미	136
슈퍼 H.Q. 크리미널 체이서	1993년 11월 26일	타이토	137
다이나믹 스타디움	1993년 11월 26일	사미	137
다케다 노부히로의 슈퍼컵 사커	1993년 11월 26일	자레코	137
테크모 슈퍼볼	1993년 11월 26일	테크모	137
야다몽 원더랜드 드림	1993년 11월 26일	토쿠마 서점	138
가이아 환상기	1993년 11월 27일	에닉스	138
Soul & Sword	1993년 11월 30일	반프레스토	138
슈퍼 마작2 본격 4인 마작!	1993년 12월 2일	아이맥스	138
NBA 프로 바스켓볼'94 불즈 VS 선즈	1993년 12월 3일	일렉트로닉 아츠 빅터	139
키쿠니 마사히코의 작투사 도라왕2	1993년 12월 3일	POW	139
슈퍼 궁극 하리키리 스타디움	1993년 12월 3일	타이토	139
T.M.N.T. 뮤턴트 워리어즈	1993년 12월 3일	코나미	139
노부나가의 야망 패왕전	1993년 12월 9일	코에이	140
R · TYPE III	1993년 12월 10일	아이렘	140
쿨 스팟	1993년 12월 10일	버진 게임	140
결전! 도카폰 왕국IV ~전설의 용사들~	1993년 12월 10일	아스믹	140
슈~퍼~ 뿌요뿌요	1993년 12월 10일	반프레스토	141
백열 프로야구'94 감바리그3	1993년 12월 10일	에픽 소니 레코드	141
플록	1993년 12월 10일	액티비전 재팬	141
비밀 마권 구입술 경마 에이트 스페셜	1993년 12월 10일	미사와 엔터테인먼트	141
로맨싱 사가2	1993년 12월 10일	스퀘어	85
알카에스트	1993년 12월 17일	스퀘어	142
슈퍼 스타워즈 제국의 역습	1993년 12월 17일	빅터 엔터테인먼트	142
다운타운 열혈 베이스볼 이야기 야구로 승부다! 쿠니오군	1993년 12월 17일	테크노스 재팬	142
도라에몽2 노비타의 토이즈랜드 대모험	1993년 12월 17일	에폭사	142
드래곤볼Z 초무투전2	1993년 12월 17일	반다이	143
드라키의 동네야구	1993년 12월 17일	이머지니어 줌	143

파친코 워즈 II	1993년 12월 17일	코코너츠 재팬 엔터테인먼트	143
홀리 스트라이커	1993년 12월 17일	헥터	143
몽환처럼	1993년 12월 17일	인텍	144
러싱비트 수라	1993년 12월 17일	자레코	144
록맨X	1993년 12월 17일	캡콤	144
원더러스 매직	1993년 12월 17일	아스키	144
드래곤 퀘스트 I · II	1993년 12월 18일	에닉스	85
에이스를 노려라!	1993년 12월 22일	일본 텔레넷	145
힘내라 고에몽2 기천열장군 매기네스	1993년 12월 22일	코나미	145
힘내라! 대공의 겐상	1993년 12월 22일	아이렘	145
킹 오브 더 몬스터즈2	1993년 12월 22일	타카라	145
초 고질라	1993년 12월 22일	토호	146
스페이스 펑키 비오비	1993년 12월 22일	일렉트로닉 아츠 빅터	146
탑 레이서2	1993년 12월 22일	켐코	146
빙빙! 빙고	1993년 12월 22일	KSS	146
플래시 백	1993년 12월 22일	선 소프트	147
헤베레케의 포푼	1993년 12월 22일	선 소프트	147
유☆유☆백서	1993년 12월 22일	남코	147
NFL 프로풋볼'94	1993년 12월 24일	일렉트로닉 아츠 빅터	147
신 모모타로 전설	1993년 12월 24일	허드슨	148
테트리스 무투외전	1993년 12월 24일	BPS	148
휴먼 그랑프리2	1993년 12월 24일	휴먼	148
북두의 권7	1993년 12월 24일	토에이 동화	148
모탈 컴뱃 신권강림전설	1993년 12월 24일	어클레임 재팬	149
몬스터 메이커3 빛의 마술사	1993년 12월 24일	소프엘	149
리틀 매직	1993년 12월 24일	알트론	149
미신전설 Zoku	1993년 12월 25일	마지팩트	149
사커 키드	1993년 12월 28일	야노만	150
전일본 프로레슬링 대시 세계 최강 태그	1993년 12월 28일	메사이어	150
슈퍼 파이어 프로레슬링3 파이널 바우트	1993년 12월 29일	휴먼	150
미소녀 전사 세일러 문R	1993년 12월 29일	반다이	150
요코야마 미츠테루 삼국지2	1993년 12월 29일	엔젤	151
1994년			
YOGI BEAR	1994년 1월 3일	마지팩트	157
로큰롤 레이싱	1994년 1월 3일	남코	157
트윈비 레인보우 벨 어드벤처	1994년 1월 7일	코나미	157
배틀 토드 인 배틀 매니악	1994년 1월 7일	메사이어	157
월드 클래스 럭비2 국내 격투편'93	1994년 1월 7일	미사와 엔터테인먼트	158
슈퍼 핀볼 비하인드 더 마스크	1994년 1월 8일	멜닥	158
필승 777파이터 파치스로 용궁 전설	1994년 1월 14일	밥	158
슈퍼 테트리스2+봄블리스 한정판	1994년 1월 21일	BPS	158
파이어 엠블렘 문장의 비밀	1994년 1월 21일	닌텐도	154
가이아 세이버 히어로 최대의 작전	1994년 1월 28일	반프레스토	159
강철의 기사2 사막의 롬멜 군단	1994년 1월 28일	아스믹	159
더 그레이트 배틀 외전2 축제다 영차	1994년 1월 28일	반프레스토	159
더 닌자 워리어즈 어게인	1994년 1월 28일	타이토	159
BASTARD!! -암흑의 파괴신-	1994년 1월 28일	코브라 팀	160
브레인 로드	1994년 1월 28일	에닉스	160

마신전생	1994년 1월 28일	아틀라스	160
이토 하타스 6단의 장기 도장	1994년 2월 4일	애스크 고단샤	160
올리비아의 미스터리	1994년 2월 4일	알트론	161
슈퍼 파이어 프로레슬링3 이지 타입	1994년 2월 4일	휴먼	161
울펜슈타인 3D	1994년 2월 10일	이머지니어	161
슈퍼 즈간 -하코텐성에서 온 초대장-	1994년 2월 11일	일렉트로닉 아츠 빅터	161
소드 마니악	1994년 2월 11일	도시바 EMI	162
탑 매니지먼트 II	1994년 2월 11일	코에이	162
버추얼 워즈	1994년 2월 11일	코코너츠 재팬 엔터테인먼트	162
비왕전 마물들과의 맹세	1994년 2월 11일	울프팀	162
가루라왕	1994년 2월 18일	에픽 소니 레코드	163
더비 스타리온 II	1994년 2월 18일	아스키	163
싸워라 원시인3 주역은 역시 JOE & MAC	1994년 2월 18일	데이터 이스트	163
데저트 파이터 사막의 폭풍 작전	1994년 2월 18일	세타	163
철완 아톰	1994년 2월 18일	반프레스토	164
우주 레이스 아스트로 고! 고!	1994년 2월 25일	멜닥	164
사이보그 009	1994년 2월 25일	벡	164
스트바스 야로우 쇼	1994년 2월 25일	비아이	164
종합 격투기 아스트랄 바우트2	1994년 2월 25일	킹 레코드	165
대항해시대 II	1994년 2월 25일	코에이	165
T2 더 아케이드 게임	1994년 2월 25일	어클레임 재팬	165
파치스로 랜드 파치파치 코인의 전설	1994년 2월 25일	카로체리아 재팬	165
라모스 루이의 월드 와이드 사커	1994년 2월 25일	팩 인 비디오	166
이타다키 스트리트2 네온사인은 장밋빛으로	1994년 2월 26일	에닉스	166
슈퍼 본명 G I 제패	1994년 2월 28일	일본 물산	166
가부키 록스	1994년 3월 4일	아틀라스	166
더 킹 오브 드래곤즈	1994년 3월 4일	캡콤	167
지코 사커	1994년 3월 4일	일렉트로닉 아츠 빅터	167
슈퍼 패미스타3	1994년 3월 4일	남코	167
슈퍼 루프스	1994년 3월 4일	이머지니어	167
기동전사 V건담	1994년 3월 11일	반다이	168
갤럭시 로보	1994년 3월 11일	이머지니어	168
참III 스피리츠	1994년 3월 11일	울프팀	168
실황 파워풀 프로야구'94	1994년 3월 11일	코나미	168
엄청난 헤베레케	1994년 3월 11일	선 소프트	169
퍼스트 퀸 오르닉 전기	1994년 3월 11일	컬처 브레인	169
리설 엔포서즈	1994년 3월 11일	코나미	169
Advanced Dungeons & Dragons 아이 오브 더 비홀더(주시자의 눈)	1994년 3월 18일	캡콤	169
손쉬운 고양이	1994년 3월 18일	반프레스토	170
이데아의 날	1994년 3월 18일	쇼에이 시스템	170
갬블러 자기중심파2 도라퐁 퀘스트	1994년 3월 18일	팩 인 비디오	170
금붕어주의보! 뛰어나가라! 게임 학원	1994년 3월 18일	자레코	170
사이드 포켓	1994년 3월 18일	데이터 이스트	171
J리그 슈퍼 사커	1994년 3월 18일	허드슨	171
진 여신전생 II	1994년 3월 18일	아틀라스	171
SUPER 인생게임	1994년 3월 18일	타카라	171
슈퍼 나그자트 오픈 골프로 승부다 도라보짱	1994년 3월 18일	나그자트	172

소닉 블래스트 맨 II	1994년 3월 18일	타이토	172
더비 자키 [기수왕으로 가는 길]	1994년 3월 18일	아스믹	172
독립전쟁 Liberty or Death	1994년 3월 18일	코에이	172
슈퍼 메트로이드	1994년 3월 19일	닌텐도	154
너구리 라스칼	1994년 3월 25일	메사이어	173
검용전설 YAIBA	1994년 3월 25일	반프레스토	173
더 블루 크리스탈 로드	1994년 3월 25일	남코	173
산리오 월드 케로케로케로피의 모험 일기 잠들지 못하는 숲의 케롤린	1994년 3월 25일	캐릭터 소프트	173
섀도우 런	1994년 3월 25일	데이터 이스트	174
슈퍼 오목 연주	1994년 3월 25일	나그자트	174
슈퍼 트롤 어드벤처	1994년 3월 25일	켐코	174
슈퍼 하키'94	1994년 3월 25일	요네자와	174
슈퍼 리얼 마작P IV	1994년 3월 25일	세타	175
슈퍼로봇대전 EX	1994년 3월 25일	반프레스토	175
스페이스 인베이더	1994년 3월 25일	타이토	175
스페이스 에이스	1994년 3월 25일	이머지니어	175
챔피언스 월드 클래스 사커	1994년 3월 25일	어클레임 재팬	176
남국소년 파푸와군	1994년 3월 25일	에닉스	176
멜판드 스토리즈	1994년 3월 25일	아스키	176
록맨즈 사커	1994년 3월 25일	캡콤	176
From TV animation SLAM DUNK 4강 격돌!!	1994년 3월 26일	반다이	177
진 마작	1994년 3월 30일	코나미	177
머슬 봄버	1994년 3월 30일	캡콤	177
안드레 아가시 테니스	1994년 3월 31일	일본 물산	177
슈퍼 인디챔프	1994년 4월 1일	포럼	178
슈퍼 더블 역만	1994년 4월 1일	밥	178
파이널 판타지VI	1994년 4월 2일	스퀘어	155
항유기	1994년 4월 6일	코에이	178
NHL 프로하키'94	1994년 4월 8일	일렉트로닉 아츠 빅터	178
시엔 -SHIEN- THE BLADE CHASER	1994년 4월 8일	다이나믹 기획	179
슈퍼 바둑 바둑왕	1994년 4월 8일	나그자트	179
드림 메이즈 인형옷 대모험	1994년 4월 15일	헥터	179
핑크 팬더	1994년 4월 15일	알트론	179
캠퍼스 BLUES 대결! 도쿄 사천왕	1994년 4월 15일	반다이	180
F-1 GRAND PRIX PART III	1994년 4월 22일	비디오 시스템	180
기동경찰 패트레이버	1994년 4월 22일	벡	180
코튼 100%	1994년 4월 22일	데이텀 폴리스타	180
슈퍼 파치스로 마작	1994년 4월 28일	일본 물산	181
슈퍼 봄버맨2	1994년 4월 28일	허드슨	181
다이너마이트 라스베이거스	1994년 4월 28일	버진 게임	181
Fortune Quest 주사위를 굴려라	1994년 4월 28일	반프레스토	181
헤이세이 강아지 이야기 바우 팝픈 스매시!!	1994년 4월 28일	타카라	182
란마1/2 초기난무편	1994년 4월 28일	토호/쇼가쿠칸 프로덕션	182
웃어도 되지! 타모림픽	1994년 4월 28일	아테나	182
NBA JAM	1994년 4월 29일	어클레임 재팬	182
신 열혈경파 쿠니오들의 만가	1994년 4월 29일	테크노스 재팬	183
다크 킹덤	1994년 4월 29일	일본 텔레넷	183
나이스 DE 샷	1994년 4월 29일	애스크 고단샤	183

J리그 익사이트 스테이지'94	1994년 5월 1일	에폭사	183
다테 키미코의 버추얼 테니스	1994년 5월 13일	비아이	184
파치오군 SPECIAL2	1994년 5월 20일	코코너츠 재팬 엔터테인먼트	184
SD건담 GX	1994년 5월 27일	반다이	184
승리마 예상 소프트 마권 연금술	1994년 5월 27일	KSS	184
쿠니오의 오뎅	1994년 5월 27일	테크노스 재팬	185
크레용 신짱2 대마왕의 역습	1994년 5월 27일	반다이	185
슈퍼 배틀 탱크2	1994년 5월 27일	팩 인 비디오	185
드리프트 킹 츠치야 케이이치 & 반도 마사아키 수도고 배틀'94	1994년 5월 27일	BPS	185
파이터즈 히스토리	1994년 5월 27일	데이터 이스트	186
와일드 트랙스	1994년 6월 4일	닌텐도	186
서러브레드 브리더 II	1994년 6월 8일	헥터	186
나이츠 오브 더 라운드	1994년 6월 10일	캡콤	186
포플 메일	1994년 6월 10일	일본 팔콤	187
유☆유☆백서2 격투의 장	1994년 6월 10일	남코	187
울티마 외전 흑기사의 음모	1994년 6월 17일	일렉트로닉 아츠 빅터	187
SD비룡의 권	1994년 6월 17일	컬처 브레인	187
기기괴계 월야초자	1994년 6월 17일	나츠메	188
슈퍼 장기2	1994년 6월 17일	아이맥스	188
슈퍼 포메이션 사커94 월드컵 에디션	1994년 6월 17일	휴먼	188
슈퍼 4WD The BAJA	1994년 6월 17일	일본 물산	188
FIFA 인터내셔널 사커	1994년 6월 17일	빅터 엔터테인먼트	189
살괭이 바부지의 대모험	1994년 6월 17일	팩 인 비디오	189
월드컵 스트라이커	1994년 6월 17일	코코너츠 재팬 엔터테인먼트	189
지그재그 캣 타조 클럽도 대소동이다	1994년 6월 24일	DEN'Z	189
쥬라기 공원	1994년 6월 24일	자레코	190
슈퍼 도그파이트	1994년 6월 24일	팩 인 비디오	190
슈퍼 빌리어드	1994년 6월 24일	이머지니어	190
슬레이어즈	1994년 6월 24일	반프레스토	190
루니 튠즈 벅스 바니 엉망진창 대모험	1994년 6월 24일	선 소프트	191
슈퍼 스트리트 파이터 II	1994년 6월 25일	캡콤	191
전일본 프로레슬링 파이팅이다 퐁!	1994년 6월 25일	메사이어	191
브랜디시	1994년 6월 25일	코에이	191
태권도	1994년 6월 28일	휴먼	192
유진의 후리후리 걸즈	1994년 7월 1일	POW	192
월드 히어로즈2	1994년 7월 1일	자우르스	192
산사라 나가2	1994년 7월 5일	빅터 엔터테인먼트	192
슬랩스틱	1994년 7월 8일	에닉스	193
낚시 타로	1994년 7월 8일	팩 인 비디오	193
테트리스 플래시	1994년 7월 8일	BPS	193
드라키의 A리그 사커	1994년 7월 8일	이머지니어 줌	193
미녀와 야수	1994년 7월 8일	허드슨	194
가부키쵸 리치 마작 동풍전	1994년 7월 15일	포니 캐니언	194
키퍼	1994년 7월 15일	데이텀 폴리스타	194
정글 북	1994년 7월 15일	버진 게임	194
슈퍼 F1 서커스3	1994년 7월 15일	일본 물산	195
소드 월드 SFC2 고대 거인의 전설	1994년 7월 15일	T&E 소프트	195
파치스로 연구	1994년 7월 15일	마호	195

배틀 제쿠 전	1994년 7월 15일	아스믹	195
미소녀 전사 세일러 문S 이번에는 퍼즐로 벌을 줄 거야!!	1994년 7월 15일	반다이	196
구피와 맥스 해적섬 대모험	1994년 7월 22일	캡콤	196
직소 파티	1994년 7월 22일	호리 전기	196
슈퍼 원인	1994년 7월 22일	허드슨	196
제로4 챔프 RR	1994년 7월 22일	미디어 링	197
파이프로 여자 올스타 드림 슬램	1994년 7월 22일	휴먼	197
프로 마작 극 II	1994년 7월 22일	아테나	197
슈퍼 울트라 베이스볼2	1994년 7월 28일	컬처 브레인	197
아랑전설 SPECIAL	1994년 7월 29일	타카라	198
고시엔3	1994년 7월 29일	마호	198
슈퍼 니치부츠 마작3 요시모토 극장편	1994년 7월 29일	일본 물산	198
SUPER!! 파친코	1994년 7월 29일	아이맥스	198
줄의 꿈 모험	1994년 7월 29일	인포컴	199
천사의 시 ~하얀 날개의 기도~	1994년 7월 29일	일본 텔레넷	199
파치스로 이야기 유니버설 스페셜	1994년 7월 29일	KSS	199
해트트릭 히어로2	1994년 7월 29일	타이토	199
로드 런너 트윈 저스티와 리버티의 대모험	1994년 7월 29일	T&E 소프트	200
월드컵 USA94	1994년 7월 29일	선 소프트	200
슈퍼 파워리그2	1994년 8월 3일	허드슨	200
움직이는 그림 Ver. 2.0 아료르	1994년 8월 5일	알트론	200
귀신강림전 ONI	1994년 8월 5일	반프레스토	201
제노사이드2	1994년 8월 5일	켐코	201
J리그 사커 프라임 골2	1994년 8월 5일	남코	201
슈퍼 고교야구 일구입혼	1994년 8월 5일	아이맥스	201
슈~퍼~ 닌자군	1994년 8월 5일	자레코	202
슈퍼 화투	1994년 8월 5일	아이맥스	202
핀볼 핀볼	1994년 8월 5일	코코너츠 재팬 엔터테인먼트	202
마법 포이포이 포잇!!	1994년 8월 5일	타카라	202
더 프린트스톤즈 트레져 오브 쉐라 매드록	1994년 8월 12일	타이토	203
신일본 프로레슬링 '94 배틀필드 IN 투강도몽	1994년 8월 12일	바리에	203
슈퍼 궁극 하리키리 스타디움2	1994년 8월 12일	타이토	203
슈퍼 파이널 매치 테니스	1994년 8월 12일	휴먼	203
슈퍼 삼국지	1994년 8월 12일	코에이	204
뽀빠이 심술궂은 마녀 시해그의 권	1994년 8월 12일	테크노스 재팬	204
레밍스2	1994년 8월 12일	선 소프트	204
와일드 건즈	1994년 8월 12일	나츠메	204
필승 777파이터2 파치스로 비밀 정보	1994년 8월 19일	밥	205
마작 오공 천축	1994년 8월 19일	샤노알	205
애플 시드	1994년 8월 26일	비지트	205
오스!! 공수부	1994년 8월 26일	컬처 브레인	205
사이버 나이트2 지구 제국의 야망	1994년 8월 26일	톤킹 하우스	206
슈퍼 드라켄	1994년 8월 26일	켐코	206
헬로! 팩맨	1994년 8월 26일	남코	206
마츠무라 쿠니히로전 최강의 역사를 바꿔라!	1994년 8월 26일	쇼에이 시스템	206
요코즈나 이야기	1994년 8월 26일	KSS	207
MOTHER2 기그의 역습	1994년 8월 27일	닌텐도	155
산리오 월드 산리오 상하이	1994년 8월 31일	캐릭터 소프트	207
헤베레케의 맛있는 퍼즐은 필요 없나요	1994년 8월 31일	선 소프트	207
라이브 어 라이브	1994년 9월 2일	스퀘어	207
더 파이어맨	1994년 9월 9일	휴먼	208
쵸프리프터 III	1994년 9월 9일	빅터 엔터테인먼트	208
상하이 III	1994년 9월 15일	선 소프트	208
스파크스터	1994년 9월 15일	코나미	208
외출 레스타~ 레레레노레 (^^;	1994년 9월 16일	아스믹	209
실전! 파치스로 필승법!2	1994년 9월 16일	사미	209
리딩 자키	1994년 9월 16일	카로체리아 재팬	209
정글의 왕자 타짱 세계 만유 대격투의 권	1994년 9월 18일	반다이	209
데자에몽	1994년 9월 20일	아테나	210
커비 볼	1994년 9월 21일	닌텐도	210
위저프 ~암흑의 왕	1994년 9월 22일	아스키	210
사무라이 스피리츠	1994년 9월 22일	타카라	210
슈퍼 포메이션 사커94 월드컵 내셔널 데이터	1994년 9월 22일	휴먼	211
나카지마 사토루 감수 F-1 히어로'94	1994년 9월 22일	바리에	211
본가 화투	1994년 9월 22일	이머지니어	211
래리 닉슨 슈퍼 배스 피싱	1994년 9월 22일	킹 레코드	211
리블라블	1994년 9월 22일	남코	212
안젤리크	1994년 9월 23일	코에이	212
고스트 체이서 전정	1994년 9월 23일	반프레스토	212
슈퍼 블랙배스2	1994년 9월 23일	스타 피시 데이터	212
TOKORO'S 마작	1994년 9월 23일	빅 토카이	213
마작 전국 이야기	1994년 9월 23일	요지겐	213
드래곤볼Z 초무투전3	1994년 9월 29일	반다이	213
크래시 더미 ~닥터 잡을 구출하라~	1994년 9월 30일	어클레임 재팬	213
타이니 툰 어드벤처즈 우당탕 대운동회	1994년 9월 30일	코나미	214
다운 더 월드	1994년 9월 30일	아스키	214
텐류 겐이치로의 프로레슬링 레볼루션	1994년 9월 30일	자레코	214
버클리의 파워 덩크	1994년 9월 30일	DEN'Z	214
버추얼 바트	1994년 9월 30일	어클레임 재팬	215
바이크 정말 좋아! 드라이버 혼	1994년 9월 30일	메사이어	215
휴먼 그랑프리3 F1 트리플 배틀	1994년 9월 30일	휴먼	215
마작 대회 II	1994년 9월 30일	코에이	215
비밀 마권 구입술 경마 에이트 스페셜2	1994년 9월 30일	이머지니어	216
시빌라이제이션 세계 7대 문명	1994년 10월 7일	아스믹	216
노스페라투	1994년 10월 7일	세타	216
미스터 넛츠	1994년 10월 7일	소프엘	216
호혈사 일족	1994년 10월 14일	아틀라스	217
U.F.O. 가면 야키소반 케틀러의 검은 음모	1994년 10월 14일	DEN'Z	217
파친코팬 승리 선언	1994년 10월 15일	POW	217
시모노 마사키의 Fishing To Bassing	1994년 10월 16일	나츠메	217
배고픈 바카	1994년 10월 19일	마호	218
키드 크라운의 크레이지 체이스	1994년 10월 21일	켐코	218

슈퍼 패밀리 서킷	1994년 10월 21일	남코	218
슈퍼 럭비	1994년 10월 21일	톤킹 하우스	218
데몬즈 블레이존 마계촌 문장편	1994년 10월 21일	캡콤	219
필살 파친코 컬렉션	1994년 10월 21일	선 소프트	219
후나키 마사카츠 HYBRID WRESTLER 투기 전승	1994년 10월 21일	테크노스 재팬	219
헤라클레스의 영광Ⅳ 신들의 선물	1994년 10월 21일	데이터 이스트	219
본격 마작 테츠만Ⅱ	1994년 10월 21일	나그자트	220
일바니안의 성	1994년 10월 28일	일본 클라리 비즈니스	220
화학자 할리의 파란만장	1994년 10월 28일	알트론	220
SANKYO Fever! 피버! 파친코 실제 기기 시뮬레이션 게임	1994년 10월 28일	일본 텔레넷	220
소년 닌자 사스케	1994년 10월 28일	선 소프트	221
진 여신전생 if···	1994년 10월 28일	아틀라스	221
슈퍼 카지노2	1994년 10월 28일	코코너츠 재팬 엔터테인먼트	221
졸업 번외편 저기, 마작해요!	1994년 10월 28일	KSS	221
DEAR BOYS	1994년 10월 28일	유타카	222
테크모 슈퍼 베이스볼	1994년 10월 28일	테크모	222
드라키의 퍼즐 투어'94	1994년 10월 28일	이머지니어 줌	222
폭투 피구즈 반프스섬은 대혼란	1994년 10월 28일	BPS	222
FEDA THE EMBLEM OF JUSTICE	1994년 10월 28일	야노만	223
본격파 바둑 기성	1994년 10월 28일	타이토	223
멀티 플레이 발리볼	1994년 10월 28일	팩 인 비디오	223
곤	1994년 11월 11일	반다이	223
실황 월드 사커 PERFECT ELEVEN	1994년 11월 11일	코나미	224
파이어 파이팅	1994년 11월 11일	자레코	224
미키와 미니 매지컬 어드벤처2	1994년 11월 11일	캡콤	224
모탈 컴뱃Ⅱ 궁극신권	1994년 11월 11일	어클레임 재팬	224
울티마Ⅶ 더 블랙 게이트	1994년 11월 18일	포니 캐니언	225
GP-1RS RAPID STREAM	1994년 11월 18일	아틀라스	225
SUPER 오목 · 장기 =정석 연구편=	1994년 11월 18일	일본 물산	225
츠요시, 똑바로 하렴 대전 퍼즐 구슬	1994년 11월 18일	코나미	225
드림 바스켓볼 덩크 & 후프	1994년 11월 18일	휴먼	226
나카노 코이치 감수 경륜왕	1994년 11월 18일	코코너츠 재팬 엔터테인먼트	226
하가네 HAGANE	1994년 11월 18일	허드슨	226
파친코 비밀 필승법	1994년 11월 18일	밥	226
꽃의 케이지 -구름의 저편에-	1994년 11월 18일	요지겐	227
패닉 인 나카요시 월드	1994년 11월 18일	반다이	227
마그나 브라반 ~편력의 용사	1994년 11월 18일	애스크 고단샤	227
밀리티어	1994년 11월 18일	남코	227
몬스터 메이커 키즈 왕이 되고 싶어	1994년 11월 18일	소프엘	228
유진 작수학원2	1994년 11월 18일	바리에	228
카마이타치의 밤	1994년 11월 25일	춘 소프트	156
원조 파치스로 일본제일 창간호	1994년 11월 25일	코코너츠 재팬 엔터테인먼트	228
극상 파로디우스	1994년 11월 25일	코나미	228
슈퍼 마작3 매운맛	1994년 11월 25일	아이맥스	229
전국 고교 사커	1994년 11월 25일	요지겐	229
대폭소 인생극장 오에도 일기	1994년 11월 25일	타이토	229
다케다 노부히로의 슈퍼리그 사커	1994년 11월 25일	자레코	229
지금 용사 모집 중 한 그릇 더	1994년 11월 25일	휴먼	230

그렇구나! 더 월드	1994년 11월 25일	토미	230
논땅과 함께 빙글빙글 퍼즐	1994년 11월 25일	빅터 엔터테인먼트	230
배틀 사커2	1994년 11월 25일	반프레스토	230
슈퍼 동키콩	1994년 11월 26일	닌텐도	156
아레사Ⅱ 아리엘의 신비한 여행	1994년 12월 2일	야노만	231
더 라스트 배틀	1994년 12월 2일	테이치쿠	231
스트리트 레이서	1994년 12월 2일	UBI 소프트	231
제복전설 프리티 파이터	1994년 12월 2일	이머지니어	231
도카폰3 · 2 · 1 ~폭풍을 부르는 우정~	1994년 12월 2일	아스믹	232
브레스 오브 파이어Ⅱ -사명의 아이-	1994년 12월 2일	캡콤	232
볼텍스	1994년 12월 9일	팩 인 비디오	232
캡틴 츠바사Ⅴ 패자의 칭호 캄피오네	1994년 12월 9일	테크모	232
고질라 괴수 대결전	1994년 12월 9일	토호	233
삼국지Ⅳ	1994년 12월 9일	코에이	233
슈퍼 모모타로 전철Ⅲ	1994년 12월 9일	허드슨	233
스고로 퀘스트++ -다이스닉스-	1994년 12월 9일	테크노스 재팬	233
패채(牌砦)	1994년 12월 9일	타카라	234
배틀 크로스	1994년 12월 9일	이머지니어	234
라이온 킹	1994년 12월 9일	버진 게임	234
원더 프로젝트J 기계소년 피노	1994년 12월 9일	에닉스	234
푸른 전설 슛!	1994년 12월 16일	KSS	235
바다낚시 명인 농어편	1994년 12월 16일	일렉트로닉 아츠 빅터	235
NBA 라이브95	1994년 12월 16일	일렉트로닉 아츠 빅터	235
힘내라 고에몽3 사자 쥬로쿠베이의 꼭두각시 만자 굳히기	1994년 12월 16일	코나미	235
기온의 꽃	1994년 12월 16일	일본 물산	236
슈퍼 스네이크	1994년 12월 16일	요지겐	236
슈퍼 장기 묘수풀이 1000	1994년 12월 16일	보톰 업	236
슈퍼 테트리스3	1994년 12월 16일	BPS	236
슈퍼 피싱 빅 파이트	1994년 12월 16일	나그자트	237
SUPER 레슬 엔젤스	1994년 12월 16일	이머지니어	237
스키 파라다이스 WITH 스노보드	1994년 12월 16일	팩 인 비디오	237
쿠웅! 암석 배틀	1994년 12월 16일	아이맥스	237
도라에몽3 노비타와 시간의 보옥	1994년 12월 16일	에폭사	238
나이젤 만셀의 인디 카	1994년 12월 16일	어클레임 재팬	238
화투왕	1994년 12월 16일	코코너츠 재팬 엔터테인먼트	238
미소녀 전사 세일러 문 S 장외난투!? 주역 쟁탈전	1994년 12월 16일	엔젤	238
빅 일격! 파치스로 대공략	1994년 12월 16일	애스크 고단샤	239
필승 파치스로 팬	1994년 12월 16일	POW	239
풀 파워	1994년 12월 16일	코코너츠 재팬 엔터테인먼트	239
미키의 도쿄 디즈니랜드 대모험	1994년 12월 16일	토미	239
록맨X2	1994년 12월 16일	캡콤	240
와갼 파라다이스	1994년 12월 16일	남코	240
더 그레이트 배틀Ⅳ	1994년 12월 17일	반프레스토	240
테크모 슈퍼 볼Ⅱ 스페셜 에디션	1994년 12월 20일	테크모	240
오카모토 아야코와 매치플레이 골프	1994년 12월 21일	츠쿠다 오리지널	241
용호의 권2	1994년 12월 21일	자우르스	241
애니멀 무란전 -브루탈-	1994년 12월 22일	켐코	241

알버트 오디세이2 사신의 태동	1994년 12월 22일	선 소프트	241
울트라 베이스볼 실명판2	1994년 12월 22일	컬처 브레인	242
원조 파친코왕	1994년 12월 22일	코코너츠 재팬 엔터테인먼트	242
선스포 피싱 계류왕	1994년 12월 22일	이머지니어	242
슈퍼 캐슬즈	1994년 12월 22일	빅터 엔터테인먼트	242
슈퍼 파이어 프로레슬링 스페셜	1994년 12월 22일	휴먼	243
대패수 이야기	1994년 12월 22일	허드슨	243
패왕대계 류나이트 로드 오브 팔라딘	1994년 12월 22일	반다이	243
달려라 헤베레케	1994년 12월 22일	선 소프트	243
배틀 자키	1994년 12월 22일	버진 게임	244
파워 오브 더 하이어드	1994년 12월 22일	메사이어	244
포코냥!	1994년 12월 22일	토호	244
본격 장기 풍운아 용왕	1994년 12월 22일	버진 게임	244
마작 클럽	1994년 12월 22일	헥터	245
유☆유☆백서 특별편	1994년 12월 22일	남코	245
요코야마 미츠테루 삼국지반희 주사위 영웅기	1994년 12월 22일	엔젤	245
라이즈 오브 더 로봇	1994년 12월 22일	T&E 소프트	245
우미하라 카와세	1994년 12월 23일	TNN	246
GO GO ACKMAN	1994년 12월 23일	반프레스토	246
JWP 여자 프로레슬링 -퓨어 레슬 퀸즈-	1994년 12월 23일	자레코	246
SUPER 불타라!! 프로야구	1994년 12월 23일	자레코	246
파치스로 승부사	1994년 12월 23일	일본 물산	247
기동무투전 G건담	1994년 12월 27일	반다이	247
루팡 3세 전설의 비보를 쫓아라!	1994년 12월 27일	에폭사	247
듀얼 오브 II	1994년 12월 29일	아이맥스	247
슈퍼 즈간2 츠칸포 파이터 ~아키나 컬렉션~	1994년 12월 30일	J 윙	248
1995년			
X-MEN	1995년 1월 3일	캡콤	254
슈퍼 차이니즈 파이터	1995년 1월 3일	컬처 브레인	254
타카하시 명인의 대모험도 II	1995년 1월 3일	허드슨	254
팩 인 타임	1995년 1월 3일	남코	254
본커스 헐리우드 대작전!	1995년 1월 3일	캡콤	255
갤럭시 워즈	1995년 1월 13일	이머지니어	255
실전! 마작 지도	1995년 1월 13일	애스크 고단샤	255
작유기 오공난타	1995년 1월 13일	버진 게임	255
퍼즐 보블	1995년 1월 13일	타이토	256
두근두근 스키 원더 슈푸르	1995년 1월 13일	휴먼	256
스타더스트 스플렉스	1995년 1월 20일	바리에	256
더비 스탈리온 III	1995년 1월 20일	아스키	250
마이클 안드레티 인디 카 챌린지	1995년 1월 20일	BPS	256
울버린	1995년 1월 27일	어클레임 재팬	257
키테레츠 대백과 초시공 주사위 게임	1995년 1월 27일	비디오 시스템	257
강철의 기사3 -격돌 유럽전선-	1995년 1월 27일	아스믹	257
파친코 이야기2 나고야 샤치호코의 제왕	1995년 1월 27일	KSS	257
미라클 카지노 파라다이스	1995년 1월 27일	카로체리아 재팬	258
방과 후 in Beppin 여학원	1995년 2월 3일	이머지니어	258
아이언 코만도 강철의 전사	1995년 2월 10일	폿포	258
기동전사 건담 CROSS DIMENSION 0079	1995년 2월 10일	반다이	258
사이바라 리에코의 마작 방랑기	1995년 2월 10일	타이토	259
더 심리게임2 ~매지컬 트립~	1995년 2월 10일	비지트	259
잼즈	1995년 2월 10일	카로체리아 재팬	259
다루마 도장	1995년 2월 10일	DEN'Z	259
카시와기 시게타카의 탑 워터 배싱	1995년 2월 17일	밥	260
긴타마 두목의 실전 파친코 필승법	1995년 2월 17일	사미	260
타임 캅	1995년 2월 17일	빅터 엔터테인먼트	260
체스 마스터	1995년 2월 17일	알트론	260
제독의 결단 II	1995년 2월 17일	코에이	261
파이터즈 히스토리 미조구치 위기일발!!	1995년 2월 17일	데이터 이스트	261
야무야무	1995년 2월 17일	반다이	261
마신전생 II	1995년 2월 19일	아틀라스	261
에스트폴리스 전기 II	1995년 2월 24일	타이토	262
NFL 쿼터백 클럽'95	1995년 2월 24일	어클레임 재팬	262
NBA JAM 토너먼트 에디션	1995년 2월 24일	어클레임 재팬	262
클래식 로드 II	1995년 2월 24일	빅터 엔터테인먼트	262
실황 파워풀 프로야구2	1995년 2월 24일	코나미	263
장기 클럽	1995년 2월 24일	헥터	263
슈퍼 드리프트 아웃	1995년 2월 24일	비스코	263
Turf Memories	1995년 2월 24일	벡	263
드리프트 킹 츠치야 케이이치 & 반도 마사아키 수도고 배틀2	1995년 2월 24일	BPS	264
NAGE LIBRE 정적의 수심	1995년 2월 24일	바리에	264
배틀 핀볼	1995년 2월 24일	반프레스토	264
미소녀 전사 세일러 문 S 빙글빙글	1995년 2월 24일	반다이	264
파랜드 스토리	1995년 2월 24일	반프레스토	265
From TV animation SLAM DUNK2 IH예선 완전판!!	1995년 2월 24일	반다이	265
프론트 미션	1995년 2월 24일	스퀘어	265
HEIWA 파친코 월드	1995년 2월 24일	쇼에이 시스템	265
영원의 피레나	1995년 2월 25일	토쿠마 서점 인터미디어	266
얼빠진 닌자 콜로세움	1995년 2월 25일	인텍	266
슈퍼 봄버맨 패닉 봄버W	1995년 3월 1일	허드슨	266
언더 커버 캅스	1995년 3월 3일	바리에	266
슈퍼 에어다이버2	1995년 3월 3일	아스믹	267
슈퍼 패미스타4	1995년 3월 3일	남코	267
슈퍼 매드 챔프	1995년 3월 4일	츠쿠다 오리지널	267
라스트 바이블 III	1995년 3월 4일	아틀라스	267
매지컬 팝픈	1995년 3월 10일	팩 인 비디오	268
크로노 트리거	1995년 3월 11일	스퀘어	250
오라가 랜드 주최 베스트 농부 수확제	1995년 3월 17일	빅 토카이	268
캡틴 코만도	1995년 3월 17일	캡콤	268
J리그 슈퍼 사커'95 실황 스타디움	1995년 3월 17일	허드슨	268
슈퍼 작호	1995년 3월 17일	빅터 엔터테인먼트	269
슈퍼 핀볼 II 더 어메이징 오디세이	1995년 3월 17일	멜닥	269
슈퍼 봄블리스	1995년 3월 17일	BPS	269
스파이더맨 리설 포즈	1995년 3월 17일	에폭사	269
스플린터 이야기 ~노려라!! 일확천금~	1995년 3월 17일	밥	270
제4차 슈퍼로봇대전	1995년 3월 17일	반프레스토	270

열혈대륙 버닝 히어로즈	1995년 3월 17일	에닉스	270
배틀 레이서즈	1995년 3월 17일	반프레스토	270
지지 마라! 마검도2 정해라! 요괴 총리대신!	1995년 3월 17일	데이텀 폴리스타	271
러브 퀘스트	1995년 3월 17일	토쿠마 서점 인터미디어	271
위닝 포스트2	1995년 3월 18일	코에이	271
TURF HERO	1995년 3월 21일	테크모	271
고속 사고 장기 황제	1995년 3월 24일	이머지니어	272
디 아틀라스	1995년 3월 24일	팩 인 비디오	272
슈퍼 마권왕'95	1995년 3월 24일	테이치쿠	272
드래곤볼Z 초오공전 돌격편	1995년 3월 24일	반다이	272
필살 파친코 컬렉션2	1995년 3월 24일	선 소프트	273
유☆유☆백서 FINAL 마계 최강열전	1995년 3월 24일	남코	273
록맨7 숙명의 대결!	1995년 3월 24일	캡콤	273
EMIT Vol.1 시간의 미아	1995년 3월 25일	코에이	273
EMIT Vol.2 목숨을 건 여행	1995년 3월 25일	코에이	274
EMIT Vol.3 나에게 작별 인사를	1995년 3월 25일	코에이	274
Parlor! 팔러! 파친코 3사 실제 기기 시뮬레이션 게임	1995년 3월 30일	일본 텔레넷	274
RPG 쯔쿠르 SUPER DANTE	1995년 3월 31일	아스키	274
에스파크스 이시공에서의 내방자	1995년 3월 31일	토미	275
구약 여신전생	1995년 3월 31일	아틀라스	275
근대 마작 스페셜	1995년 3월 31일	이머지니어	275
더 모노폴리 게임2	1995년 3월 31일	토미	275
사상 최강 리그 세리에A 에이스 스트라이커	1995년 3월 31일	TNN	276
최고속 사고 장기 마작	1995년 3월 31일	바리에	276
슈퍼 포메이션 사커95 della 세리에A	1995년 3월 31일	휴먼	276
만나라 영주님 제일 멋져요	1995년 3월 31일	선 소프트	276
하부 명인의 재미있는 장기	1995년 3월 31일	토미	277
미키 마니아	1995년 3월 31일	캡콤	277
레이디 스토커 ~과거에서의 도전~	1995년 4월 1일	타이토	277
전일본 프로레슬링2 3·4무도관	1995년 4월 7일	메사이어	277
디아나 레이 점술의 미궁	1995년 4월 14일	코코너츠 재팬 엔터테인먼트	278
퍼즐입니다!	1995년 4월 14일	일본 물산	278
신 SD전국전 대장군 열전	1995년 4월 21일	벡	278
슈퍼 트럼프 컬렉션	1995년 4월 21일	보톰 업	278
슈퍼 리얼 마작 P V 파라다이스 올스타 4인 마작	1995년 4월 21일	세타	279
택티컬 사커	1995년 4월 21일	일렉트로닉 아츠 빅터	279
나츠키 크라이시스 배틀	1995년 4월 21일	엔젤	279
마법진 구루구루	1995년 4월 21일	에닉스	279
마멀레이드 보이	1995년 4월 21일	반다이	280
미야지 사장의 파친코팬 승리선언2	1995년 4월 21일	POW	280
진 성각(真 聖刻:라 워스)	1995년 4월 21일	유타카	280
리조이스 아레사 왕국의 저편	1995년 4월 21일	야노만	280
강의 낚시꾼2	1995년 4월 28일	팩 인 비디오	281
3차원 격투 볼즈	1995년 4월 28일	미디어 링	281
J리그 익사이트 스테이지'95	1995년 4월 28일	에폭사	281
시뮬레이션 프로야구	1995년 4월 28일	헥터	281
초단위 인정 초단 프로마작	1995년 4월 28일	갭스	282
슈퍼 파친코 대전	1995년 4월 28일	반프레스토	282
슈퍼 봄버맨3	1995년 4월 28일	허드슨	282
스톤 프로텍터즈	1995년 4월 28일	켐코	282
타로 미스터리	1995년 4월 28일	비지트	283
트루 라이즈	1995년 4월 28일	어클레임 재팬	283
패세마작 능가	1995년 4월 28일	아스키	283
플래닛 챔프 TG3000	1995년 4월 28일	켐코	283
신디케이트	1995년 5월 19일	일렉트로닉 아츠 빅터	284
슈퍼 경마2	1995년 5월 19일	아이맥스	284
스누피 콘서트	1995년 5월 19일	미츠이 부동산/덴츠	284
배틀 타이쿤	1995년 5월 19일	라이트 스탭	284
워록	1995년 5월 26일	어클레임 재팬	285
구울 패트롤	1995년 5월 26일	빅터 엔터테인먼트	285
컴퓨터 뇌력해석 울트라 마권	1995년 5월 26일	컬처 브레인	285
심시티 2000	1995년 5월 26일	이머지니어	285
슈~퍼~ 비밀 뿌요 루루의 루	1995년 5월 26일	반프레스토	286
스타 게이트	1995년 5월 26일	어클레임 재팬	286
스파크 월드	1995년 5월 26일	DEN'Z	286
니치부츠 아케이드 클래식	1995년 5월 26일	일본 물산	286
파친코 연장 천국 슈퍼 CR 스페셜	1995년 5월 26일	밥	287
속기 2단 모리타 장기2	1995년 5월 26일	세타	287
진수대국 바둑 바둑 선인	1995년 6월 2일	J · 윙	287
엘파리아 II	1995년 6월 9일	허드슨	287
요괴 버스터 루카의 대모험	1995년 6월 9일	카도카와 서점	288
본가 SANKYO FEVER 실제 기기 시뮬레이션	1995년 6월 10일	DEN'Z	288
야광충	1995년 6월 16일	아테나	288
어스 웜 짐	1995년 6월 23일	타카라	288
실전 경정	1995년 6월 23일	이머지니어	289
슈퍼 스타워즈 제다이의 복수	1995년 6월 23일	빅터 엔터테인먼트	289
트럼프 아일랜드	1995년 6월 23일	팩 인 비디오	289
니시진 파친코 이야기	1995년 6월 23일	KSS	289
P맨	1995년 6월 23일	켐코	290
프린세스 미네르바	1995년 6월 23일	빅 토카이	290
Mr. Do!	1995년 6월 23일	이머지니어	290
루인 암	1995년 6월 23일	반다이	290
대물 블랙배스 피싱 인공호수편	1995년 6월 30일	어클레임 재팬	291
가메라 갸오스 격멸 작전	1995년 6월 30일	사미	291
그랜 히스토리아 ~환사세계기~	1995년 6월 30일	반프레스토	291
서킷 USA	1995년 6월 30일	버진 인터렉티브 엔터테인먼트	291
신일본 프로레슬링 공인'95 투강도몽 BATTLE7	1995년 6월 30일	바리에	292
슈퍼 경정	1995년 6월 30일	일본 물산	292
슈퍼 파이어 프로레슬링 퀸즈 스페셜	1995년 6월 30일	휴먼	292
데어 랑그릿사	1995년 6월 30일	메사이어	292
떴다! 럭키맨 럭키 쿠키 룰렛으로 돌격~	1995년 6월 30일	반다이	293
프로마작 극 III	1995년 6월 30일	아테나	293
리틀 마스터 ~무지개빛 마석~	1995년 6월 30일	토쿠마 서점 인터미디어	293
캐러밴 슈팅 컬렉션	1995년 7월 7일	허드슨	293

사기 영웅전	1995년 7월 7일	아우트리거 공방	294
실전! 파치스로 필승법! 클래식	1995년 7월 7일	사미	294
진 일확천금	1995년 7월 7일	밥	294
슈퍼 F1 서커스 외전	1995년 7월 7일	일본 물산	294
따끈따끈 하이스쿨	1995년 7월 7일	BPS	295
파친코 챌린저	1995년 7월 7일	카로체리아 재팬	295
캣츠 런 전일본 K카 선수권	1995년 7월 14일	아틀라스	295
고시엔4	1995년 7월 14일	마호	295
공략 카지노 바	1995년 7월 14일	일본 물산	296
슈퍼 경륜	1995년 7월 14일	아이맥스	296
핏폴 마야의 대모험	1995년 7월 14일	포니 캐니언	296
미스틱 아크	1995년 7월 14일	에닉스	296
4인 장기	1995년 7월 14일	POW	297
라플라스의 마(魔)	1995년 7월 14일	빅 토카이	297
악마성 드라큘라 XX	1995년 7월 21일	코나미	297
GO GO ACKMAN 2	1995년 7월 21일	반프레스토	297
장기 최강	1995년 7월 21일	마호	298
Super 배리어블 지오	1995년 7월 21일	TGL	298
타케토요 GI 메모리	1995년 7월 21일	NGP	298
단 퀘스트 마신 봉인의 전설	1995년 7월 21일	테크노스 재팬	298
빅 일격! 파치스로 대공략2 유니버설 컬렉션	1995년 7월 21일	애스크 고단샤	299
란마1/2 오의사암권	1995년 7월 21일	토호/쇼가쿠칸 프로덕션	299
인디 존스	1995년 7월 28일	빅터 엔터테인먼트	299
울티마 공룡제국	1995년 7월 28일	포니 캐니언	299
울트라 리그 불타라! 사커 대결전!	1995년 7월 28일	유타카	300
에메랄드 드래곤	1995년 7월 28일	미디어웍스	300
캐리어 에이스	1995년 7월 28일	유미디어	300
취직 게임	1995년 7월 28일	이머지니어	300
슈퍼 원인2	1995년 7월 28일	허드슨	301
닌타마 란타로	1995년 7월 28일	컬처 브레인	301
배스 마스터즈 클래식	1995년 7월 28일	알트론	301
포포이토 헤베레케	1995년 7월 28일	선 소프트	301
마작 번성기	1995년 7월 28일	일본 물산	302
번개 서브다!! 슈퍼 비치발리볼	1995년 8월 4일	버진 인터렉티브 엔터테인먼트	302
귀신동자 ZENKI 열투뇌전	1995년 8월 4일	허드슨	302
J리그 사커 프라임 골3	1995년 8월 4일	남코	302
초마법대륙 WOZZ	1995년 8월 4일	BPS	303
학교에서 있었던 무서운 이야기	1995년 8월 5일	반프레스토	303
슈퍼마리오 요시 아일랜드	1995년 8월 5일	닌텐도	303
슈퍼 파워리그3	1995년 8월 10일	허드슨	303
게임의 달인	1995년 8월 11일	선 소프트	304
슈퍼 굿슨 오요요	1995년 8월 11일	반프레스토	304
타케미야 마사키 9단의 바둑 대장	1995년 8월 11일	KSS	304
천지를 먹다 삼국지 군웅전	1995년 8월 11일	캡콤	304
도널드 덕의 마법의 모자	1995년 8월 11일	에폭사	305
닌자 용검전 토모에	1995년 8월 11일	테크모	305
파이팅 베이스볼	1995년 8월 11일	코코너츠 재팬 엔터테인먼트	305
블랙 손 복수의 검은 가시	1995년 8월 11일	켐코	305
브랜디시2	1995년 8월 11일	코에이	306

코론 랜드	1995년 8월 25일	유미디어	306
더 심리 게임3	1995년 8월 25일	비지트	306
실전 배스 피싱 필승법 in USA	1995년 8월 25일	사미	306
Parlor! 팔러!2 파친코 5사 실제 기기 시뮬레이션 게임	1995년 8월 25일	일본 텔레넷	307
휴먼 그랑프리4 F1 드림 배틀	1995년 8월 25일	휴먼	307
마수왕	1995년 8월 25일	KSS	307
마츠카타 히로키의 슈퍼 트롤링	1995년 8월 25일	톤킹 하우스	307
카키기 장기	1995년 9월 1일	아스키	308
배틀 로봇 열전	1995년 9월 1일	반프레스토	308
SUPER 인생게임2	1995년 9월 8일	타카라	308
바운티 소드	1995년 9월 8일	파이오니어 LDC	308
클락 타워	1995년 9월 14일	휴먼	309
사쿠라이 쇼이치의 작귀류 마작 필승법	1995년 9월 14일	사미	309
마리오의 슈퍼 피크로스	1995년 9월 14일	닌텐도	309
앨리스의 페인트 어드벤처	1995년 9월 15일	에폭사	309
슈퍼 철구 파이트!	1995년 9월 15일	반프레스토	310
세인트 앤드류스 ~영광과 역사의 올드 코스~	1995년 9월 15일	에폭사	310
필승 777파이터Ⅲ 흑룡왕의 부활	1995년 9월 15일	밥	310
아사히 신문 연재 카토 히후미 9단 장기 심기류	1995년 9월 22일	바리에	310
사주추명학 입문 진 도원향	1995년 9월 22일	반프레스토	311
실황 월드 사커 FIGHTING ELEVEN	1995년 9월 22일	코나미	311
정글 스트라이크 계승된 광기	1995년 9월 22일	일렉트로닉 아츠 빅터	311
신 장기 클럽	1995년 9월 22일	헥터	311
초형귀 폭렬난투편	1995년 9월 22일	메사이어	312
진패	1995년 9월 22일	반프레스토	312
드래곤볼Z 초오공전 각성편	1995년 9월 22일	반다이	312
미소녀 전사 세일러 문 ANOTHER STORY	1995년 9월 22일	엔젤	312
위저드리Ⅵ 금단의 마필	1995년 9월 29일	아스키	313
웨딩 피치	1995년 9월 29일	KSS	313
베른 월드	1995년 9월 29일	반프레스토	313
A열차로 가자3 슈퍼 버전	1995년 9월 29일	팩 인 비디오	313
NBA 실황 바스켓 위닝 덩크	1995년 9월 29일	코나미	314
미식전대 바라야로	1995년 9월 29일	버진 인터렉티브 엔터테인먼트	314
서전트 선더즈 컴뱃	1995년 9월 29일	아스키	314
상승마작 천패	1995년 9월 29일	에닉스	314
전일본 GT 선수권	1995년 9월 29일	KANEKO	315
더비 자키2	1995년 9월 29일	아스믹	315
노마크 폭패당 사상 최강의 마작사들	1995년 9월 29일	엔젤	315
하멜의 바이올린	1995년 9월 29일	에닉스	315
불의 황자 야마토 타케루	1995년 9월 29일	토호	316
헤이안 풍운전	1995년 9월 29일	KSS	316
HEIWA 파친코 월드2	1995년 9월 29일	쇼에이 시스템	316
홀리 엄브렐라 돈데라의 무모함!!	1995년 9월 29일	나그자트	316
마법기사 레이어스	1995년 9월 29일	토미	317
메탈 맥스 리턴즈	1995년 9월 29일	데이터 이스트	317
성검전설3	1995년 9월 30일	스퀘어	251
격투 버닝 프로레슬링	1995년 10월 6일	BPS	317
신성기 오딧세리아Ⅱ	1995년 10월 6일	빅 토카이	317

슈퍼 퐁	1995년 10월 6일	유타카	318
택틱스 오우거	1995년 10월 6일	퀘스트	251
게임의 철인 THE 상하이	1995년 10월 13일	선 소프트	318
하이퍼 이리아	1995년 10월 13일	반프레스토	318
슈퍼 화투2	1995년 10월 20일	아이맥스	318
종합 격투기 링스 아스트랄 바우트3	1995년 10월 20일	킹 레코드	319
천지창조	1995년 10월 20일	에닉스	252
매지컬 드롭	1995년 10월 20일	데이터 이스트	319
울트라 베이스볼 실명판3	1995년 10월 27일	컬처 브레인	319
SD F-1 그랑프리	1995년 10월 27일	비디오 시스템	319
간간간짱	1995년 10월 27일	마지팩트	320
크리스탈 빈즈 프롬 던전 익스플로러	1995년 10월 27일	허드슨	320
저스티스 리그	1995년 10월 27일	어클레임 재팬	320
저지 드레드	1995년 10월 27일	어클레임 재팬	320
하얀 링으로	1995년 10월 27일	포니 캐니언	321
천지무용! 게~임편	1995년 10월 27일	반프레스토	321
파치스로 이야기 펄 공업 스페셜	1995년 10월 27일	KSS	321
배트맨 포에버	1995년 10월 27일	어클레임 재팬	321
패널로 퐁	1995년 10월 27일	닌텐도	322
포어맨 포 리얼	1995년 10월 27일	어클레임 재팬	322
From TV animation SLAM DUNK SD히트 업!	1995년 10월 27일	반다이	322
마작비상전 진 울부짖는 류	1995년 10월 27일	벡	322
마천전설 전율의 오파츠	1995년 10월 27일	타카라	323
라이트 판타지 II	1995년 10월 27일	톤킹 하우스	323
감벽의 함대	1995년 11월 2일	엔젤	323
필살 파친코 컬렉션3	1995년 11월 2일	선 소프트	323
전국 횡단 울트라 심리 게임	1995년 11월 10일	비지트	324
로맨싱 사가3	1995년 11월 11일	스퀘어	252
캡틴 츠바사J THE WAY TO WORLD YOUTH	1995년 11월 17일	반다이	324
상하이 만리장성	1995년 11월 17일	선 소프트	324
로고스 패닉 인사	1995년 11월 17일	유타카	324
신 스타트랙 ~위대한 유산 IFD의 비밀을 쫓아라~	1995년 11월 17일	토쿠마 서점	325
전국 고교 사커2	1995년 11월 17일	요지겐	325
블록 깨기	1995년 11월 17일	POW	325
렌더링 레인저 R2	1995년 11월 17일	버진 인터렉티브 엔터테인먼트	325
슈퍼 동키콩2 딕시 & 디디	1995년 11월 21일	닌텐도	326
아카가와 지로 마녀들의 잠	1995년 11월 24일	팩 인 비디오	326
귀신동자 ZENKI 전영뇌무	1995년 11월 24일	허드슨	326
SUPER 억만장자 게임	1995년 11월 24일	타카라	326
MIGHTY MORPHIN POWER RANGERS	1995년 11월 24일	반다이	327
리딩 자키2	1995년 11월 24일	카로체리아 재팬	327
제로4 챔프 RR-Z	1995년 11월 25일	더블 링	327
오짱의 그림 그리기 로직	1995년 12월 1일	선 소프트	327
치비 마루코짱 노려라! 남쪽의 아일랜드!!	1995년 12월 1일	코나미	328
도카폰 외전 불꽃 오디션	1995년 12월 1일	아스믹	328
파치오군 SPECIAL3	1995년 12월 1일	코코너츠 재팬 엔터테인먼트	328
B.B.GUN	1995년 12월 1일	아이맥스	328
빅 허트	1995년 12월 1일	어클레임 재팬	329
이상한 던전2 풍래의 시렌	1995년 12월 1일	춘 소프트	329
록맨X3	1995년 12월 1일	캡콤	329
아메리칸 배틀 돔	1995년 12월 8일	츠쿠다 오리지널	329
클락 웍스	1995년 12월 8일	토쿠마 서점	330
슈~퍼~ 뿌요뿌요 통	1995년 12월 8일	컴파일	330
슈퍼 모모타로 전철 DX	1995년 12월 8일	허드슨	330
미소녀 전사 세일러 문 Super S 폭신폭신 패닉	1995년 12월 8일	반다이	330
MASTERS New 머나먼 오거스타3	1995년 12월 8일	T&E 소프트	331
미키와 도널드 매지컬 어드벤처3	1995년 12월 8일	캡콤	331
드래곤 퀘스트VI 환상의 대지	1995년 12월 9일	에닉스	253
GO GO ACKMAN3	1995년 12월 15일	반프레스토	331
JB 더 슈퍼 배스	1995년 12월 15일	NGP	331
실황 수다쟁이(오샤베리) 파로디우스	1995년 12월 15일	코나미	332
상인이여, 큰 뜻을 품어라!!	1995년 12월 15일	반다이	332
슈퍼 블랙배스3	1995년 12월 15일	스타 피시 데이터	332
성수마전 비스트 & 블레이드	1995년 12월 15일	BPS	332
테일즈 오브 판타지아	1995년 12월 15일	남코	253
테마파크	1995년 12월 15일	일렉트로닉 아츠 빅터	333
도라에몽4 노비타와 달의 왕국	1995년 12월 15일	에폭사	333
니치부츠 아케이드 클래식2 헤이안쿄 에일리언	1995년 12월 15일	일본 물산	333
프린세스 메이커 Legend of Another World	1995년 12월 15일	타카라	333
본가 SANKYO FEVER 실제 기기 시뮬레이션2	1995년 12월 15일	BOSS 커뮤니케이션즈	334
가져가 Oh! 도둑	1995년 12월 15일	데이터 이스트	334
미즈키 시게루의 요괴 백귀야행	1995년 12월 20일	KSS	334
SD건담 GNEXT	1995년 12월 22일	반다이	334
힘내라 고에몽 반짝반짝 여행길 내가 댄서가 된 이유	1995년 12월 22일	코나미	335
월면의 아누비스	1995년 12월 22일	이머지니어	335
황룡의 귀	1995년 12월 22일	밥	335
더 그레이트 배틀V	1995년 12월 22일	반프레스토	335
석류의 맛	1995년 12월 22일	이머지니어	336
3×3 EYES ~수마봉환~	1995년 12월 22일	반프레스토	336
장기 삼매경	1995년 12월 22일	버진 인터렉티브 엔터테인먼트	336
슈퍼 차이니즈 월드3 ~초차원 대작전~	1995년 12월 22일	컬처 브레인	336
슈퍼 파이어 프로레슬링X	1995년 12월 22일	휴먼	337
전국의 패자 천하포무로 가는 길	1995년 12월 22일	반프레스토	337
테크모 슈퍼볼III FINAL EDITION	1995년 12월 22일	테크모	337
천외마경 ZERO	1995년 12월 22일	허드슨	337
배틀 서브마린	1995년 12월 22일	팩 인 비디오	338
파랜드 스토리2	1995년 12월 22일	반프레스토	338
파이널 파이트 터프	1995년 12월 22일	캡콤	338
로도스도 전기	1995년 12월 22일	카도카와 서점	338
최강 타카다 노부히코	1995년 12월 27일	허드슨	339
삼국지 영걸전	1995년 12월 28일	코에이	339
이스V 잃어버린 모래도시 케핀	1995년 12월 29일	일본 팔콤	339
슈퍼 장기3 기태평	1995년 12월 29일	아이맥스	339
대국 바둑 이다텐	1995년 12월 29일	BPS	340
대폭소 인생극장 엉뚱한 샐러리맨편	1995년 12월 29일	타이토	340

타이틀	발매일	발매사	페이지
Parlor! 팔러!Ⅳ CR 파친코 6사 · CR 실제 기기 시뮬레이션 게임	1995년 12월 29일	일본 텔레넷	340
1996년			
마도물어 하나마루 대 유치원생	1996년 1월 12일	토쿠마 서점 인터미디어	343
해변 낚시 이도편	1996년 1월 19일	팩 인 비디오	343
적중 경마 학원	1996년 1월 19일	반프레스토	343
Parlor! 팔러!3 파친코 5사 실제 기기 시뮬레이션 게임	1996년 1월 19일	일본 텔레넷	343
바둑 클럽	1996년 1월 26일	헥터	344
SD건담 파워 포메이션 퍼즐	1996년 1월 26일	반다이	344
슈퍼 야구도	1996년 1월 26일	반프레스토	344
노부나가의 야망 천상기	1996년 1월 26일	코에이	344
헤이세이 군인 장기	1996년 1월 26일	카로체리아 재팬	345
MADARA SAGA 유치원 전기 마다라	1996년 1월 26일	데이텀 폴리스타	345
무인도 이야기	1996년 1월 26일	KSS	345
RPG 쯔쿠르2	1996년 1월 31일	아스키	345
막말 강림전 ONI	1996년 2월 2일	반프레스토	346
장기 최강 II	1996년 2월 9일	마호	346
두근두근 메모리얼 전설의 나무 아래에서	1996년 2월 9일	코나미	346
바하무트 라군	1996년 2월 9일	스퀘어	346
프로 기사 인생 시뮬레이션 장기의 꽃길	1996년 2월 16일	아틀라스	347
귀신동자 ZENKI 천지명동	1996년 2월 23일	허드슨	347
배틀테크 3050	1996년 2월 23일	애스크 고단샤	347
프론트 미션 시리즈 건 하자드	1996년 2월 23일	스퀘어	347
실황 파워풀 프로야구3	1996년 2월 29일	코나미	348
슈퍼 패미스타5	1996년 2월 29일	남코	348
NFL 쿼터백 클럽'96	1996년 3월 1일	어클레임 재팬	348
기동전사 Z건담 AWAY TO THE NEWTYPE	1996년 3월 1일	반다이	348
상어 거북(鮫亀)	1996년 3월 1일	허드슨	349
그름 -달 재우기	1996년 3월 1일	반프레스토	349
DOOM	1996년 3월 1일	이머지니어	349
레슬매니아 디 아케이드 게임	1996년 3월 1일	어클레임 재팬	349
레볼루션X	1996년 3월 1일	어클레임 재팬	350
은하 전국군웅전 라이	1996년 3월 8일	엔젤	350
실전 파친코 필승법!2	1996년 3월 8일	사미	350
슈~퍼~ 뿌요뿌요 통 리믹스	1996년 3월 8일	컴파일	350
슈퍼마리오 RPG	1996년 3월 9일	닌텐도/스퀘어	342
카오스 시드 ~풍수회랑기~	1996년 3월 15일	타이토	351
더비 스탈리온96	1996년 3월 15일	아스키	351
고개 전설 최속 배틀	1996년 3월 15일	BPS	351
브랜디시2 익스퍼트	1996년 3월 15일	코에이	351
별의 커비 슈퍼 디럭스	1996년 3월 21일	닌텐도	352
이스V 익스퍼트	1996년 3월 22일	코에이	352
갬블 방랑기	1996년 3월 22일	밥	352
'96 전국 고교 축구 선수권	1996년 3월 22일	마호	352
슈퍼로봇대전 외전 마장기신 THE LORD OF ELEMENTAL	1996년 3월 22일	반프레스토	353
스테이블 스타 ~마굿간 이야기~	1996년 3월 22일	코나미	353
도레미 판타지 미론의 두근두근 대모험	1996년 3월 22일	허드슨	353
NEW 얏타맨 난제 관대 야지로베	1996년 3월 22일	유타카	353
린하이펑 9단의 바둑 대도	1996년 3월 22일	애스크 고단샤	354
안젤리크 보이스 판타지	1996년 3월 29일	코에이	354
SD건담 GNEXT 전용 롬팩 유닛 & 맵 컬렉션	1996년 3월 29일	반다이	354
GT 레이싱	1996년 3월 29일	이머지니어	354
신기동전기 건담W 엔드리스 듀얼	1996년 3월 29일	반다이	355
슈퍼 파이어 프로레슬링X 프리미엄	1996년 3월 29일	휴먼	355
슈퍼 포메이션 사커96 월드 클럽 에디션	1996년 3월 29일	휴먼	355
돌진 에비스마루 기계장치 미로 사라진 고에몽의 수수께끼!!	1996년 3월 29일	코나미	355
드래곤볼Z HYPER DIMENSION	1996년 3월 29일	반다이	356
닌타마 란타로2	1996년 3월 29일	컬처 브레인	356
Parlor! 팔러!5 파친코 3사 실제 기기 시뮬레이션 게임	1996년 3월 29일	일본 텔레넷	356
미소녀 전사 세일러 문 Super S 전원 참가!! 주인공 쟁탈전	1996년 3월 29일	엔젤	356
미소녀 레슬러 열전 블리자드 Yuki 난입!!	1996년 3월 29일	KSS	357
실전 파치스로 필승법! 야마사 전설	1996년 4월 5일	사미	357
루드라의 비보	1996년 4월 5일	스퀘어	357
음악 쯔쿠르 연주하자	1996년 4월 12일	아스키	357
마법진 구루구루2	1996년 4월 12일	에닉스	358
봉래(호우라이) 학원의 모험!	1996년 4월 19일	J · 윙	358
일발역전 경마 경륜 경정	1996년 4월 26일	POW	358
J리그 익사이트 스테이지'96	1996년 4월 26일	에폭사	358
점핑 더비	1996년 4월 26일	나그자트	359
슈퍼 경정2	1996년 4월 26일	일본 물산	359
슈퍼 봄버맨4	1996년 4월 26일	허드슨	359
토이 스토리	1996년 4월 26일	캡콤	359
Parlor! Mini 파친코 실제 기기 시뮬레이션 게임	1996년 4월 26일	일본 텔레넷	360
HEIWA 파친코 월드3	1996년 4월 26일	쇼에이 시스템	360
파이어 엠블렘 성전의 계보	1996년 5월 14일	닌텐도	360
이웃집 모험대	1996년 5월 24일	파이오니어 LDC	360
슈퍼 굿슨 오요요2	1996년 5월 24일	반프레스토	361
트레저 헌터G	1996년 5월 24일	스퀘어	361
사운드노벨 쯔쿠르	1996년 5월 31일	아스키	361
슈퍼 퐁 DX	1996년 5월 31일	유타카	361
다크 하프	1996년 5월 31일	에닉스	362
피싱 고시엔	1996년 5월 31일	킹 레코드	362
J리그'96 드림 스타디움	1996년 6월 1일	허드슨	362
아라비안 나이트 ~사막의 정령왕~	1996년 6월 14일	타카라	362
베스트 샷 프로 골프	1996년 6월 14일	아스키	363
공상과학세계 걸리버 보이	1996년 6월 28일	반다이	363
슈~퍼~ 비밀 뿌요 통 루루의 철완 번성기	1996년 6월 28일	컴파일	363
슈패미 터보 전용 SD울트라 배틀 울트라맨 전설	1996년 6월 28일	반다이	363
슈패미 터보 전용 SD울트라 배틀 세븐 전설	1996년 6월 28일	반다이	364
슈패미 터보 전용 포이포이 닌자 월드	1996년 6월 28일	반다이	364
트래버스	1996년 6월 28일	반프레스토	364
니시진 파친코 이야기2	1996년 6월 28일	KSS	364
Parlor! Mini2 파친코 실제 기기 시뮬레이션 게임	1996년 6월 28일	일본 텔레넷	365

퍼즐 닌타마 란타로 ~인술 학원 퍼즐 대회의 단~	1996년 6월 28일	컬처 브레인	365
바다의 낚시꾼	1996년 7월 19일	팩 인 비디오	365
실황 파워풀 프로야구'96 개막판	1996년 7월 19일	코나미	365
슈퍼 트럼프 컬렉션2	1996년 7월 19일	보톰 업	366
슈패미 터보 전용 게게게의 키타로 요괴 돈자라	1996년 7월 19일	반다이	366
스타 오션	1996년 7월 19일	에닉스	366
어스 라이트 루나 스트라이크	1996년 7월 26일	허드슨	366
에너지 브레이커	1996년 7월 26일	타이토	367
심시티 Jr.	1996년 7월 26일	이머지니어	367
슈패미 터보 전용 SD건담 제네레이션 일년전쟁기	1996년 7월 26일	반다이	367
슈패미 터보 전용 SD건담 제네레이션 그리프스 전기	1996년 7월 26일	반다이	367
스프리건 파워드	1996년 7월 26일	나그자트	368
테이블 게임 대집합!! 장기 · 마작 · 화투 · 투사이드	1996년 7월 26일	바리에	368
레나스 II -봉인의 사도-	1996년 7월 26일	아스믹	368
대패수 이야기 II	1996년 8월 2일	허드슨	368
목장 이야기	1996년 8월 6일	팩 인 비디오	369
빨간 망토 차차	1996년 8월 9일	토미	369
슈퍼 파워리그4	1996년 8월 9일	허드슨	369
닌타마 란타로 스페셜	1996년 8월 9일	컬처 브레인	369
슈패미 터보 전용 SD건담 제네레이션 액시즈 전기	1996년 8월 23일	반다이	370
슈패미 터보 전용 SD건담 제네레이션 바빌로니아 건국 전기	1996년 8월 23일	반다이	370
슈패미 터보 전용 격주전대 카레인저 전개! 레이서 전사	1996년 8월 23일	반다이	370
후루타 아쓰야의 시뮬레이션 프로야구2	1996년 8월 24일	헥터	370
대전략 익스퍼트 WW II	1996년 8월 30일	아스키	371
넘버즈 파라다이스	1996년 8월 30일	어클레임 재팬	371
필살 파친코 컬렉션4	1996년 8월 30일	선 소프트	371
본가 SANKYO FEVER 실제 기기 시뮬레이션3	1996년 8월 30일	BOSS 커뮤니케이션즈	371
실황 파워풀 프로레슬링'96 맥스 볼티지	1996년 9월 13일	코나미	372
페블비치의 파도 New TOURNAMENT EDITION	1996년 9월 13일	T&E 소프트	372
위저드리 외전Ⅳ ~태마의 고동~	1996년 9월 20일	아스키	372
매지컬 드롭2	1996년 9월 20일	데이터 이스트	372
슈퍼 니치부츠 마작4 기초 연구편	1996년 9월 27일	일본 물산	373
슈패미 터보 전용 SD건담 제네레이션 콜로니 격투기	1996년 9월 27일	반다이	373
슈패미 터보 전용 SD건담 제네레이션 잔스칼 전기	1996년 9월 27일	반다이	373
슈패미 터보 전용 크레용 신짱 장화 신고 첨벙!!	1996년 9월 27일	반다이	373
슈패미 터보 전용 미소녀 전사 세일러 문 세일러 스타즈 폭신폭신 패닉2	1996년 9월 27일	반다이	374
Parlor! Mini3 파친코 실제 기기 시뮬레이션 게임	1996년 9월 27일	일본 텔레넷	374
몬스터니아	1996년 9월 27일	팩 인 비디오	374
위닝 포스트2 프로그램'96	1996년 10월 4일	코에이	374

서러브레드 브리더 III	1996년 10월 18일	헥터	375
마블 슈퍼 히어로즈 워 오브 더 젬	1996년 10월 18일	캡콤	375
타워 드림	1996년 10월 25일	아스키	375
마벨러스 ~또 하나의 보물섬~	1996년 10월 26일	닌텐도	375
슈퍼 동키콩3 비밀의 클레미스섬	1996년 11월 23일	닌텐도	376
SUPER 인생게임3	1996년 11월 29일	타카라	376
니치부츠 컬렉션1	1996년 11월 29일	일본 물산	376
VS. 컬렉션	1996년 11월 29일	보톰 업	376
Parlor! Mini4 파친코 실제 기기 시뮬레이션 게임	1996년 11월 29일	일본 텔레넷	377
드래곤 퀘스트 III 그리고 전설로…	1996년 12월 6일	에닉스	342
모모타로 전철 HAPPY	1996년 12월 6일	허드슨	377
주사위 게임 은하전기	1996년 12월 19일	보톰 업	377
쿠온파	1996년 12월 20일	T&E 소프트	377
G.O.D 눈을 뜨라는 목소리가 들린다	1996년 12월 20일	이머지니어	378
스트리트 파이터 ZERO2	1996년 12월 20일	캡콤	378
도널드 덕의 마우이마라드	1996년 12월 20일	캡콤	378
니시진 파친코3	1996년 12월 20일	KSS	378
피노키오	1996년 12월 20일	캡콤	379
봄버맨 비다맨	1996년 12월 20일	허드슨	379
미니 사구 샤이닝 스콜피온 렛츠&고!!	1996년 12월 20일	아스키	379
드래곤 나이트Ⅳ	1996년 12월 27일	반프레스토	379
니치부츠 컬렉션2	1996년 12월 27일	일본 물산	380
마스크	1996년 12월 27일	버진 인터렉티브 엔터테인먼트	380
1997년			
알카노이드 Doh It Again	1997년 1월 15일	타이토	382
BUSHI 청룡전 ~2인의 용사~	1997년 1월 17일	T&E 소프트	382
프로야구 스타	1997년 1월 17일	컬처 브레인	382
건플 GUNMAN'S PROOF	1997년 1월 31일	아스키	382
피키냐!	1997년 1월 31일	아스키	383
밀란드라	1997년 1월 31일	아스키	383
이토이 시게사토의 배스 낚시 No.1	1997년 2월 21일	닌텐도	383
슈퍼 봄버맨5	1997년 2월 28일	허드슨	383
닌타마 란타로3	1997년 2월 28일	컬처 브레인	384
애니매니악스	1997년 3월 7일	코나미	384
파치스로 완전공략 유니버설 새 기기 입하 volume1	1997년 3월 7일	일본 시스컴	384
캐스퍼	1997년 3월 14일	KSS	384
슈퍼 더블 역만 II	1997년 3월 14일	밥	385
실전 파치스로 필승법! TWIN	1997년 3월 15일	사미	385
실황 파워풀 프로야구3'97 봄	1997년 3월 20일	코나미	385
솔리드 런너	1997년 3월 28일	아스키	385
다크 로우 Meaning of Death	1997년 3월 28일	아스키	386
Parlor! Mini5 파친코 실제 기기 시뮬레이션 게임	1997년 3월 28일	일본 텔레넷	386
프로마작 베이	1997년 4월 18일	컬처 브레인	386
프로야구 열투 퍼즐 스타디움	1997년 4월 25일	코코너츠 재팬 엔터테인먼트	386
카토 히후미 9단 장기 클럽	1997년 5월 16일	헥터	387
Parlor! Mini6 파친코 실제 기기 시뮬레이션 게임	1997년 5월 30일	일본 텔레넷	387
배 타로	1997년 8월 1일	빅터 인터렉티브/팩 인 소프트	387

Parlor! Mini7 파친코 실제 기기 시뮬레이션 게임	1997년 8월 29일	일본 텔레넷	387
실전 파치스로 필승법! Twin Vol.2 ~울트라 세븐 · 와이와이 펄서2~	1997년 9월 12일	사미	388
동급생2	1997년 12월 1일	반프레스토	388
헤이세이 신 오니가시마 전편	1997년 12월 1일	닌텐도	388
헤이세이 신 오니가시마 후편	1997년 12월 1일	닌텐도	388
폭구연발!! 슈퍼 비다맨	1997년 12월 19일	허드슨	389
1998년			
레킹 크루'98	1998년 1월 1일	닌텐도	392
HEIWA Parlor! Mini8 파친코 실제 기기 시뮬레이션 게임	1998년 1월 30일	일본 텔레넷	392
커비의 반짝반짝 키즈	1998년 2월 1일	닌텐도	392
슈퍼 패밀리 게렌데	1998년 2월 1일	남코	392
슈퍼 펀치아웃!!	1998년 3월 1일	닌텐도	393
실황 파워풀 프로야구 Basic판'98	1998년 3월 19일	코나미	393
별의 커비3	1998년 3월 27일	닌텐도	393
패미컴 탐정 클럽 Part II 뒤에 서는 소녀	1998년 4월 1일	닌텐도	393
록맨 & 포르테	1998년 4월 24일	캡콤	394
슈퍼 패미컴 워즈	1998년 5월 1일	닌텐도	394
환수여단	1998년 6월 1일	악셀러	394
닥터 마리오	1998년 6월 1일	닌텐도	394
링에 걸어라	1998년 6월 1일	메사이어	395
Zoo욱 마작!	1998년 7월 1일	닌텐도	395
스테 핫군	1998년 8월 1일	닌텐도	395
더비 스탈리온98	1998년 9월 1일	닌텐도	395
미니 사구 렛츠 & 고!! POWER WGP2	1998년 10월 1일	닌텐도	396
1999년			
POWER 소코반	1999년 1월 1일	닌텐도	398
POWER 로드 런너	1999년 1월 1일	닌텐도	398
피크로스 NP Vol.1	1999년 4월 1일	닌텐도	398
타마고치 타운	1999년 5월 1일	반다이	398
위저드리 Ⅰ · Ⅱ · Ⅲ ~Story of Llylgamyn~	1999년 6월 1일	미디어 팩토리	399
그림 그리기 로직	1999년 6월 1일	세카이분카사	399
피크로스 NP Vol.2	1999년 6월 1일	닌텐도	399
패미컴 문고 시작의 숲	1999년 7월 1일	닌텐도	399
컬럼스	1999년 8월 1일	미디어 팩토리	400
피크로스 NP Vol.3	1999년 8월 1일	닌텐도	400
파이어 엠블렘 트라키아776	1999년 9월 1일	닌텐도	400
피크로스 NP Vol.4	1999년 10월 1일	닌텐도	400
그림 그리기 로직2	1999년 11월 1일	세카이분카사	401
피크로스 NP Vol.5	1999년 12월 1일	닌텐도	401
2000년			
피크로스 NP Vol.6	2000년 2월 1일	닌텐도	404
피크로스 NP Vol.7	2000년 4월 1일	닌텐도	404
피크로스 NP Vol.8	2000년 6월 1일	닌텐도	404
메탈 슬레이더 글로리 디렉터즈 컷	2000년 12월 1일	닌텐도	404

슈퍼패미컴 게임 소프트 검색

가나다순

타이틀	발매일	퍼블리셔	페이지
A-Z			
'96 전국 고교 축구 선수권	1996년 03월 22일	마호	352
2020 슈퍼 베이스볼	1993년 03월 12일	케이 어뮤즈먼트리스	96
3×3 EYES ~수마봉환~	1995년 12월 22일	반프레스토	336
3×3EYES 성마강림전	1992년 07월 28일	유타카	54
3차원 격투 볼즈	1995년 04월 28일	미디어 링	281
46억 년 이야기 아득한 에덴으로	1992년 12월 21일	에닉스	75
4인 장기	1995년 07월 14일	POW	297
A열차로 가자3 슈퍼 버전	1995년 09월 29일	팩 인 비디오	313
abc 먼데이 나이트 풋볼	1993년 11월 26일	데이터 이스트	135
Advanced Dungeons & Dragons 아이 오브 더 비홀더(주시자의 눈)	1994년 03월 18일	캡콤	169
B.B.GUN	1995년 12월 01일	아이맥스	328
BASTARD!! -암흑의 파괴신-	1994년 01월 28일	코브라 팀	160
BUSHI 청룡전 ~2인의 용사~	1997년 01월 17일	T&E 소프트	382
CB 캐릭 워즈 잃어버린 개~그	1992년 08월 28일	반프레스토	58
DEAR BOYS	1994년 10월 28일	유타카	222
DOOM	1996년 03월 01일	이머지니어	349
EDONO 키바	1993년 03월 12일	마이크로 월드	96
EMIT Vol.1 시간의 미아	1995년 03월 25일	코에이	273
EMIT Vol.2 목숨을 건 여행	1995년 03월 25일	코에이	274
EMIT Vol.3 나에게 작별 인사를	1995년 03월 25일	코에이	274
F-1 GRAND PRIX	1992년 04월 28일	비디오 시스템	46
F-1 GRAND PRIX PART II	1993년 02월 26일	비디오 시스템	91
F-1 GRAND PRIX PART III	1994년 04월 22일	비디오 시스템	180
F-15 슈퍼 스트라이크 이글	1993년 11월 26일	아스믹	136
F-ZERO	1990년 11월 21일	닌텐도	14
FEDA THE EMBLEM OF JUSTICE	1994년 10월 28일	야노만	223
FIFA 인터내셔널 사커	1994년 06월 17일	빅터 엔터테인먼트	189
Fortune Quest 주사위를 굴려라	1994년 04월 28일	반프레스토	181
From TV animation SLAM DUNK 4강 격돌!!	1994년 03월 26일	반다이	177
From TV animation SLAM DUNK SD히트 업!	1995년 10월 27일	반다이	322
From TV animation SLAM DUNK2 IH예선 완전판!!	1995년 02월 24일	반다이	265
G.O.D 눈을 뜨라는 목소리가 들린다	1996년 12월 20일	이머지니어	378
GO GO ACKMAN	1994년 12월 23일	반프레스토	246
GO GO ACKMAN 2	1995년 07월 21일	반프레스토	297
GO GO ACKMAN3	1995년 12월 15일	반프레스토	331
GO! GO! 피구 리그	1993년 09월 24일	팩 인 비디오	125
GP-1	1993년 06월 25일	아틀라스	109
GP-1RS RAPID STREAM	1994년 11월 18일	아틀라스	225
GS미카미 제령사는 나이스 바디	1993년 09월 23일	바나렉스	125
GT 레이싱	1996년 03월 29일	이머지니어	354
HEIWA 파친코 월드	1995년 02월 24일	쇼에이 시스템	265
HEIWA 파친코 월드2	1995년 09월 29일	쇼에이 시스템	316
HEIWA 파친코 월드3	1996년 04월 26일	쇼에이 시스템	360
HEIWA Parlor! Mini8 파친코 실제 기기 시뮬레이션 게임	1998년 01월 30일	일본 텔레넷	392
HOOK	1992년 07월 17일	에픽 소니 레코드	52
J리그 슈퍼 사커	1994년 03월 18일	허드슨	171
J리그 사커 프라임 골	1993년 08월 06일	남코	118
J리그 사커 프라임 골2	1994년 08월 05일	남코	201
J리그 사커 프라임 골3	1995년 08월 04일	남코	302
J리그 슈퍼 사커'95 실황 스타디움	1995년 03월 17일	허드슨	268
J리그 익사이트 스테이지'94	1994년 05월 01일	에폭사	183
J리그 익사이트 스테이지'95	1995년 04월 28일	에폭사	281
J리그 익사이트 스테이지'96	1996년 04월 26일	에폭사	358
J리그'96 드림 스타디움	1996년 06월 01일	허드슨	362
JB 더 슈퍼 배스	1995년 12월 15일	NGP	331
JOE & MAC 싸워라 원시인	1991년 12월 06일	데이터 이스트	28
JWP 여자 프로레슬링 -퓨어 레슬 퀸즈-	1994년 12월 23일	자레코	246
KING OF THE MONSTERS	1992년 07월 31일	타카라	55
LOONY TUNES 로드 런너 VS 와일리 코요테	1992년 12월 22일	선 소프트	76
MADARA SAGA 유치원 전기 마다라	1996년 01월 26일	데이텀 폴리스타	345
MASTERS New 머나먼 오거스타3	1995년 12월 08일	T&E 소프트	331
METAL MAX2	1993년 03월 05일	데이터 이스트	95
MIGHTY MORPHIN POWER RANGERS	1995년 11월 24일	반다이	327
MOTHER2 기그의 역습	1994년 08월 27일	닌텐도	155
Mr. Do!	1995년 06월 23일	이머지니어	290
MVP 베이스볼	1993년 08월 27일	어클레임 재팬	120
NAGE LIBRE 정적의 수심	1995년 02월 24일	바리에	264
NBA 라이브95	1994년 12월 16일	일렉트로닉 아츠 빅터	235
NBA 실황 바스켓 위닝 덩크	1995년 09월 29일	코나미	314
NBA 올스타 챌린지	1993년 05월 21일	어클레임 재팬	105
NBA 프로 바스켓볼 불즈 VS 레이커스	1993년 02월 26일	일렉트로닉 아츠 빅터	91
NBA 프로 바스켓볼'94 불즈 VS 선즈	1993년 12월 03일	일렉트로닉 아츠 빅터	139
NBA JAM	1994년 04월 29일	어클레임 재팬	182
NBA JAM 토너먼트 에디션	1995년 02월 24일	어클레임 재팬	262
NEW 얏타맨 난제 관대 야지로베	1996년 03월 22일	유타카	353
NFL 쿼터백 클럽'95	1995년 02월 24일	어클레임 재팬	262
NFL 쿼터백 클럽'96	1996년 03월 01일	어클레임 재팬	348
NFL 풋볼	1993년 09월 17일	코나미	123
NFL 프로풋볼'94	1993년 12월 24일	일렉트로닉 아츠 빅터	147
NHL 프로하키'94	1994년 04월 08일	일렉트로닉 아츠 빅터	178
P맨	1995년 06월 23일	켐코	290
Palor! 팔러!IV CR 파친코 6사 · CR 실제 기기 시뮬레이션 게임	1995년 12월 29일	일본 텔레넷	340
Parlor! 팔러! 파친코 3사 실제 기기 시뮬레이션 게임	1995년 03월 30일	일본 텔레넷	274
Parlor! 팔러!2 파친코 5사 실제 기기 시뮬레이션 게임	1995년 08월 25일	일본 텔레넷	307

Parlor! 팔러!3 파친코 5사 실제 기기 시뮬레이션 게임	1996년 01월 19일	일본 텔레넷	343
Parlor! 팔러!5 파친코 3사 실제 기기 시뮬레이션 게임	1996년 03월 29일	일본 텔레넷	356
Parlor! Mini 파친코 실제 기기 시뮬레이션 게임	1996년 04월 26일	일본 텔레넷	360
Parlor! Mini2 파친코 실제 기기 시뮬레이션 게임	1996년 06월 28일	일본 텔레넷	365
Parlor! Mini3 파친코 실제 기기 시뮬레이션 게임	1996년 09월 27일	일본 텔레넷	374
Parlor! Mini4 파친코 실제 기기 시뮬레이션 게임	1996년 11월 29일	일본 텔레넷	377
Parlor! Mini5 파친코 실제 기기 시뮬레이션 게임	1997년 03월 28일	일본 텔레넷	386
Parlor! Mini6 파친코 실제 기기 시뮬레이션 게임	1997년 05월 30일	일본 텔레넷	387
Parlor! Mini7 파친코 실제 기기 시뮬레이션 게임	1997년 08월 29일	일본 텔레넷	387
PGA 투어 골프	1992년 07월 03일	이머지니어	50
Pop'n 트윈비	1993년 03월 26일	코나미	101
POWER 로드 런너	1999년 01월 01일	닌텐도	398
POWER 소코반	1999년 01월 01일	닌텐도	398
Q*bert3	1993년 01월 29일	밥	88
R.P.M. 레이싱	1992년 03월 19일	빅터 엔터테인먼트	39
R · TYPE III	1993년 12월 10일	아이렘	140
RPG 쯔쿠르 SUPER DANTE	1995년 03월 31일	아스키	274
RPG 쯔쿠르2	1996년 01월 31일	아스키	345
S.T.G	1992년 03월 20일	아테나	40
SANKYO Fever! 피버! 파친코 실제 기기 시뮬레이션 게임	1994년 10월 28일	일본 텔레넷	220
SD 더 그레이트 배틀 새로운 도전	1990년 12월 29일	반프레스토	17
SD F-1 그랑프리	1995년 10월 27일	비디오 시스템	319
SD건담 외전 나이트 건담 이야기 위대한 유산	1991년 12월 21일	엔젤	31
SD건담 외전2 원탁의 기사	1992년 12월 18일	유타카	72
SD건담 파워 포메이션 퍼즐	1996년 01월 26일	반다이	344
SD건담 GNEXT	1995년 12월 22일	반다이	334
SD건담 GNEXT 전용 롬팩 유닛 & 맵 컬렉션	1996년 03월 29일	반다이	354
SD건담 GX	1994년 05월 27일	반다이	184
SD기동전사 건담 V작전 시동	1992년 09월 12일	엔젤	59
SD기동전사 건담2	1993년 09월 23일	엔젤	125
SD비룡의 권	1994년 06월 17일	컬처 브레인	187
Soul & Sword	1993년 11월 30일	반프레스토	138
SUPER 레슬 엔젤스	1994년 12월 16일	이머지니어	237
SUPER 바리스 붉은 달의 소녀	1992년 03월 27일	일본 텔레넷	41
Super 배리어블 지오	1995년 07월 21일	TGL	298
SUPER 불타라!! 프로야구	1994년 12월 23일	자레코	246
SUPER 억만장자 게임	1995년 11월 24일	타카라	326
SUPER 오목 · 장기 =정석 연구편=	1994년 11월 18일	일본 물산	225
SUPER 인생게임	1994년 03월 18일	타카라	171
SUPER 인생게임2	1995년 09월 08일	타카라	308
SUPER 인생게임3	1996년 11월 29일	타카라	376
SUPER E.D.F.	1991년 10월 25일	자레코	27
SUPER R · TYPE	1991년 07월 13일	아이렘	25
SUPER!! 파친코	1994년 07월 29일	아이맥스	198
T.M.N.T. 터틀스 인 타임	1992년 07월 24일	코나미	54
T.M.N.T. 뮤턴트 워리어즈	1993년 12월 03일	코나미	139
T2 더 아케이드 게임	1994년 02월 25일	어클레임 재팬	165
The 마작 투패전	1993년 04월 16일	비디오 시스템	102
TOKORO'S 마작	1994년 09월 23일	빅 토카이	213
TURF HERO	1995년 03월 21일	테크모	271
Turf Memories	1995년 02월 24일	벡	263
U.F.O. 가면 야키소반 케틀러의 검은 음모	1994년 10월 14일	DEN'Z	217
USA 아이스하키	1993년 03월 19일	자레코	98
VS. 컬렉션	1996년 11월 29일	보톰 업	376
WWF 로얄럼블	1993년 07월 23일	어클레임 재팬	115
WWF 슈퍼 레슬매니아	1992년 04월 24일	어클레임 재팬	45
X-MEN	1995년 01월 03일	캡콤	254
YOGI BEAR	1994년 01월 03일	마지팩트	157
Zoo욱 마작!	1998년 07월 01일	닌텐도	395
가			
가듀린	1991년 05월 28일	세타	23
가루라왕	1994년 02월 18일	에픽 소니 레코드	163
가메라 갸오스 격멸 작전	1995년 06월 30일	사미	291
가면라이더 쇼커 군단	1993년 11월 12일	반다이	132
가면라이더 SD 출격!! 라이더 머신	1993년 07월 09일	유타카	111
가부키 록스	1994년 03월 04일	아틀라스	166
가부키쵸 리치 마작 동풍전	1994년 07월 15일	포니 캐니언	194
가이아 세이버 히어로 최대의 작전	1994년 01월 28일	반프레스토	159
가이아 환상기	1993년 11월 27일	에닉스	138
가져가 Oh! 도둑	1995년 12월 15일	데이터 이스트	334
간간간짱	1995년 10월 27일	마지팩트	320
감벽의 함대	1995년 11월 02일	엔젤	323
갑룡전설 빌가스트 사라진 소녀	1992년 05월 23일	반다이	47
강의 낚시꾼2	1995년 04월 28일	팩 인 비디오	281
강철의 기사	1993년 02월 19일	아스믹	91
강철의 기사2 사막의 롬멜 군단	1994년 01월 28일	아스믹	159
강철의 기사3 -격돌 유럽전선-	1995년 01월 27일	아스믹	257
갤럭시 로보	1994년 03월 11일	이머지니어	168
갤럭시 워즈	1995년 01월 13일	이머지니어	255
갬블 방랑기	1996년 03월 22일	밥	352
갬블러 자기중심파 마작 황위전	1992년 09월 25일	펄 소프트	60
갬블러 자기중심파2 도라퐁 퀘스트	1994년 03월 18일	팩 인 비디오	170
건 포스	1992년 11월 27일	아이템	68
건플 GUNMAN'S PROOF	1997년 01월 31일	아스키	382
검용전설 YAIBA	1994년 03월 25일	반프레스토	173
게게게의 키타로 부활! 천마대왕	1993년 02월 05일	반다이	90
게임의 달인	1995년 08월 11일	선 소프트	304
게임의 철인 THE 상하이	1995년 10월 13일	선 소프트	318
격돌탄환 자동차 결전 배틀 모빌	1993년 06월 25일	시스템 사콤	108
격투 버닝 프로레슬링	1995년 10월 06일	BPS	317
결전! 도카폰 왕국IV ~전설의 용사들~	1993년 12월 10일	아스믹	140
고개 전설 최속 배틀	1996년 03월 15일	BPS	351
고속 사고 장기 황제	1995년 03월 24일	이머지니어	272
고스트 체이서 전정	1994년 09월 23일	반프레스토	212

고시엔2	1992년 06월 26일	케이 어뮤즈먼트리스	48
고시엔3	1994년 07월 29일	마호	198
고시엔4	1995년 07월 14일	마호	295
고질라 괴수 대결전	1994년 12월 09일	토호	233
곤	1994년 11월 11일	반다이	223
공략 카지노 바	1995년 07월 14일	일본 물산	296
공상과학세계 걸리버 보이	1996년 06월 28일	반다이	363
과장 시마 코사쿠	1993년 09월 17일	유타카	124
구약 여신전생	1995년 03월 31일	아틀라스	275
구울 패트롤	1995년 05월 26일	빅터 엔터테인먼트	285
구피와 맥스 해적섬 대모험	1994년 07월 22일	캡콤	196
권투왕 월드 챔피언	1992년 04월 28일	소프엘	46
귀신강림전 ONI	1994년 08월 05일	반프레스토	201
귀신동자 ZENKI 열투뇌전	1995년 08월 04일	허드슨	302
귀신동자 ZENKI 전영뇌무	1995년 11월 24일	허드슨	326
귀신동자 ZENKI 천지명동	1996년 02월 23일	허드슨	347
그라디우스 III	1990년 12월 21일	코나미	15
그랜 히스토리아 ~환사세계기~	1995년 06월 30일	반프레스토	291
그렇구나! 더 월드	1994년 11월 25일	토미	230
그림 그리기 로직	1999년 06월 01일	세카이분카샤	399
그림 그리기 로직2	1999년 11월 01일	세카이분카샤	401
그믐 -달 채우기	1996년 03월 01일	반프레스토	349
극상 파로디우스	1994년 11월 25일	코나미	228
근대 마작 스페셜	1995년 03월 31일	이머지니어	275
근육맨 DIRTY CHALLENGER	1992년 08월 21일	유타카	58
금붕어주의보! 뛰어나가라! 게임 학원	1994년 03월 18일	자레코	170
기갑경찰 메탈 잭	1992년 07월 31일	아틀라스	54
기기괴계 월야초자	1994년 06월 17일	나츠메	188
기기괴계 수수께끼의 검은 망토	1992년 12월 22일	나츠메	76
기동경찰 패트레이버	1994년 04월 22일	벡	180
기동무투전 G건담	1994년 12월 27일	반다이	247
기동장갑 다이온	1992년 12월 14일	빅 토카이	72
기동전사 건담 CROSS DIMENSION 0079	1995년 02월 10일	반다이	258
기동전사 건담 F91 포뮬러 전기 0122	1991년 07월 06일	반다이	24
기동전사 V건담	1994년 03월 11일	반다이	168
기동전사 Z건담 AWAY TO THE NEWTYPE	1996년 03월 01일	반다이	348
기온의 꽃	1994년 12월 16일	일본 물산	236
긴타마 두목의 실전 파친코 필승법	1995년 02월 17일	사미	260
꽃의 케이지 -구름의 저편에-	1994년 11월 18일	요지겐	227
나			
나 홀로 집에	1992년 08월 11일	알트론	57
나그자트 슈퍼 핀볼 사귀 크래시	1992년 12월 18일	나그자트	75
나이스 DE 샷	1994년 04월 29일	애스크 고단샤	183
나이젤 만셀 F1 챌린지	1993년 03월 19일	인포컴	97
나이젤 만셀의 인디 카	1994년 12월 16일	어클레임 재팬	238
나이츠 오브 더 라운드	1994년 06월 10일	캡콤	186
나츠키 크라이시스 배틀	1995년 04월 21일	엔젤	279
나카노 코이치 감수 경륜왕	1994년 11월 18일	코코너츠 재팬 엔터테인먼트	226
나카지마 사토루 감수 슈퍼 F-1 히어로	1992년 12월 18일	바리에	74
나카지마 사토루 감수 F-1 히어로'94	1994년 09월 22일	바리에	211
낚시 타로	1994년 07월 08일	팩 인 비디오	193
남국소년 파푸와군	1994년 03월 25일	에닉스	176
남콧 오픈	1993년 01월 29일	남코	89
내일의 죠	1992년 11월 27일	케이 어뮤즈먼트리스	67
너구리 라스칼	1994년 03월 25일	메사이어	173
넘버즈 파라다이스	1996년 08월 30일	어클레임 재팬	371
노마크 폭패당 사상 최강의 마작사들	1995년 09월 29일	엔젤	315
노부나가 공기(公記)	1993년 01월 29일	야노만	88
노부나가의 야망 천상기	1996년 01월 26일	코에이	344
노부나가의 야망 패왕전	1993년 12월 09일	코에이	140
노스페라투	1994년 10월 07일	세타	216
노이기어 ~바다와 바람의 고동~	1993년 03월 26일	울프팀	100
논땅과 함께 빙글빙글 퍼즐	1994년 11월 25일	빅터 엔터테인먼트	230
니시진 파친코 이야기	1995년 06월 23일	KSS	289
니시진 파친코 이야기2	1996년 06월 28일	KSS	364
니시진 파친코3	1996년 12월 20일	KSS	378
니치부츠 아케이드 클래식	1995년 05월 26일	일본 물산	286
니치부츠 아케이드 클래식2 헤이안쿄 에일리언	1995년 12월 15일	일본 물산	333
니치부츠 컬렉션1	1996년 11월 29일	일본 물산	376
니치부츠 컬렉션2	1996년 12월 27일	일본 물산	380
니트로 펑크스 마이트 헤즈	1993년 07월 30일	아이렘	117
닌자 용검전 토모에	1995년 08월 11일	테크모	305
닌타마 란타로	1995년 07월 28일	컬처 브레인	301
닌타마 란타로 스페셜	1996년 08월 09일	컬처 브레인	369
닌타마 란타로2	1996년 03월 29일	컬처 브레인	356
닌타마 란타로3	1997년 02월 28일	컬처 브레인	384
다			
다라이어스 트윈	1991년 03월 29일	타이토	22
다라이어스 포스	1993년 09월 24일	타이토	125
다루마 도장	1995년 02월 10일	DEN'Z	259
다운 더 월드	1994년 09월 30일	아스키	214
다운타운 열혈 베이스볼 이야기 야구로 승부다! 쿠니오군	1993년 12월 17일	테크노스 재팬	142
다이나믹 스타디움	1993년 11월 26일	사미	137
다이너 워즈 공룡 왕국으로 가는 대모험	1992년 07월 17일	아이렘	52
다이너마이트 라스베이거스	1994년 04월 28일	버진 게임	181
다케다 노부히로의 슈퍼리그 사커	1994년 11월 25일	자레코	229
다케다 노부히로의 슈퍼컵 사커	1993년 11월 26일	자레코	137
다크 로우 Meaning of Death	1997년 03월 28일	아스키	386
다크 킹덤	1994년 04월 29일	일본 텔레넷	183
다크 하프	1996년 05월 31일	에닉스	362
다테 키미코의 버추얼 테니스	1994년 05월 13일	비아이	184
닥터 마리오	1998년 06월 01일	닌텐도	394
단 퀘스트 마신 봉인의 전설	1995년 07월 21일	테크노스 재팬	298
달려라 헤베레케	1994년 12월 22일	선 소프트	243
대 스모 혼	1992년 12월 11일	타카라	70

대결!! 브라스 넘버즈	1992년 11월 20일	레이저 소프트	65
대국 바둑 고라이어스	1993년 05월 14일	BPS	104
대국 바둑 이다텐	1995년 12월 29일	BPS	340
대물 블랙배스 피싱 인공호수편	1995년 06월 30일	어클레임 재팬	291
대전략 익스퍼트	1992년 09월 25일	아스키	61
대전략 익스퍼트 WW II	1996년 08월 30일	아스키	371
대패수 이야기	1994년 12월 22일	허드슨	243
대패수 이야기 II	1996년 08월 02일	허드슨	368
대폭소 인생극장	1992년 12월 25일	타이토	78
대폭소 인생극장 두근두근 청춘편	1993년 07월 30일	타이토	117
대폭소 인생극장 엉뚱한 샐러리맨편	1995년 12월 29일	타이토	340
대폭소 인생극장 오에도 일기	1994년 11월 25일	타이토	229
대항해시대 II	1994년 02월 25일	코에이	165
더 그레이트 배틀 외전2 축제다 영차	1994년 01월 28일	반프레스토	159
더 그레이트 배틀 II 라스트 파이터 트윈	1992년 03월 27일	반프레스토	41
더 그레이트 배틀 III	1993년 03월 26일	반프레스토	99
더 그레이트 배틀 IV	1994년 12월 17일	반프레스토	240
더 그레이트 배틀 V	1995년 12월 22일	반프레스토	335
더 닌자 워리어즈 어게인	1994년 01월 28일	타이토	159
더 라스트 배틀	1994년 12월 02일	테이치쿠	231
더 모노폴리 게임2	1995년 03월 31일	토미	275
더 블루 크리스탈 로드	1994년 03월 25일	남코	173
더 심리 게임 악마의 코코로지	1993년 03월 26일	위젯	99
더 심리 게임3	1995년 08월 25일	비지트	306
더 심리게임2 ~매지컬 트립~	1995년 02월 10일	비지트	259
더 킹 오브 드래곤즈	1994년 03월 04일	캡콤	167
더 킹 오브 랠리	1992년 12월 28일	멜닥	79
더 파이어맨	1994년 09월 09일	휴먼	208
더 프린트스톤즈 트레져 오브 쉐라 매드록	1994년 08월 12일	타이토	203
더비 스타리온 II	1994년 02월 18일	아스키	163
더비 스탈리온96	1996년 03월 15일	아스키	351
더비 스탈리온98	1998년 09월 01일	닌텐도	395
더비 스탈리온 III	1995년 01월 20일	아스키	250
더비 자키 [기수왕으로 가는 길]	1994년 03월 18일	아스믹	172
더비 자키2	1995년 09월 29일	아스믹	315
던전 마스터	1991년 12월 20일	빅터 엔터테인먼트	30
데드 댄스	1993년 03월 26일	자레코	100
데몬즈 블레이존 마계촌 문장편	1994년 10월 21일	캡콤	219
데빌즈 코스	1993년 03월 05일	T&E 소프트	95
데스 블레이드	1993년 07월 16일	아이맥스	113
데어 랑그릿사	1995년 06월 30일	메사이어	292
데자에몽	1994년 09월 20일	아테나	210
데저트 스트라이크 걸프 작전	1993년 03월 26일	일렉트로닉 아츠 빅터	100
데저트 파이터 사막의 폭풍 작전	1994년 02월 18일	세타	163
도널드 덕의 마법의 모자	1995년 08월 11일	에폭사	305
도널드 덕의 마우이마라드	1996년 12월 20일	캡콤	378
도라에몽 노비타와 요정의 나라	1993년 02월 19일	에폭사	91
도라에몽2 노비타의 토이즈랜드 대모험	1993년 12월 17일	에폭사	142
도라에몽3 노비타와 시간의 보옥	1994년 12월 16일	에폭사	238
도라에몽4 노비타와 달의 왕국	1995년 12월 15일	에폭사	333
도레미 판타지 미론의 두근두근 대모험	1996년 03월 22일	허드슨	353
도카폰 외전 불꽃 오디션	1995년 12월 01일	아스믹	328
도카폰3 · 2·1 ~폭풍을 부르는 우정~	1994년 12월 02일	아스믹	232
독립 전쟁 Liberty or Death	1994년 03월 18일	코에이	172
돌진 에비스마루 기계장치 미로 사라진 고에몽의 수수께끼!!	1996년 03월 29일	코나미	355
동급생2	1997년 12월 01일	반프레스토	388
두근두근 메모리얼 전설의 나무 아래에서	1996년 02월 09일	코나미	346
두근두근 스키 원더 슈푸르	1995년 01월 13일	휴먼	256
듀얼 오브 성령주 전설	1993년 04월 16일	아이맥스	103
듀얼 오브 II	1994년 12월 29일	아이맥스	247
드라켄	1991년 05월 24일	켐코	23
드라키의 동네야구	1993년 12월 17일	이머지니어 줌	143
드라키의 퍼즐 투어'94	1994년 10월 28일	이머지니어 줌	222
드라키의 A리그 사커	1994년 07월 08일	이머지니어 줌	193
드래곤 나이트 IV	1996년 12월 27일	반프레스토	379
드래곤 슬레이어 영웅전설	1992년 02월 14일	에폭사	38
드래곤 슬레이어 영웅전설 II	1993년 06월 04일	에폭사	106
드래곤 퀘스트 I · II	1993년 12월 18일	에닉스	85
드래곤 퀘스트 III 그리고 전설로…	1996년 12월 06일	에닉스	342
드래곤 퀘스트 V 천공의 신부	1992년 09월 27일	에닉스	36
드래곤 퀘스트 VI 환상의 대지	1995년 12월 09일	에닉스	253
드래곤볼Z 초무투전	1993년 03월 20일	반다이	83
드래곤볼Z 초무투전2	1993년 12월 17일	반다이	143
드래곤볼Z 초무투전3	1994년 09월 29일	반다이	213
드래곤볼Z 초사이어 전설	1992년 01월 25일	반다이	37
드래곤볼Z 초오공전 각성편	1995년 09월 22일	반다이	312
드래곤볼Z 초오공전 돌격편	1995년 03월 24일	반다이	272
드래곤볼Z HYPER DIMENSION	1996년 03월 29일	반다이	356
드래곤즈 매직	1993년 06월 25일	코나미	110
드래곤즈 어스	1993년 01월 22일	휴먼	87
드리프트 킹 츠치야 케이이치 & 반도 마사아키 수도고 배틀'94	1994년 05월 27일	BPS	185
드리프트 킹 츠치야 케이이치 & 반도 마사아키 수도고 배틀2	1995년 02월 24일	BPS	264
드림 메이즈 인형옷 대모험	1994년 04월 15일	헥터	179
드림 바스켓볼 덩크 & 후프	1994년 11월 18일	휴먼	226
디 아틀라스	1995년 03월 24일	팩 인 비디오	272
디멘션 포스	1991년 12월 20일	아스믹	30
디스트럭티브	1993년 08월 27일	반다이	121
디아나 레이 점술의 미궁	1995년 04월 14일	코코너츠 재팬 엔터테인먼트	278
따끈따끈 하이스쿨	1995년 07월 07일	BPS	295
떴다! 럭키맨 럭키 쿠키 룰렛으로 돌격~	1995년 06월 30일	반다이	293
라			
라군	1991년 12월 13일	켐코	29
라모스 루이의 월드 와이드 사커	1994년 02월 25일	팩 인 비디오	166
라스베이거스 드림	1993년 09월 10일	이머지니어	123
라스트 바이블 III	1995년 03월 04일	아틀라스	267
라이덴 전설	1991년 11월 29일	토에이 동화	28

라이브 어 라이브	1994년 09월 02일	스퀘어	207
라이온 킹	1994년 12월 09일	버진 게임	234
라이즈 오브 더 로봇	1994년 12월 22일	T&E 소프트	245
라이트 판타지	1992년 07월 03일	톤킹 하우스	50
라이트 판타지 II	1995년 10월 27일	톤킹 하우스	323
라플라스의 마(魔)	1995년 07월 14일	빅 토카이	297
란마1/2 오의사암권	1995년 07월 21일	토호/쇼가쿠칸 프로덕션	299
란마1/2 정내격투편	1992년 03월 27일	메사이어	43
란마1/2 주묘단적 비보	1993년 10월 22일	토호/쇼가쿠칸 프로덕션	128
란마1/2 초기난무편	1994년 04월 28일	토호/쇼가쿠칸 프로덕션	182
란마1/2 폭렬난투편	1992년 12월 25일	메사이어	78
래리 닉슨 슈퍼 배스 피싱	1994년 09월 22일	킹 레코드	211
러브 퀘스트	1995년 03월 17일	토쿠마 서점 인터미디어	271
러싱 비트	1992년 03월 27일	자레코	43
러싱비트 란 복제도시	1992년 12월 22일	자레코	76
러싱비트 수라	1993년 12월 17일	자레코	144
레나스 고대 기계의 기억	1992년 11월 13일	아스믹	65
레나스 II -봉인의 사도-	1996년 07월 26일	아스믹	368
레드 옥토버	1993년 10월 01일	알트론	127
레밍스	1991년 12월 18일	선 소프트	30
레밍스2	1994년 08월 12일	선 소프트	204
레볼루션X	1996년 03월 01일	어클레임 재팬	350
레슬매니아 디 아케이드 게임	1996년 03월 01일	어클레임 재팬	349
레이디 스토커 ~과거에서의 도전~	1995년 04월 01일	타이토	277
레킹 크루'98	1998년 01월 01일	닌텐도	392
렌더링 레인저 R2	1995년 11월 17일	버진 인터렉티브 엔터테인먼트	325
로고스 패닉 인사	1995년 11월 17일	유타카	324
로도스도 전기	1995년 12월 22일	카도카와 서점	338
로드 모나크	1992년 10월 09일	에폭사	62
로드 런너 트윈 저스티와 리버티의 대모험	1994년 07월 29일	T&E 소프트	200
로맨싱 사가	1992년 01월 28일	스퀘어	34
로맨싱 사가2	1993년 12월 10일	스퀘어	85
로맨싱 사가3	1995년 11월 11일	스퀘어	252
로열 컨퀘스트	1992년 11월 27일	자레코	69
로켓티어	1992년 02월 28일	아이지에스	38
로큰롤 레이싱	1994년 01월 03일	남코	157
록맨 & 포르테	1998년 04월 24일	캡콤	394
록맨7 숙명의 대결!	1995년 03월 24일	캡콤	273
록맨즈 사커	1994년 03월 25일	캡콤	176
록맨X	1993년 12월 17일	캡콤	144
록맨X2	1994년 12월 16일	캡콤	240
록맨X3	1995년 12월 01일	캡콤	329
루니 툰즈 벅스 바니 엉망진창 대모험	1994년 06월 24일	선 소프트	191
루드라의 비보	1996년 04월 05일	스퀘어	357
루인 암	1995년 06월 23일	반다이	290
루팡 3세 전설의 비보를 쫓아라!	1994년 12월 27일	에폭사	247
리딕 보우 복싱	1993년 11월 23일	마이크로넷	134
리딩 자키	1994년 09월 16일	카로체리아 재팬	209
리딩 자키2	1995년 11월 24일	카로체리아 재팬	327
리딩 컴퍼니	1993년 02월 26일	코에이	93
리블라블	1994년 09월 22일	남코	212
리설 엔포서즈	1994년 03월 11일	코나미	169
리조이스 아레사 왕국의 저편	1995년 04월 21일	야노만	280
리턴 오브 더블 드래곤	1992년 10월 16일	테크노스 재팬	62
리틀 마스터 ~무지개빛 마석~	1995년 06월 30일	토쿠마 서점 인터미디어	293
리틀 매직	1993년 12월 24일	알트론	149
린하이펑 9단의 바둑 대도	1996년 03월 22일	애스크 고단샤	354
링에 걸어라	1998년 06월 01일	메사이어	395
마			
마그나 브라반 ~편력의 용사	1994년 11월 18일	애스크 고단샤	227
마도물어 하나마루 대 유치원생	1996년 01월 12일	토쿠마 서점 인터미디어	343
마리오 페인트	1992년 07월 14일	닌텐도	35
마리오와 와리오	1993년 08월 27일	닌텐도	122
마리오의 슈퍼 피크로스	1995년 09월 14일	닌텐도	309
마멀레이드 보이	1995년 04월 21일	반다이	280
마법 포이포이 포잇!	1994년 08월 05일	타카라	202
마법기사 레이어스	1995년 09월 29일	토미	317
마법진 구루구루	1995년 04월 21일	에닉스	279
마법진 구루구루2	1996년 04월 12일	에닉스	358
마벨러스 ~또 하나의 보물섬~	1996년 10월 26일	닌텐도	375
마블 슈퍼 히어로즈 워 오브 더 젬	1996년 10월 18일	캡콤	375
마수왕	1995년 08월 25일	KSS	307
마스크	1996년 12월 27일	버진 인터렉티브 엔터테인먼트	380
마신전생	1994년 01월 28일	아틀라스	160
마신전생 II	1995년 02월 19일	아틀라스	261
마이클 안드레티 인디 카 챌린지	1995년 01월 20일	BPS	256
마이트 & 매직 BOOK II	1993년 01월 22일	로직	87
마작 대회 II	1994년 09월 30일	코에이	215
마작 번성기	1995년 07월 28일	일본 물산	302
마작비상전 울부짖는 류	1992년 12월 25일	아이지에스	78
마작 오공 천축	1994년 08월 19일	샤노알	205
마작 전국 이야기	1994년 09월 23일	요지겐	213
마작 클럽	1994년 12월 22일	헥터	245
마작비상전 진 울부짖는 류	1995년 10월 27일	벡	322
마징가Z	1993년 06월 25일	반다이	110
마천전설 전율의 오파츠	1995년 10월 27일	타카라	323
마츠무라 쿠니히로전 최강의 역사를 바꿔라!	1994년 08월 26일	쇼에이 시스템	206
마츠카타 히로키의 슈퍼 트롤링	1995년 08월 25일	톤킹 하우스	307
마카마카	1992년 04월 24일	시그마	45
막말 강림전 ONI	1996년 02월 02일	반프레스토	346
만나라 영주님 제일 멋져요	1995년 03월 31일	선 소프트	276
망량전기 MADARA2	1993년 07월 16일	코나미	113
매지컬 드롭	1995년 10월 20일	데이터 이스트	319
매지컬 드롭2	1996년 09월 20일	데이터 이스트	372
매지컬 팝픈	1995년 03월 10일	팩 인 비디오	268
매지컬☆타루루토군 MAGIC ADVENTURE	1992년 03월 28일	반다이	43
매직 소드	1992년 05월 29일	캡콤	47

매직 존슨의 슈퍼 슬램덩크	1993년 07월 16일	버진 게임	113
머나먼 오거스타	1991년 04월 05일	T&E 소프트	22
머나먼 오거스타2 마스터즈	1993년 09월 22일	T&E 소프트	124
머슬 봄버	1994년 03월 30일	캡콤	177
멀티 플레이 발리볼	1994년 10월 28일	팩 인 비디오	223
메가로매니아 ~시공 대전략~	1993년 07월 23일	이머지니어	115
메이저 타이틀	1992년 12월 04일	아이렘	70
메탈 맥스 리턴즈	1995년 09월 29일	데이터 이스트	317
메탈 슬레이더 글로리 디렉터즈 컷	2000년 12월 01일	닌텐도	404
멜판드 스토리즈	1994년 03월 25일	아스키	176
모노폴리	1993년 03월 05일	토미	95
모모타로 전철 HAPPY	1996년 12월 06일	허드슨	377
모탈 컴뱃 신권강림전설	1993년 12월 24일	어클레임 재팬	149
모탈 컴뱃 II 궁극신권	1994년 11월 11일	어클레임 재팬	224
목장 이야기	1996년 08월 06일	팩 인 비디오	369
몬스터 메이커 키즈 왕이 되고 싶어	1994년 11월 18일	소프엘	228
몬스터 메이커3 빛의 마술사	1993년 12월 24일	소프엘	149
몬스터니아	1996년 09월 27일	팩 인 비디오	374
몽환처럼	1993년 12월 17일	인텍	144
무인도 이야기	1996년 01월 26일	KSS	345
미녀와 야수	1994년 07월 08일	허드슨	194
미니 사구 렛츠 & 고!! POWER WGP2	1998년 10월 01일	닌텐도	396
미니 사구 샤이닝 스콜피온 렛츠&고!!	1996년 12월 20일	아스키	379
미라클 카지노 파라다이스	1995년 01월 27일	카로체리아 재팬	258
미라클☆걸즈 토모미와 미카게의 신비한 세계의 대모험	1993년 10월 22일	타카라	128
미소녀 레슬러 열전 블리자드 Yuki 난입!!	1996년 03월 29일	KSS	357
미소녀 작사 스치파이	1993년 07월 30일	자레코	117
미소녀 전사 세일러 문	1993년 08월 27일	엔젤	121
미소녀 전사 세일러 문 ANOTHER STORY	1995년 09월 22일	엔젤	312
미소녀 전사 세일러 문 S 빙글빙글	1995년 02월 24일	반다이	264
미소녀 전사 세일러 문 S 장외난투!? 주역 쟁탈전	1994년 12월 16일	엔젤	238
미소녀 전사 세일러 문 Super S 전원 참가!! 주인공 쟁탈전	1996년 03월 29일	엔젤	356
미소녀 전사 세일러 문 Super S 폭신폭신 패닉	1995년 12월 08일	반다이	330
미소녀 전사 세일러 문R	1993년 12월 29일	반다이	150
미소녀 전사 세일러 문S 이번에는 퍼즐로 벌을 줄 거야!!	1994년 07월 15일	반다이	196
미스터 넛츠	1994년 10월 07일	소프엘	216
미스터리 서클	1992년 12월 04일	케이 어뮤즈먼트리스	70
미스틱 아크	1995년 07월 14일	에닉스	296
미식전대 바라야로	1995년 09월 29일	버진 인터렉티브 엔터테인먼트	314
미신전설 Zoku	1993년 12월 25일	마지팩트	149
미야지 사장의 파친코팬 승리선언2	1995년 04월 21일	POW	280
미즈키 시게루의 요괴 백귀야행	1995년 12월 20일	KSS	334
미키 마니아	1995년 03월 31일	캡콤	277
미키와 도널드 매지컬 어드벤처3	1995년 12월 08일	캡콤	331
미키와 미니 매지컬 어드벤처2	1994년 11월 11일	캡콤	224
미키의 도쿄 디즈니랜드 대모험	1994년 12월 16일	토미	239
미키의 매지컬 어드벤처	1992년 11월 20일	캡콤	66
밀란드라	1997년 01월 31일	아스키	383
밀리티어	1994년 11월 18일	남코	227
바			
바다낚시 명인 농어편	1994년 12월 16일	일렉트로닉 아츠 빅터	235
바다의 낚시꾼	1996년 07월 19일	팩 인 비디오	365
바둑 클럽	1996년 01월 26일	헥터	344
바르바로사	1992년 11월 27일	사미	68
바운티 소드	1995년 09월 08일	파이오니어 LDC	308
바이오 메탈	1993년 03월 19일	아테나	97
바이크 정말 좋아! 드라이버 혼	1994년 09월 30일	메사이어	215
바이킹의 대미혹	1993년 10월 08일	T&E 소프트	127
바즈! 마법 세계	1993년 07월 23일	핫 · 비	115
바코드 배틀러 전기 슈퍼 전사 출동하라!	1993년 05월 14일	에폭사	105
바트의 신비한 꿈의 대모험	1993년 02월 26일	어클레임 재팬	93
바하무트 라군	1996년 02월 09일	스퀘어	346
반성 원숭이 지로군의 대모험	1991년 12월 27일	나츠메	31
반숙영웅 아아, 세계여 반숙이 되어라…!!	1992년 12월 19일	스퀘어	75
발리볼 Twin	1992년 11월 27일	톤킹 하우스	68
방과 후 in Beppin 여학원	1995년 02월 03일	이머지니어	258
배 타로	1997년 08월 01일	빅터 인터렉티브/팩 인 소프트	387
배고픈 바카	1994년 10월 19일	마호	218
배스 마스터즈 클래식	1995년 07월 28일	알트론	301
배트맨 리턴즈	1993년 02월 26일	코나미	93
배트맨 포에버	1995년 10월 27일	어클레임 재팬	321
배틀 그랑프리	1992년 03월 27일	나그자트	42
배틀 돗지볼	1991년 07월 20일	반프레스토	25
배틀 돗지볼 II	1993년 07월 23일	반프레스토	115
배틀 레이서즈	1995년 03월 17일	반프레스토	270
배틀 로봇 열전	1995년 09월 01일	반프레스토	308
배틀 마스터 궁극의 전사들	1993년 11월 19일	도시바 EMI	134
배틀 블레이즈	1992년 05월 01일	사미	47
배틀 사커 필드의 패자	1992년 12월 11일	반프레스토	71
배틀 사커2	1994년 11월 25일	반프레스토	230
배틀 서브마린	1995년 12월 22일	팩 인 비디오	338
배틀 자키	1994년 12월 22일	버진 게임	244
배틀 제쿠 전	1994년 07월 15일	아스믹	195
배틀 커맨더 팔무중, 수라의 병법	1991년 12월 29일	반프레스토	32
배틀 크로스	1994년 12월 09일	이머지니어	234
배틀 타이쿤	1995년 05월 19일	라이트 스탭	284
배틀 테크	1993년 02월 26일	빅터 엔터테인먼트	93
배틀 토드 인 배틀 매니악	1994년 01월 07일	메사이어	157
배틀 핀볼	1995년 02월 24일	반프레스토	264
배틀테크 3050	1996년 02월 23일	애스크 고단샤	347
백열 프로야구 간바리그	1991년 08월 09일	에픽 소니 레코드	26
백열 프로야구 간바리그'93	1992년 12월 11일	에픽 소니 레코드	71
백열 프로야구'94 감바리그3	1993년 12월 10일	에픽 소니 레코드	141

버추얼 바트	1994년 09월 30일	어클레임 재팬	215
버추얼 워즈	1994년 02월 11일	코코너츠 재팬 엔터테인먼트	162
버클리의 파워 덩크	1994년 09월 30일	DEN'Z	214
버터라 대 스모 입신출세편	1993년 03월 26일	테크모	99
번개 서브다!! 슈퍼 비치발리볼	1995년 08월 04일	버진 인터렉티브 엔터테인먼트	302
베른 월드	1995년 09월 29일	반프레스토	313
베스트 샷 프로 골프	1996년 06월 14일	아스키	363
벤케이 외전 모래의 장	1992년 12월 11일	선 소프트	71
별의 커비 슈퍼 디럭스	1996년 03월 21일	닌텐도	352
별의 커비3	1998년 03월 27일	닌텐도	393
본가 화투	1994년 09월 22일	이머지니어	211
본가 SANKYO FEVER 실제 기기 시뮬레이션	1995년 06월 10일	DEN'Z	288
본가 SANKYO FEVER 실제 기기 시뮬레이션2	1995년 12월 15일	BOSS 커뮤니케이션즈	334
본가 SANKYO FEVER 실제 기기 시뮬레이션3	1996년 08월 30일	BOSS 커뮤니케이션즈	371
본격 마작 테츠만	1993년 09월 24일	나그자트	126
본격 마작 테츠만 II	1994년 10월 21일	나그자트	220
본격 장기 풍운아 용왕	1994년 12월 22일	버진 게임	244
본격파 바둑 기성	1994년 10월 28일	타이토	223
본커스 헐리우드 대작전!	1995년 01월 03일	캡콤	255
볼텍스	1994년 12월 09일	팩 인 비디오	232
봄버맨 비다맨	1996년 12월 20일	허드슨	379
봄브잘	1990년 12월 01일	켐코	16
봉래(호우라이) 학원의 모험!	1996년 04월 19일	J · 윙	358
부라이 「팔옥의 용사 전설」	1993년 01월 14일	아이지에스	86
북두의 권5 천마유성전 애★절장	1992년 07월 10일	토에이 동화	51
북두의 권6 격투전승권 패왕으로 가는 길	1992년 11월 20일	토에이 동화	66
북두의 권7	1993년 12월 24일	토에이 동화	148
분노의 요새	1993년 04월 23일	자레코	103
불꽃의 투구아 돗지탄평	1992년 07월 31일	선 소프트	55
불의 황자 야마토 타케루	1995년 09월 29일	토호	316
브랜디시	1994년 06월 25일	코에이	191
브랜디시2	1995년 08월 11일	코에이	306
브랜디시2 익스퍼트	1996년 03월 15일	코에이	351
브레스 오브 파이어 용의 전사	1993년 04월 03일	캡콤	102
브레스 오브 파이어 II -사명의 아이-	1994년 12월 02일	캡콤	232
브레인 로드	1994년 01월 28일	에닉스	160
블랙 손 복수의 검은 가시	1995년 08월 11일	켐코	305
블레이존	1992년 07월 24일	아틀라스	54
블록 깨기	1995년 11월 17일	POW	325
블루스 브라더스	1993년 03월 26일	켐코	101
비룡의 권S 하이퍼 버전	1992년 11월 11일	컬처 브레인	64
비룡의 권S GOLDEN FIGHTER	1992년 07월 31일	컬처 브레인	55
비밀 마권 구입술 경마 에이트 스페셜	1993년 12월 10일	미사와 엔터테인먼트	141
비밀 마권 구입술 경마 에이트 스페셜2	1994년 09월 30일	이머지니어	216
비왕전 마물들과의 맹세	1994년 02월 11일	울프팀	162
빅 런	1991년 03월 20일	자레코	22
빅 일격! 파치스로 대공략	1994년 12월 16일	애스크 고단샤	239
빅 일격! 파치스로 대공략2 유니버설 컬렉션	1995년 07월 21일	애스크 고단샤	299
빅 허트	1995년 12월 01일	어클레임 재팬	329
빙빙! 빙고	1993년 12월 22일	KSS	146
빨간 망토 차차	1996년 08월 09일	토미	369
뽀빠이 심술궂은 마녀 시해그의 권	1994년 08월 12일	테크노스 재팬	204
사			
사기 영웅전	1995년 07월 07일	아우트리거 공방	294
사무라이 스피리츠	1994년 09월 22일	타카라	210
사상 최강 리그 세리에A 에이스 스트라이커	1995년 03월 31일	TNN	276
사상 최강의 퀴즈왕 결정전 Super	1992년 12월 28일	요네자와	79
사운드노벨 쯔쿠르	1996년 05월 31일	아스키	361
사이드 포켓	1994년 03월 18일	데이터 이스트	171
사이바라 리에코의 마작 방랑기	1995년 02월 10일	타이토	259
사이바리온	1992년 07월 24일	도시바 EMI	53
사이버 나이트	1992년 10월 30일	톤킹 하우스	63
사이버 나이트2 지구 제국의 야망	1994년 08월 26일	톤킹 하우스	206
사이보그 009	1994년 02월 25일	벡	164
사이코 드림	1992년 12월 11일	일본 텔레넷	70
사주추명학 입문 진 도원향	1995년 09월 22일	반프레스토	311
사커 키드	1993년 12월 28일	야노만	150
사쿠라이 쇼이치의 작귀류 마작 필승법	1995년 09월 14일	사미	309
사크	1993년 02월 26일	선 소프트	92
산드라의 대모험 왈큐레와의 만남	1992년 07월 23일	남코	52
산리오 월드 산리오 상하이	1994년 08월 31일	캐릭터 소프트	207
산리오 월드 스매시 볼!	1993년 07월 16일	캐릭터 소프트	112
산리오 월드 케로케로케로피의 모험 일기 잠들지 못하는 숲의 케롤린	1994년 03월 25일	캐릭터 소프트	173
산사라 나가2	1994년 07월 05일	빅터 엔터테인먼트	192
살괭이 바부지의 대모험	1994년 06월 17일	팩 인 비디오	189
삼국지 영걸전	1995년 12월 28일	코에이	339
삼국지 정사 천무 스피리츠	1993년 06월 25일	울프팀	108
삼국지III	1992년 11월 08일	코에이	64
삼국지IV	1994년 12월 09일	코에이	233
상승마작 천패	1995년 09월 29일	에닉스	314
상어 거북(鮫亀)	1996년 03월 01일	허드슨	349
상인이여, 큰 뜻을 품어라!!	1995년 12월 15일	반다이	332
상하이 만리장성	1995년 11월 17일	선 소프트	324
상하이III	1994년 09월 15일	선 소프트	208
섀도우 런	1994년 03월 25일	데이터 이스트	174
서러브레드 브리더	1993년 08월 27일	헥터	121
서러브레드 브리더 II	1994년 06월 08일	헥터	186
서러브레드 브리더 III	1996년 10월 18일	헥터	375
서전트 선더즈 컴뱃	1995년 09월 29일	아스키	314
서킷 USA	1995년 06월 30일	버진 인터렉티브 엔터테인먼트	291
석류의 맛	1995년 12월 22일	이머지니어	336
선스포 피싱 계류왕	1994년 12월 22일	이머지니어	242
성검전설2	1993년 08월 06일	스퀘어	84
성검전설3	1995년 09월 30일	스퀘어	251

성수마전 비스트 & 블레이드	1995년 12월 15일	BPS	332
세리자와 노부오의 버디 트라이	1992년 12월 04일	토호	69
세인트 앤드류스 ~영광과 역사의 올드 코스~	1995년 09월 15일	에폭사	310
셉텐트리온	1993년 05월 28일	휴먼	105
소년 닌자 사스케	1994년 10월 28일	선 소프트	221
소년 아시베 고마짱의 유원지 대모험	1992년 12월 22일	타카라	76
소닉 블래스트 맨	1992년 09월 25일	타이토	61
소닉 블래스트 맨 II	1994년 03월 18일	타이토	172
소닉 윙스	1993년 07월 30일	비디오 시스템	116
소드 마니악	1994년 02월 11일	도시바 EMI	162
소드 월드 SFC	1993년 08월 06일	T&E 소프트	119
소드 월드 SFC2 고대 거인의 전설	1994년 07월 15일	T&E 소프트	195
소울 블레이더	1992년 01월 31일	에닉스	37
속기 2단 모리타 장기	1993년 06월 18일	세타	107
속기 2단 모리타 장기2	1995년 05월 26일	세타	287
손쉬운 고양이	1994년 03월 18일	반프레스토	170
솔리드 런너	1997년 03월 28일	아스키	385
솔스티스 II	1993년 11월 12일	에픽 소니 레코드	132
송 마스터	1992년 11월 27일	야노만	68
수제 전기	1993년 08월 27일	에닉스	121
슈~퍼~ 닌자군	1994년 08월 05일	자레코	202
슈~퍼~ 비밀 뿌요 루루의 루	1995년 05월 26일	반프레스토	286
슈~퍼~ 비밀 뿌요 통 루루의 철완 번성기	1996년 06월 28일	컴파일	363
슈~퍼~ 뿌요뿌요	1993년 12월 10일	반프레스토	141
슈~퍼~ 뿌요뿌요 통	1995년 12월 08일	컴파일	330
슈~퍼~ 뿌요뿌요 통 리믹스	1996년 03월 08일	컴파일	350
슈패미 터보 전용 게게게의 키타로 요괴 돈자라	1996년 07월 19일	반다이	366
슈패미 터보 전용 격주전대 카레인저 전개! 레이서 전사	1996년 08월 23일	반다이	370
슈패미 터보 전용 미소녀 전사 세일러 문 세일러 스타즈 폭신폭신 패닉2	1996년 09월 27일	반다이	374
슈패미 터보 전용 크레용 신짱 장화 신고 첨벙!!	1996년 09월 27일	반다이	373
슈패미 터보 전용 포이포이 닌자 월드	1996년 06월 28일	반다이	364
슈패미 터보 전용 SD건담 제네레이션 그리프스 전기	1996년 07월 26일	반다이	367
슈패미 터보 전용 SD건담 제네레이션 바빌로니아 건국 전기	1996년 08월 23일	반다이	370
슈패미 터보 전용 SD건담 제네레이션 액시즈 전기	1996년 08월 23일	반다이	370
슈패미 터보 전용 SD건담 제네레이션 일년전쟁기	1996년 07월 26일	반다이	367
슈패미 터보 전용 SD건담 제네레이션 잔스칼 전기	1996년 09월 27일	반다이	373
슈패미 터보 전용 SD건담 제네레이션 콜로니 격투기	1996년 09월 27일	반다이	373
슈패미 터보 전용 SD울트라 배틀 세븐 전설	1996년 06월 28일	반다이	364
슈패미 터보 전용 SD울트라 배틀 울트라맨 전설	1996년 06월 28일	반다이	363
슈퍼 3D 베이스볼	1993년 10월 01일	자레코	126
슈퍼 4WD The BAJA	1994년 06월 17일	일본 물산	188
슈퍼 가챠폰 월드 SD건담X	1992년 09월 18일	유타카	60
슈퍼 경륜	1995년 07월 14일	아이맥스	296
슈퍼 경마	1993년 08월 10일	아이맥스	119
슈퍼 경마2	1995년 05월 19일	아이맥스	284
슈퍼 경정	1995년 06월 30일	일본 물산	292
슈퍼 경정2	1996년 04월 26일	일본 물산	359
슈퍼 경주마 바람의 실피드	1993년 10월 08일	킹 레코드	127
슈퍼 고교야구 일구입혼	1994년 08월 05일	아이맥스	201
슈퍼 굿슨 오요요	1995년 08월 11일	반프레스토	304
슈퍼 굿슨 오요요2	1996년 05월 24일	반프레스토	361
슈퍼 궁극 하리키리 스타디움	1993년 12월 03일	타이토	139
슈퍼 궁극 하리키리 스타디움2	1994년 08월 12일	타이토	203
슈퍼 나그자트 오픈 골프로 승부다 도라보짱	1994년 03월 18일	나그자트	172
슈퍼 노부나가의 야망 무장풍운록	1991년 12월 21일	코에이	31
슈퍼 노부나가의 야망 전국판	1993년 08월 05일	코에이	118
슈퍼 니치부츠 마작	1992년 12월 18일	일본 물산	73
슈퍼 니치부츠 마작2 전국 제패편	1993년 10월 29일	일본 물산	130
슈퍼 니치부츠 마작3 요시모토 극장편	1994년 07월 29일	일본 물산	198
슈퍼 니치부츠 마작4 기초 연구편	1996년 09월 27일	일본 물산	373
슈퍼 대 스모 열전 대일번	1992년 12월 18일	남코	73
슈퍼 대항해시대	1992년 08월 05일	코에이	55
슈퍼 더블 역만	1994년 04월 01일	밥	178
슈퍼 더블 역만 II	1997년 03월 14일	밥	385
슈퍼 덩크 스타	1993년 04월 28일	사미	104
슈퍼 덩크슛	1992년 06월 19일	HAL 연구소	48
슈퍼 도그파이트	1994년 06월 24일	팩 인 비디오	190
슈퍼 동키콩	1994년 11월 26일	닌텐도	156
슈퍼 동키콩2 딕시 & 디디	1995년 11월 21일	닌텐도	326
슈퍼 동키콩3 비밀의 클레미스섬	1996년 11월 23일	닌텐도	376
슈퍼 드라켄	1994년 08월 26일	켐코	206
슈퍼 드리프트 아웃	1995년 02월 24일	비스코	263
슈퍼 럭비	1994년 10월 21일	톤킹 하우스	218
슈퍼 로얄 블러드	1992년 10월 22일	코에이	62
슈퍼 루프스	1994년 03월 04일	이머지니어	167
슈퍼 리니어 볼	1992년 11월 06일	히로	64
슈퍼 리얼 마작P Ⅳ	1994년 03월 25일	세타	175
슈퍼 리얼 마작P Ⅴ 파라다이스 올스타 4인 마작	1995년 04월 21일	세타	279
슈퍼 마권왕'95	1995년 03월 24일	테이치쿠	272
슈퍼 마작	1992년 08월 22일	아이맥스	58
슈퍼 마작대회	1992년 09월 12일	코에이	59
슈퍼 마작2 본격 4인 마작!	1993년 12월 02일	아이맥스	138
슈퍼 마작3 매운맛	1994년 11월 25일	아이맥스	229
슈퍼 매드 챔프	1995년 03월 04일	츠쿠다 오리지널	267
슈퍼 메트로이드	1994년 03월 19일	닌텐도	154
슈퍼 모모타로 전철 DX	1995년 12월 08일	허드슨	330
슈퍼 모모타로 전철 II	1992년 08월 07일	허드슨	56
슈퍼 모모타로 전철 III	1994년 12월 09일	허드슨	233
슈퍼 바둑 바둑왕	1994년 04월 08일	나그자트	179

슈퍼 발리 II	1992년 12월 25일	비디오 시스템	77
슈퍼 배틀 탱크	1993년 04월 23일	팩 인 비디오	103
슈퍼 배틀 탱크2	1994년 05월 27일	팩 인 비디오	185
슈퍼 백투더퓨처 II	1993년 07월 23일	도시바 EMI	114
슈퍼 버디 러시	1992년 03월 06일	데이터 이스트	39
슈퍼 본명 G I 제패	1994년 02월 28일	일본 물산	166
슈퍼 볼링	1992년 07월 03일	아테나	49
슈퍼 봄버맨	1993년 04월 28일	허드슨	104
슈퍼 봄버맨 패닉 봄버W	1995년 03월 01일	허드슨	266
슈퍼 봄버맨2	1994년 04월 28일	허드슨	181
슈퍼 봄버맨3	1995년 04월 28일	허드슨	282
슈퍼 봄버맨4	1996년 04월 26일	허드슨	359
슈퍼 봄버맨5	1997년 02월 28일	허드슨	383
슈퍼 봄블리스	1995년 03월 17일	BPS	269
슈퍼 블랙배스	1992년 12월 04일	핫 · 비	69
슈퍼 블랙배스2	1994년 09월 23일	스타 피시 데이터	212
슈퍼 블랙배스3	1995년 12월 15일	스타 피시 데이터	332
슈퍼 빅쿠리맨	1993년 01월 29일	벡	89
슈퍼 빌리어드	1994년 06월 24일	이머지니어	190
슈퍼 삼국지	1994년 08월 12일	코에이	204
슈퍼 삼국지 II	1991년 09월 15일	코에이	27
슈퍼 상하이 드래곤즈 아이	1992년 04월 28일	핫 · 비	46
슈퍼 소코반	1993년 01월 29일	팩 인 비디오	89
슈퍼 스네이크	1994년 12월 16일	요지겐	236
슈퍼 스코프6	1993년 06월 21일	닌텐도	107
슈퍼 스타디움	1991년 07월 02일	세타	24
슈퍼 스타워즈	1992년 12월 18일	빅터 엔터테인먼트	73
슈퍼 스타워즈 제국의 역습	1993년 12월 17일	빅터 엔터테인먼트	142
슈퍼 스타워즈 제다이의 복수	1995년 06월 23일	빅터 엔터테인먼트	289
슈퍼 스트리트 파이터 II	1994년 06월 25일	캡콤	191
슈퍼 슬랩 샷	1993년 08월 20일	알트론	120
슈퍼 알레스타	1992년 04월 28일	토호	46
슈퍼 야구도	1996년 01월 26일	반프레스토	344
슈퍼 에어다이버	1993년 07월 16일	아스믹	112
슈퍼 에어다이버2	1995년 03월 03일	아스믹	267
슈퍼 오목 연주	1994년 03월 25일	나그자트	174
슈퍼 오프로드	1992년 07월 03일	팩 인 비디오	49
슈퍼 와갼랜드	1991년 12월 13일	남코	29
슈퍼 와갼랜드2	1993년 03월 25일	남코	98
슈퍼 울트라 베이스볼	1991년 07월 12일	컬처 브레인	24
슈퍼 울트라 베이스볼2	1994년 07월 28일	컬처 브레인	197
슈퍼 원인	1994년 07월 22일	허드슨	196
슈퍼 원인2	1995년 07월 28일	허드슨	301
슈퍼 이인도 타도 노부나가	1992년 03월 19일	코에이	39
슈퍼 인디챔프	1994년 04월 01일	포럼	178
슈퍼 작호	1995년 03월 17일	빅터 엔터테인먼트	269
슈퍼 장기	1992년 06월 19일	아이맥스	48
슈퍼 장기 묘수풀이 1000	1994년 12월 16일	보톰 업	236
슈퍼 장기2	1994년 06월 17일	아이맥스	188
슈퍼 장기3 기태평	1995년 12월 29일	아이맥스	339
슈퍼 제임스 폰드 II	1993년 07월 23일	빅터 엔터테인먼트	114
슈퍼 즈간 -하코텐성에서 온 초대장-	1994년 02월 11일	일렉트로닉 아츠 빅터	161
슈퍼 즈간2 츠칸포 파이터 ~아키나 컬렉션~	1994년 12월 30일	J 윙	248
슈퍼 차이니즈 월드	1991년 12월 28일	컬처 브레인	32
슈퍼 차이니즈 월드2 우주 제일 무투 대회	1993년 10월 29일	컬처 브레인	130
슈퍼 차이니즈 월드3 ~초차원 대작전~	1995년 12월 22일	컬처 브레인	336
슈퍼 차이니즈 파이터	1995년 01월 03일	컬처 브레인	254
슈퍼 철구 파이트!	1995년 09월 15일	반프레스토	310
슈퍼 카지노 시저스 팔레스	1993년 10월 21일	코코너츠 재팬 엔터테인먼트	128
슈퍼 카지노2	1994년 10월 28일	코코너츠 재팬 엔터테인먼트	221
슈퍼 캐슬즈	1994년 12월 22일	빅터 엔터테인먼트	242
슈퍼 킥 오프	1992년 12월 25일	미사와 엔터테인먼트	77
슈퍼 킥복싱	1993년 03월 05일	일렉트로 브레인 재팬	95
슈퍼 터리칸	1993년 09월 03일	톤킹 하우스	122
슈퍼 테니스 월드 서킷	1991년 08월 30일	톤킹 하우스	26
슈퍼 테트리스2+봄블리스	1992년 12월 18일	BPS	73
슈퍼 테트리스2+봄블리스 한정판	1994년 01월 21일	BPS	158
슈퍼 테트리스3	1994년 12월 16일	BPS	236
슈퍼 트럼프 컬렉션	1995년 04월 21일	보톰 업	278
슈퍼 트럼프 컬렉션2	1996년 07월 19일	보톰 업	366
슈퍼 트롤 어드벤처	1994년 03월 25일	켐코	174
슈퍼 파워리그	1993년 08월 06일	허드슨	119
슈퍼 파워리그2	1994년 08월 03일	허드슨	200
슈퍼 파워리그3	1995년 08월 10일	허드슨	303
슈퍼 파워리그4	1996년 08월 09일	허드슨	369
슈퍼 파이널 매치 테니스	1994년 08월 12일	휴먼	203
슈퍼 파이어 프로레슬링	1991년 12월 20일	휴먼	30
슈퍼 파이어 프로레슬링 스페셜	1994년 12월 22일	휴먼	243
슈퍼 파이어 프로레슬링 퀸즈 스페셜	1995년 06월 30일	휴먼	292
슈퍼 파이어 프로레슬링2	1992년 12월 25일	휴먼	77
슈퍼 파이어 프로레슬링3 이지 타입	1994년 02월 04일	휴먼	161
슈퍼 파이어 프로레슬링3 파이널 바우트	1993년 12월 29일	휴먼	150
슈퍼 파이어 프로레슬링X	1995년 12월 22일	휴먼	337
슈퍼 파이어 프로레슬링X 프리미엄	1996년 03월 29일	휴먼	355
슈퍼 파치스로 마작	1994년 04월 28일	일본 물산	181
슈퍼 파친코 대전	1995년 04월 28일	반프레스토	282
슈퍼 팡	1992년 08월 07일	캡콤	56
슈퍼 패미스타	1992년 03월 27일	남코	41
슈퍼 패미스타2	1993년 03월 12일	남코	96
슈퍼 패미스타3	1994년 03월 04일	남코	167
슈퍼 패미스타4	1995년 03월 03일	남코	267
슈퍼 패미스타5	1996년 02월 29일	남코	348
슈퍼 패미컴 워즈	1998년 05월 01일	닌텐도	394
슈퍼 패밀리 게렌데	1998년 02월 01일	남코	392

슈퍼 패밀리 서킷	1994년 10월 21일	남코	218
슈퍼 패밀리 테니스	1993년 06월 25일	남코	109
슈퍼 펀치아웃!!	1998년 03월 01일	닌텐도	393
슈퍼 포메이션 사커	1991년 12월 13일	휴먼	29
슈퍼 포메이션 사커94 월드컵 내셔널 데이터	1994년 09월 22일	휴먼	211
슈퍼 포메이션 사커94 월드컵 에디션	1994년 06월 17일	휴먼	188
슈퍼 포메이션 사커95 della 세리에A	1995년 03월 31일	휴먼	276
슈퍼 포메이션 사커96 월드 클럽 에디션	1996년 03월 29일	휴먼	355
슈퍼 포메이션 사커 II	1993년 06월 11일	휴먼	106
슈퍼 퐁	1995년 10월 06일	유타카	318
슈퍼 퐁 DX	1996년 05월 31일	유타카	361
슈퍼 푸른 늑대와 하얀 암사슴 원조비사	1993년 03월 25일	코에이	98
슈퍼 프로페셔널 베이스볼	1991년 05월 17일	자레코	23
슈퍼 프로페셔널 베이스볼 II	1992년 08월 07일	자레코	56
슈퍼 피싱 빅 파이트	1994년 12월 16일	나그자트	237
슈퍼 핀볼 비하인드 더 마스크	1994년 01월 08일	멜닥	158
슈퍼 핀볼 II 더 어메이징 오디세이	1995년 03월 17일	멜닥	269
슈퍼 하이 임팩트	1993년 07월 09일	어클레임 재팬	111
슈퍼 하키'94	1994년 03월 25일	요네자와	174
슈퍼 화투	1994년 08월 05일	아이맥스	202
슈퍼 화투2	1995년 10월 20일	아이맥스	318
슈퍼 F1 서커스	1992년 07월 24일	일본 물산	53
슈퍼 F1 서커스 리미티드	1992년 10월 23일	일본 물산	63
슈퍼 F1 서커스 외전	1995년 07월 07일	일본 물산	294
슈퍼 F1 서커스2	1993년 07월 29일	일본 물산	116
슈퍼 F1 서커스3	1994년 07월 15일	일본 물산	195
슈퍼 H.Q. 크리미널 체이서	1993년 11월 26일	타이토	137
슈퍼 SWIV	1992년 11월 13일	코코너츠 재팬 엔터테인먼트	64
슈퍼 UNO	1993년 11월 12일	토미	132
슈퍼로봇대전 외전 마장기신 THE LORD OF ELEMENTAL	1996년 03월 22일	반프레스토	353
슈퍼로봇대전 EX	1994년 03월 25일	반프레스토	175
슈퍼마리오 요시 아일랜드	1995년 08월 05일	닌텐도	303
슈퍼마리오 월드	1990년 11월 21일	닌텐도	14
슈퍼마리오 카트	1992년 08월 27일	닌텐도	35
슈퍼마리오 컬렉션	1993년 07월 14일	닌텐도	83
슈퍼마리오 RPG	1996년 03월 09일	닌텐도/스퀘어	342
슈퍼컵 사커	1992년 04월 24일	자레코	45
스고로 퀘스트++ -다이스닉스-	1994년 12월 09일	테크노스 재팬	233
스누피 콘서트	1995년 05월 19일	미츠이 부동산/덴츠	284
스매시 T.V.	1992년 03월 27일	아스키	42
스즈카 에이트 아워	1993년 10월 15일	남코	127
스즈키 아구리의 F-1 슈퍼 드라이빙	1992년 07월 17일	로직	51
스카이 미션	1992년 09월 29일	남코	61
스키 파라다이스 WITH 스노보드	1994년 12월 16일	팩 인 비디오	237
스타 게이트	1995년 05월 26일	어클레임 재팬	286
스타 오션	1996년 07월 19일	에닉스	366
스타 폭스	1993년 02월 21일	닌텐도	82

스타더스트 스플렉스	1995년 01월 20일	바리에	256
스테 핫군	1998년 08월 01일	닌텐도	395
스테이블 스타 ~마굿간 이야기~	1996년 03월 22일	코나미	353
스텔스	1992년 12월 18일	헥터	74
스톤 프로텍터즈	1995년 04월 28일	켐코	282
스트리트 레이서	1994년 12월 02일	UBI 소프트	231
스트리트 파이터 ZERO2	1996년 12월 20일	캡콤	378
스트리트 파이터 II	1992년 06월 10일	캡콤	34
스트리트 파이터 II 터보	1993년 07월 11일	캡콤	111
스트바스 야로우 쇼	1994년 02월 25일	비아이	164
스파이더맨 리설 포즈	1995년 03월 17일	에폭사	269
스파크 월드	1995년 05월 26일	DEN'Z	286
스파크스터	1994년 09월 15일	코나미	208
스페이스 바주카	1993년 06월 21일	닌텐도	108
스페이스 에이스	1994년 03월 25일	이머지니어	175
스페이스 인베이더	1994년 03월 25일	타이토	175
스페이스 펑키 비오비	1993년 12월 22일	일렉트로닉 아츠 빅터	146
스프리건 파워드	1996년 07월 26일	나그자트	368
스플린터 이야기 ~노려라!! 일확천금~	1995년 03월 17일	밥	270
스핀디지 월드	1992년 08월 07일	아스키	57
슬랩스틱	1994년 07월 08일	에닉스	193
슬레이어즈	1994년 06월 24일	반프레스토	190
승리마 예상 소프트 마권 연금술	1994년 05월 27일	KSS	184
시모노 마사키의 Fishing To Bassing	1994년 10월 16일	나츠메	217
시뮬레이션 프로야구	1995년 04월 28일	헥터	281
시빌라이제이션 세계 7대 문명	1994년 10월 07일	아스믹	216
시엔 -SHIEN- THE BLADE CHASER	1994년 04월 08일	다이나믹 기획	179
신 모모타로 전설	1993년 12월 24일	허드슨	148
신 스타트랙 ~위대한 유산 IFD의 비밀을 쫓아라~	1995년 11월 17일	토쿠마 서점	325
신 열혈경파 쿠니오들의 만가	1994년 04월 29일	테크노스 재팬	183
신 장기 클럽	1995년 09월 22일	헥터	311
신 SD전국전 대장군 열전	1995년 04월 21일	벡	278
신기동전기 건담W 엔드리스 듀얼	1996년 03월 29일	반다이	355
신디케이트	1995년 05월 19일	일렉트로닉 아츠 빅터	284
신성기 오딧세리아	1993년 06월 18일	빅 토카이	107
신성기 오딧세리아 II	1995년 10월 06일	빅 토카이	317
신세기 GPX 사이버 포뮬러	1992년 03월 19일	타카라	40
신일본 프로레슬링 공인'95 투강도몽 BATTLE7	1995년 06월 30일	바리에	292
신일본 프로레슬링 초전사 IN 투강도몽(도쿄돔)	1993년 09월 14일	바리에	123
신일본 프로레슬링 '94 배틀필드 IN 투강도몽	1994년 08월 12일	바리에	203
실버 사가2	1993년 06월 25일	세타	109
실전 경정	1995년 06월 23일	이머지니어	289
실전 배스 피싱 필승법 in USA	1995년 08월 25일	사미	306
실전 파치스로 필승법! 야마사 전설	1996년 04월 05일	사미	357
실전 파치스로 필승법! TWIN	1997년 03월 15일	사미	385

실전 파치스로 필승법! Twin Vol.2 ~울트라 세븐 · 와이와이 펄서2~	1997년 09월 12일	사미	388
실전 파친코 필승법!2	1996년 03월 08일	사미	350
실전! 마작 지도	1995년 01월 13일	애스크 고단샤	255
실전! 파치스로 필승법!	1993년 11월 26일	사미	136
실전! 파치스로 필승법! 클래식	1995년 07월 07일	사미	294
실전! 파치스로 필승법!2	1994년 09월 16일	사미	209
실황 수다쟁이(오샤베리) 파로디우스	1995년 12월 15일	코나미	332
실황 월드 사커 FIGHTING ELEVEN	1995년 09월 22일	코나미	311
실황 월드 사커 PERFECT ELEVEN	1994년 11월 11일	코나미	224
실황 파워풀 프로레슬링'96 맥스 볼티지	1996년 09월 13일	코나미	372
실황 파워풀 프로야구 Basic판'98	1998년 03월 19일	코나미	393
실황 파워풀 프로야구'94	1994년 03월 11일	코나미	168
실황 파워풀 프로야구'96 개막판	1996년 07월 19일	코나미	365
실황 파워풀 프로야구2	1995년 02월 24일	코나미	263
실황 파워풀 프로야구3	1996년 02월 29일	코나미	348
실황 파워풀 프로야구3'97 봄	1997년 03월 20일	코나미	385
심 앤트	1993년 02월 26일	이머지니어	92
심시티	1991년 04월 26일	닌텐도	20
심시티 2000	1995년 05월 26일	이머지니어	285
심시티 Jr.	1996년 07월 26일	이머지니어	367
심어스	1991년 12월 29일	이머지니어	32
싸워라 원시인2 루키의 모험	1992년 12월 18일	데이터 이스트	74
싸워라 원시인3 주역은 역시 JOE & MAC	1994년 02월 18일	데이터 이스트	163
썬더 스피리츠	1991년 12월 27일	도시바 EMI	31
썬더버드 국제 구조대 출동하라!!	1993년 09월 10일	코브라 팀	122
아			
아담스 패밀리	1992년 10월 23일	미사와 엔터테인먼트	62
아디 라이트 풋	1993년 11월 26일	아스키	135
아라비안 나이트 ~사막의 정령왕~	1996년 06월 14일	타카라	362
아랑전설 숙명의 결투	1992년 11월 27일	타카라	67
아랑전설 SPECIAL	1994년 07월 29일	타카라	198
아랑전설2 -새로운 결투-	1993년 11월 26일	타카라	136
아레사	1993년 11월 26일	야노만	135
아레사 II 아리엘의 신비한 여행	1994년 12월 02일	야노만	231
아메리카 횡단 울트라 퀴즈	1992년 11월 20일	토미	65
아메리칸 배틀 돔	1995년 12월 08일	츠쿠다 오리지널	329
아사히 신문 연재 카토 히후미 9단 장기 심기류	1995년 09월 22일	바리에	310
아이언 코만도 강철의 전사	1995년 02월 10일	퐁포	258
아카가와 지로 마녀들의 잠	1995년 11월 24일	팩 인 비디오	326
아쿠스 스피리츠	1993년 10월 22일	사미	128
아쿠탈리온	1993년 11월 05일	테크모	131
아크로뱃 미션	1992년 09월 11일	테이치쿠	59
악마성 드라큘라	1991년 10월 31일	코나미	28
악마성 드라큘라 X X	1995년 07월 21일	코나미	297
안드레 아가시 테니스	1994년 03월 31일	일본 물산	177
안젤리크	1994년 09월 23일	코에이	212
안젤리크 보이스 판타지	1996년 03월 29일	코에이	354
알라딘	1993년 11월 26일	캡콤	135
알버트 오디세이	1993년 03월 05일	선 소프트	94
알버트 오디세이2 사신의 태동	1994년 12월 22일	선 소프트	241
알카노이드 Doh It Again	1997년 01월 15일	타이토	382
알카에스트	1993년 12월 17일	스퀘어	142
애니매니악스	1997년 03월 07일	코나미	384
애니멀 무란전 -브루탈-	1994년 12월 22일	켐코	241
애프터 월드	1992년 11월 27일	빅터 엔터테인먼트	67
애플 시드	1994년 08월 26일	비지트	205
액셀 브리드	1993년 11월 26일	토미	134
액션 파치오	1993년 04월 09일	코코너츠 재팬 엔터테인먼트	102
액스레이	1992년 09월 11일	코나미	59
액트 레이저	1990년 12월 16일	에닉스	15
액트레이저2 ~침묵으로 가는 성전~	1993년 10월 29일	에닉스	129
앨리스의 페인트 어드벤처	1995년 09월 15일	에폭사	309
야광충	1995년 06월 16일	아테나	288
야다몽 원더랜드 드림	1993년 11월 26일	토쿠마 서점	138
야무야무	1995년 02월 17일	반다이	261
어메이징 테니스	1992년 12월 18일	팩 인 비디오	72
어스 라이트	1992년 07월 24일	허드슨	53
어스 라이트 루나 스트라이크	1996년 07월 26일	허드슨	366
어스 웜 짐	1995년 06월 23일	타카라	288
언더 커버 캅스	1995년 03월 03일	바리에	266
얼빠진 닌자 콜로세움	1995년 02월 25일	인텍	266
얼티메이트 풋볼	1992년 07월 24일	사미	53
엄청난 헤베레케	1994년 03월 11일	선 소프트	169
에너지 브레이커	1996년 07월 26일	타이토	367
에메랄드 드래곤	1995년 07월 28일	미디어웍스	300
에스트폴리스 전기	1993년 06월 25일	타이토	108
에스트폴리스 전기 II	1995년 02월 24일	타이토	262
에스파크스 이시공에서의 내방자	1995년 03월 31일	토미	275
에어리어88	1991년 07월 26일	캡콤	25
에어 매니지먼트 큰 하늘에 걸다	1992년 04월 05일	코에이	44
에어 매니지먼트 II 항공왕을 노려라	1993년 04월 02일	코에이	101
에이스를 노려라!	1993년 12월 22일	일본 텔레넷	145
에일리언 VS 프레데터	1993년 01월 08일	아이지에스	86
에일리언3	1993년 07월 09일	어클레임 재팬	110
엑스 존	1993년 08월 27일	켐코	120
엑조스트 히트	1992년 02월 21일	세타	38
엑조스트 히트 F1 드라이버로 가는 길	1993년 03월 05일	세타	94
엘나드	1993년 04월 23일	게임플랜21	103
엘파리아	1993년 01월 03일	허드슨	86
엘파리아 II	1995년 06월 09일	허드슨	287
열혈대륙 버닝 히어로즈	1995년 03월 17일	에닉스	270
영원의 피레나	1995년 02월 25일	토쿠마 서점 인터미디어	266
오니즈카 카츠야 슈퍼 버추얼 복싱 ~진 격투왕 전설~	1993년 11월 26일	소프엘	136
오다 노부나가 패왕의 군단	1993년 02월 26일	엔젤	92
오델로 월드	1992년 04월 05일	츠쿠다 오리지널	44
오라가 랜드 주최 베스트 농부 수확제	1995년 03월 17일	빅 토카이	268
오스!! 공수부	1994년 08월 26일	컬처 브레인	205
오오니타 아츠시 FMW	1993년 08월 06일	포니 캐니언	118

오짱의 그림 그리기 로직	1995년 12월 01일	선 소프트	327
오카모토 아야코와 매치플레이 골프	1994년 12월 21일	츠쿠다 오리지널	241
올리비아의 미스터리	1994년 02월 04일	알트론	161
와갼 파라다이스	1994년 12월 16일	남코	240
와이알라에의 기적	1992년 09월 18일	T&E 소프트	60
와일드 건즈	1994년 08월 12일	나츠메	204
와일드 트랙스	1994년 06월 04일	닌텐도	186
와카타카 대 스모 꿈의 형제 대결	1993년 11월 12일	이머지니어	133
외출 레스타~ 레레레노레 (^^;	1994년 09월 16일	아스믹	209
요괴 버스터 루카의 대모험	1995년 06월 09일	카도카와 서점	288
요시의 로드 헌팅	1993년 07월 14일	닌텐도	112
요시의 쿠키	1993년 07월 09일	BPS	111
요코야마 미츠테루 삼국지	1992년 06월 26일	엔젤	49
요코야마 미츠테루 삼국지2	1993년 12월 29일	엔젤	151
요코야마 미츠테루 삼국지반희 주사위 영웅기	1994년 12월 22일	엔젤	245
요코즈나 이야기	1994년 08월 26일	KSS	207
용기병단 단잘브	1993년 04월 23일	유타카	104
용호의 권	1993년 10월 29일	케이 어뮤즈먼트리스	131
용호의 권2	1994년 12월 21일	자우르스	241
우미하라 카와세	1994년 12월 23일	TNN	246
우시오와 토라	1993년 01월 25일	유타카	88
우주 레이스 아스트로 고! 고!	1994년 02월 25일	멜닥	164
우주의 기사 테카맨 블레이드	1993년 07월 30일	벡	116
울버린	1995년 01월 27일	어클레임 재팬	257
울트라 리그 불타라! 사커 대결전!	1995년 07월 28일	유타카	300
울트라 베이스볼 실명판2	1994년 12월 22일	컬처 브레인	242
울트라 베이스볼 실명판3	1995년 10월 27일	컬처 브레인	319
울트라 베이스볼 실명편	1992년 08월 28일	마이크로 아카데미	58
울트라 세븐	1993년 03월 26일	반다이	99
울트라맨	1991년 04월 06일	반다이	23
울티마 공룡제국	1995년 07월 28일	포니 캐니언	299
울티마 외전 흑기사의 음모	1994년 06월 17일	일렉트로닉 아츠 빅터	187
울티마VI 거짓 예언자	1992년 04월 03일	포니 캐니언	43
울티마VII 더 블랙 게이트	1994년 11월 18일	포니 캐니언	225
울펜슈타인 3D	1994년 02월 10일	이머지니어	161
움직이는 그림 Ver. 2.0 아료르	1994년 08월 05일	알트론	200
웃어도 되지! 타모림픽	1994년 04월 28일	아테나	182
워록	1995년 05월 26일	어클레임 재팬	285
원더 프로젝트J 기계소년 피노	1994년 12월 09일	에닉스	234
원더러스 매직	1993년 12월 17일	아스키	144
원조 파치스로 일본제일 창간호	1994년 11월 25일	코코너츠 재팬 엔터테인먼트	228
원조 파친코왕	1994년 12월 22일	코코너츠 재팬 엔터테인먼트	242
월드 사커	1993년 07월 16일	코코너츠 재팬 엔터테인먼트	113
월드 클래스 럭비	1993년 01월 29일	미사와 엔터테인먼트	89
월드 클래스 럭비2 국내 격투편'93	1994년 01월 07일	미사와 엔터테인먼트	158
월드 히어로즈	1993년 08월 12일	선 소프트	120

월드 히어로즈2	1994년 07월 01일	자우르스	192
월드컵 스트라이커	1994년 06월 17일	코코너츠 재팬 엔터테인먼트	189
월드컵 USA94	1994년 07월 29일	선 소프트	200
월리를 찾아라! 그림책 나라의 대모험	1993년 02월 19일	토미	90
월면의 아누비스	1995년 12월 22일	이머지니어	335
웨딩 피치	1995년 09월 29일	KSS	313
위닝 포스트	1993년 09월 10일	코에이	122
위닝 포스트2	1995년 03월 18일	코에이	271
위닝 포스트2 프로그램'96	1996년 10월 04일	코에이	374
위저드리 외전IV ~태마의 고동~	1996년 09월 20일	아스키	372
위저드리 I · II · III ~Story of Llylgamyn~	1999년 06월 01일	미디어 팩토리	399
위저드리V 재앙의 중심	1992년 11월 20일	아스키	65
위저드리VI 금단의 마필	1995년 09월 29일	아스키	313
위저프 ~암흑의 왕	1994년 09월 22일	아스키	210
윙 커맨더	1993년 07월 23일	아스키	114
유☆유☆백서	1993년 12월 22일	남코	147
유☆유☆백서 특별편	1994년 12월 22일	남코	245
유☆유☆백서 FINAL 마계 최강열전	1995년 03월 24일	남코	273
유☆유☆백서2 격투의 장	1994년 06월 10일	남코	187
유럽 전선	1993년 01월 16일	코에이	86
유우유의 퀴즈로 GO! GO!	1992년 07월 10일	타이토	51
유진 작수학원	1993년 11월 19일	바리에	134
유진 작수학원2	1994년 11월 18일	바리에	228
유진의 후리후리 걸즈	1994년 07월 01일	POW	192
유토피아	1993년 10월 29일	에픽 소니 레코드	131
은하 전국군웅전 라이	1996년 03월 08일	엔젤	350
은하영웅전설	1992년 09월 25일	토쿠마 서점 인터미디어	61
음악 쯔쿠르 연주하자	1996년 04월 12일	아스키	357
이데아의 날	1994년 03월 18일	쇼에이 시스템	170
이상한 던전2 풍래의 시렌	1995년 12월 01일	춘 소프트	329
이스III -원더러즈 프롬 이스-	1991년 06월 21일	톤킹 하우스	24
이스IV 마스크 오브 더 선	1993년 11월 19일	톤킹 하우스	133
이스V 익스퍼트	1996년 03월 22일	코에이	352
이스V 잃어버린 모래도시 케핀	1995년 12월 29일	일본 팔콤	339
이웃집 모험대	1996년 05월 24일	파이오니어 LDC	360
이타다키 스트리트2 네온사인은 장밋빛으로	1994년 02월 26일	에닉스	166
이토 하타스 6단의 장기 도장	1994년 02월 04일	애스크 고단샤	160
이토이 시게사토의 배스 낚시 No.1	1997년 02월 21일	닌텐도	383
이하토보 이야기	1993년 03월 05일	헥터	94
인디 존스	1995년 07월 28일	빅터 엔터테인먼트	299
인터내셔널 테니스 투어	1993년 03월 26일	마이크로 월드	98
일바니안의 성	1994년 10월 28일	일본 클라리 비즈니스	220
일발역전 경마 경륜 경정	1996년 04월 26일	POW	358
자			
작유기 오공난타	1995년 01월 13일	버진 게임	255
장갑기병 보톰즈 더 배틀링 로드	1993년 10월 29일	타카라	130
장기 삼매경	1995년 12월 22일	버진 인터렉티브 엔터테인먼트	336
장기 최강	1995년 07월 21일	마호	298

게임명	발매일	제작사	페이지
장기 최강 II	1996년 02월 09일	마호	346
장기 클럽	1995년 02월 24일	헥터	263
장기 풍림화산	1993년 10월 29일	포니 캐니언	129
잼즈	1995년 02월 10일	카로체리아 재팬	259
저스티스 리그	1995년 10월 27일	어클레임 재팬	320
저지 드레드	1995년 10월 27일	어클레임 재팬	320
적중 경마 학원	1996년 01월 19일	반프레스토	343
전국 고교 사커	1994년 11월 25일	요지겐	229
전국 고교 사커2	1995년 11월 17일	요지겐	325
전국 횡단 울트라 심리 게임	1995년 11월 10일	비지트	324
전국의 패자 천하포무로 가는 길	1995년 12월 22일	반프레스토	337
전국전승	1993년 09월 19일	데이터 이스트	124
전설의 오우거 배틀	1993년 03월 12일	퀘스트	82
전일본 프로레슬링	1993년 07월 16일	메사이어	112
전일본 프로레슬링 대시 세계 최강 태그	1993년 12월 28일	메사이어	150
전일본 프로레슬링 파이팅이다 퐁!	1994년 06월 25일	메사이어	191
전일본 프로레슬링2 3·4무도관	1995년 04월 07일	메사이어	277
전일본 GT 선수권	1995년 09월 29일	KANEKO	315
점보 오자키의 홀인원	1991년 02월 23일	HAL 연구소	22
점핑 더비	1996년 04월 26일	나그자트	359
정글 북	1994년 07월 15일	버진 게임	194
정글 스트라이크 계승된 광기	1995년 09월 22일	일렉트로닉 아츠 빅터	311
정글 워즈2 고대 마법 아티모스의 비밀	1993년 03월 19일	포니 캐니언	97
정글의 왕자 타짱 세계 만유 대격투의 권	1994년 09월 18일	반다이	209
제3차 슈퍼로봇대전	1993년 07월 23일	반프레스토	114
제4차 슈퍼로봇대전	1995년 03월 17일	반프레스토	270
제노사이드2	1994년 08월 05일	켐코	201
제독의 결단	1992년 09월 24일	코에이	60
제독의 결단 II	1995년 02월 17일	코에이	261
제로4 챔프 RR	1994년 07월 22일	미디어 링	197
제로4 챔프 RR-Z	1995년 11월 25일	더블 링	327
제복전설 프리티 파이터	1994년 12월 02일	이머지니어	231
제절초	1992년 03월 07일	춘 소프트	39
젤다의 전설 신들의 트라이포스	1991년 11월 21일	닌텐도	21
젤리 보이	1991년 09월 13일	에픽 소니 레코드	27
졸업 번외편 저기, 마작해요!	1994년 10월 28일	KSS	221
종합 격투기 링스 아스트랄 바우트3	1995년 10월 20일	킹 레코드	319
종합 격투기 아스트랄 바우트	1992년 06월 26일	킹 레코드	49
종합 격투기 아스트랄 바우트2	1994년 02월 25일	킹 레코드	165
죠죠의 기묘한 모험	1993년 03월 05일	코브라 팀	94
주사위 게임 은하전기	1996년 12월 19일	보톰 업	377
줄의 꿈 모험	1994년 07월 29일	인포컴	199
중장기병 발켄	1992년 12월 18일	메사이어	72
쥬라기 공원	1994년 06월 24일	자레코	190
지그재그 캣 타조 클럽도 대소동이다	1994년 06월 24일	DEN'Z	189
지금 용사 모집 중 한 그릇 더	1994년 11월 25일	휴먼	230
지미 코너스의 프로 테니스 투어	1993년 10월 29일	미사와 엔터테인먼트	129
지지 마라! 마검도	1993년 01월 22일	데이텀 폴리스타	87
지지 마라! 마검도2 정해라! 요괴 총리대신	1995년 03월 17일	데이텀 폴리스타	271
지코 사커	1994년 03월 04일	일렉트로닉 아츠 빅터	167
직소 파티	1994년 07월 22일	호리 전기	196
진 마작	1994년 03월 30일	코나미	177
진 성각(真 聖刻:라 워스)	1995년 04월 21일	유타카	280
진 여신전생	1992년 10월 30일	아틀라스	63
진 여신전생 if…	1994년 10월 28일	아틀라스	221
진 여신전생 II	1994년 03월 18일	아틀라스	171
진 일확천금	1995년 07월 07일	밥	294
진수대국 바둑 바둑 선인	1995년 06월 02일	J·윙	287
진패	1995년 09월 22일	반프레스토	312
차			
참 II 스피리츠	1992년 05월 29일	울프팀	47
참 III 스피리츠	1994년 03월 11일	울프팀	168
챔피언스 월드 클래스 사커	1994년 03월 25일	어클레임 재팬	176
천사의 시 ~하얀 날개의 기도~	1994년 07월 29일	일본 텔레넷	199
천외마경 ZERO	1995년 12월 22일	허드슨	337
천지를 먹다 삼국지 군웅전	1995년 08월 11일	캡콤	304
천지무용! 게~임편	1995년 10월 27일	반프레스토	321
천지창조	1995년 10월 20일	에닉스	252
철완 아톰	1994년 02월 18일	반프레스토	164
체스 마스터	1995년 02월 17일	알트론	260
초 고질라	1993년 12월 22일	토호	146
초공합신 사디온	1992년 03월 20일	아스믹	40
초단 모리타 장기	1991년 08월 23일	세타	26
초단위 인정 초단 프로마작	1995년 04월 28일	갭스	282
초대 열혈경파 쿠니오군	1992년 08월 07일	테크노스 재팬	56
초마계대전! 도라보짱	1993년 03월 19일	나그자트	97
초마계촌	1991년 10월 04일	캡콤	21
초마법대륙 WOZZ	1995년 08월 04일	BPS	303
초시공요새 마크로스 스크램블 발키리	1993년 10월 29일	반프레스토	130
초형귀 폭렬난투편	1995년 09월 22일	메사이어	312
최강 타카다 노부히코	1995년 12월 27일	허드슨	339
최고속 사고 장기 마작	1995년 03월 31일	바리에	276
쵸프리프터 III	1994년 09월 09일	빅터 엔터테인먼트	208
취직 게임	1995년 07월 28일	이머지니어	300
츠요시, 똑바로 하렴 대전 퍼즐 구슬	1994년 11월 18일	코나미	225
치비 마루코짱 「활기찬 365일」의 권	1991년 12월 13일	에폭사	29
치비 마루코짱 노려라! 남쪽의 아일랜드!!	1995년 12월 01일	코나미	328
카			
카드 마스터 림사리아의 봉인	1992년 03월 27일	HAL 연구소	41
카마이타치의 밤	1994년 11월 25일	춘 소프트	156
카멜 트라이	1992년 06월 26일	타이토	48
카시와기 시게타카의 탑 워터 배싱	1995년 02월 17일	밥	260
카오스 시드 ~풍수회랑기~	1996년 03월 15일	타이토	351
카코마☆나이트	1992년 11월 21일	데이텀 폴리스타	67
카키기 장기	1995년 09월 01일	아스키	308
카토 히후미 9단 장기 클럽	1997년 05월 16일	헥터	387
캐러밴 슈팅 컬렉션	1995년 07월 07일	허드슨	293

캐리어 에이스	1995년 07월 28일	유미디어	300
캐스퍼	1997년 03월 14일	KSS	384
캘리포니아 게임즈 II	1993년 03월 12일	헥터	96
캠퍼스 BLUES 대결! 도쿄 사천왕	1994년 04월 15일	반다이	180
캡틴 츠바사III 황제의 도전	1992년 07월 17일	테크모	51
캡틴 츠바사IV 프로의 라이벌들	1993년 04월 03일	테크모	101
캡틴 츠바사J THE WAY TO WORLD YOUTH	1995년 11월 17일	반다이	324
캡틴 츠바사V 패자의 칭호 캄피오네	1994년 12월 09일	테크모	232
캡틴 코만도	1995년 03월 17일	캡콤	268
캣츠 런 전일본 K카 선수권	1995년 07월 14일	아틀라스	295
커비 볼	1994년 09월 21일	닌텐도	210
커비의 반짝반짝 키즈	1998년 02월 01일	닌텐도	392
컬럼스	1999년 08월 01일	미디어 팩토리	400
컴뱃 트라이브스	1992년 12월 23일	테크노스 재팬	77
컴퓨터 뇌력해석 울트라 마권	1995년 05월 26일	컬처 브레인	285
코론 랜드	1995년 08월 25일	유미디어	306
코스모 갱 더 비디오	1992년 10월 29일	남코	63
코스모 갱 더 퍼즐	1993년 02월 26일	남코	92
코스모 폴리스 갸리반 II	1993년 06월 11일	일본 물산	106
코튼 100%	1994년 04월 22일	데이텀 폴리스타	180
콘트라 스피리츠	1992년 02월 28일	코나미	38
쿠니오군의 피구다! 전원 집합!	1993년 08월 06일	테크노스 재팬	118
쿠니오의 오뎅	1994년 05월 27일	테크노스 재팬	185
쿠온파	1996년 12월 20일	T&E 소프트	377
쿠웅! 암석 배틀	1994년 12월 16일	아이맥스	237
쿨 스팟	1993년 12월 10일	버진 게임	140
크래시 더미 ~닥터 잡을 구출하라~	1994년 09월 30일	어클레임 재팬	213
크레용 신짱 "폭풍을 부르는 유치원생"	1993년 07월 30일	반다이	116
크레용 신짱2 대마왕의 역습	1994년 05월 27일	반다이	185
크로노 트리거	1995년 03월 11일	스퀘어	250
크리스탈 빈즈 프롬 던전 익스플로러	1995년 10월 27일	허드슨	320
크리스티 월드	1993년 01월 29일	어클레임 재팬	88
클락 웍스	1995년 12월 08일	토쿠마 서점	330
클락 타워	1995년 09월 14일	휴먼	309
클래식 로드	1993년 10월 29일	빅터 엔터테인먼트	129
클래식 로드 II	1995년 02월 24일	빅터 엔터테인먼트	262
키드 크라운의 크레이지 체이스	1994년 10월 21일	켐코	218
키쿠니 마사히코의 작투사 도라왕	1993년 02월 19일	POW	90
키쿠니 마사히코의 작투사 도라왕2	1993년 12월 03일	POW	139
키테레츠 대백과 초시공 주사위 게임	1995년 01월 27일	비디오 시스템	257
키퍼	1994년 07월 15일	데이텀 폴리스타	194
킹 오브 더 몬스터즈2	1993년 12월 22일	타카라	145
타			
타로 미스터리	1995년 04월 28일	비지트	283
타마고치 타운	1999년 05월 01일	반다이	398
타워 드림	1996년 10월 25일	아스키	375
타이니 툰 어드벤처즈 우당탕 대운동회	1994년 09월 30일	코나미	214
타이니툰 어드벤처즈	1992년 12월 18일	코나미	74
타임 캅	1995년 02월 17일	빅터 엔터테인먼트	260
타카하시 명인의 대모험도	1992년 01월 11일	허드슨	37
타카하시 명인의 대모험도 II	1995년 01월 03일	허드슨	254
타케미야 마사키 9단의 바둑 대장	1995년 08월 11일	KSS	304
타케토요 GI 메모리	1995년 07월 21일	NGP	298
탑 레이서	1992년 03월 27일	켐코	42
탑 레이서2	1993년 12월 22일	켐코	146
탑 매니지먼트 II	1994년 02월 11일	코에이	162
태권도	1994년 06월 28일	휴먼	192
태합입지전	1993년 04월 07일	코에이	102
택티컬 사커	1995년 04월 21일	일렉트로닉 아츠 빅터	279
택틱스 오우거	1995년 10월 06일	퀘스트	251
테마파크	1995년 12월 15일	일렉트로닉 아츠 빅터	333
테이블 게임 대집합!! 장기 · 마작 · 화투 · 투사이드	1996년 07월 26일	바리에	368
테일즈 오브 판타지아	1995년 12월 15일	남코	253
테크모 슈퍼 베이스볼	1994년 10월 28일	테크모	222
테크모 슈퍼 볼 II 스페셜 에디션	1994년 12월 20일	테크모	240
테크모 슈퍼 NBA 바스켓볼	1992년 12월 25일	테크모	78
테크모 슈퍼볼	1993년 11월 26일	테크모	137
테크모 슈퍼볼 III FINAL EDITION	1995년 12월 22일	테크모	337
테트리스 무투외전	1993년 12월 24일	BPS	148
테트리스 플래시	1994년 07월 08일	BPS	193
텐류 겐이치로의 프로레슬링 레볼루션	1994년 09월 30일	자레코	214
토이 스토리	1996년 04월 26일	캡콤	359
톨네코의 대모험 이상한 던전	1993년 09월 19일	춘 소프트	84
톰과 제리	1993년 06월 25일	알트론	109
트래버스	1996년 06월 28일	반프레스토	364
트럼프 아일랜드	1995년 06월 23일	팩 인 비디오	289
트레저 헌터G	1996년 05월 24일	스퀘어	361
트루 라이즈	1995년 04월 28일	어클레임 재팬	283
트리네아	1993년 10월 01일	야노만	126
트윈비 레인보우 벨 어드벤처	1994년 01월 07일	코나미	157
파			
파랜드 스토리	1995년 02월 24일	반프레스토	265
파랜드 스토리2	1995년 12월 22일	반프레스토	338
파로디우스다! -신화에서 웃음으로-	1992년 07월 03일	코나미	50
파워 몽거 ~마장의 모략~	1993년 03월 26일	이머지니어	100
파워 어슬리트	1992년 11월 27일	KANEKO	69
파워 오브 더 하이어드	1994년 12월 22일	메사이어	244
파이널 녹아웃	1993년 11월 05일	팩 인 비디오	132
파이널 세트	1993년 09월 17일	포럼	124
파이널 스트레치	1993년 11월 12일	로직	133
파이널 파이트	1990년 12월 21일	캡콤	16
파이널 파이트 가이	1992년 03월 20일	캡콤	40
파이널 파이트 터프	1995년 12월 22일	캡콤	338
파이널 파이트2	1993년 05월 22일	캡콤	105
파이널 판타지 USA 미스틱 퀘스트	1993년 09월 10일	스퀘어	123
파이널 판타지IV	1991년 07월 19일	스퀘어	20

파이널 판타지Ⅳ 이지 타입	1991년 10월 29일	스퀘어	28
파이널 판타지Ⅴ	1992년 12월 06일	스퀘어	36
파이널 판타지Ⅵ	1994년 04월 02일	스퀘어	155
파이어 엠블렘 문장의 비밀	1994년 01월 21일	닌텐도	154
파이어 엠블렘 성전의 계보	1996년 05월 14일	닌텐도	360
파이어 엠블렘 트라키아776	1999년 09월 01일	닌텐도	400
파이어 파이팅	1994년 11월 11일	자레코	224
파이터즈 히스토리	1994년 05월 27일	데이터 이스트	186
파이터즈 히스토리 미조구치 위기일발!!	1995년 02월 17일	데이터 이스트	261
파이팅 베이스볼	1995년 08월 11일	코코너츠 재팬 엔터테인먼트	305
파이프 드림	1992년 08월 07일	BPS	57
파이프로 여자 올스타 드림 슬램	1994년 07월 22일	휴먼	197
파일럿 윙스	1990년 12월 21일	닌텐도	16
파치스로 랜드 파치파치 코인의 전설	1994년 02월 25일	카로체리아 재팬	165
파치스로 러브 스토리	1993년 11월 19일	코코너츠 재팬 엔터테인먼트	133
파치스로 승부사	1994년 12월 23일	일본 물산	247
파치스로 연구	1994년 07월 15일	마호	195
파치스로 완전공략 유니버설 새 기기 입하 volume1	1997년 03월 07일	일본 시스컴	384
파치스로 이야기 유니버설 스페셜	1994년 07월 29일	KSS	199
파치스로 이야기 펄 공업 스페셜	1995년 10월 27일	KSS	321
파치오군 SPECIAL	1992년 12월 11일	코코너츠 재팬 엔터테인먼트	71
파치오군 SPECIAL2	1994년 05월 20일	코코너츠 재팬 엔터테인먼트	184
파치오군 SPECIAL3	1995년 12월 01일	코코너츠 재팬 엔터테인먼트	328
파친코 비밀 필승법	1994년 11월 18일	밥	226
파친코 연장 천국 슈퍼 CR 스페셜	1995년 05월 26일	밥	287
파친코 워즈	1992년 07월 17일	코코너츠 재팬 엔터테인먼트	52
파친코 워즈Ⅱ	1993년 12월 17일	코코너츠 재팬 엔터테인먼트	143
파친코 이야기 파치스로도 있다고!!	1993년 05월 28일	KSS	106
파친코 이야기2 나고야 샤치호코의 제왕	1995년 01월 27일	KSS	257
파친코 챌린저	1995년 07월 07일	카로체리아 재팬	295
파친코팬 승리 선언	1994년 10월 15일	POW	217
파티 문	1993년 07월 30일	바리에	117
팔랑크스	1992년 08월 07일	켐코	57
패널로 퐁	1995년 10월 27일	닌텐도	322
패닉 인 나카요시 월드	1994년 11월 18일	반다이	227
패미컴 문고 시작의 숲	1999년 07월 01일	닌텐도	399
패미컴 탐정 클럽 PartⅡ 뒤에 서는 소녀	1998년 04월 01일	닌텐도	393
패세마작 능가	1995년 04월 28일	아스키	283
패왕대계 류나이트 로드 오브 팔라딘	1994년 12월 22일	반다이	243
패채(牌砦)	1994년 12월 09일	타카라	234
팩 인 타임	1995년 01월 03일	남코	254
퍼스트 사무라이	1993년 07월 02일	켐코	110
퍼스트 퀸 오르닉 전기	1994년 03월 11일	컬처 브레인	169
퍼즐 닌타마 란타로 ~인술 학원 퍼즐 대회의 단~	1996년 06월 28일	컬처 브레인	365
퍼즐 보블	1995년 01월 13일	타이토	256
퍼즐입니다!	1995년 04월 14일	일본 물산	278
페르시아의 왕자	1992년 07월 03일	메사이어	50
페블비치의 파도	1992년 04월 10일	T&E 소프트	44
페블비치의 파도 New TOURNAMENT EDITION	1996년 09월 13일	T&E 소프트	372
포어맨 포 리얼	1995년 10월 27일	어클레임 재팬	322
포코냥!	1994년 12월 22일	토호	244
포포이토 헤베레케	1995년 07월 28일	선 소프트	301
포퓰러스	1990년 12월 16일	이머지니어	16
포퓰러스2	1993년 01월 22일	이머지니어	87
포플 메일	1994년 06월 10일	일본 팔콤	187
폭구연발!! 슈퍼 비다맨	1997년 12월 19일	허드슨	389
폭투 피구즈 반프스섬은 대혼란	1994년 10월 28일	BPS	222
푸른 전설 슛!	1994년 12월 16일	KSS	235
풀 파워	1994년 12월 16일	코코너츠 재팬 엔터테인먼트	239
프로 기사 인생 시뮬레이션 장기의 꽃길	1996년 02월 16일	아틀라스	347
프로 마작 극	1993년 06월 11일	아테나	107
프로 마작 극Ⅱ	1994년 07월 22일	아테나	197
프로 사커	1991년 09월 20일	이머지니어	27
프로 풋볼	1992년 01월 17일	이머지니어	37
프로 풋볼'93	1993년 02월 12일	일렉트로닉 아츠 빅터	90
프로마작 극Ⅲ	1995년 06월 30일	아테나	293
프로마작 베이	1997년 04월 18일	컬처 브레인	386
프로야구 스타	1997년 01월 17일	컬처 브레인	382
프로야구 열투 퍼즐 스타디움	1997년 04월 25일	코코너츠 재팬 엔터테인먼트	386
프론트 미션	1995년 02월 24일	스퀘어	265
프론트 미션 시리즈 건 하자드	1996년 02월 23일	스퀘어	347
프린세스 메이커 Legend of Another World	1995년 12월 15일	타카라	333
프린세스 미네르바	1995년 06월 23일	빅 토카이	290
플라잉 히어로 부규르~의 대모험	1992년 12월 18일	소프엘	75
플래닛 챔프 TG3000	1995년 04월 28일	켐코	283
플래시 백	1993년 12월 22일	선 소프트	147
플록	1993년 12월 10일	액티비전 재팬	141
피노키오	1996년 12월 20일	캡콤	379
피싱 고시엔	1996년 05월 31일	킹 레코드	362
피크로스 NP Vol.1	1999년 04월 01일	닌텐도	398
피크로스 NP Vol.2	1999년 06월 01일	닌텐도	399
피크로스 NP Vol.3	1999년 08월 01일	닌텐도	400
피크로스 NP Vol.4	1999년 10월 01일	닌텐도	400
피크로스 NP Vol.5	1999년 12월 01일	닌텐도	401
피크로스 NP Vol.6	2000년 02월 01일	닌텐도	404
피크로스 NP Vol.7	2000년 04월 01일	닌텐도	404
피크로스 NP Vol.8	2000년 06월 01일	닌텐도	404
피키냐!	1997년 01월 31일	아스키	383
핀볼 핀볼	1994년 08월 05일	코코너츠 재팬 엔터테인먼트	202
필살 파친코 컬렉션	1994년 10월 21일	선 소프트	219
필살 파친코 컬렉션2	1995년 03월 24일	선 소프트	273

필살 파친코 컬렉션3	1995년 11월 02일	선 소프트	323
필살 파친코 컬렉션4	1996년 08월 30일	선 소프트	371
필승 777파이터 파치스로 용궁 전설	1994년 01월 14일	밥	158
필승 777파이터2 파치스로 비밀 정보	1994년 08월 19일	밥	205
필승 777파이터Ⅲ 흑룡왕의 부활	1995년 09월 15일	밥	310
필승 파치스로 팬	1994년 12월 16일	POW	239
핏폴 마야의 대모험	1995년 07월 14일	포니 캐니언	296
핑크 팬더	1994년 04월 15일	알트론	179
하			
하가네 HAGANE	1994년 11월 18일	허드슨	226
하멜의 바이올린	1995년 09월 29일	에닉스	315
하부 명인의 재미있는 장기	1995년 03월 31일	토미	277
하얀 링으로	1995년 10월 27일	포니 캐니언	321
하이퍼 이리아	1995년 10월 13일	반프레스토	318
하이퍼 존	1991년 08월 31일	HAL 연구소	26
하타야마 핫치의 파로 야구 뉴스! 실명판	1993년 10월 29일	에폭사	131
학교에서 있었던 무서운 이야기	1995년 08월 05일	반프레스토	303
항유기	1994년 04월 06일	코에이	178
해변 낚시 이도편	1996년 01월 19일	팩 인 비디오	343
해트트릭 히어로	1992년 03월 27일	타이토	42
해트트릭 히어로2	1994년 07월 29일	타이토	199
헤라클레스의 영광Ⅲ 신들의 침묵	1992년 04월 24일	데이터 이스트	45
헤라클레스의 영광Ⅳ 신들의 선물	1994년 10월 21일	데이터 이스트	219
헤베레케의 맛있는 퍼즐은 필요 없나요	1994년 08월 31일	선 소프트	207
헤베레케의 포푼	1993년 12월 22일	선 소프트	147
헤이세이 강아지 이야기 바우 팝픈 스매시!!	1994년 04월 28일	타카라	182
헤이세이 군인 장기	1996년 01월 26일	카로체리아 재팬	345
헤이세이 신 오니가시마 전편	1997년 12월 01일	닌텐도	388
헤이세이 신 오니가시마 후편	1997년 12월 01일	닌텐도	388
헤이안 풍운전	1995년 09월 29일	KSS	316
헬로! 팩맨	1994년 08월 26일	남코	206
호창 진라이 전설 무샤	1992년 04월 21일	데이텀 폴리스타	44
호혈사 일족	1994년 10월 14일	아틀라스	217
홀리 스트라이커	1993년 12월 17일	헥터	143
홀리 엄브렐라 돈데라의 무모함!!	1995년 09월 29일	나그자트	316
화투왕	1994년 12월 16일	코코너츠 재팬 엔터테인먼트	238
화학자 할리의 파란만장	1994년 10월 28일	알트론	220
환수여단	1998년 06월 01일	악셀러	394
황룡의 귀	1995년 12월 22일	밥	335
후나키 마사카츠 HYBRID WRESTLER 투기 전승	1994년 10월 21일	테크노스 재팬	219
후루타 아쓰야의 시뮬레이션 프로야구2	1996년 08월 24일	헥터	370
휴먼 그랑프리	1992년 11월 20일	휴먼	66
휴먼 그랑프리2	1993년 12월 24일	휴먼	148
휴먼 그랑프리3 F1 트리플 배틀	1994년 09월 30일	휴먼	215
휴먼 그랑프리4 F1 드림 배틀	1995년 08월 25일	휴먼	307
휴먼 베이스볼	1993년 08월 06일	휴먼	119
히가시오 오사무 감수 슈퍼 프로야구 스타디움	1993년 09월 30일	토쿠마 서점 인터미디어	126
히어로 전기 프로젝트 올림포스	1992년 11월 20일	반프레스토	66
힘내라 고에몽 ~유키히메 구출 그림 두루마리~	1991년 07월 19일	코나미	25
힘내라 고에몽 반짝반짝 여행길 내가 댄서가 된 이유	1995년 12월 22일	코나미	335
힘내라 고에몽2 기천열장군 매기네스	1993년 12월 22일	코나미	145
힘내라 고에몽3 사자 쥬로쿠베이의 꼭두각시 만자 굳히기	1994년 12월 16일	코나미	235
힘내라! 대공의 겐상	1993년 12월 22일	아이렘	145

당신은 언제나 옳습니다. 그대의 삶을 응원합니다. — **라의눈 출판그룹**

슈퍼 패미컴 컴플리트 가이드

초판 1쇄 2020년 10월 27일

지은이 레트로 게임 동호회 **옮긴이** 최다움
펴낸이 설응도 **편집주간** 안은주
영업책임 민경업 **디자인책임** 조은교

펴낸곳 라의눈

출판등록 2014년 1월 13일 (제 2014–000011호)
주소 서울시 강남구 테헤란로 78 길 14–12(대치동) 동영빌딩 4 층
전화 02–466–1283 **팩스** 02–466–1301

문의 (e–mail)
편집 editor@eyeofra.co.kr
마케팅 marketing@eyeofra.co.kr
경영지원 management@eyeofra.co.kr

ISBN : 979-11-88726-65-3 13500

장정 디자인 / 이시자키 유시
본문 디자인 / 타니 유키에
촬영 / 이시다 쥰
자료 협력 / 사케칸, 쇼(syou526), 야마자키 코우
원고 협력 / 야마자키 코우 (슈퍼 패미컴의 발자취, 사테라뷰, 칼럼, 주변기기)
편집 협력 / 미야자키 신야
편집 담당 / 우치다 아키요 (주부의 벗 인포스), 마츠모토 치즈루 (주부의 벗 인포스)